中国建筑教育
Chinese Architectural Education

2017 全国建筑教育学术研讨会论文集
Proceedings of 2017 National Conference on Architectural Education

主　编

全国高等学校建筑学学科专业指导委员会
深圳大学建筑与城市规划学院
Chief Editor
National Supervision Board of Architectural Education, China
School of Architecture & Urban Planning, Shenzhen University

U0300590

中国建筑工业出版社

图书在版编目（CIP）数据

2017全国建筑教育学术研讨会论文集/全国高等学校建筑学学科专业指导委员会，深圳大学建筑与城市规划学院主编. —北京：中国建筑工业出版社，2017.10

（中国建筑教育）

ISBN 978-7-112-21296-5

Ⅰ．①2… Ⅱ．①全… ②深… Ⅲ．①建筑学-教育-中国-学术会议-文集 Ⅳ．①TU-4

中国版本图书馆CIP数据核字（2016）第237841号

2017全国建筑教育学术研讨会围绕"建筑教育的多元与开放"为主题，设定"多元化的建筑教育模式探索"、"开放式的建筑教育国际视野"、"宏观性的新型城市化与城市设计"、"前瞻性的建筑教育与新兴建筑技术"、"创新型的建筑教学课程改革"五个议题。经论文编委会评阅，遴选出各类论文143篇以供学术研讨。

责任编辑：王　惠　陈　桦
责任校对：焦　乐　刘梦然

中 国 建 筑 教 育
2017全国建筑教育学术研讨会论文集
主　编
全国高等学校建筑学学科专业指导委员会
深圳大学建筑与城市规划学院

＊

中国建筑工业出版社出版、发行（北京海淀三里河路9号）
各地新华书店、建筑书店经销
霸州市顺浩图文科技发展有限公司制版
北京圣夫亚美印刷有限公司印刷

＊

开本：880×1230毫米　1/16　印张：43½　字数：1466千字
2017年10月第一版　2017年10月第一次印刷
定价：**118.00**元
ISBN 978-7-112-21296-5
（31015）

编 委 会

前言

多少年来，建筑教育一直以建筑设计和研究相关的知识和技能训练为基础，由于建筑"技艺"并重和文化的属性，我们今天必须要正确认识我们复杂多变的社会演进的实存环境，理解地域和文化的多样性以及各国社会发展进程时段的差异，培养有社会担当、人文情怀、环境伦理价值的建筑学专业人才。

观察当下的中国建筑学专业教育，我们不难发现其正受到来自全球一体化、"一带一路"、"可持续发展"和"卓越工程师计划"等系列国家战略实施及移动互联网、人工智能和大数据技术发展的深刻影响，一方面，不同学校的建筑学教学之间伴随信息传播的同时性效应，呈现出越来越扁平化的倾向；另一方面，各校又为突出各自的建筑学办学理念和特色开展了一系列建筑教改探索工作，中国建筑教育真正步入一个对外开放和多元发展的新阶段。UNESCO的《建筑教育宪章》曾经指出："建筑教育的多样性是全世界的财富。"在过去的一年里，不少建筑院系在保证基本教学质量和各自特点的同时，鼓励开展了各类教学改革和国际联合设计并取得积极成果，积累了丰富的经验，也为建筑学这一传统专业的教学注入了新鲜血液。

本届建筑学专指委工作今年已经到了"收官"之年，在过去的几届年会上，我们多次强调不同的建筑院系应该探索各自不同的办学特点、希望创造中国建筑教育的特色，并形成"百舸争流"、"群峰竞秀"的壮丽景象。

在此背景下，2017建筑教育国际学术研讨会将大会主题确定为"建筑教育的多元与开放"，并包含（但不限于）以下专题：

（1）多元化的教学模式探索；

（2）开放式的建筑教育国际视野；

（3）宏观性的新型城市化和城市设计；

（4）前瞻性的建筑教育与新兴建筑技术；

（5）创新型的建筑教学课程改革。

按照专指委事先约定，2017建筑教育国际学术研讨会将于2017年11月在深圳召开。届时全国建筑教育界同仁将齐聚我国改革开放的先锋城市广东深圳，共同探讨当前的中国建筑教育发展大计。大会由全国高等学校建筑学学科专业指导委员会（建筑学专指委）主办，深圳大学承办。

会议对全国（包括港澳台）及新加坡等华人地区发出研讨会论文征集通知，得到各建筑院校广大师生的积极响应。到论文截止日，会议共收到来自大陆、香港、欧美的论文210余篇，经论文评委会多次讨论，初审通过157篇论文；再经评委会复议，最终录用了143篇。应征论文作者所在单位60余所院校；录用论文作者所在单位达50余所院校。

录用论文围绕大会拟定的五大专题展开了广泛而富有实效的讨论，有宽度、有厚度、有重量。东道主深圳大学提交了极富探讨价值的论文："深大实践：'一横多纵'建筑教学体系的探索"，香港大学与内地几所院系联合开展的关于开放建筑应用方面的教改实践探索，有结合认知理论、无障碍设计、建筑策划方法、绿色生态、日常生活及西部地域所做的建筑学教改研讨，也有跨地域、跨国界的联合教学经验探索。值得一提的是很多学校已经把国际联合教学的对象放到了国外现场，使得国内的建筑教学更加开放多元。我们高兴地看到，乡村、社区、老龄社会等社会热点的主题也开始得到建筑教学探讨的关注。总体而言，本届论文较以前几届关注的教改和教学探讨的主题有了进一步的拓展，成果也更加丰富，印证了"开放"和"多元"的大会主题。

按惯例，年会组委会将先行印刷《2017全国建筑教育学术研讨会论文集》供与会者交流。感谢深圳大学建筑与城市规划学院院长仲德崑教授率彭小松、齐奕等老师进行的论文初筛工作！感谢所有为本次论坛积极投稿的论文作者，感谢中国建筑工业出版社将此次论文结集出版！

王建国

2017年09月

目　录

Contents

V

开放式的建筑教育国际视野

宏观性的新型城市化与城市设计

前瞻性的建筑教育与新兴建筑技术

创新型的建筑教学课程改革

多元化的建筑教育模式探索

仲德崑　彭小松

深圳大学建筑与城市规划学院；dkzhongarch@163.com

Zhong Dekun　Peng Xiaosong

School of Architecture and Urban Planning，Shenzhen University

深大实践："一横多纵"建筑教学体系的探索
Practice of SZU：An Experiment on "Unitary-Horizontal & Multi-Verticals" Architectural Teaching System

摘　要：设计主干课程教学是建筑教育的核心，其改革和创新是提升建筑人才培养质量最重要的手段。针对本科设计教学中存在的纵向衔接不足、课题创新欠缺等问题，深圳大学建筑与城市规划学院在充分调研的基础上，提出并实施了创新的"一横多纵"建筑教学体系。通过基于"泛设计"理念的1～2年级横向基础平台和基于"多元化"理念的3～5年级纵向贯通平台的建立，加强纵向衔接和横向控制，形成垂直和水平结合的网络状教学矩阵，以此激发教学活力，提升教学质量，促进建筑人才培养迈向更高层次。

关键词：一横多纵；建筑教育；泛设计；多元化

Abstract：The main curriculum for design and planning is the core of architectural education，and its reform and innovation is the most important means to improve the quality of talent development. Concerning such various problems as the lack of vertical continuation and of subject innovation in the teaching program of architectural design for the undergraduates，and also based on the sufficient investigation and research，we construct and implement a creative architectural teaching system in the mode of "Unitary-Horizontal & Multi-Verticals". A horizontal basic platform with the teaching idea of "extensive design" from grade 1 to grade 2 and another vertical connective platform based on the concept of "diversification" from grade 3 to grade 5，will be established，which strengthens the longitudinal cohesion and horizontal control in the whole teaching program. Accordingly，a combination of vertical and horizontal network of the teaching system should be formed，and therefore vitality of teaching will be stimulated，and the quality of teaching will be improved. Thus we can be well prepared to promote the talent cultivation to a higher level.

Keywords："Unitary-Horizontal & Multi-Verticals"；Architectural Education；Extensive design；Diversifications

1　背景和缘起

近年来，建筑教育呈现出多元化趋势，不同地区的建筑院校都在尝试适合自身特点的教学改革。作为建筑人才培养体系中的关键环节，设计主干课程的成效对建筑教育的成败具有举足轻重的影响，因此设计主干课程教学体系的改革成为建筑教育发展和创新的重要切入点。

自1983年建筑系创办以来，深圳大学持续地完善和革新建筑人才培养模式，对设计主干课程进行了多轮的教学改革。2014年，为了推动建筑人才培养迈向更高层次，深圳大学建筑与城市规划学院在总结过去的办学经验和展望未来的发展前景的基础上，考察和借鉴了国内外建筑院校的教学实践经验，提出了"一横多纵"建筑教学体系，经过近3年的探

2

索与实践，初步构建了以设计主干课程为核心的网络式教学体系。

专业教学模式，建立1～2年级的横向基础平台与3～5年级的纵向贯通平台，同时强调"历史及理论"、"建筑技术"、"艺术造型"、"实践环节"4大版块的课程的横向支撑和融入，构建全面、系统的建筑教育体系，形成水平和垂直相结合的网络状教学矩阵（图1、图2）。

2 "一横多纵"建筑教学体系的构建

2.1 纵横交织的教学矩阵

整体教学以设计主干课程为核心，实行"2+3"的

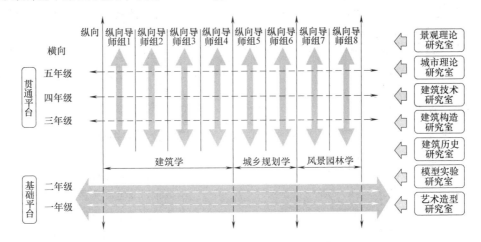

图1 "一横多纵"的教学矩阵示意

设计主干系列课程				学习阶段	历史与理论	建筑技术	艺术造型	实践环节
作业题库	时长	教学目标	课程名称					
自主选题	18周	综合与创新拓展	毕业设计	五年级 实践·综合				
设计单位生产实践	18周	建筑师职业教育	设计实践		建筑师业务基础			设计实践
城市设计、旧城改造	6周	城市形态与文脉	建筑设计与构造(6)		既有建筑保护与利用(选修) 建筑法规			
住宅设计与住区规划	12周	居住空间与环境			城市设计概论 居住建筑设计原理	景观照明(选修) 建筑安全学(选修)		快速表现及快题实习
观演、医疗、交通、体育等大型公共建筑设计	8周	技术与复杂功能	建筑设计与构造(5)	四年级 城市·技术	绿色建筑技术(选修) 环境设计(选修)			
街道空间设计(快题)	1周	建筑与街道空间			环境心理学(选修) 建筑经济			
高层办公楼、旅馆设计	8周	高层建筑与技术			公共建筑设计原理	建筑构造与建筑材料		工地实习
社会、艺术、文化、技术等学科交叉类建筑设计	8周	研究性建筑专题	建筑设计与构造(4)		中外园林史(选修) 参数化设计(选修)			
绿地景观设计(快题)		建筑与景观空间			室内设计(选修) 生态建筑学(选修)	建筑构造及选型(2)		
中小学校、商业综合体设计		群落式建筑设计			建筑设计理论(4)	建筑设备		古建测绘实习
博物馆、展览馆设计	8周	建筑与人文环境	建筑设计与构造(3)		名建筑师与名作(选修) 民居与评论(选修)			
广场空间设计(快题)	1周	建筑与广场空间		三年级 环境·人文	专业英语(选修) 城市规划原理(1)	建筑构造及选型(1)		
客舍设计、山地俱乐部设计	8周	建筑与自然环境			建筑设计理论(3)	建筑物理		设计实验研究(选修)
社区服务中心	8周	建筑与社区生活	建筑设计与构造(2)		城市与建筑理论	建筑构造概论		美术实习
独栋别墅设计(快题)	2周	空间造型与概念			建筑设计理论(2)	建筑力学(2)	艺术造型(4)	
幼儿园设计	7周	空间与行为体验		二年级 空间·行为				
茶艺坊设计	9周	空间营造与场所	建筑设计与构造(1)					
空间建构成果组合对接	3周	空间组合与场地			中国建筑史 建筑设计理论(1)	CAAD应用(2)(选修) 建筑力学(1)	建筑摄影(选修) 艺术造型(3)	
6×6×9空间建构设计	5周	空间塑造与操作						
景区茶室设计+茶具设计	8周	空间设计初体验	建筑设计基础		外国建筑史 建筑概论	CAAD应用(1)	现代艺术(选修) 艺术造型(2)	建筑认识实习
特定材料的建造实验	5周	材料与建造实验		一年级 认知·体验				
大师作品分析	4周	认知与表达						
房间设计+家具设计		空间单元与尺度	设计基础		艺术史			
身体装置设计	2周	人体感知与设计			设计概论	建筑图法	艺术造型(1)	
色彩构成+形态构成	6周	视觉与形态构成						

图2 "一横多纵"下的建筑学专业课程体系

1~2年级的横向基础平台，将建筑学、城乡规划和风景园林专业交叉和融合，建立"泛设计"通识教学平台，培养学生基础设计能力、创造性思维、综合艺术素养；同时，加强一年级和二年级之间的课程配合，建立二者间的教学线索和逻辑。

3~5年级的纵向贯通平台，以不同专业方向多元化、专业化和体系化发展为目标，建立以纵向导师为主导的三年贯通平台，培养学生扎实的专业能力以及综合的职业素养；同时，通过适当的横向控制与协调，使得各纵向导师组的教学处于相对统一的框架下。

2.2 多元开放的教学体系

"一横多纵"建筑教学体系，旨在提供一种在保证基本教学质量的基础上，能向更多元、更开放的方向发展的建筑教学模式，其建设目标表现为：体系化、多元化、专门化、研究性、互动性等。

（1）体系化：强化专业设计主干课程的各年级之间纵向衔接和各纵向导师组之间的横向控制，以及理论课程的横向支撑，建构体系化的、网络状的教学矩阵。

（2）多元化：多个纵向导师组在总体教学规范框架下，各组可发挥教师特长，形成不同的教学理念和风格，为多元化的特色创造条件。

（3）专门化：升级"教学、研究、实践"一体化的教学平台，充分利用教师丰富的工程经验，同时外聘业界精英直接参与教学，为专门化教学提供了更深层次的平台。

（4）研究性：纵向教学组可以通过方向的细化，结合教师的科研、设计实践，引入研究性的设计；同时，有针对性的教师开展教学研究。

（5）互动性：因材施教，提升师承的认同感、归属感，促进教师、学生以及师生之间的交流，实现多层次的教学互动。

2.3 层次分明的组织架构

"一横多纵"建筑教学体系的创新和改革由院长牵头实施，为此建立了高效的层级化组织架构（图3）。第一，由教学院长全面负责学院教学统筹；第二，由系主任负责各专业教学体系的建构和教学组织；第三，由纵向导师组负责3~5年级的贯通平台的纵向教学组织，同时，年级组长对各年级教学进行横向控制和协调；第四，由年级组长负责1~2年级的基础平台的横向教学组织。

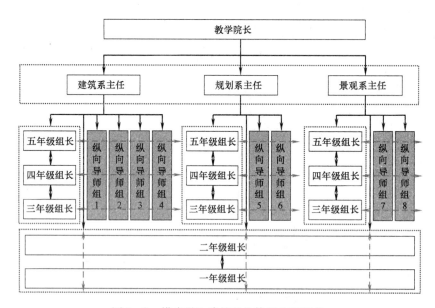

图3 "一横多纵"建筑教学体系组织架构

3 基于泛设计的横向基础平台

低年级（1~2年级）的设计教学按年级以横向组织的方式，统筹在基础平台进行。横向基础平台以培养学生基础设计素养为目标，构建建筑学、城乡规划、风景园林三个专业学科交叉融合的教学平台，开展以空间建构为主线的建筑设计基础教育。

3.1 泛设计素养和创造性思维的培养

设计，是建筑基础教学的核心，所有的教学环节均围绕设计展开，为设计服务。基础教育中的"设计"，并非仅限于建筑设计，而是具有学科交叉的跨界意义的

"泛设计"。所有设计领域在思维方式、操作方法和审美取向等方面是具有相通性和共享性的[1]，因此横向基础平台中引入"泛设计"理念。

基于"泛设计"的理念，横向基础平台强调设计基础教学和艺术类基础教学的跨界和混搭。设计基础课程在一、二年级设计课嵌入视觉设计、装置设计、家具设计和工业设计等其他门类的设计课题，以设计体验、设计认知为重点，构建建筑与艺术跨界的教学平台（图4）。为了更好地服务"泛设计"教学，基础教学平台设置多条并行的课程板块作为支撑，包括设计原理课程、艺术理论课程、造型艺术课程、建筑历史与理论课程、技术辅助课程和实践环节等。

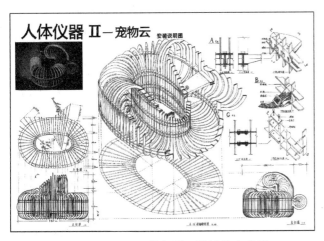

图4 一年级"人体仪器"设计学生成果

通过"泛设计"的建筑基础教育，我们力图唤起学生的设计兴趣和设计意识，培养、训练学生的动手能力和创造性思维，增强学生基本的艺术修养，提升学生基础设计素养。

3.2 建筑、城市、景观三位一体

在全国学科调整的背景下，建筑科学调整为建筑学、城乡规划学、风景园林学三个一级学科。三个学科相互独立又内在相联，具有很强的整体性，目前已形成三位一体的格局，处于综合的人居科学框架下[2]。

针对学科特点和专业设置，基础教学将建筑学、城乡规划和风景园林整合在统一的平台上。设计教学以建筑为主线，融合城乡规划和风景园林专业特点，实现学科交叉，通过校园认知、小型公共建筑、场地设计、社区中心等设计题目，从不同空间尺度、不同角度切入，将初步的城市、景观元素串联于其中（图5）。设计课题训练学生建筑设计基本技能的同时，针对不同的课

题，强调特定自然和城市环境中的建筑形态和布局、内外部空间相互渗透的建筑景观一体化设计、行为模式主导下的功能与流线等要点，拓展学生的城市和景观专业视野。

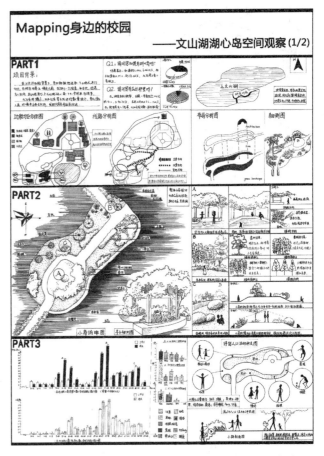

图5 一年级"基于mapping的校园认知"学生成果

通过广泛的人居科学专业知识传授，我们希望建立学生建筑、城市、景观三位一体的整体观，使学生掌握三个专业的基础知识，达到厚积薄发的效果，为学生三年级后分专业教学提供必要的准备。

3.3 以空间建构为主线

空间是建筑的本体，空间认知、空间观察、空间操作、空间表达、空间评价是学生必须掌握的方法和技能。建筑设计基础教学以空间建构（tectonic）为主线展开，关注空间的形成、建造等基本问题。

空间建构以"形式与空间"为核心，运用模型、透视、平面（剖面）等基本操作手段，从使用功能、材料构造、场地环境等方面切入，通过分析和操作空间限定的基本元素，观察和评价操作结果，最终形成空间形式（图6）。教学中强调"体验"的重要性，让学生通过实际动手操作，了解空间生成的逻辑和掌握空间建构的方法和程序（图7）。

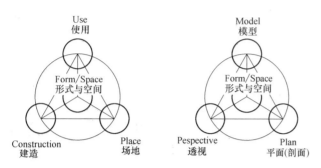

图6 空间建构教学内容与手段示意

图7 "以空间建构为导向的建筑基础教育"教案节选

空间建构教学在不同阶段和环节将知识、能力、逻辑和审美等基本要素融入，具体教学过程分四个步骤进行。一是空间认知，关注建筑空间的基本概念和特征，

结合人的行为模式、精神体验，对空间尺度、空间形态、空间序列和功能流线等内容进行认知和分析；二是空间操作，实际操作空间限定的基本要素（体块、板片和杆件），结合行为与功能的理解，掌握基本的空间塑造能力，体会场所的意义；三是空间描述，通过观察和分析，对空间操作的过程和结果进行记录和描述，理解空间形成的逻辑，掌握空间表达的基本能力；四是空间评价，基于空间认知、操作、描述的训练，从审美、感知等空间品质和功能、流线等空间效率方面，建立空间的评价标准[3]。

4 基于多元化的纵向贯通平台

高年级（3～5年级）的设计教学按导师组以纵向组织的方式开展，形成三年贯通平台。纵向贯通平台以纵向导师组为主导，通过有效的教学组织流程，建立多元化、专门化、体系化的教学平台。

4.1 以纵向导师组为主导

纵向导师组是3～5年级专业主干课程的基本教学单位，采用主持教授负责的梯队式的组织架构，根据教师学术方向和特长，形成一个以设计教案为核心、以研究为基础的教学团队。所有3～5年级在校学生均通过双向选择，按照相对均衡的原则进入纵向导师组，开展设计教学活动（图8）。纵向导师组的规模为：教师每组8名，其中含2名外聘教师；建筑学专业学生每组约70名，城乡规划和风景园林专业学生每组约50名。

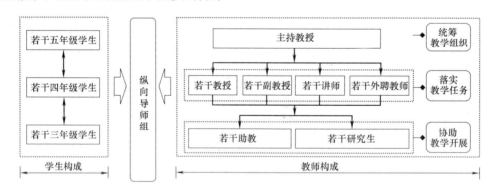

图8 纵向导师组师生构成

纵向导师组在满足院系整体教学框架要求的基础上，拥有对贯通平台教学的主导权，有权力和义务对本组学生的专业主干课程制定各项教学计划、要求和标准，并对本组学生的专业学习成效直接负责。

4.2 有效的教学组织流程

为了保证设计教学的有序开展，纵向贯通平台注重整体教学环节的衔接，在明确各级教学负责人的职责的

基础上，建立高效运作的教学组织流程（图9、图10）。

第一步，系主任负责建立体系化的专业主干课程教学框架，应明确各学习阶段的教学核心目标、主要内容与要求、可能选题、配套课程等控制要素，梳理各阶段课程之间的垂直衔接逻辑。

第二步，年级组长负责进行纲领性的、概略性的横向控制和协调，需制定每个年级每学期的设计指导书，明确教学目标、教学基本要求、教学整体进度、评图评

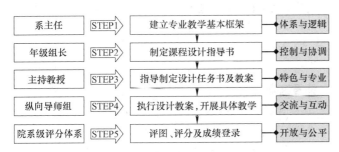

图 9 纵向贯通平台教学组织流程

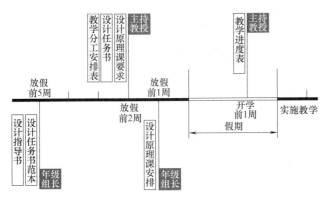

图 10 纵向贯通平台设计教学进度控制

分形式等,并制定相应的设计任务书范本。

第三步,主持教授负责统筹纵向导师组教学,根据年级组长出具的设计指导书和任务书范本,结合自身专业需求、学术特长和教学理念,制定本组内各年级具体的设计任务书和教案。

第四步,纵向导师组教师在主持教授的统一安排下,采取单独辅导与统一讲解相结合的方式进行授课,强化3~5年级之间的贯通教案,形成高低年级学生交流和互助的学习平台。

第五步,院系层面协助建立开放和公平的横向评分体系,以更好地反映真实的教学质量水平。设计成绩由指导教师、纵向导师组教师、同年级教师、外聘专家学者共同评定并加权计分,由系主任审核确认。

4.3 多元化、专门化的开放平台

设计主干课程的纵向导师组负责制是教学组织形式的改变,以此打造多元化、专门、体系化的建筑教育平台是教学体系构建的目标。

首先,通过不断的建设和积累,各纵向导师组形成不同的教学风格和特色,并加强合作与竞争,打造出百花齐放的多元格局。纵向导师组在专业整体教学体系下,拥有较大的自主权和自由度,可根据本组教师自身的科研方向、学术特长、实践经验和教学理念,从空间建构、绿色建筑、实验性建筑等不同方向深入,制定适合自身需求的3~5年级贯通的垂直教学框架、具体教案和设计任务书,形成不同教学特色。进而,各纵向导师组针对不同的教学特色,在教学理念、教学方法等方面开展研究、创新和实践,形成有鲜明的教学风格,并以教学为基础促进不同专业领域的学术团队建设。同时,纵向导师组拥有固定的教学空间,教师和学生可以自主地对专业教室进行设计和优化,营造不同氛围的教学空间,实现"my studio, my home",形成师承认同感、归属感(图11)。

图 11 各纵向导师组不同风格的 studio 教室空间

其次,纵向贯通平台注重专门化的专业训练,培养学生全面的专业能力和综合的职业素养,形成专业化的教学体系。设计题目以解决问题为导向,从环境、行为、社会、文化、技术和城市等建筑问题切入,结合纵向导师组的科研和设计实践进行设置,深化建筑专业技能训练;整合深圳"设计之都"的资源,外聘行业内知名职业建筑师担任设计导师,利用深大"教学、科研、实践一体化"的平台,加强校企联动,建设专业实践基地,为学生提供更多了解建筑行业前沿的机会,使建筑教育更契合行业需求;纵向导师组可根据设计教学需求，开设全院共享的拓展性选修理论课程，例如空间建构、绿色建筑技术、参数化设计、空间句法、遗产保护、地理信息系统应用等，从而丰富和完善整体专业课程体系，构建学生全面、系统的专业知识结构。

5 结语

"一横多纵"建筑教学体系改革是深圳大学建筑与城市规划学院人才培养模式创新的重大举措，也是学院办学实力提升的重要契机。改革虽然已初现成效，但是仍在不断探索和调整过程中，仍存在诸多考虑不足和有待改进的地方。

深圳大学建筑与城市规划学院希望加强与兄弟院校的交流与沟通，通过相互学习、借鉴、融合，在持续的改革实践中，不断完善和优化建筑人才培养体系，进一步凝练办学理念和特色。

参考文献

[1] 张永和. 非常建筑的泛设计实践 [J]. 时代建筑，2014，（01）：50-52.

[2] 国务院学位委员会第六届学科评议组. 学位授权和人才培养一级学科简介 [M]. 北京：高等教育出版社，2013.163-167.

[3] 顾大庆，柏庭卫. 空间、建构与设计 [M]. 北京：中国建筑工业出版社，2011.

贾倍思[1]　鲍莉[2]　邵郁[3]　顾威[4]

1. 香港大学建筑系；bjiaa@hku. hk
2. 东南大学建筑城规学院；baoli. seu@qq. com
3. 哈尔滨工业大学建筑学院；shaoyuu@163. com
4. 东北大学建筑系；gogo＿1168@163. com

Jia Beisi[1]　Bao Li[2]　Shao Yu[3]　Gu Wei[4]

1. Department of Architecture at the University of Hong Kong
2. Southeast University
3. Harbin Institute of Technology
4. Northeastern University

开放建筑及其对设计课的改革实践
Open Building and Its Practice in Studio Teaching Reform

摘　要：建筑教育思想和方法和建筑的概念不可分割。"开放建筑"概念强调时间和人与建筑互动的重要性，对 20 世纪后期的现代主义建筑的批判产生深远的影响；对推广可持续建筑发挥了积极的作用。但如何在建筑设计课教学中引入相关概念和方法，推动建筑设计方法的改革，仍然需要研究。本文通过香港大学和其他三所大学的合作教学实践，探讨如何引入建筑的动态和静态的观念，如何训练学生的个体和设计者全体之间关系，特别是让学生能体验建筑与人进行互动的意义和方式，及其在教学中的应用。试图转变受传统建筑教育局限的学生对建筑静态思维，建立他们对动态设计的信心。

关键词：建筑教育；时间-空间；动态；互动

Abstract：Open Building is one of the important Architectural movement in the late 20th century. It has a significant contribution in the critics of Modernism and promoting Sustainable Architecture. However，its teaching concepts and methodology is still to be formulated Following the introduction of Open Building concept as critic to the traditional architectural design concept，three sequential exercises are introduced and analyzed based on the joint teaching program with three universities. This paper aiming to demonstrate a set of teaching methodology for the students to experience the concept of stability and mobility in design.

Keywords：Architectural Education；Time-Space；Mobility；Interaction

1　开放建筑

1941 年，吉迪恩（Sigfried Giedio）写了一本书《时间·空间与建筑》。这本专刊的主题是"时间·人与建筑"。我们对空间的研究远超过对建筑中的人的研究，也超过了对时间的研究。自阿尔伯蒂在文艺复兴时期创建建筑学以来，直到 21 世纪的今天，建筑学一直以纪念性建筑的实体、空间·建构，以及形式逻辑为中心。20 世纪对大量性建筑的关注也无非是将纪念性建筑的设计方法，应用于大量性建筑。一座纪念性建筑有如一座纪念碑，应是永恒不变的，所以时间不重要。我们对"时间"的理解也局限在"空间序列"，"运动中体验"和历史感等层面上。正是由于强调人与建筑在时间中的互动，"开放建筑"（Open Building）运动成为传统建筑学的补充。

20世纪早期现代建筑大师勒·柯布西耶，密斯·凡·德罗和荷兰风格派的里特维尔德（G. Rieveld）都是主张用现代轻质装配式推拉构件，来加强空间的灵活性和住户的选择权，来解决大量性工业化生产和人的需求日益多样化，以及小面积住宅经济性和人的生活质量不断提高等矛盾。到了20世纪60年代，因为与人的多样化需求的矛盾激化而受到批判。哈布瑞肯（N. J. Habraken）提出了"支撑体"（Support）理论，试图给住宅灵活性以普遍适用的意义。他将住宅结构分层，同时脱开技术和决策权两个层面：一个是包括公共设计和管线在内的结构层面，由建筑师等专业人员代表住户群体设计建造；另一个是由住户个体来选择、购买和组装的构件（Infill）。他强调这种决策权的分离，用扩大住户对环境的决策权来解决多样性和功能性变化、城市形态共性和个性之间的矛盾。

对传统建筑学来说，"开放建筑"是反建筑的。前者关心的是空间，后者关心的是空间在时间中的变化；前者关心的是建筑，后者关心的是建筑和人的互动；前者关心的是建筑的纪念性，犹如建筑师个人的纪念碑，后者关心的是建筑的服务和操作，特别是非建筑师的决策权力。过去二十多年来，不少建筑师和理论谈论建筑的不确定性，但都还停留在空间使用不确定性，而不是空间和人的互动[1]。

今天我们习以为常的建筑，已经和我们所受的建筑教育教给我们的建筑完全不一样了。传统的建筑比较注重形体，光影、材料、构造和雕塑感；今天的建筑可能更注重内外通透、材料轻便，装配组合。建筑已经不再是一种"纪念碑"，建筑已经不再是传达信息的媒体。无论它的立面、空间、雕塑性，或者建筑意义已经变化。建筑是一种行为，是一个平台，而不止是一种形式。我们今天是否能够适应这种新的发展趋势？

传统的西方建筑史一直把建筑视为"凝固的音乐"，这种情况到今天并没有根本改变，只不过对形体的关注转移到了对空间、材料和建构的关注，建筑设计依然以"凝固"建筑为目的。对时间和人的认识，设计方法的缺失，首先从建筑教育的方法来逐步纠正。

"开放建筑"就是把建筑变成一个平台，而不要把建筑变成一个结果或者作品。在平台上"舞蹈"的或生活的是人。

任何建筑都必须解决两个问题："持续"和"变化"，"持续"是说建筑使用和服务很长的时间，成为"长效建筑"，或"百年建筑"。"变化"是指人的需求和环境变化非常快。一方面建筑的时间寿命要尽量长，另一方面建筑要尽量快的适应变化。开放建筑就是想解决这个矛盾[2]。

任何建筑要处理和人的关系。人有三个保护层。第一层是皮肤，皮肤和人的关系是非常密切的，对环境的刺激最敏感。第二层是衣服，也跟人的关系是非常的紧密的。不同的场合，不同的季节穿不同的衣服；衣服应人的肢体活动而变化。第三层是建筑，和人的矛盾就出现了。我们能做的就是开窗和关窗，开灯和关灯。建筑这个层次是非常被动的。如何让建筑也能像人的皮肤和衣服一样，跟人互动？传统的建筑教育不关心这个问题。让建筑跟人进行互动是开放建筑的第二个目的。

2 建筑教育中的开放性设计

"开放建筑"就是要让建筑和人互动，解决长效和快速的功能变化的矛盾。其基本概念是把建筑分成动态和静态两部分，这种分离的优点是可以保证长效，就是长期有效的结构部分有很长的寿命，它不影响和限制功能的变化。另外一个角度看就是里面的这些构建的变化不影响建筑本身的寿命，不要因为室内的分割和功能过时，要把整个建筑重新进行拆建才能解决矛盾。

开放建筑不是一个确定环境。因为它的不确定性，建立和人的联系，通过人的使用和利用，通过改造行为来体现空间。开放建筑通过灵活性、预期性，鼓励不同的使用者，包括设计师和专业人士在建筑使用中，建筑师和专业人士参与建筑的改造。开放建筑在保持与整体环境的联系性的同时体现自己的特点和目的，开放建筑特别强调和整体城市的融合，而不是标榜"地标"或纪念碑样的永恒。开放建筑将资源和能源的使用效率，和对环境的变化，比如气候、温度多变的需求的可能性融入建筑中去，将建筑对环境的敏感性，作为建筑好坏的标准。

概括起来，开放建筑设计有这样几个策略：第一是可操作的适应性，第二是把建筑当做基础设施来看待，第三在城市里面把建筑当做联系体不要当成地标，做到尽量轻而通透，最后和环境，和整体的环境融为一体。

（1）开放建筑强调时间和空间的关系，而不像传统的建筑强调形体和空间的关系；

（2）开放建筑强调多样性和个性，非强调共性；

（3）讲求设计的策略性，而非措施（具体的墙在哪，房间多大，开放建筑不是不关心，而是是否有选择）；

（4）开放建筑强调的是多元的组合形态的多样性，而非是一个大的单体；

（5）它把建筑变成主动的，而不是被动的东西。

（6）它把建筑当作可操作的界面，不要当做终极的产品，强调一种生活的条件和质量，而非控制某一种生活的形态和行为。它不是直接设计生活，只是设计一个形成某种美好生活的可能性；

（7）开放建筑表现为精雕细刻结构性，而非形态构成。

3 三次合作教学实践

3.1 建筑作为变形的过程——与哈尔滨工业大学合作

哈布瑞肯设计的这组练习基于两个原则[3]。首先是形体塑造是没有既定目的形变，而非结果的设定。设计中从来都不存在所谓的"创造"，每一个设计都是已有的事物通过某些变化而产生的。整个形变的过程从最基本的形体开始，通过一点一点地移动变化，逐渐变大变复杂；或者由一个总体的轮廓入手，通过不断深化，变得更加具体和细致。事实上，这两个方面的发展总是交替进行的，而设计游戏就是通过一套系统的形变方法来实现形体的塑造（图1）。

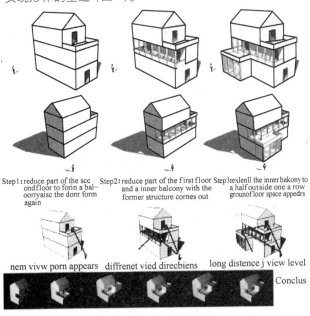

Step1:reduce part of the sccond floor to forin a baloorryaisc the donr form again　　Step2:reduce part of the first floor and a inner balcony with the former structure cornes out　　Step3:exlenll the inner bakonyto a half outside one a row gr/ound floor spsce appedrs

nem vivw porn appears　　diffrenet vied direcbiens　　long distance j view level　　Conclus

图1　练习"外部形体转换"（Li He）

第二个原则是关注别人所做的、已经做的和将要做的形体。我们从来就不是在孤立地进行设计。在一个庞大的城市结构中，他人经年累月的设计成果形成了我们今天的使用空间；而我们同时又在设计空间，让别人在其中居住生活，并决定他们自己的设计。我们占用空间又提供新的空间，由此成为复杂层级中一份子（图2）。与此同时，我们和其他建筑师一起，在相同的背景下，用通用的模式、体系或类型设计更大尺度的空间环境。最后，每位建筑师都将自己的设计拼合在一起，形成一个连贯的整体，而形成这一连贯整体的要诀就是在建立共通的理解上达成共识。

3.2 练习2一个居住单元的动态填充系统——与东北大学合作

这是一个在特定结构下的可移动居住单元的概念设计。设计要求学生发展一个随时间和空间变化的满足个

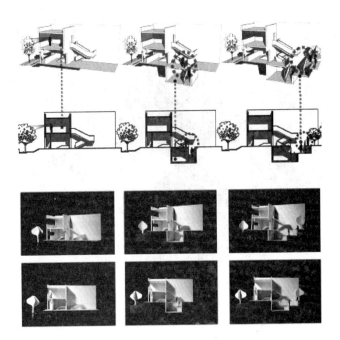

图2　练习"两墙之间"（Zhu Yao）

性化需求的建筑概念。建筑的问题是满足使用者的需要。每个使用者的需求不一样，即使是同一个使用者，需求也会随时间变化。如果建筑的目的是服务于使用者，建筑就要在不拆除毁坏建筑，满足可持续的条件下，适应这些变化。

假设在一个开放性平面的多层居住建筑里，每个学生将购买一个一到两人居住的小单元。在这个开放性平面中，借用鲍姆施拉格和埃伯勒（BE）在奥地利因斯布鲁克设计的罗巴赫住宅的结构，立面和服务核心筒以及入口大堂是确定的。因此，设计的重点将集中在填充系统。

每个学生将为他们自己的单元发展他们自己的可操作填充系统。这个填充系统将同时整合相应的家具和设备。整个塑造形体的练习在一个互动的动态过程中完成的，就像在舞台表演里让学生在某一个设定的"场景"中表演的同时用独特地方式塑造一个形体。与死板的练习方式不同，这场"游戏"中没有重复和标准答案；与互动的竞技项目不同，这里没有输赢。整个游戏没有功能和使用上的要求，所有的内容都是围绕着形态的塑造（图4）。

3.3 社区的改造——与东南大学合作

在南京候冲社区改造项目中，每名学生要在200m²的住宅和多功能项目中展示基于内部体系最大可变性的长效建筑。然而这个项目的重点不在于解决问题，而在于一个包含基地多种特征调查的改变的过程。这些特征

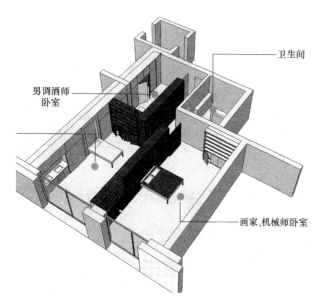

图3 "可移动公寓"（万江蕊 周亦慈）

图5 过程中学生相互评图

动内容是分不开的，是开放的和动态的。这里，建筑设计不是为了服务既定目标而开始限制场地的可能性，而是唤起不同的使用方式。

我们研究一个新的建筑设计方法。我们研究场地条件并不是为了找到一个最佳的解决方案，而是利用这些条件，强化场地的多样性（图6）。

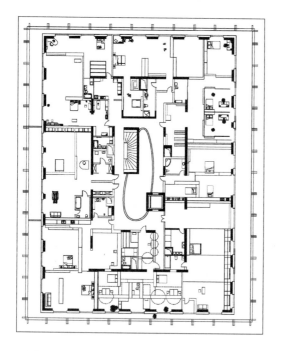

图4 八组学生共同"拼贴"而成的住宅平面

包括结构的复杂性、中立性、时下性和机动性——强调基础结构而不是建筑等等。

首先我们对秩序和稳定的组成单元表示怀疑，我们提倡多元化和不确定性，而这两种性质带有所有分歧、不确定性和转换过程的多种形式。

其次，建筑被描绘成一个信息、材料、物质和时间的集合。组成了松散分布的城市密集区，我们应该观察到这种已经持续了很久的现象，而这个项目是这种现象的延续。

最后，我们不强调场所的营造。场所空间产生和沽

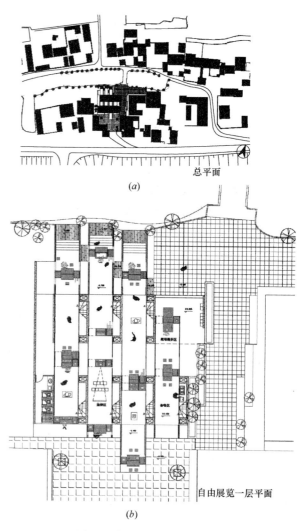

图6 "行走-铺"艺术家公寓
（a）总平面；（b）首层平面-展览状态

12

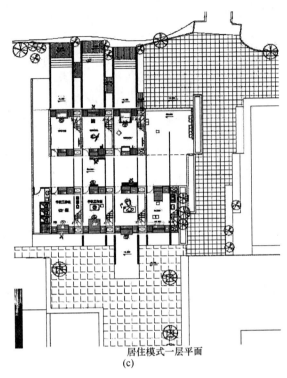

居住模式一层平面
(c)

图6 "行走-铺"艺术家公寓（续）

(c) 首层平面-居住状态（章昊迪，郁如意）

4 结语

正如内容和形式的统一，目的和方法有密切的关系。开放建筑的思维和实践对传统的设计方法提出了挑战。虽然方法学在哈布瑞肯的早起研究中占重要部分，但教学的实践还相对较少。本文通过介绍三个在国内的合作教学项目，将开放建筑设计教学法和一般设计教学法的区别总结如下表。

这种不同甚至相反的教学模式至少提醒我们建筑的概念和建筑的教学法紧密相关。也提醒我们虽然建筑的理念的变化，如果从包豪斯算起，将近100年了。建筑的材料、技术和形态也发生了巨大的变化，但设计的方法依然沿用者传统大师设计纪念性建筑的方法——建筑被假设成一成不变的纪念性建筑。特别是在功能主义的貌似经济科学的伪装下，现代城市和建筑为环境，文化和经济带来的巨大灾难没有得到充分的认识。而认知的缺陷很大程度上来自建筑教育的缺陷，对建筑教育的反思可能才刚刚开始。

两种课程设计的对照		表1
	一般课程设计	开放建筑课程设计
哲学	理想主义	现实主义
目标	个人设计作品	群体设计过程
功能	单一功能	多种功能可能性
空间	室内空间	外部空间
技术	浇筑，建构，建造	装配，解构，拆卸
意义	特定	多解
表现	完美结果	多种可能变化的开始
设计结果	整体完成态	不同层面的未完成态
形体	形体的特殊性	形态的普适性
项目场地	空地	已完成的建筑或社区
教学气氛	严肃而鼓励竞争	轻松而鼓励平等

参考文献

[1] 贾倍思. 走出空间的建筑学. 新建筑，2011（06）No. 139：6-7.

[2] 贾倍思. 教学笔记-开放建筑教育课题二：设计建筑的灵活性. 世界建筑导报，2014（2）：32-37.

[3] Habraken, N, J., A. Mignucci, J. Teicher. Conversations with Forms-A work book for students of Architecture. Routledge：London and New York. 2014.

李振宇　朱怡晨

同济大学建筑与城市规划学院；yichen. zhu@tongji. edu. cn

Li Zhenyu　Zhu Yichen

Tongji University

从"同济八骏"看建筑教育的变革与机遇
The Transformation and Opportunity of Architecture Education：from Tongji Middle-aged Generation Architects

摘　要：在全球化和信息化的今天，中国的建筑教育即将面临新的转型。2014 年春，学院加强对中青年人才的扶持，"同济建筑八骏"的称号得以登台亮相。他们是中国现代建筑教育的重大成就。观察他们的成长，可以为新时期下、当代中国建筑教育的培育提供新的视角。我们大胆假设，进入新世纪，学校教育的作用，将从传授知识转移到学习能力的训练上来。作为一个优秀的建筑院校，将力求为学生打造一个多元开放、兼收并蓄的多层级平台，为学生提供更多的选择、更开放的知识框架、更开阔的眼界和更活跃的交流空间。

关键词：同济；建筑学；同济八骏；建筑教育；多元；P to P

Abstract：Architecture education in China is facing a new round of transformation in today's globalization and informatization. In the spring of 2014，in order to support young generation talent，CAUP published the title for Tongji middle-aged generation architects as "Tongji Eight Horse". Their success is a huge achievement of modern China's architecture education and their grow path may shed light on new perspectives for architecture education in the coming challenges. We boldly assume that in the new century，the role of school education will shift from imparting knowledge to the training of learning ability. As an excellent architecture school，a much more diverse and open multi-level platform is required，with more choice for students，more open knowledge framework，a broader vision and a much more active communication space.

Keywords：Tongji University；Architecture；Tongji Middle-aged Generation Architects；Architecture Education；Diverse；P to P

1　建筑教育：转型中不断升级

在全球化和信息化的今天，中国的建筑教育即将面临新的转型。戴复东院士认为，"教育事业不是一成不变的，它必然随着社会的发展和需要而进行有机的安排和调整"[1]。吴志强教授等在 21 世纪之初，率先提出"生态城市环境、绿色节能建筑、文化遗产保护、数字设计技术"四个学科发展重点[2]，十几年来，已在同济建筑教育发展中得到体现。2017 年值同济大学建筑与城市规划学院 65 周年院庆之际，我们提出了同济建筑教育改革的四条线索：从包豪斯影响到"空间原理"、从构成教学到环境观体系、从"兼收并蓄"到"博采众长"、从"现代性"到"当代性"[3]。同济建筑学教育经历 65 年的发展，形成了一种"包容、开放、多元的，是可以远眺和展望未来的，是充满了憧憬和希望的；也是高贵、含蓄、克制的，既包含了入世的专业热情，又坚持着优雅的治学底线"[4]的基调。

进入新世纪，同济大学建筑与城市规划学院新一代优秀的青年专职、兼职教师迅速成长，从中脱颖而出一批优秀建筑师，成为当代中国建筑设计界的中坚力量。他们受惠于同济的建筑传承，同时又为学院培育新一代的建筑人才。观察他们的成长，可以为新时期下，当代中国建筑教育的培育提供新的视角。

2 同济八骏：中国现代建筑教育的成就

郑时龄院士指出，"同济学派"是众多大师群峰耸立的高原，而不是金字塔尖某一权威的一峰独秀[5]。2014年春，学院加强对中青年人才的扶持，"同济建筑八骏"的称号得以登台亮相。共11组14人成了八骏的成员，可以说是代表了同济学派的最新动向（图1）。

图1 同济八骏合影

我在2014年校庆之日曾解释，"八骏"的八既是吉数，也是虚数，代表一个群体；八也是动态的，不是终身制，先入者有压力，后来人有希望。这就是为何"八骏"并非八个人的原因。同时，"八骏"的遴选条件有三：在同济有过学习或者研究的经历，或是学院的专职、兼职建筑设计教师；二是受业界认可的知名建筑师，作品在重要期刊发表；三是年龄在40岁到50岁之间，是承上启下的中生代。[6]仔细观察这样一个群体，我们会发现，他们是中国现代建筑教育的重大成就。

2.1 师徒相授的建筑学传承

"同济八骏"14人，共计14个学士学位（同济大学10个，东南大学2个，重建工1个，湖南大学1个），13个硕士学位（同济11个，东南2个），6个博士学位（同济5个，东南1个）；这清一色的中国学位，足见中国建筑教育为职业建筑师培养打造的扎实基础（表1）。仔细观察，八骏14人均系出名门，其中5人更是院士门生。由此可见，不同于欧美建筑教育硕士阶段的学分制，中国建筑教育（尤其是硕博阶段）中"师徒式"的传授，在建筑师身上留下了不可磨灭的印记，并与建筑

师的自我修养一道贯穿在整个职业生涯之中。

同济八骏教育经历统计（朱怡晨绘制）表1

同济八骏（按出生年月排名）	教育背景			导师
	本科	硕士	博士	
任力之	同济	同济		吴庐生
章明 & 张姿	同济	同济	同济（章明）	郑时龄
王方戟	重大	同济	同济	戴复东
童明	东南	东南	同济	陈秉钊
曾群	同济	同济		卢济威
张斌 & 周蔚	同济	同济（张斌）		卢济威
柳亦春 & 陈屹峰	同济	同济		戴复东 卢济威
李麟学	同济	同济	同济	刘云
袁烽	湖大	同济	同济	赵秀恒
庄慎	同济	同济		郑时龄
李立	东南	东南	东南	齐康

2.2 时代风向的机遇与变革

20世纪90年代以来是中国建筑创作最为繁荣的年代，正如郑时龄院士所言，"中国建筑师获得了千载难逢的设计机遇，中生代建筑师得到了培养和锻炼的机会，得以在全新的环境中施展他们的才华。"同济八骏14人中，有13人在1990年前后接受本科或研究生教育，绝大部分在1990年代中后期进入设计院开始建筑创作；进入新世纪之后，有12人相继创立独立设计事务所或依托大院的设计工作室（表2）。

与老一辈相比，以同济八骏为代表的中生代建筑师有更多的建筑实践成果，所从事的领域也更加宽泛。在建筑类型上，涉及公共建筑、文化建筑、商业建筑、教育建筑、历史建筑保护与再利用等；在建筑技法上，从建构、材料到数字、气候，甚至城市、文化、乡愁，在各个领域进行显著的变革。尤其进入新世纪之后，他们没有局限在已有的、成熟的技艺与方向，而是走向愈发多元与深入的探索。

以大舍（柳亦春、陈屹峰）为例，早期的大舍对建筑学的本体内容关注较多，而2008年之后，如何对待结构、新技术和旧有结构如何在建筑中体现、技术导致的形式变革和与之而来的空间体验的改变，成了大舍关注的重点；李麟学在开放中求变，主持社会生态实验

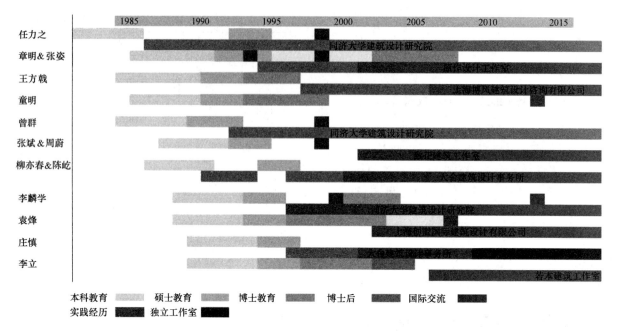

同济八骏学习和实践经历时间线（朱怡晨绘制）　　　　　表2

图例：本科教育　硕士教育　博士教育　博士后　国际交流
实践经历　独立工作室

室和能量与热力学研究中心，将科学理性带入设计创作；曾群在指挥百人大团队的同时，也开始主动选择小型项目和研究，从商业建筑往回探索建筑理论研究的另一条道路；张斌（合作者周蔚）自C楼一战成名之后，近期转入空间和社会机制关系的探索，武康路变迁、田林新村非正规空间现象等样本研究，都是基于上海当代建筑学和城市研究的重要扩展。

2.3 广泛的国际实践与交流

同济八骏大部分人都拥有海外工作与学习交流的经历。任力之、章明、张斌、李麟学都在2000年前后入选中法交流项目，赴法国建筑院校、设计事务所学习交流；曾群在1999年被派往美国RTKL工作；李麟学在2004年获邀哈佛大学设计学院GSD访问学者，赴美访问一年；袁烽在2008年赴美国麻省理工学院MIT访问学习；童明在2015年成为纽约哥伦比亚大学访问学者；等等。以八骏为代表的中生代建筑师，以不同的方式经历长短不同的海外研修。植根于本土扎实稳定的学习、实践经验，使他们有能力消化世界建筑的理论研究、技术前沿和发展趋势，并在与本土文化内涵相结合的道路上，走出了自己的呈现方式。

任力之在大院主流建筑师和实验建筑师之间探索，也是走进非洲与欧洲的践行者；章明、张姿在诗意中享受设计工作和设计合作的乐趣，参加意大利米兰三年展等多个国内外设计展，拿下一众奖项；大舍在2011年被国际期刊《Architectural Record》评选为全球10佳

"设计先锋"（Design Vanguard 2011），其代表作龙美术馆西岸馆在2014年获英国AR Emerging Award年度建筑奖和伦敦设计博物馆的2015年度设计奖的提名；袁烽自MIT归来后，以过人的眼光、过人的精力和过人的勤奋，走向了数字化技术革新和传统材料相结合的创新建构实践，其事务所创盟国际（Archi-Union）被Alejandro Zaera-Polo（前普林斯顿大学建筑学院院长）列入全球建筑罗盘（Global Architecture Political Compass，图2），与众多国际顶尖建筑设计事务所并席。国际化不仅体现在世界建筑前沿的"输入"和学习，更体现在中国建筑师向世界建筑舞台的"输出"和成就。

2.4 建筑实践与教学的反哺与互补

如老师辈一样，以"同济八骏"为代表的中生代建筑师在进行建筑实践的同时，也未曾放弃建筑教学和建筑理论的探索。章明、王方戟、童明、李麟学、袁烽、李立均为学院全职教师、教授和博士生导师，任力之、张斌、曾群担任学院硕士生导师，柳亦春、庄慎为建筑系兼职教师。他们始终在建筑理论、建筑教育和建筑实践方面坚持不懈地探索当代中国新建筑的方向，在建筑教育的思考和创新具有鲜明的实验性和先锋性。

李麟学自我定位于"基于研究的实践"，一边是学院的学术研究，另一边是设计院的系统和技术支撑，两个身份之间自如转换；李立在建筑设计基础教学中提出剖面优先的空间认知方式，协助学生形成自己的立场、观念和建筑介入社会的方式；王方戟、庄慎、张斌等带

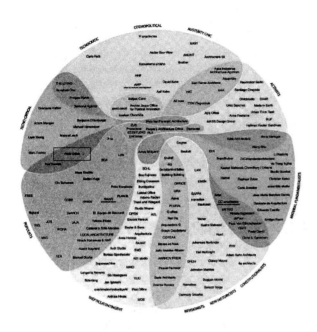

图 2 2016 Global Architecture Political Compass
(by Alejandro Zaera-Polo &
Guillermo FernándezAbascal)

领的实验班教学课程"小菜场上的家",既为学生提供体验城市和空间提案的基础,又打破了建筑师自我完善的小天地,在城市、社会、研究和设计实践的领域做出扩展性工作。

3 教育,是提供一种机遇

大约没有哪个学科像建筑学一样,能如此迅速地反映时代的风向与转变。从"同济八骏"的发展来看,他们接受传统建筑学教育,在1990年代紧紧把握时代契机,得到大量建筑实战的机会;进入新世纪之后,得益于国际交流、学科细分和自身不断转型提升的探索,相继迈入不同的设计领域大展拳脚。可以说,在工业4.0、人工智能大发展的今天,相比于成熟的套路和知识点,建筑师自我学习、自我创造、敏锐把握技术前沿和社会文化动态的能力,更为重要。原有教学体系的知识点、顺序链会发生极大的变化。学校教育的作用,将从传授知识转移到学习能力的训练上来,帮助学生自主认知、自主学习、自主创造。

我曾提出学校建筑学教育的目的或许是为了向学生提供5个"P to P"机会,即"People to People",人和人交流的机会;"People to Paper",人与论文,也就是从事研究训练的机会;"People to Project",人与项目的关系;"People to Practice",人与设计实践的关系;"Peoples to Peoples",人群与人群的关系,即大学提供的学术行会和交流的网络。在这五种平台之上,可以让学生越来越自主,教师得以发挥各自特长,在社会快速变革中走在时代的前列。宾夕法尼亚大学设计学院院长Frederick Steiner在今年六月来访同济交流过程中,认为这五个机会中最重要的是"Peoples to Peoples",即学校应着重打造为学生与其他人群建立便捷联系的平台,不仅是国内外院校师生的网络,也是国内国际建筑师和行业协会,以及扩展而来的艺术界、时尚界、科技界、文化界的重要枢纽。学院应成为近悦远来用的交流中心。

4 结语

我们可以大胆假设,21世纪的建筑教育,应该是将培养的重心从知识点的传授转移到学习能力的提升。在知识更易获得的今天,交流更显珍贵。作为一个优秀的建筑院校,将力求为学生打造一个多元开放、兼收并蓄的多层级平台,为学生提供更多的选择,更开放的知识框架,更开阔的眼界,和更活跃的交流空间。未来的建筑学子,将更加多元,更加开放,更加富有理想。

参考文献

[1] 戴复东院士访谈. 同济大学建筑与城市规划学院编. 同济大学建筑与城市规划学院五十周年纪念文集. 上海:上海科学技术出版社,2002.

[2] 吴志强. 前言:同济精神之未来教学演绎[M]. 同济大学建筑与城市规划学院编. 开阔与建构,同济大学建筑与城市规划学院教学文集1. 北京:中国建筑工业出版社,2007.

[3] 李振宇. 从现代性到当代性:同济建筑学教育发展的四条线索和一点思考[J]. 时代建筑,2017:75-79.

[4] 李振宇. 同济建筑规划大家丛书序:同舟共济,源远流长[M]. 同济大学建筑与城市规划学院编. 罗小未文集,上海:同济大学出版社,2016.

[5] 郑时龄. 同济的建筑大师和同济学派[M]. 同济大学建筑与城市规划学院编. 历史与精神,北京:中国建筑工业出版社,2007.

[6] 李振宇. 序言:八骏之骏. 同济八骏:中生代的建筑实践[M]. 同济大学建筑与城市规划学院编. 上海:同济大学出版社,2017.

张宏　罗佳宁　丛勐　伍雁华

东南大学建筑学院；jianing. luo@ seu. edu. cn

Zhang Hong　Luo Jianing　Cong Meng　Wu Yanhua

Southeast University

为何要建立新型建筑学？*
Why to Establish the Next Generation Architecture?

摘　要：建筑业是我国的支柱型产业，新型建筑工业化是我国未来建筑业发展的重要方向，目前大量相关研究和实践的开展意味着对建筑工业化人才的大量需求，也对建筑专业从业人员的设计能力提出了更高的要求，因此建筑教育扮演了非常重要的角色。本文从建筑学教育的历史发展脉络出发，结合建筑学教育的发展现状，分析了目前建筑工业化背景下建筑学教育的不足，并将其描述为经典建筑学下的"建筑作品模式"，东南大学建筑学院新型建筑工业化设计与理论团队创新性地提出了"构件法建筑设计"，探索了一种针对建筑工业化的新型设计理论，完善了目前建筑学的知识体系，拓展了目前建筑学的教育范围，还创建了新型建筑学的内容，为当代建筑工业化背景下的新型建筑学提供了新的思路。

关键词：经典建筑学；新型建筑学；建筑作品模式；"构件法建筑设计"

Abstract：Building industrialization is the important part in the development of architecture industry in China. Increasing number of research and construction practices highlight a very high demand for talents training and design capability of practitioners, in which architectural education plays a crucial role. This paper explores the limitations and shortcomings of current architectural education in building industrialization based on the analyses of history development of classical architectural education. It then identifies and conceptualizes these as "architectural work" mode. Finally, a new architectural design philosophy named "building components architectural design" was proposed to improve architectural knowledge system and expand architectural education contents. This also provides new ideas for the next generation architecture in the context of building industrialization.

Keywords：Classical architecture；The next generation architecture；Architectural work mode；"Building components architectural design"

1　新型建筑工业化时代

随着当代科学技术和人文社会的飞速发展，建筑业进入了一个新的历史时期，新型建筑工业化已经成为我国为未来建筑业发展的重要方向，是我国建筑业实现节能减排，结构优化，产业升级的有效途径，也是维持社会可持续发展的重要国家战略。目前大量针对新型建筑工业化的研究和实践意味着对相关人才的大量需求，为

此，建筑教育扮演了重要的角色。近几十年来，虽然我国的建筑教育取得了突飞猛进的发展，众多高校设立了建筑学学科并培养了大批的建筑师，但是在新型建筑工业化的时代，建筑学科的知识体系和教育却显得难以跟上时代的步伐。工业化建筑项目与一般建筑项目从设计

* 项目编号"十二五"国家科技支撑计划课题（2015BAL01B01）。

图纸到施工图纸，再到现场施工的传统流程不同，工业化建筑项目还增加了制造、生产、转运、装配等环节，这种额外复杂性的增加带来了建造流程的改变，也带来了两个界面，即设计与工厂界面，工厂和现场界面。这就要求建筑师兼具多方面、多学科的知识背景和专业技能，给建筑师提出了更高的要求。然而，建筑师目前的知识体系却难以应对这些多学科融合所产生的新知识，也难以满足建筑工业化的要求，给建筑教育带来了新的挑战，因此从建筑学科发展的角度重新审视建筑工业化背景下的建筑学教育显得尤为重要。

2 经典建筑学（Classical Architecture）

2.1 建筑教育体系

当代建筑学的教育体系可概括的分为："布扎"、包豪斯和建构三个体系[1]。"布扎"教育体系起源于巴黎美术学院，在建筑学教育上侧重将历史上经典的建筑形态转换成艺术要素，再转化为形式组织，进而通过艺术构图进行设计。其体系的教育核心在于建筑艺术形式的创造，在形式和风格上的创新能力成为专业教学的培养目标。包豪斯随着现代建筑运动的兴起而诞生，并成为第一所完全为发展现代设计教育而建立的学院，其体系的教育核心在于将建筑形态转换成几何要素，再转换成几何抽象构成，并且将技术和艺术和谐统一，回归手工艺，体现为广泛采用工作室体制进行教育，让学生参与动手的制作过程，完全改变以往那种只绘画、不动手制作的陈旧教育方式，而在空间组织形式上仍然呈现出艺术创作的取向。建构教育体系关注于建筑空间的构造逻辑，侧重空间与材料、构造之间的对应组织，如空间的骨骼和外表皮形态呈现，建构教育体系主张回到建筑本身，强调建筑"本质"的审美价值，主张建筑的材料、构造、结构方式和建造的过程都应该成为建筑文化表现主题的价值取向。建构体系的教育主轴为空间建造语汇的培养和训练。

2.2 建筑教育问题

国内高校的建筑学教育体系由西方引入，早期主要为"布扎"体系[2]，现行的建筑学教育主体为包豪斯体系，由于深受"布扎"体系中艺术精英思想的影响，在现代建筑学教学中呈现出较为强烈的艺术创作倾向[1]。如在设计课程教学中追求空间造型、形态构图的独特与变化，审美悟性的启发教学多于规则理性和建造逻辑的传授教学，专业人才的培养目标侧重于艺术创作而非工程建造。唯美严谨的学院派建筑教育一度在中国占据主

流。该传统始终遵循那些得到学界公认的、相对成熟的理论与时间体系，只讲授那些"只可意会，不可言传"的内容，造成了近代中国建筑教育的重形式，轻内容；重艺术，轻技术；重表现，轻设计的倾向。改革开放后，在国际建筑领域发展的影响和国内一系列社会经济变革背景下，国内高校的建筑教育发生了深刻变化，呈现出一些新的发展趋势。从"布扎"体系到包豪斯体系，再到建构体系，建筑学的教育经历了艺术形式创造、几何抽象构成、构造诗意表现等几个阶段，显现出从艺术到技术、从形式到内容、从空间到实体的建筑学教育趋势，但观念上"重道轻器"和专业上"重艺轻技"的倾向将处理建筑的形式、空间和功能与人文和设计之间的关系视为教学重点，而忽视建筑的构件，建造和性能控制与人文和设计之间的关系，同时，目前的建筑教育体系也并未直面建筑的物质本体，即构件，建造和性能控制。

这就导致了建筑行业几十年来的一个现象，建筑师一直在建筑工程项目中扮演"龙头"的角色，其他专业的工程师某种意义上来说是为建筑师"服务"的。这种关系可以概括为，建筑师主要负责和客户沟通，出具设计图纸，并做好与其他工程师的协调工作，施工者主要负责将图纸付诸实现，其他专业工程师则负责给建筑配套必需的设备和构件。建筑师理所当然地认为建筑师主要是负责设计，不会负责后续的建设，后续的建设活动会由其他专业的工程师负责完成，即使关注，也只是从专业协同的角度来配合各专业完成专项设计。

2.3 "建筑作品模式"

东南大学建筑学院新型建筑工业化设计与理论团队形象地把这种现象描述为"建筑作品模式"[3]。建筑师在设计阶段，在与客户沟通的过程中为了展现自己的艺术天赋，说服客户接受自己的设计理念，从而使自己的建筑作品更加具有标识性、象征性和创造性，而在接下来的建设过程中，前期过度专注设计而忽略可行性的后果是建筑在后续的建设过程中需要不断地"边修边改"，建筑师则沉浸在与各个专业工种协调解决问题、展示自己能力的成就感之中，看上去这是团队协作，实际上，这是以建筑师为中心的传统协作模式。具体来说，建筑作品模式可以定义为：建筑师根据客户的需求，采用传统的建筑设计方法进行建筑设计。这种设计方法一般起源于"布扎"体系。相同的客户需求通过不同的建筑师进行设计之后，能够产生多种多样的建筑方案。大多数建筑

师把建筑方案看作是自己的艺术作品，这种艺术作品通常具有很强的标识性，且独一无二，不可复制，即所谓的创意和创造。目前大多数建筑师在这种模式下进行建筑设计，这是他们的信条。他们在艺术和技术，空间性和可建性，设计和建造中挣扎了上百年[3]。

3 新型建筑学（The Next Generation Architecture）

3.1 建筑工业化实践下的"建造"体系

建筑工业化不仅需要传统建筑设计的知识体系，更需要跨学科方面的知识体系，但目前建筑学教育体系下培养出来的建筑师缺乏相应的知识体系和专业技能，而这些通常容易被传统建筑学教育所忽视。因此，建筑学科的知识体系、教育体系亟待拓展。相比较传统的建筑设计教育，由于建造教学的实践性特征，使其在应对生产性和应用性更强的工业化建筑教育中更加具有优势。东南大学建筑学院新型建筑工业化设计与理论团队近几年来一直在进行建筑工业化背景下的新型建筑学教育的探索，从2010年开始，多次与瑞士苏黎世联邦理工学院（ETH Zurich）、德国布伦瑞克工业大学（Tu Braunschweig）和澳大利亚纽卡斯尔大学（UoN）开展了基于真实工业化建筑的系列化建造课程，其教学成果并非1∶1足尺模型或构筑物，而是真正的工业化建筑项目，随着近几年的发展，逐步形成了针对建筑工业化教育的"建造"建筑学教育体系[4]。

3.2 基于"建造"体系的"构件法建筑设计"

如何让学生认识建筑设计的本质？东南大学建筑学院新型建筑工业化设计与理论团队创新性的提出了名为"构件法建筑设计"的建筑设计理论。"构件法建筑设计"首先摈弃建筑多元的困扰，远离理论流派的纷争，摆脱形式空间的争论，以构成建筑的物质性本质角度（房屋）切入，从构成建筑的基本物质元素单元"构件"出发，然后以构件组合的法则、原则和方法为线索和脉络，基于建造的视角，依次展开对建筑空间，建筑性能、建筑功能和建筑形式等方面的追求，最后形成建筑，进而把握和定义隐藏在纷繁复杂建筑背后的设计本质（图1）。

"构件法建筑设计"认为所有建筑都是可以由标准和非标准的构件通过一定的原理组合而成。建筑本质上是由结构构件、围护构件、内装修构件、设备管线构件、环境构件等组合形成的"构件集合体"。其中"构件"是建筑物质构成的基本元素，是第一性的，也是可

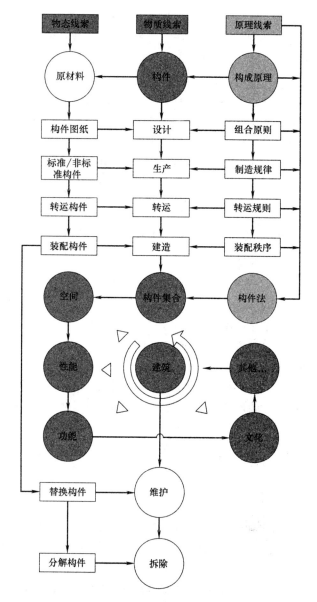

图1 "构件法建筑设计"

见的、可操控的。在此基础上，建筑设计有了根基和依据，设计不再仅仅基于个人或小团体的主观专业技能或工程经验，而是理性的、可预测的、甚至是可量化的，设计不再是"只可意会，不可言传"。同时，"构件法建筑设计"并不否定建筑的多元性。多样性的建筑空间、建筑性能、建筑功能和建筑风格体现在对构件组合方式的变化和对构件文化属性的添加上，而对建筑设计的把控可以被转换、分解和量化为对构件组合变化的论证和对构件属性添加的推算。

"构件法建筑设计"以"构件构成"的观念，力求回归建筑的本质，无论多么复杂的建筑，都可以通过构件组合经建造而成。因此，"构件法建筑设计"并不局限于工业化建筑设计，也同样适用于传统建筑设计。至

此，"构件法建筑设计"中的建筑构件可以替代传统建筑设计中的"点、线、面、体"成为构成建筑空间和形态的基本物质元素，建筑构成不再仅仅是"点、线、面、体"的组合，还可以被看作是构件的组合。

3.3 新型建筑学知识体系

东南大学建筑学院新型建筑工业化研究与实践团队提出建筑工业化背景下的新型建筑学知识体系需要在五个方面对经典建筑学进行拓展[5]：

(1) 开展基于构件分类组合的标准化建筑设计理论与应用研究；

(2) 开展建造、性能、人文与设计的新型建筑学知识体系拓展理论与人才培养方法研究；

(3) 开展装配式建造技术及其建造设计理论与应用研究；

(4) 开展开放的BIM（建筑信息模型）技术应用和理论研究；

(5) 开展从BIM到CIM（城市信息模型）技术扩展应用和理论研究。

而这五方面的拓展主要体现在：

(1) 建筑设计方法，预制装配式建筑是由各种构件组成的，工业化建筑设计的本质是预制构件的组合设计；

(2) 人才培养模式，培养建筑师跨学科的综合能力，使建筑师能够妥善处理好建筑设计与预制构件的制造，生产，转运和装配等方面的矛盾；

(3) 建造技术体系，需要重视建造技术并对最新的相关技术保持职业敏感度；

(4) 信息化的应用工具，需要重视建筑信息模型（BIM）等信息化工具的应用；

(5) 融合拓展领域，不仅要关注微观的建造技术，中观的建筑设计，也要关注宏观的城市设计和规划设计。

4 结语

东南大学建筑学院新型建筑工业化研究与实践团队

不仅探索了一种基于建造教育体系的工业化建筑设计理论，完善了目前建筑学的知识体系，拓展了目前建筑学的教育范围，还创建了新型建筑学的内容，为当代建筑工业化和建筑学科的发展提供了新的思路。新型建筑工业化的发展战略目标之一是构建建筑工业化背景下的新型建筑学，培养支撑城乡建设可持续发展的新型建筑学人才，这一点至关重要，而建筑院校要引领建筑工业化领域的发展方向[6]，同时要重视建造教学对新型建筑学和建筑工业化的推动作用，而这些通常容易被传统建筑学教育所忽视。反思、拓展、更新和补充目前建筑学的知识体系和教育内容将有利于及时地为建设行业培养新型建筑学人才，推动中国的城乡建设可持续发展。

参考文献

[1] 范霄鹏，杨慧媛. 建筑学教育体系建构与传统建筑文化发展分析 [J]. 中国勘察设计，2014 (10).

[2] 顾大庆. 中国的"鲍扎"建筑教育之历史沿革——移植、本土化和抵抗 [J]. 建筑师，2007 (2)：5-15.

[3] Luo J, Zhang H, Sher W. Insights into Architects' Future Roles in Off-Site Construction [J]. Construction Economics and Building, 2017, 17 (1)：107-120.

[4] 张宏，张莹莹，王玉等. 绿色节能技术协同应用模式实践探索——以东南大学"梦想居"未来屋示范项目为例 [J]. 建筑学报，2016 (5)：81-85.

[5] 张宏，丛勐，张睿哲等. 一种预组装房屋系统的设计研发、改进与应用——建筑产品模式与新型建筑学构建 [J]. 新建筑，2017 (2).

[6] 张宏，朱宏宇，吴京等. 构件成形、定位、连接与空间和形式生成 [M]. 南京：东南大学出版社，2016.

范路

清华大学建筑学院；fanlu@tsinghua. edu. cn

Fan Lu

School of Architecture，Tsinghua University

意图精读与形式生成
——一种面向创造力培养的建筑设计教学研究
Close Reading and Form Generating
——An Exploration on Architectural Design Teaching towards Creativity Cultivating

摘　要：形式是现代建筑最重要的概念之一，建筑设计过程也是形式生成的过程。本文从形式的三重含义出发，分析了形而上学意义建构与建筑创新的关系。在此基础上，文章探讨了意图精读与形式生成的建筑设计方法，并介绍了笔者在清华大学建筑系本科五年级设计课教学中对该方法的运用。最后，文章还总结了该教学法对于创造力培养的价值。

关键词：意图精读；形式生成；建筑设计教学；创造力培养

Abstract：Form is one of most important concept in Modern Architecture，and process of architectural design could be regarded as the process of form generating. Distinguishing three different implications in form，this paper discusses the relationship between meaning constructing in metaphysics and architectural innovation. It then explores the design method of close reading of intension and architectural form generating，and introduces author's teaching experiment with this method in fifth year undergraduate design studio in Tsinghua School of Architecture. Also，it summarizes the significance of this method to creativity cultivating in architecture.

Keywords：Close reading of intension；Form generating；Architectural design teaching；Creativity cultivating

1　形式与形式生成

形式（form）是现代建筑最重要的概念之一，建筑设计过程也是形式生成的过程。美国哈佛大学研究生设计学院（Harvard GSD）在建筑系办学思想介绍中就明确指出，"优秀的设计是以充满想象力且娴熟的形式操作（Manipulation of form）整合更宽广的知识"。[①]

在建筑学的讨论中，形式又是一个具有复杂内涵的概念。概括说来，它包含了外形（Shape）、形式结构（Formal Structure）和形而上学（Metaphysics）三个层次的含义。外形是形式的第一层内容，它是可见可感官的，也是最浅层最好理解的。建筑的造型、风格和样式便属于这一层次。抽象的形式结构是形式的另一层内涵，它是不可见的，需要用头脑和理性来理解。建筑学中对形式句法、形式范式——如九宫格网、多米诺范式等——的讨论便属于这个层面。埃森曼（Peter Eisenman）在纸板住宅中的形式操作和柯林·罗（Colin Rowe）在《理想别墅的数学》（*The Mathematics of the Ideal Villa*）中对帕拉迪奥和柯布西耶别墅的比较，

---

① The Department's philosophy of design excellence integrates the imaginative and skillful manipulation of form，as well as the ability to draw inspiration from a broad body of knowledge. 参见 http：//www. gsd. harvard. edu/architecture/

都是对于形式结构的探索。最后，不可见的形式结构还导向了更深层的形而上学内涵。形式虽然是现代建筑的核心概念，但它却是在19世纪末从德语区的哲学美学（Philosophical Aesthetics）传入建筑学中。因此，形式概念在哲学形而上学讨论中的历史更为悠久。它是康德哲学中沟通主观和客观的先验要素，也指向了柏拉图的理念世界。因此对建筑设计而言，形式生成的过程也蕴含了形而上学的意义建构。这便有了路易·康追求的"世界中的世界"。这也让建筑形式生成可以摆脱外形和风格的模仿，摆脱形式结构的手法主义运用，走向基于意义建构的形式创新。例如，维特科尔（Rudolf Wittkower）在《人文主义时代的建筑原理》（Architectural Principles in the Age of Humanism）中就指出，文艺复兴教堂形式探索的背后蕴含着毕达哥拉斯-柏拉图主义色彩的数学与基督教教义的融合。而在《建筑经典：1950—2000年》（Ten Canonical Buildings：1950-2000）中，埃森曼分析了柯布西耶和库哈斯基于"笛卡尔体系—隐喻形象"二元关系的重新界定，开辟了当代建筑的形式新范式。

建筑创新必然会体现在形式表达上。而对形式含义的不同理解，影响了设计师对于形式生成和建筑创新的态度。最表面的理解便是将建筑创新等同于设计新外形。建筑设计初学者或非专业人士较容易产生这样的形式理解。目前所批判的"奇奇怪怪"的建筑，就是在设计时过于追求外形变化，而损害了功能、结构、环境等基本要求，所以让人觉得奇怪。而对于优秀的建筑师，他们充分了解建筑学中的经典形式结构和范式，在设计中以此应对项目要求、整合建筑要素。抽象的形式结构与具体的实用要求并不在一个层面，所以两者更多是互相依托的关系，而随之出现的新外形和新风格只是内在形式范式发展的结果。最后，少数建筑大师——建筑师的建筑师——能够"得意忘形"，从形而上学的层面建构意义世界，进而创造出新的形式结构和范式。这种创新更加本质，影响也更加长久。

不难看出，侧重形而上学意义建构的形式生成更具有原创性，也更需要设计师的想象力和创造力。那么在建筑形式生成教学中，如何培养这种能力？笔者在近年的本科设计教学中，便尝试以意图精读和形式生成的方法训练学生的形式创造力。

2 意图精读与形式生成

设计意图（Design Intention）是建筑形式生成的起点。它既涉及外部客观的场地、功能、结构、经济等项目要求，又与建筑师主观的美学品味和价值判断相关，

因此是联系主客体的先验要素。设计开始时，各种意图交织浮现。随着设计的进行，建筑师不断梳理条件，提炼出关键议题，并充满创造性地运用形式语言来解决问题。而对设计意图进行精读能更有效、更深入、更有创造性地完成设计任务。

精读（Close Reading）最早可追溯到亚里士多德的《诗学》，在20世纪英美新批评（New Criticism）流派中发展完善，并成为当代文学研究中一种重要的分析方法。它强调对文本本身的仔细持续解读，关注文本字面意思背后的意义和可能性。它综合了语言、语义、结构、文化等方面的分析，一方面揭示出文本背后的深层逻辑，另一方面又呈现出事物复杂微妙的意义。在建筑学中运用精读的重要人物是埃森曼。他发展了柯林·罗的形式分析方法，提出了建筑精读，并视之为建筑分析中的核心概念。埃森曼认为语言文字能够帮助人们理解建筑中某些独特的、用其他方式难以表达的现象。他主要借鉴结构主义语言学和1968年之后的后结构主义理论，用文本逻辑研究形式结构和范式。建筑精读始于他1963年的博士论文《现代建筑的形式基础》（The Formal Basis of Modern Architecture），并在后来的研究中不断完善，在近年的著作《建筑经典》和《虚拟的帕拉迪奥》（Palladio Virtuel）中形成成熟方法体系。埃森曼的精读对象是建筑史和艺术史中的经典作品。他分析这些作品的形式范式及其意义、感知和演化，并为今后的建筑设计提供工具方法。例如，他近些年在耶鲁大学的研究生理论课中探讨"双联"（Diptych）的形式范式和内涵，并在建筑设计教学中，以此为形式生成工具指导设计。

在笔者看来，埃森曼的形式精读以建筑自主性（Autonomy）和建筑学科历史为基础。以此方法为主导的建筑设计教学，工具指向清晰，设计过程明确，能够带来设计意图的充分贯彻和建筑思想的深度表达。但另一方面，其过于明确的形式推演，容易有手法操作的狭隘化倾向，而弱化了形而上学意义建构的自由。因此，笔者在深入学习埃森曼建筑精读方法的基础上，结合艺术史图像学和形式分析、文学理论、人类学和社会学等相关学科的研究，将建筑精读转变为设计意图精读，并以此指导建筑设计教学。其核心内容是以精读为工具方法，对设计前提与核心议题进行细致分析，先在形而上学层面建构意义，再生成多维度的形式结构并应对各项实用性建筑要素，最后得到具体的建筑形式。这一转变的实质是摆脱从建筑到建筑的束缚，转向从生活到建筑。从意义建构到形式生成的方法，能够超越样式学习，促进面向创造力培养的建筑设计教学。

3 形式生成教学研究

近年来，笔者指导清华大学建筑系本科五年级设计课，探索基于意图精读的建筑形式生成设计教学法。"设计专题——概念设计"（6学分128学时），是面向本科五年级学生的建筑设计主干课。该课程位于前四年建筑设计之后，处在本科毕业设计之前，定位为提升设计能力和培养设计方法自觉。笔者指导该课程以来，针对课程定位，探索面向创造力培养的形式生成设计教学。希望通过该方法的训练，能够让学生对形式内涵和设计目标有更深入的理解，能够更自觉地探索建筑创新，以更具创造性的形式操作解决设计问题。

课程要求学生参考之前完成过的设计，自拟任务书，然后按照"意图精读与形式生成"的方法进行设计研究。因此，建筑设计方法论学习和创造力培养是该课程的训练重点。在教学过程中，学生先自拟任务书并自由选择设计意图，然后综合运用形式分析、文本分析、图像学研究等方法，对设计意图进行精读。在此基础上，学生明确自己的设计立场和价值判断，在形而上学层面建构相应的建筑意义——以设计标题和文本描述呈现。然后，学生要生成相应的形式结构图解，并以此应对空间、功能、结构、场地、环境等实用性建筑要素。经过多次优化迭代——反复精读设计意图、调整形式结构、应对实用性建筑要素，最终生成建筑形式（图1）。设计过程中的多次优化迭代主要有两方面的原因：其一，在精读过程中，对建筑意义和设计目标的认识是随着设计过程的展开而逐渐清晰的。这是主客观沟通整合的过程，也是所有文学艺术创作的共同规律。另一方面，也更为重要的是，通过意图精读所建构的设计意义和形式结构，不能简单化地表达。它而需要体现在空间、功能、流线、结构、场地、材质等各个维度，需要用总图、平面、剖面、图解、透视等多种方式表达。这是对"上帝存在于细部中"建筑品质的追求，也是对学科深度的探究。

图1 意图精读与形式生成设计法的流程

2010级张璐同学以"撕裂之痛——'文革'博物

馆设计"完成该课程设计（图2）。张璐选择"文革"时期10个人的故事作为设计意图进行精读研究。在分析中，这10个人对待"文革"的态度分为三类，而其中又有4人来自同一个家庭。由此，张璐建构起该设计的意义——政治立场和家庭伦理双重逻辑对生活的撕裂，形成"撕裂之痛"的主题和形式结构图解。在此基础上，她以锐角三角形和折线作为母题确定地段、形体单元和空间划分方式。而不同的政治立场和家庭关系，又对应了不同的功能、空间、结构、流线和材质。多个层次的建筑处理相互叠加，生成情感细腻丰富但又整体指向明确的设计。如果说张璐的设计侧重表达个人内心的感受，那么2012级谢志乐同学的作业"与车共舞——多速混合的新城市综合体设计"，则是对当代北京城市问题的反思和乌托邦构想（图3）。新设计城市综合体的地段位于北京二环西北角动物园南侧，其交通现状条件非常复杂，人车关系十分混乱，城市空间相当消极。由此出发，谢志乐展开意图精读，提出不同速度共存的未来城市生活构想。在形式生成层面，人行车行相互环绕，构成双螺旋筒体。筒体成为核心单元，并插入规则的长方体建筑中。双螺旋筒体还是新综合体的交通核心，连接建筑与城市的复杂交通流线系统。在筒体内部，布置多种观演功能，形成活力激发器；而筒体外部的建筑功能，则由周边城市所缺失的内容所决定。由此，建筑和城市融为一体，不同速度的生活交织在一起，人群间的看与被看在不断转化。整个空间成为对立统一的连续体，处处都有蒙太奇的都市奇景。

4 结语

从形式出发生成建筑是众多建筑设计方法之一，而基于意图精读的设计法又是众多形式生成方法中的一种。笔者对此方法进行研究，是期望在建筑设计教学中加强形而上学意义建构的训练，培养学生超越既有风格和手法的形式创新能力。这种形而上学层面的训练，并非让学生建立大师般完整深刻的建筑思想体系，而是培养他们独立自主的人文精神，用建筑形式探索自己对于社会、生活和文化的初步认知。另一方面，该方法对于形式创造力的培养也是植根于建筑本体知识的深入学习。它需要学生更深入地了解形式内涵，更加明确设计目标和关键议题，在形式生成过程中注重逻辑的自洽和他洽，在建筑各个层面贯彻设计意图的表达。最终，希望学生认识到，建筑创新不是寻找新奇的外形，而是基于学科内核与更广阔知识的辛勤探索。

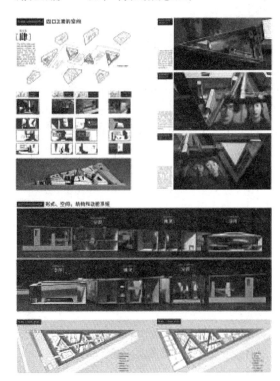

图 2 张璐，撕裂之痛——"文革"博物馆设计（来源：清华建院）

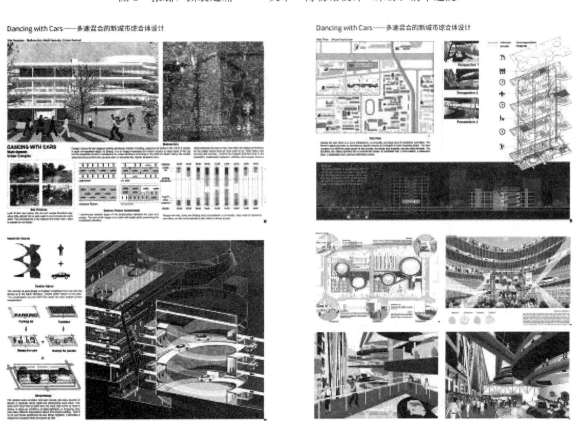

图 3 谢志乐，与车共舞——多速混合的新城市综合体设计（来源：清华建院）

参考文献

[1] Adrian Forty. Words and Buildings：A Vocabulary of Modern Architecture［M］. New York：Thames & Hudson Inc.，2000.

[2] Colin Rowe. The Mathematics of the Ideal Villa and Other Essays［M］. Cambridge：The MIT Press，1987.

[3] ［美］彼得·埃森曼. 建筑经典：1950-2000年［M］. 范路等译. 北京：商务印书馆，2015. 8.

[4] ［德］鲁道夫·维特科尔. 人文主义时代的建筑原理（原著第六版）［M］. 刘东洋译. 北京：中国建筑工业出版社，2016. 1.

[5] ［美］勒内·韦勒克等. 文学理论［M］. 刘象愚等译. 南京：江苏教育出版社，2005.

邵郁　孙澄　薛名辉　邢凯

哈尔滨工业大学建筑学院；yi _ zhu@vip. 126. com

Shao Yu　Sun Cheng　Xue Minghui　Xing Kai

School of Architecture Harbin Institute of Technology

工程教育认证与专业评估双重驱动的建筑学专业教育标准研究

——以哈尔滨工业大学建筑学专业 2016 版本科培养方案修订为例*

Research on Architectural Professional Education Standard with Dual Drive of Engineering Education Certification and Professional Evaluation

摘　要：本研究从工程教育认证与专业教育评估认证双重标准角度出发，以哈尔滨工业大学建筑学专业2016版本科培养方案修订为例，秉承转变"知识传授"为"能力建构"的思路，探索双重标准的融合机制，进而建构起以分析解决复杂建筑设计问题能力为核心的新毕业要求的多级指标体系，并以毕业要求课程体系重构为突破口，推进建筑学专业教育的发展。

关键词：工程教育认证；专业评估；教育标准

Abstract：Based on the dual standard of engineering education certification and professional education evaluation, this study takes the revision of 2016 version of undergraduate program of architecture of Harbin Institute of Technology as an example, adheres to the idea of "knowledge transfer" as "ability construction", explores the dual standard integration mechanism, and then build a multi-level index system to analyze the new graduation requirements with the ability to solve complex architectural design problems. With reconstructing the curriculum system of graduation requirements as a breakthrough, it promotes the development of architecture education.

Keywords：Engineering education certification；Professional evaluation；Educational standards

1　工程教育认证与建筑学专业评估

当今社会处于一个高速发展的阶段，互联网时代海量信息的来临，使得开放、机会与多元已成为这一代"知识接受者"——大学生的典型特质；回归教育的常识与本分，从"以教师为中心"转变为"以学生为中心"，教育学生从"接收知识"转变为"强调学习责任"的能力建构教育势在必行；这就需要按照既定的质量标准对专业人才培养体系进行认定，保证专业能够培养出符合标准的合格毕业生，促进专业人才培养质量的持续提高和改进。

---

*黑龙江省教学科学规划重点课题2034《面向东北老工业基地城乡建设的建筑学专业卓越工程人才创新培养模式研究》；黑龙江省教育教学改革项目《建筑虚拟仿真实验教学体系建构》。

建筑学专业是一门古老的专业，兼具工程技术与人文艺术特质，有着典型的学科特殊性。时至今日，为了应对日益复杂的城市与建筑发展问题，建筑学学科的专业内涵与外延发生了深刻的变化；一方面要更加注重对其他相关学科（特别是人文学科）知识的了解与运用，从而形成与社会实际结合更加紧密、专业性与通识性教育并重的广义教学体系；另一方面，建筑学专业教育作为一种没有"统一标准答案"的专业教育，将更多地体现为一个发现问题、分析问题、解决问题的探究性教学过程，并借此提高学生应对复杂问题的综合能力和素质。因此，改革固有的人才培养模式、将建筑学的专业教育体系与更大范围的工程教育认证体系有机融合，既是建筑学专业教育发展的迫切需求，也是培养创新人才的必然趋势。

1.1　工程教育认证

认证，指高等教育为了教育质量保证和教育质量改进而详细考察高等院校或专业的外部质量评估过程。工程教育认证即工程类专业的认证，自 2006 年起，至 2015 年底，累计 570 个专业参加认证，涉及高校 124 所。2013 年，我国成为本科工程教育国际互认协议《华盛顿协议》的签约成员；作为世界通用的工程教育本科专业学位互认协议，其宗旨是通过多边认可工程教育资格，促进工程学位互认和工程技术人员的国际流动；加入《华盛顿协议》代表我国高等工程教育质量得到国际认可。

基于《华盛顿协议》的工程教育认证，其主要理念为成果导向教育（OBE），即教学设计和教学实施的目标是学生通过教育过程最后所取得的学习成果。关键在于成果导向的教学设计，以学生为中心的教学实施，持续改进的教学评价；这将促使课程体系、课堂教学和教学评价都发生变化（图 1）。

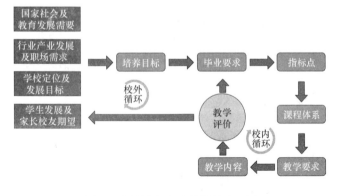

图 1　成果导向的教学设计流程图

1.2　建筑学专业教育评估认证

建筑学专业教育评估认证是实行建筑学专业学位制度的基础和前提，是对申请学校的建筑学专业的师资和办学条件、教学质量、教学过程和毕业生质量等诸方面进行客观全面的评价。评估认证始于 1992 年，经国务院学位委员会第十一次会议审议，原则通过"建筑学专业学位设置方案"，并组成了"全国高等学校建筑学专业教育评估委员会"，对试点院校的本科建筑学专业进行试点评估。截至 2016 年，已经有 60 所大学通过全国高等学校建筑学专业教育评估委员会的评估。笔者所在学校哈尔滨工业大学建筑学专业 1994 年以 A 级通过全国首批建筑学专业教育评估。

国际间对建筑教育评估结论的相互承认，是国际人才流动的需要，也是注册建筑师资格互认的前提。中国建筑教育评估在一开始就借鉴了英国和美国的建筑教育评估体系；2008 年，在澳大利亚首都堪培拉，中国参与发起并签署了《建筑学专业教育评估认证实质性对等协议》（堪培拉协议），这一方面标志着我国建筑教育迈入国际行列，另一方面，也是对我国建筑教育的挑战，如何保证通过建筑学专业评估的学校培养的获得建筑学学位的毕业生的质量是一个严峻的挑战[1]。

1.3　两种标准的比对分析

相对来说，工程教育认证标准覆盖面广，以统一、宽泛的标准高屋建瓴的指导各工程类专业，注重课程体系的完整建构；而建筑学专业教育评估认证，虽仅覆盖建筑学专业，但却提供了细致、可行的指导性专业教育做法，注重专业教育的执行与实施。如果将工程教育认证标准的宏观把控与建筑学专业评估标准的微观指导充分融合，形成双重驱动下的面向新时代、新发展的建筑学专业教育标准，更新建筑学专业毕业要求与人才培养目标，进而重构建筑学专业教学体系，具有迫切的现实意义。从长远趋势看，多元化的教育评价标准的提倡，也势必启发一种开放式的教育教学研究过程，为专业人才教育打开一扇实践示范的窗口。

2　两类标准的融合

2016 年，哈尔滨工业大学全面启动新一轮人才培养方案的修订工作，明确了在全校工科专业推行工程教育认证理念的工作思路。建筑学专业也不例外，进行了在成果导向教育指引下的一系列改革性的探索。具体工作计划分四个步骤：

（1）多方位调研，如参照系对比研究、毕业生座谈、校友及用人单位发放问卷等，并对调查结果综合处理，确定专业人才培养目标；

（2）制定两类标准融合后的新毕业要求，并根据新毕业要求，介入 OBE 理念，对原课程体系进行持续改进与分析；

（3）构建 2016 版培养方案课程体系框架；

（4）OBE 理念下课程建设与评价。

截至目前，前三步骤已顺利实施完成，正处于具体课程建设阶段。本文将主要针对第二步中新毕业要求的制定进行阐述。

2.1 工程教育认证标准对毕业要求的定位

在《中国工程教育专业认证协会工程教育认证标准（2015 版）》中提到："专业必须有明确、公开的毕业要求，毕业要求应能支撑培养目标的达成。专业应通过评价证明毕业要求的达成。"同时，也明确指出：专业制定的毕业要求应完成覆盖以下内容（俗称工程教育认证 12 条）[2]：

（1）工程知识；

（2）问题分析；

（3）设计/开发解决方案；

（4）研究；

（5）使用现代工具；

（6）工程与社会；

（7）环境与可持续发展；

（8）职业规范；

（9）个人与团队；

（10）沟通；

（11）项目管理；

（12）终身学习。

将这 12 点的具体涵义进行梳理，会发现其中仅第 1 点提到将数学、自然科学、工程基础和专业知识用于解决复杂工程问题，偏属于知识类标准；其余 11 点，均侧重于能力培养。而其中第 2、第 3、第 4、第 5、第 6、第 7、第 10 点的释义中都出现了"复杂工程问题"一词，从不同角度体现工程能力的建构；而其余则偏重于通用能力与素质的养成。

综合考量，工程教育认证标准充分体现着"从知识传授到能力建构"的教育观念的转变。

2.2 建筑学专业本科教育评估指标分析

全国高等学校建筑学专业本科教育评估指标内容，以条款方式体现，共计 81 项；其中与专业课程设置最为密切相关的为"专业教育质量"类，共计 34 项；并

用"熟悉"、"掌握"和"能够"三个词来分别确定学生在毕业前必须达到的水平。"熟悉"指具有基础知识；"掌握"指对该领域知识有较全面、深入的认识，能对其进行阐释和运用；"能够"指能把所学的知识用于分析和解决问题，并有一定的创造性[3]。

具体指标为：

（1）建筑设计：分为建筑设计基本原理类、建筑设计过程与方法类、建筑设计表达类；共计 13 分项，纵向贯穿建筑设计的全过程。

（2）建筑知识：分为建筑历史与理论类、建筑与行为类、城市设计类、景观设计类、经济与法规类；共计 7 分项，横向体现着建筑学领域的广度。

（3）建筑技术：分为建筑结构类、建筑物理环境控制类、建筑材料与构造类与建筑的安全性类；共计 10 分项，着力于建筑学专业的工程技术性。

（4）建筑师执业知识：分为制度与规范类与服务职责类；共计 4 分项，考核的是建筑学专业的职业性。

这样的评估指标，实则已涵盖近年来中国建筑教育的方方面面；但由于指标仅为基本标准，在当前双一流大学建设的大方针政策之下，对于培养卓越建筑师、建筑界领军人才的目标来说，稍显薄弱。同时，各分项指标点，大部分还侧重于相关专业知识的熟悉；在当前更为强调专业能力建构的社会背景下，也需要进行一些适度的更新。

2.3 基于复杂建筑设计问题的双重标准融合

建筑设计属于建筑学专业的核心能力，而建筑设计工作的核心，就是要寻找解决一系列建筑设计问题，可能是内容与形式的矛盾，需求与可能之间的矛盾，也可能是投资者、使用者、施工制作、城市规划等多方面与设计之间的矛盾。与此同时，建筑设计还是一种需求有预见性的工作，要预见到拟建建筑物存在的和可能发生的各种问题。这种预见，往往是随着设计过程的进展而逐步清晰、逐步深化的。

于是，包容着建筑策划、城市规划与设计、历史遗产保护等多个方面的建筑设计问题，具备着一定程度的复杂性，完全可以看做一种复杂工程问题。从这一角度出发，将分析与解决建筑设计问题的核心能力塑造作为中心，可以充分找到工程教育认证标准与建筑学专业本科教育评估指标的契合点（图2）。

在整体架构达成一致之后，便可以在具体层面进行指标点的进一步整合。在本轮工作中，做法是从"工程知识、工程能力、通用技能、工程态度"四项作为一级框架；依托工程教育认证 12 条搭建二级指标，而将建

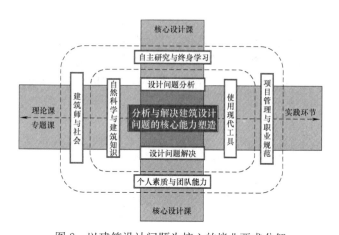

图2 以建筑设计问题为核心的毕业要求分解

要求指标体系（图3、图4）。

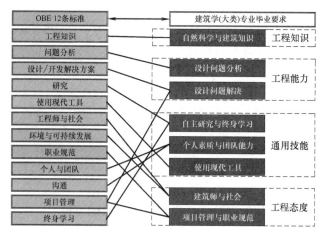

图3 毕业要求一级框架与二级指标

筑学专业本科教育评估指标加以更新、休整作为三级指标点，形成了4大类，8分项，37子项构成的新的毕业

这样的毕业要求指标体系具备以下特点：

毕业要求一 自然科学与建筑知识					毕业要求二 设计问题分析				毕业要求三 设计问题解决							毕业要求四 自主研究与终身学习				毕业要求五 建筑师与社会			毕业要求六 项目管理与职业规范			毕业要求七 使用现代工具			毕业要求八 沟通与表达				
1	2	3	4	5	1	2	3	4	1	2	3	4	5	6	7	1	2	3	4	1	2	3	1	2	3	1	2	3	1	2	3	4	5
数学与自然科学	建筑历史	建筑材料	建筑构造	建筑安全	建筑经济	设计原理	分析建筑功能问题	分析建筑艺术问题	分析建筑结构问题	分析建筑物理问题	建筑设计的目的与意义	影响建筑设计的综合因素	建筑设计全过程	建筑设计与环境	城市规划与城市设计	历史遗产保护	景观设计	调查与研究	设计与公众参与	研究结果的综合处理	终身学习	文化与社会	建筑环境心理	可持续发展与绿色建筑	法规与规范	职业建筑师	设计程序与制度	建筑施工	数字化设计	建筑虚拟仿真模拟	绿色建筑	团队能力	相关专业协作	书面及口头表达	手工表达方式	国际化视野

图4 毕业要求二级指标与三级具体指标点

（1）结构明晰，实际操作性强：三层级的架构，可分别指导宏观的教学体系建构和微观的课程设计，具备较强的实际操作性。

（2）循序渐进，契合教学规律：一级框架中，从工程知识的获取，到工程能力的养成，到通用技能的建构与工程态度的树立，符合卓越建筑师进阶式培养的过程。

（3）主次分明，强化设计能力：在整个指标体系中，"设计问题分析"与"设计问题解决"所占比重最大，体现了以设计能力培养为核心。

（4）广泛拓展，兼顾综合素质：拓展增设了"自助研究与终身学习"、"使用现代工具"和"沟通与表达"等分项，兼顾学生全面、综合能力与素质的培养。

3 毕业要求驱动下的建筑学专业本科课程体系构想

在确立了双重认证标准相融合的新版毕业要求之后，便可以着手分析现有课程体系与其之间的关系，找出未完全覆盖的盲点；进而对课程体系进行调整，如表1便是对本科四年级课程进行分析，重新梳理的课程与毕业要求对应关系。

在表1基础上，就可以从微观层面对具体课程进行教学设计，如表2、表3就是建筑设计-5（高层建筑设计）的教学设计表格片段。

同时，也可以在宏观层面定位毕业能力、年级目标与课程目标的关系；并围绕专业设计核心能力达成度的分析，关注课程达成与评价的闭环反馈，强化特色，整合课程体系（图5）。

哈工大建筑学院四年级课程与毕业要求的对应关系　　表1

毕业要求 课程名称	自然科学与建筑知识	设计问题分析	设计问题解决	自主研究与终身学习	建筑师与社会	项目管理与职业规范	使用现代工具	沟通与表达
建筑设计-5	M		H	L		L	M	
建筑设备	L							
绿色建筑专题-2	L				L			
建筑师职业素养与领导力						H		
建筑与文化专题			L		M			
历史建筑与遗产保护专题			L		L			
开放式研究型建筑设计		M	H	H				H
建筑设计-6	M		H			L	M	
建筑物理(声)	L							
建筑师业务实践与施工图培训						M		L

注：H代表覆盖毕业要求80%以上，M表示覆盖毕业要求50%以上，L表示覆盖毕业要求20%以上。

课程目标与毕业要求对应关系　表2

毕业要求		课程目标
二级指标点	三级指标点	
3. 设计问题解决	3-2 影响建筑设计的综合因素：整合建筑设计的相关知识，综合、全面的解决复杂建筑设计问题	课程目标-1
6. 项目管理与职业规范	6-3 设计程序与制度：从城市—建筑的全过程入手，掌握从策划到设计的建筑设计流程与程序	课程目标-2
5. 建筑师与社会	5-1 文化与社会：从社会文化角度出发设计建筑，同时也要考虑高层建筑在城市中，对城市文化带来的各方面影响	课程目标-3

教学内容与方法与课程目标对应关系　表3

课程名称		建筑设计-5		课程类型	
序号	教学内容	教学要求	学时	教学方法	课程目标
1	绪论开题	(1)掌握建筑设计的一般程序，了解建筑设计全过程；(2)掌握城市设计相关流程与方法；(3)掌握高层建筑设计流程与方法	4	课堂讲授	课程目标2
2	城市调查分析	(1)课下进行城市调查，并分析收集到的信息；(2)通过VR实验手段，对城市与高层建筑的关系进行实验(虚拟仿真实验室)	8	讨论+实验	课程目标3
3	高层建筑设计	根据城市设计结果，进行共享时代下的高层写字楼设计	40	讨论+设计	课程目标1

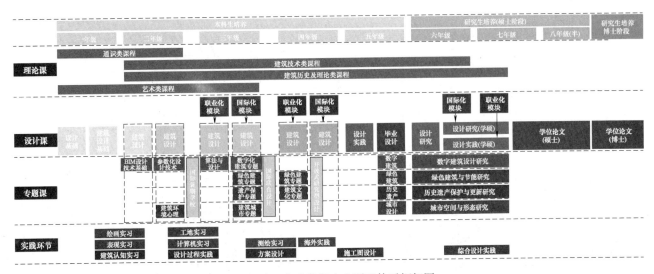

图5　哈工大建筑学专业课程体系框架图

4 结语

两种标准有效、充分的相互融合，发挥了彼此的优势，起到了协同补充的作用；融合后形成的新教育标准也可以在宏观和微观层面对从培养方案修订到实际教学设计的整个链条进行全方位的指引。

本轮修订后的哈工大建筑学专业本科培养方案预期2017年秋季学期在一、二年级试行，期待着能取得不俗的成果与收益。

参考文献

［1］ 建筑学专业教育评估认证实质性对等协议（堪培拉协议）．建筑学报，2008（10）：63-20．

［2］ 工程教育认证标准．北京：中国工程教育专业认证协会，2015．

［3］ 全国高等学校建筑学专业本科教育评估标准．高等建筑教育，1993（01）：15-20．

黄海静　邓蜀阳　卢峰

重庆大学建筑城规学院，山地城镇建设与新技术教育部重点实验室，建筑城规国家级实验教学中心；cqhhj@126.com

Huang Haijing　Deng Shuyang　Lu Feng

Faculty of Architecture and Urban Planning, Chongqing University, Key Laboratory of New Technology for Construction of Cities in Mountain Area, Architecture and Urban Planning Teaching Laboratory

深感知、微介入：在西藏、云南的跨地域文化建筑设计教学

Deep Perception and Slight Intervention: Cross-regional Cultural Architecture Design Teaching in Tibet and Yunnan

摘　要：面对日益复杂的城市社会问题、更加多元的文化背景信息，培养学生具备独立思考、多角度分析、综合判断决策的能力是当今建筑教育的必然要求。论文以重庆大学大三下期在西藏、云南的两次跨地域文化的联合设计教学为例，通过开放性、体验式教学过程实践，引导学生超越本地文化的固有认知，以相对的观点来看待不同的文化，以细致的感知来理解不同的文化，以谨慎的态度来介入不同的文化，从而建立起正确的文化建筑设计观。

关键词：跨地域；多元；开放；体验式教学；文化建筑

Abstract：In face of the increasing complex social problems and multiform cultural information, cultivating students' abilities of independent thinking, multi-perspective analyzing and integrated decision-making has became the inexorable demand of architecture education in nowadays. This paper introduces two cross-regional cultural joint design teaching in Tibet and Yunnan during the second semester of juniors. Through the opening and experiential teaching methods, we guided the students to go beyond the inherent knowledge of local culture, to think about different cultures by using relative point of view, to understand different cultures by detailed perception, and to intervent different cultures by taking a cautious attitude, and then establishing a correct concept of cultural architecture design.

Keywords：Cross-regional; Multiform; Opening; Experiential Teaching; Cultural Architecture

1　建筑教学新要求

我们正身处复杂的、互相连通的世界中（耶鲁大学校长，Peter Salovey）。多元发展模式极大地拓展了专业知识的内涵与外延，信息网络化提供海量数据、构建共享平台，也带来文化趋同、教育多样化的挑战。面对越来越多来自不同社会文化背景的信息，培养学生具备敏锐的洞察力、多角度思考、客观分析的能力是当今的建筑教育必须关注的问题。

在打开课堂、学校、国际"三门"办学的指导方针下，重庆大学倡导"开放式"教学理念[1]。通过多种联合教学方式，提供学生跨地域、跨文化学习、交流的机会，培养学生建立起更广阔的视野和多元化的思维。

2 跨文化教学模式

"文化多元性"要求学生在充分了解其自身本地文化的基础上，通过跨文化的交流和学习，发展对非本地文化的理解，引导学生重视地域文化的差异性表达，形成对文化连通性的认知，从而触发设计创新的灵感。

基于多元、开放的教学思路，学院经过多年探索与实践，构建起跨文化教学的三种模式[2]：

一是"注入式"教学。将非本地文化的相关内容注入设计课题中。此模式多为结合设计竞赛或学生自主选地的课题，采用网络或资料查阅、指导老师讲解传授等方式，了解、收集相关文化信息，通过设计分析，形成对非本地文化的自我认知。这种认知往往具有较强的主观性。

二是"体验式"教学。将学生置于非本地文化的环境中去学习。通常这种模式是指导老师带领学生到课题所在地进行实地调研、面对面交流，从跨文化的亲身体验中发展学生的认知视野，提高其对多元文化的深刻理解。

三是"对话式"教学。随网络信息技术发展而逐渐应用于跨地域、文化的联合教学中。采用此模式时，联合的双方必须协调好教学计划，通过网络媒介进行思想交流及文化探讨，以获得较充足的设计背景、场地信息，建立起对非本地文化较准确的理解和认知。

大学三年级是学生在掌握基本设计原理、方法基础上，逐步形成自己"建筑观"的关键时期。大三下的文化建筑设计是实践跨地域、文化联合教学的适宜课题：一，文化建筑设计强调对多元文化的理解，教学理应提供学生不同地域文化学习、多角度思考的机会；二，改变多数学校毕业设计时才提供学生联合教学的机会，在大三阶段结合跨地域设计选题，与当地建筑院校共同开展跨文化教学，有利于学生认知不同，开拓眼界，及早养成多元思考和协作意识。

根据课题类型和教学安排，采取不同教学模式。如2009年与美国爱达荷大学开展的"对话式"网络联合教学，2010—2013年开展的以"定制"为主题的"注入式"教学，2014—2016年与西藏大学开展的"体验式"联合教学，2017年与昆明理工大学开展的"体验式"＋"对话式"联合教学（表1）。

跨文化建筑教学的三种模式

表1

时间	课题名称	教学模式	参与学校
2009年	变脸：巴渝文化艺术中心设计	"对话式"	重庆大学＋美国爱达荷大学
2010—2013年	定制——私人艺术馆设计	"注入式"	重庆大学
2014—2016年	藏文化展示中心设计	"体验式"	重庆大学＋西藏大学
2017年	云南卧龙浦古渔村文化体验馆设计	"体验式"＋"对话式"	重庆大学＋昆明理工大学

3 跨地域教学实践

本文主要介绍在西藏、云南的两次"体验式"跨地域文化建筑设计教学。

3.1 地域文化建筑设计教学要求

突出地域文化、风貌特色是当代建筑发展的主导趋势。文化建筑具有展品收藏、陈列展示、学术研究、文化交流宣传等功能，肩负着推动地方文化发展的使命；作为地域文化展陈的"载体"，其自身也应成为一处体现地域文化特征的"作品"[3]。

具体教学要求如下：

（1）建立建筑环境融合的关系。以城市格局、基地环境、场所特征为依据展开设计构思，巧妙回应建筑与城市空间环境的文脉关系，使新建的建筑及外部空间能顺应场地而生，与周边环境有机契合。

（2）提炼地方文化及风貌精髓。注重对地方民俗文化、风貌特色的延续与创新，对地域建筑精髓的继承和发扬。要求建筑及环境空间、形态、材料、肌理等各方面体现地域文化信息。

（3）体现文化展示建筑的特性。学习视线、光线、流线"三线"设计方法，关注使用者参观、体验的行为心理特征及其对空间环境的要求。提供一个供大众和研究学者共同使用的，具有开放性、综合性的现代文化建筑。

（4）创作适应地域条件的建筑。研究气候、朝向、地形、环境生态等地域条件因素，在满足使用功能基础上，以适宜技术手段满足地域文化建筑特有的采光、通风等物理环境要求。

跨地域文化建筑设计的选题，一个是"藏文化展示中心设计"，另一个是"云南卧龙浦古渔村文化体验馆设计"。两个选题均位于地域文化特色极强的城市，要求学生通过深入当地的细致调查、分析和学习，以谨慎的态度、大胆的创新，研究不同地域文化建筑的现代表达。

3.2 "以问题为导向"的教学方法

采用"以问题为导向"的研究性教学方法：通过"发现问题"产生设计思路、"分析问题"明确设计方向、"解决问题"形成设计方案。通过基于"问题"的教学引导，培养学生主动思考的意识、持续探究的能力。跨地域文化建筑设计教学围绕2个关键问题展开：

（1）问题一：如何处理新建文化建筑与已有历史文化建筑的关系？

课题一"藏文化展示中心设计"基地位于拉萨市老城区布达拉宫的西南山脚，是转经道的必经之地。在布达拉宫强大的历史文化地位及影响力下，藏文化展示中心如何处理与布达拉宫的关系；如何以一个现代建筑的身份，体现藏文化的精神内核，表达藏式建筑的文化特性，是课题设计的关键。

（2）问题二：如何处理新的文化建筑与传统村落的关系并以此激发其活力？

课题二"云南卧龙浦古渔村文化体验馆设计"基地位于昆明呈贡大学城区域的乌龙村，这是一处传统村落文化、一颗印民居、空间格局特色明显，却在快速城市化过程中日渐衰落的村落。新建的文化体验馆如何选址、布局，才能与古村落机理相协调；如何设置功能、

组织空间，才能在不干扰村民生活的前提下满足文化建筑参观游览需求；如何既保存村落传统文化，又能激发村落新的活力，是课题研究的重点。

3.3 开放、多元的设计教学过程

为帮助学生深刻理解非本地文化特征，直观感知场所文脉精神、准确把握地域建筑特点，教学小组结合课题选址，分别与西藏大学、昆明理工大学开展了跨地域文化联合设计教学。

（1）以开放交流为目的的联合教学

跨地域文化建筑课程以开放、交流为目的，分三个阶段开展联合设计教学。

阶段一（第1周），重庆大学师生到基地现场与对方学校混合组队开展调研，组织地域文化建筑专题讲座，共同完成场地分析、前期策划及设计构思PPT汇报；阶段二（第2-5周），双方在各自学校细化任务书、完成方案初步设计及中期评图，并借助网络上传图纸，相互学习探讨；阶段三（第6-8周）方案修改完善、提交正图后，对方学校师生到重庆大学组成混合评图小组完成正图答辩，并展出、交流及总结（图1）。

开放式教学以学生为主体，让学生成为教学的参与者、课程的搭建者，通过自主学习思考、实地体验对话、多元化信息交流，引导学生客观全面理解文化，促进思想碰撞，激发创作激情。

图1　跨地域文化联合教学场景

（2）源于感知、调研的体验式教学

深入基地现场的调查、记录，对当地居民及使用对象的问卷、访谈，对地方建筑及文化的考察、感知等是

体验式设计教学的主要方式。

在"藏文化展示中心设计"课题中，通过体验式联合教学和西藏大学专家对藏族文化、藏式建筑的深刻解

析，学生对文化展示中心与布达拉宫的关系逐渐明晰：一方面，文化展示中心既是藏族文化展示的城市窗口，又是布达拉宫的一个参观环节。建筑应考虑空间及形态上与布达拉宫的"对话"；另一方面，基地位于游客前往布达拉宫、龙王潭公园和市民转经道的共同起点，多股人流汇聚。设计必须梳理流线，妥善解决建筑入口广场与市民活动空间功能复合的问题。

因此，将藏文化展示中心纳入布达拉宫、龙王潭公园、转经道的文化展示"大系统"中，通过"建筑消隐"的设计策略实现协调与融入；挖掘空间回转、虚实对比、光影强烈、色彩丰富等藏式建筑要素，通过"符号提取"的设计手段实现传统藏式建筑意境的现代转译（图2）。

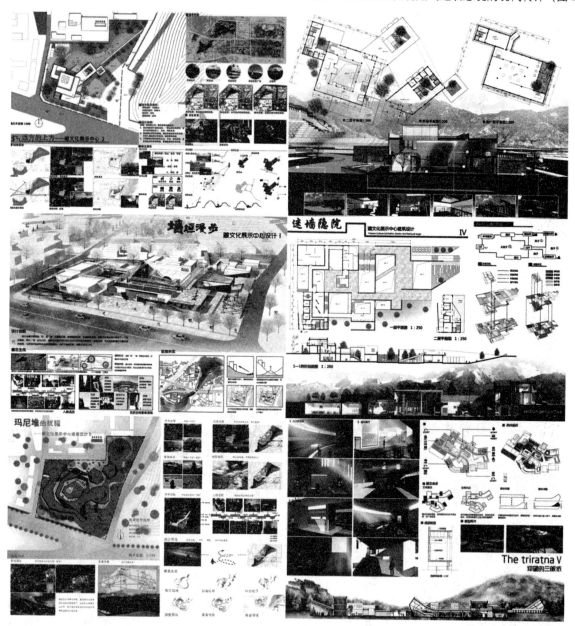

图2 "藏文化展示中心设计"部分学生作业

（3）基于微介入的研究性设计教学

将"设计"作为一种研究方法，研究的过程和结论即成为设计的"原动力"[4]，培养学生建立起客观分析、多元思考、整体评价的能力，是研究性设计教学的主要目标。

在"云南卧龙浦古渔村文化体验馆设计"课题中，要求学生在调研基础上，研究建筑与村落关系，决定文化体验馆的适宜选址、展示内容和体验方式。由此，经过多次、反复的实地踏勘，与村干部和村民的直接对话，对村落文化的感性认知和理性分析之后，"微介入"的设计理念逐步清晰，具体设计思路如下。

一种是"远离"。将文化体验馆设置在村落边缘尽端处，面向滇池取景，作为村落参观流线的结束语，引发游客对村落文化传承与保护的再思考；另一种是"织补"。文化体验馆以村落文化活动为线索散点布局，将传统民居本身作为展示对象或微改造利用为陈列空间，让参观者在移步易景的体验中获得对村落文化直观、生动的认知，以此修补、完善村落环境，激发村落活力。同时，通过对传统"一颗印"空间构成及院落组织、夯土材料机理及形式逻辑的建构研究及设计表达，实现建筑与村落的融合（图3）。

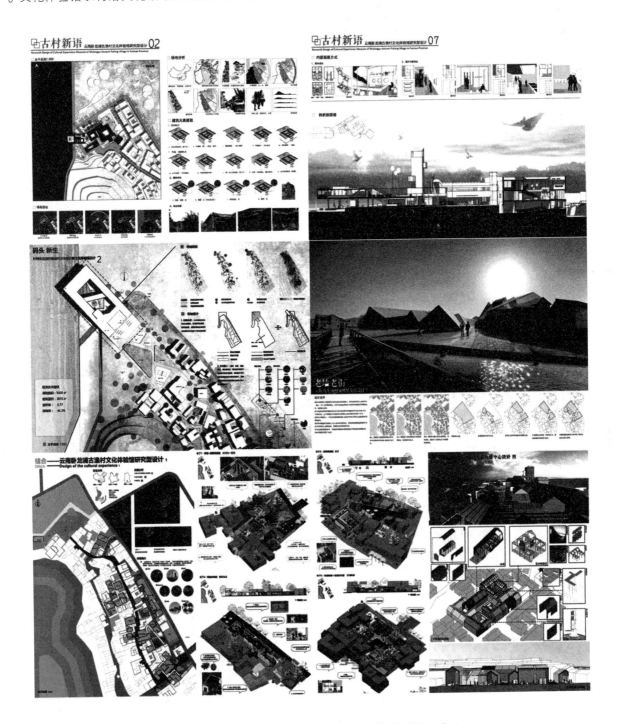

图3 "云南卧龙浦古渔村文化体验馆设计"部分学生作业

4 结语

面对复杂的城市更新、村落复兴、文化多元、文脉传承等问题，重庆大学文化建筑课题组通过体验、对话式教学方式，开放、研究性教学过程，培养了学生感性认知、理性分析、自主思考、综合决策的能力；逐步掌握"深入感知"、"细微介入"的设计理念，"建筑消隐"、"地景建筑"的设计策略，"符号提取"、"语境提炼"、"空间转译"的设计手段。

引导学生超越对本地文化的固有认知，以相对的观点来看待不同的文化，以细致的感知来理解不同的文化，以谨慎的态度来介入不同的文化，从而树立正确的建筑设计观。因为，文化的态度比文化的形式更重要。[5]这正是跨地域、跨文化联合建筑设计教学的意义所在。

参考文献

［1］卢峰，黄海静，龙灏. 开放式教学——建筑学教育模式与方法的转变. 新建筑，2017（03）：44-49.

［2］黄海静，卢峰，胡晓. 建筑设计的跨文化教育模式研究与实践. 2010全国建筑教育学术研讨会论文集，2010：128-131.

［3］王炎松，朱江. 文化建筑的诗意表达——兼议文化主题的建筑设计教学. 高等建筑教育，2013（02）：5-8.

［4］顾大庆. 作为研究的设计教学及其对中国建筑教育发展的意义. 时代建筑，2007（3）：14-19.

［5］崔愷，文化的态度——在中国建筑学会深圳年会上的报告. 建筑学报，2015（03）：6-8.

张宇 范悦 高德宏

大连理工大学建筑艺术学院；yuzhang@dlut. edu. cn

Zhang Yu Fan Yue Gao Dehong

Dalian University of Technology

多元化联合毕业设计教学模式探索
——以"新四校"联合毕设为例

Exploration on Diversified Educational Model of United Graduation Design Patterns
——Take "New Four-University Program" Joint Graduation Project as an Example

摘 要：毕业设计是检验建筑学学生本科学习的综合与最终环节。近多年基于开放教学下，多所高校建筑学专业进行毕业设计联合，成果丰硕，"理论研究型、工程技术型、创意概念型"等多元毕业设计成果层出不穷。文本以首次"新四校"联合毕业设计为例，介绍其组织模式、课题选取、成果总结等并提出认知与思考，为建筑学联合毕业设计的多元发展做以借鉴。

关键词：联合毕业设计；大连理工大学；多元教学

Abstract：Graduation project is the synthesis and the final link of the undergraduate study of architecture. Architecture major in many universities take part in the joint graduation project based on the open teaching recent years have obtained excellent results, and varieties of graduate design results emerged such as theoretical research, engineering technology, creative concept. The text is a reference to the pluralistic development of architecture combined graduation design via introducing its organizational model, topic selection, summarizes the results and propose the cognition and thinking, takes the first time in " new four-university program" joint graduation project as an example

Keywords：United graduation design；Dalian university of technology；Diversified education

1 "新四校"联合毕业设计背景

毕业设计能检验学生综合设计能力，是所有建筑学本科教学中的最终与最重要的环节。然而受现行观念体制影响，学生在此阶段更多关注于未来发展计划，而忽视毕业设计的学习。面临新形势下的挑战，很多学校提出毕业设计改革，其中多校联合毕业设计是近多年出现的具有开放式的毕业设计教学模式，包括建筑学老八校的"8＋1"、"寒地四校联合"等。联合毕业设计意在增强教师间的交流，提升教学水平，同时为学生提供相互学习的平台，提高作业质量。不同学校的组合、不同的命题与侧重点、不同的地域文化背景、不同的技术要点甚至跨专业合作等都给指导教师、学生赋予了新的思考与视野以及有效带动了参与者的积极性。

2017 年由"大连理工大学、湖南大学、华中科技大学、浙江大学"共同发起的"新四校联合毕业设计"应此而生。四所高校建筑学专业在办学条件、历史等方面水平相当又各具特色，联合意在交流，交流意在促进。下文将详细介绍本次教学的信息与成果。

2 课题选取与组织模式

2.1 课题选取

关于题目选取，四所学校在集中讨论时认为：要以"培训学生具备综合设计能力"为核心，要求学生尽可能思考包括城市、社会、环境、建筑在内的多元问题，善于现场调研与科学研究，善于团队协作与多方沟通。

大连理工大学负责的本次命题，以"激活历史街区，重塑城市中心——大连理工大学市内校区及周边地区更新改造设计"为题，选址在辽宁大连。参与设计的同学需对市内校区及其周边地区用地范围进行概念性城市设计，在城市设计意向框架下，自行选点，后续进行单体建筑方案深度。核心问题包括：

（1）研究该地区城市空间的历史、发展和变化，分析现状的主动和被动性因素，对区域定位；

（2）进行整体规划，对该地区建设项目提出可行性的设想，在分析研究的基础上提出提高区域活力的措施，明确改造目的；

（3）探讨基地文脉特征、基地周边的设施改造与空间组织的合理模式，结合当地环境特征，配置合适的城市功能，体现改造区域的特色和价值；

（4）结合周边区域，探讨基地交通与城市肌理的延续及合理整改的可能性，分析环境，延续城市开放空间与节点设计；

（5）分析基地和当地气候等制约条件，可基于研究提出技术创新和特色设计。

2.2 组织模式

四所高校建筑学专业形成毕业设计联盟，自2017起每年由一个（发起）学校作为执行单位，负责策划毕业设计题目、成果编制及相关协调工作，过程中设置"开题、中期、答辩"三次师生集结（于不同学校），轮流轮空，以此循环，遵循开放式教学，提倡各种创新。要求重视集中评图，强化设计研究，提高作业质量，强调过程"仪式感"。

本次联合毕业设计主要由43名学生和8名指导教师（每学校两组，每组一个指导教师）参与，在开端阶段要求学生跨学校组合，团队协作完成城市层面的宏观研究与规划策略。因此利用开题阶段在项目课题所在城市大连进行了一周"workshop"，期间集中调研并以多

学科视角分析问题和提出概念，后续在此基础上各自领取任务书，进行中、微观层面的详细设计。中间在华中科技大学进行了中期答辩，而最后成果发表在湖南大学进行（浙江大学本次轮空）。三次集结评图人员均由学院教授及企业知名建筑师共同组成，从不同角度提出意见供学生参考。

3 成果展示

每个学校的教学特色有所不同，最后设计成果能够体现其细微差异。此较为有趣，值得深入研究，以便教学间的相互借鉴。

相对而言，大连理工大学学生在建筑形态方面较为突出；湖南大学学生在图纸完成深度方面较为突出；华中科技大学学生在设计概念及研究方面较为突出；浙江大学学生在工程技术满足方面较为突出（此仅为笔者主观评价，附部分图纸）。

（1）大连理工大学吴媛媛通过组群建筑形态及界面设计迎合了既有建筑与城市空间的文脉。

图1

（2）湖南大学张星旖以扎实的设计手法塑造了一系列充满活力和印象的空间。

（3）华中科技大学杨一萌通过对既有空间和建筑构

造的研究解决场所记忆和发展之间矛盾。

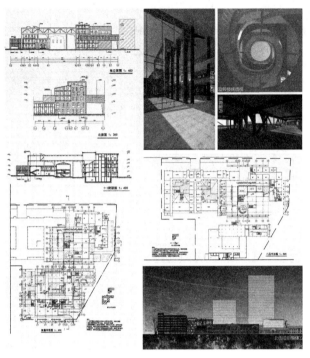

图2

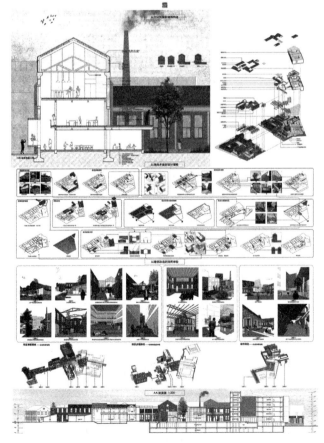

图3

（4）浙江大学戚越对既有建筑表皮及内部空间进行了生态改造设计，并详细设计了构造。

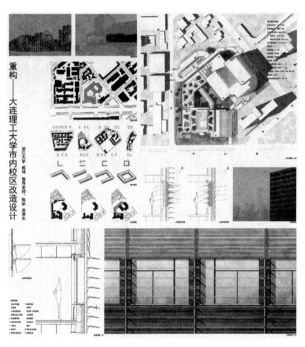

图4

4 思考与总结

在城乡日益发展之当下，建筑师的责任边界逐渐模糊，一方面在跨界扩大，一方面又分工细化。作为本科建筑学教育收官之举的毕业设计教学应该被深入研究，包括理念与模式。学校联合是一种可取的开放式教学模式，以此能够信息互通与借鉴，思考如下：

（1）模式多元与创新

联合毕业设计在教学模式上应该多元化，鼓励具有不同教学特色学校联合且应数量适中，包括国外学校的加入。建立客观的成绩考评体系与课程制度，学生集中评图周转不应过于频繁，以"三次"为易，而其中诸如"互换教学"、"社会考评"、"驻场跟踪"（针对实际项目）等诸多创新模式应该积极尝试。

（2）选题立意与目标

联合毕业设计在课程选题方面要精心策划与研究，不应过于跟风社会热点或者概念模糊化，且应立足学科本源和技术理论发展的切实需求，要研究拟定科学、完善的设计任务书并严格执行，或者将建筑策划部分纳入到学习与考评体系。在目标要求可尝试不同侧重，如"理论研究型、工程技术型、创意概念型"等，各自对应不同考评方法，充分挖掘学生设计能力特征并做出回应。

（3）联合理念与方式

联合毕业设计要强调"开放式"理念，教师充分交流教学及管理方法以及创新办法，针对学生要有"团队组合"设计阶段，通过"实战"建立"协作"能力，以此交流不同学校个体间的设计认知与能力特征。另可提倡纵向"联合"，鼓励跨学科联合学习，建立不同专业视角，全面、客观地分析、解决问题，培养综合性、应用型的设计观。

参考文献

［1］张明皓，张一兵，孙良.建筑学专业毕业设计教学改革探讨［J］.高等建筑教育，2017，26（3）：106-110.

［2］张彤.超越边界-2016建筑学专业"8＋"联合毕业设计教学综述［J］.建筑学报，2016（08）：32-35.

卢健松　袁朝晖

湖南大学建筑学院；Hnuarch@Foxmail.com

Lu Jiansong　Yuan Zhaohui

The school of Architecture，Hunan University

建筑学专业"开放课程"的设置与管理
"Open Curriculum" in the Architecture Course System

摘　要：以湖南大学 2015 版建筑学教学计划中"开放课程"的实施情况为例，本文对 2017 年湖南大学建筑学专业教学过程中"开放课程"管理、实施情况予以回顾，并对产生的问题进行分析，研究了在传统建筑学教学组织过程中，嵌入动态可变的自由模块的可能性。

关键词：建筑学；开放课程；管理；设计课程

Abstract：Case study on the "open curriculum" in the 2015 teaching program of the School of Architecture，Hunan University，this paper reviews the implementation of "open curriculum" management in the course of Architecture Teaching in 2017，analyzes the problems，and studies the possibility of embedding dynamically variable free modules in the teaching process of traditional architecture

Keywords：Architecture；Open curriculum；Managements；Architectural design course

建筑学专业具有开放性，如何适应这一学科特点组织教学是建筑教育工作者需要探索的课题。湖南大学建筑学专业目前使用的 2015 版教学计划，在（1）知识模块梳理，（2）课程时序编排，（3）教学内容组织上均作了有效的尝试。其中，在本科二年级、三年级的小学期所设置的 32 课时的"开放课程"，旨在鼓励教学创新，发展特色化的知识模块，拓展建筑学的学习边界，将课堂教学与课外学习有效的融合。

两次、共 64 课时、4 个学分的"开放课程"，在本科阶段 4484 个学时中占比甚小。但是，这一课程的设立，①使固定的教学计划每年都将有变化的可能；②将原本随意、临时的课外教学纳入到规范化的教学组织之中；③对活跃本科教学的组织，形成开放式的本科教学组织模式意义重大。除此，这一处微小的教学安排的变动，对既有的教学管理模式也产生了影响。如何将其纳入规范化的教学体系之中，也需要在①教学文件编制，②课时管理，③师资调度等教务管理问题上进行创新。本论文拟对"开放课程"的设计初衷，管理文件编制过程，以及 2017 年 5～8 月的实施情况予以记录，希望对后续"开放课程"的组织，以及建立规范且灵活的建筑学教学组织管理方法积累可资借鉴的素材。

1　2015 年版教学计划的修编特点

湖南大学建筑学专业教学计划在 2011 年后进行了数次微调，旨在建立更加符合建筑学知识构成特征，提高教学水平及效率，适应湖南大学建筑学院建筑师资条件的教学组织体系。在多次修编的研究、反馈基础上，最终总结为 2015 版的教学计划。这一计划在 2015 年 4 月正式提报，并于 2015 年 9 月正式实施。与前几轮的教学计划相比，在以下 7 个方面都实施了一些积极的探索。

2　开放课程的教学管理

编制"开放课程"的管理文件，主要考虑 3 个方面的要素：①满足学校对课程管理的基本要求；②界定课程的属性及范畴，帮助教师理解课程内涵，组织教师积极参与；③帮助学生了解课程内容，便于组织学生　　　　　选课。

2015 版教学计划主要特点　　　　　　　　　　　　　　　　　　　　表 1

	特征描述	主要工作实施
1	明晰知识板块	将建筑学本科阶段涉及的主要领域划分为建筑设计、建筑历史、建筑构造与结构、建筑技术与设备(含"可持续设计")、建筑模拟软件、美学与视觉传达，共 7 个知识模块
2	强调应用	以"建筑设计"板块课程为主线，其他知识板块的教学内容与时序与其匹配，确定了同一学期中，"理论授课"及其在"设计课程综合应用"相匹配的教学方案
3	课程系统纵横交织	纵向组织，强调年级之间前后时序；同一个年级的课程组织，内部形成以设计课为核心的 1～2 个课程包
4	详略调整	增强技术类、软件模拟类课程；适度弱化 美学与视觉传达类课程
5	保持灵活性与创造力	设置"开放课程"体系
6	明晰课程差异	明晰理论课与设计课的授课特点以及在课程系统中的分工与差异，规定不同类型课程的考核方式

2.1　教学管理文件的初期编制

由于存在诸多不确定性，且在 2015 年 4 月，教学计划提交的阶段，"开放课程"课程大纲的编制面临较多困难。对"开放课程"的组织尚未有具体的经验，对授课内容、课时安排也难以做具体的规定。因此，课程大纲的内容，主要对学分、学时进行了规定；由于"开放课程"不是具体的课，其中的课程描述，则是对该类课程的整体描述：建筑开放课程是建筑实践类系列课程，分为Ⅰ组（1-2 年级）、Ⅱ组（3-4 年级）两组课程。Ⅰ组课程包含空间观念转换、多媒介表达、建筑城市认知、专业软件培训、小型设计竞赛、建筑魔鬼训练营等内容；Ⅱ组课程包含大型建筑设计竞赛、国际建筑合作交流设计营、城市设计工作营、技术构造工作营、导师工作坊等内容。旨在为本科生提供多元的建筑设计实践平台，培养学生具有开放的研究视野、敏锐的批判意识、综合的思维方式以及相应的创新能力。学生可以在组内跨年级选择具体的教学小组，参加活动。

目前看来，这一课程描述包含了对该课程基本特征的描述，但在课程范畴，教学组织方法上较为含糊。

2.2　课程范畴界定

2015 年 9 月至 2016 年 12 月期间，是课程的筹备过程。为了组织教师申报"开放课程"，经过多次教学会议的协调，"开放课程"的特征逐渐明确，范畴得以进一步界定清晰。在 2017 年 3 月，为组织教师开课所颁发的课程题目征集文件中，对开放课程的特征做了更为具体的描述：

（1）开放课程是列入教学的实践类课程，32 学时，学分 1，旨在拓宽学生学术视野，提高学术能力，丰富课外生活。

（2）开放课程主要以建筑学本科生教学计算工作量，鼓励其他专业本科生及研究生参与。

（3）课程不足（学期不足 144，学年不足 256 的教师）需积极申报开放课程，此外鼓励开设新课、特殊研究计划及课题，组织学科竞赛，开展长期专项 Studio 计划及其他特色课外活动的教师参与开放课程建设。

（4）鼓励学科交叉及跨专业实验性课程与教学活动。

（5）课程应明确责任教师及课程主题，且具有一定的延续性（3 年为一个开课周期为宜）。

（6）根据学生人数及开设课程需求（详见附表），每类开放课程可以由 1～2 名教师共同主持。

（7）每年每门开放课程应完成相应成果汇编图册，作为教学成果存档。

（8）课程支持类型主要包含 5 个主要类型：教师的新课计划，研究计划、设计竞赛、长期的设计工作营、其他课外活动（表 2）。

从课程管理表格（表 2）中可以看到，在这一阶段中，逐渐厘清了不同属性"开放课程"的师资调度以及课时计算的方式。根据专指委教学评估的指导文件以及学校教务部门的管理要求，对理论课、设计实践课做了不同的要求。同时，对超出规定人数的管理也进行了规范。除此，开放课程也鼓励责任教师积极引入协作单位，引入社会力量共同参与教学，在教学资源上也逐步"开放"。

2015 版开放课程统计样表　　　　表 2

类型		主题		责任教师		拟招人数		备注
				责任教师	协作单位	本科	硕士	
A 类	35 人以上	新课计划（理论课程）						
		研究计划	湖南传统村落调查					
			长沙市不可移动文物增补调查					
			传统木结构损坏评估方法研究					
B 类	15 人一组（15～23 人记为一组，23～40 人记为两组）	设计竞赛	建筑学专指委课程竞赛					
			绿色建筑					
			国际竞赛专辑					
			天作杯					
			亚洲建筑新人奖					
			霍普杯					
			清润论文					
C 类		长期的 Studio 计划	实体建构					
			竹结构营建					
			世界体系中的乡村					
D 类		其他课外活动	移动通信与建筑传播					
			建筑灯具设计					
			数字建筑设计方法培训					
小计								

3　开放课程的选课组织

在表 2 中可以看到，"开放课程"是一个内容、形式、资源均开放的动态课程集合。与传统教学管理文件编制不同，需要进一步描述课程特征，以便引导学生选课。

在此过程中，主要通过①课程宣讲；②发放课程简介等方式，引导学生根据自身的时间、能力、兴趣进行选课。

3.1　课程宣讲

在 2017 年 6 月，湖南大学暑期小学期开始之初，"开放课程"选课前期，学院组织已经申报了开放课程的教师宣讲各自的课程的主讲教师简介，教学资源调度，课程主要内容。学生自主报名，自由选题。在选题宣讲会后，教师与学生在现场实施双向互选，确定最终的选课名单。

3.2　课程介绍模板

为便于同学们横向比较各类课程之间的情况，根据开放课程的教学组织特点，制定了专门化的"开放课程"课程介绍模板。该课程简介模板，主要条目参考学校统一课程大纲的课程管理要求，是"开放课程"课程集合内课程进一步的具体解释。

2015 版开放课程教学内容简表　　　　表 3

	工　作　安　排	备　　注
主题	世界体系中的乡村人居环境建设；2017 年主题：世界体系中的洞庭水乡	
教学目标	将村落纳入世界体系的系统中予以研究。拟通过本课程使学生掌握①系统分析方法；②乡村规划及活化设计手段，使学生的分析能力、设计能力得以提升	
课程描述	本课程为 UVA 与 HNU 的联合设计工作营。每年在中国选取一个特定地貌、区位的村落，并将其置入世界经济、技术、文化体系中予以分析研究，进而对村落可能的发展提出建议，完成概念规划设计	

工作安排					备　注
考核方式	规划设计,每组学生完成不少于 A1 幅面的设计图版 4 张				
成果描述	每次拟完成包含教师评语、短文的规划设计文本汇编一册,结合本研究的教改或科研论文一篇				
授课手段	集中授课与小组辅导兼顾				
课程组织(每个工作日上午 10:00-11:30 讲座;15:30-17:00 讲评时间)		时间	书籍及相关主题	教师	
	文献阅读(参考书目)	20170510	乡村建设及实践		
		20170510	世界体系		
		20170601	案例文献背景资料		
	实地调研	20170607 WED	案例现场考察	Shiqiao Li Esther Lorenz	
			当地城乡规划及村落建设情况		
	规划设计	20170608 THU	设计指导及相关讲座		
		......			
	设计评图	20170616 FRI	嘉宾评图 ,Shiqiao Li Esther Lorenz		
		20170617 SAT	湖南传统村落考察(湘南)	卢健松	
		20170618 SUN			
工作营地点	HNU 建筑学院老系楼 DAL 实验室				
基地条件	案例选址初定于益阳市赫山区金石桥村				

招生人数及安排			拟招人数	报名人数			
				院系	学号	姓名	签名
	本科生	建筑学及相关学科	10				
	研究生	建筑学及相关学科	10				
		其他专业	4				

4 2017 年度的实践及反馈

2017 年 5 月,"开放课程"课题征集,学生申报各个阶段,教师及学生的积极性很高,对教学工作的促进主要体现在以下几个方面。

(1) 课题之间存在开放的、潜在的竞争,有助于提高教学积极性,培育特色课程。"开放课程"的选课较为自由,对学生的选课方向没有特定限制,教师选题是否新颖,教学资源是否充分,对生源的遴选影响明显。因此,教师在课程宣讲,资源调度上都颇下功夫。

(2) 在开放课程环节,教师积极引入社会资源参与办学,对提高办学效率及提升高校社会影响力具有积极推动作用。2017 年度开放课程组织中,各地政府,以及规划局、文物局等单位,给予了很多课题及经费上的支持;艺术家协会等社会社团也参与了其中部分课程的组织;此外,部分企业也介入课程的建设及组织。"开放课程"形成一个窗口,成为高校师生参与社会实践的窗口,同时形成社会了解高校工作,展现高校师生精神面貌与研究能力的窗口。

(3) 规范竞赛组织,合理统筹教学资源。近年来,设计竞赛组织难以与传统建筑教学管理相适应,在时间、内容上均难于衔接。目前,通过"开放课程"所形成的渠道,可以将设计竞赛的组织与正常的教学工作相适应。教师指导设计竞赛可以获得相应的课时;学生可以获取相应的学分;设计成果也易于导控。

(4) 特色工作营易于组织,成果易于积淀。由于衔接上正常的教学系统,暑期工作营也有学分保障,在组织管理特色工作营的过程中,教师的主导作用容易发挥,有助于引导学生设计创作出更有价值的成果。

但在 2017 年的工作中,也暴露出一些问题亟待解决。

(1) 开放度不够。"开放课程"的仍然主要囿于建筑、规划的传统范畴,建筑学的知识域拓展仍显不足,跨专业的协作研究尚未组织开展。后续课程申报与遴选中，可适当鼓励跨学科、跨艺术门类的课程。

（2）课程冲突并未完全解决。尽管"开放课程"在授时间上具有较高的灵活度，但由于集中在小学期授课，相互之间的时间干扰以及与传统的"认知实习"课程周等实践类课程仍有冲突。将"开放课程"以课外活动等更灵活的形式向整个大学期引导颇有必要。

（3）跨年级组织尚需进一步研究。后续数年中，不同年级的"开放课程"将陆续开放。此外，研究生的一些工作营如何与本科生的设计工作营如何统一纳入"开放课程"体系进行管理尚需进一步探索。如何向校外生源开放课程，也是值得摸索的课题。

总之，通过数年的经营安排，结合2017年的工作进展，可以确定"开放课程"的设置对活跃教学气氛，丰富教学组织方法，拓展教学内容都具有积极的意义。

在我们原本组织严密的课程系统中嵌入一个开放、灵活、自由因子，创造一个具有多种可能的教学模块，颇为不易。能在湖南大学建筑学专业课程体系中设置一个这样属性的"开放课程"，是教务管理、专业教学组织团队的创新，如何利用这一窗口，创造出更加丰富多元的教学成果，将是后续教学组织管理中进一步尝试地方向。

参考文献

[1] 李梅，孙伟斌. 建筑学专业开放式教学模式研究. 传承与创新——提升高等教育质量，2014.

刘启波　武联

长安大学建筑学院；2311346290@qq.com

Liu Qibo　Wu Lian

Architecture School，Chang' an University

"西部九校联合毕业设计"创新建筑类人才培养模式探讨 *

Discussion on "West Nine Architecture School Joint Graduation Design" Innovative Architectural Talents Training Mode

摘　要：西部地区独特的自然生态与历史文化环境，构成了探索与建立富有西部地域特色的专业学科发展的客观基础。西部九校联合毕业设计通过创新人才培养模式的多层面探索，促进了西部地区高校间的学术交流，尝试解决西部城乡人居环境关键问题，打破专业界限，尝试不同专业之间的紧密合作、成果共享，确立了一种新型的建筑类人才培养模式。

关键词：西部；联合毕业设计；创新；人才培养模式

Abstract：The unique natural ecology and historical culture environment in the western region constitute the objective basis for the exploration and establishment of the professional disciplines with rich western characteristics. "West Nine Architecture School Joint Graduation Design" through the multi-level exploration of innovative talent training mode，promote the academic exchanges between the universities in the western region，try to solve the western urban and rural living environment key issues；and breaking professional boundaries，try to work closely with different professions，share the results，established a new type of architectural talent training mode.

Keywords：West region；Joint graduation design；Innovation；Talent training mode

1　前言

为促进西部地区高校间的学术交流，解决西部城乡人居环境关键问题，共同提高本科教学水平，共享教学资源，拓展学生的地域视野。由长安大学建筑学院牵头，西部九所高校长安大学、昆明理工大学、四川大学、西安交通大学、西北工业大学、西北大学、西南交通大学、新疆大学、云南大学等按照"自愿、平等、共赢"的原则，2016 年共同设立西部九校建筑类专业教学联盟。联盟致力于推动各类教学交流与合作活动，如共同开展联合设计、课程教学研讨、设计课程答辩、组织设计竞赛、城市认识学习、异地建筑测绘等，目前开展的工作即联合毕业设计活动。

该活动目前已经举办 2 届，第一届由长安大学建筑学院主办，主题为"自然演替—城市历史文化遗产地区

＊长安大学 2017 高等教育教学改革研究项目：建筑类人才培养模式创新实验区建设；长安大学 2016 教育教学改革项目：联合培养人才培养模式创新实验区建设。

的保护与复兴",题目是"西安市小雁塔周边历史文化地域空间特色的探寻·保护·发展"[1];第二届由昆明理工大学建筑与城市规划学院主办,主题为"传统文化、城市与乡村关系、生态环境",题目是"城市化入侵过程中的乡村设计研究——乌龙浦村活化与保护设计"。

2 创新人才培养模式的多层面探索

2.1 多校、多学科的联合模式

随着现代科学技术的发展,教育科学研究日益呈现出"大量化、高度综合、纵横交错、相互渗透"的发展趋势。专业分工越来越细,学科之间相互渗透越来越多,教育教研活动呈现全方位、多角度、深层次的特点[2]。基于以上发展趋势,应转变单科独进的专业化教育观,树立大工程教育观,只局限在自己所学专业的时代已经结束,应融合不同专业特点,注重学生综合能力培养。

建筑教育系统构成复杂,既包括专业定位、培养方向,又包括国家标准和行业要求,所以各校的体系间既有共性又有个性,不存在统一的构成模式。西部地区独特的自然生态与历史文化环境,构成了探索与建立富有西部地域特色的专业学科发展的客观基础。

西部九校联合毕业设计打破专业界限,尝试不同专业之间的紧密合作、成果共享。在2016年的联合毕业设计活动中,在调研阶段就将九校学生按照不同专业、不同学校分散在每一组,确保不同学校、不同专业学生之间的互动与启发,一是凸显"联合"之本意,二是推动学生从不同角度思考问题,解决西部城乡问题。在校内分组中,例如长安大学建筑学院将城乡规划、建筑学、环境设计3个不同专业的学生组合在综合组中,城乡规划专业学生的整体观、建筑学学生的空间想象力、环境设计学生的造型能力都得到了发挥,特别是各专业指导教师的互相交流与探讨,有效地推动了设计的发展。

图1 2016年联合毕业设计调研现场

图2 2017年联合毕业设计答辩现场

2.2 创新人才培养模式

深化教育改革,培养创新人才,是教育研究的一个时代课题。《国家中长期教育改革和发展规划纲要(2010—2020年)》指出,要"着力培养信念执着、品德优良、知识丰富、本领过硬的高素质专门人才和拔尖创新人才"[3]。

一般来讲,人才培养模式受社会政治、经济、文化等的制约,在不同的社会或同一社会的不同发展阶段都会有所不同。在竞争日益激烈、就业压力越来越大的今天,那些知识面较窄、适应能力差、创新能力低的大学生越来越难找到合适的工作岗位[4]。因此,重新审视传统的人才培养模式,其改革势在必行。

在九校联合毕业设计活动中,一是选题综合考虑建筑学、城乡规划、风景园林(环境设计)各专业的特点,适合不同专业协同完成的需要和目标。其中包括重点地段城市规划设计、重要建筑或建筑群设计、重要空间节点(或段落)景观设计等互为依托、互为支撑、互为补充的综合课题。二是选题都有良好的地域背景,最能体现该地域环境、文化、经济特色与面临的问题。2016年的题目反映的是西安市小雁塔周边地区既是老城区,亦是富有历史文化遗存的地域。如何敬惜历史文化资源?如何着眼于全球,立足于地方?如何突破城市遗产地区保护性衰败或建设性破坏两大文化和社会之困局?如何妥善处理好历史文化遗产保护与城市繁荣发展的关系?如何通过城乡规划、建筑学、景观设计等不同领域的有机更新应对之策实现小雁塔地区的文脉延续传承与城市活力复兴?2017年的题目反映的是城市与乡村发展过程中,乡村总是处于"弱势","强势"的城市在发展过程中是"触媒点"还是"同化剂"?乡村发展的过程是一个复杂的过程,专业的合作是必然的需求,应如何促进三个专业在设计过程中的融合?

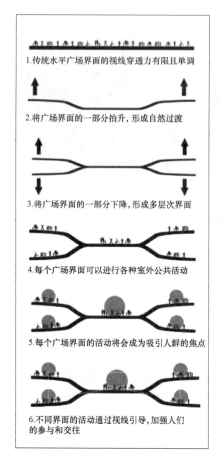

1.传统水平广场界面的视线穿透力有限且单调

2.将广场界面的一部分抬升,形成自然过渡

3.将广场界面的一部分下降,形成多层次界面

4.每个广场界面可以进行各种室外公共活动

5.每个广场界面的活动将会成为吸引人群的焦点

6.不同界面的活动通过视线引导,加强人们的参与和交往

地下广场效果图

项目鸟瞰图

图3 2016年联合毕业设计一等奖方案:生活舞台——
西安荐福寺小雁塔南门广场设计(长安大学建筑学院)

图4 2017年联合毕业设计一等奖方案:溯回滇水——基于就地城镇化视角下乌龙
浦活化与保护动态设计(昆明理工大学建筑与城市规划学院)

3 校企联合促进人才培养

3.1 与《规划师》期刊的联合

《规划师》杂志创刊于 1985 年，是全国唯一一本以规划师为核心的人文化的国家级专业杂志，中文核心期刊。刊物以理性开放的视野，关注国内外城市规划学科的发展，着眼于规划理论的创新与实践，注重规划师及其作品，探讨规划理论，剖析典型案例，总结实践经验，传递咨询信息，强调理论与实践的结合，学术性与可读性并重。

西部九校建筑类专业教学联盟经与《规划师》杂志社的多次沟通，提出了"九校联盟 +《规划师》杂志社"（9＋1）的合作模式，每一年的活动都委托该杂志进行宣传，在规划师杂志社的新媒体（微信、微博）、纸质期刊上进行本活动宣传。包括成果宣传与书籍宣传等多个层面，能够很广泛地引起业内关注，扩大活动的影响力。

3.2 与设计企业的联合

西部九校建筑类专业教学联盟每年的联合毕业设计活动，在终期答辩环节并没有简单地以毕业设计答辩的形式进行，而是以设计竞赛的模式开展，依托业内知名设计企业赞助赛事。该种模式是一种双赢的模式，一方面我们以"九校联盟 +《规划师》杂志社"的名义与赞助方签订合作协议，由他们提供资金奖励参赛学生，调动学生积极性，提高赛事关注度；另一方面，赞助方享有冠名权，与本活动有关宣传中都应有冠名单位的字样。《规划师》杂志则会在纸质期刊上为甲方单位或负责人提供 1P 宣传空间。

图 5　2016 年《规划师》杂志的宣传报道

图 6　2017 年《规划师》杂志的宣传报道

4 结论

教育是一种创造性的活动，具体的教育行为方式灵活多样，要根据特定的教育目的教育对象、教育者、教育任务和教育场景等确定。人才培养模式则要从更高站位和宏观层次来抽象和概括教育行为方式，以更具普遍性和指导作用。西部九校联合毕业设计活动面向区域的创新建筑类人才培养模式的探索，还需要时间的检验和继续探索，以取得更好的成绩。

参考文献

[1] 武联，刘启波，鱼晓慧. 西部九校建筑类专业教学联盟——2016 联合毕业设计终期汇报暨首届"华蓝杯"（筑·境·城乡）设计竞赛成功举办. 规划师，2016（8）：148-154.

[2] 李洁. 建筑学创新人才培养模式创新研究[J]. 时代教育，2012（5）：37-39.

[3] 国家中长期教育改革和发展规划纲要（2010-2020 年）[EB/OL]. http://www. moe. edu. cn/publicfiles/business/htmlfiles/moe/moe _ 838/201008/93704. html

[4] 刘智运. 创新人才的培养目标、培养模式和实施要点. 中国大学教学，2011（1）：12-15.

邓元媛　范佳怡　常江

中国矿业大学建筑与设计学院；d_yuany@126.com

Deng Yuanyuan　Fan Jiayi　Chang Jiang

School of Architecture & Design, China University of Mining & Technology

建筑学学科研究演进特征与趋势
The Evolution Characteristics and Tend of Research on Architecture Discipline

摘　要：建筑学科学研究是构建专业教学体系的基础，如何应对社会转型背景下的知识更新，是学科研究面临的挑战。本文对近30年来发表于建筑学核心期刊的"建筑学学科研究"相关文献进行知识图谱分析，试图摸索学科研究的演进特征与趋势。首先采用 CiteSpace 软件对文献的发文量、核心作者等数据进行分析，客观描述学科研究演进的基本特征。然后通过关键词聚类和关键词共现，结合文献观点的共识总结研究趋势。结果表明：建筑学学科研究进入转型期，研究者之间尚没有形成较为明显的合作网络，未来学科研究的趋势在于对、城市化、信息化、历史保护等问题的回应。

关键词：建筑学学科研究；演进特征；趋势

Abstract：The architecture discipline research is the foundation of architecture teaching system. How to deal with the knowledge update under the background of social transformation is a challenge to subject research. This paper analyzes the related literature in recent 30 years, which are researches on architecture discipline from core journals, trying to explore the characteristics and trend of the evolution. First of all, CiteSpace software is used to quantify the document quantity, with core author and key words, and to objectively describe the basic characteristics of the evolution of discipline research. Then through the keyword clustering and keyword co-occurrence, combined with analysis of the consensus of views, paper is trying to sum up the research trend. The research shows that architecture discipline has entered a period of transition, and the current research has not formed a more obvious cooperation network. The trend of the future discipline research lies in the responding to the problems of urbanization, digitalization and historical protection.

Keywords：Research on Architecture discipline；Evolution characteristics；Tend

1　研究背景

学科是大学人才培养的重要平台，学科的分类意味着知识体系的差异，因此，学科也是构建相关专业的基础和依据[1]。面对新的时代所伴生的社会、文化、技术等诸多问题，建筑学学科的内涵和外延不断经受着挑战，对学科研究的演变特征与趋势进行分析和梳理，有利于明晰未来发展方向。

文献研究是了解某一领域发展历程、目前状况以及前沿趋势的传统方法。为了减少有限的文献阅读量对研究结果造成的偏差，尽量客观地构建文献所呈现的事实与逻辑关系，科学的辅助分析方法成为一条新的研究途径。

1.1　研究方法及工具

本文借助基于科学知识图谱的 CiteSpace 软件对文

献进行研究。知识图谱以图示的方式解释了某一学科各知识单元之间的逻辑关系、内在结构与演化历程，并隐含潜在的新知识，是从主观判断转向客观计量的重大进步[2]。2005年，美国德雷塞尔大学信息科学与技术学院团队将科学知识谱图引入我国并创建了知识图谱可视化软件CiteSpace，该软件迅速得到了学术界的广泛认可与运用。

CiteSpace通过抽象图谱（图1）表征的文献之间的关系，利用形状与色彩形成较数字更加直观的描述。主要信息包括：每一条共引文献即形成一个引文年环；引文年环的大小与改文被共引的频次呈正比关系；单个引文年环内，不同的颜色年轮代表不同年份该文献被共引的次数；年环与年环之间的连接线表示两篇文献间有共引现象，连接线的颜色表示首次被共引的年份。

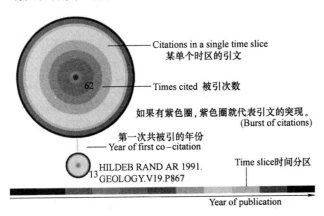

图1 CiteSpace知识图谱

CiteSpace目前主要针对英文文献数据库，如WOS（Web of Science）等进行分析，而中文数据库CNKI中，由于尚不能提供共引信息代码，导致部分分析功能暂时无法实现，仅能在作者合作网络共现、关键词共现和关键词聚类等方面做出分析。因此本文采用了CiteSpace定量分析与核心文献观点梳理结合的方式，实现对建筑学科学研究演进特征和趋势的判读。

1.2 数据来源

1.2.1 文献检索范围

文献检索中对于学科分类常用的"中图法"，将建筑学和土木工程两大类混列为TU建筑科学类，其核心期刊目录中不乏《岩土工程》等与建筑学学科分野较为明显的刊物，为了避免"中图法"分类下的干扰，本文根据《建筑学学科学术期刊影响力现状分析》中对于以建筑学一级学科为办刊倾向的20种刊物，运用2014版《中国学术期刊影响因子年报》对构成样本期刊影响力的复合影响因子、综合影响因子、web即年下载率、单

位web即年下载率对复合影响因子的贡献比、平均引文数、平均引文数与复合影响因子之间的关系等指标的综合分析[3]，选择整体影响力较高的8本期刊（包括：《建筑学报》、《时代建筑》、《世界建筑》、《建筑师》、《南方建筑》、《华中建筑》、《新建筑》和《绿色建筑》）作为建筑类核心期刊检索范围。

1.2.2 文献检索方式

基于CiteSpace对文献题录信息的要求，以"建筑学"并含"学科"为主题词搜索，在1984~2016这个时间跨度内，以认定的8本期刊为范围进行检索，检索结果显示文献共计536篇，删除含"本刊编辑部"等内容的无关文章后，纳入数据分析范围的检索文献共计361篇。

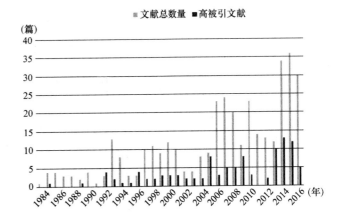

图2 1984~2016年文献数量年分布柱形图

2 建筑学学科研究的演进特征

2.1 文献发文量

2.1.1 期刊逐年发文量分析

文献总量可在一定程度上反映某领域的研究热度。对1984~2016年近三十年的文献进行逐年统计，可以看到发文量的变化情况（图2）。从图中可以看出，发文量的演进的过程大致分为三段：1984~1994年，年均总发文量保持在3~4篇左右，处于平缓的增长阶段；1995~2005年，年均发文量在7~8篇，发文量明显增加；2006~2016年，年均发文量增加至20篇左右，尤其是2015年出现了36篇的峰值，较之前有显著突破。同时，高被引文献与总发文量的变化趋势一致。发文量的变化趋势表明建筑学学科研究的热度随着社会变化和时代变迁持续增长。

2.1.2 专栏及专刊

除了通过软件对文献逐年的发文数量进行统计外，

本文还人工统计了与"建筑学学科"研究主题相关的期刊专刊或专栏的情况（表1）。专刊或专栏在一定程度上可以反映选题在学界的影响力和重要性。

建筑学学科研究专刊一览表（1984～2017）

表1

序号	刊物	时间	主题
1	建筑学报	2007.01	建筑教育
2	时代建筑	2007.03	中国当代教育:认知与反思
3	建筑学报	2010.10	建筑教育
4	时代建筑	2017.03	共识与差异——面对时代变化的建筑教学改革
5	新建筑	2017.03	演变中的建筑学

统计结果显示：自1984年以来，纳入检索范围的8种期刊中，5次出现了关于"建筑学学科"研究的专刊，其中《建筑学报》和《时代建筑》作为建筑学科综合影响因子排名第一、第二的两本期刊，分别两次出现相关选题的专刊，《新建筑》在2017年3月特别关注了学科的"演变"，这些数据一定程度上也反映出建筑学学科研究的热度。

2.2 作者情况

2.2.1 核心作者

CiteSpace中的共引作者图谱可以清晰的表征该研究领域的权威学者，但是由于CNKI数据库尚不能提供共引信息代码，暂时不能生成共引作知识图谱。因此，本文在检索文献范围内，通过对作者文献数量统计来筛选"核心作者"。按作者发表文献数量从高到低选取发文量在2篇以上的作者共17位（表2）。同时对这些作者的所属机构和高被引文献所属领域、首次高被引文献发表时间进行统计。从统计结果看，列入核心作者绝大多数来自于高校，其中同济大学、东南大学的研究者居多；研究者的研究领域比较广泛，首次被引年限较早的几名作者的研究领域属于传统建筑学学科范畴，涉及建筑学、建筑技术、城市空间等。而近年来出现的首次被引作者多分布在较新的研究领域，涉及参数化设计、地域、节能等，如同济大学作者谭峥发表的相关文献数量为4，其所属的研究领域为"参数化"，表明数字技术与建筑学科交叉的研究不断涌现。这种变化一定程度上反映出学科的外延在持续发散，学科交叉的特征愈发明显。

作者文献数量、机构及文献领域统计

表2

序号	作者	文献数量	所属机构	首次被引年限	高被引文献所属领域
1	鲍家声	7	南京大学	1984	建筑学、城市空间
2	支文军	7	同济大学	2009	当代建筑
3	顾孟潮	6	中国建筑学会	1985	建筑科学、建筑史
4	李飚	5	东南大学	2003	建筑技术、建筑教学
5	王建国	5	东南大学	2003	历史建筑、城市空间
6	李海清	4	东南大学	2013	建筑学、建造相关
7	谭峥	4	同济大学	2016	参数化
8	玄峰	4	上海交通大学	2009	建筑空间
9	朱文一	4	清华大学	2007	建筑教育、城市建筑
10	李翔宁	3	同济大学	2008	城市空间
11	刘滨谊	3	同济大学	1997	规划
12	刘加平	3	西安建筑科技大学	2017	地域建筑、节能
13	刘克成	3	西安建筑科技大学	2007	绿色建筑、考古
14	卢永毅	3	同济大学	2010	遗产历史保护
15	王凯	2	同济大学	2014	信息系统模型、计算机
16	庄惟敏	2	清华大学	1997	建筑空间评价、建筑策划
17	陈静勇	2	北京建筑工程学院	2000	建筑设计课程

2.2.2 作者合作网络

作者合作网络知识图谱可以反映出作者与其他人的合作关系，以此表征研究的认知共识。圆圈节代表作者文献数量，颜色越暖文献越新，反之越冷年代越久远。在对CNKI数据库的作者共现的图谱分析（图3）中发现，此图谱中没有共引关系，呈现出非常离散的状态，表明文献各作者之间并未形成联系度较强的网络特征，从侧面说明国内学者对建筑学学科的研究较为分散，在学术上尚没有形成强大的合作网络。

3 建筑学学科研究的趋势

假设每篇文献的关键词能反映文献的重要观点，通过CiteSpace的"关键词聚类"可以表征各知识单元之间的联系，描述选题的知识结构网络；"关键词共现"（关键词出现频次）分析可以描绘出知识点出现的先后顺序，可以借此寻找研究的热点与前沿趋势。

3.1 关键词聚类

选取被引文献和关键词，并通过调整阈值和路径搜

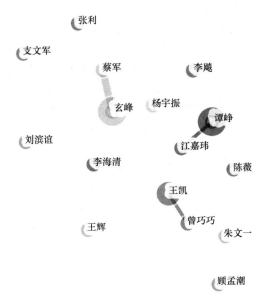

图3 CiteSpace 作者共现知识图谱

索剪枝形成精简合并后的共引关系网络图，对学科研究进行关键词聚类分析，可以有效识别在"学科研究"同一知识域背景下不同被引文献所形成的知识基础。根据不同文献的关键词共引关系，将 361 篇文献的关键词划分为 12 个聚类，排在前五位的聚类分别为"建筑系"、"建筑学"、"建筑学科"、"建筑形态"和"社会生产"（图4）。聚类之间呈现如下特征：第一，形成了非常明晰的结构形态，且各关键词聚类有些许重叠性，表明各知识单元之间存在基础联系。第二，关键词所对应的面域较少，且颜色大多数偏冷（不是近期出现），表明这些面域已经被学界认可，构成建筑学学科的稳定基础，学科的外延发散基于此。

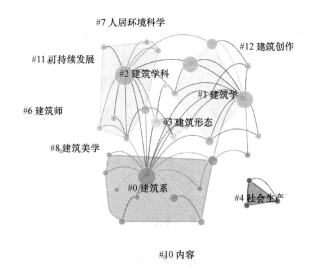

图4 CiteSpace 关键词聚类

从聚类的关联特征中可以看出，"学科研究"与"建筑学"、"建筑系"的关系紧密，反映出"学科研究"与"专业教育"的内在关联性。学科的分类即知识体系的分类，学科的不同意味着知识体系有着本质的不同，因此，如果要讨论建筑专业教育，首先要弄清专业知识体系的构成和演化[1]，学科研究与专业教育之间由此建立起紧密的逻辑关联，并解释了建筑"学科研究"总是伴生着"建筑教育"的原因。这两者的关系构成了学科研究中核心的研究指向。

"建筑形态"与"学科研究"的关联反映出"学科研究"对物质空间的影响。"建筑形态"是建筑设计的结果，是建筑学对人居环境改造的实践载体。从历史的视角看，建筑设计经历了一种"范式转换"的过程[4]，从"布扎"到"包豪斯"，再到"德州骑警"，建筑教育思想的转变，影响了建筑设计范型，从而形成不同范式下的建筑形态。因此，"建筑形态"作为一种显性要素，反映了建筑学科的演进发展。

"社会生产"与"学科研究"的关联显示出学科研究的内在动力。从学科从本质上来讲，建筑的演变是伴随着人类社会的发展进程，围绕人居环境的营造而展开的[5]。因此，建筑学的流变、转型和改革，是不能够离开社会大环境的，是与国家或地区的社会发展阶段的需求紧密联系在一起的，甚至对某些新范型的探讨，都与社会变革有很大关系[6]。学科认知随着建成环境的变化不断产生新的内容，社会生产所衍生的各种问题是推动学科演进的动力。

3.2 关键词共现

对学科研究进行"关键词共现"（关键词出现频次）分析可以描绘出知识点出现的先后顺序，进而借此寻找研究的热点与前沿趋势。

"建筑学科"的关键词共现知识图谱（图5）中，"建筑学科"、"建筑教育"和"建筑设计"交叉后，形成"建筑理论"研究环，此环呈红色，表明未来学科研究中，"建筑理论"的研究是一个主要的研究方向。系统的理论是科学指导建筑学发展的基础，其构建的成型的框架为学科研究审视历史以及预判问题的依据。20世纪 90 年代，学者们就指出建筑学科理论研究不足的问题，这些观点包括：当代中国建筑学科还没有建立起自己的理论体系，至今为止，还无法用我们自己的理论解释中国的建筑活动和建筑现象。形式的问题依然是当今中国建筑学或建筑学教育中的疑惑，搬用西方形式或直接转换流行概念不在少数[7]。多学科发展，拓展了建筑设计理论和设计手段，未来应运用科学的方法论，根

55

据系统的思想，从整体上对建筑设计与城市设计进行较为系统的探讨[8]。建立完整的建筑理论体系及现代方法论的研究体系是当代建筑师的历史使命[9]。近年来，学者们更加针对性的提出了中国的建筑学科理论建构的本土化路径：面对处于转型的中国社会，应该在各种意识形态并存的环境中，对中国进行深入研究，找到属于中国的道路的途径[10]。由于文化和地域的不同，人们对建筑学科的认知都会有不同的理解，所以本土化和地域条件是建筑学学科转型的基石[1]。这些观点都强调了理论研究在学科研究中的重要地位。

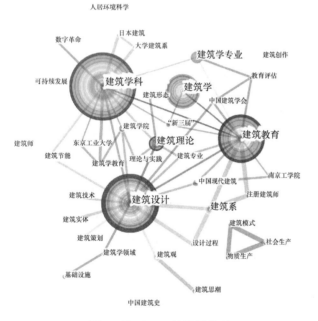

图 5 CiteSpace 关键词共现

关键词"建筑学科"引出的"建筑节能"、"教育评估"都是红色，表明这两个内容也是近年来产生的热点。一方面，基于能源问题的日趋严峻，建筑学已经从"建筑节能"、"绿色建筑"、"可持续建筑"等方面体现出对该问题的应对。面对资源、环境和气候问题，重新审视人与自然的关系，将两者的和谐关系作为建筑空间营造的核心内容[11]。另一方面，"教育评估"中讨论的热点问题始终是不同背景的建筑院校如何保持教育特色和教育差异的问题[6]，目前专指委提倡在教育教育中的多元化发展，包括多极、多中心、多流派，包容边缘的和个性化的教学探索，体现着教育评估对学科研究的响应与践行。

4 结论

知识图谱所描述的近三十年来中国建筑学科研究的基本特征为：研究热度持续升温，总发文量和高被引文

献量逐年增长。核心作者大多数来自高校，但其研究之间未形成紧密的合作网络。与"学科研究"紧密相关的是"建筑教育"、"社会生产"，反映出学科对专业教育的依据与指导性，以及其转型对社会发展的依赖性。目前"学科研究"引发的热点是"建筑理论"、"建筑节能"和"教育评估"，反映出学科研究中对于基础理论、环境应对，以及对于多元化教育体系的诉求。

尽管建筑学本身的专业基础也存在相对确定和稳定的知识架构和知识体系[6]，但面临来自"城市双修"（生态修复、城市修补）背景下的城市有机更新的挑战，如何进行学科内涵的再思考是建筑学学科应该面对的首要问题。未来的学科研究应进一步结合信息化、数字化、历史遗产保护（info、eco、social、historical、renovation、countryside）等新的使命[12]，应变新的学科思维。

参考文献

[1] 丁沃沃. 过渡、转换与建构[J]. 新建筑. 2017（03）：4-8.

[2] 朱轶佳，李慧，王伟. 城市更新研究的演进特征与趋势[J]. 城市问题. 2015（09）：30-35.

[3] 邵松，乔监松. 建筑学学科学术期刊影响力现状分析[J]. 南方建筑. 2015（06）：95-101.

[4] 鲁安东. "设计研究"在建筑教育中的兴起及其当代因应[J]. 时代建筑. 2017（03）：46-49.

[5] 徐卫国. 创造建筑学新知识[J]. 时代建筑. 2017（03）：31-33.

[6] 王建国，张晓春. 对当代中国建筑教育走向与问题的思考[J]. 时代建筑. 2017（03）：6-9.

[7] 张在元. 并非角落的领域——关于我国建筑学发展的几个问题[J]. 建筑学报. 1986（01）：62-65.

[8] 鲍家声. 可持续发展与建筑的未来——走进建筑思维的一个新区[J]. 建筑学报. 1997（10）：44-47.

[9] 庄惟敏. 从建筑策划到建筑设计[J]. 新建筑. 1997（03）：32-35.

[10] 虞刚，王昕. 走经验与理论的结合之路——关于中国建筑研究的几个问题探讨[J]. 建筑师. 2010（01）：16-19.

[11] 梅洪元. 繁而至简——变革中建筑教育之道与路[J]. 时代建筑. 2017（03）：72.

[12] 李保峰. 对演变的应变——关于当下建筑教育的若干思考[J]. 新建筑. 2017（03）：50-51.

兰俊　崔彤　杨光

中国科学院大学；richamon@ucas.edu.cn

Lan Jun　Cui Tong　Yang Guang

University of Chinese Academy of Sciences

基于模件化的建筑设计教学探索
A Teaching Exploration of Architecture Design Based on the Modular Unit Idea

摘　要：本文在审视国内建筑院系基本设计课教学方式的基础上，回顾了自 2014 开始在国科大建筑中心和清华大学建筑学院本科三年级建筑设计教学中采用模件化建筑设计教学的过程和结果。介绍了课程设置的一些基本思想和关键手段，预估并归类分析了学生设计作业成果，最后指出尽管模件化建筑设计教学取得了一些成绩，但未来在深度和广度上尚待拓展。

关键词：模件；空间单元；建筑设计；中国科学院大学建筑研究与设计中心

Abstract：On overviewing the main teaching approaches of domestic architecture design，this article looks back the process and result of architecture design teaching in CARD of UCAS and Tsinghua SOA since 2014，and of which the teaching method is based on the modular unit idea. This article introduces the basic motivations and key solutions to the course setup，estimates and analyzes the design schemes of students as well，finally points out that besides the achievement，the modular unit teaching method still need more expansion both in depth and extension.

Keywords：Modular unit；Space unit；Architectural design；CARD of University of Chinese Academy of Sciences

1　模件化建筑设计课程的产生背景

当前，中国建筑院系的数量已达到 298 个，从本科生和研究生的建筑设计课这一核心课程的主流设置方式来看，仍然延续从"鲍扎"到包豪斯体系的基本方法，强调以功能布局为设计的核心，平面为设计出发点，以功能的复杂程度和建筑规模作为渐次设置不同设计课题的前提。这样，设计课程的对象从单一功能的茶室/俱乐部/小住宅等逐渐发展为功能复杂的博物馆/医院/高层写字楼等，最终形成设计课程的完整系统。

这种教学方式适应了某一历史时期和某些特定建筑类型，也易于学生通过不断的学习实践积累形成相对固定的设计套路，诚然也在一定程度上符合了从易到难、循序渐进的认识论规律，但随着近年来建筑相关资讯的飞速发展，设计思想的多元迸发和设计教学改革的需求愈加强烈，有必要探讨对于已经入门的建筑学学生来说，是否有另一种迅速提高设计能力和简化设计方法的捷径可走？

答案是肯定的。在重新审视上述设计课程设置的方式后我们认为，如果跳出以功能复杂程度为主线的思路，换之以将设计对象拆解为更直接的可重复空间单元与其他基础空间的组合方式将有助于设计者更好的理解设计对象，抽象出适宜设计方法，并能"举一反三"快速地完成设计。

对此，我们在自 2014 年国科大的研究生设计课和参与的清华大学本科开放式设计教学课程中提出"模件化"的建筑设计方式，并试图通过研究后总结归纳出"模件化"的设计方法传授给学生，使学生在面对复杂设计课题和项目的时候能迅速化繁为简地寻找出思路，将更多精力放在设计本体，进而完成设计。

尽管本文中采用了"模件"这个词，但其不仅仅局限于复杂建筑单体中的功能和空间的可重复模块，也不可理解为建筑和建构中使用的最小构造单元，亦不可等同于勒·柯布西耶等建筑师倡导的"模度（Modular）"的概念，而是包含着空间、形式与功能甚至时间、事件和场所精神的"空间单元"。这种空间单元，是构成建筑单体的空间和精神核心，具有相对独立性、可重复性和系统性的特点。与空间单元相对的，则是建筑中的其他"基础空间"，通常包含空间单元之间的联系或组合空间、承载其他基本功能的空间和其他附属空间。

通过对构成建筑的要素的划分，设计者更容易将精力放在对空间单元的理解、分析和设计上，而这恰恰是建筑设计的核心所在。因此，建筑设计的成果也更有利于突出建筑空间单元和建筑本身形象上的特征。

2 模件化建筑设计课程的教案设置及成果预估

2.1 教案设置

在针对国科大和清华大学的"模件"设计课教学过程中，一个很重要的方面就是教案的设置。如何通过教案，引导学生以模件和空间单元的方式来思考设计问题，分析设计对象并最终完成设计方案，是我们先期着重考虑的问题。为此，我们在任务书中分别选择了位于国科大中关村校区西侧的待拆迁城中村和清华大学美术学院北侧停车场两块学生易于到达，且地段基础情况相对简单的地块作为设计地段。而设计主题则分别确定为"中关村科教产业中心"和"清华大学设计聚落"。

"中关村科教产业中心"主要以中国科学院位于北京海淀区中关村的基础科学园区为支撑和依托，其核心的空间单元为"科教产业单元"："为中国科学院物理所（学院）、数学所（学院）、计算所、遗传发育所以及建筑学院等国科大和科学院相关院所师生提供'科学研究'→'教育教学'→'产品研发'→'产品加工制作及销售'等一系列横跨科教融合个领域，产、学、研一体化的'模件单元'，并通过单元的自我循环和新陈代谢构成一个自中科院基础科学园区向社会开放的平衡体系。"

类似地，"清华大学设计聚落"则主要依托清华大学建筑学院、清华大学美术学院、新闻传播学院、汽车系、机械系及清华大学建筑设计研究院等与设计相关院

系和单位，其核心为"设计聚落单元"："为建筑学院、美术学院、新闻传播学院、汽车系、机械系等院系相关专业师生提供'设计研发'→'工坊制作'→'产品销售'等一系列的科教融合，学、研、产一体化的'模件单元'，并通过单元的自我循环和新陈代谢构成一个联系校园又向社会开放的平衡体系。"

任务书中对于两种核心的模件化空间单元的描述，均强调其"自我循环和新陈代谢"，即希望这一类作为建筑核心空间的单元本身具有相对完整性和独立性，同时在功能和形式上每个空间单元与其他空间单元之间则是相似或同构关系。值得一提的是，为给学生留有较大的发挥余地，任务书对于建筑设计成果的基本技术经济指标的要求相对宽泛。比如，两个题目对容积率的要求分别为1.5和1.2，而对建筑密度则不做硬性要求。

由于模件化的空间单元概念本身相对抽象，对于学生尤其是本科三年级的学生来说在理解上难免会有些困难。为此，我们在设计教案的时候也适当准备了一些类似建筑的案例和参考书目，试图先给予学生一些直观的认识。

在课程时序和节奏把控上，由于引入了学生较为陌生的设计方式，教案设置时均将前三周作为学生熟悉设计题目和场地条件、找寻设计灵感和探索设计思路的阶段，同时穿插若干建筑师相关讲座和研讨，有利于学生快速理解模件化的空间单元设计方式。

2.2 成果预估

对于模件化的空间单元建筑设计，其核心即为空间单元。我们鼓励学生在对地段充分调研的基础上从传统、自然和生活中具有单元性质的事物中提取要素并激发灵感，通过建筑和空间的演化形成其设计的空间单元本体，再通过某种形式的组合或变形，最终完成建筑设计。

对于设计成果，我们在试做后预估两种可能的方向。其一是对本身具有单元性质和类似单元形式的事物的建筑化抽象模仿，建筑与事物之间是一种"形似"和"模仿"的关系；其二是对本身并不具备单元性质的事物采用模件化的处理方式转译为空间单元，作为建筑设计的动因和契机，建筑与事物之间将会是一种"神似"和"因果"的关系。

3 模件化建筑设计课程的成果分析

从2014年至今，基于模件化的空间单元建筑设计课程已经在清华大学建筑学院本科生和国科大建筑中心研究生中开设了4次。正如我们在教案设计的成果预估

中设想，大量的学生作业尽管体现了学生们不同的兴趣爱好和差异化的设计思维、设计能力，但作业成果大致依然可以分为"形似"和"神似"两大类（表1）。

建筑有如气泡簇、水晶簇一般的自然形态；另一部分作业则尝试模仿对象现象形成的规则，"规则效仿、气韵为先"，将对象的深层特征内化在设计中，使建筑具有灵活拆卸、多样化衍生的潜力（图1）。

模件化建筑设计课程作业一览　　表1

	作业名称	类型	学生
中国科学院大学建筑中心	曙	光	丁沫
	对叠	对折	彭宁
	定格	俄罗斯方块	边如晨
	文源山水	书法	陈一山
	Jigsaw of Space	拼图	高林
	Input-Output Bubble	呼吸	李加丽
	风彩	风	李偲淼
	渗透的编织	编织	卢汀滢
	活的建筑	活字印刷	宋修教
	空间单元	水晶体	王文慧
	科学园	园林	蔡忱，沈安杨
	谧林	孔明锁	雷明珠
	空间单元	地形	马步青，靳柳
	空间单元	庭院空间	齐大勇，罗文婧
	空间单元	细胞	杨金娣，王欣
清华大学建筑学院	空间单元	串联空间	高进赫
	空间单元	坡道空间	侯志荣
	墙里墙外	墙体	姜兴佳
	空间单元	变形空间	连璐
	空间单元	森林和云朵	刘通
	空间单元	俄罗斯方块	刘圆方
	河流与村庄	聚落	祁盈
	空间单元	人体	唐思齐
	空间单元	工坊	唐义琴
	空间单元	光	王昭雨
	空间单元	榫卯	熊芝峰
	晶之馆	晶体	于博柔
	空间单元	斗栱构件	曹昌浩，石艺苑
	东西南北	游戏东西南北	刘梦嘉，刘启豪
	空间单元	事件	许通达
	空间单元	气泡	杨宇琪，许文静
	戏剧中庭	戏剧	杨双琳
	Rubic's House	魔尺	尤晓慧
	异林	拱形结构	邓晨阳
	空间单元	负空间	陈述
	空间单元	造字法	陈爽云

3.1 "形似"型模件化空间单元建筑设计成果

这一类型设计作业的空间单元是从对自然界和传统造物中单元化现象的学习中产生的。从模仿方法上来看，一部分设计作业倾向对现象的直接模仿，"以形写形、形似为先"，将对象的外在特征落实到设计中，使

人体　气泡　森林和云朵

水晶体　细胞　东南西北

晶体　孔明锁　地形

折纸

俄罗斯方块　魔尺　活字印刷

俄罗斯方块　榫卯　聚落

书法　造字法　拼图

编织

图1　"形似"型模件化空间单元化果一览

具体来看，"形似为先"的设计作业，保留了模仿对象的宏观特征，即单元形态和组织关系，并将这种特征与建筑中的尺度及相关的行为、空间、构件等建立关系，再结合场地等具体问题形成相对完全的方案。这类作业，模件规模与数量的关系较为合理、模件形态丰富多样、设计过程相对灵活多变。

唐思齐的作业以"人体"为模仿对象，以绘画的视角对人体组成部分进行解剖，通过提炼和简化，在建筑设计中呈现出分工明确、协同合作的构图关系，即由上至下分别对应着研发功能（头部）、制作生产（躯干）、展览销售（下肢）三个单元（图2）。

图2 唐思齐：众生相

王文慧等的作业模仿细胞、晶体等的生长遵循一定的规律，将自然生长过程中的复制与增生再现在方案中，使建筑具有"可拓展"的特征。此外，通过对自然地形的观察，马步青、靳柳总结归纳了群落与组团之间的转化关系，用于方案中具体问题的推敲，在无序与规则之间达到一定的平衡。

而对于"规则效仿"的设计作业来说，对模仿对象的利用，是通过将其中的单元与组织关系提取抽象成特定原则，如偏旁与汉字、榫卯与斗栱等，再将其与建筑中的要素建立关系，从而设计出与模仿对象有相似逻辑

的建筑。这类成果虽无明显的模仿痕迹，却更易于操作、灵活适用。

尤晓慧、边如晨等的方案模仿魔尺和俄罗斯方块的游戏规则，在复制基本规则的基础上，演绎出适合课程题目的衍生规则，保持了原有体系的规则性与可变性。魔尺方案由单一的空间单元，借助"基本组合"、"门"、"结＋洞"三种组合方式，在每种方式又存在6～8种变体的情况下，设计出规则与变化相统一的建筑。俄罗斯方块方案则利用简单的立方体，借由可衍生出6种变体的组合模件，生成建筑的主要空间架构（图3）。

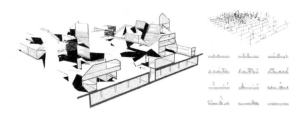

图3 尤晓慧 Rubic's House

卢汀滢、宋修教等的方案模仿编织法、活字印刷术，呈现对未来"扩建增容"的包容性，在应对"灵活拆装"的问题上轻松地作出了回应。编织方案以扁而长的拱形空间为原型形成一经一纬的基本单元之一，或者由两条平行的拱形空间高低错落形成基本单元之二。拱形单元可以从道路上编织到建筑或内院中，也可以从建筑的一端编织到另一端，人们既可以按照选定的路线到达工作区域，也可以在不同的空间中自由地漫步和游览（图4）。

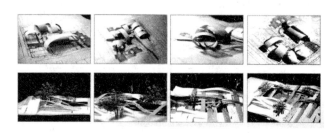

图4 卢汀滢渗透的编织

3.2 "神似"型模件化空间单元建筑设计成果

这一类型作业的空间单元通常采用一种对既有建筑问题直接应用先分解、后组织的方法的设计，分解的对象可分为需求层次、空间层次和建构层次。各层次内又包含更为细致的问题类型，如采光方式、活动类型、组合构件等。在此基础上建立并组织模件，可以清晰的反应设计者意图，使建筑意图明了易读（图5）。

需求层次的模件化设计包含了对基本功能、自然要素和活动事件的探讨。其中，对基本功能的分解是

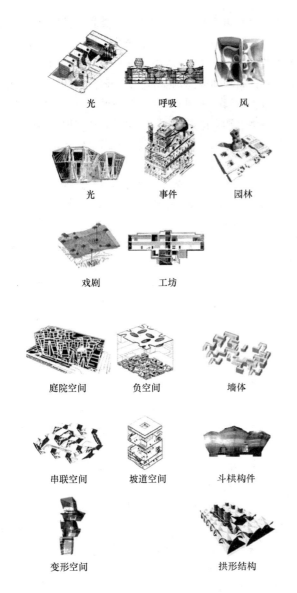

光　呼吸　风

光　事件　园林

戏剧　工坊

庭院空间　负空间　墙体

串联空间　坡道空间　斗栱构件

变形空间　拱形结构

图5　"神似"型模件化空间单元成果一览

较为典型的模件化设计思路，对于功能较为明确的居住、办公功能较为适用。而引入自然要素、活动事件，在应对多样化空间、复杂的文脉时，体现了一定的优势。

唐义琴等从具体的使用需求出发，分别就工坊功能、展览功能、戏剧功能等建立独立的模件单元。工坊方案设计出四种差异化的工作单元，搭配组织成八个组合模件，与共享空间结合，完成建筑的整合。

丁沫等从自然要素出发，对光、风、呼吸等作为分解对象，建立相应的模件。作业"曜"将"光"与公共空间建立联系，借助"时间"分解出一系列聚焦"光的模件"。由于太阳入射角度的不同，这些模件在亮度、层次都有不同的反应（图6）。

许通达的作业从人物和事件出发，逐级分解，层层组织。与传统方案设计从对功能的拆解入手不同，紧紧围绕基地文脉，通过提取会所的潜在使用对象，衍生杂交出基地中潜在发生的事件。提炼了李大爷、王总、猹爷、郭姐、小张等一系列独特的人物形象，一一对应了屏风、小摊位、爬梯、楼阁、四合院、胡同、现代居住单元、多米诺、大跨结构、城市关系等"空间单元"，经过一种"由古至今"的序列化组织，激发了以场所为基础的事件叙事的潜能（图7）。

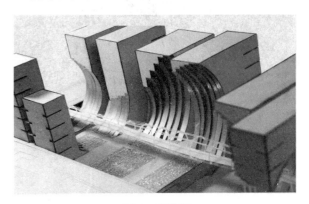

图6　丁沫曜

对空间层次进行模件化设计的探讨操作体现在对空间的尺度、类型、形态等属性的分解和建立上，常采用工具性思维，借助几、计算机、卡板模型等定义空间模件。如连璐借助手工模型，从对基本几何体的变形出发，逐级组织，作品呈现出丰富而多变的结果。陈述将空间按"正"、"负"分类，分别对二者进行分解和组织，空间交叠，丰富多变；侯志荣的"坡道空间"方案打破了传统的"空间并置"的关联关系，将兼顾使用功能的缓坡空间作为一种关联方式，拓展了空间对活动的承载能力，为潜在的活动提供了场所。

对建构层次进行模件化设计的探讨虽所占比例不多，却涵盖了构件、结构不同方面。姜兴佳以"墙"为操作起点，通过对对象的形态、组合方式等属性进行定义，建立了诸多墙模件，使建筑呈现灵活适用、可持续的特征。此外，曹昌浩、邓晨阳等以"斗栱构件"和"拱形结构"为操作起点的设计，体现了对建构问题的深入分解、组织，从而整合成完整建筑设计过程的趣味性。

4　结语

建筑设计课程作为国内建筑院校最核心和基础的课程之一，在经济社会和文化飞速演进的今天，越来越受到各方面的关注和重视。模件化的空间单元建筑设计课

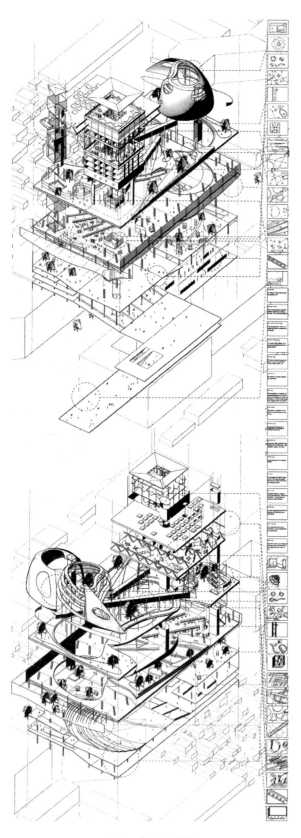

图7 许通达事件

程设置的初衷是在学生已基本掌握建筑设计基本方法的基础上，教会他们一招"化繁为简，举一反三"的速成和进阶的设计方法，以应对城市中日益出现的功能愈发复杂的建筑单体或建筑群的设计和研究。

我们欣喜的看到，学生们的设计作业成果中，除了常规的强调形态的建筑设计方案外，还出现了若干强调建筑语言化、叙事性和事件性的建筑设计方案，将原本具象化和形态相似的空间单元抽象为语言化、文本化和内在机制相似的空间单元。这一思路极大的拓展了空间单元和模件的外延，也自然的将所谓的建筑"模件化"引向了新的层次。

回顾模件化建筑设计课程开设的经历，我们深感未来模件化建筑设计教学在深度和广度上尚有很多领域可以拓宽，而与其他学科和课程的交互融合，灵感和创意的互相激发将是其自我完善和发展的必由之路。

参考文献

[1] 朱文一、梁迎亚. 大楼之谓——中国建筑教育空间综述. 世界建筑 2017（07）：10-13.

[2] Le Corbusier. Le Modulor and Modulor 2 [English Version]. Birkhäuser Architecture，2000.
[法] 勒·柯布西耶. 模度. 张春彦，邵雪梅译. 北京：中国建筑工业出版社，2011.

[3] [德] 雷德侯（Lothar Ledderose）. 万物：中国艺术中的模件化和规模化生产. 张总等译. 北京：生活·读书·新知三联书店，2012.

[4] Ernst Haeckel. Art Forms in Nature：The Prints of Ernst Haeckel. Prestel，2008.

[5] 崔彤，兰俊. 空间单元 源自传统和自然模件单元的启示. 建筑创作 2015（04）：197-217.

陈佳伟　齐奕

深圳大学建筑与城市规划学院；chenjw@szu.edu.cn

Chen Jiawei　Qi Yi

School of Architecture & Urban Planning, Shenzhen University

体验与认知、限定与创作
——设计类公共教学空间场所再设计

Experience and Perception, Limitation and Creation
——Redesign for Public Teaching Space and Place of Design Class

摘　要：建筑学本科三年级是全面开启建筑设计专业训练的关键阶段，以"体验与认知、限定与创作"为核心主题的"教学空间场所再设计"课题，是深圳大学建筑与城市规划学院三年级系列专题的开始。其教学目标有两个，其一，是指导学生通过切身地观察、体验，获取专业认知，确立为什么设计、如何设计、如何创造特色。从而培养学生建立人的行为方式、心理需求与空间场所营造密不可分的专业意识并掌握相关学习方法。其二，通过适当的边界条件限定，形成设计任务聚焦点和教学特色，激发学生的学习兴趣和发挥能动性。

关键词：体验；场所；行为；心理；设计

Abstract：The third-year undergraduate in architecture is a critical stage to start professional training of architectural design. "Redesign for Public Teaching Space and Place" with the theme of "Experience and Perception, Limitation and Creation" is the beginning of the serial thematic training in the third-year, School of Architecture & Urban Planning in Shenzhen University. There are two teaching objectives. The first one is how to guide students to acquire expertise through personal observation and experience, then to make them know "why design", "how to design" and "how to create unique features". By doing so, teachers can cultivate students to establish professional consciousness which is indispensable between people's behavioral pattern, psychological need and space creation, place-making, then make them to grasp the relevant learning method. The second teaching aim is forming the focus design task and teaching characteristics, then inspiring the interest in learning, bring their subjective initiative, through limit the boundary conditions in a proper way.

Keywords：Experience；Place；Behavior；Psychology；Design

前言

源于20世纪80年代初深圳特区初期创立的时代背景，深圳大学建筑学科的建设，一直以来是伴随着建筑学教学研究与建筑设计实践并重的特色下展开的。当年的建筑系与建筑设计研究院呈二位一体的运营模式，教学与实践之间形成利大于弊的互惠互利的局面。教学和研究多方位受到设计实践的持续影响，如得益于国际设计合作的启发，在建筑设计课程教学中，较早全面引进和强化多阶段多比例工作模型、电脑建模等辅助方案推敲的教学方法。我们的毕业生因而也得到视野开阔、动手能力强、善于交流沟通的赞誉，历年来受到各用人机构的青睐。

在学、研、产紧密结合的基础上所建立的建筑设计课程设置，沿袭较为经典的循序渐进的专题类型设计训练，并在课程中多注重实践性设计研究、地域气候适应研究对学生设计思维及方法的熏陶，课程名称也明定为"建筑设计与构造"体系，形成较具特色的系列教学成果。然而，多年延续的教学方法，必然产生疲劳感和惰性。随着时间的推移，课程设置的特点就会渐渐褪色，课题对历届学生而言就缺那么些新鲜感和刺激度，对其积极性的调动性和思维的启发性就有所失效。与之相应的是，各年级间无论是教师之间还是学生之间的交流互动也有所缺乏。

两年前由仲德崑院长主导开始试行的建筑设计主干课程纵向教学体系[1]（详见仲德崑、彭小松等的文章《深大实践："一纵多横"建筑教育体系的探索》），旨在既保持和发扬深圳大学建筑教学的既有特点，更有的放矢的强化建立设计课程的特色趣味和年级间的衔接交流。从三年级起始到五年级，建筑专业分四个各由两名主持教授负责的纵向教学研究小组，试图建立在统一教学目标下的、各具特色的紧密型教学团队。两年来，各纵向教学组从摸索、认知到实践，开始出现一些明显的组别之间的变化和差异。

1 三纵三年级课程体系

三年级是建筑学教学中承上启下的关键学年，学生从面对全学院不分专业的一二年级"泛设计"基础教学转向真正意义上的建筑学专业训练；也面临从"一横"转入"多纵"之一的适应期。在建筑专业第三纵向组三年级专业课程体系的设置时，我们立足于系统性专业培养目标，针对学生在"转换期"的求知需求，尝试以贯穿全学年来建立成系列的专业认知和训练的基础性教学体系，具体分为三个既相对独立、又相互衔接的教学目标专题，分别为：专注于限定空间范围内的场所营造，应对外部环境的类型建筑形态获取，强调内外空间相互关联的、兼顾场所营造与环境适应的综合性目标训练。在此系列的每个明确教学目标下，其课程设置可具备较为灵活的弹性变化。相对固定的是各教学目标间的循序渐进和紧密衔接。

2 教学目的

"空间场所再设计"课程是三纵三年级的第一个大课题。作为指导学生从"泛设计"思维向"建筑设计"思维转变的关键环节，课题的主旨是培养学生建立人的行为方式、心理需求与空间场所营造密不可分的专业意识。这里同时存在两个互补的关键要素，其一，空间场所自有其理性的来源，其二，有趣的场所特质对人们的行为及心理具有不同程度的刺激度和感染力。课题的设定意在强调建筑设计中逻辑性与创造性的高度叠合和互补。教学目的具体表述为：

2.1 为什么设计

本课程设计希望培养学生取得以下初步且明确的专业认知，即：建筑设计的缘起，有其直接的服务对象和动因。一项建筑设计任务的确定，必然与作为个体及一定范围社会圈层的人的活动密切关联。只有通过于对生活的细心观察和切身体验，方可充分领悟为谁而设计，为什么要设计。

2.2 如何设计

通过课程安排的设计工作程序及过程辅导，希望学生切身体会到，作为一种专业训练的目标，对于其相应的观察方法、思维方法、工作方法的初步历练。另一方面，也培养学生认识到，建筑设计的操作练习，始终兼顾宏观的整体驾驭与局部的场所营造。

2.3 设计特色：

在具体的设计构思和推进中，我们试图在教学过程中告知学生，设计所采用的每一根条线、一个界面、一个空间节点、一个体量，以及上述各元素间的组合，无论就形态、比例、尺度，还是材质、肌理、色彩，必然呈现某种形式特征、表达某种场所意义、暗示某种环境影响。建筑师所创作的空间场所，如何得以引导、影响、感染人们的行为及心理？这便是设计特色的追求。

3 任务设置

课题任务以深圳大学建筑与城市规划学院为背景，拟通过局部的增筑式改造，既完善教学设施，更促进师生开展各类公共教学活动和不拘形式的多层次的课间交流，营造多样的更具归属感和包裹感的设计教学展示、观摩、研讨、交流场所，提高教学互动的吸引力（图1）。

3.1 基地概述

不同于以往设计任务的基地条件，本课题规定了设计对象的明确的空间界面。"基地"是一个严格意义上的架空矩形体量，位于现状院馆西侧并与之紧邻。其建筑六面分别为：底面，其下方现有的停车场（以架空层方式处理），底面标高同院馆二层标高，并考虑适度衔

图1 深圳大学建筑与城市规划学院

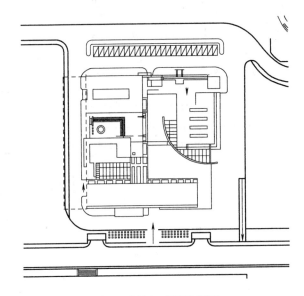

图2 院馆加建用地范围

接；南面、北面、顶面，同院馆相应的完成面及顶部女儿墙高度；西面，按给定的外部界面；东面，紧贴原院馆的西立面，相邻间需适度联系及按需设置弹性空间。设计内容需在此界面限定范围内完成，不允许对限定体量有明显的形态改变。具体为：在南、北、西、顶四个面，不允许在限定界面上有明显的突出体量，"开洞"凹口也需保证界面的完整性，在确保整体轮廓完整的前提下，方可做适度的弹性处理；在东、底两个面，需关注与相邻空间的关系和衔接。

3.2 任务描述及限定条件：

课题对于"基地"的限定，意在作为明确设计任务核心内容的边界条件。其目标要求学生屏蔽掉诸如造型、立面、虚实关系等的关注点，聚焦于内部空间和场所特质的营造上。使得学生通过课题的学习，初步经历较为完整的建筑设计思维训练和方法训练；掌握对于设计类教学对设施、场所、空间及其品质的索求和驾驭；明确空间场所与行为心理的密切关联。同时，即便在对外部界面的严格限定下，设计依然需明确关注建筑的地方气候适应性，即关注风、光、热等物理条件对建筑及建筑设计的影响。

建筑单层基地面积约930m²，呈62m×15m的矩形(图2)，在考虑与现状院馆适度衔接的前提下，可以在与院馆二到五层相应的位置，按需灵活设定层数、层高和标高系统；总建筑面积的弹性范围：1500～2400m²。

3.3 功能拟定

功能的拟定不同于传统设计课题一般给出明确详尽的设计指标，而是提出兼有指引性和自主性功能类型的指导原则。

一方面，作为对训练目标、设计目标的呼应，明确设计任务拟定中必须关注和涵盖的场所类别。"空间场所再设计"包括两个目标和内容，即：通过本次空间增筑式的再设计，完善和改进院馆的公共空间系统，使之进一步促进和支持多层面的设计学习交流；配置现状院馆较为缺少的具体教学场所类型。

另一方面，对于具体的如公共空间体系与功能空间的关系，场所分类及其比例，则由学生在各小组辅导教师的协助下完成。此工作在课题开始的两周内完成，也是本课题的首个重点环节。学生们已在此院馆内学习、生活了两年有余，对既有场所已有相当的认知。通过专题性的训练，更主动地对身处的设施和场所进行观察、体验、回味、讨论、总结，从而得出各自明确的设计目标和任务书。

4 教学过程及方法训练

课题的教学安排突出对学习过程的重视，对于各个设计阶段均给出明确的权重比例，作为本课题最终设计成绩评判的依据。同时，注重中间过程的交互讲评和作业完成后的集中讲评。意在鼓励学生获得相互的启发和交流，鼓励在限定条件下的个性和特色发展（表1）。

在教学过程中，强调空间场所的以人为本、"再设计"以促进设计教学和交流互动为目标；

强调学生遵从自身的观察和体验。在历经两年有余的学习场所内，各自认知了哪些？认同了哪些？空间场所又有哪些不足？不足的原因何在？课题的过程安排，旨在为初次开启专业训练的学生，在建筑认识论、方法论等方面全方位进入建筑学的核心问题。

结合学生拟定初期研究报告的过程，课题要求学生全部或部分关注和讨论设计教学空间场所的主要关注点，如：公共空间的公共性和开放度界定；公共空间开放性与舒适度的关联及矛盾；交通空间的多义性和可停留性；空间节点的尺度感和包裹性；单元空间场所的领域性和归属感；华南气候条件下空间的舒适度；等等。

教学计划表 表1

周次	日期	地点	内　　容	备　注
1	09.06～09.09	专业教室	新学年沟通会、课程及教学目标讲解(讲课)；提交讨论研究报告；开始细化任务书	集中授课分组指导
2 3	09.13～09.23	设计教室	完成设计任务书框架及设计目标(9月13日)；提出场所概念及空间意向比较方案(概念草图与总体草模)，确定构思方向	分组指导
4 5 6	09.27～10.14	设计教室	方案深化(提交明确方案发展方向的完整平面、剖面及草模)，发展平立剖面	分组指导交叉讲评
7 8	10.18～10.28	设计教室	成果表达(交图时间：01月04日下午5:00)	分组指导
9	11.01	设计教室	集体评图，课程总结	集中讲评

5　成果及总结

课题设计成果由三个内容构成，一是包括基地调研、任务解读及详细设计指标的研究报告；二是明确设计目标的概念方案；三是课题最终成果。

以其中一名学生的作业为例。首先，学生结合在学院教学空间场所的两年学习体验，通过对院馆教室、办公室、实验室及公共开放空间的调研分析，认为院馆缺少多样化展陈空间、满足不同需求的学习空间及休闲开放空间。在此基础上，学生提出"裂缝"(crevice)的概念，利用斜切、退台创造出阶梯状半室外公共空间，以此作为串联整体增筑系统的核心空间(图3)。

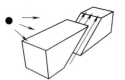
背离光照，沿着风向倾斜剖切

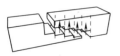
对齐平台，调整平台间的尺度，形成多个提供给师生学术交流又具备一定领域感的灰空间

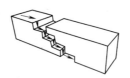
根据单位层数生成平台

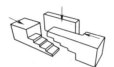
插入连接两个分离体的交通盒子，对接原院馆走道，提高交通效率

图3　方案生成概念图解（学生刘可言作业）

垂直空间系统组织方面，结合半室外退台将各个空间按照南北朝向、动静关系有序布置，在半室外退台下方设置二层大厅，将多个展厅与其同层布置，便于来者

参观。退台空间上层设计了具有自然采光天窗和高窗的阶梯教室，改善了原院馆缺少自习空间的不足。另外，书店、咖啡吧、各种专业教室的增设提升了原教学空间的类型多样性(图4)；平面空间系统组织方面，学生根据给定的15米开间，将水平空间系统划分为主次两部分，靠近原院馆侧墙的部分为交通、开放共享空间，便于人流组织、停留及空间过渡，另一侧则为拥有完整边界限定的功能空间。值得一提的是，学生在临近院馆侧墙的过渡空间中再次有意识地引入自然采光，使光线可以透过倾斜玻璃天窗，通过线性天井照亮整个公共空间，巧妙解决了因南北向进深过大，采光条件不利的问题，提升了整体开放空间品质(图5～图8)。

学生较好地掌握从人的行为心理需求去观察空间场所的使用情况，在空间体验基础上形成了空间影响人行为的专业性认知。并在给定的条件下，尝试系统地解决公共空间系统组织，开放空间到私密空间的过渡、空间包裹与开放等问题。另外，对自然采光与通风的处理也较为巧妙。总之，从观察调研、到概念生成再到设计成果，该学生作业在"体验与认知、限定与创作"的主题下较为出色地完成了训练任务，达到了既定训练目标。

在课题的师生集体总结时，学生较普遍的反映是：与以往的学习以及其他组设计课题的要求及方法都很不一样；改变了很多对建筑和空间的看法；原来场所气质与人的感受有如此大的关联；对于空间系统的组织、空间状态的把控、场所可停留性的营造，都无不是导演人的生活活动的手段。

在教学过程中，我们也发现有明显的不足。课题在增筑"再设计"与现状院馆相邻改造的衔接方面，尚易产生含混，以至少量学生在设计的聚焦方面有欠缺；对特色空间的环境刺激度方面的引导和驾驭，仍可有较大的教学改进；个别学生对边界限定条件的认识和遵循度不足，需完善和进一步明确设计任务要求。

图 4　剖面图（学生刘可言作业）

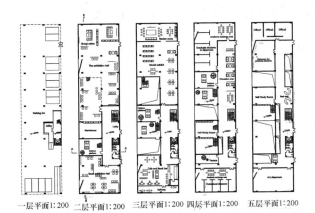

一层平面1:200　二层平面1:200　三层平面1:200　四层平面1:200　五层平面1:200

图 5　各层平面图（学生刘可言作业）

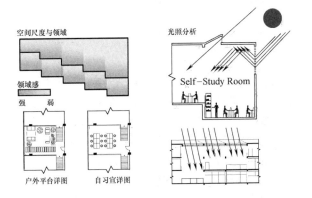

图 6　空间领域及光照分析图（学生刘可言作业）

我们认为，对于学生的初期专业培养，需要指导他们紧扣体验和认知，并引导其在此前提下的设计创作，

图 7　室内走廊效果

图 8　建筑室外效果

从而辅助学生建立明确的专业价值判断。在贯穿纵向发展的教学过程中，通过系列的不同专题的训练，使得学生逐步形成自成体系的又适度开放的建筑观和方法论。建筑设计教学的另一个关注点，是在主题框架明确的前提下，如何形成兴趣点和差异性，激发学习的热情。这都是深圳大学建筑学教学建立多样性和形成教学特色创造的主要关切。

注：本设计课题指导教师：陈佳伟、齐奕、朱岩、邵晓光、钟乔。

参考文献

[1] 彭小松，袁磊，仲德崑，饶小军，黄大田. 设计规划主干课程"纵+横"教学体系——深圳大学的构想与探索 [J]. 城市建筑，2015（16）：117-119.

李帆　陈雅兰　叶飞

西安建筑科技大学；5579689@qq.com

Li Fan　Chen Yalan　Ye Fei

Xi' an University of Architecture & Technology

"Studio" 制教学模式在高年级设计课程中的实践
The Practice of "Studio" Teaching Mode in the Course of Senior Architectural Design

摘　要：本文分析了建筑学专业高年级教学特点，原有课程体系设置中存在的问题以及新形势下教学改革的需求，提出了西安建筑科技大学建筑学专业高年级设计课程教学中采用"Studio"制教学模式的对应策略。并对该教学模式在课题选择、模式特点、教学实践等方面进行了具体阐述与分析。

关键词：Studio；教学模式；课程结构

Abstract：This paper analyzes the features of architecture senior teaching, the existing problems in the curriculum system and reform needs under the new form. And, propose corresponding strategies, "Studio" teaching mode, which aim to adopt the existing requirements. And, elaborate the Topic selection, mode features and teaching practice, etc.

Keywords：Studio mode；Teaching mode；Course structure

1 高年级教改缘起

1.1 高年级学习特点

建筑学专业学习，在低中年级以设计基础能力和专业素质的培养为主，到了高年级进入到深化拓展教育学习阶段，需要加强专业知识和技能综合应用能力培养。因此在设计课程的学习中从以下三方面体现出与低中年级不同的特点（图1）。

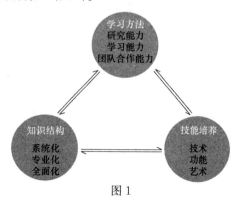

图1

在学习方法上：要求学生具备一定的研究能力，并能够将专业理论知识应用在设计实践当中；具备学习能力，理解设计方法的本质，通过有限建筑类型的设计训练，触类旁通地掌握遇到陌生建筑类型时的设计办法；具备团队合作能力，了解和熟悉本专业的真实工作环境，丰富其社会经历、加强团队意识。

在知识结构上：要求学生能够系统性地看待建筑设计。前几学年的设计课程往往会有针对性地解决某类专业问题，譬如空间形态的塑造、空间尺度的把握、流线的组织等。而高年级需要在设计中综合考虑各种因素对建筑设计的影响，包括经济、艺术、功能、环境、技术等。一方面要求学生知识的专业化，紧跟设计前沿思潮，使学习能够深化；一方面要求学生知识的全面化，使设计与相关学科交互融合，使学习能够拓展。

在技能培养上：除应对"经济、实用、美观"三要素的要求，高年级设计课应具有一定难度的技术性挑战，或新技术、新建造手段的应用；应有较为综合性或专业性的功能要求；以及艺术性的审美要求，结合我校所处的地域特色体现为文脉建筑或地域性建筑的设计要求。

1.2 传统教学模式与变革

我校建筑学院高年级设计课程历经几次改革。在上一轮教学大纲修订时，明确了进行"综合大设计"的教学内容，并结合相关技术专业课群，确定了设计难度较大、综合性强的影剧院建筑作为主要设计类型，在一段时期内取得了良好的教学效果。但随着教学过程的持续也逐渐暴露出一些问题：①综合大设计课时量大、占周次多，其中设置有单纯的技术设计环节，减弱了学生的学习兴趣及设计操作连贯性，表现出主动性缺失、学习效率低等问题；②相对统一的设计任务会重复使用数年，课程缺乏新鲜感；③教师与学生搭配固定，学生没有选择老师或课题的余地。

面对这些问题，课程组教师通过变更用地条件、增加弹性设计内容等手段来驱动学生的积极性和差异性，鼓励差异化独创性的设计方案。设计任务逐渐多样化，出现了音乐厅、剧院、电影院、体育馆等不同类型的观演建筑设计题目。每个类型教学任务由相对固定的教师担纲，学生可以少量跨班上课。这些改变和创新激发了学生的兴趣，虽然类型化教学的痕迹依然很重，但题目设置多样化、教学小组化的教改模式已现雏形。

1.3 新的教改需求

针对高年级学习特点，在卓越工程师计划下需要整合原有特色课程（医疗、高层、文脉、剧场等），使本阶段教学更趋向培养目标；激发教师之间的竞争意识和学生对设计题目的可选择性；在明确大类的前提下，兼

顾差异化课题设置，鼓励题目和科研挂钩、和实践挂钩，使操作真实性更强，富有地域特色，保证题目的新鲜度；在教学方法上更具有实践性，增加校外调研的比例，增加实际操作的可能性，增加学生与社会各类型人群和各专业老师的交流机会；创造分组合作的机会，使学生了解团队分工合作的重要性。

2 "Studio"制教学模式

2.1 "Studio"概念起源

最早在教育领域中提出"Studio"制概念的是有几十年历史的青年基金组织（Young Foundation），它提出过函授大学（Open University）、拓展式学校（Extended Schools）、夏季大学（Summer Universities）等新观念。"Studio学校"让学校回归到文艺复兴时期对工坊最原始的定义上——工作和学习相结合。据此，"Studio"教学应具有以下特点：①规模小；②课程不仅在教室中完成，还要通过社会实践环节完成；③每个学生有和多位导师接触交流的机会；④在公开体制下有计划的进行，但各个Studio独立运作。

2.2 "Studio"教学模式在我校的运用

参考国内外同类专业经验，针对建筑学高年级教学特点，在传统教学模式的基础上，我们做出了一系列调整，形成了"Studio"制教学模式。

（1）授课方式：打散传统班级概念，改为学生、教师与授课题目"双向选择"模式。教师在题目大类的指导下根据自身专业特长确定具体方向，可邀请校外专家参与教学，师生比控制在1∶7～1∶10之间。

（2）授课范围：本科四年级学生，如图2所示课程结构图。在第七、第八学期交叉设置。

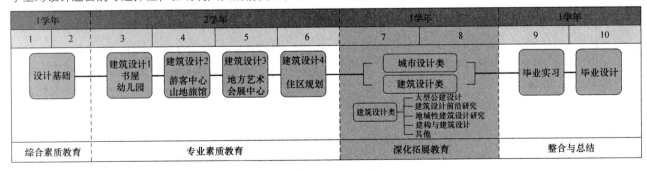

图2 课程结构图图1高年级培养目标图

（3）题目设置：四大类型——大型公建设计、建筑设计前沿研究、地域性建筑设计研究、建构与建筑设计（不排斥其他类型题目的补充，但均需符合本阶段教学培养目标要求）。

（4）交叉开放：在保证大类相对稳定的基础上，Studio模式面向整个建筑学院开放，各专业、各教研室的老师可以通过单独或合作方式参与教学，使学生理解和体会到建筑学专业综合性及协调性特点。

类型	题 目	能力培养								
		学习方法			知识结构			技能培养		
		研究能力	学习能力	团队合作	系统化	专业化	全面化	技术	功能	艺术
大型公建	基于建筑计划学的医疗建筑更新	√	√			√		√	√	
	西安城市节点地段城中村更新规划与商业综合体建筑设计	√		√	√	√	√		√	√
	淮南职教园区高职院校教学综合楼群设计	√		√	√	√	√		√	
	基于建筑计划学的医疗建筑更新	√		√		√		√	√	
建筑设计前沿	用虚拟现实手段在现大师作品以及再设计									√
	T-Splines 仿生空间的营造		√							√
	再生——城市更新背景下的精品主题酒店	√				√				√
	功能追随形式Ⅱ——西安3511工艺创业产业园再设计		√			√				√
地域性建筑	三原县柏社村地坑窑院改造与更新		√		√			√		√
	基于行为的商业步行街设计	√	√		√			√		√
	超越东西方的院——秦岭西安段传统村落植入式更新设计	√	√							√
	西风博物馆方案设计				√					√
建构与建筑设计	有形——基于夯筑工艺的材料视觉表现与设计	√	√	√	√			√		√
	快速建造体系下的建筑设计	√	√	√	√	√		√		√
	村民活动中心——基于建筑语汇的绿色建筑设计	√	√	√		√		√	√	√
其他	西安建筑与城市文脉——涂画北院门	√	√	√			√		√	√

2.3 我校"Studio"教学模式特点

（1）题目的延续与拓展：将原高年级设置的观演建筑、医疗建筑、高层建筑等课题纳入到"Studio"制课程体系当中，继承并发扬原教学内容中的优秀经验。打破单纯类型化的教学方式，将设计领域拓展到建筑技术、结构设计、材料与构造、数字化建筑、地域性建筑等更多方向。

（2）题目的相对稳定与多样：在每学期开设的设计课题中，会在每个大类下由相对固定的教学团队开设具有"品牌"效应和特色优势的题目，确保教学质量的稳定性。例如在"大型公建设计"方向常设影剧院设计、医疗建筑设计题目，在"建构与建筑设计"方向常设现代夯筑工艺的建筑空间设计题目等。结合表1近年题目的设置与培养目标分布情况可以看出，每个类型题目着重训练了学生能力的不同方面，而学生通过2个学期多个题目的选择，最终实现了综合能力全面培养的目标。

（3）教师团队的多元与交叉：除建筑系的教师外，各

教学小组可邀请外专业相关教师（如结构、暖通等）、校外教师（设计院相关工作人员等）、留学人员等共同参与教学。联合交叉的教师队伍配置激发了学生的学习兴趣，通过几年的教学实践，形成了多个"明星"小组。同时也调动了教师的积极性，形成了主动投身教学的局面。

（4）教学方法的灵活与实践性："Studio"模式打破教师固定在某一班级的模式，教师结合自身特长和不同的课题要求灵活采用具有针对性的教学方法：实地考察、踏勘、社会调研、问卷调查、网络调研、网络教学、模型教学、分组合作、实地搭建等。在保证课时不变的基础上，教学小组可针对题目特点适当调整时间安排，满足具体教学任务的要求。

（5）理论课程设置：高年级理论课程教学内容与专业实践和拓展教育紧密相关，其中部分课程向更加细致和专业的方向发展。例如："建筑数字化设计"、"生态技术专门化"、"环境行为学"、"建筑计划学"等专业理论课程与 Studio 同时开设，其结课成果与对应的设计

课成果相互关联。

3 教学实践案例

3.1 大型公建设计

意在整合前三年设计技能，并向更专、更深发展，具有较强的专业技术性。使学生进一步强化并掌握解决综合功能的大型公建设计的原则、内容、方法和程序。通过对配套理论课程如结构、构造、建筑声环境、光环境、建筑计划学等课程的同步学习，培养对各相关技术的理解和协作工作的意识。代表题目包括影剧院设计、医疗建筑设计（图3）、高层建筑设计等。

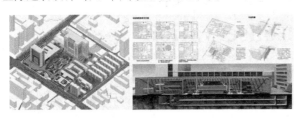

图3 建筑计划指导下的医疗建筑更新

3.2 建筑设计前沿研究

采用新的设计理念，结合新的设计技术进行探索性设计，尤其注重设计的创新性和前沿性。使学生了解建筑设计专业前沿领域的发展趋势和设计动态，尝试运用最新的设计观念和方法开展建筑设计工作。培养学生前瞻性思维的意识和能力。代表方向包括：数字化设计（图4）、绿色建筑设计、建筑更新改造设计等。

图4 T-Splines仿生空间的营造

3.3 地域性建筑设计研究

我校地处西部地区，具有多年的地域性建筑研究经验和地域特色，将本科学生纳入我校传统的研究课题中，具有延续地域传统、科研反哺教学的意义。使学生了解地域建筑相关理论和建实践，理解建筑与自然环境、建成环境、地区文脉的文化关联，提高设计理论水平。并使学生掌握地域建筑设计创作手法，用以指导设计实践。代表方向包括：关中民居建筑设计、黄土高原窑洞建筑设计（图5）等。

图5 三原县柏社村地抗窑院改造与更新

3.4 建构与建筑设计

建筑材料与构造一直是我院所重视的课题，本课题意在使学生意识到建构的重要性，使学生了解、把握建构与设计的关系，理解材料、技术、节点对设计的影响，学习从建构角度出发进行建筑设计的能力，并培养建筑实体的搭建能力。代表题目：基于现代夯筑工艺的建筑与空间设计、基于夯筑工艺的材料视觉表现与设计（图6）等。

图6 有形·有境——基于夯筑工艺的材料视觉表现与建筑设计

4 结语

建立"Studio"制教学模式旨在让学生们拓展学习建筑学科多个方向的知识和技能，使学生尝试接触多方向的设计方法与过程，增强学生对建筑设计理解和思考，扩展学生对建筑设计的认识。本课程建立在前三年设计基础知识、理论知识和设计技能学习的基础上，设置在四年级全年，属于深化拓展教育阶段。在本阶段学到的知识和能力，能够帮助学生理解建筑设计的多元性，通过多方向、多类型的设计训练，提高学生的设计创造力、加强对基础知识和技能的综合应用能力，为设计实践环节和毕业设计环节乃至职业生涯规划奠定基础。

参考文献

[1] 李帆，李志民，王晓静. 建筑学专业高年级理论与设计课程结合的教学改革实践 [J]. 陕西教育（高教版），2013（11）：69.

[2] 王国荣. 建筑学专业高年级建筑设计教学新模式 [D]. 西安建筑科技大学，2010.

[3] 阳海辉. 建筑学专业 Studio 制教学模式研究 [J]. 大众文艺，2014（18）：233-234.

张小弸　赵博阳

天津大学建筑学院；xiaopenguhu@hotmail.com　天津市城市规划设计研究院；zenkowork@126.com

Zhang Xiaopeng　Zhao Boyang

School of Architecture Tianjin University　Tianjin Urban Planning & Design Institute

基于广义思维的"工业遗产保护"本科教学模式探索
Exploration of the Undergraduate Education Mode of Industrial Heritage Conservation Based on Generalized Thinking

摘　要：经过本次工业遗产保护教学试验，本文分析了"工业遗产保护"课程在高等院校本科教学设置的必要性，并探讨了采用案例分析、实地调研、亲身体验，实际操作等多种方式相结合的教学模式，试图从学生的基本专业素养培养开始，强化学生的工业遗产保护意识及基本理念的理解，激发学生多学科交叉、多元化发展的广义设计思维能力，拓展对当今我国工业遗产保护实践和未来发展的思考途径。

关键词：工业遗产保护；广义思维；本科教学模式

Abstract：Through the industrial heritage conservation instructional experiment，this paper analyzes the Industrial Heritage Conservation course in colleges and universities is necessary to set . This paper also discusses the combination model of case analysis，field investigation，hands-on experience，practical operation，which attempts to cultivate students' basic professional qualities and strengthen the student's awareness and conceptions of industrial heritage conservation. The students' thinking abilities of multidisciplinary and diversified development of generalized design will be motivated，which will widen the way of thinking in current and future development of industrial heritage conservation in China.

Keywords：Industrial heritage conservation；Generalized thinking；Undergraduate education mode

近年来，工业遗产受到的关注度不断提升。我国的工业遗产研究启动较晚，在对工业遗产保护的研究中发现，无论是设计参与者还是研究人员多从建筑风格、结构类型入手，未能脱离近代建筑史的研究范畴。很多高校都没有开设专门的工业遗产课程，普通民众对工业遗产的价值更是知之甚少。建筑专业学生对于工业遗产的认识也只限于798、751工厂等工业遗产再利用的成功案例，简单的认为工业遗产保护就是对于旧厂房的再利用，高校由于缺乏专业的工业遗产保护课程的补充，学生对工业遗产保护的思维方式较为狭隘单一。2017年，本人带领天津大学建筑学院毕业设计小组结合"工业遗产保护"理论对工业遗产保护再利用进行设计实践，并且对课程的设置和教学模式进行了研究和探索。

1　课程设置的必要性

1.1　思维方式的培养

目前我们正处于一个多元化发展的社会中，科技的更新、跨界的研究都对设计者的思维方式产生重大的影响，提出了更高的要求。工业遗产保护内容涵盖：工业考古学、工业遗产普查与保护、工业历史地段更新、工业建筑遗产改造与再利用、工业建筑遗产的保护及修复技术、工业景观与工业旅游、工业遗产管理等内容，并且与文化、社会、城市和自然科学息息相关。而对于将来从事工业遗产保护的专业人员，建筑及相关专业的学生，更应在教学中将广义的思维模式灌输到设计意识中，拓展思维能力，以应对高速动态发展的遗产保护事业的要求。

1.2 保护意识的形成

进入建筑学科学习的学生将是未来工业遗产保护的主要从业人员来源，因此需要在校期间能够树立对于遗产的保护意识和保护理念，从根本上了解文化遗产的价值，在今后的工作中，尊重遗产的价值，形成自觉的保护意识。同时，高等院校也是全民素质教育的重要基地，开放校园、感受文化氛围、共享教育资源已成为大势所趋，遗产保护教育的知识对于整个社会全体民众的文化遗产保护意识认知则直接关联着我国工业遗产保护的发展。

1.3 社会发展的需要

由于对工业遗产保护教育的忽视，对工业遗产价值认知的普遍缺乏及对工业遗产保护相关知识的不了解，在保护过程中，对经济利益的过度追求和不恰当的改造方式，对于成功案例的盲目效仿，单一对建筑进行改造再利用而与城市定位相悖等，都会导致工业遗产存在着保护性破坏，令人扼腕。因而，工业遗产保护是一门具有专业性同时跨多学科的课程，从业人员应有专业知识和大局观。因此高等院校工业遗产保护课程的设置，通过必要的理论知识和课程时间来保证教学内容的完整，对在校学生展开工业遗产保护教育，解决当前工业遗产在保护、开发与利用过程中所存在的专业设计人员知识体系不全面等问题，为社会培养出具有专业能力与知识的工作者队伍，从根本上解决未来工业遗产保护的重重困难，推进我国工业遗产保护事业的发展。

2 课程内容及其特点

2.1 课程内容

本课程针对的是本科毕业班级，结合毕业设计同步进行。以下是本课程在本人指导的毕业设计小组实施的具体安排。教学内容包括：工业遗产与城市及空间历史、文化概论，工业遗产的理论解释；工业遗产价值的认识、国内外宪章、法规发展的进程、趋势；工业建筑遗产概论、建筑保护、工业艺术、工业考古学、工业遗产所受人为和自然的威胁；工业遗产的管理，包括计划编定、相关政策规定、地区历史与地区遗产的保存及经济管理。学生的整个学习过程可分为四个部分：基础课，专题研究，毕业设计和毕业论文。其中基础课部分

最为重要，占总学时的一半。基础课由以上的四个模块组成，每个模块都分为其必修内容和选修内容。整个课程持续一个学期 16 周，每周 8 课时，一共 128 课时。

课堂授课以讲授工业遗产的保护意识、理念、基础知识和保护设计方法为主，实践研究以案例研究开始，从保护遗址的场地调研、社会调研、现状分析，到对项目进行定位，提出保护设计理念，最终完成具有一定设计深度的较为完整的工业遗产保护设计。通过本课程的教学、实例分析，实践等内容，从工业遗产保护专业素质培养开始，强化学生广义的工业遗产保护理念的认知理解，开发学生集多元化、多学科、多信息为一体的综合设计思维模式，以应对当今全球化、信息化、多元化发展的工业遗产保护工作对专业人员能力的要求。

2.2 课程特点

首次将文化遗产保护下的一个分支的工业遗产保护作为独立授课内容。从树立工业遗产的保护意识入手，对概念认识的转换和思维方式的变化进行解析，并辅以较为典型的保护实例，引导学生主动分析实例的优劣和采取的方法，启发学生多元化、多方式的设计思路，建立更加丰富的保护规划构思，由过去单纯的以保护修复作为文化遗产保护的思维扩展为包涵社会、文化、空间、城市及管理经济等多方面、多学科来思考工业遗产保护的定位和保护方式。这对学生将来在面对实际工业遗产保护项目时的设计思维方式、构思角度都会有至关重要的影响。

本组学生在授课之前，对工业遗产保护的了解较为简单片面，对工业遗产的保护意识薄弱，通过授课，基本具有了从业人员的专业基础知识，对工业遗产的价值进行重新认识，并且在设计实践环节体现出浓厚的热情和较好的把握能力。

2.3 教学模式探索

通常单纯的理论课都会比较枯燥，需要理解并记住相关知识和保护原则，而工业遗产保护课程又相对陌生，在本科阶段的"建筑概论"和"中外建筑史"等基础课程中都少有涉及，所以理解起来有一定难度。课程要求每次课堂授课都会给学生一个工业遗产保护案例，让学生课下进行了解和分析，在下一堂课中进行讨论，从案例入手来理解保护的原则、学习保护的方法和具体的设计手法。当然，书本上和网络上的案例具有一定的局限性，实际案例的分析也不仅限于国内外的成功案例。课程安排了 4 次设计案例的现场考察（天津国棉三厂、天津碱厂、北京远洋艺术中心、中山岐江公园），

配合调查问卷与分析，学生可以亲临实地体验工业遗产保护的不同保护定位，不同再利用功能和不同保护方式下与人的互动。

2.4 结合毕业设计的实践应用

结合毕业设计的需要，总结工业遗产保护的保护原则、定位、保护方式、方法和具体手法作为设计逻辑，掌握一系列工业遗产保护的基本原则、方法并了解工业遗产保护的设计过程。由于面对的是环境设计专业的学生，因此，保护设计的侧重点是工业景观方面，包涵工业建筑的保护与再利用和公共艺术方面的内容。

设计题目：北洋水师大沽船坞工业园景观园设计

项目背景：北洋水师大沽船坞位于滨海新区的中心商务区，海河南侧，与于家堡金融商务区隔河相望，是中国近代工业的发祥地之一，是我国北方最早的船舶修造厂和重要军工基地。1880年李鸿章为修理北洋水师舰船而建造。大沽船坞可以反映船坞建筑的演化历程，同时选址在海神庙附近，提供了中国传统祭海文化与现代工业文明相结合的证据。在2013年被列为第七批国家重点文物保护单位。北洋水师大沽船坞见证了中国近代化的发展历程并且揭开中国军事工业发展的重要一环，具有丰富的历史价值。

实地调研：本组学生多次赴现场进行实地调研，并通过拍照、测绘等方式记录场地特征，并对周围民众进行问卷调查，征求遗产保护意向。

文献整理：本组学生对基地历史进行梳理，发掘基地的价值。

定位分析：通过前期的分析和调研，结合理论课程的保护基本原理和基础知识对基地定位进行分析，初步定位为基于对工业遗产和原有生态系统保护基础上进行的综合性工业遗产生态园（图1）。

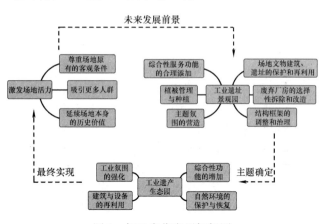

图1 场地定位发展框架图

设计原则：根据课程理论知识的学习和对工业遗产保护的广义认知，制定了以下的主要保护原则：

(1) 文物保护原则：保护文物建筑与遗址，通过标识或解释说明强调基地内的文物建筑与遗址，使其作为场地的重要特色环节。

(2) 生态性原则：保护原有的生态系统，尽量减少对当地造成生态破坏，满足人与自然和谐共处的基本要求。

(3) 特色原则：利用原有的工业遗存，营造出工业氛围，使设计具有明确的船坞工业主题。

(4) 功能性原则：功能性原则强调要满足周边居民的基本要求，合理添加多种新型综合服务功能。同时又具有特色功能用以吸引更远范围内的游客，达到带动地区活力的目的。

(5) 经济性原则：充分利用场地中的原有条件，减少工程量，减少不必要的经济浪费，同时避免了大量的废弃厂房和工业生产设备闲置产生的资源浪费。同时在场地被赋予了新生命力之后，又可以带来新的经济效益，带动周边地区经济与文化的发展。

总体方案：

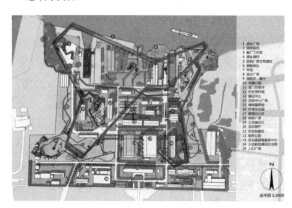

图2 设计总体布局

方案对场地进行了合理的功能分区，划分游览与工作流线，设置高空廊架系统，保留原有地面道路的同时，提供三维的观赏体验，廊道上提供自行车行和人行线路且高度与工业景观节点结合，顺应场地地形（图2）。采取生态设计的概念保护和尊重了历史和自然留下的痕迹，植物保留场地原有植被，辅以适宜场地气候和土壤条件的观赏性植被。对于旧厂房在保持其原有结构和状态的情况下进行一定的改造与利用（图3、图4）。

从设计成果来看，学生对工业遗产保护的基础理论知识掌握的较为全面，并且保护观念很强，在整个设计中力求把干预降为最低，保持工业园区的原貌；设计过程中学生有着高度的热情，能够灵活运用课程所教授的

图3 废弃厂房改造一

图4 废弃厂房改造二

内容，并且思维多元，思路开阔。最终该组毕业设计取得最高成绩并评为优秀毕业设计也可以说明此次试验教学较为成功（图5）。

图5 方案鸟瞰图

3 结语

"工业遗产保护"课程的必要性毋庸置疑，在教学中采用案例分析、实地调研、亲身体验，实际操作等多种方式相结合的模式，增强了学生学习的主动性和挑战性，并激发学生多学科交叉，多元化发展的广义思维能力，从学生的基本专业素质培养开始，逐步改善工业遗产保护意识薄弱造成的工业遗产教育缺位的现象，希望将广义的工业遗产或文化遗产保护理念真正融入未来工作者的构思意识中去，拓展我国工业遗产保护实践和未来发展的思考途径，并希望能够对我国普通高等学校的工业遗产保护教育有所启发。

参考文献

[1] 王澍. 我国建筑遗产保护高等教育的现状与发展. 美术研究，2015（06）：106-110.

[2] 常青. 培养专家型的建筑师与工程师——历史建筑保护工程专业建设初探. 筑学报，2009（6）.

涂慧君　赵伊娜

同济大学建筑与城市规划学院；tscut@126.com

Tu Huijun　Zhao Yina

CAUP，Tongji University

建筑策划方法引入建筑设计教学的探索

——基于与人互动的参与式建筑设计教学 *

Participatory Architectural Design Teaching Based on Interaction with People

——Exploration of Architectural Programming Method into Architectural Design Teaching

摘　要：文章探讨了建筑设计教学引入建筑策划的方法，以同济大学的建筑设计课程为例，引入建筑策划的内容，基于理性思维从参与式设计、角色扮演与互动、全过程教学、网络课堂等方面，介绍了教学活动的过程，总结了建筑策划引入对设计教学的积极意义。

关键词：互动参与式设计；建筑设计教学；建筑策划

Abstract：This paper discusses the teaching method of architectural design which involve architectural programming. Taking the architectural design course in Tongji University as an example，introduce the process of teaching activity and conclude the positive significance of architectural program leading into the design teaching. The introduction and conclusion are based on rational thinking from the participatory design，role play and interaction，the whole process of teaching，network classroom etc.

Keywords：Participatory design；Teaching method of architectural design；Architectural programming

建筑学专业教育一直以来都以建筑设计课程为主要课程，传统的建筑设计课程教学通常由老师给定任务书，布置设计任务，由学生根据任务书完成设计。设计过程注重方案构思的新颖度，空间形式的丰富性，着重培养学生的造型能力，对建筑的现实意义和方案的可行性关注较少[1]。整个建筑设计课程以"黑匣子思维"为主导。同济大学在建筑设计课程中尝试引入建筑策划方法的建筑设计教学模式，引导学生基于理性思维进行建筑设计，试图探索其中对设计教学的积极意义。

1　教学过程

"面向老龄化的城市更新-工人新村适老综合体设计"是同济大学建筑城规学院 2017 届毕业设计的一个

课题，本课题是自然科学基金关于上海工人新村改造策划的一部分，前期研究讨论了改造的动态更新"华容道"模式① （图 1），综合考虑土地开发、政府、居民三

＊基金项目：国家自然科学基金项目"大型复杂项目的建筑策划 '群决策' 模型研究"（51108318）；国家自然科学基金项目"基于建筑策划 '群决策' 的大城市传统社区 '原居安老' 改造设计研究——以上海工人新村为例"（515708380）。

① 为了平衡城市发展与新村居民原居安老的矛盾博弈，综合考虑新村使用年限，居民安老倾向，以及土地开发、政府、居民三方共赢的价值取向，在大量调研基础上，以居民全部回迁、土地面向未来高品质重建更新为最终改造目标，在时间递进过程中，渐进式小面积分期更新的模式。

方共赢的价值取向，在大量调研基础上，以居民全部回迁、土地面向未来高品质重建更新为最终改造目标，在时间递进过程中，渐进式小面积分期更新。

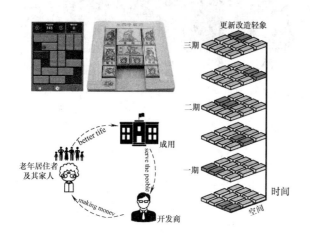

图1 华容道更新概念图

本课题作为"华容道"渐进式更新的第一步工作，要求学生在选定的工人新村内选择一个地块，设计适老综合体，拆除建筑的原住居民全部回迁到综合体内，综合体内应包括小区内的各种适老服务设施以及面向全龄的服务设施。主要包括五大块功能：回迁居民，出售商房（二者的比例根据经济运营策划得出），适老化服务设施，亲子活动空间，社区活动空间。

具体的功能空间面积分配由学生基于调研和研究经策划得出，要求每两位同学一组合作参与课程，每一位同学均需在前期为自己组员所选的基地设计项目的策划方案，再根据组员针对自己的基地所做的策划案做设计。通过这样的教学模式，引导学生通过建筑策划的参与来了解建设项目的全过程，开拓设计思维。

教学过程主要经历以下几个阶段：

1.1 研究阶段

设计课程开始的第一周由老师讲解课程题目，介绍建筑策划在整个建筑设计过程中的必要性，激发学生对于老龄化问题，城市更新问题，建筑策划以及建设项目运作全过程的兴趣。

第二到第三周时间要求学生精读一本相关书籍，学习建筑项目的科学调研方法，通过科学理性的研究方法来寻找建筑设计的依据。学生在此阶段不仅研究上海工人新村历史沿革，了解目前政府有关的上海工人新村改造更新政策以及国内外老龄化相关政策，还研读和学习了建筑策划的相关理论和方法，为后续的策划和设计做准备。学生经过各自的资料收集整理和研究之后，做了读书研究报告，汇报中主要以学生为主体进行交流，六位同学互相分享收集的资料和信息，以及对于老龄化问题和建筑策划的思考，再由老师进行引导和补充，实现了研究阶段的互动参与式教学[①]。

1.2 策划阶段

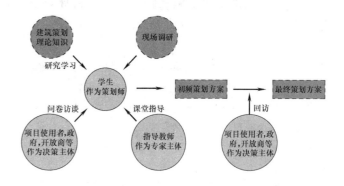

图2 策划阶段过程分析图

第四到第七周的四周时间为策划阶段，要求学生每两人一组参与策划。图2为策划阶段的过程分析图。整个过程体现了学生作为建筑策划师的角色，通过问卷访谈和二次回访的方式，将项目使用者，政府，开发商，专家等访谈对象作为决策主体，参与项目决策，得到策划方案[2]。具体过程如下：

首先对选定的工人新村的现状进行实地调研，要求学生深入现场观察工人新村的外部环境，单体住宅以及周边配套服务设施的实际状况，并对现存问题进行观察，拍照和总结。在此基础上，再对新村内居住者进行一定数量的问卷访谈，居住者包括居住在新村内的业主老年人，租客老年人，以及除老年人之外的其他人群，深入了解居住者对于所在新村现状的看法和用于养老的需求。除新村居住者之外，策划还要求对项目投资者，公众，专家，居委会和政府相关部门做少量问卷访谈[3]，图3为学生与主体进行访谈的照片。

调研完成后要求学生对调研资料和访谈数据进行分析和整理，对访谈的不同主体赋权重，对问卷的不同题目赋权重，整理得出量化的问卷结果。再由量化的调研数据来主导决策，进行后续的策划，从而强化理性思维和逻辑性的培养[4]。

---

① 即根据学生的实际需要和愿望，以主体性为内核，以自觉性选择性为特征的学习。以学习者为中心，鼓励学习者积极参与教学过程，加强教学者与学习者之间的信息交流和反馈，使学习者能深刻地领会和掌握所学的知识，并能将这种知识运用到实践中去。

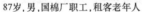

87岁,男,国棉厂职工,租客老年人　　81岁,男,农技部干部,业主老年人　　65岁,女,幼儿园老师

图3　访谈照片(来源:本课程作业)

调研完成后,策划阶段要求每组的两位同学分别为自己的组员所选工人新村拟建设的全龄社区更新适老化综合体做出任务书策划,策划过程引导学生以调研所得的量化数据为基础。策划内容包括服务人群定位,功能业态策划,经营运作方式策划,建筑风格形式策划和时间策划[5]。

得到初步的策划方案后,要求学生根据策划方案设计回访问卷,并重新回到工人新村内,对一定数量的居民进行回访问卷访谈,了解居民对于策划方案的意见和建议。再根据回访的结果,对初步的策划方案进行调整和优化,让项目使用者再次参与决策。

策划阶段注重学生理性思维的培养,每位同学作为策划者和甲方的角色,参与到建筑设计前期的策划阶段,有助于对设计注入理性思维[6]。

1.3　设计阶段

设计阶段的开始基于完整的策划方案,整个过程着重体现策划方案对于建筑设计方案的指导作用,以及设计方案对于策划方案的反馈和修正作用,同时要求每组的两位同学在方案生成过程中随时进行交流沟通,基于理性思维,生成建筑方案。图4为设计阶段过程分析图。

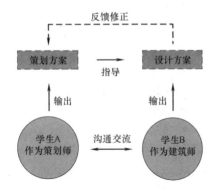

图4　设计阶段过程分析图

整个设计阶段又分为概念设计,深化设计两个阶段

进行,具体过程如下:

1.4　概念设计阶段

第八周到第九周开始针对任务书要求,进行概念设计,特别关注设计如何满足运营方式和业态要求,如何在满足适老化要求的同时满足全龄社区的要求。概念设计阶段,始终引导学生回应策划方案,在前期所做策划的把控下,基于理性思维进行方案设计,注重设计的可行性以及与策划的逻辑性关系[7]。

1.5　深化设计阶段

深化设计的平立剖面图以及局部特色节点。设计方案的每一步推进和深化过程,都要求每组的两位同学进行密切的交流和探讨,每位同学作为设计者同时作为策划者,在设计中回应组员给自己做的策划,同时作为甲方的身份去检验组员所做的设计方案是否符合自己策划的要求。

1.6　表达阶段

图纸的表达要求学生满足《建筑工程设计文件编制深度规定》的要求,完成一个节点大样图,从而让学生扩展知识面,体会实际工程项目的图纸表达要求。

2　课程目标与手段

本设计课程通过引入建筑策划方法,基于理性思维,采用了参与式设计,"角色扮演"与互动,全过程教学,网络课堂等方式,引导学生了解建筑设计的全过程,开拓建筑设计思维,体会建筑设计可行性的重要性及其现实意义[8]。

传统建筑设计教学过程(图5),引入建筑策划方法的教学过程以及实际项目全周期的对比分析图。相比于传统的建筑设计教学过程,引入建筑策划方法的建筑设计教学更贴近实际建筑项目实施的全过程,通过与项目决策主体互动参与式的教学方式,引导学生在设计前期进行建筑策划,在设计建筑过程中融入理性思维,使其方案在生成过程中得到策划方案的把控，能够体现最终设计方案的现实　　　意义[9]。

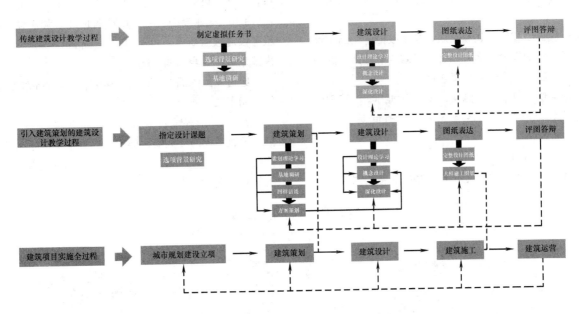

图 5　教学过程与建筑项目全过程对比

2.1　参与式设计

建筑策划具有科学性和逻辑性，基于理性思维，满足使用者的要求是满足建筑实用性的基本要求，建筑策划应体现对于使用者的尊重，应在设计前对使用者的需求有详细的分析过程[10]。

根据建筑策划方法，本设计课程的策划阶段引入参与式设计方法，即要求每位学生在策划和设计过程中与使用者进行问卷访谈，充分了解使用者的需求，让使用者参与方案的决策，从而更加理性地把控设计，实现建筑设计的可行性和实用性[11]。

2.2　"角色扮演"与互动

本设计课程体现了互动参与式教学方法，学生在教学过程中体现了主体地位，打破了传统的教师单方讲授为主的模式。每一组的两位同学互相作为对方的策划者和甲方，同时作为对方的设计者，在每一阶段都保持密切的交流和关注，检验对方的设计方案是否满足自己的策划方案，同时检验自己的设计方案是否有效回应了对方做的策划方案。这种"角色扮演"的方式让学生得到更全面的提升，作为策划者，能够培养学生的理性思维，开拓眼界，了解建筑项目实施的全过程；作为设计者，学生能够基于理性思维进行设计，使自己的设计准确科学地进行，更好地体会到建筑满足使用者需求的重要性和建筑的现实意义；在方案设计过程中，每周都有

两次的评图，评图的过程中，每位同学又作为甲方身份，互相探讨各自的方案，提出意见和建议，进而完善设计方案。

2.3　全过程教学

本设计课程体现了全过程教学，使学生充分参与到建筑设计程序的前期阶段——建筑策划，又在表达阶段深入到施工图的表达，使学生更全面地了解建筑设计的全过程。

2.4　网络课堂

本设计课程的教学过程始终贯穿网络课堂的方式，除一周两次学生老师间的面对面交流辅导之外，每位学生方案的每一步进展都可以通过网络共享，展示和交流，通过充分有效的互动，完善各自的方案，也有利于学生设计方案的每一步进展都对策划方案体现更高效的回应，体现基于理性思维的设计。

3　作业案例

3.1　方案策划

学生在调研过程中进行问卷访谈后，对问卷结果做了详细的统计分析。本作业案例中，统计了 9 个主体共 12 份的访谈问卷，其中业主老年人群体作为主要对象，统计了 3 份问卷，并对每个主体赋予权重，对"业主老年人"赋予最高的 16% 的权重。分类统计问卷中各部

分信息，包括主体的基本信息和居住信息的统计，主体对单体改造，外部环境，适老服务等方面的需求程度的统计。

第一次调研和问卷访谈之后，学生根据量化的统计结果做了初步的策划方案，又针对策划方案设计了回访问卷，并对回访问卷进行结果统计。

根据回访问卷的统计结果，调整策划方案。策划分为功能策划，形式策划，经济策划和时间策划四个部分[12]。

3.1.1 功能策划

对基地现状以及选定工人新村基本信息的调研（图

6)，结合访谈问卷中对于该工人新村中老年人需求的了解，以《城市居住区规划设计规范》GB 50180—93 和《上海市工程建设规范——城市居住地区和居住区公共服务设施设置标准》DGJ 08-55—2006 为规范和标准，来策划适老综合体的功能。

经过以上的调研，访谈和研究，适老综合体的功能策划如下图 7 所示。

3.1.2 形式策划

通过前期对工人新村历史沿革的了解，加上基地现状的调研，综合主体的需求，进行适老综合体建筑形式的策划（图 8）。

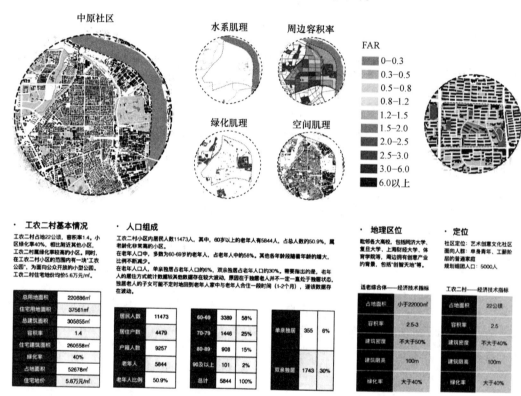

图 6　基地现状及工人新村基本信息调研（来源：本课程作业）

3.1.3 经济策划

学生通过对住宅建设成本，土地售价与容积率关系等相关知识的学习，做出政府挂牌拍卖出让土地使用权，开发商拍地的经济策划。

3.1.4 时间策划

学生做了适老综合体建筑全周期的时间策划，包括策划时间，动议时间，挂牌拍地，动迁时间，建设时间以及回迁时间；此外还策划了工农二村小区更新的时间策划，包括一期、二期、三期、四期工程到完成更新的时间（图 9）。

3.2　方案设计

3.2.1 概念设计

为了在方案设计中回应老龄化的需求，本案例学生梳理了老年人的基本需求和心理需求，并提取切入点，在方案中考虑充足日照，良好通风等基本居住条件，满足老年人社区交流和邻里感的心理需求，进而通过家庭的外化，营造社区客厅来回应老龄化。在此基础上，学生初步提出了一系列设计关键词和概念设计方案。

再综合策划方案的要求，从几个概念设计中提取有效关键词进行优化整合，生成并深化概念（图 10）。

· 社区自选餐厅
要求设置面向社区开放的社区自选餐厅，以此代替"社区食堂"的设置。自选餐厅以社会招标的方式邀请市场品牌入驻。
面积：200㎡左右

· 托老中心
要求设置面向社区的托老中心，并可结合托老中心设置中医保健等服务。
面积：400㎡左右

· 针对老年人的小型诊所
要求设置面向社区并且针对老年人的小型诊所，以方便老年人的日常就医。
面积：200㎡左右

· 文化创意馆
要求在适老综合体内设置文化创意馆，并且能够举办面向社会的文化创意展览活动。
面积：单体建筑面积不小于500㎡

· 城市客厅
要求在适老综合体内设计"城市客厅"，可以小区广场、小型剧场、景观绿化等形式表现，以展示小区或城市周边区域的历史、文化、发展、未来等主题。
面积：占地不小于1000㎡，可结合景观绿化设计

图 7　适老综合体功能策划（来源：本课程作业）

· 都市农场
可视情况设置经营性质的都市农场，并可结合屋顶绿化、立面绿化等设置。

图 8　建筑形式策划（来源：本课程作业）

图 9　时间策划（来源：本课程作业）

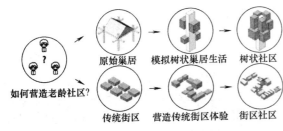

图 10　设计概念生成（来源：本课程作业）

3.2.2　深化设计

深化设计的过程始终以营造老龄社区为出发点，满足日照通风等基本需求，同时深化"树状社区"和"街区社区"的概念，满足老年人对社区交流和邻里感的精神需求。整个设计过程都注重对策划的回应（图11）。

3.2.3　策划生成与设计生成过程分析

作业案例中的整个策划过程包含了信息获取，信息分析提取与应用，得出策划结论三个阶段，其中信息获

取阶段又包括课题背景研究，策划信息采集，策划信息引用三部分内容，再将这些获取的信息进行分析、提取、应用，做出适老综合体的功能策划，形式策划，经济策划和时间策划，整个过程体现理性思维。

设计过程在策划的指导下生成设计概念，进而深化设计概念，做出设计方案，并很好地回应策划的要求。

4　总结

建筑策划是建筑学领域内的一个新兴学科方向[13][14]，建筑策划方法在建筑设计教学中的引入，有助于完善学生对建筑设计全过程的理解，与人互动参与式的建筑设计教学方式，把象牙塔式的建筑教学课堂搬到实际生活中去，加强学生与使用人群的互动，关注建筑项目的社会意义，打破建筑设计教学的传统模式，一定程度上避免建筑师闭门造车、天马行空、重形式轻性能等问题。

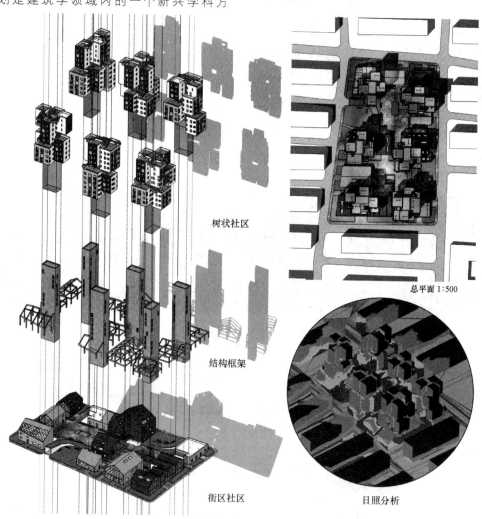

树状社区

结构框架

街区社区

总平面1:500

日照分析

图11　深化设计成果（来源：本课程作业）

在实际建筑项目的全过程中，建筑运营阶段对建设立项，建筑策划，建筑设计和施工均有反馈和修正作用。相比于实际建筑项目，建筑设计课程受各方面条件约束，无法完全体现运营阶段的积极作用。因此，在建筑策划方法引入建筑设计教学的未来探索中，也可以邀请前期参与过项目策划的决策主体参与教学过程中的评图答辩阶段，如项目使用者，开发商，政府人员等，这样可以使整个建筑设计课程更贴近实际项目，使学生体会其中的现实意义，且能够更全面地对前期的策划和设计起到反馈和修正作用。

参考文献

[1]　黄文宪，曾晓泉."互动参与式"教学法在设计课堂中的应用解析——以广西艺术学院建筑艺术学院"设计方法论"课堂教学为例．[J]．高教学刊，2015，

（16）：6-7.

［2］ 涂慧君. 大型复杂项目建筑策划"群决策"理论与方法初探［J］. 2012建筑学会年会，2012（06）.

［3］ 涂慧君. 大型复杂项目建筑策划群决策的主体研究［J］. 建筑学报，2016（12）：72-76.

［4］ 涂慧君，陈卓. 大型复杂项目建筑策划"群决策"的计算机数据分析方法研究［J］. 建筑学报，2015（2）：30-34.

［5］ 索尔兹伯里F. 建筑的策划［M］. 冯萍译. 北京：知识产权出版社·中国水利水电出版社，2005.

［6］ 刘敏. 注重理性思维的培养—对《建筑策划》课程教学的思考与总结［J］. 建筑教育，2009（05）：106-109.

［7］ 赫什伯格R G. 建筑策划与前期管理［M］. 汪芳，李天骄译. 北京：中国建筑工业出版社，2005.

［8］ 付悦，陈瑜.《建筑设计》教学中建筑策划之于建筑的思考［J］. 建筑教育，2010（08）：193-195.

［9］ 谢里I. 建筑策划—从理论到实践的设计指南［M］. 黄慧文译. 北京：中国建筑工业出版社，2006.

［10］ 曹玉青. 参与式设计方法在老龄产品设计过程中的研究与实践［D］. 北京邮电大学，2015.

［11］ 张歌. 论参与式设计［D］. 西安美术学院，2014.

［12］ Pena W M, Parshall S A. Problem Seeking: An Architectural Programming Primer（4th edition）. New York：John Wiley & Sons，Inc2001.

［13］ 庄惟敏. 建筑策划与设计［M］. 北京：中国建筑工业出版社，2016. 4.

［14］ 涂慧君. 建筑策划学［M］. 北京：中国建筑工业出版社，2016. 11.

谢振宇 孙逸群 姜睿涵 李社宸

同济大学建筑与城市规划学院；xiezhenyu@tongji. edu. cn

Xie Zhenyu Sun Yiqun Jiang Ruihan Li Shechen

College of Architecture and Urban Planning，Tongii University

课程设计中知识点教学的分析与思考
Analysis and Thinking on Knowledge Points Education in Design Studio

摘 要：本文针对课程设计中观察到的普遍现象，对从中反映出的课程设计知识点教学的侧重与平衡问题进行探讨。通过梳理通常的知识点教学内容、方法和过程，厘清当下知识点教学的优势与不足，为知识点教学提出基于自主学习、自助学习与自我决策等方面的建议。

关键词：建筑学教育；知识点教学；自主学习；自助学习；自我决策

Abstract：This article discusses the balance and emphasis in knowledge points education in design studio according to some cases in undergraduate education. Concluding general content, methods and process in knowledge points education, the article analyzes the advantages and disadvantages in nowadays situation, to make some suggestions to knowledge points education in autonomous learning, self-help learning and self-decision-making.

Keywords：Architectural education；Knowledge points education；Autonomous learning；Self-help learning；Self-decision-making

1 前言

课程设计作为建筑学本科教育的核心课程，其中知识点教学历来被重视。通常的课程设计教学中，设计课作为课程核心，以小工作室的形式完成知识点的师徒传递。配套原理课讲座紧贴当前设计内容，为学生补充相关经典或前沿案例及设计手法。但丰富的知识点教学却存在学生消化不良的问题，部分低年级知识点到高年级依然掌握不牢，部分大课的参与度不高。这反映出知识点教学存在一定缺陷。同时，由于课程安排密度、强度大，学生缺乏时间进行自主学习，建立自己的方法与评价体系，从而在一些状况下捉襟见肘：如过度依赖老师，遇到不同老师易无所适从；快题考试时不能对多个方案按时做出评价筛选等。但知识点教学却又是必不可少的：不仅补充学生所需的海量知识储备，还是新生入门或上手新题目阶段最直接

的教学方式。因此，具体分析知识点教学的优势和不足，改善学生自主学习不足的状况，对当下课程设计有重要意义。

在知识点教学之中，建筑学知识点的丰富且驳杂，造成以建筑设计为核心的专业知识不能时刻围绕当前设计展开。因此可将知识点分为两类，一是立竿见影型：直接与当前设计作业或实践相关，如设计课当面指导的知识点；二是厚积薄发型：与当前设计课程不相关，如部分低年级专业课（建筑构造、构造技术运用等）的知识点需要在高年级课程设计中应用。

以下将针对知识点教学的优势和不足逐条讨论：优势分析旨在厘清现行知识点教学的原因、价值与注重知识点教学的意义；而不足分析旨在发现知识点教学在建筑学教育中存在的问题，以及学生所反映出的知识点欠缺和动力不足的原因。

2 知识点教学的优势

2.1 知识点教学适合入门学习

众所周知，"大学前"学习模式与"大学中"有很大区别。回溯大学前教育，所有题目都有标准答案与参考，学生照猫画虎便可得到大学入场券。而大学教育对学生提出了更高的要求——处于基础教育与步入社会之间的大学教育，要求学生有更强的自主学习能力与独立思考能力（所谓"自由之思想，独立之精神"）。

这种转变的难度可从入学起便被各位老师多次提醒、遍遍嘱咐窥见一斑，而这也是第一学年本科学生的首要任务。正是由于学习方式转变难度大，自主学习意识不强，在过渡期间侧重知识点的教学才能缓解时间紧、课业重的矛盾。由于建筑学本身对知识广度、技术与艺术修养的共同需求，大一入学的理科新生需要补充大量艺术、人文方面的知识以及基本的空间感和尺度感。课桌测绘、人体尺度采集开始，到色彩提取、色立体，便是对于尺度、色彩的入门。而方法与评价的学习并非空中楼阁，必然要有知识基础才能发展出自身的想法与理念。因此，在入门阶段，知识点的大量积累是必要且无可替代的。

以一年级设计基础为例，由专业课老师手把手向学生传输基础知识点并进行大量阶段性训练，将基础知识细化成小点并安排成循序渐进的系列，如平面、空间、色彩构成系列理论与设计帮助学生扎实掌握构成知识，并对空间有基本的理解。另外，艺术造型、艺术史和建筑史、画法几何和阴影透视等都将最基础的知识直接教授给学生，以求在学生的知识体系中做好第一层铺垫，打下坚实的基础。从而使入门后的学生在自主发现问题、研究方法与评价的实践中有章可循、有理可依。

2.2 知识点教学符合学科特征

建筑学作为一门艺术与技术结合的学科，体系并非如其他理工学科般完全客观严谨。建筑设计实践中的经验积累与审美偏好都需要直接向老师求教，大量零碎但重要的知识点难以著书成册，因此师徒传承这种工匠技艺传承的方式在建筑学的学习中一直是重要凭借。作为教学核心的课程设计正是师徒传承的方式，在工作室中由老师带领学生完成一个个方案设计。学生在设计中学习老师的经验、设计思路和评价标准，并通过即时呈现在方案当中，完成对知识点的理解和吸收。尤其是在三年级下学期城市综合体的设计中，跟随同一位老师一个完整的学期可以获得其知识体系中的更多知识点。全面

地了解一个自圆其说的完整的知识体系，相较于每次设计任务与不同老师的知识体系对话，更利于学生培养形成和验证自身的方法、评价体系。因此，现在开展的本科学生导师计划对学生本科阶段意义非凡。有一以贯之的导师监督和随时指导，本科学生专业素养的养成和知识体系的建构都将更加顺利。

工匠传承有所谓"师傅领进门，修行在个人"，而在建筑学的学习乃至日后建筑设计的工作中，都有大量的经验知识可以从身边的老师身上学习，绝非入门即止。尤其是在校期间，老师不仅拥有海量的知识储备和经验积累，更具有传达知识给学生的经验和能力。因此，拥有"师徒传承"血统的建筑学教育中，知识点的教学是必然且非常重要的。

2.3 知识点教学适合课程配置

本科低年级阶段，大量课程设计训练短至两三周，长至六周并紧密排列，而高年级也以八周的时长为主。课程设计的进度安排也十分紧张，呈现出短而密、多而强的形式。不仅设计过程中进度赶人，各设计开始前也缺乏足够的缓冲时间进行新题目准备和案例研究。此时，知识点的传授可以使学生快速理解新题目的训练要点和难点。以城市综合体课程为例，学期初对于综合体建筑商业部分的概论与案例介绍可以带领学生了解城市综合体的基本形态、功能组织特征，并对即将上手的商业部分的各功能需求及常见组织形式有充分的了解。而期中之后又对高层部分进行规范要求、标准层组织模式、高层形态等概论介绍。同学们又能快速上手高层建筑设计的部分。

在新题目上手时，最高效直接的便是设计课中指导老师一对一的知识传递，如上文所述可以直接在设计中得到实践。及时的考查可以得到巩固和吸收。其次便是与设计课程搭配的设计原理课——以讲座形式为媒介的知识点与当前设计领域相关。学生可从中学到拓展的知识。许多案例可以借鉴学习并在当前设计中表达出来。这便是前文所述知识点的第一条分类——立竿见影型，即与当前设计作业结合紧密的知识点，可以帮助学生快速上手新题目。

其他部分课程也可以在设计课中得到及时实践而得以掌握。如二年级课程计算机图形学，在建筑生成设计中便可以开始使用电脑辅助设计，完成图纸绘制与模型机刻等提高效率的工作。画图、建模、渲染软件的及时学习与掌握对于高年级更大强度和复杂程度的设计任务有极大帮助。又如三年级下学期的人体工程学，对于人体的进一步认知对于设计的细化有相当的参考和指导意

义。综上，与设计实践搭配紧密的知识点会很快吸收成为自身知识体系的一部分。

3 知识点教学的不足

3.1 知识点教学难以面面俱到

众所周知，建筑学本身包罗万象，涉及大量人文科学、自然科学知识。知识点没有穷尽，课程安排中必然会有所取舍。如本科课程安排表中所列，中国当代建筑问题选讲，住宅设计原理，中国现代建筑考查等许多课程都没有课程编号，不在选课之列。以高年级课程设计为例，三年级的民俗博物馆、山地俱乐部、城市综合体与四年级的住区设计、城市设计和毕业设计尽管类型丰富，但显然不能涵盖所有建筑类型。同时，即使在课程设计之内的知识点也可能得不到全面的吸收：由于学生习惯依赖老师布置的作业，导致部分知识点或能力得不到训练，如低年级时训练钢笔画、仿宋字，忽视了建模、出图，高年级时只重视设计成果表达却忽视了案例研究学习积累。

上述说明从面——本科全阶段讲，知识点不能求全。然而即使对于点——单个设计来说，即使知识点已完全覆盖，依然不能保证一个好的设计。这是建筑设计本身的特点决定的——各项因素综合的权衡和取舍制约着建筑设计的走向，而非数理问题般问题与结论一一对应。以课程设计为导向的知识点教学并不能独立解决设计问题。学生处理问题的个性思路与评价能力对最终结果有极大影响。然而平时课程设计中对于知识点教学的过度强调，使学生只专注于知识点积累，而把重要的决策完全交付指导老师手中，自身的评价与决断没有得到锻炼。待到面对需要独自决策与判断的任务时则手持多个方案"抓耳挠腮"，快题设计便是一例。因此，知识点的教学不仅难以求全，也并非课程设计中药到病除的良方。

3.2 知识点教学难以完整考核

课程设计中知识点教学的内容丰富而驳杂，涉及形态、结构、功能、规范、制图等等。而大学教育的考核目标并不倾向于考查学生是否掌握全部知识点，而是希望学生展示基于已有知识点的发散性思维或解决问题的能力。这使得考查方式更多使用论文、设计，而非一场当堂测验。这些有方向且提供时间准备的考查方式的缺陷，便是学生可以针对性地准备而忽视其他方面的知识点积累。以低年级设计概论为例，一年级上学期的讲座多建筑学的入门介绍，期末作业对五个讲座内容进行评论。而下学期的讲座则请来相关各个专业的老师进行专

业科普，由于并非针对当前设计内容，学生出勤率有所下滑。期末要求上交各讲座的听课笔记。可以看到这里的考查方式有"考核知识点"的倾向，但效果不佳。由于概论课与设计课脱节，会出现概论课成绩好的学生设计不一定做得好的情况。到了高年级的原理课，由于讲座内容为配合当前设计的知识点补充，本身不做单独考核，因此成绩只能以设计成绩评估。这也有违原理课作为一门独立课程的初衷。

同时，建筑设计的最终成果也并非以全面完整为目标。一份完整的设计作业只能反映一套从概念到形态、功能、结构的方案设计。其次，即使一套设计中，同学们在各个方向的用力也并非均匀，有的概念突出，有的形态酷炫，也有的功能结构新颖。而其中的亮点可以掩盖不足。特点突出，同时其他各项基本保证质量的设计与完整合理的设计同为优秀的标准。而且同学们常常更在意外部形态是否美观，以高层建筑为例，内部的核心筒、甚至标准层平面借鉴案例后根据外部形态要求略作改动便出成果了。图纸模型着实美观，对于核心筒的布置原理和各种尺寸规范却不甚明了。

3.3 知识点教学难以立竿见影

与优势分析中立竿见影型知识点对应的便是所谓厚积薄发型：与当前设计不相关的知识点。主要在于高年级建筑设计阶段需求大量的知识点铺垫，有相当一部分需要在低年级提前学习打好基础。但提前学习的知识点存在无法及时实践的问题。学生难以吸收内化，导致很快遗忘，等到高年级上战场时"武器库"已然空了。如一些制图规范的训练，在低年级强调概念思考的设计中，不受到同学们的重视。但到高年级遇到踏实的建筑设计时，基础如楼梯画法也会存在错误。还有前文提及的低年级建筑概论，除二年级上学期的生成设计原理与整个学期的生成设计训练保持同步外，一年级课程多入门概述和各专业讲座，二年级下学期则是基于沃尔夫·劳埃德的《建筑设计方法论》的设计方法概论。这些课程与当前设计并不直接相关，使学生易丧失兴趣，甚至对高年级的设计原理课程也产生了惯性影响。

另外，由于建筑设计的结果并非知识点的直接反映，而是综合考虑权衡后的结果。不同于知识点给养的快速补充，评价和权衡能力以及设计表达能力等硬实力是需要大量时间训练，才能逐步提升的。但同学们对于难以直接生效的知识会产生消极情绪，进而逃避吸收、或求捷径。这导致与设计课配合的讲座等上座率不足，学生只重视与指导老师的直接交流，逃避讲座中部分难以直接转化的知识的情况。由于高年级原理课多安排

在小班设计课前，同学们追求时间效率最大化，将逃课时间用以赶制图纸模型等。这种因噎废食的选择必然导致同学们丧失许多知识的积累。而这些知识中相当一部分却又是在当前设计任务中可以得以练习和吸收的。

4　知识点教学的建议

前文对于课程设计中知识点教学的利弊分析中可以看到，建筑学的知识点教学对于当前紧张的培养周期确实是最适合的举措。但也出现了知识点难以穷尽、同学们对老师过度依赖等问题。为完善课程设计中的知识点教学，弥补其不足，激发学生自主学习和自我决策的动力以及锻炼相关能力尤为重要。因此，以下三点建议将具体分析如何为自主学习提供机会，为自助学习建立框架，并锻炼学生的自我决策能力。

4.1　自主学习

按照建筑学本科培养方案的建议，"通过专业课教学改革（将一定课程内容交给学生自学等）逐步提高学习能力"。但由于课程安排的紧张，不仅设计课前后没有足够时间进行案例调研和设计总结，课程本身也是任务书要求完整，学生按部就班完成一个个拆分开来的设计任务的过程。仅有五年制同学的自选题具有一定的选择空间，而其实各题目内部的任务书已然十分详尽了。同学们的案例学习、基地感知、前期调研对于设计本体影响极其有限。这使得同学们的主观能动性易受影响，对有些建筑类型或基地条件不感兴趣的设计任务不能投入地完成。如果能够设计部分开放式题目，学生可以自由寻找基地匹配功能设定，或根据基地勘察自行确定功能定位，并由此制定任务书至完成设计。其中，老师更多作为学生的启发者，鼓励学生做感兴趣的设计。这样将充分锻炼学生自主发现问题、自主寻找解决措施的能力，克服对老师和任务书的依赖性。同时，由于学生的参与度更足，设计的深度、思考的深度都将普遍提升。学生在设计后的收获也更多，而不仅仅是完成任务后的放松。开放式设计对于学生自主学习能力的锻炼和习惯的培养将有重大提升。

4.2　自助学习

如今，课程设计将学生需要掌握的知识体系拆成各个小题目进行专项训练，但同学们在设计过程中却并未意识到训练的目的和自己需要掌握的内容。并且由于没有足够的时间进行总结，许多设计任务结束后并不清楚学到了什么，而这并非是课程安排不合理。本科教育阶段的课程设计由入门到深入、由简单到复杂，并让尽可

能多的建筑类型得以训练。以三年级上学期的课程设计为例，民俗博物馆的副标题为"建筑与人文环境"，山地俱乐部的副标题为"建筑与自然环境"，可见课程分类安排清晰合理，并且任务书中对于课程要求也是明确而具体的。但同学们依然难以把握学习目标和需要掌握的知识点，很大原因在于并未将教学框架告知学生，只是把拆碎了的题目和知识点分别授予学生。同学们不能清楚地认识到自己现阶段应该掌握的知识点在整个体系中的位置，更难以与其他相关知识点触类旁通。因此，如果能够建立起本科学习知识点的框架，让学生入学起即了然各阶段需要掌握的知识点，现阶段的训练需要提前的知识点、训练中需要锻炼的内容以及与下一个题目的联系，这样学生可以更清楚自己的学习目标以及各知识点之间的串联、并联关系。对应自身知识的掌握和目标的知识体系，还能更方便地查漏补缺。建立起一套目标知识体系，让学生自助取用内部知识，对于学生学习过程中的自觉性和知识体系的建立有极大帮助。

4.3　自我决策

一直以来，许多本科设计成绩优秀的同学在面对独立判断的设计问题时常常犯难，这与课程设计阶段学生过分依赖老师有关。同学们习惯拿出几个设计方案，再由老师定夺。这种情况对于学生的设计方案本身是一种冒险——遇到经验丰富的老师可以得到令人欣慰的结果，可若老师判断稍有失误，缺乏自我决策能力和评价标准的学生就遭了殃。殊不知设计终归是自己的设计而非老师的设计，这一定程度上也反映出同学们推卸责任的心理。若在课程设计中插入部分锻炼学生自我决策能力的设计任务，如快题设计等脱离老师保驾护航的题目，同学们便可逐步建立自己的评价体系和标准，日后面对需要独立解决的问题时能够心中有数。课程设计中与指导老师的交流也可避免全盘接收，而更注重设计方法的学习和评价标准的借鉴。

5　结语

综上分析，知识点教学在建筑学教育中是合理且高效的。既要坚持其合理性，又应帮助学生加强自主学习意识、提供自助学习指导、并锻炼自我决策能力。完善知识点教学的同时，培养更加优秀的建筑学学生。

参考文献

[1]　谢振宇，张建龙．从总纲、子纲到课程教学

模块——同济建筑学本科高年级设计类课程教学模块建构. 2011全国建筑教育学术研讨会论文集，2011（1）.

[2] 谢振宇. 以设计深化为目的专题整合的设计教学探索——同济建筑系三年级城市综合体"长题"教学探索. 2013全国建筑教育学术研讨会论文集，2013（1）.

[3] 蔡永洁. 大师·学徒·建筑师？——当今中国建筑学教育的一点思考 [J]. 时代建筑，2005，（03）：75-77.

[4] 葛翠玉，何培玲. 在建筑设计教学中培养学生自主学习能力的探讨 [J]. 高等建筑教育，2010，19（06）：46-48.

[5] 赵小刚，舒平，孟霞. 重塑"教"与"学"——以"自主学习"为导向的建筑设计基础教学实践探索 [J]. 高等建筑教育，2014，23（01）：46-49.

张愚　张嵩

东南大学建筑学院；zy033@163.com
Zhang Yu　Zhang Song
School of Architecture，Southeast University

空间体验的"创意写作"教学初探 *
Preliminary Study on the Training of Space Experience by "Creative Writing"

摘　要：空间体验是启发建筑设计基础教学的关键内容之一。教学中一般通过引导学生进行日常生活的观察与记录、建筑调研与测绘、图纸与模型制作、实际建造操作等方法进行空间体验，而对文字表达较少深入研究。本文提出，基于文字表达的"创意写作"因其媒介性、自主性和创造性，对于空间体验的深度挖掘有着独特的重要价值。笔者结合东南大学建筑设计基础教学课程的两个设计题目，从直觉性语言交流到条理化语言表述，直至引导学生尝试"创意写作"，展开对空间的深度体验和表达。目前的学生成果在日常场景、细节表达、时间记忆、戏剧场景、批判意识和多元个性等方面表现出沉浸性的空间体验深度，表明创意写作对于建筑设计基础在更高层次上强化空间体验、调动直觉经验和深层意识有着重要意义。

关键词：创意写作；空间体验；建筑设计基础；建筑教育

Abstract：Space experience is one of the key issues in the course of architectural design basics. Compared with the traditional methods，such as observation of daily life，investigation of precedents，drawing and model making，real construction，"creative writing" has the unique and significant value in space experience teaching. The paper reported the experiment in the course of architectural design basics at Southeast University，which shows that "creative writing" may enhance the students' space experience at the higher level and excavate their intuitive experience and subconscious creativity in a way.

Keywords：Creative writing；Space experience；Architecture education；Architectural design basics

1　背景："创意写作"与基于感知和体验的建筑设计基础教学

建筑设计的入门教学是个重要而常新的话题。一年级学生要么从一张白纸开始，要么带着对建筑千差万别的看法而来，通过建筑设计基础教学，他们在得到建筑设计基本技能训练的同时，将重新获得对建筑学的理解。学生应对空间、形式、环境、功能、建造等建筑学的基本问题建立初步认识，这种认识在很大程度上依赖于学生在设计推进和交流过程中，通过各种媒介对建筑的感知和体验。感知和体验既是学生研习建筑学的方法，也是彰显建筑学本质和魅力的立场和态度。毫不夸张地说，"在建筑设计基础教学中强调感知是学生把握建筑最本质要素的重要途径之一"[1]。目前的建筑设计基础教学主要通过引导学生进行日常生活观察与记录、建筑调研与测绘、图纸与模型制作、实际建造操作等方式来体验建筑，对于语言和文字表达的体验方式未能充分重视，尤其是借用"创意写作"的部分理念和方法深入挖掘个人空间体验，是个值得探索的重要方向。

"创意写作"是一种实践型写作教学方法。一般认为该方法创立于 20 世纪二三十年代的美国。以往的写

*本文系江苏高校品牌专业建设工程资助项目成果。

作教学基本在于材料、主题、结构、表达等文学创作理论按部就班的讲授，学生主要以一种无师自通的方式来体悟和学习。"创意写作"的核心在于鼓励学生在教师引导下的自由创作和研讨，通过循序渐进的有组织实训来激发学生兴趣，让写作变得可教。创意写作经过几十年的探索，已形成较为成熟的教学体系和方法。该方法对建筑设计基础教学有重要启发意义：

（1）媒介性。语言和文字作为媒介，对于空间体验的表达及其人文价值的挖掘有着不可替代的独特作用。尤其在当前建筑设计基础教学中，抽象的形式操作和空间解读占据大量篇幅的情况下，更凸显其现实意义。东南大学近些年来的建筑设计基础教学借鉴顾大庆老师的建构教学思想[2]，以空间知觉介入下的抽象板片、杆件、体块操作问题入手展开。但在实际教学中，学生容易被抽象形式的操作图示研究所吸引，而忽视知觉体验问题。因此，我们通常要求学生用带有"尺度人"的图纸和模型来强化空间体验，其直观性不言而喻（图1），而语言文字则可进一步深化和落实其体验，一方面保证学生从更加丰富具体的生活视角切实观察和体验空间，另一方面可以与教师进行更加深入准确的交流，进而形成更加鲜活和有意义的空间。

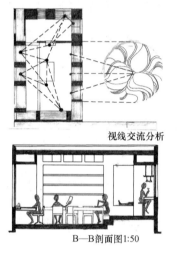 

图1　富于体验意义的剖透视图（2016级学生赵芮澜）

（2）自主性。创意写作可以引导学生进行空间体验的自我深度挖掘。大一学生背景千差万别，基础教学并非要灌输某种固化的知识，更不求从一个模子锻造出标准化产品，而是力求最大限度的保持并挖掘其本真。"每个人都有自己的经历与情感，都有表达的欲望，只要能把自己的经历与情感表达出来，都可以算的上写作……创意写作已经慢慢溢出了写作学的范畴，成为写作者认识自我、发现自我、表达自我的过程"[3]。以创意写作为手段，可以让学生以根植于内心深处的方式来体验空间，进而激发其自身潜在的独特意识和思考。

（3）创造性。创意写作并非既有素材的罗列和累积，其创造性表现在其最大限度的创作自由，要求学生积极捕捉观察和体验中的灵感，并通过创造性的组织，重新思考和建构世界。创意写作在欧美国家一般归入美学学科门类之下，和绘画、电影、雕塑等创造性艺术同属一个学科门类，即把写作看成是一种艺术创作，这也很适合建筑学这个典型的创意工科。当学生以文字来重述自己的建筑作品时，往往就是一次新的发现和创作之旅。

（4）研讨式。创意写作的主要方式之一便是工作坊。美国创意写作专家汤姆·基利指出，工作坊就是"一个关于学生作品的编辑会议"。这类似于建筑设计的研讨式教学组织方式。因此该方法可以与建筑设计教学高度匹配，在不对现有教学体系和过程做过大调整的情况下展开相应的教学探索。

应指出，本文探讨的创意写作训练与建筑叙事学[4]有相通之处，都主张空间体验及其创作性呈现，但不同于后者的是，本研究是针对一年级建筑设计基础教学的初步尝试，更强调学生自发性的本真体验，暂不涉及有意识的复杂叙事结构研究；同时暂未考虑"以建筑叙事引导设计发展的线索"[5]，而是把叙事暂放在体验建筑的从属性位置，或者说，笔者目前尝试通过"弱叙事"的方式为现有教学体系中的空间体验问题注入"强心剂"。

2　教学步骤

创意写作训练是一个系统、循序渐进、因人而异的过程。创意写作训练的主体是学生，主导是教师，教师在这个活动中，目前主要承担活动的发起者、过程的维护者和结果的评判者角色。

首先，笔者将创意写作融入既有教学计划的整个过程，并让学生通过草图、模型、图纸、语言、文字等多种方式的有机结合来共同完成空间体验及其表达。同时，在一对一的作业交流时，引导学生从尺度、功能、活动、结构、材料、个人记忆以及其他任何可能的相关话题切入，拓展学生的体验视野。并从支离破碎的语言交流逐步过渡到引导学生展开较为系统和深入的文字写作。教学过程可以归纳为如下四个阶段（表1）：

空间体验的创意写作训练步骤　　表1

阶段划分	目标	教师任务	学生成果形式
构思阶段	观察与捕捉直觉	从整体到局部提问，引导学生观察体验空间，关注人的活动	片段化的语言描述
深化阶段	有意识的分析总结	要求基于明确提纲，梳理思路，阐述活动	条理化的语言陈述
完成阶段	深度体验与反思	鼓励基于自己设计的建筑空间的自由创作并成文，文体不限	创意性的文字写作
交流品评	灵感激发及思路拓展	品评交流，发现差异，感悟空间	现场研讨、文字和设计修改

（1）在构思阶段，鼓励学生对自己的初步方案进行语言叙述，不强调表达的条理，但须以第一人称的视角想象自己走进体验设计的空间，口头描述空间的特点，想象其中可能的活动等。教师与学生一起在只言片语之间捕捉各种可能的直觉感受和空间潜力，而不是直接做出是非评判。

（2）在设计深化阶段，仍然以语言交流为主，但要求学生应针对部分成形的空间拟定提纲，较有条理地介绍空间。表达方式可以沿着行进路线来阐述，可以围绕某个问题的解决展开，也可以是一个简单的故事……不要求精彩，但须有一定的评价指向，为下一步的设计定稿和正式写作做好铺垫。

（3）在设计完成后，笔者要求学生以体验者的身份用文字正式描述自己的作品。这是个起步艰难的阶段，教师以轻松地鼓励为主，文体不限，学生一开始哪怕随便写点什么都可以："创意写作首先是从心里写出来，勇敢地写出来，让那个强烈的信息能充分地表达出来。自由写作……第一条规则就是'没有规则'，只是写，但是必须确保我们是在写，而不是在想太多或忧虑重重，而且我们必须写得快。"[6]学生无从下笔时，则提醒

学生忘掉之前的一切，重新反复观察设计图纸和模型。笔者让学生至少写500～1000字，起初多数学生感觉任务艰巨，但学生真正进入状态后，一般都会超过这个要求，并体现出"二次创作"的激情。

（4）在写作完成后，重新组织学生展开研讨。让每位学生宣读自己的文字，结合设计作品的图纸和模型讲述其情节与场所的对应关系，并聊聊写作缘起与体会。该研讨目前主要在于相互倾听和欣赏，但其他同学和老师也可根据学生的文字重新品评其设计方案。这个过程轻松且充满惊喜，学生通常会惊讶于其他同学超越空间表象的文字阐述和灵感碰撞，在彼此的交流中共同深化对建筑空间的认识。

3　成果分析

笔者在东南大学2016级本科一年级建筑设计基础课程本小组中尝试了创意写作的空间体验方法，具体在两个长作业中开展：第一次是秋季学期的建筑师工作室设计（8周），因为没有把写作列入必须要求，所以最终10位组员中只有3位学生完成整个训练过程；春季学期的社区/师生活动中心设计（11周），组内9位中国籍学生均完成了训练过程。从结果来看，一部分写作明显基于课堂上与老师交流的内容，但同时，有超过一半的内容完全是学生新的挖掘和创作，空间体验的发散性和思考深度大大超出笔者的预期，很有启发性。归纳起来，学生的最终写作成果有如下特点：

（1）日常场景：大多数学生的文字都基于日常生活场景的具体化描述，往往有天气、绿化、季节、温度、光线等符合空间氛围的描写，注意了内外空间以及内部空间之间的联系，并将这种联系自然呈现为其设定的人物活动（图2）。这表明，学生确实按照教师要求具体模拟了空间的感受，努力想象事件发生的场所，搭建起抽象设计成果与真实空间之间的桥梁，这一点基本达成了空间体验的教学目标。

（2）细节表达：如果切身体验空间，那么自然不会忽略很多空间的细节，这是能够表现出空间体验沉浸性的关键要素之一。笔者事先做了要求，最终成果中一半左右的学生达成了此目标。例如图2中的描写涉及材质、触感、声响、倒影等细节描写，甚至人物的表情、装束、气质等因素都统一在整个表达体系中。

（3）场所意义：多位学生的写作中，其作品是建成多年后的状态，表达的是一直被使用的有意义的空间：或者借由几代人或同一个人在不同年纪时的视角，表达出建筑真实、甚至破败的场景；或者通过回忆来复现某个建筑空间作为场所记忆的永恒价值，如何承载着主人

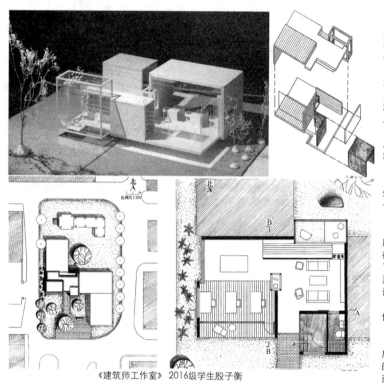

连绵的阴雨天过后，罗隐倚坐在门口台阶上，晒珍贵的太阳。透过那扇窗户，他看见有人来。她来的时候，像鹿走进森林。路上有云杉站在森林和人世之间，有荷花生长在房屋之前。

"陈静安，嗯？"罗隐向她笑了一下。她也报之以轻轻的笑。眼前的这个男人像守着自己洞口，无所事事的年轻鼹鼠。洞口的墙壁细腻而有温度，似乎能吸走天地间的一切声响。盯久了，人和物都有些恍惚。

她跟着他走进去，进门有两张简单的沙发，几步过去，一转便是工作间，三张宽阔的长桌，靠窗一张空无一物，像是正望着她。

"我父亲在外面，去打个招呼。"

罗隐推开落地窗上的门，两人走上长廊。廊外荷花池水清且浅，映出他们的影子。躺椅上，一个老头眯着眼看来人。

……

罗老头依旧在长廊上喝着酒，两个年轻人在屋里繁忙起来。陈静安的确心无旁骛，是罗隐觉得眼前多了一个人不太自在，好像自己心里也多了什么。有时从屏幕前抽身，他不由自主地望向那人。她有一头栗色长发，但罗老头的遮阳设计让阳光永远无法爬上桌延，只能在长廊上回荡。

他总是在想象阳光在她发梢间盘旋的样子，他发现了她的美，而光却无法成全。

……

入夜，罗隐穿过昏暗的书架，来到通透的书房。月光缓缓地出现在窗外银杏的树梢上，树下的石头似乎也轻灵了些。他随手抽下本书，席地而坐。陈静安也跟过来，坐在秋千上。

《建筑师工作室》 2016级学生殷子衡

图2 《建筑师工作室》写作成果节选

公不同寻常的意义（图3上）；或者以一种类似诗歌语言的铺陈来诉说和渲染空间（图3左下）。大一学生的这种体验深度超出了笔者的预料，他们似乎已经在不自觉地迈向建筑现象学。

（4）戏剧冲突：编故事是多数同学的选择，这也是笔者鼓励学生作为入门的写作方式。应当说，多数故事在此时此地发生的合情合理，符合其空间体验。甚至有学生以电影情节的表达方式，展现上下空间因为书桌与书架的高差关系激发事件的可能性（图3右下），有趣而让人信服。不过少数学生的写作过于关注故事性，甚至跳出自己设计的空间，以戏剧化的情节冲突为写作中心。笔者在最终点评时指出了这个问题。

（5）批判意识：多位学生的写作表现出强烈的自我反省意识，其要么以旁白的方式，要么以主人公的口吻，对自己设计的空间提出批评。字里行间的困惑也正表达了学生对于大一教学思路存在的疑问，尤其是当其想象真正使用建筑时，对于自己不成熟的抽象形式操作而形成的空间的批判（图3左下）。这种批判恰恰体现出空间体验的价值，其发现问题的态度值得肯定，近乎宣泄的表达方式也让教师感受到其求知渴求。

（6）叙事结构：虽未做要求，但多数学生的写作成果很注意叙事结构的精心安排，而且驾驭空间能力强的学生往往更在意写作结构的形式感和复杂性，有着更高的写作完成度。例如，故事叙述中清晰而自如的在不同时间节点上来回切换（图2）；或用两个时间线上的两条线索来组织情节（图3上）；或通过零散场景拼贴的蒙太奇在空间和时间上形成完整故事（图3右下）。从中也可以发现有的学生虽然设计成果和图纸表达不理想，但其写作体现出很好的空间感和场景组织能力，这种暂时的"手低但眼高"让老师看到其潜力。

（7）经验唤醒：学生写作成为一种唤醒其空间经验和内心记忆的手段，也为其近期思考提供了表达和反思的载体。例如有学生多次引用《阴翳礼赞》来表达其审美价值，以主人公的口吻宣示其建筑态度；图3上的主人公姓名就来自其近期阅读过的建筑师小说《源泉》（俄裔美国作家安·兰德作品）；有学生坦言其故事原型来自电视剧《请回答1988》；而另一位学生虽然绝大多数篇幅在讲述看似无关的中学轶事，但她说正是空间场景勾起了这些记忆片段。这些经验的唤醒再次诠释了建筑学应有的认知深度和多样性。

几道晨间的微光从云层中逃出，若隐若现的月牙仍挂在西边，而东方的地平线上，已有一片片朝霞向外蔓延。李大爷一如往常，在清晨6点睁开双眼，一番洗漱之后走进清晨的老虎桥给全家买早饭。路过街角，晚春的行道树已是郁郁葱葱，小广场内的树池也同样一片翠绿。走近广场的尽头，立着那熟悉的社区活动中心，已经流下了时光的痕迹。……水泥外墙已经出现不少裂痕，伴随着雨水带来的痕迹，让时光的雕琢更加明显；玻璃外框也有了斑斑锈迹，玻璃也大不如刚建时透明。时间的冲刷总是毫不留情。……

李大爷还是像往常一样送孙子上学，然后又回到了社区活动中心，在一楼的茶室买了杯乌龙茶。从店员那接过茶，他揭开陶瓷杯盖，把鼻子凑近杯沿，深深地吸一口气，便满意的盖上盖子，朝楼梯口走去了。虽然对这里的一切都那么熟悉，但还是喜欢走出二楼楼梯看到的景象——正前方的棋牌室和小戏台以一面玻璃墙及墙后广场的绿色为背景，朝上可以瞥见三楼路露台的一角，向下看是一楼的玻璃门，已经门外匆匆的行人，左边可以透过玻璃看到临近的建筑，右侧的玻璃门外面是一个大的露台，强烈的光影明暗对比，让人们像皮影戏人偶一般，演绎着自己的故事。

《社区活动中心》 2016级学生游川雄

你看见乳白色的云将天幕挤满，无辜地昭示着一场蓄谋已久的暴雨。气压很高，四下无人。你注视着这栋建筑，不确定它是否只是海市蜃楼。你看见那些晦暗的水泥板，繁复交错的构图背后不过手中苍白的纸片一张，它被蛮横地剪开，矫情地折叠，想迎合一切，却只沦为笑柄。你不曾看它，大抵是不忍看它。它处境尴尬，是场绝好的隐喻，暗示着从同流合污到同归于尽的全部可能。

……

你没能一眼辨认出那块折板，尽管早已梦里梦外半真半假无数次弯出那些直角，直至自以为万事俱备——却没料到，这场造访成不了所谓东风。理论上的尺度忽然现形于真实，比记忆中大，比想象中小，模棱两可进退两难，把所有处心积虑变得无关紧要。那三块体量反而惹人注目——它们有尚还温热的木色，从惨白的板片间跳脱，急切地控诉某桩惨案。你想起"它们"的诞生，冷酷的切割，散漫的堆叠，正如这畸形的空间，不外乎均一整体的一场惨痛谋杀。你仰起头，看见高处两段折板嘁住那薄又宽的方块——它正好半身悬空，如紧绷身躯的杂技演员，炫耀着不稳定的平衡，抛出倾覆的暗示——每分每秒，直至你不顾一切只想冲上楼去，做那压死骆驼的最后一支稻草。你再审视那些折板，他们围绕着三个体块，貌合神离地拼凑出一个循环。你知道空间该似流水，可它僵硬刻板，更像生锈的机械——传送带和小木块，中学物理的老生常谈。你想象它运转起来，用摩擦挟持命悬一线的木块，走向深不见底的自由落体——但这一切没有发生，漆黑的钢柱拔地

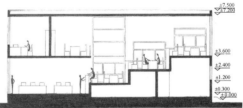

"同学，这本书你快看完了吗？"

2016年6月9日下午6点17分，他们会永远记住这一分钟。本来这一分钟女生可以再读一两页书早点收工，男生可能还是返回刚刚路过的书店再次"挥霍"一下仅存的生活费。

但是男生站在第二层阶梯阅览室书架前抬头看见第三层书桌上摊开的那本书和被黄昏照亮的脸庞，他低下头假装翻书喃喃出那么一句，以为她没听见并且打算3秒后正式抬头问她。但2.9秒后也就是男生刚刚抬起他的眼神，"你问我啊？"女生反问。

两人语塞，并不是因为不知该如何将对话延续下去，只是黄昏的光线刚刚好，留下了男生纯净呆滞的眼神，又巧妙利用书架的阴影遮住住了他僵硬张开却无声的嘴。大面积的落地窗也让男生眼前略有些羞涩的女生自带光晕。

时间过去了47秒，恰巧是窗外的一丝梧桐絮从脱离母体到融入大地的时间。

《师生活动中心》 2016级学生林凯逸

《师生活动中心》 2016级学生潘岳

图3 《社区/师生活动中心》写作成果节选

（8）多元个性：多数学生表现出的文采让笔者惊诧，其思考和创作应当说是有文学价值的。不同学生有不同的表达方式，有的戏谑、有的理性、有的娓娓道来。这种多样性不但体现出每个学生不同的语言能力，更体现出其看待空间的不同方式和深度。通过最后的宣读和品评交流，让每位同学感受到自己的独一无二，也让他们接触到其他类型，这在潜意识里可能将影响他们今后的设计创作。

4 结语

本文粗略报告了建筑设计基础课程中引入"创意写作"强化空间体验的初步尝试和探索。应当说，相较于更为直观的图纸和模型方式，创意写作是空间体验的更高一级形式，体现了建筑学的厚重人文气息。如果运用得当，可以极大地激发学生的学习和表达热情，引导学生展开深入的空间体验和自我意识挖掘，教师也能更好认识学生的潜力和深层想法。目前创意写作虽安排在设计成果基本完成之后，但其是一种精神层面的二次创作，往往能够再一次调动设计者的直觉经验和深层思考，并训练学生的空间领悟力和创造力。这种训练如能让学生个人体验的意识自觉，那么不但对于建筑设计基础教学意义重大，而且对于其建筑设计生涯来说都是个巨大的财富。

由于是首次尝试，因此该训练还存在诸多问题。例如，如何定义创意写作对于建筑空间体验的意义，是否可以通过多次写作来与设计方案反复互动，如何处理写作中的个人体验与群体体验的协调，教师应在多大程度上介入学生的自由写作，是否需要更明确的命题指向和要求，如何尽量减小学生文字表达能力差异的影响……本文抛砖引玉，期待批评和建议。

参考文献

[1] 张建龙．基于日常生活感知的建筑设计基础教学［J］．时代建筑，2017（3）：34-40.

[2] 顾大庆．空间、建构和设计：建构作为一种设计的工作方法［J］．建筑师，2006（1）：13-21.

[3] 许道军，葛红兵．核心理念、理论基础与学科教育教学方法：作为学科的创意写作研究（之一）［J］．写作（上旬刊）．2016（3）：3-13.

[4] 陆邵明．当代建筑叙事学的本体建构：叙事视野下的空间特征、方法及其对创新教育的启示［J］．建筑学报，2010（4）：1-7.

[5] 戴秋思．叙事性的空间构成教学研究［J］．新建筑，2014（2）：112-115.

[6] 李华．写出心灵深处的故事：非虚构创作指南（英汉双语版）［M］．北京：清华大学出版社，2015：225.

贾巍杨

天津大学建筑学院；*jiaweiy@163.com*

Jia Weiyang

School of Architecture，Tianjin University

培养人性化设计情怀
——无障碍设计融入与拓展教育刍议 *

Cultivating Humanized Design Thoughts
——Discussion on the Integration & Expansion of Accessible Design Education

摘　要：国际上建筑学已发展到通用设计、全容设计、包容性设计等崭新人性化设计思潮，面对我国进入深度老龄化阶段和残疾人口日益增多的社会问题，以及学生对无障碍设计的认知缺陷，建筑教育中亟待系统增加广义无障碍设计素质的培养。通过专业理论课程建设、设计课无障碍意识的融入、教学与科研结合以及设置专门设计课题等多种教育模式的综合，能够培养提升学生的全面素质和社会责任感。

关键词：人性化；建筑教育；无障碍设计

Abstract：International architecture has been developed to the new trends of humanized design such as universal design，design for all and inclusive design. Facing the deep aging stage and the increasing number of disabled people of China，as well as the accessible design cognition deficiencies of the students，the extensive barrier-free design qualities training need to be added to architecture education. Through integration of several education patterns，including theory courses，infusion of accessibility into design courses，the combination of teaching and scientific research，and specialized design tasks，we can cultivate students' comprehensive qualities and social responsibilities.

Keywords：Humanization；Architecture education；Accessible design

1　世界无障碍设计思潮的进化

无障碍设计从建筑学领域发端，从 20 世纪"一战"后萌芽，至今已有近百年的历史。近年来，国际上"无障碍设计"思潮已发展至"通用设计"（Universal Design）、"全容设计"（Design for All）和"包容性设计"（Inclusive Design）等新型无障碍设计理念。"通用设计"是美国残疾人建筑师朗·麦斯提出，要求"尽可能最大程度地设计所有人可用的产品与环境，无需特别适应或专门设计"[1]。"全容设计"盛行于北欧，定义为"为人类多样性、社会平等与包容而设计"，"目标是让

所有人在社会的所有领域都有平等的参与机会"[2]。"包容性设计"在英国从适老设计起源，是指"让全世界尽可能最多的人在各种情境下获得和使用主流的产品与服务，而无需专门去适应或设计"[3]，其特别重视以用户为中心的设计，强调跨学科、多专业研究。可见当代最新无障碍设计思潮旨在惠及所有公众，并达到社会制度和精神层面，已成为人性化设计的主要内容。

笔者将通用设计、全容设计、包容性设计等理念概

* 基金项目：国家自然科学基金资助项目（批准号：51408404）。

括为"广义无障碍设计"，它是建筑学发展的最新重要成果与方向之一，建筑教育须关注国际思潮的最新动态，基于国情合理研究与创新。

2 广义无障碍对建筑师的职业要求

2.1 无障碍设计是建筑师的必备职业技能

我国无障碍设计事业自20世纪80年代方才起步，但起点较高、发展迅速。从1996年开始，我国将执行无障碍设计规范纳入基本建设审批程序，从此无障碍设计与防火设计一起，成为目前我国建筑设计领域仅有的两项强制性基本建设审批项目。我国建筑学专业实施专业评估和职业学位制度，建筑教育中职业技能的训练不可或缺，故无障碍设计作为建筑师及相关专业设计师的基本技术知识和必备业务素质，必须在专业课程教学与知识培养体系中占据一席之地。

2.2 无障碍设计体现了建筑师的社会责任

无障碍设计与防火设计主要考虑公众生命财产安全不同，它重点关注弱势群体与特殊人群的生活出行方便，更多地体现了建筑师的社会责任与人文关怀。建筑师固然不能够从根本上解决弱势群体的地位和权益问题，但却能够通过自身实践为这类人群乃至整个社会改善生活环境做出独特贡献。无障碍设计目前在多数院校的教学中处于薄弱环节，多属院校只是作为规范性技术条文来讲授，这已经不符合时代要求。"人性化"、"以人为本"的设计要求我们关注社会问题、重视公众利益，无障碍设计能够作为培养学生职业道德与责任的重要内容和手段，帮助他们树立正确的价值取向和社会人文情怀。

2.3 广义无障碍全面提升建筑师素质

广义无障碍设计强调跨学科研究、多专业互动，已经从建筑学领域扩展到辅具、家具、卫浴产品等工业设计，以及网站手机界面、信息传播设计等专业，涉及医疗服务、社会化服务、政策管理等领域，对培养建筑师广博的知识结构积淀、全面的专业协调能力具有独特贡献。又如包容性设计格外重视设计流程管理与设计方法论，有助于建筑师训练执业能力、夯实专业素养、锻造设计哲学。

3 建筑学相关专业学生无障碍设计认知的调研

笔者对两届选修"无障碍设计"理论课程的本科学生（包括建筑学、城市规划和环境设计，多数为三年级，每次样本>70人）分别进行了无障碍设计和养老模式认知的小调查，情况并非特别乐观。

3.1 无障碍设计认知的调研

统计显示，学生已经历了两年半以上的专业设计训练，熟悉"无障碍设计"一词，但系统学习过无障碍设计理论的极少。多数学生对无障碍设计相关概念仍然存在一定局限性。可喜的是，仅有少数学生（<10%）认为"无障碍设计"仅针对残疾人、"不能自理的人"；但少数学生误认为"自动扶梯"、"自动旋转门"是无障碍设施，还有将"路障"等同于无障碍设计的"障碍"。

3.2 关于养老模式的调研

另一届学生对最适合我国多数老年人的养老模式投票结果为：36%为"社区养老"，46%为"居家养老"，但仍有少数认为是"机构养老"、"养老地产"或不清楚。

总体来看，对无障碍设计有一定兴趣或认知的学生仍存在部分误区，这表明无障碍设计教育任重而道远。

4 无障碍设计培养模式刍议

无障碍设计在建筑教育中的融入与拓展需采取综合手段，多层次、全方位地培养未来设计师的人性化设计意识。

4.1 系统建设无障碍设计理论课

系统完整的无障碍设计理论课程是必不可少的首要措施。完成了《无障碍设计》教材编写后，天津大学建筑学院无障碍设计研究所于2013年成立，同年开设"无障碍设计"专业选修课，三年来学生选课踊跃，每年均有60人以上选课。课程安排在三年级下半学期，面向建筑学、城市规划、环境设计专业本科生，主要考评形式为无障碍设计调研报告。课程教授的主要板块为：无障碍意识与认知、无障碍设计的对象和尺度、无障碍设计法规、无障碍标识环境、外环境无障碍设计、建筑无障碍设计、其他领域的无障碍设计，形成了内容完整、层层递进、并不断完善的理论课体系。

4.2 设计课中无障碍意识的融入

2012年新版无障碍设计规范适用于全国城市新建、改建和扩建的城市道路、广场、绿地、居住区、居住建筑、公共建筑及历史文物保护建筑等，其他城市和农村的建筑环境设施也宜进行无障碍设计[4]。因而在专业建筑设计课的设置与教授过程中，全部课题都理应包括无障碍设计的内容与要求，引导学生思考人性化设计。设计课不仅是促进师生交流互动的良好场景，也是影响、培养学生形成正确价值观的绝佳场所，需要引导学生认识到，无障碍设计不但是基本业务技能，更是建筑师的社会责任。同时，应指导学生努力融合无障碍设施与建筑功能空间，力求不能影响建筑整体表现，而是为建筑环境锦上添花。

4.3 教学与科研整合——无障碍意识的拓展

国际上已有不少大学成立了专门研究机构，将无障碍设计的科研与教学融为一体，如美国北卡罗来纳州立大学设计学院1989年成立的通用设计中心、剑桥大学2004年建立的包容性设计中心等。国内无障碍设计的系统科研刚刚起步，天津大学建筑学院也成立了无障碍设计研究所，除了从事无障碍设计理论教学，也结合实验课程、大学生创业创新计划鼓励学生参与科研实践。目前学生已经参加了"无障碍标识色彩设计人类工效学实验"、"无障碍人体尺度实验比较研究与居住空间设计应用"、"社区适老性规划调研"等多个科研项目，通过亲身模拟体验、观察认识老年人和残疾人的行为特征，拓展对无障碍重要性的理解，部分成果还获得"天津市社会实践活动优秀团队"奖。

4.4 专门设计课题——无障碍意识的深入

广义无障碍摆脱了技术桎梏，升华为社会责任与人文关怀，也整合了综合性的设计调研、分析与管理能力，完全能够成为建筑设计创新的切入点，这与建筑教育提倡的创造性思维不谋而合。在天津大学本科课程设计与毕业设计教学中，涌现了大量以广义无障碍设计为概念突破口的佳作。笔者指导的毕业设计《围墙花园——天津水上公园盲人植物体验园》（学生：王露）就是这样的专题设计作品，获得2016年"艾景奖"暨"世界大学生风景园林设计精英挑战赛"金奖。方案找到了大赛主题"围墙"的创新概念：我们不是拆掉围墙，而是反其道利用墙体的连续性、触感质感、声音空间感，为视觉障碍者在常用的盲道、栏杆之外增加新的向导模式。围绕墙体配置设计的植物、水体等感官体验节点，系统服务于障碍人士，很好地达到了课题设计的目标和初衷（图1、图2）。

5 结语

新时代的无障碍设计早已从单纯的建筑辅助设施成长为一种具备自身理论体系的广义设计思潮和设计哲学，其注重设计方法论、跨学科研究与设计管理，更是

图1 天津水上公园盲人植物体验园方案节点1

图2 天津水上公园盲人植物体验园方案节点2

发出了最能代表"人性化"设计的心灵与精神的呼声。高等院校的建筑教育亟待对此完美回应，将广义无障碍设计教育融入和拓展到对未来设计师的培养过程中，通过理论课、专业设计课、科研实践的综合教学模式，全面提升学生的专业素质，激发鼓励学生的创新意识，潜移默化学生的社会责任感，主动站在当今世界先进建筑文化的潮流之中。

参考文献

[1] Center for Universal Design. The center for universal design [EB/OL]. https://www.ncsu.edu/ncsu/design/cud/about_us/usronmace.htm, 2017-08-11.

[2] EIDD. The EIDD Stockholm Declaration 2004 [Z]. The Annual General Meeting of the European Institute for Design and Disability in Stockholm, 2004-5-9.

[3] BSI. BS 8300: 2009. Design of buildings and their approaches to meet the needs of disabled people-Code of practice [S]. 2011-1-14.

[4] GB 50763-2012. 无障碍设计规范 [S]. 2012-9-1.

刘滢 于戈

哈尔滨工业大学建筑学院；niuniu12345000@163.com

Liu Ying   Yu Ge

School of Architecture，Harbin Institute of Technology

基于教学手段多元构建的建筑设计课创新实践 *
Innovative Practice of Architectural Design Course Based on Multiple Construction of Teaching Means

摘　要： 本文立足于多元化的建筑学人才培养定位，探寻建筑学专业教学手段的多元构建，以促进建筑设计课程教学模式的创新。并结合既有建筑改造设计课程的教学实践，介绍哈尔滨工业大学建筑学院通过建筑学专业本科生与研究生的交互式团队教学，运用虚拟现实技术与人工天穹模拟，开展创新型设计课程的建设实践。

关键词： 多元构建；教学手段；创新实践；交互

Abstract： Based on the diversification of architectural talents training and positioning，to explore the construction of professional teaching means of multiple construction，to promote the innovation of architectural design curriculum teaching model. Based on the teaching practice of existing architectural design courses，this paper introduces the interactive team teaching of undergraduates and postgraduates of architecture of Harbin Institute of Technology，and uses virtual reality technology and artificial dome simulation to carry out the construction practice of innovative design courses.

Keywords： Multiple Construction；Teaching Means；Innovation Practice；Interaction

1 教学手段的多元构建

建筑学专业作为一门复合性学科，不同于一般的理工科或人文学科的教育体系，其跨学科、综合性的教育背景，决定了其教学模式的特殊性。随着建筑学科教育的不断更新进步，对相关教学手段也赋予了新目标与新需求。

"耶鲁建筑学院的学生手册上写道：建筑不仅是艺术，也是技术，更是一门综合性的知识，要从环境学、行为学、文化和社会的角度来研究建筑造型。耶鲁建筑学院的办学思想中处处体现了兼容并蓄的观念，因此无论是招生，课程设置还是教学管理上都力求多元化。"[1]建筑教学已经不单单是建筑教育内部教学科目整合与更新，以及简单的多学科交叉，而是呼吁教育形式与教学手段的多元构建和创新。

2 建筑设计课教学的改革与创新

哈尔滨工业大学建筑学院一直紧跟时代发展，努力以设计领域对人才培养的需求为导向持续改进人才培养体系。致力于能为学生能够提供尽量丰富的建筑及相关知识，引导学生根据自己的喜好、特长和发展方向选取相应的课程，确定自己的发展方向。在建筑学培养方案中，不可能完成所有课程的授课计划。克里斯托弗·根

* 本文为黑龙江省教育科学规划 2016 年度课题《面向东北老工业基地城市建设的建筑学专业卓越工程师人才创新培养模式研究》、黑龙江省 2017 年度研究生教育改革研究项目《以项目实践为核心的建筑与结构协同设计教学体系与教学方法研究》的成果之一。

纳格说："学生需要有足够的时间在缓慢且密集的设计过程中进行探索。这意味着老师将要提出很多的问题和可能性，而不是仅仅给学生一个答案，但是教师必须要提供给学生多样的方式去寻找答案。"[2] 在本科生教学中，哈工大建筑学人正在努力为学生创造多元化的教学模式与教学手段。

已经连续举办两届的哈尔滨工业大学"印记哈尔滨"国际暑期学校，成为教学模式与教学手段多元建构的实验场。在其中建筑设计课程的教学计划中，有意识地将建筑学本科三年级学生与建筑学一年级硕士研究生组成交互式设计小组。教师有计划的与学生以不同的方式展开交流和合作，给学生不同的设计题目让他们成为研究者。并向他们开放建筑学院的所有教学资源，其中包括黑龙江省寒地建筑科学重点实验室所拥有建筑物理环境实验平台、数字化技术实验平台、生态技术与节能实验平台、环境行为心理实验平台等。多元化的教学平台与教学手段，更加激发学生的创作热情，使他们在设计过程中自主整合设计资源与交互平台，有意识地突出研究目的与设计创新。

3 建筑设计课教学的创新实践

3.1 教学设计

本次建筑设计课为参与课程的学生提供一个开放的设计平台，其中一个设计题目是基于环境分析和模拟的既有建筑改造设计。把既有建筑改造设计的基础放在理性的环境效益和能源效率的分析和量化上，同时注重设计本身的创新与表达。课程将涉及利用不同的建筑性能模拟方法，参数化设计的理念来探索设计的方法与可能性，因此"左脑与右脑的平衡与博弈"将成为本次课程设计的重点与难点。

授课对象：①对绿色建筑设计及环境分析方法在建筑设计中的应用有兴趣且具有基本 Rhino 使用技能的建筑学本科三年级和建筑学一年级研究生。②对于参数化设计以及 Grasshopper 中环境分析及模拟工具的学习和使用感兴趣。③对 Python 编程语言有一定熟悉更佳。

如何有效地对部分具有重要实际功能的建筑进行合理有效的深度改造，使其在能耗与碳排放降低的同时，有效保证室内环境，为人们提供更优的生活和生产条件和品质是一个值得思考的主题。本次设计场地选址为哈工大建筑馆礼堂，这里与学生的日常生活息息相关（图1）。它被学生们寄予了集会、读书、休闲等多种空间组合诉求。

图1 哈尔滨工业大学建筑馆礼堂

3.2 教学过程

"气候与设计"这两个词组，作为本次课程设计的核心内容，将视角聚集到如何有效地利用建筑既有的形态与功能定位，通过对建筑外形、表皮的气候响应性和智能化等方面的设计来提高建筑在特定气候条件下的热物理性能。该设计将会牵涉到如何合理地选择建筑材料的性能、对建筑形态的设计与考虑、被动式节能设计、建筑使用功能的程序优化等。

在指导学生进行环境分析与设计构思前，教师需要获知每位学生的专业能力与技术专长，将本科生与研究生进行有机分组，以期各组可以形成交互式团队，达到最大化的有效目标。学生在设计过程中遇到的技术难点，往往也是建筑创新的突破点。引导学生在整个教学过程中，借助多元化的教学手段，发挥每位团队成员的个人专长。此外,课程还提供环境分析与模拟的相关技术支持,Radiance、Energy Plus、Rhinoceros、Grasshopper等可用于建筑能耗模拟、数字化模型设计的软件系统,以及三维成型机、三维扫描仪、图形工作站、智能化导热系数测定仪等硬件实验条件。学生以研究性有效目标优化为切入点,对建筑馆礼堂的相关区域环境进行分析(图2)。满足使用者诉求,对功能空间的天然采光加以分析与优化,将获取的阶段性方案进行数字化性能模拟(图3、图4)。

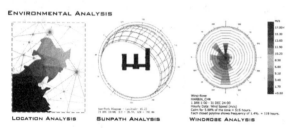

图2 相关环境分析(图片来源:学生设计成果)

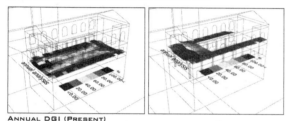

图3 天然采光分析与优化(图片来源:学生设计成果)

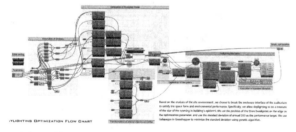

图4 数字化性能模拟(图片来源:学生设计成果)

同时,各组学生可以根据设计需要,使用我院刚刚建成的虚拟表达实验室与人工天穹实验室,运用虚拟现实技术与人工天穹模拟,开展型设计课程的创新实践(图5、图6)。

3.3 教学成果

在教学成果中,学生比较系统地掌握了既有建筑改造设计的相关专业理论知识和数字建构技能,在不断积累专业知识与专业能力的同时,使自身分析问题与解决问题的能力得以有效提升。在基于环境分析与模拟的既有建筑改造设计中,对改造方案做出大胆假设,运用多

元化的教学手段,将数字化模型模拟与实体模型分析相结合,对方案加以优化(图7、图8)。研究生与本科生的团队组合,使课程教学过程间的成果更加凸显,真正实现了开放式教学定位、研究型教学模式、多元化教学手段的创新实践。

图5 虚拟表达实验室与实验模拟

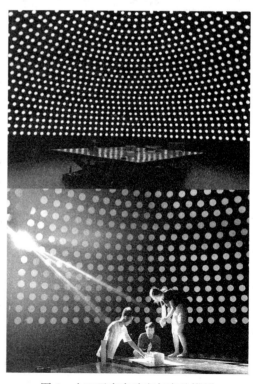

图6 人工天穹实验室与实验模拟

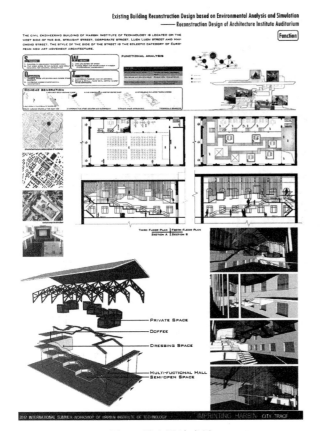

图7 学生设计成果

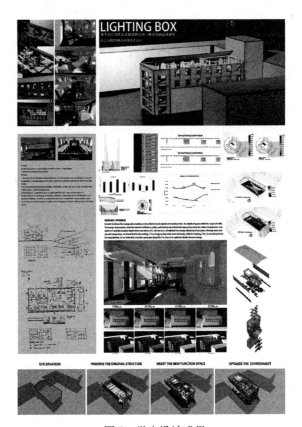

图8 学生设计成果

4 结语

国家高等教育形势的快速发展和建筑设计行业对人才需求的变化等因素，使社会对建筑教育不断提出新的需求，开放的、多元化的建筑教育成为发展的必然趋势。建筑学专业需要人才培养的多样化，教学手段和教学模式的多样化。使学生具备较好的建筑知识和较强的设计能力，具有创新精神和开放视野，具有较强的适应能力、自学能力、合作能力、思维能力、表达能力和设计实践能力，成为国家发展需要的复合型人才。

参考文献

[1] 赵星华. 多元化的艺术和建筑教育基地——耶鲁大学建筑学院. 世界建筑，2008（11）：128-129.

[2] 欧洲建筑教育的多元化发展趋势. 城市环境设计，2014（12）：144.

[3] 辛塞波. 建筑教育人文体系的多元构建和拓展. 美与时代（上），2013（05）：126-127.

[4] 方颖莹，司静静，王及时. 基于虚拟现实技术在教育中的创新性应用研究. 亚太教育，2016（05）：105.

孙伟　盛强

北京交通大学建筑与艺术学院；sunwei@bjtu.edu.cn

Sun Wei　Sheng Qiang

School of Architecture and Design，Beijing Jiao Tong University

交通特色建筑学专业课开放式教学模式研究
The Open Teaching Mode Study of Traffic Characteristic Architecture Courses

摘　要：在北京交通大学以交通科学与技术为特色的办学目标引导下，依托学校交通运输重点学科的资源，通过教学环节、课程设置、教学手段等方面的教改拓展，探讨建设具有交通大学特色的建筑学专业课程，提出"建筑＋交通＋结构"的联合教学，阶段性研究型制、主客体构成与教学课堂开放等教学理念与方法。

关键词：交通特色；研究型制；开放式；模式研究

Abstract：Under the guidance of the goal of transportation science and technology in Beijing Jiaotong University，relying on the key resources of school transportation disciplines，Discussing the construction of the architecture with the characteristics of Jiaotong University through the teaching reform，Course settings and teaching methods. Putting forward the "construction ＋ traffic ＋ structure" of the joint teaching，phased research type system，the main object composition，teaching classroom open and other teaching ideas and methods.

Keywords：Traffic characteristics；Research type system；Openness；Model study

建筑学高年级阶段的专业教育是建筑学本科教学中的一个重要环节，对学生专业能力的全面提升及未来执业引导起着至关重要的作用。北京交通大学以交通科学与技术为办学特色，为当下快速发展的轨道交通运输行业培养、输出大量稀缺人才。建筑学专业依托学校交通运输重点学科的资源，力求建设和完善具有交通特色的建筑学专业设计课程教学体系；同时，教学过程结合科研成果的支撑，将科研成果转化为创新性的教学载体，建立建筑学高年级课程教学的跨专业、开放式教学模式，探讨构建交叉学科创新型人才培养的教学路径和教学方法。

1　交通特色建筑设计课程建设特点

交通特色建筑设计课是在建筑与交通运输专业交叉领域，进行建筑设计问题的研究。课程内容综合性强、知识衔接且具有较强的前沿性。需要学生完善知识结构，建立跨专业综合思维方式，运用交叉学科研究方法解决建筑设计问题，最终获得设计能力和综合素质的全面提升。交通特色建筑设计课程设置在四年级，这阶段的学生掌握了一定的专业知识和综合能力，教学条件成熟。

课程环节强调契合学生知识结构和能力特点，巩固夯实基础，重点关注"灵活运用知识能力"、"设计创新能力"和"交流表达能力"的培养。

设计题目结合轨道交通工程实践[1]，主要选择高铁、地铁等轨道交通站点或枢纽建筑作为教学对象。这类建筑类型具有一定规模、功能复合性强，知识点涵盖全面，具有一定的难度和挑战性。建筑设计不仅包括人的行为空间，还包括交通工具的运输空间，涉及学生不熟悉的、交通运输专业领域的相关知识。与原教学大纲的大型公共建筑教学内容比较，学生需要解决更为复杂的多元化功能流线和多层次空间形式创作的诸多问题。综上，课程建设需要更为详细严谨、衔接缜密的教学计划。

2 交通特色建筑设计课程建设环节

2.1 多学科交叉的联合教学

从建筑学教育发展角度看，综合多元化学科内容的趋势普遍存在。本课程教学内容，涉及与建筑设计相关的城乡规划、交通运输、结构工程等学科交叉领域，教学过程建立起"建筑＋交通＋结构"多学科联合教学平台，组建教师团队，引入相关专业的教师和设计机构建筑师进行联合教学。联合教学的关键是适时、适度地确立多学科交叉授课环节在课程教学过程中的转换节奏、衔接方式及技术手段。表1为教师团队的组成情况。

教师团队人员构成 表1

专业组成	教师人次数	所在单位
建筑学	4	建筑与艺术学院
城乡规划	1	建筑与艺术学院
结构工程	2	土木工程学院
交通运输工程	2	交通运输学院
设计机构	2	CCDI悉地国际交通建筑事业部
	1	维思平建筑设计

（1）设计方案生成期

设计初期主要解决学生对交通运输及交通建筑的知识认知、设计原理等问题，除安排基础知识讲座外，邀请设计机构建筑师指导学生进行北京、天津两地代表性交通建筑的考察调研。交通运输专业教师在一草前期介入教学环节，从专业角度讲解交通流线组织原则和方法，指导学生正确完成建筑房内部及广场与周边道路的交通流线设计。

（2）设计方案建构期

设计中期，方案构思进入生成阶段，交通建筑复合空间及大跨空间建构，对于建筑学的学生是设计难点，也是本课程的教学重点。需要学生迅速掌握和熟练运用结构技术知识，建立正确的空间逻辑关系。在此环节引入结构专业教师，首先以专题形式强化较为薄弱的理论知识，进一步辨析结构概念；其次，建筑与结构专业老师对学生方案进行一对一指导，结合学生的实体模型或计算机模型，辅导空间建构和结构选型设计。实践反馈，教学效果和效率得到很大改观，学生受益匪浅。

（3）设计方案评价期

设计的后评价是提高学生设计能力至关重要的环节，除集中评图外（图1），课程安排学生走进设计机构，与大师面对面交流，思考反馈设计方案与实际工程的差异，进行带着问题的"设计后"学习。通过与设计机构的联合教学，有效建立起课后评价延展和建筑设计教学的可持续机制，图2为2017年度学生设计作业（设计者郑欣然、邵安）。

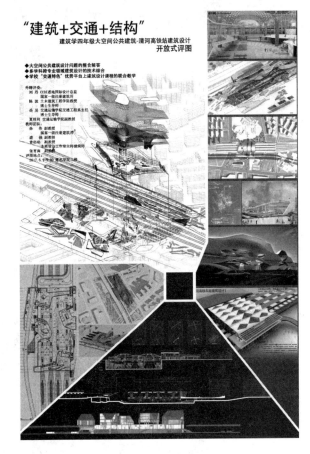

图1 设计终期开放式联合评图海报

2.2 延伸科研实践的研究性教学

交通建筑是行业性、综合性很强的建筑类型[2]，设计难点突出。影响设计的环境条件、文化元素多样，新技术应用问题也富于变化和挑战性。教学注重激发学生探究问题本源的意识，以主动式学习状态发现新问题、研究和解决问题。授之以渔的研究性教学模式是本课程建设的重要教学手段，以培养和提高高年级学生理论结合实践、研究创新的能力。

（1）科研成果到教学载体的转化

教师团队分别具有建筑、规划、技术等学科方向的教育背景，教学资源力求拥有完善的知识结构，多元互补。首先，教学结合任课教师的科研课题和研究成果，

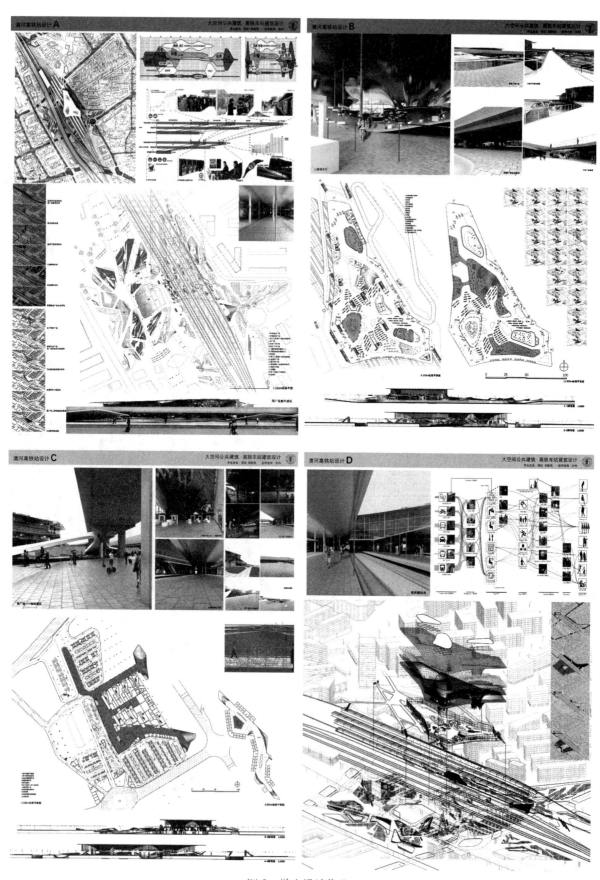

图 2　学生设计作业

进行设计任务书的拟定，选择实际项目并依据教学任务，进行题目修正，全面地覆盖本阶段课程教学的知识重点，介绍本领域内最新的科研成果，与学生进行前沿问题的讨论；其次，教师组针对教学内容、课程选题、教学方法等开展不同阶段，不同规模的协同研究，提出专业交叉领域的教学问题，建立知识"结合点"，配置教学设计，有效掌握教学节奏和教学效果；第三，部分任课教师是"交通建筑工作室"成员，对于学有所余的学生，任课教师指导其进入工作室参与研究，激励优秀人才的培养。

(2) 建筑技术教学环节的完善

建筑技术是高年级建筑设计课程重要的教学内容，知识庞杂、信息量大。教学组直接引进实践环节，和学生一起走出课堂，进行直观的现场教学。实践教学中，不拘于解读任务书中的工程认知，强化技术建造的环节，请工程设计师实地讲授大垮技术、防火防灾、设备处理等理论知识和技术规范等，获取参与性的情境化学习体验，通过实施实践研究的教学手段，学生对许多晦涩的概念、原理，可以很快地理解并正确地运用到设计中，提高了教学效率。

(3) "难"、"新"知识点专题研究的开设

前面提到"交通组织、结构建构、法律法规"等知识点为学习的难点，教学过程针对这些问题设计专门的研究问题，引导学生进行专题研究。设置专题讲座，主要有"交通建筑设计原理与技术发展趋势、空间句法技术理论与实践、大垮结构选型、设计标准与规范"等系列。针对性地解决教学难点，完善知识结构，引导学生不居固有思维模式，从不同角度切实提高学生综合设计能力。

2.3 结合工程案例的开放式教学

"开放式"教学是拓展学生综合能力的有效手段。课程从教学内容入手，甄选设计题目，以实际工程案例为基础，选择便于实地考察的实际工程地址，使教学过程直观、具体、针对性强，对保证教学效果至关重要。教学过程采取多渠道、多知识点、多维度的开放式教学方法[3]，将建筑设计的教学活动从授课式的课堂分解出来，从以设计理论教学指导为主的学校课堂内，延展到"课堂外"，将多元化的授课式补充进来，配合多种教学方式，承载教学功能。

(1) 工程实地的教学课堂

充分利用京津两地的交通建筑案例资源优势，组织学生对北京南站、北京北站、T3航站楼、天津西站、轨道交通东直门、西直门交通枢纽等进行实地考察。选择北京城区范围内的工程项目作设计场地，确定课程设计题目的总平面图。今年选址京张高铁清河站，适逢该工程进行公开设计投标，规模适宜，与之前选择的天津高铁站、新乡高铁站题目相比，教学环节便利，效果提升。

(2) 设计机构的生产实践课堂

与国内外知名的交通建筑设计机构相联合，比如上海虹桥交通枢纽的设计单位中铁第三勘察设计院，以及悉地国际设计集团，北京市设计院等，邀请主创建筑师举办讲座、沙龙等，通过多种交流渠道，建立实践教学平台。学生和设计师面对面交流，直接解读设计师的作品，探讨当代交通建筑创作的关键问题，了解工程实践的前沿信息，学生的创新意识得到大大激发。

3 结语

对于跨学科课程的教学，开放式教学方法是积极的手段。在交通特色建筑学专业课程的建设中，重点研究多学科综合所遇到的实际问题，突破课堂教学模式，从"课堂内"拓展到"课堂外"，进行多元化开放式教学改革。利用有限的教学时间，把握好教学节奏，以积极有效的联合教学平台，为学生获得更为宽阔的视野，锤炼基本功，提高设计创新能力。

参考文献

[1] 陈洋，贾建东. 基于创新素质教育的工程实践基地空间模式. 建筑学报，2009 (10)：111-116.

[2] 中国铁道出版社、铁道部工程鉴定中心编著. 2007中国铁路客站技术国际交流会论文集. 北京：中国铁道出版社，2008.

[3] 龙瀛，田琦，王琦，邓蜀阳. 体验式开放性建筑设计课教学法探讨. 高等建筑教育 2011 (1)：131-134.

吴亮 于辉

大连理工大学建筑与艺术学院；wuliang1026@126.com

Wu Liang   Yu Hui

School of Architecture and Fine Art, Dalian University of Technology

"建筑十结构"联合毕业设计教学探索与实践
The Exploration and Practice of Architecture-Structure Joint Thesis Design

摘　要：在建筑教育日趋多元化背景下，跨学科联合毕业设计对于培养学生的综合能力具有积极意义，大连理工大学建筑学和土木工程专业对此进行了探索与实践。以加强建筑设计与结构设计的彼此关联性为目标，本次联合设计分为选题与计划、调研与提案、比较与优化、深化与整合、总结与答辩五个阶段开展教学活动，并从设计过程、教学方案和联合模式三个方面获得一些经验与启示。

关键词：建筑设计；结构设计；毕业设计；联合教学

Abstract：Under the background of increasingly diversified architectural education, interdisciplinary joint thesis design has positive significance for cultivating students'comprehensive ability, which Architecture major and Civil Engineering major of Dalian University of Technology have explored and practiced. With the goal of strengthening the correlation between architectural design and structural design, this joint design is divided into five stages to carry out teaching activities, including topic and plan, research and proposal, comparison and optimization, deepening and integration, summary and reply, and some experiences have been gained from three aspects of design process, teaching program and joint model.

Keywords：Architectural design; Structural design; Thesis design; Joint teaching

1　背景与意义

当代建筑学科所面临的诸多建筑发展与城市环境问题，已远远超出其传统的学科范畴，向着社会、经济、生态、技术等多个领域拓展[1]。在建筑学教育中传统的、稳定的设计教学模式正被打破，更加开放的、灵活的教学活动受到关注，其中一个表现就是各种国际、校际联合设计教学的盛行，尤以联合毕业设计为典型代表。

在建筑学专业的教学体系中，毕业设计是一个特殊的教学环节，周期长、要求高、综合性强。建筑学专业指导委员会明确指出，毕业设计主旨是通过工程技术和科学技术的综合训练，培养学生分析、解决工程实际问题所需要的创新能力与综合能力[2]。目前开展的联合毕业设计主要是"单学科联合"，相对而言"跨学科联合"较少，具有代表性的是重庆大学集合建筑学、结构工程等8个专业的"建筑学部联合毕业设计"[3]。

建筑学与土木工程专业在很多学校中分属两个学院（部），二者在本科教学中的各行其是与在工程实践中的紧密关联成为一对突出矛盾，直接导致了学生在建筑设计中缺乏结构意识、脱离建造实际等问题的产生，亟需通过教学理念和模式的创新予以解决。"建筑学科的教育就应该以交叉与融合为目标，通过多元化教学模式，增强学生整体设计的系统思维，全过程实践的协同意识，实现综合技能的规范训练和提高"[4]。建筑与结构的跨学科联合毕业设计是一条值得尝试的途径，对于培养学生综合知识、创新思维、复合能力具有积极意义。

2 设想与目标

大连理工大学建筑学专业建立了 3+1+1 的教学体系和 1+N 多线协同创新的课程模式，在 1～5 年级的设计主干课中共形成 16 个设计教案，建筑设计教学框架完整，思路清晰。但近年来的教学改革和课程建设主要集中在低年级，处于创新平台的毕业设计环节已表现出模式单一、质量下降等一些典型问题，引起学院的重视。

同时，土木工程专业虽然学科实力雄厚，但在毕业设计教学中也面临一些困境。笔者多年来为其讲授房屋建筑学课程，指导房屋建筑学课程设计，也多次参加土木工程专业的毕业设计答辩和相关教学研讨，对此深有体会。在这些问题中，建筑设计与结构设计的关系备受关注，由结构专业学生自行建筑设计的传统模式引起反思。

在两个专业的共同推动下，2017 年春季学期，大连理工大学建筑学专业与土木工程专业开展了由双方师生共同参与的首次联合毕业设计活动。其教学宗旨是，加强建筑设计与结构设计的彼此关联性，培养建筑专业学生的结构概念与建造意识，同时提升结构专业学生的建筑素养与创新能力，使其能够用系统化的设计思维综合性地解决建筑工程中的空间与结构问题。

3 过程与阶段

3.1 选题与计划

与一般毕业设计侧重于功能、空间、环境、社会等"软"要素的选题方向不同，建筑与结构联合毕业设计在选题上需要特别考虑"结构"要素，以"结构的非常规性、结构与形态的关联性和设计方法的创新性"为原则，经过双方老师的多次商讨与基地筛选，拟定以"南昌至赣州高铁赣州西站建筑设计"作为建筑学专业毕业设计课题，以此为基础，结构专业参与建筑设计的一部分工作，重点从受力角度对高铁站房的大跨度屋盖体系进行设计与优化，同时要求建筑与结构均采用参数化设计工具。

该课题为"真题假做"模式，在确定选题方向之后，结合实际工程项目的各项要求，详细拟定了各专业的设计任务书。除了选题，毕业设计的总体计划安排也是前期一项重要工作，需要考虑两个专业的进度协调问题。在综合考虑各项因素后，我们将联合毕业设计的整个过程分为调研与提案、比较与优化、深化与整合三个主要阶段。

3.2 调研与提案

联合毕业设计的关键点是"联合"，因此在毕业设计的全过程中都应强化两个专业的共同参与性。在设计前期的调研阶段，双方同学一起对大连北站、沈阳站等实际案例进行现场考察，并从各自专业角度进行不同层面的分析。通过共同调研，学生之间既加深了相互了解，也拓展了视野和思路，甚至从自己不熟悉的领域获得设计思维的启发。比如，结构专业的学生在案例考察时重点关注的结构体系及荷载传递方式、支撑方式、节点连接方式以及主要构件尺寸等问题是建筑系学生观察和思维的盲区，而这些问题即使对建筑设计而言也是不容忽视的。

在共同调研的基础上，以建筑专业为主导提出总体设计方案和单体设计概念。调研报告与初步提案在第一次联合评图环节上发表讨论，听取结构专业的老师和同学在结构可行性、经济性、结构选型等方面的意见和建议，最终确定方案发展的基本方向，在站房的空间模式、流线模式、形态意象、结构逻辑等关键问题上达成共识。

3.3 比较与优化

结构设计必须依托建筑设计，对于高铁站这种功能相对单一的大空间建筑而言，结构设计与计算更是需要建立在明晰而富有逻辑的形式语言基础上。为了保证结构专业的设计进度，建筑专业需要改变传统的从内而外的建筑设计程序，建筑造型，尤其是候车厅大跨度屋盖的形态参数需要被优先考虑。此外，双方所用的参数是否匹配以及数据如何对接也是需要提前解决的技术性问题。

因此，在确定设计概念及发展方向之后，建筑专业基于场地、功能等限制因素确定建筑形态生成的主要参数，提出三种具有差异性的造型方案，并分别采用 Rhino + Grasshopper 软件进行数字化建模。与此同时，结构专业首先进行技术准备，熟悉相关软件和插件，学习结构优化原理、遗传算法基本原理及其 C 语言编程，与建筑专业一起研究信息衔接方法，并通过简单模型加以验证。以此为基础，结构专业对建筑提出的三种方案从结构性能、施工、程序可行性等角度进行测评，结合建筑空间与形式需求，最终确定以"正方四角锥焊接空心球节点双层网壳"作为结构方案，并提出进一步的优化建议（图 1）。

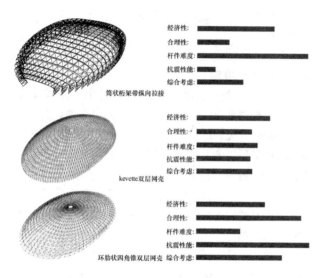

经济性
合理性
杆件难度
抗震性能
综合考虑

筒状桁架带纵向拉接

经济性
合理性
杆件难度
抗震性能
综合考虑

kevette双层网壳

经济性
合理性
杆件难度
抗震性能
综合考虑

环肋状四角锥双层网壳

图1 屋顶网壳形式比较分析

3.4 深化与整合

在毕业设计答辩前的最后一个月，按照毕业设计深度要求，在前一阶段工作成果基础上，建筑与结构从各自专业角度分别进行深化设计。建筑专业主要在功能、空间、流线、消防等方面进行全面细化设计，制作成果模型并绘制图纸；结构专业除了通过参数化建模和遗传算法对网壳形式进行进一步细化设计之外，还要进行支座设计、下部结构设计、基础设计和结构图的绘制。

在本阶段后期，两个专业的深化设计成果需要进行交流整合。结构专业对网壳的网格划分方式、网格大小和网壳厚度等的优化设计使建筑形态不再是以往通过纯形式主义手法获得的"意象形态"，而是具有结构理性并符合力学逻辑的"真实形态"（图2）。建筑专业深化后的平面、剖面和建筑模型也为结构专业进行下部结构

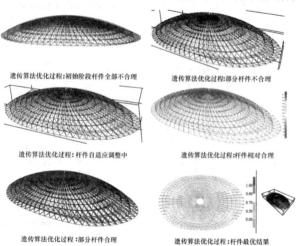

遗传算法优化过程:初始阶段杆件全部不合理　　遗传算法优化过程:部分杆件不合理

遗传算法优化过程:杆件自适应调整中　　遗传算法优化过程:杆件相对合理

遗传算法优化过程:部分杆件合理　　遗传算法优化过程:杆件最优结果

图2 网壳结构杆件优化过程

和基础设计提供了良好的工作前提，这显然比以往由结构专业自行建筑设计更接近真实的工作模式。

3.5 总结与答辩

经过15周的联合指导与交流探讨，两个专业的同学最终按照计划进度完成了各自的毕业设计，双方教师也对这种跨学科的联合毕业设计教学模式进行了首次尝试与完整实践，并在最后一周的联合讨论会上对整个教学过程进行了总体回顾与系统总结。按照各自学院的程序，诸位同学分别进行了毕业设计答辩，并取得了良好成绩。这种建筑与结构联合的协同设计教学模式在答辩中获得其他老师的认可和肯定。

4 经验与反思

4.1 设计过程的参与性

建筑是一个具有多重属性的复杂系统，随着学科专业的分离，建筑教育精细化的同时其整体性却被淡化，虽然在建筑学教育中仍然有"工程性"方面的知识要求，但是在设计实践中，结构概念和意识的不足甚至缺失也是毋庸讳言的现实问题。因此，本次联合毕业设计的一个基本设想是使学生重新建立空间与结构的整体概念，通过"共同调研—合作提案—分工推进—优势整合"等一系列教学环节的设定，增加设计过程中的交流讨论和相互学习的机会，培养团队意识和沟通能力，并使其在共同参与中掌握工作方法、填补思维盲区。

4.2 教学方案的适应性

建筑与结构的配合既有协同性，又有时序性。因此，我们一方面强调在各个环节上两个专业的共同参与性，尤其是结构专业在提案阶段的作用，另一方面也必须考虑在同一答辩时间前提下双方的进度协调问题，避免由于建筑设计的拖延导致结构设计周期的不足。在正式开始毕业设计之前制定周密的教学计划，依据合作需要和设计对象特点采用"由外而内"的建筑设计程序，在设计过程中严格把控阶段性进展和时间节点，并通过建立定期联合指导和课外自由讨论机制灵活解决临时出现的问题，从而保证设计教学的顺利推进。

4.3 联合模式的拓展性

建筑与结构教学从分离走向融合不是一蹴而就的，需要长期、持续的努力才能实现，联合毕业设计只是其中一种方式。从专业建设和学科发展的长远角度，应该拓展联合教学渠道，探索更加多元的联合教学模式。以

建筑学专业为例，一方面，可以在低年级的课程设计环节中引入系列化的结构专题，邀请结构专业的老师做专题讲座或进行联合指导；另一方面，以"理论结合实践"为导向推进建筑力学、建筑结构、结构选型等理论课程的教学改革，增加实践学时，注重知识向能力的转化，建立并强化其与设计主干课的"锚固"节点。

5 结语

本次联合毕业设计教学是近几年来大连理工大学建筑学与土木工程专业的首次联合教学实践活动，虽然只是"一个小组＋一个课题"的小范围尝试，但它代表了一个良好的开端，也证明了两个在工作内容上紧密相关的专业在教学上重新走到一起的可能性。希望本次联合教学实践的经验以及反映出来的问题可以为今后类似活动的开展提供参考。

参考文献

[1] 黄海静，卢峰. 建筑专业实践教学与复合应用型人才培养. 2014 年中国建设教育协会普通高等教育委员会教学改革与研究论文集. 2014（12）：31-34.

[2] 建筑学专业指导委员会. 全国高等学校土建类专业本科教育培养目标和培养方案及其主干课程教学基本要求——建筑学专业. 北京：中国建筑工业出版社，2003.

[3] 黄海静，邓蜀阳，陈纲. 面向复合应用型人才培养的建筑教学——跨学科联合毕业设计实践. 西部人居环境学刊，2015（06）：38-42.

[4] 曹亮功. 从建筑职业看建筑教育. 建筑学报，2005（02）：76-77.

梁斌　叶飞

西安建筑科技大学；317340482@qq.com

Liang Bin　Ye Fei

Xi'an University of Architecture and Technology

以知识体系拓展为导向的大型公共建筑设计课程教学探索

Exploring Teaching Methods in the Knowledge System Development Oriented Large Public Building Studio

摘　要：通过对西安建筑科技大学建筑学院四年级 studio 课程的回顾与总结，指出了通过大型公共建筑选题拓展学生知识体系的必要性，并结合自身教学实践提出了对于课程组织、题目设置、授课内容、授课形式、课程成果五方面的优化措施，旨在通过灵活多元、侧重实用、启发思维的教学组织方式，引导学生实现专业知识、设计方法、职业技能多方面的提高。

关键词：知识体系；大型公共建筑；教学探索

Abstract：This paper review the fourth-grade studio course of Xi'an University Of Architecture And Technology，points out that it is necessary to expand students' knowledge system through the large public building studio，and puts forward five optimization measures according to teaching practice：course organization，subject setting，teaching content，teaching form and course achievement. The purpose is to guide students to improve their professional knowledge，design methods and professional skills by flexible，practical and inspiring teaching methods.

Keywords：Knowledge System；Large Public Building；Teaching Methods Exploring

1　课程背景

作为中国建筑教育"老八校"之一，西安建筑科技大学建筑学院多年来一直专注于建筑教学的改革和创新。自 2010 年起，响应国家"卓越人才"培养的战略目标，建筑学院在坚持总体教学框架的情况下鼓励各教研室、教学团队开展教学改革，并在逐年完善和改进。

2014 年起，建筑设计教研室Ⅲ负责的建筑学本科四年级设计课采用 studio 工作组的模式，教师制定剧场、体育馆、高层、医疗、城市设计等不同方向的设计题目，同学通过自由选报不同题目拆分成十多个小组，分别进行建筑设计训练和城市设计训练。以此完成学生的高年级设计课教学，训练学生对低年级所学的原理课、理论课、建筑物理、材料与构造等专业知识的综合运用能力。今年特意在学生三年级期末选课前设置了 studio 选题推介会，增加了学生对题目的了解以及师生之间的互认，现场互动热烈。studio 模式有利于激发学生的兴趣点，促进对知识的灵活掌握，推行以来收到了良好的反馈。笔者与建筑系主任叶飞老师从 2016 年起共同担任 studio 课程，以大型公共建筑设计为方向，就授课方式和授课内容等方面做了一些思考和尝试。

2　开设大型公共建筑设计课程的必要性

（1）专业知识的拓展：在本科教学计划中，设计题目是循序渐进的，四年级的设计课既要在内容上填补学生的空缺，还需要一定的规模和复杂程度以涉及相应的知识点，给予学生充分的训练并拓展所学知识。

（2）设计方法的拓展：大型建筑的设计思维全然不同于小建筑，很难依靠随机性解题，需要借助一定的逻辑思维和推导方法，以协调复杂功能和空间，统筹无规律的外部造型，这一点是在低年级旅馆、住宅等设计题目通过空间重复增加规模之后需要弥补的。

（3）职业技能的拓展：从职业角度考虑，大型公共建筑是当前国内民用建筑市场中的重要构成。在教学中适度地进行横向结构、设备相关专业和政策规范的拓展，纵向上设计流程和制图深度上的拓展，有利于提升学生的职业视野和实践能力。

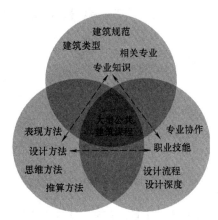

图1　大型公共建筑课程的知识体系建构

3　课程优化的具体措施

3.1　课程组织：大体系与小设计组并行

大的studio体系沿用教师挂牌上课，师生双向选择的模式，而将叶老师的剧场设计和笔者的体育馆设计两个题目整合成大型公建组，两组题目的集中讲授共同进行，两组学生的单独指导也共同完成。学生仍只完成一个设计，但可以兼听并蓄，对于学有余力的学生而言弥补了高年级设计课较少的不足；对于教师而言，授课内容可以互补，避免重复灌输。例如剧场的视线设计较体育馆复杂，而体育馆的疏散设计较剧场复杂，叶老师在精讲完剧场视线后，笔者在体育馆部分只做简要的差异性补充，而将重点放在疏散讲解上。大体系保证方向，小设计组灵活调整教学形式和内容，避免了传统的单调理论授课和填鸭式教学。对于师资也起到平衡作用，缓和了名师招生火爆，新教师招不到学生的局面。

3.2　题目设置：复杂性＋时效性＋共性的原则

studio题目大多来源于教师们的项目实践，类型多样，可谓百花齐放。小组整合的前提是题目设置必须遵

从有复杂性、有时效性、有共性的原则。复杂性保证学生能够充分利用学时得到全面的训练，建议题目应为面积10000m² 左右的多层建筑，包括大跨度和标准跨度的复合空间，且无过多重复空间，可以让学生接触到复杂功能组织、多种结构形式、大型体量造型等低年级缺乏的训练；时效性保证学生所学知识的实用、有效，去年和今年的体育馆选题均为正在进行的2021年陕西全运会序列内的小型场馆，在近年全国场馆建设中极具代表性，并在教学中启发学生对于服务全民健身、学校教学等现实需求的关注；共性是成组的基础，剧场和体育馆同属大型公共建筑，两个题目在环境分析、空间构成、结构选型、造型设计、技术要点上有许多共通之处，在设计原则和方法的讲授上是一致的，但在具体的内容上又有所差异，利于学生对比学习。后续也可以尝试类似博物馆与图书馆，产业园与校园等题目的整合。

3.3　授课内容：设计主线＋技术专题补充

大型公共建筑涉及的专业众多，为保证高质量授课内容，我们采用以设计为主线，技术专题进行补充，本专业教师与外专业教师或工程师穿插授课的方式。以去年为例，笔者与叶老师各集中讲授3次，大致分为概述、功能、视线与疏散三部分，期间按讲授进度外请教师穿插技术专题讲座3次。在功能之后邀请结构专业出身的胡冗冗老师讲授了大跨度建筑的结构选型，在结构之后邀请建筑技术方向的刘大龙老师讲授了大空间声环境设计，在视线与疏散之后邀请同为建筑技术方向的闫增峰老师讲授了大空间光环境设计。

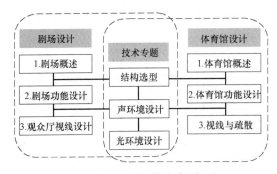

图2　设计主线与技术专题组织

3.4　授课形式：多元化融合

授课强调多元开放与交叉融合并重，多元化的教学方式、多元化的教师组成和多元化的教学内容，并将这些多元化的方式进行融合，集中串讲与针对讲解结合，外出调研与现场体验结合，总体设计与专项设计结合，形成认知-构思-拓展-融合-输出五个阶段的教学结构，使学生通过案例解读、现场调研形成初步认知，再到本

专业教师的系统讲授形成设计构思，借助外专业教师的专题补充形成全面理解，最后通过一个阶段反复地融合与深化形成丰富的设计成果输出。我们还规定学生在课程期间一定要去西安的剧场和体育馆看一次剧或演唱会，以亲身体验该类型建筑的空间特点和视听环境。在此过程中，更希望学生通过两种建筑类型的体验式学习来发现规律，突破建筑类型的桎梏，透过现象掌握普遍的设计方法，并学会用多种方式表达设计思维，这些的重要性远高于知识本身。

3.5 课程成果：分阶段、多模块构成

课程成果并非传统的以最终图纸为导向，为调动学生持续的积极性并随时反馈教学效果，成果分阶段、多模块构成。结合认知-构思-拓展-融合-输出五个阶段的教学结构，对应包含了前期调研、案例分析、过程草图（草模）、技术专题、设计方案（模型）等五项成果。其中前期调研和案例分析在认知阶段完成，由学生当众讲解，教师点评和补充；过程草图贯穿于设计开始后的全过程，供师生一对一交流，有代表性的集中点评；技术专题图纸在技术讲课后完成，并作为最终成果的一部分一同进入答辩环节，扩充答辩成果。期间特别强调了学生的动手演练过程，整个前半程师生之间的设计沟通规定以草模和草图为主，对于剧场、体育馆的尺寸推算和座椅排布要求单独大比例绘制。从整个成果来看，对学生的掌握程度把控也是有区别的，建筑最基本的场地、功能、结构、造型设计要求必须掌握，厅堂视听、技术规范则要求初步掌握，侧重于培养正确的意识和方法，声、光等物理环境设计则倾向于考察综合运用情况，不做深度要求。

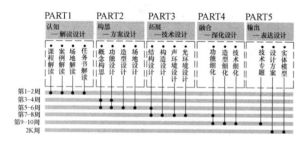

图 3 教学结构与教学计划

4 目标及展望

所谓拓展，是专业知识、设计方法、职业技能的全面拓展，对于建筑学四年级学生而言后两者是较为欠缺的，四年级应当作为从建筑学生向建筑从业者的转折点来对待。在 studio 这样的中长题下增加难度和要求无论对学生还是任课教师都是一个挑战：主观上要求学生的理解力、合作度与教师的专业能力、授课经验相匹配，客观上要求授课条件、学时安排充分保证，因而必须有明确的目标和取舍。在整个教学的探索中，我们始终坚持与时俱进与实际操作并重的原则，一是强调教学内容的及时更新，每年都在对剧场和体育馆两个题目的选址、功能、设计要求进行修订，二是强调技能训练，本科阶段真题假做，就业或研究生阶段面对真题真做时能够快速入手。以上在同一个课程体系下的不同尝试，有助于自下而上产生单一课程在课程体系乃至教学计划中的带动作用，进而推动建筑系的教学改革，这也是 studio 模式设立的初衷和努力方向。

参考文献

[1] 何方瑶，田晓. 地方院校环境设计专业理论课程教学改革的途径——以"室内设计原理"为例. 建筑与文化，2017（06）：51-52.

[2] 陈瑾羲，刘泽洋. 国外建筑院校本科教学重点探索——以苏高工、巴特莱特、康奈尔等 6 所院校为例. 建筑学报，2017（06）：94-100.

陈科　刘彦君　陈俊

重庆大学建筑城规学院，山地城镇建设与新技术教育部重点实验室，国家级实验教学示范中心；163ck@163.com

Chen Ke　Liu Yanjun　Chen Jun

Faculty of Architecture and Urban Planning Chongqing University，Education Ministry Key Laboratory of urban Construction and New technologies of Mountainous City，National Experimental Education Demonstration center

设计起步：步步"根"深—思维"树"造 *
Initial Design：Steps Rooted and Thoughts Moulded

摘　要：重庆大学建筑城规学院二年级（上）建筑设计课程是本科教学体系"2＋2＋1"模式中"设计起步"阶段的第一次设计训练。学院调整教学计划，开设系列相关课程作为设计课程的有力支撑。本课程改革将原有的两个8周课题变更为一个16周长题，采用"四步进阶"的手段，包括：概念生成、总体设计、空间设计和建构设计四个阶段，以达到更好地让学生体验"设计全程"，掌握"分阶递进"设计推进方法，培养"分析比选"设计思维能力的教学目的。本课程采取"概念生成根植场地，设计主脉纵贯推进，节点分支次第拓展"的教学路线，并且通过一系列特色环节控制贯穿整个教学组织过程。

关键词：建筑设计；课程改革；设计起步；设计方法；设计思维

Abstract：The sophomore (1st term) architectural design course is the first training of initial design，which is basic in the "2＋2＋1" undergraduate teaching system of architecture in Chongqing University. The education program is changed to set a series of relevant courses supporting the design courses. This reform is to set just one 16 weeks long design course instead of two short ones in the 1st term of sophomore，which includes four phases such as concept generation，master design，space design and construction design，in order to provide better experience of total design process，methods of pushing design forward step by step，and analytical and comparative thoughts of design. The teaching route can be described as "the concept generation based on site，the design pushed forward deeply，and the thoughts expanded widely"，and a series of characteristic segments are set throughout the process of teaching organization.

Keywords：Architectural design；Course reform；Initial design；Methods of design；Thoughts of design

1　设计起步：教学体系与课程支撑

重庆大学建筑城规学院本科"2＋2＋1"的教学体系包含"一轴两翼三平台"[1]。"一轴"是指设计课程主轴，"两翼"是指技术系列课程与人文系列课程，"三平台"是指以一、二年级的基础平台、三、四年级的拓展平台和五年级的综合平台。二年级（上）设计课程属于"基础平台"里"设计起步"阶段的第一次设计训练。尽管在设计课程主轴上有一年级的"设计基础"作为铺垫，但真正意义上的"建筑设计"训练是从二年级

（上）开始起步的。

为了更好地启动设计起步，学院调整教学计划，在一年级和二年级开设相关课程，从观念知识、方法技能、技术原理等多层面为设计课程提供有力支撑。在一、二年级，涉及建筑设计的观念与知识层面的课程包括《建筑概论》、《景观建筑学概论》、《外国古典建筑史》、《中国古典建筑史》等；帮助学生提升设计方法与

* 国家自然科学基金资助项目（51508044）；重庆大学教学改革研究项目（2016Y28）。

技能的课程则包括《建筑设计理论与方法》、《场地与总图设计》、《建筑创作概论与手法分析》、《建筑表现》、《画法几何》、《建筑阴影与透视》、《模型制作基础》等；最值得一提的是，学院特设以下配套教改课程以帮助学生了解建筑技术原理：《建筑技术概论》、《建筑力学与结构选型》、《建筑材料》、《建筑构造》和《建筑与规划数字技术》等。这些"两翼"课程的及时开设，为"一轴"中的二年级设计起步提供了必不可少的支撑（图1）。

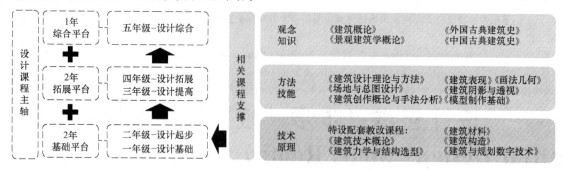

图1 教学体系与课程支撑

2 教学目标与课改要点

2.1 教学目标：步步"根"深，思维"树"造

希望通过二年级（上）设计课程，让学生体验"设计全程"，扎根稳健起步——步步为营，层层深根：扎根设计起步基础工作，体验建筑设计完整过程[2]。

希望通过二年级（上）设计课程，让学生掌握"分阶递进"设计推进方法——逻辑生成，方法建构：强调设计生成的内在逻辑，建构逐层递进的设计方法。

希望通过二年级（上）设计课程，培养学生"分析比选"的设计思维能力——研究分析，思维激发：围绕系统思维中的关键节点，激发对比研究式的设计思维[3]。

2.2 教改要点：长题细作，四步进阶

课程改革前，二年级（上）设计课程为两个时长均为8周的常规课题。存在"阶段缺失"和"思维受限"两方面主要问题：一是设计前期短促粗浅，对于设计概念的生成难以起到很好的酝酿作用，而设计后期的建构设计也十分薄弱，甚至出现缺失；二是两个8周时间完成两个类似的方案设计，对于刚刚设计起步教学而言，节奏十分紧张，导致普遍缺乏设计能力的学生们疲于推进设计，其思维时间和空间被大大压缩，设计思路受到较大局限。

通过课程改革，将原本的两个8周常规课题替换为一个16周的特设长题。主要目的就是"阶段补足"和"思维突破"：一方面，在设计阶段上，深化设计前期工作，强化建构设计；另一方面，在设计思维上，把握好适当的节奏，促进设计思维的多方向拓展和深化。

本课程改革采用的主要手段是"四步进阶"，包含"分阶递进"和"分析比选"两个层面。首先是分阶递进，即将16周时长划分为2周概念生成、3周总体设计、5周空间设计和6周建构设计，四个阶段次第展开。然后是分析比选，在概念生成阶段充分展开场地认知与功能策划训练，在总体设计阶段主抓总体布局和建筑形态体量的多方案比选，在空间设计阶段则进行空间系统、空间节点和空间界面的多方案推敲，在建构设计阶段将探讨结构体系、材料呈现与构造连接等问题（图2）。

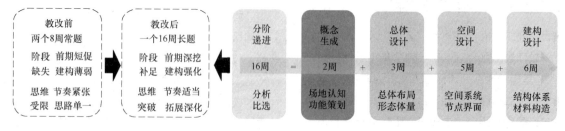

图2 教学改革要点

2.3 课题设置：立足日常，多元并举

选择学生日常生活时常接触的校园内用地进行以帅生为使用主体的公共活动空间设计。设计用地周边交通条件较好，场地具有一定地形变化，用地内及四周绿化

植被条件较好，可根据用地发展的需要决定场地应对策略。设计规模是控制在总建筑面积500m² 左右，建筑层数不超过2层。要求学生基于场地认知和功能策划，辨识场地特性，做出设计应对。从总体、空间和建构等层面展开设计，使场地和建筑与周边一起形成有机的整体环境。

3 教学路线

教学路线可以概括为："概念生成根植场地，设计主脉纵贯推进，节点分支次第拓展"。

首先，以"设计基础＋生活经验＋现场体验＋访谈调查＋理论文献"为土壤，以场地认知和功能策划为根基，生成设计概念。场地认知包含对地形、植被、水体和设施等场地要素的观察和评价。例如对于植被，既要了解其种类习性，又要观察其形态与景观效果，还要分析其对空间的界定作用；对于设施，则要求从其使用功能、形式材料、人文内涵等层面进行综合认知。功能策划则重在分析相关者的行为心理需求，包括行走、停驻、交往和获得服务等等。比如，行走可以区分出快速穿越、漫步游走、来往出入等不同需求；停驻则可能表现为静坐休憩、伫立观察、凝视沉思等具体状态；师生交往活动可涉及小聚闲聊、观演观展、社团活动等不同规模和形式；而获得的服务可包含咨询、售卖、盥洗、如厕、咖啡、茶饮等。学生通过深入的场地认知和功能策划，生成自己方案的设计概念。

接下来，从设计概念出发，以"总体设计-空间设计-建构设计"为设计主脉，逐级推动方案生成，并且每个阶段设置系统思维的关键节点。首先是总体设计，会从建筑的布局朝向、形态体量和接地方式等层面展开探讨；接着是空间设计，要求先进行空间系统梳理，然后重点深化主要空间节点，并对空间界面的可能性做出对比分析；最后是建构设计，包含结构体系、材料呈现和构件连接的设计训练。要求学生将前一阶段的设计成果作为后一阶段的设计前提，通过后续设计去延续、强化和丰富先前的设计。

与此同时，对每个设计阶段的几大关键节点的思考需要进一步分层级展开。要求学生围绕核心概念，从多个方向探索方案的可能性。也即，从设计主脉分出若干层级设计要点，围绕系统思维关键节点，激发对比研究设计思维。例如，在布局朝向节点，可以发散探讨建筑与路、建筑与树、建筑与水等场地要素的可能关系。而建筑与路的关系至少可以涉及对位承接、平行顺应、捷径斜切等可能。而建筑与树的关系可以引发借景对位、围绕合抱、林间穿插等设计策略。这种节点分支、次第

拓展的"树"状模式一直贯穿总体设计、空间设计和建构设计的全过程。

因此，可以说，设计起步的教学路线是分阶递进，步步"根"深，分析比选，思维"树"造。而前文提到的若干相关课程就像"雨水"，滋养着这株设计教学之"树"的相应枝干和根系（图3）。

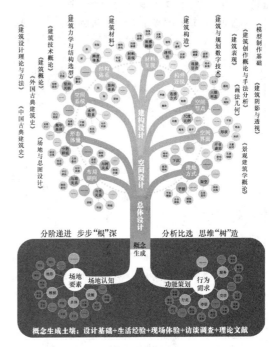

图3　教学路线

4 教学组织

在概念生成阶段，通过观察访谈进行信息采集和意见分析；通过角色扮演模拟不同需求，促成换位思考；通过案例研究分析设计策略，理清设计逻辑。

在总体设计、空间设计和建构设计阶段，通过头脑风暴探讨若干可能，触发设计创意；通过实景融入，激活情境想象，模拟现场体验；通过现场评讲，重返场地，直观检验设计效果；通过方案比选，拓展设计思维，引导价值判断；通过空间漫游，强调人性化视角，利用数字模型检视设计。

在整个教学过程中，穿插了多次公开展评，征询多方意见，实现公众参与；教学的最后一次课，则是召开教学总结大会，邀请主管本科教学的院长、系主任、任课老师代表和学生代表发言，形成良好的师生互动，及时收集各方反馈意见，持续完善教学。

5 结语

从学生的学习过程、阶段成果（图4）和总结反馈

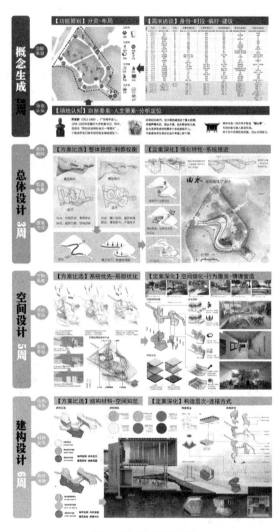

图 4　阶段成果示例

中不难发现，二年级（上）设计课程通过有力的相关课程支撑，清晰的教学改革措施，系统的教学路线建构和积极的教学环节控制，较好地帮助学生实现了稳健而有活力的设计起步，使其通过设计学习，第一次体验了"设计全程"，初步建立起符合内在生成逻辑的设计推进方法，逐步形成围绕若干要点展开积极探索与对比研究的设计思维习惯。正所谓：设计起步——步步"根"深，思维"树"造。

注：图 4 中图片引自课题组学生卢星宇、林梦佳(指导老师：陈科、黄珂) 的部分作业

参考文献

[1]　卢峰 蔡静. 基于"2+2+1"模式的建筑学专业教育改革思考. 室内设计. 2010 (3)：46-49.

[2]　左力 李骏. 设计价值观的回归——重庆大学建筑学专业二年级设计课教学体系探索. 新建筑. 2015 (1)：106-109.

[3]　陈科 冷婕. 基于建筑学诸"范畴"的建筑设计课程教学方法探索. 2014 全国建筑教育学术研讨会论文集. 北京：中国建筑工业出版社，2014.

石建和

合肥工业大学建筑与艺术学院；shijh1961@163.com

Shi Jianhe

College of architecture and art，hefei university of technology

迈向建筑世界的整体
——建筑学教学哲学化倡议
Towards the Building World as a Whole
——Philosophy of Architecture Teaching

摘　要：本文针对国内建筑学科教育中存在的类型化，经验化的教学提出提高建筑学的教学水平，提升学科水平的路径：建筑学教学哲学化。通过教师水平衡量标准分析建筑学与哲学的关系，建筑学学生对哲学的需求和困难，以及欧美等发达国家建筑学教学哲学化的分析，倡议中国国内建筑学教学哲学化，以提升建筑学科的教学水平。

关键词：建筑学科；教育教学；哲学化；哲匠

Abstract：In view of the typology of education in domestic architecture，the teaching of experience is proposed to improve the teaching level of architecture and improve the path of subject level：the philosophy of architecture teaching. Architecture and philosophy through the analysis of the teachers level measurement，the relationship between architecture students demand for philosophy and difficulties，as well as Europe and the United States and other developed countries the analysis of the teaching philosophy of architecture initiative teaching philosophy of architecture in China，to improve the teaching level of architectural discipline.

Keywords：Architecture；Education teaching；Philosophy；Philosophy of the builders

1 哲学是建筑学教师学术活动的最高成就

亚里士多德说：哲学是探索事物的最高原因的活动，建筑学的教学应该向学生提出建筑学研究的最高原因。能否给学生指出建筑活动的最高原因是衡量教师水平的唯一标志。教给学生关于建筑活动终极的目标和终极的理想是建筑学教师应具有的职责和境界。

建筑学教师的学术活动应该以哲学理论活动为主要内容；亚里士多德指出在理论活动，实践活动和制作活动这三类活动中，理论活动是第一位的，理论活动是普照的光，照亮了实践活动和制作活动，设计活动作为制造活动是居于理论活动和实践活动之间，是受惠于理论活动。

建筑学教师在教学过程中要运用哲学概念思维，解答建筑学问过程中关于存在、美、功能、形式、主体、体验、艺术、场所等许多理念问题，只有把这些理念问题理解清楚，才能正确地把握设计思维，设计过程和设计逻辑的方法。建筑学教师对这些基本的哲学理念都不理解，是不能胜任建筑学的教学职责的。

2 哲学的学问高深与学生年轻阅历之间相匹配的问题

学生年纪轻，阅历不足，可能与哲学的高深难以适应，但是这种情况只是在中国这种不发达的国家才出现的，从全球来看这种现象不是典型的，在法国中学生就进行哲学学习，在美国建筑学的教学已经哲学化了，建筑学教师的水平已经达到了很高的境界。中国的传统文化强调伦理道德情感，智慧不占重要地位，强调难得糊涂。

现当今中学教育，普遍是应试教学，强调反复练习，死记硬背，自主探索，自主思考，培养批判的思维严重不足。相应地到了大学阶段，学生的自我探索，自我批判，自我创造能力欠缺，对于实行建筑学教学哲学化的方式可能难以适应，这是一个问题，但解决这个问题采取的方式不应是教师迁就学生，而应该是教师引导学生提高，尽快地适应这种高水平的教学方式。

从学生心理发展规律来看，大学阶段是学生形成世界观、哲学观，塑造世界观的黄金时期，从人的心理发展规律来看建筑学教学哲学化是必要的，也是可行的。

3 建筑的生活世界构造与哲学的形而上学特点之间的矛盾

生活世界是混乱的，非理性的，差异的，非逻辑的，偶然性的与哲学的形而上学的理性的，程序的，普遍的，抽象的，逻辑的，必然性的形成了矛盾。建筑学是研究生活世界的构造的，而哲学形而上学是乌托邦的。生活世界的感情性，偶然性，体验性，差异性，个别性看是反哲学，反形而上学。然而哲学与形而上学不是一回事。传统上的哲学往往是形而上学，具有乌托邦的，抽象的，理性的，普遍的，但现代以来，尤其是后现代哲学是对传统的哲学的形而上学的批判。如：海德格尔的情感哲学，日常生活语言哲学学派，叔本华的生活哲学，巴什拉的诗化哲学，列斐伏尔的日常生活批判，都是反形而上学，反抽象化，反理性，反普遍同一化，反逻辑化。这些哲学都是对生活世界的最本质最彻底最全面的思考和分析，总结出生活世界的规律，学习这些哲学是对建筑生活世界构造最有力的拐杖。

所以我们要消除对哲学形而上学化的偏见，哲学作为一个大全活动，一定是给生活世界最全面的观照，而不能把生活世界和哲学世界对立起来。苏格拉底就指出哲学是对生活世界的反思，不经过哲学思考的生活是不值得过的生活。对生活世界构造的建筑学就是哲学对生活世界的构造，两者都是同一的，并不矛盾。

4 建筑学的目标是全才，哲匠与哲学的大全，哲学化是同一的

自从柏拉蒂奥开创建筑师的培训以来，英国舒特创办第一所建筑院校，几百年以来建筑学教学的目标一直秉承维特努威的教诲，奉行培养建筑师全面的技能和修养，要达到建筑师的全面，就必须培养学生的哲学精神，因为哲学作为一种大全的活动，是最全面的，深入到事物全部，强调事物的整体性，是培养学生全才的最有效的途径，因为全才所以要全责，要具备全面的知识和技能，学生要掌握事物的最高原因需要哲学，要理解建筑的本质需要哲学，学生需要了解事物的规律需要哲学。

路易斯·康作为建筑师的杰出代表，是建筑哲学化的典范。康强调建筑师哲匠化，是哲学精神与工匠精神的有机结合，哲学作为工匠之魂，赋予建筑以精神之光，工匠精神使得哲学之光赋予实际的存在。埃森曼一生致力于建筑的哲学化探索，赋予建筑以抽象，晦涩极具探索性，创造性。英国 AA 建筑学校教学哲学化已是常态，美国的建筑院校普遍把学生塑造成哲匠型的建筑师。世界杰出的建筑师闪耀的是他们的智慧之光，创造之光，探索之光，批判之光，而这一切都是他们的哲学修养修炼出的哲学之光。建筑师最高成就和境界是他们的哲学之思想。

5 教学案例介绍

我可能是国内在硕士研究生阶段教学首开建筑哲学课程，在这门课程教学中系统全面讲授哲学基本原理，介绍建筑哲学状况和内容。在本科生教学中我教授的中国古典园林课程讲授园林哲学中的形式—意境，情感—理性，拯救—逍遥等哲学议题。在讲授建筑师修养这门课程时与学生讨论存在与平凡，存在与时间，建筑师与全权大全，等哲学议题。在教授城市社会学课程中讨论社会本质，社会发展模式，城市社会—空间模式关系，个人—社会，等议题。

在美国佐治亚理工学院建筑学设计课程中；在分析阶段，要求学生分别从主，客观两方面分析场所的空间属性与构成。要求学生根据亚里斯多德提出的四元素说即水、气、火、土以及对应的四种原始属性即冷、湿、热、燥分析场地本身及周边的组成元素，同时根据亚里斯多德提出的四因说即质料因、形式因、动力因、目的因分析场地的形成以及场地本身与周边各种活动之间的因果关系。

6 总结之语

（1）首先建筑学的专职教师要从意识上重视哲学学科在建筑学科中的重要地位和价值，要把哲学的训练和学习作为教师修养提高的重要内容和途径，学术活动要达到哲学这一境界，要理解哲学化是衡量学术水平的最高标准之一这一学术规律。现在许多教师强调建筑学的科学性，然而科学的实证性、实验性、数量化只能探索

局部的小范围的，实在的部分，科学也要依赖于哲学，哲学与科学之间的互动是紧密的，科学的发展离不开哲学的帮助。

（2）要全面掌握哲学，而不能局限于形而上学，不能把哲学和生活对立起来，要很好的把哲学对生活的反思观照融入到建筑学对生活世界的构造活动中，用哲学之光照亮生活世界。通过建筑学教学的哲学化使学生对于生活世界有个全面的透彻本质的把握，能驾驭丰富多彩的差异的个性化的生活世界，以培养全才为目标，塑造生活世界的哲匠。

（3）针对中国学生的特点，需要循序渐进的引导学生进行分析思维，理性思维，逻辑思维，创造思维的训练，鼓励引导学生向高级思维迈进，不能满足于一知半解，要把握好历史、未来和当下，要把握自然、社会、人、自我，要把握好感觉、抽象、理性和想象，要鼓励学生探索事物的整体和全部，用哲学的永无止境的探索精神激励自己深入事物的内部的本质的神秘的核心，以使建筑大厦永立于世界之基。学生的学风与老师的教风是密切相关的，教师的教学风格直接影响了学生

的思维方式。

（4）可能我的建议脱离了中国国内建筑院校建筑学的教学实际情况，但这正是中国建筑学教学的问题所在，所以不能回避这个问题。我虽然是在荒野中孤独的呐喊，希望在中国建筑学教学中能听到一些回声。

参考文献

［1］ 罗素. 西方哲学史. 上海：三联书店，1986. 5.

［2］ 亚里士多德. 物理学. 北京：商务印书馆，2004. 5.

［3］ 柏拉图. 柏拉图对话录. 北京：商务印书馆，2004. 1.

［4］ 冯俊. 后现代主义哲学演讲录. 北京：中国人民大学出版社，2003. 2.

［5］ 丹皮尔. 科学史. 桂林：广西师范大学出版社，2001. 2.

童乔慧　唐莉

武汉大学城市设计学院；Irenetqh@126.com

Tong Qiaohui　Tang Li

The School of Urban Design Wuhan University

自主命题式设计教学模式探索——以二年级"武汉东湖赛艇俱乐部设计"为例

Exploring the Pattern of Architectural Design Education of Independent Proposition/Open-ended，Based on Wuhan East Lake Dragon Boathouse Design of Sophomore

摘　要：文章结合武汉大学城市设计学院二年级"赛艇俱乐部设计"教学过程，从组合式教学、多途径学习、多层级评图和开放作品展四个层面探讨自主命题式教学组织模式特点。并指出完整的教学组织模式、合理的教师队伍、多元交流空间等是保证教学质量的重要因素。

关键词：建筑设计课程；建筑教育；教学模式；建筑与环境；赛艇俱乐部

Abstract：This paper introduces the pattern of the Wuhan East Lake Dragon Boathouse Design course in The School of City Design Wuhan University，meriting its interity，clarity，and manageability. According to the second grade of the School of City Design Wuhan University，this paper introduces the pattern of Wuhan East Lake Dragon Boathouse Design course，meriting its integrity，clarity，and manageability. In a comparative analysis to that in the Architecture design course，it demands more complete teaching organization model，reasonable structure of instructors，multicultural communication spaceto ensure the quality of teaching.

Keywords：Architecture design course；Architectural education；Teaching modej Architectureland environment；Dragon Boathouse Design

1　武汉大学建筑系自主命题教学模式

武汉大学建筑学二年级的设计教学以一年级的基础课程为依托，在"建筑与环境"大主题下，开展自主命题式教学，围绕设计主线，设置了4个专题设计，命题诉求逐步开放，关注的空间和适用人群也更为复杂。旨在让学生从初步认识建筑过渡到掌握建筑设计的基本过程和方法。在二年级上学期以建立认识单一空间建筑方法为主，开展了"快递亭设计"、"大金湾住宅设计"；下学期以引导学生接触逐步复杂的研究对象、场地环境和功能组织，开展了"学生公寓设计"、"赛艇俱乐部设计"。旨在通过逐步放开命题诉求，加强学生自主性学习能力。

在自主命题式设计教学中，学生往往需要对实际问题进行综合分析判断，这有利于提升他们从不同角度看待问题的专业素养；真实开放的设计题目，引导学生以真实的环境空间和自然要素为前提，强化学生的环境意识。避免虚拟题目设计过程中，对图面效果的过分关注。

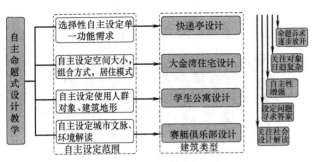

图1 二年级建筑设计基础课程结构

2 "赛艇俱乐部设计"教学过程

"赛艇俱乐部设计"是二年级最后一个的设计课程，与二年级上学期的小环境设计相比，这次设计场地较大，与周边自然环境、人群使用流线的关系更加复杂，对处理场地与环境的关系有更高要求。同时，从龙舟运动着手，关注传统文化，为三年级建筑与文化主题设计做铺垫。

本次设计提供场地两块供学生现场勘探选定具体地址总用地面积（不含水域）约9000m²，建筑面积2900~3200m²，建筑层数1~2层，舟艇库容纳舟艇数量为龙舟6条，赛艇40条，皮划艇20条。需要无障碍设计。各功能区可独自成栋也可根据需要合并。

学生根据题目基本要求，自行编制设计任务书、选择实际设计地段，进行研究式设计构思，并最终通过分析比较得到设计概念和设计方案。在整个设计过程中，教师真正的角色是引导和启发者。旨在提高学生的创造性设计思维能力。

图2 赛艇俱乐部设计进度安排

2.1 组合式教学

传统的"教"由大学教师及教室教学组织，武汉大学建筑系设置了组合式教学模式，在教学中发挥着主导作用。在教师人员上，形成了中外专职教师与职业建筑师合作的教学团队。赛艇俱乐部设计课程小组由3名中方专职教师和3名英方教师组成，教师们负责课程的设置与过程安排。邀请淡江大学的毕光剑老师和英国邓迪大学建筑师Carol Robertson，James Robertson等参与建筑设计的教学过程，让学生认识到不同地域文化背景的建筑师对于特殊人群的理解。这对于刚入门建筑设计的学生来说，中外教师和建筑师的合作教学也可以给学生提供一个更为客观的教育角度。

图3 组合式教学队伍

图4 授课场所

图5 现场调研

在赛艇俱乐部设计教学中，运用"模型教学法"提高学生对空间、环境的设计与表达能力。在赛艇俱乐部设计教学中，模型制作伴随着方案的整个过程。在概念探索期，鼓励通过初期草模推敲体块关系。在中期推敲空间时，建立中期模型。方案最终完成时，制作可拆卸模型，环境模型，地形模型等成果模型表达整个建筑与环境的关系。鼓励通过不同的材料手工制作，加深对空间、结构、节点的理解，并再在此基础上与图纸结合完整表达学生们的设计概念。

2.2 多层级评图

在"赛艇俱乐部设计"中，指导教师通过节点控制，"评图"以多层级的形式展开，重在交流、分享和讨论。包括小组内部讨论、中期跨组评图、期末正式评图三个层级。此时的"评"不再是结果，更是"过程"。多层级评图注重多元化和过程化，旨在拉近"教"和"学"之间的距离，避免传统评价系统的单一性和片面性，激励学生之间的沟通和自主学习能力。

在"赛艇俱乐部设计"中，学生分为三组，每组由一位校内指导教师、一位校外指导教师和10～15个学生构成。在方案前期，开展小组内部讨论，每小组内的师生交流与"一对一"的改图模式不同，学生通过幻灯片等形式自我展示场地调研和案例调研，与小组内的其他师生互相交流。通过自我评述、互评、教师点评等形式讨论、批判每位同学的成果，旨在发现共性问题，鼓励个性发展。结合日常的小组内部讨论，在"赛艇俱乐

部设计"1/2阶段安排三小组跨组的"中期评图"，学生通过方案汇报，在组与组之间形成参照。并邀请其他

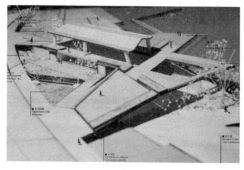

图6 学生手工模型

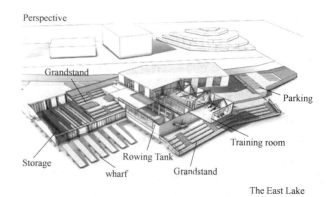

图7 学生电脑模型

辅助课程教师以及院内其他年级教师参与评图，展开全面的教与学的交流途经。在学期末设置统一、正式的年级组"终期评图"，统一时间、地点，有严格的评图人员和答辩环节。在评图人员的构成上，邀请知名建筑师一名为评图主席、本校教师一人、外校教师一人以及本组执导教师一人。评委根据学生所展示的成果，多重视学生的理念、推倒和发展过程，以及最终实现的连贯性，并以此给出评语和分数。

2.3 开放作品展

1971年库柏联盟建筑学院在纽约现代艺术博物馆展出近10年的学生作品，引发了学界广泛的建筑教育思考[4]。在城市设计学院的入口门厅、老子大厅、走廊和天台等空间里，经常会有各种类型的日常展示、图纸、文本、石膏、模型等。有的是结合课程的暂时的作业成果，有的是往届优秀作业等。这种日常展示形成了良好的专业氛围，并对建筑教育有着潜移默化的作用。

在终期评图之后，并不是意味着整个教学活动的结束，所有年级的优秀作业将汇总在老子大厅，只有作品和观众，没有点评，只有深刻印象、思考和启发，这也是教学的一种形式。

3 教学成果探讨

最终的设计成果体现了对环境、空间、形体、文化等不同层面的考虑。有一位同学的方案充分考虑环境因素的影响，根据地形高差变化，有四栋建筑组成，公私分明。通过锯型阶梯将游人引入至湖面，同时点出主题"Stone on"营造出亲水性与开放式的建筑体验。

另一位同学透彻分析俱乐部不同时段的适用人群，将场地按使用特性分为竞赛时段和非竞赛时段，进行事件对比。提出"Face/Off"（变脸）的概念。在通过对主空间活动墙体独具创造意的处理，赋予了一个单体建筑两个不同时空的功能。也有同学关注建筑环境、建筑空间营造，通过建构方式解读建筑营造，充分展示出结构本身的力量与美感。

题目的开放性可以充分发挥学生主观能动性，创造出意料之外而又在情理之中的教学效果。在完成设计后，学生对环境、空间、结构、节点的理解加深，并在此基础上通过图纸、模型较为完整的表达出设计概念。这样，绘图不再只是虚拟的表现形式，而是作为纪录手段忠实地反映了设计过程[5]。

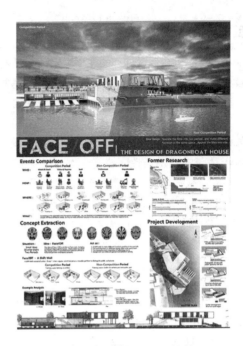

图8 学生作业—Face/Off

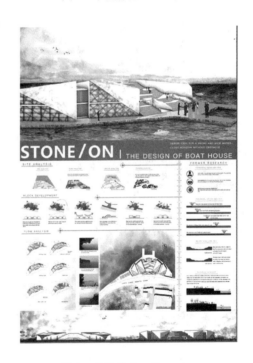

图9 学生作业—Stone/on

图10 学生作业—舟艇俱乐部设计

4 反思与启示

综观"赛艇俱乐部设计"的教学组织，可以发现基于一套完整的"教、学、评、展"的教学组织模式是有效推进教学活动的重要支撑。以整体系统为基础，各个环节要素设计清晰完整。每一节点都具体回答了做什么、如何做的问题。并且结合学习的环境条件和资源，保证各个环节的实施条件，使整个教学过程有"易操作"的特点。根据笔者的观察与分析，发现虽然"以学生为本"的教育理念人人皆知，可是对于国内建筑院校往往偏重局部而非系统，以美术学院为代表的设计教学，侧重"评"、"展"，以工科院校为代表的院校侧重"教"、"学"。而一个系统规范的教学组织模式才是保证课题改革的基础；更加合理的教师队伍是教学质量的保障，通过组合式教学，在理论与实际、学校与社会、国内与国际之间的充分地整合互补；多元的教学空间和场所，是适应设计课程的交流空间所是多途径教学的载体。笔者希望总结武汉大学建筑系的这次开放式自主命题教学模式的探索，为接下来院系改革提供一点参考。

参考文献

［1］ 周川. 简明高等教育学［M］. 南京：河海大学出版社，2002：152.

［2］ 林·范·杜因，包志禹. 以研究为导向的建筑教育［J］. 建筑学报，2008（2）：9-11.

［3］ 丁沃沃. 过渡与转换——对转型期建筑教育知识体系的思考［J］. 建筑学报，2015（5）：1-4.

［4］ Deamer P. Education of an Architect：A Point of View and Education of an Architect：The Irwin S. Chanin School of Architecture of Cooper Union［J］. Journal of Architectural Education，2012，65（2）：135-137.

［5］ 李欣，宋立文. 建筑设计基础中建造环节的分解与整合——以台湾淡江大学和武汉大学为例［J］. 新建筑，2014（2）：116-119.

罗明　石磊　解明镜

中南大学建筑与艺术学院；717257508@qq.com

Luo Ming　Shi Lei　Xie Mingjing

Central South University

基于"项目导入"的产学研合作教学资源共享途径研究

——以中南大学建筑学专业为例 *

Research on Sharing Teaching Resources of Industry University Research Cooperation Based on Project Introduction

——Taking Architecture of Central South University As an Example

摘　要：产学研用合作教学的内涵是整合高校、企业和科研院所的各种教学资源，联合培养高素质技能型人才。本文以中南大学建筑学为例，提出以"项目导入＋任务驱动"为动力的产学研用合作教学资源共享的三个有效途径：第一是人才资源共享；第二是教学资源共享；第三是实践教学基地共享，并已取得一定的成效，可为开展产学研用合作教学提供有益的借鉴，最终达到培养应用型人才的目的。

关键词：项目导入；产学研合作；教学资源共享途径

Abstract：The connotation of cooperative teaching is to integrate various teaching resources in universities, enterprises and research institutes, and to train high-quality skilled personnel. Based on the architecture of Central South University as an example, puts forward three effective ways to "research project and task driven" power sharing with the cooperation of teaching resources：the first is the talent resource sharing is the sharing of teaching resources；second；third is the sharing of practical teaching bases, and has achieved certain results, can provide a useful reference for the development of cooperation teaching, and ultimately achieve the purpose of cultivating applied talents.

Keywords：Project introduction；Industry university research cooperation；Sharing of teaching resources

1　总论

产学研合作是国家发展、社会进步的必然趋势，可整合学校、企业、科研院所各种教学资源，实现优质教育教学资源的共享[1]，打通高校与社会的合作平台，让科研成果能更快速地转化为生产力，并在此过程中能充分调配各种资源因素。建筑学专业的权重则在于培养具有创新意识的应用型人才，这是建筑学教育适应社会发展的关键所在，创新能力的培养更需要实践过程，将理论、方法结合实际需求快速转化为生产力，产学研的合作教育模式较好地打通了从理论到实践的"教学链"，充分调动高校以及社会平台在人才培养上的各项资源

* 资助课题：湖南省教育科学"十二五"规划 2015 年度湖南省教育科学研究基地专项课题、基于 CDIO 理念的城市艺术产学研究实践基地群构建模式研究，XJK015BJD006；2015 年湖南省普通高等学校教学改革研究项目、基于 CDIO 的建筑设计系列课程嵌入式整合教学改革研究，湘教通 [2015] 291 号。

125

优势。

中南大学是教育部直属全国重点大学、国家"211工程"首批重点建设高校、国家"985工程"部省重点共建高水平大学和国家"2011计划"首批牵头高校。其建筑学专业是湖南省内较早创立的建筑学专业之一，拥有一级学科硕士点，土木建筑与规划设计二级学科博士点，2013年入选国家卓越工程师培养计划；自2008年第一次通过全国高等学校建筑学专业本科教育专业评估和研究生教育评估后，在以评促建的过程中不断分析自身的优势和不足，探索基于"项目导入＋任务驱动"的产学研教学资源共享模式，开辟了产学研用合作教学资源共享的三个有效途径，成功申请了国家级实践教学基地，为产学研合作教学模式的完善提供了一些参考和借鉴。

2 产学研用合作教学的内涵

产学研用合作教学指的是产业界与教育界、科研界的结合和融合[2]，充分发挥各方在人才培养方面的优势，把以课堂传授知识为主的传统学校教育与以直接获取实际经验、实践能力为主的生产、科研实践教育相结合，开创培养高素质技能型人才的教育形式[3]。

高等院校实行产学研合作教学，可将高校、企业、科研院所的资源整合优化，充分利用三方的教育教学资源，如经验丰富的科研人员、先进的实验实训条件、充足的科研经费以及真实的工作场景等，以弥补高等院校教学资源不足的缺陷。因此产学研合作教学的内涵可以界定为是一种以市场需求为出发点，利用高等院校、企业和科研院所不同的教学条件和教育资源，把高职院校教学与生产、科研实践紧密结合，实现各种资源的优化整合与共享，实现学生与工作岗位"零距离"对接，培养专业技能过硬和就业竞争力强的高层次人才，最终实现企业和学校的双赢[4]。

3 建筑学专业产学研合作教学资源共享的途径

建筑学专业产学研合作教学资源共享模式以"校企协作、产教融合"为主旨，运用Paradigm创新管理的最新范式与理念，实施协同嵌入式集成主体创新管理流程，以"4×3"的系统方法途径共享资源（图1）。

3.1 人才资源共享

3.1.1 聘请企业专家为兼职教师，建立"双师型"师资队伍

高等院校从行业、企业或科研院所聘请具有丰富实

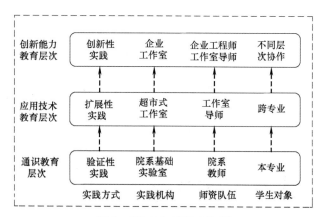

图1 "4×3"系统方法图

践经验的企业专家担任建筑学专业的兼职教师，承担相应的课程教学任务。企业专家可以更好地把握行业未来发展的方向，掌握企业对建筑学专业人才的需求情况。尤其在"建筑设计及原理"等实践型课程中已聘请12位湖南省内设计院知名建筑设计师作为兼职教师，参与了人才培养方案的制定、专题讲座、课程设计、评图联展等工作。参加企业生产实践是提高教师专业技能的重要途径，也是开展校企合作的主要内容之一。并尝试每年选派校内专任教师到校企合作单位参加为期不少于1个月的社会实践活动，学习企业最新的生产技术和先进的用人理念，掌握行业最新的发展动态，并将其融入人才培养方案和课程教学中。

3.1.2 成立产学研用教学指导委员会，建立校企合作的长效机制

中南大学建筑学专业充分利用湖南省建筑设计院和中机国际工程设计研究院有限责任公司的教学资源与实训条件，成立了建筑学专业产学研教学指导委员会，成员主要由学科带头人、系主任、骨干教师、湖南省建筑设计院和中机国际工程设计研究院有限责任公司的专家组成，每年召开1～2次产学研用教学工作指导委员会会议，根据行业动态，调整人才培养方案，确定专业发展方向。同时开展了"项目导入＋任务驱动"合作办学机制与教学管理质量体系的建设，保障人才联合培养模式的顺利实施。依托产学研用工作指导委员会这个平台，校内教师可以参加企业调研及社会实践活动，而企业也需要校内教师到企业帮忙解决一些技术难题，并向学校提出人才培养的要求，这样学校和企业"零距离"对接，能有针对性地培养企业需要的人才。

3.1.3 建立企业的"教师工作站"和校内的"企业专家工作站"

通过校企合作，中南大学建筑与艺术学院在湖南省建筑设计院、中机国际工程设计研究院有限责任公司和

郴州市建筑设计院创建了三个"教师工作站"，同时在学院建立了建筑设计、城乡规划与环境艺术三个"企业专家工作室"。"教师工作站"和"企业专家工作站"共同实施人才培养工作，实现校企人员互聘互兼，共建共享。

3.2　教学资源共享

3.2.1　共享实训室资源

校企合作后，学校、企业、科研院所可以共建、共享先进的实训室和实验仪器设备，共同开展教学、科研、职业技能鉴定和工程项目的开发研究工作。同时依托学院实验中心，建筑学下设4个实验室，包括建筑物理与绿色建筑实验室、建筑材料与构造展示室、模型制作室和建筑CAD室；校级研究中心1个，即建筑与城市研究中心，内设人居环境研究所、建筑设计研究所、建筑历史研究所和城市设计研究所；资料信息中心1个，包括档案室和图书资料室，拥有价值较高的实验仪器设备500余台套，现有实验用房8间，合计606平方米，多项国家级大学生创新创业项目和Workshop都是在这些实训场地完成的。

3.2.2　共享课题资源

企业和科研院所承担的主要是实践型科研课题和项目，高等院校承担的主要是研究型科研课题，高等院校与企业、研究院所联合，共同开展科研工作。专任教师可通过校企合作科研项目参与企业的研发，还可与企业做横向课题或联合申报科研项目，实现课题资源的共享。例如2016年，由社会企业投资出地出项目，建筑学专业近十五名师生共同负责"美村创客"的设计和施工（图2），在当地施工队的辅助下，开展园林设计和建筑改造的科研和教学工作，不仅进行图纸设计，而且利用暑假真正在工地现场实地试验性探索夯土在湖南新旧民居中的更新利用，不仅使学生了解了从图纸到建成的全过程，深刻体会了在问题中研究设计的思维方式，而且得到了出资单位和当地居民的一致好评，达到了学校和企业的双赢。

3.3　实践教学基地共享

企业和科研院所在实践方面都有良好的软硬件设施，这是高等院校提升办学实力不可或缺的外部条件。中南大学建筑学专业依托学校与湖南省建筑设计院共同设立了国家级大学生校外实践教育基地，与中建国际、深圳市建筑科学研究院、深圳市博万建筑设计公司、上海天华建筑设计公司、上海AMO建筑设计事务所等签订了实习创新基地协议，还与通道侗族自治县政府等签

图2　"美村创客"施工现场及建成效果

订了美术实习、古村落测绘实习基地协议。每名学生都有两位指导老师，一位由企业专家担任，为学生在实习过程中遇到的各种技术问题答疑解惑，还有一位校内指导老师，主要负责跟踪学生的实习情况，并进行必要的指导和问题的反馈，搭建起学生和学校沟通的桥梁。

4　建筑学专业产学研合作教学资源共享的成效

4.1　多元化培养学生的创新能力

学校利用更优质的创新实践条件来开展学生的课外科技和创新实践活动，多元化培养学生的创新能力。结合课程组织学生积极参加各类大学生设计竞赛，让学校、企业或科研院所的专家共同担任指导老师，培养学生的实践技能，在每年全国建筑学专指委组织的学生设计竞赛和各级设计竞赛中都保持一定的获奖人数，以此在全国范围内检验本校教学效果，激发了学生的创新能力。

4.2　促进校企双方的共同成长

通过多年来致力于共同建设校外实践教学基地，2015年与中国社会科学院考古研究所等一起成立了"中南大学历史遗产保护研究基地"等多个校企共建创新研究工作室，2016年依托学校与湖南省建筑设计院共同设立了国家级大学生校外实践教育基地，共同开发建设精品资源开放课程，"建筑学本科专业开放式教学体系的研究与实践"教学改革课题获得湖南省高等教育教学成果奖二等奖；通过实践"项目导入＋任务驱动"的教学模式，"基于历史景观叙事空间的南岳邺侯书院

环境保护与展示利用设计"结合"古建筑设计"课程，获得湖南省普通高校师生美术与设计艺术作品评选教师作品一等奖。

4.3 实现教学资源共享的持续性和常态化

通过产学研工作指导委员会这个平台，保障了产学研用教学资源共享工作的常态化和持续性。利用企业和科研院所的项目资金平台，阶段性组织学生参与到项目中，例如从2012年起，古建筑测绘实习就通过与省市考古所、古建筑设计公司的项目合作，利用学生人多力量大的优势，协助政府机关或设计单位进行传统村落或历史街区的测绘阶段，分别参与了湖南汝城古祠堂建筑群、湖南武冈历史街区、湖南庙下村、湖南上甘棠村传统建筑测绘（图3），在学校非常有限的实习经费下开辟了资金渠道，既让学生实现了"行万里路，读万卷

图3 古建筑测绘实习基地

书"的学习模式，走入老村老街中看到更多原态的传统建筑，又解决了企事业单位现场测绘人手紧张的现实问题，得到了合作单位、督导和学生的一致好评，也使这种合作模式不断得到完善，保持了可持续性。

5 结语

综上所述，中南大学建筑学专业通过将"项目导入＋任务驱动"的模式引入到产学研合作教学资源共享中，不仅在寻找人才培养计划与政产学研二者结合的切入点，加大教学改革力度，优化人才培养方案中，还通过校内、校际间协同合作，建立相对平等化的教育资源分配体制上，以及扶持面向产业、市场需求的"原创设计"，充分调动学生主观能动性上，都在做着积极的探索，以期望通过与时俱进的教学体系培养出更符合社会需求的建筑学专业人才。

参考文献

[1] 李燕萍，吴绍棠. 产学研结合培养人才的新模式. 中国科技产业 2010（2）：106-108.

[2] 张燕，张洪斌，鲁晓丽等. 产学研用校企合作协同育人模式探索. 产业与科技论坛，2015（14）：152-153.

[3] 刘晶晶. 大数据时代"产学研"协同创新设计论坛纪要. 装饰，2015（02）：12-13.

[4] 薛菊. 地方高校建筑学专业教育教学改革的探索. 华中建筑，2010（11）：21-23.

孟祥武[1,2]　叶明晖[1]　陈伟东[1]　闫幼锋[1,2]　马珂[1]　周琪[1]
1. 兰州理工大学设计艺术学院
2. 西安建筑科技大学建筑学院；84666097@qq.com
Meng Xiangwu[1,2]　Ye Minghui[1]　Chen Weidong[1]　Yan Youfeng[1,2]　Ma Ke[1]　Zhou Qi[1]
1. Design and Art Academic，Lanzhou University of Technology
2. College of Architecture，Xi'an University of Architecture and Technology

地域文化引领下的建筑学课程体系研究——以兰州理工大学为例 *

Research on the Architectural Teaching Courses System Based on Culture in Lanzhou University of Technology

摘　要：改革开放以来的30余年，国家经济发展可谓突飞猛进，但是却伴随着对传统文化的进一步漠视。然而，在近几年的国家政策导向下，面对国际化的风起云涌，建筑业相关机构逐渐意识到本土建筑文化的重要性。学校作为重要的研究与培养专业人才机构，承担着更大的社会责任。如何针对社会现状，制定合理的课程教学体系显得十分重要。本文结合兰州理工大学建筑学专业应对当前社会现状制定课程教学体系的历程加以阐释，目的是厘清位于西部欠发达地区的建筑学专业的办学模式，不仅向先进的办学理念学习，同时也想得到业内教育专家的帮助。

关键词：文化引领；教学体系；西部；本土文化

Abstract：In the 30 years since reform and opening，the national economic developed so fast，and the result is disregard of native culture further. In recent years，however，under the national policy guidance，in the face of the internationalization of the blustery，construction and other related institutions gradually realize the importance of local architectural culture. School as an important study and cultivate professional talents which bear the greater social responsibility. How to make the teaching system facing society at present is very important. This paper deal with the current social situation in Lanzhou University of Technology architectural design courses system of interpretations，the purpose is to clarify the architectural development mode of a western school which is located in the underdeveloped region，thought other brother institutions for reference.

Keywords：Culture lead；Teaching system；The west；Local culture

1　引言

近几年来，随着国家连续出台对于建筑房地产业的调控政策，以致建设量与过去的十年（2001～2010年）相比要差很多。导致的直接结果是建筑设计院等设计部门裁员严重，招聘新职员减少的现象，而建筑学院校作为下游机构学生就业率随之下降。面对当前的现状，审视以往建筑业发展的历程，学校应该积极应对这种社会现象，也应该从多元的角度来审视。现在虽然社会建设量减少，但是设计更加精细化，并且随着国家文化产业政策的导向，地域文化逐渐复兴。新的

────────────────

*论文获得课题"基于专业评估应对视角下的建筑学专业主干课程体系研究"资助，编号：2016-17。

建筑设计立足点被重新审视，习主席关于摒弃"奇奇怪怪的建筑"的观念不胫而走，为建筑学人给予了重新审视建筑的契机。作为为社会输送建筑设计专门人才的学校机构，根据时间、地区以及学校之间的差异，显现出不同的教学模式。兰州理工大学，作为西部欠发达地区为数不多拥有建筑学专业的院校，2016年通过了建筑学本科（五年制）的教育评估，即便如此，与其他发达地区的兄弟院校还是有一些差距的。这一点，在评估专家入校之际也给出了相应的发展建议，尤其是对于设计课的主干课程体系的研究之上，并且紧抓如何体现西部的地域特色。因此对于整体课程教学体系的厘清则更加重要。采用什么样的培育方式？进行什么样的课程体系建置？最终培养什么样的人才？这些问题都亟待解答。

2 兰州理工大学建筑学专业建置与体系发展

2.1 建筑学专业建置沿革

兰州理工大学位于甘肃省兰州市，是甘肃省人民政府、教育部、国家国防科技工业局联合建设的高等院校。1987年9月，时为甘肃工业大学建筑工程系的建筑设计教研室借鉴清华大学建筑学的办学思路和教学体系，创办了建筑学本科专业，学制4年，成为甘肃省第一个培养建筑学专业本科生的学校。专业成立之初，任课教师毕业于国内多个建筑院校，在这些教师严谨治学的努力下，1987级第一届建筑学专业学生就获得了全国大学生建筑设计竞赛二等奖的优异成绩。1999年，根据建筑学专业教育评估标准，将建筑学专业4年学制改为5年制。2002年7月，成立设计艺术学院建筑系，建筑学专业定位为以学科建设为龙头，将师资队伍建设和教学研究建设作为重点，以设计思维培养和设计表达技能训练为教学核心，强调科学态度与创新精神，突出地域特征，扎根甘肃、辐射西北、面向全国，建成甘肃省内一流的建筑学专业。同年，经国务院学位办批准设立建筑学工程硕士点。2016年5月，建筑学专业

经历近30年的专业建设与发展，通过了全国建筑学专业（五年制）本科的教育评估。

2.2 建筑学专业教学体系发展

建筑学专业成立以来，先后经历了多版的教学体系的改革。其始终以全国高等学校建筑学学科专业指导委员会编制的《高等学校建筑学本科指导性专业规范》为指导，逐步进行深化与完善。从2000年之后，基本形成了3～4年就对培养计划以及教学大纲进行调整与完善的教学改革机制。除了根据学校教务处的相关规定之外，主要是针对课程体系整体建置、课程之间的衔接与支撑进行重点调配。尤其在2013版的教学计划的调整之中，通过对于国际化与区域化的认识，厘清了兰州理工大学位于西部欠发达地区应该将重点放在"地区化"的主旨之上，并在课程设置内容当中主动引入以地域文化为导向的调研与设计任务的学习。[1]例如：2014年与2015年结合古建测绘课程，完成了甘肃省传统村落的遴选、调研以及典型建筑的测绘工作；2016年与甘肃省文物局达成协议，利用"古建测绘"课程对于纳入到文保建筑等级，且无法尽快组织进行测绘的文物建筑点进行系统测绘，为地方贡献力量。这样的定位更加有利于学校服务于地方的方针，并且有利于对地域文化的发掘与传承。

3 建构地域文化引领下的发展模式

3.1 课程体系的设置

对于兰州理工大学而言，整个课程教学体系分为四个部分：通识教育课程、学科基础课程、学科专业课程与创新与创业教育课程（图2）。如何建构地域文化引领下的课程教学体系？这应该是一个宏观到微观的系统定位问题。而对于文化的引入，也是从中国文化（宏观）向陇原地域文化（微观）进行不断的深化过程。主要从以下四个方面进行体现：

（1）在通识教育课程的设置上，应该有一个初步的、宏观的介入过程。针对建筑学专业的特殊人文背景，结合兰州理工大学生源的特殊性（省外：省内为3：7），学生为理科班，人文艺术知识较为缺乏，因此在必修通识教育课程之中增加了"大学语文"以及"写作"等课程，课程的内容经与其负责开课的院系商定为中国传统文学欣赏，其不仅对于中国传统文化的认知方面具有积极的作用，而且对于理科生为基础的建筑学生对于基础读写教育缺失的一种补充。利用学校开展的"红柳大讲堂"积极邀请甘肃著名的文化学者（如敦煌

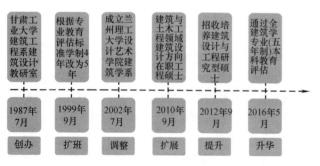

图1 兰州理工大学建筑学专业建置沿革大事记

130

课程类别	课程性质	学分	学时	理论教学		实践教学			实践教学占学分比例(%)	实践教学占学时比例(%)
				学分	学时	学分	学时	学周		
通识教育课程	公共基础必修课	40.0	900	37.0	684	3.0	168	2	7.5	24
	公共选修课	7.0	140	7.0	140	---	---	---	---	---
学科基础课程	学科基础必修课	92.5	1536	40.2	644	52.3	724	7	56.5	58
专业课程	专业必修课	66.5	1544	25.0	400	41.5	352	33	62.4	74
	专业类选修课	16.0	256	13.4	214	2.6	42	---	16.3	16.4
创新与创业教育课程	创新必修课	2.0	40	---		2.0	40		100	100
	创业必修课	1.0	32	1.0	20		12			37.5
	合计	225	4448	123.6	2102	101.4	1338	42	45	52.7

图2　兰州理工大学建筑学专业课程板块组成表

研究院、省市志办等）进行讲学，以便学生对于陇原文化的深入了解。

（2）在专业课程体系的设置上，包括基础课程与专业课程两个大的部分，从纵深方向又可以分为设计主干课程、理论课程、实践课程等若干板块。以设计课主干课程为例，从建筑初步开始到毕业设计都一直关注到地域文化的介入。首先，在建筑初步课程对于陇原文化与建筑的应对关系有专门的介绍，形成一个基本认知的状态；其次，在低年级的建筑设计课程之中的博物馆设计题目之中以"陇原文化"为主体开展文化与建筑实际搭接，对地域文化影响下的建筑设计进行专题分析；再者，在大四年级的课程设计当中结合 REVIT 杯、霍普杯、中联杯等一系列全国大学生建筑设计竞赛展开地域文化与建筑设计的深入交流；最后，在毕业设计课程之中由导师选择西部典型区域进行建筑设计的演绎，其中多半导师都注意引入地域文化对于建筑的限定作用。在理论课程之中，从中国建筑史系列课程内容的设置来看，对于地方传统建筑从参观认知—理论学习—理论提升—典型测绘等进行了系统的训练，[2]尤其在理论课程对于设计课程的支撑之上，效果十分显著。

（3）在大学生创业与创新课程的设置上，虽然只有3个学分的考核，但是还是采用导师制，推选高级职称的教师担纲，形成科研训练Ⅰ～Ⅴ级的教学层级，分别在五个学期开设。要求充分结合甘肃地区的地域特色开展课题式的研究，这种模式类似于硕士研究生的培养方式，对于学生在更深层次的、以文化为导向的建筑设计方面的研究具有十分重要的价值。

（4）在学院的领导下，注重院刊以及微信公众号的建设，近五年的成果显著。"垄上匠人"的院刊办到第五期，公众号也不间断地发布相关建筑学专业教师以及学生的一些学术成果以及专业动态。不仅形成了非常好的学术交流效果，而且对于师生互动学习提供了较好的范式。

3.2　教学特色的凝练

结合甘肃独特的自然与人文环境的地域特征，建筑学经过多年的办学与探索，形成学科的两个基本特色：

（1）多元文化交融的民族建筑研究

甘肃自古以来就是农耕民族和游牧民族交融地区，古代东西方各民族沿着丝绸之路在这里杂居融合，形成了多民族的大家庭。省内广泛分布着汉族、回族、藏族、东乡族、土族、满族、裕固族、保安族、蒙古族、撒拉族、哈萨克族等多个民族。各民族建筑表现出鲜明浓郁的民族风情、宗教文化，具有风格各异的表现形式和深远的建筑内涵。建筑学专业以教授为学术带头人，形成了对于甘南藏族、临夏回族以及河西走廊多民族乡土建筑的专门研究团队，并且长期致力于多元文化的民族建筑研究，探索陇原民族建筑的传承与创新。

（2）丝路文化的建筑遗产

甘肃南北窄东西长，从东南向西北延绵1600余公里。古丝绸之路的东段从长安到玉门关和阳关，其主体在甘肃境内。特别是河西走廊，是丝绸之路的主干道。"丝绸之路三千里，华夏文明八千年"，"丝绸之路"甘肃段历史地位重要，文化遗产十分丰富。建筑学结合设计课程长期围绕丝绸之路遗产，在古建筑保护与再利用、文化遗产保护与振兴、传统聚落保护与发展方面开展教学和科研，积累了系列成果，形成了鲜明学科特色。

4 结语

作为指导教学与发展的课程教学体系，建筑学科应该不断根据社会环境的变化做出应对。而这种应对不仅是针对社会需求的现状，同样应该注意社会发展的预期。因此，对于学科的整体发展更要对构建和谐的人居环境为目标，重点关注生态可持续发展以及多元文化共融等宏观层面；着手于地方适宜性建造技艺体系的发掘以及地域文化传统的传承与发展等微观层面。在针对国内建筑教育本身良莠不齐，不同区域的教学体系由于各自生源与师资的不同，不可能有一种固定的模式供各学校参考。因此，区分各自的地区性特征，挖掘其本土文化最基本的源流，使文化落地、建筑落地、现代与传统共融应该是一个较为适宜的方式方法。不断地将其融入到地方建筑学教育的教学体系之中。只有如此，方可以发挥各地方建筑院校的实际效用，从而在全国形成良好的建筑学教学分区系统。

参考文献

[1] 孟祥武，叶明晖，马珂. 由"地域化与国际化"谈西部欠发达地区建筑学专业的发展问题——以兰州理工大学为例 [c]. 2014 全国建筑教育学术研讨会论文集，2014：75-77.

[2] 孟祥武，叶明晖. 兰州理工大学"中国建筑史"教学系列课程修订研究 [c]. 2013 全国建筑教育学术研讨会论文集，2013：389-391.

黄健文　刘旭红　朱雪梅　何韶颖　吉慧

广东工业大学建筑与城市规划学院建筑系；huangjianwen@gdut.edu.cn

Huang Jianwen　Liu Xuhong　Zhu Xuemei　He Shaoying　Ji Hui

Architecture Department，School of Architecture and Urban Planning，Guangdong University of Technology

共享互动语境下的建筑设计教学信息化平台持续探索 *
The Persisting Study of Architecture Design Teaching Information Platform under the Background of Sharing and Interaction

摘　要：随着大数据时代计算机网络与多媒体技术的发展，传统建筑设计教育与现代网络教育技术的结合不断面临新的挑战，如何将共享互动的教与学需求持续引入到建筑设计教学信息化平台的建设中，对于本科规模较大及校区多且分散的地方院校而言尤为急迫。经过十年的持续探索，我们的平台建设在解决建筑设计教学资源共享互动方面取得了一定进展，包括信息化平台资源积累、可拓展"产学研用"集成平台以及创新性建筑教学成果，对同类院校建筑设计教学有推广意义。

关键词：共享互动；建筑设计教学；信息化平台

Abstract：With the development of computer network and multimedia technology in the era of big data，the combination of traditional architectural design education and modern network education technology is facing new challenges. How will the interactive teaching and learning needs be continuously introduced into the construction of architecture design teaching information platform，especially for the larger scale undergraduate and scattered local colleges in terms of particularly urgent. After ten years of continuous exploration，our platform construction has made some progress in solving the resources sharing and interaction of architectural design，including the accumulation of information platform resources，extendable integration platform for designing，learning，researching and using，and innovative architectural teaching achievements. This platform has the significance for promotion to the same colleges of architectural design teaching.

Keywords：Sharing and interaction；Architecture design teaching；Information platform

1　大数据时代的共享互动语境

建筑学专业建筑设计主干课程的学习信息量巨大且侧重教学紧密互动，在传统建筑设计教育过程中，虽然教师在课堂上及课后耗费大量的时间和精力，却仍然难以全面的展现建筑设计的各种本质特性和问题所在。当今，建筑教育最重要的进步是从风格、类型的教学走向"方法论"式的教学。[1]这种进步既需要我们根据自身情况确立合理的建筑教育发展定位，更需要我们结合新技术创新探索大数据时代的多媒体建筑教育方式。

广东工业大学是广东省省属重点大学，现有五个校区，为省内本科规模最大的高校。建筑学专业每年本科

---

* 基金项目：国家自然科学基金资助，项目批准号：51308130；广东工业大学 2015 年度校级"质量工程"资助项目，项目编号：广工大教字〔2015〕133 号；广东工业大学 2016 年度校级"质量工程"资助项目，项目编号：广工大教字〔2016〕60 号。

生招生数约为 90 人左右，扩招高峰期达到 145 人，专业同时还承担研究生教育和成人继续教育，成人继续教育的规模也是位于全省各大高校之首[2]建筑设计课专任教师长期以来教学任务繁重，还面对学生人数多、教育层次多、学生上课地点分散等情况，往往感觉缺乏与学生交流互动的时间和方式。通过多年持续探索，我们认为借助网络信息化平台提供共享与互动的学习语境，是我们作为地方院校，面对本科规模较大及校区多且分散等自身情况所产生问题的实效解决之道。

2 推动建筑设计教学信息化平台持续探索的共享互动目标

2.1 以广泛共享的优质教学资源全面提升学生学习积极性

作为信息化平台建设对象的"建筑设计教学"，是以本科"建筑设计"（1）～（6）系列课程为主体，协同"建筑设计基础"、"城市设计"、"毕业设计"等专业核心课程所组成的设计类课程群的教学内容。我们尝试以"信息化"系统整合教学技术，形成针对自身大规模本科背景的高效、互动人才培养模式。在低年级借助平台资源强调基础知识获取的信息体验，引入挪威卑尔根建筑学校注重学生主体性的"开放形式（Open Form）"教学方法和理念，以"真实体验和交互"形式进行创新思维训练，注重启发学生悟性。在高年级以加强与地方科研"信息交流"为引导，利用平台资源开展工作室"双向对话"实践教学，让学生在多元思想碰撞的实际锻炼中，充分认识岭南文化精髓和时代需求。另外，结合教学方法和理念导引下的教学成果，信息化平台的各阶段网站不断更新完善，每年学生的优秀作业都上网，为同学们展现自我的风采，呈现设计作品提供了舞台。因此，信息化平台建设展开持续补充的数字化教学网络资源，充分发挥网络资源的多样性和生动性，以此全面提升学生学习主动性和建筑设计创作能力。

2.2 以教学与研究的互动加强理论知识与实践应用融汇

通过将信息化平台的网络资源不断更新，建筑设计专任教师能及时地将建筑学最新的科研成果有效地转化为教学资源，全面拓展课程体系的广度和深度，促使教学资源实现可持续性的动态管理。[3]一方面，借助主干课建筑设计教学资源信息化平台，精心选择与城市建设热点和改善民生等内容，引导学生在碎片化的网络信息海洋中明辨是非、立足理性，树立强调技术理性前提下

的创新设计案例样本，同时亦强调新技术材料应用，注重体现岭南文化和时代特色。另一方面，信息化平台与科研项目相结合，除了让参与研究的教师借此申报各项相关研究课题，还能高效对接学生创新创业训练项目。通过鼓励与指导学生参与完成信息化平台下的不同阶段学习网站制作及相关实践项目，使学生完成的科研课题竞争获得校级、省级和国家级大学生创新创业训练项目资助，为信息化平台的持续研究提供多元化支撑渠道。

2.3 以资源平台充分展现师生风采并促进对外交流互动

通过以信息化平台为引领，"产学研用"相结合，紧紧围绕地方城乡建设需求开展教学活动。初期建立的学习网站内容主要包括课程学习、教学资源、教学案例、设计规范、优秀案例等，逐步经过多年积累完善学生优秀作品、作品点评、作业提交等栏目，并且在教学资源里不断加入模型方案库、动画视频库、虚拟漫游库等三维教学资源，这些资源最大优点就是直观、形象、生动地展示建筑设计的效果，使学生好地推敲设计作品的各层平面、造型设计、空间组合、校园环境等，从而提高学生设计思维和创新能力，很受学生的欢迎，同时学生通过观摩也会动手做自己设计的动画视频，来推敲设计作品。[4]此外，结合对建筑学多元化教育传播对象的学习需求，我们注重完善以网络精品课程为核心的信息化平台教学团队建设，除了建筑设计专任教师的网络课程建设，还将我院历史组、技术组及相关学科教师融入课程教学过程中。不仅聘请校外高级建筑师参与课程建设，还聘请国内外知名学者参与教学环节，将学科前沿知识带到网络精品课程中，充实了教师队伍，通过交流观摩，也逐步提升了团队教师的业务水平。

3 建筑设计教学信息化平台的阶段性建设进展

基于我们从 2005 年 10 月开始的"151 工程"教改试验探索，直至现在已经历了 12 年的深入发展。实践结果表明，建筑设计课程与多媒体优化组合的网络教学，不仅适合本专业信息量大、以图形为主的共享教学需求，而且还适应本院校教育层次多、教学点分散的互动教学需求。现阶段我们对建筑设计教学信息化平台的探索进展主要体现在以下三方面：

3.1 信息化平台资源积累

团队近十年的教改成果，自主开发和陆续开放了以下优质信息化平台资源：

（1）2005 年《建筑设计——校园建筑部分》学习网站：http：//metc. gdut. edu. cn/jzsj

（2）2009 年《校园建筑设计》学习网站：http：//jpkc. gdut. edu. cn/151/xyjz/index. html

（3）2013 年《广东省历史村落保护与利用》校级精品视频公开课网站：http：//jpkc. gdut. edu. cn/2013jpkc/lscl/index. html

（4）2013 年《校园建筑设计》校级精品网络资源共享课网站：http：//jpkc. gdut. edu. cn/2013jpkc/xyjz/

（5）2014 年《建筑设计》广东省精品资源共享课网站：http：//jpkc. gdut. edu. cn/sjjpkc/jzsj/index. html

这些平台资源是针对核心课程体系，特别是其中的建筑设计课程群，持续建设数字化教学网络资源，以不同阶段的 5 个项目所构成的信息化平台，充分发挥网络资源的多样性和生动性，综合营造建筑设计教学的共享互动语境。

3.2 可拓展"产学研用"集成平台

建筑设计教学信息化平台不仅为教学活动提供了多元化的途径，同时也为生产、学习、科学研究、实践运用的系统合作提供了资源集成平台，包括设计原理知识、相关标准规范、优秀工程案例等。学生能吸收大量养分，激发设计灵感；教师能实时调整教学侧重点，达到"教学相长"的效果，有力推进教学科研工作的开展；学院能利用资源平台优势开展建筑科技展台、学术沙龙、专题讲座等活动，与学生及公众互动，研讨和宣传建筑知识。到目前为止，教学团队带领学生已完成"岭南传统民居建筑形态适应性研究"、"韶关地区传统民居测绘及村落形态研究"等相关科研项目，借助网络平台开展 130 多个"古村落历史文化普查和保护规划研究"工作，完成 16 个"岭南新民居设计方案"和《韶关地区新农村住宅设计指导手册和方案图集》的编制工作等。特别是参与韶关仁化石塘古村历史文化保护研究项目，推动石塘古村保护并获得国家级历史文化名村称号。可见，建筑设计教学信息化平台所具有的可拓展特性，使其在应用实践中逐步成为"产学研用"的集成平台。

3.3 创新性建筑教学成果

十多年来教学团队不断尝试把传统的教学方法与现代信息技术结合，创造友好轻松的共享互动学习环境，激发学生的学习热情和创新能力，在长期的探索过程中也陆续得到了若干相关部门的肯定。2008 年获得广东省教育厅、广东省高校现代教育技术"151 工程"优秀项目三等奖,；2012 年获第十六届全国多媒体教育软件大奖赛二等奖，在广东省高等学校优质教学资源作品评选中获得一等奖，并获得了广东省计算机教育软件多媒体课件三等奖；2014 年校级精品视频公开课"广东省历史村落保护与利用"升级为省级精品视频公开课"走进岭南古村落"，为师生及校外同专业人士提供多元高效的学习途径，开放给社会人员浏览，积极扩大受益面；2016 年精品资源共享课-建筑设计获得了第九届校级教学成果奖一等奖。

4 结语

诚然，过度依赖于网络技术的建筑设计教学不利于学生手脑结合的基本思考训练，建筑价值观的熏陶也并非为计算机所适用。但是，利用网络信息平台教学是大数据时代背景下高等教育的重要改革方向，丰富生动的图像、视频资料可以从多方面为学生提供共享互动的学习素材。无论如何，"多媒体建筑教育的实现是一项长期的系统工程"[5]，本文作为一篇对十余年建筑设计教学信息化平台持续探索工作的阶段性回顾和小结，籍此望得到同行与兄弟院校的指正。

参考文献

［1］ 孙一民，肖毅强，王国光 . 关于"建筑设计教学体系"构建的思考 . 城市建筑，2011（03）：32-34.

［2］ 王帮海，李振坤，陈平华等 . 基于分散校区和完全学分制的网络化教务管理系统研究与实现 . 计算机应用研究，2004（05）：123-125＋130.

［3］ 邵宁，周天红 . 利用网络优势，发展建筑教育——ABBS 成立《建筑教育论坛》. 时代建筑，2001（S1）：87-89.

［4］ 刘旭红，孙启杰，周少峰等 . 建筑设计二维与三维教学方式之对比浅析 . 高等建筑教育，2014（06）：86-89.

［5］ 卜菁华，李效军，金方 . 网络时代的多媒体建筑教育 . 高等工程教育研究，1999（03）：86-87.

刘雁[1] 孙锡元[2] 张伟[1] 张建新[1] 马鑫[1]

1. 扬州大学建筑科学与工程学院；liuyan@yzu.edu.cn

2. 江苏沃叶软件有限公司

Liu Yan[1] Sun Xiyuan[2] Zhang Wei[1] Zhang Jianxin[1] Ma Xin[1]

1. College of Civil Engineering, Yangzhou University

2. Jiangsu Wo-easy Software Co., Ltd.

基于"赞学网"的建筑学专业设计院实习管理 *
Management of Practice in Design Institute for Architectural Major Based on Zan-xue.com

摘 要：设计实习既是建筑学专业学生毕业前了解行业、适应社会、检验自身知识水平的重要途径，也是检验教学质量是否达到行业标准的必要环节。传统的建筑学专业实习，学生只能自主联系设计院进行实习，设计院资质和实力参差不齐，而且老师与学生互动少，实习过程管理困难。利用自行研制的基于互联网技术的"赞学网"实习实时分享平台进行建筑学专业设计院实习管理，与传统实习管理相比，具有既能够充分调动学生参与实习的主动性和积极性，有利于教师实时管理和指导，又能够有效提高实习质量和管理效率的特点。基于"赞学网"的建筑学专业设计院实习管理，可成为各院校建筑学专业设计院实习管理新模式。

关键词：赞学网；建筑学；实习平台；新模式

Abstract：Design practice is not only an key important way for architecture majors to understand the profession, adapt to society and test their own knowledge before graduation, but also the necessary link to test whether the teaching quality meets the industry standards. The traditional architectural practice, students can only contact the Design Institute for internship by themselves, the quality and strength of the design institute are uneven. The teacher and students are less interaction owing to the scatter practice places, and the management of practice process is also difficulties. This paper introduces a real time sharing platform called "Zan-xue.com" for the architectural design institute practice, which is based on the Internet technology. Compared with the traditional practice management, the "Zan-xue.com" can mobilize the students' initiative and enthusiasm, and also help teachers to manage and guide the practice in real time, the practice quality as well as results were significantly improved. Using "Zan-xue.com" to manage the architectural design institute practice can become a new mode of practice management.

Keywords：Zan-xue.com; Architecture; Practice platform; New practice management mode

1 引言

建筑学专业设计实习作为本科五年级综合阶段的核心课程，是实现"结合学科发展热点，提高设计课程的交叉性与综合性，建立融合职业素质教育的专业实践课程体系"这一阶段教学目标的主要教学环节，也是学生毕业前了解行业、适应社会、检验自身知识水平的重要途径。但长期以来的封闭教学模式导致校企双方在各个实践教育环节上彼此隔离，专业实习环节的教学质量控

———————————

* 基金项目：2015 年江苏省高等教育教改研究项目 (2015JSJG064)；2015 扬州大学教改课题项目 (YZUJX2015—5A)。

制与管理也一直不尽如人意，严重影响实习效果[1]。为改变原有专业实习普遍存在的实习单位实习质量难以控制等问题，本文对建筑学专业实习中存在的问题及原因进行分析和探讨，提出了利用自行研制的实习实时分享平台——"赞学网"来管理设计院实习的新方法，经过实践，成效显著。

2 建筑学专业设计院实习存在问题分析

受实习单位、指导教师和学生等因素的影响，目前建筑学专业实习逐步呈现"散放羊"的管理局面，出现如下实习状况[2][3]：

2.1 老师学生沟通难。建筑学专业实习期间，一般都是全国各地的甲级建筑设计院，以扬州大学建筑学专业为例，实习地点为上海、深圳、南京、苏州、无锡、常州等发达地区的城市设计院为主，实习地点相对分散，指导老师不可能到各地各院辅导，同时也不能及时掌握学生实习进度和快速知晓学生设计院实习成果，不能及时跟踪教育指导，从而导致管理措施不到位，实习实际效果与人才培养要求存在差距。

2.2 学生成果共享难。传统的实习模式，是学生在实习结束后，完成书面的实习报告，并打印一些实习阶段的设计作品，而更多的实习资料是在学生各自的电脑中，无法在实习时与其他同学交流共享，部分同学会在qq和微信上做一些简单的交流，但没有形成系统化的成果交流共享机制。

2.3 设计吻合教学难。一个完整的建筑设计往往包含：概念生成、功能布置和形体设计、立面设计、细节处理、设计表达等步骤，在设计初期到建造完工的整个过程中往往耗费时日，设计院各部分之间需要相互配合。由于实习教学时间相对固定，实习周期也短，学生能联系到条件特别符合教学内容的设计院的可能性并不太大。许多学生在整个实习期间只能学习了解到某一阶段的局部的设计环节，无法体验和参与到一个完整的建筑设计过程中。

2.4 实习时间管理难。现在学生的独立意识和吃苦耐劳精神都有着不同程度的下降，自我管理意识较差。对实习的重视程度不够，学习目标不明确，实习积极性不高。加上设计院工作节奏快、压力大，经常加班加点，实际设计工作和教学内容存在脱节，导致一些学生的实习兴趣很快淡化。甚至存在一些学生从未去设计院的情况，实习天数也得不到充分保证，老师无法跟踪管理。

2.5 实习成果评价难。尽管实习指导书有具体的实习成果要求，但还是无法进行定量的考核，往往依据学生提交的实习报告和实习成果进行实习成绩评定。这种方式片面强调实习成果，忽视了实习过程，不能正确反映学生的设计院工作状态，且容易造成为追求高分抄袭设计成果，助长弄虚作假现象。同时实习中学校指导老师不能与学生朝夕相处，对实习质量的监管困难，使得实习成绩的评定带有"印象分"的色彩。

因此如何加强设计院实习的全过程管理，对学生实习期间的工作情况进行实时统计，并作为实习成果的主要考核内容，目前的实习管理方法还很难做到这一点。

3 大数据时代实习与管理新模式

互联网技术的发展，世界进入大数据时代，微信作为客户终端得以广泛应用。把微信大数据业务和建筑学专业实践有机结合便成为一种新的尝试。以扬州大学、南京沃叶软件、盐城工学院共同研制的"赞学网"实习实时分享平台为例，通过个人APP手机终端，将每个人的实习情况实时传输到互联网络，通过大数据平台的整合，学生可以实现线上共享、交流和学习，老师也可以通过该平台进行实时指导、评价和评分。"赞学网"既解决了教师远距离不易监督的问题，又给同学的实习生活带来动力，增强师生、同学间的互动，学生现场设计实习日志图文并茂实时分享，支持图片点赞、知识点描述以及评论功能。同时，大数据平台将每个同学的实习内容量化评分，引入竞争排名机制，激发实习和学习原动力。通过网络把每个同学的设计院实习情况上传分享，让学生通过平台去实时了解其他同学的设计体验，交流收获体会，开阔视野，加上教师的实时点评和指导，可以提高实习效果和专业素养。该平台在建筑学专业设计院实习中的应用，解决了以往建筑学专业实习中遇到的上述问题，目前已有数十所高校的不同专业正在应用该平台管理实习[4]。

3.1 电脑与手机同步，方便注册

扫描下载并安装实时分享平台手机客户端，完成实习注册（图1）。注册内容方便指导教师和同学及时了解学生实习工程基本信息。

3.2 手机定位，精确考勤

适用于苹果（IOS系统）和安卓（Android系统）的智能手机，利用登录账号绑定同一部手机和SIM卡，实现手机定位，避免考勤代签现象，确保数据的真实性。根据每日考勤记录自动生成考勤报表，并根据考勤记录的变化实时更新，保证考勤记录的准确真实（图2）。

安卓版　　　　IOS版

图1　实习注册二维码与注册基本信息

图2　平台的定位与考勤

图3　学生上传的设计院实习日记和图片

图4　赞学网的部分专业资源

3.3　日记与实时点评

要求学生每天必须上传实习日记和实习图片（图3），手机上传日志后，电脑实现同步上传，实时与同学分享自己的实习所得，使得同学们能够"网"到更多的知识，对于上传的设计资料，可以实时交流讨论，每个学生都可以提出自己对某一结构和建筑形式的不同方案和意见，每天的实时研讨，激发了学生的实习兴趣，提高了实习质量。

指导老师通过平台，可以随时对日记和上传图片进行点评，并有针对性的进行实习指导。利用实习平台，调动了学生参与实习的主动性、积极性、创造性，有利于培养学生的创新精神与实践能力。

3.4　专业资源，随时学习

建筑设计的规范性是一个优秀建筑设计作品最基本也是最重要的前提和根基。当前，建筑学专业学生进入建筑设计单位，由于对规范的了解不够，无法尽快进入实际设计工作，影响了设计水平的发挥，削弱了设计综合能力的提高，常常到了设计单位还要进行建筑设计规范的学习和培训。平台在"文件柜-公共文件"提供多种类的建筑行业相关知识，包括法律法规、验收规范等大量专业资源（图4），以供学生下载学习，使得学生能够结合工程，多途径掌握课本外的知识资源。

4　建筑学专业实习平台新模式的应用

实习平台的建立，使得高校在校生的实习远离地域限制，增强了实习的自主性、学生的积极性与老师的能动性管理，经过扬州大学和盐城工学院等高校2014、2015年在土木工程、建筑学等专业的试用，指导教师感觉管理学生方便、实时，学生反映通过实习平台，不仅可以每天上传实习日记和图片，而且可以了解其他同学的实习内容和心得体会，同时，可以实时得到老师的指点，感觉实习平台非常实用，对自己的实习生活帮助较大。与传统实习管理方式相比，日记内容更丰富，抄袭现象明显减少，学生在设计院的实习时间有所增加，实习成效有显著进步，依据实习平台的实习成果考核公正透明，有说服力。

5 结语

基于微信模式的"赞学网"实习实时分享平台，这一管理实习新模式将同一专业分散实习的学生"网"到一个平台中，实现了学生实习成果的实时分享和老师的实时跟踪管理，使得学生的实习结果有数据存储，老师的检查批阅有迹可循。实习实时分享平台既方便了学生的实践活动，又提高了实习教育质量。实习平台的应用，将会进一步提高实习质量和实习成效，为大数据时代建筑学专业设计院实习管理探索了新模式，提供了新平台。

参考文献

［1］ 卢峰. 以"卓越"为契机构建高水平建筑学实践教学平台［C］//全国高等教育建筑学学科专业指导委员会. 2012 全国建筑教育学术研讨会论文集. 北京：中国建筑工业出版社，2012：20-24.

［2］ 陈国聪，张济生. 开展工程综合实践培养学生实践能力［J］. 高等工程教育研究，2004（2）：19-22.

［3］ 万柏坤等. Team Work：培养创新能力和团队精神的好形式［J］. 高等工程教育研究，2004（2）：11-14.

［4］ 刘雁等. 大数据时代土木工程专业生产实习及其管理新模式［J］. 高等建筑教育，2016（25）：130-134.

姜利勇　李震　李微

解放军后勤工程学院国防建筑规划与环境工程系；857442423@qq.com

Jiang Liyong　Li Zhen　Li Wei

Department of Defense Architecture Planning and Environmental Engineering，PLA Logistics Engineering University

军队院校建筑学学科硕士研究生教育改革探索
Exploration on the Reform of Postgraduates' Education in Military Academies' Architecture Subject

摘　要：针对军队院校建筑学学科硕士研究生教育不能够完全适应军事设施建设需求的问题，对照国内外建筑学和军队建筑学相关学科的教育及研究进展，比较了军事设施建设需求和建筑学学科内涵，明确了军队院校建筑学学科特色，确定了研究生的培养目标、主要研究方向和课程体系，为该学科的有序、有效发展奠定了基础。

关键词：军队院校建筑学学科；特色；硕士研究生；培养目标；研究方向；课程体系

Abstract：According to the education and research progress of the related disciplines of architecture and military architecture at home and abroad，this paper compares the requirements of military facilities construction and the connotation of architecture，which is not suitable for the construction of military facilities in military academy. It clarifies the distinction of the military academies' architecture，determines the training objectives，the main research direction and the curriculum system of the postgraduates，laid the foundation for the orderly and effective development of the subject.

Keywords：Military academies' architecture；distinction；graduate student；training objective；research direction；curriculum system

军队院校建筑学学科硕士研究生教育为我军基建营房建设领域培养了一批高层次的技术人才，其学科的研究范围涵盖了：咨询和设计前期服务，建筑设计服务，项目合同管理服务和需要建筑师经验的其他一切服务。这一内容涵盖了军事设施建设的各道工序，协调了军事设施建造的各个工种。因此建筑学学科是引领军事设施建设的龙头学科，在应对上述新挑战中担当着重要作用。经统计，近三年军队院校建筑学硕士研究生毕业15人，工作于营房建筑设计单位6人，占40%，工作于营房建设管理单位6人，占40%，工作于教学科研单位3人，占20%。100%从事建筑学本专业工作。由此可见，军事设施建设非常需要优秀的建筑学人才。

但随着时代发展，现有的培养方案在培养目标、课程体系和教学内容中存在的问题逐渐显现。一是培养目标与军事设施建设多样性岗位需求有差距。目前，军队院校建筑学学科硕士研究生的培养目标中较为强调培养研究生从事军事建筑工程规划和设计的能力这一基本素质，满足了军事设施建设的基本需求，但对研究生毕业后可能从事的军事设施建设管理、军事建筑教学科研的能力和素质培养不够，导致有些研究生毕业后难以胜任军事设施建设指挥高层次技术人才的岗位需求。二是课程体系与军事设施建设对研究生创新精神的需求不符。现有军队院校建筑学学科硕士研究生的课程体系缺乏军事建筑研究与设计科学方法论的教学，导致培养的一部分研究生缺乏解决本学科实际技术难题的创新精神与科学方法，难以面对军事设施建设策划、设计、建设管理和教学科研的新问题和特殊问题。三是教学内容不适应时代军事设施建设的发展需求。现有一部分课程教学沿袭地方院校的相关内容，较少涉及时代军事建筑的特点和规律，对可控性强、战场空间广阔、系统对抗突出、作战方式多样化、指挥控制自动化、战争消耗巨大的高技术战争[1]对实战化训练、抢险救灾或实际作战对军事建筑提出的具体要求缺乏关注，导致研究生缺乏相关理论指导和知识积累，难以适应时代军事设施的发展需求。

总之，当前军队院校建筑学学科硕士研究生教育对军事设施建设的发展关注不够，对军事建筑规划、设计、建设和管理各阶段需求的独特性把握不够，对艰苦环境下各军、兵种的建筑功能、形态和空间适应性研究不够，对军事建筑结构、材料、构造与施工方法的探索不够，由此带来军队建筑学学科硕士研究生教育缺乏自身特色。因此，亟需对军事设施建设需求与建筑学学科教育的结合点开展分析，明确军队建筑学学科特色以及硕士研究生的培养目标，构建时代感强且满足军事设施建设需求的课程体系，为解决军队建筑学学科硕士研究生的教育问题提供理论支撑。

1 国内外建筑学及军队相关学科教育的概况与启示

1.1 国内外建筑学学科硕士研究生教育的现状

美国与欧洲的相关院校针对社会时代发展对建筑学教育提出的新需求，较早地开展了建筑学学科硕士研究生的教学研究与改革。已有学者针对英国剑桥大学建筑与艺术系[2-3]、英国伦敦大学学院[4]、美国哈佛大学建筑学院[5]、美国麻省理工学院[6]、德国斯图加特大学建筑及城市规划系[7]等建筑学学科的硕士研究生教育开展研究，指出上述学校均建立起以各自独特而深入的科学研究方向带动教学的基本原则，普遍重视建筑学研究方法、设计方法和新信息技术的教学，开设了大量此类课程[8]，取得了大量成果，具有较强的借鉴意义。

国内先进的建筑学学科教育院校20世纪末已深感危机重重，为此开展了卓有成效的教学改革和研究。早在20世纪90年代，一些学者就开始了中西方建筑教育的比较，指出了我国建筑学硕士研究生教育的不足之处。[9]又有学者结合中国建筑发展现状提出了建筑学硕士研究生培养目标的多样性观点。由于研究生毕业后的就业岗位涵盖了科学研究、建筑设计、城市设计和工程管理等多种类型，单一的教育模式已不能满足实际需求。因此，各高校建筑学学科开始设置学术型硕士和专业型硕士两种培养模式。前者强调对研究生科学研究能力和创造力的培养，后者强调研究生运用现有建筑设计

理论、方法和技术手段解决实际工程问题的能力[10]。另外，一些学者认识到不同高校的建筑学学科教育应结合自身特点，发展出特色鲜明的教学体系。

1.2 美国军校建筑学学科相关课程概述

国外军事教育体系中多设有工程类的专门学校或专业，在被奉为军事工程教育典范的美国西点军校虽没有开设专门的建筑学专业，但其在土木工程专业课程和人文社科选修课程中，设有土地使用规划与管理、土木工程场地设计、艺术史、军事艺术史、世界文化地理、城市地理学等建筑学学科范围内的课程（表1）。其中土地使用规划与管理及场地设计为国内建筑学学科的必修内容，城市地理学为建筑学学科的选修内容，艺术史、军事艺术史和世界文化地理则与建筑学学科的建筑历史课程内容有交叉。这些课程的设置完善了军事工程建设指挥和管理人才的知识构成，为其实际工作提供了有力支撑。

西点军校土木工程和人文社科课程体系中
涉及的相关课程统计表 表1

Civil Engineering Required Courses	土木工程必修课
CE386 Land Use Planning and Management	土地使用规划与管理
CE390 Civil Engineering Site Design	土木工程场地设计
Art, Philosophy, and Literature Courses	艺术、哲学与文学专业课程
EP374 The Arts of War	战争艺术
EP371 Special Topics in Art History	艺术史专题
Military History Courses	军事历史课程
HI:301 History of the Military Art	军事艺术史
HI:302 History of the Military Art	军事艺术史
HI:351 Advanced History Of The Military Art	高级军事艺术史
HI:352 Advanced History Of The Military Art	高级军事艺术史
Human Geography Courses	人文地理学课程
EV365 Geography of Global Cultures	世界文化地理
EV390B Urban Geography	城市地理学
EV482 Military Geography	军事地理学

注：作者根据西点军校官网（www. west-point-academy. com）相关信息绘制.

1.3 启示

建筑学学科硕士研究生教育正呈现多元化的发展趋势，不同国家或地区的建筑学学科植根于当时当地的自然和文化土壤，探索出了多样化的建筑学教育与科研方向。现有对建筑学学科硕士研究生以及西点军校相关教学的研究，尤其是对培养目标多样性的认识、对独特而

深入的科学研究方向的凝练、对以科研带动教学原则的确立以及对建筑学研究和设计方法教学的重视，值得本文重视与借鉴。军队院校建筑学学科必须结合军事设施建设需求，探索与构建军事特色鲜明的学科教育与科研体系。

军队院校的建筑学学科是建筑学学科的重要组成部分，更为军事设施建设事业的发展提供理论基础和人才支撑。军队建筑学学科硕士研究生教育既要关注建筑学学科发展的前沿，更要紧密跟踪当代军事斗争对军事设施建设事业提出的迫切需求，二者缺一不可。但是，由于缺乏全面、深入的研究，缺乏系统的理论指导，军队院校建筑学硕士研究生教学课程体系的整体架构不够完整、各课程教学内容系统性不强、侧重点与军事设施建设需求差距大的问题尤为突出。因此，本文的研究可有效地将建筑学学科教育发展前沿与时代军事设施建设需求有机结合在一起，有效弥补现有研究的不足，为军队建筑学学科硕士研究生的培养工作提供有力支撑。

2 军事设施建设与建筑学学科结合点的探索

2.1 军事设施建设需求与建筑学学科内涵的比较

军事设施指的是军事机构、组织和建筑[11]，其中，军事建筑是军事设施的主要物质载体。军事建筑的建设一般包括了前期策划、规划、设计、施工和维护五个阶段，需要建筑计划、建筑设计、建筑结构、建筑设备（包括水、电、暖、空调）、概预算、项目管理和施工等多个专业的协作，同时又涉及心理学、艺术学和社会学的相关知识运用。所以，军事设施建设需要既熟悉上述各阶段、各专业特点，又具有相应人文社科素养的人才支撑。

建筑学是研究设计和建造建筑物或构筑物的学科。主要内容包括研究建筑理论、设计原理、设计方法、设计手法、工程技术和建筑发展史。具体解决建筑功能、物质技术、建筑艺术和经济等之间的相互关系[11]。建筑学学科对应的建筑工程实践主要为设计阶段的建筑设计工作，并参与前期策划、规划、施工和维护阶段的工作，同时协调结构、水、电、暖、空调等专业工种。建筑设计在一项建筑工程建设过程中具有前瞻性、先导性和统筹性特点。要从无到有将建筑或建筑群的功能与形式设计出来，要考虑建筑技术的可行性和建筑经济的合理性，还要将使用者的社会、文化、审美和心理需求融入其中。因此建筑学专业人才，既具备建筑工程建设的技术能力，又不乏较高的人文社科素养。

比较军事设施建设需求与建筑学学科内涵可见二者

相互吻合。军事设施建设需要建筑学学科的人才支撑，建筑学是军事设施建设的龙头专业。

2.2 军队院校建筑学学科特色的探讨

军队院校的建筑学学科主要为军事设施建设服务，因此其学科的研究对象、侧重点和研究范围特征明显。

军队院校建筑学学科的研究对象为军事建筑。按照我军现行的军事任务，可以将军事建筑分为三大类，一类服务于"守"，即部队驻地营区建筑；另一类服务于"备"，即各类国防工程和重点军事目标工程，如国家各类防御工程、各种发射基地等；第三类服务于"战"，即部队演习训练基地、野战营房等。其中第二、三类与部队战斗力的生成直接相关，功能独特；第一类中有些建筑，如边海防建筑，其特殊的地理位置和环境气候对建筑的选址、设计、建设和维护提出了特殊的要求。这些建筑工程需要军队专门的机构和人员开展科研与实践，应该成为军队建筑学学科研究的重点。另外一些服务于"守"的建筑中，目前有大量的营区位于城市，除了有特殊保密要求的部位外，完全可以实现社会化保障。随着我军现代化、信息化建设进程的不断推进，现有的作战与非作战部队比例、官兵比例、军兵种比例进一步调整，军事建筑必将更加集中于"守"、"备"、"战"三项功能中与部队战斗力生成密切相关的部分。

军队院校建筑学研究的侧重点在于运用适宜的建筑结构、构造、材料和物理技术，实现军事建筑功能的实用性与合理性，并满足官兵生存的基本生理和心理需求。军事建筑以防御功能为主，实用性与坚固性要求高。因此，要求建筑学学科在处理建筑功能与形式这一基本问题时，要遵循由内而外的设计原则，以实用性功能为主，兼顾建筑的形式美，而不是追求新奇和商业化的审美取向。如何提高建筑结构和构造的防护性能，提高建筑室内外空间的利用效益，提高建筑室内外环境的质量等成为军队院校建筑学学科研究的核心内容。

军事建筑为军事斗争服务，不同的战备防御工程、发射基地、演习训练基地和野战营房等适应于不同的战争状态和条件。不同的战略、战术、作战环境和装备对军事建筑提出了不同的要求。建筑学学科必须熟悉各类军事建筑的功能需求，了解现代战争中战略和战术的基本理论、现代战争武器的进攻和杀伤能力、武器装备存放和使用的空间尺度以及野战宿营的不同作战环境。因此，军队院校建筑学学科研究的范围除建筑本体以外，还涵盖了军事学相关内容。

综上，军队院校建筑学学科由于其研究对象——军事建筑的特殊性，带来了研究侧重点——建筑的实用功能的独特性，研究范围——涵盖军事学的跨界性。同时，军队院校建筑学仍隶属于建筑学学科，可以认为是侧重于军事建筑研究的建筑学学科。

3 培养目标、研究方向与课程体系构建

3.1 培养目标

在突出军队院校建筑学学科特色的基础上，本学科硕士研究生的培养目标确定为：

军政素质好，掌握建筑学学科的基础理论和系统的专业知识；能够运用现代建筑设计手段，进行军事建筑工程规划和设计；具有运用科学的研究方法开展军事建筑规划、设计、技术和历史理论研究的能力，具有解决本学科科学技术难题的创新精神；并能适应军队建设和信息化条件下联合作战的需要，具有锻炼成长为高层次后勤管理和技术人才的基本能力和素质。

这一培养目标，强调了学科的研究对象以军事建筑为主，突出了研究生的军事建筑规划设计和科学研究两种能力，涵盖了军事学的需求，注重了人才能力和素质的培养。

3.2 研究方向

结合已有研究特色和成果，本学科形成了四个主要研究方向：

（1）军事建筑设计与理论

研究军事建筑设计的基本理论与设计方法。其内容包括军事建筑的功能布局特点、空间形态组合方式、建筑造型特色及其与营区环境的协调关系。并根据新时期军事斗争准备和作训模式的变化，研究未来军事建筑的功能需求、保障模式与设计方法。探索军事建筑设计的创新方法，开展相关的研究型工程设计。

（2）营区规划与设计

以我军陆、海、空、火箭、战支等军兵种的营区，以及军用港口、军用机场、阵地等国防工程为主要研究对象，研究其规划与设计的理论与方法。以营区规划编制理论与管理为主要研究内容，包括营区的历史沿革、选点、布局、未来发展方向。探索国防工程总体规划的一般规律和技术要求。

（3）营区人居环境

以营区人居环境为主要研究对象，研究人、建筑与环境的相互关系。主要开展军事建筑环境和行为心理、军事建筑节能、军队绿色建筑等理论与技术研究，包括高寒山地、边防海岛等特殊人居环境理论与建筑节能技术，探索营区人居环境与节能设计的创新理论与方法。

（4）军事建筑安全

主要研究军事建筑安全设计理论、防护理论、新型防护建筑构造及技术、复合防护建筑构造及技术等研究。在军事建筑传统防火、防爆等理论技术的基础上，有效提升军事建筑的安全防护能力，重点开展军事建筑伪装的设计与实践、军事建筑电磁防护设计与建造、军事建筑新概念武器防护安全技术。

3.3 主要课程

本学科初步构建了既突出军事建筑建设需求，又紧跟建筑学时代发展前沿的课程体系。其中，专业基础课模块中的"军事建筑史"，专业课模块中的"军事建筑设计"、"营区规划理论与实践"、"军事建筑工程技术"、"军事建筑伪装与防护"和选修课模块中的"军事建筑安全"、"国防工程规划"突出了军事建筑建设需求，而其他课程则从建筑学的理论、研究方法和工具以及建筑学当前面临的重点问题等方面跟踪学科前沿（表2）。

主要课程简表　　　　　表 2

专业基础课	专业课	选修课
军事建筑史	军事建筑设计	建筑学研究方法
现代建筑理论	营区规划理论与实践	环境心理学
数字化建筑设计概论	军事建筑工程技术	绿色建筑
建筑文化论	军事建筑伪装与防护	地域性建筑
	学科前沿讲座	建筑批评
		军事建筑安全
		国防工程规划
		工程伪装与实验

4 结语

通过对军队院校建筑学学科硕士研究生教育现状的分析可见其在培养目标、课程体系和教学内容上存在着不能够完全适应军事设施建设需求的问题。对照国内外建筑学和军队建筑学相关学科的教育及研究进展，发现建筑学学科教育多结合不同国家、地区的自然和文化特点，发展出各自鲜明的特色；军队建筑学学科相关教育则以实际需求为导向，涵盖了建筑学的前沿与基础。比较军事设施建设需求和建筑学学科内涵可知，建筑学是军事设施建设的龙头专业。基于此，文章明确了军队院校建筑学以军事建筑为研究对象，以建筑的实用功能为

侧重点，研究范围以建筑学为主并涉及军事学的学科特色。确定了突出研究生的军事建筑规划设计和科学研究两种能力，满足军事学的需求，注重人才能力和素质提高的培养目标。形成了军事建筑设计与理论、营区规划与设计、营区人居环境和军事建筑安全四个主要研究方向。初步构建了既突出军事建筑建设需求，又密切跟踪建筑学学科前沿的课程体系。文章的研究基本明确了军队院校建筑学学科硕士研究生教育的发展方向与重点，为本学科的有序、有效发展奠定了基础。随着军队院校教学进一步贴近实战，建筑学学科教育的基础性和针对性也将得到进一步加强。

致谢：本文写作中得到苟平教授、胡望社教授、康青教授、郭新教授、张健副教授的指导和帮助。

参考文献

[1] 郭梅初主编. 高技术局部战争论 [M]. 北京：军事科学出版社，2003.

[2] The Faculty of Architecture and History of Art. (EB/OL)，University of Cambridge，[2016-5-6]. http：/www. aha. cam. ac. uk.

[3] 郑红彬. 剑桥大学建筑学研究生培养模式一瞥 [J]. 中国建筑教育，2014，7：27-30.

[4] The Bartlett School of Architecture (EB/OL)，University College London，[2016-5-6]. http：/www. bartlett，ucl. ac. uk/architecture.

[5] Architecture, landscape Architecture, and Urban Planning (EB/OL)，Harvard University，The Graduate School of Art and Sciences，[2016-5-6]. http：/ www. gsas. havard. edu/programs _ of _ study/architecture _ landscape _ architecture _ and _ urban _ planning. phpc. uk/architecture.

[6] MIT School of Architecture＋Planning (EB/OL)，Massachusetts Institute of Technology，[2016-5-6]. http：/sap. mit. edu/sap-divisions/architecture.

[7] Architektur&Stadtplanung (EB/OL)，Universit? t Stuttgart，[2016-5-6]. http：/www. architektur. uni-stuttgart. de/home/.

[8] 谭刚毅，李保峰，李晓峰. 课程学习向独立研究的转化——建筑学研究生教育的探索与思考 [J]，新建筑，2007 (06)：33-37.

[9] 吴硕贤. 应对建筑系研究生进行科学研究方法的教育 [J]，建筑学报，1999 (01)：40-42.

[10] 宋昆，赵建波. 关于建筑学硕士专业学位研究生培养方案的教学研究——以天津大学建筑学院为例 [J]，中国建筑教育，2014，7：5-11.

[11] 夏征农，陈至立. 辞海 [M]，上海辞书出版社，2010，4.

王红

浙江工业大学；104756018@qq.com

Wang Hong

Zhejiang University of Technology

我诉我行

——以学生为主体的短学期设计教学探索

Student-leaded Teaching in Architectural Design Course

——A Student-Leaded Summer-Program-Course

摘　要：基于传统的建筑设计教学不利于开发学生的主动性与创造性，结合浙江工业大学"以学生为主体的短学期设计教学探索"，从教学探索思路、教学实践过程、改革效果等方面，论述了围绕四项目标、创新四种手段、培养五种能力的，以学生为主体、讨论式参与式、研究与设计结合的教学改革思路和教学方法，最后对本教改活动进行了总结与反思。

关键词：教学探索；学生主导；互动研讨；建筑设计课

Abstract：Traditional lecture-project based curriculum (LPBC) has been widely tested and applied. Previous experience showed that it is not suitable for inspiring and motivating students' creation. This paper discussed a curriculum that is particularly designed for "student-leaded summer program courses" at Zhejiang University of Technology：how this new curriculum reformed drawbacks in LPBC；the teaching method of this curriculum；as well as the discussion of an experimental summer program using this curriculum. The discussion of curriculum expand as illumination of curriculum goals，ways to synthesize innovative teaching methods，expected education outcomes.

Keywords：Teaching exploration；Student-leaded Teaching；Interactive Study；Architectural design course

联合国教科文组织国际教育发展委员会在一份报告中指出"教师的职责现在已经越来越少地传递知识，而是越来越多地激励思考，除了他的正式职能以外，他将越来越成为一位顾问，一位交换意见的参加者，一位帮助发现矛盾论点而不是拿出现成真理的人。他必须集中更多的时间和精力去从事那些有效果的和有创造性的互动：互相影响、讨论、激励、了解、鼓舞。"

"让学生成为设计课的主体，使设计课生动有趣"，改革的想法酝酿已久。我们选择短学期设计进行了一次以学生为主体的设计课程教学尝试，一是因为学生已经历了三年的专业理论和实程教学，具备一定的专业技能和理论知识储备，有条件开展较为综合的专业训练活动；二是因为短学期设计周期短，课程选题和教学方式设定相对自由，有利于开展实验性教学。

1　教学探索思路

《教育规划纲要》倡导启发式、探究式、讨论式、参与式教学，帮助学生学会学习，激发学生的好奇心，培养学生的兴趣爱好，营造独立思考、自由探索、勇于创新的良好环境。本次教学探索正是基于上述精神，

"围绕四项目标、创新四种手段、培养五种能力"。

1.1 四项目标：

①"全民参与"，②以学生为主导，③卓越工程师素质培养，④提高课堂趣味性。其中"全民参与"指教学探索要求每个学生100%参与"诉、评、判"环节；"以学生为主导"一指采用互动研讨的教学模式，学生是教育过程中的主体，二指把部分设计优劣的评判权交给学生；"卓越工程师素质培养"除了常规的设计能力培养外，还包括与人交流的能力、合作协调能力及领导能力、设计评判及决断能力等；"提高课堂趣味性"包括有趣的课题、有趣的教学组织和有趣的激励措施。

1.2 四种教学手段：

①小组合作研讨设计；②讨论式、参与式教学；③设计与研究结合；④学生自主。

1.3 五种能力：

(1) 合作的能力：尝试二人小组合作完成，各取所长，发挥优秀学生的传帮带作用。

(2) 理论与实践结合的能力：自选研究方向，将研究与设计相结合。

(3) 因地制宜的设计能力：充分利用基地环境，结合地形、利用资源，创造富有特色的设计作品。

(4) 与人沟通和交流的能力：结合研讨开展多次自我推销能力训练、点评训练，鼓励争辩与交流，在互动研讨中提高沟通和交流能力。

(5) 设计评判的能力：同学对呈现方案进行快速点评，发现问题、提出质疑，给予调整建议，最后评分。

2 教学探索实践

本课程为新疆某会所设计，教学实践过程包括前期准备、中期实施和后期总结三个阶段：

2.1 前期准备：

预先精心设计了一套教师启发引导下，学生围绕学习目标主动学习，发现问题、提出问题、通过生生之间、师生之间相互交流、共同探讨、展示结果的教学程序，教学计划的安排精确细致，让学生做好快节奏研究和设计的心理和实质性准备工作。在正式开展设计研讨前预先"打好底稿"。

2.2 中期实施：

课程设计共十天，我们通过小组合作、集体讨论、

教师引导等形式提高学生的设计能力，使学生的知识结构发生更大的飞跃。同时，教学设定也注意活跃课堂氛围提高教学趣味性。教学过程主要环节如下；

分组：按照设计能力强弱组合的原则同学们自由组合，老师个别调整。鼓励小组同学取长补短、发挥各自优势和个性特点，在最后成果中列表明确每位同学的工作内容，作为老师评分的依据。为鼓励同学之间合作学习，能引领设计并充分发挥合作组员作用的学生将在最后的成绩评定中酌情加分。

研究与设计结合：本设计要求同学们先进行文献调研及案例调研，在归纳相关设计手法的基础上选择自己的设计方向——基于问题的会所设计。这里的问题是设计的基础，如：基于人的体验、感受和需求的会所设计，基于剖面与空间趣味的会所设计，基于绿色节能、基于光的利用、基于传统、基于地形与环境等等，在开展设计的同时需要做理论总结或手法关联的文字记录，最后在设计成果中（文本前面部分）附小型的设计理论研究成果。

讨论式、参与式教学：本课程的教学研讨环节尝试老师不上讲台，将课堂的主动权交给学生，教学过程要求100%同学均发言或点评。讨论的方式多元化，可以是小组讨论、大组围合讨论和学生上台介绍方案思路、展示设计成果台下同学随意点评讨论。点评可以提问和质疑，可以分析每个方案的优缺点，可以横向比较，也可以提出可借鉴的理论和案例、提出修改建议等，主讲学生可以接纳或反驳，其他同学随时发表意见，老师适时启发和引导。通过师生、生生之间的积极互动，相互启发活跃课堂教学气氛，改善教学方法，这种思想的碰撞和多元高效的信息获取方式，有利于取长补短、激发灵感，培养出具有创新精神和实践能力的创造型人才。

提高课堂趣味性：为避免学生只听不说带来课堂气氛沉闷，授课计划中我们设定了课堂发言计分和学生打分准确性记分的环节，最后，对积极发言和点评效果好的"说霸"给予赢书奖励，以增加教学活动的趣味性。

高强高效设计训练：本课程需在十天内完成全部任务，为此，效率和决断力显得非常重要。教学过程分解为五个阶段：D1～D2调研阶段，D3～D4方案一草，D5方案二草，D6～D8方案三草，D9～D10作图及文本编排阶段。同学们确定研究方向后一般不允许调整，方案构思在汲取多方意见后允许调整一次。一草提供总图构思、平面布局和初步体块的草图，其方案研讨方式为围合式讨论；二草设计周期定为一天，允许同学根据方

案研讨中同学老师的建议迅速做出调整（讨论后需确定设计方向，本组同学抓紧细化），第二次研讨需准备反映方案总图、平面和造型整体构思的设计图纸，可以电脑绘制和建模，也可以是手绘图。二草方案研讨方式为上台汇报台下点评。同学根据意见建议调整平立面剖和建筑造型，完成的成果含方案设计完整的电子文件和与之相吻合的研究成果，然后进行三草研讨。最后阶段完成研究成果和设计正图-制图、渲染、后期和文本制作，限期为两天。

2.3 成果评定：

本课程评分尝试让大家成为"老师"。最终成绩指导老师评定和学生评定各占50%，老师的50%根据最后方案文本和组内同学完成的工作量结合平时课上表现打分，学生的50%要求每位同学对除本组之外同学打分，除主要的调研成果评定、三次集中研讨的方案打分、介绍效果打分外，还包含学生对同学点评打分和最后统计的打分准确度得分。

3 改革效果

短短十天头脑风暴式的'学生自主型教学'探索，我们收获了一份满意的答卷（图1～图3）。

3.1 自拟任务书的设定极大的激发了学生的创作热情，带给学生很大的发挥余地，设计成果丰富多彩，百花齐放。

3.2 教学效果明显好于以往：本次教改尝试一反短学期到课最差的常态，学生到课率是100%。课上每个学生都有介绍、点评和打分的任务在身，环环相扣，不得分心。最重要的是讨论式参与式教学带来明显效果：一是激发了学生的思维活动，为学生提供了广阔的发表独立见解的思维空间；二是培养学生学会质疑和接纳，在认同、排斥、碰撞、吸纳过程激活创新意识；三是形成全面系统的知识结构，讨论集思广益、开阔视野、形成新思路；四是学生之间共享成果，使知识结构更加丰满完善。

3.3 促进学生形成合作意识：小组合作设计和讨论式教学，促进学生之间情感和知识的双向交流，有助于形成团队精神，为接轨社会打好基础。

3.4 设计成果理论与实践结合、工作量大、完成度高：本课程研究与设计结合，十天完成了平时近8周的工作量，最后的设计成果完整，研究面广，建筑形态丰富多彩，出图质量高。同学的研究内容和设计特点详下表：

组别	研究方向	设计特点
G1	新疆传统民居—生土建筑	融合了新疆生土建筑形态的现代建筑
G2	地域主义下的建筑设计理论	引入江南园林建筑风格同时使之适合当地气候
G3	基于剖面解析的山地建筑设计	依山就势的一组现代方盒子的集合
G4	基于节能与剖面解析的新疆会所设计	S形平面让许多房子彼此交谈
G5	基于建筑与山、建筑与树关系的建筑设计	现代坡顶线状体，参考倒下的树创建由一分为三的"分支"结构建筑
G6	融于环境的消隐建筑设计	将建筑化整为零，为保留树木而生成的院子大大小小分布在建筑群中
G7	基于事件行为和场所精神的会所设计	一组盒子建筑顺应人的行为路线散布在树林中，多向盒子围合成大小庭院，创造出很好的建筑空间及对景关系
G8	基于剖面和空间趣味的小型会所设计	舒展的现代建筑依山而建，利用山坡创造丰富的建筑内部空间
G9	基于气候导向的会所设计	自由曲折的建筑呼应等高线，呈退台状半嵌入山体间，体现节能优势
G10	基于地形与环境的设计	在林中选择圆形平面寻求柔和的边界关系，希望在此体验到和自然亲密接触的愉悦

图1 教学讨论

图2 研究成果

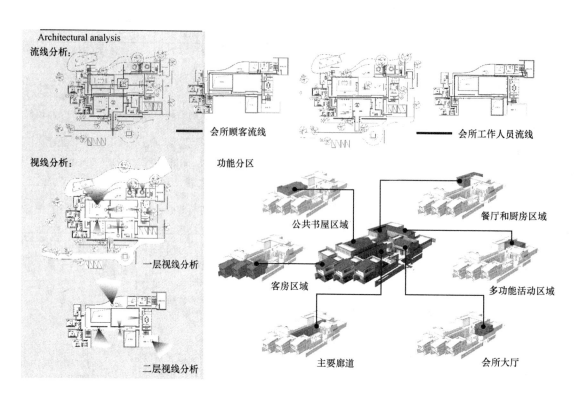

图3 设计成果

4 总结与反思

课程结束后我们进行了短学期课程教学问卷调查，调查结果显示：100%同学们认可或喜欢本次短学期建筑设计教学方式，多数同学喜欢本教学设定中"讨论式教学获更多建议"和"小组合作设计"，不喜欢本教学的"给同学打分"；对小组合作设计的体会中，选择"能够和同学友好合作共同进步"占80%；对于研究与设计相结合，65%同学选择"好，通过研究与设计结合的训练，对设计有所领悟"；对讨论式教学的体会中，认可最多的是"同学间有充分的交流和从同学老师的意见中得到设计启发"。值得注意的是，在问及同学给同学打分时，仅30%同学选择"好，增强了主人翁意识"，有60%同学选择"不好，同学打分容易不公平"，同时多数学生认为同学打分的权重降为占总分的30%合适。

多数同学认为，本次"以学生为主体的短学期设计教学实践"与之前的设计课相比收获大，效率高。而从学生的到课情况和课堂活跃度、最后富有创意和具有一定思考深度的设计成果来看，倡导以学生为主体、采用"互动研讨"的教学模式，引导学生通过主动的学习与表达进行交流，在积极探讨中激荡出火花，从而丰富自己的知识、提高自身的能力，有利于开发学生的主动性与创造性思维。

不宜之处：大多数学生对本教学过程所赋予的"自行裁量权"接受度不是很高，学生或许还是希望老师多些给予，但公平公正依然是学生非常看中的。

随着建筑学教学改革的深入，教学内容推陈出新，教学方式的更新就显得越发重要。设计课程的教学没有一个标准答案，需要多种方式并存。学生自主的研讨型教学只是建筑设计教学改革的方法之一，通过短学期的课程探索，希望能对建筑设计教学有所启发，从而推动建筑学专业教学改革的顺利进行。

参考文献

[1] 莫天伟. 卢永毅. 由"Tectonic 在同济"引起的-关于建筑教学内容与教学方法、甚至建筑和建筑学本体的讨论. 时代建筑，2001（增刊）：74-79.

[2] 柳世玉. 大学讨论式教学—管理的维度，哈尔滨师范大学. 硕士学位论文，2011. 6.

[3] 孙彦波. 讨论式教学法在大学课堂教学中的应用研究. 华中科技大学，硕士学位论文，2008. 6.

董峻岩[1,2,3,4]　辛立森[1]，焦惠毅[1]　秦迪[1]　王丽颖[1]　马传鹏[1]　谭悦彤[1]

1. 长春工程学院，建筑与设计学院；jj_djy@ccit.edu.cn

2. 重庆大学，建筑城规学院

3. 哈尔滨工业大学，建筑学院

4. 泰国曼谷吞武里大学，亚洲国际艺术学院

Dong Junyan[1,2,3,4]　Xin Lisen[1]　Jiao Huiyi[1]　Qin Di[1]　Wang Liying[1]　Ma Chuanpeng[1]　Tan Yuetong[1]

1. School of Architecture and Design，Changchun Institute of Technology

2. Faculty of Architecture and Urban Planning，Chongqing University

3. School of Architecture，Harbin Institute of Technology

4. International Asia Art Academy，Banggkok Thonburi University

长春工程学院建筑学专业工作坊教学模式实践之道 *

The Workshop-style Architectural Teaching method in CCIT

摘　要：本文介绍的是长春工程学院针对建筑行业变革、互联网思维下成长的学生、多元化的社会背景等方面制定的新型建筑学教学模式的具体操作情况。工作坊模式从建筑学基础的训练模式做出改变，尝试用实际的材料来建造建筑以补足表现主义较重的美术教育所带来的建筑向艺术的偏倚，以及用虚拟现实设备加强学生对于建筑空间的感知力。在此基础上，采取优化个案类型、以赛代练、与设计院对接进行实际项目操作等方式加强建筑素养。同时积极开展对于参数化及 BIM 软件的培训，从多方面提升学生技术水平。通过开展交叉学科讲座、长春建筑历史及热点建筑问题等的沙龙讨论会、建造节、穿戴设备以及建筑周边产品竞赛等方面激发同学的建筑思维。

关键词：工作坊模式；建筑教育；建筑设计

Abstract：This paper describes the Changchun Institute of Technology for the construction industry changes，the growth of Internet thinking students，a wide range of social background and other aspects of the development of new architectural teaching mode of specific operation. The workshop model changes from architectural-based training patterns，attempts to build buildings with practical materials to complement the art of architecture-oriented art education，and the use of virtual reality equipment to strengthen students' Space perception. On this basis，to optimize the type of case to match，docking with the design of the actual project operation，etc. to strengthen the building literacy. At the same time actively carry out the training for the parameters and BIM software，from various aspects to enhance the technical level of students. In addition，we will stimulate students' architectural thinking through the development of cross-disciplinary lectures，Changchun architectural history and hot construction issues such as salon seminars，construction sections，wearing equipment and building peripheral products competitions.

Keywords：The Workshop-style；Architecture education；Architectural design

＊论文基金支持项目：1. 吉林省教育科学"十三五"规划重点课题项目"建筑类专业工作坊教学培养模式的研究与实践"（ZD17080）；2. 吉林省高等教育学会高教科研课题重点项目（JGJX2017C59）；3. 中华人民共和国住房和城乡建设部项目（2016R2005）；4. 吉林省哲学社会科学规划基金项目（2017BS31）；5. 吉林省大学生创新创业训练计划项目（20171143757）；6. 长春工程学院青年基金项目（320140006）。

1 由二维到多维的新型建筑学基础训练模式

传统的建筑学教学普遍是以西方绘画美术作为建筑学教育的基础训练，对于学生而言，"比例"与"构图"这两大原则，很大程度上提升他们的审美能力，这也使得同学可以尽快地入门建筑设计。但建筑是众多因素构成的，并不完全是若干简单的二维构图拼接而成的物体。其能传达给人的信息是全面的，并且当人游历于建筑之中时，由于线性时间因素的作用，人们感知的建筑是超越三维的空间维度。仅提升同学对二维的平面的感知是不客观的，立体构成等训练也是艺术性凌驾于建筑性之上，大有本末倒置之势[1]。

1.1 真实的建造体验

（1）实际操作建造小型围合空间

为弥补学生受纯粹的线条艺术构图影响而缺失对于切实的建筑元素的感知，依托工作坊灵活的管理方式，我们将学生按自我意愿分组，每组3～5人不等，进行实际的小型围合空间建造活动。为保证建造活动的安全性，我们以过往的经验来看，采用木质材料相比于其他材料而言性能更为可靠，操作性更强，空间塑造力以及表现力都较佳[2]。

工作坊所开展的围合空间建造活动不局限于具体形式的建筑房屋，其是建造内容是广泛意义上的，其包括有：公园小型休息空间、儿童游乐场所、城市公交站、胡同便利服务等空间。具体的空间功能形式确定，我们会让同学预先进行城市调研，发现问题的基础上，进行探讨、论证、筛选，得出有价值的点，于此给予相应的解决方案（图1）。

图1 定期进行分组研讨

从前期的方案概念到最终的落实，从细小的细部构件到空间的整体布局，同学们突破的是从二维图纸到三维效果之间的真空区，认识到二者之间的联系性和差异性。

（2）对建筑局部构件或精彩空间部分进行适当比例尺度的模型搭建

在传统的课堂教学中，学生拿着图纸和电脑模型与老师交流想法，这种完全靠思维来构造的空间想象不够严谨，并且由于人的差异性，其真实程度有待推敲。工作坊通过让同学通过自选材料，实际构建自己方案的出彩点，来一定程度上避免这一类问题。在以往的教学实践中，中庭、楼梯、门窗、墙壁、挑台等是被经常表现的部分。于此，同学们可直观的看出各自方案的优劣，并且可以交流、沟通、总结经验[3]。

1.2 切身感受材料

（1）运用仪器进行各项材料试验，了解性能

材料是构成建筑的重要元素，不同的建筑材料能直观的呈现建筑的轮廓、类型甚至感受。但朴素的将钟爱的建筑材料应用于理想化的建筑中是不客观的，这种摒弃材料性能的做法其内部的逻辑关系是混沌的[4]。

工作坊突破性的将对建筑材料的研究纳入实践性教学，在工作坊内设置专项的实验室，坊内学生进行材料的拉伸、扭转、耐火极限等性能的实验。在了解材料的物理性能的基础上，依据材料开展专项的课题，同学自愿选择感兴趣的材料加入相关组别。各组分别从现有优秀建筑案例出发，依据网络或图书资源查找案例，仔细研究材料与建筑的连接细部构造，并分析其利弊（图2）。

图2 材料研究及构件制作

（2）利用具体材料（木、混凝土、竹子等），分组进行小型建筑模型制作

为避免学生止于对建筑材料的浅层了解，同时也作为对建筑材料研究的检验，工作坊要求同学们在前期研究的基础上，继续开展用相关建筑材料搭建小型建筑模型。配合PPT、手绘、计算机建模等相关辅助手段，以汇报的形式呈现研究成果（图3）。

图3 小型建筑模型成果展示

1.3 引入VR眼镜，运用虚拟现实技术，体验三维建筑空间

VR技术的即时性以及三维代入感于建筑而言是一种突破性的体验，其跳脱巨大的建造成本，直接呈现给民众趋近于真实的空间感受。从微观建筑行业教学角度来讲，虚拟现实技术能提供建筑物足够的细节和趋于真实的立体感，其更直观地支撑设计者的表达意图，同学们可以享受自己以及他人的作品。工作坊引入此种教学方法的原因远不仅此，从宏观的建筑行业来讲，BIM+VR的技术理念是一种颠覆，最浅显的是其会缩减巨大的成本、节约建筑资源、精细准确以及预见施工问题等等。万科、华润等行业龙头，更是将虚拟现实技术应用于房产销售上。

2 优化建筑个案模拟实践模式以及建筑素养的提升新手段

在建筑类型和建设构造更新速度极快的情况下，建筑学教育的个案模拟方法的弊端渐显。学院所传授的知识无法转化甚至落后于成社会实践是部分建筑学教育的尴尬境遇[5]。

2.1 建筑设计手法的优化

在以往的教学中，学生通过任务书被动的接受设计任务，这在一定程度上影响主观能动性的发挥。任务书所要求的空间形式和功能，也先入为主的限制了学生们思维的发散。工作坊拟依托长春丰富的历史文化资源和这座城市所面对的一系列社会、文化、经济问题。让同学们从对身边生活城市的实际感知出发，试图从建筑角度给出解决方法。即老师和同学提出具有针对性的课题，来代替欠缺灵活性的任务书。

对应这种设计类型，我们将张永和老师所提倡的调查、分析、实验的研究方法代入设计，启发同学在朴素的空想之外添加更多的理性分析，做真实的建筑设计。

2.2 成立竞赛小组，以赛代练。开阔建筑思路，提升建筑理论

为提升同学对于建筑的抽象能力，了解先进的设计理念。工作坊采取将高低年级同学搭配成组的做法，积极鼓励同学参加各项建筑竞赛。同时，在竞赛的前期调研准备阶段，穿插有竞赛的交流会以及对于相关竞赛作品软件技术、设计理念、图纸表现等方面的解读讲座（图4）。工作坊制度原则上要求高年级帮助低年级，形成有机的知识传递链和良好的研究氛围（图5）。

图4 竞赛学术交流会

图5 竞赛成果展示

2.3 理论与实践结合，依托设计院进行实际项目操作

为使得学术知识能更好与实际建筑项目对接，工作坊与学院所治的建筑设计院形成相互关系。学生与设计院的工程师形成师徒关系，由工程师带领，学生以组为单位进行实际项目的操作。为配合设计院工作流程，工作坊对于进行此类实习的同学，实施坐班打卡制度，严格按照工作模式要求。在实习期末，要求每组学生对于自己参与的项目工作进行汇报，并进行答辩，设计院工程师与学院老师共同对于学生表现给予评定，计入考核。

2.4 结合相关建筑类注册考试，开展实际项目的个案讨论

注册考试是大部分建筑设计人员的必要选择，其不仅是个人设计能力的一种测定方式，从另一角度讲其是保证设计行业有序发展的有力因子。工作坊将注册考试与建筑规范教学相结合，依据注册考试的相关科目，以具体工程个案为例开展讲座。一方面加强同学在设计过程中对于场地、防火、设备等规范概念的理解，另一方面尽早开展相关教育有利于学生夯实基础，便于日后发展。

3 参数化及 BIM 软件的积极探索

参数化软件的使用极大地丰富了建筑的可能性，相比于传统的 SU 等三维建模软件，RHINO 等新兴软件使得非线性建筑的建造更加有的放矢。而 BIM 软件更使得建筑设计、施工、管理等方面实现协调化、可视化、一体化，即可缩减建造成本又可便于建成后的维护管理。此外光辉城市以及 SMART＋等建筑可视化软件也是方兴未艾。工作坊对于行业内优质软件进行积极探索和推广，以期在加强软件技术的同时，拓展同学的建筑思路。

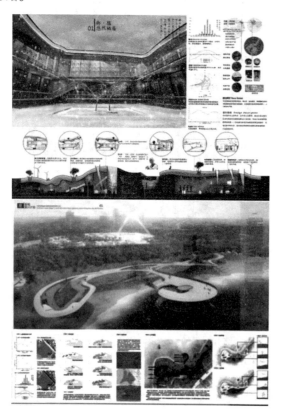

图 6 参数化竞赛获奖成果

我们从三方面进行探索工作，其一是以软件类别，按兴趣分组探索。其二，工作坊一方面通过购买优质网络资源给予教学支持，另一方面会邀请软件企业的专家，以期在长春地区高校实施推广活动为契机，进行讲座培训。其三，利用学院影响力，联系长春地区各建筑院校，通过举办建筑软件模型竞赛并开展交流活动，以此来提升同学对于软件的应用能力（图6）。

4 三种模式的动态协调机制

上述三种模式之间，硬性的衔接会使得教学工作难以开展，另一方面，持续开展的高强度教学，其效果也会不可控。在主要教学任务之间，穿插一些有效的调节机制尤为重要。

4.1 建筑相关专业，混合学科制的专题讲座

建筑学是一个交叉性特别强的学科，所涉及的领域众多，任何一个影响因子都对设计产生制约，对于相关的领域知识的掌握可以更全面地进行建筑设计。工作坊依托学院教学资源，邀请相关专业教授进行讲座包括城市设计、园林、历史、结构、电气、自动化、计算机等专业。

4.2 开展多样提升建筑兴趣的沙龙讨论会

长春作为典型的东北重镇，其保存有很多近现代历史及工业遗产建筑，基于对身边城市的感知，开展对八大部等历史建筑的调研，并鼓励同学在每周沙龙会上参与发言。再者，工作坊负责公共推送的同学，时刻关注最新的建筑行业动向，对于行业内建筑行业热点问题，会在沙龙会上发起讨论。其三，为开阔建筑视野，我们倡导同学通过杂志、网络等途径收集新颖、优秀的建筑案例，并且与大家一起探讨，形式不限。每次沙龙讨论会，由高年级研究生主持，工作坊老师自愿参与。

4.3 开展相关建筑类活动

在工作坊的教学计划中，"泛设计"所体现的内涵是一切设计都有其内在的逻辑性，非建筑类设计活动，同样可以影响学生的建筑思维。我们目前所开展的此类活动主要有三大类。

其一，举办省级的建造节。官方只限定宽泛的主题和建造材料，其他方面，参赛组自由发挥。参与专业不限，参赛组预先提交 1∶10 的微缩模型，经专家组评定之后，按一定比例进行实际搭建。最终综合网络投票、现场学生、民众投票以及各专业老师的意见三方面，给予各组名次证书（图7）。

图 7　吉林省首届建造节部分获奖作品

其二，进行人体可穿戴设备设计（图 8）。设计不设置具体任务书，同学根据自己的思考，来决定如何该表现。最终，我们邀请所有参赛组，穿着自己作品在礼堂以走秀的形式来结束课程。

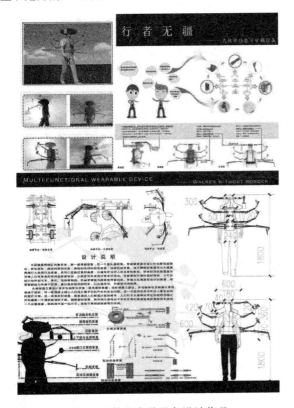

图 8　人体可穿戴设备设计作品

其三，开展具有建筑元素的周边产品开发和设计活动，例如徽章、logo 设计；文化衫设计；手机壳设计；雨伞；文创用品等（图 9）。在每学期末，工作坊会公

众号会做一期集合推送，我们会依据网络调查结果，申请经费来定制一批同学感兴趣的商品，放在学校纪念品商店里对外售卖。

图 9　学院徽章开发设计成果

5　结语

工作坊教学模式所展现的是一种螺旋上升的趋势，这是建筑学这一特殊学科所决定的。面对这群互联网思维下成长起来的学生，应该提供给他们更多的自由度，老师的角色定位应该从决定者转化为引导者，相应的教学方法也随之而更新。我们所提出的"工作坊"模式，也正在探索发展中。这种灵活度较高的教学模式带来的是管理上的挑战，在对于各项教学任务时间节点的把控上室一大难点。从近几届接受工作坊教学模式的学生情况来看，学生的综合能力确实有很大提升，并且可以相对理性的认识到自己专业上的长处，有把握的选择以后的发展道路。

参考文献

［1］ 董峻岩，金虹，康健等 . 基于使用者特征的居住区公共空间交通声环境评价研究［J］. 建筑学报. 2013（S2）：124-129.

［2］ Junyan Dong，Hong Jin，Jian Kang. A pilot study of the acoustic environment in residential areas in Harbin，towards the questionnaire design. Journal of Harbin Institute of Technology，2011（2）：319-322.

［3］ Junyan Dong，Wen Cheng. Based on the Characteristics of Respondents and the Voice of the Urban Neighborhood Public Space Business Facilities Noise Environment Evaluation Research. Journal of Harbin Institute of Technology，2011（4）：103-109.

［4］ Junyan Dong，Hong Jin. The design strategy

of green rural housing of Tibetan areas in Yunnan, China. Renewable Energy, Vol. 49: 63-67.

[5] Junyan Dong, Wen Cheng. Research on Optimized Construction of Sustainable Human Living Environment in Regions where People of a Certain Ethnic Group Live in Compact Communities in China. Renewable Energy and Environmental Sustainability, 2016 (1): 1-7.

韩涛

中央美术学院建筑学院；hantao@cafa.edu.cn

Han Tao

School of Architecture，China Central Academy of Fine Arts

迈向范式性的区分：
一个建筑图解课的三种现实投射与四种研究方法
Toward a Paradigmatic Distinction：The Diagrams of Architecture and Its Three Types of Projections on Reality & Four Research Methods

摘　要：本文介绍的是一次建筑图解课程的实录，以及它面对城市研究时的三种范式：现实"是什么"、现实"其实是什么"、现实"应该是什么"。在建筑图解实践时区分这三种范式是本文的一个重要观点，也是本文的写作目的。蕴含在这个课程之中的核心议题，就是探索建筑图解方法、城市研究与三种范式的内在性关联，以及对四种研究方法的探寻。即当我们用建筑图解方法投射城市研究之时，在面对那些巨大的活生生的现实的时候，我们究竟应该立足于何种范式，用何种具体的研究方法，才能对其进行有价值的图解式概括。

关键词：建筑图解；城市研究；范式；研究方法

Abstract：This paper is a course review on the diagrams of architecture, and its three types of urban study paradigms on reality：'what it is/was'，'what it actually is'，'what it ought to be/should be/will be'. Distinguishing these paradigms is the very argument and purpose of this paper. Searching for internal relationships between diagrams of architecture, urban study and the three types of paradigms, and seeking the four research methods are core issues containing in this course. That is to say, when diagramming urban study, when facing gigantic and living reality, which paradigm exactly should be based on, what method specifically need be applied, we can conduct valuable diagrammatical abstract on them。

Keywords：The Diagrams of Architecture；Urban Study；Paradigm；Research Method

1　议题

中央美院"建筑图解研究"的学科内语境主要基于2010年建筑理论学者马克·加西亚（Mark Garcia）在《建筑图解》（The Diagrams of Architecture：AD reader）中对于这个主题的系统性总结："自从1980年代以来，图解（Diagram）开始超过模型（Model）与绘图（Drawing），在建筑设计、概念与项目研究、理论化与交流等领域成为更令人喜爱的方法。图解的兴起是20世纪晚期与21世纪早期在建筑学领域最有意义的发展"[1]。正是在这个总体方向下，"重回战略性的总图"成了美院在这个系列研究课程中的一个核心议题，并试图将学科内的建筑图解研究与对学科外的真实城市空间阅读结合起来。2016年的个案研究是"大长安街计划：一个三百公里长的城乡统筹、空间机制与未来投射"（图1）。在这里，大长安街是指1949年之后才逐渐显现的北京第二根城市轴线。这条东西轴线西倚燕山的定都

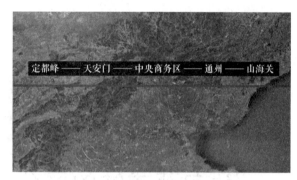

图1 大长安街研究总图：一个三百公里
长的城乡统筹、空间机制与
未来投射计划

峰），东通渤海的山海关，在300多公里尺度上穿越了北京的各种城乡地带：传统城市中心（天安门）、新城市中心（CBD中央商务区）、正在规划建设的北京城市副中心（通州新华大街-与五河交汇处）。这个课题试图运用建筑图解方法，从历史事件、权力机制分析、意识形态投射、主导性类型、几何形式、边界关系、尺度层级、空间构成、生活场景等多种维度，深入检视在城市（city）与城市化（urbanization）两种力量角逐下，"大长安街"在各种地形学质地上的自然/文化变迁、基础设施的类型与蔓延、建筑类型的激增与转型、城乡空间生产的现实积累、内在机制与投射性的未来（图2）。

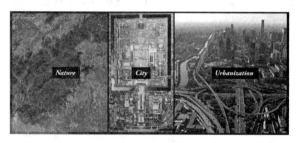

图2 长安街的三种主导性地形学：自然、
城市、与城市化

2 范式与方法

2.1 是什么？其实是什么？应该是什么？

内嵌于城市研究目标之中的，是面对"大长安街"的三种现实投射的范式性区分[2]：一，"历史分析：它是什么"（Historical Analysis: What it is/was），即研究现实城市空间是什么与已经发生了什么，通过文献阅读与场地考古学，将与之相关的重要历史信息与理论文献图表化，并梳理成时间线和重要关键词的经纬脉络；

二，"心理与理论分析：它其实是什么"（Psychological and Theoretical Analysis: What it actually is），即分析现实城市空间其实是什么，通过对核心主导性建筑类型的图解性诊断与提纯，揭示出现实表象之后的内在生成逻辑，并将之图解化，而不是将现实表象图解化。这个维度的典型案例就是库哈斯的《癫狂的纽约》，即大都会的心理机制；三，"价值与投射性分析：它应该是什么或它将是什么"（Value and Projective Analysis: What it ought to be/should be/will be），即研究现实城市空间应该是什么，未来将是什么（正是"应该"与"将来"这个维度连接了乌托邦与那些乌托邦计划），根据特定的视角与价值立场，有意识的重新阅读现实，投射自己的理念与批判性认同或否定，绘制现实未来应该是什么的意识形态图解。这三个层次的范式是息息相关，紧密联系的，但存在着层级上的递进。

为什么要用这三种范式，来自于哲学思考中对"实然"与"应然"的区分。大卫·休谟（David Hume）曾做过一著名论断："在实然陈述和应然陈述之间存在巨大的鸿沟，这二者是完全不同的两种类型的陈述，并且从实然陈述中无法推出应然陈述"[3]。思想史学者金观涛对此也有非常清晰的讨论。"现实是什么"、"现实发生了什么"属于"实然"分析，而"现实其实是什么"、"现实应该是什么"属于"应然"分析。实然是客观性为主的分析，比如对基地调研的呈现；而应然是主观性的分析，比如带有乌托邦色彩的那些计划。建筑图解的历史与实践，其实就在这两种维度中交织。在一定意义上，对三种范式的区分成了这个系列研究课程的内在性目标。因为每年的具体课题是可以变化的，但面对现实的研究范式却可以保持稳定。只有在这个核心目标的前提下，本课程的另外两个字支撑性的子目标才能得以有针对性的实现，即战略性总图的数字技术表达（元素与组织；系统与分层；抽象化提纯与图解式诊断；数字平台的绘制与无缝数据交换）与建筑图解的历史与理论的认知（从前工业时代到数字化；建筑图解的多种维度；当代建筑师在图解领域的关键性实践；中国地图学的历史与实践）。

2.2 福柯的"谱系学"

基于对这三种范式的追求，本课程展开了对四种具体研究方法的探索。每种方法都是对这三种范式的有机综合。首先是福柯（Michel Foucault）的"谱系学方法"（method of genealogy）[4]，即那种断裂性历史检视与理论批判。哲学与思想史家福柯会把谱系学方法（谱系学方法早期体现为知识考古学方法，来自于尼采，但在诸多层面进行了深入的发展）放在特定的领域具体深入的展开分析，其一是追溯对象的出身（出处），其二是标出对象的发生。他的分析大量涉及对建筑学类型背后的知识、权力、运作机制分析（如圆形监狱）。福柯的方法实际上代表着另一种功能主义，不是包豪斯式的经济生产维度的功能主义，而是微观政治的、意识形态领域的、社会治理术领域的功能主义。他的方法，对于理解基于欧洲社会历史背景的建筑学图解极为重要与有效。福柯的谱系学方法对于如何抓住历史断裂处进行时间线梳理极为有效，谱系学方法认为（事物）没有本质，或者它们的本质是用事物的异在形式零碎拼凑起来的，通过这种方法，重要案例与范式之间将连城一个断裂与异质并置的历史，而不是连续发展进化的线性历史。在此基础上对范式的解读，也必须放在历史发展的断裂之处与社会语境的交织中加以解读，展开政治、经济、文化、技术、社会、材料、建构、感知、类型等多视角分析，对多个相关的关键性案例的异同展开比较，并从当代视角重新阐述，以此呈现出来的必然是差异性与断裂性的历史，这样，我们才能真正辨析政治、经济、技术、社会转型下的图解实践。福柯的谱系学方法是分析"现实是什么"、"现实其实是什么"的利器。

2.3 奥雷利的"战略性总图"

第二种研究方法来自于建筑师皮埃尔·维托利奥·奥雷利（Pier Vittorio Aureli）的"战略性总图"，这也是本文对奥雷利 2000 年来一系列图解实践策略的概括与命名。他的方法吸收了福柯的思想，但加入了本质性的决断，并且在如何将之综合呈现在建筑图解中对三种范式做了最好的综合。他的"战略性总图"是 2005 年以来当代非常重要且有效的城市研究方法，详见于奥雷利 2008 年的重要理论作品"停止城市"（Stop City）以及近十年来在 AA、贝尔拉格及耶鲁大学的教学实践。他的方法对于理解当代新自由主义导致的城市化与城市的二元区分极为有效。一方面，通过对现实进行类型学的概括与并置，他的方法直截了当的指向现实认知——一种被消化了的现实。另一方面，他的方法鼓励对城市化海洋中"群岛"（archipelago）[5]形式的关注——"群岛"形式正是抵抗城市化进程中全球化同质性影响的有力武器。奥雷利的实践与教学是连接理论如何与实践对接的极好案例，近年来产生了极大的影响力。课程中将对他的方法做了详细介绍，并直接成为大家可以作为范本学习的案例。

2.4 邱志杰的"地图作为方法"

第三种研究方法来自于当代艺术家与策展人邱志杰的"地图作为方法"[6]。邱志杰方法对课程的贡献有三点。一，他的"地图"系列贡献的不是一种个人的"方式"，而是一个具有启示性的、可广泛应用的"方法"。二，在今天这个时代，信息不需被记住，如何组织信息才是重要的，个人贡献正是体现在对信息之间联系的创造性组织。邱志杰的信息组织方法既有福柯谱系学的成分，又有来自艾柯的博物志方法，有时还有博尔赫斯的中国式分类学思想。邱志杰的信息组织方法对案例谱系研究极为有效。比如，根据选定的问题，用时间线方法建立与此问题有关的案例目录框架。三，由于邱志杰的工作领域大量涉及对中国地图历史与思想的解读，这在客观情况下大量补充了对中国思想的当代解读资源的匮乏。王澍对中国清末多峰地图的解读与对现代主义蓝图的批判，正好与邱志杰的分析构成了遥相呼应的回应。深入挖掘中国式图解思维的力量，也是破除欧洲中心主义，提升文化自觉性的体现。四，作为艺术家，邱志杰贡献了如何绘制地图的丰富视觉资源，以及视觉呈现方法，更为重要的是，如何将研究过程视觉性的呈现出来，这一点对本课程的启发尤为重要。

2.5 李涵的"城市再现"技术

第四种研究方法来自于青年建筑师李涵的"城市再现"技术，即那种基于数字平台的详尽轴测建模与后期图像整合。建筑师李涵在《一点儿北京》中进一步发展了《东京制造》的路上观察与城市再现方法[7]，并对如何用轴测图进行记录与绘制做了非常系统的介绍；本课程将从李涵的经验中合理的提取技术工具，在此基础上，学生们组成研究团队，在交互数字平台基础上的学习并实践小组工作与个人工作的无缝连接与转换；最后，以北京为基地，具体化在地性项目的图绘、投射与实践。

3 课程内容

3.1 框架

正是在这三种范式与四种方法的具体指导下，本课程面向建筑学院的 33 位研究生，在六次课中展开了针对现实城市空间——"大长安街"的图解研究。课程框架的第一个内容首先是关于建筑图解的历史、理论与多重维度的主题讲座。以安托万·皮孔（Antoine Picon）的文章《建筑图解，从抽象化到物质性》[8]，彼得·艾森曼（Peter Eisenman）的《图解日记》[9]以及马克·

加西亚编著的《建筑图解》、皮埃尔·维托利奥·奥雷利的文章《图解之后》[10]为核心材料，讲述建筑图解的历史、理论与多重维度，并平行比照中国式图解的历史与思想。初步介绍"什么是战略性总图"。第二次通过一系列具体案例讨论"战略性总图"的理论与方法，如Giambattista Nolli、Giovanni Battista Piranesi、Jean-Nicolas-Louis Durand、Le Corbusier、Aldo Rossi、Archizoom、Oswald Mathias Ungers、Peter Eisenman、Bernard Tschumi、Rem Koolhaas、Ben van Benkel、MVRDV、Alejandro Zaera-Polo、Stan Allen、Pier Vittorio Aureli、Toyo Ito、ＳＡＮＡＡ。并带领学生利用周末时间调研基地（网络＋Google Earth＋实际体验）。第三次到第六次课通过讲座、小组汇报、讨论的形式，对"大长安街"展开三个文化地理视角的分析，以及六个长安街及延长线的空间节点的图解式实践：定都峰、天安门、CBD中央商务区、通州五河交汇区、山海关老龙头。通过实地调研与理论范式提纯，有意识的选择重点空间区域中的"决定性类型"成为图解的主要元素。"决定性类型"往往集中承载了我们所要分析的多重因素，同时也是最容易获得历史文献的对象。之后便是将"尺度、底图、数字技术"相结合的平面性图解转换。转换过程更要合理除去现实中的非图解性信息——在这个意义上，"去除"本身就是图解。在多次讨论与研究之后，将这些决定性类型进一步的抽象化，用历史上的原型替代现实中不纯粹的模型。将抽象化之后的不同类型并置与重组，依照内在的逻辑或叙事性重新组织。最后回到整体图解本身，根据已有的决定性部分编织其余部分，提纯整体结构，使每个图解成为某个具体"问题意识"下针对性实践。

3.2 四组图解实践

青年建筑师卢家兴与我一同指导了四组同学的图解实践。课程在规定的三周之内紧张、高效的完成了教学任务的设定。定都峰是大长安街的端点，是自然肌理、城乡关系、工业化现实、历史事件、与政治象征多重关系的混合物（图3）。这一组同学最大的贡献在于将现实地图重新进行了拼贴，依据关系距离，而非物理距离将三种地形学类型进行了重组，成为继续图解的良好基础；此外，在CAD数据处理中，高度简化的概括表达也非常到位，黑白灰层次分明的展示了三种领域的地形学差异；两个国贸组主要关注了北京城市化进程中建筑类型学的多元并置与空间部署。在对这些目标的梳理过程中，呈现出北京城市空间背后的意识形态制度的诸多特征（如在红线、边界、绿化率、容积率核心要素管理

下，城市街区必然出现的反城市特征，物体逻辑对肌理逻辑的必然取代，人性尺度的必然丧失），更典型的是，以交通核为主要特征的现代性技术如何成了城市空间的主导性组织工具（图4）。三个四惠桥组与一个通州五河交汇组的同学工作的领域是北京城市边缘的扩张性地带。这些领域没有大片的历史痕迹，主要是社会主义时期的遗产。这些同学研究了大型物理城市基础设施（物质的）、信息基础设施（非物质的）的布局如何塑造了北京的城市空间肌理。这两种理解在北京城市空间肌理上的重叠性积累，基本上概括了空间生产方式的两种路径。两个山海关组回应了大长安街的另一端（图5）。这一段同样是多重要素重叠的混合地带。特别是明清以来山海关在中国历史上发生过多次战争的特殊意义，以及今天同样作为一个政治空间的象征性（如山海关所在的北戴河作为一个政治协商之地）。在图解的切入点领域，这两组同时关心了对三个核心关键意象的理解：山、海、关，山与海是两种地形学的交织地带，而正是长城将两者连接在一起，从这个意义上，长城成了一个特殊的景观基础设施。图解正是将长城作为一种同时具有景观、建筑、与城市的三种要素来理解，仔细辨析它在组织整体空间中的意义。此外，两组同学都综合将各个时代的信息叠加于此，将场地理解为一个福柯式的场地考古学。在表达方式上，符号性的肌理也是不错的选择，符号性肌理避免了对现实的简单再现，也避免了现实中的偶然性因素，更加强调对现实背后"其实是什

图3 定都峰组的图解研究：对三组地形学的压缩式重组（组员：付玮玮，于磊，孙霄，康雪；指导教师：韩涛、卢家兴，2016）

图4 国贸组的图解研究：CBD 的本质是交通核化
的城市（组员：常祯，宋珂，杨昊然；指导教师：
韩涛、卢家兴，2016）

图5 山海关组的图解研究：山/海/关作为景观都市
主义的早期试验（组员：党田，王霄云，赵思远；
指导教师：韩涛、卢家兴，2016）

么"的解读。

4 总结

这次课程有四点经验是具有启发意义的。首先就是
关于范式性方法的必要性。方法的来源当然不是孤立与
任意的，而是对教学目标与教学内容的针对性回应，但
方法本身就可以成为教学的重要目标。不同方法之间应
建立紧密关系。福柯的谱系学方法主要关注研究，邱志
杰的地图作为方法与奥雷利的战略性总图方法既是对福
柯方法的具体消化，也是在学科内部针对性的实践策略

与表达范式，李涵的城市再现技术比以上方法更为具体
与落地，主要关注在工具层面的使用以及小组工作中数
字平台的建构。这四个方法形成了三个层级，互相
支撑。

第二点是关于教师在课程中的身份。教师在课程中
的作用实际是方法的策展人：如确定研究主题，聚焦特
定问题，演示与规范研究方法，以小组为单位展开战略
部署，设计最终研究成果的形态，根据实际情况补充完
成成果所需的线索、案例与表达技术；通过主题讲座、
学者对谈、课程讨论、现场答辩、情境建构，每一次课
程现场都是一次带有策展意图的"排演"，"排演"不是
最终的景观性表演，而是一次次情境性的"生成"，是
在运动中不断调整战略与战术，不断根据小组研究成果
做出现场回应与策略指导，在交互性协商中强化些什
么，鼓励些什么，也中断些什么，在多重矛盾拉力中反
复平衡与缩小目标与现实之间的差距部署，持续在现实
时间约束与技术限制中打开最大化的生产性潜能。

课程的第三个经验是对阅读文献的范式性组织[11]。
阅读材料分类很重要，也很有效。在教学大纲中，已经
将阅读材料分为了核心与扩展两类。核心材料保证可以
在短时间内深入精读，扩展材料实际上是引导学生在未
来独立研究工作中进一步扩展视野，加深深度，两者相
辅相成；阅读材料应体现出教师在这个领域研究的深
度。这些材料就是一个个通往知识生产的窗口。实际
上，选择材料本身考验的是教师，没有大量课下的备课
与数年的研究，阅读材料是无法做到当下性、经典性与
广博性；阅读材料应该中文英文并举，鼓励引导学生读
原著。根据美院学生现有的英语水平，以及全球化时代
的知识生产要求，提供经典英文文献是至关重要的。特
别是对关键词，需要同时中英文对照。这个工作也是为
未来美院展开英语化课程教学做准备；依据经典学术文
献展开网络查阅。互联网资料是没有选择性的，必须通
过阅读文献产生的关键词展开网络查阅，否则搜索结果
是无法保证的。

课程的第四个经验是对研究成果的范式性设计。研
究成果必须具备范式性特征，需要对研究成果做严密具
体的规划。这次课题的时间非常短，只有三周，因此，
没有时间让学生做探索性的尝试。教师应提供最终完成
结果的范例，高效的将教学实践引向希望的成果类型。
要清晰化为范式成果服务的技术工具。如用简单技术进
行深度思考，如将 CAD 图解技术与图像再现技术的无
缝连接。图解的表达技术有多种，课程选取了大部分同
学都有基础的 CAD、PS、PPT 三种技术工具，将每种
工具的潜能最大化的使用，规避了学习新技术工具带来

的时间摸索浪费。要注重范式性成果的可引用性。成果如何产生生产力价值？如何将成果从作业的层级提升到研究成果的层级，是课题的一种重要目标。研究生的作业应具有可被引用性的价值，而非类似本科生的学习性掌握。这个目标更多体现在教师在过程中对图解方向的指导，特别是对视角的选择，对相应视角下已知的学术成果背景的熟悉，以及不断锐化图解方向的努力，还有根据锐化方向再给出相应阅读文献的能力。

参考文献

［1］ Mark Garcia *Histories and Theories of the Diagrams of Architecture*，in *Diagrams of Architecture：AD reader*，Wiley，2010：18-45

［2］ Giorgio Agamben，"*What Is a Paradigm?*"，in *The Signature of All Things On Method*，trans. Luca D'Isanto with Kevin Attell，Zone Books，New York，2009：9-32，113-114.

［3］ "There is a huge gap between a is statement and an ought statement，as they are two entirely different types of statement，and one cannot derive an ought statement from a is statement". 又参见金观涛/刘青峰. 中国现代思想的起源. 法律出版社. 2011：3-15.

［4］ 福柯谱系学方法参见阿甘本在哲学考古学中对他的讨论，Giorgio Agamben， "*Philosophical Archaeology*"，in *The Signature of All Things On Method*，trans. Luca D'Isanto with Kevin Attell，Zone Books，New York，2009. p. 81-111，119-121.

［5］ 群岛城市的思想详见奥雷利在《绝对建筑的可能性》这本书中的讨论，Pier Vittorio Aureli，*The possibility of absolute architecture*，The MIT Press. 2011：47-84.

［6］ 邱志杰. 地图作为方法. 参见邱志杰在央美的讲座视频：http：//www. cafa. com. cn/cafatube/video/？N＝1329

［7］ 李涵. 一点儿北京. 上海：同济大学出版社光明城，2013.

［8］ 安托万·皮孔（Antoine Picon），《建筑图解，从抽象化到物质性》（*Architectural Diagramming，from Abstraction to Materiality*），周鸣浩译，时代建筑，2016 年第 5 期：14-21.

［9］ 彼得·艾森曼（Peter Eisenman）. 图解：写作的原始场景（*Diagram：an Original Scene of Writing*），in *Diagram Diaries*，Universe，1999：26-43.

［10］ 皮埃尔·维托利奥·奥雷利（Pier Vittorio Aureli）-图解之后（*After the Diagram*），Log，No. 6 （Fall 2005）：5-9.

［11］ 在图解议题中，本课程使用的阅读文献还有 OASE 杂志第 48 题；库哈斯的《疯狂的纽约》介绍部分、德勒兹《千高原》中对抽象机器与图解的讨论、张永和在《非常建筑》中的图解式思考、刘东洋在《"图解日记"的图解日记》一文中对图解的深入分析。在北京研究中，本课程主要关注了朱剑飞《中国空间战略》（*Chinese Spatial：Imperial Beijing，420-1911*）中的思考。

薛春霖

南京工业大学建筑学院；yunnanxue@163.com

Xue Chunlin

College of Architecture，Nanjing Tech University

教"学做研究"

——浅论建筑设计课示范式教学方法

To Teach "How to Research": Superficial View on the Teaching Method of Demonstration and Paradigm to Be Applied in the Building Design Course

摘　要：本文依托于高等教育培养学生研究素质的宏远目标，旨在探讨本科建筑设计教学中示范式教学方法的内容与意义。首先，诠释了教学方法的概念，并从"言说形式"和"示范形式"的角度将教学方法分为两类，指出建筑设计"做"的性质决定了宜选择示范式的教学方法。接着，提出了"结果为导向"和"过程为导向"的两种示范逻辑，并指出后者对于培养和健全学生建筑设计研究素质的意义。最后，介绍了笔者在教学实践中运用示范式教学方法的基本情况和反思。

关键词：教学方法；示范式；建筑设计；专业实践课；过程为导向

Abstract：For the great goal of the higher education to develop the research quality of students，this paper aims at inquiring into the content and significance of the teaching method of demonstration and paradigm applied in the building design course of undergraduates. At first，it explains thoroughly the definition of teaching methods，divides them into two types of "speaking" and "demonstration"，and proposes the demonstration and paradigm method should be mainly applied in the design course because of the technological quality of the building design. Secondly，it puts forward two kinds of demonstration and paradigm——i. e. the result-oriented and process-oriented，and points out the latter's significance to train the research quality of students in building designs. At last，it introduces briefly the situation and reflection of author using this teaching method in the building design course.

Keywords：Teaching method；Demonstration and paradigm；Building design；Professional practice courses；Process-oriented

高等教育的性质和目标是培养学生的研究素质，满足这个多元化社会快速发展的需要。作为一门专业性极强的实践课程，本科建筑设计教学同样相符于上述性质和目标，学做设计在一定程度上就是学做研究。

本质上，"研究"是一个需要不断被研究和学习的复杂范畴。高等教育仅仅是研究的启蒙阶段，通过由简单到复杂的循序渐进的训练，未来建筑师专业设计实践的研究素质得以逐步建立和健全。

1　教学方法与建筑设计

18 世纪末 19 世纪初，法国建筑教育家迪朗（Jean-Nicolas-Louis Durand）认为建筑教育包含知识传递和能力培养两个层次，知识可以被迅速掌握，而能力的提升是一个逐步渐进的过程，需要持续的实践。[1] 由于时代的局限，迪朗所指的是艺术创造的能力，但也可以折射到研究能力培养的复杂程度上。未来建筑师研究素质的培养给教学活动提出了很高的要求，它需要将"学做研究"转化为一种教育的理念和指导思想渗透到教育的各个环节和要素之中，包括教学的过程、内容以及方法等等。

作为一名教学一线的青年教师，笔者感兴趣于对教学方法的思考。

高等教育学对"教学方法"有着明确的解释，其是教师教学生学习的方法，也就是教师指导和帮助学生学习的方法；[2]或者说是师生为完成教学任务，传授与学习教学内容所运用的手段和途径，主要包括讲授法、讨论法、演示法、参观法、练习法、案例法、问答法等等。[3]现实中，在概念上教学方法往往被与教学组织形式相混淆。后者指教学活动中各种要素在教学过程中的组合方式，涉及教学活动的规模、活动形式、活动时间与场所等内容。[4]对于建筑设计课，很多人将"看图"当作教学方法，实则为教学形式，其中师生之间交流的手段才属于方法。

根据刘庆昌教授的观点，教学方法从表现方式上大致可以分为两类，一类以"言说形式"为主，另一类以"示范形式"为主。[5]一般情况下，前者主要适用于理论课教学，因为这些课程的目标是理解概念，弄清基本原理，解释命题和学习相关方法，属于传递间接经验和知识；而后者主要适用于专业实践课的教学，因为这类课程是对实际情况的调查与了解，对实际问题的发现与分析，并最终解决问题和得出结论，带有技术性和操作性。刘庆昌教授认为示范是最原始的教学方式，用于行为的传授，主要是在"做"的领域存在，并说道："……作为人类的第一种教学存在的形式——示范的教学，也是最基本的教学，因而也成为人类教学不可或缺的成分。"[6]从这个角度出发，建筑设计是建筑学的核心专业实践课程，具有很强的操作性和技术性，"示范形式"为主的教学方法应该具有较好的适用性。在《关于建筑设计教学改革的设想及实施意见》中，原全国高校建筑学学科指导委员会主任鲍家声教授就主张积极探索开放型讨论式和示范式的设计教学方法。[7]

无疑，对于建筑设计教学来说，示范式的方法具有很强的实用性，因为它以学生感知活动规律为依据，遵循直观性教学原则的各项要求。[8]它使学生获得感性的经验，加深对学习对象的认识，满足使教学尽可能直观明了和简单易懂的要求，进一步拉近了"教"与"学"

之间的距离。尤其对于启蒙阶段的学生来说，这样的方法将更加有利于专业实践研究素质的培养。

在传统的建筑设计教学中，"看图"是主要的教学组织形式，其就是通过观看和阅读学生设计的草图、模型等，了解他们的设计过程，帮助判断，激发思考，不断使他们实现自我否定，推动设计发展。在这种教学形式下，讲授法、讨论法、演示法等都会被运用，例如对某些设计原理和设计案例的讲授、对争议性问题的讨论、对某种构造做法的演示等。这一系列教学方法师生相传，在过往较长的时间里支撑着建筑设计教学的发展。总体看来，在"看图"形式下"言说形式"的教学方法依然是主体，老师主要通过讨论和说教来启发学生，通过对方案的评价来帮助他们判断。"示范形式"的方法也会偶尔运用，主要作为前者的补充，一般当前者不能理想地传递所要表达的信息时才会被运用，示范内容主要是一系列典型的案例或者具体的技术手段等。

2 "过程为导向"的示范

如果说"示范形式"为主的教学方法更符合建筑设计的技术性和操作性，具有更佳的有效性，那么"示范什么"和"如何示范"成为关键性问题。面向培养未来建筑师研究素质的宏远目标，这些问题的答案可以从两条线索的比较中获得，即"结果为导向"和"过程为导向"。

"结果为导向"意味着注重目标的完成度，目的是使学生获得一个特定的结果。因此，在教学环节的设计上避免教师示范出现问题的可能性，教学中展示的往往是实现结果的"顺利"过程。示范如同一部编排好的节目，按部就班地进行。在传统的建筑设计教学中，上课之前教师们通常会有一个"试做设计"的环节，目的在于教师通过提前设计来对教学内容有熟悉的认识，对教学过程中可能出现的问题有预判，对教学成果（设计成果）有预期。通过"试做设计"，在教学过程中老师似乎"什么都懂"，一切自然而然。在一定程度上，"结果为导向"的示范掩盖了设计研究的真实性，掩盖了其中"残酷"的一面，它呈现了一个"完美"和"顺利"的过程。应该说，上述"看图"形式下示范方法的零星运用都属于这一类。

与前者不同，"过程为导向"则是教师将设计实践的研究过程完整、直观地呈现给学生。它要求老师转变角色，成为学生中的一员，尽可能参与研究，不仅示范具体的技术手段，更重要的是研究的全过程。在《以研究为导向的建筑教育》中，关于本科建筑设计教学，荷兰代尔夫特工业大学（TU Delft）建筑系的林·凡·杜因（Leen van Duin）教授认为："老师的唯一任务就是去引导 studio 的进程，偶尔采取单独辅导一下学生。最佳的老师是成为学生中的一员，在 studio 的过程中奉献自己的设计。"[9] 杜因教授的观点所指的正是"过程为导向"的示范，笔者在另一篇名为"何以授渔？"的文章中将其称为"身体力行"的示范式教学方法。

以"过程为导向"的示范并未与"看图"矛盾，后者依然是建筑设计教学中最基本的组织形式。"过程为导向"的示范要求老师与学生同时进行相同的课程设计，老师的操作示范几乎扩展到设计的全过程，将自己"做设计"与传统的"看图"进行有效地结合。不但老师"看"学生的"图"，而且学生也"看"老师的"图"。在这个过程中，老师思考和研究的方式将尽可能呈现给学生，使教学内容明了和传递途径直接。"过程为导向"或者"身体力行"向学生展示的是老师完整的思考过程，包括了设计的挫折、反复和发展，由此引导学生建立整体性、系统性和条理性的设计研究思维和方法。

一般来说，建筑设计的推进不可能和一帆风顺，没有挫折，研究过程中带有主观性的判断、选择、试错等都隐含了失误的可能性。建筑设计研究是一项涉及工作态度、情感投入和价值判断等多方面问题的技术活动。在"过程为导向"的示范式教学中，学生除了看到老师的技术路线和研究方法之外，更重要的还将看到老师经历研究挫折、反复与发展的思维活动和心路历程。通过设计过程的完整示范，学生们看到设计并非"信手拈来"，了解到作品背后不懈地探索、尝试、判断和抉择的过程，而对这种过程的学习也就意味着建立和完善自身的研究素质。

3 教学实践

笔者主要承担建筑学三年级的设计课教学，尽可能实践了这样的教学方法。在五年的时间里，三年级是一个特殊的转型阶段，具有承上启下的过渡性，属于学生的转型阶段，因此"过程为导向"的示范式教学方法对于这个年级段具有更加特殊的意义。

在近一个教学周期，南京工业大学建筑学专业三年级建筑设计教学主要由四个设计任务构成，分别是高速公路服务区、高校图书馆、曲艺中心和建筑学院院馆。在教学中，笔者尽可能与学生们一起完成了这四个设计任务（图1），相互看图。

"过程为导向"的示范主要在于研究态度和方法的传递，前者就是尽可能理性地发现问题和锲而不舍地追求"满意解"的态度，后者则是合乎逻辑地解决问题的

思维和手段。以往，在资料收集过程中，学生主要收集自己喜好的案例，而喜好大多以图面的"好看"为标准，很少从实用性和技术性角度去做研究；在场地调研中，以往很多学生只是到现场看看，拍拍照片，如同"到此一游"，对如何进行前期调研以及它与后续设计之间有什么样的关系这些问题缺乏清醒的认识；在设计过程中，很多学生又会出现重外形轻空间、形态与结构脱节，以及难以抓住主要矛盾等方面的问题。由此，研究态度和方法的传递具体地就是要体现在对上述问题的修正上。在老师的示范过程中，资料收集除了示意图片还有技术策略和方案分析等；场地调研必须先解读和熟悉任务书，带着问题去认知环境；设计过程需要有条理地推进，对各种矛盾进行平衡与取舍，着重解决主要问题等等。

这种示范式的教学方法给教学带来了十分积极的意义。最重要地，它为启蒙阶段的学生建立了一种可供转化的参考和模仿对象，最大限度地激发了学生的理性研究态度和培养了相应的设计方法，以往说教和讨论式的方法在这一方面是无法与其比拟的。在很大程度上，教师的工作过程提升了学生对设计中"为什么要这样做"和"如何选择"等理性问题的思考，突破了较为单一的感性形态的制约，进一步推进了对设计内涵的认知。另外，这种教学方法很大程度上提升了学生的学习态度和设计的兴趣。学生们感兴趣于看到老师与他们做相同的设计，乐于看到老师思考问题的思路和解决问题的方法。老师减少了以往"高高在上"的说教和点评，平等地与学生做相同的事情，其行为潜移默化地成为一种鞭策他们学习的动力。

4 结语

"一个大学应该给一个面向未来的建筑师足够的知识基础、应有的社会责任感和价值判断力、进入社会后应该具备的不断学习的能力以及应对国际竞争的专业素质。"[10] 这种专业素质也包含了研究的素质。对于如此浩大系统的工程，教学方法的选择和研究是其中十分关键的一环，它是维系师生之间教学关系最直接的纽带，直接将教师的信息向学生传递，因此对教学方法有效性的探索是广大教师的重要任务。

以"过程为导向"的示范重在将教师自我设计和研究的过程向学生直观展示，重在使学生建立科学的研究态度和方法。诚然，我们不能仅仅用科学来诠释或者衡量建筑设计，但是对于未来的建筑师而言研究素质是他们面对这个越发多元分化、迅速发展的时代的挑战时所必须具备的。

设计任务	教学示范过程
高速公路服务区设计	
南京某高校图书馆设计	
南京夫子庙江南曲艺文化保护中心设计	
建筑学院院馆设计	

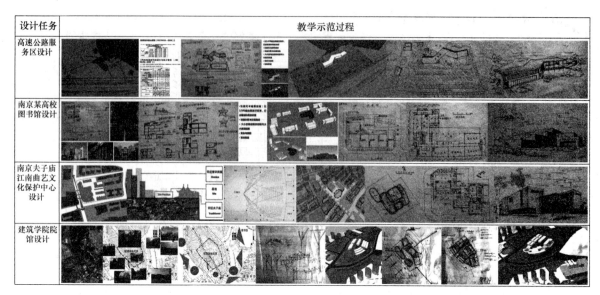

图1 教学示范过程

参考文献

[1] 薛春霖. 类型与设计：建筑形式产生的内在动力 [M]. 南京：东南大学出版社，2016：92.

[2] 徐继存. 教学方法阐释 [J]. 西南师范大学学报，2002 (6)：58.

[3] 周川主编. 简明高等教育学 [M]. 南京：河海大学出版社，南京师范大学出版社，2012：148.

[4]、[5]、[6] 周川主编. 简明高等教育学 [M]. 南京：河海大学出版社，南京师范大学出版社，2012：140.

[7] 鲍家声. 关于建筑设计教学改革的设想及实施意见——1984年东南大学建筑设计教学改革建议书 [J]. 新建筑，2006 (3)：111.

[8] 周川主编. 简明高等教育学 [M]. 南京：河海大学出版社，南京师范大学出版社，2012：152.

[9] 林·凡·杜因（荷兰 Leen van Duin）. 以研究为导向的建筑教育 [J]. 包志禹 译. 建筑学报，2008 (2)：10.

[10] 丁沃沃. 过度与转换——对转型期建筑教育知识体系的思考 [J]. 建筑学报，2015 (5)：4.

缪军

华南理工大学建筑学院；103048840@qq.com

Miao Jun

School of Architecture，South China University of Technology

"认知理论"视角下新媒体在建筑教育中的应用探析*
An Analysis of the Application of New Media in Architectural Education from the Perspective of Cognitive Theory

摘　要：论文以教育认知理论为基础，指出在信息时代非正式学习逐渐占据了重要位置，通过新媒体技术突破时空限制，促进建构主义学习环境的建立和发展。根据现代建筑教育的特点进行学习环境的革新，利用"场景式微课"和"虚拟现实技术"为学生创设学习情境和体验型场景，在多媒体技术和网络支持下营造的学习环境让建筑教学更加有效。

关键词：建构主义；学习环境设计；场景式微课；虚拟现实技术

Abstract：The paper described that informal learning grows much more important position. Base on cognitive theory of education，student find its way that they can apply new media technology to breakthrough time and space limitation，therefore promote establishment and development of constructivist self learning environments. According to modern architectural innovations in education learning environment，Traditional teaching methods cannot meet the needs of the new media development，so that "Micro class" and "virtual reality" creates learning situations and experiences for students，also multimedia and network-assisted learning can make teaching more effective.

Keywords：Constructivism；Learning environment design；Micro scene；Virtual Reality Technology

引言

网络时代是一个知识爆炸、信息超载的时代，对建筑教育提出新挑战。数字技术的革新改变了知识的空间结构和获取方式，让学生获得知识的渠道和方式不再局限于课堂及书本，新媒体途径"学习"逐渐成为一种不可忽视的学习方式，许多建筑院校针对上述挑战推出了适应网络传播和数字信息技术的教学新模式，因此，从学习理论的角度来看，需要以新的视角解释网络时代背景下的学习内涵与机制，并革新教学模式，教育认知理论的知识观、学习观和教学观给我们启示。

1 认知理论视野下的建筑教育

建构主义是公认的经典教育认知理论，它强调的是认知主体的内部心理过程，并把学习者看作是信息加工主体。建构主义学习理论认为，知识不是通过教师灌输得到，而是学习者在一定的情境即社会文化背景下，借助其他人（包括教师和学习伙伴）的帮助，利用必要的学习资料，通过意义建构的方式而获得。学生不是被灌输的对象，而是信息加工的主体、意义的主动建构者。

---

* 华南理工大学本科教研教改重点项目（Y9160440）。

这种以学生为主体的教学模式由于强调学生在认识过程中的主体性，强调学生在意义建构中的主动性，因而有利于学生自主学习意识的养成。显然这种学习理论与建筑学专业的学习特点不谋而合。

由于建构主义之教育认知理论是在信息化程度较低的背景下产生的，不足以完整有效的揭示当今网络时代的学习机制，2005 年，加拿大学者西门斯在研究上述经典教育认知理论的基础上，提出关联主义（Connectivism）① 教育认知和学习理论，西门斯认为，互联网时代，知识源以前所未有的方式袭击学习者的大脑，知识可以存在于人外部的载体之上，形成一个个知识的"节点"（nodes），而学习则是在不同的节点之间建立联系（connections），作为一个自组织的过程，学习本身并不是习得封闭的、静态的知识，而是缔结一个开放的、动态的知识网络结构，从而应对知识的快速更迭。同时，知识节点之间联系的强弱，决定了信息在其中"流动"的效率，多样化的学习方式（包括课堂教学、非正式学习等）都有助于强化知识节点连接强度，因此，帮助学生建立一个丰富的、多元化的知识结构便成为教育者应努力达成的目标。换句话说，"如何知道"要比"知道的内容"更重要（图1）。

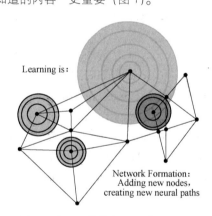

图1　学习是缔结知识网络的过程

（来源：Siemens，2006b：29）

关联主义以全新视角看待知识来源及学习建构的过程，在关联主义学习的描述性模型中，划分了四种类型的学习。①传递性学习（transmission learning）。②获得性学习（acquisition learning）。③自发性学习（emergence learning）。④附加性学习（accretion learning）。学习者连通并聚集许多要素和活动，持续地形成和建构我们的理解和知识。

归纳之：网络时代，许多知识和信息共享在网络平台上，学习的行为之一是连通结点，持续的知识网络形成的过程，有效引导"自发性、获得性学习"，是当前

建筑教育的革新方向。

现代建筑学教育希望通过引导学生主动接触体验建筑与生活给自身的感受，协助学生将个人体验提升为专业认知，依据关联主义认知理论，这一综合过程可利用互动交流或媒体技术来完成，这一改变要求我们重新定义对学习环境的设计，以适应新的教学模式。

我们当今建筑设计课的有效的教学方式基本上是"传递性学习"和"自主性学习"模式的交融和演变的汇总："工作室 Studio"方式、"讲授课 Lecture"方式、"工作坊 Workshop"方式、"讨论课 Seminar"方式、"研究室 laboratory"方式，甚至包括既没有统一的课程模式、也没有系统化的教学、甚至于没有相关的方法、完全取决于教授的理解与风格的 AA 式专题设计。

2 把多媒体技术引入建筑学习环境中

当我们进入一种学习的自觉状态时，会展开自发性学习，自发性学习是学习的高级形式。因此如何设计出适合于学生主动建构知识意义的学习环境更为重要，学习环境不再局限于传统教室等教学空间，要将学生在课堂内外的学习作为一个整体考虑，包括正式学习空间与非正式学习空间，物理空间与虚拟的空间，它们之间的相互融合与创设都需要通过网络多媒体技术的支持才能得以实现，促使教学空间内外学习活动的无缝衔接。建构主义学习环境主要包括情景、协作、会话和意义建构等四大要素。网络多媒体技术也不再单单是帮助教师传授知识的手段、方法，而是用来创设情境、进行协作学习和会话交流，即作为学生主动学习、协作式探索的认知工具。由于现代信息技术具有图文声像多媒体结合，信息实时交互以及信息扩展和延伸等特点，有力促进了建构主义学习环境的建立和发展。

2.1 网络多媒体技术帮助创设情境

通过网络多媒体创设情境相比传统的文字图片或语言来营造的学习情境更有效激发学生的兴趣。同时，教师的角色从"教"转变为"导"，成为学生学习的引导者，利用网络多媒体技术建立具有一定情绪色彩的、以形象为主体的生动丰富的场景，以引起学生对真实认知环境的体验，帮助他们在真实情境下积极有效地完成知识意义的建构，网络多媒体技术为教师与学生搭建不断接受新知识的场所，学生在互动情境当中扮演不同的角色并沉浸其中，以参与者的角度分析问题解决问题，这

① 参见：张秀梅．关联主义理论评述［J］．开放教育研究，文章对该理论的背景、要素、模型进行详细描述。

样便于教师与学生及时的获得知识、交流知识以及创造知识等。

2.2 网络多媒体技术提供更多协作学习和会话交流的机会

网络多媒体技术为学生提供了一个信息交流、资源共享的网络协作学习环境，交流时空的扩张使学生从个体封闭的学习和认识中走出来，学会协作学习，获得群体动力的支持，提高其学习效率。网络多媒体技术为学生提供多元的、全方位的、自主的学习形式及学习模式，学习活动是基于主题、问题设计开展的；学习过程是基于发现和探究；学习的社会性环境提供了学生之间的协作机会，决定了教师与学生、学生与学生以及学生与外界之间交互的便捷性，学习资源的结构是非线性、关联性的知识内容更符合人类的思维特点，让学生能自我探索、成长、省思及能建立自我知识体系。

2.3 网络多媒体技术促进意义建构

由于多媒体技术与网络连接的建立为学习提供了便利，学习能力可以来自于各种连接的建立。同时，网络多媒体技术帮助学生把知识进行归纳、整理、加工，找出事物之中的内在规律指导我们预测和应对同类事物。当这种规律多次出现的时候，被敏锐的人识别出来，并用文字符号进行加工整理，形成新的方法、理论和概念，就是知识创新。"为创新而学习，对学习的创新，在学习中创新"；指出在信息时代，学习、应用与创新三个阶段日趋合一，学习就是建构，而建构蕴含创新，创新是学习的最高目标。毫无疑问，网络多媒体技术为学生创新能力的培养创造了环境与氛围，也可以克服传统教育模式下学生思想受局限性的一面。对最新知识的了解和把握，可以节省我们大量重复劳动的时间，给我们新的启发和激励。

3 把多媒体技术引入课程模式中

建筑学具有双重特性：技术性和艺术性，学习建筑的思维方式也具有双重性：逻辑性和形象性。这需要学生有丰富的想象力和发散性思维。因此，建筑教学须同时兼顾逻辑思维和形象思维这两个方面。如何帮助学生建立正确的空间感和形体感，如何培养学生的空间形体构思能力，是建筑教学的重点和难点。

随着科技的发展，单纯的物理空间创设远远跟不上现代建筑教育的步伐，"交流空间"和"支持空间"同样存在于虚拟环境中，运用多媒体技术和网络使我们的学习环境进一步扩充。对上述建筑教学过程中的重点、难点，利用多媒体教学也恰好能弥补传统建筑教学的不足。我们应当从教学空间的物理形态、空间布局等物理空间架构设计和多媒体与网络的功能组合、可视化技术、触控技术、中控技术等新技术与媒体的集成研究入手，创造舒适、安全和愉悦的场景式教学环境，激发学生积极的情感体验。

3.1 利用"场景式微课单元"建立开放互动的学习平台

传统建筑教育的场所就是普通的教室，从某种程度上来说，讲台与桌椅之间产生的距离形成尊卑，因此真正的交流也就无法进行，但教学活动的开放性应存在于城市乃至世界的每个角落，而不单单局限于校园内。现代建筑教学场所的概念是建立一个平台，在这个平台上学生之间、教师与学生之间进行交流，除此以外还可以跟校外专家进行学习。而多媒体技术在建筑教育中形成了交流平台，在这个平台上，没有了尊卑、没有了权威、没有了距离，具有的则是一种自由的空间、想象的空间、平等交流的空间。

根据这一理念，场景式微课推倒了校园的围墙，带来的是一种开放教育，提供的大量高质量和针对性的学习资源，可以在没有太多束缚的情况下愉快地学习，大大激发了学生学习的热情，促进了学生个性化地成长。通过相关的辅助管理和评价功能去有效地管理和评价学习过程，培养学生自律的学习习惯和能力，增强了学生的自信心和认同感，从而使学生真正成为知识的主动建构者（图2）。

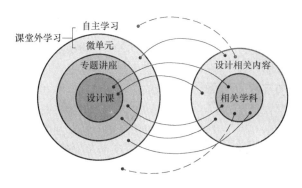

图2 微课单元模式有助于建立互动学习平台

"场景式微课单元"注重情景化学习，基于场景式教学理念的学习，不局限于给定的知识或技能的习得，而是学习者通过特定的媒介，在与他人的沟通、交流的活动中明确构成关系和知识含义的活动。

"场景式微课"概念具有两层含义，其一将理论课的关键节点分解成小微课题。其二是基于互联网及多媒体技术形成的"微"传播模式。"微"教学模式的因素主要包含以下内容：分享共同的学习体验，师生情感连带强度增加；关注的焦点不局限于授课内容；通过小组聚集互相影响；"场景式微课"是教学中的"激发—体验"环节，其讲解与讨论与教学大纲整体融合，吸引学生真正地参与到教学互动中来。如同表演一样，有序幕、高潮、结尾等，参与的演员是全体师生。

"场景式微课"操作单元具有两个方面特征：一是体验性，二是激励性，引导学生主动接触体验建筑与生活给自身的感受，调动学生主观能动性，协助学生将个人体验提升为专业认知，在一种鼓励思想交流的气氛中研究与体验建筑设计过程，彻底改变学生以往被动听从教师意见的方式，通过"认知浏览"引导学生进行场景式体验，这种方法能够较快地提高感知建筑的敏锐性，理解建筑内容及价值的导向性。

微单元教学模块和节点连通特征 表1

环节	模块	微单元主题	内容	知识节点联通类型与特征
环节一	认知与体验模块1	浏览认知	基础知识、认知历程分享、拓宽建筑视野	被动连通、信息节点关系弱
	认知与体验模块2	体验感知	头脑风暴、形式认知与分类	间接联通、信息节点关系增强
环节二	分析解码模块1、2	作品研读理解提升	代表作品解析、分解形式类型特点、分析归纳、应用范围	直接连通、信息节点关系较强
	分析解码模块3	发散思维	互动式点评	主动联通、信息节点关系强
环节三	逻辑图谱模块1	关联知识	社会性生活性及专业课知识	循环联通、信息节点关系较持续
	逻辑图谱模块2、3	逻辑构建整合联通	理论知识讲授、与设计课程联动	充分联通、信息节点关系增强且持续
环节四	意义与价值模块1	意义生成	通过思维导图等方式尝试构建个人知识网络	构建网络、获得知识能力
	意义与价值模块2、3	价值观点反思评论	独立思考与认识、再认识，循环提高	网络生长、终身学习能力和创新能力

3.2 利用"虚拟现实技术"创设体验型场景

在现有的"支持空间"中加入"虚拟现实技术"创设体验型场景对于建筑系学生是至关重要的，它所具有的直观性，可以更加方便地向学生讲授建筑设计这门形象思维很强的学科，从建筑学的角度看，场景由"人—空间—信息"组成，其注重的是人在场所空间内对信息的感受与体验，借由虚拟现实技术激发各类事件的发生。

（1）通过虚拟现实技术展示立体建筑构件

通过虚拟现实，可以构建一个与实物同样的三维建筑构件，如：结合VR技术，让学生按照自己的意愿随意选择视角，全方位地观察整个建筑构件。通过计算机建模获取真实的建筑构件与环境信息，如：以三维数字技术为基础，提供建筑物的三维几何信息和性能参数等非几何信息，是更加接近于真实建造的实际思维模式。

将建筑物构件的空间关系、几何信息和非几何信息作为对象参数来创建构件模型。这样让学生对每种建筑构件的理解更加深入，大大增强了虚拟现实的应用深度，为后续在虚拟环境中进行数字化分析提供了广阔的开放空间，而不单单停留在外观造型上面。

（2）通过虚拟现实技术模拟建筑所在的真实环境

利用互动多媒体技术模拟出建筑所在的真实物理环境，使学生发挥主观能动性去感受、学习、推敲建筑设计，这样的教学效果即生动又深刻。例如当教师讲授气候作用于建筑的三个层次概念时，可以挖掘气候因素影响其他地理因素，并与之共同作用于建筑；又影响人的生理、心理因素，并体现为不同地域在风俗习惯、宗教信仰、社会审美等方面的差异，最终间接影响到建筑本身。把这些关系形成互动多媒体，让学生在学习的过程中，通过实时模拟，看看这些因素对建筑到底有着怎样的影响，这样教学过程既非常直观化易理解，又让人感同身受，实现演示性、验证性实验教学目标。

（3）通过虚拟现实技术实现课堂漫游虚拟场景

虚拟场景是指在现实生活中可能或曾经出现或将来要出现的一些场景，通过虚拟现实技术将其形象的表示出来。例如在介绍一些大师作品时，如果采用 VR 技术介入后，让学生进入经典建筑场景漫游，让他们自己动手，去游览这些建筑，从而体会如入口，庭院，连廊等建筑形式，然后对照教师的语言直观教学，授课效果一定会更好。如果有条件，采用沉浸的虚拟现实系统，让学生"身临其境"的体会建筑理论，感受经典作品中采用对比、陪衬等手段的布局构思。这些感受和体会都是传统教学所无法给予的。

结语

通过网络多媒体技术建立的学习环境，学生体验了社会交往、学生在"真实"的环境中解决问题、学生根据自己的经验和经历对知识进行具有个人风格的意义构建，是一种具有时代特征的教育形式，不仅继承了传统教育优秀成分，又体现了现代建筑教育质的变化。让学生在一种良好的心理状态下不断学习、进步，使学生的综合素质得到全面的提升，培养出新时代的建筑人才。

参考文献

[1] 胡莹. 建构主义模式下的建筑设计原理课程教学改革 [J]. 山西建筑，2008（12）：198-199.

[2] 孙一民，肖毅强，王国光. 关于"建筑设计教学体系"构建的思考 [J]. 城市建筑，2011（03）：32-34.

[3] 游丽. 虚拟现实技术在建筑设计教学领域的应用 [D]. 四川师范大学，2010.

张靖宇　徐博　王肖宇

沈阳工业大学；zjy7019@163. com

Zhang Jingyu　Xu Bo　Wang Xiaoyu

Shenyang University of Technology

多元·感知·融合——建筑设计基础教学脉络的整合梳理初探

Diversification·Perception·Fusion

——Study on Integrate Improvement of Architectural Design Fundamental

摘　要：在低年级建筑设计教学体系中，基础教育的核心课程中涵盖内容多而杂；本文论述旨在建筑设计基础核心范畴内，将教学内容大致分成建筑概述即理论部分、建筑技法即理性认知和形态构成即感性认知三个主要部分；针对低年级传统教学中三大教学部分较为独立，学生在高年级的应用较为受限等问题，在本文中，笔者就整合各阶段模块之间的多元融合教学等内容进行论述，形成低年级建筑设计教学的横纵主线。

关键词：建筑设计基础；建筑教学；多元；感知；融合

Abstract：In the teaching system of low grade of architectural design, it is quantity and complicated of the content of the key courses of basic education; the target of this paper is researching the main part of the core content, which is comprised of theoretical part, technique practice, and composition design practice. The traditional teaching part is more independent, students' application in high grade is limited, in this paper, the author discusses the integration of the various stages of the integration of multiple teaching and so on, which the teaching of junior grade of architectural design forming main thread from vertical and horizontal.

Keywords：Architectural Design Fundamental; Architecture education; Diversification; Perception; Fusion

1 背景

教学改革的出发点：面临便捷和庞大的知识信息来源，教师的作用由"授人以鱼"逐渐转变为"授人以渔"；建筑设计基础课程教学改革之初，目的在于理清指导性知识和练习性知识，最大程度的引导学生自主学习的能动性，进而，提出了教学改革后要解决的问题：

1.1 理性与感性认知的差别与融合

针对建筑设计基础教学中理性与感性认知中的隔阂做出的一些探索，在我国的高等教育中，以理科生为主要生源，而建筑学这门学科恰恰是文理综合的学科，从

而需要教师用最短的时间进行引导，尽快弥补感性认识的缺乏。

1.2 建筑设计的开端是位置关系的确定

建筑与场地的位置关系，第一条线与纸面的位置关系等等，该环节中我们引入了最具代表性的艺术形式——拼贴画；拼贴画的创作过程本身就是目标物之间的位置关系游戏。包豪斯理论是近现代主流建筑教育的模版，然而，年代的更迭与历史背景的差别引发了我们对于今天的建筑教育的重新思考，我们从包豪斯体系中深层挖掘，为避免近现代大师可能会对低年级学生未来的建筑史学习产生的客观影响，最终我们选择了莫霍

利·纳吉；纳吉是包豪斯构成学派的基调奠定人，不同于包豪斯成熟时期的实践论，纳吉在他的众多摄影作品中一直尝试探索物象的位置关系，这也为当代包豪斯学派奠定了构成理论的基础。从莫霍利·纳吉的摄影作品入手，从他的理论研究，再到构成主义，进而研究他的摄影作品，分析主次客体之间的位置关系，并练习以眼为镜头，目的在于引导学生观察建筑空间以及捕捉实体与虚空间的关系，通过对物象位置关系的剖析来引导学生把控落笔之处及画面内全部内容的位置关系。

2 教学内容改革

2.1 整合教学目的

随着行业形势的变更，低年级教学目的也随之发生微小的变化，在教学目的多有重复的低年级教学中，首先应将教学目的向更大的时间维度看齐，以五年的本科教学时间为轴来看，低年级要完成的是对于各类建筑设计的能力和知识铺垫，所以课程组将入门训练用认知如拼贴画或摄影作品的教学形式，缓慢引入若干感性认知的构成训练，提升学生接受度；将较为被动的技法类训练融入各阶段教学环节中，同一教学阶段中可实现多个教学目的。

2.2 目标清晰的并行教学

将该学年需完成的教学内容罗列，分类；按比例分配学时，按照教学要求从内容上分为 ABCD 四大类，各类内容同时并行，融合于各阶段模块之中。

A. 建筑认知——二维、三维空间的认知

序号	教学课题	学时	备注
A1	建筑概论	2	理论讲解
A2	初识建筑	4	基础训练
A3	建筑分析	8	首尾呼应
A4	建筑空间	4+4	模型制作
A5	肌理+尺度	2	模型+讲解

B. 设计能力训练——初步形成空间建构能力

序号	教学课题	学时	备注
B1	线的构成	8	从拼贴画中提取线，深入完成线条的构成，结合铅笔线条技法训练
B2	平面构成	8	从特定建筑中提取元素，深入完成平面构成，结合墨线技法训练
B3	色彩构成	8	对建筑进行色彩分析
B4	立体构成	8	卡纸模型
B5	限度空间	8	卡纸模型
B6	群体空间	8	卡纸模型

C. 解读建筑——形成成熟的空间建构和分析能力

序号	教学课题	学时	备注
C1	建筑的线构	4	对建筑进行线的构成分析
C2	建筑的面构	4	对建筑进行面的构成分析
C3	建筑的色构	4	对建筑进行色彩分析
C4	建筑的空间	8	对建筑进行空间分析
C5	搭建作品	8	分组进行
C6	大师作品分析	8	分组进行

D. 表现技法——贯穿整个学年

序号	教学课题	学时	备注
D1	铅笔线条练习	4	对建筑进行线的构成分析
D2	墨线练习	4	对建筑进行面的构成分析
D3	水粉练习	4	对建筑进行色彩分析
D4	模型制作练习	8	对建筑进行空间分析

3 多元·融合的教学脉络探索

3.1 认知·训练

首先引入拼贴画的概念，拼贴画与蒙太奇作品最能体现设计师对于二维空间位置的把控。在对拼贴画概念和内容的分析同时，学生蒙拷贝纸，提取个人认为重要的线条，从长到短，由主及次，如此反复几次，最终得到杂乱无章的线条；此时，介入线的构成理论讲解，同时以铅笔线条技法训练为要求，使学生同时完成了概念解读，平面设计和技法训练三个教学目标，大大提升了学生对设计基础知识的综合理解。在此过程中，有意模糊各部分要求的差别，最终得到技法表达和构成设计均较为成熟的一幅小作业。

图 1 默霍利纳吉拼贴作品

图 2 拼贴画和学生铅笔线条作品

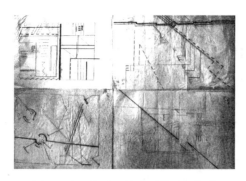

图3 学生作品：修改后的线的构成

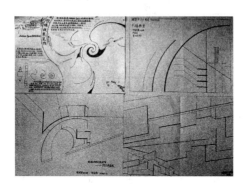

图4 学生作业：铅笔线条到墨线的构成设计

图5 学生作业：平面构成设计

3.2 萌芽·线到面的成长

经过线条构成和铅笔线条基础技法的练习，整体来到一个深入探讨纯粹建筑理论的阶段。该阶段中，教育媒介可以介入大师作品若干，并作简单概述讲解，学生用构成语汇作为分析目标来解读各自得到的建筑作品平立剖面，分析其中构成手法的使用，并蒙纸提取平面元素，在线的基础上作平面构成的训练，采用墨线技法训练的方式，同时，在此阶段的作业中，又一次完成了墨线技法，平面构成和大师作品初步解读的三个教学目的。

3.3 润色·面与色彩

继续前一个阶段中得到的大师作品进行深入分析，目的为环境及色彩分析。此时教学进程中提出三大构成中色彩构成的概念，作业要求首先提取形态特征和色彩特征；形态特征即对大师作品直观的感知捕捉训练，色彩特征包括色彩色相和色彩比例；其次要求重构画面，内容为形态特征下结合色彩特征和色彩比例，共同完成色彩构成作业，技法要求采用水粉颜料绘制。

3.4 生长·面到空间

（1）实空间——立体构成

此阶段中的立体构成成果已经与原来学生得到的大师作品形象相去甚远；由浅入深的剖析，和重组，这类

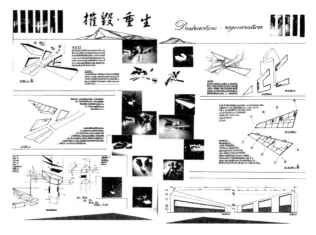

图6 基于平面构成的学生作品：中意建筑联盟展优秀奖获奖作品（学生：周太福、李慧等，指导教师：张靖宇）

似于解构主义，同时也是日后进行任何建筑设计所需的思维：得到地形与要求，将抽象形象进行拆解，重组，打磨，形成成熟的设计图纸。

（2）虚空间——限度空间

引导学生根据前阶段研究所得的大师作品特点，并加入空间概念的理论，纯粹的去探讨某一个作品之中的空间特点，并在有限空间中重复或放大该空间特点，形成作业。

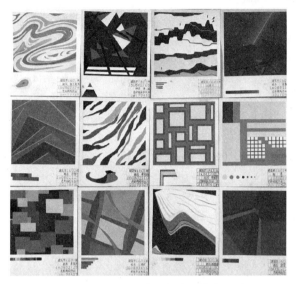

图 7　学生作业：建筑作品彩构成设计

图 8　学生作业：立体构成

图 9　学生作业：既有群体概念又保留各
自独立性的群体空间

3.5　蔓延·微空间与群体空间

为解决建筑设计中可能出现的问题，如环境，场地条件等问题，本阶段主题：从微空间到群体空间。要求设立6人一组，命题为附不同条件的组合空间，要求各自空间有前一阶段的空间特点，并充分考虑周边同学的作品特点来综合调整，作业要求既有个人特点，又存在整体性思维。

图 10　分组作业群体空间讲评时间，学生自述

4　回归·对建筑空间理论的探索

教学脉络梳理过程中，显现出当代建筑教育目的性强，实际操作性强的特点，强调规范和实际案例，反而缺乏对建筑理论本质的探讨。在行业健康稳定发展的当今，反而给建筑人带来了充足的时间揣摩曾经质朴的建筑哲学；在作业要求中注重肌理的视觉，触觉，感觉，通过材料特有的品质来比对和设计，对材料和肌理的了解是建筑师的责任。

图 11　学生实体搭建作业：省建构大赛三
等奖获奖作品
（学生：曹紫阳，王明新，张志新秀，李志文，
陈勇，指导教师：张靖宇，孟津竹）

尺度认知：建筑的灵魂是人的行为参与，人体尺度，行为尺度是衡量建筑功能性和使用感受的唯一标准，教学中作为一年级全年教学的收尾之作，布置综合全年的知识运用分析大师作品并进行深入分析和模型制作。

5　教学总结

低年级的教学改革出发点是为改善建筑设计基础教学中的一些不足，如传统教育过于重视技法训练等问题；总体围绕从二维空间到三维空间的位置关系展开课程的脉络探索，核心部分的建筑理论，技法和形态构成三条横向主线并行；时间节点上，三条主线构成了建筑设计基础的核心部分，前以拼贴画作为引导媒介，后以大型建构和大师作品分析作业作为全学年的结尾，宏观上形成了三横一纵的清晰课程脉络。

图 12　学生作业：大师作品分析

参考文献

[1]　张颀，许蓁，赵建波. 立足本土务实创新——天津大学建筑设计教学体系改革的探索与实践. 城市建筑，2011：22-23.

[2]　刘加平. 时代背景下建筑教育的思考. 时代建筑 2017（3）：71.

[3]　黄靖，徐燊，刘晖. 建筑设计与建筑技术的整合——英美建筑教育的举例剖析及其启示. 新建筑，2014（01）：144-147.

周忠凯　孔亚暐　金文妍

山东建筑大学 zhongkai_zhou@sdjzu.edu.cn

Zhou Zhongkai　Kong Yawei　Jin Wenyan

Shandong Jianzhu University

开放式研究性建筑设计课程的教学组织模式探讨
The Teaching and Organization Model of Open-Research-Oriented Architecture Design Course

摘　要：文章阐述了在城市更新发展背景下及建筑学教育改革的新形势下，处于承上启下阶段的三年级专业设计课程，在满足既有设计专题导向的前提下，需要积极鼓励多样化、研究型的选题。同时，课程依托灵活开放的组织形式，推动设计教学与课题研究的结合。除了完成基本的设计训练，主干设计课程还需强调培养学生理性的调研分析能力和综合表达能力，并建立初步的"研究性设计"思维框架，由简单全面的"设计技能训练"逐步过渡并转向"综合设计能力及设计思维"的提升，最终为高年级更为复杂的课程设计及未来业务实践奠定良好基础。

关键词：开放式研究性建筑设计；三年级建筑设计课程；教学研究

Abstract：In the context of urban renewal development and architecture teaching revolution, the subjects selection of the 3rd year architecture design course should be diversified and research-oriented. Meanwhile, the courses based on the flexible organization, could contribute to the integration of design teaching and subject research. After the basic skills practice, the cultivation of students' investigation and presentation capability should be emphasized in the core design courses in order to establish the "research-oriented" thinking frame, which in a way could lead students transferring from "skill-oriented training" to "comprehensive design and thinking ability" promotion, and finally could make a great foundation for their future design practice.

Keywords：Third year architectural design course; Open-research-oriented architecture design; Teaching research

背景解读

传统的建筑设计教育最本质和朴素的方法就是师徒相传，并且围绕固定的设计题目开展教学活动，强调对于设计对象的功能性和技术性要求。在当前的社会和城市发展环境下，新的建筑设计教育理念和教学方法不断涌现，在某种程度上迫切需要运用创新的教学组织模式作为载体予以贯彻实施。在五年制的建筑学专业课程设计的总体能力框架下，三年级作为衔接建筑基础教学和高年级综合深化教学的承上启下的重要转折环节，在对学生设计方法培育和设计思维构建方面具有一定的典型性。三年级的课程训练处于深化和整合阶段，每个设计课程相对完整，并与前后课程设计在横向及纵向体系上保持一定的关联度和拓展性。在初步整合学生已有的基本训练知识的基础上，可以引导学生深入探究设计基本问题并逐步关注设计中的社会、文化等非物质因素。

如今，国内的知名建筑院校，依托自身强大的学科优势和社会资源，纷纷改革建筑设计课程教学体系和培养操作模式，开展内容新颖、形式多样的教学活动（如清华大学邀请业内十几位职业建筑师，参与建筑学三年级的"开放式建筑设计教学"课程）。但对于大多数的普通院校的建筑学专业而言，受制于有限的师资力量和社会资源，难以完全打破资源和平台枷锁，在主干设计课程的教学方法和教学手段方面进行全面创新。因此，对于大多数地方普通建筑院校的三年级设计课程而言，需要在充分了解现有办学条件和满足教学大纲既有专题导向的前提下，积极拓展并改革教学组织形式，建立更为灵活开放的课程命题机制。同时，积极鼓励多样化、研究型选题，同时推动课程设计与教学研究的结合，提高课程教学的品质和特色。课程内容的编排和教学活动展开需要适应新形式下学生能力和思想发展变化，在引导学生夯实基本功的同时，注重培养其对理性调研方法和设计方法的掌握应用，进而达到有效提升"综合设计能力和设计思维"的目的。

基于上述考虑，笔者所在建筑学院选择三年级第二学期的后 8 周设计课程作为研究式开放性设计教学试验，对其内容编排模式及教学组织模式进行调整优化。首先，基于教师执教方式、个人教研方向差异等因素，依据空间尺度、类型等差异，课程将设计选题由"固定单一"转变为"灵活开放"的三个平行子课题——多重行为活动介入的教学空间更新改造设计、异质功能整合置入的工业建筑更新再生设计、基于需求差异的社交型文化创意街区建筑设计。其次，基于"互联网＋"思维，建立更为灵活便捷、弹性多样的课题选择、专题授课、教学行课及成果考核方式。最终，帮助学生实现顺接高年级的"综合深化阶段"，并为其今后发展奠定良好基础。

1 以"研"促"教"，教研相长

课题制定及教学指导环节在"能力框架"限定下，结合任课老师自身科研及兴趣方向引入初步的"研究性"内容，以"讨论"和"操作"的方式替代以往以"示范"为主的教学方法，强调以"调查"、"研究"和"逻辑思维"为基础的建筑设计技能训练，使设计变的更加"可学"、"可教"、"学研融合"。经过三年系统的设计课程训练，大部分学生面对具有一定复杂条件的设计课题，已经具备初步的分析研究和逻辑思维能力。因此，有选择性的将科研内容融入设计教学，不仅可以促进提高教师教学的积极性，更重要的是可以将科研（或教研）所关注的先进理念及方法带入教学，有效推动课程组织的完善和知识更新。同时，教学的部分成果，在某种程度上也为科研提供基础数据等研究资料，可以帮

助教学任务繁忙的教师节省大量科研时间，并有效提高科研成果转化效率。

2 转变教学组织形式，建立双向选题的互动机制

调整课题编排方式，由传统扁平化方式转向开放式联合教学，优化知识结构和课程体系，采用"双向选题"的课程组织形式。

以笔者曾经留学过的比利时鲁汶大学工学院"城市主义与策略规划"（Urbanism and Strategic Planning）专业主干设计课程为例，每学期开始，都会有老师和学生对主干设计课程进行双向选择。不同课题组主持教师面向全体学生介绍课题内容，过程中学生可随时自由提问，而后根据课题特色及个人兴趣等因素做出选择。由于学生的主动选择替代了以往固定课题的被动指派，势必会提高学生的主管积极性及对于设计课程的参与度，同时也对教师课程编排及责任态度提出了更高的要求。

因此，在开放式课题制定之初，一方面遵循教学大纲的"能力框架"要求，另一方面充分考虑当今城市发展和空间结构转型过程中所映射的诸多热点现象，并结合教师的个人研究积累，基于"社会、人文、技术"多个层面制定出 3 个平行子设计课题供学生选择（图1）。学生的自主选择也并非完全依据个人兴趣进行筛选，课题组会根据教师人员配备情况对不同课题的学生人数比例进行宏观把握分配。

3 交叉互动的专题授课模式

结合不同训练课题的共性特征及个性特点，灵活融入相关的专题授课，并将其分为公共专题及分项专题，作为主体知识板块和各子课题的重要支撑和必要补充。三个平行子课题在设定之初，既考虑到要满足其具有"共性"——即教学大纲中对本阶段学生能力的训练要求，又要体现不同命题的"个性"——针对三年级学生的薄弱环节（如调研方法、建筑的生态技术策略等）强化提升并与高年级课程训练练好衔接，因此，专题授课的内容类型也反映出了鲜明的"共性"和"个性"特点。如"城市更新背景下的建筑与场所再生"专题，适用于所有课题组的学生，而"POE研究方法"专题侧重于人的行为心理与空间场所的互动关系剖析，更适合课题一和课题二的设计要求。因此，学生在听取公共专题授课的同时，亦可根据不同课题的要求及方案构思特点，选择性的听取其他专题讲座以丰富自己的知识体系，形成一种"大小专题互动，讲座灵活搭配"的弹性模式（图2）。

课题	课题一:多重行为活动介入的教学空间更新改造设计	课题二:异质功能整合置入的工业建筑更新再生设计	课题三:基于需求差异的社交型文化创意街区建筑设计
选题方向	建筑空间功能再生	工业建筑空间更新改造	群体建筑及公共空间
尺度	单体场所空间	建筑组团	街区建筑组群
设计目标	基于POE调研方法的教学空间更新再生	工业建筑空间功能更新及生态技术改造	基于人群行为心理需求的传统街区空间与建筑群体整合设计
设计研究	POE调研方法引导建筑空间设计的策略和操作方法	工业向民用空间转换的保护性设计策略,生态技术介入的空间更新操作方法	借助需求差异理论了解并分析使用者在具体城市环境中的行为特征和心理需求
题目特点	灵活性:题目设定灵活,教学方法灵活		
	开放性:聚焦社会现状,关注地域人文		
优势	学生:增加学生兴趣点,并提升其参与的主动性和积极性		
	教师:发挥设计特色及专长,灵活结合教研及科研方向		

图 1 课题类比

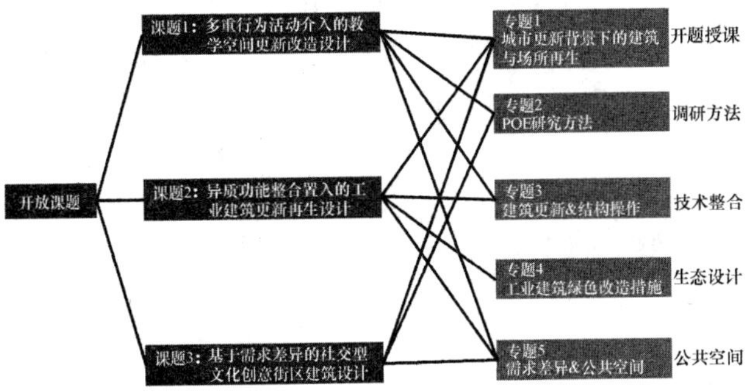

图 2 交叉互动的专题授课模式

与传统的平行式、类型化的集中专题授课相比,与设计课程进度紧密结合的层级式、递进式专题讲授,更能适应课程不同阶段的训练要求,明确"教"与"学"的重点,有利于学生对新的思维方法及操作方式的逐步适应与掌握。

4 信息化互动式教学行课方式

"互联网＋"背景下的师生交流方式由"门户型"转为"点联型",这就要求设计教学方式应当由固化的"集中授课"或"师徒授课"方式转向师生活动交流的"情景参与"方式。

除了固定上课时间的专题授课和基于图纸或PPT等电子媒体的方案交流,师生充分利用微博、微信等时下简便易行的"微教学"手段,对课程相关的理论知识、案例解析等内容进行实时更新和同步推送,或是利用Skype等通讯软件与国内外院校师生进行远程交流沟通。例如,基于"山东建筑EDU"及"山建海右传媒中心"等微信公众号,组织教学组师生面向省内建筑类高

校及相关设计机构,不定期的编辑和推送学生优秀作业及各类教学活动信息,充分发挥了微信公众号"查阅便捷、分享快捷"的特点。在传统教学模式的基础上,基于互联网平台的教学组织模式,增加了教学方式的开放联动性,提升了课堂之外的师生互动和资源共享,激发学生的学习兴趣,提高学生的学习热情和主动性(图3)。

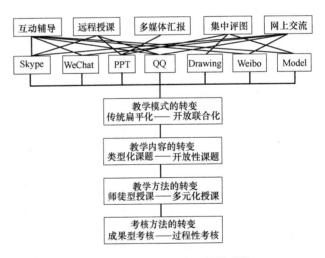

图 3 信息化应用的多元教学手段

5 "进阶性"考核及"开放式"的成果展评形式

在能力培养的教学目标下,课程采用"进阶性"的考核模式,分为初期(调研)汇报、期中答辩和最终成果评审三部分成绩,分别占10%,30%和60%的比重。成绩考核方式综合考虑了学生在整个教学过程中的发展状况,动态评价体系替代了以往静态的成果图纸评分机制。

图4 成果答辩及展评现场

在成果表达方面，取代以往小范围、分组式的成果答辩形式，利用教学区的开放空间（中厅），进行公开答辩和图纸展评。开放式的课题设计，利用开放空间采用开放式的评图形式，增强了不同课题组师生之间的成果互动交流，营造出相互学习的良好氛围。另一方面，借鉴国外诸多建筑院校经常采用的设计成果"答辩＋展览"的模式，将成果图纸作为展品供各年级师生观摩，在某种程度上提升了最终评图环节的仪式感，也间接调动了学生的主观能动性和成就感（图4）。

6 结语

本次面向建筑学三年级建筑设计课程的教学组织形式和操作模式的改革，经过8周课时的教学实践检验，与同时期同周期的"固定单一"式命题设计相比，其操作过程和最终成果在以下几个方面取得了良好效果：首先，建立初步的"研究性设计"框架体系，将"研究性思维"初步融入设计过程的操作方式之中。在解决阶段性课程设计训练基本问题、强调对建筑设计本质规律探索的同时，需要关注当前社会热点问题，将"空间研究与设计训练"相结合，并逐步走向对所学知识的创造性运用。其次，强调设计前期调研分析的重要性，强化前期调研与设计的衔接和结合，力求培养学生通过前期采用合理的调研方法，理性有序的启动设计过程，并借助设计手段完善调研框架并解决调研中所提出的各类问题。再次，在"能力框架"的先定下，开放式的研究性设计选题，还可以促进主课教师将自身的教学研究成果（甚至是科研成果）向教学实践进行转化。另外，开放式的公开展评答辩形式，有效的调动了师生参与的积极性，结合"互联网＋"信息化支撑的多元教学手段（如微信公众号），在某种程度上提升教学成果的品质和特色。最终，期望对学生专业素质的培养由简单全面的"设计技能训练"，逐步过渡并转向"综合设计能力及设计思维"的提升。

参考文献

[1] 徐卫国. 关于开放式建筑教育的思考. 世界建筑，2014（07）：25-27.

[2] 庄惟敏. 2015开放式建筑设计教学设计导师课程后思考. 建筑教育，2015（07）：120-131.

[3] 龙灏，田琦，王琦，邓蜀阳. 体验式开放性建筑设计课教学法探讨. 高等建筑教育，2011（01）：131-134.

[4] 杨俊宴，高源，雒建利. 城市设计教学体系中的培养重点与方法研究. 城市规划，2011（08）：55-59.

廖静

昆明理工大学；344530096@qq.com

Liao Jing

Kunming University of Science and Technology

基于"体验—生成"交互思考的基本建筑教学实践研究
Research on Architectural Teaching practice the View on the " Experience-generation" Interactive Thinking

摘　要：我国经济转型发展对人才培养模式提出更高要求，论文以二年级建筑设计课程改革实践为基础，提出建筑基础教学应从知识传授到思维培养的方法转变，探讨"观察与体验"的教学模式在设计课题中的训练与应用，提出了基本建筑的培养应注重从"生活体验"到"空间生成"的逻辑思考，以问题为导向的设置任务书，激发学生的观察、发现、思考、辩论、领悟能力，建立一个多元的教学评价体系。

关键词：教学转型；设计思维；基本性；观察与体验

Abstract：The development of China's economic transformation puts forward higher demand for talent training mode，which is based on the reform practice of second-grade architectural design course，and puts forward that the basic teaching of architecture should change from knowledge transfer to thinking cultivation，and discuss the training and application of "observation and experience" teaching mode in design project. It is suggested that the training of basic building should focus on the logical thinking from "Life experience" to "Space Generation"，set up task book with problem-oriented，inspire students' observation，discovery，thinking，debate and comprehension ability，Establish a pluralistic teaching evaluation system.

Keywords：Teaching transformation；Design thinking；Basic；Observation and experience

1　问题引入

1.1　困境与挑战

我国经济转型发展到现在，对创新型人才的需求日益突出，特别是在产业结构调整、民族品牌创立方面，这也让教育转型变得尤为重要。中国经济转型推动教育转型，要求教育行业能培养兴趣广泛、人格健全、头脑灵活的思辨型人才。如果不能做到这一点，中国恐怕只能继续作为给世界提供低级劳动力的工厂。[①] 我国建筑设计市场也存在着转型的问题，建筑教育理念也正在经历着更新的过程。昆明理工大学建筑学虽然已有 30 多年的办学历史，是我国西部较早开始建筑教育的学校之一，但是面对当下激烈的市场竞争和"一带一路"的国家发展，我校建筑学教育也经历着不断提升转型。办学

中如何突出地域经济和社会文化的教育特色，建立具有西部地域特色的整体化、开放型的办学模式？如何坚持以人才培养为中心，以学生综合素质、创新能力和实践能力培养为核心？建筑教育的转型与课程体系的建设、教学理念、教学方式和教学内容的转变非常紧密。

设计本体问题的根源多数都出在教育上，包括学校教育和社会文化教育。由于我国初级教育阶段教育体系和教育理念的僵化，以及人才选拔制度的单一化，带来"高分"和"高能"不是一一对应的。建筑学教学中表现尤其明显，一些学生专业成绩突出，但思维方式僵化；图面表达丰富，但只注重自我表达，社会对话能力

① 陈志武，中国教育不转型，大多数孩子只能继续卖苦力，教师博览，2008 年第 11 期 P4-P6。

欠佳；同时西南边陲对外交流相对闭塞，学生眼界相对有限。我院建筑设计教学的提升转型充满了机遇与挑战。

1.2 定位与革新

蔡元培先生曾说过："决定孩子一生的不是学习成绩，而是健全的人格修养！"。建筑设计启蒙的阶段，建立一个理性而全面的建筑观对职业生涯的发展是尤为重要的；在启蒙期，培养一种设计的兴趣或方向，不论是高雅还是通俗，不论前沿还是普通，例如前期策划、方案创作、文本设计、动手实验、技术设计等等这些都是很好的，但不要让学生仅仅是为了培养一种技能或取得高分而进行设计。二年级基本设计思维的培养，从"生活体验"到"空间体验"展开教学实践，首先就从去"类型化"开始。

类型化的设计思维模式往往偏重于设计主体的创造性和建筑形态的分析方法的探索，而基本建筑中的设计思维注重的是地域性的对话，以客观场所为设计依据，引导学生关注日常生活、场地问题、建造问题、地区资源问题、地区社会经济文化问题等，学生通过对"基本性"的关注而切入建筑设计的基本问题与核心问题。

教学课题实践将基本建筑的原有的两条线索进行交织合并，原线索一以"空间"（单一空间）为线索导入建筑设计的基础专业知识，原线索二以"地域性"为线索培养学生的设计思维能力和学习能力（图1）。将两条线索交叉并存，形成以"体验—生成"往复练习的空间线索，这是一个观察、发现、思考、辩论、领悟的过程，学生在此过程中逐步掌握发现问题、提出问题、思考问题，寻找途径、解决问题的技巧和知识（图2）。

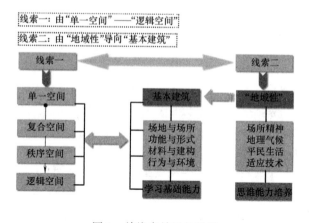

图1 单线索并置的教学

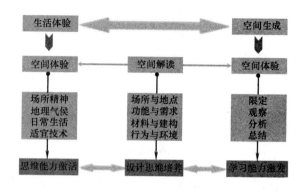

图2 线索交互的教学

2 教学实践重点

一个优秀的设计作品中蕴含着主创人员的设计思想，如何从"匠"到"独具匠心"？入门阶段的空间设计思维训练和视野开拓对于设计综合能力的培养是尤为关键的，激活"原始"空间体验是首要的。我们通过近几年对"休闲吧"设计课程的教学实践，总结了一些教学经验和大家一起探讨。

我系二年级设计总共有四个课题，"休闲吧"是第一个设计课题，对一、二年级设计训练要起到承上启下的作用。一年级空间训练是以三维空间为主线引导学生认知空间世界的，二年级第一个设计"休闲吧"在强化以"空间体验"为主的前提下，开始引入环境、场景和特地人群的行为需求，希望同学能进入特定时空的视野去思考建筑空间的生成和生成的逻辑关联。"休闲吧"的场地可以在校园、公园、住区或是城市公共空间，功能设计依据场地使用的主要人群行为特点进行有主题性功能的设置。

2.1 体验式任务书的设计

设计任务书是教学过程控制的重要依据，同时也是教师对设计课题研究的反应。一个设计教案要能有效的实施，教学效果才能得到一定的保证。任务书的设置需要在理论研究的基础上结合实践的探索进行动态的调整，不断总结优化找到适合学生与老师特点的实施方案。

传统任务书通常会将"规划设计要求"和"建筑组成及设计要求"按条款的方式一一说明，学生按菜单式进行功能组织设计并创造适宜的空间形式。体验式任务书尝试探讨是以"引出"的方式让同学理解建筑设计的基本过程和原理。任务书在明确教学目的前提下，对"规划设计要求"和"建筑组成及设计要求"的设置采用的是基于学生调查之后得出的结论进行具体安排，任务书有一定的自由度和包容度，鼓励学生独立思考，理解建筑设计要服务于社会的意愿，教师要观察学生在做设计过程中对所从事的设计活动的喜爱程度，引出潜藏在同学内心的原始空间感，学生通过独立思考的过程，去找到自己设计创造中适合的方向和兴趣，教师加以引导，共同建立一个多元的评价体系。

体验式任务书的设置要注意在"引出"问题中，设计任务书是要经过"预先"精细设置的，开放中要有限定，限定中要有自由，自由中要有导向。例如"校园休闲吧"任务书中规划与建筑设计要求的提出看似无限定（图3），其实场地环境的既有条件（树阵的高度）和设计要满足的接待规模已经对设计提出了隐形的限定。空间体验过程中看似以空间限定生成的场景表达，其实环境要素设置中"三选二"的导入过程是希望同学去关注"东方式空间"的意境表达。

三、校园休闲吧设计任务与内容

1. 建筑规模和场地要求：

（1）建筑规模：
梨园内拟建一个校园休闲吧，建筑用地为0.5亩，总建筑面积不超过350 ㎡（上下浮动5%），建筑层数不超过三层，建筑高度不超过9米。

（2）场地要求：
建筑用地自选自绘，要求定位准确，图纸表达精准，树木要有标号。
建筑用地选择完成后，场地内要保留5棵梨树（其中3棵位置不能移动，余下2棵可以移植），场地内剩余树木移植到建筑用地之外。

（3）场地要素植入选择：
植入要素：水、石、桥；
以上三个要素选择其中两个，并将其植入到建筑用地中，要求与现状环境、建筑空间产生一定的对话关系。

---

2. 面积构成和功能组成：

（1）面积构成：
总建筑面积不超过350 ㎡，其中基本辅助功能区域面积不少于10%～15%，休闲区能容纳20～30人。
基本辅助功能区域包括：
① 加工间、吧台：需体现操作的设备；
② 储藏间；
③ 卫生间：分男女设置，需容纳洗手盆，大、小便器，并按照人数需求布置。

（2）功能构成：
通过调研后设计主题的确定，除了保证基本辅助功能房间之外，主要功能房间和交通空间构成可以根据设计特点自定。

图3　任务书节选

传统任务书学生直接照单设计往往容易忽略"设计是为什么而做"的设置前提。在采用"观察与体验"的教学模式下，任务书的设置不再是大一统的模式，它会根据教学目的以及阶段性训练目标，有重点地编写任务书，学生通过调研逐步完善出一个具体的功能要求。

例如休闲吧的场地从早期的城市公园（昆明翠湖公园）转变到了学校公共空间（教学区和学生宿舍区之间的梨园，梨园呈树阵排列），更有利于学生总结和发现日常生活的问题，寻找在课余之后的多元化休闲场所。从早期具体的功能设定（茶室等）转变到了学生通过调

研分析策划导出具体的功能设置，休闲吧可能是书吧、茶室、影吧等等。这是"引出"的第一步（开放中有限定）从贴近的日常生活中发现问题，在启发中导入限制条件，引导学生集中关注"预定的空间意向"训练目标。导入限制条件是"引出"的第二步（自由中有导向），场地位置自选但是必须植入新的元素——"水、石、桥"三个要素中的两个，任务书的设置是逐步导向空间操作对场地环境氛围的塑造（图4）。

图4　场地环境分析草图：校园—怡园—梨园

传统任务书对房间面积大小会有细致的说明及要求，而体验式任务书的功能设计是由学生调研后提出，如果还采用传统方式对面积有具体要求相反会束缚了创造空间的可能性。体验式任务书建筑面积的控制只提出服务空间与被服务空间的设置比例，学生要在满足规定接待人数的限定下，去策划具体的功能区面积大小。

基本建筑设计思维的培养是以学生为主体进行教学的，从现象及现象的解析入手，将学生既有的"原始空间感"转化为"理性的空间观念和设计方法"。

2.2 场景设计的导入

引入场景设计的训练，一方面与一年级的空间生成有了一定的承接关系，另一方面以三维的方式让学生对空间体验有一个较真实的感受，去理解"时间与空间"的关系。

我院二年级设计课是建筑、规划、景观三个专业共同进行教学，场景的导入就需要有一定"通识性"，从宏观到微观，我们将设计内容划分为两个递进的阶段，

包含了三个空间练习，其中阶段一有一个练习，阶段二有两个练习。

（1）阶段一：空间雏形与体验研究（三周）

练习一：空间场景的雏形。

训练重点：环境认知、空间限定的组织。

训练目的：体验环境与空间的相互关系。

学生通过手工草模的操作方式，结合图底关系的研究，探讨空间尺度的比例关系，实、虚空间的互动关联，体验在模糊空间中场景路径的限定是如何形成的？

教学小结：空间体验从场景出发，有利于激活学生原始空间画面，这是一个模糊而抽象的过程，重点在研究功能空间与需求的关系。从"大校园"到"中场地"再到"小地点"，图底关系的研究是一个渐进的过程，研究空间的生成从宏观到中观、微观三个层面逐层递进，引导学生去关注"场所与地点"的问题。这个训练的难点在于，学生要放下具象的功能设计，从生活的体验和空间的畅想中构筑"画面"，通过与"原始画面"组织空间的生成，从而形成"场景的雏形"，通过对场景路径的研究来导入空间限定的本方法（图5）。

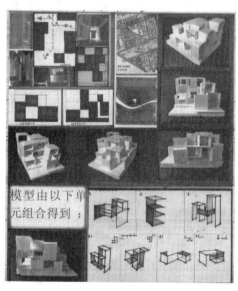

图5　场景雏形的图底研究草图

（2）阶段二：空间塑造与体验（三周）

练习二：材料与场景的对话。

训练重点：材料感知、空间限定的细化。

训练目的：体验空间与行为的互动关系。

学生通过不同模型材料来阐释同一空间塑造的场景效果，探讨通过材料运用去表达建筑空间设计语言，材料与形式的融合如何体现出建筑设计的理想目标？

教学小结：材料是建筑师揭示潜在规律、表现秩序

的载体。理性的空间观念不适合一味的说教，这个环节的练习类似于在自己构筑的"黑白画面"里尝试"填色"，如何能变成"特色"，在于同学们去解读材料的基本性，每一种材料都有独特的物理特性蕴含着气候与文化的特点，材料的表面观感突显着人的行为心理。练习一是在日常生活体验中"想象"场景的"画面"，练习二是在空间体验中"描述"场景的"重构"（见图6）。

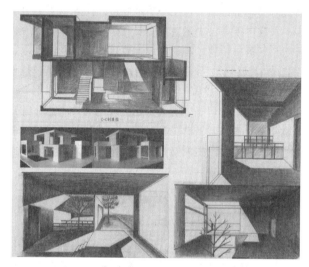

图6　空间与行为塑造体验

（3）练习三：空间与行为的对话（三周）

训练重点：场景细部空间建构的研究。

训练目的：从探讨空间的可能性研究逐步到可行性研究，我们希望同学们去关注"行为和空间"相互的关系，希望教学中通过探讨场景细节去研究如何建构，去完成精细图面表达，形成规范而有效的空间语言（图7）。

教学小结：设计研究从观察日常生活的"行为"开始，最后对建筑可行性研究的深化中再次回归对"行为"的关注。第一次的"行为"体验是一种观察与分析，第二次的"行为"是一种验证与创造。通过对行为与空间细化的研究，引导学生关注精细平面和剖面，对结构体系的考虑希望学生能理解形态与材料、结构之间

的关系。

图7 作业节选

3 教学启示

设计课教学从技能的讲授到培养思维能力的培养，采用的教学方式和方法应该是有所区别的。对思维的培养采用抽象的图示语言练习，需要不断的尝试研究，还需要我们转变评价的标准，形成一个更加包容、多元的评价体系，毕竟思维的培养是一个渐进的发展，过程大于结果。

在采用"引出"式"观察与体验"的教学模式中，学生变成了教学的主体，老师要能发现不同学生在面对同一问题时采用的解读方式的异同，发现学生的特点，引导学生去坚持创造更多的可能性。这样的教学老师必须对设计课题进行前期研究、策划及分析，及时反思调整教学过程中出现的问题，不断完善任务书设置，提出相应的教学方法和思路。

基本建筑的基本性导向的不仅是建筑的本源，同时也是对教育基本性的回归，启发潜藏在同学内心的智能，唤醒"原始的空间感"，一旦学生拥有了持续一生的学习热情，教育的有效性也就实现了。

致谢：建筑系二年级教学小组成员对教学改革的支持。

参考文献

李伟. 专业思维素养与建筑设计基础教学. 中国建筑教学. 2014（7）. 56-60.

姬小羽　蒋好婷

新疆大学建筑工程学院；xdjxy@qq.com

Ji Xiaoyu　Jiang Yuting

Architectural and Engineering College，Xinjiang University

基于系统论的"公共建筑系统"PRCPB 模型及其在建筑教学中的应用

——新疆大学建筑学专业三年级教学改革的实践与思考

Public Building System PRCPB Model based on Systematicism and Application in Architectural Teaching

摘　要：在知识经济时代，由于现代科学技术日新月异，作为先进方法论的系统论必然会在建筑学科建设中广泛应用，并促进建筑学教育不断改革创新。新疆大学建筑工程学院建筑与城市规划系三年级教研组在教学实践中，依据系统论原理，搭建了"公共建筑系统"PRCPB 模型，并将其运用于"公共建筑设计原理"及"建筑设计二"课程教学中，在促进教学改革、提高建筑学专业课程教学的科学性工作中进行了探索，并提出了进一步改革的思考。

关键词：系统论；"公共建筑系统"PRCPB 模型；教学改革；多元化建筑教育

Abstract：In the era of knowledge economy，due to the rapid development of modern science and technology，the systematicism，as an advanced methodology，will be widely applied in the construction of architectural disciplines，and promote the continuous reform and innovation of its teaching. According to the principles of systematicism，in the teaching practice，teaching and research group of grade three in architecture and urban planning department in Architectural and Engineering College in Xinjiang University had set up a *Public Building System PRCPB Model*，and applied it to the *Principles of public building design*& *Architectural design* Ⅱ course teaching，explored in promoting teaching reform and improving the scientific work of architecture professional course teaching，and put forward some thoughts for further reform.

Keywords：Systematicism；*Public Building System* PRCPB *Model*；Reform in Education；Diversified Architectural Education

1　基于系统论搭建"公共建筑系统"PRCPB 模型

系统科学，是研究系统的一般模式、结构和规律的新兴科学。由我国著名科学家钱学森倡立的系统论是系统科学的方法论，反映了现代科学发展的趋势和现代社会化大生产的特点。

1997 年，周干峙院士在"城市学"会议上，提出"用系统工程学的观点来认识城市及其区域"，这一观点得到了钱老的认同。周院士指出"现在论建筑，已经离不开城市和区域，完全按照系统工程的规律形成了一个开放的复杂巨系统……"[1]。周院士基于系统论原理，对建筑学专业做出了方法论意义上的重要定位，为建筑学科的发展指明了方向。

我国正处于经济常态化发展阶段，公共建筑事业必将大规模、高效率、高水平地发展。以公共建筑为对象，以系统论为方法论进行建筑学科的研究，成了本次教学改革探索的立足点。

1.1 作为方法论的系统论原理运用

将公共建筑看作一个系统，考虑到模型的简化问题，该模型主要以系统论的三大原理和一大规律为主要的方法论。从三大原理的角度出发来看，"公共建筑系统"的整体性（Integrity）体现在：该系统是由不同的部分组成的，根据需要，这些部分又可以分为不同层级的子系统、子集合以及要素，但整体系统却远远大于这些部分简单的加和；层次性（Hierarchy）体现在：组成该系统的部分之间具有一定的层次性，不同的层次对这一整体的影响力不同，并且会随着时间的改变而改变；开放性（Openness）体现在：系统中的相关要素无时无刻不在与客观环境发生着各种物质、信息和能量的交换。从结构功能相关律的角度出发来看，"公共建筑系统"的结构与功能始终处于相互联系、相互制约、相互作用、相互转化的过程之中。其中：结构（Structure）是指系统内部各个组成要素之间的相对稳定的联系方式、组织秩序及其时空关系的内在表现形式；功能（Function）是指系统与外部环境相互联系、相互作用中表现出来的性质、能力和功效，是系统内部相对稳定的联系方式、组织秩序及其时空关系的外在表现形式[2]。

1.2 "公共建筑系统"PRCPB 模型的建立

将"公共建筑系统"设为一个母系统，该系统由"公共建筑"与其"存在的环境"两部分组成。

将某一个公共建筑定为"某公共建筑子系统"，记作 PBx。根据建筑生命周期阶段，可将其分为：项目筹划，记作 PBx1；建筑设计，记作 PBx2；施工设计，记作 PBx3；运营管理，记作 PBx4；建筑废止，记作 PBx5；建筑拆除，记作 PBx6。则有 PBx = {PBx1，PBx2，PBx3，PBx4，PBx5，PBx6}。可以得到 PBx 模型图，如图 1。

按照公共建筑的规模及复杂程度 C 进行排序，以此建立 C 坐标轴，如图 2。

将以上两张图叠加，可以得到 PBx 在 C 轴中的定位（PBx，Cx），如图 3。

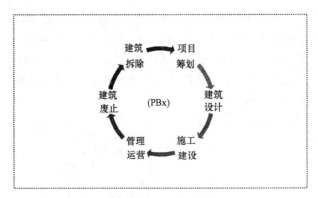

图 1　某"公共建筑子系统"PBx 模型图

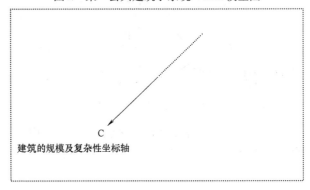

图 2　"公共建筑"规模及复杂程度坐标轴 C

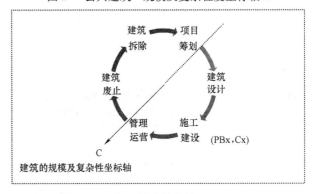

图 3　PBx 在 C 轴中的定位（PBx，Cx）

将所有的公共建筑看作一个集合，即"公共建筑集合"，记作 PB，则按照 C 坐标轴进行排序，可以得到"公共建筑系统"PBC（以下简称 PBC）静态模型图，如图 4：

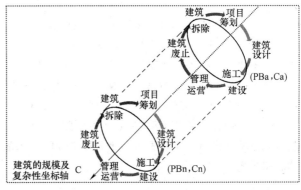

图 4　PBC 静态模型图

185

考虑到随着 C 轴中建筑规模及复杂性的增加,实际中的具体建筑与环境发生的物质、信息和能量的交换也将不断增加,所以对图 4 进行了一定的调整,沿 C 轴方向进行了放大,表示其开放性增加的趋势,得到 PBC 动态模型图,如图 5:

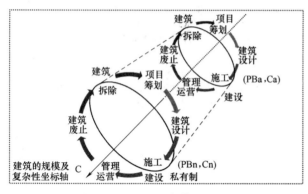

图 5　PBC 动态模型图

以生产力作为 P 轴,生产关系作为 R 轴,则可以得到 PR 坐标系及其限定的四个象限(Ⅰ/Ⅱ/Ⅲ/Ⅳ),如图 6:

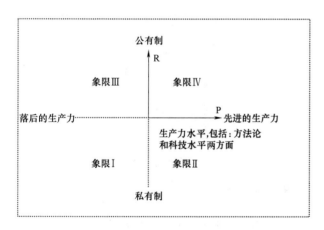

图 6　PR 坐标系

将图 2 和图 6 进行叠加,可以得到一个新的坐标系 PRC,则可以看到,该坐标系划分出了八个象限为,分别是:

$[-R,-P-C]$;$[-R,-P,C]$;$[-R,P,-C]$;$[-R,P,C]$;
$[R,-P-C]$;$[R,-P,C]$;$[R,P,-C]$;$[R,P,C]$,如图 7:

由于任何一栋公共建筑都必然存在于这个坐标系内,所以将图 3 与图 7 进行叠加,就得到了"公共建筑系统"PRCPB(以下简称 PRCPB)模型图,见图 8:

根据研究的需要,还可以对这个模型图进行变形,将图 5 与图 6 进行叠加,表示整个 PBC 在 PR 坐标系中。如图 9:

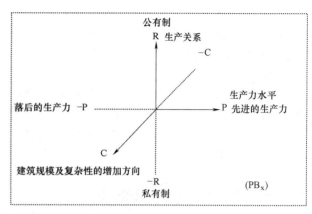

图 7　PRC 坐标系

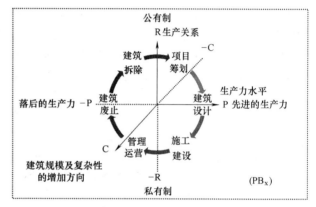

图 8　PRCPB 模型图

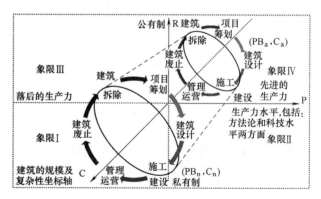

图 9　PRCPB 模型图变形

其中图 8 和图 9 的含义相同,但观察的视角不同,研究的侧重点也不同。可以根据实际的研究需要进行选择。

通过以上分析,我们可以看到 PRCPB 模型提供了一种更加贴近实际情况的系统观,有助于研究者更好地认识公共建筑在现实世界这个开放的复杂巨系统中存在的实际情况和所处的位置,以便更加准确地把握公共建筑存在的限制、条件、需求和技术等根本问题。

2　教学改革的主要做法

三年级上学期,是学生从专业基础课向专业课过渡、将理论运用于实践的重要阶段。新疆大学建筑学专业对应开设的核心理论课是"公共建筑设计原理",同步设置的设计主干课是"建筑设计二",内容为两个小型专题类公共建筑设计。目前存在的主要问题有二:其一,理论课程框架和内容有待调整;其二,在以往的教学中,理论课和设计课关联性不够紧密。因此有必要进行教学改革。

2.1 "公共建筑设计原理"教学改革

将PRCPB模型运用于"公共建筑设计原理"课程教学中,给学生布置对PRCPB的科学分析作业,分析原则:以客观为原点;无遗漏问题;无重复问题。图10为学生作业选。

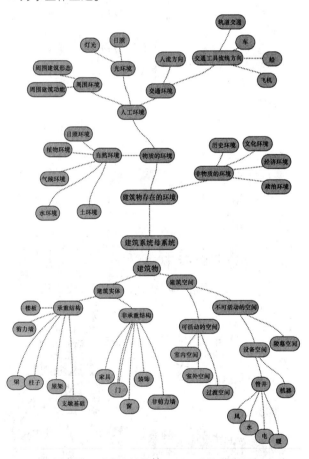

图10 Y同学所做的PB41系统分析图

在完成该作业时,学生普遍认为他们对建筑诸多问题及其之间的关系有了更加明确和深刻的认识和理解。

需要说明是,对于"公共建筑存在环境",PRCPB系统选取的坐标系是PRC,在实际的情况下,根据需要,可以有更多的选取方式,是否合理有效,应以能否真实准确地认识问题和切实有效地解决问题为判断的依据。所以这项作业允许学生有自己的思路。

基于PRCPB模型对各章节的问题进行更加深入的分析,对学生建立系统思维起到了积极的作用,帮助他们从深层的理论层面把握公共建筑的构成原理。他们更深刻地认识到建筑是由不同的要素组成的整体,并且整体之间存在着关联;更清楚地了解到建筑的不同问题所处的不同层级位置,从而更准确地聚焦于这些问题所涉及的具体内容及对应的不同知识点;更明确地意识到,作为开放系统的建筑,不同问题在建筑中所起到的作用和受到的限制从本质上是属于不同层级、不同方面的问题,有些问题是内部结构问题,而有些问题则要从外部功能的角度去理解。最终确立解决问题的正确思路并高效地解决问题。

2.2 "建筑设计二"教学改革

将PRCPB模型作为理论依据,同步应用于同一班级同一学期的"建筑设计二"设计实践环节之中,让学生将设计任务书中需要解决的具体问题带入PRCPB模型,并以此为理论指导设计。

在设计课中,将"公共建筑设计"这一环节看作PRCPB其中的一个子系统,记作PB2,模型图见图11:

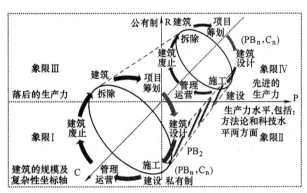

图11 PB2模型图

将PB2作为一项劳动进行进一步分析,就可以得到PB2系统的分析图,见图12:

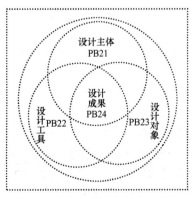

图12 PB2系统分析图

这样又得到了PB2的四个子系统，分别是：设计主体，记作PB21；设计工具，记作PB22；设计对象，记作PB23；设计成果，记作PB24。则有记PB2＝{PB21，PB22，PB23，PB24}。

以"设计对象"系统PB23为例：为抓住主要矛盾，将设计对象PB24简化为即将建成的建筑物（实际中如遇到更多问题可以随时扩充），该建筑物存在于运营管理环节PB4，记作PB41，对其进行分析，得到图13：

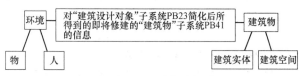

图13　PB41系统分析图

以对与建筑相关的"环境"中的"物"子系统为例做进一步的分析，得到"物"子系统分析图，见图14：

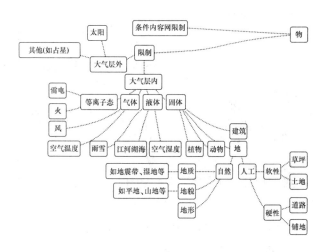

图14　"物"子系统分析图

学生在将任务书带入"物"子系统模型时，发现由于基地中的树木较多，所以很多学生都选择了以植物作为设计的出发点和主要的设计概念，如图15、图16。

以此方法对"设计对象"系统PB23全部展开科学分析，并将分析用于设计的理论指导，则可以更清楚地观察到更多问题之间的结构及功能关系。由于第一次尝试，所以这项工作仅作为选做布置给了学生。

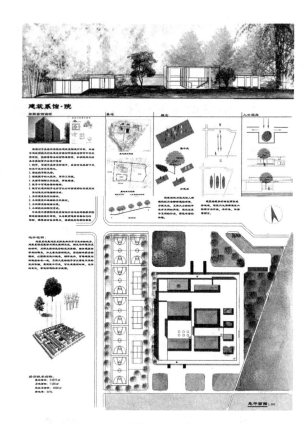

图15　Z同学选择了院落的形式

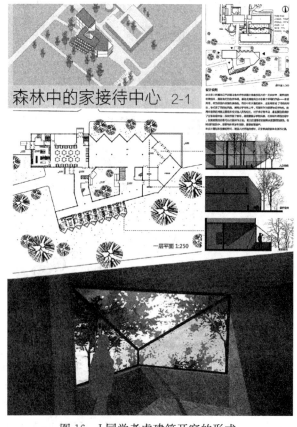

图16　J同学考虑建筑开窗的形式，
以便能够更好地欣赏到场地中的植物

3 改革成效与思考

3.1 对于教师来说

以先进的系统论作为教学改革的方法论指导，建立 PRCPB 模型，并借助于这一模型，有助于研究者对建筑的基本问题进行批判性的思考，划定其存在的界限和条件。将其运用于教学改革，作为课程结构框架调整的理论基础，教师能够对建筑这一开放的复杂巨系统进行更加有效的分析，将问题拉开层级，明确其相互之间的关系，使认识建筑的思路更为清晰；将理论课和设计课的教学内容互相对应、贯穿和促进，增强知识点间的关联性，使章节间的整体性更为明显；提高设计课教学的客观性、科学性和可操控性，减少主观性、任意性和随机性。综上，本次教学改革为今后的教学积累了经验。

3.2 对于学生来说

从发现问题的角度出发，这一改革使学生认识问题的思路更为清晰，且整体意识有所提升；从解决问题的角度出发，学生的设计思路更为明确，客观性明显增强；设计方案更加准确地对应到实际问题中的主要矛盾。然而由于是第一次使用系统论的方法论，很多学生在一开始并没有充分认识到这一方法论的价值，而且由于在建筑设计二的教学中，这部分工作是以选做作业的方式布置给学生的，很多学生在设计的当时并没能建立起完整的系统分析思路，也没有自觉使用。在设计完成之后的总结环节中再次布置了这项分析作业，并让学生用该分析对设计结果进行检验，很多学生在做完这次作业之后都有了更加深刻的认识。

图 17 为以蒋好婷同学在设计完成后补做的"空间设计"分析作业，用于检验其设计：

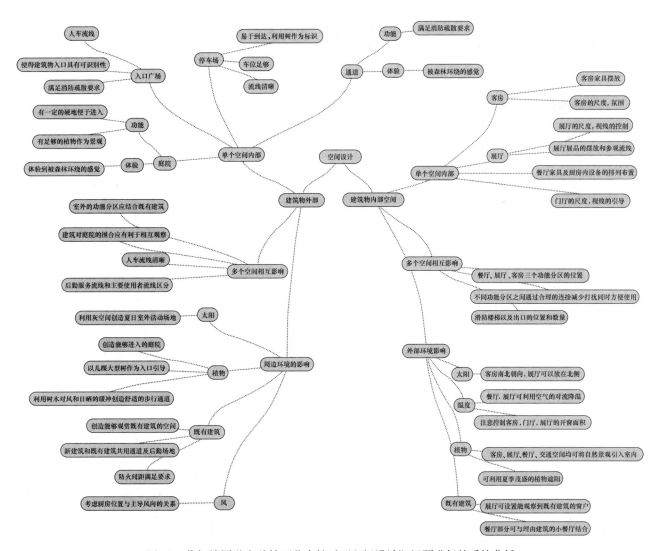

图 17　蒋好婷同学在总结环节中针对"空间设计"问题进行的系统分析

以下为该同学作业心得节选："在设计结束后，针对设计中"空间设计"这一问题，以"建筑物"子系统作为引导，我再次运用系统论的方法进行了梳理，通过梳理出的问题对已完成的设计进行检验。发现了以下三点主要问题：第一，由于之前对系统分析方法理解不够深入，加之自身经验不足且未能建立系统地看待问题的习惯，导致对问题的梳理不够全面；第二，由于第一点，在分析时不够自觉，分析的目的不够明确，导致对整体问题的把控不足，使得设计前的分析通常仅将注意力集中在个别问题上，解决问题的方法往往只是单纯对应了低层级的某个问题，而不能全面地看待问题之间的关系；第三，由于前两点原因，当某种解决问题的策略带来新的问题时，通常不能及时发现并认清其对整体系统的影响，使得设计的过程不断反复，效率不高。在接下来的设计中，建立系统时，应当明确需要解决的问题，有针对性地梳理并且以上级系统作为引导，确保问题的全面性；在进行设计时，不断观察问题之间的关系，从高层级的视角出发进行修改，从而使设计成果能够多层次地、全面地、高效地回应问题。"

3.3 不足和方向

本次教学改革中存在以下主要的问题：一是考虑到模型的简化，PRCPB 模型仅仅运用了三个原理和一条相关规律，在今后的探索中，还应当进一步丰富和完善；二是由于本次教学改革第一次将理论课与设计课相结合，所以仍存在不少问题；三是若想进一步提高建筑教育的科学性，还需要进一步提高课程配套教材、作业设置及建筑方案评价标准的科学性，这些工作都有待在日后的教学实践中进一步探索和完善。

参考文献

[1] 周干峙. 序：城市及其区域——一个典型的开放的复杂巨系统. 钱学森建筑科学思想探微，建筑工业出版社，2009：4.

[2] 魏宏森/曾国屏. 系统论——系统科学哲学（英文标题 Systematicism——Institute of science and Technology and Society），清华大学出版社，1995：201；213；224；288；29.

开放式的建筑教育国际视野

伍江　刘刚　扈龑喆　唐思远

同济大学建筑与城市规划学院；liugang_tj@126.com

Wu Jiang　Liu Gang　Hu Yanzhe　Tang Siyuan

College of Architecture and Urban Planning, Tongji University

开放式的国际化教学：以"城市阅读"课程的海外教学实践为例

Open Type International Teaching: By the Case of "City Reading" Course

摘　要：基于2017年"城市阅读"课程在意大利佛罗伦萨进行的短期海外教学实践，尝试探讨多专业学生参与的以城市空间研究问题为中心、文献与实证相结合、自主研究与合作互助相结合的开放式教学模式。

关键词：城市阅读；海外教学模式；佛罗伦萨

Abstract：Based on teaching practice in Florence, Italy, in 2017, The "City Reading" course devotes to development an applicable teaching model for short-term overseas work. It will be inclusive for multi-major students, urban research questions driven. Students are encouraged to combine the literature review and empirical study, to incorporate the personal program into an integrated team work.

Keywords：City Reading；Overseas Course Model；Florence

1　前言

同济大学教务处联合中意学院于2017年初启动了"佛罗伦萨海外校区文化艺术教育实践基地交流项目"。该项目以基于课程的暑期短期海外教学为主，旨在通过整合佛罗伦萨丰厚的艺术、建筑、设计创新类等教育教学资源，结合其人文及设计创新教育优势，拓展本科生的国际视野，形成独特的人文艺术类海外教育及实践教学模式。

基于2013年自主实施的"法国城市阅读"海外短期教学经验，同济大学建筑与城市规划学院"城市阅读"课程教学团队针对性的设计了"城市阅读：拼贴的佛罗伦萨"这一教学项目，最终通过校内评审获得资助，并得到教务处、中意学院和佛罗伦萨校区的教学组织协助。师生一行15人于2017年7月顺利实施了为期两周的意大利佛罗伦萨海外教学。

2　教学思想和定位

教学团队力图通过本次海外实地教学，深化"城市阅读"教学效果，促进本科阶段的卓越人才培养。此外，也力图借此机会探讨专业教学中的创新模块，并与其他团队一起参与探索同济大学海外教学的基本模式、拓展海外资源利用的学术路径、落实海外教学平台的基本功能。

作为一项海外短期教学项目，教学团队提出"以问题为中心，文献与实证相结合、自主研究与合作互助相结合"的基本教学模式，鼓励参与本次课程的学生在文献阅读、田野调查和互动交流的三个支撑上，实现"研究型"的工作面向。在具体的教学设计与工作组织方面：

首先，在学生构成上坚持多学科原则，参与者为规划、景观和建筑学（含历史保护和室内设计）三大一级

192

学科高年级本科学生。

其次，在工作方法上，坚持以多层面、多向度的城市空间研究问题为中心，基于独立的个人专题单元，通过合作形成总体成果。

最后，在教学开展上，以针对性的行前教学为基础，实现佛罗伦萨大学和威尼斯建筑大学教授和同济教学团队的合作指导（图1），坚持框架完整与学生自主相对应的教学互动。

3 教学架构

佛罗伦萨被认为是西欧"文艺复兴"运动的首都，但就像所有城市一样，城市要素的集合、城市形态的形成、城市空间的文化意义是在多个维度上完成的。借助建筑学家 Colin Rowe 的"拼贴"理论，能更深入以及更自然的理解"佛罗伦萨和文艺复兴"，同时从根本上避免对一种重要文化的标签化学习。

以"文艺复兴"为时间－空间、建筑特征－城市特征这两大关系的焦点来思考"拼贴的佛罗伦萨"，存在五个主要的时空议题，它们构成了一个完整的架构，帮助学生个人专题的立论以及小组层面的整合（表1）：

（1）晚期中世纪的城市中心区改造，建筑师 Alfono

的工作是很好的研究切入点；

（2）城市的公共纪念物、主要机构和教堂；

（3）贵族府邸（palazzo）。可以通过对三个演进关系的观察来展开研究：府邸与早前的高等级居住建筑类型、与所在居住组团的城市空间构造、与一般居住建筑的关系；

（4）文艺复兴城市的形成。可以通过13世纪、15~16世纪、19世纪的城市设计和规划来审视其特征和意义；

（5）美第奇家族和托斯卡纳大公爵在城市中的存在感。

图1　佛罗伦萨大学教授受邀参与教学

基于"拼贴的佛罗伦萨"五个议题生成的个人专题研究　　　　表1

"拼贴的佛罗伦萨"：五项议题		学生的个人专题研究
1	晚期中世纪的城市中心区改造	《中世纪罗马城市的再现》
		《佛罗伦萨主教堂周边的广场改造》
2	城市的公共纪念物、主要机构和教堂	《领主广场的纪念性和伪装性》
		《时间性建造：圣洛伦佐教堂综合体》
		《共和广场：城市广场的功能转变与城市中心变化》
		《二战后阿诺河及周边区域的战后重建》
3	贵族府邸	《文艺复兴时期的佛罗伦萨府邸演变及与城市空间关系》
		《罗马圆形剧场到城市居住空间的演变——居住空间形态的延续与拓扑》
4	文艺复兴城市的形成	《文艺复兴时期佛罗伦萨的城市更新》
		《19世纪佛罗伦萨城市边界的扩张与再定义》
		《19世纪城市新环路附近的新居住区建设》
5	美第奇家族在城市中的存在感	《美第奇的城市空间——权利影响下的瓦萨里走廊》
		《扩张、控制与复兴——碧提宫及波波利花园》

4 教学开展

从纵向来看，教学开展可分为行前与现场两个阶段。充实的行前教学是基础，除了完善教案、文献资源整理和高效的师生讨论等工作之外，"城市阅读"教学

团队邀请院内专家学者，组织了四场针对性的学术讲座（图2），使学生获得体系化、专业化的知识传授。并且在学院"虚拟仿真试验教学中心"的支持下，进行了基于数字化虚拟环境中的体验教学（图3）。从之后的教学推进效果来看，这些行前教学实现了既定目的。

图2　胡炜教授的"意大利文艺复兴艺术"
的行前专题讲座

图3　孙澄宇副教授指导学生
使用虚拟仿真设备

从横向来看，教学工作主要在以下三个方面展开：

（1）文献获取与学术资源运用

教学团队将课程阅读支撑材料分为三类：基本文献、核心文献及针对个人研究的专题文献。学生通过阅读基本文献，建立对于佛罗伦萨城市演变和空间特征的基本了解，初步熟悉研究对象，进而结合个人研究专题，精读核心文献与专题文献。

本次教学中，指导教师选定意大利著名学者 Giovani Fanelli 的《佛罗伦萨建筑与城市》作为核心文献。该专著为认识佛罗伦萨提供了多向度的视角、更高的信息密度以及全面的图档记录。该文献为个人研究专题的发展以及相互之间的整合提供了一个极佳的参照系。

基于上述，在教师指导下，学生在行前展开一轮个人专题文献检索，主要通过线上数据库和线下图书馆两条途径，目标是每人确定十篇左右最具针对性的参考文献。抵达佛罗伦萨后，在当地学者的指导下，利用佛罗伦萨国立中央图书馆、佛罗伦萨大学建筑学院图书馆的丰富资源进行了第二轮文献检索。通过这样的训练，同

学们掌握了初步的学术资源利用方法，培养了相应的学术习惯（图4）。

图4　"城市阅读"课程小组在佛罗伦萨大学
建筑学院图书馆查阅文献

出于现场工作的效率考虑，首先确立了文献检索的共同指向——时间进程中的空间变化，特别是有组织的城市空间干预是如何发生的。因此将关键词锁定在"总体设计、规划和城市设计"，其原因在于：我们需要更多的去理解城市变化背后的"人的意图"，从而进一步了解空间实践发生的原因、过程和结果。人，在这里指的既是美第奇和斯特拉齐、皮蒂、鲁切拉这样的城市门阀，他们通过特定的权力机制来塑造和重塑城市空间，也是构成社会的其他人，特别是以群体面貌出现的普通人，他们是如何建造和使用空间以适应城市的变化，并参与城市的发展。

（2）个人专题研究的开展

此次教学中，学生的任务主要分为两部分：个人成果编撰；面向全组的现场汇报讲解（图5）。这其中，专题研究是个人工作的核心，同步开展小组层面的合

图5　负责"共和广场"专题研究的学生向
小组同学现场汇报讲解

作。所有学生都在行前确定了各自的专题和研究框架。在抵达佛罗伦萨后，通过进行补充文献搜集和现场实证，进而加以修正。

基于对既有相关研究命题的了解和学习，来自景观、建筑、城市规划不同专业的同学从研究需要及个人兴趣出发，在不同时空进程的佛罗伦萨城市空间中选定研究对象，最终十三个选题涉及的内容覆盖了"拼贴的佛罗伦萨"五个时空议题（图6），同时个人专题的研究对象组合在二元城市平面上，基本勾勒出佛罗伦萨在时空演变中逐渐清晰的城市结构。

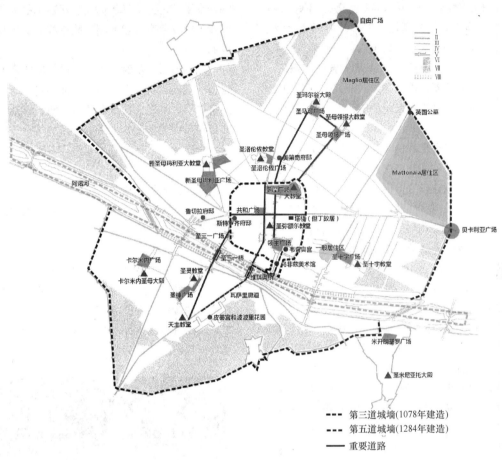

图6 个人专题研究内容的城市空间分布

(底图来自 Giovanni Fanelli，Firenze，architettura e città，Mandragora，2002.)

以下试举个人专题研究的三个案例：

案例1：建筑学专业许纯同学的"文艺复兴时期的佛罗伦萨府邸演变及与城市空间关系"专题：

府邸是文艺复兴时期出现的贵族居住建筑，反应出佛罗伦萨在文艺复兴时期社会权利阶层、经济发展等方面的变化。通过阅读文艺复兴时期的城市历史、建筑的概述资料，对于府邸的基本形制和发展历史有了初步了解。确定从府邸产生的背景原因、府邸的建筑特点、府邸与城市空间关系三个角度进行研究。

阅读中产生的第一个问题：中世纪塔宅是如何、因何向府邸演变？通过文献了解了传统的佛罗伦萨居住模式，进而在实地考察过程中，观察塔宅遗存和塔宅向府邸变化的痕迹并进行文献比对。

通过观察府邸的城市环境，发现其附近常有关系紧密的教堂和广场，由此产生了第二个问题：府邸与城市公共建筑和公共活动空间之间是否存在特定的空间模式？以美第奇府邸、鲁切拉府邸、斯特罗齐府邸作为案例，现场观察并结合文献记录开展研究。

作为基本的研究方法，首先通过文献确定研究的主要方向，提出主要问题，进而通过实地参观考察、补充阅读，产生新问题，之后再次进行深化的调研和阅读。最后得到本专题的初步结论：中世纪末期，城市公共权力通过街道整治以打破门阀的无序割据，限制塔楼的建造。而文艺复兴时期的商人、银行家阶层则通过新的居住类型——府邸来彰显自身的势力和地位，打破家族聚居的传统空间模式，强势的小家庭从大家族中独立出来，建设府邸成为街坊核心建筑。府邸与家族教堂等重要建筑相邻近，开辟或扩大府邸周边的广场空间，形成家族控制的城市空间。

案例2：城乡规划学专业谭逸儒同学的"19世纪新环路附近的居住区建设"专题

与同时期许多欧洲城市一样，19世纪的佛罗伦萨在工业革命的影响下人口逐渐增加，1865年成为意大利王国首都后在短期内有大量人口流入，同时需完成向首都功能的转型。在此背景下，出现了大量住房需求，因此陆续进行了一系列新居住区建设。研究的主要问题是新居住区的建设如何体现现代化的时代特征，同时又具有佛罗伦萨的地方特征。

通过文献查阅，梳理出居住区建设的时间脉络，比较不同时期的对应需求。同时将佛罗伦萨的居住区规划建设与欧洲城市的规划建设进行横向比较：贝纳沃罗在《世界城市史》中提出19世纪欧洲"城市规划的新模式"，包括规划的普遍形式，规划中如何实现利益的平衡和保障机制等。以此为基础，重点梳理成为首都之后Mattonaia居住区的建设过程，其中涉及多方利益的斗争与平衡，"公共事业征用法"的决定性影响，规划的落实机制以及对未来产生的影响。

佛罗伦萨的居住区建设在受欧洲"新模式"的影响时，又因城市强大的历史因素的影响而具有自身的特点，文艺复兴奠定的城市格局是居住区建设的基础。以Mattonaia区和Maglio区为例，对居住区空间体系进行分解，研究居住区要素的组织方式，探寻历史格局对规划的制约因素，如何在尊重历史和满足新的需求之间寻找平衡。通过实地调研，将现状与19世纪的愿景进行比较。以不同层级的公共空间为例，成功的与不成功的，回溯规划的意图与当时的建设落实过程，对空间发展差异的成因进行分析。

案例3：景观学专业龚修齐同学的"扩张、控制与复兴——碧提宫及波波利花园"专题

根据造园逻辑，首先提出以下问题："相地"——在市政中心在阿诺河北岸的情况下，为何选址南岸？和城市时空的关系是什么？"布局"——两条重要轴线如何产生？和城市节点的关系是什么？"屋宇"——平面及立面如何形成？和城市发展的时空关系是什么？由此，从时间—空间，建筑（园林）—城市的两组关系出发，提取到研究的关键词：扩张与控制。

研究第一阶段：通过各类文献、行前讲座和教师指导建立基本的研究框架。第二阶段：实地调研并继续提出问题：皮蒂宫立面和罗马元素的关系；波波利花园的公共性变化；以及轴线或者标志物现状与义本记录的差

异等。第三阶段：补充调研。在建立了基本的时空关系后，在对"大"和"小"进行复调研。一方面往更大的城市空间思考：如圣母及圣灵教堂轴线的产生、轴线中圣灵教堂重建的世俗意义、南岸原来的城市空间主体等。一方面往"小"中调研，如皮蒂宫及波波利花园中的神话雕塑、方尖碑、侏儒雕塑暗示的时代性。从而进一步理解皮蒂宫和波波利花园中权利的扩张和对城市的控制。

结论方面：从时空发展来说，美第奇家族有扩张其世俗权利及自身安全的需要。他们将河南岸的卢卡府邸买下并实施扩建，并结合圣母大殿、圣灵教堂及建设波波里花园形成自己的生活圈。新的花园府邸在不断扩建中大批珍藏文化艺术品，且随着不断扩张的世俗权力，形成对城市的新的控制，同时促进城市发展。

（3）教学互动与小组合作

指导教师通过分析讲解个人专题之间的关联性，促成合作机制，并体现在资料准备、工作设想、成果形成等方面。

行前完成的基本文献检索为交流和分享建立了基础。确定核心文献的使用方法并研读，帮助学生提高文献使用的效率和研究指向的一致性。此外，教学开展过程中坚持进行动态的阶段成果总结（图7），有效保障了教学目标的分解完成。

图7 教学过程中的晚间广场讨论，
对白天的工作进行及时总结

基于个人专题涉及的不同空间对象及其关联性，工作过程中既有独立性又有相互合作。最后，通过组织徒步线路，实地相互讲解，合成整体的城市研究。

5 结语

建筑设计、城市规划和景观设计都是技术和艺术相结合的学科，学生们必须通过面对社会，剖析国内外城市的发展历史，才能不断深入理解形式背后设计思想更

新迭代的驱动力。

本次"城市阅读"课程的海外教学是一次对教学模式上的有益探索。首先，通过同济大学佛罗伦萨校区这个平台，将国内课堂教学向海外现场教学延伸，使同学们拓宽了国际眼界，培养了跨文化交流的能力。

其次，本教学以问题探究式为主要形式，引导学生通过资料收集、现场调研、小组研究和师生讨论等途径，获得知识，并据此深入分析问题，找到城市阅读策略和方法。

最后，教学中强调互动、重视过程、突出现场。学生、教师与海外学者共同构建了学术共同主体，围绕专题展开讨论。学生以城市徒步的方式，通过大量实证调查形成研究认识，并在与教师和其他同学的现场讨论交流中不断完善研究成果。在此过程中，学术共同体将教学过程与研究过程相统一，有利于提高学生在教学过程中的学习兴趣和探究能力。

唐芃　李飚

东南大学建筑学院；tangpeng@seu.edu.cn

Tang Peng　Li Biao

School of Architecture, Southeast University

数字罗马
——罗马 Termini 火车站周边地块城市更新设计

Digital Rome
——the Urban Design Workshop for the Renewal of District Around Rome Termini Station

摘　要："数字罗马"是东南大学研究生一年级城市设计课程。课程旨在利用数字技术，通过网络共享的城市地图数据，将复杂的城市问题分层剖析，尝试建立城市空间的评价标准，提出可供参考的城市问题解决方案，为建筑师提供互动工作与交流平台；同时探索城市问题不同解决思路和多种可能性及结果。

关键词：城市设计；数字技术；生成设计；罗马 termini 火车站

Abstract："digital Rome" is the urban design workshop for first-year master student in SEU. This practice aims at using digital technologies to analyze complex urban issues by layers through internet shared city map data, establish evaluation principles for urban space, and propose possible solutions, supply a platform for architects to exchange and work together; meanwhile, explore other possibilities/alternatives for urban issues from different views

Keywords：Urban Design；Digital Technologies；Generative Design；Rome Termini Station

1　出题背景

东南大学建筑学院从本科四年级开始，在设计课中设置基于数字技术的设计课程，由建筑运算与应用研究所（Inst. AAA）承担，包括数控建造，住区生成设计，互动设计等。从 2016 年起，在增设的研究生一年级设计课中亦有数字技术方向，主要侧重点是数字技术在城市设计中的应用。

基于数字技术的系列设计课程，继承并拓展传统设计方法，引领建筑者寻求新的创作途径，充分显示技术的进步和升级，是一种观念及手段的革新。该课题要求学生掌握基本程序方法及相关数学知识，在算法研讨与程序实现相结合的实验方式中探索生成设计算法实现机制。理解程序算法规则在建筑学课题转化过程中的关键技术，合理提出适合程序运行规则的建筑学课题，实现从 CAAd（drawing）到 CAAD（Design）的思维特征及操作手段的转变。

2016 年，东南大学四年级及研究生一年级课程设计以东南大学和罗马大学针对南京明清城墙和罗马奥勒良城墙的科研成果为基础，与罗马大学、天津大学进行了关于古罗马城墙的联合教学。在这一课题中，我们尝试了本硕打通课题，用不同的设计思路与方法解决同一个设计问题的教学尝试。研究生的城市设计课程除了解决基地实际问题以外，旨在利用数字技术，通过网络共享的城市地图数据，将复杂的城市问题分层剖析。利用大数据的优势，尝试建立城市空间的评价标准，提出可供参考的城市问题解决方案，为建筑师提供互动工作与交流的平台。同时探索城市问题不同的解决思路和多种可能性及结果。

2 课程概要

围绕城市中大型线性遗产：城墙的更新与改造，我们将基地选择在古罗马奥勒良城墙的敏感区域——罗马termini火车站附近的地块。这里由于termini火车站的强势介入，不仅切断了铁轨两边的生活，也切断了古罗马原有的城市肌理，切断了历史记忆。古老的教堂，断裂的城墙与输水道，被电车铁轨穿越的城门与欧洲最大的火车站以及周边的现代生活并置。除此之外，这里还有复杂混乱的交通，交织混杂的功能与重重叠叠的生活。课题期待研究生的同学们不拘泥传统的城市设计的手法，以新的数字化设计思路给予该地块城市设计问题创新性的解答（图1、图2）。

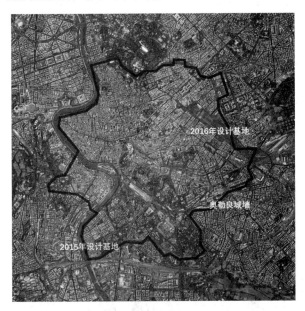

图1 基地位置

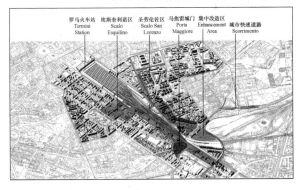

图2 基地现状

3 设计操作

3.1 问题解决的思路

罗马termini中央火车站地区由于历史的发展，在

罗马市中心形成了独特的城市肌理，其背后是多要素共同作用下的复杂系统。研究生设计小组主要数据来源为Open Street Map开源地图数据库，将其中记录的详细的城市信息利用程序进行提取和整理，作为后续指导设计的参考。设计小组主要工作分为三组，分别探讨街区形态搜索与肌理织补、区域开放性定义评价及相应的城市开放空间设计、区域慢行系统构建等方面的城市问题。最终汇总形成综合的城市设计研究系统，将多方面的因素进行协调，形成综合性的解决方案，提供给下一步设计作为参考（图3、图4）。

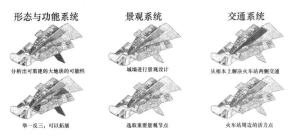

图3 场地中的问题点

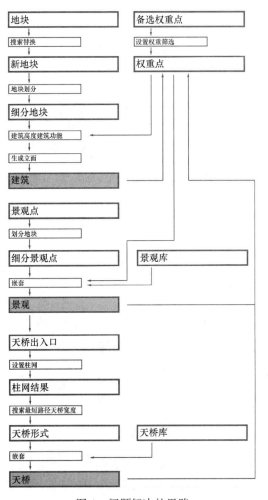

图4 问题解决的思路

3.2 分组设计内容

第一组：大数据整理、街区形态搜索、肌理织补（设计者：孙世浩、李鸿渐、陈允元）

通过调研，设计小组发现，由于 Termini 火车站及其附属功能的强势介入，场地中存在着不少需要重新构建和织补肌理的地块。由于罗马是一个由较为规整的肌理构成的城市，通过对旧城肌理以及建筑立面的案例学习，可以由程序搜索并生成跟新地块匹配的建筑平面布局，并根据所分配的功能生成相应的建筑立面。地块肌理的织补试图从被火车站割裂的城市绿地系统出发，运用计算机编程的方式对地块进行重新划分和填充。

小组设计思路分为三步：

（1）通过相似地块搜索程序，将需要重新构建肌理的地块替换为符合要求的地块，并得到新的建筑平面布局形式。

（2）通过 Open Street Map 开源地图数据库，提取详细的城市信息，用以测算地块周围的开放程度得到地块开放度权重信息，从而计算出符合该地块的功能信息和建筑高度信息。

（3）通过将功能信息和高度信息输入建筑立面生成程序，并结合第一步得到的建筑平面形式，生成相应的沿街立面（图5、图6）。

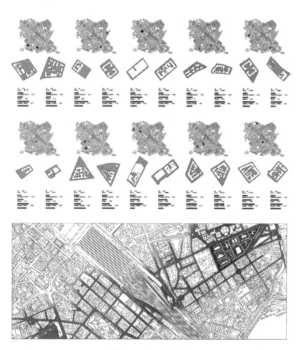

图5　肌理织补

第二组：城墙周边景观系统重构（徐佳楠、李思颖）

火车站和城墙固然承担了很重要的功能，然而随着历史的变迁，单一的开发模式，混乱的交通和复杂的流

图6　建筑生成

动人口，使这里逐渐显露出种种问题。在这个片区中，割裂和衰落是最主要的问题。

为解决火车站两边割裂的现状，激活片区活力，重塑奥勒良城墙作为历史景观遗迹的积极作用，第二小组从景观层面入手，设计改造景观系统，置入新的功能，重新规划交通系统。进一步强调延续罗马城的小街区慢行系统，更加尊重和重视人的步行空间，通过连续的景观步道，将城墙，马焦雷城门，礼拜堂，水法等遗址景观点联系起来。

小组设计思路分为三步：

（1）前期调研通过大数据导入，统计公共设施，遗址等建筑功能。通过计算得出控制点的权重和开放程度分值。

（2）在地块划分上，计算出受控制点的影响的地块开放性分值。

（3）将景观地块根据面积、长宽比、开放程度三个要素植入相应的景观设计模块，重构景观系统（图7、图8）。

图7　景观节点开放度分析

第三组：火车站上方慢行系统构建（陈今子、韦柳熹）

通过对罗马火车站及其周边地区历史背景、商业业态、人群行为等的调研分析发现，火车站及其周边交通混乱、商业衰败萧条。特别是由于火车站这个强势的功能的存在，周边肌理与交通早现断裂状态，火车站两侧

图 8 重塑景观系统

人群对另一侧的感知极弱，行人从车站这一侧到达另一侧须在火车站边缘绕行很远，十分不便。人车混行的状况严重，对人们的安全造成极大的威胁。

因此我们试图在火车站的上方创建一个网状的 highline 体系，将第二组的计算得到人流密度较大、较为重要的景观节点，作为 highline 的出入口，利用程序方法，得到通过火车站上方的网状路径以及每一处的宽度，建构火车站上方的区域慢行系统。在满足穿行需求的同时，通过对周边建筑业态开放程度、人群密度和聚集程度的分析，在慢行系统中置入不同大小和开放程度的活动空间和交流空间。

小组设计思路分为三步：

（1）衔接上一组的设计，提取火车站两边人群、景观、功能因素重要的节点，作为 highline 的人群出入口。

（2）根据火车站铁轨的范围，得出上方 highline 柱网，并生成 highline 最短路径路网。并根据周边地区功能开放程度、人群聚集程度，确定 highline 路网的不同宽度和开放度。

（3）为不同开放程度的道路置入不同类型的功能空间，完成 highline 体系（图9、图10）。

4 课程总结

本次研究生课程设计，尝试用数字技术的研究思路以及对大数据的收集和整理，探索数字技术在城市设计中的应用和可能的结果。希望通过此次研究生设计课程的探索，能为城市设计问题开拓新的解决方法和思路，为建筑师解决城市问题构建互动工作与交流的平台。

可以看到，在罗马的城市设计中，设计小组依据调研结果，制定了较为可行的问题解决的策略。在实际操作过程中，很多工作的依赖于罗马较为规整并保存良好的城市肌理，使得程序能够完成有效的案例学习，并运用到新的地块设计中。另外，罗马完善的城市地图开源数据，为地块功能以及开放性权重计算与设置提供了有力的依据，使得程序能够在有依据的数据的支持下完成生成设计。

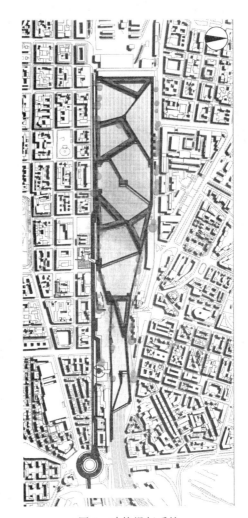
图 9 建构慢行系统

图 10 慢行系统透视图

在操作过程中，也有许多遗憾。研究生一年级刚入学的学生，在本科阶段受过程序训练的极少。到达罗马后，边学习程序，边进行调研，在短时间内拿出策略，并用程序解决城市设计中的问题、完成设计是一件不容易的事。也因此很多计划中的内容没有达成。这促使教研团队不断思考此类课程的操作办法，调整程序学习的时间和方式，改进课题的设置，加强与本科城市设计教学的融会贯通，以达到课程的最佳效果。

王军

西安建筑科技大学；453765591@qq.com

Wang Jun

Xi'an University of Architecture and Technology

"空墙"：记华沙理工大学的一次计算机辅助设计课程教学

"Blind Wall"：A Process Recording of CAAD course in Faculty of Architecture of Warsaw University of Technology

摘　要：作为欧洲"计算机辅助建筑设计"教育与研究协会（eCAADe）的成员，华沙理工大学建筑学院的计算机辅助建筑设计教学开展得有声有色，别具风格。通过对其 CAAD 中心承担的系列课程之一——"空墙"教学过程的记录，试图从一个侧面反映出其计算机辅助建筑设计教学的开放、综合、寓教于乐的特色。

关键词：华沙理工大学；计算机辅助建筑设计；开放；综合

Abstract：As a member of EDUCATION AND RESEARCH IN COMPUTER AIDED ARCHITECTURAL DESIGN IN EUROPE，the CAAD education in Faculty of Architecture of Warsaw University of Technology is unique and characteristic. On the base of process recording of course "Blind Wall"，which is one of a series of CAAD lessons，the paper shows a profile that the education is open，integrated and interesting.

Keywords：Warsaw University of Technology；CAAD education；Open；Integrated

1　华沙理工大学建筑学院 CAAD 中心

华沙理工大学建筑学院 CAAD 中心是一个以运用最新的计算机技术为特色的教学与研究部门，不仅开设计算机辅助建筑设计课程，而且承担建筑设计以及毕业设计课程。CAAD 中心目前有 8 名教师，负责人是 Stefan Wrona 教授和 Jerzy Wojtowicz 教授。在从事教学工作的同时，这些教师还扮演着建筑师、平面设计师或摄影师的角色。当然，其中也不乏计算机应用专家。

CAAD 中心开设的"计算机辅助建筑设计"是一个系列课程，贯穿本科学习的全过程。它决非一般的软件培训课，而是着重向学生介绍 CAAD 技术的最新成果及其在建筑设计领域的应用趋势，激发学生对新的信息技术的学习兴趣，培养学生灵活应用计算机的能力。这一

系列课程有："空墙""语汇""迷宫""仿生"等，个个饶有趣味，颇具挑战性。对于每一个题目，教师都会结合理论知识的讲解，辅导学生完成设计训练。学生也往往能较为出色地完成任务，学生作业精彩纷呈。CAAD 中心近年来开设的研究生培养方向 ASK（Architecture for Society of Knowledge），借由有效地引入先进的人机交互科技，成为 WUT 建筑教育的一个亮点（图 1）。

2　"空墙"课程概况

"空墙"（Blind Wall），作为计算机辅助建筑设计系列课程之一，是 CAAD 中心为建筑学院刚入学的新生开设的一门课程。它要求学生在华沙市内寻找并选择一处建筑物上的较大面积的闲置空白墙面，用建筑表皮、装置或装饰的手段对其予以处理。这种处理应赋予建筑以

图1 华沙理工大学建筑学院CAAD中心

某种含义，或使建筑物在整体上得以协调。总之，学生必须通过造型设计传达自己的设计意图（Information）。

该课程有任课教师3名。学生共有160名，分为6个组（Group）。每组每周1次课，1次2学时，为期7周。

3 教学过程及教学方法

3.1 Moodle

"空墙"的整个教学过程都是通过一个名为Moodle的计算机网络教学系统进行的。以这个系统为平台，教师事先建立起一系列课程网页。每个学生都拥有一个课程账户，他们使用这个账户浏览整套有关该课程的网页，包括课程要求、教学日历、往届作业以及相关说明、链接，等等。同时，学生还利用自己的账户提交作业和查询分数。教师则拥有一个管理员账户，以便编辑、更新课程网页、管理学生账户、收取学生作业并为其打分。

3.2 问卷调查

课程开始之前，教师利用计算机网络对学生的计算机知识以及计算机绘图软件的掌握情况进行问卷调查。调查问题如下：

(1) Have you got computer available?

(2) Have you got internet connection?

(3) Do you intend to use laboratory after hours?

(4) What software are you familiar with? (AutoCAD, ArchiCAD, 3DStudio Max, 3DStudio VIZ, Maya, Cinema4D, Lightwave, PowerDraw, SketchUp, Adobe Photoshop, Adobe Illustrator, Adobe Acrobat, Adobe Premiere, Corel Draw, Macromedia Flash, Macromedia Director)

(5) What is the level of your knowledge about mentioned soft?

(6) Do you think that e-learning support for our classes is a good idea?

问卷调查之后，教师将统计结果在各组内公布，并提出相应的学习要求。教师也会在课堂上向学生演示最

常用的计算机绘图软件，比如AutoCAD、3dsMAX等，但软件学习很明显不是该课程教学的主要内容。

3.3 选址与构思

教师布置完课程设计任务之后，学生开始利用课余时间四处搜寻能够被利用且足以激发他们灵感的闲置空墙。回到课堂后，学生从计算机网络上自己的账户中调出在现场拍摄的照片向教师讲解，教师则给予评价和建议。

当学生选择的空墙以及拍摄的照片（现场照片将被直接用于最终设计成果的表达）被教师认可后，他们开始构思并绘制草图。在这个阶段，多数学生使用计算机绘制草图和模型，也有部分学生徒手表达。不过，由于徒手图多半会被扫描成电子文件格式，因此，绝大多数情况下，师生之间的讨论（Correction）是在计算机面前进行的。此时，教师会当场在成绩单网页上为学生打上本次草图的得分（图2）。

图2 阶段方案讨论

3.4 成果表达与方案介绍

学生最终的设计成果，要求使用计算机绘图软件、模型软件和图像软件加以制作，内容包括立面、剖面和两个角度的透视。图纸要求打印并裱板。同时，电子文件要刻入光盘（需要有封面设计的）一并提交。设计成果的提交是以学生在各组内进行方案介绍的方式进行的（Presentation）。通过多媒体设备，学生依次对自己的设计进行陈述，教师会不时地提问和评说，并为其打分（图3）。

图3 提交设计成果

4 部分学生方案

图 4 "包围",设计人:Michal Rogozinski

图 5 "激活",设计人:Piotr Dziedzic

图 6 "拉链",设计人:Mateusz Bednarz

5 体会与感悟

乍看起来,"空墙"课程设计对于刚刚入学的新生来说似乎难度偏大了一点。因为在我国的建筑院校,新生往往是从《建筑初步》课本以及铅笔、钢笔线条开始接受入门教育的,随后会有水墨渲染、平面构成、立体构成等一系列"循序渐进"的基本技能训练课程。学生接触到"建筑设计",或者说与"建筑"有关的设计,多半是入学一年以后的事情了。我们之所以因袭这种教育方式,是希望通过它为学生打下较为坚实的专业基础。确实,这种入门训练在培养学生的绘图技能及空间想象能力方面是卓有成效的。但是,过于"学院派"的、有时甚至是近乎枯燥的基础训练,又使一些新生的建筑热忱遭到质疑和动摇。事实上,不少入学成绩颇高、思维活跃、但手头功夫欠佳的学生就是在这个过程中逐渐丧失对于建筑学的自信心的,即使此时的他们还并未懂得什么是"建筑"。不仅如此,我们的计算机辅助建筑设计课程往往又姗姗来迟,多在三年级开设。况且,它往往并非是真正的"计算机辅助建筑设计",而是绘图软件的训练课程,是"计算机辅助建筑绘图"。

由此,CAAD 中心开设的"空墙"设计课程的优越性就显而易见了。首先,它向学生敞开了"建筑"的大门,鼓励学生去探索自己心目中的建筑世界(不论是耳熟能详的,还是心中向往的),因而极大地调动了学生学习建筑学的兴趣。毕竟,兴趣是最好的老师。其次,"空墙"非常巧妙地将立体构成、建筑造型基础、计算机辅助建筑设计这几个方面的训练有机地结合在了一起,从教学上起到了"一箭双雕"、事半功倍的效果。再者,通过在组内介绍方案,加上教师的即时点评,不仅锻炼了学生在专业上的表达能力、沟通能力和应变能力,而且使师生间的信息得以及时反馈,并使全组学生都能够受益。

当然,"空墙"这个在多方面都对学生有较高要求的题目之所以能够开展以来,与建筑学院在新生入学考试中奇特的(但非常有效)出题技巧与严格筛选是不无关系的。那些缺乏"潜力"的学生,如果打算仅凭漂亮的徒手画就通过入学考试,那他是不会成功的。无论如何,"空墙"这个构思巧妙的设计题目,受到了学生的普遍欢迎。因为它是开放的、综合的、多元的,更重要的是,它寓教于乐,富有趣味。

格罗庇乌斯说过,"我要把灵魂掏空,好让上帝进来","没有成见的空虚是创造性想法所需的心理状态"。从这个意义上说,"空墙"是否对我们有所启迪呢?

张建龙[1]　俞泳[1]　田唯佳[1]　Margherita Turvani[2]　Laura Fregolent[2]　Matteo Dario Paolucci[2]

1. 同济大学；zhangjl@tongji.edu.cn

2. 威尼斯建筑大学；

Zhang Jianlong[1]　Yu Yong[1]　Tian Weijia[1]　Margherita Turvani[2]　LauraFregolent[2]　Matteo Dario Paolucci[2]

1. Tongji University

2. Università Iuav di Venezia

聚落的新生
少数民族地区城镇历史文化遗产保护与利用实践联合教学

The Reborn of Muslim Residential Neighborhood：International Design Workshop in the Topic of Chinese Minority Settlement

摘　要：随着气候的急剧变化和世界人口的不断增长，我们正在面对全球快速城市化的现实，中国是世界上人口最多、增长最快的经济体之一，未来十年将有40亿的城市人口，除了大城市，中国还有很多小型城市和城镇将成为中国城市化和城镇化的主要载体，一个急需关注的问题是：大量新的建设没有关注和照顾到现有的环境和地方的特点。于是历史街区不断被破坏，特别是大量的传统民俗居住区和普通民居，正在不可逆的从中国的土地上快速消失。找出回应这个问题的解决方案，成为此次临夏八坊回族社区更新联合设计的主要目标，希望利用实践教学的模式，讨论传统的、本土的住宅原型，分析传统节能方法，在此基础上进行新的设计与研究。

关键词：传统聚落；少数民族社区；城市保护更新；联合教学

Abstract：With the rapid changes in climate and the growing population of the world，we are facing the reality of rapid urbanization in the world. China is one of the world's most populous and fastest growing economies with a population of 4 billion in the next decade，there are many small cities and towns in China will become China's urbanization and urbanization of the main carrier, a pressing issue is：a large number of new construction is not concerned about and take care of the existing environment and local characteristics. So the historical blocks continue to be destroyed，especially a large number of traditional folk residential areas and ordinary houses，is irreversible from China's land quickly disappeared. To find out the solution to this problem，as the main goal of the joint design of the Linxia Bafang community，hoping to use the mode of practical teaching to discuss the traditional，local residential prototype，analysis of traditional energy-saving methods，on this basis New design and research.

Keywords：Vernacular Neighborhood；Muslim Minority；Regeneration and Urban Conservation；International design workshop

205

1 背景

1.1 教学创新基地

同济大学建筑与城市规划学院教学创新基地下设有设计基础形态训练基地、美术教学实习创新基地、艺术教学创新基地等 10 个校内外分基地，其中城镇历史文化遗产保护与利用实践教学创新基地也是其中之一，其校外分基地分别位于贵州地扪、浙江泰顺、浙江东阳和甘肃临夏。这些校外分基地的建立将为学院的本科生、研究生和留学生开展传统艺术造型实践课程、建筑测绘实践课程、历史建筑保护设计课程、毕业设计，以及研究生建筑设计课程和论文研究课题提供公共平台。

在 2016～2017 年的秋季学期，建筑系设计基础教学团队针对研究生一年级开设的设计课程选择了临夏八坊回族社区作为设计研究课题，与威尼斯建筑大学的师生一起开展了题为临夏八坊回族社区更新的联合设计。

1.2 临夏回族少数民族地区

临夏位于省会兰州西南 150 公里的大夏河（黄河支流）山谷，一直是中国穆斯林社区的宗教、文化、商业中心，拥有"中国小麦加"的称号。目前，穆斯林是中国重要的少数民族（占总人口的 1%～2%），回族穆斯林在中国穆斯林中占多数。

八坊历史街区位于临夏市中心的穆斯林聚集区（图 1）。

图 1　八坊社区卫星图

虽然八坊街区位于城市核心地段，但它似乎是一个独立于临夏市的二十五万人口以外的小型传统聚落，密密麻麻的低矮建筑和紧密相连的街巷，使其与城市其他地区完全不同。八坊街道面积仅 43.5 公顷，人口为 17560 人（5623 户），其中 98% 为穆斯林，47% 为低收入家庭。八坊四周界面的空间关系与外部城市肌理有着非常明确的界定，社区内部主要保留着自己民族的生活方式。坊内有八座清真寺和一座拱北，清真寺分属不同的教派，分别是整个八坊的重要节点。清真寺影响着居民的日常生活、教育和社会保障，清真寺也在地方政府与八坊居民关系的协调中发挥重要作用。例如，每年一定数量的朝圣者会在当地政府的支持下访问麦加，回程后再将各种经验和经历在清真寺所辖范围内共享。"邦克"的声音，祈祷的呼唤，每天可以听到五次，它散布于四面八方，是八坊社区的重要象征，人们也习惯围绕清真寺聚集和开展社区活动。

2　遗产利用与更新联合教学

2.1　教学目标与方法

随着人口的不断增长，我们正在经历快速城市化的现实，国际化的城市将表现出对文化多样性的高度宽容。中国是世界上人口最多、增长最快的经济体之一，必然也加入到了这个全球化进程中。在未来十年，中国将有 40 亿的城市人口，除了大城市，很多小型城市和城镇将成为中国城市化和城镇化的主要载体。这个爆炸性增长趋势带来了一个急需关注的问题：大量新的建设有没有关注和照顾到现有的环境和地方的特点？历史街区不断被破坏，大量的传统民俗居住区和普通民居，正在不可逆的从中国的土地上快速消失。尝试理解和回应这个问题，提出合理的解决方案，成为此次联合设计工作坊的目标。利用在地调研、联合教学的形式，跨文化和国家的讨论传统的、本土的建造价值，分析传统建筑节能的方法，结合现实大胆提出新的规划与设计是本次课程的主要教学方法。

2.2　教学内容

参与临夏八坊回族社区更新联合设计的学生将经历遗产利用与更新相关理论的学习（讲座）、实地调研与测绘工作、城市设计、建筑设计四个环节的教学内容。基于本地居民案例的群体与个体研究工作是课程第一个阶段的重点内容。随着城市密度日益增加，临夏八坊穆斯林聚集区的家庭模式从大家庭演变为核心家庭和子家庭模式。所以设计与研究的目标是为新一代核心家庭设计能够适应未来的理想生活空间，并为可持续的未来保护自然和人文环境。学生的设计成果应该对少数民族地区当代环境和经济的需求作出反应，同时也能满足传统城镇及居民的社会文化要求。

在完成了第一个阶段详实的基础研究工作之后，学生以小组的形式（2 个中国学生＋2 个意大利学生）进行传统乡村社区的保护和再生设计。设计的主要挑战为同时面对和解决两个要求：适应现代居住需求和保护其历史价值。所以更新设计的思路相继被提出，其目标都是力求在维护住宅原型的基础上，改变原有的房屋性能和格局，设计出各类以庭院为中心的集体居住和工作模式。最后设计的成果由两部分组成：跨学科的综合研究和建筑单体设计（城市设计＋建筑设计）。

2.3 联合设计教学安排

整个联合设计教学时间共 17 周，学生来自建筑与规划专业的研究生一年级，中外指导教师分别为从事遗产保护、城市规划、建筑设计、乡土建筑原型研究方面的专家和学者，课程最后的成果在威尼斯建筑大学展出，并借展览的机会举办以遗产保护与更新为主题的国际论坛。

教学具体安排如下：

第 1 周——讲座（1. 布置题目；2. 空间更新；3. 住宅；4. 建筑遗产与保护）地点：同济大学。

第 2 周——实地调研（图 2），地点：甘肃临夏。

第 3 周至 8 周——城市设计，地点：同济大学、威尼斯建筑大学。

第 8 周至 15 周——建筑设计，地点：同济大学、威尼斯建筑大学。

第 16 周至 17 周——布展、论坛（图 3），地点：威尼斯建筑大学。

图 2　中外师生与八坊居民合影留念

图 3　威尼斯建筑大学终期评图与教学成果展

3 结语

威尼斯自古是丝绸之路的一个终点，上海所位于的江南地区是古代中欧贸易往来的起点，此次同济大学与威尼斯建筑大学的联合设计选择甘肃的临夏回族自治洲可以看作是一带一路起点与终点城市在中间地带的完美结合。通过教学与研究，我们收获的成果充分的展现了在跨国际语境的对话中碰撞出的宝贵共识，文化的差异与相通，信仰的友善与包容是鼓励学生们产出成果的重要推动力量，也是支持我们继续开展针对多民族地区为主题的联合设计的主要动力（成果图纸展示请见图 4 至图 8）。

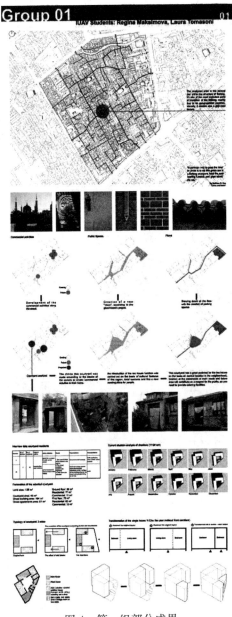

图 4　第一组部分成果

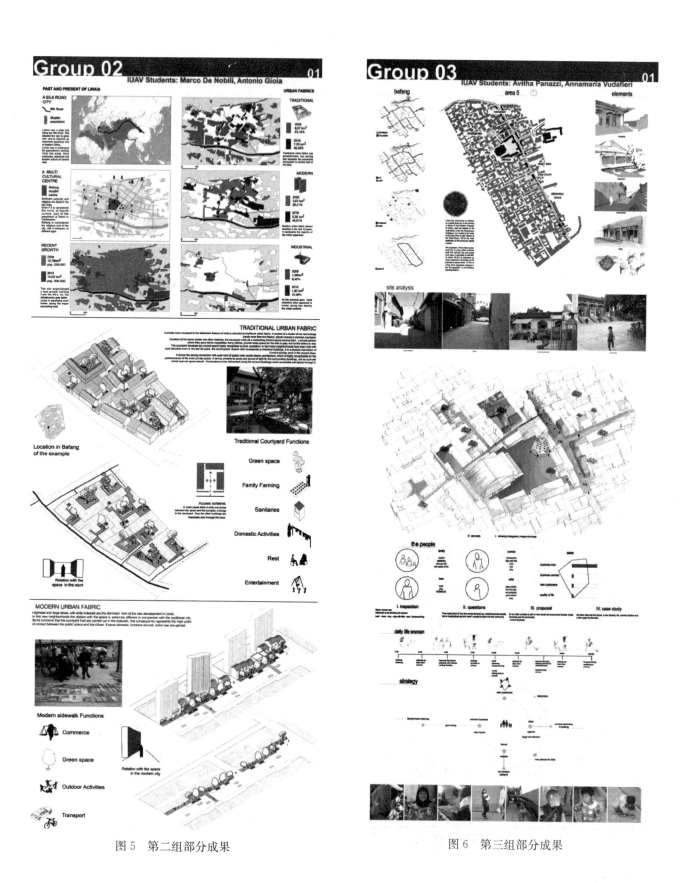

图 5　第二组部分成果

图 6　第三组部分成果

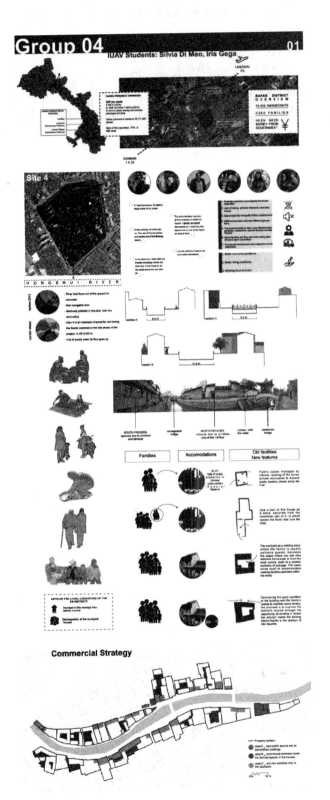

图 7 第四组部分成果

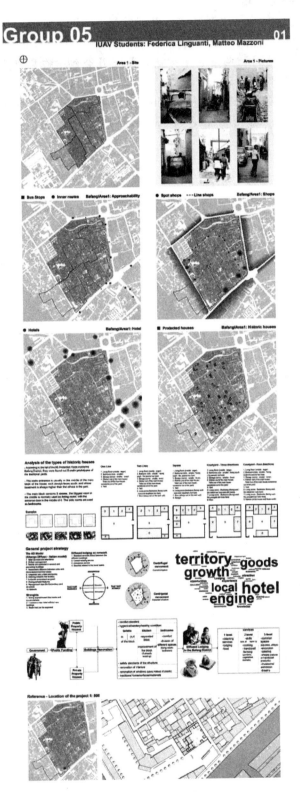

图 8 第五组部分成果

参考文献

［1］ 临夏史话. 兰州［M］：甘肃文化出版社，2007.

［2］ 临夏市地方志编纂委员会编. 临夏市志（1986—2005）［J］. 兰州：甘肃文化出版社，2011.

［3］ Friedman J. China's Urban Transition，Minneapolis：University of Minnesota Press. 2005

［4］ Vazzano F. and Xu H. Fra conservazione del patrimonio e sviluppo urbano：ripartire dai villaggi，Archivio di studi urbani e regionali，2008：109-124.

［5］ Carlow V. M. and Institute for Sustainable Urbanism ISU，eds.，Ruralism. The Future of Villages and Small Towns in an Urbanizing World，2016，Verlag：Jovis.

张宇　叶洋

哈尔滨工业大学建筑学院；yu. zhang@hit. edu. cn；

黑龙江省寒地建筑科学重点实验室

Zhang Yu　Ye Yang

Heilongjiang Province Cold region key laboratory,

School of Architecture, Harbin Institute of Technology

研究型大学建筑学专业本科生国际化培养模式研究
——以哈尔滨工业大学建筑学院为例 *

Research of International Cultivating Mode of Architecture Undergraduate Education in Research University
——A Case Study of School of Architecture of Harbin Institute of Technology

摘　要：随着建筑学科人才培养水平提升和人才需求层次的提高，我国高校建筑学本科教学中国际化培养模式逐渐推广。研究型大学作为我国高水平高校代表，其自身属性可以有力推动国际化人才培养模式的发展。本文以哈尔滨工业大学建筑学科教育为例，剖析通过分析其人才培养与国际接轨的内在需求，提出国际化培养的多层次复合方法，探索有效的培养模式。

关键词：研究型大学；建筑学；国际化；培养模式

Abstract：With the development of cultivating and requirement of students of Architecture, the international cultivating mode is being generalized in the major of Architecture in the Chinese universities. As the representatives of high-level universities, the properties of research universities is the essential motives for improving international talents cultivating mode. This paper take the architecture major of Harbin Institute of Technology as the example, analyzed the internal demands of talents cultivating and the international connection, proposes the Multi-level methodology for international cultivating and tries to develop the effective cultivating mode.

Keywords：Research University；Architecture；International；Cultivating mode

1　研究背景

在当下建筑市场全球一体化背景下，我国建筑科研领域及建筑市场均面临巨大转型压力与机遇，作为工科学科的一个专业，建筑学专业国际化工作平台将为我国高校建筑学教育发展提供有力指导。在新的发展阶段，我国一流大学的建筑学专业致力于跻身世界一流的建筑学科、培育面向国际的一流建筑学专业人才，必须深入挖掘本科生教育中的国际通识属性以及国际化高标准的实践创新能力培养机制，着手建立与国际先进教学系统接轨的建筑学专业本科教学模式。

＊黑龙江省高等教育教学改革项目（研究型大学建筑学专业本科生国际化培养平台建构研究）。

211

2 基于研究型大学目标的建筑学专业国际化政策方针

研究型大学是以培养创新型人才、产出高水平科研成果以及服务社会为特征的一类特殊层次的高校[1]。研究型大学起源于欧洲，教学与科研的融合最早出现在19世纪初世界第一所研究型大学——柏林大学。

洪堡在创立柏林大学的同时，也确立了教学与科研统一的原则。他认为，大学教师必须进行科研，只有这样，教师在教学中利用最新的科研成果，才能提高教学水平；学生也应该参与科研活动，只有这样，他们才能进行有效的学习。此后，关于教学与科研的融合一直是高等教育界的研究热点，伯顿·克拉克、纽曼、博耶等，都对教学科研统一的原则作了进一步阐述和发展[2]。尽管二者融合的理念由来已久，但是在实践层面上，美国高校进行了一系列探讨。1998年，美国研究型大学本科教育促进委员会发表了影响深远的《重建本科教育：美国研究型大学发展蓝图》（简称"博耶报告"），呼吁研究型大学给予本科教育更多重视，并提出了本科教学改革十项建议。

我国研究型大学建设既是社会经济和科学发展的客观需要，也是我国高等教育自身发展的必然要求。目前，我国高校办学任务的重心应由规模逐渐转向质量，重视自身办学传统与特色的积累和沉淀，追求内涵发展和建设，这是高校提升教育质量和办学竞争力的必然选择，也是我国高等教育中长期改革与发展规划的根本要求。工科高校应稳定规模、优化结构、强化特色、注重创新，走以质量提升为核心的内涵式发展道路，健全质量评估制度和保障体系，进一步全面提高工程人才培养质量。

建筑学是一个培养建筑设计专业人才的应用型工科专业。对于本专业而言，亲历境外国际设计水准建筑实例进行空间体验、现场聆听设计者解析并与其面对面交流，是培养优秀建筑设计人才的重要和有效途径，也是建筑学专业教育应积极追求的[3]。2008年，在澳大利亚堪培拉举办的"国际建筑教育评估认证第三次圆桌会议暨堪培拉协议第一次全体会议"，与会的国际建筑师协会、英联邦建筑师协会以及美国、英国、加拿大、澳大利亚、墨西哥、韩国和中国等建筑师协（学）会等各方代表签署《建筑学专业教育评估认证实质性对等协议》。协议的核心内容是承认各签约成员的建筑学专业评估认证体系（评估认证程序和方法）和教学成果（如专业教育的学术要求，毕业生的实际能力等）具有可比性，即所谓"实质性对等"，经一方评估认证的建筑学专业，

其他各方均承认。该协议的签署，打开了中国与美、澳、欧三大洲之间的培养通道与执业平台，同时也为更多的中国学生开启了进入国际化舞台的大门。为使我国高等工程教育更好地适应经济社会发展的要求，培养出大批高素质、具有国际竞争力的创新人才，2010年，我国开始实施"卓越工程师计划"，提出以大工程教育理念为视角，培养创新能力强、适应经济社会发展需要的高质量工程技术人才。在此背景下，推动多样化的人才国际交流活动、丰富高层次工程人才国际背景也是十分重要的，高等学校的工程教育教学，需在国际化教育等方面进行广泛和深入的探索。其中，探寻建构在本科阶段可持续实施的、融产学研合作和国际化教育于一体的有效模式和运行机制，则是一个受益面更大、培养效率更高的途径，并可为相关实践提供切实保障。2012年10月，中国建筑学会建筑教育评分会正式成立。根据住房和城乡建设部有关指示，建筑教育评估分会要与世界建筑教育对接，参与《堪培拉建筑教育协议》有关活动，成为代表中国通过评估建筑院校对外形象的"窗口"。因此，近年来建筑学专业与国际接轨需求逐渐提升，国内各大高校建筑学专业纷纷加强与国际学校的交流，积极开展国际交流，拓展师生国际化视野（表1）。

相关政策解析　　　　表1

时间	政策协议	主要内容
2008	建筑学专业教育评估认证实质性对等协议（《堪培拉建筑教育协议》）	承认各签约成员的建筑学专业评估认证体系和教学成果
2010	国家中长期教育改革和发展规划纲要（2010-2020）	培养大批具有国际视野、通晓国际规则、能够参与国际事务与国际竞争的高层次国际化人才
2010	卓越工程师计划	推动多样化的人才国际交流活动、丰富高层次工程人才国际背景
2012	中国建筑学会建筑教育评分会	参与《堪培拉建筑教育协议》有关活动
2013	新版的建筑学专业教育评估标准	鼓励各建筑院校在统一的基本培养标准的基础上，突出自身的办学特色

3 建筑学专业国际化人才培养对研究型大学发展的内在驱动

研究型大学是以培养创新型人才、产出高水平科研成果以及服务社会为特征的一类特殊层次的高校。哈尔滨工业大学在90余年的办学过程中，历经俄式办学、

日式办学、中苏共管、学习苏联、学习欧美等阶段，在多种文化的不断碰撞和融合中，不断总结和继承优良办学传统，成长为一所特色鲜明的现代大学。[4]哈尔滨工业大学建筑学学科创建于1920年，是哈尔滨工业大学最初建校时的两个专业之一，也是我国最早建立的建筑学科之一[5]。近年来，哈尔滨工业大学始终保持务实严谨的办学特色，坚持自主创新，承接了大量国家高、精、尖的大型科技项目，科研实力始终位居全国高校前列。随着国家教育科技投入的加大和创新理念的提出，哈尔滨工业大学定位于研究型大学既有国家科技发展战略的外部支撑，也有其自身科研、教学不断发展的内在需求。探讨研究型大学建筑学专业本科生教育国际化培养的平台及其特色挖掘、提炼和强化的思路与实践路径，一方面，有助于哈尔滨工业大学更加深入地了解自身的特点和优势，更加明确地定位和决策，从而进一步更新办学指导思想，不断提高学校的向心力、凝聚力、影响力和竞争力，铸就大学精神和品格，提升育人质量，实现内涵式发展；另一方面，可以更好地发挥研究型大学对一流建筑高校的示范性作用，推进我国高等建筑教育发展的理性化、多样化和科学化发展。高校在人才培养中特别注重创设国际化的交流合作平台，了解国际上先进的工程教育理念与认证标准，在实践中要通过加强与世界工程教育强国的实质性合作，推动工程人才培养体系的改革，要构建多维度工程能力培养模式，优化人才培养方案，强化创新创业环节教育，健全质量评估制度和保障体系，才能全面提高人才培养质量，提升建筑学科人才的国际竞争力。

4 哈尔滨工业大学建筑学本科教学国际化平台建构

近年来，哈工大建筑学院在既有国际化资源基础之上，进一步理清了国际化建设的目的价值和手段价值，依托实践训练体系和创新课程体系，建设国际化特色课程体系。[6]

4.1 国际名师建筑师讲座国际视野持续化普及

作为研究型大学，以培养高水平的科技人才为目标，教学与科研结合紧密，具有较为充裕的经费支持。近年来，哈尔滨工业大学建筑学科"国际化卓越工程人才"为培养目标，从"知识"、"技能"、"情感态度"等方面培养全方位的人才；与此同时，作为国内一流工科高校，哈尔滨工业大学于2017年获得"双一流高校"资格，在国际高校排名也获得大幅提高，对国际高水平人才具有极大吸引力。因此，哈尔滨工业大学建筑学院

建立完善的资助机制，从经费方面以学校资助、学院辅助、学术经费补充的方式，从内容方面，以学术交流、合作为基础，工程实践交流、合作为补充的形式，邀请来自国际知名高校的名师及国际优秀建筑师为学生开展讲座交流，形成持续化的国际视野普及效应。

4.2 长短期国际联合设计产学科研针灸式布点

联合设计（Workshop）是国外建筑学科比较常见的教学模式之一，是灵活高效的教学模式，目前，这种模式也在我国建筑教育界逐渐实施。建筑学科国际联合设计由于其参与人员距离远、交流难度较大，耗费的精力与成本都较高；设计类交流成果形式多样、成果转化时间长，这些都是难以控制的因素。在建筑学本科教学中，哈尔滨工业大学建筑学院构建包含"设计课程的国际联合教学＋专题化课程的国际联合教学，＋工作坊制的国际联合教学"的多层次模式。在五年的培养过程中90%以上有海外留学或游学的经历[7]，以与长短期国际联合设计教学科研相结合，促进国际合作形成针灸式布点，加强国际化教学的强度。

4.3 学分认证双学位项目因材施教灵活化筛选

以建设国际一流高校为目标，建筑学专业教学必须与国际教学体系相融合。我国建筑学本科学制为5年，而欧美建筑学本科学制多为3～5年。哈尔滨工业大学建筑学院采取灵活措施，于2012年开始与都灵理工大学（意大利）进行本科生双学位"1＋3＋1"项目，在哈尔滨工业大学接受第一年学习后，将对有意申请项目的学生进行筛选，通过"双向选择"确定参与学生，学生在意大利接受三年完整的本科教学，第五年在哈尔滨工业大学接受建筑师业务实习及毕业设计，获得中国及意大利两个国家的本科学位。近年来，哈尔滨工业大学建筑学院又陆续与都柏林大学（爱尔兰）等多所国际学府开展双学位项目，这种类型的双学位项目，严格把控合作院校的水平、筛选学生以确保教学目标，而通过毕业设计检验项目的教学成果，做到了因材施教的灵活化筛选，有效加大国际化模式的深度。

5 结语

在科研国际化交流日益频繁的趋势下，我国建筑学专业本科生培养的与国际接轨的趋势近年来得到了大力的发展，尤其是建筑学专业本科培养年限大多为5年，专业性与实践性较强，对于研究型大学衔接机制亟待健全。研究型大学是我国高等教育最高水平代表，是学术、科研创新驱动的有力平台，为人才培养提供国际化

视野和多元化的学术环境，因此在以哈尔滨工业大学为代表的研究型大学建筑学学生培养体系中，国际化的具有重要意义。本研究的关于建筑学本科教学人才培养国际化机制就是针对这一课题提出了落实性的解决办法，通过分析其人才培养与国际接轨的内在需求，在培养目标、教学设置和未来发展等各个方面分析其必要性，最终形成研究型大学背景下建筑学专业本科生国际化培养方法。

参考文献

[1] 冯宝军，李延喜，张媛婧. 中国研究型大学教育成本构成的实证研究 [J]. 会计研究，2013（03）：79-81.

[2] 施林森，刘贵松. 我国研究型大学教学科研融合的方式、问题及对策——以清华大学等6所高校本科教学质量报告为例 [J]. 中国高教研究，2015（03）：31-35.

[3] 龚兆先，沈粤，赵阳等. 建筑学专业穗港教学合作模式探索与实践 [J]. 高等工程教育研究，2015（05）：179-182.

[4] 张立新，吴立春. 研究型大学办学传统与特色的挖掘、提炼和强化——以哈尔滨工业大学为例 [J]. 武陵学刊，2016（140-1）：132-137.

[5] 梅洪元，孙澄，陈剑飞. 秉承传统 历久弥新——哈尔滨工业大学建筑学院建筑教育 [J]. 南方建筑，2010（04）：72-77.

[6] 孙澄，董慰. 转型中的建筑学学科认知与教育实践探索 [J]. 新建筑，2017（03）：39-43.

[7] 梅洪元，孙澄. 哈尔滨工业大学面向国际化的建筑学专业卓越人才培养模式探索 [J]. 城市建筑，2015（06）：60-64.

[8] 卢峰. 当前我国建筑学专业教育的机遇与挑战 [J]. 西部人居环境学刊，2015，30（06）：28-31.

李国鹏 范悦 周博

大连理工大学；liguopeng@dlut.edu.cn

Li Guopeng Fan Yue Zhou Bo

Dalian University of Technology

关注多元复杂城市问题的区域再生设计
——中日建筑工作坊东京北千住区域再生设计的总结与反思 *

Regional Revitalization Design for Complex Urban Issues
——An International Design Workshop on Revitalization of Kita-Senju，Tokyo，Japan

摘　要： 本文对2017年大连理工大学、日本东京电机大学共同举办的国际建筑设计工作坊进行了回顾与总结。工作坊以"东京北千住历史街区再生设计"为题目展开联合设计指导的教学任务。文章通过对工作坊形式的教学体系和设计指导过程中教育特点的分析、教学中的关注点以及反思点的凝练，展现了学生们高强度的系统性的多文化学习过程与解决多元复杂城市问题的区域再生设计思路，提出建筑学教育可能的教学途径和发展设想。

关键词： 建筑设计；工作坊；教学体系；设计过程

Abstract： This paper reviews and summarizes the 2017 International Architectural Design Workshop，held by Dalian University of Technology and Tokyo Denki University. This workshop chose Revitalization of Kita-Senju，Tokyo，Japan as the design theme. This paper，by analyzing the teaching mode，design features，and the concerns and feedbacks in the design process，presents a high intensity，systematic，and multi-cultural learning process and shows the design strategies for revitalization design under complex urban issues. Possible teaching and learning approaches and future development directions of architectural education are also proposed.

Keywords： Architectural design；Workshop；Teaching mode；Design procedure

1 主题·设计对象

1.1 历史街区再生

历史街区再生是一个历久弥新的话题。一方面，带有浓郁生活气息的老街区具有无可代替的历史文化价值和城市记忆。另一方面，布局混乱、房屋破旧、交通阻塞、环境污染、市政和公共设施短缺等问题使得历史街区已不能适应现代功能的需要，且因通常地处城市中心地带，历史街区一定程度上严重地影响了城市整体形象

和经济发展。

大连理工大学建筑与艺术学院关注城市历史街区再生发展设计问题，同时重视国际化交流，希望通过与国外高水平大学建筑学院联合设计与指导探讨中外建筑学教育中的共同点与差异性，并在设计指导过程中，从建筑与城市设计的角度提出时间、空间、功能与人文的设

_____

* 本项目由中央高校基本科研业务费专项资金（DUT17RC（4）21）；大连理工大学研究生教改基金重点项目（JG2015008）资助。

计重点，从多角度解决城市、建筑的设计问题。作为过去3年成功举办国际工作坊的延续，2017年大连理工大学与东京电机大学国际建筑设计工作坊继续举办，并以"东京北千住历史街区再生设计"为主题。

1.2 北千住历史街区多元复杂的城市问题

千住（Senju，千手）是江户（东京1868年之前使用的名字）四大古镇之一。曾经由于日光大道贯穿此区域，千住成为商业繁华的驿站镇，不仅有旅馆而且有市场和妓院。如今，千住成为一个拥有5条列车线汇集的交通枢纽区域，大约700000人每天在北千住车站上下车。然而，许多乘客只是利用该站换乘，而该地区并没有充分利用它的潜力去吸引游人从车站大楼进入该区域。

这次工作坊的设计选址在北千住一块约29750平方米，"千手町购物街"（原日光大道）东侧的历史街区。"千手町商店街"是北千住地区商业集中区域，有许多商店和餐馆。区域内现存大量老旧木构建筑，即使江户时代的面貌几乎消失殆尽，地块的划分和宽宽窄窄的巷子仍旧传达着从前街道的样式和尺度。在这里许多的木构建筑被改造为餐馆形成独特的商业特点，同时也孕育着火灾的危险。许多不被认可的"道路"（小于4m）是这些木质结构之间唯一的分隔，这使得消防救援任务变得艰巨，也使得重建个别房屋变得困难异常。而且由于地形问题，选址区域位于河流泄洪通道内，在极端情况下，洪水可以达到地面5米以上。

图1　设计选址范围及东京北千住
周边区域环境（红线为原日光大道）

同时，设计选址区域中心部分利用3400m²地块在建的一个30层、110m的超高层建筑引起了建筑协调性的讨论。超高层建筑的突然出现与周边低矮的木构建筑极不协调；通达的北千住车站与"千手町购物街"繁华的低层小商业的联系不得不重新去考虑；北千住尚存的历史性和规模感与城市相称的开发方式也需要和谐统一。

目前该地区再生改造的呼声较高，本次工作坊的目的为通过提出具有生命力的城市再生设计策略，去解决北千住区域交通、火灾、洪水与历史文化复兴等多元复杂的城市问题。

2　方法·教学体系

工作坊的教学体系从建筑与城市设计的角度提出理论教学、策略探索、与设计模式三个教学重点，并在设计过程中，将重点不断融入，从多角度解决历史街区的再生问题。

2.1　理论：从开放到适应

城市设计是协调各方面关系，关系的体现是重点。而城市中历史街区的再生更是多种关系的交织。单一的再生模式，简单的处理方法显然不能解决历史街区再生中存在的疑问。在这个问题上，开放建筑相关理论呼吁整合多个部门（包括政府、开发商、居住者、产品厂家等）参与设计过程，开放建筑理论由John Habraken[1]在20世纪60年代首次提出，开放建筑把建成环境的组成部分分为"Tissue"、"Support"、"Infill"三个层级。三个层次是相互独立的，在每个层级上的各种要素可以根据相关需求发生变化而不影响到其他层次的正常功能。这种分层级控制的思想将历史街区分为两个或多个相互独立的层级，每个层级又有各自的次系统，进行再生时只需要对相关层级内部进行修复替换。同时再生的进程可以分阶段进行，前一阶段出现的问题在之后的规划设计中可以很好的避免或更正，做一种体系化的思考。开放建筑理论经过半个世纪的发展已经成为注重时间因素、改变必然性以及公众参与度的城市规划与建筑设计理论。

由此本次工作坊的理论思想是提出探求综合功能的"适当规模，合适尺度"的适应性再生模式[2]；并从城市发展的角度探索了城市再生的空间优先度、时间效益以及改造的程度问题，提出了再生的渐进性；引入梯度保护理论与定性分析，对于确定城市不同地块更新优先等级提供参考。适应性再生模式针对现有城市中历史街区存在的问题进行分层级控制、阶段化处理以适应现存多元复杂状况。

2.2　策略：从时间到空间

工作坊的教学方法鼓励同学们应用所学的理论知识发挥时间在解决空间发展问题中的作用。在设计中，同学们尝试时间作为城市发展的主轴线，探讨时间在城市中历史街区与建筑空间的形成与发展中的作用，采用动态更新的方式解决历史街区再生的问题，采取渐进式策略，避免一步到位。同时注意人文的延续与发展。

而在特定的时间区域内，工作坊选取不同的关注切入点，进行有针对性的建筑学研究，在满足特定空间需求的同时，更新建筑中功能的置换。空间作为城市物质与精神活动的载体，成为在历史街区与建筑单体设计中关注的重点。区域改造增建方法与整体结构改造升级策略都被应用在历史街区容积率的提升上。保留原有建筑结构，进行主体加固与适当的容积率提升，并且将文化设施、精神活动设施引入场地，是本次工作坊在空间设计方法上的一次探索（图2）。

图2　再生改造应用策略示意：区域改造增建方法，提高容积率的同时利用防火材料阻隔火灾蔓延

2.3　模式：从集中到分组

工作坊将中日建筑学规划学的学生进行完全的混合编组，而分得的五个小组由来自中日学校的教师共同指导，完成布置的设计任务。工作坊共分为三个阶段：4月份的在东京首先进行北千住历史街区的调研、与专家做地块介绍、参观日本历史街区改造案例。之后各设计小组就整体设计方向进行头脑风暴，提出初步方案模型与图纸等内容的前期城市设计；7月份的在大连进行集中教师评议、图纸表达建议、最终完成方案图纸绘制与模型制作；期间5~6月为设计深化阶段。其中4月、7月在东京和大连阶段是分组工作，中间阶段则是独立负责完成深化设计，但要求每名学生在独立设计过程中与同组成员充分沟通协作，形成组内统一的建筑与表现风格进行展示和汇报。

这种集中教学分组设计模式下的设计与指导，充分利用多学科、多背景、多观点相互融合的特点。为参与师生搭建了一个相互认识相互交流的国际化平台，促进文化科学发展，提供更广泛的合作机会可能；促进同学之间学习与交流。

3　过程·设计指导

3.1　重视前期调研

工作坊首先对东京北千住区域进行调研与现场测绘，了解历史知识的同时获取第一手现状材料。由此进一步提出城市的再生与发展在空间上的延续。通过满足空间需求缓和社会矛盾，以适应历史街区空间改造的可能性。现场调研测绘包括对历史街区地块内的建筑评估，根据建筑的历史价值，对其进行等级划分，分为"拆除新建"、"部分改造"与"整体保留"三种类型。等级划分也须同时考虑地块周边的城市环境背景，并充分考虑项目所处的城市中心区域的整体性、文脉延续、和尺度肌理（图3）。

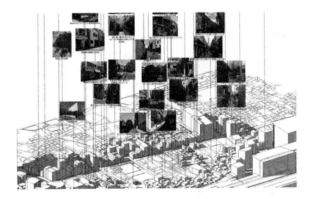

图3　北千住区域踏勘与建筑测绘评估

3.2　强化整体概念

作为一个工作坊设计训练，中日双方指导教师都非常重视设计前期的整体概念生成，但由于5~6月期间，每一位同学都有自己的设计任务，这对整体设计概念的延续有一定的影响。相对来说，中日学生都过于快速地进入方案设计阶段，缺乏提出设计切入点的步骤，对前期设计分析的总结有所欠缺。因此指导教师在长达三个月的设计指导过程当中多次强调整体概念的延续性，指导学生多次回顾前期设计思路，相对理性地得出设计方案，并使前期分析提出的设计概念贯穿到整个设计过程中。

3.3　强调交界面关系

在强化整体概念的同时，鼓励学生个体的创新，同时强调相互之间的关系，尤其是基地与城市之间、基地内个人地块之间的交界面关系。这需要在设计中对细节重视，方案需立足于建筑与人相关的尺度上，在设计中特别注意建筑与环境的使用状态，将人的行为作为设计的核心与重点融入建筑环境之中。

3.4 模型设计表达

建筑模型是从平面向空间发展的重要的环节，是锻炼动手能力，空间认知和分析能力的主要方式。工作坊通过建筑模型来表达从最初概念到最后汇报的整体建筑设计过程。这在语言交流相对困难的国际设计工作坊中应该是比较理想的方式。指导教师要求最初概念的生成需多方案比较，而最终汇报过程中模型表达所带来的直观性是其他建筑表达方式不具备的（图4）。

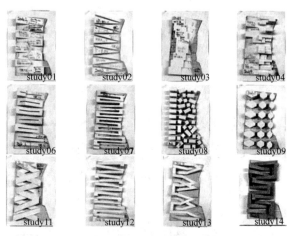

图4 整体概念多方案比较推敲过程草模
（1∶500上图）与汇报正模（1∶500下图）

3.5 汇报规范流程

为了克服语言交流的障碍和在评图的过程中能准确表达设计思想，指导教师组为每次汇报工作制定具有逻辑性的规范流程。图纸表达结合模型表达的汇报形式是固定的，每组汇报的时间根据中期和最终汇报不同分为12～15分钟，提问时间均为15分钟。由于汇报时间相对比较紧凑，这就要求同学们在汇报过程中要有很强的逻辑性节点：①基地介绍；②调研发现；③现状问题；

④设计目标；⑤方法策略；⑥设计结论；⑦效果影响。指导教师和最终汇报评委对每个节点上存在的问题进行提问和建议（图5）。

图5 最终汇报过程

3.6 设立鼓励奖项

为了鼓励学生的积极性和创作热情，工作坊引入颁发奖项的环节。奖项设置有团队一等奖、团队二等奖、团队三等奖、个人最佳汇报奖、个人最佳效果图奖以及个人最佳模型制作奖，共6个奖项。团队奖的设置更加鼓励团队协作和共同进步，而个人单项奖则对表现突出的个体予以奖励。

4 反思·发展设想

工作坊历史街区再生设计这个题目选取探索了多元复杂环境下的设计过程。旧城问题非常复杂，难以找到现成的解决方案，工作坊考虑城市中的社会问题并在设计过程中将时间、空间、行为、功能等设计重点与城市再生发展过程中被广泛关注的社会问题相关联，从多个建筑学角度理解并解决城市中的问题，进行有针对性的研究与设计。虽然工作坊的设计指导与真实实际项目改造不同，但工作坊设计要求学生们在多元复杂的外部环境限制下对历史街区与建筑单体设计整体把握，整体构思，分块布置，并汇总解决城市问题。这样无论从形式、方法、结果与效果上都比传统设计教学更加具有意义。

工作坊历史街区再生设计这个教学模式提供了高强度的系统性的多文化学习过程。工作坊式的教学模式是一种短时、高效、合作的教学模式。在一段时间的适应和调整后，无论是学生还是教师都会迅速地进入设计工作状态。适当的引入竞争机制可以促使灵感迸发，促进相互学习能力以及提高工作效率，适合于建筑学教学中的应用。同时，中日两国学生也明显地表现出不同文化教育背景下的建筑设计特点。这种差异性对比对未来中国建筑学教育可能的发展方向做出必要的补充。

　　工作坊历史街区再生设计这个指导过程强调了设计教学体系与指导的整体过程。历史街区再生与建筑单体设计整体过程体现在总体概念—方案设计—综合—评估—使用后评价等几个环节。在现有的建筑学教育中强调设计的整体性和设计的全面化，补充缺失的前期分析与概念生成是建筑学教学进一步提高的重要环节。

参考文献

　　[1]　Habraken，N. J. and B. Valkenburg. Sup-ports：an alternative to mass housing. London，Architectural Press. 1972.

　　[2]　李国鹏，朱启东，李雁冰等. 城市中心历史街区适应性更新模式. 铭传大学 2016 社会设计与韧性永续规划国际学术研讨会设计组/论文集 [J]. 台北：2016. 3. 11—2016. 3. 11.

范文兵

上海交通大学船舶海洋与建筑工程学院建筑学系；wbfan@sjtu.edu.cn

Fan Wenbing

Department of Architecture，School of Naval Architecture，Ocean & Civil Engineering，Shanghai Jiao Tong University

学做有品质的建筑
——以 ETH 一个建筑设计教案为例*

Pedagogy of Designing Archittcture with Quality：
Take an Architectural Design Teaching Plan
of ETH as Example

摘 要：本文通过对瑞士联邦理工学院（ETH）一个建筑设计教案的解析，探讨如何通过有效的教学法，扎实传授学生学做有品质的建筑，并对国内设计教学的一些误区，进行了分析。

关键词：教学法；有品质的产品；优秀的作品

Abstract：Based on anarchitectural teaching plan of Swiss Federal Institute of Technology Zurich（ETH），this paper try todiscuss how to set up effective pedagogy to teach students to design architecture with quality. Meanwhile it also analyzessome misunderstandings on domestic design teaching about this issue.

Keywords：Pedagogy；Products with Quality；Excellent Works

2007 年 10 月，瑞士苏黎世联邦理工学院（ETH-Z）的中国留学生王英哲，通过网络日志，按时间顺序，详细记录下了他选修的一个三年级设计作业全过程[1]。该作业由 Hans Kollhoff 教授[2]主讲，助教担任桌面一对一评图。题目是"世界上最平凡的建筑任务，但同时却也是最难的之一：一座城市的居住和商业建筑"[3]，面积 3100 平方米，高度 5～6 层，底层（或底部两层）商业。

作业时长 12 周，采用的是 ETH 设计教学里常用的"高度结构化的"[4]课程安排：一到四周为每周一次的"热身练习"（Vorübung），包括"售楼书海报"、"立面浮雕"、"居住空间向外眺望"、《建筑入口》4 个小作业；第五周是 Kollhoff 带领学生去意大利，进行针对性案例实地参观；六到十二周，为主体设计。

我觉得该教案很有价值，因为它触及国内建筑教育界普遍忽视的一个重大基本问题：如何构建一套高质量

的设计教学法（Pedagogy），扎实传授做有品质

---

* 本研究受上海交通大学课本科课程教学改革研究项目资助。

① 参见：王英哲. 跟 Kollhoff 学建筑（2）［EB/OL］. htp：//blog. sina. com. cn/s/blog _ 710cf1240100nvhb. html，2007-10-25.

王英哲. 跟 Kollhoff 学建筑/跟 Kollhoff 学建筑（二）［A］.《室内设计师》编委会编. 室内设计师，8/10 期. 北京：中国建筑工业出版社，2008.

② 3Hans Kollhoff（1946-），1987-2011 年执教于 ETH 建筑系，在柏林有自己的事务所。在二十几年的教学实践中，他的课程设置不断完善和优化，成为教学上的典范。

③ 摘自 Kollhoff 课程介绍。

④ 参见：吴佳维. 一种设计教学的传统——从赫伊斯力到现在的 ETH 建筑设计基础教学［A］. 全国高等学校建筑学学科专业指导委员会，昆明理工大学建筑与城市规划学院主编. 2015 全国建筑教育学术研讨会论文集［C］. 北京：中国建筑工业出版社，2015. 10；3-9.

（Quality）的建筑。

所谓设计教学法，是指教设计的方法（how to teach），它包括教学目标（又可分大目标、分项目标），过程控制（Process），具体作业设置（how to learn），作业的学术与实践性要求（academic and practical），设计方法与技巧传授（how to design），观念、理论与知识传授（what to learn），评价标准制定（Judgment），教学组织（包括师资分工与协调、师生交流与协调）等。张永和在一次访谈中谈到："像麻省理工学院，硕士研究生念三年半，首先有一个教程。然后还有一个东西叫教学法。就是说你每学一个东西是怎么学的？老师是怎么教你的？是通过什么样的练习你学会的？它是一个很完整的系统，然后出来了一个学生，刚刚能够毕业的，我们知道这个学生他学过什么、他能干什么、他理解了什么。实际上是这么一个东西才叫教育。"①

所谓有品质的建筑，是指大部分从业建筑师日常工作中需要努力的方向。大部分从业建筑师的日常工作就是要努力创造"有品质的产品（Product）"，少部分建筑师由于自身天赋及机缘巧合，会致力于创作"优秀作品（Work）"。"产品"与"作品"各有其功效及适用市场，无法相互取代："作品"中产生的前卫理念，可以启迪"产品"不断扩大视野，"产品"中空间、建构、基地、功能、技术等方面的扎实作法，则是"作品"落地为建筑作品而非艺术作品的关键。而目前，国内专业界说到建筑设计时常用建筑创作一词替代，恰好证明了王群所说的"误区"之普遍："中国建筑学教育中有一个误区。我们通常会把建筑学的学生培养目标确定为像柯布或者密斯那样的大师，但事实上，大多数人是不可能成为柯布，也不可能成为密斯的，他们的工作往往是在另一个层面进行的，那么，怎么使这大多数的建筑师所做的大量性的工作更加有品质，而不是仅仅成为一种景象建筑，这其实是意义非常重大的一个问题。"②

构建有效的教学法培养创造"有品质建筑（产品）"的建筑师，需要我们首先克服国内目前普遍存在的三种教育倾向：（1）将设计学习漂浮在玄虚概念，落实不到"物（physical）"的层面；（2）将设计成果停留在"设计表现图"视觉形态，进入不到材料、结构、构造、细节层面③；（3）用风格（Style）角度解读"建构（Tectonics）"为节点、材料堆砌的"材料、节点表现风格"。而 Kollhoff 的教案，在如何构建理论性与实践性相结合的教学法，扎实传授做有品质的建筑的方面，带给我们很多启发。

1 将学术研究、设计实践，转化为有效的设计教学

1.1 以造物为目标，将学术观念贯彻到步骤与作业设置当中

王英哲的日志按照作业步骤，详细记录下了一系列教授评图意见，比如：建筑与城市关系处理的优劣评判；园林与建筑之间，或严谨几何，或自由关系的选择；对立面形态比例，或宏伟，或优雅的感受评价；对屋顶、立面、基座、线角、开窗、凸窗、栏杆、拱等建筑基本元素，在尺度、材料、建构上不同做法及不同作用的认识……。从中可以清晰看出，这是在特定地域历史文化基础上展开的设计教学，同时也是 Kollhoff 基于自身对文艺复兴建筑的研究心得，及其设计实践中对立面的关注展开的教学。这些具体的历史传统文化、学者研究实践心得与学术观念，通过训练过程控制、作业练习设计、评判标准制定，有效、互动地结合在一起。

1.2 主线与辅助分工清晰，保持学术观念的清晰与深刻

ETH 在设计教学里实施教席制，以一名全职教授领衔，再由若干教员组成教研团队。教授制定教学计划、教学讲座，具体与学生互动完全由助教完成④。所以，由教授主持的集体评图（Review）与助教主持的桌面一对一评图（Desk Critic）两个环节之间的配合非常关键。每个作业结束时的集体评图中，Kollhoff 扮演统领角色，通过明晰的评价意见，将其学术观点细致地贯彻教学之中，引领整个教学方向明确。其他助教主导的桌面评图，则在大框架、大目标清晰的前提下，重点放在解决技术难点与细节处理。

① 引自：张永和. goood 访谈专辑第十四期. ［EB/OL］. https：//mp. weixin. qq. com/s？_ _ biz＝MzA5MTEwMTEzMg＝＝&mid＝2652191566&idx＝1&sn＝e1d8f6c613409943820d799bb1e30655&chksm＝8be019edbc9790fb054fc2ab27d2063db6059fd0f7daf0534fb906abc3f2fa00152c69b8a737&mpshare＝1&scene＝1&srcid＝0217NjNhRFRE63irypjQbepl&pass _ ticket＝dKGAImpZuIvbYIVDDV3iAP4Y4jR8n0e90e7QpmIFDw OCFLlL1％2BIXmYZQaiFt％2B％2BFk♯rd，2017-02-17.

② 引自：王群、赵辰、朱涛. 对话 13：建构学的建筑与文化期盼［J］. DOMUS 国际中文版，017 期. 2007（12）

③ 张永和说："（建筑教育）问题比较大的就咱们中国和美国。在中国主要是学了画表现图，根本不知道房子怎么盖的。然后在美国，学生是朗朗上口地讲很艰深的理论，可是回到盖房子，很多基本知识都缺乏。"详见注⑤.

④ 参见前页注③.

主讲与桌面并不要求百分百完全吻合，但大方向必须保持一致，这种在具体教学中以某人（或某种清晰学术观点）作为主控线索，学习细节层面适度放开，才能确保设计教学在具有明确的学术观念与学术性深度的同时，具有不同阶段的、因人而异的可教性。

1.3 目标分解、递增，分步骤有效教学

整个教案分解出很多小作业，展开环环紧扣的分步骤训练（step by step）。前面连续四周的热身练习，围绕售楼书广告、入口、立面、室内空间等精准议题（Issue），不强调面面俱到，针对性强，能有效帮助学生在有限时间内迅速进入状态，扎实学到观念与方法。一周针对性实地参观之后，最后七周的主体设计，则是在综合运用、练习（复习）前五周所学基础之上，加入了基地、面积、功能、法规等新要求，逐步增加设计需要解决问题的复杂性。整个教案目标明确，先分解，再综合，循序渐进，难度逐步提高。

2 训练要求具体、学习方法明确、评价标准明晰地学做有品质的建筑

这一点在主体设计开始前的四个"热身练习"中表现得尤为突出。热身练习将一座建筑会涉及的几个基本议题分别做针对性练习，并在主讲教师学术观念基础上，制定出了明确的训练要求（what to teach, what to learn）、具体学习方法（how to learn）、具体设计方法（how to design）和评价控制标准（Judgment），一步步"把做建筑师的基础夯实"（学生感受）。

2.1 对基地的直觉能力——迅速进入状态

通过《售楼书海报》作业训练。学生用教师提供的照片做出拼贴效果图（售楼书中的一页），再加草图说明想法，从而反映出自己对基地最直接的第一感觉在建筑学上的反馈。

该作业没有采用通常的基地调研、分析、推理、汇报，而是在一周之内，要求学生探勘基地，并对有限资源（教师提供的基地照片）进行直接操作图片拼贴，通过这种简单、粗暴的方式，迫使学生迅速进入作业状态，迅速进入直面图像、直面场景、直觉思考、直觉表达的状态。

2.2 立面质量——身体当作的价值

通过《立面浮雕》作业训练。学生需围绕如下细致要求具体展开：开窗的比例、深度、凸凹；墙面线角的尺度、强弱度；横向与竖向线条的作用；屋顶的表情；

侧立面与城市、主立面的关系；底层开窗的道理；柱子比例确定的依据。尤其引发我兴趣的是，该作业采用浮雕油泥模型方式训练，让学生"把脑子里的想法直接通过手指的运动反映到三维上……通过手指的运动——或拉，或按，或扣，或挤——感受身体的动态"，由此暗示出立面是立体的、有厚度的，帮助学生"通过身体的运动理解建筑空间的凹进突出。"[①] 从这一观念推演，完全可以和当代表皮（Surface）概念类比连接（图1，图2）。

图1 立面浮雕练习，油泥制作，1：100

图2 在第二周作业基础之上，第十二周
成果模型，石膏制作，1：100

2.3 室内空间质量——逼近真实

通过"居住空间向外眺望"作业训练。不是我们国内教育常说的有些虚的"空间效果"，而是针对提升空间质量，给出具体设计方法与要求标准，包括：空间的分隔与尺度感；墙面、地面、天花的材料选择；色彩选择；视野控制；阳光的运用；家具（包括窗帘）的选择；与外部街景的"看与被看"的关系处理；居住气氛的塑造等。作为作业成果要求，是大画幅室内渲染图的，基于真实环境，尽可能逼真地接近真实物质性作法、比例尺度，以及真实的空间氛围。要考虑1：1构造作法要求（图3）。

① 王英哲. 跟 Kollhoff 学建筑（2）[EB/OL]. http：//blog. sina. com. cn/s/blog_710cf1240100nvhb. html，2007-10-25.

图3　居住空间向室外眺望练习。做一个1：50
的居住单元平面，再绘制一幅尽量真实的
空间效果图。电脑渲染，A1图

2.4　入口质量——缩小尺度，精微化训练

通过"建筑入口"作业训练。也有非常具体的要求：要确定入口的姿态，或邀请、或内向、或开朗、或过程控制、或隐约透出内部空间……；要明确入口处（高差）台阶，在空间限定及动线方向上的提示与引导作用；关注入口与外部空间的转折、过渡处理；入口立面细节作法如何取舍（应围绕入口姿态来确定其优劣）；入口的细节处理，如信箱、名牌、门铃……（图4）。

图4　建筑入口练习，石膏制作，1：20

上述作业的要求、方法、标准，很多都是直接从Kollhoff对文艺复兴建筑传统的研究中得到，并都具备举一反三、类比（analogy）到现代建筑设计的巨大潜能，这些要求、方法、标准，是作为一名无论哪个时代的建筑师都应具备的基本功，尤其对一个要做有品质建筑的建筑师而言。

3　破除设计教学中的几个误区

3.1　历史文化传统研究与设计教学没有隔阂

首先我认识到，不能用考古学的方式学习建筑传统，这种方式，很可能就是我们今天对历史传统与设计教学间产生隔阂的原因所在。学习我们的传统文化，一是要去实地旅行，用身体感知中国建筑传统而非仅仅是传统建筑，二是要用现代建筑的理论与设计观念，类型学（Typology）一些、类比一些、思辨一些，去解读不同地域建筑的空间组合模式、形态比例特征、材料建构状态、人的生活模式与空间模式的关系等……。

3.2　表面风格与设计（类型）方法传授没有冲突

Kollhoff采取的设计方法与评价标准，从表面风格（Style）角度看，都是他本人研究的文艺复兴建筑的一些基本规律与原则，但其实，都是可以在"循规则、研比例"的"原型"（Prototype）层面、在和城市的文脉（Context）层面和现代建筑接轨，这个与他在教案设计及作业讲评中，采用了基于"类型学"的一些方法有着深刻关系。

3.3　"形态"是可以探讨的。

我在教学中，一直有意回避对形态（Form）做讨论，因为觉得这是一个带有相当主观性的概念，很难理性传授。而且从自己的学习与实践经验看，业内很多人士正是因为这一点谈不清楚，反倒喜欢谈，因为可以故弄玄虚。从Kollhoff教案看，在一个或传统、或现代的相对统一的基础上，还是有些具体方法，可以对所谓形态感、视觉修养，进行传授与探讨（但决非"感觉"说辞）。Kollhoff在评图中，使用了一些诸如"美、优雅、强烈"等形容词对建筑形态做判断，由于这些判断是在一定学术研究与个人修养基础上做出的，因而具有相当客观的说服力，虽然的确渗透了他个人好恶。所以，在这一点上，即要开始做，也要非常谨慎。

4　产品教学法与作品教学法

曾有同行问我，一个目标明确、步骤细致、标准清晰的教学法，会不会把学生教死、教僵、失去创造力呢？电影导演李安在《十年一觉电影梦》一书的结尾处有一段话，我改编一下（括号里为原文，我用下划线的词进行了替换），或许能够回答这个问题："在建筑师（职业电影）生涯里，建筑（电影）基本语法能保你不受气，但不能保证设计（拍）出优秀建筑作品（好电影）来……我虽然常强调建筑（电影）基本语法，可是真正做艺术创作，不能只靠这个。它对有品质的建筑（大众电影）有帮助，但先学建筑（电影）基本语法对创意上可能会设限。当然，中国古典式的教法能在基本语法重复熟练到某个程度后，熟能生巧，巧以后再开始变化，自成一家寻求突破，这也是一条路子。"[①] 李安原先在纽约大学（NYU）学习，多以诱导启发为主，尊

————————
① 张靓蓓 编著. 十年一觉电影梦——李安传 ［M］. 北京：人民文学出版社，2007：118.

重个人风格，不会特别注意电影基本规则，导致他毕业后在实践中碰了不少钉子。经过多年摸爬滚打之后，他对电影的基本套路已然熟练把握，不会出大错，但那股探索、求变的"内在动力"，才是他不断创造出感人作品的更本质原因。

将李安的说法，与前面提到的"优质产品"与"优质作品"概念相结合，可以大致划分出两种设计教学思路：一种是把建筑设计视为（个人）艺术创作在教，目的是创作出优秀作品，一种把建筑设计当作创造有品质的人造环境在教，目的是制造出优质产品。Kollhoff教案显然属于"产品教学法"，有些像李安所说的中国古典式教法，着重传授给学生一套基本词汇表和一种严格的语法。这种方法，在当下强调个人创造性的风潮中，反倒显示出一种激进与反叛，对此做了Kollhoff多年助教的JesephSmolenicky认为："现如今个体的天赋和个人的'发明'已经成了伟大的神话。另一种工作方式是，充分利用以建筑学为媒介获取的经验并且将历史上那些有品质意义的准则整合在设计之中。在19世纪的城市中涌现出的众多类型当中就有一些这种成功的标准。"① 而在学习熟练融会贯通基本语法之后，是否需求突破向更加个人化的作品转向，我认为是个人基础扎实之后的自主性选择了。

最后要特别指出的是，Kollhoff教案所呈现的关注品质的"产品教学法"所讨论的基本功、基本词汇/语法、基本类型，与今天国内教育界常说的尽快"与市面通行设计院模式"接轨，让培养出的学生一进单位就能上手的"中国特色建筑工程师"的基本功、基本语汇，还是有着本质差别的。

参考文献

［1］ 王英哲. 跟Kollhoff学建筑（2）［EB/OL］. http://blog. sina. com. cn/s/blog _ 710cf1 240100nvhb. html，2007.10.

［2］ 吴佳维. 一种设计教学的传统——从赫伊斯力到现在的ETH建筑设计基础教学［A］. 全国高等学校建筑学学科专业指导委员会，昆明理工大学建筑与城市规划学院主编. 2015全国建筑教育学术研讨会论文集［C］. 北京：中国建筑工业出版社，2015.10.

---

① 引自：David Ganzoni，王英哲译. 从巨构到表皮：Kollhoff的教学［EB/OL］. http://blog. sina. com. cn/s/blog _ 710cf1240101oovw. html，2014 06-24.

韩林飞[1]　王岩[2]

1. 北京交通大学　2. 河南城建学院；usi2006@126.com

Han Linfei[1]　Wang Yan[2]

1. Beijing Jiaotong University　2. Henan University of Urban Construction

莫斯科建筑学院建筑造型基础教学
The Architectural Composition Training in Moscow Architecture Institute

摘　要：本文综合分析了莫斯科建筑学院建筑造型基础教学的基本情况，通过分析其"形态"、"空间"、"色彩"的造型艺术教学体系，叙述了莫斯科建筑学院基础教学的教学思路和各部分内容，探索培养学生的现代设计思维和抽象创造能力，并研究其近百年的教学法背景及历史传承，提出其对现代建筑教育的理解和思考。

关键词：形态构成；空间构成；色彩构成；基础教学

Abstract：This paper analyzes the basic situation of Architectural composition training in Moscow Architecture Institute, analyzes the artistic teaching system of "form", "space" and "color", and describes the ideas and contents of the basic teaching of Moscow Architecture Institute. It explores the methods to train the students' modern design cogitation and abstract creative ability, and studies the teaching method background which continued nearly a hundred years, and puts forward its understanding of modern architectural education and thinking.

Keywords：Form Composition；Space；Color；Architectural basic education

1　引言

20 世纪 20 年代的苏联著名建筑设计大师、建筑教育家恩·阿·拉多夫斯基有一句名言——"建筑设计的魅力就是塑造建筑形体独特的个性语言，这是建筑师追求的终极目标"，这句话道出了当代建筑学专业存在的基础和努力的方向，而建筑造型艺术作为整个建筑学专业的基础更是拥有着十分关键和重要的地位。

笔者考察比较欧洲、美国等众多高校的建筑教育后，结合在莫斯科建筑学院学习和工作的经验，与俄罗斯学者一起研究教学实践，发现俄罗斯前卫建筑的遗产丰富，特别是建筑教育方面，BXYTEMAC（呼捷玛斯）的造型基础教学历史积淀非常深厚，其"形态"、"空间"、"色彩"的造型艺术教学方法，在今天的莫斯科建筑学院仍然起着巨大的基础教学与训练的作用。本文将从训练题目设计的角度来介绍该体系的教学方法和内容，辅以讨论其教学法背景，希望为广大同行们提供参考。

2　建筑构成训练的思路方法和内容

莫斯科建筑学院造型艺术教学体系的核心理念即是适应当代造型艺术心理认知的规律，即从元素入手，到简单的组合，再到间架结构，再到作品的生成，将造型分为形态、空间、色彩三大部分，形成基础教学的理性逻辑和生成脉络，通过造型语言字词句式的系统训练，训练学生的独立认知能力和个性化的创造力。以下分别就该教学体系的各部分内容做详细介绍。

2.1　形态构成训练

"形态教学"主要通过 50 多道练习题，将抽象联系元素化，体系化。从元素、体系、组合和创造等方面系统地培养学生对不同形态的个性认知，每个题目要求有三个以上的解答思路，重点塑造学生的抽象创造能力。具体教学训练方法总体思路归纳如下：

第一，构成基础训练：简单几何图形的构成

面对刚刚接触到建筑的新生，首先从大家熟知的点、线、面系统，方、圆、三角等常见几何体开始，对构成、发散思维拥有初步的了解。在训练的初步阶段，主要通过进行大量的举一反三式的练习题，让学生们打破固有的"标准答案唯一解"思维，培养学生对于同一问题不同解答的继续探索精神。从简单的几何元素开始，逐步掌握几何图形的构成技巧（图1）。

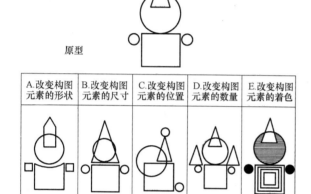

图1 简单几何图形的构成

第二，抽象基础训练：对于实体的提炼和简化

完成了对于几何图形构成的初步训练后，第二步骤便是要学习如何在实际生活中找出这些"几何体"，并将其抽象成已经熟知的几何体（图2）。这一部分训练的主要目的，是让学生摆脱传统的具象思维，对于实体上所携带的大量细枝末节有意识、有目的的选择忽视、简化，培养学生们对于复杂实体的提炼和概括能力。

第三，抽象与构成的结合训练：运用实体进行的构成

在掌握对实体进行简化抽象的基础上，活用第一步所训练的几何构成技能，将实体与构成逐步联结起来。几何图形是联结这两部分内容的关键，如果对于几何图形无法做到良好的分析和构成，则由实体简化而来的图形也无法进行我们所需要的构成组合作用；而反之，如果不能将实体进行高度概括、抽象或分解为简单、适用的几何图形，则同样无法进行良好的构成组合。因此，这部分的训练要求对于前面两个部分训练中的基础掌握十分扎实，这一部分的训练更是为了之后接触更为复杂的建筑打下基础（图3）。

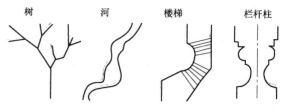

图2 对具象物体的抽象

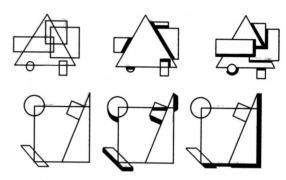

图3 同几何图形组合下的不同布置方式

第四，与实际建筑结合的抽象训练：建筑平立面的抽象

任何建筑的平面或立面均可以被抽象成简单的形态，即完整或较完整的几何元素，或者是这些几何元素的组合。与之前对于实体进行概括抽象类似，这里开始便需要结合具体的建筑平面、立面进行解析，将十分具体而复杂的建筑图形、图纸进行简化，从上古时期的建筑遗址到现代最新的建筑方案，从已经被调整成实际使用状态的平立面上，抽象分析出在设计构思中建筑所使用的几何元素与构成的手法（图4）。

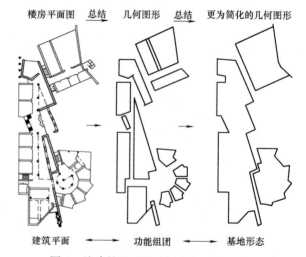

图4 从建筑平面到几何形态的抽象过程

第五，建筑与构成的结合训练：建筑平立面的构成

在对建筑的平立面进行分析、抽象之后，可以在这一基础上对建筑的平立面进行自己的构成、组合与创

造。结合上一部分训练的内容，对于建筑作品现有的平立面，要在仔细推敲其构成元素之后，尝试进行类似的构成练习，探索同一个平面、立面下，更多不同的可能性（图5～图7）；利用给定的元素，组合成各式各样不同的，满足不同功能需求的平立面，这部分训练是对于建筑图纸的抽象与几何形体的构成双方面的一次整合，也是形态构成训练中最核心的一部分训练内容。

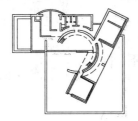

图5　建筑平面图原型

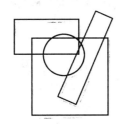

图6　提取图形基础

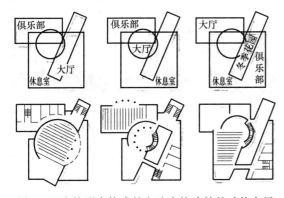

图7　以变换形态构成的方法变换建筑的功能布局

第六，综合的构成运用训练：与建筑结合的各式构成

在建筑的实际设计环节，平面、立面的设计仅仅是其中的一部分，还有建筑的群落布置、建筑的细部设计、材料的具体运用等诸多方面。在掌握建筑的平立面构成后，还需要进一步将形态构成的思路结合运用到建筑的各个方面，不论是更大尺度的规划工作，还是更为细节的转角设计，乃至一些涉及室内空间、艺术风格等十分细致具体的工作（图8）。此部分训练的目的是让学生明白，形态构成的手法最终不论在建筑设计的哪一方面都可以得到实际的运用，也必须得到良好的实践运用。

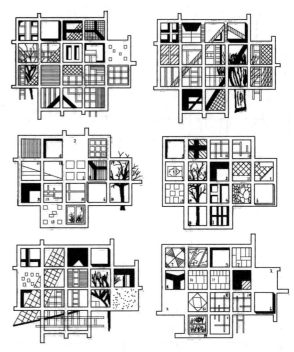

图8　同样网格平面下的细部构成设计

2.2　空间构成训练

"空间训练"主要将客观事物抽象为最简洁的立方体、长方体、圆柱体、椎体等几何体，以最简洁的几何体为研究目标，通过正方体一个、两个、三个转角的训练过渡到正方体的训练，再发展到建筑立面的训练以及城市广场的空间练习，适应造型认知训练心理的规律，培养学生个性化的"空间造型语言"。具体教学训练方法总体思路归纳如下：

第一，感知空间中的基本形体

空间构成训练的基础在于体量之间的关系，因而在训练之前我们首先要让学生掌握一些最基本的空间造型元素。练习运用二维空间的纸折叠成简单的几何空间形体（图9），如立方体、圆柱体、圆锥体等，目的是训练学生的空间思维能力，尤其是二维向三维变化的空间思维能力，然后通过不同简单几何形体的组合来研究多个形体之间的空间联系（图10）。

第二，由浅浮雕开始初探空间

在由平面向空间变化的过程中，浅浮雕是最能体现其基本变化形式的，这一训练将折纸作为一种辅助手段，在重复中求变化，统一中求韵律，引发学生的创作热情。浮雕训练的过程可以分为直线浅浮雕、曲线浅浮雕、镂空浅浮雕、字体抽象浅浮雕（图11～图14）等类型的训练，通过纸面浮雕的深浅变化加深学生对平面中凹凸空间的理解，关注折叠对于设计过程本身的指导和独特性。

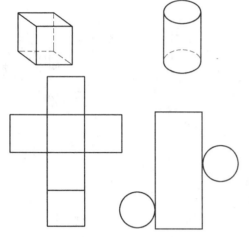

图 9　空间基本形体

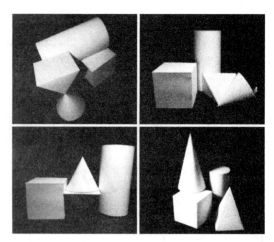

图 10　空间基本形体的组合

图 11　直线浅浮雕

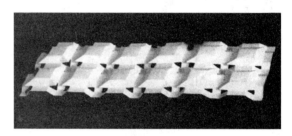

图 13　镂空浅浮雕

图 12　曲线浅浮雕

图 14　字体抽象浅浮雕

第三，转折中的空间构成

转折空间是平面立体化与空间形体之间联系的桥梁，是在 90 度折角的空间内进行形体的变化，训练目的为提高学生对建筑立面空间的处理能力，也是进一步进行空间转角训练的基础性训练。通过字体造型、具体建筑和抽象建筑的折角构成（图 15～图 17），培养学生的抽象和造型能力以及空间审美水平。

第四，空间转角上的造型

单一空间体量的变化在建筑的造型设计中是十分重要的，它的本质是在打破完形后依旧要获取符合主观美感的造型特征，对整个建筑的体量分析研究也具有十分重要的意义。本训练通过一个转角的训练过渡到三个转角的训练（图 18），通过多个角的造型训练对空间体的造型训练做基础。转折训练需要学生处理好各个面之间的空间关系，注意风格手法的统一。

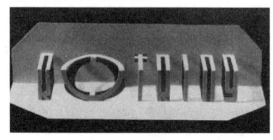

图 15　字体造型的折角构成

图 16　具体建筑的折角构成

图 17　抽象建筑的折角构成

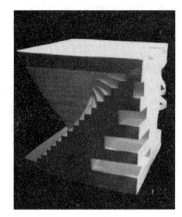

图 18　立方体三个转角的空间构成

第五，空间"体"的造型感知

空间"体"的概念是经过一定训练后必然得到的结果，它涉及的是整个体量中各个角的美学处理，而经过处理之后整个体量的空间感恰恰展现出了各个细节的有机衔接。该练习旨在培养学生较好的空间想象能力和整体协调的创造能力，通过对不同结构方法的探索，对转角形态、整体及局部建筑材料、色彩和肌理的综合心理感受过程，能够根据一些具体的条件限定及特殊手法做出良好的立体设计来（图 19）。

第六，空间体块的表面处理

空间体量的表面处理更趋近于建筑立面展示的抽象美学训练，建筑的立面造型中开窗、开洞等造型手法占了很大的比重，如何将这些具体的造型形式做好十分重要，这一训练便将二维镂空的表面处理带入到空间中，与之前体的转角训练结合（图 20），就可以将整个体块造型设计的更为完善，为开发学生对建筑体量造型上的良好审美水平打下基础。

第七，广场空间的抽象感知

这一训练针对建筑之外的具有一定尺度的城市开放空间的造型展开训练，以人的尺度为参考，设计出一定风格化的抽象广场造型（图 21）。开放空间的训练是以一种近乎城市感的空间角度进行思考设计的，对应的建筑细节也将在更大空间内得到释放，让人们从其中感知各种各样的空间美学。在空间制作的过程中，应当分清构图主次，在空间中有统领也有掩映，使得建筑场所的核心特质得到体现。

图 19　立方体的空间构成

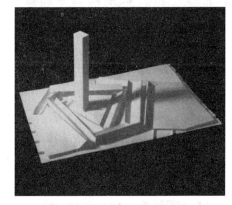

图 20　立方体的表面处理

图 21　广场的空间构成

第八，建筑实例空间分析

通过一系列的空间构成抽象训练，学生需要对实体建筑进行抽象空间构成分析来掌握真正的建筑与空间造型之间的联系。本训练以不同类型的建筑练习，让学生分别从建筑尺度和建筑历史的角度去梳理建筑造型不同类别的关键，从低层建筑到高层建筑，从二战前的现代建筑到 1990 年至今的当代建筑，由简入繁，从基本到深入，最终希望达到的是在各种环境下学生都有一定的空间处理能力，并以此为基础，在平日里积累更多的不同建筑的空间分析素材。

2.3　色彩构成训练

"色彩构成训练"力求建立现代抽象绘画与空间构成的联系，通过分析当代大师抽象绘画作品，使学生理解抽象绘画的空间色彩的实质，重点培养学生当代设计色彩的认知能力，建立设计色彩的概念，为今后以材料色彩体现建筑造型，体现建筑质感打下基础。具体的教学训练方法总体思路归纳如下：

第一，色彩的基础训练：色彩的感知、分析、重构、位移与创新

色彩的基础训练，主要包括"色彩的感知"：通过对大师作品的临摹，学生感知大师的色彩运用，包括色相、纯度和明度的对比、色块的面积、形式及其组合关系；"色彩的分析"：掌握大师色彩使用的特点，体会各个颜色之间的内在关系（图22）；"色彩的重构"：学生在掌握色彩原理的基础上，运用色彩的色相、明度和纯度之间的关系进行画作色彩的变化练习，以及运用单色（某一种色彩的不同明度和纯度的组合）进行色彩的变化与重构的练习（图23）；"色彩的位移"：学生根据大师色彩构成的规律，应用大师的色彩重新组织色彩构图（图24）；"色彩的创新"：学生在掌握色彩搭配与应用基础知识的基础上，运用自己喜欢的色彩在原作图形基础上进行色彩的创新与画作的再创作，加深对色彩的理解（图25）。通过实践训练，加深对原画作中色彩运用的理解和对整体色彩的感知。

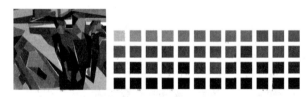

图22 作品临摹及色彩提取分析

图23 原作色彩的重构

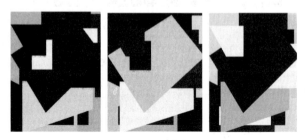

图24 原作临摹与位移

图25 原作临摹与色彩创新

第二，色彩的几何提成训练：图形抽象与感知能力的培养

色彩的几何提成训练，主要针对偏于写实的绘画作品，是运用色彩原理进行的一种色块抽象训练。主要体现在将绘画作品中事物的具体形态舍弃，或者将物体形态中有特色和代表性的形象元素提取出来重新组合搭配，按照色彩原理和画面形式规律，发挥主观感受和表现上的自由，创造出一种全新的、几何图形组成的画面。从写实绘画到几何体块的提取与抽象，将进一步锻炼学生对于色彩与空间之间关系的认识。

以荷兰后印象派画家文森特·威廉·梵高的《海边的渔船》为例说明。首先，通过对原作的临摹分析画面的透视关系（图26、图27），得出画面形体形成的思路和过程（图28），然后对画面空间进行抽象，用色块归纳的形式进行色彩提取，把非本质的、次要的色彩做大胆的概括化处理（图29），最后将色块的边线进行几何图形化处理，进行几何提成（图30）。

图26 《海边的渔船》原作

图27 《海边的渔船》临摹

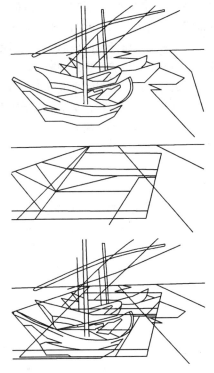

图 28 平面透视的演变与体块关系的抽象

图 29 色彩的抽象

图 30 色彩的几何提成

第三，色彩的空间转化训练：平面构图的三维空间生成

不同色相、明度和纯度的色彩会产生不同的距离感，一般明度高、纯度高、较亮的色彩，易产生近感；明度低、纯度低、较暗的色彩则易产生远感。如果在前两个训练步骤的基础上，将经"抽象"构成所得来的平面图形按照黑白明度的对比赋予一定的空间高度，则可将平面构图转化为三维的空间立体概念模型，完成由"面"到"体"的转化，这就是色彩的空间转化训练的原理。通过空间模型的表达手段，将原作从平面构图生成三维体块空间或折纸空间，从而加强学生对于空间感知、时空概念和空间构成等方面的基础认识。

仍选梵高的《海边的渔船》为例，当对其进行色彩几何提成之后，通过图底关系和空间的互相转化（图31），最后生成空间构成模型（图32）。

图 31 图底关系表现

图 32 色彩的空间创造

3 教学法背景

1920 年苏联国立高等艺术与技术创作工作室（呼捷玛斯）成立，和德国包豪斯一同成为当时的现代建筑运动中心，对现代建筑、现代城市及现代造型艺术做出了巨大贡献。1930 年呼捷玛斯由于政治因素解体，其建筑系和莫斯科高等工业学校的建筑系合并，后发展为今天的莫斯科建筑学院。由此，呼捷玛斯的教学及思想

传统在莫斯科建筑学院被艰难地延续下来，尤其是造型艺术的基础教学和训练方法得以继承保留并发扬光大，即上文所介绍的"形态"、"空间"和"色彩"的建筑造型字词句式的教学方法。

在建筑学教育上，呼捷玛斯非常注重建筑构成结构的最基本问题，建筑系中最主要的课程也是建筑——空间构成课，其理论基础是由拉多夫斯基教授创立的，这门课的两个主要组成部分是：构图元素的研究、空间构图的理论与方法。值得提出的是，呼捷玛斯对于形式的探索都是通过对实际的建筑体形的研究而来，例如通过对单体的、解体的建筑形体的模型来研究空间与形式的关系等。另一方面，拉多夫斯基教授建立了适应造型心理感知的建筑构成艺术的组织概念，也就是呼捷玛斯现代建筑构筑艺术的基本概念，可以说这些理论基础成为"形态"、"空间"和"色彩"构成训练方法经久不衰的关键。

4 启示和思考

从以上对构成训练的教学思路方法以及教学法背景的阐述中，我们可以看出莫斯科建筑学院在建筑基础教育方面理性严谨的教学传统以及注重对学生创造力的培养，可以给我们的建筑基础教育带来诸多启示和思考。

比如适当提高造型艺术教育在建筑基础教育的比重，并以适应当代造型艺术心理的认知规律为核心理念，通过"形态"、"空间"和"色彩"三部分字词句式的系统式训练，循序渐进的训练学生在造型方面的能力，同时老师要正确的引导学生，尽量保持学生最初的、最原始的创作心理暗示和心理形态，保留每个学生独特的个性和差异性，培养学生的创造力。此外，老师在设计教学的时候，应当提倡学生进行多方案创作，多角度的去思考问题，只有这样，学生的创造能力、设计能力才会得到真正的激发和提高。

参考文献

[1] 韩林飞．[俄]耶·斯·普鲁宁．[意]毛里齐奥·梅里吉．形态构成训练[M]．北京：中国建筑工业出版社．2015.

[2] 韩林飞．空间构成训练[M]．北京：中国建筑工业出版社．2015.

[3] 韩林飞．色彩构成训练[M]．北京：中国建筑工业出版社．2015.

[4] 韩林飞．呼捷玛斯：前苏联高等艺术与技术创作工作室——被扼杀的现代建筑思想先驱[J]．世界建筑，2005（06）：92-94.

[5] 拉姆措夫 И．图尔库斯 M．建筑形体组合[M]．ОИТИ．1938.

罗鹏[1, 2]　袁路[1]　Arno Pronk[3]

1. 哈尔滨工业大学建筑学院　2. 黑龙江省寒地建筑科学重点实验室　3. 荷兰埃因霍芬理工大学；

pengluo@hit.edu.cn

Luo Peng[1, 2]　Yuan Lu[1]　Arno Pronk[3]

1. School of Architecture, HIT　2. Heilongjiang Cold Region Architectural Science Key Laboratory

3. Eindhoven University of Technology, Netherlands

"操作与习得"
——基于实践的冰雪建筑国际联合设计教学探索 *
"Hands-on learning and Acquirement"
——Exploration of International Joint Design Teaching of Ice Architecture Based on Practice

摘　要："习得"是语言学中重要的概念，指学习主体通过实际操作与反复练习，将知识内化为自身能力与修养的过程。结合对建筑学学科特点和对建筑教育本质的思考，"习得"理念对建筑教育具有重要的借鉴意义。面对当下新兴建筑材料和建造技术的不断涌现，国内外众多建筑师以及建筑教育者针对高校建筑设计教学模式进行了广泛的讨论。本文介绍了 2017 年哈尔滨工业大学建筑学院与荷兰埃因霍芬理工大学的国际联合设计课程，课程围绕多元冰结构的建造技术和应用设计，探索了从操作与习得角度出发，基于实践的建筑设计教学模式。

关键词：习得；操作；实践；联合设计；建筑设计教学

Abstract：Acquisition is an important concept in linguistics, which refers to learning and mastering. Acquisition of knowledge is not only a simple instruction, but also a process of the learning subject internalizing the knowledge into their own ability and accomplishment through the actual operation and repeated practice. Combined with the essence of architectural education thinking, architectural education has important reference significance. Facing the emergence of new building materials and construction technology, many architects and architectural educators at home and abroad have extensively discussed the teaching mode of architectural design in universities. This paper introduces the Joint Studio course of 2017 Harbin Institute of Technology and Eindhoven University of Technology. According on the design, construction technology and application of multiple design around the giant ice structure, it explores the operation and acquisition point of view, architectural design practice teaching mode based on the practice.

Keywords：Acquisition; Operation; Practice; Joint studio; Architectural design education

1 引言

在语言学领域，"习得"是指在日常交际环境中通过自然的运用语言而逐步地、下意识地发展语言能力。它是

* 本文受"黑龙江省 2017 年度研究生教育改革研究项目"支持，项目名称：以项目实践为核心的建筑与结构协同设计教学体系与教学方法研究。

学习主体通过实际操作与反复练习，获取知识并将其内化为自身能力与修养的过程。"环境-运用-能力"是"习得"的三个关键要素。建筑设计是一个"灰箱"过程，其知识类型有很大一部分属于"经验知识"，建筑教育的目标也是培养具有多元创新思维的差异化个体。借鉴"习得"的概念，通过实际操作获得经验并将其内化为学习主体的自身认知和能力，对建筑教育具有重要的启示作用。

中国传统"师徒传承"式的匠人培养方式，以及西方包豪斯体系"Workshop"的工艺训练，都是在大量实践的过程中获取经验继而形成设计理论与创作风格。只是随着西方文艺复兴之后通过文字描述和透视绘图学习建筑方法的产生，特别是法国巴黎美术学院的"布扎"体系学徒式图板训练（studio 教学体系）的出现，使得建筑师的专业培养从工地习得逐步转变为绘画训练和法式规则学习。[1]

在近十多年时间里，从对建筑教育的反思来看，不同的探索都充分关注到实践性建筑设计教学[2]。自 2011 年起，哈尔滨工业大学建筑学院开设建筑与结构跨学科联合设计课程，以学生为中心，强调理论学习与实际操作相结合，通过学生的亲身实践，理解建筑与结构的关联关系并应用相关知识进行协同创新。2016 年，教学组进一步与荷兰埃因霍芬理工大学、比利时鲁文大学合作，举办了中欧联合冰雪建造营，通过学生自主建造冰雪建筑，在实际体验中习得材料、结构与建筑的相关知识，并认识建筑设计和建造的整体性与统一性。在此基础上，2017 年 7 月份，在本年度的国际联合设计系列课程中，哈工大建筑学院与荷兰埃因霍芬理工大学合作，围绕冰雪建筑专题，展开了为期 3 周的联合设计工作坊。工作坊由来自荷兰和中国，结构与建筑不同专业的老师联合担任指导教师，11 位来自哈工大建筑学专业的大三学生与 1 位来自比利时鲁汶大学的研究生参与到本次工作坊中。

设计以哈尔滨索菲亚教堂广场为基地，要求学生从城市角度出发，运用"气膜张索喷冰成型技术"设计并建造冰结构设施，重构冬季城市公共空间，以激发场所活力。整个教学过程分为："知识讲授"、"技术实验"和"综合设计"三个阶段。其中作为课程主干的"技术实验"和"综合设计"都是以实践性教学为主，实验与实际操作贯穿于教学过程的始终，学生通过实验了解材料性能和建造技术，进而结合基地实际条件对设计反复推敲，技术操作与空间操作相结合，形成最终的设计作品。课程结构框架见图1。本次国际联合设计不仅是简单的理论授课和建筑空间设计的训练，更是结合技术的实验课和实习课，让学生通过参与实践的方式习得冰雪建筑的相关知识，提高自身的整体设计能力。

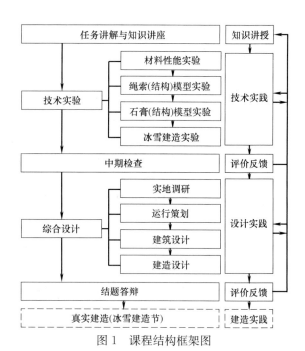

图 1　课程结构框架图

注：图中虚线框表示不在本次课程内容中但有后续课程接续

2　技术实验

由于冰雪材料的特殊性，对于冰雪建筑的建造方式和材料特性的了解是本次联合设计的基础。冰雪作为建筑材料，存在强度不足、气候敏感性大和力学性能不稳定三大主要问题。对冰雪材料的改进主要从冰雪材料强化和建造技术两方面实现。因此，本次联合设计工坊首先对学生进行了技术理论知识的讲授，在此基础上要求学生通过实验和模型操作等方法直观地了解冰雪材料的性能和冰雪建筑的建造方式。根据教学安排，学生分别进行了冰雪材料性能实验、结构模型制作和冰雪建造实验。

2.1　材料性能实验

为了了解不同冰雪复合材料的力学性能，合理制备和选择冰雪复合材料，根据教学要求在理论讲授之后，学生进行了材料对比实验，直观了解不同冰雪复合材料的性能，进一步理解和消化理论教学中所讲授的相关知识。实验首先将纯水、纸浆、木屑、牛奶、毛线等混合物制作成试验样品并放进冰箱，待试件在相同温度下冻实后，从同样高度将试件摔到地面，通过粉碎程度判断其材料性能。实验证明通过加入亲水性纤维性材料能够有效改善冰的脆性，加强冰的强度（图2）。

2.2　结构模型实验

在了解了冰雪复合材料性能的基础上，接下来课程通过模型实验的方法，在实际操作的过程中使学生了解

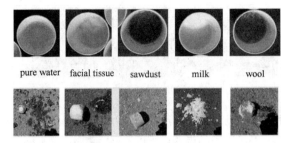

pure water　facial tissue　sawdust　milk　wool

图 2　冰雪材料性能实验

建筑形态与结构的关系，理解不同结构体系的原理和形态背后的结构规律。本次联合设计与一般利用充气膜结构配合索网进行找形的建造方式有所不同，课程要求学生以 Voronoi 图式为单元体，通过在充气装置内部冻结绳网结构来设计和建造冰结构。其技术核心是通过气膜张拉绳网，进而在绳网上喷涂冰雪复合材料，冻结成型后使结构体系由柔性转为刚性，由张拉体系转换为框架体系，之后撤掉气膜，实现结构的自支撑（图 3）。

图 3　冰雪建筑气膜张索喷冰成型技术示意

在老师的指导下，学生先以更宜操作的木框架代替充气膜，以石膏代替冰雪，制作了 30cm×30cm×30cm 的小比例模型。其实验目的是了解绳网张拉的规律和方法，以及柔性结构转化为刚性结构不同结构体系的力学原理、差异和联系；进而在理解结构原理的基础上通过实际操作进行建筑形态找形与创作。在实验中，学生首先将绳索固定在由木模板做成的框架上，分析结构受力和形体关系；利用绳索确定大致形状后，接着涂抹石膏、晾干、打磨、喷漆、成型。不同于传统的建筑技术理论教学，学生在这一过程中习得的知识是通过实际操作得到的。在实际操作的过程中发现结构存在的问题，并就这些问题进行探讨，返回来对建筑形态进行改进，由此，逐步理解建筑结构和形态之间的关系（图 4、图 5）。

图 4　实验教学照片

2.3　冰雪建造实验

经过小比例石膏模型的验证之后，学生们进一步尝试制作了 60cm×60cm×60cm 的大比例模型。并借助哈工大寒地建筑科学与工程研究中心的实验平台，在 −20℃ 的条件下进行了冰雪建造实验。在绳网结构上喷射冰雪复合材料，通过应用冰雪材料的实际建造过程，观察不同材料在低温下的性能和表现效果，并对冰雪建造工艺进行实际体验。

实验发现，尽管结冰厚度较小，在低温下结构的强度依然较高；温度、喷射速度、均匀度对最终的成型效果有较大影响。喷射过程中在绳网上留下的冰凌形成了特殊的视觉效果，冰雪材料晶莹剔透的独特表现力也在实验中体现出来（图 6）。

图 5　线与石膏（结构）模型及制作过程

图6 冰模型及制作过程

3 综合设计

在了解冰雪材料性能、基本建造技术的基础上，课程进入综合应用阶段，由技术实验转向设计实践。此次联合设计要求在真实的城市环境中，结合基地具体实际情况，通过设计和建造具有创新性的冰雪设施，激活冬季受气候影响的城市公共空间。课程的最终要求是将技术应用于实际，与真实的城市空间环境、使用需求、气候条件、行为特征相结合，形成基于设计实践的综合应用。在这一阶段，实践模式由单一的技术实践转变为与设计实践、社会实践相结合的综合实践。

本次设计任务的场地选址为哈尔滨地标性城市公共空间——索菲亚教堂广场。要求学生从城市角度出发，对冬季广场的城市活动进行总体调研和策划，在此基础上设计新型冰雪设施，以建造为契机，以空间介入为手段，实现激发场地冬季活力的设计目标。

3.1 基于真实环境的综合设计

学生首先针对哈尔滨的城市发展、冰雪文化等方面做了资料收集和总结；此后结合实地调研，对基地的空间特征、使用功能、使用者的行为活动、满意度等进行研究，从不同角度出发，探讨基地存在的问题，以及空间与人在冬季形成互动的各种可能性。进而通过事件策划，形成以具有冬季特色的事件为核心、以冰雪设施建造为主要手段的城市空间综合激活策略。设计依此展开，除设施设计外，课程还要求学生对建造过程和建成后的使用运营、广场的冬季活动等进行综合考虑与设计。

与常规建筑设计课程中由教师给定详细任务书的预设性设计不同，在此次联合设计课程将设计置于城市的真实环境，学生面对的是一个需要自己认识、发现、策划的开放式命题。学生并不是一直扮演"设计师"的角色，而是从实验操作开始，一直到项目策划和设计的综合应用，从微观到宏观，体会策划、建筑设计、建造及运营的全过程。这一阶段的实践强调综合性和整体性。

3.2 基于实际操作的设计方法

本次联合设计强调实际操作，要求学生在设计过程中大量应用实际模型结合计算机建模，尽量避免单纯的"纸上谈冰"。设计成果中也要求对建造方法和建造过程进行设计，"可建性"是对设计成果评价的重要要素。

从学生设计方案的形成过程可以看出（图7），学

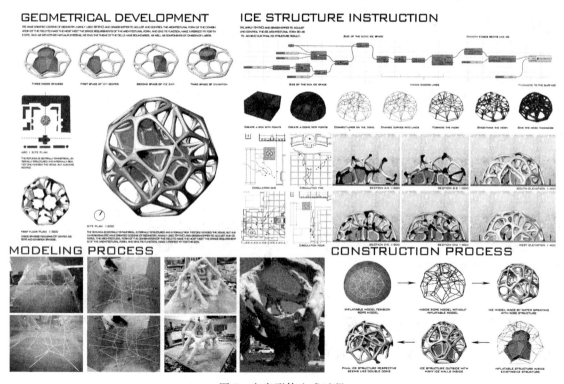

图7 方案形体生成过程

生对于建筑形态的设计更多的不是依赖于事先画好的草图，而是通过模型操作的方法发现关系，推敲自己的设计，"找到"建筑的形态。相较于停留在计算机绘图的设计，学生对于建造过程有了更加清晰和直观的认识。对于材料性能和空间结构的理解成为设计创新的重要基础。从最终设计成果中，能够清晰地看出学生对于问题思考的过程：由对技术的实验和理解开始；结合场地调研形成设计方案；再通过模型制作和对建造过程的实际操作，深化和完善设计；最后通过 grasshopper 等计算机软件进行建模，完成设计的图纸表达。最后 5 组学生呈现出的设计各具特色，且带有很强的个人思考的痕迹。

与传统建筑设计课程教学模式相比，此次联合设计更强调实践与操作在设计过程中的重要性，将技术与设计相结合，是一个由点到面、从微观到宏观、由技术研究到综合应用的扩展式教学模式。

4　教学效果反馈

本次设计课程结束后，教学组对教学效果进行了问卷调查与总结。从学生的反馈可以看到：

（1）针对"在本次教学过程中你最喜欢的教学环节是哪部分？"的问题，83.3%的学生选择了"模型实验"；

（2）对于"模型实验环节你喜欢哪各环节？（多选)"的问题，学生表现出了普遍较高的认可度，其中对于"冰模型制作"环节，学生表示了更高的喜爱度；

（3）对于"你认为实际操作与实验对于设计是否有帮助？"的问题，100%的学生选择了有帮助，其中66.7%的学生选择了"很有帮助"；

（4）对于"你认为在设计过程中存在的问题？"的提问，"对于结构和材料知识了解不足"和"将技术与实际设计相结合"排在前两位；

（5）对于"本次设计课程你是否有收获？"的问题，58.3%的学生选择了"收获很大"，41.7%的学生选择

了"有收获"；对于"收获不大"和"没收获"选项没有学生选择。

5　结语

本次联合设计教学最大的特色在于通过实验与实践的方法，使学生习得知识并对其进行拓展应用。从技术操作层面到建筑设计操作层面再到整个场地的空间操作，将技术与设计教学由彼此分离的片段化过程整合起来，最终综合运用到实践中。

从本次联合设计教学中可以看出，学生对于实践性课程很感兴趣，基于实验的学习能够提高学生的参与度。但另一方面，由于受传统培养方式的影响，学生在材料和结构等基础知识方面的欠缺也呈现出来，导致学生对于由技术实验到设计实践的转化过程较难把握。可以看出，对于这种从被动到主动，从"学习"到"习得"的教学模式的思维转变还需要一定的过程。

基于操作与习得的建筑设计学习既是回应当下新型建筑技术不断发展的一种前瞻性教学模式探索，更是一种对于建筑教育本质的尊重与回归，对于当代中国建筑设计教学的改革和发展具有重要的启示作用。

参考文献

[1] 李麟学. 建筑设计教学中对建筑实践体系的关注 [J]. 城市建筑，2012（14）：133-134.

[2] 张永和. 对建筑教育三个问题的思考 [J]. 时代建筑 2001 增刊：40-42.

[3] Pronk, A. D. C., Vasiliev, N. K., Belis, J. Historical development of structural ice.

[4] Harriet Harriss, Lynnette Widder. Architecture LIVE Pro-jects—Pedagogy into practice. Typeset in Bembo by Sunrise Setting Ltd, Paignton, UK：1.

张凡

同济大学建筑与城市规划学院；zzffjean@163.com

Zhang Fan

College of Architecture and Urban Planning Tongji University

中法联合城市设计工作坊的实践与反思
——同济大学与巴黎美丽城高等建筑学院研究生联合设计教学研究

The Practice and Retrospect on the Sino-French Joint Urban Design Workshop
——Postgraduate Joint Design Studio Research Between Tongji University and Ecole Nationale Supérieur d'architecture Paris-Belleville

摘　要：设计工作坊是联合设计的核心环节，论文分析了中法联合城市设计工作坊的教学环节设置及其实践与成果，总结了成功的经验。

关键词：设计工作坊；联合城市设计；实践与成果

Abstract：Design workshop is the key process of joint design studio. This paper analyses the teaching procedure, practice and results of the Sino-French Joint Urban Design Workshop, and sums up the successful experience.

Keywords：Design workshop; Joint urban design; Practice and experience

广泛而卓有成效的国际合作办学与对外交流一直是同济大学建筑与城市规划学院研究生教学的一大特色。学院有多达十余个的双学位硕士联合培养项目，其中包括与巴黎美丽城高等建筑学院的联合设计教学。该项目的中方名称是 AUD（Architecture & Urban Design）：建筑和城市设计硕士学位教育课程；在法课程为 DSA[①] 课程的建筑与城市设计（Architecture et projet urbain）专业的为期一个学期的城市设计课，目的在于培养学生独立设计和分析建筑与城市问题的能力。项目开始于2006年，一直以来都是研究生选课中备受青睐的项目。

---

① DSA：Les diplômes de spécialisation et d'approfondissement en architecture 法国巴黎美丽城高等建筑学校建筑专业深入学习文凭，项目负责人 Francis Nordemann 教授.

1　联合设计工作坊的核心作用

联合城市设计的一项重要任务就是要让学生在不同的文化背景及价值体系中，理解和思考城市问题，提出自己的观点；在不同观点的碰撞中，通过争论与研讨理解差异性的观点并修正自己的价值取向，开放思想，开拓视野，提升能力。

因此，通过工作坊（workshop）机制加强并促进"联合"显得尤为重要。作为18周的长周期的联合设计，设计工作坊是最关键的教学环节。2017年的中法联合设计（图1），分前期和期末两个阶段设置工作坊，2017年2月，前期以两所学校在同济大学为期3周的设计工作坊开始，其成果是最终形成多组的城市设计概念成果；6月，同济大学师生赴巴黎进行为期一周的期末工作坊和汇报评图，双方共同检验和分享联合设计的最终成果。

在联合城市设计课程中，这为期4周的设计工作坊教学，是高强度的连续训练过程，双方师生围绕城市更新主题展开充分的研讨，形成价值取向不尽相同的成果，运用多种教学手段，实现设计工作坊将彼此的"差异性"转化为共同价值的目标。

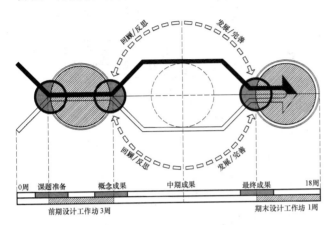

图1 设计工作坊在联合设计中的关键位置

2 联合设计工作坊教学环节的设置

2.1 混合分组，明确任务

联合城市设计的过程一般以小组为单位进行，因此，在工作坊开始之初就要对中法两方的同学进行混合分组。在第一次的课题与基地调研讲座的讨论环节中，要求每位同学向大家介绍自己的姓名、爱好及教育背景，并且根据前期的课程准备阶段所提供的资料和讲座内容，表述自己的基地研究方法和目标，然后，引导想法接近或互补的同学自然组成团队。

每个团队由双方同学各2～3人构成，总共形成3个小组。各小组需协作完成基地调研，基础模型制作、分析汇报、策略研究、设计操作等工作。小组内同学的关系是"合作—竞争"的关系，在不断的思想碰撞中，形成相对完整的城市设计概念方案的成果。小组之间则更多是"竞争—合作"的关系，资料共享，鼓励在讨论会中就相同的主题，发表有差异性的观点，促进对基地研究和城市问题分析的多向度深入思考。

2.2 复合方法，交叉应用

联合设计课题选择在上海的城市更新热点地区，在城市发展中实现有机更新需求的主题突出。面对城市更新诸多的热点问题，较短的设计工作坊时间，我们采用

契合主题的讲座（Lecture）、主题研讨（Seminar）、案例调研与基地踏勘结合的现场教学（On-site teaching）、汇报交流（Presentation）等教学手段的综合交叉应用（图2）。

图2 讨论评图及现场教学

设计工作坊的主要目的是通过研究促进城市设计的展开。讲座主要邀请不同专业人士及规划管理部门的专家从城市交通与土地使用、城市更新政策与历史保护模式等方面，自上而下讲授城市高密度建成环境背景下的城市保护与更新基本思路，与同学们自下而上现场案例调研和基地踏勘所形成的直观感受相互结合，通过主题讨论课和汇报交流环节，作用于设计策略与形态操作，形成主题特色鲜明、逻辑性强的城市设计概念（图3）。

2.3 整合概念，分享智慧

前期的设计工作坊以3个小组形成各自的城市设计概念方案为最终成果，在同济大学经由双方教师及外聘专家参加的联合评图，形成整合的概念，作为下一步深化设计的坚实基础。工作坊结束后，双方根据

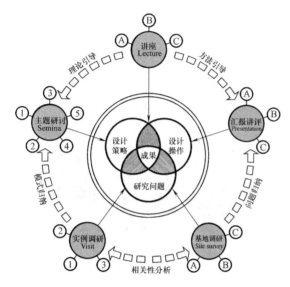

图 3　设计工作坊教学环节关系

拟定的教学计划，相对独立运作，分组成员及设计概念不变，最终在法国为期一周的设计工作坊中，由巴黎美丽城高等建筑学院组织联合汇报评图，分享联合设计的成果。

3　联合设计工作坊的实践与成果

2017 年的中法联合设计基地选择在上海虹口区的音乐谷地区。主要目标是希望通过城市设计研究，合理地区的功能定位，促进历史风貌街坊的保护与振兴，强化地区以 1933 老场房为核心的地区文化特色，创造富于历史意义的人性化高品质的都市空间。

参加本次联合设计共有法国同学 8 人，同济学生 9 人，混合编成 3 个小组。在设计工作坊的前 2 周安排了紧密结合研究课题的 3 次讲座，分别是邀请规划系老师和规土局专家讲授的有关上海城市有机更新的讲座；法方老师有关巴黎 ZAC 区①城市更新理论与实践的讲座和中方的有关历史街区复兴的专题讲座。3 组同学以深入的基地调研为基础，配合上海和周边地区精选城市更新实际案例的考察，结合对设计任务书给定的 5 项研究主题：（1）区域历史及环境价值评估；（2）音乐谷的功能定位，包括功能业态与空间布局；（3）公共空间及使用状况，包括公共空间构成与层级、街道断面、界面形态等；（4）交通体系与动线，包括多种交通方式的易达性与有序性；（5）历史建筑的再利用等内容的充分讨论与汇报交流，形成 3 个城市设计概念成果。并且以此为基

---

① ZAC：zone d'aménagement concerté 城市协商发展区。是在城市土地利用规划控制以外的特别政策地区，是巴黎城市规划体系的一个特色，如拉德方斯新区。

础深化完善，形成联合设计的最终成果，在期末的巴黎的设计工作坊中汇报与交流。

第一组"共生城市"（Co-existence）方案（图 4），同学们有感于基地现状的功能混杂和尺度对峙，提出"共生"城市的概念，在城市设计新元素加入时，通过不同尺度和功能公共空间的植入提供新旧对话的中间领域和过渡空间。并根据城市设计总体目标和系统设计，强化以历史建筑再利用为核心建立的公共空间体系。

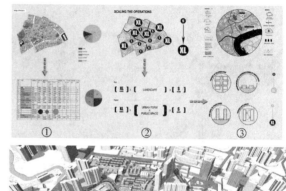

图 4　共生城市设计方案概念及成果

第二组"再生城市"方案（Regeneration）（图 5），方案从城市有机更新的理念出发，强调基于历史建筑及

图 5　再生城市设计方案概念、公共空间整治及成果

空间价值评估的自下而上的小尺度公共空间与街区的更新改造，并尝试将这种思考置于宏观尺度功能与空间规划的大背景中，以渐进式转变（transformation）和有弹性的更新策略，发挥历史街区及滨河城市空间自我修复的潜力，实现基于历史场所精神的城市再生。

第三组"振兴城市"方案（Revitalization）（图6)，方案以历史街区振兴的触媒理论为指导，以强化"音乐谷"的音乐文化功能研究为切入点，分析适应地

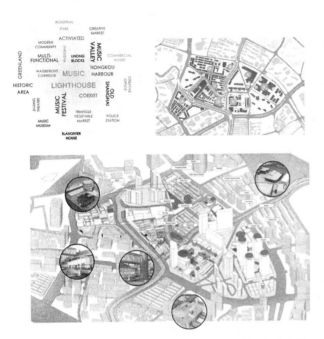

图6 振兴城市设计方案主题功能研究、灯塔概念及成果

区功能定位的各项音乐主题功能及其衍生功能，结合地块不同历史背景和空间区位，寻求建构主题功能与历史建筑改造、公共空间特征塑造相结合的"灯塔"（Lighthouse），即城市更新的触发基点，分层级、分步骤地植入历史街区。形成一系列良性的触媒反应，实现城市设计从物质振兴到经济振兴及社会振兴的目标。

4 思考

联合设计工作坊是快节奏和充满挑战的，同时也充满激情和欢乐。来自不同国度、陌生城市、个性相异的同学们通过对共同的城市问题的思考与争论增强了彼此的了解，成了朋友，分享成果也开拓了视野，是不可多得的训练机会。

从设计工作坊的过程看，联合设计充分贯彻了碰撞与融合的原则，我们注意到由于文化的差异与学生教育背景的差异，且法国学生多有工作经验，他们关注城市问题也更加宏观，这与巴黎美丽城高等建筑学院DSA课程的建筑与城市设计专业源自于建筑土地规划（Architecture des territoires）有一定关系。这也正与中国同学更擅长空间与形态操作形成互补。

从设计工作坊的成果看，由于城市观察与思考角度的差异，中国同学从主体的视角出发，更加务实，注重解决实际问题；而从客体角度出发的法国同学们则更注重概念的生成和前瞻性的思考。在紧密合作的工作坊中，这种差异性的融合往往迸发出激动人心创新的动力，这正是联合设计工作坊的价值所在。

李冰　苗力　王时原

大连理工大学建筑与艺术学院；lba ＿ letter@126. com

Li Bing　Miao Li　Wang Shiyuan

School of Architecture & Fine Arts，Dalian University of Technology

从构思到建造
——法国里尔建筑学校高年级建造设计教学及启示 *

From Idea to Construction：Retrospect and Enlightenment of French Design Studio of Construction in Lille School of Architecture

摘　要：法国里尔建筑与景观学校在五年级阶段设置了"可移动的微型建筑"课程设计。这一教学工作室（Atelier）和实际建造紧密相关，旨在将开放灵活的建筑构思转化为切实可行的建筑。课程侧重建筑的"轻盈"、"可移动性"并容纳基本生活行为，从材料、构造和节点等方面深化设计。最后，全体学生参与方案真实比例的建造过程。通过对法国里尔建筑学校的高年级建造教学实践的分析和梳理，旨在启发我国建筑院校的相关课程教学。

关键词：法国建筑教学；建造；创造力；可移动的建筑

Abstract：An architectural design Atelier for Grade five，named "Mobile Micro-Architecture"，is created in the Lille National School of Architecture and Landscape in France. Having a closed relationship with the architectural construction，this atelier aims to transform architectural ideas into real buildings. This architectural program required students to create a micro-building of "lightness" and "mobility"，which must contain some basic living behaviors. Students' projects must be deeply developed in its materials，construction and details. At last，all students will participate in the construction process of the selected project in real scale. This article analyzes and combs the teaching process relating to architectural construction of Lille school of architecture in France，in order to provide reference for Chinese universities during their related teaching practices.

Keywords：Architectural teaching in France；construction；creation；mobile architecture

1 引言

进入 21 世纪以后，建造教学在国内日益受到重视，被引入国内建筑院校的教学体系。建造教学能够帮助学生直观地掌握建筑材料的特性、构造的方式和原理、空间的尺度和活动需求，因此，这种建造教学逐渐成为国内院校建筑基础教学改革的重要方向和内容。同时，各大著名高校围绕建造主题开展相关的"建造节"，也在很大程度上激励了众多建筑院校参与建造教学的热情。

目前，绝大多数高校建筑院系的建造教学重点被安排在低年级基础教学阶段，成为建筑入门教育的重要手段。而高年级的教学侧重于建筑功能和技术的复杂性和复合性，是为了与将来的设计实践直接衔接，因而，建造类的教学在这个阶段相对较少。低年级学生们从实际

---

* 基金项目：中央高校基本科研业务费专项资金（DUT13RC（3）97，DUT13RC（3）98）；大连市社科联社科院重大课题（2015dlskzd025，2015dlskzd026）。

建造出发的设计构思偏于游戏和构成性质，思维模式没有在整个教学体系中发展成熟，又回到传统的图纸思维模式，甚至很多重点院校的毕业生在工作中不能满足业主和设计公司工程实践中的对建造节点创新方面的要求。

法国里尔建筑与景观学校的五年级课程设置中，有几个偏向实际建造方向的设计工作室（Atelier），其中 Louget 工作室深受学生欢迎。笔者根据自己的亲自参与经历，对这一工作室的教学过程进行分析总结，试图使法国里尔建筑学校高年级的建造教学方法对国内的建筑高校相关教学有所借鉴和启发。

2 课程介绍

2.1 课程的框架背景

里尔建筑学校在高年级设置的建造设计题目为"可移动的微型建筑"（Micro-Architecture mobile），是五年级的 5 个专业设计工作室（Atelier）研究方向之一，是指导教师 Philippe Louget 先生针对当代建筑环境问题、可持续利用问题的思考和探索[1]。题目要求用卡车、私家车、摩托车或者自行车等交通工具运载设计的建筑，到达目的地后卸下，组装安置，形成临时性的居住空间。使用一段时间后，再次通过交通工具运载到达下一个目的地，卸下、展开和驻扎。居住空间内部面积自定，需要满足卧、坐、立等行为，满足就寝、学习、进餐、休息、洗漱、遮风挡雨等功能要求。要求设计轻巧、便于运输、造价低廉。最后，从设计工作室的学生设计中选出一个优胜方案，由学校出资，学生自行购买建筑材料，按照 1∶1 的真实比例自行安装建造，建筑的总造价控制在 5000 欧元以内。

2.2 教学特点及过程

整个设计持续一个学期，大约 4 个半月。前期设计阶段为 3 个月，学生单独进行方案设计，教师每周评图，最后阶段提交正式成果，教师打分并选出一个优胜方案；后期建造阶段 1 个半月，全体学生共同参加优胜方案的建造。

对于建筑学校高年级学生而言，"可移动微型建筑"的建造教学方式在第一阶段和其他设计工作室 Atelier 比较类似。学生的作业成果取决于教师对课程的讲解和对学生方案的整体把控和导向。这次设计的题目难点不在于功能的复杂或者流线的交叉，而在于"可移动"、"轻巧"和建筑内部的基本行为活动。初期构思阶段，学生的想法五花八门，甚至于有些不着边际。老师的态度是开放与接纳，但是对待方案构思中的问题则鼓励学生寻找改进策略，而不是否认整体想法。

图 1　部分学生的初始概念模型
（摄影：李冰）

学生从日常生活中寻找灵感，运用多种方式减轻建筑重量，扩大空间体积（图 1）。从最初的灵感构思，发展演化成建筑，细腻到每一个节点的深度，为最终建成做准备。这个过程有很多设计和深化工作要做，其难度和工作量不亚于一个功能和流线复杂的建筑设计。其中，以下几个构思受到师生广泛关注，值得一提（图 2）：

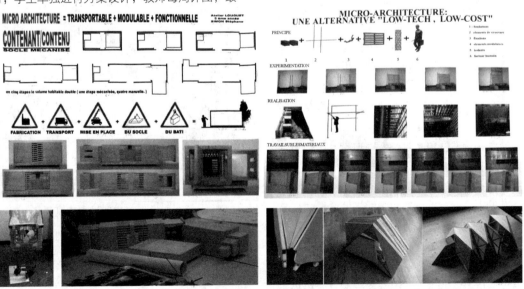

图 2　部分学生方案过程图纸及模型（摄影：李冰）

（1）箱体伸缩：这个构思从基本的方盒子体量出发，可向两侧伸展，以容纳各种必要的活动行为。也可以缩回原有的较小的箱型体量中便于运输。这个设计中，学生将重点放在建筑的"伸"和"缩"的方式，以及节点构造方面。

（2）面状折叠：方案的构思来源于折纸游戏，折叠在一起的建筑体量小，便于运输；展开以后，能够形成巨大的建筑空间。同时这些折叠单元能够根据需要进行拓展，看似简单的折叠和伸展产生了比较复杂的建筑构造节点。

（3）杆件搭接：这个构思源于法国常见的露天市场遮阳篷，杆件搭接非常轻盈方便，在这个结构基础上搭接帆布作为隔离室内外的界面。这个设计虽然具有极大的可实施性，但原创性有些不够，建筑空间略显单调。

2.3 优胜方案及其建造

在所有学生的想法中，塑料方便袋的方案从一开始就显得另类，很难令人抉择。设计者认为，方便袋非常轻巧而便于携带，且膨胀以后，能够产生巨大的空间，从而容纳各种所需的活动。其他学生的方案都需要用卡车运输，而这个轻巧的设计可能只要自行车就够了，使用、安装和运输都极其方便。

但是，这个想法具有先天的系列难题需要突破，例如：柔软的结构如何支撑？空间内部的设施如何收纳？是否也要缩小？如果是充气支撑，如何保证不漏气？如何保证人们的进入这个密闭空间？人进入以后如何呼吸和生存？在野外如何找到充气的动力能源？……

每次课程中，都是指导老师和学生无休止地讨论，难题居然被一个个地化解，而且最大限度地保留了原始想法。采用充气的结构方式支撑塑料薄膜的整体空间形态；内部的桌凳、洗手池等设施不需缩小，而是被固定在一个可打开的箱体内部；内部空间不完全封闭，有充气风扇的进风口和开启的门作为出风口，人们进入内部的短时间不会使庞大的膜体塌陷，只是体积略有缩小，不影响使用；利用太阳能光伏发电的吹风装置提供能源动力……

这个设计具有明显的原创性和低廉造价，因而被选为最优设计，将被学生们合力建造起来。

建造的过程是工作室20几个学生共同配合完成，教师在这个过程中针对难以解决或者抉择的问题提供技术指导。具体的分工由学生们根据自己的兴趣和特长自发进行，最初的设计者统筹管理。箱体、塑料气囊、内部家具、卫生洁具、太阳能板线路等都由学生和设计者共同商讨确定后负责购买原料、改造并安装。学校提供制作场地、模型制作器具和购买建筑原料的经费。学生

的成绩已经在之前的设计阶段评出，因而大都不计较自己的设计是否被选中，而是很积极地参与到这个令人激动的建造过程中，分工合作过程全靠兴趣和自发。学生参与建造的同时，能够学习到很多实践知识，能对没有预料到的问题提出改进意见。

3 分析与启示

3.1 对学生职业生涯的影响

建筑系高年级的学生经过了初、中级系统设计教学，掌握了一定的专业知识，如果能够从建造角度进一步训练、强化和提升，则他们低年级接受的建造设计训练，就容易在头脑中扎根。继而，能够结合实际建造任务，强化设计构思和建造节点的关联、设计和思考方法、接触社会和市场，从中了解掌握建筑构件、建筑构造、实际造价和建造施工紧密关联的因素，继而调整设计，为建筑的最终实现提供务实的设计构思。

3.2 与低年级建造课程设置的区别

在法国的建筑学校，高年级的建造课程训练和低年级的建造课程训练具有不同的教学目的。低年级基础教学注重想象力、趣味性，从真实的建造中引导学生关注建筑的空间、材料、尺度、结构、建造等要素之间的关系。而高年级的建造课程训练注重将天马行空的想法转化为实实在在的建筑。其中，建造的实体不再是简单的空间围合体，还在题目的设置中加入了内部空间的要素，诸如桌、椅、洗手盆、窗、轻质、可移动性等要求，使得题目具有恰当的难度，符合高年级学生的设计能力。

图3　学生在建造过程中（摄影：李冰）

目前国内高校的建筑系教学训练设置中，普遍将低年级作为教学实验和改革的突破口，很多如建造教学等具有创造力的课程设置在低年级。这样做风险较小，低年级把自由度放开，高年级再把口子收紧，符合国内建

筑市场的需求。但是，高年级的课程设置中，缺乏相关的训练，会导致学生的建造思维方式到了高年级几乎被封闭，在设计中灵感发挥的自由度变小。法国建筑学校高年级的建造设计训练，弥补了这样的不足。它继续贯彻并鼓励学生天马行空的想法，同时，更侧重训练如何解决这些想法中的问题，使得建筑概念得以真正的实现。从想法到空间、形体、材料、构造、节点等问题，学生们必须一一面对，设法解决，使得设计既出乎意料之外，又在情理之中。

3.3 对教师的要求

法国里尔建筑学校的这个课程设置为期一个学期(18周)，这和国内传统上通行的每学期两个设计有所不同。将7到8周的一个设计，扩展到15~16周，这不仅仅是时间延长那么简单，它尤其对教师的教学能力提出了更高的要求，如何真正地引导学生深入设计，而不是停留在充满问题的浅层设计方案深度，需要教师具有丰富的实践知识的同时，还不能被实践经验所束缚。任何一个想法都会具有天然的难题亟待解决，发现好的想法之后，鼓励学生沿着这个想法继续深入，引导学生找到问题的办法，而不是全盘否定。这是体现建筑师创造力的重要步骤。另外，教师恰当的教学方法也是重要因素之一。例如，包括Louget工作室在内的很多高年级设计工作室都强调建造和施工，在前2周进行短期的施工建造工地的图解记录和施工进程的描述，教师进行评图讲解，这个特殊的训练对学生马上要开始进行的设计起到了潜移默化的导向作用，使得他们的思维更贴近工程实践[2]。

4 结语

"可移动的微型建筑"是法国里尔建筑学校高年级课程设计自选工作室之一，它具有和低年级不同的设计任务和难度，其意义在于能够将"天马行空"般的设计想法通过建造这一途径加以实现，由想法到实践的解决问题的转化过程至关重要，它既是对学生创造力和解决问题能力的综合训练，也是对指导教师的教学能力、实践经验和开拓思维等多方面能力的综合要求。通过这个课程设计，学生的设计构思不再浮于表面，而是和建造紧密相关，是建筑的结构、材料、构造、空间、功能等多方面要素的综合。和建造相关的教学不再仅仅是低年级学生建筑入门的探索和兴趣指引，也是建筑系学生从业的思维模式、工作方法、解决问题的能力的综合训练。

图4 1:1模型建成效果及节点
（摄影：李冰）

参考文献

[1] Philippe Louguet. Le développement durable, évolution naturelle d'un enseignement ouvert sur les questions contemporaines de la ville. 《L'annel 2001/2003》, Lille：Ecole d'Architecture de Lille, 2002：24- 27.

[2] Frank Salama, Didier Deberge. Réalisation de l'alliance entre architcture et construction：Atelier d'architecture-5e année. 《L'annel 2000/2001》, Lille：Ecole d'Architecture de Lille, 2001：74-79.

董宇　陈旸　郭海博

哈尔滨工业大学；guohb@hit.edu.cn

Dong Yu　Chen Yang　Guo Haibo

Harbin Institute of Technology

中外联合毕业设计执行与拓展的可能性探索

——以哈工大—拉科鲁尼亚大学系列联合毕业设计为例*

Exploring Possibilities of the Operations and Expanding on Chinese and Foreign Combination Graduation Design Project

摘　要：毕业设计作为本科阶段的终极出口，存在相对固化与程式化的传统性瓶颈。而中外联合毕业设计是在国内高校联合毕业设计基础之上的一种新的教学实验，旨在对于现有的联合毕业操作执行形制进行内涵与外延的拓展，探索进一步提升毕业设计的开放性和多元性的可能性。文章对既有四届的中外联合毕业设计的经验进行了情况介绍、问题总结与改进展望，以期更便于后续的联合教学的持续推进与拓展，更及时地将成果反哺教学，为同业提供经验参考与备忘。

关键词：中外联合；毕业设计；交流性；跨文化

Abstract：As the ultimate exit of the undergraduate stage, graduation design has a relative indurated and stylized traditional bottlenecks. The Sino-foreign joint graduation design is a new teaching experiment on the basis of the joint graduation design of domestic universities. It aims to expand the connotation and extension of the existing joint graduation operations, explore and further enhance the openness of graduation design and the possibility of pluralism. This paper introduces the experiences of the four times Sino-foreign joint graduation design projects, summarizes the problems and prospects of improvement, so as to facilitate the continuous promotion and development of the follow-up joint teaching, more timely nurture teaching with the existing results, provide experience reference and notes to whom in the same industry.

Keywords：Sino-foreign joint graduation design project；Graduation design project；Communication；Cross-culture

1　传统毕业设计的瓶颈与新诉求

在国内多数建筑院校的建筑学专业毕业设计中，普遍存在着设计题目与形式相对成熟但固定，设计程序相对稳定但局限，设计视域相对收敛但乏新的问题。如此情况的原因诸多，诸如："毕业设计"实际上归属为"实验"课程，因而需要较多"程序性"流程操作；同时在选题上受制于"专业出口"的定位限制，往往要限定建筑的规模与功能复杂度，因此特定的建筑类型会成为较为固定的"传统项目"；此外，毕业设计指导教师的常配化也会影响选题及指导内容的慢更新与高重复率等问题。

---

* 本文受到黑龙江省 2017 年度研究生教育改革研究项目"以项目实践为核心的建筑与结构协同设计教学体系与方法研究"，以及黑龙江省高等教育教学改革项目"研究型大学建筑学专业本科生国际化培养平台建构研究"的资助。

同时针对于此，不同的教学相关教师亦有不同见解，一部分人认为"老课题"可以采用新手段，引入新方法。另一部分则认为需要在选题、形式和时效性方面做更新升级，以使得毕业设计和设计院的当下实践工作，或研究生课程的研究性工作形成更良好的对接。[1]

不论是何种见解，我们都可以从中得出判断，毕业设计自身存在的"出口瓶颈"与"求新诉求"在业内是较为普遍的共识；其自身的接口特性也使其要不断面对内涵与外延双重拓展需求；同时社会的市场需求、技术提升、价值观多样性的互动与渗透也在作用于毕业设计的定位与发展。[2]

2 联合毕设形制的设置与推进

由于相对传统的毕业设计选题或课程在置纳新元素、搭接新结构等方面能力受制，因而在全新开设的毕业设计选题上进行突破会有较大的便利性。

2.1 形制的设置

"哈尔滨工业大学—（西班牙）拉科鲁尼亚大学的建筑学专业联合毕业设计"是哈尔滨工业大学建筑学专业与境外高校联合组织的毕业设计项目，从2014年至今已持续四届。相较于传统的毕业设计组，该组毕业设计采用了较为新颖的组织形式与更为开放的课题设置，兼顾了中、西（西班牙简称，后文同）两国学生的毕业设计出口要求，同时相较于国内联合，其视野拓展度与文化跨度更大。[3]

两校联合毕业设计主要采用东道主"轮值制"的组织形式。即第一年（2014年）西方为东道主，西方负责出题，在春季学期伊始，在西班牙拉科鲁尼亚大学进行共同开题与基地考察调研，完成开题汇报。然后两校分头进行毕业设计的中间过程。在学期末，在哈尔滨工业大学进行联合毕业设计答辩以及颁发联合毕业设计结

课证书仪式。在第二年的春季学期，轮换中方负责出题，在哈尔滨工业大学进行开题与调研考察，然后在该学期末，在拉科鲁尼亚大学进行联合毕业设计答辩以及颁发联合毕业设计结课证书仪式。

由于哈工大与拉科鲁尼亚大学的建筑学毕业设计出口要求并不尽然。如哈工大的毕业设计强调建筑场地与单体设计的设计深度、技术集成、图纸表达深度及其规范性；而拉科鲁尼亚大学则注重城市设计部分的概念生成、原生创意以及建成环境在时间作用下的演化——作为一个建筑技术强校，其在毕业设计环节中并不强调狭义建筑技术的介入与表达。因而经两校商讨，题目设置弱化成果导向，每校可依据自身的出口要求设定具体的设计任务书。同时中间的设计环节与设计成果由本校指导教师把控。这样设置必定导致较大的成果差异性，但可以最大程度的保留各自的教学特色与基于自身文化对相同设计的不同解答方式与成果，由此带来的设计启发性与文化交流意义要远大于趋同的设计成果。在求同与存异之间，我们更倾向于后者。[4]

2.2 推进与发展

在经历前三次联合毕业设计之后，两校于2017年尝试引入新元素及新合作方以推进联合的规模及交流。因此在第四次联合中，联络内蒙古工业大学，作为新加入毕业设计师生团队，形成"哈工大—拉科鲁尼亚大学—内工大"三校联合毕业设计大团队，而此次的设计题目也由内工大进行组织，在内蒙古工业大学进行开题，在学期末于拉科鲁尼亚大学进行答辩结题。本次的题目与形制设置依然秉承着此前的原则，但规模的扩大使得联合交流变得更为丰富，同时本次联合毕业设计出现了三人以上的小组协作（表1），因此在中外交流、校际交流的基础之上，设计的成果呈现更为丰富，也让参与者见证、比较了不同工作方式得出的设计作答（图1～图6）。

2014～2017 国际联合毕业设计情况统计　　　　　　　　　　　　　　　　表1

年份	开题及调研地	答辩地	毕设课题	分组及执行		
				哈尔滨工业大学	拉科鲁尼亚大学	内蒙古工业大学
2014	拉科鲁尼亚	哈尔滨	拉科鲁尼亚新港工业码头区域更新及建筑设计	分组策划、单人独立完成设计	2～3人完成策划、设计	/
2015	哈尔滨	拉科鲁尼亚	哈尔滨松花江沿岸城市区域更新及建筑设计	分组策划、单人独立完成设计	2～3人完成策划、设计	/
2016	拉科鲁尼亚	哈尔滨	拉科鲁尼亚旧港工业码头区域更新及建筑设计	分组策划、单人独立完成设计	2～3人完成策划、设计	/
2017	呼和浩特	拉科鲁尼亚	昭君墓园区及其周边区域更新及建筑设计	分组策划、单人独立完成设计	2～3人完成策划、设计	（Team 1）单人独立完成；（Team 2）5人成组完成园区群体设计，个人独立完成单栋建筑设计

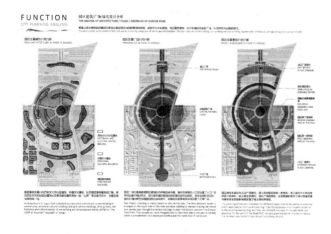

图1 哈工大联合毕业设计场地功能分析图
（学生：施雨晴）

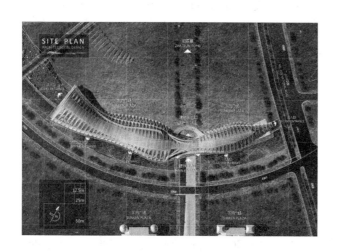

图2 哈工大联合毕业设计建筑单体总平面图
（学生：施雨晴）

图3 拉科鲁尼亚大学联合毕业设计策划分析
（学生：Maria Mera，Joaquín Martín）

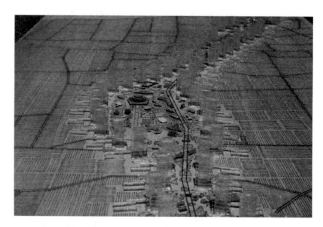

图4 拉科鲁尼亚大学联合毕业设计总体设计模型
（学生：Maria Mera，Joaquín Martín）

3 执行中既有问题与改进展望

3.1 执行中既有问题

如前所述，在不断的轮替中逐年更新设计选题与联合的部分组织体制、内容，一方面给课程带来很多鲜活的要素，为参与院校提供了持续的新颖课题和多方位的切入与设计研究视角；与此同时，高频率的更新和变化也必然会带来一系列的问题，而这些问题有些可以在执行过程中逐一化解，而另一些则需要在联合完成之后进行总结经验，为后续的联合展开提供备忘性指导。

其中主要的备忘性问题如下：

（1）对接时间少，部分成果因相差过大而缺少借鉴性

实际上，在每次毕业设计正式启动之前，双方的教师都会进行大量邮件或即时通讯信息和讨论，但是在开题和答辩阶段，教师和学生真正见面的时间都在5个工作日之内，且由于相关周边活动如研讨、观摩等，用于直接课程交流的时间则更为有限。而学生对于课程的解读与执行，较大程度会受其之前接受的学习与训练的影响，因此中外学校的学生在个别作业上会存在较大的差异性，同时由于双方侧重考察点的不同，双方教师也会在个案上出现评分差异较大情况。因此当此类情况出现时，指导教师或学生要对相应的提出的问题或困惑作出解答或解释。

（2）接待能力有限，队伍组织和接待的难度过大

通过历届的联合毕业设计经验，其最难执行最需要短时间大量人工量的部分并非是教学活动自身，而是在组织与接待部分。通常一组毕业学生的人数在10～16人之间，每校的指导教师2人，除去因特殊原因无法出境的学生外，每个学校的师生队伍都有十几人的人数。

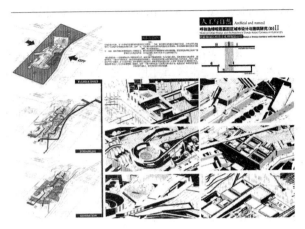

图5 内工大联合毕业设计城市设计策略
（学生：李鹏飞，范晴，王昊堃，王巍然，张宏宇）

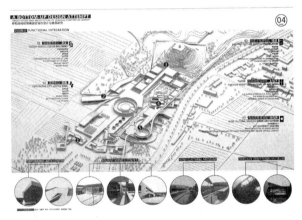

图6 内工大联合毕业设计园区功能整合分析
（学生：李鹏飞，范晴，王昊堃，王巍然，张宏宇）

除去各个学校办理邀请、出国签证与购买机票的工作量以外，接待来访学校队伍更是个消耗时间与人工的额外却必要的工作，而来访两个学校加上本校的队伍，其牵涉的人员数量往往要在五十人以上，相当于举办一个小型的国际会议，在人力物力上要做到充足的准备，并做好提前的预热相关工作。

（3）答辩时间长，后续成果汇总与协同输出周期过长

由于参与此毕业设计项目的学生人数较多，而教师较少，往往会导致答辩委员会无法进行分组。因而一方面，对于教师团队，会有较大的工作量和工作强度；另一方面，答辩时间也会因此延长，或由于时间限制，后半程的答辩进程会被提速，导致有些作业得不到充分的介绍或答辩及点评。

此外，国际联合毕业设计相较于国内高校间的联合毕业设计在地域跨度和文化跨度层面更大，其相关的各类执行与操作更复杂，导致后续的优秀成果汇总的输出

（如在两国出版优秀作品集或举办联合优秀作业展览）难度亦随之增加。校际间要通过签署合作协议、组织各届指导教师撰写点评或教学思考、作业筛选，以及相关文档的对照翻译等程序方可达成。

3.2 改进设想与展望

针对既有问题，以及后续的课程拓展，经过参与院校初步协商，提出如下的改进设想以及后续发展展望：

（1）多利用网络平与即时通讯软件，使实际课程指导教师尽早建立联系

跨国教学项目的联系往往要先通过学院间的联络负责人进行第一步沟通，这在初期往往需要往复多次，彼此熟悉。但在四届的合作基础之上，双方已经达成一定的默契，因而在后续的联合中，可以大大缩减此过程。使课程的实际指导教师尽快建立直接联系，便于商榷选题，熟悉双方的共性与差异性，提升合力效率。

（2）化整为零，吸纳更多参与单位，搭建大中外联合平台或组建联盟

经过初步商议，双方同意联络更多的海外院校逐步加入联合，逐步搭建成大的联合平台，甚至在远期组建联盟。如果落实，其带来的益处亦显而易见，一方面可以形成更为灵活的组织，降低组织和接待的压力；另一方面，可以带来更多的设计课题。在近期的执行中，需降低团队的人数，来避免此前出现的问题。

（3）注重后续的联络交流，多利用网络平台和电子出版物及时输出

在筹备传统实体出版物与展览以外，通过后续的实时交流，并利用网络出版平台或推送平台，择优预先发表一部分优秀作业及教研成果，更及时地反哺教学。

4 结语

多元化在当下建筑学的教与学活动中日趋占据更多的比例，不论是国内抑或国外的建筑院校都在尝试进行更多的合作交流与教学拓展，联合设计教学是其间各种合作的一个重要途径。而毕业设计因其作为建筑学本科教学的终极收口，其承载的意义过重导致了传统毕业设计的畏首畏尾。但近些年来的联合毕业设计日益扩大化的趋势，也在逐步影响、刷新、升级各个国内高校对于毕业设计的认知。毕业设计也在逐步向着开放、多元、交叉型的选题与组织形制进行迭代性渐变。"中外联合"是我院在各类联合毕业设计的一种较新的尝试[5]。以目前的教学经验来看，其成绩与问题并存，但从学生的口碑与各类设计作业报奖获奖的角度来看，无疑是成功的。如何另后续的联合操作降低成本，提升便利，事半

功倍，则需在既有的经验与备忘总结基础之上，持续探索，持续修正。

参考文献

［1］ 梁静，董宇．从建筑到城市的多维思辨——特殊城市环境群体空间教学探索［J］．中国建筑教育（总第 8 册）．2014.08：37-41.

［2］ 董宇，白金，董慰．多元联合新常态下的本科开放式研究型课程模式更新探索［J］．中国建筑教育 2016——全国建筑教育学术研讨会论文集，2016.10：36-41.

［3］ 韩衍军，董宇，史立刚．国际化研究型本科设计类课程教学体系研究［J］．Processings of 2013 National Conference on Architectural Education. 2013.10：17-20.

［4］ 贾倍思，张彤，仲德崑．对谈：联合毕业设计的教学贡献与学术价值［J］．建筑学报，2016（8）：35-38.

［5］ 孙澄，董慰．转型中的建筑学学科认知与教育实践探索［J］．新建筑，2017（3）：30-43.

图片来源：
图 1，图 2 由哈尔滨工业大学学生施雨晴提供；
图 3，图 4 由西班牙拉科鲁尼亚大学 Evaristo 教授提供；
图 5，图 6 由内蒙古工业大学贺龙老师提供。

郭兰

东南大学；orchid0078@163.com

Guo Lan

Southeast University

南加州建筑学院对教学模式的探索与发展 *
The Exploration and Development of Teaching Mode in Southern California Institute of Architecture

摘　要：南加州建筑学院是美国为数不多的独立建筑院校之一，学院在不断寻求自由与体制的平衡的过程中，形成了能够促进教师和学生自主性的组织结构和教学方法，并且获得了世界的认可。本文对南加州建筑学院从建立、动荡、到走向稳定的三个历史阶段中对教学模式的探索与发展进行了研究，希望能为教育工作者们探讨多元化的建筑学教学模式提供一些角度和思路。

关键词：南加州建筑学院；建筑教育；教学模式

Abstract：Southern California Institute of Architecture (SCI-Arc) is one of the few independent architecture institutions in the US. In the process of seeking balance between freedom and order，SCI-Arc has formed the organizational structure and teaching method which promote the autonomy of teachers and students，and has gained worldwide recognition. This article studies the explorations of teaching mode in the three historical stages of SCI-Arc——establishment，turbulence，and stabilization，and hopes to provide some perspectives and ideas for educators in the discussion of the diversified architectural teaching modes.

Keywords：Southern California Institute of Architecture；Architectural education；Teaching mode

1 引言

在两次世界大战期间，美国的建筑教育对现代建筑的接受是一个较为缓慢的过程，但到了后现代主义建筑时期，学校在建筑形式与价值的变化中却起到了主导作用。受反文化运动对政治、美学重新评价的影响，人们对现代主义的正确性和有效性开始产生怀疑，建筑学的教育也随之发生了剧烈的变化。与美国多数大学一样，几乎所有的建筑院校在这个时期都是以激烈的民权运动、抗议越南战争以及新女性主义运动的兴起为标志的。这些运动不仅带来了新的思考方式，也引发了对新的生活方式的实验。就建筑学而言，对现代建筑的质疑和不满致使人们尝试采用一些颠覆性的方式思考建筑的未来，而建筑教育就成为这些颠覆性思考的工具。南加州建筑学院（Southern California Institute of Architecture，以下简称 SCI-Arc）就诞生自这个背景之下，它的创建与发展体现了独立建筑院校对大学体制之外建筑教育模式的探索，向人展示了一条特殊的建筑教育发展路径。

2 1972～1981 年：创建与起步期

SCI-Arc 创建于 1972 年，从建校之初，SCI-Arc 就将自己定义为一所"过程中的学院"（institution in process)。SCI-Arc 没有借鉴任何已有的管理体制和教学模式，也不受任何规则的束缚，而是通过不断地"试错"最终找到了适合学校教育理念的教学方向和教学模

* 东南大学优秀博士学位论文基金资助项目（YBJJ1301）；国家自然科学基金资助项目（51378101）。

式。SCI-Arc 的创建者雷·凯培（Ray Kappe）希望 SCI-Arc 能够为学生创造力、直觉和设计目标的发展提供有效的教学方法，即他所谓的"成为什么的自由"。在教学方面，凯培想要就"如何在最少的限制和最大程度的自由下从事建筑教育"展开实验[1]。然而除了这些模糊的设想，学校并没有明确的教学计划，也没有完善的课程体系或者考察评分的政策。

SCI-Arc 最初提出了水平向的教学模式，并决定采用"垂直实验室体系"（vertical lab system）——教学中没有严格的年级划分，不同水平的学生一起工作，并允许学生每学期参加不止一个工作室，依照自己的节奏进行学习，甚至可以主持研讨会。如此一来，学生可以用更少的时间完成学业，教师也不必顾及全班的统一进度。学校希望通过这种方法为教学和学习带来更大的灵活性，使学校从总体上成为一个微缩的社会。尽管教师们都很乐观，但正如凯培所意识到的："很多学生并不适应这种自由，甚至要求取消垂直实验室。因为多数学生只能应付一个工作室，只有一两个学生试过带领研讨会，自我驱动的学习似乎成了最难的事情。学生沿着自我设定的道路进行学习的方式几乎都没能成功。[2]"遵从一样东西要比创立一样东西要难得多，更何况是对年轻的学生而言。因此 SCI-Arc 在经过几次全校讨论之后，决定建立一个组织性和结构性更强的教学计划，并对课程体系进行了系统的设计。1974 年，SCI-Arc 制定了课程体系并探索了几种教学方式。其中包括学生与指导老师一对一的独立工作室、一个包含了设计工作室和研讨会课程的更为典型的课程体系以及新的关注普遍议题或理论问题的教学计划，但这个教学计划持续了不到一年的时间就终止了。

3 1982～1987 年：发展停滞期

SCI-Arc 发展早期的管理体制，几乎是以凯培为首的家长制管理。这种体制经过几年的发展后暴露出了种种弊端，SCI-Arc 内部常常充斥着各种矛盾，持不同意见者互相争论不休。凯培原本希望在 1982 年卸任院长职位，但又被说服继续留任五年。这段时间是 SCI-Arc 历史上一段十分混乱的时期，学院发展几乎停滞不前，但也正因如此，SCI-Arc 开始反思自身发展的问题和未来的方向，这段时间也成为 SCI-Arc 发展中的一个特殊时期。

SCI-Arc 这一期间的组织结构由四个委员会构成：学院董事会、教师委员会、职工委员会和学生委员会[3]。SCI-Arc 逐渐建立起了两种本科学位：一是四年制的建筑学专业文学士学位（Bachelor of Arts with a

图 1　格林·斯莫尔教授的自然结构

1972～1986 Courses and Students Work. Documents from SCI-Arc Library. Unpublished materials.

major in architecture, BA），二是五年制建筑学学士学位（Bachelor of Architecture, B. Arch），属第一专业学位。两种学位在前四年的课程完全一致，因此学生直到第五年才需要选择想要获得的学位。两种学位的学生都可以转学至任意一所大学加入研究生计划，或在论文提案获得认可的前提下继续在 SCI-Arc 攻读硕士学位。当时 SCI-Arc 有三种研究生教学计划，各自对应一种学习的需要，最终都会获得建筑学硕士学位或城市设计硕士学位。[4]

从 1978 年之后几年 SCI-Arc 的课程设置记录看来，从 1977/1978 年通过 NAAB 的认证之后，虽然每年开设的选修研讨会存在较大的差异，但 SCI-Arc 的核心课程已经确立并且较为稳定。许多课程积累了多年的经验，学生的作业成果受到广泛好评（图1）。然而，这样的记录却与学院的一些教师对当时情况的描述存在着矛盾。1988年刚从纽约来到洛杉矶的尼尔·德纳里（Neil Denari）称，"当我来到SCI-Arc时，我似乎感到这里几乎没有课程体系……这里令人激动，但我认为是一种思想上的煽动性，这里仍然有着70年代所具有的能量和乐观主义——所谓的自己动手。[5]" SCI-Arc的创建者之一迈克·罗通迪（Michael Rotondi）也这样回忆当时的情况："那时学校内部纷争不断，人们选择了不同的阵营，不同阵营间争执不休，课程的开设十分混乱，1987年的时候，NAAB差点要收回对SCI-Arc的认证"。[6]

4 1988～2001年：稳步发展期

1987年，罗通迪接受凯培的直接任命，成为SCI-Arc的第二任院长。凯培选择罗通迪的理由，是他认为罗通迪是"面对纷争最为温和冷静的人，能够平息局势"。罗通迪指出，当时的人们渴望自由，但最终还是需要一种结构来支持这种自由。他上任后力排处众议，解散了原先的教师委员会，建立了更有效的、由教师、职工和学生组成的学术委员会（Academic Council）；1988年，他确立了SCI-Arc更加体系化的课程结构；1989年，他起草了SCI-Arc的参与规则（rules of engagement），建立了学校的组织框架。罗通迪任内的十年间，课程体系得到极大的拓展并且更为严谨。他使SCI-Arc更加学院化，同时仍然十分灵活。在课程体系方面，除了设计工作室，SCI-Arc开设了包括历史、理论、人文、技术、制图、实践和视觉艺术在内的必修研讨会课程（表1），还提供了大量的选修课，包括垂直工作室、建筑历史与理论、城市理论、人文学科、技术研究、职业研究与视觉研究七个类别。一至三年级为核心课程，包括具有统一教学计划的核心设计工作室；在四年级和五年级上学期，学生可以自由选择感兴趣的垂直工作室，本科生和研究生会在同一个垂直工作室学习；最后是一整个学期的毕业论文设计（thesis）。SCI-Arc的课程体系反映了学校坚持的观念——学校的学习环境会导向终身学习，并适应于新的环境。1991年，SCI-Arc获得了西部院校联盟（WASC）的候选认证资格，并在之后一直在自由与体制间寻求着平衡。

SCI-Arc的老师大都追求不确定并乐于开展教学实验，他们有着十分多样的研究领域，涉及建筑理论与城市研究、历史和人类学等等。SCI-Arc将物体制作和形式探索视为建筑师教育的基本组成，这里比任何地方都能让人想起格罗皮乌斯对包豪斯的设想。1994年，在《美国新闻和世界报道》（U. S. News & World Report）对美国建筑学研究生教育的排名中，SCI-Arc位于全美第13位，并且是其中唯一一所大学体制之外的建筑院校，这距离SCI-Arc成立，刚刚22年。从1997起，德纳里接任罗通迪出任SCI-Arc院长，着力扩张学校的计算机硬件设施及课程，为学校日后在数字化领域展开教育实验打下了坚实的基础。

SCI-Arc 1985～1998 年间的课程设置　表1

课程类型		1985～1986年		1989～1990年		1997～1998	
本科教学负责人		—		麦克·罗通迪		希瑟·库兹	
		学分	比重	学分	比重	学分	比重
必修工作室		60	40%	60	40%	60	40%
必修研讨会	历史	9	6%	9	6%	9	6%
	理论	6	4%				
	人文	15	10%	12	8%	12	8%
	技术	21	14%	15	10%	18	12%
	制图			12	8%		
	实践	9	6%	3	2%	6	4%
	视觉艺术			9	6%	6	4%
	合计	90	60%	90	60%	90	60%
必修课合计		150分		150分		150分	
选修课		30		30		30	

注：除设计工作室学分为6分外，每门课的学分均为3分。

5 结语

从建校以来，SCI-Arc一直致力于培养愿意想象并塑造未来世界的建筑师，也探索出了适应自身发展目标的建筑教育模式。本文依据SCI-Arc发展的历史时期和院长任期，仅探讨了2001年以前学校由创立到走向稳定的发展阶段。在经历了充满曲折的教育模式与发展道路的探索之后，如今的SCI-Arc已经成为世界知名的创新性建筑院校，并成为参数化建筑设计的前沿阵地。学校的本科生和研究生教学计划都获得了美国建筑学认证委员会（National Architectural Accrediting Board, NAAB）的认证，同时又有着独立建筑院校所特有的灵活和自由。希望本文对SCI-Arc教学模式建立与发展的简要介绍，为教育工作者们探讨多元化的建筑学教学模式提供一些角度和思路。

参考文献

［1］ Benjamin J Smith. SCI-Arc's Origins：Exodus from Cal Poly and the Formation of an Alternative Pedagogy. Proceedings of the Society of Architectural Historians，Australia and New Zealand：30，Open. edited by Alexandra Brown and Andrew Leach. Gold Coast，Qld：SAHANZ，2013，vol. 2：450.

［2］ SCI-Arc Eligibility Report Submitted to Western Association of Schools ＆ Colleges，April 30，1987. Documents from SCI-Arc Library. Unpublished materials：5.

［3］ SCI-Arc Eligibility Report Submitted to Western Association of Schools ＆ Colleges，April 30，1987. Documents from SCI-Arc Library. Unpublished materials：67.

［4］ 同上：p42-46.

［5］ Stephen Phillips. L. A. ［TEN］. Interviews on Los Angeles Architecture 1970s-1990s. Lars Müller Publishers，2013：17.

［6］ 引用内容源自笔者于 2015 年 2 月 14 日对麦克·罗通迪的采访.

罗茞　陈犟　蒋甦琦

湖南大学建筑学院；jinluo_ll@126.com

Luo Jin　Chen Hui　Jiang Suqi

School of Architecture，Hunan University

差异与融和
——三年级建筑设计课程长周期国际联合教学探索
Diversity and Harmony
——Exploration On the Long-periodic International Joint Teaching of Architectural Design Course in Grade Three

摘　要：目前国际联合教学多以中短期工作坊的形式进行。湖南大学近年来在本科三年级建筑设计课程中，积极开展长周期国际联合教学。本文详细介绍了与斯洛文尼亚卢布尔雅那大学的联合教学实践，探讨了长周期国际联合教学的可行模式，总结了三年级开放式建筑设计教学的特点。通过比较中西方建筑设计课程中的教学方式与思维方法，反思双方教学中的共识与差异，在交流碰撞中不断融和，为国际联合教学和本科建筑设计课程教学改革积累新的经验。

关键词：联合教学模式；长周期；同步式；开放式教学；差异性

Abstract：At present，international joint teaching is mostly conducted in the form of medium and short-term workshops in China. In recent years，Hunan University has been actively trying to carry out long-periodic international joint teaching of architectural design course in grade three. By detailed introducing the joint teaching process with the University of Ljubljana in Slovenia，this paper discusses the feasible mode of international joint course of long period，summarizes the characteristics of the open teaching for the architectural design course in grade three. Through comparing the teaching methods and the design thoughts between China and the West，it rethinks profoundly the consensus and diversity in both teaching process，which are continuously harmonized while exchanging and colliding each other. Thus it has accumulated new experiences for the international joint teaching and the teaching reform of the undergraduate architectural design course.

Keywords：Joint teaching model；Long-periodic；Synchronous；Open teaching；Diversity

湖南大学建筑学院近年来开展了多种形式的国际教学交流与合作，包括短期联合工作坊、不同时长的互派师生访问等。自 2011 年以来，我院先后与德国卡尔斯鲁厄大学，斯洛文尼亚卢布尔雅那大学，捷克技术大学等院校展开教学交流，以本科三年级为基础，分别进行了时长为 14 周的长周期建筑设计课程联合教学实践，为本科国际联合教学积累了一定的经验。

2014～2015 学年，我院与卢布尔雅那大学建筑学院就旧城更新中的保护与重建问题展开了一次长周期联合教学。对方负责本次教学交流的尤里·萨达（Jurij Sadar）教授为斯洛文尼亚知名建筑师，SVA 建筑事务所合伙人，参与工作坊的另外四位导师在长期教学与设计实践中也各具特点。在本次联合教学过程中，该校展现的导师负责制工坊式教学模式以及开放多元的设计思维方法，给予了我们诸多启示。

1 教学模式与特点

国际联合教学通常建立在跨越文化界限开展教学交流的基础之上，具有多元、开放的特点。跨文化交流的教学方式有利于双方建立全面的观点，超越固有文化和绝对的民族优越感，以文字或非文字的有效交流来与别的文化建立沟通，并获得足够的跨文化的人际交往能力，体验不同文化产生的文化调节和文化冲击[1]。由于其跨文化的命题特点及多样化的组织形式，这种教学方式更容易提高学生的积极性及参与度，激发多元的设计思维，产生相互碰撞和认同，从而达到彼此高效交流的目的。

1.1 国际联合教学模式

目前国内院校开展的国际联合教学交流大体分为三种模式：①"授课式"。这种模式主要是以外方老师讲授为主，双方学生听课并参与研讨，时间可长可短。②"互动式"。双方师生就某个课题在固定的地点，以工作坊的方式进行集中讨论、研究和设计，时间一般不超过一个月。③"同步式"。与教学体系内的课程同步展开，有固定的教学周期、教学安排，基于共同的教学课题和研究目标，依托网络平台交流；评图答辩则通常采取面对面交流的形式[2]。在三年级建筑设计课程国际联合教学中，我院总体采取"同步式"的方式，以复杂城市环境中的旧城更新作为命题方向，双方达成一致的教学目标，依据不同的教学重点，通过各自的教学手段展开教学和研究过程。

在本次教学活动的前期，双方采取网络互动的方式，探讨并拟定设计命题；在设计过程中，师生们同样基于网络平台进行交流，相互交换调研信息、教学资料及阶段性成果；在终期展评阶段，结合"授课式"与"互动式"等跨文化教学的主要模式，双方师生进行了"面对面"的点评、授课、体验与互动。相对于中短期工作坊而言，这种长周期教学交流模式更有利于相互之间的深度了解与融和。

1.2 开放多元的教学特点

长期以来，我院国际联合教学形成了开放多元的特点：①开放式命题。由海内外院校教师轮流主持命题，经双方讨论确认，两地联合同步完成；②开放式指导。各组指导老师由校内外专业教师与职业建筑师联合组成。同年级学生不限专业，可自由申报（英语水平需达到要求）。在本次教学交流过程中，我院有建筑、景观、规划等专业的三年级学生混合参加；各组教学目标总体相同，教学方式各有特点。③开放式评图：评委同样由校内外专业教师与职业建筑师组成，但不仅限于指导老师；评图过程对全院师生开放。

1.3 教学思路的一致性

国际联合教学的顺利开展与完成，要求双方就教学思路达成一致性。在本次教学活动前期，双方通过网络互动、共享教学资料等方式，达成了以下共识。

（1）教学命题

结合三年级一期课程教学大纲，双方确定以旧城更新中的文化建筑作为设计主题，题目定为：长沙市第二工人文化宫改扩建——西园北里社区图文信息中心设计。基地选址位于"长沙市六大公馆群"聚集区，基地内左宗棠假山祠自1885年保存至今，且紧邻传统民巷西园北里[3]。基地中尺度宜人且充满市井生活气息的西园北里社区，与城市主干道对面的崑玉国际高层居住区形成新与旧的强烈反差。在中国快速城市化进程的背景下，长沙老城区遭到大规模盲目拆建，传统城市的认同感逐渐消失，城市肌理逐渐模糊，社会阶层差异性迅速扩大。双方借由此设计命题，共同探讨城市与建筑渐进式更新转型的合理解决方案。

（2）教学重点

我方结合本科三年级常规建筑设计课程教学，在完成三年级基本教学任务的基础之上，以体验、调研基地周边街区，探讨现象学视角下城市建筑空间叙事的设计思维方法，研究地域建筑与地区文脉的传承关系为教学重点；而斯方着重研讨社会转型和城市快速发展过程中多元化的设计方法及其建构方式，研究城市形态、建筑空间和社会关系在中国传统街区快速变迁中所面临的挑战，以重新定义新的社区空间，重建新的社区生活。

（3）教学目标

建筑设计课程长周期国际联合教学的目的，一是充分了解双方教学模式，学习彼此先进的教学理念和教学方法，增进教学水平；二是就设计命题展开详细调查、研究与探讨，开拓国际视野，激发不同的设计思维；三是提高师生教学的互动性与积极性，提高教学效率；四是通过跨文化的国际交流，适应全球化设计市场的需求。

2 教学研讨过程

2.1 前期调研过程

由于任务基地的"不可达性"，斯方主要借助网络平台获取信息，了解长沙地方历史及文化；以文本阅读

（包括文学、影像、史料研究）的方式，认知城市、社区和基地，进一步提出设计概念及设计思路；而我院师生借助便利的条件，对现场进行了详实的调研和分析，并将资料传递给对方。调研主要通过"城市空间体验"的方式进行，通过直观的观察、拍照、现场测绘等方式，认知基地的基本物质条件，进而采用环境速写、空间注记、行为观察记录等方式，从"可识别性、结构、意义"三方面了解环境意象和特征，理解和发掘社区环境在建筑学和社会学方面的内涵。由各组分别完成基地调研报告，包括分析图底关系、建筑形式、空间结构、空间层次及行为功能等内容，绘制分析图，并以散文、拼贴画、小电影的方式再现场所精神及其意义（图1）。

图1　学生作业：场地调研分析　徐嘉韵、杨国阳

2.2　主要设计过程

在教学过程中，双方各自安排教学进程，制定阶段任务，体现自身特色；同时通过网络、视频进行资料共享、构思交流与教学互动。从教学方式来看，我方教学过程充分体现了三年级一期的教学目标及教学特点，教学阶段较为明显，按照场所营造、空间生成、材料与建构三个阶段性专题渐进式完成设计过程。①场所营造。重点强调从调研分析到方案设计的逻辑思维过程，并以城市微更新的方式体现和联系这两个过程。本阶段的教

学关键词为城市、环境、文脉、场所。例如从街区环境中提取"空间原型"，进行社区微设计，并进一步发展出设计概念，营造场所情境和氛围；②空间生成。打破传统的功能流线分析方式，从"空间、时间、交流和意义"等方面研究图文信息中心的行为模式与空间关系，以现象学的视角研究场所建筑的空间情境和空间叙事。要求从社区生活体验及行为调研中弥补图文信息中心的功能设定，研究新空间的功能并完善设计任务书；以阅读模式和行为方式作为空间与形式设计的起点，研究场所的空间关系，绘制空间流线、漫步路径和叙事空间场景（图2）；③材料与建构。进一步探讨材料、光影与空间的关系，研究建构细部与构造。要求选取材料进行分析，研究设计节点，绘制细部构造或墙身大样。

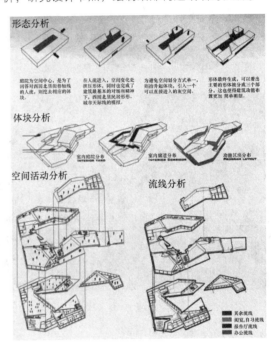

图2　学生作业：设计分析过程　何磊

卢布尔雅那大学的教学过程中并无明显的阶段性与设计专题，其主要特征体现为：①在概念生成过程中，从多元混杂的城市自然、城市生活及社区人群等因素中提取设计概念，进行功能定位；强调从空间原型到设计概念直接严谨的转化和生成过程，并体现在简洁的总图构成和清晰的空间结构关系上。②围绕最初的设计概念形成理性的空间关系，空间简洁而不刻意，景观、建筑与内外空间具有层次性和时间连续性；并结合剖面和结构关系，对室内外空间场景加以表达和完善（图3）。③材料和细部不是单纯的技术或形式表达，而是紧密围绕概念进行设计。④以严格的工坊式教学模式组织教学，对结构和建构的技术指导直接介入设计过程，学生

的理论知识需结合设计过程融会贯通。同时特别强调以
手工模型推进整个设计过程（图4）。

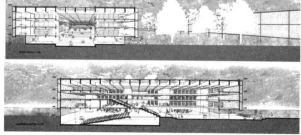

图3　学生作业：结构与剖面　Sabina Marov

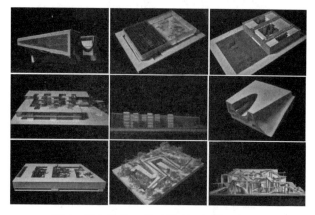

图4　学生作业：手工模型（摄影：胡骉）

2.3　成果互评

由于有14周时长的长周期教学作为保证，双方充
分完成了整个建筑设计教学过程；从调研分析、方案构
思到技术图纸，都取得了较为完善的教学成果，这也使
得对方师生在我院的互动式交流更具成效。成果完成后
的第二学期初始，斯方的5位导师和15名参与课程的
学生（以三年级为主）至我院进行了为期1周的访问，
双方进一步完善了图纸和模型，并进行了成果点评、讲
座交流及师生互动等活动，全过程的联合教学实践最终
顺利完成（图5）。

3　教学反思

通过长周期的课程教学交流，比较双方教学过程与
教学成果的差异性，以促进彼此的设计教学和设计研

究，是国际联合教学的根本目的。反思和比较双方的共
识与差异，才能在此基础上更好地借鉴、融合与创新。

3.1　不同背景

跨文化教学交流的成果往往体现了较为明显的差异
性，分析其背后的成因，一是各自不同的文化背景；二
是双方对建筑的不同理解；三是彼此不同的设计和教学
方法。

图5　场地调研，交流评图

斯洛文尼亚属于中欧南部国家，建筑与文化历史渊
源，在近现代建筑史上处于先锋地位，从维也纳分离派
代表人物、"后现代主义先人"普列齐尼克（Joze Plec-
nik），到尊重斯洛文尼亚传统的现代主义建筑师拉夫尼
卡，及至众多杰出的新一辈当代建筑师，其建筑设计思
想既具有深远的历史承继性，且丰富、包容与开放。斯
洛文尼亚新生代建筑师并不强调文脉，而是通过"一种
开放的、完整而创新的且通常具有煽动性的方式，建立
一个新的认知层面，使我们获得对于城市的当代感
知"[4]。他们的创作理念仍然是具有文脉的，但其主要
特征是结构和技术上的理解、艺术上的清晰，研究方向
和建筑语汇仍然是独立的，但同时也服务于实用、感觉
和每个特定任务的逻辑关系。

我国传统建筑教育受鲍扎体系影响，教学方式在长
期发展中逐渐本土化，原有教学方法大多重空间形式而
轻技术，重图纸而轻过程。随着当代建筑教育教学改革
的迅速发展，传统的教学理念被抵抗和摒弃，与国际接
轨的多元开放的设计观点与教学方法正在逐步形成。

3.2　教学差异性

对比双方交流的设计成果可以看出，不同文化、不
同设计理念和不同教学方式导致的差异性主要体现在以
下几方面。

（1）逻辑性

从设计方案来看，斯方在理解长沙地方文化的基础上，注重直观设计概念的逻辑推演及生成，例如直接提取"街巷、墙、中国文字"等中国元素作为设计概念，并在社区景观、生活与阅读行为、空间结构、材料建构等方面与之清晰呼应。设计概念往往出乎意外，又在情理之中；纯净的设计理念超越于场所基因与街区历史环境脉络之上，却又并非完全忽视文脉。而我方设计概念建构在对环境文脉的系统分析之上，且更强调场所文脉（如西园巷和假山祠）对基地的影响，注重对"空间原型"的转译及地域文化的表达。

（2）关注点

从双方对建筑的不同理解来看，斯方的关注点在于城市与建筑背后的社会性。费恩斯坦在《正义城市》一书中指出，现代都市规划包含了城市的公平、民主以及多元性三条重要原则，新的"代际（Intergeneration）"社区信息中心代表着知识、文化、运动以及创造力的"孵化器"，代表着不同的社区群体、外来者交换知识经验和社交生活的新形式，代表着为地方新生代和公众提供的新社会空间。此外，斯方对于传统文脉的关注更多意味着兼顾城市自然以及结构技术更新，意味着对当代社区生活、行为方式和阅读模式的重新诠释，如出乎意料地创造开放的社区公园或城市商业空间（图6），或相反创造封闭、内向的社区新公共空间。而我方更注重在满足信息中心主要功能的基础上，探索基于功能、行为的场所空间与形式；注重场所文脉及场所精神引发的建筑空间逻辑，并重视城市建筑基本要素的表达与训练。

图6 学生作业：新社区空间 Matic Škarabot

（3）结构、技术与建构

从建筑技术角度来看，斯方强调以结构、材料、建构表达其鲜明的设计立场及对场所环境的理解；针对不同的设计小组，安排有专门的技术专业老师和职业建筑师直接参与指导，其结构和技术图纸也较为全面深入；而我方部分同学由于前期调研所花时间较长，技术设计深度反而未达到预期目标。

（4）设计表达

从设计表达与表现来看，斯方注重手工模型的推演过程，注重模型材料及其建构细部的表达；图面表现风格与格调较为统一，图纸内容的表达同样具有紧密的逻辑关联，这些都得益于工作坊严谨、理性的教学方法与训练方式（图7）。而我方同学的表现方法则更为灵活，电脑模型手段多样化，但手工模型相比较之下有所欠缺。

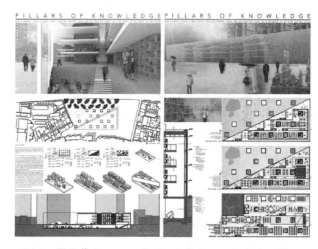

图7 学生作业一 prof. Aurij Sadar，asist. Ana Kreč
指导，by Matic Škarabot

图8 学生作业二 蒋甦琦
指导，徐嘉韵作业

4 结语

在教学过程中尤其是在体验互动交流过程中，双方师生投入了很高的热情和积极性，产生了设计思维和观念上的有趣碰撞，启发了彼此对相关课题的新的理解。通过这次跨文化的教学交流，两校师生均有很大收获：(1) 激发了多样化的教学思路，改进了教学手段。(2) 就跨文化城市背景下当代地域建筑设计这一热点课题在教学中同步进行研究，教学研相长。(3) 通过对城市建筑空间的不同解读，以及跨越文化界限的开放思维，探讨了不同文化背景下的设计思维差异。(4) 渐进式形成本科建筑设计课程多样化、开放式、研究式和工坊式的建筑设计教学模式。(5) 有效提高了学生自主的设计思维能力及动手能力；提高了师生专业英语应用及沟通能力。

长周期建筑设计课程国际联合教学也有许多遗憾。首先，在同步式教学过程中，由于并非完全融入的"同步"联合教学方式，一方无法长时间亲身体验当地的文化和城市特征，对设计的体验和理解未免有偏差之处。其次，就开放式教学过程中的教学手段和阶段成果而言，受网络条件限制，与海外院校的交流并不充分。此外，当代建筑设计新技术和新材料的运用、新的软件运用在设计过程中也体现不足。这些都是值得我们进一步关注的问题。

近年来在结合本科建筑设计课程的几次长周期国际联合教学中，我院有多份作业在中国建筑院校境外交流作业展评中获奖（图8），联合教学取得了一定成果并获得各方面肯定。长周期国际联合教学投入的精力和资源相对较大，学院对三年级教改的大力支持及各位老师的倾力投入是课题顺利完成的有力保障。教学过程中严谨合理的教学安排、开放式的教学方式、研究式的教学过程，既是对长周期国际联合教学模式的有效探索，也是本科建筑设计课程与国际建筑教育接轨的有益实践。

参考文献

[1] 黄海静，卢峰. 跨越边界——建筑设计的跨文化教育模式研究与实践 [J]. 中国建筑教育 2010 全国建筑教育学术讨论论文集 [C]，上海，中国建筑工业出版 2010：128-131.

[2] 张倩. 国际联合教学的组织与实施——一种跨文化、跨学科、跨年级的互动教学模式 [J]. 规划师，2009，25（01）：101-104.

[3] 蒋甦琦. 长沙市第二工人文化宫改扩建——社区图文信息中心设计课程任务书. 2014.

[4] Peter Gabrijelcic，孙凌波译. 斯洛文尼亚建筑与卢布尔雅那建筑学院 [J]. 世界建筑，2007（09）：20-24.

苏媛　吕世鹏　赵秦枫

大连理工大学建筑与艺术学院；suyuan@dlut.edu.cn

Su Yuan　Lv Shipeng　Zhao Qinfeng

School of Architecture & Fine Art，Dalian University of Technology

国际视野下多元化与开放式教学体系的理念应用及实践 *

The Application and Practice of the Idea of Diversification and Open Teaching System in International Perspective

摘　要：建筑教育的目的不仅是培养建筑师或其他建筑工作者，更重要的是通过建筑学基本素养的教育，让毕业生在建筑业界内能找到能发挥自己最大作用的独特的位置。本文概述了国际视野下的建筑学专业开放式的教学体系、多元化的教学手法、多研究领域的融合、多学科的融合的模式。介绍了对麻省理工学院、哈佛大学、剑桥大学、代尔夫特大学以及东京大学建筑学教育体系的先进理念、教学模式和培养机制值得学习借鉴的经验。并以日本北九州市立大学建筑学科的国际设计工作坊教学为例，探讨了如何在我国建筑教育体系中进行多元开放的教学体系应用与实践。

关键词：开放式；多元化；建筑学教育

Abstract：The purpose of architectural education is not only to train architects or other construction workers，but more importantly，through the basic quality of architecture education，so that graduates in the construction industry can find their own role in the unique position. This paper summarizes the open architecture system of architecture in the international field，the diversified teaching methods，the fusion of multi-research fields and the multi-disciplinary fusion model. Introduced the advanced concepts，teaching models and training mechanisms of the Massachusetts Institute of Technology，Harvard University，Cambridge University，Delft University and the University of Tokyo architecture education system worth learning from. And discusses the application and practice of the teaching system in China's architectural education system with the teaching of the international design workshop of the architecture of Kitakyushu City University in Japan.

Keywords：Open type；Diversification；Architecture education

1　开放式的教学体系特点

开放式的教学体系这一理念最早源自于科恩（R. C. Cohn）1969 年建立的模型：具体是指以题目为中心的"课堂讨论模型"和"开放课堂模型"——人本主义的教学理论模型。同时，斯皮罗（Spiro）在 1992 年提出的"随机通达教学"和"情景性教学"——建构主义的教学模式也被认识是开放式教学体系的重要起源。这些理论模型强调：学习是学习者主动建构的内部心理

* 致谢：感谢国家自然科学基金（51608090）教育部学校规划建设发展中心重点项目（LSFZ1601）对本研究的资助。

表征过程，教师的角色是思想的"催化剂"与"助产士"。

从广义上理解，开放式教学可以看成是大课堂学习，即学习不仅是在课堂上，也可以通过其他方式来进行。比如剑桥大学建筑系在前3年的学习中，教学内容不只是涉及建筑学，而是给学生提供相对宽泛的选择，培养学生一系列技能。而从狭义上来讲可以将其理解为学校课堂教学的改变，即教学题材、教学方法、作业内容、师生关系的改变。比如在荷兰代尔夫特大学建筑学院中，没有班级的概念，只有工作室的区别，从本科到博士都遵循工作室的模式进行培养。

通过对以往理论的总结和揣摩，在此本文将开放式教学总结为，以知识教学为载体，把人的发展作为首要关注点，通过创造一个自由自主、妙趣横生的教学环境，给学生们打造更为广阔的发展空间，从而促使学生在灵活的氛围中积极主动的探索、学习，使自身的素质得到更大程度上的提升和发展。总而言之，开放式教学不仅仅是一种教学方法、教学模式，它更是一种教学理念，它的核心就是以人为本，将学生的发展作为主要关注点。

开放式的教学体系是针对传统封闭式教学方式而提出的，其主要具有以下几个特点：

（1）辐射性。开放式的教学体系仍以课堂为中心，但在空间上逐渐向课堂外辐射，例如家庭、社会；在时间上向前后辐射；在内容上实现从书本向实践的辐射。从而实现全过程、全方位、全时空的开放。

（2）主体性。开放式教学以人为本，强调人这一主体作用，重视挖掘师生的集体力量和智慧，发挥自身潜力。学生是课堂的主体，让学生学会主动思考，搭建思维网络，得出结论，充分调动起学生的积极性、主动性、自觉性。

（3）创新性。创新是开放式教学体系的重要推动器，在一定程度上问题的答案并不是唯一的，倡导学生学会突破定势与传统的束缚，多角度、多方位、多因果的解决问题，从而发掘出解决问题的多种渠道。

（4）时代性。要想教学永不过时，必定要与时俱进，不断革新。而教材的改革往往滞后于时代发展的步伐，因此教学的时代性显得尤为重要，只有不断走在时代前沿，紧跟时代发展的需要，丰富教材内容，为实现开放式教学体系奠定良好的理论基础。[1]

2 多元化的建筑教育学科融合

建筑学的世界丰富而多元，不同的文化与地域孕育出了不同的建筑。而与之相对应的建筑教育也呈现出丰富多元的状态——不同背景下的不同院校的建筑学教育探索着迥然不同的道路，各具特色。但纵使差异众多，他们之间仍然存在共通性，即建筑学教育越来越注重多元化的融合。在这其中，在教学中采用多研究领域的融合、多学科的融合和多元化的教学手法则是一个发展的大趋势。

例如麻省理工学院、哈佛大学以及剑桥大学努力顺应发展趋势，将更广阔的领域，更丰富的学科，更为严格的标准融合到建筑教育中。麻省理工学院（MIT）一直把培养适应工业发展的高级人才作为目标，MIT建筑与规划学院除建筑系之外，还设有城市研究与规划系、媒体实验室、房地产中心等部门，建立起多部门的联系，使得建筑系教学显现出了鲜明的多领域交流与合作的特点。利用多学科优势，从不同学科吸取经验，并能关注当前建筑与城市发展中的热点问题，为建筑教学提供了具有创新精神的理论与方法，帮助学生树立起建筑是受社会、经济、文化等诸多因素影响的基本观念。

哈佛大学设计学研究生院（GSD/Graduate School of Design）建筑系强调国际化的教育理念，在对学生进行针对性的建筑形式训练的基础上，进一步拓宽学生视野。除了建筑教学与研究除设计理论之外，还包括历史、技术以及职业实践建筑教学。强调学科交叉，通过对多学科的学习从而掌握各种所需的知识。这种交叉具体体现在学院内部建筑、景观、城市规划等相关专业的紧密联系。

剑桥大学建筑系则将人才培养目标与建筑师职业教育相结合，根据英国的建筑教育规定，执业建筑师的资格必须要经过3部分教育考核，建筑院校必须要由建筑师注册委员会和英国皇家建筑师协会认可，这样才能保证建筑教育符合建筑师职业标准要求剑桥建筑系按照这一规定组织建筑教学。剑桥在研究生教育阶段显现出更多的跨学科特点，比如与环境学科的联系、对媒体实验室的利用等等。同时剑桥与MIT合作成立了剑桥——MIT学院（Cambridge-MIT Institute），为两校的跨校教学和学生培养提供了一个平台。[2]

3 国外建筑学教育的先进理念

由于起步较早的原因，世界闻名的建筑学科大多分布欧美发达国家的一流学府，中国的近现代建筑教育体系的源头也是来自于欧美的教育体系。尤其是进入21世纪以来，欧美建筑设计的进展与新技术的出现，主导着当代建筑设计，因此欧美国家的一些先进建筑学教育理念值得借鉴。欧美国家以及亚洲的日本在内的建筑教育大多以专业学位和培养职业建筑师为主。麻省理工学院（MIT）等欧美著名院校，在以建筑设计为主基础之上，强调学生综合素质的培养与知识构架的完整性，希望培养出能够适应世界的快速变化，并能对新需求，新趋势做出回应的学生。这些建筑院校的目标是培养学生成为兼具设计、研究和管理等多种知识与技能的建筑从业者。

日本东京大学则是提出了"T＋型"人才培养模式（图1），即具备专建筑学专业能力的基础上，通过合作研究、调查及研讨会、增加专业间的横向理解力，进而在交换留学、海外在地支援项目、国际实践派遣、国际研究派遣和青年海外巡讲等项目中增强人才的实践能力。[3]

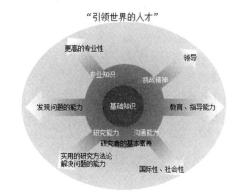

图1 "领导世界的人才"东大工学部博士培养愿景
（图片来源：《日本东京大学工学部建筑学发展与博士教育概述》张光玮 作者改绘）

第一学年	
第一学期	第二学期
代尔夫特建筑设计讲座（3ECTS） 代尔夫特建筑历史讲座（3ECTS） 代尔夫特建筑技术研讨会（6ECTS）	代尔夫特对建筑可持续性的讲座（3ECTS） 论文建筑史或理论（6ECTS）
进入设计工作室（12ECTS） 工作室相关课程（6ECTS）	选修课（21ECTS），包括一个被认可的MSC 2建筑设计项目，价值（12ECTS）
第二学年	
第三学期	第四学期
研究方法系列讲座（6ECTS）	
工作室相关课程（9ECTS）	毕业设计工作室（30ECTS）
毕业设计工作室（15ECTS）	

图2 荷兰代尔夫特大学建筑学研究生课程体系

		第二学年基础课	第三学年基础课	第四学年基础课	
第一学期	第二学期	第三学期	第四学期	第五学期	第六学期
建筑结构解析一 建筑概论 数学及力学演习B	建筑弹性学 建筑结构解析一 建筑概论	建筑设计绘图二	建筑设计绘图三	建筑设备二 焊接工程 环境计划演习 钢筋混凝土结构演习	毕业论文 及毕业设计
环境工程概论 建筑材料学概论	负荷外力论一 环境工程概论	负荷外力论 建筑弹性学 建筑结构分析二	建筑计划三 建筑空气环境、 水环境 环境、设备演习	钢结构 钢筋混凝土结构 建筑设备一 建筑设计绘图四	
城市建筑史概论 造型一 数学2A 建筑结构计划概论	城市建筑史概论 造型二 数学2A	建筑户环境 日本建筑史 数学2 建筑材料演习	西洋建筑史 统计分析 建筑材料计划 数组方法Ⅲ 建筑结构演习	日本佳安建筑史 职业指导 近代城市建筑史 建筑抗震结构 钢结构演习	
建筑物环境 建筑综合演习	建筑弹性学 建筑物环境 建筑综合演习	建筑光环境、视环境 建筑计划二 建筑设计绘图二 建筑伦理	建筑结构计算力学 建筑物环境 建筑设计绘图三	建筑基础结构 建筑防火工程 建筑设计绘图四 建筑法规	
建筑设计基础一 建筑设绘图一	建筑设计基础二	建筑标法计划 建筑材料科学 建筑基础一	建筑级住学 建筑施工 数学3 改型基础第二	建筑装饰 建筑环境讨论 建筑结构讨论	

图3 东京大学建筑学本科课程体系

欧美国家的课程体系设计较为开放式与多元化，荷　　　　兰代尔夫特大学建筑学研究生课程体系（图2）与日本

263

东京大学建筑学本科课程体系（图3）就充分表现了这一点。

荷兰代尔夫特大学建筑学研究生学位需要2年时间的攻读，第一年攻读核心课程并进入工作室学习，后一年则全在工作室学习并准备毕业设计。在代尔夫特大学建筑学院有30多个不同的工作室供学生选择，学生在MSc1、MSc2和MSc3的时间里可以自由选择不同的工作室，当然也可从一而终。这些工作室的研究方向与侧重点各不相同，这使学生有机会选择与自身能力、兴趣相匹配的项目，有利于学生的独立思考与学术态度的养成。而在这些工作室中，师生关系也发生了改变。每个工作室从概念到具体，从技术到理论，从建筑到城市尺度的侧重点都各不相同。而在这些工作室中，师生关系也发生了改变。设计教师主持工作室运作，负责学生的设计与研究。而设计进行到一定程度后，会有技术老师参与，在技术层面进行指导。这是一种研究与设计同时进行的教学模式。[4]

如图3以日本东京大学建筑系为例，本科教育为4年，第一学年为通识，第二学年开始接受专业课培养。在第四年开始分研究方向，进入不同领域教授的研究室，既要完成毕业设计也要撰写毕业论文。

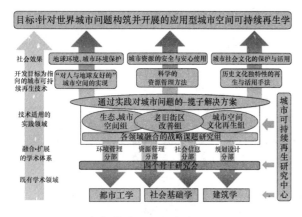

图4 "都市持续再生研究中心组织框架"
（图片来源：《日本东京大学工学部建筑学
发展与博士教育概述》张光玮 作者改绘）

东京大学工学部的COE项目也值得一提，这是其多学科、多研究领域融合教学的重要体现。东京大学工学部的都市工学、建筑学等三个专业组成一个名为都市持续再生研究中心的机构，研究主题是探索城市空间的持续再生问题（图4）。在这个机构中，囊括了三个专业的大部分教授与研究人员，并有大量学生参与其中。这样的一个由三个学科参与其中，从多领域出发，多学科统筹，多手段教学的模式，主要强调的是突破学科界限，把相互关联的问题综合考虑，从实践中教学，将研究与设计结合。

4 多元化开放式的国际建筑设计工作坊

AILCD工作坊立足于工业城市向环境都市成功转型的背景下，对低碳城市未来的持续发展问题进行思考。在为期2～3周的比赛中，要求学生对该区域进行合理的规划设计和更新，分小组的形式对竞赛的区域进行调研，自主选取不同规模的场地实施设计。竞赛的要求设计必须满足：数字城市，全面可持续理念，可再生能源系统的应用，绿色空间设计，可持续交通系统，与周边城市地区的连接。

图5 工作坊教学中的跨学科交流互动

工作坊架构：体制成熟，组织合理有序。AILCD工作坊依托于北九州市立大学的基础上，与亚洲欧洲等高校展开建筑交流与合作，在日本樱花科技计划的支撑下，经费充足，并与日本知名企业合作，能够保证交流项目的多元性及正常运行。通过对项目的参观与体验，拓展学生的实践性。

工作坊流程：任务背景介绍——组员介绍——相关企业机构考察——项目基地调研——分析及概念提出——中期发表——最终发表——比赛结果评比。针对设计方案的评比，专家打分占比80%，学生投票占比20%，对最终的设计成果进行点评和建议。

图6 工作坊成果展示

国际化多元化的背景。针对不同国家和专业的学生进行合理的分组，每个小组都由来自不同专业背景和国家的成员组成，在参与项目的过程中，进行多学科跨领域的交流互动。项目中期邀请日本优秀的建筑设计师进行案例解读和指导，对最新的设计技术和成果进行分享。激发了学生的设计过程中的沟通能力和团队协作能力，提高了学生设计的积极性和拓展性，而且多领域，多学科，多层次的学习方式也加深了参与者对该地区传统文化和低碳理念的理解。

5　本土建筑教育教学模式探索

在总结欧美等世界一流建筑学科的多元化与开放式教学体系过程中，我国的建筑学科教育在以下几个方面可以做出思考。

（1）引入工作室模式。我国的本科和研究生培养中，教学模式主要以课堂讲课教学为主。这种以一对众的方式在一定程度上抑制了学生的个性化发展。而工作室模式的引入则能较好的改变师生之间的教学模式，从而达到教学以学生为主体，促进学生个性化发展。

（2）多领域出发，多学科融合。我国的建筑学教育模式中，还是以单学科教学为主。这种教学模式下培养出的学生会遇到精通单学科而对周边学科束手无策的困境，因此学习多元化多学科多领域教学尤为重要。

（3）研究与设计相结合。在我国的建筑学教育中，往往将技术课与设计课分别开课，这就导致了学生在设计实践中对于技术研究的障碍，而荷兰代尔夫特大学建筑学将技术研究与设计实践相结合于工作室的模式能较好的解决这一问题。

（4）增强理论和实践的结合。在欧美等国短短的三四年的本科教育中，工作坊、工作室、多样的学术讲座和论文课程等教学方式非常多样。实践性和针对性很强，而且对理论要求很高，课业非常集中，而且目的鲜明。

在国内外专业教育发展日益多元化的整体趋势下，根据市场发展需要和时代特征，将教学模式改革作为突破口，推进专业实践教学环节的发展，促进多样化师资队伍建设，最终我国建筑学专业教育必将日益成为我国国际水准人才培养的新窗口。

参考文献

[1]　刘景琳，帅词俊，陈燕东. "开放式"课堂教学体系初探 [J]. 读写算：教师版，2015（6）：5-6.

[2]　王毅，王辉. 国际院校建筑学教育研究初探——以剑桥、哈佛、麻省理工、罗马大学为例 [J]. 世界建筑，2012，02：114-117.

[3]　张光玮. 日本东京大学工学部建筑学发展与博士教育概述 [J]. 中国建筑教育，2014（1）.

[4]　褚冬竹. 多元·介入——荷兰代尔夫特理工大学的建筑教育 [J]. 西部人居环境学刊，2012（4）：3-7.

王墨泽　李昊　任中琦

西安建筑科技大学建筑学院；mozewang1871@126.com

Wang Moze　Li Hao　Ren Zhongqi

College of Architecture，Xi'an University of Architecture & Technology

文化观念的冲突与融合——记中意城市设计联合工作坊教学

Conflict and Convergence of Cultural Concept Sino-Italian Urban Design Joint Workshop

摘　要： 自2015年，西安建筑科技大学建筑学院与意大利米兰理工大学建筑学院展开了研究生双学位（Double-Master-Degree）的项目，双方学生在为期一个月的工作坊期间针对西安的明城区地段进行更新设计，并从中甄选双方学生参与双学位项目。笔者经过一年多和中意学生双方的教学交流互动，深入了解双方学生在面对自下而上城市更新的不同想法，这种差异和文化，学校的教学，学生的思考有着紧密联系，意方学生的空间塑性能力以及中国学生对历史的探究相结合，为城市更新的设计方法及联合教学带来了有益的借鉴和启示。

关键词： 城市更新；联合教学；自下而上；文化差异

Abstract： Since 2015，College of Architecture of Xi'an University of Architecture & Technology (XAUAT) and College of Architecture of Politecnico di Milano have come up with the DMD (Double-Master-Degree) program for the graduate students majoring in architecture. Both sides of students will attend a workshop based in Xi'an Ming City area for the regeneration of the selected district for a month. The DMD candidates will be chosen from the workshop. The author has been served both the tutor and instructor for both side students a year which means he has a deep understanding of the difference of the methods that the students treated the selected regeneration area. The difference arouse from culture，the teaching method and the way of students' design thinking. It is highly meaningful that the combination of Polimi students' space design ability and Xauat students' understanding of the history that endeavours to inspire a new method of Urban Renewal and Joint-Teaching program.

Keywords： Urban Renewal；Joint-Workshop；Bottom-Up；Difference of Culture

1　工作坊课程介绍

西安建筑科技大学建筑学院与意大利米兰理工建筑学院双方学生在一个月内针对西安及其周边进行城市设计，选题多针对当下西安面临的城市问题，2016年经过双方前期讨论，决定选择小雁塔片区和东南城角片区进行城市设计，其中小雁塔偏重于遗址保护类城市设计

而东南城角偏重于日常更新类城市设计。

意方教授研究方向侧重遗址保护，建筑更新。我方工作坊教授既有遗址保护方向也有城市设计及建筑设计方向，教授的专业方向也为工作坊的选题和专业性提供了有力支持。

整个工作坊从三方面提出了教学要求：第一，要求学生将西安及周边和设计题目相关的历史文化及空间的

演替进行调研整理并对基地进行详尽地研究分析；第二，要求根据基地相应的问题和挑战，提出城市设计策略；第三，在前两项完成的基础上，选择基地中较复杂且重要的建筑或场地进行更新设计。

本工作坊由意方两名教授，中方学校五名教授，五名助教以及美方教授一名组成，学生参加2016年中意工作坊的有学生共有41名，其中西安建筑科技大学18名，米兰理工大23名。双方学组合分为7个小组，每小组2～3名学生，每周三次讲座，三次讨论汇报，平常也可以私下和老师约定时间探讨。

图1　2016工作营海报

2　小雁塔及周边片区城市设计

2.1　设计题解

小雁塔是西安城内仅存的唐代遗迹之一，唐时属安仁坊内荐福寺内塔，历经一千三百多年历史，其中"雁塔晨钟"则是"关中八景"之一。而随着城市化进程的展开，小雁塔周边建筑质量老化、居住及环境恶化、公共服务设施缺失，使得区域发展和城市相脱节。如何使得历史片区能够跟进现代发展，但同时也要"历史可读"成了本次设计的关键。

除了小雁塔本身，其所在的安仁坊及周边也应在保护及展示的范围内。西安因明清城墙而闻名，但是其所在唐长安中坊墙也是非常重要的部分，在此设计中也应予以考虑。

而设计之初，最重要的工作则是有针对性地进行历史研究、社会研究、文化研究以及空间研究，如何"在历史空间中行走"是在西安进行设计的首要步骤。

2.2　设计研究

2.2.1　西安历史研究

西安历史研究部分通过教授的讲座使得学生对西安的历史发展，尤其是城建史有了清晰的认知，鉴于意方学生对西安历史需要更多的消化时间，我方和意方教授商量在意方学生赴西安之前阅读英文版《现代世界中的古老城市：西安——城市形态的演1949～2000》，该书将西安历史地理、规划发展、历史遗迹详细分类整理。笔者在伊利诺伊大学香槟分校就读城市设计时，在芝加哥的城市设Studio开课前老师也是会要求进行针对性的阅读，因为城市设计较之于建筑设计，其涉及面较广，有政治经济文化诸多方面，需要时间理解消化。而在后期的设计中，意方学生和中方学生针对设计问题有着较深入的思考也印证前期准备的必要。

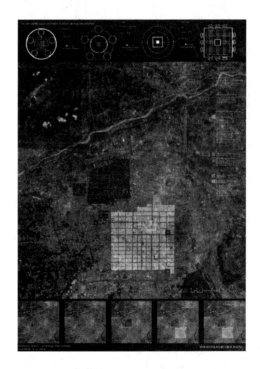

图2　针对西安及周边建城的遗址分布研究

2.2.2　隋唐长安城市研究

鉴于小雁塔为唐代兴建，隋唐长安的城市格局也一样是研究的重要部分，尤其是隋唐长安城的"里坊制"，是研究小雁塔所在坊之演变进程的关键，而同时期有相类似"里坊制"的城市比如洛阳、平城京，其规模不及长安城，但基本的布局几乎一致，城市的系统也几乎一致。除了同时代的城市对比研究，长安的历史叠合研究也至关重要，尤其是汉、隋、唐、明、清以及当代相互的历史叠合，而不只是单一视角看待场地从而进行设计。

2.2.3 唐长安寺院及荐福寺（小雁塔）研究

小雁塔所处的荐福寺属于唐代典型寺院，同时期的还有同在长安的西明寺、江苏永宁寺、日本飞鸟寺遗迹韩国黄龙寺。这些寺院的规模不尽相同，但形制上都属于合院，并且各房之间和院之间的关系较为一致，佛塔和院的联系紧密。

针对荐福寺的研究，则更侧重其格局的不断演变过程，尤其是明清之后到现代，小雁塔功能不断更迭，而院墙和周边的路网的改变也使得荐福寺（小雁塔）在不断改变。

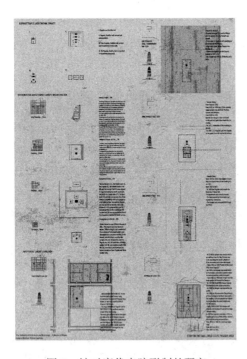

图 3　针对唐代寺院形制的研究

2.3　设计表达

2.3.1　剖面入手

较之于中方学生多从平面入手设计，意方学生非常重视剖面设计，除了博物馆设计，意方学生将重点放在荐福寺坊墙的设计中，不是一味复原坊墙，而是沿用在场保护设计理念，使得新的坊墙和旧的坊墙发生联系，使得新的坊墙和寺院发生联系，以及和公园发生联系，

结合这三点，"新坊墙"的设计使得人在墙中行，旧墙在人不断行进高低左右的不同视点中而被展示呈现，而坊墙内外人与人、人与寺、人与塔之间也发生了非常微妙的联系，在笔者辅导该组学生的过程中，每次和意方学生商讨方案都能碰见很动人的剖面设计，而在一次次的改进中，剖面设计的目标越来越明晰，到最后关于剖面的草图有十几张之多，也可以想象到最终设计是不断磨练出来的结果。

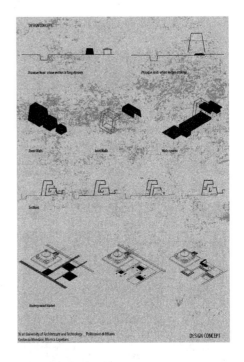

图 4　剖面设计

2.3.2　模型跟进

在剖面进行之前，全组学生将场地建 1∶500 的体量模型，从而对整体基地有了全面认知，而每一组都根据自己城市设计的节点部分重新建立模型进行推敲，过程模型则是用较为简单地纸模型或者 pvc 模型制作，可更改的幅度很大，所有模型根据平面抑或剖面不断调整改进，但每一个阶段模型均有保留，在最终答辩汇报时展示。

2.3.3　成果展示

在成果的表达中，研究部分占了较大比例，设计部分并不采用传统的平立剖进行展示，而是依然根据设计概念呈现关键的设计部分，笔者辅导的组以剖面和平面的展示为主，但均未考虑结构，这点如果时间再充分也应当有所考量，效果图等也并未花费大量时间制作，而通过剖透及轴测的方式充分展示了方案本身。

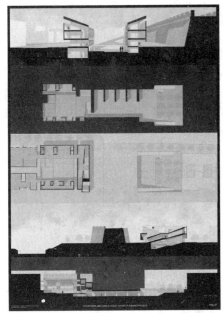

图 5　最终成果展示

3　东南城角城市设计

3.1　设计题解

　　西安明城墙是中国现存最完整的古城墙之一，周长13.74km，所围合的区域即是明城区以南部较为繁盛，明清为汉族官僚士绅的聚集地。

　　地段选址位于西安明城墙内东南城角，占地11.46hm²。以前政府大院的内提供给商贩的廉租平房为主，而主要居住人群也以商贩为主，整个地块存在有早市、建国市场、已废弃的华强机械厂等公共区域，但是整体空间生活环境差，居民的文化活动缺失严重。无论从居民的居住空间还是公共活动空间的品质都亟需改善。针对这样的城市空间，探讨其更新优化的可能性尤其必要。场地上残存了很强的20世纪大院生活痕迹，时至今日居民都还以几号院来称呼各个小区，在这种生活方式的影响下，在公共场合的人们仍旧好客而友好，而来这里的人们也彼此愉快的交往。虽然生活氛围较好但也明显存在一定问题，比如经济、空间、生活仍有显著问题需要解决。

3.2　设计研究

3.2.1　明城研究

　　因为设计场地和明城的关系较紧密，所以一开始研究方向定于明城部分，遗址的选取也于明城内，而未扩至周边遗址部分，旨在短时间内能对明城有足够的理解认知，在工作坊的讲座中，中方教授也侧重对明城的演变进行清晰的讲解。

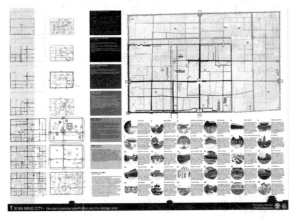

图 6　明城前期研究

3.2.2　顺城巷及建筑形态研究

　　鉴于城市设计部分在东南城角，顺城巷及其建筑形态是调研的重要组成部分，而明城顺城巷因各自区位不同形成了多样的物质空间形态，需要横向对比，同时因场地在城角，建筑的形态也因内城和外城而不同，也需要分析，而类型学的方法能够较为清晰地呈现建筑相互之间的关系，这部分的研究也是本课题的关键，在后期呈现上非常明确。

3.2.3　东南城角现状研究

　　在现状研究上，鉴于意方学生大多数是首次深入调查中国单位大院居民区，在前期由中方教授针对单位大院内容开展了讲座，并对现状问题整体做以总结，而在一些具体问题上则是通过学生的亲自调查而得出。

　　在实地调研中，中方学生因语言能够更深入地辅助意方学生进行研究和诠释，而其中东西方文化制度不同而使得中意双方学生发现不同的问题，而即便是相同问题也会因不同观点而产生不同的解决策略，这也是在实际设计中文化不断交融碰撞的结果。

3.3　设计表达

3.3.1　类型学分析

　　类型学尤其是城市建筑学是米兰理工阿尔多·罗西等的主要探讨对象，而教授乃至学生更是以类型学分析作为设计前期研究的主要内容，在整体表达上会进行清晰的分类，也为后期设计提供支持帮助。

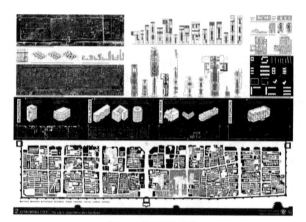

图7 类型学分析

3.3.2 自上而下

经过前期讲座针对现存大院问题的具体分析以及实地调研，学生将以在地居民的视角审视基地所存在的问题，而不是只看着平面图用建筑学"精英"的视角解决问题。并且会根据实际情况分布进行问题梳理解决。

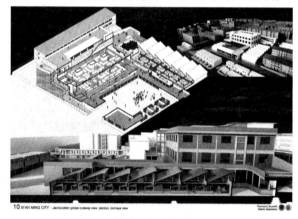

图8 成果展示

4 结语

在工作坊整体的合作上，中意双方学生都能汲取相互的优点，在交流中听取对方的意见，尽管场地在中国西安，但是对许多中国学生来讲也是第一次介入城市设计层面，所以也有很多经验不足的地方，双方教授在每一次讲座后都会及时交换意见，给学生更充分的指导，在最后的成果汇报上也得到了一致好评，也为今后的城市设计课题教学提供了良好的依据。

参考文献

[1] BrunoFayolleLussac，HaraldHφyem，Pierre Clément. 现代世界中的古老城市——西安：城市形态的演变，1949～2000 [M]. Éditions Recherches，2007.

[2] 卡莫纳. 城市设计的维度：公共场所——城市空间 [M]. 南京：江苏科学技术出版社，2005.

[3] 史念海. 西安历史地图集 [M]. 西安地图出版社，1996.

[4] 朱文一，孙昊德."城市翻修"教学系列报告（24）：北京城墙记忆 [J]. 世界建筑；2014.11；100-103.

毕昕　陈伟莹

郑州大学建筑学院；87532562@qq.com

Bi Xin　Chen Weiying

School of Architecture Zhengzhou University

手工形态构成训练在独联体高校建筑教育中的建立、传承与发展
——以莫斯科建筑学院与白俄罗斯国立技术大学为例

Establishment, Inheritance and Development of Manual form Composition Training in Architecture Education of the University of the CIS
——the Examples of Moscow Architectural Institute and Belarusian National Technical University

摘　要：俄国手工形态构成课程自20世纪二十年代建立以来至今仍是独联体国家各主流建筑学专业中的主要基础课程，本文系统梳理俄国手工形态构成课程的建立、传承与发展过程，以莫斯科建筑学院和白俄罗斯国立技术大学为例介绍该课程在独联体国家建筑学专业教育中的传承与更新情况，为我国建筑学基础教育提供启示。

关键词：手工操作；形态构成；课程体系；传承与发展；借鉴

Abstract：The manual form composition of Russian, since its establishment in 1920s, is still the major basic courses of mainstream architecture major in CIS. This paper systematically analyses the process of the establishment, inheritance and development of the course, and introduces its inheritance and updating in the architecture education of CIS by the cases of Moscow architectural institute and Belarusian national technical university, which can provide inspiration for the basic education of architecture in China.

Keywords：Manual operation; Form Composition; Curriculum System; Inheritance and Development; Reference

独联体各国建筑学专业在苏联解体后广泛吸纳世界各地建筑学教育经验，大力度进行课程改革，但其独具特的"手工形态构成训练"却被各主流建筑学院系保留至今，在建筑学基础教学中作为独立课程为培养学生的造型、构图、空间想象和手工操作能力发挥重要作用。

1　俄国手工形态构成训练课程体系的建立与发展

20世纪初期构成主义运动在俄国兴起。1920年，高等艺术与技术工作室（ВХУТЕМАС，音译为"呼捷玛斯"，）在这场现代主义运动中成立，他作为全俄第一所现代建筑实践与教育团体，历经了"高等艺术与技术

工作室（ВХУТЕМАС，1920～1926年）时期"和"高等艺术与技术学院（ВХУТЕИН，1926～1933年）时期"发展为现在的"莫斯科建筑学院（МархИ，1933年至今）"。手工形态构成训练自呼捷玛斯成立初期确立，跨越三个时期，经过"探索、发展和完善"三个阶段逐步得以完善。

1.1 探索阶段

成立初期该课程包括三部分：平立面构成、立体形态构成和空间形态构成[1]。最初主要训练学员对各类形态的抽象与表达能力。课程任务对成果模型的材料和比例无明确要求，导致课程成果差异较大，无法建立起公允的评价体系，指导教师根据经验和主观判断进行评价，难以给学员提出有效地反馈和改进意见。

1.2 发展阶段

随着政府加大对高等教育的投入和支持，高等艺术与技术学院的教育工作者对手工形态构成课程进行针对性调整。具体内容包括：

1）课程内容：按专题对课程进行阶段分解，每阶段制定具体的训练内容和成果要求，成果按阶段提交。具体阶段内容如下[2]：

（1）平、立面形态构成训练阶段，包括：

· 层次训练，训练图底关系控制（图1）；

· 元素组合，训练二维元素组合方式；

· 抽象与表达，训练二维形态表达；

· 材料构成，了解基本材料属性，训练多种材料的组合，了解平、立面中的材料表达。

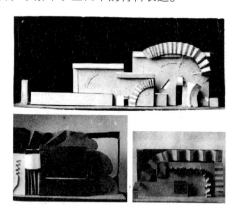

图1 "平、立面构成训练"作业展

（2）立体形态构成训练阶段，内容包括：

· 体量与质量表达，认识到形态与质量的视觉关系，掌握创造形体视觉体量的方法（图2）；

· 立体元素组合，学习立体元素组合原则，训练

组合方法。增加竖向形体组合训练，使学生对认识形态与高度的关系；

· 抽象与表达，训练三维形态表达。

图2 "立体构成训练：体量与质量表达"作业展

（3）空间形态构成训练阶段，内容包括：

· 空间形态抽象与表达，培养正确的空间观，了解空间与界面的关系（图3）；

· 空间元素组合训练，训练点、线、面、体构成元素在空间中的组合操作方法及空间与元素的尺度关系；

· 材料构成训练，理解各种材料属性在空间中的表达，体会空间中各元素的材料组织原则。

图3 "空间形态构成训练：抽象与表达"作业展

2）成果规范：每阶段作业成果对比例、材料进行明确要求。体量与质量表达阶段使用雕塑胶泥建模，其他阶段采用较好操作的卡纸建模。

3）评分方式：评分标准参照训练要求，采用作业展的形式进行开放式评分，老师对作业进行现场点评，学生与教师互相交流。

1.3 完善阶段

1）随着苏联建筑科学院与建筑理论、历史和建筑技术研究所成立，大批科研人员、建筑师及相关学者

也投入到建筑学的教学与实践中，莫斯科建筑学院根据苏联建筑科学院制定的建筑构图原则对课程体系进行进一步完善与细化，将谢玛金教授对"体量空间组合"的研究融入课程体系中，将原有"空间形态构成训练阶段"深化为"体量空间形态构成训练"，训练内容包括：

• 内部空间体量构成训练，创造建筑单体的内部空间，培养学生发现空间的能力，理解空间与建筑体量的关系和界面与空间体量的关系；

• 体量与外部无盖空间构成训练，了解建筑外部空间构成要素及元素组合关系，通过控制元素的体量与形状构建有组织的外部环境空间（图4）；

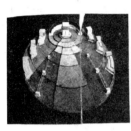

图4 《空间形态构成训练：体量与外部无盖空间构图》作业展

• 内部空间与外部体量构成训练，训练处理内部空间与外部环境元素协调关系的能力；

• 内部空间与外部无盖空间构成训练，培养学生处理内外部空间联系的能力，加深对内外部空间统一性的理解。

2）增加对色彩与材料的训练内容。在立体形态构成训练中通过加入石膏浇筑表面的方法使学生体会组合体量的完整与统一性。

3）将手工形态构成法融入建筑设计课程与建筑设计工程实践中。在形态构成基础上考虑建筑功能与结构因素，理论结合实践对建筑形态构成加以体会，树立正确的设计观和加强设计方法训练。如图6所示为1930年代通过手工形态构成进行的设计实例，分别为：火车站设计方案、氯化厂办公楼设计方案一、氯化厂办公楼设计方案二、莫斯科苏维埃宫竞标方案、热电厂方案、莫斯科哈莫夫齐思科区住宅区规划设计方案（图5）。

至此以呼捷玛斯为基础，莫斯科建筑学院为主要发展阶段，基于现代构成主义思潮的手工形态构成训练课程体系基本建立完成，并推广至整个苏联各加盟共和国的建筑学专业院校中，并结合各院校特点形成具有地域特色的手工形态构成课程体系。

图5 通过手工形态构成法进行的项目设计实践

2 当代独联体国家手工形态构成训练课程体系的传承

2.1 莫斯科建筑学院

当代莫斯科建筑学院手工形态构成课程逐步与建筑构图学理论结合演化为包括系列讲座与手工实践相结合的"建筑空间—形体构图课程体系"该课程体系[3]，包括三部分内容：

第一部分：形态构成要素练习。了解点、线、面、体的元素属性，训练构图元素在二维及三维空间中的组织方法。

第二部分：建筑模型操作。制作较大尺度地形和环境条件下的建筑实体模型，练习建筑空间的三维表达。该阶段培养学生对建筑形态整体与局部关系的把握。

第三部分：构图手法专项训练。要求学生在建筑模型制作中特别运用韵律、节奏、对比、对称等构图方法。

2.2 白俄罗斯国立技术大学

构成主义的代表人物李希斯基在1930年代将呼捷玛斯的教育模式和课程体系带入白俄罗斯地区建筑学高等建筑教育中，并在其基础上特点加以改革[4]。

白俄罗斯国立技术大学建筑系的"建筑构图学"课程开设在第三和第四学期，分理论讲授（讲座）与实践操作（手工模型制作）两部分，两部分内容课程穿插进行。理论部分教授建筑构图原理及建筑形态构成学发展史；实践操作课程在小班分组进行，每班两位老师，共同辅导不超过30名学生。实践部分按类型分为三项专题：二维平立面构图设计、三维立体形态构图设计和三维空间形态构图设计。手工实践材料采用纯白色卡纸，操作过程同时体会形体与界面的关系，形态与光影的关系（图6）。

图6 "手工形态构成训练：平、立面、立体与空间"作业展示

专业同时开设色彩学与材料学两门课程，两门课都分理论与实践课两部分。色彩学实践部分的最后一个作业是对构图实践课程中的立体形态模型进行上色，并进行配色原理分析。材料学的实践课程则是让学生进行水泥搅拌浇筑、木材加工、砖（砌块）砌筑等材料手工操作，加深对材料的属性理解。这两门课程与建筑构图学共同"建筑形态构成课程体系"。

3 对我国的启示

1）随着高校校际间的交流日益频繁，尤其是国际交流的增加，我国各院校建筑学专业基础课程体系广泛借鉴国内外经验进行改革，但每次教学内容的每次调整都伴随教师和学生需要较长周期的适应和熟悉，且基础课程的调整导致整体教学体系的变动，因此无法形成稳定而持续的发展态势。

我国各院校师资结构、生源情况与质量差别巨大，各地用人市场对人才需求也不同。因此，在进行基础课程设置时除借鉴外部经验外还应着眼于自身特点，逐步摸索出符合自身特色与需求的基础课程体系。有条件的院校（办学历史较长、底蕴深厚的建筑学专业）更应秉承自身教学传统，在时代进程中逐步融合国内外经验，加以完善和发展。

2）我国当代高校建筑类专业基础教育中，大多开设有形态构成系列课程。"三大构成训练（平面、立体与色彩）"也是大部分院校建筑学基础训练中的重要环节。但进入20世纪90年代末，受多元的教育思想影响，部分学校建筑学专业开始直接从入学初始直接进入建筑初步设计环节，将设计技法融入设计教学中，以具体设计带动各类技能训练，在此背景下，建筑形态构成训练由专门课程逐步转变为技法练习，甚至被取消，此类建筑初步教学方式有助于学生尽快树立正确的建筑观，培养建筑思维能力，尽快认识建筑并进入建筑学习状态，但基本构型能力有

限、空间想象力不足、手工操作能力较差的弊端却逐步在高年级复杂的设计题目中显现[5]。莫斯科建筑学院与白俄罗斯国立技术大学将手工形态构成训练融入现有建筑学专业基础教学中的基础教学经验，为我们带来启示。

4 结语

建筑学对综合能力要求极高，既要求学生具有深厚的建筑学知识、良好的审美和绘画技法，又要求学生具备灵活的动手能力。手工操作模型能帮助学生更轻易的理解三维形体与空间中的元素关系，树立正确的尺度与比例概念。同时手工模型能更轻易的通过各个角度进行观察，可从不同视角对空间进行理解和解读。因此建筑学专业有必要开设手工操作课程。

建筑学专业课程的传承有利于形成持续、成熟的课程体系，保障专业发展的延续性。传承不意味着一成不变，莫斯科建筑学院和白俄罗斯国立技术大学的传统课程体系传承发展为我国建筑学专业课程建设做出示范。

参考文献

［1］ Рудольф, Паранюшкин. Композиция：теория и практика изобразиительного искуства［M］. Ростов-на-Дону：Феникс，2005.

［2］ Л. И. Иванова-Веэн. От ВХУТЕМАСа к МАРХИ［M］. Москва：A-Fond Publishers，2005. 89-97.

［3］ В·А·普利什肯，韩林飞. 莫斯科建筑学院模型教学［J］. 世界建筑导报，1998（03）：36-39.

［4］ Ю. Н. Кишик. Архитектурная композиция［M］. Минск：Высшая школа，2010.

［5］ 施瑛，潘莹，王璐. 建筑设计基础课程中形态构成系列的教学研究与实践［J］. 华中建筑，2009（10）：169-171.

常江　陈惠芳

中国矿业大学建筑与设计学院；hfzlk@126.com

Chang Jiang　Chen Huifang

China University of mining technology　School of Architecture and Design

新型城镇化背景下建筑教育的境外交流教学探讨
The Analysis of International Communication Teaching on Architectural Education in the Context of China's New-Type Urbanization

摘　要：针对国家新型城镇化规划中所提有关城乡环境发展现状及指导思想，反思以往建筑教育中对相关社会问题关注的滞后和缺位现象，我校近年来积极拓宽国际化视野，加强了境外交流教学合作，拓展多样化的联合教学模式。同时，我校注重特色建设，立足鲜明的地域和行业特色，形成新的教学选题方向，以积极响应国家新型城镇化规划对"文化传承、生态文明"的要求。

关键词：新型城镇化；建筑教育；境外交流；特色建设

Abstract：In connection with the current situation and the guiding ideology of the development of urban and rural environment proposed in China's new-type urbanization plan, through rethinking profoundly the lagging-absence-phenomenon of related social problems in architectural education, in recent years, our school has been actively broadening its international vision, strengthening international communication and teaching cooperation, and expanding its diversified teaching mode. At the same time, our school pays attention to characteristics construction, based on distinct region and industry characteristics, and form new teaching subject direction, with a positive response to China's new-type urbanization plan for the requirements of the "cultural inheritance, ecological civilization".

Keywords：New-Type Urbanization；Architectural Education；International Communication；Characteristic Construction

1　前言

1.1　国家新型城镇化背景

2014 年，国务院印发了《国家新型城镇化规划(2014～2020 年)》，是今后一个时期指导全国城镇化健康发展的宏观性、战略性、基础性规划。《规划》指出：在城镇化快速发展过程中，存在一些必须高度重视并着力解决的突出矛盾和问题。自然历史文化遗产保护不力，城乡建设缺乏特色。部分城市贪大求洋、照搬照抄，"建设性"破坏不断蔓延，城市的自然和文化个性被破坏。一些农村地区大拆大建，简单用城市元素与风格取代传统民居和田园风光，导致乡土特色和民俗文化流失。《规划》列举的问题针砭时弊、切中要害。《规划》也给出了指导思想，笔者梳理了一下，关键点如下：(1) 生态文明，绿色低碳。着力推进绿色、循环、低碳发展，推动形成绿色低碳的生产生活方式和城市建设运营模式。(2) 文化传承，彰显特色。根据不同地区的自然历史文化禀赋，体现区域差异性，提倡形态多样性，防止千城一面，发展有历史记忆、文化脉络、地域风貌、民族特点的美丽城镇。上述内容简单讲就是要求我们在设计层面必须立足文化传承、生态文明。

1.2 我校建筑教育变革

针对国家新型城镇化规划中所提有关城乡环境发展现状及指导思想，我们积极反思以往建筑教育中对相关社会问题关注的滞后和缺位现象，近年来我校积极拓宽国际化视野，提出建设国际联合培养基地的构想。直接吸收国外先进的教学理念和国际建筑学教学并轨，有意识地在教学计划中融入国际课程，打开对外合作教学与交流的窗口。通过改革和优化建筑学专业课程体系设置，加强了同国外院校的境外交流教学合作，拓展专题报告、集中授课、研讨会等多样化的联合教学模式。

同时，我校注重特色建设，坚持立足所处淮海经济区和全国煤炭工业城市等鲜明的地域和行业特色，积极跟进社会热点，拓宽研究领域，在矿区生态环境恢复、老工业城市复兴、村落规划与设计、漂浮城镇等方面形成新的教学选题方向。积极响应国家新型城镇化规划对"文化传承、生态文明"的要求。

下面分别从交流平台、教学模式和特色建设三个方面对我校在新型城镇化背景下的建筑教育境外交流教学进行介绍。

2 交流平台

经过不断探索和实践，我们发现，完善的国际联合教学必须以稳定的科研合作、拥有研究优势和实力的合作机构和外国专家以及从教师到学生的国际化视野和能力的培养。在近年来的联合教学的实践中，构建了坚实的国际科研合作平台和"送出去、引进来"的教学平台。

2.1 建设国际化建筑学合作科研平台

经过多年的努力，建筑学专业与一些国际学术团体和建筑院校有了长期稳定的合作和经常性的学术交流关系。如同德国波恩大学、柏林工业大学签署了长期合作协议，聘请波恩大学的奎特教授和柏林工业大学的霍本斯德教授为荣誉教授和客座教授。同德国莱茵建筑集团、莱布尼茨空间规划研究院、JSWD建筑事务所等机构签署了产学研合作基地。这些稳定的国际教学和科研合作对象为国际化的专业建设奠定了坚实的基础和合作平台（图1）。

在国际合作的科研平台上，完成了一系列国家和地方委托的国际合作科研项目：如教育部留学基金委"煤矿区工业废弃地复兴研究（1B090099）"、住房城乡建设部项目国际交流项目"徐州九里湖塌陷影响区生态修复

关键技术研究（2010-H-31）"、规划创新：矿区生态重建和可持续发展的关键（中德研究中心资助项目）和 Toward green cities: The values of urban biodiversity and ecosystem services in China and Germany（Agency for Nature Conservation）等。其中具有典型代表意义的是2008年完成的受徐州市政府和徐矿集团委托，完成的中德合作项目——"徐州矿区采煤塌陷地生态修复研究"。这个项目集合了德国波鸿应用技术大学、鲁尔集团、爱姆士水利委员会的专家们和中国矿业大学不同专业的专家的共同智慧，借鉴德国的先进经验，提出了切合徐州矿区塌陷地生态修复的关键性技术并编制了矿区生态修复的综合规划，研究成果在2009年德国举行的"机会——矿业废弃地的再开发"国际会议上发表，得到来自不同国家的与会代表们的认同和肯定。

图1

通过这些国际合作，充分吸收了国外学者和专家在矿业城市更新、生态城市建设、工业废弃地再利用等方面的先进经验，依托我校行业特色和学科优势，逐渐明确了以工矿城市研究为特色的建筑学专业发展方向，培养了有国际视野的学生。

2.2 建设国际化教学平台

2.2.1 产学研基地建设

我校与一些国际学术团体和建筑院校有了长期稳定的合作和经常性的学术交流关系。如同德国波恩大学、柏林工业大学签署了长期合作协议，同德国莱茵建筑集团、莱布尼茨空间规划研究院、JSWD建筑事务所等机构签署了产学研合作基地。2004年以来，建筑学学科共计聘请外教15人，其中建筑设计方向5人，城市规划（含风景园林）7人，建筑与工业文化遗产保护专家2人。

2.2.2 专业人员的交流互访

本着既要"引进来",也要"走出去"的指导思想,自 2005 年以来,基于国际合作平台,我校不断选派青年骨干教师出国开展联合教学、进修、科研合作。目前,本学科内具有一定国际学术交流背景的教师已经占41%。其中前往美国 3 人,英国诺丁汉 1 人,德国柏林工业大学 3 人,明斯特大学 1 人,埃森大学 2 人次、德累斯顿工业大学 6 人次。通过访问、进修和讲学等不同形式的交流,拓展了合作领域,提高了教师的学识水平。

2.2.3 组织举办学术会议

依托科研合作平台,展开不同层次的学术交流。自2005 年开始,连续举办了 3 届"城市与区域"国际研讨会,会议的主题涵盖了新农村规划与建设、振兴老工业基地和可持续的城市化发展等中国社会的热点问题。会议期间,国内外专家基于不同的立场,针对中国城市化进程中的现实问题和专业问题进行了深入的探讨。

自 2005 年以来,建筑系联合德累斯顿大学、瑞典皇家理工大学、德国莱布尼茨生态空间规划研究院等大学和科研机构,先后主办了 5 次围绕矿业城市转型和生态城市建设的国际研讨会,极大地扩大了我校在矿业城市建设和矿区改造及相关领域的影响力。2015 年,该研讨会"规划创新:矿区生态重建和可持续发展的关键"获得国家自然科学基金委下的中德中心以及德国科学基金委全额资助,来自国内外 20 多家著名大学和研究机构 32 位专家来校进行学术交流,进一步扩大了我校在本地域乃至国内相关领域的影响力。

2.2.4 联合课程设计

联合课程设计能最大程度的激发中外学生间的交流与互动。比如,2008 年,建筑系同德国柏林工业大学(TU)规划建筑环境学院联合完成了合作课程——夏桥工业广场更新规划。这次课程共有 19 名德国学生和 38名中国学生组成,学生中既有研究生,也有三年级和四年级的本科生,其专业背景涵盖了建筑学、景观设计和城市规划。首先是选题,课程设计的基地是一个待改造利用的废弃工业场地。双方教师在实地考察项目基地后,确定了课程设计的基本框架,学生根据自己的对基地的认识和兴趣,自由确定改造的方向,并组成小组,自行拟定任务书。其次是教学环节的控制,教师组织每星期进行 1～2 次评图,一次中期汇报,项目结束时,由各小组选派一名或两名同学用英文做正式汇报,每个同学都有展示自己的思想和成果的机会。在两周的教学时间内,学生完成了七组不同的规划和建筑设计方案,部分小组还制作了模型。此次教学的成果充分体现了不同文化背景、专业背景之间交流与碰撞的结果,通过这种专业方向、文化背景和年级组别的跨界,提高了学生的专业水平,丰富学生的知识面和培养了团队协作精神,达到交叉和整合的目的。2010 年,中德双方任课教师总结本次课程教学成果,合作出版了著作《走近"老矿"》。

3 教学模式

2004 年以来在国际交流和联合教学方面,从以前单纯的外教作报告的交流方式拓展为专题报告、系列报告、集中授课、研讨会等多样化的联合教学模式。每年均有一门由外教直接为本科生讲授的课程,每一届研究生都有一门课由外籍教师承担。形式多样的联合教学模式业已形成(图 2)。

图 2

3.1 被动式的听讲到主动式的参与

在联合教学中,我们尝试了对学生从"被动式"的听报告、讲座到"主动式"的参与课程选题和设计组织,与中外教师一同参与到"提出问题－设计学习－讨论答辩－图面表达"的教学程序中,充分调动了学生参与交流、主动获取知识的积极性,在思想和观念交流碰撞中感受不同文化背景的设计理念和方法。培养了学生的国际化视野和综合运用知识的能力。

3.2 Workshop 和 studio

Workshop 和 studio 这两种方式打破常规的班级和年级的限制,将本科生、研究生、不同国籍的学生组织在一起,组成学习团队,充分发挥学生的能动性,课程鼓励设计概念的奇思妙想,挖掘学生身上用常规式教学方式发挥不出来的潜力。

3.3 翻转课堂式的研讨会

在联合教学平台上还开展多种多样的学术研讨和学

术交流活动。每一位外教到来，都会举办外教同研究生及本专业教师之间的学术研讨会。学术研讨会由学生自己选择题目、自己组织，一反过去外教讲学生听的模式，而是由学生用英语作小型报告，外教提问和点评。在宽松和友好的氛围中，交流经验、交换思想，将外国专家学者带来的新观点、新方法、新思想，通过这种方式，传达给教师、学生。

3.4 自由快乐的学术沙龙

学术沙龙由学生自己组织，并邀请包括外教在内的教师参加，通过主题展览、讲座和演讲等形式，将老师和学生聚合在一起，在轻松友好的氛围中，给予学生直接面对教授、学者的机会，既可请教专业问题，也可探讨人生发展、文化差异、个人爱好等，给学生开阔视野、扩大知识面，提高自己专业的认识水平提供机会，也为外籍教师认识中国文化、了解中国学生提供良机。

4 特色建设

为积极响应国家新型城镇化规划对"文化传承、生态文明"的要求，近年来我校坚持立足所处淮海经济区和全国煤炭工业城市等鲜明的地域和行业特色，积极跟进社会热点，拓宽研究领域，形成新的教学选题方向，积极进行我校建筑教育的特色建设。

4.1 立足行业

我校坚持矿区更新、工业建筑遗产保护、既有建筑的改造等方向，将教学课题与科研课题相结合，强化特色，提升学科的整体水平，这些在近几年的本科设计作业选题中均有体现。

比如三年级每学年均有一至二个设计题目，选取权台煤矿作为设计对象——密切结合学校地处徐州的地域特色——煤矿资源城市及任课教师的相关研究方向：权台煤矿原为徐州矿务集团的主力矿井之一，位于徐州东郊贾汪区境内，始建于1958年，共生产原煤近6000万吨，为国家和江苏经济建设做出了积极贡献。2011年3月，省委省政府决定对权台矿实施关井歇业。三千多名职工下岗分流，矿区建筑多闲置。在原有煤矿资源枯竭，产业急需改造升级的背景下，从产业结构调整入手，通过对老矿区旧建筑进行更新，来引入新兴产业，增加就业机会，为日益衰败的矿区注入新的生命力，探询社会、产业、地区、建筑可持续发展之路。要求学生通过对社会环境、场地环境等综合调研分析，选择合理的产业并与对旧建筑的更新再利用相结合进行设计（图3废弃矿区老年社区活动中心设计）。

近几年的毕业设计基本上每年均有题目涉及矿区工业遗产保护与利用，图4工业建筑更新视角下汉王煤矿温泉主题度假村规划设计。

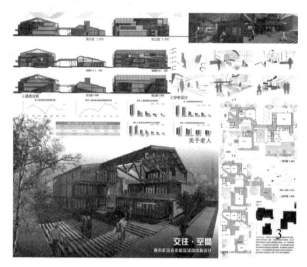

图3

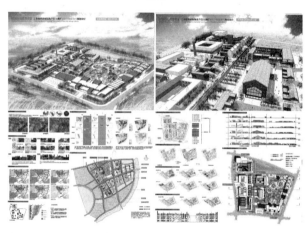

图4

4.2 跟进社会热点

我校拓宽研究领域，围绕矿区生态环境改善、土地复垦与利用、传统村落的保护与利用等新热点与课题整合团队资源进行攻关，提升平台建设，在相关领域形成了初步的影响力。

在近几年的毕业设计教学中，题目选取传统村落的保护与利用，培养学生服务乡村、传承文化的意识——图5基于保护视角下的宋家庄历史文化村保护与更新规划设计；以及采煤塌陷地利用，安置处于采煤沉陷区的村庄人口，培养学生生态文明的意识——图6西泖河沉陷区漂浮城镇规划与设计。相信经过这些题目的训练，可以在学生中建立"文化传承、生态文明"的观念，为我国未来城乡建设做好准备。

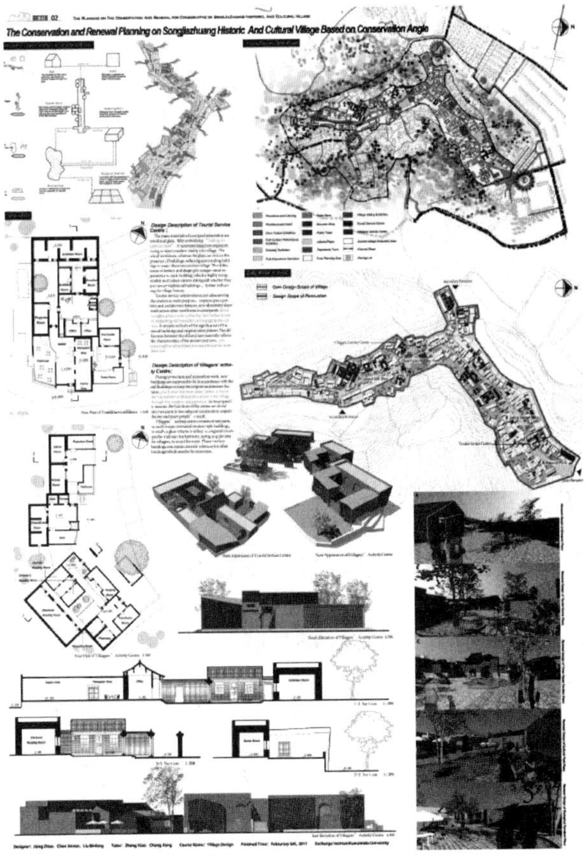

图 5

图 6

5　小结

当前我国社会面临巨大的挑战：工业化与现代化合二为一；城市化巨大的人口转移；工业化、城市化和新农村建设捆绑在一起；人口、土地与经济增长的结构偏差；节能减排的巨大压力，这些压力和挑战是建筑师和规划师必须直面的。前一段时期建设领域集中暴露出来的种种问题和矛盾从这部国家新型城镇化规划（2014～2020年）可以看出，已引起国家有关部门的高度重视。现在这种状况由于巨大的惯性依然在各地如火如荼的上演，一方面，是由于某些甲方意识没有到位；另一方面，建筑教育在关注社会相关层面的滞后和缺位是难辞其咎的。

近年来，我校利用"后发"优势，积极搭建境外交流平台，以期借鉴"先发"国家的经验教训，拓宽国际视野，提升我校科研与教学水平；同时，我校坚持立足地域和行业，积极挖掘自身特色，进行特色建设，形成我校特色鲜明的科研与教学选题方向。经过以上诸方面的一系列优化，我校的教学效果得到显著的提升，竞赛获奖覆盖到历年的全国高校建筑设计教案/作业观摩评选、中国建筑院校境外交流学生作业展、REVIT竞赛、中联杯竞赛、威海杯和江苏省创意大赛等多个赛事。

参考文献

［1］常江，邓元媛. 建筑与规划专业人才培养国际合作模式探索与实践［J］. 煤炭高等教育，2012（20）.

［2］陈惠芳. 城乡环境变化中的建筑教育.《中国建设教育》，2017（1）.

［3］陈惠芳，张一兵，张永伟. 动静相宜——信息社会背景下建筑学本科教学探析［J］. 中国建筑教育，2016（13）.

［4］国家新型城镇化规划（2014～2020年）. 中国政府网，2014.3.16

吴征[1]　高小倩[1]　苏民[2]

1. 福建工程学院建筑与城乡规划学院；cooltaste@163.com
2. 东海大学建筑系

Wu Zheng[1]　Gao Xiaoqian[1]　Su Min[2]
1. College of Architecture and Urban-rural Planning，Fujian University of Technology
2. Department of Architecture，TungHai University

"一带一路"视角下跨域整合的研究与设计
——2016 福建工程学院与中国台湾东海大学联合设计工作坊 *

The Research and Design on Cross Region Integration from the Perspective of "The Belt and Road"
——Design Workshop between Fujian University of Technology and Taiwan TungHai University

摘　要：本文记录了"亚洲宣言：借由海峡近观南方"工作坊的全过程。认为，在"一带一路"国家战略大背景下，针对海峡区域城镇间的互动研究愈发重要，可以为相关城镇的未来发展提供愿景。工作坊运用了创新的研究方法与操作机制，使各类研究能深入有趣，启发联想的同时又落脚具体设计。打开了学生的研究视野，强化了设计思维训练，是极好的教学之外的补充。

关键词：一带一路；台湾海峡；岵山；工作坊

Abstract：This paper records the workshop of "Asia declaration：Inspect the Southeast Asia through the Strait"．In the "The Belt and Road" national strategy background，the study of interaction between the cityarea of the strait is more and more important，can provide vision for the future development of cities. The workshop uses some Innovative research methods and operation mechanism，can make the research fun，inspiredimaginationand settled design. Opens the view of students，strengthen the design thinking training，alsocomplements the teaching.

Keywords：The Belt and Road；Taiwan Strait；Hu Shan；Workshop

缘起

　　"亚洲宣言：借由海峡近观南方"工作坊是由中国台湾东海大学提议，福建工程学院附议，以"海峡"为议题，希望联合东亚及东南亚沿海城镇的建筑院校，共同探讨海峡城镇的历史、文化及未来的社会、经济发展。首次合作以福建省泉州市永春县岵山镇华侨街为锚点，探讨闽南与东南亚华人移民城镇间的多样链接。并期望通过硬性及软性的建筑空间设计及文化营运操作，给当地重新注入功能与活力，实现在地文化的产业化。工作坊同时邀请了福州大学、武夷学院各5名共30名学生参与，交叉分组，于2016年11月14日至25日在福建工程学院建筑与城乡规划学院举办。

　　* 2017 年福建工程学院教育科学研究项目（GB-J-17-25），国际认证背影下建筑类专业境内外联合教学的研究及实践。

1 研究目标与方法

1.1 研究目标

福建作为国家"一带一路"战略中"海上丝绸之路"的起点，是历史及未来国家对外交流的重点区域之一。自明代郑和下西洋以来，福建的先民们不断开疆拓土，向南寻找生存与发展的空间，直至今日，已成为东南亚国家与地区最重要的一支社会力量[1]。

伴随人们迁居的是宗教、文化、民俗、生活方式等多样的社会及精神元素。在新时代，发现和整理这些元素，重新定义与论述、设计与行销，无疑成为国家战略发展与海峡城镇复兴一石二鸟的重要方法与手段（图1）。

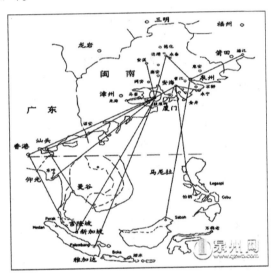

图1 闽南侨批主要邮路示意图

1.2 研究方法

采用文献研究、定性定量分析及设计研究为主。首先是社会经济资料的统计分析、人口分布与地理学信息的图表化、开放地理信息系统（如 Google 街道等）数据的量化等；其次，压缩与延伸历史时间，把众多基于区域空间、人文社会、经济变迁等历史资料进行地理学的叠加，用图示表达出来，以直观再现历史发展的真实面貌，启示未来区域发展的真实想象；最后，落脚华侨街及相关街道的现实环境开展针对性研究，建构城镇活化的具体软硬件设计。

1.3 研究成果

① 基于海峡城镇间政治、经济、宗教、移民及地理等五个议题的历史与地理数据的整合，形成初步的信息化数据库。②基于数据采集后的设计论述，主要包括大尺度地理图示、典型议题元素分析图及建筑空间环境模型等，供当地政府参考采用。③相关成果汇集成视频、报告书等资料存档，供后期教学活动使用。

2 过程描述

2.1 知识储备

课前开出书单，安排学生自学，并组织读书交流会，初步建立都市历史与地理学的基本专业素养。了解过去海峡城镇在移民史与航海史中的角色；发掘从中东、印度、日本往来交流间，海峡城镇的贸易空间及生活样貌；推断15世纪世界海权大国跨海殖民的工业时代与19世纪全球资本形式建构中，欧洲强势文化的冲击下海峡城镇的文化生态。

2.2 研究阶段

开展资料研究方法、城市议题分析、建筑形态案例分享等专题教学与辅导活动。每天三个时段密集工作，两次过程提案加终期评图历时两周。

各组研究核心是历史地图数据的叠加绘制。除了在图纸上张贴便签、制作草模等形式外，工作坊创新地在系馆的中庭地面贴图，开展生动有趣的移民生活"情景互动"模拟，加深了研究中的历史还原与生活感知，获得了出乎意料的效果。中庭也成为终期评图的当然场所（图2）。

2.3 设计阶段

设计以前期研究获得的基础数据与建筑"原型"（prototype）为起点，以地理区域模型为发想，通过设计小型建筑物及构筑物，并策划其空间发展与营运，作为触媒置入传统街区以激活其发展。设计要求考虑，在空间上连接华侨街与海外城镇，在时间上连接历史传统与现代发展。

设计充分利用互联网＋，所有过程运用 Google 云端的简报制作 App 及 Website 数据库，大家共享及互动操作，上传并累积数据。

2.4 发表阶段

工作坊的终期评图通过 Youtube 全球直播。为了这一刻，各组不但图纸、模型等设计成果一应俱全，连可能的答辩应对亦全力准备，阵势完全不输毕业设计答辩。由此可见，议题的新鲜与操作形式的丰富，能大大激发学生的学习热情；而规范、盛大的公开发表，仪式感带来压力的同时亦带来了充分的满足（图3）。

图2 中庭地图研究

图3 网络直播的终期评图

3 成果简述

3.1 地理组

17世纪，成熟的蔗糖制造技术随华人移民传播至东南亚后，荷兰殖民者依靠制糖工业与蔗糖贸易发展了港口城市。研究比较了台南安平、马尼拉、印尼巴达维亚与马六甲等四处制糖港口，发现具有相同的城市布局与工业街坊形态。通过对历史地图与文献的深度追溯，一种集半成品输入、存储、加工、销售及外贩功能于一体的传统建筑类型得以浮现，其具有快速转运及最小化资源损耗等各种优点。设计组结合这个原型，针对华侨街"前店后宅"的街屋改造，给出了独特的建筑空间设计方案（图4）。

3.2 移民组

该研究以外流的瓷器作为载体探讨了海外移民生活的变化及心理上的不适与压抑。"娘惹＋峇峇（东南亚土生华人昵称）在向景德镇购买用于佛事的瓷器时，生活中却用着德化产的阿拉伯大盘"[2]。这里，多元文化的冲击与交融被瓷器多彩的表面生动地演绎着。然而，在丰富的表面之下，是移民心理的不安、焦虑等各种负

面情绪，"无根"的压抑感需要排解。小组据此设计出一种可以任意安放在城镇街头的"解压"空间，以回应移民群体复杂多样的心理与生活状态（图4）。

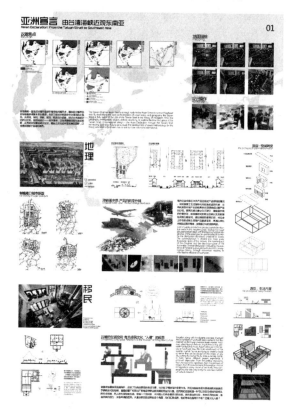

图4 最终成果一

3.3 政治组

以作为政治权力象征的牌楼为研究对象。牌楼由华侨带往国外，在华人聚居的核心区作为"内外"街道的边界，划分出了海外华人"家"的邻域和意向，是最中国化的标志之一。小组分析了东南亚各地牌楼的形式变迁与空间位置规律，设计了一座可移动并可"打开"及"设立"的构筑物，以呼应华人在快速变化的环境中，对"家"的安全感与意向性的需要（图5）。

3.4 经济组

流动商贩发源于中国，后传往东南亚城镇；而骑楼起源于印度，在东南亚确立形式，最后传到中国沿海侨乡。这两条起源不同的路线，在福建及东南亚产生了交集，在华人汇集区形成一种有趣的互动形态。本研究着眼于同一区域内摊贩车与骑楼的互动关系，从独立、接近、交互乃至重合关系，提出了基于二者和谐发展、互相促进的骑楼外界面改造及摊贩车形态设计的有趣方案，并安置于华侨街（图5）。

3.5 宗教组

研究了妈祖信仰在东南亚传播路径上的四处宫庙：湄洲祖庙、中国台湾大甲镇澜宫、新加坡天福宫与马来西亚兴安宫，发现基于妈祖信仰的宫庙朝拜仪式与绕境巡游活动都有其固定的"原型"，宫庙为空间原型，巡游为事件原型。同时发现，各地宫庙基于朝拜功能的不断演变而呈现出空间、形式上的多样适应；绕境仪式在与城镇街巷空间相适应的基础上，随着时代发展，队伍中亦增加有"车轿"等创新元素。根据研究得出的宗教空间、活动与当代社会的互动机制，小组对岵山一处破败的公庙空间提出了独特的修复设计方案（图5）。

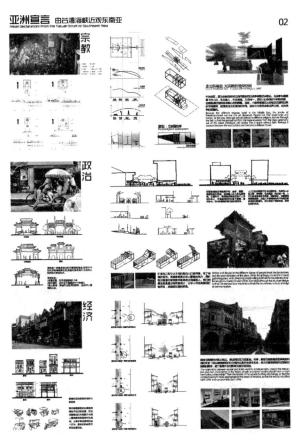

图5 最终成果二

4 活动意义

4.1 社会意义

从"一带一路"的视角重新审视大陆与东南亚的地理及历史渊源，通过工作坊的研究与设计，回顾历史的同时对未来南海峡圈城镇的发展可以做出更精准的预测。

本次工作坊及之后可能的空间策展或相关推广活动，希望能推动南海峡圈各国各地区各学术团体的区域合作、资源整合及共同发展。研究触及的生活空间、居住环境等普遍的民生议题，亦成为相关部门施政的有益参考。

4.2 学术意义

①图示化的历史、地理及社会研究，突破了传统上以文字论述为主的表达形式，阅读门槛降低，更利于研究成果的推广；②基于互联网＋数据库的研究成果，经长期累积后，将成为研究海峡问题、华侨史问题、经济交流问题、区域生态问题等"大数据"的有用部分；③工作坊创新的研究思路及方法，可以成为课程案例、研究方法案例等，供今后教学活动使用。

5 结语

跨领域、跨地域的教学及研究一直是学生创新能力培养的重要方式，对建筑学及相关设计学科的学生而言：①设计及表达能力的优势不应该仅限于实体空间的建构，而应该有更广阔的运用前景，如本次把数据进行图示化的运用等；②对工程的重视，无意中忽略了对人文及社会的观察与研究，建筑处理的虽然是建筑物等实体物质，但最终的目标都是为人服务，为社会服务，因此相关的研究实践十分重要；③面对陌生的领域，只要教学设计得当，学生可以发挥的潜力是无穷的，教学创新需要着力开发。本次跨域整合工作坊是对传统教学体系的突破尝试和有益补充。

参考文献

[1] 汤锦台 . 闽南海上帝国：闽南人与南海文明的兴起 [M]. 台北：如果出版事业股份有限公司，2013.

[2] 建筑学专业 . "亚洲宣言：籍由海峡近观南方"成果册 . 福建工程学院创新案例集，2016.

胡斌

北京工业大学；binhu@bjut.edu.cn

Hu Bin

Beijing University of Technology

建筑学专业国际联合教学模式与运行机制研究 *
Research of Architecture International Joint Teaching Model and Management Mechanism

摘　要：本文以当前开放性与国际化的中国建筑教育为背景，结合国际化人才培养需求及建筑学专业创新应用型人才培养特点，从"国际联合教学"、"国际短期设计"、"国际联合培养"、"国际短期交换"等方面探讨了构建"四点支撑、连线发展"国际联合教学模式，并从运行制度、师资团队、培养方案、管理办法方面提出了对应的运行机制。旨在构建符合开放性与国际化需求的建筑学专业国际联合教学体系。

关键词：建筑学专业；国际联合；教学模式；运行机制

Abstract：Based on the open and internationalization of Chinese architectural education, combined with international requirements and architectural training features, from the international joint training, teaching, short-term exchange, joint design, joint research, this paper discusses "four point support, development continually" teaching mode, and also put forward corresponding operation mechanism from operation system, teacher team, training programs, management measures.

Keywords：Architecture；International joint；Teaching Model；Management Mechanism

1　基本情况

从全球范围来看，具有建筑学专业国际认证效力的"堪培拉协议"签署，打开了中国与美、澳、欧三大洲之间的培养通道与执业平台，同时也为更多的中国学生开启了进入国际化舞台的大门[1]。"十二五"期间，学院建筑学专业被教育部列入全国"卓越工程师"计划的七所建筑类院校之一，学院进一步明确了具有一定自主创新意识和能力，同时具备较强实践操作技能的建筑学专业人才培养定位。与此对应，确立了国际合作办学模式与运行机制这一人才培养计划的重要模式。

目前国内建筑学专业的国际化教育正在逐步普及，尤以老八校和北京、上海、广州等大城市的院校开展较为普及和成熟，基本以稳定的外方院校为依托，以符合双方师资特点、教学计划需求为基础，开展联合教学、短期课程等多种方式的合作，并向合作办学、合作科研的高层次方向拓展。

在此背景下，北京工业大学建筑学专业根据我校"立足北京、服务全国，面向世界"的办学定位，依托具有稳定合作关系的国际院校，构建了"国际联合教学""国际短期设计""国际联合培养""国际短期交换"等模式形成了"多点支撑、连线发展"的国际化教学平台，并整合国际资源，结合国内城市发展需要，开展类型多样的科研实践活动，将目标延展至合作科研。本文将从办学模式与运行机制两个方面详细介绍上述情况。

* 本文受北京工业大学 2016 年教育教学研究项目资助。

2 办学模式

根据建筑学专业的特点和目前所掌握的国际合作资源，我们建立以下几种办学模式。

2.1 国际联合教学

根据本课教学计划及设计课程特点，聘请外籍教授与本校教师共同组成国际教学团队，在对教学目标、培养环节的原则问题上达成一致后，分别采取不同的方式参与设计课程教学，给学生提供多元化的设计理念和更宽广的创作空间。我校教师以同样方式加入国外合作院校的设计课程教学团队。目前这一方式主要在2、3年级的设计课程和4年级的城市设计课程实施。

由于国外建筑设计类课程多强调团队组合、发挥主动性、强调表达等特点，与我们所采用的方式侧重有所不同，调动了学生的积极性，使他们意识到团队精神、综合能力培养的重要性，同时也为任课教师调整教学方法提供了很好的借鉴。

2.2 国际短期设计

通过 Seminar、Short course、workshop 年度联合教学活动，以国内外城市建设发展中的热点问题为主题，每年邀请国外3~5所合作院校共同参与，中外学生混编，双方教师共同指导学生进行为期2~3周的短期设计训练。从2013年"Ubiquitous Space"西班牙加泰罗尼亚理工大学"ETSA Barcelona（B-Sides tourism- Revisiting Barcelona's most touristic places)"国际工作营到2016年香港中文大学"Redo New Town"国际工作营，一年一度。

作为一种短期的设计课程教学方式，此项目的特点在于引进合作院校师生共同参与教学，并邀请北京市规划委员会的主管负责人参加项目评审，以此推广设计理念和学院实力，最终达到树立形象，承担课题的目标。同时以此为纽带，我们稳定并拓展了国际合作伙伴，为教师的科研合作创造了国际化条件。

2.3 国际联合培养

基于双方签署的联合培养协议和课程衔接协议，学生在国内学习4年，在国外合作院校学习2年，获得我校的本科学位和国外院校的硕士学位。即合作双方在互认培养计划和学分的基础上，优先选择专业能力强、英语交流顺畅的学生第五年赴国外直接攻读硕士学位。目前与美国辛辛那提大学、澳大利亚南澳大学开始此类合作项目。

此类项目的优势在于在缩短学位学习年限的同时，通过在国外2年的学习，能够比较充分了解和学习合作院校的培养特点和课程内容，弥补国内学习的不足，为他们在国外进一步发展提供了良好的基础。

2.4 国际短期交换

合作双方在签署校级协议的情况下，等人次互换本科生，互认学分。一般为期0.5~1年。与澳大利亚南澳大学、美国辛辛那提大学开展此类合作项目已经3年。

不同于国际联合培养，由于不需要申请对方学校的专业学位，对语言及专业课程成绩方面的要求较低，此类项目为普通层面的学生开辟了体验国际化环境、初步掌握国际交流、学习技能的一条快捷途径。而多数学生也能通过这一阶段的学习，受到激励，努力提高专业能力和英语水平，继续申请国外留学资格，从另一个方面提高了我校学生的出国留学率。

3 运行机制

目前我学院接收国际留学生和派出参与国际交流项目的学生总量已经达到年均40余人次，稳居全校首位。每年聘请外籍教师、建筑师举办的各种国际学术讲座达到20多场次，平均一个月两次。大量的国际教学与学术活动，需要一直稳定的教学团队、常态的应对措施和先进的硬件设施作为保障。我们主要从以下几点做出调整。

3.1 健全国际联合教学运行制度

根据《北京工业大学北京工业大学在校本科生出国留学管理办法》，出国学生修完国外大学规定的课程，将按照"时间对应"的原则承认其所获学分和成绩。学院由负责学院国际交流合作事务的领导直接负责，下设各系国际交流负责人和外事秘书，协同各专业教学负责人，根据国际联合教学项目的特点与要求，调整培养计划，建立项目报名与选拔制度，并制定能够制约与监督学习过程、质量的管理办法与考核方式等。此外，对于国际交流接待规格、成果素材归档、协议类别范本等外围事务也制定相应的制度文件，形成规范化的管理体系。[2]

3.2 组建国际联合教学师资团队

根据上述国际联合教学培养项目及教学计划的调整情况，依托现有国际化合作伙伴和资源，结合学院教师与科研团队，调动具有访问学者、双语教学、出国留学等经历的师资，进行整合，组建国际联合教学师资团队建立具有国际联合培养能力的师资队伍。目前形成了设计课程、短期设计课程、国际研讨班、国际工作营四类教学团队，分别针对全体学生、优秀学生、志愿学生进行授课培养。[2]

3.3 完善国际联合教学培养方案

国际联合教学应该是一种对等的合作。参与双方应在了解和熟悉对方建筑、规划学科教学体系和培养模式的基础上展开合作，并以此为参照，对国际联合教学的授课环节做出调整，而非完全套用常规设计课程教学方法。基于这种理念，我们从以下三方面对国际联合教学授课环节进行了完善。

设计联合课程题库 专为联合设计课程选择合适的设计题目。选择具有较高全球关注度的真实地段，设计具有挑战性和国际性的题目。

改进联合教学模式 更好的结合国内外教师资源，融合二者不同的教学理念和专业背景，设计具有一定灵活性和融合性的授课、辅导、交流方法。

灵活变通考核方式 统筹合作双方对设计课程的授课方式、组织形式和成果要求，分别从阶段考核、总体考核标准制定符合国际建筑学教学体系及中国建筑学专业评估体系双重标准的评分制度。

3.4 明确国际联合教学管理办法

根据国际联合教学项目设置，采取项目负责制。具体项目落实到人，制定国际交流合作项目规格、实施程序、成果要求等一系列规章制度。鼓励全院教师积极参

与国际交流，出台国际交流工作量核算奖励机制，设立国际联合教学专项基金。针对负责、组织和参与学术讲座、国际工作营、联合教学项目、合作科研项目等各种类型国际交流合作事务中的不同环节，明确规定所承担的职责范围和工作量奖励额度。从制度上保证各项国际交流合作事务的有序进行。

4 结语

学院从成立之初就非常重视同国外院校的联合发展，而十二五以来学校推进国际化进程的战略为此提供了良好的契机。我们借助以上办学模式和运行机制，成功搭建了国际联合教学平台，通过"引进来"国际资源，丰富和完善课程教学内容与授课形式，开拓学生视野，熟悉国际发展动态，实现学生"走出去"的目标，将有志向、有能力的同学推向国际联合培养轨道，拓展更为长远的职业发展前景。从而为实现学校立足北京、面向世界的培养目标做出了实质性探索。

参考文献

[1] 王建国，龚恺. 开放 交叉 融合——东南大学建筑学院的办学历程及思考 [J]. 城市建筑，2011，3：19-21.

[2] 《北京工业大学在校本科生出国留学管理办法》. 北京工业大学，2013.1.

[3] 吴长福，黄一如，李翔宁. 从兼收并蓄到博采众长——同济大学建筑与城市规划学院国际化办学历程与特色 [J]. 城市建筑，2011，3：15-18.

宏观性的新型城市化与城市设计

鲍莉　湛洋　Marco Trisciuoglio
东南大学建筑学院；baoli@seu.edu.cn
Bao Li　Zhan Yang　Marco Trisciuoglio
Southeast University

基于城市形态类型学的当代设计教学实验
——南京城南荷花塘地块及住区建筑更新设计 *

The Contemporary Experiment of Urban Morphology and Architectural Typology
The Design Studio of Re-generation in Hehua Tang Area，Nanjing

摘　要：诞生于 1960 年代的城市形态学和建筑类型学理论与方法，可以在当下中国愈加复杂的经济体系和产权规则背景下，为城市更新的决策者和设计师提供一种新的视角与方式：基于城市既有的建筑类型与形态去设计新的可持续街区和建筑类型。本文记录了中意大学间一次联合教学实验，以南京历史风貌保护界中的荷花塘地块的城市更新研究为载体，探索当代基于城市形态类型学的城市设计方法，并进而丰富发展建筑学的经典理论。

关键词：城市形态学；建筑类型学；当代居住模式

Abstract：Facing to the contemporary Chinese society，the more and more complex economical system，the new rules concerning ownership，the theories of urban morphology and architectural typology might reveal a new approach to urban regeneration to the designers and decision-makers，the new sustainable design upon the typological and morphological fundamental of the city. This paper has recorded a Sino-Italy design studio，which has taken Hehuatang Area，Nanjing as an example to explore the contemporary urban design base on urban morphtypological way and furthermore to enrich the classic theories and instruments.

Keywords：Urban Morphology；Architectural Typology；Contemporary Settlement Patterns

1　背景思路

随着社会经济的发展，产业结构的变化与调整，当下的中国，城市更新可以呈现出怎样的面貌呢？难道我们的选择只限于那些由面貌相似的高层组成的寻常街区或者被城中村环绕的所谓延续传统风格的封闭住区吗？当下中国愈加复杂的经济体系和产权规则背景下，决策者和设计师或许可以考虑第三种方式：基于城市既有的建筑类型与形态去设计新的可持续街区和建筑类型。这也是 1960 年代起源于意大利的建筑类型学和城市形态学研究面向全球建筑与城市文化的一种可能甚或必需的更新，以并以一种更少僵化、更多灵活性的方式去理解何谓"类型"。

在这样的思路和背景下，我们与意大利都灵理工大学建筑学院合作设置了联合设计课程，试图借鉴建筑学经典理论方法以回应中国当代城市问题的可能性和方法路径。

2　课程概要

本次设计课程于 2016 年 9～11 月间展开，由意大利都灵理工大学 Marco Trisciuoglio 教授和鲍莉、吴锦

* 本文获北京未来城市设计高精尖创新中心：城市设计理论方法体系研究（UDC 2016010100）资助，特此致谢。

绣老师联合授课，来自两校的姜蕾博士和湛洋硕士担任助教。这是一次中西合作、本硕贯通的联合设计实验，参与学生来自建筑学本科四年级和研究生一年级。

课程选址在南京老城南门西地区的荷花塘地块，紧邻城墙内侧，处于南京市历史名城保护区范围内。基地内除了几处省市级文保单位及历史建筑之外，大部分民居已衰败破乱，亟待更新。居民多为本地中低收入劳动阶层或租住的外来务工者。是一块典型的出于城市风貌保护与棚户区改造两难却需兼顾的地块，也是南京市主城区最大的一块城市更新"难题"地块。课题的重心是借助形态学和类型学的研究方法探索该地块及建筑的更新设计策略。

LISTED PROTECTED BUILDINGS AND HISTORICAL BUILDINGS IN HEHUATANG AREA
保护建筑 & 历史建筑 1:500

图1 荷花塘地区保护建筑与历史建筑

3 教学构架及组织

本次课程设计的目标是让中国学生学习以意大利形态学的方式去阅读现有的城市，进而应用到地块更新的设计中去。借由此机会，我们可以重新认识由 Saverio Muratori 和 Gianfranco Caniggia 建立、并因 Aldo Rossi 而传播至世界的意大利形态学的设计理论和方法工具，并在对当代中国城市形态的研究中体现并丰富它的价值。这也为进一步论证形态学作为城市设计工具的有效性提供了机会：用西方的形态学分类探讨传统及现代中国城市发展过程是富有成效的方法，帮助我们革新"形态学

思维"，使其更适于面向世界范围的当代城市设计问题。

整个教学过程包括几个循序渐进的阶段。首先，学生需要从地理、历史和社会学的角度对南京城南地区以及荷花塘地块进行整体调研分析；其次，在混杂的城市肌理中辨析若干典型的空间组织类型：院落式住宅、狭窄的城市巷道、被穿越的院落/建筑和临街的建筑并抽象出各自的原型；之后，学生需要通过草图、模型和方案图等方式去剖析阅读这几种类型原型并依据场地定位、功能属性、生活方式等设计与策划要求衍化出新的类型，再对其进行归置、组织并调整以生成新的建筑集群模式；最后，运用这些集群模式创造出地块内既源于又有别于原有传统城市形态的新的城市肌理。这其中，我们假设只保留场地内的文保类及历史建筑，其余部分的住区宅院均纳入重新设计的范围。

由于是本硕贯通课题，两个阶段学生的课题周期分别为 8 周和 12 周，并且研究生早开始 2 周。因此在课程的初始和终期阶段，专门为研究生设置了若干侧重理论与研究的训练。包括关于城市形态学及建筑类型学的文献阅读，古罗马城市庞贝的建筑类型、城市肌理演变分析，以及撰写涉及本土建筑类型及其演变的小论文等。本硕贯通的组织方式，也成为教学上一种有益而有趣的尝试。前期工作以本硕混编的小组为单位展开，研究生通过交流汇报及共同工作的方式与本科生分享理论研究成果，开阔整个设计团队的学术视野，也对整个课程的理论背景与现实基础有更整体和更深入的认识。

4 教学过程及成果

学生被分为本硕混编的四个大组。每组先是合作完成城市形态分析、建筑类型剖析与原型提取，并共同确定地块更新策略及完成总图结构；在此基础上，每位同学再继续深化完成基于原型的建筑类型衍生、空间节点及单元居住院落设计；研究生同学并继续深化到单体建构层面的设计，从而完成从城市设计 1：500 到单体详图 1：20 的大跨度多尺度的设计推进。

四组作品分别从历史、现状、愿景等方面找到切入点展开分析与设计。如 A 组提取城市公共空间的原型并作为要素激活整个地块的日常生态；B 组则关注致密地块中的绿地园苑，并以此为介质构建公共活动的场所层级与体系；C 组关注传统聚落中的重要特征——水井的存在及其在空间及生活双重维度的特殊价值，挖掘其潜在的历史与生活记忆，提升其代表的市井生活的空间涵义，营建出公共交往空间体系与怡人融洽的邻里氛围；D 组则从场地内保护建筑的再利用出发，将释放文保建筑的文化空间价值与激活地块活力相结合，形成基于传

统街巷又富有形态和功能张力的整体格局，进而构建出有效分享的公共空间体系。

A组：城市盒子（丁园白、王安安、顾家铭、朱鹏飞）

本案试图用承载着街区记忆的城市公共空间串接起荷花塘片区。基于对原街巷名称、肌理的尊重保留，用一条中心的主要道路和几条支路形成场地的主要步行系统，同时划分出几个片区。主要街巷节点处形成一系列围合的城市共享空间——城市盒子，作为对"院落"这一传统内向性共享空间在城市尺度的转译，以期让一些传统的日常生态亦可借此得到转移与延续。同时，通过对荷花塘原有建筑类型的研究，发展出适应场地的新类型并重新置入，与老建筑共存共生。

B组：故园新生（吴舒、范琳琳、丁睿、吴和根）

经过与1929年航拍地图等历史信息的对比分析，提取传统的积极因素，在场地内营造公共活动的场所。整块基地围绕沿城墙和东西主要道路的两条绿带，一条南北向主轴线，和一系列散布的内向型的公共花园展开。两条绿带打通愚园和中山南路的联系，南北主轴线主要承载街区商业职能，而公共花园作为具有传统意向和记忆的共享空间，为每组类型单元的原生性公共活动提供场所。

C组：水井-市井（施剑波、吴则鸣、宋梦梅、吴逸雯）

场地中留存有多处井巷空间，可窥老城南传统生活方式一隅。本案挖掘传统生活中具有重要公共意向的水井空间的价值，试图打开尘封记忆，将之作为重塑该片区公共空间的激发点，并尝试用类型学的方法理清该片区公共空间的结构脉络，分层次讨论不同尺度下公共空间、建筑形态及人的活动之间的相互影响，探讨针对老城区渐进式更新改造的某种可能性。以井台空间为切入点，保留水井这一传统市井生活中特有的标志性空间，并以之为契机营造场地内匮乏的公共活动空间，植入茶室等使用功能以形成活动空间节点，从而记存老城南的历史和传统生活的记忆碎片。

D组：辐射（刘巧、韩珂、黄一凡）

通过对场地历史建筑布局的梳理与探讨，力求将地块中心一组保护建筑潜在的文化空间价值发掘出来。本案将这一核心地区设计为整个荷花塘地块的社区活动中心，在空间布局、道路走向和尺度等级限定上与这组中心历史建筑呼应。方案最终生成一个放射性的街道和空间系统，以接纳并引导新的建筑布局。继而通过老建筑改造形成连续的、有层次的、活跃的公共活动场所，以打造更符合当代市民生活的街区环境。整个片区围绕历史保护建筑改造成的社区中心展向各方辐射开去，连接起各个分布街区形成整体、有效、活跃的公共活动空间体系，以保障居民共享社区生活。

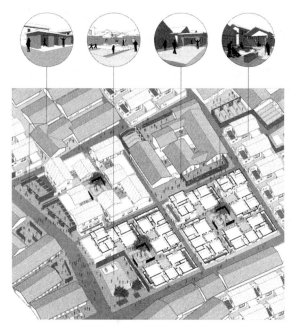

图2 水井-市井（施剑波）

5 结语

本次联合课程设计的价值在于对经典设计理论和方法的学习与探新，在面对中国当代城市问题时，尝试以一种新颖、有趣、宽泛甚至出乎意料的方式去更好地组织和刷新两个认知与设计城市及建筑的概念工具：形态学和类型学。它们诞生于1950～1960年代的意大利、德国和英国，但过去几十年则逐渐被遗忘在以参数化和高技派为代表的超现代和功能性的国际式建筑洪流之中。本次课程希望通过重新发掘、辨析和推进，使之可以成为建筑师的工具，从而在当下的设计中观照城市过去与未来的联接。

参考文献

［1］ LI X. and YEO K. S.，Chinese Conception of Space，China Architecture and Building Press，Beijing 2007.

［2］ CHEN W. and GAZZOLA L.，Comparative Study on the City Walls of Nanjing and Rome，Edilstampa，Roma，SEU Press，Nanjing 2013.

［3］ ROSSI，A.，The Architecture of the City，(P. Eisenman ed.)，MIT Press，Cambridge Mass. And London 1982.

［4］ J ANG L.，Morphological Research of the Historical Urban Boundary. The Inner Fringe Belt of Nanjing，PhD Dissertation，Politecnico di Torino，Italy 2016 (tutor：Marco Trisciuoglio).

蔡永洁　张溱　许凯
同济大学建筑与城市规划学院；xukai@tongji.edu.cn
Cai Yongjie　Zhang Qin　Xu Kai
College of Architecture and Urban Planning，Tongji University

批判性训练为导向的毕业设计：陆家嘴再城市化
Critical Thinking Oriented Graduation Project：
Re-urbanization of Lujiazui

摘　要：刚刚结束的本科毕业设计，选择了上海陆家嘴再城市化课题，试图从两个层面训练学生的批判思维与能力。一是引导学生逆向观察的意识，通过实地调研总结陆家嘴的空间特点，然后选择国内外城市空间案例进行形态学和类型学比较，捕捉陆家嘴光鲜景象背后存在的实际问题。二是训练批判能力，通过城市设计的手段制定陆家嘴再城市化的基本策略，即如何在不"大拆"的前提下实现"大建"。在此过程中，学生的关注点必须从设计建筑转换到制定空间规则上来，运用类型学原理建立空间营造机制，通过密度和容量的增加重塑空间形态，催生空间和功能的多样性，从而促进城市空间品质的改善。

关键词：毕业设计；批判性；陆家嘴；再城市化

Abstract：Focused on the re-urbanization of Lujiazui, in the lately completed graduation Project we tried to promote the critical ability of students through two aspects. Firstly, to enlighten the students to observe inversely, and to summarize important features of Lujiazui after field survey. The morphological and typological comparison of domestic and international cases led the students to find out the practical problems behind the bright image of Lujiazui. Secondly, to promote the critical ability in dealing. The urban design measures helped the students to institute the basic strategies of re-urbanization，respectively to increase the district's FAR without demolition. Instead of architectural design, the students should concern the institution of spatial rules based on typological principles. The reconstruction of urban form through increasing density and volume would create plurality of space and function，and would finally promotes the urban spatial quality.

Keywords：Graduation Project；Criticality；Lujiazui；Re-urbanization

绪言：陆家嘴现象与批判能力训练

上海的陆家嘴代表着中国的改革开放，它象征着高速、现代和国际化，它通过宏伟的超高层建筑群和宽阔的马路形成与浦西小尺度城区的强烈对比。然而，这种光鲜印象背后实际存在的许多问题被有意无意地忽略了。以陆家嘴为代表的中国新城是彰显政府发展决心和建设能力的爆发式增长的结果，快速的规划和建设忽略了城市长期发展的基本要素，产生了功能严重单一、城市空间缺乏秩序和尺度巨大等问题，陆家嘴展示了所有非人性城市的基本特点。今天的城市建设刚刚进入了城市更新的转型期，但城市更新往往被单一地理解为旧城的更新。事实上，中国的新城在刚刚落成之后就面临着改造，即再城市化的二次开发。

新城问题已经开始引起学界的关注，然而如何应对，尚没有形成共识。本次毕设的教学实验就旨在探讨这一问题，以陆家嘴再城市化为课题聚焦当今中国新城现象，通过逆向观察和批判能力的训练，引导学生建立批判性思维。

1 逆向观察：光鲜景象背后的问题

1.1 陆家嘴特点分析

在课题起始环节进行实地调研，目的在于引导学生自主观察。学生的困难在于缺少生活经验和日常体验，难以抓住现象背后的本质，更在于挑战普遍被认同的东西。这种情况下，须启发学生进行逆向观察，质疑现象的合理性。这其实是需要建立一种基本学术价值观，即：什么样的城市是好的城市？

调研主要通过三种方式进行：一，自主调研。除第一次的集体调研外，要求学生自主和反复调研。二、逆向思考。引导学生发现陆家嘴光鲜景象背后的问题，观察和审视空间中的种种不足。三、案例比较。通过比较，凸显问题，理解相对概念。通过上述工作，学生们总结出陆家嘴的空间特点和主要问题：第一，功能单一，由于资本的驱动，以办公为主导的单一功能阻碍着它的健康发展。区域内日常生活缺失，机动车取代了步行；第二，建筑密度低，超高层建筑和大马路构成了非人性的大尺度空间；第三，空间形态不明，由于缺乏建构机制，建筑取代了城市空间，日常生活的街道和广场没有形成。

1.2 案例对比研究

课题组选择了曼哈顿中城、芝加哥 "The Loop"、巴塞罗那新城和巴黎老城区等高密度功能混合城区进行分析，引导学生通过多个案例的对比，从形态学与类型学出发，通过 "尺度" 和 "多样性" 等相对概念，发现不同类型的共性与差异性。

比较工作包括六项内容，即黑白图、街道网络、街块类型、密度和容量、功能混合状况、交通方式。通过比较探讨这些城市的空间营造机制，并以此回答 "好的城市空间" 这一终极问题。学生们得到以下结果：第一，小陆家嘴的容积率、建筑密度和路网密度远低于其他高密度案例城区，这是造成步行困难和空间尺度过大的主因；第二，各案例的城市均由清晰、统一而多样的具有类型学特质的空间单元构成，而在陆家嘴找不到这样的空间单元，这是导致陆家嘴空间混乱的技术原因；第三，各案例背后存在各自的城市设计原则和逻辑，并显然与建设条件以及文化背景相关联，不能简单地对案例进行模仿。

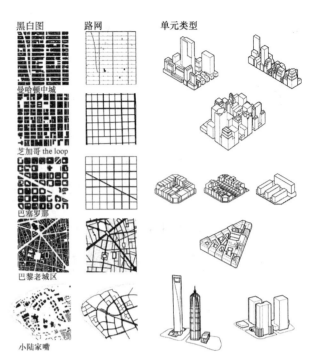

图 1 典型案例的形态学与类型学分析

（从上至下为曼哈顿中城、芝加哥 The Loop、巴塞罗那新城、巴黎老城区和小陆家嘴）

2 实验：再城市化理念与策略

2.1 何为陆家嘴再城市化？

这期间给学生思考的问题是：为什么陆家嘴需要再城市化？

陆家嘴的问题归结于城市性的缺失，再城市化就是加强陆家嘴地区的城市性。这一基本共识帮助学生们将问题具体化，一个城市性的陆家嘴应该是：一，多样、混合的。这里须要补充多种功能，增加活动的种类，加强空间的多样性；二，密度更大而尺度更小的。必须压缩陆家嘴的空间尺度，建立空间要素之间的关联和张力；三，人性化、有场所感的。不以资本、生产或交通为导向，而是回归到人本身，形成更多的日常活动和交往的场所，营造有形的、有安全感的空间。

2.2 陆家嘴再城市化策略

这个阶段的工作是引导学生制定再城市化策略，首先是陆家嘴的总体空间关系。其间与学生进行了关于 "愿景" 的反复讨论，让学生思考再城市化之后的陆家嘴应该是什么样的，描绘其中人的居住、工作、交通和娱乐活动。最后学生们提出陆家嘴改造的总体策略：一，增加密度，做加法。首先是基本不拆除现有建筑，尤其是高层，这些建筑年代新，建设质量好，不可能拆除。在高层建筑脚下大量植入多层建筑，增加建筑密度和容积率；二，大量增加住宅。强化居住功能，并补充各类日常功能和配套设施，使陆家嘴拥有更多的居民；三，重塑空间形态。以不同类型的空间单元为工具，塑造不同特色的街坊式空间，形成街道，建构"街道-庭院-广场"空间体系。

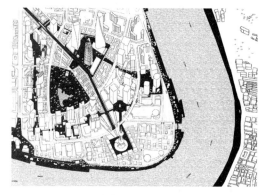

图 2　陆家嘴空间结构设想

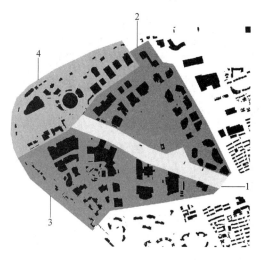

图 3　四个设计片区划分：1—世纪大道沿线区；
2—世纪大道北区；3—世纪大道南区；4—滨江区

在下一个层级中，将小陆家嘴区域分为世纪大道沿线区、世纪大道北区、世纪大道南区、滨江区四个片区。11名学生被分成四个小组，2至3名学生一组，分组合作。这个阶段对学生的挑战在于对大家共同制定的基本原则可能存在的不同理解，必须通过相互协作避免总体原则的失效。以整体策略为指导的四个片区空间改造策略主要表现在以下四个方面：

（1）局部空间结构的调整

通过对节点空间的审视，构建新的结构关系。较为典型的调整发生于世纪大道沿线，对原本尺度过大且不明确的道路空间重新界定，具体手段是：一，重塑轴

线。建立起东方明珠和金茂大厦等三栋高层的对话关系，形成主轴线（图4轴线2）；通过次轴线明确东方明珠和国金中心之间的联系（图4中轴线3）；主轴线在三栋高层处转折，转折后视觉走廊沿世纪大道，并反向延伸至国金中心（图4中轴线1）。通过宽度的压缩和线型的修正，给予世纪大道明确的空间界面和适宜的高宽比，并将沿线标志物整合到空间秩序中。二，疏解交通。将世纪大道上的过境交通出入口迁移出小陆家嘴范围，为宽度的压缩和从马路到街道的转变创造条件。三，处理端点。世纪大道的终点处，在东方明珠下方形成一个半围合式的城市广场，给予空间轴线明确的终点。

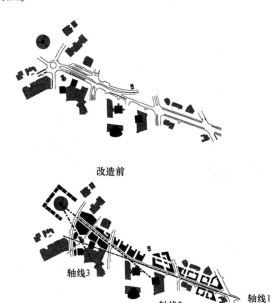

改造前

轴线关系调整

图 4　世纪大道沿线区轴线关系调整

（2）单元类型的构建

引导学生以类型学的眼光来审视城市空间，并根据愿景构建类型。各片区设计小组基于该片区条件，建立有效可行、并具有典型意义的空间单元类型。该类型应当可以在片区中被重复使用。

设计中产生了周边式、开放式（Open Block）、点群式等多种新类型。其中较为典型的是世纪大道北区，该区域现状街块均由点式高层及裙房组成，彼此独立，难以形成街道空间。学生们通过植入沿街的多层建筑将其转变为新的周边式街块，这里需要同时处理两种关系：一是新增建筑和现状建筑之间的关系，二是新形成的街道的空间关系。处理方法是压缩高层建筑之间的空间，在新增建筑的一侧形成尺度和比例适宜的街道，在

另一侧和既有建筑之间形成尺度和比例适宜的内院。通过此方法，将剩余空间以新增建筑为介质进行重新组织，形成"街道-建筑-内院"体系。

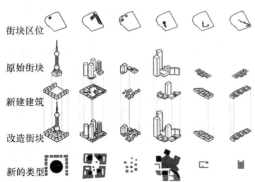

图 5　典型空间节点的改造对比

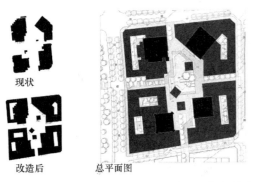

图 6　从现状点式高层街块类型到新的周边式街块类型

（3）街道的建构

以构建新街道为导向，引导学生思考单体建筑之间的关系，实现从建筑形态到城市空间的视角转换，对学生而言，这是质的变换。街道的建构策略主要包含两方面：一是既有街道的改造。世纪大道的宽度被压缩至35米，沿线以新增建筑界面进行明确限定，使它从10车道以上的大马路，转变为接近淮海路的街道空间。各片区也压缩了道路尺寸，形成更窄而短的街道，将街道空间的高宽比控制在1：1到1：1.5之间。世纪大道北侧发育出一条串联地块的步行内街。该内街的概念和其他片区进行了对接，得以串联整个小陆家嘴区域，形成一条慢行环线。二是通过街块植入产生的新街道。在未经界定的空间植入开放式周边街块类型（Open Block），形成新的街道系统，如世纪大道以南区三栋超级超高层底部。

（4）居住功能的植入

此策略的实践过程中，学生逐步了解城市中居住建筑的多样形态和类型。他们主要采取了两种植入方式：一，在新增的多层建筑中，那些体量符合日照、通风等住宅规范的部分，尽量做成住宅，以最大限度地提高居

图 7　世纪大道以南区：街块植入前后对比

植入前

植入后

图 8　通过街块植入构建的街道空间：世纪大道南区

住功能容量；不满足规范但条件较好的部分，做成租赁式公寓，干扰大的底层和无日照等条件较差的部分，作为各类日常公共功能使用；二，高层办公中符合条件的楼层，部分转换为居住功能，利用裙房屋顶和新增居住建筑相互联系，形成和小区类似的共享空间。通过这些努力，小陆家嘴的居住面积可以增加约142万 m²，功能占比由4%上升到21%。

图 9　植入居住功能

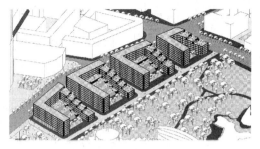

图 10　新增混合居住街块

3　没有"大拆"的"大建"：建设模式转型推动下的思维转型

3.1　实验结果

实验带给小陆家嘴如下结果：一，密度和容量的增加。在基本不拆除现有建筑的情况下，通过做加法，使小陆家嘴区域建筑密度由 17.8% 上升到 31.3%，毛容积率上升 1.13，建筑面积增加约 194 万 m²，相当于植入一个正常城区，这反证了陆家嘴现状土地利用效率不高的问题。二，空间类型的丰富。新增容量催生多种具有类型学意义的街块，类型的丰富也反映了多样性的增加。三，功能趋于混合。针对不同目标人群设计了多种类的住宅，住宅建筑面积占比由 4% 上升到 21%，并安排了各类租赁公寓、日常商业和公共设施。四，对外交通的减少。过境交通被移到小陆家嘴之外，机动车交通量下降，慢行交通量上升。居住功能的增加将对外交通转换为对内交通，形成更为紧凑的生活圈。五，空间感的塑造。明确城市空间形态，大幅度压缩大尺度空间，形成更窄更密的街道以及更为多样的广场空间系统。

3.2　建设模式转型推动下的思维转型

与旧城的设施老化不同，当代中国新城是现代主义功能分区规划思想与资本运作结合的产物。在地方政府追求短期发展效率和忽视长期发展要素的背景下，用于快速解决需求的规划和建设所产生的是结构性问题。这些问题将在存量更新时期越来越显著地暴露出来，如果城市要可持续地发展下去，并使城市空间品质和生活品质不断提高，中国很多城区都不得不面对"新城改造"的挑战。

本次陆家嘴的改造设计实验是关于中国新城的前瞻性与批判性思考，它是建设模式转型推动下的一次思维转型，并与学生们分享这种思维转型。它通过日常空间的塑造进行了一次新城再城市化的实验，旨在探索陆家嘴从资本城市向市民城市的转型途径，同时引发学界和社会对当代中国新城问题与机会的关注。与以往粗放式

的快速建设不同，新城再城市化的复杂性和多样性，对建筑学学科的思考和应对能力提出更高的要求。

小陆家嘴改造前后容量对比　　　表 1

	容积率	建筑密度	建筑面积（万 m²）
现状	3.47	17.81%	593
改造后	4.60	31.27%	787
对比	+1.13	+13.46%	+194

图 11　小陆家嘴改造前后黑白图对比

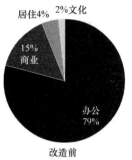
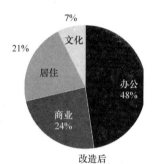

图 12　小陆家嘴改造前后功能对比

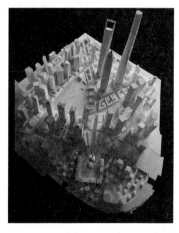

图 13　改造后的小陆家嘴模型

参考文献

[1] 蔡永洁. 补课同步转型　现实驱动下的中国建筑教育 [J]. 时代建筑，2017（1）：20-23.

[2] 伯特兰·罗素. 西方的智慧 [M]. 亚北，译. 北京：中国妇女出版社，2004.

朱渊

东南大学；104671868@qq.com

Zhu Yuan

Southeast University

社区填"空"
——记东南大学 2017 年八校联合毕业设计 *
Community Space Filling：SEU 2017 Joint Graduation Design

摘　要：城市存量发展的当下，城市老旧社区更新是一个不可回避的问题。在 2017 年联合毕业设计中，以沈阳铁西社区作为研究对象，日常系统作为介入要素，形成社区空间的更新策略。设计从"空"间观察开始，对研究对象进行样本提取，在日常系统架构的基础上，结合铁西的情境建构，完成系统整合下社区空间更新设计。

关键词：社区更新；铁西；日常系统

Abstract：The old city community renovation is the unavoidable topic. In 2017 Joint graduation design. The renovation strategy is raised through the intervention of everyday system on Tie xi old community. It starts from observation of space，sample selection，and then construct the situation of space to integrate the design.

Keywords：Community Renovation；Tie Xi；Everyday System

城市存量发展的当下，城市老旧社区更新是一个不可回避的问题。社区内配套设施低下，人性化功能缺失、人居体验下降、安全性不足、周边环境脏乱和停车杂乱拥堵等诸多问题，成为亟待解决的焦点。而如何以存量更新策略，完成其基本生活品质的提升，并进行城市修复更新和精细化发展，是社区更新的重要目标。如今，在大量资金投入下完成的社区基本立面出新和环境整治，是否使得人们的日常生活发生了本质提升？基于时代记忆的整合，着眼当下生活，社区活力是否在面向未来的长远提升中，基于其基本的运行系统完善，找寻满足日常生活的引导途径与发展轨迹？

本次毕业设计选题聚焦于沈阳的铁西区①，希望通过在地调研，以社区日常系统研究，寻找问题之源以此整合城市与建筑设计。在经历了从共和国长子的工业区向居住区的快速转变（图1），铁西地区不同年代的居住区混杂，人群老龄化严重，居住活力不均衡，逐渐使老旧社区成为大家关注的社会话题。当我们发现，大量人群聚集于劳动公园，卫工明渠等城市公共绿地进行户外活动同时，社区之中以及社区之间本应提供活动的空间，成为人们遗忘的角落，甚至成为垃圾堆放和随意加建的"福地"。由此不禁自问，如何能让人的活动回归社区，以填补这种无序的"空"置？如何能通过社区日常功能系统的组织，提升这些被遗忘空间的价值，以激发其活力和填"空"途径？

---

* 本文受以下资助：国家自然科学基金青年基金项目（编号 51408122）；高等学校全国优秀博士学位论文作者专项资金项目（201452）；东南大学优秀青年教师教学科研资助计划项目（2242015R30001）。

① 2017 年 8＋1＋1 联合毕业设计由天津大学与沈阳建筑大学共同选题，场地定在铁西。

于是，设计从"空"间观察开始，对设计对象进行样本提取，并在日常系统架构的基础上，结合铁西的情境建构，完成对系统的全面整合。

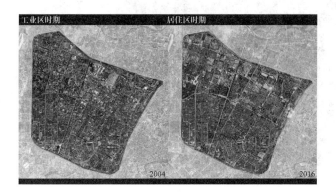

图1 铁西地区的转变

1 "空"间观察

铁西社区之"空"，源于对城市功能的衰退、工业的废弃、特色街区"规划式"的消失，以及全新"乌托邦"式的建设带来的对原有城市记忆的忽视和逐渐摧毁。这种"空"的存在，代表了一种不同层面不相适配的存在状态，一种在人的视觉范围以外造成的社会、文化、交流的消极趋势。当我们聚焦铁西的老旧社区，对比社区中拥挤而空荡的空间不难发现，这种杂乱的拥挤与人群的空荡，不仅是一种对空间"空"的加权，更是在其城市突变中，生活与感知系统的断裂与逐渐消亡。

铁西社区之"空"，在于辉煌过去的铁西人面对工业衰落下的生活落差；在于不断老龄化状态下的人群交流的梳理；在于铁西老旧社区空间消极而低品质的存在；还在于铁西印迹作为一种值得回忆的情境得以融入人们日常生活的缺失。因此，这些"空"，如同城市中各种被遗忘以及那些习以为常的无奈，在铁西年复一年周而复始的循环。人们的生活，如何可以有一点点积极的改变？这些城市与社区中的消极的日常存在，能否可以在不同的维度与视角的异化中，呈现一种全新的运行轨迹？无论是光荣与梦想、过去与现在还是无序与异质，这些潜藏于人们心中的矛盾和对生活的无力，是否可以通过微小的触动加以革新？于是，从"空"间观察中，引发的对于年龄之间的割裂，基础设施的缺失、自发占据的无序……等问题的反思，成为催化设计并得以引发活力的重要导向。当我们将其最终赋予空间的载体，空间与人群、空间与空间、空间与活动之间的关联和系统的建立，将以还原构建于生活本体的再现，成为空间优化的触媒（图2）。

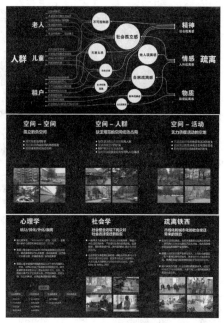

图2 空间与人的疏离观察分析研究

2 样本提取

在社区年代繁多而混杂的铁西区，设计依据年代均好和混多样的原则提取社区空间样本，并主要以具有铁西工业时代特色的工人村为核心，关联周边不同年代社区进行样本选点。从1950年代的超人尺度、1960年代均好的生活模式、1980~1990年代的私占与自经营的状态，再到2000年代之后的明确边界归属的设施，其中包含了从开放、半开放到全开放样本的对应，梳理以时间、行为和社区空间形态为综合依据下的整合选点（图3、图4）。

随着社区年代取样的集中，设计研究最终聚焦于老旧的开放性社区，探讨社区与街道、社区与集中绿化、社区与社区之间的空间类型。其中，各种独立零散而参与性缺失的空间，如沿街零散功能空间、住宅底层消极空间，围墙空间的简单围合、自主搭建的空间占据等，在街道、楼间、建筑与业态的类型的组织中，成为日常"自在"(be-ing-in-itself)① 体系中的重要组成。而这些要素类型的自我重组，成为松散空间中建立全新秩序的重要基础。

此外，在空间取样的基础上，针对社区老龄人群社区互动活动类型的选择，在日常商业、医疗康体、精神需求的分类、活动空间的可达性与参与性等分析中，找寻人群复合和参与基础上建立的空间联系。这种活动类型的取样与空间样本之间的对话，让空间再生具备了重要的在地基因。

---

① 赫勒在《日常生活》中提及的日常的自在性，呈现了对于日常本体的客观价值的意义关注。

图3 不同年代样本分析与比较

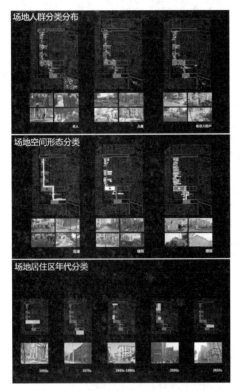

图4 不年代空间和人群分析下的选点依据

由此，社区、空间与活动样本的选择，探寻开放的典型性，活动的参与性以及混合基础上的日常可能，并期待在相互之间的关联组织中，挖掘其互动和参与基础上活力再现的典型意义。

3 日常系统

基于"空"间阅读与各种样本提取，日常系统的认知与重组，成为激发零散空间活力的重要基础。而这些日常系统的梳理，在社区场地可视与非可视要素叠加基础上，形成各种不同的串联线索。日常商业、晾晒、社区文娱以及现状医疗康体系统的梳理和图示化叠合，建立了空间层级的选点与进一步优化的重要依据（图5）。不同系统主题的介入，关联体系和空间特质结合下的人际关联，将成为日常系统组织与介入的核心意图。

在此，应对于日常系统交织混杂的社区介入，日常语言作为一种驱动载体，成为社区"空"间革新的重要媒介。而应对这些社区"空"间的策略，将基于铁西社区人群日常生活系统运行重组，进行空间激发与行为引导。其中，系统相互之间叠加于具体场地之中，成为具有主次层级分明，功能复合多元的服务单元。这些单元

图5 各种日常要素分析下的系统叠合

之间的形成，犹如生活网络的重塑，重组于社区"空"间之中，形成日常生活与空间系统之间互为补充的社区系统。这种可视与不可视的交织系统的建立，以一种微小而整体、零散而系统的微介入，从社区生活的不同层面产生不同程度的触动，让填"空"成为在整体规划层级之下具有修补功能的城市设计体系。而这种基于人的具体生活、日常行为、零散空间的关注，使日常系统在未来进行不断自我修复与成熟成为可能，并由此引导社区精细化修复与更新。

这种日常系统的介入，在建筑与城市之间，成为城市社区内在隐形的生活结构，同时也成为建筑优化更新的基点。这种网状系统，在不同的城市尺度，具有不同的引导触媒与辐射范围。食物、娱乐、游戏、阅读等一系列日常相关的行为，成为具有巨大空间更新潜力的日常启动要素。本次设计中，社区互动食堂和工人村社区舞台即以食物与表演作为研究切入的对象，在自我延展与日常系统影响下，形成社区活力的激增设计。

（1）社区互动食堂

食物，作为日常生活必备物，在生活的不同功能与空间使用的不同阶段，以不同角色与人的日常活动产生紧密关联。如，从食物的来源开始，储藏、加工操作，以及食用和废弃等一系列循环过程，与不同的空间与功能进程结合，形成与其他相关要素进一步结合的基本体系。在此，食物以不同的角色成为日常系统的载体，食物的全系统关联与研究，成为建筑单体更新的重要依据。基于食物流程系统下的人群交互，社区关联、情境呈现……成为可以被阅读与日常再现的载体。

在食物循环要素空间化研究的基础上，设计以场地废弃建筑为更新对象，以社区的互动餐饮功能影响周边需要被关注的社区零散的消极空间，从而与社区各系统之间再度交织（图6）。基于此，社区公共空间的优化与更新从日常最为普通的食物出发，组织具有内在紧密联系的"食物"系统，并在松散的组织中，找寻与食物无限关联下的社区系统的修补途径，并最终通过社区周边的围墙、街道、池塘、种植、车库等一系列要素的活力引导，进行修补性弥合。其中，在新与旧、碎片与系统、熟悉与陌生、正面与背面等之间意义的重释中，逐渐发掘日常视角下食物行为与空间互动参与的触媒与模式。

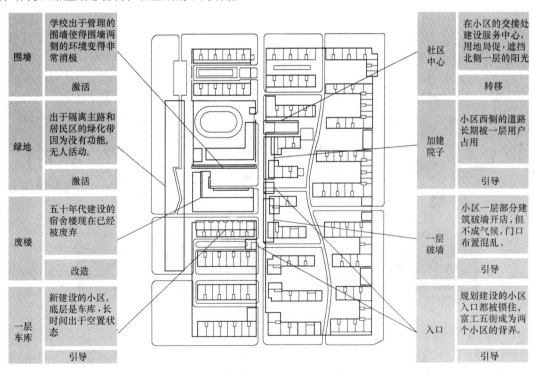

图6　建筑与社区周边环境产生的关联互动

（2）工人村社区舞台

除了食物系统，在社区系统研究中，铁西居民天生的表演热情，成为建立社区空间系统的又一动因。而铁西劳动公园中人头攒动，载歌载舞的欢腾，与社区中的冷清，形成了极大的反差。这种反差，说明了不同层级活动空间的匮乏，而这种匮乏让人们在空间活力的差异下，更不会选择在社区层级的空间中停留，这在不断循环下加剧了活力空间层级单一与品质下降的状态。

由此，基于层级化和不同规模和使用方式的舞台植入，使得社区系统中的空间优化，在社区舞台的不同需求下，产生不同的使用与活力的激化途径，而这些在社区不同种类空间组织下的舞台理解，成为社区消极和被遗忘空间更新的重要途径。社区舞台，作为1960年代

社区大尺度空间的调节要素；作为当代社区沿街空间整合的表演平台；作为宅间空间儿童游戏场地的表演；以及作为小空间中虚拟舞台的当代表达，成为不同的诠释目标综合下，不同类型空间的转型之源（图7）。

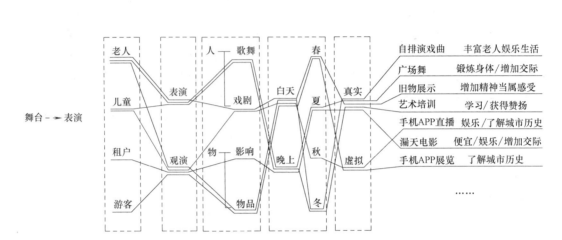

图7　舞台作为一种日常系统的引导与延展

4　情境建构

日常系统的认知，经历了具体信息的抽象化过程，而抽象系统的组织，成为进一步全面理解社区并进行场所营造的重要方式。铁西情境的塑造，来源于社区日常生活信息的观察与提炼，其空间整合的关联，成为与当

地居民产生共鸣的重要载体，并成为当下空间营造和未来生活情境创造的重要依据。从城市、社区以及建筑的不同维度而言，这种基于时间并置基础上的记忆重叠，带来了当下与过去之间在同一空间下的对话可能。这种对话，在不同的材质，空间类型以及人群之间的行为互动中产生熟悉场景下的情境再现（图8）。

图8　作为空间界面的情境呈现

社区互动食堂与工人村社区舞台的情境设定及其差异，在于不同的人参与日常生活息息相关的具体使用功能所形成的对某种固有生活模式的突破性感知，以及某种互动方式自发的创造可能。如，互动食堂，从传统东北集体食堂格局的设定出发，打破前场与后场的差异，将社区人群之间的梳理，在社区食堂人群的参与中得以解放。后场的加工和前场用食之间的对望、田间种植与作物展示作为储藏延续，以及院落水塘作为冬季孩童冰上游戏与夏季垂钓功能的互补，均成为情境对话与基本

功能使用之间的叠合呈现。而社区舞台与互动食堂的差异，在于表演的不同形式在社区不同类型空间中得以不同规模和形式的呈现。舞台，成为空间更新的重要媒介。老建筑，新社区，底层停车或者是宅间空间，各种对于表演的定义在不同类型的社区空间中得以具体表达，并与不同的社区功能加以叠合补充，形成社区空间优化的因素之一，而其介入程度的差别，使得社区舞台作为在不同的时间并置下融入社区营建的铁西情境（图9）。可见，集中于一体的互动食堂模式与分散于社区的

表演系统的渗透模式，为情境再现提供了重要的介入方式，也让人们从整体与局部的不同层级感受作为情境塑造引发活力再现的重要力量。

图 9 对于表演的情境再现

在此，社区情境的建构，是基于功能重组基本需求上，对相应功能空间的批判与重建。这是基于日常意识下的重组过程，是历史与当下的时空并置与行为交织的过程，即体验传统功能空间在不同时代的使用方式与感知维度的差异呈现。这种差异，正是日常系统引导下的行为与空间塑造之间追寻的价值意义，一种对于日常批判下产生时代共鸣的价值。这是在熟悉的感知中，进行陌生化与距离化的再转译过程，是在转译中产生的"惊诧感"带来的对于习以为常的日常引发的重要信息的重组过程。在此，人们的动态参与静态空间组织的引导式结合，以互动体验式的意图，融入全新情境建构的系统之中，并在动与静、做与观、过去与现在、场景内与场景外、虚拟与真实等之间，产生超越传统又立足于当下的新日常情境，让铁西人在回归式的参与中，引发基于铁西记忆追溯的新日常期待。

5 系统整合

情境建构，最终实现的是对日常系统的表征载体与未来目标的整合意义，即系统整合的综合效应。系统整合包含了在宏观层面社区空间系统的进一步叠加组织，以及在微观层面作为建筑系统运作与空间优化结合下的综合呈现。在此，宏观与微观层面的系统之间，存在着相互联系，制约和相互促成激发的作用。

从社区层面而言，日常系统的整合与情境的建构，旨在建立一种架构人们个体化的体验与社区整体配套服务运行之间关联与互动的网络化系统，一种嫁接日常生活服务循环逻辑中的体验序列。系统的整合，包含了与现有功能、空间、交通、景观、日常行为以及记忆的综合链接，其系统交织下不同特性节点的渗透，形成在社区中服务于不同片区、对象、需求的各种城市社区次级系统，从而组织基本的城市基础设施平台。

从建筑内部系统整合而言，系统整合可视为对于社区系统优化节点的进一步深入对接。例如，食堂系统中提供的饮食模式与服务内容，承载了与社区生活互动的重要互动可能，以及不同日常功能在社区中延展的自在生活模式与日常异化的运行整合。这种系统的交织变化，可视为不断动态修正的过程，并伴随着互为辅助功能的自我更新，实现进一步自主影响融合的组织模式，从而在体验的设定与开放性预期中，完成系统在地可持续建造下的重组，也让记忆、习惯、行为等各种不同需要在融入系统要素中，完成系统整体和节点塑造的综合呈现。

6 结语：基于系统的日常

社区填空，从"空"间观察到样本提取，再到系统的架构，经历了对于"空"间敏感而系统的梳理过程。从物质系统到社会系统，再到铁西记忆"空"之提炼，激发了设计对填"空"策略的思考，即基于铁西社区日常整理和延展的过程。这如同在松散的孔洞之间进行系统编织填补的过程，也是在满足现有功能需求基础上，进行日常解读与延伸拓展的过程。这种从现象为起点落实于人群共融的人际关联，以问题的抽象进而具体化的转译，使各种微系统在建立与相互作用下编织为一种紧密联系的系统架构。在不同年代、各种场地和不同人群对象化的具体对应中，填"空"设计找寻各种落实于特定空间中的在地策略，进而完善一种丰满的生活体系的重新建构。基于日常系统的社区填空，即在对日常的反思、异化和可持续延展中，反思可以被未来不断动态认知发展的循环系统的日常重构。

参考文献

[1] 阿格妮丝·赫勒著. 衣俊卿编. 日常生活[M]. 黑龙江大学出版社. 2010.4.

[2] 米歇尔·德·塞托（Michel de Certeau）. 日常生活实践 [M]. 南京大学出版社；第2版，2015.1.

[3] Steven Harris, Deborah Berke (eds). Architecture of the Everyday [M]. New York：Princeton Architectural Press，1997.

梁思思

清华大学建筑学院；liangsisi@tsinghua.edu.cn

Liang Sisi

School of Architecture，Tsinghua University

基于多方利益认知的情景模拟在设计专业教学环节中的应用

——以住区规划设计为例

Application of Multiple Stakeholder-Oriented Scene Simulation Pedagogy in Design Studio：Case Study of Neighborhood and Housing Design Studio

摘 要：快速城市化进程下，城市居住区面临利益主体多元化、利益诉求多样、空间要素丰富等转型，居住区规划设计教学也亟待进行知识结构和跨学科复合语境的教学技能拓展。以"住区规划设计"专业设计课教学为例，在项目策划阶段引入翻转课堂和情景模拟教学方法，体现在学生分组、角色设定、问题提示、专题学习、互评机制和成绩评定结构调整等各个环节，并指出应加强培养学生的专业技术素养练习，并在空间设计中不断反馈修正策划。

关键词：多元利益；情景模拟；翻转课堂；住区设计；教学方法

Abstract：The rapid urbanization has witnessed transformation of urban neighborhood with characteristics of multiple stakeholder involvement，various interests' demands，and abundant spatial elements. As a response，the academic education of community and neighborhood planning and design is in demand of extension in knowledge structure and interdisciplinary study. Taking the Neighborhood and Housing Design Studio as example，this paper explores teaching pedagogy of applying multiple stakeholder-oriented scene simulation method and flipped class strategy into programming stages in terms of student grouping，role playing，research question seeking，subject discussion，peer review，and adjustment on composition of grades. The research argues that it is necessary to improve skill learning and professional development，as well as "back and forth" amendment of programming in following design steps.

Keywords：Multiple stakeholders；Scene simulation；Flipped class；Neighborhood design；Teaching pedagogy

1 设计参与利益主体的多元化

伴随快速城市化进程，建筑设计专业教育从史无前例的城乡建设实践中获得了大量实证和理论上的反馈，学科研究和专业教育的发展方向在不断修正，近20年来形成的一套较为成熟的独立的学科体系和教学纲要也面临重大挑战。一方面，偏重于物质形态规划的传统工科的学科门类和建筑工程类的学科体系，远远不能涵盖现代城乡建设实践的学科内容；另一方面，部分经济发展程度较高的城市如北京、上海等地，已逐步从增量扩张转向存量优化，周边环境成熟度高，涵盖的空间要素更加丰富。

城市的居住区是最为典型的代表。居住区课程关注的不仅是增量规划中的新建商品房社区，而是开始更多关注到老城区的住区更新和服务设施配套升级、单位社区的住房流转和人口流动、经济适用房的选址和社会融合等问题。其范畴更远远超出了简单的空间规划领域，而是涉及利益博弈、空间经济学、社会学、心理学等多学科知识。因而，居住区规划设计教学也亟待进行知识结构的转型和跨学科复合语境的教学技能扩展。

2 住区规划设计课教学环节分析

2.1 课程概况

清华大学建筑学院目前采用的是"建筑、规划、景观"三位一体、交叉融贯的学科架构。《住区规划与住宅设计》（下简称"居住区规划"）是建筑学院本科生的"专业核心课——设计系列课"的必修课之一，授课对象为三年级的建筑学本科生。课程开设在秋季学期，为期8周，每周2个半天的课堂教学时间，共3学分48学时。目前居住区教学方式为小班式教学，每位教师指导10～12名学生，学生组成设计小组，每组2人，共同完成10～20公顷的居住区规划设计。居住区规划的教学过程包括：背景调研（1周）、专题讲座（穿插进行）、地段调查及策划定位（2周）、分组空间设计（4周）和制图汇报（1周）共五个环节。

作为传统大规模的设计专业课，住区规划设计在题目设置上经历了一系列的调整探索，在保持经典选题的同时，兼顾教学目标的定位和城市建设需求热点，近年来，选题覆盖了"城市边缘区及城乡结合地带改造"、"既有单位大院式居住区更新改造"、"旧城历史风貌协调区住区更新"、"城市转型背景下旧有村落更新改造"、"城市新区开放式邻里街区设计"等多种类型。

2.2 问题分析

根据居住区规划历年教学的学生反馈来看，主要问题集中在以下几个方面：（1）由于居住区规划发展至今的知识涵盖面极广，学生在短时间内难以掌握全方位的所有知识，对现实生活中的真实住区规划缺乏了解，因而相关策划定位报告产生较为仓促；（2）教师和学生小组的互动较多，而学生小组们各自完成自己的项目设计，组和组之间的交流较少；（3）学生反映希望在单纯的物质空间形体塑造上，多了解其背后城市空间产生的机制和运作的过程，这也同样是教师在教学中一直希望

能够传授给学生的内容。

3 基于多方利益认知的情景模拟教学方法探索

3.1 课程翻转和情景模拟的引入

翻转课堂是一种混合使用技术和亲自动手活动的教学环境。在课前，学生通过教师发放的资料对教学内容进行提前学习，课上时间则用来进行批判性思考和开展小组间协作解决问题。在翻转课堂中，典型的课堂讲解时间由实验和课内讨论等活动代替。传统课堂主要以教师为中心，使用传授课程内容的讲授模式，学生是一种被动学习的角色，以教师为中心的教育相关的挑战就是积极学习的缺乏。虽然建筑学院的设计课小班式教学已并非传统意义上的讲授课程，但是从学生反馈来看，教师往往是一对一的和每一个学生小组进行方案指导，而学生小组之间的交流较少，常出现教师指导一组的时候，其他几组在闲置等待的情况。而翻转课堂中学生在课堂上以课内互评、作业、问答、实验和讨论的形式参与学习活动，特别是学生在鼓励同伴讨论的试验环境中学习，他们能利用相互解释知识的优点，从而强化、巩固自己对这些知识的理解。

情景模拟法是一种行为测试手段，由美国心理学家茨霍恩等率先提出，在职场人才评测等方面应用广泛，近年来在理论教学中的应用亦不鲜见，具有实践性、互动性、协作性、趣味性等特点，尤其适用于小规模教学活动。在传统的设计课教学中，通常采用理论知识讲授、案例解析、一对一设计辅导等方式进行，情景模拟教学法涉及较少。作为城市规划和建筑学体系核心组成部分的居住区规划，与城乡规划实践密不可分，居住区规划涉及政府、房地产开发商、住户以及规划设计师等多方利益主体，不同的主体在其中的立场和核心利益诉求也有所差别，其课程特点比较适用于采用情景模拟教学法。在住区规划与住宅设计的初始阶段，让学生扮演居住区规划和开发中的相关角色，可以激发学生的兴趣，鼓励学生更具专门性地进行背景调研和专业知识准备；同时，并通过博弈和翻转课堂上的互动和表达，可以帮助学生小组之间有效交流，了解其他利益代表群体的定位和思考。通过情景模拟发的引入，可以激发学生的学习兴趣，有利于学生顺利进入住区规划与住宅设计的专业学习中。

3.2 授课方式的翻转和改变

翻转课堂的研讨模式强调在教学课堂中教师和学

生、学生和学生之间对等自由的讨论状态（图1）。传统授课方式为"一师对多生"，没有针对学生具体情况因材施教；目前居住区课堂上采用的小班式教学方式为"一师对一生/组、逐个进行"，尽管实现了教师对每一个学生和每组同学的针对性辅导，但是组和组之间却缺乏必要的讨论和沟通，课堂学习效率较低。本项目希望通过翻转课堂的研讨模式，充分鼓励学生小组之间的讨论，教师通过辅助引导的方式，促进学生对知识点的学习和应用。

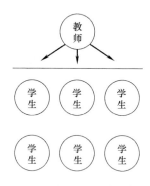

(a) 传统课堂教学模式

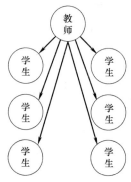

(b) 小班式教学指导模式

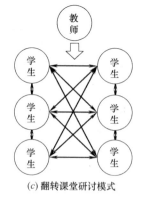

(c) 翻转课堂研讨模式

图1　几种教学指导模式比较

3.3　情景模拟法在教学讨论中的应用

　　情景模拟法是实现翻转课堂有效研讨的重要手段。

在住区规划和住宅设计的教学中主要应用在前期阶段的专题知识学习中。其方式包括：

　　• 学生分组和角色设定

　　角色设定是情景模拟的基础。从居住区规划的策划到设计再到实施，地方政府（以规划管理部门为主，角色A）、开发商等利益实体（角色B）、社会公众（角色C）、城市设计师（角色D）是其中核心角色，每个角色都有自己的目标和定位。由于之前接触的规划知识少，因此，角色设定过程需要教师的全程指点。

　　本组教师所带一般为10～12人，情景模拟比较适宜以分组形式进行。主要采取的形式是教师设定四类角色，四组分组（每组2～3人）"认领"一个身份（图2），组内学生有共同身份和相同的利益诉求，组内交流讨论空间变大，组间对话空间变大。在完成策划和设计定位后，重新打散分组，在新成立的设计小组中，尽可能保证每一组成员都有2～3种不同利益的群体（图3）。

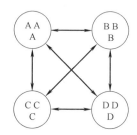

图2　情景模拟分组：组内交流，组间辩论

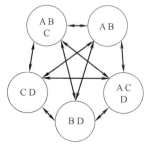

图3　设计小组分组：组内共享，组间学习

　　• 角色责任的问题提示

　　三年级的建筑学和城乡规划学专业本科生还不具备系统的规划知识，为了提高情景模拟效率，是学生更好接触到居住区规划的内容，需要以问题提示的形式，引导学生对居住区规划的流程展开讨论。主要问题围绕"为什么做、谁制定/参与、做什么、怎么做"等展开，以使学生更明白角色的目标和责任。

　　• 分角色专题学习及探讨

　　四类不同的角色各自具有相应的专业知识，横跨了社会经济环境人文等各个领域，需要同学结合相应的调查研究进行深入的专题分析。为此，教师需要在情景模拟阶段全程引导学生学习相应的知识（表1），进而通过组间的讨论和争论，使专题知识得到共享。

分角色专题学习　　　　　表1

角色	专题知识
政府（规划管理部门）	城市交通体系、用地性质、沿街商业配套、环境保护等
开发商（住宅及商业地产）	经济平衡、商业类型投资回报计算、居住区功能策划及定位等
社会公众（居民及使用者）	居民类型及居住需求、公共服务设施需求等
规划设计师	居住区设计规范、日照、消防、节地、户型等

- 利益主体的角色关系

对角色的身份认同感是情景模拟能够顺利展开、能否达到预期教学效果的关键。学生在掌握了相应的知识后，也需要对各自角色的定位有更深刻的认识。理想模式下，四方利益主体的互动关系依循一定逻辑展开。通过研究学生的表现，可以探知学生对于不同城市主体和参与感的价值观判断，进而有利于教师因人而异进行针对性辅导。

3.4　学生小组互助和互评机制的引入

学生互助和互评机制将贯穿在教学的每一个环节收尾之时。主要包括以下几个方面：

- 专题知识学习和汇报完毕，组间对小组展示结果的评定。目的是促进专业知识的学习和互相交流。
- 四方角色博弈探讨完毕，全体学生选出2～3名最佳角色代言人，目的是增进学生参与的积极性。
- 进入到设计过程中，在中期评图阶段，通过组间汇报和互评，来增进不同小组之间思想和成果的交流。

3.5　课程成绩评定结构的调整

在住区规划设计课程中，设计任务依然是核心。在此基础上，对课程成绩的组成结构做了适当的调整。主要包括：角色专题知识学习及成果汇报（10％）、情景模拟表现（10％）、学生互评表现（5％）、设计深化发展过程（30％）、中期及期末评图（45％）。

4　多方利益认知教学的经验与反思

4.1　对利益主体的需求认知度各有不同

虽然学生各领身份，但在讨论过程中，还是表现出了对各类利益主体的认知度的不同。比如，"开发商"角色最为活跃，在讨论中也占据了主动位置，并提出一系列的策划协商做法；"社会公众"角色也不逊色，学生不仅通过调研深入了解了使用者和居民等的空间需求，同时也从经济补偿、公共服务设施改善等方面提出了相应的要求。相比之下，"政府管理部门"角色和"设计师"角色的同学在讨论过程中相对沉默，一方面，学生对于角色需要掌握的专业素养和技术知识相对欠缺；另一方面，也和政府部门及设计师在其中并未有很明确的利益需求有关。为此，在将来的教学环节和理论课程教学中需要进一步增强专业技术课程的讲课和普及。

4.2　对空间手段表达的利用率不足

在各个角色就各自利益诉求进行探讨的过程中，学生们呈现出"热情有余、专业不足"的局面，主要体现在对土地经济价值认识不足、对市场需求认识不足等方面。比如，作为设计师的学生组提出的设计方案，只关注空间环境营造的美观，却忽略了日照、土地集约利用、容积率、户型、公摊面积等核心指标，对空间和经济的相关性认识不足。社会公众角色对拆迁补偿的实际难度了解甚少，而作为政府管理部门和开发商等部门提出的若干策划方案忽略实际可行性，有些流于天马行空，如小区内直通城市道路开辟品牌商业街，等等。都需要后期在通过"策划-设计-再策划-再设计"的循环反复的过程进一步展开推敲和修正。

参考文献

[1] 宋艳玲，孟昭鹏，闫雅娟．从认知负荷视角探究翻转课堂——兼及翻转课堂的典型模式分析[J]．远程教育杂志，2014，32（01）：105-112.

[2] 吴可人，华晨．城市规划中四类利益主体剖析[J]．城市规划，2005，（11）：82-87.

[3] 强国民．情景模拟法在人力资源管理专业教学中的运用[J]．黑龙江教育（高教研究与评估），2007，（04）：52-53.

[4] 任英，詹雪红．居住区规划开发中的利益博弈分析[J]．国外城市规划，2006，（04）：86-89.

冯琳　袁逸倩

天津大学建筑学院；fenglin_tju@163.com

Feng Lin　Yuan Yiqian

School of Architecture，Tianjin University

看得见的城市

——基于"观察-研究-图解"的城市空间认知教学探索

Visible City

——Teaching Research on Urban Spatial Cognition Based on "Observation-Research-Diagram"

摘　要：近年来，天津大学建筑学院本科一年级建筑设计基础课程主要围绕"空间"为核心展开，作为空间认知训练的重要单元，城市空间认知教学成为集认知空间、培养思维、训练技法等多重教学内容为一体的综合性训练。课程围绕"观察-研究-图解"设置教学环节，引导学生在获取有关城市、空间、尺度等方面建筑学知识的同时，了解空间与人的行为之间的关系，掌握调查、研究、分析、图解的方法以及相关的绘图技法。

关键词：建筑设计基础；城市空间认知；观察；研究；图解

Abstract：In recent years，"Space" becomes the core content in the course of Fundamental of Architecture Design at the School of Architecture，Tianjin University. As one of the important teaching units，Urban Spatial Cognition becomes a combined training on spatial cognition，thinking development and skills training. The course program based on "observation-research-diagram" leads students to acquire the knowledge on urban，space，scale，the relationship between urban space and human behavior etc. and to master the methods of investigation，research，analysis，diagram and drawing.

Keywords：Fundamental of Architecture Design；Urban Spatial Cognition；Observation；Research；Diagram

城市是众多事物的一个整体：记忆的整体，欲望的整体，一种言语的符号的整体……[1]

——伊塔洛·卡尔维诺《看不见的城市》

1　课程背景

进入21世纪以来，随着设计观念的发展，建筑作品的多元化、数字技术的应用，建筑教育领域也在发生着深刻的变革。作为建筑学的入门专业课，建筑设计基础教学逐渐由强调绘图技法的训练转变为以培养设计思维为导向的课程设置。近年来，天津大学建筑学院本科一年级建筑设计基础课程主要围绕"空间"为核心展开

教学单元的设计，其划分为两个阶段：空间认知训练与空间设计训练（图1）。其中，空间认知训练着重引导学生接触和了解空间，初识人与空间的尺度关系、城市与建筑空间的要素及其与人的行为之间的关系等，为此后的空间设计训练奠定认知和能力的基础。

作为空间认知训练中的重要单元，城市空间认知教学起到承上启下的作用：一方面将之前对于人体尺度与空间关系的学习引入对城市空间基本要素及其空间尺度的探查，通过亲历体验而产生初步的空间认知；另一方面，引入研究型的设计思维，引导学生就城市空间中的问题进行思考与分析，并尝试性地提出解决策略；在此

基础上，针对手绘及图解表达的技法进行训练，为接下来的建筑空间分析教学以及未来的设计教学提供研究能力与绘图能力的支持。因此，城市空间认知教学不仅是空间知识的学习，而是集认知空间、培养思维、训练技法等多重教学内容为一体的综合性训练。

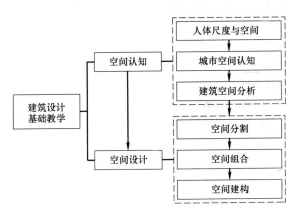

图1 以"空间"为核心的课程教学

2 课程设置

对于建筑学初学者而言，"观察-研究-图解"是空间认知的基础，是建筑设计的前提，也是设计基础训练的重要环节，其注重和强调：敏锐的视角洞察事物的不同面向，身体的介入建立以人为主体的空间认知；深入的追问探究表象背后的源起和本质，清晰的思维揭示逻辑的推演与策略的提出；图示的语言表达无形的思想，准确的描绘呈现有形的空间。因此，城市空间认知教学面向城市空间这个包含了建筑以及人的行为的集合体，引导学生通过实地调研，观察城市空间的基本要素，如道路、边界、区域、节点、标志物[2]，体验街道、街区、广场等城市基本单元的尺度，研究城市空间场所中人的行为活动，并对其中的规律进行分析，进而通过图解表达的方式将上述内容转换为可读的图示语言，由此建立并呈现自身的城市空间认知。

在本教学单元中，教学组指导学生在天津城市具有特点的公共空间，如五大道、意风区、解放北路、滨江道等地区中选取一个约 300m×300m 的街区或长约500m～1000m 的街道为对象，通过为期6周的教学训练，完成两张1号图纸作为课程提交的最终成果。"观察-研究-图解"构成了本课程单元的核心，与之相对应，教学组将训练目标定位为以下三个方面：第一，掌握调查、记录、拍照等城市调研方法，了解城市调研的内容，熟悉城市街区、街道、建筑、道路、广场等空间尺度，理解城市空间的肌理、节点等概念；第二，掌握

统计、比较等研究分析方法，了解城市空间中人的行为活动规律，城市空间尺度与人的心理感受之间的关系，空间与人的交通流线之间的关系。第三，掌握将三维空间转换为二维图纸的表达方式、徒手表达和色彩表达技法、基本构图原理，初步了解与城市空间相关的图解分析方法。

3 教学过程

城市空间认知教学过程主要通过以下三个阶段展开：观察体验阶段、研究分析阶段和图解表达阶段。

3.1 观察体验阶段——获取信息

在初期的观察体验阶段，教学组首先针对教学目标进行集中授课，布置课程任务书，对城市空间的相关理论、城市空间的元素、城市空间的尺度、人的行为活动、城市调研的方法等内容进行讲授。此外，就天津城市发展进行专题讲座，特别是针对调研基地所处的近代以来形成的天津历史文化街区进行详细介绍，讲述这些基地所处的城市区位，城市空间形成的政治和文化背景，街区内建筑的历史信息，不同街区的城市空间特征等。在全面了解上述信息的基础上，每位学生自主选定调研基地，在老师的指导下划定调研的地块范围。接下来，学生对各自选定的基地展开全面充分地实地调研，采用文字、照片、视频、手绘等方式对观察体验的内容进行详细记录（图2）。调研内容包括：基地内建筑、道路、广场、雕塑、绿化等要素的空间分布、尺度关系；建筑的样式、材料、功能、历史信息；街道界面、道路交通、绿化景观现状；人的行为活动及其时空分布等（图3）。

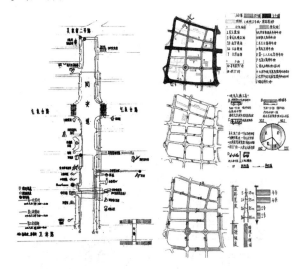

图2 学生观察体验记录

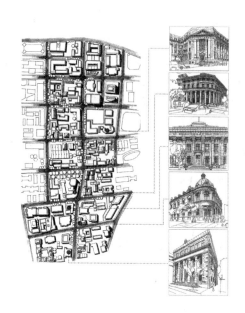

图3 观察体验阶段训练

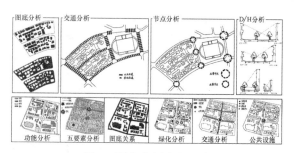

图5 研究分析阶段训练

3.2 研究分析阶段——加工信息

在中期的研究分析阶段，学生将上一阶段调查获取的资料进行梳理，并结合部分文献研究、图像信息的收集，对调研内容做进一步完善，进而，合理运用逻辑方式将调研信息进行有序地组织与整合。在此基础上，就一些调研主题进行量化统计、类型分析、比较分析、层级分析等，绘制相关柱状图、饼状图、曲线图（图4）。与此同时，结合路径、斑块、图底等理论方法，对街区、街道等城市形态进行概括性分析与综合[3]，从多维度呈现城市空间的结构、肌理、节点等（图5），其间，教学组会针对相应的研究分析，例如色彩分析的内容与方法进行专题授课（图6）。在上述观察体验和研究分析的基础上，教师将进一步引导学生思考探究城市空间的尺度、形式、环境与人的行为活动、心理感知、运动流线之间的关系[4]（图7）。

图6 色彩分析训练

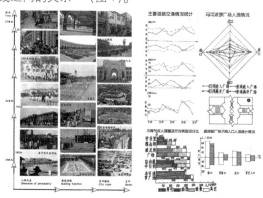

图4 学生资料收集与数据分析

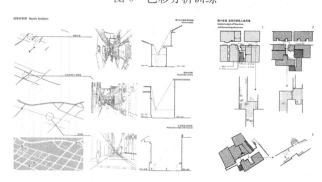

图7 人的行为与空间关系分析

3.3 图解表达阶段——输出信息

在后期的图解表达阶段，教学组首先针对建筑制图、图解分析、构图排版等训练内容进行集中授课。在此基础上，学生依据建筑制图原理和方法，运用墨线、水彩渲染及其他手绘方式进行线条和色彩表达，将前期调研的三维城市空间转化为二维建筑图纸。与此同时，运用与城市空间相关的图解分析方法，将上一阶段的研究分析经抽象提炼，运用图示语言进行绘制和表达。最后，将上述总平面图、分析图、表现图等进行构图和排版，此环节可借助 Photoshop 软件进行，完成图纸的绘制。最终，学生提交成果图纸，由教学组进行评定，并择优在学院展厅展示。

4　教学成果

从学生完成课程提交的成果图纸来看，教学目标得到了实现，学生在一定程度上建立并呈现了自己对城市空间的认知，理解和学习了与城市空间相关的基础知识，掌握了调查、研究、分析的方法，绘图技法也得到了训练。以下选取了 2016 级建筑学 3 位学生的成果图纸，其对于城市空间认知的内容各有侧重，接下来将通

过分析来进一步说明本课程单元的教学成果。

4.1　建筑与规划认知

学生作业一选取天津五大道历史风貌街区中的地块为调研对象，五大道属近代天津英租界，当时以"花园城市"、"高级住宅区"的理念进行规划和建设，成为天津近代居住建筑最为集中的区域。学生在详细调研的基础上，针对历史街区特有的建筑与规划状况展开深入剖析，对于其中的历史风貌建筑，包括居住建筑、体育场等，就其空间特征、材料运用、使用现状以及修缮更新等进行分析，对街区的建筑密度、交通状况、界面色彩和空间尺度等进行研究。图纸在墨线线条的基础上，运用了彩铅、水彩进行绘制，通过 Photoshop 软件进行排版，成果图纸整体内容丰富，构图饱满，色彩和谐统一（图 8）。

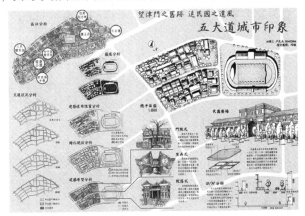
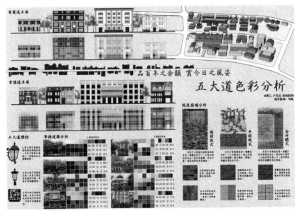

图 8　学生作业一

4.2　空间与行为认知

学生作业二选取天津意风区中的地块作为调研对象，天津意风区为近代天津意大利租界区，2003 年底开始进行修缮和保护性开发建设，引入餐饮娱乐、文化艺术、创意设计等商业业态，将其开发为供市民休闲活动的场所。学生通过调研，特别针对基地中人与城市的密切互动，对街区内人群密度、人流交通进行分析，对人与街道的尺度进行图解，对人的行为与公共空间的关系进行研究，进而形成了以人为主体的城市认知地图。最终成果以黑白墨线表现为主，图纸表达逻辑清晰、层次分明，较为充分地体现了思考城市空间的独特视角（图 9）。

4.3　风貌与色彩认知

学生作业三同样选取了天津意风区中的地块作为调研对象，通过对基地的深入调研，以城市风貌为切入

点，着重对建筑样式、材料、色彩、照明等进行系统分析。不仅如此，该同学还在调研的基础上，针对城市现状中的空间问题提出了自己的思考和设计策略。值得一提的是，成果图纸的绘制引入了新的技术方法，学生运用绘图软件在 iPad 上完成手绘，是新时期将数字技术引入绘图训练的尝试和探索（图 10）。

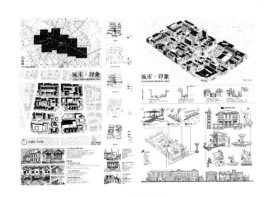

图 9　学生作业二

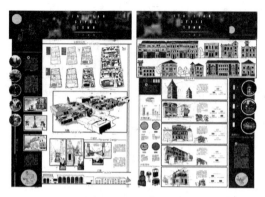

图 10　学生作业三

5　结语

　　基于"观察-研究-图解"的城市空间认知教学是一项将知识、思维、技法相融合的综合性设计基础训练。学生一方面通过亲身调研、体验获取了有关城市、空间、尺度等方面的建筑学知识，初步了解了空间与人的行为之间的关系；另一方面还在学习中掌握了调查、研究、分析、图解的方法；与此同时，通过训练承袭天津大学传统建筑绘图技法，并展开新时期新技术的应用和尝试，为今后的学习奠定了重要基础。

参考文献

　　［1］　（意）伊塔洛·卡尔维诺．张宓，译．看不见的城市［M］.南京：译林出版社，2006：7.

　　［2］　（美）凯文·林奇．方益萍，何晓君，译．城市意象［M］.北京：华夏出版社，2001：35-36.

　　［3］　（德）格里特·施瓦尔巴赫．杨璐，柳美玉，译．城市分析［M］.北京：中国建筑工业出版社，2011：110.

　　［4］　（丹）杨·盖尔．何人可，译．交往与空间［M］.北京：中国建筑工业出版社，1992：1-44.

吴珊珊　李昊

西安建筑科技大学建筑学院；517214259@qq.com

Wu Shanshan　Li Hao

Xi'an University of Architecture and Technology

回归日常生活的城市设计教学改革与探索
——以生活认知与场所研究阶段为例

Teaching Reform and Exploration of Urban Design for Daily Life
——Taking "Life Cognition and Site Research" Stage as an Example

摘　要：为应对后城市化阶段我国城市发展的价值转型和专业人才需求，西安建筑科技大学建筑学专业城市设计教学组在探讨当代城市更新适宜性方法的基础上，积极调整优化教学理念与方法，确立了以"回归日常生活"为主线索的整体教学思路，引导学生从日常生活视野重新审视城市价值的内涵，培养并形成"人文＋在地＋生活"的设计观念和思考路径。本文通过介绍"生活认知与场所研究"教学环节中对于学生在价值观、方法论、实践法三方面的具体引导方式，唤醒学生对于日常生活的感知能力，跳脱以往的模式化认知和冷漠态度，从发现问题与潜在价值开始，寻找人性视角背后城市空间设计的可能性。

关键词：城市更新设计；回归日常生活；生活认知；场所研究

Abstract：In response to the post-urbanization stage of value transformation of our city and professional needs, the urban design teaching group of Xi'an University of Architecture and Technology is based on the discussion of contemporary urban regeneration method, actively adjust and optimize the teaching ideas and methods, and established the teaching idea of "Returning to daily life" as the main clue of the connotation, guiding students to review the value of our city from the perspective of daily life, cultivating the design concept and thinking path of "humanity ＋ locality ＋ life". This paper introduces the teaching methods of "life cognition and site research" stage with the practice of values, theory and specific guidance, arouse students' perception of daily life, get rid of the patterned cognition and indifferent attitude, from discovering problems and potential value to find possibilities of urban design in view of human nature.

Keywords：Urban renewal design；Returning to daily life；Life cognition；Site research

进入后城市化发展阶段的中国，开始强化对地方文化的认同和城市品质的提升，从对于"宏大愿景"的终极价值追求逐渐转向对于"日常世界"的现实存在确认。如何回归城市发展的根本价值，在增进福祉、倡导包容、持续发展的同时达成对在地文化与日常生活的回应，成为当下城市发展建设需要讨论的核心问题之一。

针对价值转型期的核心诉求，我校建筑学专业城市设计教学组积极调整优化教学理念与方法，确立了以"回归日常生活"为主线索的整体教学思路，引导学生从日常生活视野重新审视"城市价值"的内涵，关注那些被隐匿于城市之中的、具有典型本土文化特征的生活场所，尊重并关照各类生活群体的差异化需求，让不同生活样态的意义和价值得以呈现并共存，让潜藏在日常之中的文化得到确认，以此培养学生建立"人文＋在地＋生活"的设计价值观念。

在教学实践过程中，我们先后选取西安老城区中几类典型的、具有不同特质的生活场所进行课题研究，探讨城市更新开展的路径与方法。本文主要介绍"回归日常生活"的教学理念在"生活认知与场所研究"阶段的应用和实践。

1 城市设计课程体系的调整与优化

更新类城市设计课题所涉及的建成环境一般较为复杂，设计开展必须充分依托于对场地现有人群构成、生活状态、空间环境等方面的系统认知和综合研判，关照场地内不同生活群体的多元诉求，避免使设计陷入脱离现实条件的"自我臆想"与"自我揣测"的虚妄之境。在教学实践过程中，我们始终不断强化基于"在地特征和日常属性"的设计开展路径，通过生活的"本体认知"—"愿景构想"—"美化提升"三个阶段分别进行教学引导，从价值观和方法论层面帮助学生逐步掌握城市更新设计的完整思路与合理方式。

与传统城市设计课程注重空间本体营造的教学方式有所不同，经教学小组优化后的城市设计课程体系围绕"回归日常生活世界"的教学理念展开，设置"生活认知与场所研究"—"问题研判与价值发现"—"愿景构想与路径生长"—"在地活化与渐进发展"—"本土呈现与真实表达"五大教学环节，确立了"发现并呈现"、"生活并生长"、"在地并在野"、"适合并适度"四个基本的设计原则，引导学生在场所认知阶段，除了关注地段现存的问题之外，也能发现并呈现场所的潜在价值和精神；在策略提出阶段，能够尊重在地生活的记忆与痕迹，思考从现在到未来不同时间段内的发展诉求，建立"生长性"的阶段目标和实现路径；在方案设计阶段，通过自下而上的小规模、渐进式干预方式，以点带面持续促成空间环境的更新活化与生活品质的美化提升（图1）。

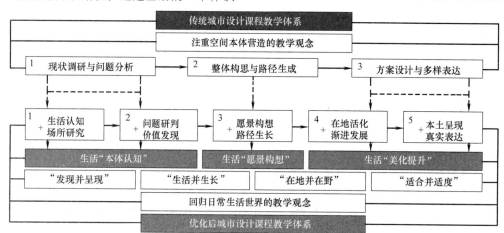

图1 传统城市设计课程体系与优化后城市设计课程体系的比较

2 回归日常生活的教学理念在"生活认知与场所研究"阶段的应用

作为教学体系中第一个主要环节，"生活认知与场所研究"阶段是一切后续设计开展的基础依据和思考原点，是培养学生"从整体到局部"、"从宏观到日常"系统性认知城市与场地的重要阶段，这一阶段的教学目标主要包括：（1）唤醒对于日常生活的感知能力；（2）了解对于复杂现状的认知路径；（3）掌握对于庞杂系统的分类研究，它们分别对应了教学过程中的价值观念引导、认知方法引导与实践操作引导三个递进的子环节，通过"观念建立＋方法讲授＋实践应用＋成果汇报"的教学方式，帮助学生由感性认识过渡到理性分析，培养并形成以在地日常生活为基点进行现状调研与场所研究的意识和能力（图2）。

2.1 价值观念引导——唤醒对于日常生活的感知能力

设计即创造性地解决问题，发现问题、确立研究点是设计开展的重要前提。在问题的发现过程中，建筑学学生通常只关注于物质空间本体的现实状况，却时常忽略对于宏观层面的城市发展认知以及日常层面的在地生活观察，使问题的发现与提出流于表象化，难以拓展并深入。因此，有必要培养学生建立城市设计的整体观和回归日常生活的价值观，从多个维度了解场地物质空间背后的生成机制，打开发现问题的视野和思路，为后续设计开展提供更多的可能性。

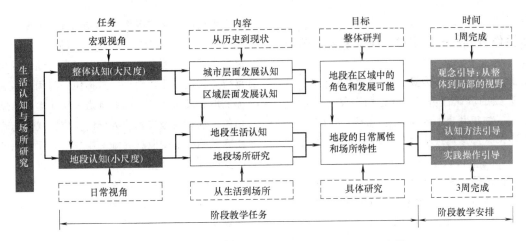

图 2 生活认知与场所研究阶段的教学任务与教学安排

在教学实践操作中，我们从宏观视角与日常视角同时引导学生形成系统性认知场地的能力，打破针对单一建筑的调研思路，从多重视角出发完整认知路径，关注不同人群的生活样态、活动特征和现实诉求，找到设计的突破口。

2.2 认知方法引导——了解对于复杂现状的认知路径

在调研工作开展之前，需要引导学生建立清晰的

认知路径，明确调查主体对象、观察记录方式、重点关注内容以及阶段任务目标（图3），形成多层级、分类型、系统化的调查研究习惯，深入了解"人—场所—生活"之间的相互关系，寻找人性视角背后城市空间设计的可能性，要求学生通过感性记录（影像、问卷、访谈、心智地图等方式）与理性分析（类型学分析方法、SWOT分析方法）相结合的方式，梳理地段复杂的现实条件。

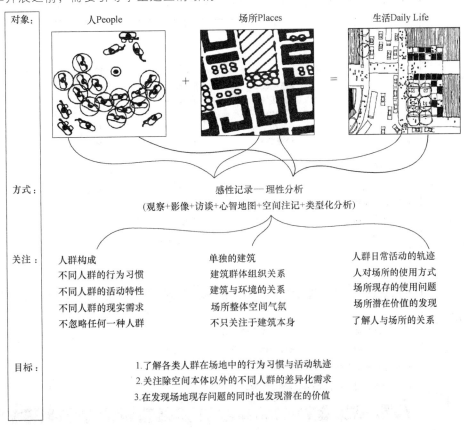

图 3 针对复杂地段现状的认知路径

313

2.3 实践操作引导——掌握对于庞杂系统的分类研究

出于对课时安排以及基地复杂现状的综合考虑，教学组拟定了详细的调研任务书，通过所有学生分组调查—集体汇报—成果共享的合作方式，力图在有限时间内尽可能全面深入地掌握现状资料，具体的调研安排包括：以3人小组为单位进行任务划分（学生总数为40人左右），每组选择一种特定人群类型中的关注对象（各组选择的关注对象不可重复），以此为线索进行"人—场所—生活"之间的关联性研究，通过建立所选人群特征与生活场所的形态、功能、视觉、时间、认知五个维度的相互关系，形成一套较为连贯的类型化研究成果，然后各组成果通过汇报方式相互分享，既可基本

涵盖地段内各类主要人群和场所特征的现状认知，又可在组与组之间形成互动和启发（图4）。例如：小组A选择半固定人群类型中的临时商贩，通过观察记录其日常行为轨迹，了解他们摆放摊位的时间和原因，经常摆放的地点及其特征，这些地点在整个地段中所处的空间角色，临时商贩与其他人群的交集方式，与临时商贩所卖商品相类似的业态在地段中的现状情况等等。此种调研安排可引导学生开展具有明确指向性的研究工作，摆脱以往走马观花、含糊笼统的调查方式，以所选人群为聚焦点以点带面地建立起人的生活与场所特征之间的相互关系，学生也会充分打开脑洞，以各种生动、有趣的方式进行小组成果展示，跳脱对于日常生活的模式化认知和冷漠态度，从丰富多维的视角出发，发现更多设计的可能性。

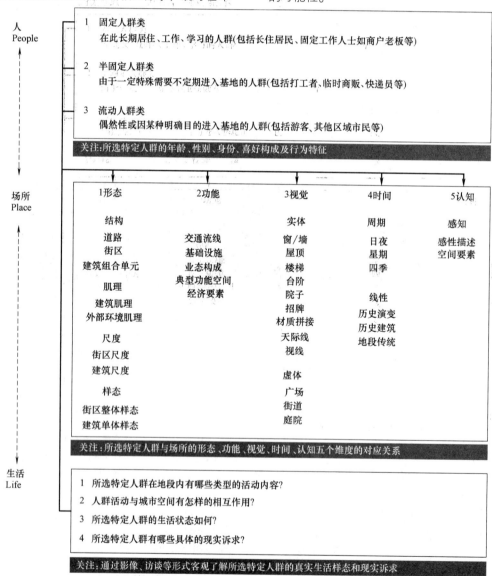

图4 场地认知阶段的调研任务书

3 "生活认知与场所研究"阶段成果

在"生活认知与场所研究"阶段的教学实践中，各小组学生需要进行两次阶段成果汇报，同时全班合作共同完成场地基础资料的整理和绘制，包括深入街道内部的表达与日常生活相关元素细节（如建筑门窗细部、屋顶形制、标识门牌、临时构筑物等）的沿街立面手绘图（1∶100）、街道平面图（1∶100）以及地段详细的电子模型和手工模型（1∶200）。通过这些资料的绘制，可再次强化学生对于日常生活中易被忽略事物的认知，为后续设计的策略提出和空间实践提供基础依据和灵感启发（图5～图8）。

图5 阶段汇报中关于人群活动的记录（学生汇报ppt）

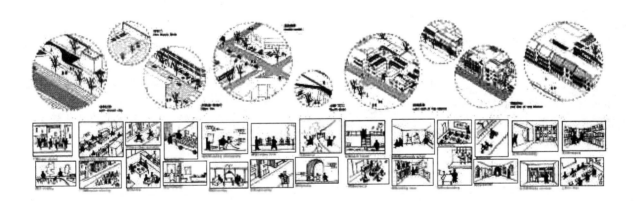

图6 针对地段人群活动与空间场所的生活场景表达（学生作业）

图7 学生手绘沿街立面钢笔淡彩图（学生作业）

315

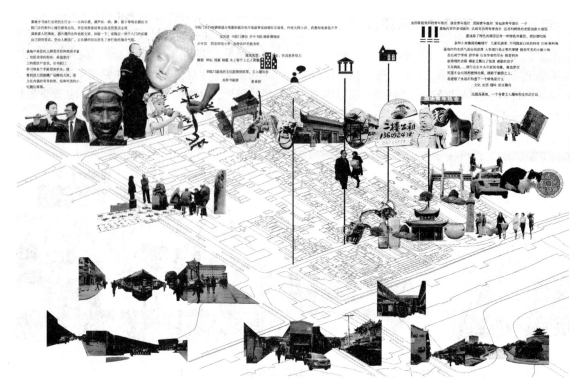

图 8 基于日常生活视角的场地基本情况认知图（学生作业）

4 结语

以"回归日常生活"为主线索的教学思路在实践过程中取得了良好的反馈，学生从认知场地开始，循序渐进地领会自下而上开展在地活化更新的方式与内涵，鼓励"外师造化，内发心源"的学习方法，让学生建立解决问题为出发点的设计意识，在学习中感受城市，感受生活，尊重历史，尊重现实。

城市更新是一项庞大的系统工程，教学中依然存在许多有待提升的内容，在后续的课程建设中，需结合专业发展需求进行持续深入地研究和探索，从设计观、方法论、形式法等方面不断调整、完善、优化课程体系。

参考文献

[1] 王建国. 现代城市设计理论和方法. 南京：东南大学出版社，2001：35-55.

[2] 王骏阳. 日常：建筑学的一个零度议题. 建筑学报，2016（11）：16-21.

[3] 王方戟. 建筑设计教学中的共性与差异——小菜场上的家 2. 上海：同济大学出版社，2015：52-88.

[4] 冯果川. 建筑还俗——走向日常生活的建筑学. 新建筑，2014（06）：10-15.

[5] 李翔宁. 上海制造：一个当代都市的类推基因. 上海：同济大学出版社，2014：24-40.

徐小东　吴奕帆

东南大学建筑学院；xxdseu@126.com

Xu Xiaodong　Wu Yifan

Author Affiliation：Architecture School of Southeast University

东南大学本科四年级绿色城市设计教案研析
——以宜兴东氿 RBD 中心区绿色城市设计教学为例 *

Study on the Syllabus of the 4th Year Studio of Green Urban Design in Southeast University
——A Case Study of Green Urban Design Teaching of Recreational Business District in Donggui，Yixing

摘　要：本文是对东南大学建筑学院四年级绿色城市设计教案的总结与分析。该教案包括气候适应性设计、绿色交通设计、开放空间设计与低能耗城市设计等主要研究方向，并以宜兴东氿 RBD 中心区绿色城市设计为例，展开教案分析与教学实录及部分作业展示，以期探索一条切实可行的绿色城市教学方法与途径。

关键词：教学体系；绿色城市设计；RBD 中心区

Abstract：This paper is focused on a summary and analysis of the 4th year teaching studio about green urban design in Architecture School of Southeast University. The syllabus is constituted by the fundamental cores of design of climate adaptability, design of green traffic, priority of open space and design of low-oil-consumption city. It reviews a typical studio teaching named as Green Urban Design for Recreational Business District in Donggui of Yixing, to show the syllabus analysis, teaching records and some correlative student works, aimed to explore a practical green urban design teaching methods.

Keywords：Teaching System；Green Urban Design；Recreational Business District

东南大学建筑学院四年级建筑设计课程采用教授工作室教学模式，下设城市设计、大型公建、住区设计、学科交叉等 4 个平行方向。城市设计主要研究城市空间形态的建构机理和场所营造，是对包括人、自然、社会、文化、空间形态等因素在内的城市人居环境所进行的设计研究和工程实践活动[1]。区别于建筑学本科教学前三年的建筑设计基础，城市设计隶属于建筑学下的二级学科，是以一定规模的城市地段作为研究对象，在设计过程中也注意与城市规划、景观设计的交叉融合，在设计对象的尺度范围和学科的广度上对学生来说有一定的挑战性。

本科四年级的城市设计课题主要考查学生综合解决城市问题的能力。城市设计课题通常要具有功能与环境的复杂性和设计问题的研究性，并需具备一定的规模，其教学要点如下：

（1）通过设计实践领会并初步掌握城市设计的基本

＊本文在写作过程中得到国家自然科学基金"城市公共空间格局与城市形态的关系模式及其量化评价体系研究"（51408122）；"苏南地区乡村空间结构量化评价及动态演变机制研究"（51678127）、北京未来城市设计高精尖创新中心——城市设计理论方法体系研究（UDC2016010100）资助。

策略与方法，形成并运用城市设计的多维思考方法，能够处理一般地段的城市形体环境和建筑群空间组织的设计问题；能在土地高效集约利用、能流系统的优化、交通体系的构建、绿色街区、混合社区、气候适应性等1~2个方向取得进展。

（2）课题突出强调城市RBD中心区环境塑造与城市空间组织的互动关系。研究如何从绿色设计观念出发，掌握特定地域语境下的城市设计模式研究与环境软件仿真模拟相结合，并基于特定的目标导向对城市设计的对象、空间进行适度、有效地设计界定和实施引导。

（3）学习并掌握绿色城市设计方案表达的方法和技能，初步了解我国城市设计成果编制的一般要求和格式标准，通过设计训练初步具备独立从事城市设计工作的能力。

1 教学要求

城市设计是对自然环境和人工环境的综合考量，它涉及客观、可触、可感等诸多的物理因素。纵观城市发展历程，此前自然环境是城市建设中容易被忽略的部分。因此，正确认识城市建成环境的自然要素（包括环境要素和气候要素）和人工要素的时空分布规律及其相互作用机制，对于合理进行城市规划设计和建设，改善城市生态环境，走可持续发展的道路具有十分重要的意义。[2]东南大学建筑学院在本科四年级城市设计课题中开拓出绿色城市设计特色专题，并针对其特征，提出相应教学要求，体现在以下四个方面：

1.1 气候适应性设计

特定地域的生物气候条件是城市形态最为重要的决定因素之一，它不仅形成了自然界本身的特殊性，还是人类行为与地域文化特征的重要成因，也是城市建设面临的自然挑战。自然气候条件在很大程度上决定了一个城市的结构形态、开放空间设计、街道与建筑群体布局等。影响城市环境气候的因素中包含非人为可控因素，例如云层厚度、风速等；而从城市设计的角度看，设计师需关注城市建设中影响气候的可控因素，如城市下垫面材料、人为热排放等，因此"形式追随气候"应成为绿色城市设计的重要准则。[3]

在四年级绿色城市设计课题中，首要的教学要求是学习和认知自然要素和人工要素的相互制约适应关系，通过案例分析及相关气候分析软件的学习熟悉与了解城市设计中以气候为出发点的各类应用策略。

1.2 绿色交通设计

随着我国的快速城市化进程，城市机动车辆、非机动车辆数量和交通流量急剧增加，从而引发城市交通拥挤、交通事故频发和环境污染等一系列社会问题。绿色交通系指采用低污染乃至零排放、适合城市环境的运输方式（工具），来完成给定的社会经济活动。这一概念旨在通过促进环境友好型交通方式的发展，建立维系城市可持续发展的交通体系，以最小的社会成本满足人们的交通需求和实现交通效率最大化，以减轻交通拥挤，减少环境污染，合理利用资源，并使城市变得更加宜居，为子孙后代留下一个美好的未来。

针对绿色城市设计交通结构层面，要求学生学习三个方面的交通策略。首先，公共交通优先：为了实现基于环境友好概念的城市交通模式，人们就需要建立和保持一种相对快捷、舒适和可靠的公共交通系统，并赋予它们优先权。其次，限制小汽车数量，为市民增加宽敞舒适的步行环境。第三，低技生态型自行车交通在绿色交通体系中起到越来越重要的作用。学生在设计过程中，需要时刻关注城市设计中交通结构的组织，重点解决场地内外车行系统、动态交通与静态交通等问题，并将以上三大策略落实到可行的物质空间层面，打造便捷、低能耗、可持续的交通系统。[4]

1.3 开放空间优先原则

开放空间是指城市外部空间，具有开放性、可达性、大众性和功能性，它包括绿地、水域、待建的与非待建的敞地、农林地、山地、滩涂和城市的广场与道路等自然及人工系统和元素，是城市设计主要的研究对象之一。作为城市绿色基础设施的开放空间在城市中发挥着生态、游憩和审美功能。积极探索开放空间与城市生物气候设计的综合作用机理，最大限度地发挥其生态功能最为关键。

在四年级的城市设计教学过程中，课题对空间设计的要求进一步提高。在本科前三年的教学中，学生主要关注建筑内部的空间设计，而本次设计更关注城市的外部空间，要求设计产生的空间对城市产生积极的环境效益，提升城市公共空间品质。学生们需认知不同种类的开放空间对城市环境的影响，逐个考虑影响因素，如：城市外在条件、景观破碎度和连接度、开放空间布局和形态等。同时，通过案例学习城市开放空间的布局原则，并将之运用于自己的设计方案中。

1.4 "低能耗"城市设计

"石油时代"的城市也已经成为高能耗代名词，意味着能源的消耗与环境的退化。随着城市人口集聚功能日益增强、城市规模结构变化，城市的能源结构也随之变化，给建筑空间布局、构造与建造方式带来不同影响。

我国目前正处于工业时代向后工业时代发展的转折点，这一时期对城市而言，不仅要克服前期工业化的能源使用障碍，还要绕开后工业化打着新能源开发口号、却依旧大幅使用不可再生能源的陷阱。研究中国快速发展阶段的城市，大城市有序发展，其能源使用结构均相对传统，问题源于以下三个方面：人口高密度，快速城市化导致的人口进一步集聚，经济增长模式（如对不可再生资源的过度依赖）；中小城市无序扩张，其人口规模聚集效应滞后于城市的蔓延速度，能源使用结构也未合理优化[5]。

四年级的绿色城市设计课题中，需注重去挖掘"超越石油城市"的相关理念，在绿色城市设计中运用降低能耗的策略。学生需要去关注城市中个人生活方式的改变，例如零能耗步行、骑行交通，绿色邻里营造，降低个人碳排放量。利用导则设计引导共享形式的消费习惯与半自足的城市运行模式，在宏观及微观层面协同降低对生态环境的压力。

2 典型教案与教学记录

课程名称：宜兴东氿 RBD 中心区绿色城市设计与研究

教学时间：2013～2015 年度，本科四年级

指导教师：徐小东

2.1 课题背景

在我国快速城市化背景下，城市规模急剧扩张，人们在反思 CBD 建设泛滥之际，一种集生态休闲、办公特色为一体的城市 RBD 区域蓬勃发展起来。与此同时，针对以往同类城市规划建设中出现的土地利用率不高、城市能源系统欠集约、建筑与城市空间地景整合不佳、缺乏因地因气候制宜考虑，以及城市面貌千篇一律等现象与不足，亟待从理论与实践层面展开研究。

2.2 教学主题

（1）RBD 中心区

RBD 通常译为"游憩商业区"，一般指城市中以游憩与商业服务为主的各种设施（购物、饮食、娱乐、文化、交往、健身等）集聚的特定区域，是城市游憩系统的重要组成部分。课题突出强调城市 RBD 中心区环境

塑造与城市空间组织的互动关系。如何建设功能定位合理、特色鲜明、充满活力的高品质 RBD，是课题需要重点研究的内容。

（2）绿色城市设计策略

绿色城市设计是在理论与方法上贯彻低碳节能和环境友好的思想，融合特定的生物气候条件、地域特征和文化传统，同时运用适宜和可操作的生态技术，以实现具有可持续性的城镇建筑环境营造的目的。在操作层面上，绿色城市设计向上与同一层次的城市规划中的专项规划协调，向下则为绿色建筑规划和设计提供了城市尺度的依托平台。[6]

在课题中，绿色城市设计策略主要关注于以下几方面内容：土地的高效集约利用、能流系统的优化、绿色交通体系的构建、多元复合的功能分区、气候适应性城市设计以及绿色城市设计评价体系的建立。

（3）技术手段与工具

研究如何从绿色设计观念出发，特定地域语境下的绿色城市设计模式研究；与环境软件仿真模拟相结合；强化 CFD 或 ECOTECH 软件教学与应用。

（4）能源综合策略

研究如何从绿色设计观念出发，基于特定的目标导向对城市设计的对象、空间进行适度、有效地设计界定和实施引导。鼓励学生利用以被动式技术（空间调节）为主、主动式技术为辅的生态策略研究方法；鼓励学生积极利用可再生能源，初步领会能源中心与能源系统建设的概念。

2.3 项目场地

基地位于宜兴氿滨大道以东，解放东路东端地区，南北长约 1.2km，东西宽约 0.6～0.9km，绿色设计协调区约 1km²，设计核心区约 0.36km²。基地呈半岛型突入水面，环境优美。

图 1 基地位置

2.4 任务要求

（1）调查研究

在区位分析、上位规划解读的基础上，展开地块及其周边自然条件、道路交通、功能业态、绿地系统、土地利用、城市肌理、建筑形态与特征的调查研究。

（2）现状分析

重点调查分析设计基地的现状及其所面临的发展问题，初步掌握利用 SWOT 对基地优缺点进行分析、比对。

（3）策略选择

建立适宜基地特征和绿色城市设计要求的交通组织、绿地系统建构、功能复合、城市空间组织及绿色建筑设计与构思。在现有的技术和环境条件下，选择适宜的技术手段和生态策略如气候、复合功能、低碳交通、高效能源系统建构等 1～2 个方向加以突破。

2.5 城市设计理论与实践

在梳理城市设计发展历程的基础上，结合任课教师自身的研究方向与领域，将绿色城市设计理论应用于课程教学，对初次接触城市设计的四年级学生进行概念性城市设计的训练。此次课程的目的并非介绍所有的城市设计方法，而是着重将"绿色"设计的理论贯穿于城市设计教学中。

（1）以"理论讲座＋互动研讨＋自主设计"实现"理论＋理解＋实践"

课题教学主要包括三个环节：首先，主讲老师以讲座形式介绍理论；其次，结合学生的课外阅读，深入研讨绿色城市设计的原则与方法；最后，每位学生借助该方法展开概念方案设计并进行深化与分阶段演示汇报。

讲座环节首先对绿色城市设计进行课程题目讲解，随后几周分章节介绍"基于生物气候条件的绿色城市设计"、"超越石油的城市"、"森林城市"、"绿色交通"等生态策略，让学生学习基本原理与方法，结合课后阅读深入理解，设计环节遵循理论指导实践，各环节紧紧相扣，在较短的时间内实现学生有效掌握一般设计原理、原则和方法。

（2）通过同一基地多方案比对推进绿色城市设计方案构思与发展

针对不同的设计方法与策略，主讲老师讲授设计原则，指导学生进行绿色城市概念方案的构思。这些原则主要关注自然要素与人工要素的关系、城市地段的形态组织、公共空间的营造、气候条件的影响等架构性

问题。

针对同一基地，在概念方案空间结构大体可行的基础之上，要求学生基于绿色交通、绿色建筑、公共空间优先、综合管廊和海绵城市等不同专题做出选择并逐步深入发展。

2.6 课程结构与教学组织

该教案设计任务包括地段级绿色城市设计和单体绿色建筑设计两个层级。作为绿色城市设计的教学实践，教学结构包含了 3 条教学线索，教学时间一共 8 周，在这 8 周中它们平行推进、相互交织。

线索一：课程组织、授课与评图。主讲教师根据教学内容和进度，在为期 8 周、每周 2 次的设计课中集中授课 6 次。第 4 周和第 8 周为系里统一组织的公开评图周，其中第 4 周是由本校老师参与交叉评图的中期答辩，第 8 周是由校外专家、本系其他年级教师和本年级相关方向其他课题教师参与的终期评图与答辩。

线索二：城市设计课程规定了周密详实的空间塑造和环境设计教学内容与进程，包括总图、重要节点设计、建筑形体设计三种尺度由大及小、内容逐级深入的进阶模块，成果包括相应比例的模型和图纸。

线索三：引入绿色城市设计策略学习和应用环节。学生需要学习运用必要的模拟分析软件，如天正、Ecotect 等来推敲和推进设计。这一过程会反复多次，在体形环境与软件模拟分析之间进行多次交互和互相辅助、互相调整。

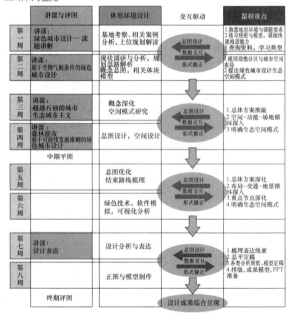

图 2 课程教学框架

3 优秀作业

3.1 "MIX"，2014 年春季四年级建筑设计课程/城市设计方向，学生：吴奕帆，姚舟，陈乃华（中国台湾学生）；指导教师：徐小东

教师点评：

课题从绿色设计出发，针对目前国内大规模兴建写字楼、空置率居高不下的现状进行了反思，设计者将这种现象的原因归结为空间的隔离，并认为这种缺乏活力的"空城"造成了资源的极大浪费，成为城市最大的"不绿色"原因之一。因此，前期学生花了很多时间研究宜人尺度的街区，包括了巴塞罗那等城市的案例研究，一定程度上知晓了欧洲绿色城市主义、美国精明增长等西方最新的城市设计理念。

方案首先面对水湾打开一条绿轴作为视觉轴线，在面对龙背山和太湖的方向打开引入两个港湾水系以激发场地活力，并用滨水步道将这三要素串联起来，鼓励绿色交通方式。在此基础上探讨了街道尺度与人的行为关系，并逐一对街区大小、街区开口数量、街道界面等展开多方案比较和深化设计。与此同时，优化风环境切削建筑形体，同时留出部分公共活动用地，创造出一个活力办公港湾。

除了将尺度作为设计重点之外，在单体设计中也运用了一些绿色策略，如较为完整的雨水回收系统和太阳能系统，较好实现了此次课程训练的目的。

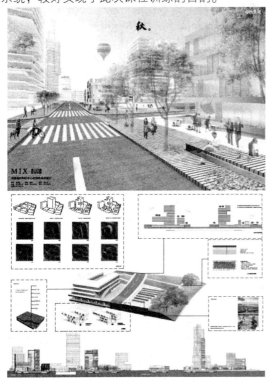

图 3　优秀课程设计方案一

3.2 宜兴东氿 RBD 中心区绿色城市设计，2012 年秋季四年级建筑设计课程/城市设计方向，学生：王倩妮，钟强，Osei Asante Ebenezer；指导教师：徐小东

教师点评：

王倩妮、钟强、Osei Asante Ebenezer 同学作业的应对策略是将场地的开放程度最大化，以得到高品质的城市公共空间。首先将场地分为商业、酒店、办公、企业总部四大分区，不同分区解决不同问题。应对场地功能分区，调整公共空间形式，激发不同形式的公共活动并创造景观视线。

经过设计，将滨水区商业街打造成为商业与休闲一体化的公共区域；中央办公区公共空间视野开阔，层高较高，可远眺城市山水，其中二层架空设计，遍布绿植，使得一二层成了城市的"绿廊"；酒店区公共空间三面环水，视野辽阔，激发城市大型公共活动，从而转化为城市公园的一部分。

结合气候条件，精心打造适应不同季节特点的中心立体步行空间，通过二层平台与东北角游艇俱乐部形成一个整体。提高太阳能、风能、雨水回收等自然资源的利用，严整构思建筑表皮、垂直森林等生态设计方法和策略。

图 4　优秀课程设计方案二

3.3 基于多维整合的 RBD 中心区绿色城市设计与研究，2013 年秋季四年级建筑设计课程/城市设计方向，学生：吴舒，何朋；指导教师：徐小东

教师点评：

吴舒与何朋同学的作业打开了场地北面和西面湾口处的水系，创造了一条贯通场地的河流，并与湖泊水系连成一体。在这条水系上布置了三个主要节点和三条南北贯通的轴线。建筑依据通风模拟的结果进行切削形成风廊，并充分兼顾了日照条件。

中央主要建筑多为塔楼，通过形体切削引入夏季风，裙房采用玻璃幕墙增强商业氛围。结合商业设置景观，通过绿化和台阶创造亲水环境和活跃氛围。

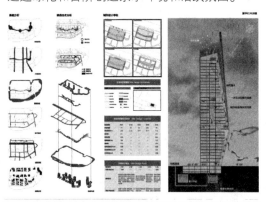

图 5　优秀课程设计方案三

4　结语

在此次四年级绿色城市设计课程教学过程中，根据教学计划和实施方案，结合城市设计不同方向与模式进行综合学习与应用实践，要求学生在传统经验积累的基础上，初步学习多种软件模拟，选择适宜的技术手段和生态策略来应对复杂的城市问题，掌握绿色城市设计的一般原理、原则和方法策略，以营造绿色和可持续发展的城市环境。

研究生刘梓昂、张炜参与了四年级城市设计教学过程，对他们在论文资料整理、编排和写作阶段付出的劳动，谨致谢意。

参考文献

[1] 王建国．中国城市设计发展和建筑师的专业地位 [J]．建筑学报，2016（07）：1．

[2] 徐小东，王建国．绿色城市设计——基于生物气候条件的生态策略 [M]．南京：东南大学出版社，2009：54．

[3] 徐小东，王建国．基于生物气候条件的城市设计生态策略研究——以湿热地区城市设计为例 [J]．建筑学报，2016（07）：67．

[4] 参见王建国，徐小东．基于可持续发展准则的绿色城市设计交通策略——来自《绿色城市主义》的启示 [J]．城市发展研究，2008（06）：8-13．

[5] 参见吴志强．超越石油的城市 [M]．北京：中国建筑工业出版社，2009：1-3．

[6] 参见徐小东，沈宇驰．新型城镇化背景下水网密集地区乡村空间结构转型与优化 [J]．南方建筑，2015（05）：70-72．

王一[1] 黄林琳[1] 杨沛儒[2]

1. 同济大学建筑与城市规划学院建筑系，
同济大学——佐治亚理工学院 中美生态城市设计联合实验室；kozmicaray@163.com；
2. 美国佐治亚理工学院建筑学院，同济大学——佐治亚理工学院 中美生态城市设计联合实验室

Wang Yi[1] Huang Linlin[1] Yang Peiru[2]

1. Department of Architecture,
College of Architecture and Urban Planning, Tongji University
2. School of City and Regional Planning and School of Architecture, Georgia Institute of Technology

城市设计课教学组织的探索与挑战
——以近三年硕士研究生联合设计教学为例

Exploration and Challenges to the Curriculum Organization, Take Joint Urban Design Studio for M. Arch as Example

摘　要：随着中国城市建设向精细化的存量发展转变，城市设计的专业地位愈加受到重视，各建筑院校在城市设计专业教学的课程组织方面做了很多的探索和尝试。本文以同济大学与美国佐治亚理工学院设计学院近三年的硕士研究生联合设计教学为例，从城市设计课程设计的教学组织计划切入，探讨其与城市设计学科特点相契合的具体路径及存在的挑战。文章首先对城市设计学科所面临的机遇和挑战进行概述，随后对中美联合设计的基本情况进行简要介绍。而后从选题、教学组织构架两个角度对联合设计的课程组织方式进行系统的分析。最后从内部及外部约束条件两个方面对城市设计教学组织所面临的现实挑战进行总结。

关键词：城市设计；研讨会；教学组织；约束条件

Abstract：With the transformation of Chinese urban development from spatial expansion to stock land sophisticated optimization, urban design as a new secondary discipline has got more and more policy attention. This essay takes the joint eco-urban design program between Tongji University and Georgia Institute of Technology as an example; explore the correlation between the discipline characteristics and the specific details of the curriculum organization and the challenges to it. The paper firstly reviews the current opportunities and challenges to the improvement of urban design as a discipline in China. Secondly, the general information of the joint urban design program is introduced. Thirdly, the paper analysis the curriculum organization from two aspects: topic selection, curriculum framework establishment to strengthen the correlation between the discipline characteristics and the teaching objectives. Finally, the paper point out that the internal constrains, such as participants, and the external constrains, such as the academic environment, of the curriculum organization are the essential challenges to the improvement of urban design.

Keywords：Urban Design; Workshop; Curriculum Organization; Constrains

1 背景

1.1 机遇

中国城市在近三十年间发生了巨大的变化，但随着城市化步伐的逐渐放缓，中国的城市建设也逐步由"空间增量"规划向"存量空间"优化转变，由粗放的大规模空间批量生产向精细化的小规模空间系统化塑造转变，城市建设的着眼点重新回归到人与城市的空间关系中，回到了人的尺度。

对物质空间形态社会文化传承价值及资源整合潜力的再认识，使一直处于城市规划或建筑学学科边缘位置的城市设计的重要性在近年获得了充分的肯定，其跨学科、跨尺度、人性化、引导式的专业特点也得到充分的认识，学科地位的提升意味着城市发展转型时期的中国城市设计无论是实践、理论还是学科架构等各个方面都将会迎来新的发展机遇。

1.2 挑战

机遇历来与挑战并存，但无论是实践还是理论，当前这一挑战都首先直接指向城市设计学科的完善、人才培养以及相关专业知识的普及。

自1980年代中期，城市设计通过高校机构引介入中国至今，我国的城市设计教学研究工作已经开展了近30年，很多高校陆续开设了城市设计课程训练。而近十年间同济、东南等高校因参与众多国内城市设计工程项目，为城市设计理念的社会推广，知识体系的探索性建构都做出了实质性的贡献，"以城市设计为基点发挥建筑艺术创作"（吴良镛，1999）以及"建筑优先到城市设计优先"（王建国，2003）等学术理念被广泛认同。这些都为现阶段进一步推进城市设计的学科建设，深化城市设计课程训练打下了坚实的基础。

与此同时，随着理论与实践的深化，国际学术界频繁的交流互动，我国迄今为止城市设计课程设置及教学组织存在的问题也慢慢凸显出来。杨春侠、耿慧志认为这些问题主要表现在专业壁垒、课程系统不够完善、理论课与设计课相脱节以及设计课内涵与深度不足四个方面（杨春侠，耿慧志，2017）。事实上，这四方面的不足其实环环相扣，体现的是教学的组织安排并没有充分顺应城市设计的学科特点。

因此，通过与美国佐治亚理工、北卡罗来纳大学夏洛特分校、迪士尼（中国）研究中心等国际知名院校、研究机构展开城市设计联合设计，通过基于中美生态城市设计联合实验室这一平台，我们在教学的组织和各环节的设计过程中，逐步尝试多角度、多层面进行课程训练方式方法的探索。教学成效的评估标准很直接，即，考察是否满足了学科特点并相应对学生进行了符合学科特点的能力训练。

2 联合设计的基本情况

简况：迄今为止，同济大学建筑与城市规划学院与美国佐治亚理工学院设计学院（后文简称GT）已经合作进行城市设计联合设计课程多年，而近年来的课程设计是同济大学和佐治亚理工学院共同建设"中美生态城市设计联合实验室"课程平台的重要内容。2017年，该联合设计的参与学校增加为三所，即同济大学、美国佐治亚理工学院以及美国北卡罗来纳大学夏洛特分校。

学生：作为研究生培养方案中的核心课程，这一门城市设计联合设计课程向全系开放，每年除了以城市设计为研究方向的同学会参与到这门课的教学活动中，我们还鼓励更多的其他研究方向的同学选课参与。合作院校GT的参与学生则更加多元，除了规划、建筑专业的学生，还包括环境及能源专业的学生。

师资：每个学校各固定有两名教师全程参与课程设计的教学，每年参与讲座形式的理论课教学的教师则有四至六位左右，专业涵盖城市规划、建筑学、管理学、暖通机械、环境整治等。

课程特色：强调学科交叉、强调设计的研究型导向、在专业技能培养之外强调对学生非技巧性能力的训练。

3 基于联合设计平台的课程组织方式探索

本联合设计在课程组织方面的探索重点集中在选题、教学组织构架以及考核三部分。其中，选题主要针对"跨"，即"跨尺度"、"跨学科"的专业目标；教学组织构架主要解决如何"跨"的问题；考核则主要针对研究设计的"内涵"与"深度"。鉴于篇幅的限制，本文主要介绍选题与教学组织构架方面的探索。

3.1 选题

课程设计的选题一般包括两种类型，其一是同一题目年年做，其二是同一大类但具体内容年年不同。第二种类型多出现于毕业设计的选题设置中，基地不同、设计制约因素与设计要求更加复杂多元、学生切入主题的视角、方式与其过往的知识储备关系密切、学生在这个训练过程中能够获得更多主动探索未知领域的机会、其自主学习能力会得到很大的提升。联合设计的选题通常隶属于这种类型，不同之处在于，联合设计通常为多方参与，在整个教学活动中，还需要面对因地域文化、知识结构、理念等差异所带来的团队协作及交流的问题，这些也为"跨尺度"、"跨学科"目标的实现创造了有利的条件。

因此，自同济大学与美国佐治亚理工学院展开联合城市设计课程教学活动伊始，课程设计的选题便被要求符合以下原则：

（1）研究设计对象的选择需要突出学科交叉的潜力

具体而言，就是研究设计对象需具有复杂多元的制约因素，且能够凸显联合设计合作院校或机构的优势。本联合设计教学活动是"中美生态城市设计实验室"课程平台的重要内容，因此选题会围绕"生态"这一核心关键词，探讨自然生态系统与社会生态系统对城市设计设计思路与具体手段的影响。

譬如，2015年的设计研究对象是崇明岛，作为长江入海口的中国第三大岛屿，世界级"生态岛"，其建设发展一直备受瞩目。无论是自然生态系统范畴内的水资源、可再生能源的利用，还是社会生态系统的空心村的思考，都为基于学科交叉的设计研究提供了丰富的着眼点。

（2）研究设计对象的选择需要基于现实并超越现实

具体而言就是研究设计对象的选择要在以现实问题为基础的同时兼具前瞻性。它一方面要求课程设计探讨的问题是一个真问题，一个具体的问题；同时还要求课程设计采用的设计策略或设计研究方法不拘泥于现实，具有前瞻性和探索性。

譬如，2016年度的设计研究对象——迪士尼南一片区，它亟待开发，但是是采用同迪士尼主题乐园相类似的、孤岛式开发模式进行简单复制？还是放弃"飞地"的空间想象，真实地面对自然及社会环境的机遇与挑战？

（3）研究设计对象的选择需要有利于训练学生专业技能之外的非技巧性能力

具体而言，研究设计对象的选择需要在完成对学生专业技能训练的同时，强化对其综合能力的培养，尤其是对非专业技巧性能力的培养。即，这一对象的选择要为学生们掌握非设计类工具创造前提条件；为学生们批判性思维方式的训练创造机会；为其逻辑性推演能力的提高提供路径。而最为重要的是要让学生能够通过这个训练过程获得或强化自主学习和独立思考的能力。

譬如崇明岛以及亚特兰大的课题，前者的复杂性以及后者的陌生感，要求学生们为了获取有力的支撑设计的数据资料，必须掌握地理信息系统的使用（GIS，详见图1）；对于迪士尼南一片区，则要求学生通过对相关软件的掌握，能够用定量分析的方法理性判断设计方案的优劣（图2）。与此同时，这些课题因为是现状研究主导型，教师不会预先设定价值判断，学生们可以在更自由的条件下有更多的机会来创造性地思考设计研究对象，批判地思考现实问题，并基于调研的过程和成果完成设计整个逻辑链的建构。

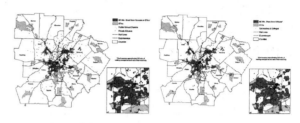

图1 城市交通系统与公共产品可达性分析
（图片由王锦璇等同学提供，2017年）

图2 能耗与形态潜在活力研究
（图片由常家宝等同学提供，2016年）

3.2 教学组织构架

对于已有一定相关知识背景的硕士研究生而言，硕士阶段的课程设计组织必须将城市设计的学科特点充分地体现出来，弱化教与学这一二元关系，强化学习团队作用，将贯穿城市设计实际项目流程始终的思想交流、讨论、经验及学术分享、策略解析等研讨会（workshop）形式充分融入课程设计的组织框架中，并结合具体选题，科学调整各教学环节的时间分配比重，拓展并丰富传统教学组织环节所缺失或被忽视的内容，使其成为"跨尺度"、"跨学科"、"系统性"、"综合性"目标实现最有效的途径。

（1）构建一个以"研讨会"（workshop）为主要形式的教学组织框架

以本联合设计为例，三年来与佐治亚理工学院、迪士尼（中国）研究中心、同济大学可持续发展学院以及北卡罗来纳大学夏洛特分校等机构的合作，为研讨会（workshop）这一教学模式的摸索创造了有利的条件。该模式类似组织一系列的多边研讨会，除了固定的两所院校的师生，每年都会增设几个自由参与方，他们的角色可以是设计者，也可以是咨询方、研究合作方。

研讨会贯穿整个课程设计阶段的始终，既是课程设计开展的主要形式，也是不同训练目标的内容载体，同时也是训练成果考核的重要途径。根据每一年选题的具体情况，课程时间跨度会有所不同，通常在14～16个教学周左右，具体的研讨会组织也会有所不同。譬如2015年的选题以崇明岛作为研究设计对象，"生态"议题紧密契合佐治亚理工学院与同济大学建筑与城市规划学院联合建立的中美生态城市设计联合实验室的工作重心，课程进行过程中又恰逢生态城市设计国际论坛在同济召开，这些都为整合教育研究资源、形成良性的学术互动讨论平台、拓宽学生们的视野、深入推进学生们的研究与设计提供了良好的外部条件。整个教学活动中，几乎每一个教学周都有研讨会，讨论内容层层递进，最后课程设计以成果展览和圆桌讨论的形式在国际论坛上进行发布。无疑，学生们在这个过程中均获益良多（图3）。

图3　2015年生态城市设计国际研讨会

（2）"研讨会"的内容设定

"研讨会"具体内容的设定取决于三个方面：选题牵涉的交叉学科领域、参与方的学术资源、课程进展的不同阶段。

首先，"研讨会"的内容设定与选题关系密切，直接牵涉到相关交叉学科的内容如何引介入课程设计之中。这是城市设计知识结构系统性及复合性最重要的体现之一。以2016年迪士尼南一片区联合设计为例，讨论的核心内容是如何通过对迪士尼南一片区的规划设计将"迪士尼"这一城市"飞地"重新融入城市基底之中。以之为目标，我们通过三个主题报告及讨论会让他们逐步了解"迪士尼"主题乐园的运转系统，基地的历史、现状，上海市尤其是浦东的水文地质条件等等，学习将基地放置在一个具体的空间环境中来思考和讨论。

其次，"研讨会"的内容设定也有意识地将参与方的学术资源整合进来。以2017年亚特兰大"Butter Milk Bottom"联合设计为例，美方将课程设计的一部分预研究工作设置在城市设计经典案例美国佐治亚州的萨凡纳市，配合讲座及实地勘察调研，学生获得了更多思考街区形态及其生成机制的机会，而这些预研究对后

续从比较的角度切入亚特兰大基地的研究与设计产生了重要和深远的影响（图4）。

图4　2017年Savannah城市空间调研

最后，"研讨会"内容还要紧密结合课程设计进展的不同阶段进行设定。以前期阶段为例，"研讨会"会结合具体的选题分为"背景介绍"、"调查分析汇报"以及"头脑风暴"三个主要版块。背景介绍通常直接同选题及主要参与方挂钩。譬如在2015年崇明岛的联合设计中，我们邀请崇明岛陈家镇智慧岛建设管理委员会的负责人以及相关工作人员给学生们做了一个项目背景介绍的报告（图5上）。2016年迪士尼（中国）研究中心给学生们做了关于主题乐园的介绍报告，我们也邀请了上海市规划院编制迪士尼南一片区修建性详细规划的相关负责人给学生们详细介绍了南一片区的基本情况（图5下）。这些直接面对政府部门、规划设计部门以及技术研发部门的"研讨会"是传统课程设计组织中所没有的，它从一种类似虚拟现实的角度拉近了教学与实践的关系。

图5　2015年，2016年基地调研及研讨会

随后，在课程设计中间阶段，教学环节还会依托中美生态实验室的科研平台组织一些能耗及微气候模拟软件的学习（详见图2）。在中后期，则通过强化阶段性成果汇报与研讨，来推进和考核学生们从研究到设计的连续性以及逻辑严谨性（图6）。因此，不同于以往相当一部分传统课程设计因教学周期的限制以最终成果作为主要参考的考评模式，本联合设计因教学周期较长得以结合具体而有深度的阶段性成果对学生的学习成效进行更加全面和准确的评价和考核（图7～图9）。与此同时，充分的教学研讨也为进一步积极、建设性地思考以往教学环节设置中可能存在的问题创造了条件。

图6 2017年评图研讨

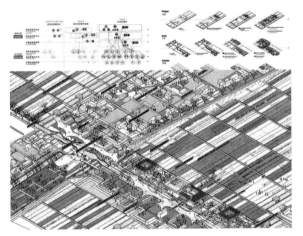

图7 2015年学生课程设计成果——"耕织单元"
（图片由李丽莎等同学提供，2015年）

4 结论

近年来联合设计教学组织活动在城市设计课程设计的教学组织模式方面所做的探索，既包括课程组织方式的多样性、生源类型的多样性，也包括学科交叉资源利用的灵活性等等。虽然很多探索是在中外联合设计这类独特的教学平台上完成的，但毋庸置疑，这一模式对于深化城市设计课程设计的教学组织具有一定的启发性。在与传统城市设计课程设计，譬如针对本科高年级学生的课程设计教学组织比较中，我们愈发意识到课程组织内部、外部各种约束条件对教学目标实现影响巨大。

其中，内部约束条件——人，最为重要。无论是教师还是学生，对城市问题的基本判断和基本认知是"城市设计"最终能否"以理服人"的关键。因此，任课教师要能够拥有开放的视野，重视研究在设计生成过程中的作用；学生要有独立的价值判断能力，能够较敏锐地感知客观环境并对其进行归纳、推演和解析，具有探索未知领域的求知欲和好奇心。

外部约束条件——环境，确切地说是教学研究环境，指涉内容既包括宽松的教学研究氛围也包括详实可靠的研究依据。其中，宽松的教学研究氛围强调对城市/城区问题的讨论应在一个尽量综合的、全景的研究框架下进行，为学生能够主动地深入思考、关注与城市/城区建设发展相关的社会、经济、政治、文化、环境问题创造条件。详实可靠的研究依据，则强调课程设计教学活动的专业性与严谨性，面对真现状、思考并尝试解决真问题。

图8 2016年学生课程设计成果——"迪士尼＋"
（图片由李紫玥等同学提供，2016年）

课程设计作为建筑学、城市规划以及景观专业学生的核心课，是其综合能力得到完整训练和提升最直接的途径。同时，课程设计的教学组织还具有很强的灵活性与弹性，这些都为有针对性地进行城市设计课教学组织调整创造了些许有利的条件。面对当前我国城市发展与建设向更加精细化、专业化转变的内在需求，如何在现有的条件下从城市设计的学科特点及教学需求出发，吸取过往经验教训，构建一个相对稳定和持久的跨专业交互机制，形成一个更加完整清晰的训练培养体系，是当前城市设计学科真正走向良性发展所不能回避的核心问题。

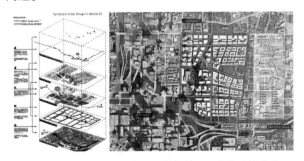

图9 2017年学生课程设计成果——"共生城市"
（图片由张冬等同学提供，2017年）

参考文献

［1］ 乔恩．兰．城市设计：过程和产品的分类体

系 [M]. 沈阳：辽宁科学技术出版社，2008.

[2] 吴良镛. 广义建筑学 [M]. 北京：清华大学出版社，1999.

[3] 王建国. 21 世纪初中国城市设计发展前瞻 [J]. 建筑师，2003 (1)：19-25.

[4] 杨春侠，耿慧志，城市设计教育体系的分析与建议——以美国高校的城市设计教育体系和核心课程为借鉴 [J]. 城市规划学刊，2017 (1)：103-110.

[5] 黄林琳，王一，杨沛儒，基于研究方法训练的自主能力培养模式——以中美生态城市联合设计教学为例，全国高等学校建筑学学科专业指导委员会，昆明理工大学建筑学院主编，2015 全国建筑教育学术研讨会论文集，北京：中国建筑工业出版社，2015.

[6] 黄林琳，王一，杨沛儒，"非技巧型能力"训练——以建筑学专业硕士研究生联合设计教学为例，全国高等学校建筑学学科专业指导委员会，合肥工业大学建筑学院主编，2016 全国建筑教育学术研讨会论文集，北京：中国建筑工业出版社，2016.

高莹　刘涟涟　范悦　崔彧瑄

大连理工大学建筑与艺术学院；505896946@qq.com

Gao Ying　Liu Lianlian　Fan Yue　Cui Yuxuan

School of Architecture and Fine Art，Dalian University of Technology

基于建成环境的城市微空间再生设计教学研究 *

Research on the Teaching Methods of Urban Micro-space Regeneration Design Based on the Existing Environment

摘　要：低年级学生入门的第一个设计课教学难度较大，学生要将设计原理、制图方法、绘画基础、政策规范等各种知识综合应用到一起解决复杂的设计问题。以往的教学任务大多针对上述情况以相对微观的小型建筑为题，试图以面积小、空间简的设计要求，将重点放在保证整个设计过程顺利完成上。本次教学设计尝试以城市微空间再生设计为题，试图综合规划、建筑、景观三大学科知识，引导学生从更宏观的角度思考问题。选择学校周边学生熟悉并易于步行到达、环境较为复杂，问题较为突出的基地为题，学生自身的体验与带入感会激发他们对使用者、空间、城市产生更多的思考。本文对城市微空间再生设计教学进行探索和实验，从教学计划、实施、成果总结等方面展开讨论，以期为该类教学提供参考。

关键词：低年级设计课；微空间；再生设计

Abstract：The first design course is more difficult to junior students. Students should apply the principles of design，drawing methods and policy norms to solve complex design problems. Most of the teaching tasks in the past had been focused on the above situation with relatively micro architecture design，which try to make the design requirements of small area and space，focusing on ensuring the smooth completion of the whole design process. The author tried to take urban micro space regeneration design as the topic，also try to integrate the three disciplines of city planning，architecture and landscape，and guide students to think more broadly. It is a complex site adjacent to the campus to be selected because the students are familiar and easy to walk. The students' own experience and sense of being brought to them will inspire them to think more about the users，space and city. This paper explores and experiments the teaching of urban micro-space regeneration design and discusses the teaching plan，implementation and summary of results，so as to provide reference for this kind of teaching.

Keywords：Design course of junior students；Micro-space；Regeneration design

1　教学目的与教学计划

本次教学旨在将学生在一年级被动接受的独立知识模块培养体系转向综合性的主动关注建筑、城市与环境之间的关系，关注室外环境中的主体——人，关注微观层面的城市环境中存在的问题层面。此次选择学校周边学生熟悉并易于步行到达、环境较为复杂，问题较为突出的城市既有环境。学生自身的日常体验感与带入感会

＊本文受大连市社科联年度课题资助（2016dlskyb024）；中央高校基本科研业务费资助（DUT16RW105）；大连理工大学教育教学改革基金重点项目资助（ZD2016012）。

激发他们对使用者、空间、城市产生更多的思考。该基地红线范围大约3000m²,是城市建成环境中具有复合功能的"微空间",周边用地性质丰富多样,居民使用率极高。众所周知,我国居住区规划设计规范从1994年开始实施,而在此在之前建造使用的住区,缺乏集中的户外活动空间,老旧住区居民的日常活动以城市道路与住宅形成的小型空间作为活动场地。由此可见,我国城市绿地分类里的街旁绿地(即微空间)因为其灵活布局而成为居民使用度最高的公共空间。同时,住房城乡建设部颁布的《城市双修》提出要优化城市绿地布局,提升存量绿地品质和功能。因此本次教学旨在引导学生从宏观角度关注当下亟需解决的城市问题,落实在微观层面即对城市建成环境的微空间结构进行再生设计,探索微观开放空间再生的各种可能和方式,如何形成一个叠加在现有城市激肌理之上的公共空间,以点带面激发城市活力。

同时,笔者在此微空间设计基础上将范围扩大到与此毗邻的老旧住区作为同期进行的毕业设计题目-微空间再生系统设计。两个不同的年级,面对同一个城市片区,同样的设计任务并行设计。定期组织两个年级集体汇报,跨年级教学一方面可以扩充低年级学生在设计方面的知识面与信息量,另一方面对毕业设计的学生来说,如何在已有的相对成熟的技术上对自己的设计进行重新的定位与思考。本次教学周期为八周,主要的设计教学版块有以下四个方面,分别对应培养学生不同的能力(表1)。

设计教学版块　　　　表1

	专题	任务	能力
1	场地勘察田野调查	记录基地调研情况,绘制并总结场地现状	分析能力
	以小组为单位,整合调研资料,个人以ppt形式集体汇报交流,包括对场地的理解,构思及案例		
2	快题设计头脑风暴	掌握快速设计的知识;分析构思与设计的关联	设计能力
	总结快题设计中所有的问题,教师以ppt的形式集中讲解,学生了解自己的问题及其他方案		
3	政策法规制图标准	掌握相关的政策法规、制图标准并用于绘图中	应用能力
	列出所有规范,以小组为单位摘出与本次设计相关的知识点,分别列出贴在专业教室		
4	方案讨论设计深入	表述方案的能力,前期调研如何贯穿设计始终	综合能力
	分别组织一草、二草、工具草集体评图,个人以张贴图纸,ppt形式汇报,增强同学之间的互动		

2 教学的组织与实施

2.1 田野调查单元

麦克哈格说过"每一块土地的价值都是由其内在的自然属性所决定的,人的活动只能是认识这些价值并适应它,只有适应了才有健康和舒适,才会有生物和人的进化和创造力,才有最大的效益。"低年级学生对专业知识的掌握是生疏的,更缺乏从社会学角度探讨城市问题和规划设计的应用性知识。同时,问题导向性的教学要求决定了场地评估的侧重点不同。笔者针对设计题目梳理评估项目的各分项内容,引导学生去分组承担,充分发挥学生内在的设计能力和创造热情。让学生对设计任务进一步的完善,并融入他们的设计中(图1)。集体田野调查后,分组讨论,学生个人结合自己的关注点生成调研报告,同时寻找与自己设计定位相似的经典案例。通过场地分析,设计中的每一要素都应有合理的依据,从而达到"设计方案自然生长自场地中"的最终目标。要注意的是,由场地分析转入设计阶段的过程中,

目前主要使用人群:
白天主要是拉活的人和遛弯的老年人
晚上几乎没有人

改造后使用人群:
白天主要是拉活的人和遛弯的老年人提供休憩场所
晚上主要为附近居民提供娱乐的场所

附近居民楼居多却没有可供老人儿童休息的地方
附近没有绿植,没有可以观赏的景观

■ 非机动车停放需求
■ 休憩需求
□ 垃圾角
— 上午8:30左右阳光界限

通过调研不同受众人群(周围商铺、建筑工人、出租车司机、社区居民、学生),收集他们不同的需求

图1　学生对场地进行的综合分析

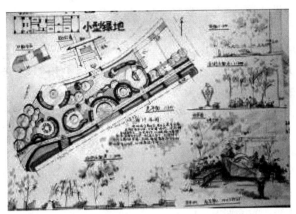

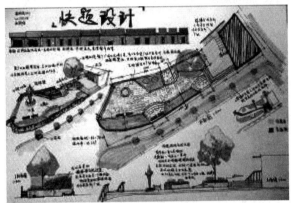

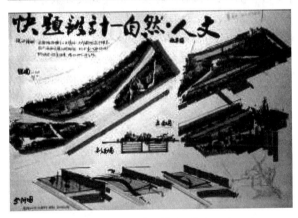

图2 一草快题设计（从上到下 a，b，c）

应该保持设计严格遵从场地分析结论进行，避免前期分析与后期设计脱节的情况出现。

2.2 快题设计单元

低年级学生不但对初次设计感觉无从下手，更从未进行过快题设计方面的训练。将一草快题设计安排在场地调研评估后一方面可以强化学生对场地的认知和理解，另一方面可以让学生在场地认知的基础上进行头脑风暴，将最直觉最原始的设计意识表达出来。笔者在场地分析讨论后进行点评的时候，同时给同学们讲解快题设计的设计要求和注意事项，在此基础上，利用四个课

时的时间，进行一草快题设计。下课后学生拍照留下电子版，教师根据图纸总结问题下次课反馈。

另一方面，学生从个体到小组讨论分析场地，再到个体构思方案，每个人选取一个关注点着重进行设计。关注点不同，反映在方案上也有很多不同。比如一草设计 a，针对该场地周边的两所高校学生，与城市道路有明显的隔断，场地内空间均质，为不同规模的学生提供讨论休闲等空间；一草设计 b 针对周边老旧住区日常来附近菜店的老人提供休息，日常交流的空间，与城市道路关系紧密，整个基地通透开敞；一草设计 c 讲基地处理为城市小绿肺，以绿化覆盖，以通行为主。

2.3 规范与制图标准单元

目前的设计课教学体系课程中并无专门的景观法规与政策的教育，主要贯穿在日常的设计教学中，针对不同类型的课程设计，每次会涉及不同的法规政策，但总体上缺乏系统性。政策法规教育的意义不在于学生要掌握多少法规，如何能够在适应法规和政策的框架下构思出良好的创意设计，却是每个学生应该掌握的基本思路。建立法规及政策教育体制的初步建立，会有效引导学生多设计的更深层次的理解。尤其是对低年级学生而言，在初级阶段更需要在法规和规范的框架下进行感性的设计。教师列出所有规范，指导学生以小组为单位摘出与本次设计相关的知识点，分别列出贴在专业教室里，大家在设计的过程中可以随时参照。

2.4 方案讨论与深入单元

城市既成环境的微空间虽然实际设计面积并不是很大，但是却涵盖了城市设计，城市空间环境，场地规划等综合知识。每个学生对场地都有不同的理解，关注的群体也有不同。有的学生对老人儿童的活动空间，有的对等活儿的打工者的关注，有的对周边大学城学生生活的关注。因此衍生出不同的方案。学生首先根据前期提出的设计概念和对场地的理解进行快题设计。然后通过集体评图，学生根据教师的指导意见继续以图解的方式对方案继续深化。同期开展的与毕业设计班学生的讨论以 workshop 的形式，同班之间的讨论，上下级之间的启发。对城市建成环境体系下的微空间进行方案设计时，原有的环境系统对基地本身的影响是设计的重要出发点。因此需要建立基于对既成场地的认知基础上的设计逻辑体系，这是提出一系列社会性设计思考与解决方案的基础。传统意义的"方案设计"在既成住区环境设计再生设计命题下包含了解决问题的全过程，是分析与策略的融合，表达与设计的结合。

图3 两个年级的设计范围与设计成果

3 教学总结

课程题目将与建成环境和城市发展密切相关的热点研究引入教学之中。建成环境的可持续发展正在成为当今国内外建筑界普遍关注的课题，而在当前我国城市化进程高速推进的背景下，城市微空间的再生设计更是成了中国建筑与城市建设中的热点问题。课程以"基于建成环境的城市微空间再生设计"为题，以低年级第一

个设计为试点进行教学推广，帮助学生关注当下公共空间与城市建设热点问题，使学生更早地接触建成环境这一概念，体会在严格的约束条件下进行设计的方法。在这个周期内，真实地段的引入调动了学生的积极性，学生在设计之初投了大量精力开展实地调研、搜集资料、发现问题。调研后，学生须完成相关调查报告。强调对真实场地的调查研究，在一定程度上培养了学生处理实际问题的意识。同时，一系列教学版块的递进式安排将学生最直观的感受，结合发现的问题一起解决问题。作为低年级的第一个设计同期进行了快题训练、制图规范训练、全周期设计训练。

参考文献

[1] 高莹、栾一斐、唐建. 理工院校环艺专业风景园林设计课的教学体系构建研究 [J]，西部人居环境学刊 2015（04）：11-14.

[2] 清华大学建筑学院三年级开放式教学齐欣组. 十三公寓——十三种策略 [J]，住区 2015（03）：144-151.

[3] 王毅，王辉. 转型中的建筑设计教学思考与实践——兼谈清华大学建筑设计基础课教学 [J]，世界建筑 2013（03）：125-127.

[4] 高莹，范悦，胡沈健. 既成住区环境再生设计教学的探索与实践. 住区 2016（10）：138-141.

盛强　孙伟

北京交通大学建筑与艺术学院；qsheng@bjtu.edu.cn

Sheng Qiang　Sun Wei

Beijing JiaoTong University，School of Architecture And Design

共享单车、人本街道与数据化城市设计
Shared Bike、Human-scale Street and Data-informed Urban Design Demand

摘　要：本文介绍了北京交通大学建筑与艺术学院在 2017 年本科生四年级和研究生一年级开展的数据化城市设计课程教学实践。该课程以空间句法理论和模型为核心技术，以重塑人性尺度的空间为主题，统计了北京上地地区周边共享单车、普通自行车电动车、步行和机动车在各个道路截面上的流量，结合百度 POI 数据进行空间句法分析提取具有预测能力的回归方程指导城市设计中路权划分与空间设计。

关键词：共享单车；人本主义街道；数据化城市设计；空间句法；研-本一体化；研究型设计教学

Abstract：This paper presents an innovative Data-informed Urban Design for 4th year undergraduate and 1st year master student in 2017. Using space syntax as main theory and analytical tool，this studio started with an extensive field work study on traffic volumes of shared bikes，normal bikes and moped，pedestrian and cars. Together with the open source data-mining of Baidu POIs，regression model is established to assist the street network layout design in Shangdi area in Beijing.

Keywords：Shared bike；Human-scale Street；Data-informed urban design；Space syntax；Undergraduate-master student joint studio；Research based design education

1　共享单车与人本主义的街道理念

随着我国城市发展进入存量规划品质提升时代，机动车快速增长带来的交通拥堵与空气质量问题日益严重。在此背景下，共享单车作为一种基于互联网加制造业的新产品自去年开始快速成长，健康出行的方式正逐渐深入人心。另一方面，《上海街道设计导则》的出版则进一步将人本主义街道的理念总结落实为一项项设计原则和手法，并由此引发了行业内的热议。可以预期的是，共享单车的流行助力人本主义街道理念带来的会是城市设计和城市更新中对人性尺度街道空间的重视和对机动车主导下路权的重新分配。自行车曾经是中国城市主导的交通方式，共享单车的发展是否会导致城市道路设计向单车时代回归？自行车与机动车的路权应如何分配？城市街道结构又该如何设计来满足共享时代智慧出行的需要？

结合上述城市设计的热点问题，北京交通大学建筑与艺术学院建筑学本科四年级在今年的数据化城市设计课程中以"重塑人性尺度的空间"为题，选取北京清河上地地区周边作为设计基地，结合本地区即将建设的新高铁线路与轻轨换乘站带来的发展机遇，要求学生在实地调研与网络数据挖掘的基础上，应用空间句法模型进行数据分析与建模，并基于数据模型进行城市设计路网方案的对比、优化与深入设计。

2　本科-硕士双循环的研究型设计体系

研究型设计的难点往往在于研究与设计在时间上难以匹配，研究需要的周期较长，而在设计课中嵌入的研究不可能超过 2～3 周的时间。多年来数据化系列设计课程摸索出一套本硕结合，长短双循环的方式来解决研究型设计的这个问题[1]。

首先是短循环，嵌入设计课程的本科生必须深刻体会到实地调研收集的数据能够用于本次课程的设计过程中。因此在 8 周的时间内，数据化城市设计课程必须自成一个包括"数据挖掘-数据分析-数据设计"的三段式结构闭环。建立这个短循环的核心技术是空间句法比较成熟的截面流量数据调研与分析方法。多年来截面流量是空间句法基础实证研究中广泛采用的分析数据，其标准研究目标是发现设计基地周边地区各类交通流量与城市街道空间结构之间的量化关系。该量化关系以一系列的一元或多元回归方程表达，这些方程结合空间句法软件 depthmap 可以用于各个设计方案的量化评测，直观的评价各个方案中各个道路路段建设后未来机动车、非机动车和步行流量的分布情况。

其次是长循环。城市设计的目标不是交通设计，而是用地功能与空间结构。基于空间句法的理论和众多实证研究积累，流量分布是功能分布的前提，因此相关的研究成果可以进一步用于设计方案活跃功能用地的空间分布。但是这类预测分析技术相对于流量分析更为复杂，本科生很难在短时期内掌握。此外，如城市尺度轨道交通网络中截面流量分布和站点进出站流量预测等其他一些技术性较强的内容需要用到刷卡数据等大数据的分析，本科生同样难以在短期内掌握和完成。因此，对这些设计过程中需要的内容本课程采用本硕结合的工作方式来解决，由研究生直接提供基于上一年或两年数据分析的成果，将该成果直接应用到本次的数据化城市设计课程中。

最后是突击短循环的特例，对一些与主题贴近且特别重要的关键性数据化设计技术，如本次设计课程中对两个品牌共享单车截面流量的细分和空间分析，则要求研究生在本次设计内用 3～4 周时间来解决。这种节奏可以勉强赶在设计后期将该成果应用于路网方案道路截面的设计与功能的分布中。

在课程安排上，这种双循环的结构是通过本硕一体化的课程体系来实现的，简单来说研究的设计课程与本科四年级接近同步同地进行，并且需要将学术型硕士生的"设计"成果明确定义为研究成果以支持对本科生收集的数据进行快速有效的量化分析。本次本科生课程总时长为 6 周，分为数据化城市研究（2 周）和数据化城市设计（4 周）两个阶段。

3 数据化城市研究阶段

3.1 截面流量调研

作为多年来数据化设计课程系列（包括城市设计和

大型公共建筑设计方向）实地调研的标准工作内容，该方向的调研组织已经形成了明确的套路。一般安排在第一周进行，学生以 6～8 人的大组为单位对基地周边已定研究范围的区域进行道路截面流量进行统计。调研选取周中和周末各一天，每天需要四个时间点：8：30～9：30，11：00～12：00，13：30～14：30，16：00～17：00，以手机视频拍摄每个测点 5 分钟的双向机动车、非机动车和步行流量（图 1）。

需要特别说明的是，本次数据化城市设计课取消了出站轨迹跟踪的相关调研。过去 3 年的大量实地跟踪已经初步完成了对站点周边步行流量拓扑衰减和距离衰减两种基本参数组合的稳定性检验的工作，本次直接使用了该成果进行预测。未来在重新确定新研究目标后将重启相关的调研。

图 1 本次设计的研究范围与建议设计范围及测点分布
（共计测点数约 280 个）。

3.2 中心案例采样

用以填充实地跟踪调研 2～3 天空缺的是本次课程新采用的中心案例采样环节。由于本次设计的目标是为城市空间注入活力，因此学生被告知需要以组为单位收集至少 6 个以上的中心案例。该案例采样不限国家地区，但需要采用统一的格式表现统一的内容。其具体制图内容包括两个方面：城市实体与功能方面和城市空间运动方面。实体与功能要求记录该样本的图底关系和尺度、底层功能类型、出入口数量、界面形式等等。城市空间运动方面要求学生基于如街景地图等网络开放数据源，按特定的工作方法（参见笔者"数据游骑兵实用战术"论文[2]）获取该地区的步行"流量"和车"流量"数据（实为线密度）。

3.3 宏观尺度城市路网结构设计

为了有效的控制研究的时间和保证研究成果对设计决策的各个进程均能起到明确的指导作用，在数据化城市研究阶段的最后也明确的提出了设计的要求。其具体工作内容为根据截面流量数据分析和中心案例采样的结果来进行宏观尺度中心分布和道路结构的设计，每组同

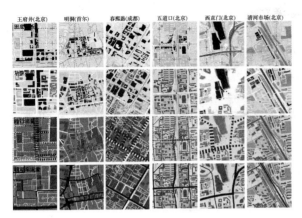

图2 中心案例采样成果图纸案例（D组）

学要求提供三个备选方案，并应用空间句法模型对这些方案进行量化的比较，评价其对于各类交通流量的支持效果（图3）。

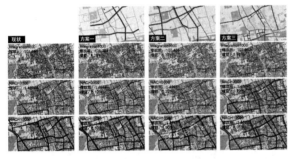

图3 D组提出的三个设计方案相对于现状步行流量、自行车流量和机动车流量的提升效果对比。

4 数据化城市设计阶段

4.1 对共享单车分布的专项研究

作为本次课程研究的一个核心议题，基于四年级本科生调研上交的大量视频数据，硕士研究生针对部分地区的自行车流量数据进行了细分，提取了摩拜单车和ofo小黄车在各个街道截面上的流量并结合百度POI数据进行了分布分析（图4）。其研究成果可以简述为以下几点：

（1）在不考虑具体功能吸引的情况下，各类自行车在调研区域内的分布与空间句法3000～5000m半径的穿行度指标具有明显的关联，决定系数总体为0.49以上，各个组负责的案例地区决定系数普遍在0.49～0.73。

（2）在考虑具体功能吸引的情况下，将各类POI加总作为权重拉动选择度指标可以提升各自行车分布的分析效果，总体决定系数可达0.6。

（3）在针对摩拜和ofo小黄车的专项数据分析中，

发现摩拜对轨道站点和功能聚集区表现出更强的集中趋势，小黄车则分布更广。

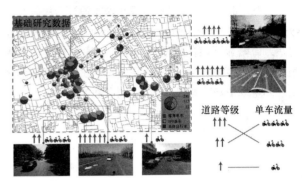

图4 对两个品牌共享单车空间分布规律的量化研究

从这些成果对设计的应用来看，结论（1）在设计初期便已经应用于道路结构评估。结论（2）可以在设计深入阶段结合功能配置进行自行车总体流量预测，并按预测值强弱来分配自行车道宽度。结论（3）可以用来评估共享单车停放区的位置与分布。

由于该分析所需的时间超出了预期的安排，实际结论（3）推出时设计已经接近结束，但结论（2）则在设计成果中得以体现（图5）。总体来说，针对自行车的研究结果显示自行车流量与机动车流量的增长对道路的需求不同，而空间句法模型能对上述差异进行有效的预测从而帮助设计决策那些路段适合以自行车优先路权的方式来展开设计。

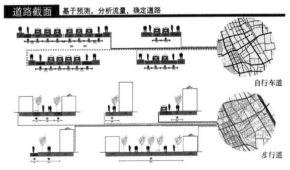

图5 城市设计深化阶段基于流量预测确定的道路截面设计（张靖雯、张蕙麟组）

5 经验总结

经历了三年的教改探索，数据化城市设计摸索出了一套随着基础研究深化不断改进升级的教学方式，并通过本硕一体化和教研结合的组织方式支持了研究生的教学。在有限的时间内，前期通过高强度的调研与数据分析建立了对的空间形态的量化评价方式，使之可以量化预测交通与功能分布，为城市设计教学提供了一条"另类"的教改道路：既实现了研究型设计的教学目标，也推进了基础科研，获得了双赢的效果。

与此同时，在教学中也暴露出城市设计阶段学生对数据空间模型过于依赖，而设计概念的提出和空间形态塑造方面略显不足的问题。未来计划通过教学内容调整，在中心案例采样之外强化训练人本主义街道理念下设计元素或手法的训练，进一步提升教学效果。

参考文献

[1] 盛强，卞洪滨，形态、流量与空间盈利能力——数据化设计初探 [J]，中国建筑教育，2015，12：74-78.

[2] 盛强."数据游骑兵"实用战术解析 空间句法在短期城市设计工作营设计教学中的应用 [J]. 时代建筑，2016，（02）：140-145.

陈景衡　陈雅兰　朱迪

西安建筑科技大学；chenjingheng@126.com

Chen Jingheng　Chen Yalan　Zhu Di

Xian University of Architecture & Technology

城市高层综合体建筑类型支撑下融合建筑设计与城市设计的教学课程实践 *

The Teaching Practice Towards the Integration of Architectural Design and Urban Design by Virtue of the Urban High-rise Complex Building

摘　要：面向新建筑类型研究及城市更新的行业需求，针对建筑学专业高年级综合性思维训练目标，本文提出以高层综合体这一复杂新城市建筑类型作为典型研究对象，融合建筑设计与城市设计的教学设想。并详述了以西安青龙寺地段为例，链接城市设计方法与建筑类型概念，分"地段城市设计框架梳理——核心建筑与城市设计要素关联——建筑单体设计"三阶段所进行的教学实验。

关键词：教学模式；综合思维训练；城市高层综合体

Abstract：Based on the analysis of existing requirements of urban renewal，aiming at comprehensive training goal，this paper propose take the high-rise complex building as a typical new urban architectural research object，which combines the architectural design and urban design teaching content in the senior architectural design course. And elaborated on the Xi'an Qinglongsi area as an example，link the concept of urban design and architectural type concept，sub-"urban design framework combing - core architecture and urban design elements associated - building monomer design" three stages of teaching experiment.

Keywords：Teaching mode；Comprehensive training；Urban high-rise complex building

1　城市新建筑类型对传统教学类型设置的挑战

1.1　城市中不断涌现的建筑新现象新类型

现代城市演化中，城市公共空间已不再限于广场、街道等传统的建筑外部空间，而逐渐向各种公共建筑渗透，城市公共行为模式更为自由多样，空间融合成为普遍现象，传统公共建筑的功能格局、形态模式与空间边界也随之不断演化，更为积极的参与城市空间的格局与形态塑造。

新的综合城市建筑类型如交通环节建筑、高层综合体建筑、商业综合街区等也正在成型，并以"中心"、"广场"为概念更深入地参与城市场所的构建。这些新现象与新建筑，已经触动了公共建筑、城市公共空间的内涵本质，在设计操作中不应再简单套用传统的建筑设计理论认识与分析方法，对其城市构架潜力认识要求用更综合、宏观与动态的方法去思考与回应。

1.2　对建筑设计知识架构的新要求

当前城市与建筑融合的复杂新变化，需要将城市与

* 本文写作受国家自然科学基金青年项目"预接轨道交通的城市综合体公共空间双适应性设计方法研究"（51408467）的资助。

建筑统一起来认知，超越空间、功能、建构等传统建筑学教学常规解释范式，在设计流程上不能将建筑设计简单看作是单一功能需求的空间操作结果。在实践中，建筑往往处于复杂而真实的开发环节，需要建筑设计者准确把握推动城市形态变化的力量，熟悉消化城市建设配给公共空间资源的体系、方法等建筑设计前置条件所形成制度框架。而建筑设计研究则亟需梳理各种公共建筑类型的公共性生产逻辑、对其城市角色定位及其潜力展开创想，直至对建筑类型内涵本身有所思考，开拓其空间表达模式与方法，才能完成高质量的设计创新。

1.3 复杂典型城市建筑类型与高年级教学

建筑学专业低年级设计课程训练大多以功能直观、关联简单的建筑类型为对象，训练目标较为单纯，由于这时期学生大多还不具备系统性逻辑框架，学生会自然地以感性体验驱动设计概念，对建筑设计的学习主要以积累大量零散的设计手法与表达技巧为特征。因而，之后设计课程综合连续的设计训练显得尤为重要——通过

提升训练难度，学生将面对更为多样的环境场地条件、庞杂的功能流线、复杂的结构技术约束（图1），驱动学生更自觉地进行理性分析，在庞杂的现象中准确定位设计关键环节与问题，并以此为导向更深刻理解与掌握不同建筑类型特质，熟悉设计工作系统流程与方法，体会建筑丰富的内涵，最终形成具有个性但不失全面的建筑观念。

因此，为了应对高年级学习特点、回应城市建筑创作所面临的新挑战，使这个阶段的教学更加贴合阶段培养目标，更具有实践操作的真实性、专业探讨的研究性。在深化拓展阶段，不仅应击破学生对单体建筑的散乱的形态思维习惯，进行城市设计专题拓展，更应该鼓励融合城市与建筑设计的复杂设计训练，将城市与建筑视为整体，提升对建筑的认识层次与系统性。如果学生能通过设计直接操作建筑的城市性，打开设计局面，不仅能使学生迅速直观理解城市建筑内涵，也有助于学生正确把握建筑地域性的内核，影响其今后的设计创作模式，推动学生自觉进行高质量的设计研发与创新。

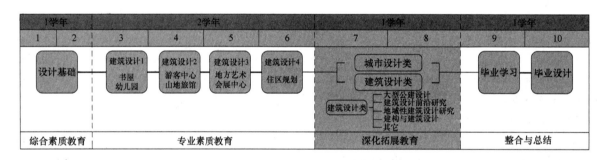

图1　西安建筑科技大学建筑学专业课程结构图

2 "城市高层综合体"类型教学要点与实验框架

2.1 "城市建筑学"对建筑的认识理论基础及城市高层综合体建筑类型的教学支撑性

建设城市级别的商业复合综合体是我国城市更新中普遍的建筑现象，其开发收益商业模式较为成熟，建成后对地段格局具有核心影响力，通常开发强度高，对既有城市地段冲击力强，内部设计计划功能复杂综合。

以"城市建筑学"理论来认识，这是一种典型的现代城市建筑类型，具有良好的城市设计教学典型性：

（1）由于受到资本市场逻辑约束，有一定的开发规模边际，重视整合城市资源，追求集中高效的城市格局影响力发挥，因而具有成为城市经久要素的天然潜力。

（2）能够通过建筑设计的形态操作直接影响城市空间构架的整体性、连续性、地域特色的表达，便于学生

直观观察与体会到城市设计工作的目标导向与评价逻辑。

（3）不同设计操作思路的结果差异较大，使学生更容易从城市角度理解评价建筑设计创意，更为客观的反思建筑操作的科学性，理解形态操作的结果与意义。

（4）易于与城市既有的地域条件、基础设施对接，通过题目设置的启发、引导，便于使学生了解、体会城市设计的核心要素与其操作逻辑。

（5）所涉及的建筑类型与原型种类有限，内核相对固定，设计关键环节较为明晰，设计操作的逻辑指向相对明晰。

2.2 教学内容的阶段架构

依托西安建筑科技大学积极构建的"工作室"教育模式，打散以班级为单位的授课方式，采用自由双向选择的小组授课组织，课堂内容以讨论形式为主，对设计

工作结果和研究思考考核并重，虽然有固定指导教师，但是学生在不同阶段由不同教师以答辩形式进行阶段提案汇报，面向整个建筑学院开放，城乡规划、风景园林专业和建筑技术教研室的老师同时参与教学，使学生理解和体会到建筑学与相关学科的关系和互动。

分为三个阶段推动设计：

第一阶段：地段城市设计框架梳理

以分组讨论合作形成城市地段理性共识，描绘城市设计的理想与目标。城市设计客体本身较为自由、多样，对于学生而言，相较建筑设计的具体功能目标，城市品质的提升目标显得模糊抽象，需要进一步落实为空间能够进行的直接形态操作都需要内在的城市逻辑，设计操作中更倚重对结果的理解与导向。在教学中重点强调收束前期发散的感性概念与随机偶然的形态操作，保证后期建筑设计过程中更具有目标性的进行设计创意。这阶段以启发讨论为主，会进行相当多的案例分析与比较。

第二阶段：核心建筑与城市设计要素关联

以概念设计为表达形式，为地段的内在逻辑提出概念，并能据此选择合适的建筑模式与类型。一方面继续深化落实地段的城市定位，将前期城市规划条件与建筑设计限制转化为建筑设计依据与形态创意的前提。这阶段重点是使学生理解城市设计操作所依托的主要要素及其关联模式。

第三阶段：建筑单体设计

对于地段核心的关键单体建筑，根据前期概念设计及地段总体要求，细化完成整体设计，一般要求延伸至技术细节。这阶段主要使学生初步理解高层建筑的技术约束性，并能对其进行适当的操作。

2.3 实验关键环节与教学难点

教学实验的关键与难点恰恰是城市高层综合体这一新城市建筑类型的突破既有建筑类型框架的理解要点，城市高层综合体建筑具有"城市性、现代性、技术性"三个层面的特征。从教学环节上来讲主要在以下三方面：

（1）典型地段的选择与边界控制：难点在于理解与执行该类建筑在城市性及其表达。对于首次接触城市设计的学生而言，理解建筑城市性是较为困难的。其中地段范围的界定与规模控制尤为重要，在实验中，我们比较注意适当淡化传统城市设计空间单元，而比较注意提示引导学生理解地段的可能影响范围。

（2）打破单纯空间-功能的类型化建筑学教学方式。传统的十四类公共建筑，基本是以功能目标导向区分定义的，而高层综合体建筑的功能复合，其城市场所更为现代，不仅在设计理念层面上与现代工具理性相印照，

而且还对现代消费社会的城市公共生活方式有新的表达。也是其在传统城市中的形态控制的难点与要点。

（3）现代高层建筑设计技术约束性较强：学生需要转变空间创意效果驱动的设计逻辑，掌握高层结构体系、消防疏散规范规定、设备空间等，并主动比选应用。要求所提出的设计方案在材料构造、绿色性能等方面有专项思考。

3 青龙寺地段教学实验实践

3.1 课题确定与范围

课程实践选取西安市青龙寺地段作为研究对象，在为学生提供的地段特征描述中以地段的城市变迁历史为主线：过去-长安乐游原上的青龙寺；现在-城中村边的青龙寺；未来-作为轨道交通换乘站点的青龙寺。以期提示地段城市设计品质提升所依托的线索。在具体授课中，这一阶段前期工作准备内容较为丰富，直接为学生提供具体规划条件，总体规划、用地性质、地段开发强度评估、相关保护规划及已有详细规划提案等。授课中强调引导学生对现状的矛盾问题以不同角度思考，使学生能够主动平衡不同利益主体诉求，脱离建筑师自我表达的思维习惯，多要素叠加图解分析是主要的工作内容（图2）。

3.2 构想——以城市综合体为支撑激活青龙寺片区

地段具有轨道交通基础设施的支撑条件，鼓励学生在其中整合这些资源，多做潜力挖掘的思维实验，参考较多的城市开发实例。提出以综合开发激活城市的总体目标，使学生理解以建筑类型要素，通过功能形态布局增益城市构架的操作可能性（图3、图4）。

在此方法途径下，最终明晰了地段城市设计保护既有街区、增益历史格局、依托轨道交通、平衡开发利益的总体设计目标。完成了小组城市设计（图5）。

3.3 关键建筑类型思考与设计

在题目设置中，地段预设的高开发强度形成了三种形态控制策略来回应地段设计目标。

第一是完全采用地景式设计，通过较强的类型控制与形态干预平衡开发权益。

第二是利用形态策略积极干预，增加地段的视觉标志性，提升与标识其历史关系，平衡开发权益。

第三通过转移容积率，在地段不同地块内平衡开发权益。

通过置入城市综合体类型支撑高强度开发，形成城市场所，后期建筑设计最终形成了三组选择不同的城市综合体建筑设计思路（图6）并完成较为详细的建筑设计提案（图7）。

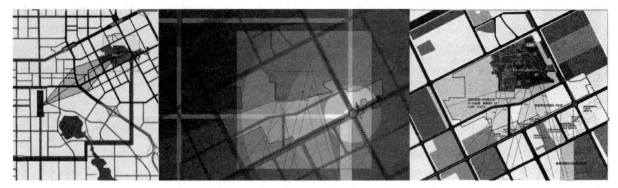

图2　青龙寺地段城市关系整理

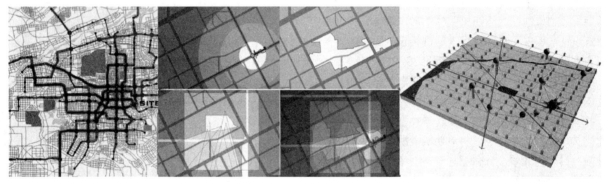

图3　青龙寺地段资源聚合示意

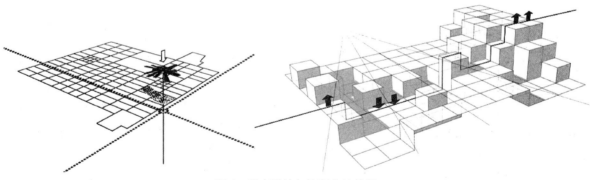

图4　形态设计与控制方法构想

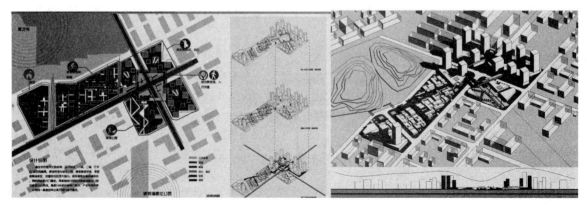

图5　小组城市设计

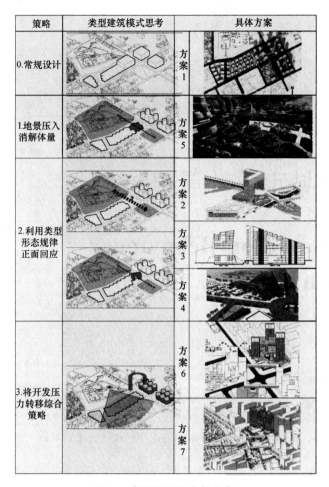

图6　建筑类型思考与方案

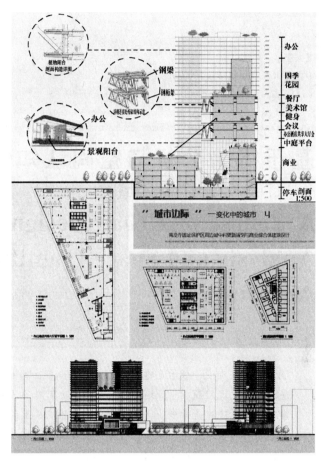

图7　设计方案

4　结语

城市高层综合体在城市地段的合理布局置入，能够与城市基础设施相互聚合，打开单体设计与城市设计割裂所造成的设计局限性。

在大型复杂建筑设计中融合城市设计与建筑设计，有助于学生更为直观理解城市环境的设计效能。在练习过程中，通过第二阶段"城市愿景"的创想与激发，在短时间内提升学生的城市环境品质的认知，并将问题解决手段自然延伸至建筑形态设计，提升其创造力、激发类型思考，加强对基础知识和技能的综合应用能力，为设计实践环节和毕业设计环节乃至职业生涯规划奠定基础。

参考文献

[1]　城市建筑学，2013，11：69.

[2]　西安城市高层综合体发展研究，2010.

虞大鹏

中央美术学院建筑学院；yudapeng@cafa.edu.cn

Yu Dapeng

School of Architecture，CAFA

基于行为分析与空间认知的城市设计课程尝试
——798创意广场区域

A Course of Urban Design Based on Behaviour Analysis and Space Cognition：Square in 798 Art District

摘　要：城市设计教学是建筑学、城乡规划专业高年级教学的核心内容之一。对城市空间的认知、理解以及通过观察发现问题、总结规律乃至寻求解决问题的方法是城市设计教学的重点和难点。本课程是为中央美术学院建筑学院建筑学专业城市设计方向四年级设置的专业设计课程，力图从单体建筑设计、改造入手，通过详尽的行为分析和空间认知进行城市设计，使学生在进行设计时能够做到有的放矢[①]。

关键词：行为分析；空间认知；798创意广场；城市设计

Abstract：The course aims to renovate the teaching of urban design by conducting thorough analysis of behavior and paying attention to the design & transformation of single buildings.

Keywords：Behaviour Analysis；Space Cognition；Square in 798 Art District；Urban Design

1　课题缘起

著名的798艺术区位于北京朝阳区酒仙桥街道大山

图1　798艺术区场景

子地区，故又称大山子艺术区，原为原国营798厂等电子工业的老厂区所在地，798艺术区西起酒仙桥路，东至京包铁路、北起酒仙桥北路，南至将台路，面积60多万m²。当代艺术、建筑空间、文化产业与城市生活环境的有机结合使798艺术区演化为一个极具活力的体现中国当代文化与生活的特殊区域，已成为北京都市文化的新地标。

798艺术广场位于798艺术园区的北部，是一个空间相对独立的区域，著名的艺术机构"佩斯北京"、"香港当代美术馆"等就位于本区。798创意广

---

①　对于建筑学专业学生而言，从之前相对范围较小、目标较单一的建筑单体设计转入到范围较大、目标相对复杂的城市空间，多少都会面临思维方式转变的一段困惑或迷茫期。本课程设计就是希望通过之前学生已经熟悉、掌握的工具、手段来尽快适应城市设计的方式和方法。

场主体由南广场、北广场，以及分割两个广场的706路共同组成，总面积（不含周边建筑）约5570m²。由于其空间的相对独立性，798创意广场整体体现出与798艺术区其他部分迥然不同的氛围与气质，这里经常举行各类现场音乐演出和艺术活动，成为798艺术区中一个重要的展览中心，人们的行为具有明显的多样性特征，从规模和尺度上看，798创意广场也比较适合作为一个城市设计的空间样本进行研究。

图2　798艺术区总平面示意图及798创意广场相对位置图（红色半透明区域）

基于此，作为中央美术学院建筑学院建筑学专业大四阶段最后一个课程设计《大尺度建筑设计》①的一个子课题（综合性建筑群设计），2017年度的课题基地选择了798创意广场，希望能够通过对本区域的详尽研究与缜密推理，尝试城市设计课程教学的新途径与新可能。

2　课题策划②

城市设计的核心内容是对城市空间的梳理和组织，以往的城市设计课题往往也更侧重于对空间的研究和把握，对于空间形态、开发强度、控制指标等内容的研究较为深入，但对于空间的使用者——人的行为、感受以及需求研究相对不足。基于此，本次课程的核心内容首先就是行为分析以及功能策划，希望在对人们活动、需求等方面深入研究的基础上，调整或者改变798创意广场的建筑功能（当然是一种假设性的调整与改变）。在完成建筑及环境的再设计之后，与创意广场现状空间环境进行比较和辨析，最终完成基于行为分析、空间认知基础上的建筑设计（及城市设计）

全过程。

3　行为分析

在进行深入设计之初，同学们分别对南部、北部广场的一般、特殊日进行了调查与统计，从统计表中很容易得出人们对这两个广场的使用频率与状况。在一般日的时候，大部分人群都会在南部广场停留（在不同的时期有不同的雕塑、装置艺术品），北部的广场更多的是作为一个"舞台"性质的空间被人们"经过"，不会长时间停留，只有在遗留在场地内的工业吊车的旁边会聚集一些参观者。在特殊日时（如一年一度的798音乐节、北侧画廊展览的开幕式等），人们会在北广场聚集，北部广场的"舞台"的作用充分显现出来。

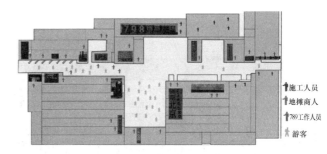

图3　798创意广场人群分布示意图

与此同时，广场内也会有些固定的人群经过：清晨少数在此锻炼的老年人、798园区的工作人员等。大部分人群的主要活动与艺术相关，如观看艺术展览、逛艺术商店、参加艺术拍卖、进行艺术区考察等。北部的舞台广场也很好地满足了特殊活动的要求。

总体来说798创意广场并不是一个使用率很高的广场，这与它的地理位置、整体业态、自身定位等有关系。整个创意广场的业态不足以吸引很多人，相较之798核心区的繁荣景象，显得冷清许多。此外，广场也不是一个平日给附近居民休闲集会的场所，没有固定的

①　大尺度建筑设计是中央美术学院建筑学院建筑学专业大四阶段最后一个课程设计，以平行课题的形式组织课程，不同小组指导教师的题目内容有所区别，包括高层建筑设计、大型综合体设计、体育场馆设计以及综合性建筑群体设计（城市设计）等，是学生前四年专业学习的总结性设计。

②　由于地理位置上的接近，中央美院的学生可以非常方便的到访798艺术区，因此对于设计基地的调研非常充分、扎实，对于问题的发现、针对问题提出的解决方案有较好的针对性。但是，由于课题并非实际实施项目，因此所提出的设计方案的合理性只能进行逻辑上的探讨而无法证实，这个问题有待后续课题进行研究总结。

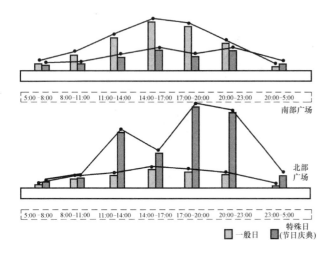

图4 798创意广场不同时段人流量示意图

行为类别	活动主体	活动时间	活动区域	对周围环境需求
参观学习	不同院校学生	白天为主	广场及四周画廊	安全舒适、内容丰富
旅游	异地游客	白天为主	广场、画廊、艺术商店	安全舒适、业态丰富、趣味性定
购物	青年	白天	艺术商店、艺术书店	安全舒适、便捷、业态丰富
厂区服务	工人、艺术工作者	24小时	广场及周边工作室	安全畅通、便捷
展览、会议、采访	艺术家、媒体、摄影师	与展览安排时间相关	广场(开幕式)、画廊	安全、便捷、设备完备、空间适宜
节日庆典活动	随节日主题定(青年为主)	随节日举行时间而定	广场内部	安全、设备完备、一定的空间尺度
休闲、健身	厂区周边老人	早上	广场内部	安全适度、公共设施齐全

图5 798创意广场人群活动类型示意图

人群来往，若非798双年展等园区的重大节日，广场一般都不会很热闹。

798创意广场上经常放置一些公共艺术作品，这些作品有效的改变了广场空间氛围和人们对空间的感知，其中最吸引人或许也是最成功的作品是一组呈向心圆形态分布的狼群雕塑，吸引了大量的游客在此停留、拍照。在狼群雕塑被移走并替换为目前的飞机尾翼装置之后，这个区域对游客的吸引力锐减，基本无人停留。

图6 798创意广场建筑风貌及原狼群雕塑场景

4 空间认知

798创意广场周边是798园区中典型的包豪斯风格建筑，大多保留了原有风貌，少数加建建筑与改建建筑，其风格也与原有风貌相匹配。目前这些建筑大多作为展示空间、画廊以及办公空间使用，也有少部分改造为餐厅和咖啡厅。

图7 798创意广场业态示意图

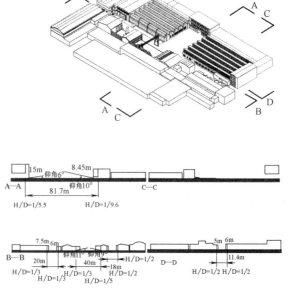

图8 798创意广场空间视线分析示意图

从平面上看，创意广场属于比较内向的公共空间，分析广场剖面，发现视线仰角的范围分别为 6°、10°、11°，由于广场较小，所以围合感较强，更像是建筑内部的人庭院；但由于建筑整体高度较低，所以广场封闭性感觉不强，视线较为开敞。

实地调查发现，798 创意广场存在诸如：广场空间体系单一、空间不够吸引人、广场中的绿化面积太小、缺少街道家具，没有能够给人提供休息的座椅，人们只能倚靠或坐在雕塑上休息以及照明太少等问题，都在一定程度上影响着人们对本区域的空间认知和感受。

5 功能调整

基于上述的深入调研和分析，课程小组对 798 创意空间区域进行了假设性的功能调整：本区域相对独立、私密，适合改造为面向经济、文化层次较高的高端人群的特定区域。结合对整个 798 地区功能、业态的分析，课程小组提出首先对基地交通进行重新规划梳理，理顺道路与出入口的关系，同时提出 798 创意广场区域建筑功能应该调整为个性酒店、文艺书店、高端展览展示场所、高端艺术品店、高端休闲及餐饮场所等 ①。

课程小组认为，798 创意广场区域目前的人流量相对较少，与 798 艺术园区其他部分相比有些冷清，但是发展的潜力巨大，希望通过改造设计，使 798 创意广场区域的人流量能够得到较大程度的增加。

从 798 艺术区北门进入艺术区时，游客主要从西侧两条主干道的入口进入沿 798、797 两条东西向道路进入内部游览，然后在 798 西街路口向东部区域扩散。改造后，人群有了更多选择，由于创意广场周边的建筑等设施改善，可以极大程度的吸引人群，从而改变人群在园区的分布，也在一定程度上缓解 798 其他地区的压力。

课程小组成员一部分选择在旧建筑上进行改造，有的选择重建，但是都围绕一个原则：尽可能保留最原始的 798 建筑、空间风貌。经过改造后的创意广场有了多重属性，文化、娱乐、餐饮、服务全部包含在创意广场之中，极大程度考虑到了 798 后续发展问题，对之前调研发现的现状问题提供了解决方案。

部分具体方案如下：

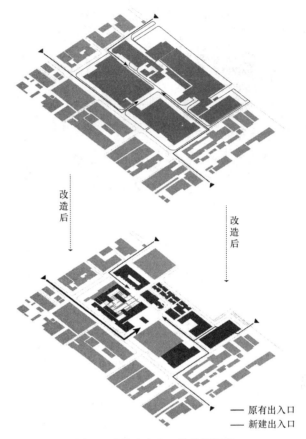

改造后

改造后

—— 原有出入口
—— 新建出入口

图 9　对基地出入口的分析调整

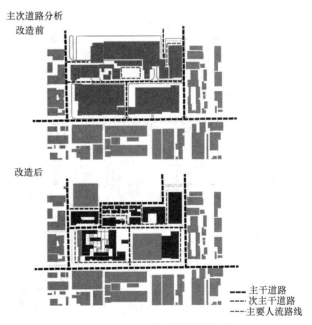

主次道路分析
改造前

改造后

---- 主干道路
---- 次主干道路
---- 主要人流路线

图 10　对基地道路系统的调整

① 798 艺术区已经逐渐发展成为一个有一定艺术氛围的游览商业区，但是目前状况来看，整体的商业品位、内容都不是很理想，但与此同时到 798 艺术区游玩的人群却日益增多，这样就形成了供需矛盾。

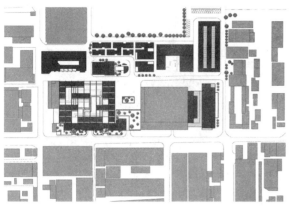

图 11　重新设计之后的总平面图

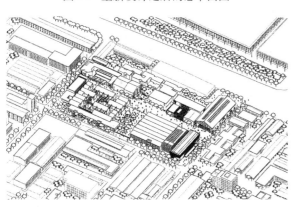

图 12　重新设计之后的空间形态

图 13　基于城市设计方案的艺术餐厅改造方案（刘思婷）

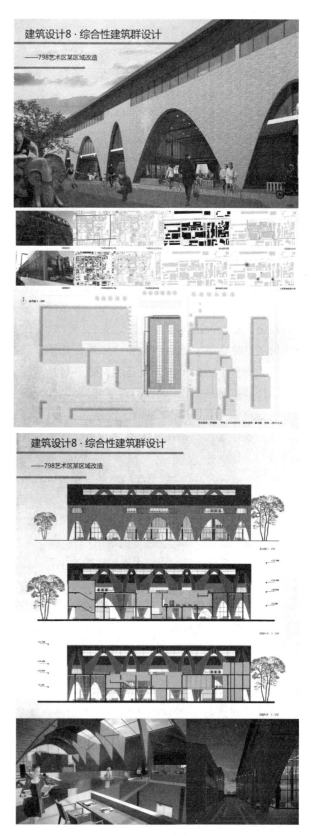

图 14　基于城市设计方案的展览展示
中心改造方案（李晨澍）

6 结语

城市设计课程在建筑学教学体系中的地位日益重要，但是其教学一直都是很大的难题。在多年的城市设计教学中发现，解决问题的关键在于思考方式的改变。建筑学的学生普遍专注于建筑单体的设计，对于整体空间环境相对有所忽视。相关知识体系的缺乏（比如规划相关知识）也导致学生在进行城市设计时难以整体把控，有很多时候容易把群体空间组织的问题简单化，处理成单体建筑空间（巨构）或者对空间的理解不够深入，导致城市设计过于粗糙或者过于追求图形效果，难以解决问题。

城市设计其实有两个核心的问题，即空间与人。立足于对空间的详尽分析、对人的行为的详细观察、对人的需求的重复满足是做好城市设计的基础。在本次课程中，我们所做的尝试是立足于充分的现状认识和辨析，从基于行为分析和空间认知的建筑单体建筑改造、设计入手，在完成各自建筑单体设计基础上综合形成最终的城市设计方案。从课程的进行过程以及最终的成果来看，课程的目的基本达到，同学们也反馈对于城市设计的认知和理解加深了。不过，由于课程时间（8周）所限，虽然课程小组非常投入的进行了大量的现场调研和分析，但最后的单体设计完成度依然存在一定的欠缺，需要在以后的课程实践中进行调整和完善。此外，因课程设计毕竟是一种在合理假设、推理基础上得出的结论，如何验证是否达到、多大程度上达到了设计目的也是值得深入思考的问题。

参考文献

［1］ 王建国. 城市设计（第3版），东南大学出版社，2011年01月

［2］ （美）凯文·林奇 著. 方益萍，何晓军 译. 城市意象. 北京：华夏出版社，2001.

［3］ （丹麦）扬·盖尔，（丹麦）拉尔斯·吉姆松 著. 汤羽扬 等译. 北京：中国建筑工业出版社，2003.

［4］ （丹麦）扬·盖尔 等著. 何人可 等译. 北京：中国建筑工业出版社，2003.

姜进科　屠苏南　赵健凯

东南大学建筑学院；sunan2000@hotmail.com

Jiang Jinke　Tu Sunan　Zhao Jiankai

Southeast University，School of Architecture

城市中低价住宅小区"房（地）价—交通便利性"模型研究

——绍兴 *

The Study of the "Housing（Land）—Transport Convenience" Model of Urban Mid-low Priced Residential Quarters——Shaoxing

摘　要：城市交通发展的越来越迅速，而公共/大众交通对城市小区和楼盘的分布及价格产生很大影响。研究以绍兴为对象，通过售价数据确定出中低价小区范围，以交互式GIS描绘出中低价小区的分布图，归纳出中低价小区关于交通的分布模式。实地调查若干中低价小区的交通方式及其便利性，并研究其与小区房地价的关系，通过调查结果求取部分系数，建立起二者函数关系模型。

关键词：中低价小区；房价；交通便利性

Abstract：Urban transport development is more and more rapid，and public/Mass transport of the urban areas has a great impact on the distribution and prices of residential quarters. In this paper，Shaoxing is used to determine the range of Mid-low cost residential quarters through price data，and the distribution pattern of low - cost residential area is drawn with interactive GIS，and the distribution pattern of traffic in low-cost residential area is summarized. Site survey of a number of low-cost residential traffic and its convenience，and to study its relationship with the residential land price，through the survey results to obtain part of the coefficient，the establishment of the two function relationship model.

Keywords：Mid-low priced residential；Housing prices；Transport convenience

1　研究背景、目的和思路

中国城市近年来公共交通发展迅速，交通便利程度对某一地区的地价造成了很大的影响，而地价又直接影响到房价。交通便利性的提高使得城市的商业中心对地价的影响范围和程度发生了变化[1]。

本次研究目的是探寻绍兴市中低价小区的交通便利因素与房地价之间的函数关系。研究思路与方法如下：

通过对城市行政等级的划分以及数据的爬取，确定被研究的对象城市——绍兴，获取其在售楼盘/小区及其均价；对均价进行排序，选取中低价小区，并给出在城市中的分布。调研获得主要交通线路图。寻找中低价小区关于交通的分布特点和关系。挑选出交通便利性不同，

＊本研究为国家自然科学基金资助项目《城市中低价住宅用地的交通便利性模型实证研究-以长三角地区为例》（项目批准号：51378101）的部分研究。也是东南大学2017年SRTP项目。

348

而其他因素大致相同的中低价小区作为样本作实地调研。用函数拟合找出各个小区交通便利性与房价之间的对应关系，确立"房（地）价-交通便利性"函数式。

2 绍兴的中低价小区分布

研究区域为绍兴主城越城区（市区），不包括与之不连续的其他城区。本项研究中的中低价小区的定义为将一个城市的在售楼盘均价按从低到高的顺序排列，取其总数的前 20%～40%，即为中低价小区。

2.1 在售小区（楼盘）与城市主要交通

以通用搜索引擎（百度、谷歌）查询绍兴房价，根据出现相关且最多的词条数目，选择"房天下"作为爬取数据的网站，剔除偏差样本（价格待定等因素）得到绍兴在售小区共 219 个。绍兴市在售小区分布图如图 1、分布热力图如图 2 所示。

以市中心为圆心，作能覆盖住约 95% 的在售小区

的圆，此圆半径约为 4km；再以 1.5km、2.4km 为半径分别作圆。

然后将样本价格进行排列，其价格高低热力图如图 3 所示。选取价格在前 20%～40%，即第 44～87 个小区为中低价小区，同时得出绍兴中低价小区的价格区间在 7044～8343 元/m² （2017.2），样本数为 44 个。

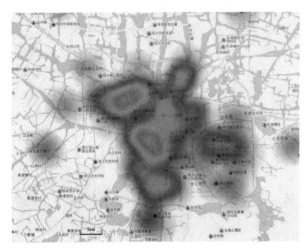

图 3 绍兴市在售小区价格热力图

对绍兴市的调查中，城市主要交通由主要道路构成，如图 4 所示；其道路网模式可归结为纵横交错的棋盘状，如图 5 所示。

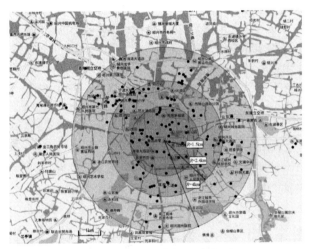

图 1 绍兴市在售小区分布图

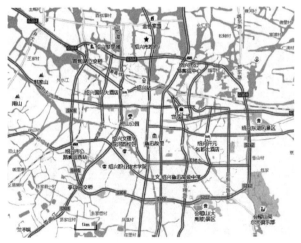

图 4 绍兴市主要交通图

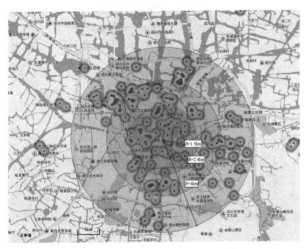

图 2 绍兴市在售小区分布热力图

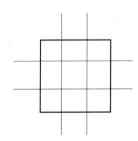

图 5 绍兴市主要道路交通模式图

2.2 中低价小区的分布及特点

本次研究选取越城区（柯桥区因不与主城相连，未含在内）的中低价小区进行研究。绍兴市主城区并不大，因此距离相对较近，中低价小区数量相对于大城市要少，但并不影响本次研究。

绍兴的中低价小区分布大致在以市中心为圆心，半径为 4km 圈层以内。内圈（1.5km 半径内）和外圈（4km 半径外）的小区数量较少；中圈（1.5～2.4km 半径）上中低价住宅小区分布较多。在每一圈层上，中低价小区在西侧及西偏南少有分布，多分布于南北两个方向（图6、图7）。内圈由于过于靠近市中心，可能地价过高而数量微有减少（图8），外圈可能由于距离城市较远，数量也有所减少。

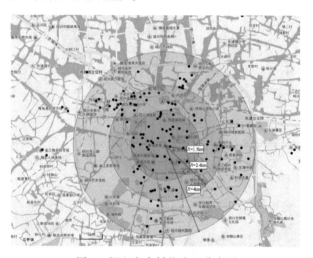

图 6 绍兴市中低价小区分布图

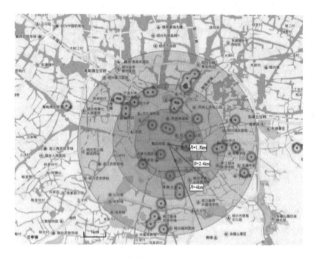

图 7 绍兴市中低价小区分布热力图

目前绍兴没有轨道交通，公共交通主要为公共汽车，在公共汽车中，绍兴实施了快速公交系统（BRT），公交专用道路等措施，方便居民出行。中低价小区居民

图 8 绍兴市中低价小区价格热力图

的出行方式多以公交车为主，私家车、自行车出行为辅。因此，绍兴中低价小区多分布在城市主要交通干线周围，如：环城路，解放路，中兴路这种城市主要交通干线附近，公交车站分布相对较多，公交出行很方便。

根据绍兴市中低价小区分布和交通图，可知中低价小区多分布在公交站点附近；中低价小区多分布在城市主要道路附近，靠近公交站点 200～400m 左右的距离。小区附近的公交站点基本都有多条公交线路，部分公交站点还会以小区的名字进行命名。

2.3 中低价小区分布模式

绍兴市的中低价小区沿城市主要交通线路展开；分布在城市中圈，比内圈略多，比外圈聚集密度大（图9）。

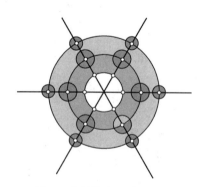

图 9 中低价小区分布模式

3 被调查中低价小区的交通成本/交通便利性

3.1 被调查中低价小区待调查样本的抽选与调查

这一步的研究需选择仅在交通便利性因素上有较大差别，但其他条件相仿的小区。为了使各个住区在除交

通便利性外其他方面相似，挑选出建成年代（2004年以后）、容积率（1.5左右）、绿化率（30%～40%）、停车方式（地面停车）、安全设施（设大门及门卫）等影响房价诸因素（重点学区等重大影响因素已排除）基本一致或相似的，仅在交通便利性因素上有不同的小区来分析（图10）。

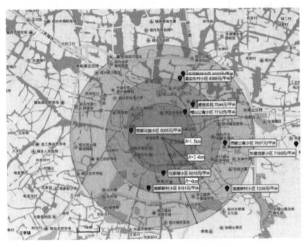

图10 实地调研小区分布图

3.2 被调查各小区的不同交通方式的交通耗资与交通耗时

根据实地调研，统计出各小区不同交通方式到达市中心的距离、耗时和耗资情况（表1），其中计算各种交通方式耗时所采取的方式：首先通过"高德地图"、"搜狗地图"等确定各小区至市中心的交通距离、耗时，并以此距离和实地抽查的各交通方式在当地的实际速度作校正得到耗时（min）；计算各种交通方式耗资所采取的方式：若交通方式为公共交通，则查相应票价为耗资（元）；其他，如小型汽车则先通过互联网查阅调查期间的油价，再根据对应的交通距离上小型汽车平均所耗油量计算（注：私车耗资计算中，以一辆普通小汽车10万元，使用期限8年，油费6.5元/L，油耗10L/100km为参考标准）。

3.3 被调查各小区交通耗资与交通耗时的加权

再根据关于到达市中心出行方式的问卷调查的统计结果，分配各交通方式的权重，计算交通耗资和加权耗时，如表2（注：交通耗时、耗资计算方式均为各交通方式的耗时、耗资与其权重乘积之和）。

已调查中低价住宅小区交通因素状况 表1

| 小区 | 到市中心交通距离（km） | 私车 | | Bus | | 电动车 | | 自行车 | | 步行 | |
		～耗时（min）	～耗资（元）	～耗时（min）	～耗资（元）	～耗时（设速度20km/h，单位为min）	～耗资（元）	～耗时（15km/h）	～耗资（元）	～耗时（min）	～耗资（元）
昌安新村	2	6	20.42	9	2	7.2	0.8	9.6	0.1	26.4	0
东盛世家	6.5	13	26.4	47	2	/	/	/	/	/	/
稽山公寓	3.1	8	22.3	26	1	10	0.8	15	0.1	50	0
浪港新村	4.8	9.2	24.19	35	2	/	/	/	/	/	/
乐苑新村	3.88	15	23.93	30	2	15.3	0.8	20.4	0.1	57	0
南都新村	1.4	6	19.12	7	1	5.4	0.8	7.2	0.1	22	0
任家塔小区	2.1	10	21.2	23	1	9	0.8	12	0.1	36	0
盛世名苑	4	20	23.02	37	2	11.1	0.8	14.8	0.1	45	0
西畈公寓	4.3	16	20.3	30	2	14	0.8	18	0.1	57	0
银都花园	1.3	9	19.9	23	1	5	0.8	10	0.1	18	0

各交通方式加权 表2

小区	私车权重	bus权重	电动车权重	自行车权重	步行权重	共计	交通耗资（元）	加权耗时（min）
昌安新村	0.3	0.3	0.2	0.15	0.05	1	8.341	8.7
东盛世家	0.9	0.1	0	0	0	1	23.96	16.4
稽山公寓	0.3	0.4	0.15	0.1	0.05	1	7.22	18.3

小区	私车权重	bus 权重	电动车权重	自行车权重	步行权重	共计	交通耗资（元）	加权耗时（min）
浪港新村	0.8	0.2	0	0	0	1	19.752	14.36
乐苑新村	0.3	0.2	0.2	0.25	0.05	1	7.764	21.51
南都新村	0.4	0.4	0.1	0.1	0	1	7.778	6.46
任家塔小区	0.3	0.3	0.2	0.15	0.05	1	6.835	15.3
盛世名苑	0.4	0.3	0.1	0.1	0.1	1	9.898	26.19
西畈公寓	0.5	0.3	0.2	0	0	1	10.61	19.8
银都花园	0.35	0.1	0.3	0.2	0.05	1	7.31	9.85

4 中低价小区交通成本/交通便利性与房价的关系

4.1 房价与交通成本/交通便利性的函数关系

在研究中假设 k_t 是转换时间与金额的系数。计算某一小区到城市中心的交通成本（记为 c，单位：元）应包括交通耗资（记为 c_c，单位：元）和交通耗时（记为 t，单位：min），耗时则通过系数 k_t（单位：元/min）来换算为等价于出行者时间成本的当量货币值（即 $k_t * t$），则交通成本 $c = c_c + k_t * t$（式 1）（此时可推测系数 k_t 的取值很可能与出行人的单位时间的某种金额相关）。

通过综合的交通成本（含上述直接的交通耗资及由交通耗时转换而来的金额）的倒数，即交通便利性与小区房价的离散点分布分别作函数拟合，推求房价 p 与交通便利性（1/c）之间的函数 $p = f(1/c) = f(1/(c_c + k_t t))$ 关系 f 及 k_t 取值范围。如图 11 所示，分别取 k_t = 0.01、0.1、1、10 四个数量级值分析。

对每一 k_t 取值，令函数分别为指数函数、一次线性函数、对数函数、幂函数，观察调研数据与函数曲线的拟合关系，可发现线性正相关是能较好并简明地描述出地价 p 与交通便利性 1/c 的关系的，且 k_t = 0.1 时拟合程度是最高的，0.1 这个数量级范围也代表了所猜测的系数 k_t 的值的范围。

（中低价）小区的房价 p 与交通便利性（1/c）线性相关，亦即，$p = k_c/c + A_0$（式 2）。其中，k_c 为房价与交通便利性相关性系数；c 为交通成本（1/c 为交通便利性），包括直接所耗的金钱成本 c_c 与所耗的时间 t 转换而来的成本 $k_t * t$，A_0 为房价中相对较固定的基值（比如，在某一地区或某一城市内：由于建筑材料价格、劳动力成本相当，故对于相似结构、规模、用途的住宅来说，土建安装成本基本相同；又如，由于相似种类的的税费所产生的对应的房价组成部分）。将前述式 1 代

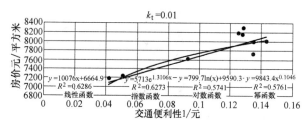

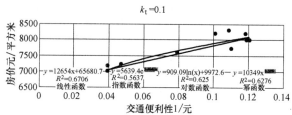

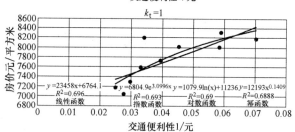

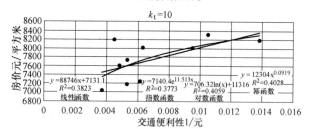

图 11　函数拟合图

入式 2，得 $p = k_c/(c_c + k_t * t) + A_0$（式 3）。

4.2 函数中系数的确定

考虑以上情况，对于交通便利性有较大不同，而其他诸多因素（水暖电气等基础设施、商业休闲设施、学区、社会安全……）相似的两个住区来说，其房价减去

造价后的价格之间的差别即可认为是由交通便利性不同而造成。则 k_t 值可通过式3推导出的 $p_i-p_j=k_c/(c_i+k_t*t_i)-k_c/(c_j+k_t*t_j)$（式4）。其中 i 为较靠市中心的圈层的住宅小区；j：较远离市中心的圈层的住宅小区）求得。

又考虑到单独某一小区房价可能较偶然，故将与市中心距离相仿且房价相似的几个小区的房价平均数作为此圈层上住宅小区的房价。根据调查数据，取平均值进行计算，如表3。

代入数据，求得绍兴市的 k_t = 0.1107 元/min 或 6.64 元/h；k_c = 6297.4698。此 k_t 值与该城市平均工资（50305 元/年[3]，按中低收入工作的工时，约合 18 元/h）同一数量级，但比其低，这意味着该市出行者的耗时与收入间关系较密切，不过时间价值在交通过程和房价中未有充分体现。

5 中低价小区交通成本/交通便利性与地价的函数关系

5.1 地价与房价的函数关系模型

刘琳、刘洪玉（2003）的研究[2]给出了如下的地价与房价关系。房价的主要组成都是地价、建安造价和各种税费（包括管理费、销售费用、利息、税费及合理利润）。设 p 代表房价（元/m² 建筑面积）。p_i 代表地价（元/m² 土地面积），c_b 代表建筑物的建安造价（元/m² 建筑面积），γ 代表所有的税费（包括管理费、销售费用、利息、税费及合理利润）率（%），F 代表容积率（%）。

首先，将地价 p_i（元/m² 土地面积）转化为楼面地价 p_{10}（元/m² 建筑面积），其公式为：$p_{10} = p_i/F$（式5）；其次，根据增量房地产价格的含义得出增量房地产价格的表达式：$p = p_{10} + c_b$（式6）；得 $p = p_{10} + c_b + (p_{10} + c_b)\gamma$（式7）；将式5代入式7，整理可得：$p = p_i/F(1+\gamma) + c_b(1+\gamma)$（式8）；再设 $(1+\gamma) = A$，$c_b(1+\gamma) = B$，A 和 B 为任一不为零的常数，则：$p = A * p_{10} + B$（式9）。从而可知，楼面地价 p_{10} 与房价 p 为线性正相关关系[2]。

5.2 交通成本/交通便利性与地价的函数关系

将前述式3与式7结合，得 $p_{10} + c_b + (p_{10} + c_b)\gamma =$ $k_c/(c_c + k_{t*}t) + A_0$，整理可得，楼面地价（$p_{10}$）与交通成本（c）/交通便利性（1/c）间的函数关系：$p_{10} = (k_c/(c_c + k_t*t) + A_0)/(1+\gamma) - c_b$（式10）。令 $k_c/(1+\gamma) = A1$，$A_0/(1+\gamma) - c_b = B1$，则式10可以化为 $p_{10} = A1 * (1/c) + B1$。从而可知，楼面地价 p_{10} 与交通便利性（1/c）为线性正相关关系。

6 小结

通过上述调研和分析都可在中低价住区的交通便利性和房价之间初步找到关系。综上所述：

（1）绍兴市中低价住宅小区交通便利性（交通成本倒数）与房价的关系可用线性正相关作描述。

（2）在 1.5km 圈层以内所在的住区到市中心的耗时比 1.5～2.4km 圈层耗时稍长，可能与绍兴市公交站的设置地点有关，查阅资料发现 1.5km 圈内的公交车站设置较多，停留时间较长。

（3）某城市的系数 k_t 和 k_c 的值可通过式3推导出的 $p_i - p_j = k_c/(c_i + k_t * t_i) - k_c/(c_j + k_t * t_j)$（式4）求得。

（4）推测各城市 k_t 值不同，其影响因素可能含城市经济发展水平、城市中低价住区居民的单位时间收入情况。有待以其他城市的住宅小区数据验证。

（5）从前面所得的"房价-交通便利性"函数，并借助于地价-房价的函数关系，可得：楼面地价 p_{10} 与交通便利性（1/c）之间关系可用线性正相关进行较为准确且简便的描述。

参考文献

· [1] 闫晓燕. 城市轨道交通对房地产价格的影响机理分析 [J]. 城市建筑，2013（8）：286.

[2] 刘琳，刘洪玉. 地价与房价关系的经济学分析，数量经济技术经济研究 [J]，2003（7）：29-30.

[3] 绍兴市统计局. 绍兴市城镇常住居民可支配收入 [DB/OL]. http://www.sxstats.gov.cn:8080/pubdata-base.action，2017.07.

范熙晅　高莹　肖彦　范悦

大连理工大学建筑与艺术学院；fxx@dlut.edu.cn

Fan Xixuan　Gao Ying　Xiao Yan　Fan Yue

School of Architecture and Fine Art，Dalian University of Technology

结合建筑设计课程的 GIS 原理与应用教学 *
The Course of GIS Theory and Application Combined with Architectural Design Studio

摘　要：随着信息技术的飞速发展，各行各业都进入了大数据时代。作为数据处理与分析的重要工具，GIS 在建筑与规划行业逐渐成为重要的工具。目前的高校本科教育中，GIS 教学尚未形成比较完善的体系，GIS 学习与应用存在严重的断档，不利于学生的学习。因此，尝试将 GIS 与建筑设计课程结合，使学生可以学以致用，扎实掌握学习内容。

关键词：GIS；联合教学；建筑设计课

Abstract：With the rapid development of information technology，walks of occupation have entered the era of Big Data. As an important tool for data processing and analysis，GIS has gradually become an important tool in the Architecture and urban planning industry. At present，in the undergraduate education system，GIS course has not yet formed a relatively perfect system. There is a serious lack between learning and application. It's not good for students to learn. So it will enable students to apply their knowledge，grasp the learning content by trying to combine GIS with architectural design courses.

Keywords：GIS；Combined teaching；Architectural design course

1　GIS 在建筑领域的应用

随着时代的发展，建筑及城乡规划行业从早期相对简单的工艺技术发展为囊括历史、艺术、政治、社会、地理、数学等的复杂科学，对建筑师的专业素养需求也日渐多元化。而近年来，随着互联网与信息技术的飞速发展，"数字化技术"应运而生，哈佛大学社会学教授加里·金说："这是一场革命，庞大的数据资源使得各个领域开始了量化进程，无论学术界、商界还是政府，所有领域都将开始这种进程。"[1]建筑行业也毫无例外的加入了数字化转型的大潮中。

在新的数据环境下，大到区域格局小到建筑空间的研究都开始向定量型设计转变。而 GIS 技术也在这样的条件下逐渐成为建筑及城乡规划领域的有力工具。在规划层面，GIS 可存储城市规划的历史数据，并预测城市未来的发展，如香港的沙田新城开发中运用 GIS 建立土地预测管理系统；在建筑层面，GIS 可用于大型公建疏散、避难的路线设计，可以做建筑环境风险评价，也可以储存分析建筑能耗的空间数据等。另外基于 GIS 强大的数据可视化功能，结合虚拟现实技术，还可在建筑展示及房地产项目管理中发挥重要的作用。

可见，目前 GIS 技术应用于建筑领域，已经取得了一定成效，但大部分掌握 GIS 技术的人员都是非建筑学专业人才，面向建筑及城乡规划专业学生的 GIS 教育仍有一定的滞后性，需要有的放矢的大力推广，为数字化、信息化的建筑行业发展服务。

＊资助基金：中央高校基本科研业务费：DUT17RC（4）20；大连理工大学研究生教改基金（重点项目）：JG2015008。

2 GIS 教学现状

目前国内各高校的建筑学专业教学体系中，与 GIS 相关的课程大致分为两大类，一类是以 ArcGIS 软件为依托的软件培训类课程，旨在通过实际操作使学生了解 GIS 技术应用的多种可能性；另一类是以 GIS 技术原理为主的理论教学，讲授 GIS 的起源、发展、数据类型、技术依托等，以知识体系建构为目的。

2.1 以 ArcGIS 实际操作为主的软件教学

以软件应用为主的实际操作培训可以在短时间内系统的提高学生的应用能力，使学生对 ArcGIS 的具体操作有所了解。但由于 ArcGIS 软件的数据格式、操作界面和数据处理模式与传统建筑学专业常用软件相比有较大差异，因此对学生而言需要一定的理论积累，在熟悉数据类型，分析原理及一定应用案例的前提下才能更好的掌握软件的操作。

2.2 以 GIS 原理为主的理论教学

在建筑学专业的本科教学中，GIS 技术并不常用，主要在研究生学习阶段应用比较广泛，鉴于此，结合 ArcGIS 软件的特殊性，部分高校建筑学专业的本科 GIS 课程以理论教学为主，通过对 GIS 的历史、发展、应用以及简单的数据类型、数据处理原理的讲授，达到知识体系建构的目的，为研究生阶段的 GIS 应用奠定理论基础。

2.3 GIS 教学现存问题

不论以实际操作为主的软件教学，或以 GIS 原理为主的理论教学，对学生了解、认识 GIS 技术都具有重要的意义。然而在目前的本科教学体系下，缺乏实际应用的短期教学很难使学生牢固掌握所学知识，往往在课程结束后便会因缺乏实践而变得生疏，甚至遗忘。正因如此，提出了结合建筑设计课程的 GIS 教学构想。

3 结合本科四年级建筑设计课程的"GIS 原理与应用"教学

大连理工大学本科四年级春季学期的建筑设计课程包括两个独立设计，第 10～17 周为城市设计课程。而笔者承担的"GIS 原理与应用"课程安排在第 1～12 周，因此在课程教学中，侧重 GIS 技术在城市设计中的应用。

3.1 "大连中山区延安路片区城市设计"课程概述

大连市是我国东北对外开放的窗口和最大的港口城市，也是东部沿海重要的经济、贸易、工业、旅游城市。而中山广场位于大连市老城区的核心位置，是聚集中央商务、文化娱乐、公寓居住和旅游购物功能的综合服务中心区域。

本次城市设计课程拟划五个地块，学生可任选其一，结合大连市城区控制性详细规划，根据城市发展及地块周边情况，自行设定各地块具体建设项目及建设规模，营造完整的能够体现地方建筑文脉与城市发展的城市开放空间。设计成果除规划总平面图、区域整体鸟瞰图、开放空间沿街立面图外，还强调对功能、交通、景观的分析。这也为 GIS 的应用提供了极大的可能性。

3.2 理论与操作结合的"GIS 原理与应用"课程教学

为了更大程度地配合城市设计课程需要，在 GIS 课程中采取了理论与实际操作相结合的方式进行教学。除了传统 GIS 课程中必须讲授的 GIS 技术理论和原理外，摘选出与城市设计直接相关的 GIS 操作技术，并针对此对城市设计原理部分理论进一步讲授。

"GIS 原理与应用"共 24 学时，由 12 节次课程组成，分为三大部分（表 1）。

"GIS 原理与应用"课程教学计划　　　　　　表 1

节次	教学手段及方法	教 学 内 容		
第一部分　GIS 技术原理的理论讲授				
一	多媒体	绪论：GIS 空间分析技术的发展与现状、GIS 数据采集方法及空间分析的基本理论、GIS 空间分析在实际应用中的案例		
二	多媒体	GIS 坐标系入门：了解什么是坐标系、坐标系有什么用、有哪些坐标系、坐标系如何转换等问题		
三	多媒体	ArcGIS 入门：ArcGIS 数据类型、数据管理及基本的空间分析工具，ArcGIS 操作界面和基本工具栏等		
第二部分　结合城市设计原理的 ArcGIS 软件操作				
		城市设计原理讲授		ArcGIS 软件操作
四	多媒体＋实操	由《完整街道》看建筑师的城市观	绘图基础	创建地图文档、加载数据、创建 GIS 数据、编辑数据、可视化表达数据

		城市设计原理讲授		ArcGIS软件操作
五	多媒体+实操	克里斯托弗·亚历山大《城市并非树形》	空间叠加分析专题	现状容积率统计：建筑和地块的相交叠加、地块容积率计算
六	多媒体+实操	積文彦《集合形态的研究》及城市的三种形态		城市用地适宜性评价：单因素适宜性评价分级、栅格叠加运算
七	多媒体+实操	阿尔多·罗西的"类似性城市"理论	三维分析技术专题	地形分析和构建（坡度、坡向分析、道路纵断面分析
八	多媒体+实操	"生态城市"的理念和"绿色城市"的设计	景观视域分析专题	观景点视域分析、观景面视域分析、观景线路视域分析
九	多媒体+实操	扬·盖尔《交往与空间》	交通网络分析专题	网络构建和设施服务区分析：最短路径计算、设施服务区分析
十	多媒体+实操	凯文·林奇《城市意象》与人本主义		设施优化布局分析："位置分配"原理、设施选址和服务区划分
十一	多媒体+实操	芦原义信《外部空间设计》		交通可达性分析：基于最小阻抗、平均出行时间、出行范围的可达性分析
第三部分 ArcGIS在城市设计中的综合应用				
十二	多媒体	复杂地形中的设施服务水平评价与选址		

其中第1～3节次以GIS原理为主，属于基础知识普及与知识体系建构部分，考虑建筑学专业需求，不需讲授过于繁琐，深度较大的GIS理论，主要浅显的讲授数据类型、坐标系原理等理论知识，并通过多个案例使学生了解GIS在日常生活中的应用，激发学生的学习热情。

第4～11节次以软件操作为主，其中又由"空间叠加分析"、"三维分析"、"景观视域分析"、"交通网络分析"四个专题组成，各专题均与城市设计课程技术需求直接相关。为了促进学生将GIS技术更好地应用在未来的城市设计中，每节课又分为两个部分，第一部分结合本讲知识讲授相关的城市设计知识，如在景观视域分析节次，渗透"生态城市"、"绿色城市"、"山水城市"等理念；在"交通网络分析"部分介绍扬·盖尔、凯文·林奇、芦原义信等在尺度、边界、形态等方面对城市空间评价的理论与方法。第二部分则侧重各专题对应的软件操作教学，使学生在理解理论的基础上，实际运用软件，发散思维，自己探索软件的适用性。

最后一部分为第12节次，在之前课程的理论与操作基础上，通过一个城市设计的综合应用案例来回顾全程所学知识，形成一个完整的知识体系，使学生在技能与理论上能得到进一步巩固。

3.3　GIS技术的课程后应用

在课程的第二大部分中，选取的四个专题技术在《大连中山区延安路片区城市设计》中均有应用空间，

而两个课程在时间安排上基本属于衔接关系，因此学生在GIS课程结束后可以立刻将所学知识应用到实际设计中，不但对课程所学知识起到巩固作用，同时也为课程设计的完成提供更具逻辑性的量化方法，部分学生应用成果见图1。

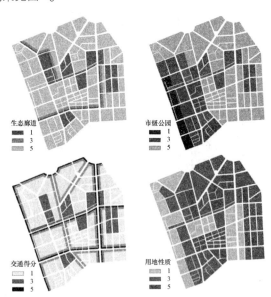

图1　基于ArcGIS的城市设计地块分析
（图片来源：学生杨喆雨、聂大为提供）

4　教学总结与思考

通过在教学方法、教学目标上的改进，学生在GIS技术的理论、实际操作及应用范围都得到进一步的巩固

与提高。"GIS 原理与应用"课程最终以论文的形式结课，时间安排在城市设计作业交图之后，学生可根据自己在设计课程中的应用进一步反思 GIS 课程所学的知识与技能，再次巩固所学内容。鉴于已有成果的显著成效，未来可以适当加深两门课程的关联性，使学生对讲授课中所学的知识也可活学活用，牢固掌握。

以上所述仅是对 GIS 技术在本科教学中的初步探索，尚需更为充分的研究与实践，也应加强校际间及学校与企业间的互动，逐步完善建筑学专业中 GIS 技术的教学体系，为学生在未来工作中学以致用奠定基础。

参考文献

[1] 牛强. 城市规划 GIS 技术应用指南. 北京：中国建筑工业出版社，2012. 02.

[2] 宋彦，彭科. 城市空间分析 GIS 应用指南. 北京：中国建筑工业出版社，2015. 03.

[3] 宋小冬，钮心毅. 地理信息系统实习教程. 北京：科学出版社，2013. 10.

[4] 向子浩，袁洪远. 浅析 GIS 在建筑领域中的应用. 中华民居（下旬刊），2012，(12)：224.

李明　张玲

中国矿业大学建筑与设计学院；lmnju@sina.com

Li Ming　Zhang Ling

China University of Mining And Technology

基于 BIM 理念的开发型城市设计课程改革
Reform of Urban Design Course Based on BIM Concept

摘　要：低碳城市的发展目标对城市设计课程教学提出了新的要求，在引入 BIM 理念的基础上，教学作出了相应的改革。本文探讨在城市设计中，与其相适应的可持续性设计问题，希望能为今后的研究提供相关的支持。

关键词：低碳城市；建筑教育；城市设计课

Abstract：The development goal of low-carbon city puts forward new requirements for urban design course teaching. On the basis of introducing the idea of BIM，the teaching makes corresponding reform. This paper discussed urban design course from affordable sustainability perspectives，hoping to provide related supporting for the following researches.

Keywords：Low-carbon City；Architecture education；Urban design course

1　引言

建筑学本科教学体系，包含五个平台：认知启蒙平台、专业基础平台、深化提高平台、拓展创新平台、综合实践平台；这也从一个侧面描述了建筑学五年的教学历程，体现了对建筑学科从感性的认知到理性的思维这一过程。其中，拓展创新平台中，一个重要的教学节点落在四年级的教学环节，这是一个转承的重点阶段：综合前期对建筑学基本知识的掌握以及建筑设计从功能到空间的理解的基础上，进行拓展融合，目的是培养学生形成自己的解决建筑、规划设计相关问题的能力，这里，强调的是逻辑思维能力的培养。

本学院建筑学本科设计教学在四年级以教师工作室的方式，强调设计的研究性内涵，设置了四个课题方向供学生选择：住宅与住区设计、城市设计、大型及高层公建设计、未来建筑设计。每个课题教学周期为 8 周。教师依据近期自身研究方向独立设置设计题目，学生按照自己的兴趣和规划，采用网络"师生双选"确定选题，在学年内完成四个方向研究的课题。其中，城市设计课程是一个关键性的环节：由单体建筑设计到建筑群体设计乃至城市规划设计转化的一次桥梁式的搭接课程。城市设计作为四年级专题设计的内容，其目的是了解城市设计的发展历程、基本理论、设计方法、运行管理以及设计评价等方面的相关知识。其任务是使学生获得有关城市设计的基本知识与必要的基础理论，掌握城市设计的基本原理和空间分析方法，为将来从事城市设计、建筑设计和城市规划打下基础。

2　BIM 理念下的开发型城市设计课程改革

2.1　BIM 理念下的开发型城市设计课程设置

相较前三年的设计教学，城市设计在空间尺度设计、设计方法的合理性、设计表达的逻辑性方面有较大的区别与提升，这样就要在设计研究的方式方法上实现新的转变。结合城市设计自身的特点，利用 REVIT、

ECOTECT、VASARI 等软件分析城市空间，加入了 BIM 理念对宏观性新型城市空间设计的导引性与评价性等方面的研究。这门课程为教师教学研究的展开提供了良好的平台，也为学生专业知识融会贯通提供了契机。

BIM 理念下的开发型城市设计为 2017 学年专题研究内容。专题被细分为四个阶段，其中第一阶段为概念设计阶段，主要任务是实地调研和现状分析与评价，第二阶段为初步设计阶段，利用学习的城市设计的概念和理论，对所选地块进行概念性城市设计。第三阶段为深化设计阶段，结合 REVIT、ECOTECT、VASARI 等软件，对上一轮的城市设计方案进行再分析，针对具体问题进行专题性的研究，对方案作出调整和深化；第四阶段为完善设计阶段，并以图纸与模型相结合的形式，进行设计成果的最终表达。每个阶段都有相应的集中考察环节，如设计汇报、中期展评、终期答辩等。

2.2 教学核心

开发型城市设计的教学核心，是指教学引导与研究方向。主要包含三个方面的内容：城市空间尺度、生态分析逻辑性与评价体系合理性。

开发型城市设计的空间尺度，与以往的教学有很大的不同，引导学生进行理解与认知上的转变，是设计初期的主要目标。城市设计研究的就是城市空间的特色以及城市空间相互之间的关联性与延续性，与生态环境的结合以达到可持续性发展是必须完成的目标；因而，在教学与研究中，必须加入生态分析相关的软件的应用。当然，更重要的是理解软件应用与生态分析之间的逻辑性的关系，这样，才能更好的发挥软件的作用，保证成果的理性与合理性。最终，评价体系的建立，需要有大量合理性的数据支撑，在逻辑推导的基础上，建立设计导则，对后期的详细规划与建筑单体设计起到指导性作用。

3 城市设计课教学过程模式改革

对于低碳城市发展的需求，城市设计课应有针对性地以建筑专业的创新能力、思维模式调整、新研究技术融合的形成培养目标，将 BIM 理念融合到城市设计中，对课程教学过程模式进行改革，并作为教学的主要内容与发展方向。

3.1 第一阶段：城市空间解读

城市空间的解读，指的是两个层面：现场空间解读与案例空间解读。

现场空间解读，主要是建立在感性认识的基础上。指导学生对基地进行现场调研，通过对空间环境质量、建筑设施质量以及人口密度等方面进行评定分析，从而得出定量数据，结合心智地图的分析，确定设计项目需要解决的主要问题，以及对项目进行初步的定位。

案例分析与空间解读方面，需要依据开发强度以及项目所处的位置，选择类似案例，结合自身项目的问题所在，对空间进行理性的解读。例如，城市商业开发型的城市设计，通过对经典案例分析，可以总结出三种城市空间组织模式——封闭式、半开敞式、开敞式——这可以作为空间布局模式研究的基础。

通过上述感性分析和理性分析，在对项目整体性把握的基础上，从提升设计地块价值和社会效益价值的角度，提出城市空间开发与整合的设计策略。

3.2 第二阶段：城市空间环境

本阶段以功能定位、交通流线、空间节点为要点，对场地空间的基本组织进行设计分析。并在场地设计分析的基础上，初步形成城市空间的基本空间元素：形体空间。其中包括两个方面的内容：水平空间形态和垂直空间形态。水平空间形态主要是建立在城市功能分析的基础上——底层建筑群建筑形体符合建筑功能空间的要求；垂直空间形态建立在对三维空间的控制的基础上，主要指高层建筑群建筑形体——空间流动、融合、运动扭转。

在初步完成形体空间的设定后，需要对城市空间环境的关联性进行分析。考量的方面，主要是建筑群体体量与城市天际轮廓线的关系。

3.3 第三阶段：城市空间生成

城市空间的生成，从三个方面展开。空间整体性：三向度空间——地上、地面、地下；空间延展性：地上建筑群体发展、地面空间节点序列、地下空间利用的延展；空间关联性：流动、连续的空间体系。这里，对城市空间深化设计的重点，是引入环境生态模拟（BIM）分析的理念。结合 REVIT、ECOTECT、VASARI 等软件分析城市空间。

其一，空间环境可视度分析，主要运用的是 GIS 技术——（1）通过地形基础数据建立基于 BIM 技术的场地模型，（2）利用 BIM 可视化功能，了解场地环境和规划意图，（3）利用 GIS 技术对场地条件进行多因子综合分析，分析场地环境。图 1 为空间环境可视度分析图，通过系列的分析对比，从优化城市空间环境与建筑空间环境的关联性的角度，得到具有最大可视度的优化方案。

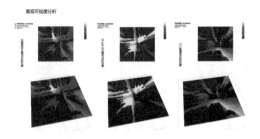

图 1　景观可视度分析

其二，物理性能分析，主要运用的是 Revit 建模与 ECOTECT 分析的结合。一方面，如图 2 所示，进行太阳辐射对比分析。利用 ECOTECT 分析软件，对围护结构热量进行分析——这可以作为建立建筑表皮设计导则的依据。另一方面，如图 3 所示，进行风速对比分析。利用 VASARI 流体力学分析软件——这可以作为建立建筑形体设计导则的依据。通过调取当地气候数据，对场地日照环境，风环境进行模拟分析，指导建筑形体生成。在此基础上，可以生成多种能适应场地的环境及规划要求的建筑形体，这是开展下一步建筑方案设计的基础。

图 2　物理性能分析 A

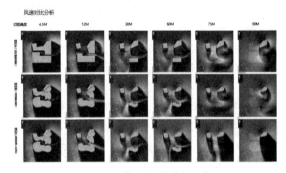

图 3　物理性能分析 B

其三，利用 BIM 强大的数据分析功能，建立分析模型，进行多方案对比。对分析结论进行综合评估，选择并优化方案，得出最佳布局方式与形体。

3.4　第四阶段：城市空间整合与成果建构

针对开发型城市设计，在 BIM 理念的指引下，依据其城市空间大型、复合特征设定城市空间整合与设计导则。同时，建立相应的城市设计评价体系。

具体有以下几个方面：开放空间设计导则；地下空间利用导则；建筑体量设计导则：打散超大体量，分割成较小体量组合，减少大型结构的压迫感；城市天际线设计导则：设计新旧、大小建筑物之间在高度和体量上的过渡；建筑表皮设计导则：符合城市环境分析、节能分析的要求；立面延续性设计导则：水平长条立面分为若干具有人性尺度的空间。

4　结语

开发型城市设计课程的研究基本点在于整体设计教学的承接性，以学生先导知识为基础，从认知城市-理解城市、分析城市、整合城市的路径，确立课题的目的：城市空间之间的关联性与逻辑性。课程具有很强的可发展性研究。在于引入了 BIM 的设计理念，应用相关模型做研究项目的空间环境可视度分析、物理性能分析（太阳辐射对比分析、风速对比分析）等，强调城市空间生成过程的合理性与逻辑性。这一点，在现今建立低碳城市的整体性城市发展要求的指引下，对城市设计课程改革作出进一步的探讨，提供了具有一定前瞻性的革新平台。

参考文献

　　[1]　王建国. 城市设计. 东南大学出版社，2010. 11.

　　[2]　丹尼尔·福格斯. 向着"IDP-BIM"框架体系转变. 建筑创作，2012（10）：129-140.

刘皆谊

苏州科技大学；cheyi913@126.com

Liu Jieyi

Suzhou University of Science and Technology School of Architecture and Urban Planning

基于激发学生创新思维的"城市设计"教学课程改革研究

Research on the Teaching Reform of Urban Design Based on Stimulating Students' Innovative Thinking Demand

摘 要：为了激发学生在"城市设计"课程中的创新思维，本研究将课程结合探究式教学，并从选题设计开始，在设计的三个教学环节中结合辅助设计。借由深入观察、头脑风暴、导入理性、创意定型等四个教学策略，强化学生对城市设计操作的理解认知与提高学生创新思维，并以此进行分析，论证探索式教学结合城市设计课程并同步激发学生创新思维的可行性。

关键词：探究式教学；城市设计课；创新思维

Abstract：In order to stimulate students' innovative thinking in the course of urban design, this study combines the course with inquiry teaching, and begins with the design of the selected topic, and combines the auxiliary design in the three teaching links. Through in-depth observation, brainstorming, and creativity into a rational setting of four teaching strategies, strengthen students' understanding of the cognition of the city design operation and the improvement of students' creative thinking, and carries out analysis, exploratory teaching demonstration combined with the city design course and study feasibility of synchronous excitation of creative thinking of graduate students.

Keywords：Inquiry teaching; Urban design course; Innovative thinking

1 "城市设计"课程改革背景

1.1 课程背景

安排在苏州科技大学建筑与城规学院建筑系四年级的"城市设计"系列课程，是由"城市设计概论"与"城市设计"两个课程所组成，共计16周64学时。其中，前8周为"城市设计概论"，主要讲述城市设计基础与操作设计的相关理论。后8周为"城市设计"，主要是让学生操作一个城市设计题目，借由模拟实务操作让学生理解城市设计是如何操作与进行。

1.2 教学上的问题

自2015年起，我们持续三年对于参与"城市设计"课程的师生进行调研，发现在现有的学习过程中存在着某些问题。这些问题可归结为：

问题1：城市设计与建筑设计由于思考逻辑的不同，使得操作方式具有一定差异性，而学生若是以建筑设计的经验来操作城市设计，很容易出现方案迟滞的情况。

问题2：学生突然面对复杂的基地条件与城市系

统，光是处理空间问题就已经很吃力，更遑论以创意及创新思维来发展方案。

问题3：不论是同学之间，或是师生之间，学生都普遍缺乏沟通的能力，也不会借由合作相互来激发创意。

为了解决上述问题，本研究尝试将"城市设计"课程的教学方式采取探究式教学法，并借由结合选题设计、辅助设计与教学策略，论证此方式是否能将探究式教学的自主学习与探究事物本质的特性发挥出来，并诱导学生在操作城市设计时，能够采用创新思维来思考设计方案。

2 选题设计

2.1 选题的背景

为了让学生在操作城市设计的过程中，能够容易被教师引导出创新思维，选取有一定难度且明显有争议，并让学生有创意发挥余地的设计题目是有一定的必要性，并因此能让学生很自然的出现创意导向的思维。

本次"城市设计"选定"相城区中央商贸城地块"进行城市设计操作，学生通过对设计范围的调查，掌握课题所涉问题的自然、社会、经济本质，寻求解决问题的办法、方向和路径。在结合苏州市总体规划及相关规划的定位基础上，制定出"相城区中央商贸城地块城市设计"正确的方案策略，并进行商业、展示空间创新、用地功能深化、历史文脉传承、滨水空间形态规划以及城市文化资源的合理开发与利用等专题研究，全面系统的考虑城市设计对苏州相城区人文资源与自然资源的整合与影响，符合现代文化、商业、生活、旅游、休闲等要求的生活空间（图1）。

图1　本次设计所选取的设计范围

2.2 选题原因

我们会选择"相城区中央商贸城地块"为本次"城市设计"课程主题，有下列原因：

（1）本次选题的区域具有很明显的城市问题，学生只需要认真观察与分析，就很容易找到能够支撑设计发展的线索。

（2）选题中的活力岛区域，所涉及的城市问题较为复杂，唯有在方案中加入创新的设计思维，才有可能较好解决活力岛的问题（图2）。

（3）题目在入手与方案发展上难易度适中，即使引导学生偏重创新思维发展城市设计方案，也不会造成学生过大的负担。

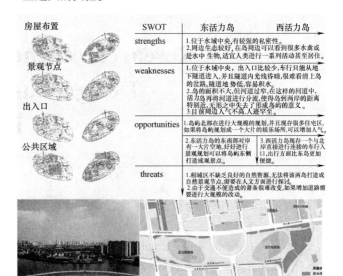

图2　学生对于活力岛区域所进行的SWOT分析

3 结合探究式教学所采用的策略

3.1 师生共议课程阶段目标

现有的"城市设计"课程依照课程的操作进度，大致可分为4个阶段，但这种笼统计划划分方式，学生呈现较低的主动性。因此，我们在课程进度框架下增设了由教师与学生共同议定的学习目标，借由扩大学生对进度的掌握程度，诱导学生能形成自主学习，并对方案进行思考（表1）。

3.2 置入辅助设计法

从实务的城市设计操作过程中，若是要让创意有机会呈现，应该要在设计问题分析、设计创作前期，以及设计进行过程三个环节进行创新思维的介入与强化，才有可能让最终的方案成果具备创意。

表2是本次课程教学改革对应上述三个教学时间环节，所增设的辅助设计法内容，借此将学生的创新思维介入城市设计的方案发展中。

师生共议的课程阶段目标（范本）　　表1

定位	周	原本教学进度	每周共议目标
资料调研	1	讲课（2课时），专题讲课，布置题目 制定现场踏勘计划 根据规划特点，拟定外出参观实习与基地调研提纲 分析资料，对课题所涉相关方面进行初步研究	1. 分析基础资料，绘制现状图和分析图 2. 合作完成调研成果，形成初步构思 3. 课后阅读-基地调查的方法
	2	完善调研报告，现状调研成果整理为A1图纸形式 收集相关案例，学习经验	1. 调研报告内容查询 2. 每个人整理出3个城市问题
设计概念与构思	3	系统研究并构思总体用地布局和空间结构 完善并确定设计理念 讲课（2课时），评讲设计理念 策划并拟定概念性规划草案；	1. 提出两个概念，并找到相关案例 2. 将每个概念绘制一个心智图 3. 整理并阅读概念的理论资料
	4	讲课（2课时） 评讲—草方案 整理思路，修改完善方案 布置第二次草图任务	1. 将概念转变到草图 2. 课外进行小组内部讨论，交互讨论个人的方案优劣，并进行记录
总体构思策划	5	讲课（2课时）评讲第二次草图 选定几个设计节点 明确专题研究方向	1. 针对××专题进行相关数据收集 2. 课后阅读，××专题理论
	6	明确专题研究 完善sketch设计模型 制作工作草模，强化空间感觉 布置第三次草图任务	1. 完成子系统的概念分析 2. 完成基地内部的剖断线
方案整合与完成	7	讲课（2课时）评讲第三次草图 进一步梳理设计内容 设计指导，方案完善	1. 完成sketch建模 2. 完成各项子系统设计 3. 对经济指标检讨
	8	完成平面图渲染 完成鸟瞰图制作 完成节点放大设计相关图纸 ppt汇报（3课时）	

教学时间环节所对应的辅助设计法　　表2

环节	辅助设计法	操作方法
设计问题分析	实地研究法	藉由小组到现场勘查，对现场观察并且以拍照、简图、文字等方式在调查单上进行记录，小组以绘制实地的平面图、照片与认知地图进行认知感觉上的对比与分析
	访谈法	藉由与当地居民或是管理者进行沟通，获得设计的重要讯息
设计创作前期	脑力激荡法	在小组讨论中运用角色扮演、手写清单、概念速写、制作图表等方式，让问题由模糊到清晰，并聚集众人力量探索问题的答案，藉由各种不同思维的点子去激荡出创意
	心智图法	以小组或个人进行操作，把关键词写在纸的中央，以放射状的分支，写下有关的词语，并从诸多关联中获得的各种创意，并发掘创意间的关联
	设计逻辑疑云图	以设计逻辑疑云图的绘制，找出面临对立状况所需采取的各种行动，对立问题中的偏见，以及解决问题的提示，藉此建立出设计的逻辑性
设计进行过程	SCAMPER	将方案以下列步骤，进行调整转化。S：替代物（Substitute）、C：同其他事物结合（Combine）、A：调整以适合该创意（Adapt）、M：修改或放大（Modify or Magnify）、P：用作其他方面（Put）、E：去掉一些内容（Eliminate）、R：反转或重新排列（Reverse or Rearrange）
	时间盒	将设计任务的时间固定下来，用较短的时间达到既定目标。要求每个盒子将执行的活动都做出计划，然后一步步执行。把规定的时间分配给若干小活动，然后独立计时

（1）设计问题分析（辅助研究）

针对学生不知道如何对城市设计进行相关的研究分析，因此借由增加这类辅助设计法，协助学生用于判定研究范围的方式、现场调研观察与后续的相关数据分析。我们要求教师在学生进行基地调查讨论时，需预先教导学生此类的辅助方法，让调查与分析更有效率，并

确保能够获得有意义的研究数据，并能分析出能激发学生创新思维的线索。

（2）设计创作前期（辅助讨论）

城市设计初始阶段的创意激发，很大一部分需要借与他人进行大量沟通讨论，才能获得。我们发现许多学生由于不太能掌握与他人讨论的技巧，出现刻意地避开与他人沟通、无视他人想法；而在小组的创意讨论过程中，缺乏沟通方法导致会议冗长，甚至出现无法取得结果的情况也很常见。因此，有效率的讨论就显得非常重要[1]。

教师借由教授学生辅助沟通的方法，除了可以引导学生将自己想法正确的表述出来，也能引导学生在小组讨论时尊重他人想法，并统合不同意见，加快讨论的速度，确保沟通顺利推进。

（3）设计进行过程（辅助设计进行）

辅助设计进行主要是集中在城市设计的设计操作。由于城市设计所需要考虑的层面远大于建筑设计，若还是让学生以建筑设计的思维去思考设计，很容易产生方案推进的困惑，并且无法将创新思维融入设计方案之中。因此，借由教授学生一些将设计创意和城市设计进

行融合的辅助设计法，并让学生有效推进方案进行。我们认为这也是学生在经历一个操作城市设计课程的过程后，能否在最终方案呈现创意的关键。

3.3 激发设计创新思维的策略

学生会对城市设计缺乏创新思维，很大部分原因是从一开始接触到城市设计的题目，就以错误的方式来思考问题，这也连带影响学生后续城市设计的方案发展，最终出现整体方案思路过于肤浅的情况。对此，我们搭配探究式教学与解析城市设计课程的操作流程[2]，采用下列4个策略，借此修正学生操作城市设计方案的观念。

策略1-深入观察：换位思考问题

（对应阶段：设计问题分析，采用辅助设计法：实地研究法、访谈法）

加深学生对于城市设计题目与基地的观察时间，除了增加到现场的探勘次数外，在也在进行基地探勘前，先教导学生对基地范围的人、事、物与空间，如何进行有效的分析与纪录。同时也在后续的讨论过程中，要求学生扮演调查过程中存在的各种不同角色，形成不同视角去思考与分析基地区域的城市问题[3]（图3）。

图3　小组以不同角色对基地范围现有问题讨论

策略2-头脑风暴：借用团体的脑袋思考

（对应阶段：设计问题分析、设计创作前期，采用辅助设计法：脑力激荡法）

借由模拟设计业界在发散设计思维常用的脑力激荡方式，组织学生利用团队能力对发现的城市问题进行各种思想的发散。同时也借此避免学生只依赖个人想法思考设计，而是在碰撞、辩论与沟通中，激发出原本不可能想到的创意[4]。

策略3-导入理性：建构具逻辑的设计理念

（对应阶段：设计创作前期，采用辅助设计法：心智图法、设计逻辑疑云图）

要让城市设计最终成为具备可执行的创意方案，方案的理性控制与逻辑思维的建立，是非常重要的关键。我们在两个环节要求学生需要进行设计逻辑的建构。第一个环节是在方案调查结束后的小组讨论与个人概念发展，要求学生以心智图法进行全组概念的讨论，并取得整组的共识（图4）。其次，当进入到个人发展方案的环节时，除了心智图法外，也要求每个学生在每次发展设计前，进行设计逻辑疑云图的填写，理顺设计创意的逻辑发展方向，减少学生只以个人直观来判断设计的情况[5]（图5）。

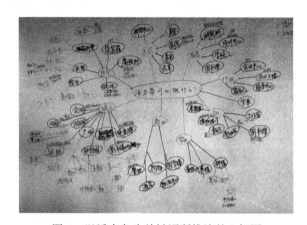

图4　以活力岛为关键词所推演的心智图

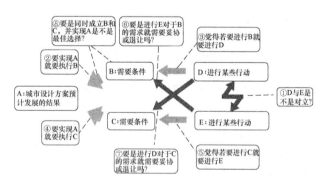

图5　设计逻辑疑云图

（资料来源：本研究根据岸良裕司，岸良真由子，李瑷祺译. 三大思考工具轻松解决各种问题. 北京：时代华文书局，2016改绘而成）

策略4-创意定型：进行设计的定性定量

（对应阶段：设计进行过程，采用辅助设计法：SCAMPER、时间盒）

本策略分为两部分：首先，从城市视角建立对基地问题的共识，找出实现城市发展目标所需要解决的各种问题的顺序与手段，以及设定呼应周边区域与当地文脉承续、旅游发展等议题，借由扩展解决问题的思维来形成设计创意的定性；其次，落实到个人创作，包括怎样将创意融入城市空间的设计，以及怎样利用功能分区、增量或减量、设置正要建筑的体量、位置、空间形态与设定经济指标等方式来形成设计创意的定量。

创意的定型推进对于初学的学生而言较为困难，通常会出现创意无法顺利与设计结合，或是方案反复造成设计无法有序地进行的情况。因此，策略是教授学生采用SCAMPER，让创意能顺利转化到方案内，时间的控制则让学生利用时间盒，控制城市设计方案的操作时间（图6）。

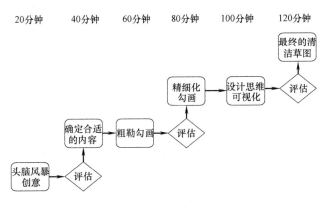

图6　本次课程方案所采用的时间盒控制法

4　课程教学成果评析

4.1　实验与对照组

为了进行论证与后续调整，因此设置实验组与对照组进行对比。将班级内60人，随机选取30人作为课程改革的实验组，其余则以原来方式教学成为对照组，在各阶段进行对比分析。

4.2　学生课程感受调查

本次"城市设计""以设计能否运用创新思维发展"为课程主要目标，对学生对课程感受的调查结果如表3。从学生自我评价中可看出，实验组有80%认为自己能自主掌控方案进度，对照组只有40%；实验组约有83%的人认为方案具备了逻辑性，对照组只有50%；实验组有67%的人认为能够从别人获取设计创意，对照组只有30%；而实验组中有73%的人认为方案按创新思维来发展，对照组只有40%。这结果显示新的课程调整模式对于学生以创新思维操作城市设计有一定的帮助。

其中，差异最大是学生借此模式能学习理解如何从与他人沟通与合作，获取自己的设计方案创意。

本次课程学生的感受调查一览表　　表3

问题		分组	实验组		对照组	
			人数	比例	人数	比例
1	自己是否能掌握城市设计的方案进行？	是	24	80%	12	40%
		否	6	20%	18	60%
2	认为方案是否具备了逻辑性？	是	25	83%	15	50%
		否	5	17%	15	50%
3	是否有从别人获得设计创意？	是	20	67%	9	30%
		否	10	33%	21	70%
4	方案是否能运用创新思维进行发展？	是	22	73%	12	40%
		否	8	27%	18	60%

4.3　教师对课程成果的感受

教师对于本次"城市设计"课程的感受，普遍认为实验组的学生交流情况增加，在小组的协作方面与自主控制上也有明显增长。在实验组方案中，认为具备创意的方案有18件，占总数的60%，而对照组只有9件，占总数的30%，两者相差一倍。其中，能在整个方案发展过程中贯彻创意，实验组占总数的45%，对照组则占总数的25%，实验组的学生在方案发展上明显更具备创新思维倾向。而在对两组挑选出较优秀的学生成果进行对比，也发现仍具有此趋势（图7、图8）。

图7　实验组学生优秀作品
（资料来源：2017年"城市设计"课程作业）

图8　对照组学生优秀作品
（资料来源：2017年"城市设计"课程作业）

5　结论

对于首次操作城市设计的学生而言，光是完成城市设计的图面与处理空间方面的问题，就占了课程的大部分时间，借由自己去碰撞而完成的结果，只能做出很粗浅的设计成果。在这种情况下，更遑论要求学生能思考城市设计的本质问题，并以创新思维来操作城市设计。

本次所尝试结合探究式教学法来激发学生创新思维的作法，证明了即使在有限的时间之内，若是能采用的辅助设计方法得当，探究式教学法是有机会能够诱发出学生对于设计的创新思维潜力，并协助学生自主完成城市设计的操作，而上述的结果也对于我们未来进行城市设计教学改革方向，提供了具有价值的借鉴经验。

参考文献

［1］庞国斌，王冬临. 合作学习的理论与实践. 北京：开明出版社，2003. 41-42.

［2］李军主编，王江萍，许艳玲副主编. 城市设计理论与方法. 武汉大学出版社，2010.

［3］周新桂，费利益主编. 探究教学操作全手册. 北京：凤凰出版传媒集团，2010. 111-112.

［4］Ellen Lupton编，林育如译. 图解设计思考：好设计，原来是这样想出来的!. 台北：商周出版社，2012.

［5］佐藤大，邓超译. 佐藤大：用设计解决问题. 北京：时代华文书局，2016.

［6］岸良裕司，岸良真由子，李璎祺译. 三大思考工具轻松解决各种问题. 北京：时代华文书局，2016.

前瞻性的建筑教育与新兴建筑技术

虞刚　李力

东南大学建筑学院

Yu Gang　Li Li

Architectural School of Southeast University

互动作为建筑未来

——以一次东南大学建筑系毕业设计为例*

Interactive Architecture as Future——
Research on graduation design of interactive
architecture of SEU-ARC

摘　要：随着数控技术的飞速发展，以往固定静态的建成空间已经无法满足人们的心理和物质需求，富于变化的互动建筑逐步成为建筑师和建筑教育的关注焦点和对象。本文以东南大学建筑学院毕设教学为例分析了互动建筑设计和实践可能性及其未来发展。

关键词：互动建筑；跨学科；教学

Abstract：With the development of digital technology, static built space is unable to meet the psychological and material needs, interactive architectural space gradually become the focus and work of the designer and education. This paper discusses and analyses its design and practical possibilities based on a graduation design teaching.

Keywords：Interactive architecture；Interdisciplinaryj；Teaching

1　走进互动时代

工业革命之后，技术对现代建筑的影响日趋强大。一般来说，这种影响主要体现在三个关键点[1]：第一，照相术的发明改变了建筑的表现和展示方式；第二，技术成为未来建筑乌托邦想象的重要来源，典型如意大利未来主义和俄国构成主义的相关探索；第三，技术改变了人类日常的时空观，也改变了人们与建成环境之间的关系。这三个方面都与互动建筑息息相关，照相术的发展完善导致了后来大幅面打印技术和电子大屏幕的出现，也就是媒体技术的出现，这直接影响了当代建筑和城市的面貌。

技术作为乌托邦想象几乎持续了整个20世纪，这不仅在某种程度上刺激了新技术的大幅飞跃，也改变了人们的生活方式。在互动建筑方面亦是如此，在1960年代新技术革命的推动下，一方面涌现了不少建筑师和电控专家合作开发新技术，推进建筑自身的机械自动化技术发展，另一方面也涌现了大批先锋建筑师，设想和绘制未来的科技城市和建筑，其中以英国建筑师塞德里克·普赖斯（Cedric Price）设计的欢乐宫（Fun Palace）最为典型。这两方面的探索共同导致了人们生活方式的进一步变化，也就是从静态转向动态，也进而推动了建筑观的更新换代。

在这种情况下，建筑实践和建筑教育都要不断的吸

————————

*此文章为国家自然科学基金课题"基于普及运算的互动建筑界面原型研究"（51378099）资助项目。

收新的技术知识，推进跨学科联系，推动新技术在建筑工业中的整合和应用，这样才能让建筑学不断适应新时代的要求。随着数控机电技术的普及和完善以及市场需求的驱动，互动建筑在最近20年开启了加速发展阶段。

最近这些年，互动建筑较为典型的实例是阿布扎比的巴哈尔大厦（Al Bahar tower），作为阿布扎比投资委员会总部[2]，由两栋高145m的塔楼组成，由Aedas建筑事务所设计，2012年建成。阿布扎比环境温度常高于摄氏38℃，保持建筑室内温度适宜并尽可能减少能耗成为设计重点。建筑采用双层幕墙，外侧幕墙图案仿照伊斯兰传统的几何图形，使用六边形框架作为支撑结构，上面安装三角形可变遮阳板。其中每个构件都可进行伞状开合，实现良好的遮阳效果。值得注意的是，随着中国制造的崛起，互动技术所涉及的各种电子电机产品开始变得廉价和易于获取，这将进一步推动互动建筑的发展。

2　介入"互动"的课程设计

在这种新时代背景下，我们在东南大学建筑学院建筑系毕设教学中设置了相关教学环节，试图让学生理解和整合机械电子技术和建成空间，基于现有技术对互动技术做出自己的思考。此教学具有相当的超前性特征，开始阶段先是尝试让学生提出概念方案，基本停留在方案设想阶段，例如题为"建筑学院中庭改造"的毕设题目，其中的方案之一以机械传动为概念主题[3]，强调不同时段不同组合构成的空间使用效率，同时强调机械电子美学为使用者带来的新观感。在设计中，原有室外中庭中几乎被整层铺满了四个可上下移动的单元体（图1）。四个单元体面积各不相同，以满足不同面积要求的评图和展览需求。同时，以中间的楼梯间为结构核心，四个单元体被设计成可根据不同楼层不同年级的需求上下移动，并可进行简单的组合。设计整体气氛趋于机械美学，试图表达新机械电子技术带来的新审美（图2）。

最近几年我们开始要求设计成果不能只停留在纸面建造，要利用可行的机械电子技术，提出互动建筑的基本模式，并制作等比例的实体模型原型。以2014～2016年相关教学题目研究作为基础，2017年的毕设成果在实际建造和可行性层面有了大幅度的提升和扩展，并在多个方向上做出了探索，即互动媒体技术、互动表皮和互动空间围合三个方面开展了相应的设计研究。[4]

第一个是以"适应性百叶"（adaptive louver）为题的方案，主要研究互动表皮，试图重新定义建筑百叶，让百叶根据人的视线需求和外部光照强度发生变化，从而既可以产生可变的视觉效果，又能同时满足人

图1　"建筑学院中庭改造"可变单元组合效果图
（图片来源：张世杰、Tibor绘制）

图2　中庭改造渲染图
（图片来源：张世杰、Tibor绘制）

们不同的行为需求（图3）。此设计在完成了基本的方案设想之后，还搭建了等比例模型，以便真实模拟"百叶"根据人们的行为展开不同模式的开启和闭合（图4）。这个方案的主体由6组百叶单元组成，每组单元由一套机电控制系统控制，以形成不同的打开和闭合模式。当人们站在这套百叶系统前，不同的百叶单元会根据感应装置对使用者行为的做出判断，同时做出相应的百叶开启闭合组合和变化。通过这套教学方案的实施和开展，试图让学生们从建筑设计的角度，结合现有的新技术手段，例如电子软硬件技术和电控机械传动技术，对某些习以为常的建筑构件单元，提出可行且合理的全新模式，以便为建筑设计提供具有更强整合性的新思路和新方法。

第二个是以"媒体立方"（Media Cube）为主题的方案，主要研究互动媒体技术，希望探索互动设计在多

图3 "适应性百叶"效果图
（图片来源：郝子宏、徐吟星、章昊笛、侯坤奇绘制）

图4 "适应性百叶"实体模型互动效果展示

图5 "媒体立方"实际效果展示

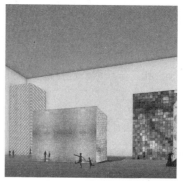

图6 "媒体立方"应用场景效果图
（俞敏浩、许岭、严青洲绘制）

媒体方向上的可能性，希望通过多媒体投影技术，赋予建筑界面新的含义。具体来说，这个方案主要是利用体感互动设备获悉整个场景中的三维点云数据。然后，从中提取出每个几何体的空间位置信息，然后根据几何体的数量和位置变化，利用软件分析引擎即时渲染出相应的互动内容，最后由投影仪投到实体物体表面（图5）。这个方案不仅绘制了相关的概念表达图纸，还制作了等比例的实体模型，并完全实现了人体动作、实体物体和媒体投影之间的互动效果。作为设计原型，此方案可以转换为具体的城市、建筑和公共空间场景，或者可以通过新媒体技术改变建筑单体或群体立面的开窗、纵深、颜色和图案，丰富了城市夜间形态，或者以大型构筑物的方式设置在广场，与广场的为何空间进行组合以产生丰富视觉互动效果，或者在公共建筑内部设置为互动媒体界面，以配合不同要求的公共空间的各种展示和展览需求（图6）。

　　第三个是以"折纸"（origami）为主题的设计方案，主要研究互动空间围合，试图探究软性围合的空间变化。通过折纸的研究发现，硬质单元以"折叠"的方式组合变化，既能借助硬质单元实现空间的自然变化，又能实现材料节点、结构与耐久的可控性。在设计过程中，做了大量模型研究不同尺度的折纸及其变化，以此为可变和可动基础，结合相应的电子电控技术，制作了

大尺度的互动模型，借助变化的"折纸"面实现了人和空间的互动（图7）。具体而言，模型主体结构采用铝合金框架。"折纸"面通过挂钩挂在框架顶部的三根水平滑杆上。驱动"折纸"变化的控制点位于"折纸"四角的四个单元中心，通过步进电机滑轨带动。在框架底部设置多个传感器，以测定人的位置，以便输出数据给控制系统，驱动"折纸面"产生变化（图8）。

图7 "折纸"应用场景效果图
（图片来源：王宗冠、王一帆、夏意绘制）

图 8 "折纸"实体互动模型
（图片来源：王宗冠、王一帆、夏意拍摄）

3 结语：互动作为未来

通过互动建筑设计教学，学生们认识到，与其他技术相比，互动技术同样具备逻辑性强和线性思维特征，做好电控驱动、程序编程和机械传动设计是实现互动技术的关键和基础，然而对建筑设计来说，这才仅仅是开始——如何实现空间、材料和光影等各种可能的主题，才是建筑设计追求和完善的目标。换句话说，建筑学将使得互动技术回归到设计本身，也能更加完整流畅的将互动技术整合到各种建成环境中。对建筑学来说，互动技术是"术"，而建筑设计才是支撑起整个过程的"道"。[5]

随着计算机软硬件全面无缝嵌入日常生活，随着人机互动模式根本性转变，即人体的各种活动都可以利用各类感应装置辨识并成为推动电脑运算的互动界面，不论是虚拟层面还是物质层面，无所不在的内嵌电子元件和微处理器都控制各种人造物，并从根本上改变现有的设计和生产方式。在这种情况下，建筑师不得不将关注重点从近年来自身的数字化工作方式转向现实世界的全面数字互动化。

回顾过去，建筑工业在新技术的使用上总具有一定的滞后性。在技术又一次处于变革前夜的今天，建筑工业和建筑设计又将面临一个新挑战，然而，挑战总是蕴含着各种机会。如何把各种互动技术整合到建筑学中，真正满足人类需求而不是简单的"炫技"，将成为未来建筑教学和实践的重要主题。

注释

［1］ Wallenstein S O. Nihilism，Art，Technology［M］. Axl Books，2009：06

［2］ Fox M，Kemp M. Interactive architecture［M］. New York：Princeton Architectural Press，2015：90-907

［3］ 此毕设成果参与学生为张世杰、Tibor，指导教师为虞刚和甘昊。

［4］ 2017年毕设参与学生为郝子宏、徐吟星、章昊笛、侯坤奇、俞敏浩、严青洲、许岭、王宗冠、王一帆、夏意，指导教师为虞刚和李力。

［5］ 参见王宗冠、王一帆、夏意的毕设方案文本。

周静敏　贺永　黄一如

同济大学建筑与城市规划学院，同济大学高密度人居环境生态与节能教育部重点实验室；zhoujingmin@tongji. edu. cn

Zhou Jingmin　He Yong　Huang Yiru

Tongji University College Of Architecture & Urban Planning；

Key Laboratory and Energy-saving Study of Dense Habitat (Tongji University)，Ministry of Education

工业化住宅设计教学探索 *
Research on the Teaching Method of Industrial Housing Design

摘　要：本文记录了基于开放建筑理论的工业化住宅设计教学实验，展现了四个教学阶段的过程、方法和结果，探索了以理论为基础、以研究为导向的教学方式，试验了研究生自主研究能力的培养及逻辑性表达的训练。

关键词：教学实验；开放建筑；工业化住宅设计；研究方法论培养

Abstract：This paper presents the experimental teaching methodology of industrial housing design based on the theory of open building. The process of four teaching stages is carefully examined to assess the theory-based, research-oriented teaching methods applied at every phase of the curriculum. The purpose is to test the independent research ability of graduate students while cultivating the needed skills to obtain well-reasoned course results.

Keywords：Teaching experiment；Open Building；Industrial housing design；Research methodology development

1　教学方针和原则

住宅工业化是近年来的前沿和热点问题，其中基于开放建筑理论的工业化建造体系致力于实现低能耗、长寿命、高品质的住宅，在欧美、日本有多元的发展，在集合住宅中应用广泛。在可持续的时代背景下，基于开放建筑理论的住宅工业化作为住宅研究领域的前沿课题，兼具现实意义与社会价值。

同济大学建筑与城市规划学院面向研究生1年级学生开设工业化住宅设计课程，强调创新性、社会性，在教学方法上，着重培养学生发现问题并自主研究、解决问题的能力，重点加强对学生研究方法、逻辑性的训练，目的是指导学生通过方案设计，完成对一个课题的完整研究。

这一课题的引入，促使学生去了解全新的领域，开拓学生的视野、激发学生的创造力、培养学生学习研究方法论。此外，在我国建筑学教育中，没有针对住宅工业化的专门教学，设计技术人员的理解难免存在片面之处和误区，本课程也希望学生充分理解住宅工业化理论的原理与内涵，为专业型人才的教育培养做出探索，从而推进我国住宅工业化的发展。

课程教学为期16周，为在教学中充分贯彻设计方法论，引导学生有根据地进行设计，课程教学分为4个阶段（图1）：理论研究阶段通过开设讲座、居住实态调研和自主研究等方式引导学生对背景知识进行学习；自主选题阶段引导学生发现问题，建立概念框架；概念落实阶段通过每周的设计推进和随堂汇报，引导学生逐

* 研究资助：国家自然科学基金（51578377）。

步将概念落实到方案中；成果转化阶段通过图纸、模型、周记等形式，要求学生进行设计过程记录和整体思路梳理。这些教学阶段也对应了研究进行的过程，从背景研究、发现问题到解决问题、得出结论，各环节紧密相连、不可缺漏。

2 教学探索

2.1 理论研究：思维的转变

开放建筑理论对于学生是全新的领域，需要背景知识的学习和思维方式的转换。在课程开始的第1～4周，要求学生们通过资料搜集、延伸阅读、案例分析等方式建立正确认识，并应用这一原理提出自己的见解。在教学实践中发现，"入门"是教学难点之一，我们通过多样化的教学方式，让学生更好地理解"开放建筑"及其相关理论的内容。

其一，开设普及性讲座和专题性讲座。如邀请博士生苗青，基于其相关研究领域的硕士论文《CSI住宅的居住状况调查与研究分析》，简要介绍了开放建筑理论的相关概念、理论，以及在中国的应用情况；邀请工业化住宅产品方面的专家北京维石家居的曹祎杰，针对整体卫浴的设计与建造技术要点等进行了讲解。

其二，要求学生进行居住实态调研。调研采取问卷调查、访谈、住宅测绘、拍照摄录等方式进行。如2015年课程主题是适老性的工业化住宅，为使学生更深入地明确和理解老年人的居住实态和居住需求，要求学生选择一户居住于上海地区的老年人进行入户调研与访谈。在这个过程中，让学生了解、学习调研的过程与方法，取得第一手资料，为后续设计概念的提出设下铺垫。

其三，要求学生们进行"开放建筑"课题的研究学习。工业化住宅的设计涉及理论、技术、产品等多个方面，与传统住宅的设计有显著的差异。在课程初期，需要学生理解工业化住宅的设计原理，才能更好地应用到设计中。要求学生通过资料搜集、文献阅读、案例分析或实地调研等得出自主思考的结论。这一环节鼓励学生通过自主学习建立对相关理论的认识和理解，在课程汇报中展示自己的研究成果，并通过老师点评的方式来进行进一步的引导。

相比普通的设计课程，本课程在前期花费了更多精力在研究和调研中，但从三年的教学实践中来看，收到了很好的效果，学生们厘清了开放建筑理论中最为关键的支撑体与填充体分离的概念，对于管线设施、产品技术、建造体系提出了自己的见解，一些小组则对模数化

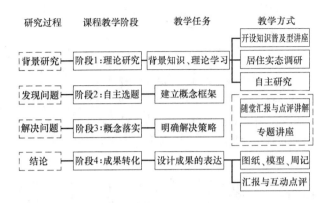

图1 教学阶段示意图

设计、工业化部品、家庭全生命周期进行了思考。这些思考为学生能够提出原创性概念并进行落实打好了基础。

2.2 自主选题：建立概念框架

本阶段的主要教学任务是要求各组学生自行选择场地，自主设定任务书，并基于自己对工业化住宅原理的理解提出设计概念。

开放性的选题方式要求学生找到命题依据，如从理论知识中提炼自己的观点，或以调研问题为出发点，在大量的背景信息面前，有效地进行概念组织，锻炼学生自主思考的能力，引导学生更有理有据地展开设计。

这种方式不仅对于学生的创意、理解整合和逻辑表达能力提出了要求，对教师的授课也有一定的挑战性，往往在教学进程中，会出现各组进度差异的现象，有的小组已建立了完整的概念，而有的小组还难以抓住"开放建筑"的关键要点。所以在授课过程中也需因材施教，根据实际情况调整教学进度。在点评环节中，老师根据各小组的汇报情况进行点评，评选出最符合课程要求的成果，同时鼓励其他小组进一步提炼设计理念。

2.3 概念落实：从假设到技术策略

本课程要求学生在此阶段找到技术支撑，提出解决策略、从而生成设计方案。

为了能够顺利地将概念转化成设计，要对住宅工业化的原则和技术加以灵活运用，如模数化原则、标准化生产、预制部品构件、户内灵活可变等，学生需要关注工业化建筑的建造过程，建立对管线设备体系、建造技术体系的认识。

这也需要教师在授课过程中根据学生的理解和运用的程度，及时调整教学计划，如增设专题讲座，邀请专家、评委开设讲座讨论和参与随堂汇报评图，帮助学生

真正理解住宅工业化的原理和技术实施方法。

如彭峥组抓住"模数"要点，提出支撑体结构符合外模数，基于"净尺寸模数"提出多种户型组合方式，进一步推导出楼层平面、户型设计和构件的细化设计，深入考虑了住栋的建造过程，对于一些构造节点也有细化的设计。关注住户参与、工业化住宅的运输、拆装等方面，提出居住单元通过滑轨整体吊装，实现居住体的自由拆卸和运输（图2）。

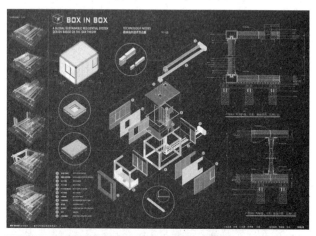

图2　彭峥组"BOX IN BOX"

黄杰组提出"生长的家"的概念，以住户参与为关键，从家庭的全生命周期乃至住栋的全生命周期切入研究，为住户提供菜单式的户型选择，设计可供住户选择的功能模块、家具、立面菜单，提出了相应的技术策略。

2.4　研究成果转化：设计成果的表达

在课程的最后阶段则要求学生对成果进行展示和升华，完成10张A2图纸的绘制和方案模型制作，整理撰写设计周记，进行最终的汇报，并通过互动点评、投票选出优胜方案。

此外，通过设计周记的记录与总结，有效地帮助学生梳理设计思路，整理设计、研究成果，是对学生研究能力的培养与训练。

评图过程采用汇报与互动点评的形式，邀请相关行业的教师、专家等参与汇报评图，对各小组的设计成果进行评选。公开投票、互动点评环节则能更好地激发学生的潜力，一方面营造公平的竞争环境，另一方面促进学生之间的交流，对学生的协作能力也是一种锻炼。

3　课程总结

住宅工业化理论于学生而言是全新的知识领域，教学中，分阶段、分层次的教学指导更好地培养了学生的科研能力与方法论的建构。多样的讲座、"接地气"的居住实态调研是引领学生跨入该领域的第一步，通过每周的汇报、互动点评与设计周记的记录，一步步推进教学进度，促进学生不断地整理思路、深化设计；公开投票、互动点评、每周评选最优组的方式不仅调动学生的积极性，鼓励各小组互相学习、从其他组的汇报中汲取优点，亦能促进小组间的良性竞争，良好地推进教学进度；汇报、周记、图纸、模型等最终成果共同构成的综合评价体系，全方面地培养学生设计、研究能力，提高学生汇报表达、图纸表现、实地考察、调查研究的综合实力。

值得欣慰的是，通过本次设计课的锻炼，绝大多数学生不仅完成了从传统到工业化住宅设计的思维转变，亦自主地对开放建筑等理论展开研究，一些小组已经能构建自己的研究方法，得出完善、新颖的设计方案。

参考文献

[1]　周静敏，司红松，贺永等. 教与学：研究生设计方法论的培养尝试——记同济大学"住区规划及建筑设计"课程教育[J]. 住区，2014，02：62-70.

余亮

苏州大学金螳螂建筑学院；yuliang _ 163cn@163. com

Yu Liang

Gold Mantis School of Architecture, Soochow University

装配式建筑的设计理念嵌入与分级教学思考
Thoughts of Implantation of Design Concept of Prefabricated Building and Graded Teaching

摘 要：装配式建筑是建筑发展的必由之路，但建筑教育对应的"火候"不够，为使学生尽早地建立装配式建筑设计的思维方法，本文结合建筑教育的实际并依据多年指导装配式建筑毕设的经验，提出装配式建筑设计分级嵌入的教学思路，以最大限度地与现有的课程体系协调，让建筑教学更直观有效，提高学生对建筑产业化发展的认知和应对能力。

关键词：装配式建筑；设计理念；嵌入；分级教学；思考

Abstract：Assembly building is necessary for architecture development, however, the education on it is insufficient. In order to enable students to establish the thinking method of assembly architectural design as early as possible. This paper combines the reality of architectural education and is based on the experience of the design of assembled buildings in recent years, then putting forward the teaching idea of hierarchical embedding of assembly architecture, to coordinate with the existing curriculum system to the maximum extent possible. In this way, architectural teaching is more intuitive and effective; students can also improve their cognition and application ability in the development of building industry.

Keywords：Fabricated building; Design concept; Implantation; Graded teaching; Thoughts

1 装配式建筑设计教学引申的思考

笔者多年以装配式建筑为题指导毕业设计，每年思考新题时，总会关注建筑装配的建筑行业内外的动向，住房城乡建设部牵头起草了国家标准《装配式建筑评价标准》（征求意见稿）[1]，赵等[2]提出，凡是种种说明，近年来社会对装配式建筑表现的关注程度，言"火爆"应不为过。当然，如以建筑教育为"里"，建筑行业为"外"的话，真有"外热里冷"之感，对行业而言，装配式建筑暨建筑工业化的到来似乎很肯定，但建筑教育界的对应有些"火候"不够。以装配式建筑为关键词，检索中国知网可知，2012 年后研究论文数量的增长趋势明显，特别是 2015 和 2016 年呈爆发状（图 1）。反过来，如以装配式建筑加教学或教育等为关键词检索时，除 1 篇职业院校外[3]，少有论文出现，可认为建筑教育界尚未真正地"动员"起来。

装配式建筑与传统建筑的最大区别在于它在工厂预制构件，然后运到建筑现场完成建造，是工业化的生产方式。传统建造直接用建筑材料在工地进行搅拌等湿作业，再配砌筑等手段搭建完成，除速度慢和效率不高外，还会造成现场和城市的环境污染。装配式建筑是建筑的发展方向，也是建筑教育需要考虑的一个教学命题。

笔者的装配式建筑毕业设计指导，话题有些老旧，但每年的主题相异而感触不一[4]（表 1），其中还有一些遗憾，主要是学生的知识结构较为单一和课程难以相互关联，阻碍了学生装配式建筑的经验和知识的摄入效率。加之建筑学的总课时数有限，如补习必要的预备知识，容易影响整个教学进度和学生吸收其他知识的效果，感到现行的建筑教育体系，不能完全适应装配式建筑的教学需要。装配式建筑的教学特殊，不仅需要学生掌握一般的设计语言，还要综合建造要领，理解建筑从建造反推设计的过程，需要设计考虑的因素多而复杂，

思维过程的把握并不容易。

为迎接近在眼前的建筑产业化，使学生尽早地建立装配式建筑设计的思维方法，本文结合建筑教育的实际并依据多年指导装配式建筑毕设的经验，提出装配式建筑设计分级嵌入的教学思路，以最大限度地与现有的课程体系协调，让建筑教学更直观有效，提高学生对建筑产业化发展的认知和应对能力。

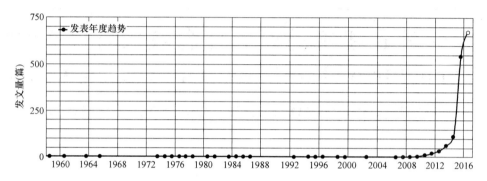

图1 近年装配式建筑论文的"火爆"增长态势（中国知网）

历年指导装配式建筑的毕设题目及设计要点 表1

年度	题目	设计背景	基本内容	设计要求	主要创新
2013	装配式建筑研究设计-灾后中小学建筑设计	灾害是人类难以避免的祸害，会毁坏家园，尽管如此，我们灾后还要生活和学习……	运用建筑装配方式，快速地兴建学校，恢复教育秩序，考虑装配与材运输供给等要求	调研、设计与建造，研究为设计服务，除方案设计，还需提供结构和构造等做法的思考	灾后重建的装配作用
2014	苏州山塘老街某社区中心装配式建筑设计	老街既是居住场所，又承载着历史文化情怀，今日，居住主体变化不小，从单纯的生活生产变到了休闲、交流等，如何继续适应？	为住民提供生活所需的休闲、活动交流、保健卫生服务，还为游客提供必要的旅游支撑	为维持并不破坏老街风貌，在不大的基地和窄小的街路，利用装配建筑方法营建社区中心	装配与老街风貌结合
2015	旅游区或历史街区的小型装配式建筑规划设计	多变是世界的永恒规律，装配式建筑不例外，从策划、基地选择、设计到建造落成，无不受动态的自然和文化因素影响，设计如何适应新时代要求？	根据装配式建筑特点，学生需选择基地、建筑类型和规模指标，利用变量概念对选择地块进行老街或旅游区的装配式建筑设计	强调设计的动态多维性，历练自身的选择视野	装配式建筑叠加3个设计变量，增加了设计的思维难度
2016	老街或旅游街区新型材料装配建筑群的策划设计	教学中的"保姆化"会束缚学生的创造想象力，为此，需要大胆创新跨界，以此使设计更具时尚之感。	满足建筑功能及建筑装配的条件下，学生自主选择基地等，提升自主的设计创意效果	摒弃过分的"保姆式"教学方法，突出装配建筑的最大创意点	自我作主，提升设计亮点

2 融入建造思维的建筑设计教学

装配式建筑设计以建筑搭建组合为前提，设计需为建造的可能性思考，而建造则是完善设计的验证手段，设计和建造相辅相成，互为弥补。建筑设计的自身规律明显，是为建造的最终目的服务的，设计需要思考融入建造思维。建筑学教指委的指导意见，虽对建筑设计等

课程的教学有较详细的建议，但没能提示装配式建筑的教学要求，动手能力培养的部分也稍缺，可以说明装配式建筑的教学环境还未充分生成。

2.1 设计融入建造思维的教学本质

建筑非绘画，绘画作品一旦认为画好，只需挂在墙上或放在指定位置就算作业的使命完成，而建筑则有很

大不同，建筑是实用性艺术产品，它连接着设计、建造和建筑使用的几个阶段，设计的目的是为了建筑能使用，而为了使用好则需建造提供给人类安全舒适的建筑环境，建造的使命明确，只有造出来才能体现设计者的劳动成果和价值，这是建筑设计需要考虑建造的教学本质。建筑设计和建造的两者不可被替代，设计是为了更好地建造，而建造能为设计提供参数，检验设计的合理性，包豪斯等著名院校就是这样培养建筑师的。

建筑学是设计专业，其教学内涵应围绕设计是否有可能建造作调整，涉及从材料到形体空间搭建完成的全过程。设计专业与工科的土木、建筑环境与能源应用工程等不同，设计课通贯大学全过程，从大一到毕业设计，体现了从易到难，设计元素从少到多的教学过程。设计能对以前习得的内容，包括专业基础的理论课和实践课等，起到归纳和汇总的作用。相对于20～30年前的建筑学课程，现在体现逻辑思维，动手思维的建筑技术课时数少了，而关注造型、学习模仿大师的构图、形体创造类的课程增多了，相反追寻大师对材料、构造等细部推敲的建造内容并不多，知其然，不知其所以然的现象存在，反映出技术概念在课程的渗透弱化，学生对技术关心不多的教学环境。

2.2 建造催生产业化的设计思维

建筑需要建造，时代的进步必将摒弃落后的建造方式和产业，建筑业是劳动密集型产业，用人多，建造速度慢，还易带来污染等环境问题。随着城市集聚化，建设工程规模和数量将呈越来越大和越来越多的趋势，高密度城市迫使大楼越盖越高，延续不了秦砖汉瓦的建造方式，迫使改变建造方法和技术，工业化、产业化是历史赋予建筑发展的使命，探索的企业也有，如图2所示，2015年湖南远大公司19天搭建了57层的高楼，盖大楼就搭积木，引起了轰动，预示着建筑工业化的前景。

建筑发展对人才培养提出了更高的技能要求，建筑装配是建筑工业化、产业化的必然途径，装配的方法学习是建筑学为未来投资的重要认知基础，尽管现有课程中多少体现了这样的建造思维，但程度不够，由于学生的建筑技术基础薄弱，知识面狭窄和知识结构的碎片化，使现阶段的设计教学直接融入建造思维，困难不小，通往建筑产业化之路并不好走。

3 装配式建筑设计理念的分级教学

建筑装配是空间与技术的整合产物，是建筑产业化的必经之路，需要不同的知识与训练综合，装配式建筑

图2 远大公司搭建的57层装配式高楼

会因学生没有搭建训练而显得陌生，需接受一定的课程训练才能逐步适应。

装配式建筑兼顾设计和建造的两方面知识，即以建造反促设计，让设计承担调整作用，当组织具体的教学时，会有两种可能，一是设置装配式建筑的新课程，但由于建筑学专业普遍课程多，学生忙，加之装配知识的涉及面广、内容多，实现并不容易；二是结合现有课程作嵌入，维持基本的教学体系不变，本文探索此嵌入方式。

3.1 多元设计思维与过程

装配式建筑融合建造思维，自然考虑因素增加，普利策奖得主坂茂的首尔九桥高尔夫俱乐部的装配痕迹明显（图3），支撑屋顶的网状结构是单纯木材拼就的形体，虽然简洁，但它是在克服力学、采光等多元问题后生成的，无疑考虑了建造难度，很难想象如没有建造思维能够生成此形体。

以现有的各级建筑设计课为例，不需考虑建造问题，相对简单，一般评判标准是学生根据教学任务书要求的建筑类型、基地等设计构思，成果只要提出显示设计意图的相应建筑设计图，满足使用功能和流线要求，有吸引眼球的形体造型，设计就基本完成。优劣评价大多是博得眼球的形体本身，不需考虑建造，内容单一。当应用装配方法时，自然需考虑墙体或构件的生成、建构等过程，考虑建造引申的因素多而复杂，自然设计难度增加。

为使学生建立建筑设计融合建造的多元思维习惯，

图3　多种要素整合下的屋顶支撑结构

不同学级可不同对应，尽管目前的教学内容不储备装配式建筑的专业知识，但并不是所有装配知识都需补充，实际上有些知识学生已经具备，只是没被激活整合，相互联系而已，通过装配建筑知识的嵌入，可使存在的知识点被建构激活。

3.2 分级装配教学与比例

为使装配式建筑的设计理念有效地嵌入课程体系，根据建筑学的知识结构及知识吸收的递进关系，这里提出比例分级的教学思路，强调维持正常教学的同时，增添建筑工业化及装配知识的教学嵌入，不同年级适应不同的分级比例。比例按水平和垂直向划分，水平向表示课程差异，主要是专业设计课和基础理论课的科目内容。其中，设计课起到了核心的主导作用，设计具有归纳作用，是利用一定原则规律对对象施行的合理规划和周密计划，理论课则为设计提供技术支撑；垂直向则是时间轴，表示5年制专业的各年级嵌入比例，从简到难，从小到大，逐步推进，从小规模的基础练习或设计开始做，直至最完善的毕业设计，这里只提及课程科目，进一步还可细化到建筑类型等。

表2是装配式建筑分级教学的课程与比例设想，科目参照了清华建筑学院2013建筑学本科生培养方案[5]，相比东南、天津和同济，清华大学的课程最新，公开科目全。表中的课程及分配比例依据自身的教学经验主观判断，分成专业设计课和理论课，其中，毕业设计的比值最高是因其教学归纳最强、能给课程分配的时间多，

大一次之，是因建造节与形体搭建类的基础训练课多，相对比值高。需说明的是，表中的课程科目不全，如进一步细分，水平向的科目还可设比值，这些比值没认证，仅设想，可作一般参考。

3.3 课程关联与嵌入应用举例

课程是教学组织的最基本内容，从知识获取言，多设置没有不好，但课时数有限，这里依据建筑装配及建造的搭建特性，以直接和间接的关联性对现有课程进行了梳理，直接比间接的关联大，专业设计课放在直接关联中，课程依然参照清华大学，表述有所改变：

直接关联：建筑设计基础（1）（2）、建筑设计或设计专题、住区规划与住宅设计、城市设计、场地规划与设计、形态构成、空间形体表达基础、建筑细部、建筑设计概论、力学结构类、建筑技术概论、工地劳动及调研实习、建造实习、建筑设计原理、当代建筑设计理论；

间接关联：中外国建筑史纲类、建筑声、热和光环境、城市规划原理、建筑美术。

以下是直接关联的代表课程的嵌入应用举例：

（1）专业设计基础课：一年级的建造节最具代表，典型的装配建构训练，学生通过动手制作，提高手脑并用的知识吸收能力，了解构件与构件的搭接方法和不同的材料性能等，梳理逻辑秩序的思维，为日后的设计学习打下基础，经过多年摸索，现各校形成了各自的建造特色，东南大学用竹子，同济大学最初用瓦楞纸，现用塑料中空板（图4）。其次还有构成类课程，此处不多累述。

图4　2017同济大学建筑城规学院的国际建造节作品

（2）专业设计课：小住宅是许多院校大二开设的针对低年级的建筑设计课，与装配设计的契合好，规模小，功能较单一，加上基地灵活等因素，较适合装配的

年级	专业设计课		专业理论课		特点、关注	比例(%)
	代表科目	对应内容	代表科目	对应内容		
五年级	毕业设计/建造实习等	研究与设计融合	工程经济学	经济、环境课题	最具规模的设计，5年的知识激活和运用；重点：不同工种、资源的协调配合	30
四年级	建筑设计/城市设计等	大跨或其他	城市规划原理	构件生产、运输	装配方式与城市；重点：单一空间到群体空间的组合	15
三年级	建筑设计/场地规划与设计等	医疗或其他	中外国建筑史/建筑物理	历史作品/构件组合	历史相关作品学习，舒适性表现；重点：不同地域的搭接构建方法	15
二年级	建筑设计等	小住宅设计等+模型	建筑构造/细部/结构	构件性能、搭接	组装技法、科学性；重点：从构件到组件、空间	15
一年级	建筑设计基础/形态构成	建造节、构成作业	力学	材料与构件/力学性能	建造为基础的认知、实训、拼装与安全；重点：从材料到构件	25

分级教学科目与比例设想　　表2

初学设计。小住宅从结构到材料运用，环节不多而对设计的综合能力要求也相对低，但它造型丰富、直观性强，可成为装配方法的示范作品。为改变国内提起装配式建筑，想到的自然是高层住宅类建筑，材料以PC构件为主的印象。课程上可有意地训练学生运用材料、构造的装配建构方法，使建筑形态变得丰富多彩（图5）。

图5　国外装配式小住宅的样式与吊装情景

专业理论课：建筑构造和力学结构类课的关联性大，以建筑构造为例，可介绍装配建筑的基本原理和搭接方法，可提升比值。现行的建筑构造虽有建筑装配的概念叙述，但涉及建筑类型少，内容相对狭窄，有改善的余地。

4　结语

装配式建筑一定是今后建筑发展的方向，笔者多年以教学的不同视角，递进式地对装配建筑在毕业设计阶段的嵌入进行了实践探索，困难和感慨都不少，当然还有遗憾，主要是学生的专业归纳综合能力缺，以及基础知识面狭窄引申的设计对应乏力，建筑材料和构造的相关课程的连接不熟等现象，需花费较多的课时补习，也使装配式建筑的教学深化不足，为此提出了从教学整体思考装配式建筑的分级嵌入设想，期待着众多的教学参与与实践反馈。

装配式建筑"外热内冷"的现象需要改变，教学方法要创新，需为今后的建筑发展奠定适合的人才基础，因此装配式建筑的教学探索还在路上，只有不忘初心，坚持探索，装配式建筑的教学理念才会越趋实用和完善。

（非常感谢丁雨倩同学的整理协助）

参考文献

[1]　http：//www.mohurd.gov.cn/wjfb/201612/t20161208_229780.html

[2]　赵林，修龙，蒋德英．对装配式建筑发展的认识与思考．建筑技艺．2016（08）：92-94.

[3]　张亚英，杨欢欢，安泽．"装配式建筑"应用型人才的培养．北京工业职业技术学院学报，2017，16（02）：35-37.

[4]　余亮．"我作主"的专业意识与素质培养-浅谈装配式建筑毕业设计中的非"保姆式"教学．2016全国建筑教育学术研讨会论文集，中国建筑工业出版社，2016：450-454.

[5]　清华大学，2013建筑学院本科生培养方案，http：//www.arch.tsinghua.edu.cn/chs/data/education/，2017.

图表来源：

图1：中国知网，http：//www.apple.com/cn/iphone-se/.

图2：http：//www.ycen.com.cn/fcjj/fcxwtt/201503/t20150319_292183.html.

图3：http：//design.cila.cn/news32618.html.

图4：http：//yjsh.cqu.edu.cn/info/1044/2246.htm

图5：http：//www.bjtgt.com/newsview.aspx？classid=2&newsid=317.

朱玮　陈静

西安建筑科技大学建筑学院；zhuwei@xauat.edu.cn

Zhu Wei　Chen Jing

Xi'an University of Architecture and Technology

基于快速建造的建筑设计教学研究
A Study of Architectural Design Education Based on Rapid Construction

摘　要：快速建造呈现出设计标准化、构配件生产工厂化、施工机械化和管理科学化的特点。这种特点必然带来建筑设计方法的转变，它将由设计、建造分离的设计转换成设计、生产与施工一体化的设计道路。"快速建造体系下的建筑设计"Studio课程，意在让学生通过快速建造的设计要求整合从建筑设计、工厂生产到施工建造的全过程。

关键词：快速建造；设计；生产与施工；全过程

Abstract：Rapid construction presents the characteristics of design standardization, building component production, construction mechanization and scientific management. This feature will inevitably lead to changes in architectural design methods. The method of the separation of design and construction will change to the integration of design, production and construction. The studio of 'Architectural Design Based on Rapid Construction' intended to allow students through the rapid construction of the design requirements from the integration of architectural design, factory production to construction of the whole process.

Keywords：Rapid construction; Design; production and construction; Whole process

1　引言

快速建造顾名思义，就是在相对短的周期内完成的建筑施工。快速建造与装配式建筑密切相关。随着全社会对建筑节能、环境保护和资源循环利用的重视。大力发展新型装配式建筑，已经上升成为推动社会经济发展的国家战略。它呈现出设计标准化、构配件生产工厂化、施工机械化和管理科学化的特点。这种转变必然带来建筑设计方法的转变，它将由设计、建造分离的设计转换成设计、生产与施工一体化的设计道路。

建筑学高年级的学生已经完成了基本的设计训练，熟练掌握了空间和功能组织，针对他们的建造训练，重点应该放在指导学生将过去所学与材料、结构、构造、设备、施工等各体系在前期建筑设计阶段整体考虑并一

体化设计呈现。这个要求与快速建造体系对建筑师的要求是相一致的。

我校在四年级下学期开设了"快速建造体系下的建筑设计"Studio课程，意在让学生通过这个课程设计整合从建筑设计到施工建造的全过程。

2　题目设定

国际太阳能十项全能竞赛（Solar Decathlon，SD）的任务书是将太阳能、节能与建筑设计以一体化的新方式紧密结合，设计、建造并运行一座功能完善、舒适、宜居、具有可持续性的太阳能住宅。SD竞赛作为针对在校大学生的一个实际的建造竞赛，要求参与学生在20天内建造完成一个120～200m² 的住宅，这个题目设定规模适中，有一定的综合性，并且在实践建造的同时探讨社会需

求和建筑行业的发展方向，因此非常适合作为此次 Studio 的题目让学生完成其设计和建造的全过程。

在 SD 竞赛的启发下，Studio 要求学生按照 SD 竞赛的任务书设计一个小型居住类建筑，但是放宽一些条件限制，学生可以自行拟定建造地点、使用者和相应的功能任务书。6 名学生分为 3 组，2 人一组选定一个结构形式——分别为轻钢结构组、木结构组和预制混凝土结构组。

3 教学过程

快速建造要求设计、生产与施工一体化。设计观念的转变带来教学过程的设计也发生转变，传统设计是为一个特定的场地设计建筑，快速建造的要求是设计一套构件产品，一套可以适应不同场地和功能需求的产品。教学过程的设计主要包括对材料和结构体系的认知、产品构件体系设计研发和模拟建造三个阶段。

3.1 对材料及结构体系认知

传统的建筑设计教学，首先要求学生对场地和功能进行研究，这个设计的开始要求学生不考虑功能和场地，而是从材料和结构体系认知开始。

教学过程要求学生根据文献资料的收集、阅读和分析，研究材料的特性，以自己的理解对每一个结构类型的具体表现形式进行分类比较。

以轻钢结构小组为例，学生对轻钢结构体系进行总结并分类，分为门式钢架、钢管结构、可变型钢结构和冷弯型轻钢结构四种类型，并且在此基础上对每个类型的结构体系、基本单元、构件要素、节点、受力特征、特点及适用范围和搭接方式进行归纳比较，同时寻找相对应的案例做深度的解析（图1）。这一阶段的教学目标是希望学生充分了解一种单一材料可以形成的多种结构形式及其特点，并且做出自己的判断，最终确定一种结构形式。例如，木结构小组分析之后决定采用轻型木结构体系的镶板结构作为进一步产品设计的原型结构体系（图2）。

学生经过充分的研究分析材料的特性和结构特点的基础上，将在下一阶段对自己选择的结构类型进行的创新的运用。

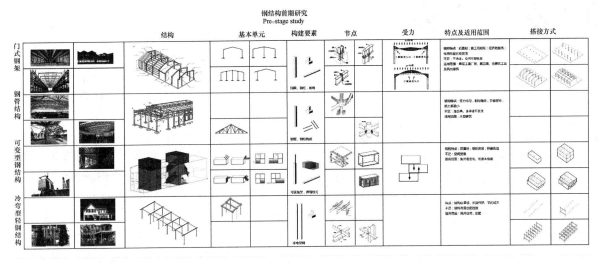

图 1 轻钢结构前期研究（学生：阳程帆、陶秋烨）

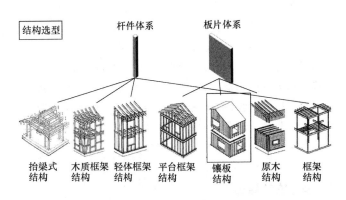

图 2 木结构组结构选型（学生：张书羽、周昊）

在教学过程中，三个小组的学生并不是孤立的，三组的相互交流促进小组之间对不同材料和结构体系的对比，令学生更快更准确的关注到自己所用的材料和结构的特性。

3.2 产品构件体系设计研发

完成了材料和结构认知之后，开始进入产品构件体系的设计和研发阶段，包括结构体系、围护体系和设备体系。在研发过程中，需要综合的考虑产品模块单元的尺寸和重量，在运输和吊装过程的可实施性，包括设备安装的一体化都要在构件设计的阶段统一设计。

381

（1）结构体系设计

在第一阶段结构选型的基础上，每个小组首先完成一个基本单元的设计构想。接着着力解决结构的适应性，在这个基本单元的指导下，学生需要设计一整套构件，包括结构构件、围护构件和连接构件，通过构件之间的不同组合，达成多种空间的适应方式。

轻钢结构小组将一个框架单元作为设计对象，因为钢结构的构件体系是杆件体系，设计时最大的难点是连接，包括杆件之间连接，结构体系与围护体系的连接等。（图3）

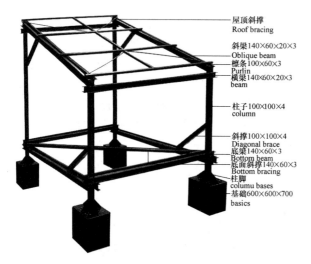

图3 轻钢结构单元（学生：阳程帆、陶秋烨）

混凝土小组基本结构单元尺寸的选择是根据货运车辆的尺寸，吊装车的载重，参考居住单元的需求共同确定的。同时在对这个单元进行设计时，由于混凝土结构的特殊性，结构构件与围护构件很多时候是重合的，学生针对这个特点，结合混凝土材料的最大特性——塑形，设计出CL网架板做主要承重构件的骨架，两侧浇筑混凝土的"三明治墙"。在此单元的基础上，探讨不同变体的可能性（图4）。

在这个过程中，学生需要一体化的考虑结构的稳定性和现场快速拼装的可实施性。教学设计方面，这个阶段的教学小组增加了结构专业的辅导老师对学生的方案进行指导。

（2）围护体系设计

木结构小组希望能同时发挥木材既可作为承重结构，又可作为围护结构的特性，对现有的适合快速搭建的轻型木结构进行改良与优化，提取镶板结构的特点与优势，借鉴瓦楞纸板，设计出木结构折板结构（图5）。

构造问题在此阶段是各小组需要解决的重要问题

图4 预制混凝土结构体系（学生：赵欣冉、史冠宇）

之一，在设计围护结构体系时，针对不同部位要设计相应的构造措施。另外相应的门窗、孔洞和连接部位的构造节点也都需要细致的设计，这一步骤是培养学生将结构、构造与建筑一体化考虑的关键一步（图6）。

（3）设备体系设计

三个小组在设计结构单元的同时都充分考虑并且设计了设备空间。以木结构小组为例，选用折板结构的其中一个目的就是能够在结构空间出现的同时形成设备空间。钢结构组在构件拼装的设计中充分考虑管线空间。混凝土组的"三明治墙"设计在工厂预制混凝土板中预留出足够的孔径，不仅减轻混凝土单元体的自重，又产生设备空间和管线安装空间，并且形成了一个具有保温性能的空气间层（图7）。

在第二阶段的设计过程中，学生通过大比例（1：25～1：10）手工模型模拟的方法，验证其结构和构造设计的可行性（图8）。模型不再仅是展示空间的工具，而是成为学生模拟真实建造包括构造的有力工具。通过这个阶段的训练，学生已经能够完成从单纯的空间设计到产品构件设计的思维的转化，并且从设计标准化、构配件生产工厂化的要求思考设计。

3.3 模拟建造

在产品设计阶段基本完成之后，要求学生根据自己

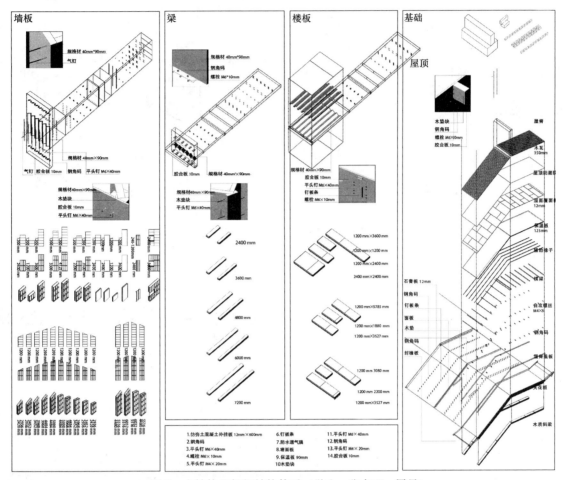

图 5 木结构组折板结构体系（学生：张书羽、周昊）

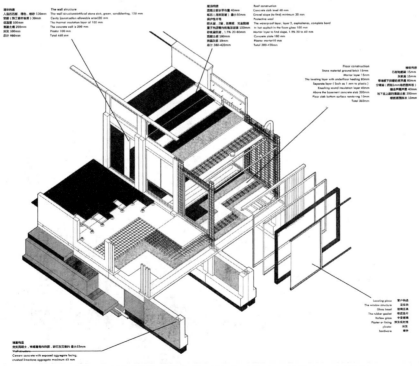

图 6 预制混凝土结构单元构造（学生：赵欣冉、史冠宇）

所设计的产品的适应性以及关注的社会问题，寻找适合的基地，利用自己在上一阶段设计完成的构件产品完成一个装配式太阳能住宅设计并且模拟建造过程，包括从构件产品运输到场地开始到最终家具安装的每一个步骤。

轻钢结构组将基地定位在北方农村，模拟完成了一个满足"三代居"的太阳能住宅。

预制混凝土组针对自己产品的设计特点，希望解决大城市年轻人的居住问题。同时，学生提出，因为他们的产品重量较重，需要用到大型的吊装设备，因此要求有较为宽阔的施工场地。木结构组经过细致的调研分析，得出他们设计的木结构构件产品的最适宜的推广地区是在森林资源丰富的地区。再加上任务书中对太阳能利用的要求，筛选我国同时满足森林资源和太阳能资源丰富的地区，得出我国云南和川藏交界处符合要求。当地的香格里拉独克宗古城在2014年发生了一场火灾，烧毁了古城三分之一处房屋，促使当地需要大量快速重建家园，因此木结构组选择了这个基地作为模拟建造的场地完成了产品的建造示例（图9、图10）。

4 结语

虽然由于实际情况的限制，学生并不能实际完成建造，但是此次课程的过程中，学生的收获是显而易见的。学生在设计过程中对建筑材料、结构、构造的理解力和控制力都有了显著的提升。通过大比例模型的制作，学生对建筑构件的产品规格和构造逻辑以及设计装

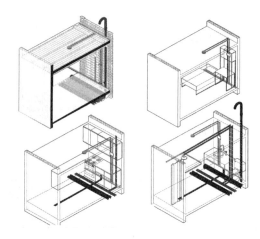

图7 预制混凝土结构设备空间
（学生：赵欣冉、史冠宇）

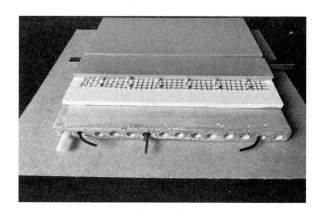

图8 预制混凝土结构细部模型
（学生：赵欣冉、史冠宇）

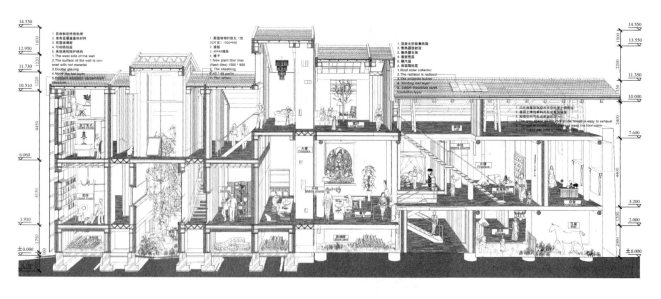

图9 木结构组产品示例——独克宗古城阿布新屋（学生：张书羽、周昊）

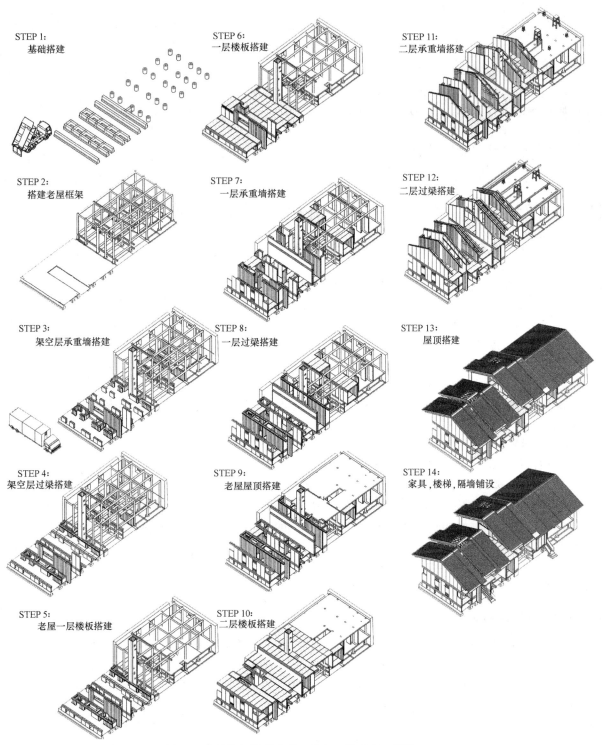

STEP 1:
基础搭建

STEP 2:
搭建老屋框架

STEP 3:
架空层承重墙搭建

STEP 4:
架空层过梁搭建

STEP 5:
老屋一层楼板搭建

STEP 6:
一层楼板搭建

STEP 7:
一层承重墙搭建

STEP 8:
一层过梁搭建

STEP 9:
老屋屋顶搭建

STEP 10:
二层楼板搭建

STEP 11:
二层承重墙搭建

STEP 12:
二层过梁搭建

STEP 13:
屋顶搭建

STEP 14:
家具,楼梯,隔墙铺设

图 10　木结构组装配流程（学生：张书羽、周昊）

配一体化的建筑设计方法有了熟练的掌握。通过模拟建造的方式，学生对于从设计到施工的每个阶段都有了认识和了解。通过这样一种综合性的训练，培养了学生全面的设计知识和专业素养。

参考文献

[1]　曾令荣，吴雪樵，张彦林. 建筑工业化——我国绿色建筑发展的主要途径与必然选择［J］. 居业，2012（3）：94-96.

李汀蕾[1] 李国鹏[2] 孙瑜晗[1]

1. 大连大学建筑工程学院；410295606@qq.com
2. 大连理工大学建筑与艺术学院；liguopeng@dlut.edu.cn

Li Tinglei[1] Li Guopeng[2] Sun Yuhan[1]

1. College of Civil Engineering and Architecture，Dalian University
2. Department of Architecture and Fine Art，Dalian University of Technology Author Affiliation

模块化设计视角下的形态建构基础教学研究
Fundamental Form Tectonic Teaching in Architecture Based on Modular Design Method

摘 要：近年对建构理念的深入思辨在建筑学基础课程的设置上多有体现，各高校结合自身特点进行着各有侧重的建构教学探索。本文基于低年级课程实践，从模块提取、模块拼接与形态拓展、形态优化三个方面，论述了以模块化设计方法进行形态建构的教学过程，并对教学成果按表达内容的属性进行了类型与特征分析。

关键词：模块化设计；形态建构；建筑教学

Abstract：The tectonic theory has more and more influence on the fundamental Architecture course in recent years，many colleges have set tectonic teaching according to their own conditions. Based on a form tectonic course set under the design method of modular in first year，this paper discusses the teaching process from 3 steps：modular decomposition，modular recombination and form transformation，form rationalization，and analyzes the content category of the result.

Keywords：Modular design；Form construction；Architectural teaching

1 背景与理论基础

低年级的设计基础训练是建筑学专业培养中的重要一环。近年来对建构理念的深入思辨在基础课程的设置上多有体现，国内高校在汲取国外教学经验的同时不断反思改进，这些都促使基础教学正逐步转向认知体验、图绘表现与设计建构等相结合的多元化训练模式。基础教学中的建构训练始于模型制作，至今发展出诸多的教学形式，如足尺空间搭建（纸板建造、折纸空间）、真实材料建造（砖墙砌筑、木构建造）等，虽无普适的题目与步骤设定，但各高校均根据自身条件进行着各有侧重的实验性探索[1]。

1.1 课程背景

模块化形态建构课程设置于本校建筑学专业一年级末，是为期10天的快速模型建构训练，主要目的是为系统的衔接——总结认知体验、图示表达、空间建构等基础训练的同时，推进对于结构与力学、构造与节点、材料与性能等技术内容的原理性思考。题目对于模块化①方法的侧重主要出于两方面因素的考虑。首先是课程时间有限，需要高质高效的解决复杂问题的"设计-建造"方法，而这些在模块化建筑体系的优势中得到映

---

① 狭义的模块化体现一种事物由模块组成的状态，广义上是指把一个系统包括生产对象、组织和过程等进行模块分解与模块集中的动态整合过程。

射；其次是教学中发现高年级设计创作中显现出对于标准化与多样化辩证关系的误解，以此侧重帮助学生客观的理解相关标准化设计方法。

1.2 对模块化设计的认知

模块化理论的建立围绕着模块如何分解、如何集中以及如何进行模块化组织而展开。将模块化理论与建筑领域的设计理论、技术方法相对接形成的模块化设计理论，可以理解为把建筑元素或建筑系统通过模块分解、组合或替换等操作进行动态整合设计，以提升建筑综合运行效率的方法。自工业革命以来，建筑领域就对模块化操作进行了诸多探索，从水晶宫的标准化构件组装，到黑川纪章的中银舱体大厦，福斯特香港汇丰银行的"定制"转向，再到现在的数字模块化建造等（图1），模块化理论随着设计思想与建造技术的演化不断发展[2]。

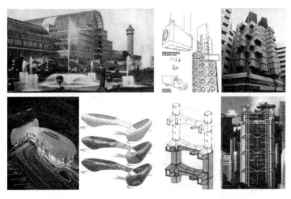

图1 建筑领域模块化操作实践

模块化设计拥有诸多优势，如易于显现外观与内在秩序、简化复杂系统、优化尺度、低碳建造等，但对其认识也存在一些误区，认为其程式化的操作会抹杀多样性与场所性，这些都是出于对模块化的片面理解。模块化具有多层级的操作系统，项目可根据条件进行不同层级模块形态、尺度及种类、数量的选择，模块分解与组合也是遵循多样统一的美学原则[2]，一如工业化的目的"不是将某一特定对象进行最优化，而是使可能的结果出现更少的种类"。

本文在详细论述了以模块化方法进行形态建构的教学过程基础上，对近三年的教学成果按内容属性进行了类型与特征分析，借此探讨和分享此类基础教学的方法与经验。

2 课程设置

建构的核心在于通过对实现建筑的结构和建造方式

等问题的思考来丰富和调和被优先考量的空间问题。这就要求建构课程不仅是只停留在建筑形态的体量设计层面上，还需要通过"实现"它来促进思考结构、构造、材料问题及其对形态的影响[3]。10天课程需要每人完成一个从认知、设计、实现到展评的快速建构训练，因此课程尝试利用实体模型制作模拟"实现"的过程，并在内容、材料和形式等方面进行了要求设置。

2.1 内容设定

建筑的形态设计随着文化的多元发展又重新成为重要内容而非单纯的解决问题。对于它的系统研究并不多，如何把它归结为理性的和可传授的，是教学面临的一个难点，因此课程的主题定位为形态建构。但不同于多数建构课程在内容设定上的较明确性，如可移动贩卖、地标建造或空间搭建、墙体建造等，课程对形态要表达的内容在建筑属性方面不加限定，无论是功能空间抑或是表皮、结构体都涉及形态问题，学生可自主思考所要设计的形态在实际建筑中的价值体现。

2.2 材料选择

不同的模型材料激发不同的操作从而导致不同的形态以及建构表达，因此每个人要根据要表达的内容和形态特征等选择材料，可以以单种材料为主，也鼓励多种材料在颜色、肌理、透明性等方面的碰撞尝试。要在选择模型材料同时思考在实际建造中映射的材料。

2.3 形式要求

课程在最终形态的形式设定上较为明确，目的是为了让学生更直观的理解模块化的操作方法。无论要表达的内容与材料选择为何，最终形态都需以"体"（有一定围合性的形态）的形式呈现，尺寸控制于300mm×300mm内（高度不限），但必须具备对三个要素的思考：

（1）单元模块

形态需具备至少一种基本单元模块，并鼓励增加变体。单元模块作为一个子系统其基本组成元素可以是杆件、板片或体块的单独或结合形式，但至少要包含一个元素可变层级，并且在多方向上可拓展延伸，保证形态衍生的可能。

（2）连接方式

常规模型的连接方式多为胶合、绳绑、钉定等，这些"硬性"的方式为实际制作中忽略甚至无视建造问题提供了条件。课程规定模块内或模块间的连接，必须建立在对力的相互作用、材料性能和节点的思考上，以真实合理的方式如穿插、咬合、编织等，同时还鼓励构思连接构件。

（3）组合逻辑

组合逻辑是指模块排列组合的规则。逻辑的设定是为了用理性的方式控制形态的生成，而非自由式发挥创作。建构中既要满足体现最初立意的形态逻辑（如某个数理运算法则、几何图形、自然形态），同时也要考虑到建造逻辑（如力学规律、材料本性等）。

3 模块化形态建构的教学过程

教学过程参照模块化设计方法分为三个阶段，每个阶段均以图示与模型结合推进（图2）。

3.1 单元模块抽象化提取

根据立意倾向抽象化的提取基本单元模块，立意的灵感来源有多种途径，如自然形态、数理几何图形或是人工作品；提取的思维方式有两种——自上而下式和自下而上式。

（1）自上而下式

以杆件、板片、体块几何元素或原型为起点直接介入，通过元素组合进行基本单元模块的提取，这种方式一般先入为主，主要针对相对简单而清晰的形态层级，如图2所示由三角板片拼合而成的多面球体单元模块，模块间进而再进行排列组合以形成整体形态。

（2）自下而上式

对于复杂形体，则需借助自下而上的方式：先将复杂形体分解至可控的阈限内，进而再结合自上而下式进行操作。如图2所示梯形体单元模块，先由球面体分解来，再由梯形板片和六边形板片元素拼合而成，这种方式并非以模块化进行整体控制，而是在形态建构过程中，进行模块还原以强化组合逻辑的清晰性。

对模块的数量和尺度的控制需结合第三阶段的形态优化反馈进行。

3.2 模块间合理拼接与形态多样衍生

模块间拼接的原则是真实严谨的顺应几何规则、力学规律与材料本性，模块间的连接方式分为延续模块内元素间的连接方式或设计连接构件两种（图2）。因单元模块具有多方向延伸性，模块及其变体间可以不同的规则排列、组合、替换形成多样的衍生形态，探索这些模块组合与变化的可能性及在实际建筑中的价值体现，并清晰图解数理关系。

3.3 形态结合表达内容优化

根据要表达内容，及对建造问题的思考，依照相应组合逻辑进行形态的建构与优化，在优化过程中可能需要对单元模块、连接构件进行调整，如图2的梯形体，在优化阶段，为继续保持内部界面一体而丰富外部界面的光影感，对梯形体模块进行6种变体设计，丰富了形态效果的同时，也凸显了操作规则和生成逻辑。

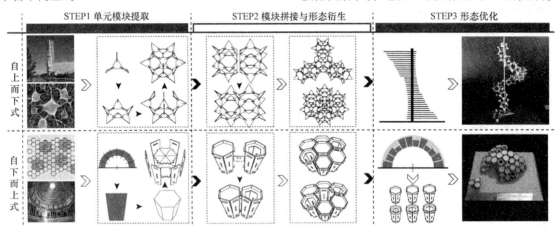

图2 模块化形态建构的教学过程

4 教学成果的内容类型与特征

通过教学设置与教学方法的反思改进，教学成果呈现出的形态越发多样，模块自身信息也更丰富，但按模型最终表达内容的属性基本可归为三类——表皮形态、结构形态和空间形态。

4.1 表皮形态与韵律

韵律是具有相同或相似属性的诸元素，通过逻辑关系组合产生的，韵律所产生的形式美最直观的体现部位之一就是建筑的表皮，表1中的表皮模型1在形成一定韵律的基础上，还对表皮可选择材料的性能，悬挑结构中力的作用原理进行了思考。

掌握了对结构重心的理解。

4.2 结构形态与稳定

结构形态的建构对于低年级有一定的局限性，其过程要结合材料的物理性能来思考力的相互作用问题，基础阶段对于结构逻辑的思考和理解应侧重于概念和原理等而非计算和尺寸。表1中结构模型1由于受力未经计算，最终仍需靠线的斜拉才能达到稳定，但学生较好的

4.3 空间形态与秩序

空间建构中秩序的建立是训练重点之一。构成整体的模块之间的组合关系形成空间秩序，从无到有，秩序的建立是一个不断被强化的过程。表1中空间模型1的秩序就是不断通过三棱柱离心扩散的同时逐层升高建立起来。

不同内容类型的教学成果分析　　　　　　　　　　　　　　表1

类型	成果模型	模块与映射	成果模型	模块与映射
表皮形态	表皮模型1 	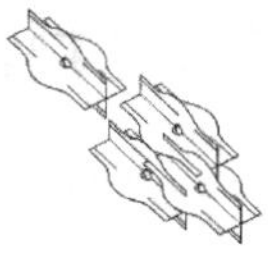 	表皮模型2 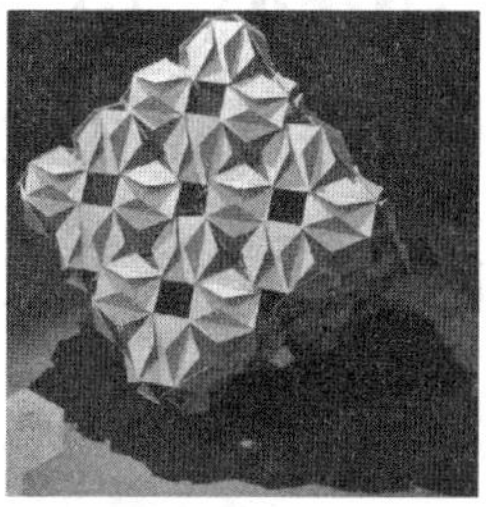	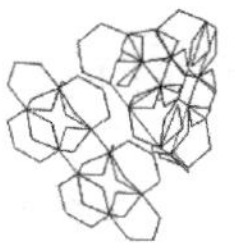 
结构形态	结构模型-1 	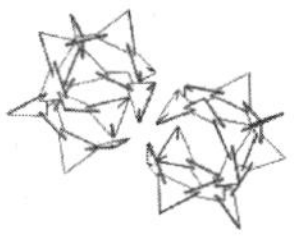 	结构模型-2 	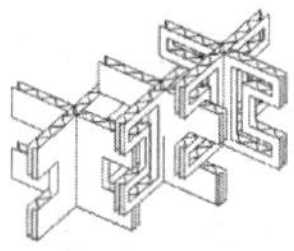 
空间形态	空间模型-1 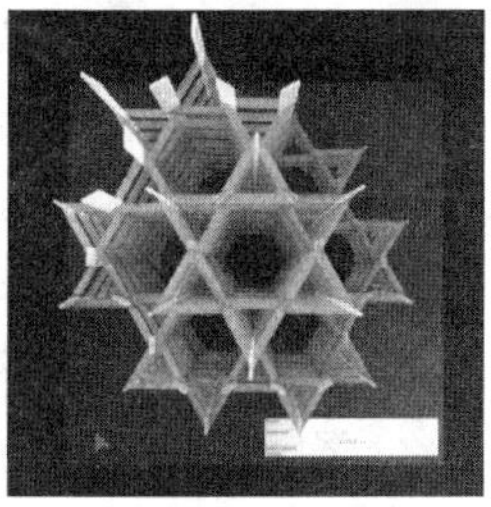	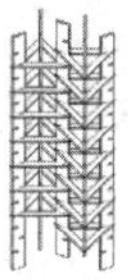 	空间模型-2 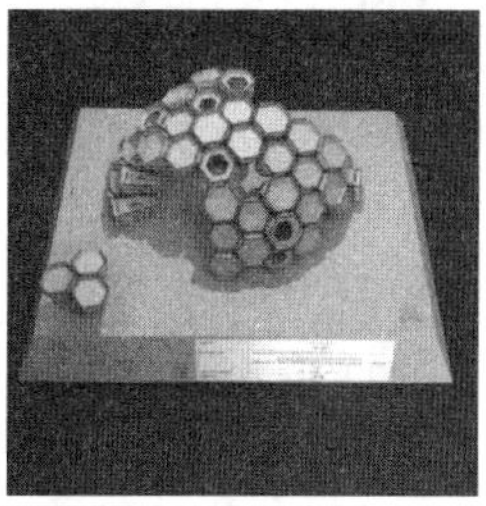	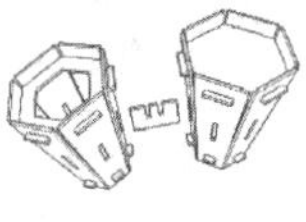 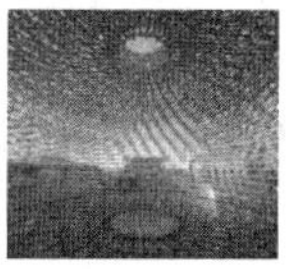

小结

在模块化形态建构课程的开展过程中，教学形式与步骤是预设的，但建构内容与材料的开放性带来了不可预设的多样成果，成果带来的启发又推动了教学的深入思考。同时建构课程的整体架构还存在诸多问题，如建构思考的层面还未涉及人本、场所、低碳等方面，后续需开展一系列的建构训练来丰富建构教学。

参考文献

[1] 姜涌，包杰．建造教学的比较研究 [J]．世界建筑，2009（03）：110-115.

[2] 辛善超．基于模块化体系的建筑"设计——建造"研究 [D]．天津大学，2016.

[3] 顾大庆．空间、建构和设计——建构作为一种设计的工作方法 [J]．建筑师，2006（01）：13-21.

图表来源

图1：辛善超．模块连接的建构思辨 [J]．西部人居环境学刊，2016（06）.

曲翠松

同济大学建筑与城市规划学院；qucs@tongji.edu.cn

Qu Cuisong

College of Architecture and Urban Planning, Tongji University

建筑结构体系课程中的虚拟仿真实验教学探索与实践
Teaching Exploration and Practice of Virtual Simulation Experiment conducted at the Course of Building Structure System

摘　要：建筑结构体系分解互动软件是同济大学建筑规划景观虚拟仿真实验教学中心平台中的一个模块项目，用于辅助建筑学专业"建筑结构造型"课程教学。该项目于 2015 年 5 月份立项，其中一期中选定的两个案例按照项目任务书经过两年的建设现已正式上线运行。本文就该项目的发起、建设过程和方法、模块对教学辅助的效果和后续开发等步骤予以论述，总结相关实践经验，以供建筑教育界同行参考。

关键词：虚拟仿真实验教学；建筑结构体系；分解互动软件

Abstract：The structural composition interactive software of building structure system is a module project of Tongji University's architectural planning landscape virtual simulation experiment teaching center platform，which is used to assist the teaching of "architectural structure systems" of architecture. The project started in May 2015. According to the project's plan after two-year working on selected two examples of the first phase，this project is now running online. This paper introduces the project initiation，the building-up process and methods，the effectiveness of the module on teaching aids and following-up development，summarizes the relevant practical experience for reference of the architectural education peers.

Keywords：Virtual simulation experiment teaching；Architectural structure systems；Composition interactive software

1　建筑结构造型课程简介

"建筑结构造型"是同济大学建筑学本科专业设立的一门专业选修课，课程从建筑学的维度出发，阐释建筑结构体系以及建筑材料与建筑形式的关系，通过理论学习与实例的示范使学生理解并掌握建筑的结构与材料是建筑设计与创作过程中必须经过的步骤。这门课在 20 世纪 80 年代中期就已经设立，前身主要以大跨建筑选型为主，偏重钢（桁架）结构。虽然当时这门课并未系统性讲解结构体系，建筑材料的知识也没有涵盖在内，但它已经是国内建筑学高校中唯一开设的一门有类似知识内容的课程，成了同济大学建筑学专业在建筑技术方面较强的一项佐证。2004 年笔者回国执教以来专注于在此课程范围内补充建设建筑结构体系的系统性内容，以德国达姆施塔特工业大学"建筑结构与建筑造型"教研室历时三个学年的必修课程为基础，增加了结构类型有代表性的新建筑作为实例说明，并辅以建筑材料知识补充和深化对结构体系的认知，先后出版了《建筑结构体系与形态设计》、《建筑材料与建筑形态设计》作为课程的教科书。

建筑结构造型，由于其中有结构两个字，大多数学生看到就会联想起结构力学、建筑构造之类的课程。这些课程多数是由结构专业老师来教授，学生往往会先入为主地认为结构体系的知识比较抽象和枯燥。为了改变这种局面笔者在以往的教学实践中曾做过很多尝试，试图使倾向于感性思维的建筑学专业学生更有兴趣地学习和掌握关于结构体系这门偏重理性和逻辑的课程，这对于本专业人才的培养至关重要进而也是提高建筑教学质量的重要环节之一[1]。另一方面由于现状课程学时的限制使得课程内的学习必须进行极大的压缩，学生在课外的自学和其他辅助教学方式因而也就变得十分重要。

2　同济大学虚拟仿真实验教学

国外学者早在 20 世纪末就提出了 "网络虚拟实验（web-based virtual experiment）" 的概念[2]，基于互联网和个人移动设备的发展，虚拟仿真实验教学也进入了 2.0 时代，我国也在高校中加紧这方面的建设。同济大学在 2014 年底获批成立了 "国家级建筑规划景观虚拟仿真实验教学中心"，依靠建设交互功能完善的在线虚拟实验教学模块，以在线虚拟仿真实验教学资源建设为核心目标，实现建筑、规划、景观专业课程的实验模块的开发，并为后续的模块开发提供可借鉴的经验和技术支持，为全国同类院校提供实践的经验和共享资源[3]。这样，原有的一些实验教学环节，如较危险、较昂贵或根本无法实施的一些重要的专业实验，就可以通过在线虚拟实验教学的模式，得以轻松实现（图 1）。

虚拟仿真实验教学模块非常契合 "建筑结构造型" 课程的要求。以往在教学过程中早有建立结构体系模型库的想法，曾经将体系案例模型的研究作为研修作业布置给上课的学生，起到促进学习的效果。但是课程的模型成果数量有限，完成质量也参差不齐，还不能作为资料库提供给更多的人学习。此外这项任务需要同学利用大量的课外时间做，也有一定难度。建筑结构体系案例分解互动软件作为虚拟仿真实验教学平台建设中的一个项目模块将会改善这个局面。模块建成后可以系统且直观地将国际上在结构体系方面具有代表性的案例展示出来。建筑的结构构件最后如何形成一个整体协调工作、建筑材料的性能如何得以发挥，都将通过三维手段得到具体表达。学生可以在课外时间进行自学研究，甚至可以学习如何组织新的结构，巩固对课内核心知识的学习，增强对课程的兴趣。目前世界上还没有虚拟仿真可以进行三维互动、能够形象直观地阐明结构体系的模型库，模块建成后将成为同济建筑教育的一大亮点。

3　虚拟仿真实验教学模块的设计和建设

3.1　模块的构成

建筑结构体系分解互动软件旨在建立一个建筑结构体系的代表性案例学习库，包含六大结构承重体系和下面的子体系。在模块设计之初的构想即为一个大树，结构体系构成了枝干，而案例则是利用体系的知识所形成的果实（图 2）。一期的任务包含了两个案例，即 Eden Project（面作用体系下空间网格系统）和 IBM Travelling Pavilion（形态作用体系下拱结构）。每个案例都包含六个部分，构件模型需要提供名称、材料等相关信息，目的是完成对体系的构成分解研究，从构件到结构单元到空间，受力分析和案例信息资料，之后需要学生能完成自建实验（同时也是自检）。

建筑结构体系分解互动模型的主要任务分为构件认知、构件认知考核实验、结构单元和整体的受力认知实验和节点和结构单元建造过程考核实验。在完成以上任务后，学生可根据要求上传自己的学习内容，由教师选择性控制是否开放此信息，供学生自学和深入学习（图 3）。

学生在模型查看窗口中可以通过旋转、缩放、平移来观察模型，学生点击任何一个构件，则在属性窗口显示相应构件信息，供认知学习。同时，可以在结构与显示过滤窗口打开或关闭相应构件群的显示。在任务控制按钮中，可以回到中心实验教学平台主菜单、退出当前实验等操作。

3.2　模块的组建

在课程所用教材《建筑结构体系与形态设计》中，共有受拉结构体系、拱结构体系、壳结构体系、穹隆结构体系、桁架结构体系、垂直承重结构体系、气囊结构体系和混合体系等，材料篇有木结构建筑、钢结构建筑、混凝土结构建筑、玻璃结构建筑、石结构建筑和人工合成材料建筑这些系统，针对不同的体系共列举了 59 个典型案例[4]。这些案例是模块建设的基础资料。

首先要由教师提供软件公司用于开发程序的资料，包括这两个案例的三维构件基础模型（Sketchup 格式，此模型作为软件公司建模参考使用，软件公司需要依据项目参数资料，在其虚拟现实平台上建立高质量完整模型）。此外教师还需要设计习题库，由于程序的限制题目只能在定位、选择、填空三大类进行排布。学生在线操作的全过程后台都会有记录，还可以根据需要设置间歇性拍摄。

对于开发程序的软件公司来说实际建模工作并不复杂，但是建模人员需懂得结构体系是如何工作的，而这一点比较难于做到，这就需要任课教师先给软件公司的相关人员 "上课"，并且在制作的过程中反复检查和沟通，这是一个教师、学生和软件开发人员密切合作的过程。

图 1 国家级建筑规划景观虚拟仿真实验教学平台登录
界面（左上第一个为建筑结构体系分解互动软件模块）

图 2 承重结构体系树，已经建成的案例当鼠标移至进出会橙色亮显

3.3 模块的测试

当软件制作方按照模块开发的任务书完成了制作之后，建筑结构体系分解互动软件在正式上线运行前经过了各方的多次测试。首先是软件公司内部测试，确认各项指令均可执行后，再到用户端进行测试。第一批参加测试的是学期内正在上此门课程的本科学生，为提高测试效率，测试是在课堂上进行的，而实际使用时则无需占用课堂时间。在测试过程中，学生们提出了从用户操作角度需要改进的方面，如构件抓取不易、页面中背景的设置颜色太暗需要调整等。

上述用户满意度层面的测试意见反馈后软件公司对程序进行了修改，之后再次进行测试。此次测试因为已经接近正式上线使用的状态，所以也邀请了除却本科选课学生之外的其他同学，如选课的研究生、未曾选课的本专业学生以及外专业的若干学生，以测试学生使用这个虚拟仿真模块进行自学的效果。由于模块的设计较易于操作，其中互动部分相对能够提升学生动手的兴趣，总体来看完成效果还是相当令人满意的。

4 经验总结和后续开发

建筑结构体系分解互动软件的使用可以通过三维的虚拟互动方式，激发学生对课程的兴趣，帮助学生对于那些用图纸和文字难于表述的空间结构类型的学习和理

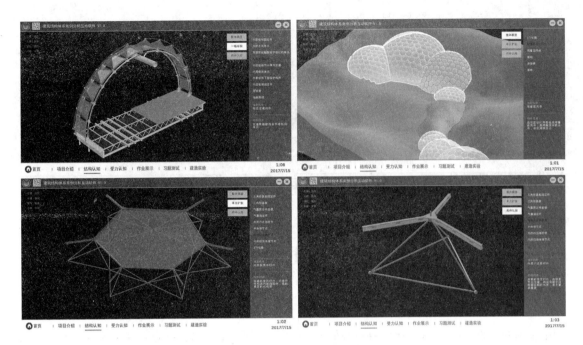

图 3 　案例中的知识点示例

解，这显然是一个值得尝试的领域。笔者相信，目前的一期还是建筑结构体系案例模型树上的两颗很小的果实，但随着二期、三期和以后的开发建设，它会"长"成一棵枝繁叶茂、硕果累累的大树。当然，在整个模块建设的过程中还是可以总结出不少经验和教训，在此提出，以供参考。首先，对于项目是否能够顺利进行在运作上软件公司的选择至关重要，软件开发人员的主动参与和创造力将会对项目的品质提升很有帮助。如果选择不当，或是由于经费等原因无法做出令人满意的选择，项目的完成是十分吃力的；其次，使用目前的软件版本要进入模块操作，必须使用电脑，还必须先下载虚拟平台的统一后台模块和本模块安装包进行安装，这和当前年轻人的使用习惯不符，很多同学反映这太麻烦，大家都是用智能手机操作，希望通过一个点击链接就能直接进入平台操作；另外就是采用摄像头监视的做法是否妥当。因为如果学生想作弊，这个摄像头还是做不到控制他旁边是否有其他人的。毕竟这是用于学习的软件，监控有些强迫和不信任之嫌。

以上经验有些是可以改进的，有些困难还要随着时代的发展和科技的进步以及多方面的共同努力才能得到更好的结果。此外，虚拟仿真平台的建设还需要更多的科目来丰富和完善，并且增强其开放性和共享性。更多的用户经验反馈将会促进单独项目的进化发展。

参考文献

[1] 曲翠松.建筑学教育中三大支柱的缺失.2014全国建筑教育学术研讨会论文集：298-300.

[2] Koretsky, M. D., Amatore, D., Barnes, C. & Kimura, S. Enhancement of student learning in experimental design using a virtual laboratory. IEEE Transactions on Education, 51 (1), February 2008：76-86.

[3] 孙澄宇，黄一如.同济大学虚拟仿真实验教学 2.0 建设.城市建筑，2015，189 (10)：43-46.

[4] 曲翠松.建筑结构体系与形态设计.北京：中国电力出版社，2010.

孙澄宇

同济大学建筑与城市规划学院；ibund@126.com

Sun Chengyu

College of Architecture and Urban Planning, Tongji University

虚拟体验驱动下的学生自主深化设计
Exploration on Students' Autonomous Design Process Driven by Virtual Experiences

摘　要：针对建筑学专业课程设计中，设计深化的"停滞期"问题，一种基于虚拟现实技术的"虚拟体验"方法，亦作为一种新的设计媒介，被应用于 2017 年的"8＋1＋1"联合毕业设计教学过程。选用的两个"虚拟体验"组合平台，辅助学生克服并提升其个人空间想象能力，承载了基于这种能力的各种设计深化思考。学生虚拟体验到的尚未完成的空间，与其记忆中的各种案例空间之间的差距，激励了其自主开展关于空间尺度、比例、界面材质、光环境的设计深化。这种自主性在消除"停滞期"的同时，对学生提升专业能力起到了积极的作用。

关键词：建筑教育；课程设计；虚拟现实；体验学习；设计媒介

Abstract：As a new media of design, an approach of virtual experience based on virtual reality technologies is applied in the joint design studio titled "8＋1＋1" in 2017 to eliminate a "waiting-period" often found in students' design process. Two selected platforms for virtual experience are found useful in the spatial imagination and thinking process based on it. The huge gap between the virtually experienced rough space and the rich spaces in daily cases drives the students to take an autonomous design process, especially on the issues of space proportions, scales, materials of interfaces, light environment, which enhances their expertise.

Keywords：Architectural education; Design studio; Virtual reality; Experiential learning; Design media

1　背景

在过去六十多年间，对建筑设计教学方法的研究与对建筑设计本体论的研究存在着千丝万缕的关系。它既反映在对于设计主体的共性与个性研究，又反映在对于设计过程的研究，还反映在对于设计媒介的研究上。[1]其本质是在回答了一个高中生将依靠怎样的专业媒介，采取怎样的专业思维方式，最终使自己具有与建筑师相近的哪些专业主体特征。本文针对"虚拟体验"这一设计媒介形式，以其化解课程设计教学中学生深化设计的"停滞期"问题[2]为例，探讨其对于学生设计过程与专业能力形成的积极影响。

在建筑设计教学中，教师往往都能感到学生推进设计的一草、二草、三草过程中经常出现设计深度的"停滞期"。具体来说，在依托十分粗略的平面图，确定了大致功能分区与流线后，学生如何把这种基于二维纸质媒介的阶段性成果，往纵深发展？即推进到三维空间，并把对三维空间的种种设计与优化，再次投影回二维的纸上。这一不断循环往复的过程成了横在初学者面前的一大障碍。显然对于他们来讲，一方面依靠空间想象能力在二维与三维空间之间不断往复是一大难点[3]，需要不断练习加以提升；另一方面，依托这种技能而对设计展开的深入思考，也会随着学习者的能力不足而受到限制。而且此时，没有了深入思考的内容支撑，学习者更加难以提升这一能力。于是，两者间的"恶性循环"使整个设计过程出现了设计深度的"停滞"。典型现象为：学生一方面为平面图填上均布柱网，完成开门开窗，程式化的挖出几个中庭；另一方面参考一些设计案例为几个特定视角设计立面——这个设计就被以二维叠加的方式完成了。最为遗憾的是，学生上述关键专业能力的提升也"停滞"在这一水平了。

有不少建筑教育者关注到了这一问题，尝试用各种虚拟现实技术予以辅助解决。比如早在 1999 年，美国爱荷华州立大学的陈超萃教授，就在当时十分高端的虚拟现实系统 C2 中，开发了一套全尺度沉浸式设计工具 VADeT，探讨了在虚拟环境中开展设计教学的途径与效果[4]。而受限于资金投入与教学规模，国内在二十世纪初，石永良先生开始在课程设计中尝试，让学生学习并使用三维建模软件（可以看作是在二维 PC 屏幕上的极简版"虚拟体验"）来推动设计的深化。到如今，几乎所有国内高校的建筑学本科生在二年级都掌握了如"草图大师（Sketchup）"等的三维建模软件，并在设计过程中加以不同程度的运用。这种普遍的自觉使用现象表明：这种极简版的"虚拟体验"，帮助学生将二维图纸与三维空间联系起来，以二维透视或者轴侧方式，来认知并编辑虚拟三维对象，确实对学生的二维与三维空间想象能力起到了辅助提升的作用，亦对在此基础上开展的设计深化起到了积极的支撑作用。

如果说早期的虚拟现实技术难以普及于规模化的教育场景，而基于二维屏幕的虚拟体验难以提供对空间尺度的判断，那么随着 2014 年虚拟现实技术进入一个消费级应用时代，当今的虚拟现实技术已经做好了与建筑学设计教学再次拥抱的准备。近三年，国内对于虚拟现实技术应用于建筑学专业教学的研究与实践，多关注于三维互动体验对涉及空间形象知识记忆的积极作用[5]；以及关注于对设计作品或后期成果的沉浸体验与视觉检验（一般认为由于设计前期的很多设计细节尚未确定，虚拟体验的效果较差，无法发挥其促进设计相关人员间交流的优势）[6]。

然而，本文却受"建构主义理论（constructivism）"与"体验学习（experiential learning）"教法[7]的启发，提出：将虚拟现实技术应用于学生设计的前期（即在搭建了十分简陋的三维数字模型后），就进行虚拟体验，在"缺乏设计与细节的空间"的刺激下，激发其主动地运用自身既有专业知识、日常空间使用经验、设计目标诉求等信息，自发深化相关设计。

2 基于"虚拟体验"的自主深化

针对上述课程设计中常见的"停滞期"问题，笔者尝试通过在课程设计的既有教学过程中，引入多种消费级的虚拟现实技术，配合一套相应的教法，引导学生积极自主地开展设计的深化工作。

2.1 辅以"虚拟体验"的教学过程

考虑到出现上述"停滞期"的原因是"空间想象能力不足 + 基于该能力的创造无法实施"，同时看到"虚拟体验"对于这两个问题都具有积极的克服效果，因此这里提出：将学生一草完成后至交图前的设计深化过程，设定为一个由学生自主推进的"虚拟体验—多方评价—知识收集—创造构建"的往复循环。

传统的课程设计深化过程中，学生也是通过类似的循环"草图感知—多方评价—知识收集—创造构建"开展推进工作。这里，新循环的最大特点就是在传统"草图感知"的环节上再叠加引入了"虚拟体验"。于是，从当前设计深度的二维图纸到对应三维空间体验的想象过程，在虚拟现实技术的支持下，可以直接通过"虚拟体验"辅助获得，优势有四：

第一，该种能力不足的初学者可以得到辅助，能够继续进行后续的三个环节，避免"停滞"；

第二，学生可以避免由于自身在空间想象上的错误判断，引发与教师和同学的各种无效讨论；

第三，学生通过不断地接触自己的二维图纸与对应三维空间的虚拟体验，增加其大脑中两者间的相互映射经验，有助于快速提高准确的空间想象能力，起到提升核心专业能力的效果；

第四，学生的"虚拟体验"会自觉不自觉地与生活中的"日常空间体验"相对照，两者在诸多方面的差异，会激发学生积极地、自主地开展后续三个深化环节，最终促成相较"教师督促推进"更为有效的"自主学习"行为。

当然，在不同的设计深度，其"虚拟体验"的焦点是不同的。比如，刚刚完成一草（初步完成了功能分区与流线设计）时，建筑空间的尺度与比例是体验的焦点；而在推进的后阶段，各个空间界面的色彩、材质、光环境就成了重点。所以，新方法中的"虚拟体验"环节从技术上需要能够较好的满足各种体验的需求。

2.2 相关技术平台纵览

根据上述对课程设计中学生"虚拟体验"的需求，这里对目前消费级虚拟现实的软硬件技术平台进行甄选。

比如，最为廉价的"谷歌纸盒虚拟现实（Google Card-box VR）"平台。学生可以用不到 10 元的价格买到一个由卡纸折叠而成，带有两片凸透镜的盒子。用自己的手机（无论苹果或安卓系统）播放一个横屏左右分区的图像。当把手机放于盒子中，双目透过透镜分别观看到两个分区的图像，就形成了立体视觉。如果再配合上手机自带的陀螺仪感知，就可以实现站在固定点的虚拟环视。如果再配合手机的语音命令控制，或耳机线控制，或外接的几十元的游戏手柄，就可以实现虚拟漫游。这个平台的优势显然是"价格便宜"与"携带方便"，劣势是目前手机的计算能力无法在视觉效果上匹敌个人电脑，无法处理复杂的建筑模型。

又比如，2014年面世、宣告虚拟现实技术进入消费级的标志性平台Oculus Rift，它的售价在3500元左右，以头戴眼镜的形式连接个人电脑，在一批国外主流软件上呈现一个桌面级的虚拟体验环境。如果再搭建运动捕捉系统，就可以实现在一定场地范围内的全尺度漫游。它的优势是"画质清晰"、"通用性高"，劣势是对于学生来讲价格稍高、对场地的需求"奢侈"。

再比如，Oculus Rift的后继竞争对手HTC的VIVE，它的售价6800元，也是通过连接个人电脑实现桌面与场地两种模式下的虚拟漫游，优劣特征相仿，但它相比前者更加易于国内采购，运动捕捉效果更为流畅。

除了上述国际品牌的软件外，其实国内倒是出现了若干服务设计过程的虚拟现实应用软件。比如，由笔者基于建筑规划景观国家级虚拟仿真中心（同济大学）开发的手机免费应用"宇信"，它可以接受各种主流建模软件导出的OBJ模型，在手机上实现透视模式、立体模式的漫游与评注，所有信息还能够通过主流互联网通信软件（电邮、QQ、微信）进行远程交换。又比如，由原重庆大学建筑系教师宋晓宇先生领衔开发的Mars软件，它也可以接受主流建模软件导出的FBX模型，在个人电脑，或VIVE系统中编辑模型的光学环境与材质设定，并能以实时方式实现各种设计表现成果的生成。

综上所述，就目前纷繁的技术平台而言，面向学生课程设计这一专门化应用，尚不存在一个完整的软硬件平台可以一揽子解决，注定需要教学过程的设计者，选用多款平台来混合实现。

2.3 选定的两个"虚拟体验"组合平台

结合课程设计中"虚拟体验"的需求，笔者在上述技术平台中选取了两组软硬件平台，分别应对学生推进设计深化的两类关注。

关注空间尺度与比例的"宇信＋手机"组合平台。考虑到刚刚依托平面、剖面、小透视草图完成一草时，学生就会建立粗略的三维数字模型，来辅助验证并优化形体的体量组合关系，且一些基本的结构构件（墙、板、柱）与虚实设想已经具备。这时每一位学生都可以快速地使用这一组合平台，用自己的手机随时随地地对模型进行虚拟体验，甚至在其上的特定空间位置发表评注，并通过互联网征求老师与好友的意见。

关注空间界面色彩、材质、光环境的"Mars＋PC/VIVE"组合平台。考虑到学生在深化的中后期，往往不擅长把握各种界面的真实效果。这时可以先利用Mars平台的PC端，以极低的年度会员价格，对数字模型进行各种真实效果的替换比较；待形成几组方案后，再使用学校虚拟实验教学中心的VIVE设备与场地，进行横向比较与微调。虽然VIVE系统具有高度的逼真效果，但其下的Mars平台使用年费较高，且对计算主机与使用场地有很高的要求，考虑到学生带着几套方案做"虚拟体验"确认时间一般在半小时左右，所以完全可以采用类似三维打印设备的"学校统一采购，学生分时共享"的方式使用。

当然，设计有反复是很正常的，所以上述两组平台的使用一般交替进行，在经济上、空间上，无论对学校还是学生个人都是可行的。

3 教学实践过程与学生反馈

基于上述教学方法，笔者在今年带教"2017年'8＋1＋1'联合毕业设计《重温铁西——城市基因的再编与活化》"的过程中，引导所指导的6位四年级本科生，自其一草后，开始分别采用上述两类"虚拟体验"组合平台，自主推进其设计。

这里以路秀洁同学的图书馆设计（约9000m²）为例。其一草阶段已完成了一个Sketchup草模。由于视野的关系，原本基于PC屏幕的空间体验与人眼实际的体验有较大的差异，很多建筑构件存在相互遮挡的问题，在PC屏幕上却不容易被关注。比如，她在进行基于"宇信＋手机"的"虚拟体验"（图1）时，就立刻发现了入口处的均布柱网所造成的遮挡问题（图2）。当她体验到时，由于这一问题过于明显，都没有与教师或其他同学讨论，就自觉开始寻找各种图书馆入口设计的案例（如韩国国家图书馆-韩国世宗市，富热尔多媒体图书馆-法国富热），通过在草图上的反复构思，最终优化了原有模型（图3）——毫无"停滞"地针对某个空间节点自主完成了一轮设计深化。

图1 "宇信"＋手机的组合平台

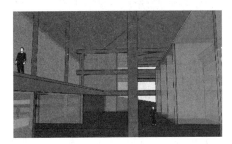

图2 在草模中的入口处"虚拟体验"

图3 根据新草图优化的数字模型

图4 对于界面的推敲
（冷色调石材）

图5 对于光环境的推敲主光源

她在设计后期，利用 Mars 平台的 PC 端，分别对空间节点的界面材质等方面进行了多种尝试（图4），对不同的光环境设计进行了不同的尝试（图5），最后再到学院实验教学中心的 Mars＋VIVE 平台上进行比选，而且她还主动邀请其他同学进行"虚拟体验"，以听取他们更加客观的反馈（图6）。

参与教学的 6 名同学不同程度地使用了两种平台，都给出了非常积极的反馈：

第一，这种方式对自主做出空间设计判断十分有帮助，再也没有必要等待每周两次的课内讨论来定夺，大大提高了设计推进的效率；

第二，虚拟空间中设计感觉无处不在，且没有表达的死角，所以想到其他体验者可能在虚拟世界中到处漫游，内心就产生了一种必须全方面推进设计的压力（动力）。

4 结语与展望

本文以建筑学专业课程设计中的"停滞期"问题化解为例，展示了作为设计媒介的"虚拟体验"是如何影响学生的设计深化过程，及其专业能力的形成。

这里的新教法中，两个"虚拟体验"组合平台（"宇信＋手机"和"Mars＋PC/VIVE"）辅助学生克服，并提升其个人空间想象能力，支撑基于这种能力的各种设计深化过程。即在学生"虚拟体验"自身设计成果的过程中，由其感知到的"粗陋虚拟空间"与其记忆中的"丰富案例空间"之间的巨大反差，来激励他们自主地开展有关于空间尺度、比例、界面材质、光环境的设计深化。在彻底消除"停滞期"问题的同时，提高了自己的专业能力。

当然，上述教学实践也引发出不少疑问，比如：如何在激发学生自主性的同时，从技术上更好地利用教

图 6 在 Mars＋VIVE 组合平台获取他人的体验反馈

师资源？如何在学生产生多方案比选时，引入更为具有批判价值的决策过程？

最后，感谢建筑规划景观国家级虚拟仿真实验教学中心（同济大学）对本次教学实践的大力支持，感谢光辉城市团队的大力支持，感谢同济大学教改项目的资助。

参考文献

[1] 李明扬，庄惟敏．六十年间设计研究理论与建筑教育的互动评述［J］．建筑学报，2016，3：84-88.

[2] 罗琳．建筑学专业设计类课程教学模式的研究与探索．科教文汇［J］，2017，376（2）：49-51.

[3] 刘旭红，孙启杰，周少峰，梁煜健，许秋滢.建筑设计二维与三维教学方式之对比浅析．高等建筑教育［J］．2014，23（6）：86-89.

[4] 陈超萃．在全比例空间进行设计的可能性［J］．时代建筑，1999，4：72-73.

[5] 孙澄宇，许迪琼，汤众，在线虚拟实验在建筑教育中的技术应用方案讨论与效果评估简［J］，实验技术与管理，2017.1.20，（01）：10-15＋20.

[6] 白雪海，许蓁．虚拟·体验·互动——Fuzor软件在建筑设计教学中的综合性应用［C］．2015 年全国建筑院系建筑数字技术教学研讨会．中国湖北武汉，2015：79-83.

[7] 张家睿，朱雪梅，周祥，江海燕．基于体验式教学的建筑专业低年级实验教学创新［J］．实验技术与管理．2014，31（2）：168-171.

李丹阳　王靖

沈阳建筑大学 建筑与规划学院；lee_dy@126.com

Li Danyang　Wang Jing

ShenYang Jianzhu University School of Architecture and Urban Planning

有机形态认知与数字化参与的建造实验教学研究
Research on Construction Experiment Teaching of Organic Morphology Cognition and Digital Participation

摘　要：建造实验的本质是探讨新材料、新构造、新结构的可能性。在这个过程中会出现新的建筑形态以及相应的构思方法。对于有机形态的关注以及新材料的发明应用为建筑结构和形态创新提供了可能性，使当代建筑形态更加复杂和富于想象力，甚至影响到建筑美学的发展。数字技术作为有效的观察和研究手段，拓展了对于复杂形态的认知，实现了对于复杂形态的建造体验。本次教学的主要目的是探索基于有机形态特征和生成逻辑的建造方式与构思方法。其中一些作品通过简单的数字化方法完成了对复杂形态的研究过程，并且为进一步的实体搭建提供精确的数据。探索了可行的"数字＋建造"的训练方法，总结了此次建造教学的经验和不足。

关键词：建造实验；有机形态；数字化

Abstract：The essence of the construction experiment is to explore the possibility of new materials，new structures，and new structures. In this process there will be a new architectural form and the corresponding conceptual approach. The application of organic form and the application of new materials provide the possibility of building structure and form innovation，make the contemporary architectural form more complicated and imaginative，and even affect the development of architectural aesthetics. Digital technology as an effective means of observation and research，to expand the understanding of the complex form，to achieve a complex shape of the construction experience. The main purpose of this teaching is to explore the construction methods and ideas based on organic morphological features and generating logic. Some of these works through a simple digital method to complete the complex morphology of the research process，and for further physical structures to provide accurate data. Explores the feasible "digital＋construction" training methods，summed up the experience and lack of construction teaching.

Keywords：Construction experiment；Organic form；Digital

1　引言

在各大高校低年级教学过程中，建造教学主要是通过实物制作训练学生对材料的组织能力、对简单结构和构造的认识。本文中的"建造实验"是指在传统建造教学内容的基础上，对新的形态的构思、建筑结构和建造过程的尝试和体验。

国内各大高校的建造教学，已经发展为有一定规模的建造节，一般指定一种材料（如木材、纸板、中空板），要求结合材料特性进行设计构思与建造。同济大学国际建造节将数字化技术引入建造教学中，并进行不断探索和实验；中央美术学院建筑学院"身体力行"空间实验，则是更注重于对于主题空间的艺术表达；第四届"中建海峡杯"海峡两岸大学生实体建构赛更加注重竹木材料的特性，精细化构造做法以及作品的可变性实验。在这些建造试验中，突破传统美学标准和简单几何形态，挑战材料的可能性，在保证材料力学性能的前提下尝试变形、积聚、形态生成等操作而产生不规则形态或复杂形态，已经成为建造实验的新趋势。建造教学为我们提供了大量尝试材料和新的美学表达的机会。

2 有机形态的启发

现代主义建筑设计以欧氏几何为基础，以抽象几何形为语汇形成建筑的形态，并以构成法则控制建筑形态的生成。虽然欧氏几何空间统一和稳定，但是它不能表达现实世界的空间复杂性。随着对自然界的关注，人们越来越清楚地认识到大自然的价值，整体有机的流线型取向，平滑连续的表面与自然流动的形态所受阻力最小，而且形态完整简洁。人们在对自然形态的研究过程中得到了越来越多的启发。

自然形态包括有机形态和无机形态。有机形态是有生长机能的形态，遵循自然法则，考虑形体本身与外在力的相互关系以更好地与环境和谐相处。无机形态是相对静止，不具备生长机能的形态[1]。因此有机形态更具有很多优于人工结构的特点：

（1）高度的适应性；

（2）结构构造合理：自然形态的生成是生长和进化发展的过程，它通过与系统内在材料特性相互作用及外部环境力量和影响的刺激来获得复杂的节点；

（3）节约材料：有机形态中的空腔、表皮、组织之间的空隙等，用最少的材料和能量获得最大限度的力学性能；

（4）形态有机生长：由于有机形态是进化过程中生成的，大多呈现出拓扑形态等复杂形态。近年来有机形态的优越性被建筑设计领域所关注，无论是对建筑结构和构造形式的创新、还是对建筑形态的构思都产生了较大的冲击。

建造教学的本质就是探讨新材料、新构造、新结构的可能性。在这个过程中会出现新的建筑形态以及相应的构思方法。对有机形态的关注以及新材料的发明与应用为建筑结构和形态创新提供了更多的可能性。有机形态的优越性对建筑结构和形态设计有很大的启发，甚至

影响到建筑美学的发展。拓展了我们对新的建筑结构和形态的认知。因此在建造实验中，探索有机形态特征和生成逻辑启发下的新的建造方式与构思方法是建造教学的主要目的和意义[2]。科学的发展不断揭示有机形态结构及其生长规律的非凡和奇妙，而数字技术的操作使我们我们对有机形态的认知不仅可以进行单纯的形式模仿，还可以进行更深层次的提炼与抽象及其转换应用。

在建造教学中，主要通过以下三种有机形态的生成逻辑及其数字技术的操作途径来探讨有机形态在建造实践中的可能性。

（1）拓扑变形的转换：在我们日常生活中，所看到的形态主要是明确的柏拉图体和欧氏几何。而在自然界中，特别是有机形态，为了适应环境变化有机体大多都是经过"变形"产生的拓扑形态。一个几何图形被任意"拉扯"，只要不发生粘接和割裂，可以做任意变形，这就称为"拓扑变形"。在外界力的作用下，有机形态在不被破坏的情况下的变形，趋向生成具有连续性和复杂性的拓扑形态。在建造教学形态构思阶段，应用计算机辅助绘图的简单操作，就可以对简单形态进行变形得到拓扑形。自然界中各种拓扑变形是有机体对自然力的反应，一方面使学生认识自然力如何作用于有机体生成结构和形态；一方面拓展学生对新形态的认知（图1）。

（2）流线造型与平滑表皮的模拟：生物体形体和表皮在长期演进过程中，往往会选择阻力最小的流线形态和平滑表皮。建造初期，在材料允许的范围内选择一种贝类对其壳体形态模拟，抓住其主要的形态特征和生成规律进行形态生成。其次依靠数字技术进行形态生成操作，形成流畅的流线形态。最后通过数字技术对其进行受力分析，精确地找到主要受力点并计算力矩，使力均匀地分散到表皮，形成流线造型和平滑表皮的结合[3]（图2）。

图1　拓扑变形　　　图2　流线造型与
　　　　　　　　　　　　平滑表皮模拟

（3）生命体骨骼构架的提取：生物体结构经过了长期的演进，往往自然选择了某种最合理的受力逻辑。建造初期，选择一种动物对其构架进行模拟，提取主体空

间构架作为主要结构，按照进化论的逻辑进行形态生成。其次依靠数字技术的算法逻辑，可以进行形态生成操作。最后通过数字软件进行形态调整力求实现力与美的结合。在建造过程中结合 CNC 进行操作才能使建造作品更加准确、精致（图3）。

3 教学过程

本次建造教学主题为"木·憩"，木材为主要建造材料，辅助材料不超过两种。主要目的：了解木材特性，对木材进行加工发掘材料新的使用方式，通过真实的建造认识简单的构造、结构逻辑。在这次教学中我们尝试的是要通过对于有机形态的认识拓展对于建筑形态的认知以及体验复杂形态的建造过程。

3.1 概念设计

传统建造教学沿用常规的构造节点和结构类型作为构思出发点来探索新的空间形态。就会出现旧的构造节点和结构与新的形体、空间形态存在矛盾，有一定的局限。有些时候容易造成建造逻辑的错误或作品整体概念的混乱。本次建造教学在整体概念构思阶段，就引入有机形态认知，在传统建造教学基础上拓展空间形态生成方式和生成逻辑，尽量通过简单易行的材料组织方法创造新的空间形态。

通过图片展示有机形态的特点，研究与欧氏几何的区别，基于新的结构、形态认知发展空间概念构思，并形成建造作品。给定几张有机形态的图片（贝类、鱼类和鸟类等生命体外形和骨骼）让学生观察并且找到特点。最终选择一个发展方案。

3.2 方案推敲

在观察有机体图片后，我们又选择一些建筑实例和建造实例给学生讲解关于现实生活中存在的有机形态。并要求学生根据之前讲述的有机体图片提取有机形态的特点来进行方案设计，表达方式为草图和模型。在该教学过程中，引入计算机辅助设计，其中包括整体形态拓扑变形，流线形态生成等。前者建立一个明确的欧氏几何形体，通过数字化操作对基本型进行拉伸、扭曲等变形，形成新的复杂形态。在此过程中，数字化模型可以提供完整、精准的结构形态，还可以进行理性的受力分析。后者绘制出有机形态的流线元素，加以变形并探索其适当的生成规律。简单的流线经过变形和重组，衍生出新的空间和形态。归纳起来可以分为四个步骤：选型、变形、重组、衍生（表1）。

在推敲过程中，数字化方法不仅能够直观地推敲方案，而且便于灵活地修改方案。

3.3 实体建造

这种复杂形态、不规则形态在实体搭建的过程中，对构件尺寸和加工精度要求很高，完全依靠手工制作很难达到预期设计效果。因此"数字化建造"在建造实验中越来越重要，在很多学校的建造教学案例中都出现了部分参数化建造的作品（图4）。主要过程是：前期建立简单的三维模型，推敲整体结构形式和单元构件组合方式，同时选择适合的材料，最终确定构件精确尺寸，利用 CNC 进行生产和人工组装。

图3　生命体骨骼架构的提取　　图4　第四届"中建海峡杯"海峡两岸大学生实体建构赛湖南大学参数化设计作品

4 经验教训

（1）本次实体搭建由于受到材料限制，缺少数字化机械设备，木材的精确加工受到限制，对于有机形态复杂的变形尝试不够。方案构思只能限定在简单的变形操作范围，以适应后期加工的可能性。

（2）由于是在低年级进行的建造教学，学生还没有能力掌握复杂的数字化设计方法，因此本次教学没有进行深入的参数化设计方法的尝试。参数化主要被用于表皮形式的研究，在结构形式和建造环节并没有考虑。尝试用简单的算法进行方案推敲，是在今后的建造教学中需要探索的。

（3）数字化方案推敲过程，与实体建造过程的互动模式，还需要进一步探索。应用数字化媒介进行设计构思，与动手操作之间容易造成"设计"与"建造"之间的割裂[4]。在实体建造之前需要用 CNC 制作 1：1 的单元构件进行研究。

通过建造的实际操作过程，对材料性质和力学作用的理解，在低年级教学中是非常重要的。建造的手工性本质是数字化的虚拟建造不能取代的。如何把数字化方法与建造教学有机结合起来，在适当的时候，采用适当的手段是数字化方法介入建造教学的关键。通过本次教学实践，总结了现有的"数字＋建造"训练方法，探索了可行的数字建造课程教学模式。

参考文献

［1］［英］达西·汤普森.生长和形态.袁丽琴译.上海：上海科学技术出版社，2003：13：319.

［2］张早.踏入现实：建造教学中的身体启示.建筑技艺，2014（8）：38-43.

［3］［德］阿希姆·门格斯.整体成形与实体建造计算形式和材料完形.曾雅涵译.时代建筑，2012（5）：42～45.

［4］吕健梅.李昂.李丹阳 数字技术下建筑设计认知过程的转变.2016年全国建筑院系建筑数字技术教学研讨会论文集 北京：中国建筑工业出版社，2016：159-162.

方案推敲 表1

概念设计	方 案 推 敲		
拓扑变形	 基本形体确定	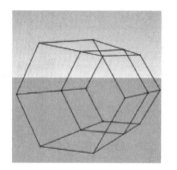 基本形体重新划分	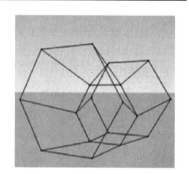 拓扑变形后有机形态与内部空间可以互动
流线造型与平滑表皮的模拟	 生命体原型与受力启发	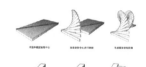 流线造型形成	 受力分析后形成双曲线造型
生命体骨骼构架的提取	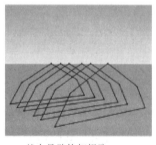 基本骨骼构架提取	 连接基本构架	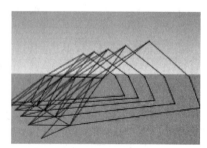 将基本构架转化成形成连续空间的结构

陈雷[1] 李燕[2]

1. 东北大学江河建筑学院；seaman_cl@126.com
2. 沈阳建筑大学建筑与规划学院

Chen Lei[1] Li Yan[2]

1. School of Jianghe Architecture，Northeastern University，Shenyang
2. School of Architecture and Urban Planning，Shenyang Jianzhu University，Shenyang

VR 技术在建筑教学和实践中的应用前景探索
Exploration on Application Prospects of the Virtual Reality Technology in Architecture Teaching and Practice

摘 要：本文通过对 VR 技术在建筑课程教学和实践中的应用展开探讨，针对 VR 技术的特点提出了与 VR 技术相结合的建筑学专业课程设置，并对其在建筑教育中的应用前景进行探索。

关键词：虚拟现实（VR）技术；建筑；教学和实践

Abstract：This paper based on VR technology in the application of construction course teaching and practices，in light of the characteristics of VR technology is put forward combined with VR technology architecture speciality courses，and to explore its application prospect in architectural education.

Keywords：Virtual Reality Technology；Architecture；Teaching and Practice

1 VR 技术

随着数字技术日新月异的发展，人们正经历着数字时代的剧变。信息技术的发展不仅改变了人们的生产方式、生活方式，而且也影响着人们的思维方式和学习方式，引发了一场世界范围内的教育改革和学习革命。从文字到图像，从三维技术到虚拟现实，是这个进程中的必然逻辑。所谓虚拟现实（Virtual Reality），简称 VR，是利用三维图形生成、多传感交互、多媒体、人工智能、人机接口、高分辨显示等高新科技，对现实世界进行全面仿真的一种技术。虚拟仿真的情境中，借助于计算机硬件、网络技术和计算机 3D 运算能力等信息技术手段，用户可实时进行人机交互，进入虚拟现实情景（图 1）。虚拟空间展示出人类无限遐想的丰富天地，人类通过实时交互的方式学习、生活、工作于其中。

图 1 VR 技术下的虚拟现实体验

2 VR 技术在教育领域中的发展

虚拟现实技术最初产生于 20 世纪 60 年代的美国，近 10 年随着计算机信息技术的快速发展而在越来越多的领域得到了推广应用，其出现更使得互联网的平面世界出现了三维场景。虚拟现实技术由于能够创建与现实社会类似的环境，解决学习媒体的情景化及自然交互性的要求，因此较早被欧美一些主要国家应用于教育与教学领域，亚洲地区的日本、韩国、新加坡等也对虚拟现实技术积极展开研究。与发达国家相比，我国虚拟现实技术的开发和应用相对较晚，近几年也已陆续开展了虚拟现实技术及相关技术领域的研究。例如，清华大学利用虚拟仪器构建了汽车发动机检测系统；中国科学院计算技术研究所虚拟现实技术实验室重点研究的"虚拟人合成"和"虚拟环境交互"；华中理工大学机械学院工程检测实验室将其虚拟实验室成果在网上公开展示，供远程教育使用；北京航空航天大学、复旦大学、上海交通大学、暨南大学等一批高校也开发了一批新的虚拟仪器系统用于教学和科研。虚拟现实技术在教育教学上的应用，开创了"虚拟教学"的崭新领域，它是教育高科技的展示和体现，也是教育手段现代化、信息化的标志之一，有着极其广阔的应用前景。

3 VR 技术在建筑教育中的应用前景

在传统的建筑教育中，教学方式主要是教师讲授知识要点，学生吸收理解，并通过成果作品进行教学反馈。教学手段从传统的黑板讲授，逐渐发展到多媒体演示。教学成果从二维图纸绘制，发展到三维模型展示。教学评价主要依靠教师的学习工作经验来进行主观评判。通过 VR 技术与建筑教育结合的课程，能够发挥 VR 技术的沉浸性、交互性、构想性特征，将更加直观地呈现出传统建筑教学中所无法展现的建筑环境、全景空间和直观感受。建筑教学可以引用 VR 技术来评估与验证教学意图，而虚拟现实的环境可引用建筑专业教学的知识点来建构。建筑教学与虚拟现实技术之间存在的这种双向关系，将更好地解决传统建筑教学中的弊端，将一些难以表现的抽象内容进行虚拟的直观再现，营造一个以学生为主体的艺术与技术相结合的学习环境，提高教学质量和学生掌握知识的效率，促进学生将理论知识运用到具体的设计方案中，从而达到优化教学过程，使学生能更好地融入其中的教学目标。

3.1 VR 技术的特点

虚拟现实（VR）技术具有：Immersion（沉浸）、Interaction（交互）、Imagination（构想）三个主要特点。

虚拟现实技术的沉浸感又叫作临场感，这种计算机构造的虚拟世界使用户仿佛身临其境一样。通过混淆用户的视听，使其分辨不出虚拟与现实，在虚拟环境中将嗅觉和味觉制造出以假乱真的效果，并且通过传感器等来实现与虚拟物体的接触，让人全心全意沉浸在以假乱真的虚拟世界之中。

交互性是指在虚拟环境中，用户和虚拟空间的互动，在虚拟环境中用户可以和其中的物体发生如真实世

界一样的互动，比如拿起一个虚拟环境中的球，可以触摸到它的存在和感受到它的重量，扔到地上后还可以弹起来。这就是和虚拟物品的互动，称作交互性。

构想性是指在虚拟世界中拥有无限可能的想象空间，哪怕是在现实世界中没有的事物，我们也可以在其中实现，使人类可以观察和感受到更多的领域，创造出人类所能想到的任何环境。在这种状态下，可以很好地启发人的想象力，让人产生认知上的飞跃。

另外，虚拟现实世界还具有多感知性，就是可以同时调动人的视觉、听觉、嗅觉和味觉。用户可以像真实世界一样操作虚拟的环境，这种模式颠覆了之前人类的感知方式，不仅可以置身于虚拟环境中，而且可以把虚拟环境和现实相结合，实现很多新领域的探索。

3.2 与 VR 技术相结合的课程设置

在教学课程设置中，可以将 VR 技术作为一门基础技能课程，结合到学生的计算机辅助设计课程中，并安排适当的学时。学生在基本掌握了相关的软件应用后，在后续的课程中就可以灵活运用了。结合了 VR 技术的课程，将大大改善传统建筑教育体系中教师讲、学生听的单一被动模式，能够更加直观地呈现出环境、空间、尺度等对专业学习影响至关重要的诸多因素，并给学生提供更多的实践机会。VR 技术的沉浸性、交互性和构想性特征这三个显著的特点，能够更加充分地发挥建筑学专业教育的优势，调动学生的学习积极性，使得建筑教育发挥更大的作用。

（1）建筑设计课程

目前普遍的建筑设计课程安排，一般是由教师针对不同年级特征指定设计任务，学生对基地选址进行调研，提出设计想法，开展深入的建筑设计，最终完成设计方案图纸和模型，并由教师进行评判。结合了 VR 技术的建筑设计课程，可以在设计课程的各个阶段参与并改善传统的教学方式。

A. 开题阶段：

在基地选址和调研阶段，通过整理输入各项数据参数，利用计算机软件建模，模拟出基地周围环境，借助于 VR 技术的沉浸性特征和"带入感"，更加方便快捷地使设计者身临其境感受基地环境特点和使用需求，有助于设计者突破地域和时间空间的限制，更好地把握设计的方向和切入点。

B. 设计阶段：

在设计构思阶段，设计者不仅仅可以进行传统的二维平面的设计草图构思，还可以将三维的设计模型与虚拟现实的场景相结合，将那些在大脑中抽象的设计要素

真实的呈现在眼前，从各个角度感受方案效果，包括它的形状、颜色、大小、空间感、质感等，并利用建筑设计的原则和生成规律对建筑模型在体验中进行修改和调整，使得建筑设计能够突破"平、立、剖"的常规模式。这种通过动态的、真实的体验完成的设计过程，使得设计成果更加透明和直观，将传统的平面思维模式转向空间立体思维模式。

C. 成果评价阶段：

传统的设计课程成果以二维图纸和建筑模型为主，评价者并不能完全真实的感受方案成果。VR技术的介入，将使得成果评价更具真实性。在虚拟呈现的建筑作品中，评价者可以360度完全"进入"到建筑和环境中，感受到建筑作品带来的更具体更真实的空间效果，使得评价结论更具客观性。

（2）建筑历史课程

建筑历史课程，是建筑专业教学环节中以讲授形式为主的课程。教师利用多媒体演示的方式，将课程内容展示给学生。对于那些经典的历史建筑，学生更多的是看到它的图片效果，不可能身临其境地感受到它的全部。在VR技术环境中，我们可以通过前期的建立古建模型（图2），真实再现古建的样貌，学生能够看到真实古建的结构，体会其空间氛围、建筑细节，以及建筑空间的序列，大大加强了对历史建筑的认识，更加直观地感受到课本中描述的经典古典建筑带来的精神震撼力。

（3）建筑构造课程

建筑构造课程，通常是以讲授和实践环节为主要授课形式。教师在课堂上将知识点讲授给学生，并通过参观建筑工地、制作节点模型等方式，实践课程教学内容。将VR技术引入到建筑构造课程

图2 建筑历史课程中的VR体验

中，教师可以利用三维的直观图形向同学们讲解理论知识，通过虚拟现实的场景更加全面地了解建筑施工过程中的构造做法和细节，同时可以利用并行虚拟现实系统的共享性使所有学生可以共享资源，改善课程内容枯燥难懂的问题，激发学生的学习兴趣。

（4）建筑测绘课程

建筑测绘课程，是建筑专业教学中的实践环节。学生利用测绘工具对建筑物进行实地测量，并运用计算机软件（Auto CAD）绘制出图纸。测绘的建筑物通常是具有研究价值和保护意义的建筑，所绘图纸也是为了今后对这类建筑进行修缮、复原等工作

做出的准备工作。结合了VR技术的建筑测绘课程，可以将绘制的文件进一步完善，通过建立三维模型，完善测绘内容，为进一步研究和保护这类建筑做出更充分的准备。

除了以上课程外，建筑教育体系中的许多其他课程也可以充分利用VR技术，例如建筑设计原理课程、建筑设计基础课程、建筑模型制作课程、城市设计课程等。结合了VR技术的课程，将进一步丰富课堂教学手段，增加学生学习的主动性和积极性，完善传统建筑教育的课程设置体系。

3.3 利用VR技术的教学成果评价

建筑专业教学中，教与学之间的互动关系通过利用VR技术也将大大改善。学生可以通过VR进行自我审视和比较，教师评价教学成果的手段也不仅仅局限于图纸、模型和主观的经验。在教学目标初步实现后，教师可通过VR的方式审视，教学双方可以更加逼真快捷地进行各项数据的修改，使教学过程逐渐臻于完善，教学成评价更具客观性。

4 结语

教育是借助于一定的技术手段来实现的，因此教育技术的变革，必然会带来教育模式、规模和意识上的变革。教育技术的先进性，直接促进人类教育行为的方方面面，同时也进化着人类的教育思想。VR技术在建筑教育中的运用可以让教学过程的各个环节变得更加直观，有效地激发学生的灵感，带动学生的积极性。我们可以想见，在不久的将来，虚拟现实（VR）技术将是继多媒体、计算机网络之后，在建筑教育领域内最具有应用前景的新技术之一。发挥VR技术的特点，并与传统建筑教育相结合，势必大大提高建筑教育教学的成效。

参考文献

[1] 戴秋思，宋晓宇. 虚拟现实技术在建筑设计初步教学中的运用初探. 2016全国建筑教育学术研讨会论文集，2016：677-683.

[2] 杨秀云. 谈VR技术及其在高等教育领域的应用. 长春师范大学学报（自然科学版），2014（04）：147-148.

[3] 苏晓华，初艳鲲，王作文. VR技术在建筑设计中的应用. 森林工程新建筑，2006（09）：51-53.

贺耀萱　张楠

天津城建大学；33422483@qq.com

He Yaoxuan　Zhang Nan

Tianjin Chengjian University

适应数字化测绘技术的建筑测绘教学方法初探 *
Study on the New Architectural Survey Teaching Methods Adapting to Digital Mapping Technology

摘　要：随着数字化测绘技术的发展与普及，其在各高校建筑测绘教学中普遍开始应用，有必要对其相应建筑测绘教学新方法开展研究。首先介绍了适用于建筑测绘教学的三项数字化测绘技术；其次通过传统测绘技术与数字化测绘技术在教学中的优劣对比，提出必须坚持传统与现代并重的教学原则；进而提出适应数字化测绘技术的建筑测绘教学方法，对其中学生测绘成果精准勘误，建立数字化归档系统以及实现跟进式测绘研究教学三项内容作了详细阐述。

关键词：数字化测绘技术；建筑测绘教学；三维激光扫描仪；全站仪；无人机航拍

Abstract：With the development and popularization of digital mapping technology, it has been widely used in architectural survey teaching, so it is necessary to study this new architectural survey teaching mode. Firstly, introduced three digital mapping techniques that suitable for architectural survey teaching. Secondly, proposed the teaching principle that tradition is as important as modern through the comparison of the traditional and the digital mapping techniques in teaching. Thirdly, put forward the new methods of architectural survey teaching that adapt to digital mapping technology.

Keywords：Digital Mapping Technology；Architectural Survey Teaching；3D Laser Scanner；Electronic Total Station；UAV Aerial

近十年来，各类数字化测绘技术发展迅速，建筑测绘正逐渐向全数字化方向转变，我国各高校已经在传统的建筑测绘教学中融入数字化测绘技术内容。同时传统的建筑测绘教学模式仍有着不可替代的优势，因此需要在传统与现代并重的基础上实现二者融合，对这种新建筑测绘教学方法展开研究。天津城建大学文化遗产测绘研究中心长期致力于数字化测绘技术在建筑测绘教学中的应用实践，不断提升软硬件水平的同时适时调整测绘教学模式。现结合教学经验展开探讨，仅供同领域教育工作者参考。

1 适用于建筑测绘教学的数字化测绘技术内容

在建筑学范围内，新型数字化建筑测绘技术种类较多，并非全部适用于建筑测绘教学。随着测量科技发展，越来越多的先进测量设备应用到建筑测绘领域中，如三维激光扫描仪、全站仪、无人机航拍摄影相关技术、无人机激光雷达相关技术、红外成像仪和各类地质勘测仪器等等。对于建筑测绘教学来说，比较适用的数字化测绘技术是三维激光扫描仪、全站仪、无人机航拍摄影和基于航拍影像的三维重建技术。

1.1 三维激光扫描仪和全站仪测绘技术

三维激光扫描仪是利用激光测距原理，扫描并记录

* 基金项目：天津城建大学教育教学改革与研究项目 JG-YBZ-1547；天津市教改重点课题项目，课题编号：171079202C。

被测对象表面大量点的三维坐标、色彩等信息，创建被测对象的三维点云模型。利用三维激光扫描仪进行建筑测绘分两部分内容：一是前期数据采集，即现场对建筑各个待测面进行扫描；二是后期数据处理，主要是拼站及成果导出工作，即通过计算机将多个扫描站点精准拼合，形成完整的建筑点云模型（图1）。全站仪是一种集光、机、电一体化的高精度测量仪器，在测绘中的作用是记录关键点位置坐标。在后期数据处理中，可以利用全站仪的坐标辅助整合定位三维点云模型。

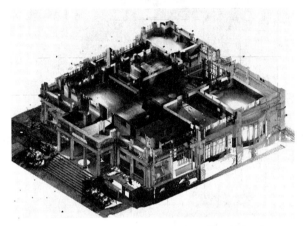

图1　某历史建筑三维点云剖切模型轴侧图

三维激光扫描仪及全站仪测绘技术适用于单一历史建筑以及小规模历史建筑群的高精度测绘。三维点云模型的理论精度可达1~2mm，可完全真实还原历史建筑现状信息。

1.2　无人机航拍摄影结合三维重建技术

无人机种类繁多，其工作平台可根据需要搭载各种设备仪器。一般教学常使用小型多旋翼无人机，工作平台搭载航拍数码相机。无人机航拍摄影的三维重建技术是指将航拍的大量数码照片影像导入 Agisoft Photoscan 软件，Agisoft PhotoScan 是一款基于影像自动生成高质量三维模型以及正射总平面图的软件，即通过"对齐照片""生成密集点云""生成网格""生成纹理"四个步骤生成模型[1]（图2）。该技术适用于历史建筑街区以及大规模历史建筑群等较大范围的一般精度测绘，生成的正射总平面图精度很高，生成的三维模型精度在厘米级别，完全满足各类城市设计及相关研究的精度要求。

2　传统测绘技术与数字化测绘技术在建筑测绘教学中的优劣对比

2.1　传统测绘技术能够让学生"亲密感受"历史建筑

传统测绘技术需要对测绘对象"接触式"测量，学

图2　天津城建大学校园局部三维模型及正射总平面图

生能够近距离感受历史建筑魅力。传统测绘使用铅锤，水平尺，测距仪，量角器、经纬仪等设备，无论测绘对象是单体建筑还是群体建筑，都需要近距离测量乃至"上梁上房"。从教学角度看这种实践经历对学生很重要；另外传统测绘需要现场绘制草图，也有助于学生绘图基本功和空间感的锻炼。

数字化测绘技术具有传统测绘不具备的诸多优势，如变传统"单点采集"为快速批量"面式采集"；实现"外业测量内业化"；"非接触"工作方式安全高效；以及测绘过程中"所见即所得"的直观化成果体现等。[2]

尽管数字化测绘技术的"非接触式"测量优点很多，但教学方面优势不如传统测绘技术。三维激光扫描仪和无人机航拍技术都无需与被测对象接触，其信息采集方式安全、高效。但从教学目的看，这种模式无异于将学生与历史建筑隔离开。因此在建筑测绘教学中传统测绘技术不可或缺，必须坚持传统与现代并重的教学原则。

2.2　相比数字化测绘技术，传统测绘技术信息量少、精度低

受硬件条件限制，通过传统测绘技术实现高精度测

绘及高信息量测绘的难度较大，需要高水平测绘人员且外业工作量重。因此对于学生测绘教学来说，基于传统测绘技术的作业成果普遍存在信息量少、精度低的现象。

数字化测绘技术可实现高精度、高信息量的信息采集。三维激光扫描仪的密集点阵可填补历史建筑大量细节信息，高精度建筑点云模型真实再现测绘对象现状；无人机航拍摄影从空中视角进行信息采集，信息收集量远大于地面采集；利用无人机影像生成的三维模型，模型表面纹理基于真实照片，细节丰富逼真，现状真实还原。

2.3 掌握数字化测绘技术，提升学生未来工作技术能力

从近几年看，各类数字化测绘技术和设备产品更新换代频繁，同时我国大城市的既有建筑更新改造类项目也逐渐增多，数字化测绘技术已经开始在部分勘察设计单位普及，其主要技术设备便是三维激光扫描仪和无人机航拍系统。因此有必要在传统的建筑测绘教学中加入数字化测绘技术，使学生掌握其基本原理和使用方法，以适应未来工作技术需要。

3 适应数字化测绘技术的建筑测绘教学新方法

在以传统测绘技术为基础的建筑测绘教学中融入数字化测绘技术，即指在外业教学部分融入数字化测绘设备的信息采集环节；在内业教学部分融入数字化测绘设备的数据处理及成果导出环节并建立数字化归档系统；以及在远期实现跟进式测绘研究教学（图3）。

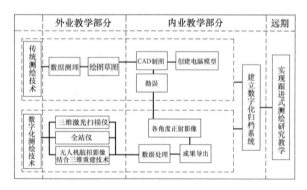

图3　传统与数字化测绘技术在建筑测绘教学中应用模式

3.1 学生测绘成果精准勘误

以往传统测绘成果的勘误验证往往采用实地复查或双组分别测绘再成果对比的方式进行，无法保证勘误的

全面性。借助数字化测绘技术在教学中的应用，可以将学生的CAD测绘图纸与三维激光扫描仪或无人机航拍导出的各个角度正射影像进行对比（图4），即可便捷、直观、全面的进行勘误工作。学生根据错误查找不足，有助于开展进一步的自主学习。

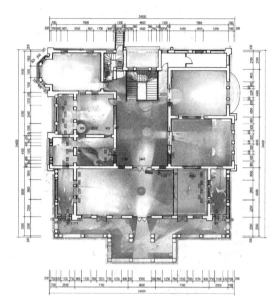

图4　某历史建筑平面的学生CAD
图与点云正射影像图对比

3.2 规范成果格式并建立数字化归档系统

随着计算机技术进步，建筑测绘教学也逐渐向数字化方向发展，例如目前学生测绘图纸已全部采用CAD制图。因此有必要将各类测绘阶段性成果文件进行数字化转录、规范化格式、建立数字化归档系统。数字化归档系统节省空间，优于传统纸质存档，可有效解决以往建筑测绘资料的零散或丢失问题，还可以实现资料录入和调取的便捷化。数字化归档系统的信息格式主要包括以下六类：①文本文件：统一整理为DOC格式，主要是记录测绘过程相关文字性说明；②音视频文件：MP3、WAV、AVI、MP4格式，主要是记录测绘过程的调研、采访等音视频资料；③图像文件：统一转存为JPG格式。包括测绘照片资料，测绘草图及既有工程图纸的电子扫描资料；三维点云模型以及无人机航拍摄影三维重建模型导出的正射影像资料等；④三维点云模型及无人机航拍摄影三维重建模型文件：大容量文件夹单独打包；⑤CAD文件：DWG格式，包括测绘阶段性成果和最终成果，按日期命名排序；⑥模型文件：SKP、MAX格式，根据CAD图纸进行软件建模创建的三维电脑模型。

3.3 利用数字化测绘技术实现跟进式测绘研究教学

对于测绘工作而言，一般只能将测绘对象某一时间点的信息进行采集，其成果内容受该时间点测绘对象特征状况影响较大，数字化测绘尤是如此，比如建筑现场有大型堆砌物或临时搭建遮挡等，再如室内有大家具遮挡等，都会导致建筑完整测绘信息缺失的情况出现。为保证测绘信息的完整性，有必要随着相关保护工作的推进对测绘对象进行多次跟进测绘。数字化测绘技术的一大特点就是高效的信息采集能力，使得快速又便捷的跟进测绘成为可能。

借助数字化归档系统并将系统资料局域网共享，可对学生开展跟进式建筑测绘研究教学。学生可对当初的测绘对象进行新旧比对和新信息查阅，开展自主的跟进式研究（图5），提升学习兴趣的同时也扩展了研究面的深度与广度。

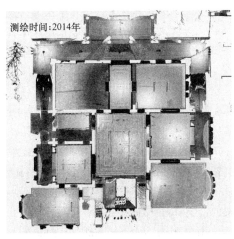

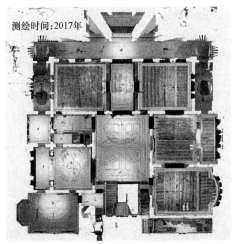

图5 2014年与2017年某历史建筑梁架仰视图对比

4 结语

随着数字化测绘技术、数字化信息技术的发展，测绘学已由过去的测定和描绘图纸发展为对测绘对象固有要素或物质的数量、质量、分布特征、联系和规律的数字、文字、图像和图形等"空间数据"的采集、分析、管理、存储和显示的综合研究。[3]因此，以数字化测绘技术的应用为起点，既可以结合历史建筑保护规划或保护修缮的设计课程形成更广泛的关联式建筑教学体系；也可以开辟更多关于数字化信息技术在建筑测绘乃至更广泛的实践类教学中的应用研究方向。

参考文献

［1］ 付力：《无人机影像在文物建筑保护中的应用》(J)，《中国文化遗产》，2016年第五期：59-64。

［2］ 白成军，吴葱，张龙：《全系列三维激光扫描技术在文物及考古测绘中的应用》(J)．《天津大学学报（社会科学版）》，2013年第5期：436-439。

［3］ 吴葱，梁哲：《建筑遗产测绘记录中的信息管理问题》(J)．《建筑学报》，2007年第5期：12-14。

宋德萱

同济大学建筑与城市规划学院；dxsong@tongji.edu.cn

Song Dexuan

The College of Architecture and Urban Planning，Tongji University

绿色建筑教学创新体系整合思考*
Thoughts on the Integration of Green Building Teaching Innovation System

摘　要： 绿色建筑设计教学应符合相应的经济、社会、文化要求，以舒适性、无污染、低能耗及生态环境修复为目标，实现整体可持续发展，建立一整套以成果评价为导向的教学与人才培养体系，培养学生理性应用绿色建筑的知识、满足社会对绿色建筑与生态环境修复设计与技术的人才需求，创新体系整合试图从课程设置、教学进程、成果评价等方面思考建立比较完整、水平领先的教学体系，探索绿色建筑教育一体化整合的教学创新方法，成为特色化、先进性、可持续的课程体系。

关键词： 绿色建筑；教学体系；创新整合；人才培养；生态修复

Abstract： Green building design teaching should meet the corresponding requirements in economic，social and cultural area，with comfort，pollution，low energy consumption and ecological rehabilitation as the goals，to achieve overall sustainable development. It is important to established a set of results-oriented teaching and personnel training System，aim to train students rational application of green building knowledge，to meet needs of the community of green building and ecological rehabilitation design and technology talent. Innovation system integration attempt to establish a more complete and advanced teaching system from the curriculum，teaching process，the results of evaluation and other aspects，to explore the integration of green building education of teaching innovation，to form a characteristic，advanced，sustainable curriculum system.

Keywords： Green building；Teaching system；Innovation integration；talent-cultivation；Ecological rehabilitation

为贯彻《国家中长期教育改革和发展规划纲要(2010—2020年)》，落实学校"双一流"建设工作及一流本科人才培养目标；紧紧围绕目前国内外共同关注的绿色建筑与可持续发展、生态环境修复问题，提升绿色建筑人才培养的教育水平，满足国家对绿色建筑与生态环境修复设计与技术的人才需求，全面整合与更新绿色建筑人才培养的相关教学课程设置、相互关系与知识体系，建立绿色建筑及生态环境修复课程创新体系，进行教学创新改革。

同济大学建筑与城市规划学院在2003年开设与节能建筑、绿色与生态建筑相关的专业课程，通过近十年建筑技术教学团队努力，立足于建筑环境控制为目标导向，以绿色建筑及生态环境修复为手段方法的教学模式，借鉴国内外先进的教学经验，逐渐形成了适宜绿色建筑的教学特色。

1　技术与设计有机结合

设置与绿色建筑直接相关的课程：建筑环境控制学、节能建筑原理、节能建筑课程设计等多门课程。建筑环境控制学课程为全学期课程，前期12周为基本原理与概念教学，后期为结合设计阶段，面向建筑学三、四年级学生。

* 资助项目：国家自然科学基金面上项目（项目批准号：51778424）。

按照讲课计划，向学生讲授节能建筑的理论知识，以《建筑环境控制学》（宋德萱著）为基本教材。课程系统讲述环境控制学及生态环境修复的一般原理与技术方法，如生态环境修复技术、太阳能建筑及其一体化、建筑自然通风应用、建筑的遮阳体系、围护结构节能、建筑设计中的节能问题及其城市设计的生态节能技术与方法、节能建筑评估体系及应用等主题。在讲授过程中，穿插学生节能建筑案例分析演示和专题讲座。

课程后期安排实践性课程——"节能建筑"设计实践和结合设计周，每周两次，每次4课时。在设计实践周中，学生自主选题和主动构思，教师则负责设计引导和技术应用的注意事项的指导，学生和教师之间形成良好的互动关系。学生根据所学理论知识在某一方面或几方面做出绿色设计，而并非一般意义上的面面俱到的设计过程，在这里主要考察学生的理论知识的掌握与实践应用能力。

片段式结合设计具体做法是让学生结合过去做过或目前正在做的课程设计进行应用型设计训练，尝试将在前部分上课学到的绿色建筑理论与生态环境修复知识应用于具体的建筑设计中，这样既强化了对理论知识的理解，又结合设计实践活学活用。此项教学效果显著，得到了广大师生的好评（图1、图2）。

简形住宅——环境控制学的设计优化（3-1）

图1 建筑环境控制学课程本科学生作业示范1-1（范雅婷）

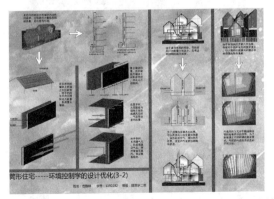

简形住宅——环境控制学的设计优化（3-2）

图2 建筑环境控制学课程本科学生作业示范1-2（范雅婷）

在此课程之前，本科二年级的"建筑物理"将建筑物理基本原理与绿色建筑技术体系进行融合教学，使学

生在基础训练与初步知识掌握前期，就建立绿色建筑设计技术的全局思考模式，提高学生的设计与研究问题的视野，形成一定的教学梯度的创新模式体系。

2 基础与专业有效衔接

创新体系计划在建筑学本科一、二年级中，加强并优化关于绿色建筑的理论课程，在开设的"建筑物理"、"建筑设备"、"建筑构造"等理论课程基础上，围绕绿色建筑理论系统讲授绿色建筑原理，并辅以绿色建筑案例，让学生了解绿色建筑的内在机制、策略技术，初步建立绿色建筑技术框架。

在三、四年级中，让学生参与绿色建筑设计实践课题，建立绿色建筑的设计实践体系、产学研课程教学机制。在一、二年级的课程教学基础上，加大设计环节的比重。通过建筑环境控制与节能建筑教学体系，提升学生综合应用绿色建筑设计与技术的应用能力，培养学生独立从事绿色建筑设计、评价、模拟分析等，参与以实践性为主的绿色建筑设计能力。三个环节前后相随，相互补充，理论与实践皆顾，形成紧张有序、完整全面的绿色建筑创新课程教学链（图3、图4）。

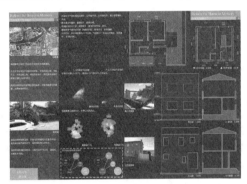

图3 节能建筑原理课程与结合设计研究生作业示范1-1（赵正楠）

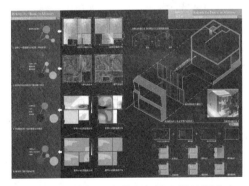

图4 节能建筑原理课程与结合设计研究生作业示范1-2（赵正楠）

整合思考旨在建立一个在国内领先的绿色建筑人才培养的创新教学课程体系，梳理相关课程的课程结构与知识

内容，提炼一条有关绿色建筑知识体系的主线，建立一系列大纲与课件，充实绿色建筑设计与技术的世界最新科技，形成一套完整的绿色建筑本科教学的课程创新体系。

3 国内外课程现状

香港大学（HKU）建筑学院绿色建筑教学的特色是与建筑设计课程紧密相关，交织发展，相互促进。在学制四年建筑学本科中，建筑技术与建筑设计的课程数目大致相当，比较均匀地分布于每个学年的两学期之中，要求学分为建筑设计课程的一半。其中，多数建筑技术课程与绿色建筑直接相关。从课程内容看，建筑设计课程关注的对象多是本学期或相邻学期内建筑技术课程针对的研究范围。在这里，建筑技术与建筑设计成为建筑学关注社会、生态的两个维度，之间存在较多相互关联，而不是松散的所谓技术支撑设计的关系。

新加坡国立大学（NUS）建筑学专业现行的学位课程分流在本科第三年末，方向为建筑设计、设计技术与可持续、景观建筑学。在建筑学专业的前三年，面向所有学生开设统一的必修课程，分流之后，针对不同的具体方向进行深入的专业教学内容，如建筑设计、城市设计、建筑技术与可持续、景观建筑学、建筑学学术研究等，并与相应的硕士学位相衔接。

新加坡国立大学设计与环境学院建筑学在前三年，向所有学生开放建筑技术基础课程，培养学生形成基本的可持续发展意识和绿色建筑的理念，并与建筑设计课程相辅相成。在第四年，通过分流，让部分学生就读建筑技术与可持续方向，通过一年的模块化教学完成相应课程的学习，获得这一方向的学士学位。第四年的专业性课程模块让学生在认识上更进一步，在绿色设计上更加成熟。通过不同尺度下的综合工作室项目训练，使学生得到实践性锻炼，有助于未来的职业和深造学习。所有课程都立足亚洲，以热带和亚热带气候为背景，关注绿色建筑和可持续城市的发展。"3+1"的教学模式将基础学习和专业学习紧密结合，通过分流提高了教学的针对性和专业性，又与硕士课程无缝衔接，达到基础普及和专业教学的双重目的，其绿色建筑教学进程的梯度化配置，值得我们借鉴。

我国的一流建筑院校在相关课程建设中，有积极的尝试，均开设与绿色建筑相关的课程，一般都是独立设置课程，有经验丰富的教授进行讲课，积累了一定的经验。

4 课程创新体系

建立绿色建筑人才培养的创新教学课程体系，梳理相关课程的课程结构与知识内容，提炼一条有关绿色建筑知识体系的主线，建立一系列大纲与课件，充实绿色建筑设计与技术的世界最新科技，融入建筑学教育体系之中。

（1）课程设置的"绿色"导向创新——在课程设置中，绿色建筑的课程遵循循序渐进、梯度配置、分段实施的原则，在原有的基础上，适当增加绿色建筑与生态环境修复相关课程，分布于前三学年（按五年学制），以详实的理论讲解和生动的案例分析，尝试用绿色、可持续性等设计理念影响各个阶段的学生课程设计，实现绿色建筑课程在设计课程中的穿插融合，勇于突破固有教学模式，以绿色为导向，建立活泼的建筑基础课程教学体系。同时，在第四、五年级，增加与绿色建筑相关的专业性课程，尝试分流学生，提高教学针对性，并作好与研究生阶段的教学衔接安排。

（2）教学进程的"绿色"导向创新——在教学进程上，绿色建筑教学遵循专业认知的规律，根据建筑设计课程的安排课程进度。一般建筑设计课程都是先从独立住宅开始，最大尺度可能扩至城市设计，因此，在技术课程也紧扣这一教学规律变化，安排与之关联度较大的建筑技术教学任务，做到相互促进，活用知识，绿色建筑与生态环境修复技术得到运用，同时又能在建筑设计创新中赋予技术以独特形态，体现技术的美学意义。

（3）成果评价的"绿色"导向创新——在成果评价上，绿色建筑教学关注对传统被动式为主的建筑智慧的提炼、对地域气候积极响应、对建筑系统有效整合上。绿色建筑设计教学应符合相应的经济、社会、文化要求，以舒适性、无污染、低能耗为目标，实现整体可持续发展，建立一整套以成果评价为导向的教学与人才培养体系，培养学生理性应用绿色建筑的知识、满足社会对绿色建筑设计与技术的人才需求（图5、图6）。

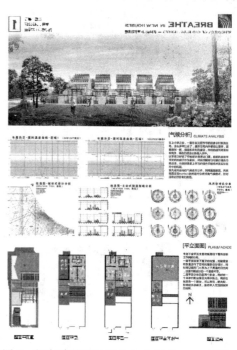

图5 绿色建筑设计学生作业示范1-1（吴寻）

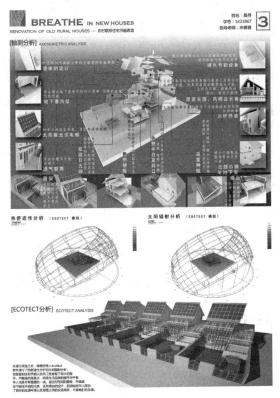

图6 绿色建筑设计学生作业示范 1-3（吴寻）

5 几点思考

绿色与生态建筑专业课程，在国内已经成为迫切提高与发展的课程体系，通过多年的努力，立足于环境控制为目标导向，以绿色建筑与生态环境修复为手段方法的教学模式，借鉴国内外先进的教学经验，逐渐形成适宜绿色建筑的教学特色。

（1）课程设置，注重技术与设计有机结合：设置与绿色建筑直接相关的课程：建筑环境控制学、绿色建筑原理、节能建筑课程设计等多门课程。按照讲课计划，向学生讲授绿色建筑的理论知识，以《建筑环境控制学》为基本教材，课程系统讲述环境控制学的一般原理与技术方法；后期，安排实践性课程——"节能建筑"设计实践和结合设计；尝试将在前部分上课学到的绿色建筑理论知识应用于具体的建筑设计中，这样既强化了对理论知识的理解，又结合设计实践活学活用。

（2）教学梯度，做到基础与专业有效衔接：在建筑学本科一、二年级中，加强并优化关于绿色建筑的理论课程，在开设"建筑物理"、"建筑设备"、"建筑构造"等理论课程基础上，梳理其中的有关绿色建筑与生态环境修复的知识主线，形成比较完整的教学结构；在三、四年级中，让学生参与绿色设计实践课题（专题设计），培养学生独立从事绿色建筑设计、评价、模拟分析等，提升以实践性为主的绿色建筑设计能力；三个环节前后

相随，相互补充，理论与实践兼顾，形成完整全面的绿色建筑教学链。

（3）教学内容，形成保留与更新动态平衡：绿色建筑的发展较快，与其相对应的绿色建筑教学也需要与之相适应，一些传统的建筑技术教学部分仍需要保留。绿色建筑的教学内容重新梳理和取舍，绿色建筑相关的基础理论是教学的起点，也是学生架构绿色建筑知识框架的起点，基础理论是学生真正理解绿色建筑的前提，因此这部分需要保留并得到提升，同时，增加一些新型绿色建筑技术的讲授，如生态环境修复技术、循环式呼吸井、光伏水幕墙、生态气候树、防污自洁建筑膜材、温度感应玻璃、纳米抗老化外墙涂料等，注意及时更新新技术，为绿色建筑的设计输入崭新技术，为绿色建筑设计提供更大的创新与发展空间；绿色建筑的教学方式也不断更新提高。过去，绿色建筑以原理讲解、案例解析为主要方式，近年来同济大学对建筑技术教学进行调整，尝试多种教学方式。如在四年的建筑设计专题，将技术与设计融为一体，使传统绿色建筑在教学上有新思维、新突破。以国际化视野全面考量我们的绿色建筑与生态环境修复教学和发展模式，从多方面探索创新教学模式与时俱进，勇于改革，突破习惯，建立全新的绿色建筑教学创新课程体系，以适应新时代绿色建筑设计人才的需求。

（4）人才培养，适应绿色建筑设计人才的需求导向：在课程设置、教学内容等方面，时时注意与未来社会的需求相结合，课程设置与进行中邀请国内外建筑设计领域的建筑师、绿色建筑咨询工程师来参与教学，使学生在学生期就可以与企业对话、学习的机会，时刻掌握社会的发展、人才的要求，将教学与人才培养紧密结合。

绿色建筑教学创新体系整合思考是我们相关教学体系中的一个领域，一直得到建筑学专业指导委员会的重视，希望有志于绿色建筑发展的教育工作者，共同思考与关注绿色建筑教学创新与发展问题，协同并进、交流合作，为我国的绿色建筑发展与可持续发展的未来做出更大的贡献。

参考文献

[1] 化言为行，行以载道——台湾地区大学绿色建筑教育发展的概况、理念及启示，苏勇，《中国建筑教育》，2014（2）.

[2] 绿色建筑教育实践与思考——以重庆大学建筑城规学院为例，王雪松等，《中国建筑教育》，2011（1）.

[3] 建筑设计与建筑技术的整合——英美建筑教育的举例剖析及其启示，黄靖等，《新建筑》，2014（1）.

郭飞　张险峰　祝培生　李国鹏

大连理工大学建筑与艺术学院；guofei@dlut. edu. cn

Guo Fei　Zhang Xianfeng　Zhu Peisheng　Li Guopeng

School of Architecture and Find Art，Dalian University of Technology

节能理念下建筑空间和形式生成的逻辑
——五年级专题设计教学初探*

The Generation Methodology of Architectural Space and Form Based on Energy Efficiency——An Exploration of Fifth Grade Design Curriculum

摘　要：针对职业型、研究型、拔尖型三个层次建筑师人才的培养目标，结合当前绿色建筑发展的趋势，探索了在五年级设置基于技术理念的建筑学专题设计课程。在满足设计规范和基本职业需求的前提下，引导学生综合运用建筑物理、构造和结构等相关知识，进行节点深入设计、技术表达和形式创作，着力培养基础扎实、科学与人文精神融合、实践与研究能力并重的建筑设计人才。

关键词：节能理念；形式生成；专题设计

Abstract：According to the three levels of training objectives of occupation, research and top-notch talent architects, combined with the current development trend of green building, the architecture design curriculum setting is explored based on the concept of building technology in the fifth grade. On the premise of meeting design codes and basic career requirements, we guide the students to use the related knowledge of building physics, structure and detail design, to learn how to express the technique and create the form, in depth design of nodes, technical expression and formal creation, and strive to cultivate a solid foundation, integration of scientific and humanistic spirit, practical and research ability equal emphasis on architectural design talents.

Keywords：Energy efficiency；Form generation；Architectural design Curriculum

1　简介

近年来基于绿色建筑理念的设计已经成为建筑师必不可少的设计内容。在教学中推广绿色建筑和节能设计也逐渐成为国内外高校的教学趋势。

例如国际上不少建筑院校纷纷开展基于节能模拟的建筑形态参数化设计的教学研究。例如哈佛 GSD 的能源实验室开设研究型 Studio—设计结合能源，研究节能引导形式生成方法[1]；伦敦建筑联盟提供的环境可持续

硕士学位课程[2]；针对欧盟树立的近零能耗建筑[3]远景目标，欧盟七所高校合作开展 EDUCATE 项目，以促进建筑教育各阶段的绿色建筑设计教学；香港中文大学建筑学院开设环境可持续设计理学硕士课程等。但是本科阶段由于学生基础知识还有所欠缺，相关教学研究多处

*　致谢：本文得到大连理工大学教改基金项目（YB2017053）、国家自然科学基金（51308087）的资助。

于探索阶段。

我们传统的建筑本科教育，存在着建筑技术课程与设计课程分离、学生轻视建筑技术的倾向。针对这一情况，国内许多高校的建筑设计课程开始向引进节能模拟技术、探索新设计方法的方向上转变。例如片段式节能理念与教学相结合[4]、ECOTECT节能建筑设计方法[5]、设计教学的节能应用[6]等，参数化设计和节能结合方法研究[7]。这些研究为我们起到了很好的借鉴作用。

我们基于大连理工大学"基础扎实，科学与人文精神融合，实践与研究能力并重"的建筑学培养目标，在各年级中贯穿设置了节能和绿色建筑理念的系列课程。其中以五年级的建筑专题设计为例，其目标就是引导学生探索传统技术的可持续改造、建筑新技术的气候适宜性，最终实现基于技术理念生成建筑的空间和形式，将技术和结合环境的设计方法有机地引入到设计课程教学中，实现"建筑物理原理"向"建筑设计和创作能力"的完美转译。

2 教学的三层次目标

制定科学合理、贴近职业建筑师和人才成长规律的目标是实施教学活动的先决条件。我们针对学生未来的职业实践和可能的发展方向，以建筑方案设计能力的培养为核心，制定了三个层次的目标（图1）。

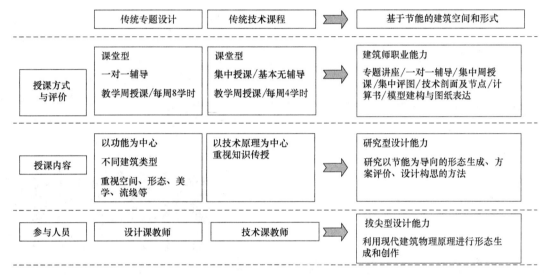

图1 课程的教学目标和传统课程的对比

2.1 职业建筑师能力

未来建筑师职业实践需要掌握建筑节能的基本理论、贯彻绿色建筑理念。我们整理了方案、技术设计等不同阶段建筑师经常面对的设计标准、规范，通过条文解读、案例解析的方式将之贯彻到教学环节中。要求学生综合运用所学构造、材料、节能原理完成建筑空间和围护结构设计、节能计算及构造材料选型。这样涉及的节能知识面非常广泛，非常贴近建筑师职业实践的真实情景，为学生从事相关工作打好基础。

2.2 研究型设计能力

针对许多即将进入研究生阶段的学生，着重学习建筑节能引导外部空间、建筑形体、技术设计，培养定量分析、优化比对、技术表达的研究型设计能力。引导学生熟悉两三种节能软件的基本原理和基本操作、节能软件与设计相结合的工作流程等。内容包括正确地设置气候区、根据技术特点和气候地域来选取合适的节能参数，对设计方案进行模拟，将节能数据转化成设计条件对形体和细部进行优化，结果导入工具进行分析、模拟对比，最后完成技术模型建构和相应的图纸表达。

2.3 拔尖型设计能力

对于部分能力较强的学生，着重培养他们综合利用现代物理学原理进行建筑形式生成的拔尖型创新设计能力。建筑及其外部的物理环境涵盖了传热学、流体力学、建筑材料、构造等多种学科的知识。将这些内容综合在一起进行设计，涉及的知识类型多、基本概念多、物理知识覆盖面广，可以大大开阔学生的眼界，培养他们据此进行创新设计的能力，也有助于提升学生分析问题、研究问题的自主能力，为学生提供进行建筑形态创作的节能逻辑。

3 三种节能的形式生成逻辑教学初探

我们将节能形式生成的逻辑大致分为三类，分别对应三个教学目标，在五年级上学期的专题设计中进行了教学探索，主要研究和改革内容如下。

3.1 剖面与节点

剖面是建筑设计的重要内容，也是职业建筑师技术能力的核心内容之一。其中牵涉到的技术问题较多，例如层高、垂直交通、共享空间、屋顶形式、人体尺度、室内物理环境质量、围护结构与结构体系的关系等。但相对于平面功能和布局，学生对剖面往往较难把握，是建筑设计基本教学中的难点问题。如果重视剖面及其技术设计，不仅可以更好地培训学生对职业实践的适应力，更可以此为基础引导学生打破常规思维，进行创造性思维的训练。

我们在专题设计中设置了1∶50剖面设计的教学环节，要求完成从地坪以下至屋面的围护结构及大样（图2）。由于许多节能技术和理念都能够在剖面中集中反映，因此可以说是一种节能要素的集中训练。由于剖面牵涉到较多技术问题，激发学生重新认识设计方法，主动将通风、遮阳、太阳能利用等技术措施与建筑有机结合。强调剖面设计可以扭转学生不重视技术的习惯性思维，培养节能材料、构造、空间等建筑学的基本素养。

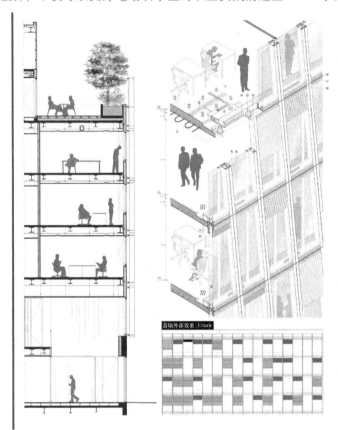
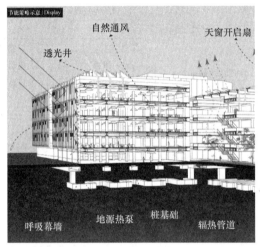

图2 剖面（1∶50）及相应的幕墙节点设计（设计者邵馨瑶）

3.2 节能计算与模拟优化

建筑节能计算机技术大致可分为两种主要的应用方式，一是建筑功能的优化，体现在朝向、平面布局、外窗设计等方面，可以通过多种节能软件的模拟来分析；二是按照建筑规范的要求完成节能计算及构造材料选型等计算，满足节能率的要求。针对两种应用方式，我们设置了对应的设计环节供学生选择，之一是利用节能软件的模拟结果对方案的某些部分（例如1∶50剖面）进行深入设计、模拟对比和优化（图3）；之二是对建筑方案进行节能计算，满足节能规范对建筑节能指标的要求，计算建筑的体形系数、窗墙比等参数，设计围护结构的构造形式和材料等（图4）。

尽管这两种节能设计环节综合性强、涉及知识广泛，需要学生自主查阅大量资料甚至是现场调研，但大多数同学都能够较好完成。他们对能够将节能基本原理和知识直接应用于自己的方案产生了较高的热情，对这种设计结合环境的理念产生认同感，为从事研究型设计打下良好基础。

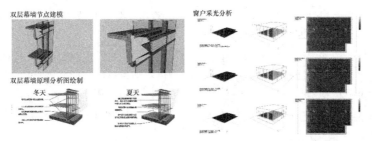

图 3 节点的节能模拟优化及深入设计（设计者吴若愚）

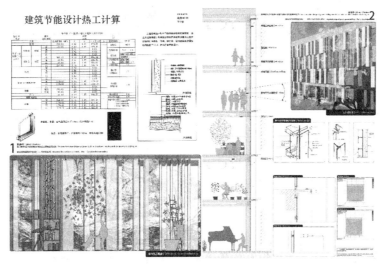

图 4 建筑方案的节能计算（设计者吴越等）

3.3 基于节能理念的形态生成

建筑节能模拟技术可通过传热学、空气动力学等方法的计算、获取建筑周边、建筑表面、内部的一系列环境参数。这些参数不仅与建筑的节能性能息息相关，同时也可作为依据影响建筑形态、材料和建造方式，据此创建新颖独特的建筑形态（图 5），同时营造良好的城市和建筑环境。

图 5 "袋底洞"咖啡吧设计（利用太阳能辐射结果和grasshopper 软件生成动态变化的遮阳装置，设计者聂大为等）

为了对那些较为拔尖的学生提供施展的平台，我们在设计课程中详细辅导、使之熟练掌握节能模拟的原理和操作、参数化软件的数据处理和编程、复杂形态建模等多种技术。综合运用这些手段进行建筑形态的设计和方案创作。在成果中还要求深化到细部节点、搭建足尺模型，甚至采用实验室验证等科研方法。而且从而保证了学生对模拟技术和参数化加工的认知深度。

4 小结

在当前气候变化、生态环境遭到破坏、极端气候频繁发生、环境污染加剧的大背景下，基于节能理念的建筑设计方法教学逐渐成为高校教学关注的热点。我们尝试了将最新的节能软件模拟技术与建筑专题设计课程相结合，努力实现"建筑节能原理"和"建筑设计和创作能力"的结合，进行了一些教学改革的工作。我们的工作对解决建筑节能与建筑设计核心能力相脱节的问题具有一定的参考价值。

展望未来，仍然要着力解决一些关键问题：

（1）建立利用节能原理进行形态创作的设计新方法。在形式风格、美学、功能为导向的设计指导原则之外，引入以节能原理为形式生成的逻辑和依据，形成技术教学与设计的相互衔接、相互促进。

（2）解决节能原理与建筑方案创作核心能力的分离问题。将可持续理念、气候响应和建筑节能的最新研究方法引入建筑方案设计的初始阶段。从概念设计的一开始就立足于合理的环境性能，避免设计后期难以满足节能性能的普遍难题，使节能设计成为创作的灵感和源泉。

（3）将节能科研课题资源向本科教学渗透。结合课程教师自身的科研课题，探索最新节能手段与建筑实践相结合的方法，然后将之应用于教学环节，使学生了解建筑技术学科发展的前沿。

参考文献

［1］ GSD6430：Forms of Energy：Nonmodern，http：// isites. harvard. edu/fs/docs/icb. topic1501951. files/ Forms％20of％20Energy％20spring％202015. pdf.

［2］ AASchool，http：//www. aaschool. ac. uk/ STUDY/ GRADUATE/graduate. pho.

［3］ nZEB and Professional Education in Croatia，http：//www. buildup. eu/el/node/44938? gid＝50722.

［4］ 宋德萱，吴耀华. 片段性节能设计与建筑创新教学模式［J］. 建筑学报，2007（1）：17-19.

［5］ 吴蔚，董姝婧. 建筑技术课程中能耗模拟软件Ecotect教学探讨［J］. 建筑学报，2012（S2）：186-188.

［6］ 张彤. 超越边界——2016建筑学专业"8＋"联合毕业设计教学综述［J］. 建筑学报，2016（8）：32-35.

［7］ 袁烽，吕俊超. 走向参数化建构［C］// 2010年全国高等学校建筑院系建筑数字技术教学研讨会. 2010.

吴蔚

南京大学建筑与城市规划学院；akiwuwei@sina.com

Wu Wei

School of Architecture and Urban Planning，Nanjing University

结合设计竞赛的建筑技术课程教学改革探索
——以 2016 挑战杯太阳能建筑设计与工程大赛为例

A Teaching Exploration of Architectural Technology Courses based on a Solar Design Competition（SBDE2016）

摘 要：针对建筑学学生普遍存在的"重设计，轻技术"现象，笔者对传统的建筑技术课程进行了一系列改革。然而，既往教改中以建筑技术理论为主导的绿色建筑设计，学生往往走向了另一极端，"重技术，轻艺术"反而成为普遍现象。以指导学生参加 2016 挑战杯太阳能建筑设计与工程大赛为契机，笔者重新构建新的教学组织模式，以设计引导技术，以技术创新设计，尝试将建筑技术与建筑设计有机融合起来。本文介绍了这种新型教学模式的积极作用，同时也反思了所存在的问题，以期对丰富和发展建筑理论和设计教学有一定启发意义。

关键词：建筑技术；建筑设计；太阳能；设计竞赛

Abstract：Architectural education has traditionally emphasized the artistic aspects of design，while building technology and quantitative analysis has generally been given short shrift. The author explored the different possibilities of applying green design in architectural technology courses，but found that most architectural students went too far，focusing almost exclusively on energy simulation and analysis mainly，and largely ignoring issues of design and artistic creativity. Seize the opportunity of participating 2016 Challenge Cup of Solar Building Design and Engineering（SBDE 2016），a new teaching pattern which improved integration of building technology and architecture design was redesigned. The author here analyze the new teaching pattern，hoping to engage architectural educators in a lively discourse on improving teaching methods for integration of building technology and architectural design.

Keywords：Building Technology；Architectural Design；Solar Building Design；Competition

尽管我国高校建筑学系近些年来一直倡导绿色和可持续建筑教育，但我国传统的以建筑设计为主导的建筑教学中，都会偏重建筑的艺术性，忽视技术性，重主观分析，轻客观量化[1]。其主要原因是我国大部分建筑学专业采用传统的线性教学模式，即将建筑技术理论和建筑设计分成泾渭分明的两条线，建筑技术课程在内容上偏重技术理论知识，与建筑设计课程联系薄弱，有时甚至是毫无关联。因技术类课程有自身的系统性和完整性，如没有特别的引入机制，理论知识和建筑实践很容易脱节。[2,3]

笔者自 2010 年起在南京大学建筑与城市规划学院教授建筑学三年级本科的建筑技术课程起，就尝试改革这种双线教学模式，在建筑技术理论教学中引入绿色建筑设计，并在设计中强调计算机能耗模拟技术等一系列

419

量化分析手段[4]。笔者的教改无疑让建筑学学生更为重视技术理论和绿色建筑理念，然而这种以建筑技术理论为引导的绿色建筑设计，学生往往过分重视理论和量化分析，却忽视建筑设计的艺术性[5,6]。

以组织和指导学生参加"2016 挑战杯太阳能建筑设计与工程大赛（2016 Solar Building Design and Engineering，英文简称 SBDE 2016）"为契机，笔者尝试一种新的教学组织模式，即以设计为起点，引导学生将建筑设计构思扩展到建筑技术层面，尝试模糊技术与设计之间的界限，技术理论知识随着设计的深入而深入，而这种设计与技术教学反复穿插介入的方式，对于提高学生的设计创新能力和技术知识的综合运用能力具有积极的促进作用。本文以指导学生参加该竞赛为例，解析这种新型教学组织模式，并对这次教改进行了总结和反思。

1 竞赛概况

"2016 挑战杯太阳能建筑设计与工程大赛"是由亚洲光伏产业协会、中国可再生能源学会、上海市建筑学会和上海新能源行业协会等多家机构主办，为"2016国际太阳能与绿色建筑应用（上海）展览会暨论坛"中的实践拓展部分。该次大赛以"拥抱太阳能的绿色建筑"为主题，以公共建筑和居住建筑为主要对象，依托建筑设计方案竞赛，希望推进太阳能分布式发电在建筑领域的应用，从而促进城镇低碳可持续发展。

近些年来，国内外各类设计竞赛逐渐增多，选择赛教结合较好的竞赛并不容易。笔者选择参加 SBDE2016竞赛主要有三个原因：（1）该竞赛上在时间上与笔者所教授的建筑技术课程较为配合；（2）这是个专项设计竞赛，并不特别限制建筑类型和项目种类。各类公共建筑和居住建筑皆可，新建筑设计、旧建筑改造或临时建筑项目也允许参加；（3）尽管该竞赛以太阳能设计为主题，但也欢迎其他各种节能和可持续设计和构思。此外，竞赛组织方也给予了大力支持，论坛的秘书长，光伏建筑一体化专家、上海新能源行业协会新闻发言人、《光伏时代》主编洪崇恩先生亲自组织相关专家就一些专业技术问题给学生答疑解惑，并提出宝贵意见。

2 教学组织

根据竞赛的时间安排和特点，笔者将设计流程分为五个节点：方案构思、建筑设计、专项设计、量化分析和最终调整。建筑技术课程则以设计为基线，根据这五个节点适当调整教学进度和内容（图 1），二者相辅相成，循序渐进。其中，方案构思阶段是整个环节的重中之重。基于竞赛要求，着重引导学生以绿色和节能理念为建筑设计的构思起点和主导方向，在方案的逐步完善和深入过程中，学生需要掌握当地太阳能资源、人文情况及气象条件等。因在建筑设计上涉及太阳能主、被动设计策略对建筑内部的光、热等物理环境及能耗的影响，以及建筑节点构造、能耗优化配置、美学思考等诸多细节，故要求进行实地调研、了解场地现状、现场实测建筑物理环境，彻底熟知所涉及的技术原理，通过资料收集进行扩展学习和研究，利用计算机能耗模拟对建筑热、光环境等进行定量分析。从最开始的概念设计到研究不同位置和角度的光伏板的年发电量，从建筑平、立面设计到计算各种主动和被动设计策略中所节省的能耗，整个过程非常有效地锻炼了综合实践和建筑技术创新能力。

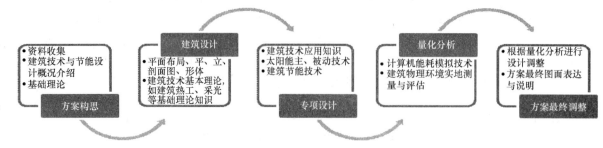

图 1 教学组织结构

参加该次竞赛的学生主要是建筑学本科三年级学生，他们都是第一次参加这种专项设计竞赛，这要求教师在教学的指导思想、教学内容和教学方法上，有针对性的进行调整和突破。笔者在教学组织上有意识地模糊传统建筑设计和技术教学之间的关系，如在指导设计时强调建构绿色思维，培养学生绿色和可持续发展意识。

在学习建筑技术理论知识时则介绍如何通过一个或几个设计来解决技术问题，或者通过某个设计问题来探讨相应的专业技术知识，引导学生将知识再融入自己的设计之中。在教授学生设计成果对方案表达的同时，还强调对建筑技术措施的表达，学会均衡质化和量化表达。

在教学方法上，笔者不仅开展传统的课堂教学，与每个设计小组进行面对面的设计交流，并专门创建了一个QQ讨论群。笔者发现QQ交流群对师生及学生之间交流有很大益处。如资料共享，笔者不仅把自己收集的资料发到QQ群上，也鼓励学生将自己找到的文献资料和网页放到群中共享。笔者还通过在公共讨论区为一个小组讨论和修改方案的方式，引导全体参赛学生参与讨论，共同提出修改意见，互相交流学习。

3　启示与反思

南京大学建筑与城市规划学院建筑学本科生在SBDE2016太阳能设计竞赛取得了较好成绩，荣获居住建筑组和公共建筑组三等奖各一名。结合这次设计竞赛所开展的教学改革尝试，可以发现这种教学组织方式对于激发学生的设计创新能力、建筑技术理论知识的综合运用能力具有积极促进作用。特别是引导学生将建筑设计构思的源泉扩展到建筑技术层面，不仅开拓了学生的设计思维，也使得建筑技术与建筑设计更有机的结合起来。由此可见，良好的赛教结合对于提高教师和学生的理论水平，及时把握国内外最新技术与设计信息，促进学生主观能动性、拓宽学生视野等都具有积极促进作用。

然而，笔者在组织参加该次设计竞赛过程中也发现了不少问题。首先是设计竞赛与具体教学环节相协调的问题。建筑技术课程需要掌握的基础理论知识点较多，覆盖面大，即使是再适合的设计竞赛也多少会影响到教学内容和安排。如SBDE2016是一个以太阳能建筑为主题的设计竞赛，并不能涉及建筑技术课程所有内容。其次是参加竞赛会对教学体系的连贯性有所影响。本次参加设计竞赛的学生是三年级第二学期，学生无论在方案设计能力、计算机绘图能力上都较为薄弱，因而学生参赛时也倍感吃力。最后是参加设计竞赛无疑会增加老师和学生的负担。如笔者在教授两门建筑技术课程的时候，还需要花费大量时间指导学生的设计。而学生在花费大量时间和精力参加设计竞赛的同时，还要完成建筑技术课程本身的课业要求，其他设计课程也需要按时完成，因而极大地增加了学生的课业负担。

将技术理论与建筑设计有机融合，不可能通过一两门建筑技术课程的教改就能完成。笔者认为要建立建筑技术与设计课程之间的横向联系，需要从打破我国传统建筑学的线性教学模式做起，采用技术课程与建筑设计课程的交叉式教学；或设置专项设计课程，通过设计来引导学习相关技术知识。此外，建立既有建筑设计背景又有技术专长的教师队伍也必不可少，只有从教师结构上创造专业课与设计课的结合环境，二者的壁垒才容易打破。此外，建筑技术课和设计课程在作业和评分上也需要进一步改革，这有助于提高学生的主观能动性。

4　结语

随着科学技术的进步，特别是近些年来对绿色节能技术与建筑可持续发展的日益重视，作为培养未来建筑师摇篮，大学建筑教育在灌输技术理论知识和绿色建筑设计理念方面责无旁贷。这次教改是结合太阳能建筑设计重新组织了建筑技术课程，以设计引导技术，以技术创新设计，尝试将建筑技术与建筑设计有机融合起来。尽管本次教改遇到了一些问题，但对学生综合素质的提高和创新能力培养有着积极作用。抛砖引玉，笔者希望业内同行能够共同探索建筑技术课程的全面教学改革。

参考文献

［1］ 周铁军，王松. 当前生态节能建筑的语境—建筑师的困惑. 时代建筑，2008（02）：18-21.

［2］ 金熙，沈守云，高波. 量化思维在绿色建筑设计教学中的应用研究. 中南林业科技大学学报（社会科学版），2012（3）：149-152.

［3］ 杜晓辉. 太阳能建筑设计竞赛对当代建筑教学模式的启示. 新建筑，2015（05）：108-112.

［4］ 吴蔚　董姝婧. 建筑技术课程中能耗模拟软件Ecotect教学探讨［J］，建筑学报，2012（S2）：186-188.

［5］ 吴蔚. 改革建筑学专业的建筑技术课之浅见——以"建筑设备"教改为例. 南方建筑，2015（02）：62-67.

［6］ 吴蔚. 技术与艺术，孰轻孰重——绿色建筑设计在建筑技术教学中的应用研究. 南方建筑，2016（05）：124-127.

胡映东　杜晓辉

北京交通大学建筑与艺术学院；ydhu@bjtu. edu. cn

HuYingdong　Du Xiaohui

Beijing Jiaotong University（BJTU），School of Architecture and Design

技术课程融贯的设计课两阶段教学组织思考
——以三年级设计长题为例*

Thinking of the Two Stage Teaching Organization with the Integration of Architecture Design Courses and Technology Courses
——A Case of the Long Design Topic in Grade Three

摘　要：通过三年级下学期两阶段"概念方案设计"和"深化设计"设计长题的教学实践，探索建筑设计主干课与技术类课程群融贯教学的模式、难点和应对策略，思考基于OBE理念的教学组织方法。

关键词：技术课；设计课；融贯；教学组织

Abstract：The paper tries to explore the teaching coherence mode, difficulties and countermeasuresbetween architectural design courses and technology course group, through teaching practice of the two stage long design topics "concept design" and "deepen design", in the second semester of grade three, thinking about the teaching organization method based on OBE.

Keywords：Technology courses；Architecture design courses；Integration；Teaching organization

1　引言

建筑学教育是多学科交叉、技术与艺术有机结合的整体，当代建筑教育朝着多元、开放、整合的方向发展。国内外众多知名建筑院校在本科培养中，均以多元化教学模式和"以实践为导向"的教学内容作为其教学理念，非常重视知识技能的转化能力并将其作为重要的教学考核指标。这一思想与我校强化与毕业能力相匹配的教学理念相一致。

为贯彻我校提高学生综合素质、构建OBE（Outcomes-based Education）理念的教学体系，申立了名为"建筑学主干设计课程与理论课程的'一轴两翼'融贯教学组织研究"的教改课题，拟通过针对建筑设计主干课"核心轴"与技术类、历史类课程群"两翼"之间支撑和互动关系的教学实践，尝试打破原有各课程群的独立教学体系，培养学生综合运用交叉学科知识和技能，解决实际设计建造问题的创新能力。课题组先选取与技术类课程较为紧密的三年级下学期作为协同教学试点，边实践边建设，并为推广查找问题，总结经验。

教学组织探索的目标是：围绕着建设多学科融合的建筑设计课程体系框架，探索设计实践与建筑技术、建筑史这两大类理论课程群协同教学的体系构建、模式、难点和应对策略，探索基于OBE理念的教学组织方法。通过教学环节的优化设置，加强课程间的衔接与联系，

* 基金：北京交通大学2017年度校级教改项目"建筑学主干设计课程与理论课程的"一轴两翼"融贯教学组织研究"。

实现互动式教学。具体包括：

（1）建构基于 OBE 理念、易于实施的课程协同模式；

（2）探索在不同教学环节中加强与理论课程群的衔接和知识整合的可能与效果；

（3）如何通过提高技术可行性来加强综合设计能力；

（4）如何通过设计实践平台帮助理论知识转化为设计能力；

（5）低年级交通特色课程中的建造深化教学研究与实践。

2 现状与问题

为解决设计教学中缺乏技术理性、建筑设计课与技术课教学间相互脱节的弊端，已有很多研究和探索尝试从课程设置、知识点分解等方面探索实现融合的途径，也取得了一定成果。但仍可看到，设计教学与技术、历史课程间缺乏关联产生如下结果：一方面，较单一的设计方案训练导致学生难以胜任未来复杂的生产实践，不利于完整建筑观的建立；另一方面，技术类课程偏重理论知识点的讲授，缺乏足够的实验类设计课程进行知识强化和实操训练。

3 两阶段长题

为适时建立和强化学生全过程设计的思维，使学生充分认识到设计是多要素整合，我们在三年级下学期设置一个长题，并按照设计生产过程逐步深入、层层细化的规律，将 112 个课时分为"概念方案设计"和"深化设计"两个阶段，第一阶段为期 10 周，第二阶段为期 4 周，中间设置 1 周的技术提升周。两个阶段需各自成图，第一阶段成图主要体现设计构思，图纸张数按照成员数计算，第二阶段主要反映技术深化成果，每组图纸两张。两阶段长题的主要目标是提高两个深度，即思维深度和图纸深度。长题改选题多样化的纵向求量为横向求质，克服评分方式造成的学生重头尾、轻过程的弊病，既训练前期概念意象的提出和图纸表达，也强调方案的可行性和实施性（图 1、图 2）。

为学生能充分了解上述教学目标，课程伊始即将明确的两阶段设计课程体系（包括教学组织和目标、计划及节点、评分等）与学生充分讲解和沟通，分解各阶段任务，帮助学生有计划地分组、选择设计方向等。

为深化方向更多元、自由且开放，在概念设计阶段，教师有意识地鼓励学生从不同的实现途径进行思考，引导学生有意识地针对相关的技术问题展开思考和

研究，将文化与乡村、农村景观、绿色建筑技术、建筑设备、材料与构造、社会热点、行为模式等方面作为设计的主题（表 1），差异化引导，避免雷同；同时，通过日常设计讲图、评图等方式鼓励组间交流，分享构思和技术研究的学习心得和成果，并特别要求各组学生间针对技术实现的可能性、与方案构思的关联性等方面相互提问，触发集体思考和讨论。

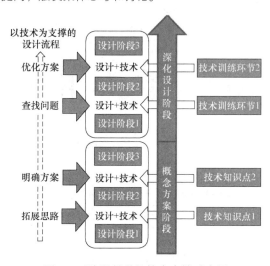

图 1 两阶段教学的技术支撑示意图

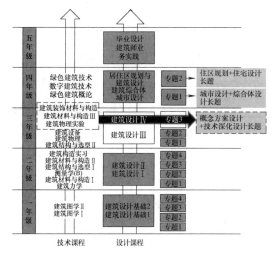

图 2 两阶段长题在三年级下的可行性

2017 年多元输出的学生团队分布 表 1

序号	深化设计方向	组数
1	文化与乡村	5
2	农村景观	3
3	绿色建筑技术	3
4	建筑设备	3
5	材料与构造	1
6	社会热点	2
7	行为模式	2

4 教学组织

4.1 组织难点

通过研究发现，实现融合难点在于具体的教学组织，特别是课程授课老师之间在节点、内容、授课方式、作业任务等方面的整体协调安排（图3）。

技术授课老师直接参与设计课教学过程是有效的解决方式之一，但这种横向联系的方式难以普及推广。因为一般高校技术老师承担的理论课程较多，很难为各个设计课程专题配备技术老师。因此，探索和创新一种操作简单的课程群体系非常重要。应强化技术课程在授课节点、知识点以及任务布置等方面与设计过程匹配，而非依赖技术老师的亲身参与。此外，为帮助技术授课老师熟悉设计课程各阶段的教学内容和特点，摸清在构思、定立方向、深化、定稿、成图等各阶段学生对技术问题需求的难点，应鼓励技术课程老师不定期参与设计课程全程教学。

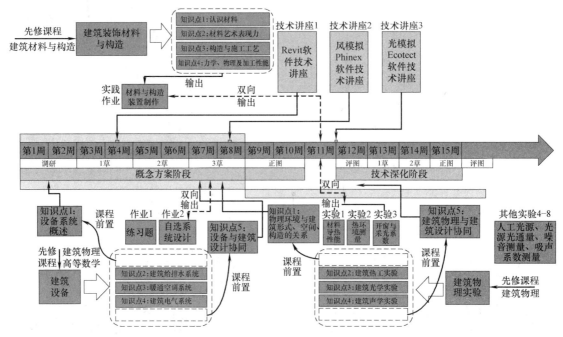

图 3 教学组织框图

4.2 按需授课

调整教学日历，灵活的授课计划。将设计与若干技术课程建设课程群，打通同期开课课程间的知识点。设计课与技术类课程教师坐下来共同对课程群的知识点进行整体梳理，通过大纲调整、课时互换、作业任务顺序调整等方式，以设计思维过程与轨迹为主线，以各阶段设计教学目标和任务点为辅线，将各课程知识点打散重组。在教学日历制定时，充分与理论授课教师协商。课程大纲一般难以修改，但教学日历的课时则能适当调整。将部分需要技术支持的授课、讲座的课时进行拆分，插入设计课程之中，做到对症下药、按时按需给药。缺失的课时采用课时互换、课后自修等方式弥补（图4）。

尊重技术理论课程知识体系的授课特点，采用集中授课＋分散辅助教学环节（科普讲座＋软件＋实验）的方式。集中授课相对集中，或可分为若干大类予以集中，大类之间按照设计教学需求增加辅助教学环节。理论教学、实验教学、概念方案、技术方案、量化分析、实践操作、创新竞赛、信息交流等多元课程群教学形式相互穿插。

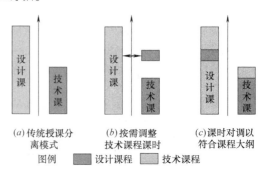

图 4 课时调整以适应设计教学需求

讲座则更为灵活，可按需设置。借助中英BIM研究院（我校与北京采薇君华教育咨询公司共同参与）产教融合平台的优势，邀请培训师举办讲座传授 Revit 软件使用技巧，还邀请博硕研究生和学者讲授 phinex 风模拟软件和 Ecotect 光环境模拟软件等，解决学生在技术、软件应用等方面的困惑。

4.3 任务配合

在不违背理论授课一般规律和特点的前提下，技术课程教师针对各设计节点时学生可能遇到的问题和知识点进行及时讲授和答疑，同时布置相应环节的练习作业或实验，要求学生将自己的课程设计作业作为技术课程作业/实验的基础和载体，从技术层面对方案进行检验和优化；设计任务中也明确要求相关的技术作业要体现在设计成果中，二者相辅相成。课程间的作业相互配合、相互为题，使得设计得到深化，图纸深度提高（图5）。例如，将概念设计方案生成的实体模型和计算机模型，拿进建筑物理实验课堂进行光环境实验和风环境模拟实验，帮助检验并优化方案。

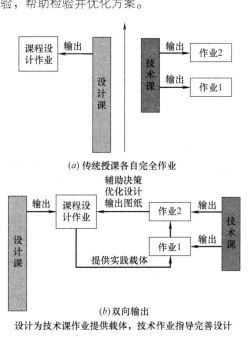

(a) 传统授课各自完全作业

(b) 双向输出
设计为技术课作业提供载体，技术作业指导完善设计

图例 ■ 设计课程 □ 技术课程

图5 课程群内作业的相互支撑关系

（1）拓宽设计思路，帮助学生从更理性的视角进行设计思路选择与决策；促进学生通过研究和实践了解某项建筑技术，并对其在设计中的适用性有所把握；

（2）开放式教学促使学生学以致用，激发了对相对枯燥的理论课程的兴趣。学生会主动在技术课上和课下请教技术、历史授课老师，寻求在材料与构造、绿色建

筑、建筑结构、建筑物理以及建筑历史与文化、风景园林等方面的帮助与支持，并与设计老师分享和探讨。隐性教学引入设计课堂，让学生主动去寻找和利用资源，开洞脑筋为设计助力；

（3）教学相长，促进教师提高专业水平，并在教学和交流过程中汲取新的知识养分；

（4）设计图纸深度和表现力得到加强，学生不再用无关的构造节点拼凑图面；

（5）设计课与技术课程的评分体系，各自相对独立又相互支撑，成绩相互考核参照。

4.4 团队分工

课程要求学生 2～3 人为一组，组内分工协作，专人负责技术难点的研习。锻炼学生团队协作能力，相互督促有助于设计型研究和研究性设计的同步深入。

4.5 实践体验

突出设计与实践、理性与感性认识的结合。同期开设的建筑装饰材料与构造课程的任务要求学生用木、竹、布、石等材料动手制作材料装置，进行材料装配构造设计、材料搭配的艺术表现设计和施工，感受材料的加工性能，体验加工制作过程。实践体验对可拆卸建筑和绿色建筑等小组的深化设计有积极帮助。

4.6 引入外援

邀请实践经验丰富的工程师参与教学环节，通过讲座、课堂交流、点评及仪式感强的评图等环节，帮助学生对研究成果和思维过程进行自我评判和纠偏，一线设计者对材料、构造与节点设计、施工工艺、成本控制等更加熟悉，了解市场需求，看重实施性和技术性。虽然无法与例如台湾淡江大学等外聘职业建筑师指导设计课程的占比高达 2/3 相比，但经验丰富、贴地气、重理性的设计思维和意识也为教学带来一股新风。

5 结语

促进理论知识于实践中灵活运用，需要建立在尊重理论课教学自身规律和体系相对完备的基础上。我们探索运用 OBE 教学理念，尝试将技术、艺术、文化与建筑设计结合，围绕专业主干课的需求设置课程教学目标、内容版块和组织方式。通过多学科交叉融合的建筑设计教学模式引导学生运用新材料和新技术，学以致用，创新性地探索建构问题，树立理论与实践并重、技术与艺术共生的建筑观。互动式的教学过程也促进了学生自主学习、知识点的实践转化，激发潜在的求知欲望

和实践创新能力。

借助中国科学技术协会科普部为指导单位，由中国建筑学会、北京交通大学联合主办的2017第二届北京建造节的契机，我们举办了两场建构基础教学研讨会和新技术论坛，京津冀十余所院校教师交流经验和体会让我们受益良多。融贯教学组织方法要得预期效果并在其他年级和专题得以推广，还需要更长时间去检验和调整。

参考文献

[1] 杜晓辉. 太阳能建筑设计竞赛对当代建筑教学模式的启示. 新建筑，2015（05）：108-110.

熊璐

华南理工大学；20685385@qq.com

Xiong Lu

School of Architecture，South，China University of Technology

华南理工大学真实建造环境下的营造探索
——以 2017 国际高校建造大赛（德阳）为例

Building and Construction Education Exploration of SCUT in Real Project——Take 2017 International University Building Competition (De Yang) as A Case

摘　要：在为期 15 日的 2017 国际高校建造大赛（德阳）活动过程中，华南理工大学团队成功完成预期的现场建造，并且得到巨大的收获与进步。首先，学生切身体验到实际建筑建造与其他各种营造比赛的区别。第二，学生在建造过程中逐步建立起对现状与场地的尊重。第三，学生对设计过程中的偶然性与创造性问题有了深入的体验与理解。本文将以时间为脉络，试图总结教学团队在竞赛过程中收获的宝贵经历与相关经验教训。

关键词：真实建造；建筑教育；营造教育

Abstract：During the 15 days of 2017 International University Building Competition (De Yang)，team of SCUT successfully completed the building and construction task，and gain vast achievement and advancement. First，the students experienced the gap between construction exercise and real building project. Second，the students gradually developed the respect to site and current situation. Third，the students deepening the understanding of the relationship between contingency and creativity during the process. The paper will try to summarize the educational achievements and experiences by timeline.

Keywords：Construction of Real Project；Architecture Education；Building and Construction Education

1　介绍

2017 年 8 月 28 日，为期 15 日的 2017 国际高校建造大赛（德阳）顺利结束，华南理工大学大学获得了第二名的好成绩。笔者作为带队教师见证了本校团队的整个项目运行过程。本文将以时间为脉络，试图总结学生与教师在竞赛过程中收获的宝贵经历与相关经验教训。

大赛选址为四川省德阳市龙洞村。主办方为每个高校选配了一栋民房，之后高校将根据民房的情况将其升级改造为特色民宿，力图达到设计改变乡村的作用。本次竞赛的主题是"民宿＋"，即在完成民宿基本功能的前提下，加入独具特色的主题，突破当前民宿功能单一，缺乏竞争力的局面。方案应该尽量采用夯土、原木、原竹与石材等乡土材料建造，建立新的现代乡村美学。根据竞赛主办方 UED 杂志社的计划，本次建造大赛分为 3 个阶段：前期设计，学生现场建造与后期完善。其中前期设计从 7 月初开始至 8 月 11 日。在此阶段包含了现场调研、方案设计、施工图设计与施工计划等工作，旨在为第二阶段做出充分的准备。学生现场建造阶段由 8 月 12 日开始，8 月 27 日结束。各个高校应该在此阶段根据设计，在施工队的配合下，尽可能完成方案的建造工作。考虑到 15 天内无法完全完成建造工作，主办方要求各个高校在第二阶段后继续配合方案的施工与落地直至工程完成。

2 现状调研

在设计前期阶段，笔者首先在 7 月初与月中组织少量学生进行了两次调研。在第首次调研中，华南理工大学代表队在经历了若干波泽后（农户与村政府的沟通问题）最终选取了一栋夯土结构民房作为改造对象（图 1）。该房屋夯土结构完整，面水靠山，建筑面积约 100㎡，属于典型的龙洞村夯土民居。建筑依山建造，朝向西面，面宽约 14m，进深约 7m，共三开间。该房屋现已经无人居住，墙体虽然存在诸多裂缝，但依然完整挺拔，并未出现倾斜坍塌迹象。屋面由于年久失修，檐口线条歪斜，瓦片排列的也十分杂乱，并有漏雨现象。除了前后 2 个门洞，建筑并无其他开口，因此室内采光与通风情况十分恶劣。建筑自然采光完全靠为数不多的几块亮瓦。由于夯土具备良好的热工绝缘性能，再加上缺乏太阳辐射，建筑室内气温比室外明显较低。

图 1　改造对象农房全景

3 设计策略与主题

为了让民房能够满足现代生活需求与特色主题要求，较大力度的改造设计势在必行。团队在调研后对改善现状环境提出了 3 条设计策略。首先在尊重原先夯土风貌的前提下，在室内加入新的钢结构体系，改变夯土作为承重墙体的现状。虽然夯土结构依然完整，但是考虑到德阳区域近期地震频发，当前墙体难以再继续承担结构作用。第二，将屋顶抬高，并拆除部分墙体为建筑带来充分的采光与通风。第三，引入 2 层空间。场地内蚊虫较多，2 层居住空间可以有效减少蚊虫与人的接触。另外，建筑地势较高且面向约 2000㎡ 的水面，2 层空间可以带来极佳的观景效果。

在民宿主题方面，团队提出"自做家"的概念，力图将民宿与生活美学创造结合在一起，为住客带来丰富的创造与制作体验。该概念的提出主要考虑到以下几个方面。首先，在龙洞村本身旅游资源竞争力较弱的情况下，民宿本身的特色必须得到强化。其次，与城市不同，乡村拥有取之不尽的自然建筑材料与宽阔的场地，可以为城市人提供理想的生活美学 DIY 环境。我们期望本次竞赛作品一方面可以满足城市人对乡村自给自足生活方式的向往，同时也可以激发住客的创作灵感，为创造自己的家居环境做出准备甚至付诸实践。最后，本次大赛是学生建造比赛，如何让学生切实的加入建造过程，并展现设计创意是教学环节的重点。考虑到安全，项目周期与学生能力的特点，焊接钢结构、大规模砌筑墙体、上屋架挂瓦等需要专业建造技能培训的高强度与高危工作并不适合让学生亲手操作。而装置、家具、隔断、灯具、景观小品与饰品等家居产品可以同时满足学生亲手建造制作并发挥设计创意的教学要求。同时，学生亲手完成的作品可以作为"自做家"民宿的展品，向住客展示独特的DIY 文化与设计改变生活的力量。

在明确设计策略与主题后，项目团队一方面迅速进行方案推敲，另一方面则于 7 月 18 日组织了第二次调研。最终的方案名为"自做家"，是一个包含生活美学创作工作室、户外制作空间、住宿与生活起居的特色主题民宿（图 2）。生活美学工作室作为其核心空间，集合了手作、厨房、展览与餐厅等功能于一身，旨在激发住客的综合创作欲望，而且并不局限于某项单一的形式创作。北侧的户外空间是一个由主材搭建的灰空间，亦是室内工作室的延续。住宿则分为两层带独立卫生间的两个卧室，并空间上与工作室形成呼应。起居空间则位于二层平台上的竹屋内，面向水面与山下的村镇，具有极佳的观景效果。二次调研的目的是进一步测绘，了解龙洞村的风土人情并获得更多的民宿改造素材。当时周边某村落正值搬迁，团队在管委会的帮助下探访改村落并收购了一批旧传统木质家具。针对二次调研的收获，团队进一步深化设计并制定了详细的施工计划表与物料表。在施工图设计方面，由于现场条件复杂，难以精确测绘，施工队做法不明确与学生施工图水平等原因，团队并未进行详细施工图设计，而决定采取精细模型与示意图的方式与施工队对接，现场指挥与协调施工。

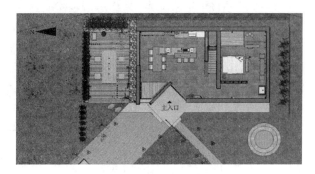

图2 改造方案平面图

4 学生现场建造阶段

学生现场建造阶段于8月12日正式开幕。为了提前熟悉建造环境及与施工队磨合，3名同学于8月5日抵达龙洞村，并展开前期现场协调工作。得益于他们的努力，剩余的8位同学于8月12日到达德阳时，施工队已经完成了场地清理、屋面拆除与部分墙体的拆除工作。根据实际情况团队采取了进一步分工。部分同学负责现场协调、钢结构协调与物料协调，其他同学则开始亲手打造"自做家"的家居环境：包括二层竹屋设计与建造、旧家具的改造与翻新、户外灰空间与家具设计制作、室内隔断制作、室内家具与灯具设计制作等工作。

二层竹屋是集中展示学生建造能力的重点装置，也是"自做家"中最为大型的DIY工程。竹屋坐落在建筑二层平台上，是一个与主体建筑结构脱离的临时性装置。竹屋的设计可以根据住客的喜好，随着时间推移不断变化更新，从而改变建筑风貌，使其长期焕发出新的生命力。由于团队成员在2016楼纳建造比赛中获得了宝贵的竹建构经验积累，因此加强了团队在本次竞赛中成功搭建竹屋的信心。由于竹屋尺寸较大，而且在二层安装，团队首先搭建了1:2竹屋模型，对节点进行详细推敲，最终确定了使用螺栓作为主要连接方式。学生在专业竹建筑工匠的帮助和指导下，进行了原竹去青防腐与火烤热弯等处理，并完成主体竹结构搭建。其后的次结构建造、表皮铺设与竹屋地板制作则全部由学生完成。由于技术积累与前期准备充分，竹屋搭建仅耗时3天，且获得了较好的完成度与空间效果（图3）。

旧家具改造一方面可以节约整体造价，另一方面可以让"自做家"具备场地原有的印记与记忆。我们廉价获取的旧家具基本上是搬迁农户遗弃的残破家当——油漆脱落、门板缺失、隔板发霉腐烂等情况相当普遍。部分矮柜只有一个朝上开启的柜门，内部没有任何分隔，

图3 二层平台竹屋

并不能满足现代家居需求。团队并不是简单的把旧家具简单翻新再利用，而是通过拆散、拼接与重组等改造方式对其重新设计，赋予其新生命，并以全新的面貌融入家居环境（图4）。例如拆除3个矮柜柜门，加上搁板并将其一字排开形成厨房操作台的橱柜；将衣柜与橱柜加上搁板，并将其加高为2.4m高的展示置物架；将残破圆桌切开为两个半圆形桌作为洗手池的台面，并将磨盘打磨成洗手盆；将箱子改装成床头柜，并在其中嵌入立体声音响。在"自做家"中，设计并非一个从无到有的过程，而是一个最大限度整合在地材料与资源，并在此基础上发挥创意的独特经历。

图4 学生对旧家具进行改造

户外灰空间由于时间不足并未完成竹棚搭建，只完成了户外防腐木地面与部分工作台面的制作。在原方案中，户外工作台拟采用原竹制作，但是由于本地竹材质量不高、原竹台面不平整与防腐难度大等因素，最后改为了用原木支撑＋钢筋混凝土面板的方式制作。4段未去皮的原木有机的排布在地面上，之后在其上支模，插入钢筋并现浇混凝土台面，最后整体打磨台

面，让原木截面与混凝土平整融于一体（图5）。原木与混凝土均属于在农村极易获取的廉价材料。但是廉价与普通的材料并不意味着产品质量低劣。通过优质的设计将乡土材料组合为坚固实用的创意设计正是本次大赛的诉求之一。

图5　运用原木制作户外工作台

"自做家"民宿为了强调整体空间的流动性，室内的分隔除了保留原本夯土墙，均由竹隔断代替。每段隔断均设计为内外两层，内层通高至天花板，竹子间留出8cm间隙；外层则满铺布置成"人"字形，高度1.8m左右，旨在遮挡视线，加强房间隐私性。隔断的制造由学生预制，并在室内地坪与楼板完成后进场安装。由于节点设计对竹材的差异性考虑不足，隔断安装遇到了相当大的困难。竹隔断与地面和天花板的连接原先考虑将竹直接卡在焊接好的槽钢内。但是原竹直径差别较大，并无法卡紧在槽钢内，并出现部分隔断无法插入槽钢的情况。团队最终不得不现场临时改变节点，首先将螺栓焊接在钢梁上，其后固定一条原竹作为连接件，之后用自攻螺丝将隔断固定在原竹上（图6）。由于时间关系，大赛评审日只完成了内层隔断，外层隔断并未安装。

图6　室内竹隔断与竹床

室内家具、灯具与装饰装置部分几乎全部由团队亲手制作完成，包含工作室的操作台、灶台、餐桌、吧台、凳子、吊灯与卧室的竹床。其中悬挂在工作室中空

的树杈装置来自场地相邻地块：隔壁兄弟院校施工方不慎拦腰推倒一株琵琶树，由于其形状美观并被我校同学发现。之后团队将其运送下山至工棚并进行去皮、打磨与抛光等处理。在该过程中团队并未明确其用途，直至最后决定将其悬挂在工作室上方。灯具全部由原竹经过简单切割制成，内部放置节能LED灯珠，获得均匀与柔和的照明与装饰效果。团队就地取材，利用塑料水桶作为模具，在其中浇灌自流平水泥，之后插入竹棍制作成混凝土坐凳（图7）。学生还用混凝土浇筑了摆件，花盆甚至一整副麻将，趣味性十足，获得了评委与参观者的好评。

图7　混凝土竹凳制作

由于现场施工资源有限，直至26日下午才完成了混凝土地坪浇筑、部分屋面木望板铺设。留给团队进行室内布置与安装的时间只有1天时间。为了将设计最大限度完成，团队27日通宵工作，以惊人效率完成室内与户外景观安装，让"自做家"的风貌尽可能完整的呈现在评委面前（图8～图10）。最终，"自做家"被誉为本次大赛完成度最高的项目，并最终获得了第二名的好成绩。

图8　工作室空间效果

图9 改造后室外效果

图10 建筑入口效果

5 收获与展望

得益于平时教学中对营造教学的重视,华南理工大学学生团队在大赛中展现出强大的建造实力与解决问题能力。虽然参加此次竞赛的学生均来自本科二、三年级,但是他们已经在一年级的建筑模型课,一年一度的校内营造大赛与各项校际建造比赛中获得了一定的营造知识与经验。在本次大赛中,学生团队的项目管理与组织、动手意识与能力、工具运用等方面在各高校中处于领先地位。这也为团队获得优异成绩打下坚实基础。

即便如此,在为期15日的真实建造活动过程中,学生仍然得到很大收获与进步。首先,学生切身体验到实际建筑建造与其他各种营造比赛的区别。虽然参加本次比赛的学生大部分具备丰富的营造比赛经验,但是面对一个具备真实居住功能的房屋,学生仍然受到了强烈的冲击。与在学校接触的营造活动不同,民宿必须综合考虑施工安全、屋面防水、管线与详细人体尺度等问题,是一个更为复杂并且需要承担严肃责任的项目。另外,由于无法参与土建部分的建造,学生必须现场学习如何协调施工队、物料与材料运输等各方面因素。

第二,学生在建造过程中逐步建立起对现状与场地的尊重。在平时的设计作业中,虽然任务书会对场地条件进行详细预设,但是学生往往忽视场地的种种线索,将场地视为设计创意的制约因素,从而制作出缺乏场所精神与灵魂的设计方案。笔者看来这是对现状与场地重要性理解与感受不足带来的负面影响,而且难以在传统的虚拟设计作业中破除。在本次大赛中,学生前期提出的设计方案概念繁杂、工程量巨大,而且并未体现场地特色,难以看出现状建筑本身的特质。教师在指导过程中不断为方案做减法,去除与场地和现状无关的过度设计,让方案变得更为精炼与纯粹。学生在设计过程中对这方面调整仍然有些不理解,但是在建造过程中逐步认识到之前方案中难以得到实施或不负责任的问题,逐步建立起对场地与现状成熟的理解与尊重。

第三,学生对设计过程中的偶然性与创造性问题有了深入的体验与理解。虽然在前期制定了详细的设计方案与施工计划,但是由于现场施工环境、资源与材料等因素的局限性,方案无法完全按照图纸实施,施工计划也是一拖再拖。笔者将这些因素视为设计的偶然性。学生在传统设计教学中往往按部就班推进设计进程,鲜有受到现实条件下各种不可预见问题的挑战。大赛中团队不断经历将偶然性转化为设计机遇的过程。例如将意外断掉的树枝制作成装饰构件;竹材质量不好便将竹制工作台改为原木与混凝土工作台;夯土施工技术不成熟便改用砌体结构等。在此过程中,设计并没有由于受到偶然性的挑战变差,而由于创造性的解决问题变得更为合理与自然。虽然2017国际高校建造大赛(德阳)已经告一段落,但是"自做家"的工作还远远未到完成的地步,展现现代乡土DIY生活美学的家居环境打造可以说才刚刚开始。在不远的未来,笔者希望能将龙洞村"自做家"打磨成一个让团队问心无愧的作品。

致谢

感谢UED杂志社主办此次建造大赛,感谢竞赛中各方,包括政府、管委会、施工方、各兄弟院校与名宿运营单位对项目的全力支持与帮助。最后感谢华南理工大学参加此次竞赛的同学与指导教师孙一民教授、钟冠球博士与冷天翔博士,为教学与龙洞村建设付出了无私的努力!

胡一可　王雪睿　于博　袁逸倩
天津大学建筑学院；563537280@qq.com
Hu Yike　Wang Xuerui　Yu Bo　Yuan Yiqian
School of Architecture，Tianjin University

建造教学中的材料探讨

——以 2016、2017 两次建造教学为例*

Investigation on the Materials in Design/Build Pedagogy-Taking 2016，2017 Construction as an Example

摘　要：建造教学的目的是让学生体会理想与现实的差别，材料和工艺是其训练的媒介和手段。教学的根本目的在于：对新材料及可能的结构及构造进行探索；在现实条件下认知场地、空间和行为；厘清设计与建造之间的关系，找寻设计-建造一体化的方法。两次建构教学采用原竹这一新型材料，在创新技术及工艺方面进行探索，通过参数化工具和数学模型培养学生的理性和逻辑性。以材料为切入点，补充建造教学在实施层面和工艺层面的内容。

关键词：建造教学；原竹；材料；技术；工艺

Abstract：It is to enable students to understand the difference between ideals and reality that the purpose of the construction of the teaching，the training medium and means is materials and crafts. The fundamental purpose of teaching is to explore new materials and possible structures and structures；to identify venues，space and behavior under realistic conditions；to clarify the relationship between design and construction，and to find design-building integrated methods. In the process of constructing the teaching process，we use the new material of the original bamboo to explore the innovative technology and technology，and to train the students' rationality and logic through the parameterized tool and the mathematical model. To material as the starting point，to supplement the construction of teaching in the implementation level and process content.

Keywords：Construction teaching；Bamboo；Materials；Technology；Craft

1　绪论

1.1　竹建造教学的核心目标

"建造"一词在现代汉语中的被定义为"建筑；修建"。"建造教学"一词来涵盖建筑学课程中出现的所有实体制作课程，通过组织材料建造和制作实物的实践来完成建筑学学习的活动[1]。

2016 和 2017 的竹建造大赛关注技术学习和实践，让学生深刻体会理想与现实的差别，但还不是真正意义

上的"房屋的建造"，其具有"实验性"特征，包括材料、结构、工艺三个方面。天津大学的方案在上述方面均进行了创新性实验，其核心是材料特性、力学性能及连接方式（2017 的方案是更为彻底的实验）。

---

*基金项目：国家自然科学基金面上项目，基于低碳目标的建筑"设计与建造"模块化体系研究，项目编号 51378333，2014 年 1 月-2017 年 12 月。

2016楼纳建造教学的方案通过数字模型推演出结构及其建筑形式，而2017安吉建造教学中，运用Kangaroo动力学模拟软件得到其受压不受弯的结构形态，保证了整体的力学合理性和可实施性。两者均采用竹材作为建造材料，通过相对独特的结构和构造呈现。

图1 楼纳建造节作品——竹寰，方案图与建造后作品对比

1.2 建造教学的核心目的

应在厘清设计与建造的关系并明确设计的主旨是"场地-空间-行为"的同时，对结构-材料可能性的进行探索。在两次的建造教学过程中，材料和工艺成了训练的核心内容。一方面将数字生成的复杂形态用物质手段再现，另一方面则让学生建立对场地、材料、空间、工艺的真实体验与认知，培养从虚拟到现实建造的综合设计能力。[2]

2 建造中对于运用新型材料、技术、工艺可能性的探索

这一系列建造教学强调教学的试验性，通过了解和操作材料来理解其特性，建立建造意识。规定材料开展建造大赛已经成为目前建造教学的重要发展方向，是基于材料探讨相关技术、建造方法的实践，因为材料是结构和构造的基础。"真实性"体现在真实尺度、环境、空间、结构和构造，而工艺和技术是核心内容。天津大学的两次方案均采用了天然竹为原材料，通过数字模型及模拟软件，融入创新技术，赋予天然竹以活力。一是对竹材力学性能的探讨，选取适宜的结构形式；二是对竹材的材料特性的探讨，包括弯曲、切割、穿孔、挖槽、固定、捆绑等操作。

2.1 新型材料应用的探索及其影响

建筑结构经历了从传统的木结构到钢筋混凝土结构、钢结构，再到高分子膜结构的过程，材料的发展影响重大。新技术要求新材料的运用，如3D打印技术；新材料需要新技术的支撑，如蓄光型自发光材料等。以此推动建筑行业发展，同时改变人的生活和审美方式。

2.2 竹材料特性及其优势

竹子是房屋建造最古老的建筑材料，价格低、易加工、抗震性能好、储量足；同时具有低能耗、低污染、气候适应性强等特点（表1）。本系列建造教学的核心内容是研究竹材所能产生的新的结构形式，以及结构与空间和形态的关系。在探讨新的结构形式基础上研究新的构造做法，营造新的建筑体验。

竹特性详解　　　　　　　　　　表1

特性	内容
绿色环保	零甲醛、无需保养、吸收二氧化碳及有害物质
经济性	资源充足、再生迅速、批量生长、装配预制式
高强度	较高抗拉强度：1000～4000kg/m² 抗压强度：250～1000kg/m²；弯曲强度 700～3000kg/m²；弹性系数：100000～300000kg/m²；结构完整稳定、较高抗震性、抗冲击荷载及周期性疲劳破坏
可塑性	刚性、纵向柔韧性、竹纤维强度高、抗震性好、首次开裂不会折断
耐用性	耐磨、抗压、防虫蛀、防变形脱落、不开裂
舒适性	吸热，吸湿性能高于木材、冬暖夏凉
独特性	纹路通直、质感爽滑、色泽简洁、本色、易漂白、染色、碳化、强装饰效果

2.3 ETFE膜结构与PTFE膜结构特性及其优势

竹结构难以与玻璃等传统材料连接，2017年建造教学采用了ETFE膜作为维护材料。该膜材透光性好，号称"软玻璃"，质轻（同尺寸玻璃的1%）；韧性好、延展性极强；耐热、耐化学性能和电绝缘性能好，熔融温度高达200℃；具有良好的声学性能和自清洁功能。

图2 ETFE膜结构（源自 https//b2b.hc360.com）

2.4 新技术可能性的探索

新技术体现在：结构选型和计算，涉及参数化教学和训练；材料连接技术和工艺，涉及案例学习（传统工艺＋其他领域工艺＋厂家指导）和实验。参数化设计工具的使用目的并非产生虚拟视觉图景。

2.4.1 2016楼纳建造教学对技术的探索①

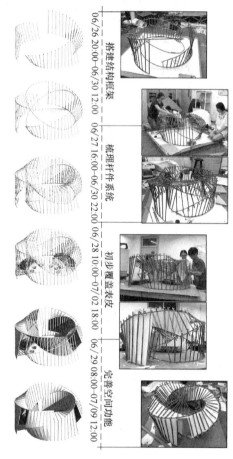

图3 竹寰结构前期推演过程

图4 竹寰室内外效果图

两次建造教学均产生了参数化、性能化、信息化涉及的非线性建筑作品。2016年的设计探讨了建筑空间

内与外的问题，通过莫比乌斯圈的形式，讨论内部空间的过渡、内部空间与外部空间的过渡、由外至内再至外的关系、空间中的空间等话题。作品利用障景的方式处理空间，建筑是景观点也是观景点。从建筑内部，可以实现一层、二层、三层的空间界面对外部景观进行"隔离"以形成独特的观景效果，为参观者提供了多角度、互动式的体验序列。

建筑形体、空间、结构一体化设计，通过莫比乌斯环面形成一种单侧的、不可定向的曲面，在结构逻辑上比现有已实现的莫比乌斯环面建筑完成得更彻底，竹材的特性得以充分表达。在建筑结构数学建模方面进行了深入的探讨。

2.4.2 2017安吉建造教学对技术的探索②

2017年的设计更强调参数化和性能化，空间和结构生成是基于一个六边形三角网络平面，运用Kangaroo动力学模拟软件进行力学找形，通过确定整个构建的支撑点，赋予荷载力的大小以及杆件的自适应系数来确保得到一种接近于仅受压而不受弯的结构形态，以保证整体的力学合理性和实施性。而在空间体验上，人们穿梭其中，既能感受到由水平分割与高度差异带来的丰富的双向空间变化，又能感受到由同一六边形界面围合形成的空间连续性。

2.5 被忽略的工艺及工具的探索

2.5.1 对竹加工工艺及其特性利用

建构的主要意义在于材料与材料仔细的衔接在一起，在设计过程中，该过程为强调的重点。也由此做了多项模型建造实验。首先，考虑竹材如何分类。由于莫比乌斯环的几何特殊性，将整体分为完全相同的三组；其次是计数方法的选择。整材加工完毕后，对每根竹材进行节点加工。

① 作品名称：竹寰——连续空间系统
指导老师：胡一可 辛善超
参赛学生：王雪睿、朱子超、沈晨思、时冬玮、王旭、张尔科、唐柯炎、邓剑、徐源、高悦、申子安、吴韶集、王俐雯。
主办单位：楼纳国际建筑师公社、中国建筑中心CBC、贵州黔西南政府
技术支持：安吉竹境竹业科技有限公司
② 作品名称：竹穹——同生空间体系
指导教师：袁逸倩 胡一可
参赛学生：王雪睿 贝以宁 王畅 李至 丛逸宁 邓剑 王旭
唐柯炎 张尔科 许智雷 刘锦文 姜雪峰 闫世航 吴金泽 胡慧寅
主办单位：德阳市人民政府、天津大学建筑学院、CBC建筑中心
技术支持：安吉竹境竹业科技有限公司

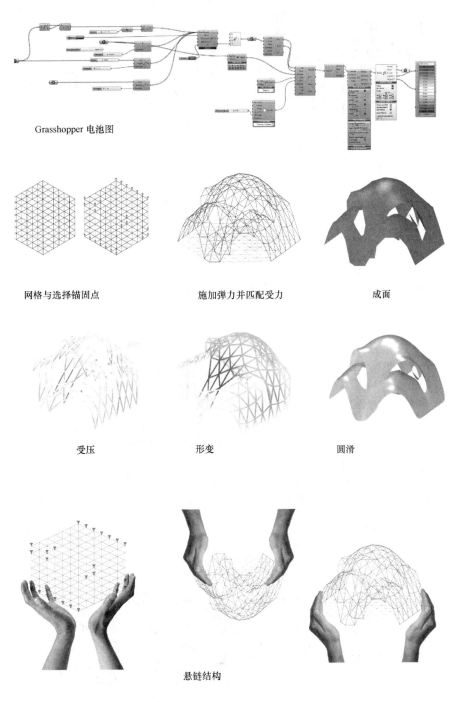

Grasshopper 电池图

网格与选择锚固点　　　施加弹力并匹配受力　　　成面

受压　　　　　　形变　　　　　　圆滑

悬链结构

图 5　Grasshopper 力学找型过程图

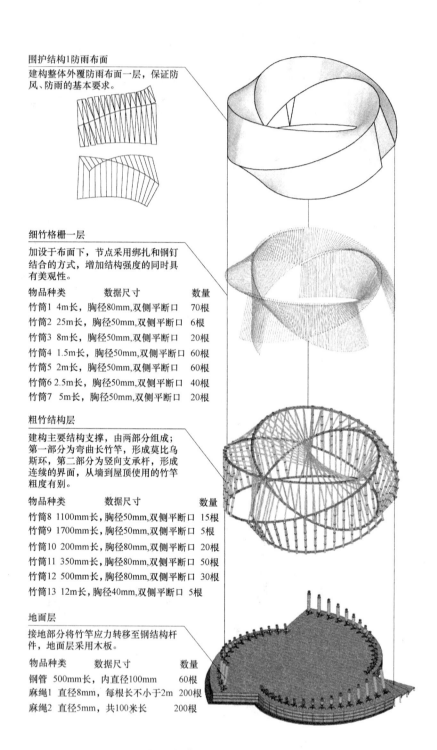

围护结构1防雨布面

建构整体外覆防雨布面一层,保证防风、防雨的基本要求。

细竹格栅一层

加设于布面下,节点采用绑扎和钢钉结合的方式,增加结构强度的同时具有美观性。

物品种类	数据尺寸	数量
竹筒1	4m长,胸径80mm,双侧平断口	70根
竹筒2	25m长,胸径50mm,双侧平断口	6根
竹筒3	8m长,胸径50mm,双侧平断口	20根
竹筒4	1.5m长,胸径50mm,双侧平断口	60根
竹筒5	2m长,胸径50mm,双侧平断口	60根
竹筒6	2.5m长,胸径50mm,双侧平断口	40根
竹筒7	5m长,胸径50mm,双侧平断口	20根

粗竹结构层

建构主要结构支撑,由两部分组成;第一部分为弯曲长竹竿,形成莫比乌斯环,第二部分为竖向支承杆,形成连续的界面,从墙到屋顶使用的竹竿粗度有别。

物品种类	数据尺寸	数量
竹筒8	1100mm长,胸径50mm,双侧平断口	15根
竹筒9	1700mm长,胸径50mm,双侧平断口	5根
竹筒10	200mm长,胸径80mm,双侧平断口	20根
竹筒11	350mm长,胸径80mm,双侧平断口	50根
竹筒12	500mm长,胸径80mm,双侧平断口	30根
竹筒13	12m长,胸径40mm,双侧平断口	5根

地面层

接地部分将竹竿应力转移至钢结构杆件,地面层采用木板。

物品种类	数据尺寸	数量
钢管	500mm长,内直径100mm	60根
麻绳1	直径8mm,每根长不小于2m	200根
麻绳2	直径5mm,共100米长	200根

图6 竹寰 竹组合结构分析图

竹材连接节点构造方法 表 2

方法		问题及难点	示意图片
U形槽及捆绑	顶部 U 形槽,十字交叉孔,铁丝十字纵向固定,麻绳装饰	(1)因竹竿竿体厚度,估算切口与龙骨吻合度较难 (2)过细竹竿不适用,稳定性不高,侧壁易折断	
V形槽及捆绑	顶部 V 形槽,十字交叉孔,铁丝十字纵向固定,麻绳装饰	对接地竹竿侧面斜切开口精度把握较难,切割难度较大	
A形槽及捆绑	顶部 A 形槽,十字交叉孔,铁丝十字纵向固定,麻绳装饰	(1)适用于接地较粗竹竿,较细者截面较小,包裹不全稳定性不佳 (2)卡槽尖角朝外,欠缺表现度	
T形槽及捆绑	顶部 T 形槽,底部十字交叉孔,顶部两孔,铁丝十字纵向固定,麻绳装饰	(1)切割难度较大,只适应于接地类型竹竿 (2)精度较难控制,需测量两侧全部竹竿粗细,可能性较小	
方形开口及螺栓(自攻螺丝)固定并捆绑	顶部开方形槽,方槽侧面两孔为螺栓预留口,螺栓固定,捆绑固定	(1)要求竹竿粗细,壁厚,加工难度大,手工调整 (2)开口预留空间,调整角度 (3)较不稳固,在于开口精准度,适用范围不大	
双 A 形槽及捆绑	顶部开 A 形槽,开四个垂直的孔,铁丝对预留孔固定,麻绳捆绑	(1)便于调整角度,稳定性差,易形变,不稳固 (2)加工不变,需匹配竹竿粗细 (3)竹竿尖角碰撞,较难达到预期角度	
A 形槽和凹槽及捆绑	顶部开 A 形槽,开四个垂直的孔,顶部浅凹槽,铁丝捆绑固定,麻绳固定美化	(1)凹槽较难加工 (2)若对接竹竿的角度超过 135 度,捆绑固定将较困难	
方口槽及 A(V)形槽结合及捆绑	方口槽上接地竹竿顶部切槽处理为 A 形或 V 形槽。对接竹竿插入开槽处	需预留开口方向和开槽方向	

2.5.3 2016楼纳建造教学作品节点构造方法

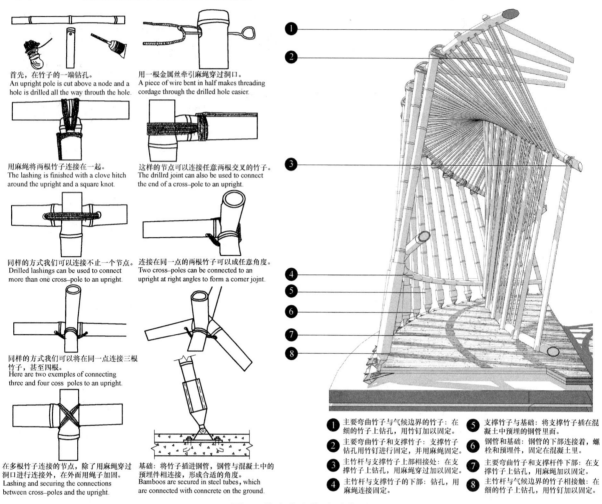

首先，在竹子的一端钻孔。
An upright pole is cut above a node and a hole is drilled all the way throuth the hole.

用一根金属丝牵引麻绳穿过洞口。
A piece of wire bent in half makes threading cordage through the drilled hole easier.

用麻绳将两根竹子连接在一起。
The lashing is finished with a clove hitch around the upright and a square knot.

这样的节点可以连接任意两根交叉的竹子。
The drillrd joint can also be used to connect the end of a cross-pole to an upright.

同样的方式我们可以连接不止一个节点。
Drilled lashings can be used to connect more than one cross-pole to an upright.

连接在同一点的两根竹子可以成任意角度。
Two cross-poles can be connected to an upright at right angles to form a corner jojnt.

同样的方式我们可以将在同一点连接三根竹子，甚至四根。
Here are two exemples of connecting three and four coss poles to an upright.

在多根竹子连接的节点，除了用麻绳穿过洞口进行连接外，在外面用绳子加固。
Lashing and securing the connections between cross-poles and the upright.

基础：将竹子插进钢管，钢管与混凝土中的预埋件相连接，形成合适的角度。
Bamboos are secured in steel tubes, which are connected with conncrete on the ground.

① 主要弯曲竹子与气候边界的竹子：在细的竹子上钻孔，用竹钉加以固定。
② 主要弯曲竹子和支撑竹子：支撑竹子钻孔用竹钉进行固定，并用麻绳固定。
③ 主竹杆与支撑竹子上部相接处：在支撑竹子上钻孔，用麻绳穿过以固定。
④ 主竹杆与支撑竹子的下部：钻孔，用麻绳连接固定。
⑤ 支撑竹子与基础：将支撑竹子插在混凝土中预埋的钢管里面。
⑥ 钢管和基础：钢管的下部连接着，螺栓和预埋件，固定在混凝土里。
⑦ 主要弯曲竹子和支撑杆件下部：在支撑竹子上钻孔，用麻绳加以固定。
⑧ 主竹杆与气候边界的竹子相接触：在细的竹子上钻孔，用竹钉加以固定。

图7 竹寰节点构造示意图

2.5.4 2017安吉建造教学作品节点构造方法

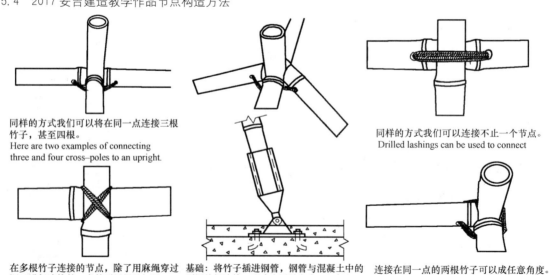

同样的方式我们可以将在同一点连接三根竹子，甚至四根。
Here are two examples of connecting three and four cross-poles to an upright.

同样的方式我们可以连接不止一个节点。
Drilled lashings can be used to connect

在多根竹子连接的节点，除了用麻绳穿过洞口进行连接外，在外面用绳子加固。
Lashing and securing the connections between cross-poles and the upright.

基础：将竹子插进钢管，钢管与混凝土中的预埋件相连接，形成合适的角度。
Bamboos are secured in steel tubes which are connected with concrete on the ground.

连接在同一点的两根竹子可以成任意角度。
Two cross-poles can be connected to an upright at right angles to form a corner joint.

图8 竹穹节点构造示意图

3 "设计"环节的重要作用

3.1 设计与建造的关系

设计更关注空间，建造更关注实体。而"空"的部分设计与场地联系紧密，同时也是行为的发生器。建造则涉及诸多复杂的问题，需要更多地考虑气候条件及场地条件，更要系统安排施工进程，还要考虑后期使用、维护和管理。2016年的建造实践有很多问题需要总结，而其中多数来自设计层面。

3.2 设计的重要作用：场地-空间-行为原型

设计建造一体化，在建造的过程之中，对涉及价值取向的问题同时考虑。在场地中根据人的行为对空间进行设计并产生片段性的原型，由行为原型生成结构原型，并深化为空间原型。通过空间形体构造控制整体组织，进而反馈到之前的过程创造体验空间并由空间结合体验序列集合并结合原型与尺度、功能、空间体验等形成设计。

在路径设置、地基处理、基础设置、与周边要素关系等方面，学生对场地的本质特性进行了深入的认识；而在建造过程中，面对"现实中的空间"，学生真实地感受到了空间的形式只有部分作用，而可达性、空间界面处理、与建筑物理环境的关系更为重要；就行为而言，图面上的虚拟体验与现实中的体验大相径庭，被忽略掉的家具反而扮演了重要的角色，而"行为空间"和"行为引导"只是起到了部分作用。

4 结语

建造教学让学生了解可以指导施工的图纸绘制内容（甚至对每一个组件进行精确建模，相当于三维立体的施工图）；了解基本的建筑材料和构造做法的知识；了解到从建筑设计到施工完成的全过程；体会图纸上的成果和建成作品之间的差异；培养学生的组织协调合作能力。教学内容不仅包括对材料、构造和结构的认知，还包括建设标准、材料价格、施工成本控制、工程变更、后期管理等内容。同时整合了支离破碎的知识片断。

建造教学来说，虽然没有系统性的理论和方法，但面向特定材料的建造教学本文总结了相关的操作步骤和方法，从而为建造教学归纳出一个可供参考的体系。

参考文献

[1] 张早.建筑学建造教学研究：[博士学位论文].天津：天津大学，2013.5.

[2] 姜涌，包杰.建筑教学比较研究.世界建筑，2009.03.

[3] 徐炯.建造意识下材料驱动的两次参数化建构教学研析.城市建筑，2016.05.

林育欣

厦门大学建筑与土木工程学院；lyx33333@163.com

Lin Yuxin

School of Architecture and Civil Engineering，Xiamen University

建构设计专题教学探索
——基于材料特性和模拟建造的设计训练

Exploration on Special Subject of Tectonics Design
——Design Training Based on Material Properties and Simulation Construction

摘　要：在社会分工越来越专门化的背景下，我们当前建筑设计教育暴露出，我们学生设计中图面效果越来越强，但是对真实的建造离得很远。很多同学连基本的结构逻辑、构造思路、材料特性和建造步骤都没有掌握，怎么才能设计出自己想要的房子。我们开设建构设计专题，就是立足于空间＋材料＋结构＋建造，一开始就是整体去考虑的。我们需要更高效、更有针对性的教学体系，不断培养出有综合能力的学生，去解决现实中的复杂问题。本文详细介绍了此次新课程设立的目的和策略，以及每个教学阶段的具体训练思路，分析出未来继续改进的方向。

关键词：建构；材料；结构；模拟建造；教学改革

Abstract：In the context of increasingly specialized division of labor in society, our current architectural design education has exposed that the design picture of our students is getting stronger and stronger, but the real construction is far away. Many students do not even master the basic structure, logic, construction ideas, material characteristics and construction steps. How can you design the house you want? We set up the special subject of tectonics design, that is based on space ＋ material ＋ structure ＋ construction, from the beginning is considered as a whole. We need a more efficient, more targeted teaching system, and constantly cultivate students with comprehensive ability to solve the complex problems in reality. This article describes in detail the purpose and strategy of the new curriculum, as well as the specific training ideas in each teaching stage, and analyzes the directions for further improvement.

Keywords：Tectonics；Material；Structure；Simulation Construction；Teaching Reform

1 建构课程的开课背景

基于中国目前教学目标和教学评价下高校建筑设计课程的成果，普遍与最终实施建造的建筑之间，存在大量的不确定和不合理之处。建筑类专业化界限分明，强调建筑学与土木工程等相关学科的分工，而不是尽力去强化建筑师与结构工程师、建造工程师、设备工程师和项目经理的协作，去共同完成高质量的精品。和作结构建筑研究所的张准认为，建筑师和结构工程师之间是一种怎样的关系，有人说是战友、有人说是"夫妻"、也有人说是登山者与向导，但是在当前国内大量的项目实践中，各种原因使双方往往看起来不那么和谐，除了外部因素造成的矛盾，大多是双方的互不理解、低估对方的工作价值而引发，建筑师思考结构为何同时，结构工程师更迷惑于建筑为何?[1]

针对当下设计作业与实际建造分离的境况,我们课程强调基于材料特性的组合利用、不同结构的营造过程和具体施工的过程优化。我们希望尝试开设一门能综合材料、结构、建造与建筑设计融合为一体的课程。从一开始着手设计,就要使学生树立设计的最终目的,是要把房子合理有效地建起来。一切围绕怎么建造出满意的真实建筑空间去设计,综合运用空间、结构、材料、构造和施工各方面的知识。

我们厦门大学建筑与土木工程学院,在一年级"设计基础(下)"的"木建构"作业,和二三年级"公共建筑设计"和"建筑构造"课程基础上,结合2009级开始的材料建构设计、大比例模型训练、2015级木构实体建造,和参加SDChina2013国际太阳能十项全能大赛的实体建造训练,在2016—2017学年给四年级学生新开设了后续的提高性专题性课程,开始探索一种新的模拟实物建构训练。

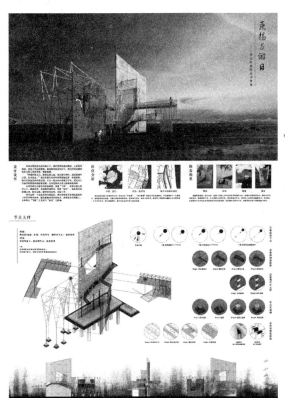

图1　建构设计(2013级　张晨琦　王丹健)

2　教学思路的转变

2.1　从功能空间向可操作性的建造转变

第一阶段,要求学生进行典型案例分析,从建筑设计的角度,分析材料特性、结构类型、节点构造和施工组织。第二阶段,在分析基础上,尝试先有学生个体多方案发展,逐步讨论集中综合成集体智慧的成果,最后由团体成员合作完成建构的设计、表达和制作。通过实物模型和SU模型的构思、分析与比较,进行具有可操作性的功能、结构、材料和施工各方面的推进,体现全方位、全过程的建造方式和多学科综合性成果。

初步认识"构造和结构"与材料的关系,了解建筑设计中恰当的材料运用的重要性,和建造过程的程序步骤合理性。对建筑的学习研究不能将材料和形式、结构和建造分割开来,不能离开材料和建造孤立地研究形式和结构。

通过模拟盖房子,学习常见建筑材料的物理特性和美学价值。了解建筑形式和建筑材料的结合方式和设计方法,学习、分析和借鉴大师的设计手法和理念。熟悉建筑材料和形式的模型表达技法和图纸表现方法。

2.2　课程教学逻辑和训练方法

(1)从材料的本性出发,研究与之对应的营造过程和构造逻辑,探讨其在空间设计的重要意义。

(2)培养以材料和建造方式为构思原点的设计方法。

(3)了解材料本性、加工手段、构造方式、结构特征之间的关系;探讨不同加工工艺、构造方式所形成的多种空间的可能性。

(4)训练学生从三维实体模型和SketchUp模拟真实材料发展的可能性,最后通过1:10模型和1:5的节点大样建造验证设计预期。

(5)初步锻炼学生模拟性操作盖房子的组织能力、协作能力和动手能力。

2.3　注重用实际材料进行模拟"建造"

我们采用理论与实践相结合的教学模式。建构理论与典型案例分析,促进理论和设计方法的统一,对空间、造型、结构和建造在设计深化中各阶段的思路有整体把控。

建构设计的重点是实际操作,课堂工作方法的核心是用模型来构思和设计它提供了用实际的材料进行模拟"建造"和验证效果的直接体验。不同的模型材料激发不同的操作,从而导致不同的空间形态以及建构表达。因为建构设计研究均是借助于模型材料来进行的.对建造材料的考虑也是以模型材料来替代的。所以我们要特别强调模型材料的三重特性,即材料的可操作性、材料的视觉特性和材料的表现性。

具体课程作业，先有学生个体多方案发展，逐步讨论集中综合成集体智慧的成果，最后由团体成员合作完成建构的设计、表达和制作。通过实物模型和 SU 模型的构思、分析与比较，进行具有可操作性的功能、结构、材料和施工各方面的推进，体现建造方式和成果在课程全范围的引领作用。

3 建构课程的具体教案设置

3.1 作业内容与步骤：

设计和模拟建造不大于 100m² 的个性化建筑

(1) 学习建构的理论，了解建构教学的现状和成果，分析建筑实例。

(2) 在分析、讨论和推敲的基础上，进行资料收集和分析，总结出不同类型的建造特点。

(3) 通过草图、实物模型和 SketchUp 模型，逐步深化方案，探索针对材料的功能、结构、加工和连接的逻辑。

(4) 通过轴测图、分析图、模型照片与文字，经过恰当的排版充分表达设计和建造的构思和可行性。

(5) 团队分工协作，在实际模拟性模型建造中，发现问题解决问题，从"建房子"反馈出设计的真实目的。

3.2 进度安排与阶段性成果要求

第一阶段：五周

第 1 周，讲课："建构设计专题"的教学目的、方法、内容和课程大纲，布置案例分析作业，分组；

第 2 周，确定每组同学的分析案例，开始讨论其建构特点（基本图纸和照片等资料）；

第 3 周，每组同学分析案例的整体功能、结构、材料特性（针对钢结构、竹木结构和现浇钢筋混凝土结构等），开始模拟建造过程（SketchUp 模型）和估算不同材料规格数量；

第 4 周，讨论施工组织，比较和推敲不同结构、材料和构造的合理性与优缺点（SketchUp 分解模型）；

第 5 周，每组完成分析案例的分解轴测（结构、材料）、深化建造过程、节点大样和材料规格，提交正图 (A1 打印)，正图电子版、SU 建造过程分析模型。

第二阶段：十周

第 1 周，讲课布置作业，确定设计方向和训练目的；每位同学开始两个设计构思（1 : 20 构思模型和草图）；

第 2 周，每位同学改进方案设计和体现建构特点

（1 : 20 结构模型和 SketchUp 模型），讨论起优缺点和改进措施；

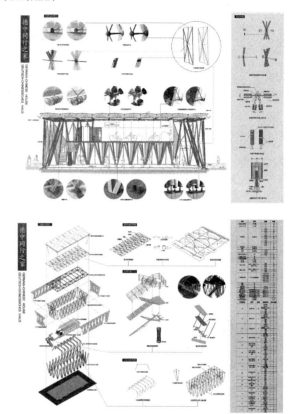

图 2　建构分析（2013 级　赵一泽　周荣敏　周思源）

第 3 周，三位同学组成一组，每组优选一个方案，进一步完善整体功能和建构过程（1 : 10 可分解模型和 SketchUp 模型）；

第 4 周，每组完善设计方案、推敲结构、材料的合理性和建造可行性（1 : 10 可分解模型和 SketchUp 模型）；

第 5 周，每组完成设计方案和室内设计、深化建造过程（SketchUp 模型）、节点大样和材料规格；

第 6 周，全面完善设计方案，深入细化图纸（平立剖 1 : 20 和节点轴测）、SketchUp 模型和实物模型的连接节点；开始各类分析图、小透视、轴测图等；

第 7 周，优选 SU 建造过程模拟模型、推敲施工的预算、各种材料用量和规格、连接件的可靠度；完成各类分析图、小透视、轴测图等；

第 8 周，完成最终建造方案和施工组织，完善整体设计的表达深度。合组开始制作 1 : 10 实物成品模型和最终电子排版 (A1)；

第 9 周，完成最终实物模型（1 : 10 包括室内外模型，包括 1 : 5 节点大样做法）；

第 10 周，提交正图 (A1 打印)，正图电子版、SU 过程模型、每组里每个实物模型和照片（至少 20 张 / 每个）。

章（或节）	主要内容	学时安排
第一讲-1	课程概况，讲课，布置案例分析	3
第一讲-2	分组案例分析和讨论	3
第一讲-3	案例分析，制作模型	6
第二讲	建构理论	6
第三讲-1	分组布置建构设计任务	3
第三讲-2	讨论构思和材料特点	3
第三讲-3	做工作模型和节点大样	6
第三讲-4	图解建造过程	6
第三讲-5	完成图纸和1：10模型	6
第三讲-6	交图、模型，评图	3
另外	未来争取优选其中一个作业，课外BIM虚拟建造和与建筑企业合作实体建造	
合计		45

课程主要内容及学时安排　表1

3.3 最终提交的成果要求

图幅：A1（84mm×594mm）

图纸内容包括：平、立、剖面（1：20）及总平面（1：100），设计过程和构思特点分析；SketchUp建造模拟模型，建造过程分析，节点大样和整体分解轴测图，局部透视和轴测图，实物模型照片（包括节点做法）。

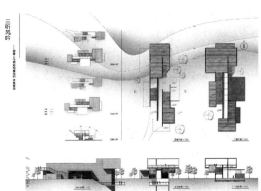

图3　建构设计（2013级　张艺璇　时润泽）

本次教改尝试，核心就是突出怎么从材料、结构和建造去引领建筑设计，打破传统设计课程与结构工程（结构力学分析、结构选型）、建筑材料（材料分析、材料力学、材料表现）、建造施工（施工组织、工业化、装配化）的界限，希望在设计一个作品时，能通盘考虑和分析各种技术因素对建筑作品完成度的影响和贡献。所以，我们在教学过程积极寻求土木工程专业教师的支持和帮助。在设计中期进行结构合理性和施工组织两次专项公开评图，在最后成果汇报后，又请资深结构专家做结构和建造方面的讨论总结。所以，这门新课就是我们学院建筑学专业和土木专业教师协作努力的教学改革试验。今年第一次开始上新课，从学生完成的作业成果，已超出我们预期。课程存在的不足也非常明显，我们教师能力还不足以全面支撑该课程的体系，需要不断研讨并提高教学的效率。未来准备利用土木工程实验室，指导学生进行一系列的材料操作和结构分析，并借助厦大BIM仿真实验室进行更深入的虚拟建造训练，最终期望与社会上真实建筑工程接轨，参与建筑项目的实际建造。在"结构笔记"访谈五中葛明谈到，结构思考需要同时思考物体和空间的关系，关系和元素的联接，以及由此产生的建筑意义，是同时训练直觉和思辨能力的有效工具。如果把结构思考上升为方法论，如结构法或设计哲学，那就更需要语言的精确性。所以，有效的结构思考能够提炼我们的建筑语言，帮助形成反反复复推进的思考方式，从而可以发展出我们当代的设计与建造文化[2]。我们开设解构设计专题课程就是尝试探索：把材料、结构和建造中逻辑关系提升到建筑设计的方法论，成为整体性设计的出发点。

参考文献

[1] 和作结构建筑研究所成立，http：//mp.weixin.qq.com/s/3cbf4RCVzKDiOthHt9qtQA.

[2] 葛明　李兴钢　王方戟."结构笔记"访谈五｜结构的探索—空间·材料·尺度，http：//mp.weixin.qq.com/s/uzaz199kKc7Lp_wH6EKUBw.

[3] 顾大庆，柏庭卫.空间、建构与设计.北京：中国建筑工业出版社，2011.

[4] 马进，杨靖.当代建筑构造的建构解析.南京：东南大学出版社，2005.

[5] 理查德·韦斯顿（英）.材料、形式和建筑.北京：中国水利水电出版社，2005.

李晨　李一晖　周辉　聂亦飞
华东交通大学土木建筑学院；lichen75@163.com
Li Chen　Li Yihui　Zhou Hui　Nie Yifei
School of Civil Engineering and Architecture, East China Jiao Tong University

建筑设计深度的教学引导
Teaching Guidance on the Depth of Architectural Design

摘　要：应对建筑设计教学中存在设计深度不足的现状，结合多年的建筑设计教学实践，深入剖析了在设计研究和场地、功能、空间、技术、造型等方面设计存在深度不足的现象，并提出"细化设计任务，呈现设计逻辑"等教学手段来实现对学生设计深度的引导与控制。

关键词：设计深度；建筑设计教学；建筑教育；教学方法

Abstract：To deal with the lack of the depth of architectural design in teaching, this paper, combining with the teaching practice of architectural design for many years, analyzes the lack of depth in design research and design of site, function, space, technology, form, etc. A serial of teaching methods , "detailed design task and presentation design logic", are put forward to guide and control the depth of architectural design.

Keywords：Depth of architectural design; Teaching of architectural design; Architecture education; Teaching method

1　设计深度觉醒

设计深度在建筑设计教学中举足轻重。深度意味着广阔的专业视野，也是衡量设计能力高低的重要指标。顾大庆教授对学院派建筑设计训练的研究表明，深度是建筑设计训练中的核心问题[1]。如何在建筑设计教学中把控设计深度已受到国内不少高校的关注，如东南大学2015年后开展的教学改革也有意推进物质技术维度的设计深度[2]。就具体做法而言，各个高校仍然处探索阶段。以下结合笔者所在学校就设计深度引导与控制方面开展的教学思考和实践展开论述。

2　设计深度剖析

长期以来，建筑设计类课程让人形成了点到为止、难以深入的认知。深度缺失现象普遍存在，主要表现如下：

2.1　设计研究流于表面，成果难以转化

设计教学中的研究主要包括场地调研、背景资料、案例和设计问题的研究等。研究深度决定了设计深度。实际教学中，研究深度和成果转化是设计研究中存在的主要问题。具体表现为调研程序化，对问题的提炼流于表面，难以转化为有效的操作策略。

2.2　场地设计空间与建造思维不足

对场地设计不够重视，导致陷入图案化思维误区，仅满足总平面视觉效果，而缺少空间与建造思维。具体表现有：惯用图块插入和填充，缺少对场地构成要素尺度的推敲和控制；场地设计与建筑单体关联性不够；对人的行为和体验考虑不足，设计出来的场地环境缺少场所感等。

2.3　"伪功能"和功能理解片面性

（1）"伪功能"

对功能的理解局限于任务书规定的房间名称，导致出现"伪功能"现象。殊不知名称只是功能的标签，真正的功能是名称背后人对空间的使用与体验。

（2）设计规范

设计规范是通过功能来对建筑设计进行管控的一种形式。规范对建筑空间组织方式和单个空间形态形成制约，故有必要在教学中加以重视。

（3）技术空间

技术空间包括材料、结构、构造和设备及其运行所需占据的空间。技术空间问题可归结为建筑功能范畴。建筑中技术空间与使用空间、交通联系空间共同占据建筑平面和空间，且技术空间有自身的组织规则。尤其是大型公共建筑，每层平面面积大，技术空间达到一定规模。安排好技术空间既可实现使用空间要求，也利于获得高质量的使用空间。实际设计教学中往往对使用空间和交通空间的组合设计关注较多，而缺少对水、电、空调通风等技术空间的理解和考虑。

2.4 空间层次缺失，组合代替设计

空间问题是建筑设计的核心问题。空间具有层级性，不同层级空间的设计有共性也有差异。场地、单体、空间分区和单个空间往往表现为建筑设计在空间上由宏观向微观推进，某种意义上可理解为设计深度的推进。

层级缺失是空间设计深度不足的主要表现。设计教学中存在停留在空间组合层面，而缺少对单个房间内部空间使用方式的设计和对空间界面及相邻空间关系的专门性推敲的现象。

脱离建筑结构研究空间分隔，缺少对柱-梁-墙空间关系的考虑也是教学中遇到的典型问题。

2.5 建造技术考量不足，落地性差

尽管建构问题已备受国内建筑教育界关注。但从国内绝大多数高校的建筑设计教学效果看，对建造技术的考量仍然存在片面性且落地性不足。

建筑设计需考量的技术问题不仅包括材料、结构和构造，还涵盖了设备、造价、施工工序等。造价是制约建筑设计的最重要因素之一，而在建筑设计教学中却未给予足够重视。众所周知，投资额会影响建筑规模、空间布局、结构形式、建筑材料的选择和建筑立面效果等方方面面。有经验的建筑师也善于根据项目总投资来统筹建筑设计。

教学中对结构的考虑，也往往呈现结构形式单一化倾向。多数建筑设计方案仍然采用现浇混凝土框架结构，不仅少有涉及其他结构形式，而且更多地局限于关注结构柱网布置，对于柱—梁—墙三者的空间关系认识却存在不足。

此外，设计中对构造往往缺少有效的指导机制。这与进度控制和教师自身缺少相关经验且没有有效指导手段有关。有些学生为完成任务从图库、参考图中拷贝构造大样或生搬硬套，既没真正理解构造做法，也没理解构造与外观之间的逻辑关系。

2.6 造型设计多凭感觉，缺少方法

教学中建筑形态与立面造型设计与指导过于依赖个人感觉，缺少对形态的理性指导思路与手段。经常出现的问题有：缺少对形体的推敲，由平面直接生成立面，给立面设计带来被动；立面设计与内部空间缺少关联，立面设计流于图案化处理，满足自身构图美感；立面设计与建筑构件的逻辑关系含混不清，对柱、梁、阳台、窗台、窗间墙等实体构件的尺度影响认识不足；对设备管井对建筑立面的影响认识不足，未在立面上得到体现；对形式美法则运用过于肤浅教条，停留在概念层面而没能建立定量控制系统。

总体而言，除师资水平、课程任务繁重等原因外，教学设计和教学手段也是产生设计深度缺失问题的主要原因，主要表现为：（1）教学计划、大纲和教学设计比较粗线条，没有具体落实到操作细则层面。如按照一贯做法，设计任务书规定要有总平面、各层平面、立面、剖面和效果图等，但这样的任务书却难以控制设计深度；（2）缺少引导学生向设计深度方向推进的有效手段。

以下以教学设计和教学手段为切入点，对建筑设计教学中设计深度的引导与控制问题进行论述。

3 设计深度引导

教学中的设计深度是一个综合概念，包含前期研究、设计和表达的深度等。前期研究的深度主要表现为场地及周边环境调研的深度及转化、案例及相关背景资料的研究深度等；设计的深度主要包括与设计紧密相关的各物质空间要素的考量深度，如功能、空间、形式和技术等方面；表达的深度主要指设计完成到某一特定阶段时能够选择合适的表达方式来呈现出足够的信息。

深度与设计阶段紧密相关，不同阶段设计深度要求存在差异。就方案设计而言，大致划分为概念方案、空间设计、深化设计和方案完成四个阶段。概念方案阶段主要根据场地环境特征和建筑性质等确定建筑的整体体量，建构与场地环境的关系；空间设计阶段主要对已确定的概念方案进行空间组织，建构出合理的空间体系；深化设计阶段一方面要深入单个空间中进行设计推敲，另一方面要综合考虑空间使用与体验、防火疏散、结构、设备、材料构造等因素；方案完成阶段则是上述各

要素存在问题得到良好解决的综合呈现。

我们在教学中尝试采用如下方法对学生设计深度进行引导与控制，并取得一定成效。

（1）选择合适载体，针对性设定设计内容，引导学生推进设计深度；

（2）引导学生关注设计逻辑与控制系统的探寻与呈现；

（3）强化比例尺概念与操作，重点引导学生深入理解不同比例尺在建筑设计中的深度控制与表达，并建立

操作习惯。

具体做法如下：

3.1 功能设计深度引导

关注设计规范，引导学生建立以设计者为代表的使用者对空间的使用与体验思维方式来推进功能设计的深度，避免陷入"伪功能"困境。

功能设计中的关键问题在于建立组织结构、满足防火设计要求并选择合适方式加以呈现。

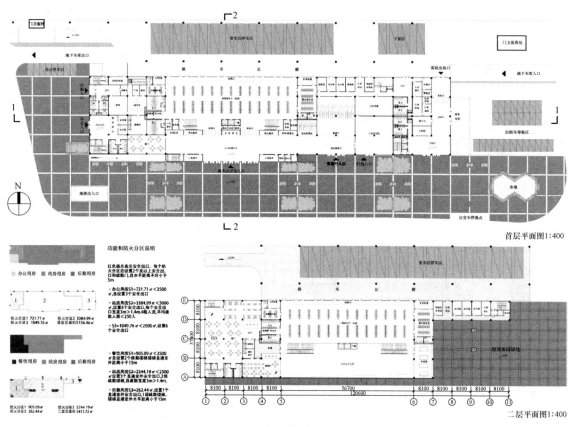

图1 设计分析示意
（学生绘制：叶晨璐、吴佳琦、李燕伶）

实际操作中，可引导学生在功能分区的基础上，建构交通联系空间体系，进而建立整体组织结构，并在每层平面图上将交通联系空间标示出来，同时绘制功能分区示意图附设在各层平面旁予以呈现（图1）。而对于防火设计规范，因涉及强制性条文较多，且制约了建筑空间组织方式和单个空间的形态，故有必要在教学中加以重视并引导学生查阅与运用，也可采用绘制每层平面的防火设计分析示意图，并附设在各层平面旁予以呈现（图1）。防火设计分析示意图重点表达防火分区、疏散楼梯位置与数量、疏散距离等，同时用文字列出疏散楼梯宽度的计算方式及规范要求。

设计分析示意图的运用既可引导学生关注设计重点并利于推敲设计，也方便评阅者清晰地读懂复杂平面背后的设计逻辑并做出指导或评判。

3.2 空间设计深度引导

学生往往在完成房间组合设计后便将关注度从室内转向室外、从空间转向外观的现象，而弱化甚至忽略了对空间品质感知影响较大的单个空间或相邻空间关系设计的深度推进。单个空间的设计推敲，本质上是换一个层级来思考空间设计问题。在单个空间中，关注重点转至人的尺度与使用方式、家居尺度与布置，以及空间的

界面形式及其与相邻空间关系的建构等设计问题。

在教学中，需引入空间品质的要求，明确规定重点空间和主要用房深化设计的目标任务。对门厅、中庭等重点空间需根据功能和规范要求、人的使用等，运用恰当的物质要素对空间进行二次划分；根据人的体验与感知对空间和界面形式及其与相邻空间的关系进行推敲等。对主要用房需明确空间与构件尺度、家具布置、空间氛围和视觉效果方面的设计任务。设计以绘制 1：50 的重点空间设计放大图和空间模型来推进与呈现。

因这部分内容与个人体验与感知关系密切，需采用案例分析和设计示范相结合的教学方式以保证教学效果。

3.3 造型设计深度引导

造型设计受感性因素影响较大，如不能凝练出相对明确的教学内容，在教学中容易遭遇困境。近些年，笔者尝试了一种设计逻辑教学法，取得了一定的教学效果。

因造型设计存在感性和理性两种成分。感性成分多依赖设计者对美感、文化等方面经验积累的转化；理性成分可归结为建构一套形式操作与控制系统。故理性部分可作为造型设计教学的重点。

建筑造型设计可对形体和立面两部分进行操作。形体操作与概念设计关联度较大，而立面设计操作则有赖于形式美法则。教学中要注重引导学生建构一套形式控制系统并以此组织立面构件。具体做法为：首先引导学生进行案例研究，在案例研究时在建筑立面图上绘制出结构构件、门窗、阳台等构件的控制线；其次研究控制线之间的量化关系，门窗形式与内部空间之间的关联等；然后，在案例立面控制系统的基础上建构出适合自己设计的一套立面形式控制系统；最后，据此完成立面设计并进行优化和调整。

需要强调的是，案例研究的关注重点是控制系统和各要素的量化关系，以及实体构件和各类洞口在控制系统中的作用。此外，研究深度须抵达构件与构造层面，如窗户、幕墙等的分隔逻辑等。

成果表达时除须提供立面图和外观模型外，还需绘制立面控制系统图，也可采用轴测图、立面展开图形式予以呈现（图2）。

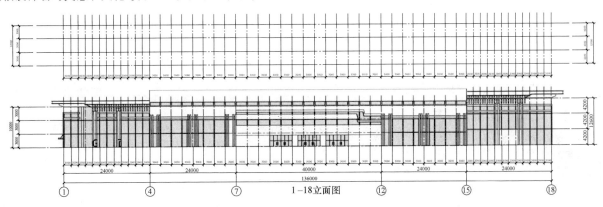

1—18立面图

图 2　立面控制系统
（学生绘制：刘育松、饶思源、陈祎予）

3.4 技术设计深度引导

技术设计是一个综合概念，包括材料、结构、构造、设备、经济、施工等各方面。建筑设计训练中对技术设计深度的引导有赖于明确的设计任务和合适的设计载体。

（1）建立结构模型

明确要求建立结构模型，需包含柱、承重墙、主次梁、楼板、屋架、楼梯等构件，重点关注结构构件的传力模型，以及实际建造中墙、梁、板、柱等构件的尺度与空间关系。实际教学中，结构体系的完整性、分隔墙与次梁的对位关系、楼梯部位的空间关系等容易被忽视而出现问题。

建议采用案例示范教学法来保证教学效果，具体操作如下：以实际工程施工图为蓝本，选择一个结构单元，通过 SU 或 revit 等软件，用多媒体教学现场示范建立结构模型，进而呈现"结构单元-单一楼层-整栋建筑"的结构体系模型示范（图3），并指导学生以各自设计方案进行实际操作。

（2）绘制墙身大样

墙身大样绘制重点在于引导学生理解材料、构造及其与建筑立面的关联。教学中可通过限制墙身大样图的绘制与呈现方式来引导学生进行构造设计并关注构造与立面形式的关联，避免出现复制大样图的现象。具体做法：要求学生将绘制的墙身大样与相应立面放大图等比例并置，并将两者的对应关系用辅助线建立联系；或者采用剖透视、剖轴测的方式来引导学生关注墙身大样的设计（图4）。

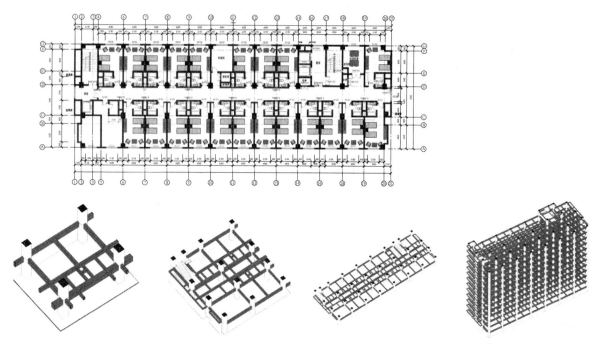

图3 结构体系模型教学示范
（教师绘制：李一晖，建模软件 Revit）

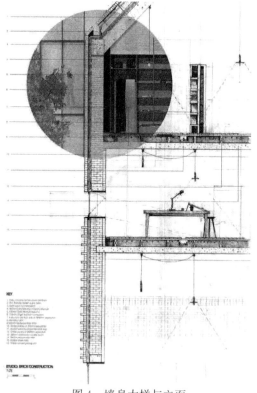

图4 墙身大样与立面
（图片来源：http://mp.weixin.qq.com/s/
H_3cHXVD8GGXUZpGeDmE3w）

（3）绘制"核心筒"大样

高层建筑的核心筒是楼电梯和各种设备管井高度集中的部位，对核心筒进行深入设计有助于学生理清楼电梯间的空间构成，以及设备空间、管井的设计要求，并能强化对相关规范和空间、构件尺度的认知。故有必要以核心筒或其他垂直交通空间和设备管井高度集中的部位进行深入设计。因空间和构件密集，一般采用1：50比例尺进行深入设计，要求学生按照防火疏散要求设计楼梯间并标注尺寸，正确设置电梯井道及机房并标注尺寸，正确设置各设备管井并标注尺寸等（图5）。

（4）绘制地下室平面

除车库外，地下室集中了大量设备技术用房，且一般无法进行自然采光通风，故地下室包含了大量技术设计的内容，适合作为技术设计训练的载体。教学中，需重点引导学生关注如下问题：①划分防火、防烟分区，并以此组织疏散楼梯和送排风机房与井道设计；②关注地下车库设计要求、车位布置的经济性；③关注水、暖、电各主要设备用房的构成与设计要求；④关注送排风、排烟等井道开口对建筑外立面的影响。必要时需引入水、暖、电专业具有一定施工图设计经验的教师加入设计教学。

此外，经济技术指标和立面材质对项目投资与回报，以及建筑外观效果均有重要的制约作用：总建筑面积决定了投资与效益；建筑密度和容积率制约了建筑形体的生成；立面材料也影响建筑投资，并决定外观效果、维护成本及耐久性等，故有必要在设计教学中加强对经济技术指标和立面材质选择的控制和引导。

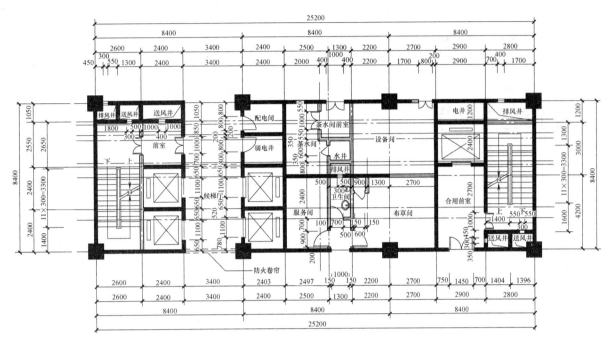

图 5　核心筒大样
（学生绘制：蒋亚芳、陶德霖、包焕）

4　结语

如何推进建筑设计深度将成为今后一段时间内我国建筑院系在人才培养中必须面对的重要课题。本文应对了建筑设计教学中存在设计深度不足且不易有效引导与控制的现状，结合笔者多年的建筑设计教学实践，深入剖析了学生在设计研究和场地、功能、空间、技术、造型等方面存在的认知误区与设计深度不足的现象，在此基础上提出"细化设计任务，呈现设计逻辑"等一系列教学手段来实现对设计深度的引导与控制。

参考文献

[1] 顾大庆. 我们今天有机会成为杨廷宝吗？——一个关于当今中国建筑教育的质疑. 时代建筑，2017（03）：10-16.

[2] 韩冬青，鲍莉，朱雷，夏兵. 关联·集成·拓展——以学为中心的建筑学课程教学机制重构. 新建筑，2017（03）：34-38.

[3] 莫天伟，卢永毅. 由"Tectonic 在同济"引起的——关于建筑教学内容与教学方法、甚至建筑和建筑学本体的讨论. 时代建筑，2001（增刊）：74-79.

宋明星　钟绍声

湖南大学建筑学院；mason _ song@qq.com

Song Mingxing　Zhong Shaosheng

Hunan University

竹建构实践教学
——楼纳竹结构建造节 *

Light Capture：A Bamboo Construction Aesthetics
——the Exploration of the Design Team's Participation on Louna Village Bamboo Structure Construction Festival

摘　要：本文通过设计团队参与贵州省黔西南州楼纳村的竹结构建造节活动，思考如何采用一种低姿态的探索与追寻，而非一种刻意的张扬与展示，表达竹结构这一建造主体材料的内在设计美感和逻辑。设计理念：构建可工厂大量加工，装配式的、易复制的建造方式。把竹看成纯粹的一种建筑材料，利用其可切割，有竹节，可透光等特征，做出一个心中的拾光小屋。并由建造活动，引发了一些对活化乡村文化的思考。

关键词：内在设计美感；竹结构逻辑；拾光小屋；活化乡村文化

Abstract：This paper tries to find a low profile way to explore and pursue instead of an intentional show and demonstration so as to present the internal design aesthetics and logic of bamboo structure as the main construction materials. Design mind：to build a construction way which can be manufactured，fabricated and replicated in a large-scaled manner. Treating the bamboo as a kind of construction material，we decide to make a desirable light-collecting cabin based on its features of cuttable，having bamboo joint and transparent. Thanks to the construction activities，we've done lots thinking on the living village culture.

Keywords：Internal design aesthetics；Logic of bamboo structure；Light-collecting cabin；The living village culture

2016 年 7 月至 8 月，由楼纳国际建筑师公社、中国建筑中心 CBC、贵州黔西南州政府主办的首届楼纳国际高校建造设计大赛在贵州省黔西南州楼纳村举行。本次大赛诞生于中国乡村复兴的背景下，将邀请国内外建筑院校师生针对楼纳的山林、田野等进行自然建筑学的探讨，同时对建筑师如何介入乡村复兴进行反思与尝试。大赛以"露营装置"为主题，是一次以"竹"为材料的设计实践，力求使建筑系学生在从设计到建造的过程中，加深对材料、形态、空间、结构的理解与认知。

1　探索最真实的建筑竹构体现

在设计之初，接到来自 UED 的邀请函与设计任务书，要求以"露营装置"为主题，开始一次以"竹"为材料的设计实践。

设计团队开始第一轮初期方案的创作，每个方案几乎都利用到了竹子的弯曲和大跨度的支撑来形成空间。当对

＊本文受湖南省教改课程建设项目经费支持。

各自的方案进行评判与选择之时，发现即使每个方案的造型与空间都大不相同，但是站在客观的角度上我们并没有办法去评判众多方案的优劣[1]。如果要完成这些弯曲的形式或者大跨度的支撑所形成的形式，似乎会有其他的建筑材料（比如钢材、木材）会比竹材完成的效果更佳，跨度更大，弯曲更自由，构造方式更便捷稳固。

那么：到底什么才是最真实的竹构建筑体现？表达竹材之美一定要弯曲或者追求大型的跨度吗？设计团队在研讨中的一句话"是否可以采用一种低姿态的探索与追寻，而非一种刻意的张扬与展示。"为我们所接受，从而将设计立意定位为：寻找和探索一种能被平民所接受易推广的竹建构美学。

通过对竹子空桶状的形式、有竹节的结构、竹面与竹肉纤维强度进行探讨，把竹材看待成一种纯粹的建筑材料，从构造到肌理，希望竹材在整栋小屋的各个角落都尽情的释放着自己特有的构造与形式的魅力（图1）。

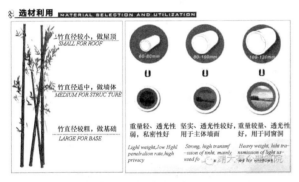

图1 竹筒建构的原理图

结合竹材成材周期短，可挑选性强的特征，希望能结合工厂化的加工，推广一种能够让没有经过建筑专业学习的人、哪怕是一名儿童都能根据说明书进行自主搭建的一种竹建构方式。让建造房屋家具就像乐高积木一样简单而有趣[2]。

2 设计方案

围绕"传统""模块化""方便搭建"等元素，通过宿营这一特定行为研究"竹筒墙"片段能够带来的可行性。

从建造本身出发，研究竹筒墙相互连接的方式，在尝试传统榫卯与包接的方式后，结合竹子本身的材料性能，找寻一种简明的构建方式[3]。更重要的是，本设计从宿营地这一使用要求出发，希望能够结合功能做出趣味空间。

平面利用最简单的3m×4m的矩形格构，按照人体基本尺寸，布置了两处能够供露营者卧倒休憩的床，结合选址的远处景观，布置了一个饮茶观景的平台，两个床之间下挖形成了一个篝火或者聚会的深坑。整个平面紧凑而又

实用，严格按照露营者的需求做出设计（图2）。

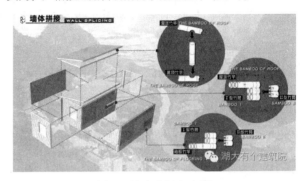

图2 拾光小屋方案图

简易低姿态的竹构主要通过外立面均匀的竹筒形成，即将长竹均匀切割成10cm一节，假设竹子直径为10cm，利用双层竹筒的榫卯契合，依次榫接，形成外墙。而竹子间不规律的竹节恰好构成立面中部分遮挡，可以设置在睡眠的头部，中空部分的竹筒则构成正常自然通风采光的外墙。实心竹节与空心竹筒的非均匀布置，形成理性立方体形体外立面中的微妙的光影变化[4]，而设计阶段设想的夜景内光外透，也会由于竹子竹节这一独特的植物特征，而表达出我们最真实的建筑竹构理念，也形成了作品的命名：拾光。（图3、图4）

图3 方案设计中的拾光小屋

图4 真实建造的拾光小屋

屋顶将一根长竹一分为二，挖去竹节，直接形成排水管，而两两之间的正反扣置，如同古建筑的筒瓦和盖

瓦，直接形成了排水槽与排水竹筒间的遮盖。后期建造过程中多次下雨，也证明了我们的屋顶构造的耐久性和可靠性，拾光小屋成了下雨时大家躲雨的好场所。

3 竹结构建造过程

模块化建筑的第一大问题：

由于模块化的建造要求，我们设计的房屋需要统一规格直径的竹筒上千个，但是一根 5.5m 长度的正常成竹，从头部到尾端的竹径变化为 8～12cm。也就是说一根 5.5m 长度的竹竿，可以切出直径约 8cm，9cm，10cm，11cm，12cm 的竹筒各 10 个，而建设"拾光"小屋只需要一种统一直径的竹筒。那么，建设 1 栋"拾光"小屋所需要的成竹与建设 5 栋"拾光"小屋所需要领取的成竹数量几乎是一样的。建设 1 栋"拾光"小屋，会浪费所领取成竹接近 4/5 的部分。

本次实际建造时间只有两个礼拜，建造规则为领取成竹配合师傅自主加工，并且是建造一栋展示自己设计的小屋。所以，湖南大学参赛队的成员们在现场对原始的方案做出了修改。

墙体的修改：

为了保留我们模块化的建筑理念与保留我们墙体的光影韵律，又因为每个竹筒的直径都大小不一，我们决定将原来每个竹筒的统一直径模块尺度扩大到一个 600×400 的由竹筒组成的模块（图5）。

图 5 现场的模块单元

（1）框架的增加：

因为方案设计发生的改变，竹筒的大小不一，手工制作的误差，以及巨大的工作量，使我们无法像原始方案一样把整面墙用竹筒自身插销的方式拼接成一面整体，那么，我们需要一个框架来联系我们的竹筒模块单元与应对墙体的侧推力。

在框架的搭建中，我们坚持着我们"竹"的理念，与师傅们讨论搭接的方式，通过竹子自身空腹、竹面纤维坚韧等特性，运用竹材套筒、虎口、插销等做法实现全

框架无任何竹子之外的其他材质连接（图6）。

图 6 模块单元组合的竹墙

（2）横向龙骨的增加：

墙体的模块单元竖向为互相搭接直接接触基地的自承重，为了应对侧推力与防止框架的形变，我们用横向龙骨将模块单元"塞"进了框架之中。

（3）屋顶：

通过现场师傅的介绍与推荐，我们的屋顶通过竹子自身的防水特性，与切开后的 U 型管型竹子实现屋顶的防水与排水。

（4）室内地板：

与墙体设计语汇相呼应同时收集各个学校的废竹材切割成竹筒。同时，迎合露营这一功能主题，对室内进行了一体化符合人体尺度的高差设计，与室内景观装饰设计（图7）。

图 7 室内基地施工过程图

（5）小院景观：

结合我们"拾光"小屋的语汇，我们通过收集居民的废旧生活用品，与其他学校的废竹材进行切割，精心营造出"拾光"小园（图8）。

4 建造活动对乡村文化激活的影响

建造节的过程中，设计团队深深体会到了在楼纳这样一个西部山村中由高校参与的这个活动对活化乡村文化生活的正面影响。这从以下几个方面可以看出：

图8 拾光小屋建成照片

首先，对于贵州黔西南州下的一个乡村，主办方利用国际建造节这一针灸式的激发点，带来一定的知名度，后期再辅以知名建筑师的大师作品，通过一定时期的积累，形成某种建筑学术界的世外桃源与参观圣地般的效应，正是看到了建筑界与文化界、时尚界的紧密联系，日本新潟县的越后妻有的村落复兴正是类似成功的先例。每一届越后妻有大地艺术节都邀请世界各地艺术家来，结合当地自然和人文景观进行创作，这些作品融入乡间自然，艺术品和建筑作品与村落的自然和人文必须融为一体而非高高在上，建造和建构的过程也会有当地村民的参与，从而构成乡村复兴的独特魅力[5]。

其次，来自高校的师生在建造过程中，深深体会到了村民的质朴与善良。村民对大学生普遍是一种欢迎和尊重的姿态，对建造类的活动抱有较强的参与意识，表达了希望了解外面的世界和动手改善自己家园的愿望(图9)。而反之城市中成长的大学生对乡村的生活、基础设施、轰轰烈烈的乡建活动、农田、自然也是充满了好奇和疑问，但更多的表现出尊重村民乡土文化、热爱自然、善于发现并挖掘乡村的美等集体意识[6]，这对于未来若干年将持续下去的建筑学术界热点——乡建而言，显然是件好事。

图9 村民与设计团队共同建造

最后，根据专业参与竹材建造的浙江竹境公司的介绍和推广，在当地村民中形成了对竹子做建筑的新的观念。而贵州本身也是我国竹材的主要产地之一，当地极其廉价的竹子从来没有在村民心中变成可供挖掘的潜在资源。这种活动对观念的改变相信会有长效的潜在影响。

5 后记

受组委会的邀请，设计团队在楼纳用20天的时间搭建了来我们的"拾光"小屋，在这20天中每一天都会遇到实际建造的问题，潜心向竹境的师傅和当地的工匠学习竹材的构建方式，并通过晚上的学习与讨论将其运用于第二天的实际建造中来，每天都过得充实愉悦。

"拾光"小屋的设计过程几易其稿，没有采用人们脑子中传统意义上的竹建筑需要的飘逸，弯曲，韧性。也尽量回避着木构建筑的受力与形态特征。只想把竹看成纯粹的一种建筑材料，利用其可切割，有竹节，可大量复制，可透光的特征，做出一个心中的拾光小屋。设计作品的真实和在地，并坚持着我们最初的带社会性的设计理念：构建可工厂大量加工，装配式的、易复制的建造方式。此外竹筒墙的光影韵律，模块拼接的细节处理，符合尺度的室内设计，横向龙骨的方向导向，这些都让我们的空间富含贴近生活的亲切感与宁静的禅意。

设计团队组成

指导老师：宋明星，邹敏

参赛学生：钟绍声，邓天驰，黎啸，邹智乐，沈涛，曾小明，王元春，宋静然，刘萌旭，伍梦思（名字排序不分先后）

参考文献

[1] 申绍杰. 材料、结构、营造、操作——"建构"理念在教学中的实践. 建筑学报，2012，(03)：89-91.

[2] 朱力泉. 建筑中的"异化"行为 [J]. 《新建筑》，1990，(3)：44-47.

[3] 罗鹏. 建筑与结构的交响——大跨度建筑与结构协同创新教学实践探索. 2013全国建筑教育学术研讨会论文集：478-482.

[4] 刘爱华. 参数化思维及其本土策略——建筑师王振飞访谈. 建筑学报，2012 (9)：44-45.

[5] 蔡肇奇，袁朝晖. 新地域建筑创作中建构文化的基本问题研究 [J]. 《华中建筑》，2012，(5)：22-24.

[6] 曾馨，石孟良. 新地域建筑中建构文化的美学追求 [J]《中外建筑》，2015，(7)：56-58.

图片来源：
所有图片均为湖南大学楼纳设计团队绘制与拍摄。

陈中高　隋杰礼

烟台大学建筑学院；czgarch@163.com

Chen Zhonggao　Sui Jieli

School of Architecture，Yantai University

建筑设计基础中的砖构教学研究
Teaching Study on Brick Construction in the Basis Course of Architectural Design

摘　要：作为建筑教育的一种教学方式，建造教学通过强调学生对实际建造中的体验和创造，逐渐成为引导学生认知建筑建构逻辑的重要环节。本文介绍了烟台大学建筑学院建筑设计基础中砖构课程的教案设置，重点是从材料元素、构件单元和构筑物生成等3个环节展开具体论述，指出一年级学生能够利用砖构课程来认知建筑的建构逻辑，以有助于建立综合而全面的建筑观。

关键词：建造教学；材料；操作；建筑认知

Abstract：As an architectural course, construction teaching has gradually become an indispensable approach，which guide students to recognize the construction logic by the awareness of hands-on exercises. Through discussing the theoretical foundation and direction of this course，this article introduces three training process：material elements，component units and building generated. It points out that thesis helpful for low grade students to master the properties of tectonic，and establish the comprehensive architectural view.

Keywords：Construction Teaching；Materials；Operation；Architectural Cognition

1　基于建筑认知的砖构课程设定

当今，科学的发展、技术的进步以及多学科融合所产生的新知识都给建筑学知识体系更新带来了挑战，而和学科发展直接相关的建筑教育同样正经历着转型，它"不仅仅指向专业的人才培养，而且包括了对学科未来发展的认知"[1]。因此，在这一转型下，如何以建造为契机，将"技术思维、职业素养与建筑设计融合"[2]，进而重构建筑学的本体研究显得尤为重要，这也是"重新建构学科核心知识体系的真正动力"[1]。

烟台大学建筑学院的建筑设计基础课程自建系以来一直以"描"、"绘"建筑图纸为主要方法，重视制图和渲染等手头基本功的训练，以引导学生进入建筑设计的大门。但随着建筑物质操作的深入，这种方式的弊端逐渐暴露，手绘的过多强调，而导致忽略了建造作为建筑

本原的重要性。因此，随着教学改革的不断推进，砖构被增设为一年级新生的第一个设计类课程，定位为关于如何认知和理解建筑生成逻辑的基本素质训练与启蒙，希望学生体验从设计到建造、从做到学的工匠式的建造模式，以便更好地把握建筑的本质。

2　教学策略和目的

基于初学者的认知习惯，本课程采用了两种不同的教学策略。一方面，从学生熟悉的建筑材料开始，让他们通过亲手操作，逐渐形成全面的建筑观。其中，训练与操作是主要的教学手段，要求学生直面材料并对其进行实际操作，这对于认知某一特定材料的构造问题是最直接有效的方法。另一方面，鉴于建筑设计的复杂性与系统性，对于初学者的指导从单项问题入手，能够帮助学生更好地理解和体验解决问题的过程。基于此，整个

教学前后包含了3个彼此独立又互相关联的环节：（1）对材料元素的认知，包括材料的物理和感官两方面特性。（2）对构件单元的认知，基于材料特性，通过材料组合来认知构件的生成。（3）综合运用所学知识，并结合设计概念，在实际建造中认知建筑生成的逻辑关系。

基于这3个环节的训练，引导一年级学生建立建筑设计的基本思维，了解建筑材料、构造、形式的内在联系及其背后的原则（图1）。借此，砖构课程的教学目的包括了以下3点：（1）学会认知建筑材料、质感、细部及其尺寸，培养学生对材料使用的创新思维。（2）通过建造实践，从基本的材料和建造逻辑入手，使一年级学生认知建造和设计的关联性与对应的形式语言。（3）树立更加全面的建筑观，基于由表及里、由部分到整体的路径，逐步认知建筑整体及其组成部分。

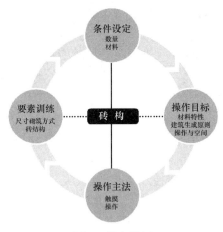

图 1　教案设置

3　教学过程

3.1　材料元素认知

材料是建造最基本的要素，也是实现最终建筑形式的物质载体。因而，了解材料的功能与局限性是建筑建造的重要因素，也是建造过程的起点。因此，本课程第一阶段的训练核心是让学生对给定的建造要素——砖这一材料进行观察认知，并通过3个明确的步骤对熟悉的材料进行专业解读。（1）认知砖块的物理特性，砖是什么形状？重量如何？具体尺寸是多少？这些问题都要求学生通过亲手触摸和测量而获得结果。（2）认知砖的视觉特性，学生现场对砖块进行搭建，试验单一材料的形式表达能力，即是否能够形成丰富的肌理。这一部分因为操作结果的直观性，学生往往一开始就充满了兴趣和动手欲望。（3）基于前面的认知基础，教师开始指导学生认知材料的构造特性，这要求学生现场进行单层和双层砖墙的砌筑，重点是模数化在砌筑过程中的操作意义。

该阶段的教学方式是教师带领学生直接在建造现场，引导每一个学生对砖材料进行了解与操作。在接下来的教学过程中，则需要学生开始面对实际建造中的问题和困难。

3.2　构件单元认知

建筑的根本在于建造，在于建筑师应用材料将之构筑成整体的建筑物的创作过程和方法。[3]因此，建筑并不是一蹴而就，而是寻求从一种或多种原材料组成不同的建筑部件进行连接，直至成为最终的建筑整体。基于这一逻辑认知，本课程第二阶段的训练核心是认知构件单元的生成逻辑。首先由教师理论授课，讲解砖如何通过组合成构件，最终组成建筑的逻辑关系。授课的重点在于砌体的砌筑原理，例如不同墙体的具体砌法，洞口的构造等。接下来，则要求学生按照课堂内容进行现场砌筑，以深入了解砖的构造特性，并明确不同构件的表达语言，从而初步掌握砌体砌筑的原理。在课程中，要求学生必须现场进行砌筑的构件类型有墙体、收边处理、连接、转角、突出部分、洞口、凹槽等，重点是指导学生注意砖块的转角、交叉点和洞口处等关键处的构造做法（图2）。

图 2　转角砌法研究

通过这一阶段的学习，学生对砖的构件形式及构造做法有了一定的了解，然而，因这一阶段涉及的建筑专业知识较多，学生开始时往往不知所措，不理解即使是构件仍受限于材料的建造特性，这时需要教师结合建造实例，让学生直面建造过程，以帮助了解材料的构造原理。

3.3　构筑物生成认知

本课程第三阶段的训练核心是建造与空间的实现。学生进行分组后（5～6人），在每组240块砖的限定条件下，完成一段高度为1000～1500mm之间的砖墙砌筑，并以图版的方式表达出整个设计过程与意图。这一阶段促使学生综合运用所学的建造知识以进行设计创作。首先，教师结合路易斯·康、博塔等建筑师对砖的典型案例分析，讲解砖材料在建筑设计中不同搭接方式带来的丰富肌理表情，使学生了解砖这单一材料的丰富空间语言。其次，要求学生使用1:100比例的砖块模型结合设计概念进行搭接试验，通过选择不同的构件类型连接，来探讨"墙"的不同形式，最终选择出不仅适合砖特性的构造方式，并生成具有形式美观的构筑物（图3）。最后，学生在现场进行搭建，以实现1:1比例的实际建造。在这过程中，从灰缝砂浆的制作到最终的搬砖、垒砖，都要求学生自我完成，以体验传统工匠的真实建造过程，从而达到把握人体尺度、空间限定、建筑与材料的关系等基本要求。

图3　砖块模型设计研究

尽管经过前两个阶段的训练，学生已初步掌握材料与构件等相关知识，但在实际建造中仍会遇到很多问题。最终整个构筑物尺寸取决于砖的尺寸和灰缝的厚度，而学生在设计之初往往并未考虑灰缝的具体尺寸，尤其是砖构件之间相互连接与组合问题，导致出现大量切割砖的情形。也正是因为需要不断解决实际建造中的问题，学生通过不断地设计与建造两者之间的调整，而能够更深刻与全面地认知建筑尺度、构造等基本问题，理解建筑建构的基本观念（图4）。

图4　最终成果

4　反思与问题

针对建筑学一年级的初学者，该砖构教学从材料认知入手，强调学生对材料特性、建造方式及过程的体验与积累。其中，教学关键是在于明确的教学目的和可行的执行手段，尤其对教学过程的步骤细化，让学生能够明确各阶段的相应任务。通过近几年的教学实践来看，教案需要能够引入更多的设计环节，而不单单是一个纯技能性的学习课程，以丰富学生在建造过程中的学习内容。此外，仍有以下两方面问题有待解决：

（1）本教学探索从建造入手来认知建筑生成的基本逻辑，而建造除了构造之外，同样需要把结构纳入考虑的范畴，教师在讲解案例过程中也往往伴随着力学知识的灌输。因此，如何利用材料，设置基于结构与构造的设计建造成为教学教案需面对的问题。

（2）初学建筑设计的学生，对于什么样的建造逻辑是清晰的，以及通过怎样手段达到的理解有一定难度。因此，尽管教学中一直强调形式是操作的结果，但最终学生往往依然追求形式性较强的结果，而忽略了基本的建造逻辑。

5　结语

当下，我国社会发展正处于转型期，建筑教育亦然，这要求在其"发展过程中一直不断更新自身的知识内容和技术方法"[4]，而作为一种已证明过生命力的教学模式，建造教学可使学生逐渐认识到：建造是建筑形式产生的依据和物质基础，建筑的形式美忠实于材料特性及构造逻辑，这对于认知建筑本质的效果十分直接，可有助于学生以后的建筑学习建立起综合而全面的建筑观。这也正是一年级教学里引入建造的原因：让学生眼见为实，有切身体会，通过建造的过程，认知建筑物的生成。

参考文献

［1］丁沃沃. 过渡与转换——对转型期建筑教育知识体系的思考［J］. 建筑学报，2015（5）：1-4.

［2］王朝霞，覃琳. 重构建筑学的技术精神——建造实验教学模式探讨［J］. 新建筑，2011（4）：27-30.

［3］肯尼斯·弗兰姆普敦. 王骏阳译. 建构文化研究—论19世纪和20世纪建筑中的建造诗学［M］. 北京：中国建筑工业出版社，2007.

［4］龙梅. 关联中的新变化——新知识生产模式对建筑学科发展的要求. 新建筑，2017（02）：106-109.

陈瑞罡　李佐龙

中国石油大学（华东）；594656630@qq.com

Chen Ruigang　Li Zuolong

China University of Petroleum

纸木建构
——低年级诊断性建构教学实践

Tectonics of Paperboard and Wood
——Diagnostic Tectonics Teaching Practice in Junior Grade

摘　要：在近年的教学观察中发现，随着教学梯度和设计课题难度的递增，学生从低年级向高年级过渡的瓶颈期愈发延长甚至难以逾越。这种情形促使我们对低年级建筑设计教学进行反思，文章总结指出低年级教学中存在的五个问题，并以建构的六项教学功能对其进行分项诊断。最后将这一系列教学思考，通过使用纸板和木材的建构教学付诸实践，借此为低年级建筑设计教学方案的优化提供新的思路和方法。

关键词：建构；低年级；教学实践

Abstract：In recent years，it has been found that，with the increasing of teaching gradient and the difficulty of design，the bottleneck period of students' transition from the junior grades to the senior grades is even more prolonged and insurmountable. This situation prompts us to reflect on the teaching of junior-grade architecture design. The paper summarizes five problems in the junior grade teaching and uses six teaching functions of tectonics to diagnose. Finally，we put these series of teaching thinking into practice with tectonics teaching of a paperboard and wooden，in order to provide new ideas and methods for the optimization of teaching plan of junior-grade architecture design.

Keywords：Tectonics；Junior grade；Teaching practice

1 教学反思

在近年的教学观察中发现，随着课题难度提升，学生从低年级向高年级过渡的瓶颈期被延长甚至难以逾越。对此，我们对低年级（1～2 年级）建筑设计教学进行反思，结合学生作业的呈现，发现并总结出以下五类问题。

（1）技术/美术问题

在低年级设计基础教学中，片面侧重"形式美规律"的玩味，忽视材料、构造、结构等建筑技术性措施之于空间的重要性的引导，导致技术相关概念游离在学

生设计意识之外，出现了一种偏离建筑本体、倚重美术手段、进行随意无表达的"美术建筑"误区。

（2）空间/形式问题

由于教学中对空间与技术措施关系的忽视，使得对形式的追求成为学生最重要的设计目标。在一些设计作业中，空间平面简陋，表皮炫目，对"建筑形式是空间的外部显现"这一重要原则意识淡薄，导致空间与建筑形式之间逻辑断裂，形式表现与建筑本身没有直接关系。

（3）环境/场所问题

当美术表达与形式追求成为设计的核心，意味着建

筑本体知识在学生的意识中渐行渐远，这其中包括环境与场所这一组概念。学生设计中，建筑与空间环境的关联性弱，场所概念似乎从未出现过，建筑缺乏存在逻辑，沦为一个可以随处安放的图形。

（4）意图/实现问题

当建筑本体知识不能在设计中熟练运用，学生无意识的拾起了文字去表达他们的设计，用文字描写设计概念，解释设计过程，给设计起一个名字……其引申出教学中被忽视的一组概念，即：意图与实现。由于低年级教学对建筑本体知识体系建构不足，导致学生的设计意图往往偏向于"形象意图"，加之建筑技术意识和能力薄弱，就难免依靠文字的解说功能作为实现手段。其产生的结果是对建筑设计的图示语言越来越陌生，依靠牵强的文字去实现设计意图，而不是逻辑严谨空间图示。

（5）虚实/审美问题

低年级学生的设计困境还受限于虚构的"图面建筑"。绘图，仍是建筑设计教学的主要手段，这种方法发展到极致，就产生了所谓的"图面建筑"。在此情形下，学生的任务是用连续的笔触或图形表达实体与空间的种种关系，学生所接受的设计挑战、认可或质疑，也仅仅来自于此对其图面准确性、合理性、美观性的评判。这种教学方式在学生的意识中产生了误导，即：漂亮的图就是好设计，按时完成绘图并获得一个分数，就意味着设计意图的实现。

但是，建筑设计的最终目的不是画一幅画来欣赏，而是建造。只有跳出虚构的图面建筑的壁垒，转向真实建造，才能使学生看到图面上显现不出来的问题；体验到空间与材料、技术、形式、场所的相应关系；认识到建筑之美存在于理性之中，从而获得建筑审美取向上的转变。

2 建构诊断

2.1 建构的概念

针对上述五类问题，我们尝试以建构理论对其进行诊断。当建构（Tectonics）的概念被逐渐明晰为：诗意的建造（Construction），就意味着在建构与建造之间产生了一个重要的差别，即"诗意（Poetics）"。因为"诗意"先在，使建构成为带有某种意图的建造。弗兰姆普顿在《建构文化研究》开篇便把建构研究与空间问题联系在一起，"……无意否定建筑形式的体量性，它寻求的只是通过重新思考空间创造所必需的结构和构造方式，传递和丰富人们对于建筑空间的认识……关注的并不仅仅是建构的技术问题，而且更多的是建构技术潜在的表现可能性问题"。由此得出建构的两点要义，即：（1）建构是带有某种空间意图的建造，而诗意也产生于此。（2）建构并不仅仅关注建造技术，它更关心的是建筑形式的表达。

可见，建构是关于空间和建造的表达。建造，是建构的基本要求，只有通过物质材料在真实情景中的建造，才能实现建构对建筑形式进行表达的要求；建造也成为孕育诗意的空间意图的实现手段。因此得出建构的第三要义，即：（3）实际建造是建构的前提，是对表达建筑形式，实现诗意的空间意图的手段。这意味着，建构的知识与操作体系是（4）建筑学与工程学的综合，是一种联系两者的实践操作理论和方法。这也是建构的第四要义。

建构的意义在于建造本质的回归，反对仅从表面形式上看待建筑，它提供了一个新的视角，在这个视角里，建筑材料、构造等本质因素的审美价值被强化，成为建筑审美的价值取向。由此得出建构的第五要义，即：（5）建构，是建筑理性审美的核心知识。

2.2 建构诊断模型

我们将建构五点要义，对应归纳出建构实践的五项要求，进而指出其教学功能。并建立一个由建构教学功能对五类低年级教学问题进行诊断的模型（表1、表2）。

建构的五项要义/要求/六项教学功能 表1

建构要义	实践要求	教学功能
要义（1）	空间意图要求	（1）引导产生空间意图
要义（2）	形式表达要求	（2）立足建筑本体进行形式表达
要义（3）	实际建造要求	（3）建筑技术训练
		（4）建立意图与实现之间的路径
要义（4）	学科综合要求	（5）全面建立建筑设计知识体系
要义（5）	建筑美学要求	（6）培养建筑审美取向

建构教学功能与低年级教学问题诊断关系
表2

	（1）	（2）	（3）	（4）	（5）	（6）
技术/美术问题		●	●		●	
空间/形式问题	●	●	●		●	
环境/场所问题	●	●			●	
意图/实现问题			●	●	●	
虚实/审美问题		●	●	●		●

注：（ ）＋数字与表1教学功能对应；
●表示诊断对应关系。

3 建构教学实践：纸木建构

我们结合建构对低年级教学问题进行诊断的可能性 制定建构设计任务书（表3），并按照调研—意图—设计实现—构件加工—试做—建造实现的程序进行教学实践。

</br>

表3

任务书

场地	(1)校园公共绿地 (2)校园湖边广场 (3)场地尺寸 3m×3m
空间	(1)尺度限定在 3m×3m×3m 以内 (2)空间功能自定
意图	(1)与空间场所相应 (2)以建造为思考目标
实现	(1)材料:木或纸板(尺寸后附) (2)工具:(后附表) (3)A1 图纸(总平面图、平立剖面图、空间操作图解、构造节点详图、连接方式图、施工步骤图解、用料表、造价表) (4)模型(模拟建造)
合作	木构组 8～10 人/组,纸板组 3～5 人/组
考量要点	(1)建筑与场地环境的关系 (2)空间形态与材料(尺度与类型)、构造(连接)、结构(力)的关系 (3)意图与实现的关系 (4)结构合理性、构造表现性 (5)施工有序性 (6)造价控制

材料表

	规格(厚×宽×长 mm)
木	95×95×3000、95×95×4000、150×150×3000、150×150×4000、45×95×3000、45×95×4000、45×150×3050、45×150×4000、45×200×3000、45×200×4000
纸板	BC 楞型瓦楞纸板,单张纸板 6×1500×2500

工具表

	规格(mm)
自攻钉	M4×50
螺杆螺丝	十字口 M5×30/35/40
垫片	M5×10×1(M 内径×外径×厚度)
六角螺母	M5(内径)厚度 4 对边 8 对角 8.79
电动工具	电钻 BE10、电动起子(钻)GSR12-2、马刀锯 GSA10、V-LI、曲线锯 STE90SCS、角磨机 W72125、熔胶枪 KE3000、介铝机 KS305Plus、台锯 GTS10J、平刨 HC260C-2.2WNB、电圆锯 KS54、圆锯 GKS23、建筑榫连接系统 DF500Q-Plus230V 铣机 of1400EBQ-plus/of1400 BEQ-plus cn 230v、多米诺榫木木榫 DS4/5/6/8/10 1060x BU 带锯 BAS 317PRECISION WNB、压刨 DH330
手工工具	螺丝刀、美工刀、钳子、起子、尺子等
面料	玻璃胶等

</br>

459

3.1 调研

调研工作的主要内容是学习木构件的加工和连接方式，以及工具的使用。为此，师生到家具工厂进行调研，向工匠学习（图1）。

图1

3.2 意图

学生结合给定材料特性、场地环境、校园生活需求产生了三种空间意图，并对其进行了意图推演，使意图的实现变的更加明确（表4）。

表4

	意图1	意图2	意图3
空间特征	［光影空间］	［交往空间］	［停留空间］
材料	木	木	纸板
功能	校园读书亭	校园二维码扫描站	湖畔休息亭
意图推演	以木构空间表达时间与空间的关系	以木构空间转译虚拟世界的空间特征	以纸板空间探讨亭与停的空间关系

3.3 设计实现

意图在推演中，逐渐显现与空间的密切关联。教学进入到设计实现阶段，这一阶段的工作主要是通过模型和绘图完成对意图的小尺度建造。通过模型研究，意图1实现了对时间与空间关系的构想（顶板槽口形成表盘，空间光影随时间而变化，在正午时刻，出现一个完整的表盘光影）（图2）；意图2实现了用逐层扭转的二维码扫描界面界定一处交往空间的目标（图3、图4）；意图3实现了用纸板建构一处停留空间的构想。三组学生进一步通过绘图研究具体的材料连接、构造表现、结构、建造程序、用料统计等问题（图5）。

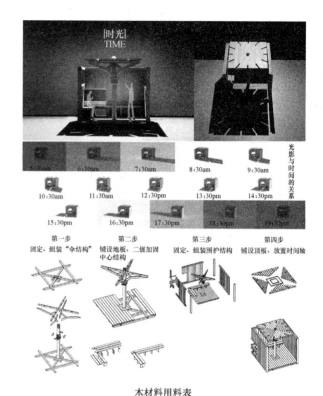

木材料用料表

规格	位置、用途、数量
150×150×3000	角柱4、中柱1
95×95×3000	横梁7、底座4、底座斜梁2
45×45×3000	伞骨架横梁2
45×150×3000	底板18、围护结构21、顶板12
45×200×3000	座椅6
45×95×3000	伞骨架斜撑4
95×95×4000	切割做横梁2

图2 意图1图纸

（包含手工模型、光影分析、建造工序、用料统计）

图纸完成后，进入构件加工与试做阶段。由于前期调研工作的保障，学生使用工具变的得心应手。试做，在整个教学中十分重要，它可以在正式建造之前暴露问题，促使对图纸进行优化（图6、图7）。

教学最后进入建造阶段，虽然施工前进行了大量准备工作，但当具有真实重量的材料出现的时候，还是出现了很多未曾预料的情况。例如基座龙骨结构强度不够、顶板荷载过大、构件数量超出预算等。及时做出应变，尽可能保证方案意图的实现成为学生们的共同目标。由于篇幅所限，这里只呈现意图1的建造过程（图8）。

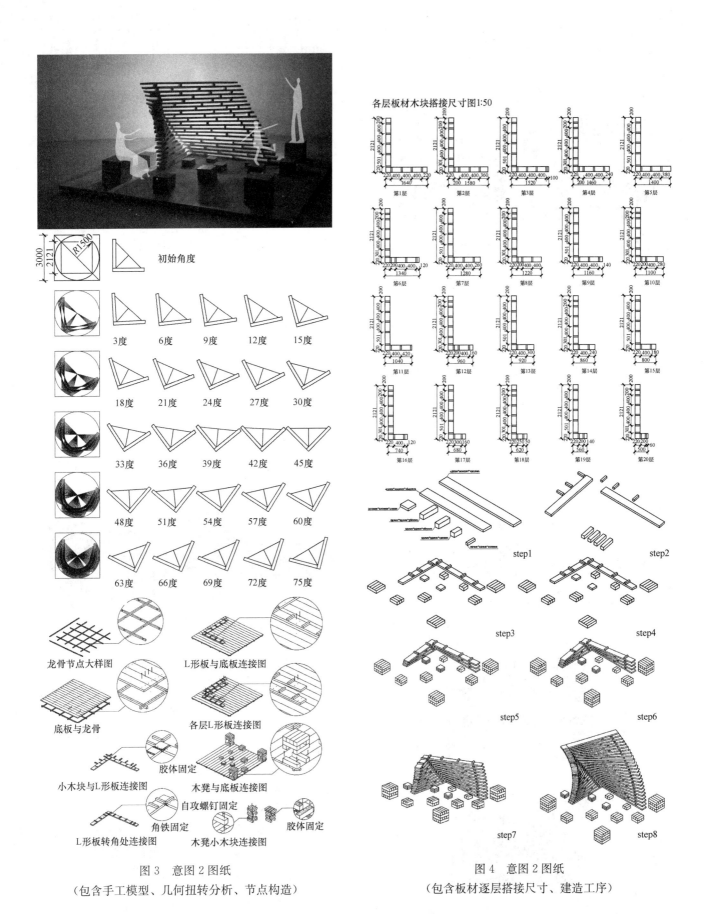

各层板材木块搭接尺寸图1:50

初始角度

3度　6度　9度　12度　15度

18度　21度　24度　27度　30度

33度　36度　39度　42度　45度

48度　51度　54度　57度　60度

63度　66度　69度　72度　75度

第1层　第2层　第3层　第4层　第5层

第6层　第7层　第8层　第9层　第10层

第11层　第12层　第13层　第14层　第15层

第16层　第17层　第18层　第19层　第20层

step1　step2

step3　step4

step5　step6

step7　step8

龙骨节点大样图　L形板与底板连接图

底板与龙骨　各层L形板连接图

胶体固定

小木块与L形板连接图　木凳与底板连接图

自攻螺钉固定

角铁固定　胶体固定

L形板转角处连接图　木凳小木块连接图

图3　意图2图纸
（包含手工模型、几何扭转分析、节点构造）

图4　意图2图纸
（包含板材逐层搭接尺寸、建造工序）

461

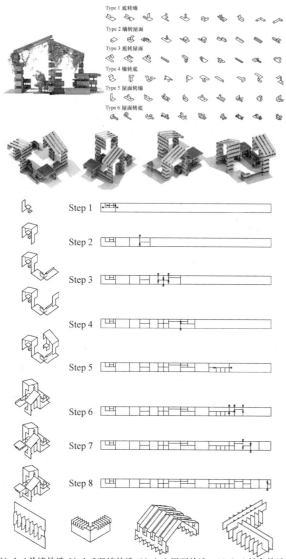

Type 1 底转墙
Type 2 墙转屋面
Type 3 底转屋面
Type 4 墙转底
Type 5 屋面转墙
Type 6 屋面转底

Step 1
Step 2
Step 3
Step 4
Step 5
Step 6
Step 7
Step 8

Node 1 单墙构造　Node 2 双墙构造　Node 3 屋顶构造　Node 4 转角构造

图5　意图3图纸
（包含板片形态变化分析、构造类型分析、建造工序）

图6

图7

图8　意图1建造过程

4　结语

　　以上三个意图作品分别获得山东省建造设计竞赛二、三等奖（图9、图10）。通过本次教学实践的，使学生加深了对建造问题的认识和理解，获得了认识建筑最直接有效的方法。学生直接面对材料，体会图纸上不可能遇到的各种操作问题，此时已不是从图面设计的角度思考建筑问题，也不是一种美术的图面表现，而是一个解决实际问题的过程。建筑设计是一门要求实践性的课程，我们需要用不断地实践去诊断和优化当下的教学方式，建构因其实践性的要求，成为我们的选择，为师生开启了新的思路和方法。

图9　意图2建成场景图　　图10　意图3建成场景

参考文献

　　[1] 顾大庆. 绘图，制作，搭建和建构——关于设计教学中建造概念的一些个人体验和思考. 新建筑，2011（04）：11-13.

　　[2] 张彧，杨靖，张嵩. 地标设计，我们还需要吗——东南大学一年级建构教学的思考. 新建筑，2010（06）：124-126.

　　[3] [美] 肯尼斯·弗兰姆普顿. 建构文化研究——论19世纪和20世纪建筑中的建造诗学. 中国建筑工业出版社，2007：2.

创新型的建筑教学课程改革

饶小军

深圳大学建筑与城市规划学院；200844860@qq.com

Rao Xiaojun

School of Architecture & Urban Planning，Shenzhen University.

视觉实验：建筑学专业的美术教学改革
Visual Experiment：Art Teaching Reform in Architecture

摘　要：建筑学的基础教学一直是各院校关注的重点。近年来，深圳大学建筑与城市规划学院围绕教学工作进行了全面的改革实验，提出了"一横多纵"的教学框架体系，在"泛设计"的教学理念指引下，提倡在大学教育的知识创新目标之下，广泛吸收国内外先进的教学研究理论，把艺术教育和专业设计有机相结合，贯彻理性化的教学思路和策略，采取经验分解式的教学模式，将"技能训练"和"艺术理论"融于一体，通过课程设置和教学内容的改革，建立"从手到心"循序渐进的分阶段教学单元，制定了"行为·建构·空间·叙事·环境"为导向的建筑学教学单元课程体系，同时，提出了以"视觉创意"为导向的美术教学改革，目的在于激发学生独立思考的意识和作品生成的能力，取得了明显成效。

关键词：视觉实验；视觉创意；美术教学改革；现代艺术

Abstract：The basic teaching of architecture has always been the focus of attention in the institutions. In recent years，the School of Architecture and Urban Planning of Shenzhen University has carried out a comprehensive reform experiment around the teaching work，and put forward the teaching framework of "two horizontal and three vertical". Under the guidance of the "Pan design" teaching philosophy，we advocate the knowledge of university education Innovation objectives，the extensive absorption of domestic and foreign advanced teaching and research theory，the art of education and professional design of organic combination，and implement rational teaching ideas and strategies to take the experience of the decomposition of the teaching model，the "skills training" and "art Theory" into one，through the curriculum and teaching content reform，the establishment of "from hand to heart" step by step teaching unit，developed a "behavior • construction • space • narrative • environment" oriented architectural teaching unit course system，at the same time，put forward the "visual creativity" oriented art teaching reform，the purpose is to stimulate students' independent thinking and the ability to generate works，and achieved remarkable results.

Keywords：Visual Experiment；Vsual Ceativity；Art Teaching Reform；Modern Art

1　美术教学与建筑学的体系

去年伊始，深圳大学建筑与城市规划学院开展了建筑学专业的美术教学的改革。这不仅因为美术与建筑传统内在的"亲缘"关系，使得美术课一直作为建筑学的基础教学课程；而在教学环节中，无论是教学的课时量还是对学生的专业能力培养，美术教学都占据了非常重要的地位。

美术之于建筑，在建筑学的基础教学当中究竟是什么样的一种关系？这在建筑院校里始终是说不清的一个问题。大多数人以为美术教学是基础技能训练，是建筑手绘效果图的基础，最多可以解释为一种美学修养。而忽视了其作为创造性思维和想象力培养的重要教学手段，对于学生整体人文素质的培养具有举足轻重的作用。而在我看来，不应该把美术教育仅仅看成是建筑学的辅助课程，它应该是独立于各门专业设计课程之外的人文教育基础课程，正如耶鲁大学校长理查德·莱文所说的，如果说一个受过教育的人应该是"自由地发挥个人潜质，自由地选择学习方向，不为功利所累，为生命的成长确定方向，为社会、为人类的进步做出贡献"[1]。那么，大学教育就不应该是某些所谓知识的传授，抑或是某种技能的训练，而是培养一种启发睿智开放的思想，对世界充满探究的热情，对事物具有独特的判断和分析能力，对人生充满激情和浪漫的情怀。无疑，美术教学应当承担起这种教育的职能。

反思我国传统建筑学的美术教学是建立在巴黎美术学院的古典绘画基础之上的课程体系，以真实、准确、客观地再现自然界为其古典美术教学的核心特征，注重写实训练，形成完整的素描和色彩教学课程。这在传统建筑教育中，长期占有重要的地位。虽然，传统写生教学可以获得某种媒介经验（如素描和水彩等），但这种经验往往被压制在对事物形象的准确性表达之下，临摹虽然也是迅速获得触媒经验的途径和方式，但这种经验是来自他人的经验并且因为主题表达的排他性，而变得不登大雅之堂。

值得注意的是，整个现代建筑学的教育，经过上世纪初的现代艺术运动，已然发生了巨大的变化。这不仅体现在教学规模的扩张，传统"师徒传授"的经验感性教学模式已无法适应大规模的学生数量提升；更重要的是现代艺术的思想已发生根本的变化，从内容上已彻底颠覆了传统写实主义的古典绘画基础，使得建筑学的教学奠定在了新的现代抽象艺术训练基础之上。而古典绘画显然与现代建筑设计教育发生了根本性的脱节，这就是为什么学生始终难以理解美术训练与建筑学专业的关系究竟是什么的问题。

美术教学是培养学生人文情怀的重要途径，是一种观念的教育，旨在培养学生观察问题、思考问题和创作想象力的能力。我始终相信，同学们的艺术的潜能与生俱来，老师的责任不是教会学生某种绘画技巧，不是把学生教成自己的徒弟，而是要激发出同学自我的内在驱动力——一种基于视觉创意想象的思维方式。事实证明，一旦潜能得到发挥，结果是那么的出人意料，艺术的想象力无处不在。

2 现代艺术：一种观念的转型

美术教学的改革，对于教师和学生而言，也是一种观念转型的过程。从传统的以写生为基础的美术教学，要切入到现代抽象艺术的绘画范畴，对许多老师来说，

本身也是一个尚未完成的思想转变过程。因此，艺术史和理论课程变得十分重要，我们要让学生了解艺术从古典绘画到现代艺术的历史转型过程中，在观念上和视觉上都发生了什么样的变化，正如赫伯特·里德所说的："无可置疑，我们所说的现代艺术运动，开始于一位法国画家想要客观地观察世界的真诚决心……塞尚希望看见的就是世界，或者是被他当作一个物件而静静观察的世界的一部分，这种观察不受任何清静的心灵或杂乱的感情所干扰"。的确，现代艺术源于塞尚对古典艺术所描绘的那种精准可信的世界图像的怀疑态度，而试图寻求摆脱了表象诱惑的真实的世界本身应有的图像。

他又说："整个艺术史是一部关于视觉方式的历史。关于人类观看世界所采用的各种不同方法的历史。天真的人也许反对说：观看世界只能有一种方法——即天生的直观的方法。然而这并不正确——我们观看我们所学会观看的，而观看只是一种习惯，一种程式，一切可见事物的部分选择，而且是对其他事物的偏颇的概括。我们观看我们所要看的东西，我们所要看的东西并不决定于固定不移的光学规律，甚或不决定于适出生存的本能，而决定于发现或构造一个可信的世界愿望。我们所见必须加工成为现实。艺术就是这样成为现实的构造"。

不言而喻，发生在 20 世纪初的现代艺术运动，极大地改变了人们对于世界的看法，尤其是自立体主义之后，绘画这件事实际上已成为艺术家们发现世界和构造自我精神世界的手段。立体主义主要的理论贡献在于：从具象到抽象；对象的共时性再现；以拼贴方法为基础的、新的构图方法的出现；从透视空间到平面空间的转换。这种新的世界观也极大地影响了现代建筑运动的产生。因此，我们今天的美术教学从艺术史发展的角度而言，是建立在这一时期的艺术思考之上的。以此为基点，可以反观古典绘画和后现代艺术发展的过程，也才能理解现代建筑运动发生的原因和发展的途径。

3 教学目的：抽象的观察与表达

基于上述对艺术史和美术教学的基本问题的思考，就有可能建立一种新的基于现代艺术绘画的教学实验。以此改变传统美术教学辅助设计的特性和"师徒传授"经验感性的教学模式，根据学生所需要掌握的艺术史观、绘画技能，以及艺术设计的思维规律，制定出独立而明确的教学培养目标——以"视觉创意"为导向的教学理念。

既然艺术不以表达外在客观具象事物为目的，艺术变

---

[1] 理查德·莱文演讲集《大学的工作》（The Work of University）。

成对内在主观抽象经验的表达，而这种内在主观经验的感觉往往来自人体对于材料操作的直接感知；既然艺术已从再现外在事物中解脱出来，放弃了所有写实主义绘画的构图规律和手法技巧，那么艺术所表达的主题经验就可以从直接操作抽象原材料的抽象加工过程和经验中获得，典型如人体行为艺术。当艺术和绘画成为一种视觉想象的构造（构图经验），一种与记忆相关的视觉因素，一种视觉图像的抽取、抽象、异化的过程，一种视觉图像的共时性呈现（散点透视）；一种主观内在真实性的表达，那么，操作的过程即是一种创作的过程，思维方式或观念的产生则成为教学的目的和重要环节。通过对媒介本身如纸张、颜料、人体、材料等的操作实验，对各种感觉经验片段记录的直接呈现，艺术作品才得以完成。

由此，我们的视觉实验课程是建立在通过对现实生活经验和视觉现象的观察，鼓励同学探索自身的生活环境，培养一种深层的视觉经验和富于创造性的艺术构思。通过完成一系列基本的绘画练习作业，达成对视觉设计的经验和方法，培养一种进行抽象绘画的能力，视觉图像处理的过程实际上是一种创意分解实验的过程，通过主题题材的采集、图像形式化的处理和绘画语言的表达几个步骤，完成一个视觉创意的完整训练，为绘画和设计提供一个感性的视觉设计基础研究。

课程将提供不同的"开放视域"的实验，通过课程学习同学将掌握一种基本的视觉上的观察事物的敏感性，辨别各种形式的内容，并掌握一种描述整体中各自分离的视觉形式的能力。同学将被引入一个对他来说是全新的视觉领域。我们日常的生活环境是一个巨大的视觉研究的资源。创意的能力依赖于观察的能力。当同学能够以特殊的方式去观看，一如艺术家之所看，才能够去画。作业要求同学对不同的材料进行各种不同的实验，获得对各种可能的表达方式的理解。通过不断的练习，熟练掌握媒介材料的运用，通过实际练习的过程掌握绘画的策略与方法。学会观察和创意设计是教学的目的之一。

抽象的观察导致抽象的绘画。绘图本身并不是最后的目的，它只是学会某种视觉创意语言的工具。课程设置并不是为同学准备了一套固定和现成的方法。相反，同学在观察发现的过程中将获得他们自己的视觉语言，课程之后，他们将根据一些基本形式、视觉造型和绘图策略掌握对视觉问题的理解。同学还应当具有在其绘画研究过程中运用这些视觉语言的能力。掌握各种视觉表达语言是教学目的之二。

4 视觉实验的教学过程

在视觉实验的实际教学过程当中，我们将传统古典绘画的美术课程压缩成一年级的基础训练，而把二年级

的美术课程改成了"视觉创意"课程。视觉创意实验课程的设置，是将通过一系列的练习和三种绘画语言的表达来完成。课程为同学提供了一个对各种问题的逻辑思考过程，我们将各种不同的问题组合成各种单元，即形成一个短期研究和长期的小组作业的良好的平衡框架，亦即课堂的训练和实际的观察相平衡。建立了理性的单元式分解的"教案"体系，提倡以"教案"带动整个教学环节，教师和学生按照"教案"所制定的内容和计划，共同推进整个教学的进程。

"教案"的设计是一个现实而复杂的体系。不仅要把现代艺术史的教学结合进来，还要结合现代艺术作品进行视觉研究与分析，解决"视觉创意"的想象力问题，解决视觉语言的多种表达的可能性。同时，还要解决现实教学中所存在的诸多问题：时间短、课分散、空间小、人数多、初入门、零技巧。为此，我们先建立了一个美术课教学的理论模型，根据其所包含的要素，分解成三段式的教学框架，编制成一套行之有效的教学框架和基本环节（图1、图2）。

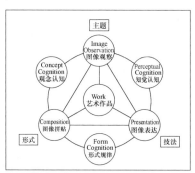

[视觉创意理论模型及其要素]

图1 理论模型及要素

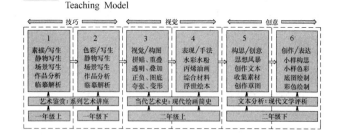

图2 教学框架

具体教学的环节也根据现实的情况进行了调整，首先是改变了原有设计课和美术课平行上课的模式，调整为集中上课的前后串联模式（图3）。参考美术院校的课程模式，学生有相对集中和连续的时间进行绘画和设计，实行了"STUDIO 艺术工作坊"的方式，将教师和学生分成组实施教学。提倡小组内学生"合作交流"和

"自主学习"模式，相互促进学习的热情和兴趣；建立绘画作业的讲评机制，实行教师轮流换组，使学生能更多地接受不同教师的教学方法。强调学生自主性学习、教师启发式教学、理论结合实际、整体教案推进等教学方法和思路，实践于美术课教学活动当中。

图 3　课程体系设置

具体的教学过程是一个实验性的过程，结果不可预期。但把训练的过程归结到几个可操作的环节当中来，形成了所谓 3×3×3 的魔方式训练步骤和作业要求（图4）。

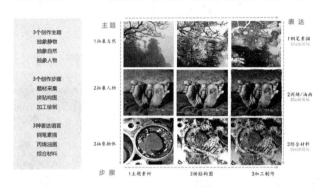

图 4　3×3×3 的魔方式训练步骤

课堂教学围绕三个基本的问题加以展开：

首先，是解决看什么、画什么的问题。题材问题关乎创意。创意绘画的难点在于：我们要从思想上和绘画的语言上挑战传统世俗的观念和传统的视觉语言表达方式，去表达生活中的"异常经验"和概念。什么样的想法是好想法？你不能说大白话，说一些大家都知道的道理和常识，而是要去怀疑和批判这些俗套的想法，提出你自己独特的见解。题材不外乎人物、静物、风景、材料、日常生活用品、梦境等，但要发现和提出自我独特的观察经验和思考，这是问题的关键。

其次，是解决怎么看、如何看的问题。即绘画的形式语言问题：摆脱现实主义的虚假真实，而对图像进行平面化抽象构图处理。现代艺术的去形体、去透视、去光影、平面化、共时性再现、反写实、平涂色，给予了问题一种新的表达方式。什么样的绘画语言是好的语言？这是一个视觉图像的表达问题。你不能还用古典绘画语言的单一视角、单一光影、具象构图的方式去呈现图像，而是选取一些有意义的图像进行拼贴沟通，形成

抽象的表达语言。

第三，是要解决如何画的问题。亦即绘画技巧的问题。从不同的媒介材料如黑白铅笔钢笔、色彩丙烯或油画、综合材料等，有着自身固有的表达方式和手段；到笔触、质感、线条、生动、干湿、浓淡、软硬、虚实这些基本的绘画基础技巧和能力训练。

5　视觉实验的教学成果

视觉实验课程的过程充满思想碰撞和偶发经验所带来的刺激，结果令人兴奋。教学实验更注重的是一种视觉认知的突破，而不仅仅是技能的培养。当同学们的视野被拓展开来，潜能被充分地释放，自我表达的意念在燃烧，作品充满了强大的生命活力。所有作品的图像都是根据个人的视觉经验给予重新拼贴组合，赋予新的意义。借用赫伯特·里德的话来说，"尽管构图来自现实，却没有把直接看到的形象反映出来——倒是反映了一组与记忆形象有关的视觉因素。这些有关的视觉因素，当然很可能，如毕加索经常所坚持的那样，来自视觉经验；但是重要的区别在于绘画变成了一种形象的自由联合（一种视觉想象的构造），而不是一个为透视法则所控制的主题的表现"。

第一个作业是抽象自然，要求以钢笔画完成。学生选取自然界的景物作为任意题材，如花卉、树叶自由地加以拼贴组合，从而完成了抽象的构图训练。艺术的表现与人的情感相关，同学们所选择的图像和主题表达，必须是从视觉上打动自我的图像所形成的一定的主题，才能成为艺术的作品。一系列的作品以各种主题呈现出来，如马衡驹的《纸与质》、张进的《欲望之都》、陈天仪的《苍》、黄婷的《印记》、林少娟的《逝》、余晓晴的《之间》、杨豪的《萌芽》、郑森宇的《残墟》、赖树钏的《线与块》、钱冠杰《非花》等，构图、色调和笔触都充满打动人心的细节。

第二个作业是抽象人物，要求以丙烯画完成。基于日常生活现象的观察，抓取生活中瞬间偶然的视觉图像和朦朦胧胧的印象，可能是一个人体动作、一缕情丝、一段记忆印象、一场梦境片段，构成复杂的视觉的异象结构和诗语逻辑。在形式语言上采取了反透视、反光影、反层次、反风格的平面化处理方式，摆脱传统现实主义的虚假表达，更注重内心感受和主观经验的真实表达。如林伊凡《邂逅》、翁策楷《梦》、卢梓轩《洗头》、徐若兰《梦溢》、苏泽勇《殇》、杨豪《无畏》、夏浩桐《1997 年的妈妈》、王裕正《背》、邓元《思考》、钱冠杰《自饰》等作品所呈现的意象。

第三个作业是抽象物体，要求以综合材料完成。这个作业类似于装置艺术的操作手法，注重观念的表达，即一

种对各种材料的实验性操作表达，注重材料和肌理的直接呈现，通过对材料操作实验的感觉经验片段记录，把各种日常生活的综合材料在画面上并置重叠，形成抽象的构图。如陈天仪《染》、林朝河《工业时代的人》、彭德熙《童年》、刘沁宜《虚拟人生》、李仕钊《蜉蝣》、陈浩良《拼贴》、林小冰《痕迹》、林琦晴《野渡无生》。

作业的考评建立在一定的标准之上：主题深刻、形式感人、技巧娴熟。以正式的作品展览方式给予呈现，绘画的作品进行统一的装裱，然后聘请专家和教师进行点评，旨在强化学生的作品意识。

文章的最后，有必要对整体美术课程的设置做一些补充说明。

本视觉实验课程主要针对的是二年级上学期基础教学课程改革，理论上是以20世纪初的现代艺术运动作为背景，注重以架上绘画的抽象视觉表达方式为培养目标。一年级则主要是传统的古典绘画的素描和色彩写生作为基础，进行基本功的训练。而在二年级下学期的美术教学课程将可能进入一个更高的形态，以当代艺术为背景，参考20世纪后半叶的新兴艺术形态，如概念艺

术、波普艺术、装置艺术、行为艺术、行动绘画、大地艺术、视频艺术等，注重思想观念的创意表达，是对过往一切艺术价值观念的颠覆，核心就是概念艺术。这是一个独立创作的过程，要求完成一件大型的艺术作品，类似专业美术学院教学的毕业创作。

改革在持续，实验是一个思想不断创新的过程，我们期待学生在未来的职业生涯当中，始终保持对艺术的高度敏感性和旺盛的创作能力，于建筑，于艺术。

(a)　　　　　　　(b)

图 5

(a)《纸与纸》马衡驷；(b)《苍》陈天仪

  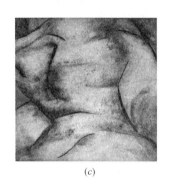 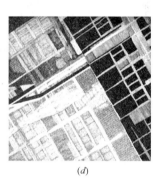

(a)　　　(b)　　　(c)　　　(d)

图 6

(a)《邂逅》林伊凡；(b)《洗头》卢梓轩；(c)《梦溢》徐若兰；(d)余晓晴的《之间》

(a)　　　　　(b)　　　　　(c)

图 7

(a)《染》陈天仪；(b)《童年》彭德熙；(c)《虚拟人生》刘沁宜

参考文献

[1] 理查德·莱文演讲集《大学的工作》（The Work of Univeirsity）.

[2] 赫伯特·里德. 现代绘画简史. 上海：上海人民出版社，1979.

468

陈瑾羲

清华大学建筑学院建筑系；chenjinxi@tsinghua. edu. cn

Chen Jinxi

School of Architecture，Tsinghua University

"抽象操作"和"具身感知"两门径在建筑设计入门教学中的运用——清华本科一年级上学期教学探索 *

The Approaches of Abstract Operation and Embodied Cognition in the Teaching of the Architectural Design Basics——An Exploration of the First Semester Teaching in Tsinghua

摘　要："抽象操作"和"具身感知"是当下建筑设计入门教学的两类主要门径。通过分析两类门径在不同院校入门教学中的运用，指出二者的训练重点和特点。尝试综合运用两类门径，优化清华本科一年级上学期设计入门教学，使得经验和情感能够通过建筑学的专业法则得到转译和表达。

关键词：建筑设计设计入门；教学门径；抽象操作；具身感知

Abstract：Abstract operation and embodied cognition are the two major approaches in the teaching of the architectural design basics. This article discusses the two approaches and their methods，compares their different emphasis and effectiveness in different schools. By adopting the two approaches cooperatively，teaching experiment has been carried out in the first semester architectural design teaching in Tsinghua School of Architecture，for the purpose that experience and meaning can be interpreted through the discipline of architectural design.

Keywords：Architectural design basics；Teaching approach；Abstract operation；Embodied cognition

本科一年级第一学期的建筑设计课面向的是零基础的学生，入门教学要涉及建筑的基本认知和传递[1]，要注重学生基本设计态度及基本工作方法的养成[2]。因此建筑设计入门教学十分重要，也是一个难题。教师有必要通过研究明确入门教学的门径（approach），厘清知识点，精心设计教案，使学生循序渐进的入门。好的设计入门教学应体现教师对建筑学及其入门教学的认识，还要有所在院校的特色。

1　当下建筑设计入门教学的两类主要门径

当下建筑设计入门教学主要有两类门径，一类可被概称为抽象操作（abstract operation），另一类为具身感知（embodied cognition）。从抽象操作入手的教学通过对空间和要素的抽象来认知建筑，并通过要素操作启动设计。如形态构成、空间构成等属于此大类。另一类从具身感知入手的教学，强调以身体为媒介，通过身体和感官去认知空间，而后展开空间设计。

抽象操作和具身感知两类不同的门径各有侧重。抽

*清华大学本科教学改革项目"世界一流建筑院校《建筑设计》系列课程研究"（ZY01 _02）；清华大学本科教学改革项目"《建筑设计一（1）》课程教学结构流程与方法创新研究"（ZY01 _01）。

象操作注重空间"普遍"法则的总结和传递，以及理性设计方法的传授。具身感知则更强调空间与经验和情感的联系，从身体出发设计建筑。二者对入门教学的不同理解，受到不同哲学观的影响。抽象操作将要素和空间视为客体对象，建筑师则是操作的主体；具身感知则强调身体与环境的融而合一，认为主客体是一体的。后者受到 20 世纪下半叶莫里斯·梅洛-庞蒂（Maurice Merleau-Ponty）知觉现象学的影响，在教育学领域被称为具身认知教学，近年来在教学中愈发受到重视。

应该指出的是，无论是运用抽象操作还是具身感知的门径，入门教学都应在训练过程中覆盖建筑学科的关键词。好的建筑是作为整体被体验的，也是通过专业法则被实现的。因此，本文将在研究两类门径在当下建筑设计入门教学中的运用的基础上，尝试在清华大学本科一年级上学期的教学中综合运用，以达到经验和情感能够通过建筑学的专业法则得到转译和表达的目的。

2 抽象操作的门径

近年来国内运用抽象操作门径的设计教学，影响较大的有东南大学一年级设计入门教学、香港中文大学的建构实验课程等。往前可追溯到 1980 年代苏黎世联邦理工学院（ETHZ，下文简称苏高工）的设计入门教学，以及 1960 年代"德州骑警"（Texas Ranger）的"九宫格"教学。

近年来，东南大学的设计基础教学在港中文顾大庆老师的指导下进行了新一轮教改。"建筑的空间以及形成空间的物质手段的组织方式"是训练的重点。首先是空间和物质要素的认知练习。通过学习由杆件、板片和体块要素限定空间的代表性建筑案例，认知 3 种抽象物质要素，并初步掌握不同要素限定的空间的不同特点。在认知的基础上，学生选择 3 种抽象要素中的一种，通过对抽象要素的操作启动设计。对杆件通过阵列、搭接等操作来限定空间，对板片通过错动、平移等操作形成流动空间，对体块通过叠加、内推等操作形成虚实相交的空间。再逐步引入空间概念、人的使用、结构及材料等问题。[3]

顾大庆老师在港中文的建构实验课程也是由抽象操作入手的典型代表。面向二、三年级的学生，课程不设置要素认知的环节。设计从对体块、板片和杆件的操作直接入手。[4]在概念、抽象小练习后，引入材料和建造练习。通过模型材料的区分和诠释，建立更加复杂的形式和空间秩序。在建造环节通过 1 : 20 的局部模型制作，训练建构完善设计意图。

回顾 1980 年代苏高工以及 1960 年代德州骑警的

"九宫格"教学，可以发现，尽管当时墙、梁等建筑实体要素已与板片、杆件等抽象要素联系起来[5]，但操作对象仍为具体的建筑实体要素而非抽象要素。苏高工当时由赫伯特·克莱默（Herbert Kramel）主持的第一个训练为入口设计，通过对墙体的操作启动，而后再搭建横梁和屋架作为屋面的结构[6]。德州骑警时期的"九宫格"训练不仅关注柱子、墙、屋面等建筑构件要素的组织，更关注"九宫格"作为一种空间范式的转译和延伸，注重设计意义的表达。

相较而言，当下国内采用抽象操作门径的教学，其"本质是抽象性"。[4]设计训练直接从抽象要素的操作启动，且不强调范式的意义表达，也没有具体的场地。因此，采用该门径的教学，近年来遭到设计缺乏情感、有脱离现实的"异物感"的质疑。

港中文和东大的教学中已尝试不同的方法推进设计具体化。港中文的建构实验课程，在概念和抽象后，为材料和建造练习。以实体模型为媒介，通过观察感知不同模型材料下的空间变化，1 : 20 的局部模型制作也使得设计更为具体化。在东大的设计入门课程中，一是有明确的抽象要素和空间认知环节，通过案例学习将抽象要素与现实中的建筑构件联系起来；二是实际教案设置中融入了空间与使用、材料与建造，场地与环境等关键词。尽管如此，张彧老师等仍谈到，（抽象）操作易流于对物质材料本身的关注，忽视对空间和环境的理解[3]。

3 具身感知的门径

近来成为趋势的具身感知教学，将人视为空间和环境的一部分，用身体取消主客体对立的体验结构。采用具身感知门径的入门教学，国内较有影响的有同济大学胡滨老师主持的教学，南京大学的教学等，国外有苏高工 2000 年以来的入门教学、康奈尔大学等。

近年来，同济大学的胡滨老师提出了"面向身体的教案"，"身体成为教案设计的主要线索，而不再以空间形式构成或空间类型作为教案组织的主导要素。"[1]第一个练习为"身体的表演"，以电影中的人物关系为依托，通过关注人身体的行为如行走、观看、跨越、相遇等设计围合空间。第二个练习为"'网络'中生活"，学生进入真实的场地与环境，观察和描绘农民工群租生活，重新设计他们的居住和工作空间。训练从身体出发，关注空间和场地的关系，尝试通过空间设计辅助建立人物关系，同时了解建筑的复杂性和社会性。

还有如南京大学由丁沃沃、鲁安东老师主持的一年级设计入门教学，下学期以"身体与空间"为题展开基础训练。3个小练习分别为身体运动、身体包裹和身体外延。第一个练习需要观察、记录并分析身体动作，制作容纳动作的空间模型，以认知空间。第二个练习通过折纸包裹身体的一部分，初步理解形式操作、材料和建造。第三个练习用pvc管搭建一个可供身体活动和感知的、起拱高度大于2米的覆盖装置，了解身体、材料、结构和形式的关系。

港中文1990年代末由顾大庆与柏庭卫主持的一年级设计入门课程，也是从与身体有关的物体的设计与制作开始的。第一个小练习为椅子（坐具，object）的设计和制作。第二个小练习将一个集装箱改造为一个供两人居住的单元空间（unit）。练习从日常熟悉的物体出发，从物体过渡到空间，与身体、行为和经验紧密联系。

南大和港中文的设计入门教学与苏高工有很大关系。对国内抽象操作教学影响极大的苏高工，自21世纪初以来，马克·安杰利（Marc Angelil）接手了一年级设计入门教学，具身感知的门径开始介入。通过让学生观察舞蹈，观察人身体的行为及其所在的空间，认知空间并启动设计。与设计课并行的建造课，近年来由安妮特·斯皮罗（Annette Spiro）主持。训练从身体和材料入手，设计并制作与身体有紧密联系的物体，对材料

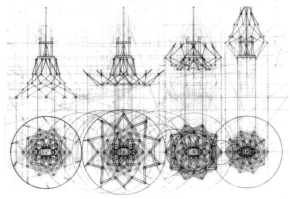

图1　康奈尔设计入门训练作业：从章鱼发展而来的身体穿戴装置（图片来源：康奈尔大学官网）

进行操作展开基本的构筑练习，而后过渡到单体小建筑的设计。[7]

当下美国康奈尔大学的第一个设计也从身体入手，通过对熟悉物体的解构与重构发展设计。学生选择日常熟悉的物品如曲棍球手套等，通过观察、描绘、图像拼贴等，解构并重组物体的结构和要素，设计并制作一个可供人活动和感知的空间装置（图1）。[8]还有库伯联盟的一年级设计入门训练，也包括对制图工具的观察与绘制，以及对手的运动感知与描绘（图2）。[9]

图2　库伯联盟设计入门训练作业：手的运动的描绘（图片来源：库伯联盟官网）

运用具身感知门径的入门教学，强调以身体为媒介将人与空间直接联系起来，也与形成空间的材料和建造方式联系起来。如此，人的情感、记忆和体验，才能通过建筑设计传达出来。这样的建筑才是有情感的、表"意"的。

4　综合运用抽象操作与具身感知：从空间构成到空间设计

具身感知的门径强调建筑的经验和情感表达，抽象操作更注重普遍法则的总结和传递。建筑设计的表"意"与"匠"法均十分重要。因此，本人尝试综合运用两类门径，对清华大学本科一年级建筑设计入门教学进行探索。

清华当下一年级上学期第一个练习为"空间形态构成"，属于抽象操作的大类。第二个为"空间单元设计"，有具身感知的一些训练要点。[10]虽有兼顾两类门径的意图，但均不够清晰。首先，第一个练习缺乏抽象空间与要素认知环节，使得抽象操作无从启动。其次，尺度与行为概念从第二个练习才开始介入，且未明确从身体出发。第三，前后两个练习无关联，使得"空间形态构成"易流于形式美的构成训练，而缺乏对空间的关注；"空间单元设计"易变成室内设计而非空间设计，学生也未能掌握一种启动设计的方法。

尝试综合运用两类门径，对教案进行如下调整：（1）增加空间和抽象要素认知环节；（2）在抽象操作启动构成设计的同时，同时介入具身感知的门径；（3）将

空间形态构成具体化为空间单元设计，两个练习联系起来。具体做法如下：(1) 在空间和抽象要素认知环节，制作抽象的案例模型和空间体量模型（图3），同时观察、感知和描绘学生最熟悉的阅读行为（图4），来认知空间；(2) 在空间形态构成练习时，通过杆件、板片或体块要素操作启动设计（图5），同时通过单人、双人和多人的坐、站、卧的阅读行为的要求来设计空间（图6）；(3) 在空间单元设计时，将空间形态构成具体化。板片等空间限定要素具体化为墙体、楼板或坐具等。空间的结构、主次与具体的功能、流线等对应起来。同时引入模型材料，进一步强调或重构已有方案的形式意图。（图7～图9）

 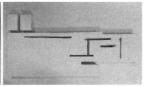

图3 案例模型及空间体量模型
（图片来源：王希典同学作业）

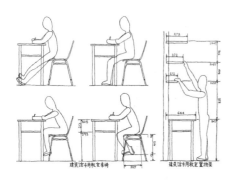

图4 阅读行为描绘（图片来源：支业繁同学作业）

图5 体块操作及空间模型（图片来源：乔宇同学作业）

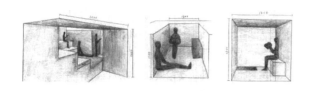

图6 空间设计（图片来源：乔宇同学作业）

图7 空间形态构成（图片来源：王希典同学作业）

图8 空间单元设计（图片来源：王希典同学作业）

图9 空间单元设计：板片的具体化
（图片来源：王希典同学作业）

如此，一年级上学期设计入门训练完成了一个从构成到设计、从抽象到具体、从概念到空间的全过程。在此过程中，学生不仅初步掌握了通过抽象操作启动设计的方法（"匠"法），也理解了空间与身体和经验表达的关联性（表"意"）。

5 结语

建筑设计的表"意"与"匠"法均十分重要。仅注重从普遍法则而来的形式操作可能使设计缺乏情感，只强调情感发掘而不注重法则训练更会丢失学科专业。"传承下来的系统的法则，是一门学科的基础。"[11]综合运用两种门径，可以同时培养学生操作和感知的能力。理想的建筑学教育，应是使得经过教学，学生能够通过专业法则实现传递情感的建筑。如同好的音乐家可以通过音乐唤起情感共鸣，好的作家可以通过文字表意，建筑师传递情感的媒介应是建筑而非其他。

参考文献

［1］ 胡滨. 面向身体的教学——本科一年级上学期建筑设计基础课研究. 建筑学报，2013（9）：80-85.

［2］ 顾大庆，柏庭卫. 建筑设计入门. 北京：中国建筑工业出版社，2010.

［3］ 张彧. 空间中的杆件、板片、盒子——东南大学建筑设计基础教学探讨. 新建筑，2011（4）：53-57.

［4］ 顾大庆，柏庭卫. 空间、建构与设计. 北京：中国建筑工业出版社，2011.

［5］ 朱雷. 空间操作——现代建筑空间设计及教学研究的基础与反思. 南京：东南大学出版社，2010.

［6］ 顾大庆. 建筑教育的核心价值个人探索与时代特征. 时代建筑，2012（4）：19.

［7］ 徐蕴芳，王英哲. 造物传奇与技术现实——瑞士苏黎世联邦理工学院建筑构造课的建构观. 时代建筑，2011（02）：144-149.

［8］ AAP. Student Work［EB/OL］. https：//aap. cornell. edu/academics/student-work？degree＝411&discipline＝279.

［9］ Selected Undergraduate Design Studio Projects--Architectonics, Fall 2014［EB/OL］. https：//cooper. edu/architecture/about/selected-undergraduate-design-studio-projects-architectonics-fall-2014.

［10］ 郭逊，俞靖芝，卢向东，刘念雄. 清华大学建筑学院设计系列课教案与学生作业选. 北京：清华大学出版社，2006：31-67.

［11］ Vittorio Magnago Lampugnani. Stadtbau als Handwerk / Urban Design as Craft. gta Verlag，2011：52-54.

王凯　李彦伯

同济大学建筑城规学院；imwaking@tongji.edu.cn

Wang Kai　Li Yanbo

College of Architecture and Urban Planning, Tongji University

场地/身体/建造：一次建筑学入门教学实验
Site/Body/Tectonics：An Approach of Introductory Course to Architectural Design

摘　要：本文基于作者在同济大学本科一年级第一学期建筑设计课程教案设计、教学实践背后的思考而展开讨论，指出建筑学基础入门教案设计背后的前提思考：理论知识驱动的技能训练系列练习；回归建筑学基本问题的综合性课题形式；从具体性出发，注重现场感的教学特色。

关键词：建筑学入门教学；场地；身体；建造

Abstract：Based on a teaching experiment of the introductory course to Architectural design to the freshmen in Tongji University, this paper would like to share the experience and thinking behind the one-semester-studio.

Keywords：Introductory Course；Site；Body；Tectonics

"建筑学入门应该从哪里开始？"这是建筑入门教育的基本问题。对这个问题的回答，涉及教师对建筑学以及教学活动本质的基本理解，更牵涉到本科阶段整体的教学计划结构性安排。面对处在变化中的建筑行业和学科，建筑应该怎么教？是加强通识教育的特色，还是尽快进入专业化的学习轨道？是把需要的专业技能分成不同的分解动作教给学生，还是一上来就从更加强调综合性练习入手？每个教案背后、每位老师都有对这些问题的不尽相同的解答。

本学年笔者在一年级教学中尝试一种把同学们拉入"现场"的教学组织，整个学期的教学由4个前后相连的带有综合性的练习组成，将基本技能的训练编排进综合性课题，有序地组织，希望尝试一种不太一样的入门路径。

练习0："从现场开始"

第一个学期的课程开始于一个未经预告的测试，同学们被直接拉入到一个设计的"现场"。没有任何专业基础的学生，直接被置于建筑师的位置上，被要求当场进行一个设计。

题目："荒岛小屋"

不知道过了多久，你苏醒过来，发现自己孤身一人躺在一片沙滩上。你想起自己乘坐的船只在昨晚的暴风雨中沉没了，你是唯一一个生还者，至少，在可见的范围内是。

你开始观察你登陆的沙滩，很快你就发现，这是一座面积不大的荒岛，在海水涨潮的时候更是如此。岛上除了你搁浅的沙滩以外，大部分岸线是礁石和峭壁，海水的常年冲刷下，很多岩石已经粉碎，变成了奇形怪状、大大小小的石块。小岛的中央是一座显然已经沉寂多年的小火山，山坡上生长着茂密的树林和灌木，山顶树林的中央有一个小小的火山口。好消息是，里面形成了一个小小的淡水湖，而且树林里大量的野果看样子没有办法支撑什么大型食肉类动物，同时坏消息是，你马上意识到这些淡水来自随时都会出现的暴雨，而且蛇和蜥蜴、蜈蚣等等似乎随处可见。

看起来，你必须准备好待在这里等待救援了，因此你需要尽快为自己建造一个遮身避雨的栖身小屋。还好，你是一位建筑师。

请在 30 分钟时间内，用任何你觉得舒服的表达形式（文字、图纸、透视）描述你准备怎么做。

30 分钟以后，要求同学们把画好的图贴在墙上，分别汇报并接受其他同学的点评提问。同学们迅速进入"评图"＋"课堂讨论"这种典型的专业教学的"现场"。老师用提问的方式参与讨论引导，最终的讲评主要从几个方面进行：（1）题目中给定条件的用意和作用。（2）建筑师的工作任务和工具。继而引出了第一次的课堂讲座"什么是建筑？"。在讲座中，教师通过简要地回顾建筑发展的历程，着重把"场地/身体/建造"的核心要素告诉学生，从而也引出了这个学期的课程主题。

在这个环节中，同学们的设计当然是五花八门，不过重要的是如何迅速通过自己的实践意识到什么是像建筑师一样思考，如何利用既有的资源，为了满足特定需求去设计建造一个空间，并用别人可以读懂的图纸表达出来。

练习 1：身体/材料/建造—坐具设计（1.5 周）

第一个练习从测量自己的身体开始。

接下来，基于对自己身体测绘的练习，同学们被要求用指定材料（卡纸板）以及自行任选单一材料、复合材料各制作一把椅子，综合讨论人体尺度、身体姿态、材料性、材料的连接方式、材料的结构属性、材料的表面属性与舒适性等。不同的讨论话题在老师和同学共同参与的课堂讨论中被逐渐有意识地引入。

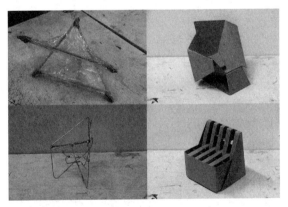

图 1

练习 2：建筑要素/（表演的）身体/空间--戏剧舞台设计（4 周）

第二个练习的第一个阶段仍然由建造练习开始。首先，要求学生用自选材料以"建造"的方式造一堵墙，和之前的椅子不同的是，虽然依然由自选材料构成，但是作为一种建筑要素的墙体，它的建造需要不但考虑材料特性，也需要考虑建造逻辑的问题。接下来，学生被要求建造"一堵带有洞口的墙＋一个建筑要素"（顶、楼梯、阳台、立柱）的组合体，要求有准确比例并加入一个人，进而形成了一个场景。讨论中引导同学观察人的尺度和建筑尺度的关系，想象人在场景中的感受。场景要素的引入在讨论中增加了空间限定的基本方式、尺度感、特定空间特征、氛围等话题（图 2）。

图 2

第二个阶段，"情景空间"。借助提供给学生的经典电影，引导学生思考特定场景和人物行为之间的关系，要求学生选择特定片段，将电影中的特定场景翻译成用抽象建筑要素构成的空间，以此来进入特定场景和行为之间关系的讨论，并且开始思考其中的建筑要素在空间限定和文化层面的双重意义。

第三个阶段，学生根据给定的文字剧本和自行设定表演形式，设计一个由建筑语言塑造的舞台。最后选定的剧目包括《莱茵的黄金》、《向左右向右走》、《巴黎圣母院》、《雷雨》、《小城之春》，风格差别较大。在过程讨论中，引导学生根据剧情和人物的特点，从多个层面理解挖掘建筑元素的表情和意义，开发空间序列本身的叙事性潜力（图 3）。

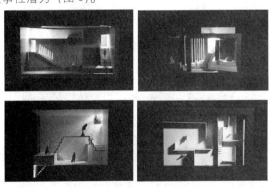

图 3

在这个练习系列中，学生完成了从材料建造到空间设计的过渡，在抽象的场地中设计一个空间，完成一个具有叙事性的空间设计。这是一个不小的跨越，因此课程由一系列小型讲座引导，话题包括"基本建筑要素的表情和意义"、"分镜图的画法"、"表演空间"、"空间的语言"等与作业密切相关的小专题，以及由两位助教主讲的每周一次的当代建筑案例分析。

练习3：场地/体验/再现-三好坞空间体验再现（3周）

从练习3开始，同学们开始正式接触真实的基地，我们选在学校内部的园林空间"三好坞"中展开。第一次进入作为现场的基地，教案重点在于运用多种形式引导学生学会观察，打开他们的感官去体验现场中的各种丰富的细节，并且学会用各种再现方式去记录和表达自己独特的空间体验。这个练习包括三个环节：

节点体验再现拼贴：事实上为了让学生提前对基地熟悉起来，从学期开始的时候就已经结合课内的摄影训练要求，指导学生在学习相机运用技术的同时就开始学习观察，不同距离、角度、时间的多次、反复、细致的观察，让同学们迅速对基地熟悉起来。这个练习的第一个作业，要求同学们用之前积累的大量照片，完成一个表达自己最喜欢的空间节点的体验的拼贴，学习用非静态定点透视表现的方式，自由地表达他们自己在场地中的视觉/身体体验（图4）。

图4

路径体验再现模型：第二个路径再现练习是希望同学们学会表达自身在场地中游走的动态空间体验。首先采用二维的"体验剖面"的方式，要求学生选择三好坞

中的一段路经，画出周边的植物、光线、亭榭、地形、道路等等变化；在此基础上，同学们被要求运用之前在舞台设计中开始习得的建筑语汇，抽象表达这些空间特征的变化，或者说用建筑的语言去塑造出自然园林空间中的空间体验。同学们逐渐开始摆脱单纯的翻译，开始大胆地用建筑语言和空间界定手段，捕捉他们在路径中的独特感知体验（图5）。

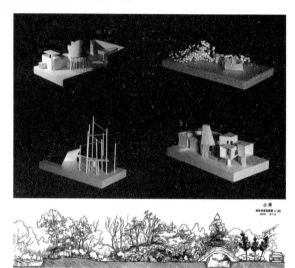

图5

艺术品插入拼贴：在路径再现的基础上，在指定的三位艺术家【Richard Serra（1938— ）、Eduardo Chillida（1924—2002）、Donald Judd（1928—1994）】的作品中选出一个，在三好坞中选出一个最合适的位置，学习运用Photoshop技术，把艺术品植入场地中。三位艺术家的作品都具有非常明确的空间性，通过这个练习，一方面熟悉了未来要用到的软件和技术，另一方面也初步体会在场地中插入一个人工物给场地带来的影响，为后续的设计做好准备（图6）。

图6

整个作业围绕着对三好坞场地的体验，以多种再现工具进行记录和表现。如此强调再现手段，恰恰是隐含

了对传统再现方式的批判性反思。

练习4：场地/功能计划/建造—三好坞茶室设计（6周）

练习3是这个茶室设计的前导性课题。经过前面的练习，同学们不但对场地已经相当熟悉，而且对建筑要素、空间体验都有了充分的理解和热身。这些都为这个学期的最后一个收官练习"三好坞茶室设计"做了充分准备。

同学们首先被要求对在时间跨度中的场地进行进一步深入的历时性研究，包括一年中不同时间的日照、温湿度研究、动植物分布种类和习性。我们请到了景观系的刘悦来老师，带领同学们踏勘现场，认识各种植物的名称、习性、特征、花期、果实等。同时还要进行场地的精细测绘。此外，同学们被按照传统中国的24节气分配，每位同学负责研究一年中相应的时间点的气候特征，并用文字和图像的方式想象特定时刻人身处场地中的氛围和感受。这是一位同学写的文字：

三好坞，处暑，暑气退却之日，秋之始，雨。从隐秀桥入三好坞，近处竹林的树叶被雨水冲刷得湿嗒嗒的，雨丝织成一张朦胧的网，远处的树丛是模糊不清的青绿色，像是透过磨砂玻璃看到的。有风过，吹落梧桐叶上的雨滴，像是来了一阵急雨，树叶也簌簌地响。因为有风，天气并不很闷，毕竟是初秋，雨滴还是像夏天一样凉凉的，不冰冷。沿湖走到湖心的亭子里，路面上有的地方没有铺石头，很泥泞，铺了石子的部分颜色更深了。雨下得挺大，可以看到雨点落在湖中，泛起阵阵涟漪，荷叶上的水滴聚集又打散，荷花零星地开着。如果走在两侧有竹子的小路上，过分生长的竹枝会猛地拦住你，把它身上的水滴抖在你身上。在竹子低处有时能看到猫闪过，过路人很少，即使有也行色匆匆。

经过在前期研究之后，同学们分成五组，开始在指定的五块基地中进行茶室设计，前期的长时间研究在设计中发挥了比较大的作用，对基地的细致入微的体察，特别是一年四季中的变化的了解，为设计提供了非常丰富的基础和出发点。同学们的作业固然在设计上还很稚嫩，但是经过一个学期对于基地的深入研究和观察，已经让同学们在评图的时候成为基地情况的专家，也产生了很多很有意思的设计。一个有趣的例子是，在设计完成之后的一两个星期，就由于基地上的一棵死树被清理掉，导致一位同学围绕这棵死树的设计成了广陵绝响，由此也可见设计对基地状态依赖的深入程度（图7）。

场地/身体/建造：三条线索

建筑教案集中体现了教学过程传递的对建筑的基本

图7

认识。本教案以课题为核心，围绕建筑设计的综合性和平衡性特点，尝试从第一天开始就把学生引入到一个建筑师面临的困难的真实语境中，让同学们直接面对对象，可以把观察、体验、表达、设计等环节变成一种潜移默化的方法教育：回应场地、回应当下条件，专注此时此地的思考和建造。

在学年开始时的"什么是建筑"的讲座中，曾经提出场地、身体和建造是贯穿一年教学训练的三条线索，这三条线索的延展、变化体现在从每个课题标题前面的三个关键词中。

场地一直是整个课程内容组织的核心，学生在各个环节中，发现自己要不断地回到基地，不断阅读和更深入地调查和理解基地，在这个过程中，对基地的理解和体验越来越深入，设计的思考也就避免了形式或者手法片面主导的弊端。

身体的研究从对自己身体尺度的测量开始，从表演性的身体到日常的身体，从舞台设计中抽象的身体概念到茶室设计中特定对象的身体需求，从摄影训练到空间体验再现中隐含的身体性体验，对身体的理解由浅入深，层次逐渐丰富。

建造是建筑物质性的基础，从最初的椅子、墙的最基本材料和建造概念，到在设计中逐渐深入要求中推进的建造认识，从基本的结构概念到构造基本概念的灌输，遵循着从抽象到具体的过程。

参考文献

[1] 顾大庆. 建筑教育的核心价值——个人探索与时代特征 [M]. 时代建筑，2012（4）：16-23.

[2] 刘东洋. 基地啊基地，你想变成什么？[M]. 新建筑，2009（4）：4-7.

[3] 胡滨. 面向身体的教案设计——本科一年级上学期建筑设计基础课研究 [M]. 建筑学报，2013（9）：80-85.

陈秋光　陈睿

东南大学建筑学院　美国圣路易斯华盛顿大学建筑学院；qiuguangchen@163.com

Chen Qiuguang　Chen Rui

Southeast University Architecture Department　Washington University in St. Louis

空间与结构组织　由单元组合为训练重点形成的教案
Space and Structure Construction—a Teaching Plan Focusing on Unit Combination

摘　要：文章对东南大学建筑系二年级建筑设计教学的第二个设计教案进行分析解读，并就教案的系列化设置内容及教案设计作了说明，以"空间"、"形"与"建构"作为设计训练的核心，并以现代建筑所强调的环境、功能、材料与结构为设计背景，强调设计教学由传统的建筑类型向问题类型的转化。

关键词：空间与场地；空间与结构；空间与形

Abstract：The article analyses the second design project in Southeast University，Architecture School，grade 2，also clarify how a series of teaching plans and its contents are designed. In the teaching process，SPACE，SHAPE and TECTONIC are the core of the design practice，ENVIRONEMNT，FUNCTION and MATERIAL and STRUCTURE are seen as the design background of modern architecture. The conversion from function-based subject to problem-based subject is emphasized.

Keywords：Space with site；Space with structure；Space with shape

作为东南大学建筑设计专业二年级设计入门阶段的系列化教案，国际交流生公寓是在二年级第一个设计作业"院宅"基础上的延续和发展，在"院宅"设计中，学生已接触到一些基本的建筑设计问题，并就空间限定和简单形体的建筑设计进行了学习。在上一个作业的基础上，本设计对由空间限定及单一形体的组合而形成建筑空间及形体进行学习，并初步涉及下一设计作业的空间接续与空间进程，是为以空间、环境、建构为主线的教学内容的设计系列之二。

国际交流生公寓作为二年级第二个设计作业，在整个教学体系框架的架构下，以空间/形式、场地/环境、材质/建构（图1）这三组对于建筑设计入门教学的设计基本问题为设计教学出发点，并结合特定的建筑类型的特点，加入使用/体验这一组与使用者直接相关的问题。

国际交流生公寓作为以标准空间单元为主体，灵活

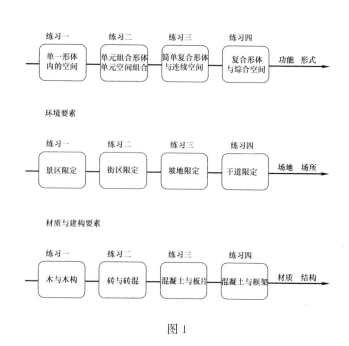

图 1

多功能空间为附加体的空间单元组织的一种建筑类型，反映了一类特定且经典的空间组织结构在当前城市特定肌理中的重新呈现。在该项设计作业中，重点围绕"空间与结构"这一主题，展开对于"基本房间"、"单元组合"与"组织结构"的学习。以理解基本房间单元的"开间、进深、层高"、"围合与开放"、结构组织的"框架与墙版"、"网格与线性"、"交通与服务"、"层级与疏密"等基本空间与结构组织的问题。在这种设计研究中，结构一方面表现为物质系统的组织，另一方面也表达为空间及层级系统的组织；并以此建立具体的物质构成与抽象的空间组织的关系。

1 空间设计内容与要素

与"院宅"设计作业类似，在任务书的开始，规定了主体基本空间的数量及功能要求（图2）。此为单元组合作业与二年级后续两个设计作业的主要区别所在，同时也是本设计作业的一个主要特点。这些给定的要素，反映了此类建筑空间组合的基本特点和各种形体要素，同时也是具体建筑类型所要求的物质功能要素。与以往的设计作业不同，所有给定的构成要素均需由学生在前期调研和查找设计手册的过程中确定，此做法加深了学生对任务书的理解和主动参与性，而非是简单地被动接受。由确定的基本要素构成和基本结构方式所限定的这种设计教学方法，在突出"空间与结构"这一设计核心，弱化一些设计次要问题的同时，可建立起相对客观统一的评价标准，从而使教案向可教与可学方向靠拢。

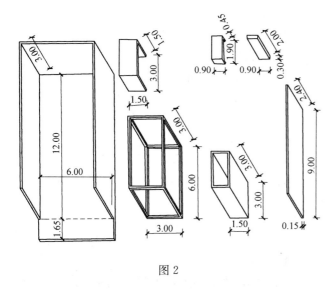

图2

1.1 类型的选择

由传统设计教学重建筑类型向现代设计教学重问题

类型的转化，本设计作业训练的重点是由若干基本空间按使用要求及空间组合方式相互成组布置形成空间单元，多个空间单元与附加部分按空间层级划分要求进行组织，最终形成一建筑单体的设计过程。作为单元组合这一空间方式，相适应的建筑类型是非常广泛并具代表性的，如公寓、宿舍、教学楼、办公建筑等。这也为设计题目的置换带来灵活多变的可能（图3）。

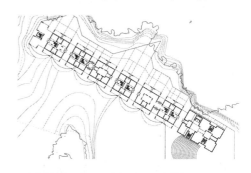

图3

国际交流生公寓选取与学生生活较为密切的建筑类型，总床位60床，分单人间和双人间两种基本房间，其中单人间12～20间，双人间20～24间，附加若干公共空间与管理用房，总建筑面积控制在1600m²，限高15m。

1.2 结构选型

结构和建筑彼此共生，互为设计的出发点，本设计作业限定采用墙板结构体系或框架结构体系两种结构方式。强调对支撑要素与围护要素关系的学习理解。

早期的教案中多采用以砖混结构为主墙板结构作为具体的建筑结构，墙板（砖、混凝土）既是结构承重构件，同时也是空间围护与划分构件，要素合一。但因不能灵活自由地进行空间划分而存在一定的局限性，即限制了建筑空间组织的灵活性，以至于受限于特定的空间类型。但墙板结构对于中低层，中小开间与进深的标准单元在重复组织以及建造的经济等方面仍具有自身的优势；同时墙板结构所具有的线性要素在形成空间的序列、秩序和层级关系，空间的韵律和指向性等方面，有其特有的优势和特点（图4）。

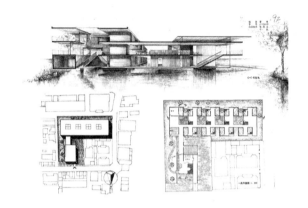

图 4

近几年随着教案的调整及选用场地的变化（主要思路为压缩用地规模，变总图内的水平单元排布为竖向空间组织，空间组织与结构逻辑关系更加紧密），在原有墙板结构体系之外，加入框架结构体系，结构框架作为受力支撑，而墙板则主要参与空间的围护与划分，支撑与围护相互分离，从设计训练的角度看，不同要素的概念趋于清晰，空间组合方式自由灵活，而墙板的线性特征同时得以保留（图5）。

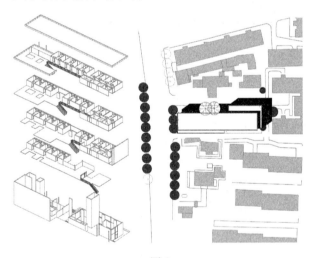

图 5

1.3 基本结构三维形体

基本结构三维形体可看作由垂直面和水平面组合而成的"盒子"，即为一种抽象化的形式结构。

由基本结构的三维体积所形成的标准单元体，其之间的组合及形式特征（由使用要求所限定）是本设计作业所要解决的重点问题。这一问题在空间教学中的核心地位参见《建筑：形式、空间和秩序》第四章—组合（图6）。正交三维坐标体系由设计作业"院宅"发展延续而来，开启与闭合则针对十流线、视线与光线。

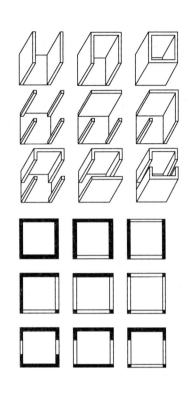

图 6

（1）水平面：楼、地面，屋面，承载于覆盖人的活动，并传递荷载，为闭合要素。

（2）垂直面一：墙板结构及各种隔墙，承载楼、屋面荷载，并起空间的划分与围合作用，平面上表示为线性，为闭合要素。

（3）垂直面二：门窗洞口及框架柱，柱承受梁架传递的荷载，平面上表示为一点，门窗及洞口起气候边界的划分、视线及流线的贯通作用，在此设置为开启。

在现实建筑中，由单一空间组成的建筑无论是从类型上还是从数量上都是非常有限的，绝大多数的建筑物总是由许多的空间组合而成，并按照空间的功能、相似性、使用方式及其连接要素（走道、门厅、楼梯等）将各类空间联系在一起。

国际交流生公寓设计作业学习的重点为建筑空间排列和组合的基本方式，物质结构要素与建筑空间及形式的相互关联，不同的空间类型对应于不同的空间形式。对空间的要求如下：

（1）具有特定的功能或者需要特定的形式。

（2）因功能相似而组合成功能性的组团或在线性序列中重复出现。

（3）因功能划分而形成的层级序列关系。

（4）因采光、通风、景观、交通的需要线外开放。

（5）因使用的领域或私密性而必须围合。

1.4 模数

在设计作业——"院宅"的基础上，本设计作业加入模数控制的要求，所有设计要素尺寸均要求采用建筑基本控制模数3M，将各种设计要素及其变化都纳入于一个统一可控的空间形式关系中，在基本的正交系统的模数控制下，可置入某些斜交及曲线要素。

2 建筑设计基本问题的建立

国际交流生公寓设计作业重点解决空间单元的组合、空间组织结构与物质结构的相互关联性。此外，场地与场所（环境）、功能与空间（使用）、材质与建构（技术），这三对建筑设计的基本问题，是二年级所有设计作业都必须强调的重点和关键。在哪里建造（环境），为何而建造（使用），如何去建造（技术）回应了建筑设计最基础的本意。它们各自的特点及要求为建筑空间和形式的生成提供依据和限定条件，并以此为具体设计的出发点（图7）。

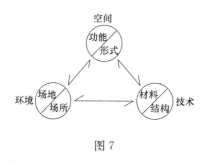

图 7

2.1 环境因素

环境因素是任何建筑设计的外部限定条件。场地的选择、建造的地点，是建筑设计的初始条件。建筑环境同时暗含了对建筑生成的各种制约；也是确立建筑设计形态、空间与建造方式的重要基础，并为建筑设计优劣的基本评价标准之一。

国际交流生公寓的环境限定为城市街区，考虑该建筑为东南大学校区配套生活服务设施，故选址为校园边的街区之内，这也是在"院宅"街巷内的院墙限定基础上系列化扩展，街区是城市空间中最为常见的一种环境条件。

场地的几何特征是建筑生成的背景和依据，场所的肌理特征（道路、广场、庭院、已有建筑的布局方式及景观）和场地的地形、地貌等自然条件是设计中主要考虑的环境因素。强调发现，利用并保留场地的固有特征，并使学生理解建筑与场地的结合是场地的发展过程，场地与场所同时启发建筑的生成。二年级由于知识层次和相关课程衔接跟进的限制，场地的历史、文化特

征在此不作要求，由三年级设计提高阶段进行学习。

对于场地与建筑的认知在教学中是一个不断发展与调整的过程，前几年的作业中，给定的场地用地范围较大，用地条件较宽松，对总图的各种可能性及建筑平面组合方式过于关注，而疏于对空间组织结构的设计，空间类型丰富而对建筑本体的深入及完成度不够；近四年则收紧用地面积，对空间与组织结构和单元设计重点进行强化，简化总图，使设计作业的重点和完成度有了明显改观。

2.2 功能及使用要素

相对于场地因素，功能与使用要素为单元组合空间的内部限定以及建筑类型的要求，它具有特定的功能及在组合中所特有的形式。

因功能的重复和相似性而组合为功能性的组团，并在线性或网格序列中重复出现。功能的组合方式，可以表明各单元在建筑中相对的重要性。单元类型的划分，单元与单元之间，单元内部与外部之间的联系与分隔，交通的组织，组合的形体相关以下三点：（1）功能分区；（2）空间的等级、层次、序列的要求；（3）交通、采光、景观环境的要求。单元组合空间的形式关系重点训练如下四点（图8）：

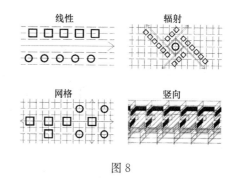

图 8

（1）线性组合；（2）辐射式组合；（3）网格式组合；（4）竖向空间组合。

近四年的作业由于压缩场地大小，将训练重点更多放在线性组合及竖向空间组合上（图9）。

由单元空间组合特点及场地条件决定，此作业在具体的设计方法上应采用从单元到整体，以及从整体到单元双向互动的方式进行，这也是此作业与二年级其他三个设计作业在设计方法上有所不同的地方。

2.3 材质与建构要素

建筑空间的完美决定与结构的理性，结构的理性产生于明晰的构筑方式上，以及具有逻辑的尺度和真实的

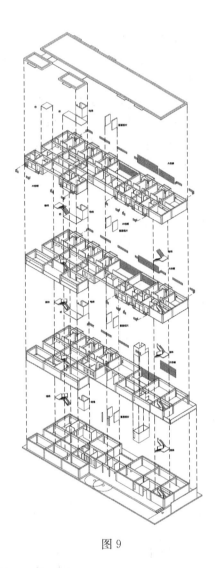

图 9

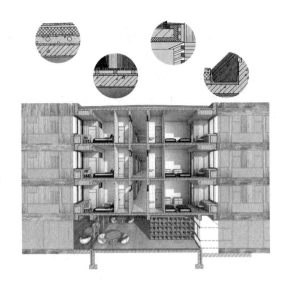

图 10

材料表达。

国际交流生公寓在结构方式规定采用墙板结构与框架结构两种结构方式。与"院宅"设计相同，建筑空间的材质化将抽象的空间形式以具象的物质建构表达出来。墙与墙、墙与柱的共同作用—承重与围护、分隔与流动是本设计主要采用的结构方式与空间划分的组织方式；在平面图形上反映为线面与点的关系，墙板为承重与围合，空间引导与方向，闭合墙体为空间的节奏以及空间内的设立，柱承重兼起联系作用。

材质特点重点表现混凝土与清水砖墙特殊的质感（色彩、肌理、触感等），构造细节的表现力。结构主要材料：砖，混凝土。其他材料：玻璃，木材，钢。

构造细节上，清水砖墙的砌筑方式，砖墙开洞处的平拱与弯拱；混凝土柱、梁、板的交接的细部处理；不同材料间如砖、混凝土与钢、玻璃、木材等材料的节点方式和形式表达（图10）。

3 建筑问题引导下的阶段性教学和模型操作

由以建筑类型为主到以建筑问题为主的设计教学方式的改变，强调从分解到综合，从片断到整体的结构有序化设计过程，体现在二年级每一教案的设置和阶段性的操作中。在设计过程中，上述场地与场所、空间与形式、材质与建构三条设计主线的发展由阶段化的教学过程所体现，并由浅入深，由抽象到具体。在国际交流生公寓分阶段的设计过程中，除二维草图发展设计过程外，采用工作模型的方式强化设计过程和空间训练，传统的二维草图长于功能流线的排布而弱于空间结构的组织，两者结合，针对于二年级设计入门阶段的学生而言，易于空间概念的建立，且以更直观易理解的方式进行设计方案的推敲深化。在不同的设计阶段结合以不同的工作模型，具体为：体块模型、结构模型、建筑模型三种工作模型。

3.1 以环境、功能条件为出发点形成建筑体块的"体块模型"

"体块模型"是设计初始阶段的工作模型，所有给定的单元体块抽象为"盒子"，并分开启与闭合，由以下三个设计出发点进行研究：（1）环境、场地的特点及制约条件；（2）建筑类型本身所要求的功能划分及空间关系；（3）建筑形体的组合关系。"体块模型"阶段一般按1：500的小比例尺研究，并可尝试以不同材质或色彩的模型材料区分不同的功能体块或交通联系。

3.2 以空间、组织结构为出发点形成空间关系的 "结构模型"

"结构模型"阶段由对体块的研究深化到对空间的研究。它赋予建筑形体以空间的内涵，是三个工作模型研究的重点阶段。空间、功能、形式等问题均可通过结构模型予以体现。要素形式如下：

柱：垂直线；

墙体（承重、围护、分隔）：垂直面；

门窗洞口：垂直开启面。

对于功能相对单一的标准单元组合空间，结构模型通常只选择标准层平面研究即可，一般不涉及水平向的楼、屋面。但对垂直方向上的空间穿插与渗透，结构转换例外。结构模型以垂直方向的要素研究为重点。此阶段通常要求1：200比例尺的模型。

由教学实践得出，"结构模型"对于有规律性的空间组合设计作业是一种有效的工具方法，此阶段以"结构模型"结合SKETCH UP建模软件进行建筑空间研究同样有效。

3.3 从空间、结构到材质、细部的"建筑模型"

此阶段为工作模型的最后一个操作阶段，在结构模型对空间研究的基础上，它形成最后的建筑形式。研究从整体到局部，从局部到细节的建筑处理。各建筑要素要求材质化、细节化，建筑模型阶段训练学生以专业的眼光来研究建筑问题。此模型阶段由1：200的空间模型和1：50的单元模型共同组成。

"建筑模型"要求不仅能够表达建筑造型，而且能够表达建筑空间和细部构造，因此通常以可揭式的模型制作来应对上述要求。

从体块—组织结构—赋予材质的建筑空间和形式，这种不断深化设计问题的三种工作模型对应于设计过程的各个阶段（图11）。

4 结语

从二年级建筑设计题目的整体思路看，空间要素源自于一种体块化的思路，即把空间视为体块以及体块间的相互关系。在此思路下，最简单的单个空间被视为空间设计的基本单位，以此单个空间为基础，可分化或组合成更复杂的空间。这一点也是基于现代建筑"方盒子"的问题为背景的学习.

空间单元的组合，表现为一种结构化的方法，在强调空间构成方式的同时，带有自生的组织逻辑，发展为一种更为有序的层级化空间关系（图12）。同时附加体

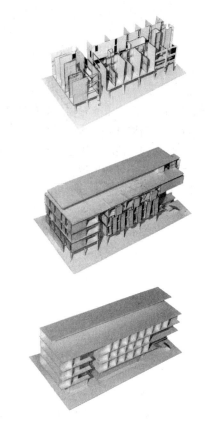

图11

块和空间的加入，结合空间要素的组合，发展出多样性的空间形式，而不再仅限于组合。空间设计的对象（内容）被视为空间结构的本体，相关功能和结构问题表达为各体块之间的合并与分离上，并最终形成统一的空间网格和结构组织。

图12

现实中绝大多数建筑都是由多个空间组合而成的，由"院宅"简单空间作业的基础上发展到单元空间的组合体现了二年级教案设置的结构有序化思路。由单元空间与附加空间按照功能与空间类型相似性等要求，通过空间层次化进行组合，划分出主要使用空间与服务性空

间。空间秩序的组织是单元空间组合设计的核心。它在保证使用合理的基础上，通过空间的对比与变化、重复与韵律、衔接与过渡、渗透与层级、导向与暗示等设计手法建立一套整体的空间秩序。

《论语》曰：君子务本，本立道生。《道德经》曰：道生一，一生二，二生三，三生万物。真实的建筑概念应是建立在环境、使用要求以及建造方式和技艺上，同时任何一个概念的实现都应以建筑空间和形的表达为最终目标。现代主义建筑的主旨是解决问题，而不是陷于一种新的形式主义。设计课题的设置旨在通过场地与场所、功能与空间、材质与建构这三组现代主义建筑的基础问题，建构一种理性的可操作与可评价的方法和训练体系。

参考文献

[1] Francis D. K. ching. 建筑：形式、空间和秩序（第三版）. 天津：天津大学出版社，2008.

[2] Herman Hertzberger. 建筑学教程2：空间与建筑师. 天津：天津大学出版社，2004.

[3]（瑞士）安德烈. 德普拉泽斯. 建构建筑手册. 大连：大连理工大学出版社，2011.

图片来源：

图2：要素构成

STRUCTURE ＜ ORGANIZATION AND FORM IN BASIC ARCHITECTURAL DESIGN

EXPERIMENTS IN DESIGN EDUCATION-7/97 P8

ETH-ZURICH SCHOOL OF ARCHITECTURE PROFESSOR H. E. KRAMEL

图3：莫比奥. 英佛里奥里初级中学（Junior High school，Morbio Inferiore）

马里奥. 博塔 支文君 朱广宇/编著 大连理工大学出版社 2003. 03 P36

图4：选自2009-2010学年东南大学翟练设计作业

图5：选自2015-2016学年东南大学翟盈设计作业

图6：组合方式

建筑：形式、空间和秩序（第三版）

Francis D. K. ching 著 天津大学出版社. 2008. 9 P185

图9：选自2013-2014学年东南大学吕颖洁设计作业

图10：选自2016-2017学年东南大学尹维茗设计作业

图11：选自2016-2017学年东南大学赖怡蓁设计作业

图12：萨克生物研究中心 路易斯·康

路易斯. 康建筑师中的哲学家 施植明 刘芳嘉 著 江苏凤凰科学技术出版社 2016. 7：53

其余图片均为作者自绘，自摄。

张雪伟　岑伟

同济大学建筑与城市规划学院；zhangxuewei@tongji.edu.cn

Zhang Xuewei　Cen Wei

College of Architecture and Urban Planning，Tongji University

基于自然形态模型建构的建筑设计基础教学研究 *
Teaching Research of Architectural Design Fundamental　Based on Natural Morphological Model

摘　要：从"构成"到"建构"，模型一直是建筑设计基础教学中造型训练的重要手段。与单纯表达主观形式美的立体构成不同，建构模型虽然包括了对空间和建造的表达，但由于其过于抽象，而且剥离了建成环境的属性，因而学生在从抽象的形态与空间操作转化到具体的建筑设计时，往往存在着一个较难跨越的鸿沟。针对这一问题，本文提出了一种基于自然形态的建构模型教学法并介绍其在教学实践中的运用，以期为建筑设计基础教学改革提供一些有益的探索。

关键词：自然形态；形态分析；建筑模型；教学研究

Abstract：From "composition" to "tectonics", model has always been an important means of modeling training in the basic teaching of architectural design. Unlike three dimentional composition presenting subjective beauty of forms, although tectonics model can express space and build, but because of its abstraction and lack of built environment，so students always have difficulties when they try to develop abstract forms and space into specific architectural design. To solve this problem，this paper introduce a model training method based on natural appearance and our teaching practice，which will provide an effective way for the reform of architectural design basic teaching.

Keywords：Natural appearance；Morphological analysis；Architectural model；Teaching research

1　建筑教育的演变

1.1　从"渲染"、"构成"到"建构"

国际上公认的建筑师职业教育起源于法国的巴黎美术学院模式，即"布扎"（Beaux-Arts）模式，后又经历了向包豪斯模式及现代主义的转变。根据香港中文大学顾大庆教授的研究，中国的建筑教育体系也是起源于"布扎"模式，并且经历了从"布扎"到"构成"，再从"构成"到"建构"的发展历程[1]。

在早期各建筑院校的建筑基础训练中，"渲染"曾经占有很大的比重。20 世纪 80 年代初，随着国内工艺美术学校引入"构成"教学，同济大学在国内建筑院校中率先引入构成教学体系，将其作为建筑学的基础训练。这一趋势逐渐影响到其他建筑院校，到 20 世纪 80 年代中后期，国内建筑院校基础教育的主要内容是"渲染"与"构成"方法并重，即把两种教学方法和内容糅合在一起。

后来，随着国际交流的增加，部分国内院校率先从瑞士苏黎世联邦理工学院引进了全新的教学观念、方法和内容。"建构"及"空间"逐渐成为建筑设计基础教学的核心课题，并逐渐发展出一种从模型进入建筑设计

─────────

* 本论文由同济大学教育改革研究与建设项目《基于形态学理论的创造性教学模式研究》资助。

的方法[2]。20世纪90年代开始，中国的许多建筑院校陆续开设了模型课[3]。从此，模型在建筑设计教学中日渐占有重要的地位。

1.2 "从图纸进入"与"从模型进入"

建筑设计的方法大致可以分为两种，即以绘图板为基础的设计方法以及以模型制作为基础的设计方法。

由于"布扎"建筑教育的基础训练是以渲染和构图练习为核心的，素描和绘画训练在"布扎"教育中占有很大的比重，因此，"布扎"所传授的就是一种从绘画进入建筑的方法，在现代建筑出现之前，作图是建筑师设计的唯一手段。从开始的构思到最后完成的施工图，都是靠一系列的图纸来完成的[4]。

而另一种则是从模型进入建筑的方法。模型是建筑设计中一种必不可少的辅助手段，从最初的方案构思到最后的局部节点构造设计，实体模型一直伴随着建筑设计的全过程。最初以模型制作来辅助设计的方法应该是来自"包豪斯"的设计工作坊，设计者通过模型来研究和推进自己的构思。这样的研究更为直观，而且在设计推进过程中始终包含了对空间的观察及对模型材料的操作，不仅可以打破单纯图形思维的限制，并且在某种程度上与建造的最初定义相吻合。

1.3 从"形态构成"到"形态生成"

"构成"教学后来对各个建筑院校都有不同程度的影响，成为"布扎"渲染练习后的另一种主流设计基础练习。

"构成"包含平面构成、立体构成和色彩构成三个部分，是针对工业设计和平面设计专业的基础训练。"构成"训练可以帮助学生掌握造型的基本理论和方法，为建筑设计打下良好的审美与造型基础，曾经在培养学生形态创作的基本能力及思维方式上有过不可替代的作用。但"构成"毕竟是针对设计专业的基础训练，并不能作为建筑设计的基础。由于"构成"并没有真正与建筑形态紧密结合，而且其形态美的法则带有一定的主观性，具有先入为主的特性，将其作为建筑学的基础训练必然有自身的局限性。

近年来，随着电脑技术的发展，"形态生成"作为一种数字化的造型手段异军突起。它更强调形态内部的逻辑和法则，通过一些复杂性科学，如分形、CA模型、遗传算法、混沌学、涌现论等，大大拓展了建筑形态的广度与深度，突破了传统的造型思维和手法[5]。

"形态生成"虽然在形态的产生上突破了"构成"所固有的先入为主的主观性，其产生规则更为客观，但

其仍然没有与建筑形态密切结合，在形态的生成过程中也与空间没有直接关系，因而从某种意义上只不过是"形态构成"的升级版，是"电脑版"的"构成"。其所带来的形态的多样性虽然突破了人脑的思维限制，却依然摆脱不了"形而上"的先天缺陷。

1.4 从"空间原理"到"建构"

包豪斯之后，就有一批年轻教师提出现代建筑的共同特性是空间，并将如何使得空间"可教"作为教学改革的重点。在国内，同济大学冯纪忠教授在20世纪60年代提出了《空间原理》教学大纲。他认为建筑的本质是空间，建筑设计教学应该以空间的组织作为核心问题[6]。但由于历史原因并没有得到推广。

近年来，"建构"这一概念随着肯尼思·弗兰姆普顿的《建构文化研究》被引入中国。"建构"的本质是关于空间和建造的表达，将建筑视为一种建造的技艺，认为建筑不仅与空间和抽象形式相关，而且也在同样至关重要的程度上与结构和建造息息相关。但作为一种设计方法，"建构"所研究的是在设计的构思形式和建造形式之间存在的内在逻辑，发现建筑空间和构成它的物质手段之间的关系。

因而，"建构"的设计方法是对于建筑物的构成方法和构成规律的研究，其本质就是一种把空间和建造的表达作为一个重要追求目标的设计方法。它在"空间原理"的基础上加入了建造及材料的要素，力求在建筑设计从构思形式向建造形式的转化过程中，实现对建筑空间的"建构"表达。从这个意义上说，"建构"是"空间原理"设计方法的升级版，它的可操作性使得空间的"可教"成为现实。

2 基于自然形态模型的设计教学

2.1 建构模型操作的局限

在"建构"设计中，模型是一种必不可少的手段。建构设计研究均是借助于模型来进行的，因为在模型操作中，设计者一直在处理材料，而不同的材料提供了不同的操作可能性。顾大庆教授将体块、板片和杆件作为建构模型操作的三种基本要素。块、板和杆分别激发不同的操作，进而导致不同的空间结果[7]（图1）。

与单纯表达形式美的立体构成不同，建构模型虽然包括了对空间和建造的表达，对于有经验的建筑师来讲不失为一个有效的设计手段。但在实际教学中发现，对于低年级学生来讲，由于其过于抽象，而且剥离了建成环境的属性，因而在从抽象的形态与空间操作转化到具

图1 利用体块操作的建构模型

体的建筑设计之间，往往存在着一个较难跨越的鸿沟。

当学生最初接触建筑设计的题目时，由于空间思维能力和对建筑的基本理解尚未建立，学生对纸面上抽象的基地缺乏直接感受和认知，对建筑形态与基地的关系把握困难，因而找不到设计的突破点，普遍感觉无从下手。或者只关注于抽象的空间与形式，而完全置环境要素于不顾。

2.2 基于自然形态的模型工作法

针对"构成"与"建构"在建筑设计基础教学阶段的局限性，我们尝试发展一种新的教学方法——基于自然形态的模型工作法。

这是一种环境先导型的设计教学法。将一个自然界中天然形态的物体作为课程设计的"基地"，通过对其自然形态与空间特性的研究，使得学生能够直观地理解环境与建筑的关系，并逐步建立起对空间形态的认知和感受能力，然后用"建构"设计方法去进行空间构成和形态设计。

具体地说，就是学生自己去选择一个自然界中的物体作为设计的"基地"，通过对其自然形态的分析和研究，运用建构模型的工作方法，直接在其上进行模型操作，完成形态和空间构成。由于直接在实体上进行操作，环境的限制因素在此起到很大的控制作用，而且基地环境会无形中成为建构操作的出发点和灵感触发点。

在教学方法上，改变过去给学生提供给定的基地和设计任务书的做法，而是提供一个开放性的任务书，只规定作业的主要材料及设计目标，不限定具体功能和形态。学生去自然界中选择一种天然材料（如树根）作为设计基地，运用各种材料进行形态及空间构成。

同时，模型材料也不做严格限制，由学生自主选择，既可以选择普通模型材料，也可以选择日常生活中的各种常见材料。由于材料的独特性所带来的形态构成

及连接方式上的独特性和偶然性，往往带来出人意料的结果。最终成果完全由学生根据材料本身的形态特点及空间特性来决定，而老师在这个过程中并不给予过多的限定，而是因势利导，根据每个学生的设计构思和形态构成进行评价和指导（图2）。

图2 学生作品（图片来源：学生作业）

2.3 架起"建构"与建筑设计间的桥梁

这种教学方法的优势在于，以环境要素为先导，以模型为手段，让形态产生于最前端，让材料和形态启发学生，根据其特有的形态特征来研究材料连接、形态构成、空间塑造及其相互关系。从而激发学生的主观能动性，培养他们研究问题的能力和创造性学习的兴趣。

在模型制作过程中，学生通过不断的自我发现和探索，通过直观的模型操作，将立体构成与空间建构的训练方法相结合，可以较快地打通基地研究、形态构成及空间建构之间的任督二脉，掌握建筑设计的基本操作方法和技能。

因此，这种方法其实是一种将环境要素与建构模型结合、以环境要素来激发创造力并作为构思出发点的教学方法，是连通"构成"、"建构"与建筑设计之间的桥梁。通过这种启发式、探究式教学模式，学生可以综合运用学到的环境与空间、形态构成与空间构成、材料特性与连接等知识，为下一步进入建筑设计阶段打好基础。同时，开放性的课题设置，可以充分调动学生的学习主动性，强化其独立思考能力，为创造性人才的培养打下坚实的基础。

3 课程纲要

3.1 课程目标

（1）通过对一个具体的自然形态实体的研究，使得学生能够直观地理解环境与空间形态的关系，然后从形态构成及空间建构的角度出发去进行空间形态设计。

（2）充分调动学生学习的主动性和积极性，综合运用环境分析、形态构成、空间建构，以及材料特性与连接等知识，为其下一步进入建筑设计阶段打好基础。

（3）在低年级学生的建筑设计基础和建筑设计课程中间，进行一个有效的过渡训练，使学生能够较为顺利地从抽象的形态构成转化到建筑设计阶段。

（4）激发学生的创造性和独立思考能力，为培养创造性人才打下坚实的基础。

3.2 人员组织

因为本项目是一次创新和尝试，所以我们选取一个班的学生进行实践。这些学生来自于我开设的一门通识教育课，其中既有来自建筑系与艺术创意学院的受过设计基础训练的学生，也有来自其他学院的毫无任何设计基础的学生。

3.3 教学任务及成果要求

教学任务：以选定的原材料（此次为树根）为基地，综合分析其形态特点及空间特征，选用日常生活中常见的各种材料，运用建构的方法，在原材料上进行空间构成与制作。原材料可以进行局部加工，但不能破坏其原有形态特征。要求模型的尺度及形态应与原材料形态特征紧密结合，空间构成具有逻辑性，材料运用合理，节点连接牢固。不限定具体功能及比例。

最后的成果要求个人完成，每位学生应完成如下内容：

（1）实体模型一个（尺寸约 500×500×500），要求在不破坏原材料的形态及空间属性的前提下，模型要体现"建构"及空间构成的特征，并合理表达材料特性及连接方式。

（2）完成一篇图文并茂的研究报告。除了设计草图与模型照片，要求包含对原材料的形态分析、设计构思、材料选择与节点设计，以及设计过程中遇到的困难及解决方式等内容（图3）。

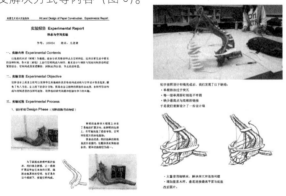

图3　学生的研究报告（图片来源：学生作业）

4　课程实施

4.1　材料的选择与确定

所用的材料共分为两种：一种是原材料，也就是供学生进行设计和制作的"基地"，由老师统一提供。这次我们选用的原材料是野生的崖柏，造型各异，长度在 40～60cm。

另外一种是建造材料，要求学生根据自己对原材料的分析来自行选择。可以选择普通的模型材料，也可以搜集日常生活中常见的各种物品，比如电脑零件。这种材料选择的自由度给每个人的创作带来了很大的自由度，也使得最后的成果更加丰富。

4.2　课程实施过程

在课程实施过程中，首先由教师进行相关知识的讲座并布置任务书，然后由学生根据选择的原材料进行自主创作，提出自己的设计构思，由教师进行辅导。但教师只基于学生的创作理念和材料选择，给予形态上及构造上的指导，不干预学生的创作意图和理念。

本课程一共五周，每周一次，每次三小时。分为设计构思、模型制作、调整优化、总结评价几个阶段。

（1）第一周为设计构思及准备阶段，每位学生首先根据选择的原材料分析其形态特征，并绘制概念草图。

（2）第二周，根据选定的原材料的形态及空间特征，提出初步设计概念及构想并与老师交流。选择、搜集模型制作所用的其余材料。

（3）第三周为初步模型制作。根据所搜集材料的特性及原材料的形态特点，制作初步构思模型；对原材料进行局部加工以便于连接（图4）。

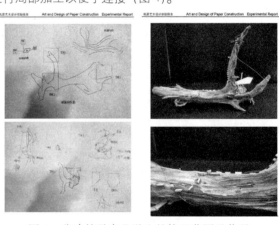

图4　非建筑学专业学生的构思草图及作品
（图片来源：学生作业）

（4）第四周为调整优化阶段。老师针对每位同学的初步模型，从形态融合、空间构成、建构表达与节点连接等方面进行辅导，然后同学们互相观摩和交流，并对自己的模型进行调整和修改。这个调整的过程是整个项目的核心阶段，也是耗时最多的阶段。在此阶段，同学们在老师的指导下，通过不断的尝试和推敲，优化设计并改进模型，逐步掌握了形态构成、空间建构、材料连接等方面的知识和方法，达到了环境、空间、材料、建构一体化的训练目的。

（5）最后一周是成果分享与评价阶段。每位同学通过 PPT 演示和实体模型展示，在全班范围内介绍自己的设计构思与成果，并分享制作过程中的经验和教训。通过对整个学习过程的思维梳理与总结回顾，有助于学生把感性的知识上升到理性阶段，并巩固学习成果。

4.3 成果评价

最后的成果评价中，特意选取了有建筑学专业背景的学生作品与无任何设计基础的学生作品进行对比。从最终结果来看，那些以前没有受过任何专业技能训练的学生设计成果并不比建筑学专业的学生差，甚至个别学生还表现出更活跃的思维能力及更强的创造力。

少数学生的突出表现固然与其个人素质、学习兴趣以及投入程度有关，但那些没有设计基础、也从来没有受过专业训练的学生均能够顺利完成设计与制作，也充分证明了这一教学方法在建筑设计基础训练方面的优越性（图5）。

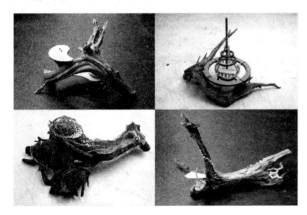

图 5　学生作品

5　结语

近年来，随着信息技术的发展，各种三维建模软件层出不穷，如 Sketch up、3Dmax、Rhino 等等，这些软件虽然有方便、快捷、经济等方面的优势，因而受到很多建筑学与设计专业学生的喜爱。但是因为其虚拟的三维空间与真实空间之间的差别，以及无法体验到实体模型中对模型材料的操作感受，所以仍然不能代替实体模型的制作和训练。尤其是对低年级学生来说，在空间概念和材料感觉还没有建立起来之前，过早接触这些设计软件，会丧失由实体模型制作带来的空间敏感度与材料操作带来的"建构"表达能力。

以自然形态为研究对象，以模型为手段，让材料和形态启发学生，去研究形态构成、空间建构、材料连接的各种可能性及其相互关系。这种材料上的直观性与方法上的建构性可以使学生克服概念为主、自上而下的设计方法，顺利地打通形态构成与空间建构之间的阻隔，尽快掌握建筑设计的基本操作方法和技能。

综上所述，基于自然形态的建构模型教学法可以充分发挥"建构"设计方法的优势，把抽象的空间、材料构成与具体的建造环境结合起来，架设起"构成"、"建构"与建筑设计之间的桥梁。其操作的直观性与教学效果的普适性体现了这种方法的优势，也是我们对建筑设计基础教学改革的一点有益探索。

参考文献

[1][2][4][6] 顾大庆."布扎-摩登"中国建筑教育现代转型之基本特征. 时代建筑, 2015（05）: 48-55.

[3] 叶鹏, 王德才. 模型新作——建筑师职业素养在低年级训练的平台. 2016 全国建筑教育学术研讨会论文集: 365-369.

[5] 俞泳. 形态生成与建造体验——基础教学中的材料教学实践与思考. 城市建筑, 2011（05）: 18-20.

[7] 顾大庆. 空间、建构和设计——建构作为一种设计的工作方法. 建筑师 2006（01）: 13-21.

于戈 刘滢 邵郁 薛名辉

哈尔滨工业大学建筑学院；yuge_hit@yeah.net

Yu Ge Liu Ying Shao Yu Xue Minghui

School of Architecture, Harbin Institute of Technology

基于情景教学的建筑设计基础课教学实验*
Teaching Reform of Architectural Design Basic Course Based on Situational Teaching

摘 要：一年级的建筑设计基础学习，对于一个学生基本设计态度以及基本工作方法的养成具有重要的意义。情境教学法是以"教师设计情境导入课堂教学知识点"为主线，引导学生被教师设计的情境带入课堂，从而达到激发学生学习兴趣，让学生自主性、探究性学习的目的。本文结合笔者作为一年级教学组长所主导的建筑设计基础教学改革，探讨如何通过结构有序的情景教学法使学生完成从好奇、认知、探究到掌握、应用、创新的学习过程，并达成设计基础课的核心教学目标。

关键词：情景教学法；情景带入；建筑设计基础课；教学实验

Abstract：The first-year architectural design basic learning is of great significance for a student to develop one's basic design attitude and fundamental work methods. Situational teaching method takes that teachers design the situation and introduce classroom teaching knowledge into it as the main line, to guide students into the classroom learning by the situation, and then to achieve the purpose of stimulating students' learning interest as well as letting them study independently and exploringly. This paper combines with the fundamental teaching reform of architectural design led by the author, head of the first-grade teaching team. Then it explores how to make students complete the learning process from curiosity, cognition, inquiry to mastery, application and innovation through structured and orderly situational teaching methods, to achieve the core teaching objectives of basic design courses.

Keywords：Situational teaching method; Scene introducing; Basic courses of architectural design; Teaching experiment

1 设计基础课教学实验的背景与问题

近十年来，在全球化背景下，随着中国经济持续增长、城市化程度越来越高，建筑学专业教育也发展迅速，而且规模越来越大。期间，建筑教育交流越来越频繁，以掌握统一的知识点为目标的课程内容和教学方法越来越趋同，其结果是学生对空间的抽象操作方法与手段越来越娴熟，适宜教学展示的成果越来越赏心悦目。但令人疑惑的是，这些成果中呈现的空间只是抽象的概念，空间与形态或流于视觉的"唯美"或缺乏行为与事件发生的逻辑性[1]。

建筑学专业的教学，其核心是使学生认知并掌握建筑的空间文法。空间文法与环境相关联，与生活形态相关联，与材料和建造方式相关联。所以，在建筑设计基础教学中强调感知是使学生认知空间文法的重要途径之

* 本论文为黑龙江省教育科学规划课题"面向东北老工业基地城乡建设的建筑学专业卓越工程人才创新培养模式研究"资助项目。

一。在信息化社会里，人们认知的方式发生了变化。一方面，信息爆炸带来的是知识的快速更替以及知识的碎片化，导致知识的接受方式发生了巨大变化；另一方面，人的生活方式也已经发生了根本性的变化，虚拟"空间"与物质空间的重叠和交替已无法避免，这种体验的双重性也必然会对人认知建筑的方式产生影响[2]。作为建筑设计基础教学对象的一年级学生，在信息化社会里成长，其所受到的影响必然巨大。如何结合学生的认知特点，激发学生的学习兴趣，让学生自主性、探究性的学习，是本次设计基础课教学实验的目的。

2 基于情景教学的设计基础教学实验

情境教学法是以"教师设计情境导入课堂教学知识点"为主线，引导学生被教师设计的情境带入课堂，从而达到激发学生学习兴趣，让学生自主性、探究性学习的目的。其发源于"启发式"教学模式，但与"启发式"教学模式相比，其更加注重对学生学习兴趣的培养，从而使学生完成从好奇、认知、探究到掌握、应用、创新的学习过程。情境教学法的主导思想是：课堂教学过程中，教师的任务是"导入情境、激发兴趣"，学生的任务是"好奇探究、感知学习"，其实质就是学生通过教师对所传授的教学内容获得兴趣、受到启发，再经过自己主动学习、探究而获取知识、掌握技能的一种新教学方法。

2016年哈尔滨工业大学建筑设计基础教育新一轮教改开始。这一轮教改建立在工程教育认证强调对学生基本能力和素质的培养，而非传统知识传授的基础上，确立了新的建筑设计基础课程目标："通过结构有序的教学方法使学生树立正确的价值观念，明晰社会责任，掌握基本的技能技法、建立初步的设计思维，获得基本的建筑设计能力。"同时，将原有的课程资源整合为两门基础教学核心课，即一年级上学期的设计基础课和下学期的建筑设计基础课。本次教学实验是针对建筑设计基础课的一次大胆探索，通过情境教学法的实践及应用，事实证明这种新的教学方法的确能够改变传统的教学理念，促进课堂教学效果的有效提升。教学实验由以下几部分组成。

2.1 开放灵活的课题设置

本次建筑设计基础课教学实验的题目为"情景带入的空间建构"，教学目的为：（1）学习从语言表达到建筑表达的转换方法；（2）学习更加复杂的设计发展过程，即两条发展线索之间的互动来推进设计：情景代入和建筑解析；（3）学习从建筑环境来思考建筑的形体和空间的方法；（4）学习单元空间的竖向组合方法，考虑如何通过错位、出挑等来创造有趣的室外空间；（5）学习建构的工作方法，考虑如何通过建造的手段来实现建构构思，即从构思形式向建造形式的转换。

根据教学目的提出作业要求：（1）情景代入：选择一部文学或影视作品进行分析，从中总结出典型的情景化空间描写，并以此提出建筑设计的初步构思。（2）建筑解析：根据初步构思，从空间、功能、界面、光影和竖向组合等方面解析经典建筑案例。（3）场地设计：通过实地考察在校园内选定200m²的场地作为基地，在基地内进行场地设计和建筑设计。基地必须至少有一侧临近校园道路。（4）建筑设计：每个单元空间尺寸为6000mm×4000mm×3000mm；两个单元空间竖向组合为一个组合体，组合体可附加2至3个附加空间，附加空间的总容积不超过6000mm×4000mm×3000mm，形状不限。（5）功能设计：建筑功能不限，与大学校园生活相关的，符合基地性质的功能均可选择。（6）建构设计：研究建造的不同处理方式如何支持建构意图的充分表达，主要体现在构件在横向和纵向的组织关系。

从作业要求可以看出，设计题目仅对场地面积和建筑单元空间的尺寸做出了限制。本次教学实验显示开放灵活的课题设置能够激发学生的学习兴趣，在学生获得兴趣中教师完成了"导入情境"的任务，学生则自觉地进入了"好奇探究"的角色。这时，教师就可以很自然地进入课堂教学。

2.2 探究求变的教学体系

在常规自上而下的建筑设计课教学体系中，通常是由教师提出问题，而后再由学生们着力根据这些问题寻找相应的解决途径，最后将解决方案付诸提出问题的教师，从而完成一个完整的建筑设计教学过程。如同艺术家独立创作艺术作品一般，整个教学过程显得较为封闭和静态。而相对于一般建筑设计教学从"学生—教师"的二元结构，本次教学实验采用的"情景代入"教学体系构成了一种从"学生—策展—教师"的三元结构体系，三者之间相对独立存在，即要求学生更多地作为一个智库或组织平台，而并非停留于单纯的设计表达，通过教师参与代入的方式进入到设计过程中，将不同的模块和解决选项进行整合后，直接接受教师的反馈及更新。因此，设计教学的职责也更加中立和客观。

本次教学实验显示，探究求变的教学体系使学生能够从质疑、探究中获得联想、创新的认识过程，最终得到自我价值的实现，培养创造性思维能力。同时，这种三元结构体系有利于营造民主、和谐、积极的课堂氛围，使学生在快乐中学习，学习中进步，收获中成长。

2.3 注重反馈的教学方式

本次教学实验共9周，除去第9周集中周，前8周划分为四个相对独立的教学阶段：（1）第1、2周，情景带入分析，提出设计意向；（2）第3、4周，经典案例解析，提出概念方案；（3）第5、6周，调研并选取场地，提出建筑及场地设计方案，完成前面三个阶段所要求的图纸和模型，准备中期检查；（4）第7、8周，结合建造实验深化设计方案，完成建构设计。以往的设计课成绩评定是以最终图纸和模型为考核的内容，这样往往造成学生更注重最终设计成果的表达，设计学习过程松懈，时间安排不合理等问题。但这种阶段考核法强调重视设计教学过程，采取阶段评分与成果评分相结合，既调动了学生设计学习的积极性，也避免了上述问题的产生。同时，阶段考核法注重学生学习信息的收集和整理，及时对学生的课堂表现作出评价，能够显著提高课堂教学有效性。

本次教学实验显示，注重反馈的教学方式能够使学生更清晰地感知整个教学过程的规律，有助于发现教学环节存在的问题，更有助于学生的成长和课堂教学效果的提升。

4 结语

专业知识体系的获取不是建筑基础学习的全部目的，这一目的也应包括获得多维知识体系在具体情境中灵活运用的能力，因而教学环境与氛围就显得极其重要。随着知识更新速度的加快，与其说大学的任务并非灌输某种特定的知识，不如说大学是使学生学会独立思考，学习获取知识能力的场所[3]。情境教学法的应用，使教师由知识的"灌输者"向知识兴趣的"引导者"转变，由教学管理的"统治者"向学生学习的"协助者"转变，教与学开始以另外一种方式呈现在课堂教学中。同时，教师也必须深刻认识情境教学法的实质与内涵，在整个教学过程中精心设计、敢于创新、不断总结、及时反思，既要善于情境的设计与使用，又要善于知识的总结与提升，让情境教学法真正为设计基础课教学服务，为学生服务。

参考文献

[1] 张建龙，徐甘. 基于日常生活感知的建筑设计基础教学. 时代建筑，2017（03）：34.

[2] 田唯佳. 心理地图与城市公共空间认知设计基础教学中的两次实验. 新建筑，2016（06）：63.

[3] 赵巍岩. 同济建筑设计基础教学的创新与拓展. 时代建筑，2012（03）：57.

吕元　赵睿　张青　刘悦
北京工业大学建筑与城规学院；yuanr99@163.com
Lv Yuan　Zhao Rui　Zhang Qing　Liu Yue
College of Architecture and Urban Planning，Beijing University of Technology

基于观察体验的建筑设计基础课程教学实践 *
Architectural Design Basic Course Based on Observation and Experience

摘　要：随着社会经济增长速度的放缓和建筑行业的转型，人才需求的转变也从相对单一的建筑技术人才扩展到具有良好综合素质及创新能力的复合型人才。建筑学专业基础教学结合理工科新生特点及培养需求，转换传统工科学生思维模式，在教学全过程中坚持对客观现实的观察与体验，发现社会与生活中的实际问题，通过感性认识带动学习兴趣，进而发挥学习的主观能动性，有利于学生充分表达具有个性化的想法，从而获得更深层次的自我完善与提升，为未来的职业方向与选择奠定良好的基础。

关键词：观察；体验；建筑教育

Abstract：With the slowdown of social economic growth and the transformation of the construction industry，the transformation of talent demand has expanded from relatively single technicians to complex talents with good comprehensive quality and innovative ability. Architecture basic teaching should focus on the student's features and society needs，through the observation and experience of objective reality；make the students understand society and life. Teaching fully respects the students' personal interests，and students can fully express individual thoughts，so as to obtain a deeper self-perfection and promotion.

Keywords：Observation；Experience；Architecture education

1　新的需求

与工科院校中的传统理工科专业相比，建筑学专业具有实践性、艺术性、社会性、综合性较强的特点，专业学习内容与学习方式均与现行教育体制下的高中阶段学习有很大的不同，近些年传统理工科建筑学专业新生虽然在专业学习能力、专业基础素养上已经有很大提升，但在专业学习所需要的对于问题的基本认知能力、理解能力和感悟能力上还有很大差距。

我校为理工科为主的地方高校，建筑学专业新生大部分为北京生源，00后也即将成为高校新生主体，他们具有很鲜明的特征，主要表现为：

知识面广，爱好广泛，需要参与度高、体验性强的课内外学习方式，更需要通过激发兴趣而带动专业学习。

现实感低，表现为对日常中的生活问题及现象观察能力弱、感悟力低。高中阶段学业的压力使他们对生活及社会的认知不足，实际操作能力弱，对环境的感悟能力不够。

个性鲜明，追求自我表达与实现，对话语权的要求高，在教学过程的师生交流中有强烈地表达自己的情绪与观念的意愿。

同时，伴随着社会经济增长速度的放缓和建筑行业的转型，人才需求的转变也从相对单一的建筑技术人才扩展到具有良好的综合素质及创新能力的复合型人才。

---

* 北京工业大学教育教学研究项目（ER2015C040502）及北京工业大学重点课程建设项目资助。

因此，专业培养模式也应考虑宽基础，适应学生的兴趣多元化发展，未来的多口径输出，培养良好的专业素养与视野，基本设计思维及设计能力，从而为未来的职业方向与选择奠定良好的基础。

2 课程应对

"建筑设计初步"课程是建筑学低年级最为重要的核心专业基础课，基于学生的新特点和社会的新需求，我们认为除了讲授基本专业知识及专业技能之外，更为重要的是结合专业基础训练与设计思维能力培养，转换传统理工科学生思维模式，引导他们发现设计来源于日常生活，通过观察与体验学习，发现社会与生活中的实际问题，进行抽象与提炼，并以此为基础进行关联想象、分析，学会多角度、多途径研究解决问题。

课程结合理工科新生特点及培养需求，在教学全过程中坚持对客观现实的观察与体验，通过感性认识带动学习兴趣，进而发挥学习的主观能动性。教学充分尊重学生的个人兴趣，从个人体验出发挖掘不同的设计思路，有利于学生充分表达具有个性化的想法，从而获得更深层次的自我完善与提升。

2.1 观察认知，提高感性素质

课程进行真实生活场景的观察与研究，结合宿舍、专教、教学楼、校园、社区等真实熟悉环境，在作业题目中引入真实地段，真实社会与生活环境，引导学生进行观察与认知，提高感悟力。

2.2 实地体验，提高实践能力

课程进行真实项目的实地考察与研究，结合专业认知教学、实地测绘、调研、制作等教学内容，组织学生进行实地调研、考察、工坊制作等体验式实践教学。

2.3 转换思维方式，培养创新思考能力

课程引导学生关注社会，发现专业方向来源于社会发展中出现的热点问题，推动基于问题的学习、基于项目的学习、基于案例的学习等多种研究性学习方法，培养学生的创新思考能力，并引导学生树立自己的价值观。

3 教学实践

课程将观察与体验贯穿整个专业基础教学的核心内容：形态与空间、材料与建构、行为与场所。作业题目设置均从实物、实地、实景出发，引导学生观察、体验，在具备充分的感性认识基础上进行抽象提炼，拓展

研究与设计（表1）。

作业设置情况表　　表 1

教学模块	作业题目	观察体验	设计过程
形态与空间	形态构成	形态观察/体验	实物形态观察—设计主题提炼-抽象构成设计
	空间构成	空间观察/体验	实体空间观察—设计主题提炼—抽象构成设计
材料与建构	坐具设计	尺度、材料观察/建构体验	家具、材料市场观察—实物加工体验—设计制作
行为与场所	校园微筑	行为观察场所观察	行为、环境观察/体验/分析—设计概念生成—建筑设计

3.1 形态与空间观察体验

形态与空间构成教学是建筑设计基础课程中的一个重要训练环节，也是教学中的难点，传统的构成教学过于抽象，通过增加实物观察认知及实体空间体验环节，增强学生的观察能力与感悟能力，提高审美素养与感知力。以观察结果为线索，进行分析、提炼、总结，完成从具象认知—抽象设计的全过程（图1、图2）。

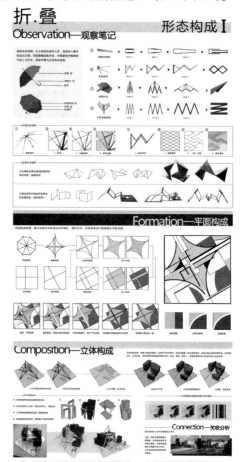

图 1　形态观察笔记

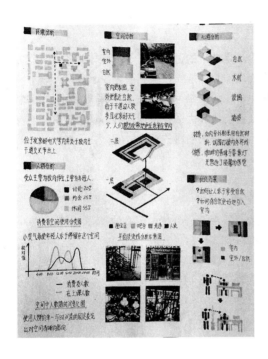

图 2　空间观察笔记

3.2　材料与建构观察体验

　　材料与建构教学从人体尺度出发，完成坐具设计。观察探知使用者的需求，通过对宜家家居、建材市场的实地观察与体验，建立人体尺度与材料的认知，并在木工坊进行木材节点构造的实地体验制作，设计方案，完成实物家具制作（图3、图4）。充分的观察体验在全教学过程中极大激发了学生的兴趣，不仅有为刷夜同学设计的多功能坐具，也有为教学楼的保洁阿姨等特殊人群的设计，体现了多样化、个性化的设计思路。

图 3　木工坊进行木材材料学习及节点加工体验

3.3　行为与场所观察体验

　　在学年最后一个校园微筑设计中选取实际校园环境，并对校园中的感兴趣的行为进行观察，从行为—方式、行为—分布、行为—空间、行为—情感等方面多角度、多层面观察，提炼建筑功能与空间的需求。同时对实地环境进行观察体验：根据所选的行为，在校园中寻

图 4　专业教室可拼合、储物、
休息多功能坐具设计

找适合行为发生的场地，观察该场地现状环境，并对场地进行测绘、分析场地—区位、场地—环境、场地—行为、场地—感受等，通过五感分析体验并提取场地整体感受及氛围，配合之前的行为观察提取设计意向，形成设计主题。逐步引导学生依据客观事实及问题推导解决方案而非主观臆测，并根据自己的兴趣开展研究性学习，掌握设计思维逻辑（图5、图6）。

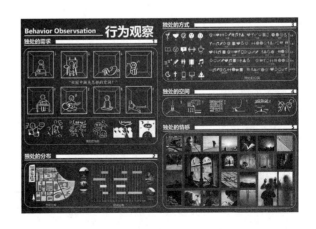

图 5　对校园中独处行为的观察与体验

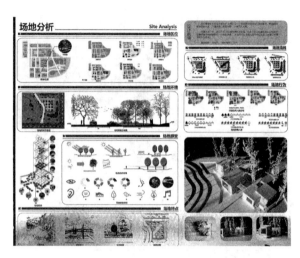

图 6 对校园所选场地的实地观察体验

4 结语

学习是快乐的过程，基于观察体验的设计课基础教学符合认知基本规律，有利于学生从实际出发，在兴趣中学习，在自信中学习。在专业基础知识学习的同时，认识社会、体验生活、发现自我，切实提高综合素养及分析问题、解决问题的能力。

参考文献

[1] 李保峰. 对演变的应变. 新建筑，2017（03）：50-51.

[2] 周海宏. 对学校艺术教育的重新审视. 基础教育参考，2013（15）：13-14.

刘建军　周博

大连理工大学建筑与艺术学院；378898874@qq.com

Liu Jianjun　Zhou Bo

Dalian University of Technology

建筑草图对学生设计创新思维的培养研究
Research on the Cultivation of Creative Thinking for Students in Architectural Sketch

摘　要：本文首先对建筑设计与草图的关系进行探讨，其次在此基础上分析建筑设计草图的分类，指出单一的草图表达不足以满足目前对学生设计创新力的培养，并得出意向草图是培养学生的创新思维的关键；最终提出三点建议，为传统建筑设计草图的教学改革提供有益的参考策略。

关键词：意向草图；方案草图；创新思维

Abstract：First of all，this paper discusses the relationship between architectural design and sketches. Secondly，it is analyzed to the classification of architectural design sketch based on the relationship. And it is pointed out that a single sketch expression is not enough to cultivation of students' innovation ability. Finally，three suggestions are put forward to provide useful reference for the teaching reform of the traditional architectural sketch.

Keywords：Image-sketch；Case-sketch；Innovative thinking

1 引言

"草图是想象和现实事物之间具体的桥梁。"——美国著名建筑师保罗·鲁道夫

随着数字化网络技术的日益普及和计算机辅助设计系统的不断完善，建筑学正面临对象、内容、理论方法和技术手段等内容的重新建构。建筑设计师的观念和思维方式也经受了这场剧烈变革的冲击和挑战。目前，建筑院校的学生普遍重视软件而轻视手绘。正如 Geoffrey 所说"创作的全部内在和谐，都表现在思考性的图画中……而今日的艺术家竟会对这一基本的动力，设计'支柱'不感兴趣，真令人难以置信。"[1]

在国家实施创新驱动发展战略和全球经济科技竞争愈加激烈的形势下，本科教育的战略地位日益凸显，对学生的创造力的培养也更加突出、急迫。在建筑学本科教学过程中，建筑草图表达能力对学生的设计创新思维的培养，起着举足轻重的作用。因此在以创新教学模式、创新型人才培养为主流教学宗旨下，如何开发培养本科学生的设计创新能力，提高建筑学教学质量，成为低年级建筑手绘课的重要改革与研究方向之一。

2 草图与设计过程分析

草图具有自由、快速、概括、简练的特点。设计师利用草图能够最大限度地捕捉脑海中的闪亮点，将"灵感"记录下来，有了最初的"灵感"，然后快速对局部进行推敲、完善，以及多个方案的对比，从而得到理想的设计方案。拉索从建筑设计的角度出发，认为图解思考是通过绘制客观而清晰的视觉形象，从而达到利用视觉感受力。通过在纸面上的表现，设计师得到了不在大脑中物体的视觉形象，显然这比单纯在大脑中思考要更加有效。[2]许多著名建筑师对建筑设计草图的基本特征、表象以及草图中涵盖的大量创作思维和设计构思都很重

视。如弗兰克·盖里飘逸、流畅线条所表现出的丰富的建筑外轮廓，以及阿尔瓦·阿尔托的狂野、快捷多变的设计草图（图1）。阿恩海姆曾证明创造性思维，都是通过意象（image）进行的。"意象"，是指在知觉的基础上所形成的显现于大脑的感性形象。[3]

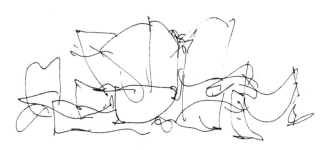

图1 迪士尼音乐厅构思草图 弗兰克·盖里

3 设计草图的分类与案例

3.1 草图分类

根据以色列女学者格德施米兹（Goldschmidt）曾将草图过程分解成"moves"和"arguments"两阶段[4]，可将草图创作过程表述为输入信息和输出信息的过程，如图2所示，ES、IS为环境经验都为输入信息，Brain Image（意向）与 Brain Case（方案）为大脑处理创作信息的两个阶段，灰色对应的是信息的输出，即草图的两种类型。因此，基于上述分析本文借鉴阿恩海姆和格德施米兹的观点从意向与结果两方面对草图进行研究，并按照草图思维意象的表达程度将草图意象分为两种：

意向草图：指反映建筑师思考过程，在设计初期面对一张白纸，画出有着无穷的选择、广泛想象空间草图，这时期草图中形象往往是一些零散的、不确定的和模糊的形体，是思维灵感瞬间捕捉的一个原始起点。

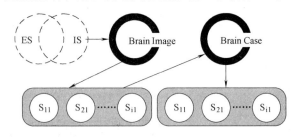

图2 作者自绘 草图创作过程表述

方案草图：指建筑师通过各种绘图工具，在图纸上尽可能清晰、详细地表达出设计创作的空间特点，包括材质、色彩、光影等信息。

本文的这种草图分类方法也是基于之前对建筑设计大师柯布西耶的草图研究基础之上提出的。[5] 在121张柯布草图中，32%的草图为意象草图，其余为方案草图。柯布绘制的意象草图数量相对较少，而绝大部分是经过深思熟虑后进行绘制的方案草图，如表1中所示。意象草图的线条流畅随意，所体现的实际案例中环境信息相对较少。这类草图更多注重的是对单一空间的展示或对简单空间组合关系的表述，甚至有一部分草图的表现形式极为随意，仅出现个别的单一环境要素。与之相反的，一些现代建筑设计师的手绘草图特别注重意向草图的表达，对环境要素的表现较少，如安藤忠雄、扎哈哈迪德等，他们的草图中更多的是对空间形体给人带来的震撼体验。因此研究团队认为，意向草图是培养学生设计创造新思维的核心要素。

柯布西耶方案草图与意向草图比较　　　　表1

方案草图	意向草图
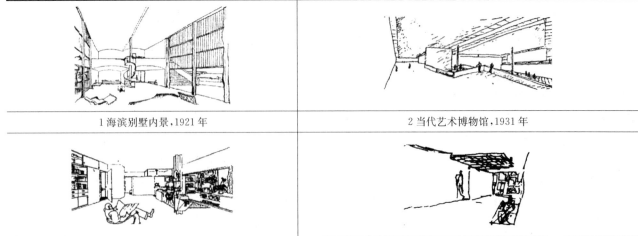	
1 海滨别墅内景,1921 年	2 当代艺术博物馆,1931 年
3 卢舍尔住宅,1929 年	4 泰姬-玛哈尔旅馆,1951 年

3.2 研究案例收集

研究团队收集了大连理工大学 2012～2016 级 5 年的 workshop 案例设计的 30 名学生的 214 张毕设草图，按照时间、草图类型进行分类整理。研究结果不受设计题目的影响，主要是考察草图类型与不同届之间的变化关系。如图 3 所示，可以看出意向草图随着届数的增加呈上升趋势，方案草图则反之，取而代之的是计算机的快速草方案。从收集到的草图中可直观地看出，学生在

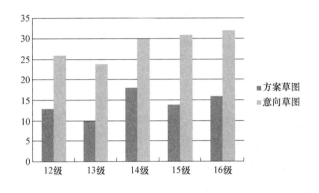

图 3 方案与意向草图比较

意象草图中所关注的设计问题更大一部分在于建筑空间本身以及空间单元内部体量与建筑整体意向的把握。如图 4 所示 workshop 意向草图（以一组为例），由于这类草图处于设计的最初阶段，所以其设计概念与灵感更为原始，更贴近学生潜意识中对空间概念的理解。在这个设计阶段，学生尝试建构设计项目的整个空间关系，能够快速地表达空间层次、空间穿插的手段都会应用到方案中去，因此现代意向草图不仅仅是单一的在图纸上的表达，而是多种手段的综合运用。如图 5 所示多种手段表达的综合意向草图，此方案被通过草模型与平面图相结合的方式表达出来。随着意向草图表现手法的丰富，方案草图的表达手段也在更新。学生们的方案草图是对空间设计的进一步思考，同时也是对设计意象的进一步阐述。这种表达体现，在学生对建筑空间内部各个细节的考虑，包括家具的摆布、垂直交通位置的选择、植物对空间环境的影响以及人在空间运动的体验等等。随着计算机的普及这一部分工作部分转到电脑效果图表达中去，因为无论是材质、空间体量还是平面、立面的表现，计算机要比手绘更加直观有效（图 6）。

图 4 workshop 意向草图

4 经验教学理论

笔者研究认为运用经验学习理论，可以重新对设计中的手绘工作模式进行组织，达到提高学生设计创新思维的目的。

4.1 经验学习理论

20 世纪 80 年代初期，美国组织行为学教授科尔比在总结杜威、勒温、皮亚杰研究理论的基础上提出的经验学习理论。

该理论认为学习过程包括具体经验、反思性观察、抽象概念化、主动实践四个适应性学习阶段构成的环形结构。其具体经验是指让学习者完全投入一种新的体验；反思性观察是让学习者在停下的时候对已经历的体验加以思考；抽象概念化是学习者必须达到能理解所观察的内容的程度并且吸收它们使之成为合乎逻辑的概念；到了主动实践阶段，学习者要验证这些概念并将它们运用到解决实际问题当中去。

4.2 教学模式改进

本文根据之前对草图分类的研究以及经验学习理论，可将设计手绘工作的教学内容分为三个阶段：

（1）体验阶段，加深理解。传统手绘先强调造型、透视准确，并从简单的几何形体开始训练，接着是简化的建筑几何形体，由简入难，逐渐过渡到建筑空间的表现，做到循序渐进。在这一点无疑是正确的，但这种训

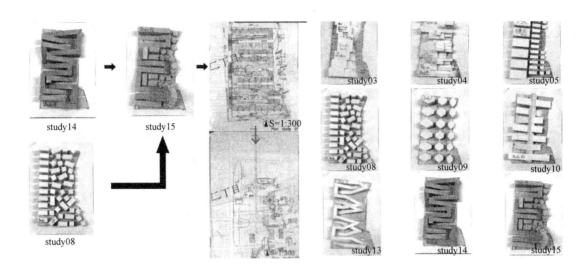

图 5　多种手段表达的综合意向草图

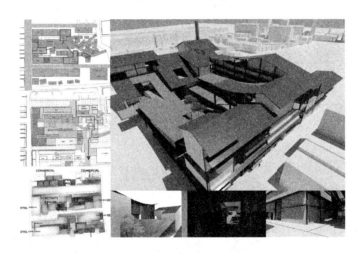

图 6　方案草图

练对学生创造力的培养并无益处。所以再保留传统手绘课的基础训练外，应注重对学生设计创新思维的培养。

（2）反思阶段，积极反应原则。课堂应引入实际的设计案例，授课老师应采取灵活的课堂教学形式，加强互动性，为了让每个学生都能充分发挥，授课老师必须允许学生根据自身的特点，充分利用一切手段将抽象建筑空间表达出来。如草图、模型以及不同的材料等等，只要能辅助学生理解认知空间关系、布局的手段都可以利用起来，所以表达手段应该丰富，而不是趋同，把学生的差异性和主观能动性发挥出来。

（3）抽象概括，主动应用。在前两个阶段基础上融会贯通，激发学生的创造性思维，也就是常说的"领悟"和"转化"。而不是看到一些比较好的效果图，就进行简单线条的模仿，也不是仅仅注重形体透视的准确表达，而是发挥学生的主动性，尝试各种辅助手段达到设计目标。

5　结语

本文通过分析参加 workshop 学生的设计草图，指出建筑设计中的意向草图与方案草图在学生设计创造能力形成的过程中所扮演的不同角色。手绘教学应注重对学生空间认知能力的培养，摆脱传统手绘课的固有概念——仅仅依靠画笔来表达设计方案。正如阿恩海姆则在《视觉思维（Visual Thinking）》中提到，"视觉乃是思维的一种最基本的工具"，"艺术乃是一种视觉形式，而视觉形式又是创造思维的主要媒介。"[2]视觉效果并不仅仅是靠画笔单一工具去呈现，现代教学应以更开放的态度，通过运用模型、材料、画笔、色彩等一切可利用的手段，对自己的设计方案进行表达，有助于学生创新型思维的培养。

参考文献

［1］ Broadbent，Geoffrey. Design in Architecture. New York：John Wiley&Sons，Inc，1973.

［2］ 拉索. 图解思考. 邱贤丰. 北京：中国建筑工业出版社，2002：20-63.

［3］ 阿恩海姆. 视觉思维. 成都：四川人民出版社，1998.

［4］ Goldschmidt，G. The dialectics of sketching，Creativity Research Journal. 1991. 4（2）：123-143.

［5］ 陈秋月. 草图视觉空间意象研究［D］. 大连：大连理工大学，2012（6）：13-15.

吴涌　贺文敏　于文波　仲利强　戴晓玲　林冬庞

浙江工业大学建工学院；vinzent_wu@126.com

Wu Yong　He Wenmin　Yu Wenbo　Zhong Liqiang　Dai Xiaoling　Lin Dongpang

School of Civil Engineering and Architecture, Zhejiang University of Technology

建筑设计基础课分项训练的载体设定 *
Conceiving of Carrier of Individual trainings in Architectural Design Basic

摘　要：建筑设计基础课的功能是为建筑设计课做准备，但是目前它的定位和目标与建筑设计产生了混淆。从教学的实际效果看，建筑设计基础教学中应当引入建筑本体，但是同时专项训练又必不可少。本文建议在教学中将建筑作为载体而不是目标，以多个分项训练围绕预设的建筑基本形来进行，将该基本形作为贯穿分项训练的主线，希望能改善这门课模块化的拼凑状态，提升其整体性和连续性，并最终提升学生学习的效率。

关键词：建筑设计基础；分项训练；载体；基本形；模块化；连续性

Abstract：Architectural Design Basic acts as the preparation for Architectural Design, but now its positioning and purpose are heavily confused with those of Architectural Design. To optimize teaching, architecture noumenon should be employed while at the same time individual trainings should not be abandoned. The essay suggests that building should be used as carrier instead of purpose, individual trainings should centre on the given fundmental form of a building, which works as main line connecting all the trainings, in order to change the makeshift modularity of this course, improve its integrity and consistency, and efficiency of study.

Keywords：Architectural design basic; Individual training; Carrier; Fundmental form; Modularity; Consistency

1　建筑设计基础教学的演变

1.1　教学内容上的演变

建筑设计基础课是建筑设计课的前期准备，在传统教学观念下，主要是指未来学习所需要的技能和知识上的掌握和储备，被称为基本功的训练。其内容通常包括：绘图工具的使用、制图知识、专业绘画与表现、测绘、三大构成、大师作品分析和小建筑设计等。

随着越来越多的专业教师批评和质疑这种"基本功"训练过于狭隘[1]，各院校根据自身的教学经验积累，在教学中逐渐压缩了传统重复性、机械化的技能练习，填入或强化与建筑本体直接相关的部分内容，"空

间"、"体验"、"装置"、"建构"等关键词出现频率越来越高。一方面，新的内容在形式上更具有针对性，希望能够借此将本课程教学的目标更好地指向建筑；另一方面，新的内容更强调思考和设计，因此在今天，所谓的基本功并不局限于良好的耐心和纯熟的手头功夫。

1.2　建筑设计环节前置的趋势

传统的建筑设计基础课教学中，教师倾向于认为学

＊浙江工业大学核心课程建设（GZ16381060016）；浙江省高等教育课堂教学改革项目（kg20160063）；浙江工业大学教学改革项目（GZ16401060025）。

生没有能力直接开始建筑设计，这从课程的环节设置就可以看出：小建筑设计（书报亭、游船码头等）通常作为最后一个压轴训练题目。那时候，教学的主要任务是"准备"而不是"实战"，信奉的是"苦练"而不是"创新"。对于初学者而言，这样的教学逻辑是自洽的：应试教育在建筑系学生身上的烙印尚未褪去，他们还未准备好开始复杂的设计工作——一个个没有标准答案的、令人费解的谜题。

不幸的是，在实际的教学中不难发现，事先留下种种"悬念"，脱离了建筑自身的训练环节[2]（比如传统的三大构成练习）导致其实用性很低，等到学生将来正式开展建筑设计工作时，常常陷入储备了知识但不知道怎么应用的尴尬境地。针对这种弊端，很多院校尝试将建筑设计的内容前置，比如将一年级下学期的全部时间都用来完成一系列简单建筑的设计[3]，希望尽早进入正题。

2 对课程本质的反思

2.1 课程存在的必要和固有形式

笔者认为简单地用建筑设计的内容替代基础训练这种做法不可取。其一，必须承认建筑设计是一项综合性较强的工作，对于初学者来说需要考虑的问题头绪特别繁杂。在基础尚不牢靠的情况下要求直接进行建筑设计，会逼迫学生为了完成任务而采取最急功近利的速成方式。其二，建筑学专业本科学制为五年，即使最后一年有实习和考研的任务会影响到教学，整体上用在建筑设计上的教学时间还是充裕的，没有理由侵占建筑设计基础课的时间——传统教学中本课程有时候显得无用，并非因为基础性的训练过多，而是因为在课程定位、目标和方法上还存在很多未理清的问题。

建筑设计基础课在内容上包罗万象，有时还背负着不可承受之重，这是它的天性决定的。在整个建筑设计教学体系中，设计基础课关乎知识和技能的储备，要培养思维习惯，要培养专业素养，还要与二年级设计课接轨，对于究竟需要纳入多少内容才能令人满意这个问题，一直存在争议。但是无可争议的是，本课程在内容上只能是杂烩，要达到的不是单一目标而是多重目标。因此，本课程在形式上注定是若干分项训练的堆砌（或美其名曰模块化），而这也是目前很多建筑院校殊途同归、达成共识的地方。

2.2 分项训练体系的弊端

建筑设计基础作为一个个孤立的分项训练（模块）而存在，会带来两方面的问题：

其一，分项训练之间的关系薄弱，造成学习中连续性不够。或许在某个分项训练的内部不难做到前后连贯，比如具有逻辑上的循序渐进的关系，但分项训练之间的关系注定是松散的，各自独立性较强。学生在完成课程后能够回想起来的，只是一个个孤立的点，在线性的维度上是串不起来的。本课程因此常常看起来并不像一个有机的整体，反而沦为若干个专题讲座的拼凑。

其二，众多分项训练使用的是不同的任务书，造成学生负担无谓的加重。由于分项训练自立标准，学生每次开始新任务的时候都必须"归零"，即重新开始熟悉眼前的任务书，开始熟悉崭新的设计条件、崭新的设计对象。从本课程的整体进程上看，这样的做法在工作深度上并不能推进分毫，只是增大了量而非提升了质，却需要学生耗费更多的精力用于一次次的前期准备，因此是非常缺乏效率的做法。

3 分项训练的载体设定

3.1 分项训练以建筑为载体

由上述分析可知，本课程既然体现为结构上并列的多个分项训练，若想将其整合为一体，突破口就在于要简化和统一各分项训练的载体。从实用主义的角度考虑，笔者教学中采用以指定的小建筑为设计载体，串联多个分项训练的方法，即根据当前训练的不同侧重点，以同一个建筑基本形为起点进行不同操作。

建筑设计和以建筑为载体进行设计是极为不同的。建筑设计遵循自身的逻辑，要考虑到具体功能、结构的可行性、使用的材料等问题，而笔者认为在一年级虽然有必要接触建筑本体，但是并不需要提前考虑这些事项。在建筑设计基础课程中，各分项训练统一在建筑实体这个载体之上。首先，这个载体是建筑毛坯而不是从头创作，其次，其训练的目标决定于本课程的目标，其训练的侧重点也决定于本课程的侧重点，这些都和二年级才开始的建筑设计课有很大差别。

3.2 对载体的预期和设定

载体是作为操作对象的基本形，它的设定需要考虑到几个因素：规模、兼容性、价值、适用性等（图1）。

规模——从尺度上看，该载体应当是小到极限的微型建筑，假想使用者是两个成年人，根据他们的身体尺度和姿态进行设计，因此其规模控制为 6m×9m×6m 左右。

兼容性——选择的载体应当同时有利于所有分项训

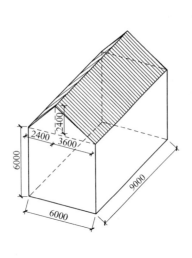
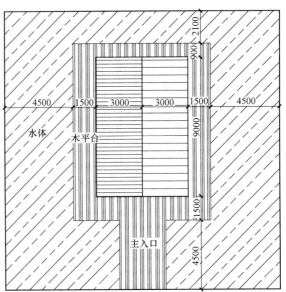

图1　作为设计载体的基本形

练的完成，因此考虑采用在简单方盒子基础上局部变形的基本形态。环境的设定上，让它三面临水。

价值——考虑到将来建筑设计课程中采用坡屋顶的机会较多，且设计难度较大，因此该载体最后定为双坡顶。为了避免对称，分别选用1∶1和2∶3的不等坡度。

适用性——载体利于多样的空间划分手法的运用，为了出现更多样划分楼层的方式，将室内地坪下挖1.2m。

3.3　分项训练设定细则

一年级下学期的16周里，建筑设计基础课安排了五个专项训练，以上述建筑基本形为起点展开，具体要求如下：

分项训练一：平面构成（2周）。要求设计建筑的四个立面和坡屋顶，利用点线面构成要素，形成骨架和图形等，建筑立面不考虑承重，为自由立面，墙体本身自承重。

分项训练二：立体构成（2周）。要求对建筑体积进行设计，外凸不超过1.2m，内凹不超过0.6m。利用线性、面状、体块等构成要素，形成形体结构，以墙面构成（墙体异化，如编织，扭曲、倾斜、转折等）为辅。

分项训练三：空间构成（3周）。要求设计建筑的内部空间，使用者包括一男一女二人，男性高1.75m，女性高1.6m。考虑人体工程学和他们站、蹲、卧、跪、靠、坐等姿态的空间要求，使建筑内部空间满足各种行为的需求。

分项训练四：环境设计（3周）。要求综合设计建筑及其外部空间，学生两人一组，将他们的坡屋顶建筑置于30m见方的山地上，山地最大高差不超过10m，推敲场地景观和两栋建筑之间的关系（相邻、嵌套、对峙等）。

分项训练五：砖木建构（4周）。用砖木两种材料对按照上述要求设计好的形体进行建构，其中竹木材料负责建构建筑的骨架受力部分、屋顶部分、室内构件、部分的外墙围合；砌块材料负责屋顶部分、室内构件、外墙围合、建筑室内外的底面铺装等。

另外，要求这五项训练中的设计必须具有连续性，即必须坚持最初的构思和形态的相似和传承。

表面上看，这不过是"一菜五吃"的常见做法，也有目前流行的"长题设计"的影子，但是实质上却根本不同：在这里每个分项训练才是目的，建筑始终只是那只小白鼠。因为，只有当训练载体不成问题了，学生才能更好地关注训练目标。

3.4　成果范例

经过两年教学的连续试错反馈，初步得到了一些经验教训（图2）。

首先任务书是连续的，很多信息都没必要重复，用于熟悉任务书的时间节约下来了；其次专项训练基于高度一致的载体，非常便于不同学生之间，不同组队之间直观地对比作品，把评价标准拿到桌面上探讨；再次，分项训练时受到预设建筑的基本形的约束，可以聚焦更

表皮设计

体量设计

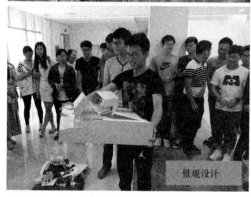

景观设计

建构设计

图 2　统一载体下的分项训练

有价值的问题；最后，连续性地使用同一个载体，有利于挖掘甚至穷尽形体空间的可能性，进而帮助设计更加深入地推进，等等。

这样的教学安排中缺陷也是明显的，一个几乎无法回答的问题是：这里的"载体"所指的究竟是什么？很显然本案中作为载体的所谓建筑并不追求一般课程设计中的那种合理和可行，而是介于建筑物和形式空壳之间的一个很难定义的怪物。既然建筑在实用主义考虑下被剥离了许多丰富维度，那么教学实践中的问题就来了：比如，学生在分项训练中要不要考虑一栋建筑基本的合理性？继续追问的话，基本合理指的是何种程度的合理？毕竟，剥离了所有合理性的建筑，便无法想象能称之为建筑。

4　结语

建筑设计基础课历来是教学改革最活跃的试验田之一。之所以这门课在教学上的创新层出不穷，一方面是因为它的形式比建筑设计课自由得多，玩的意味更浓一些；另一方面也是因为自身问题成堆，所以不得不改。从源头上，我们不得不时刻面对前文中提出的问题，即

哪些方面的内容是本课程不该囊括的？设计基础课和设计课区分的界线在哪里？目前很多院校的建筑设计基础课，渐渐发展到无所不包、无所不可，成为"任人装扮的小姑娘"，却对教学的核心价值和目标讳莫如深——"模块化"并非良药，它不过是试图掩盖教学中内容拼凑的实质。摈弃面面俱到的奢望，能大声地说出教学逻辑，给建筑设计基础课瘦身，是更加务实的做法。

参考文献

[1] 刘剀，王萍，李保峰. 建筑设计基础教学研究. 新建筑，2005（03）：23.

[2] 吴涌，王宇洁，赵淑红. 变"等待"为"期待"——建筑设计基础教学思路重构与实践. 建筑与文化，2016（6）：81-82.

[3] 贺永，张雪伟. "从做中学"建筑设计基础——基于"Learning by Doing"理念的建筑设计基础教学组织. 2016 全国建筑教育学术研讨会论文集，2016（10）：168.

郭海博　邵郁　薛名辉

哈尔滨工业大学建筑学院；guohb@hit.edu.cn

Guo Haibo　Shao Yu　Xue Minghui

School of Architecture, Harbin Institute of Technology

基于"MOOC＋SPOC＋翻转式"教学方法的建筑设计基础课教学改革案例总结*

The Reform of Architecture Basic Design Based on the Methods of "MOOC＋SPOC＋Flipped"

摘　要：本文主要对"哈尔滨工业大学建筑设计基础课"的教改进行案例总结。通过引入 MOOC＋SPOC＋翻转式"混合式教学模式，对原有课程的教学方式、教学内容、教学设计等进行了革新。教学实践证明，基于线上教学、线下翻转的教学模式，可以提高学生学习效率，调动学生的积极性，激发学生自主学习的潜力。同时，文章也全面总结了教学反馈中遇到的实际问题，并提出了相应的解决方案。

关键词：建筑设计基础；MOOC；SPOC；翻转式课堂

Abstract：In this paper, the authors summarized the education reforming course of "Basic of Architecture Design" in Harbin Institute of Architecture. We introduced " MOOC＋SPOC＋ Flipped" mode into the teaching course and made the reform to the original functions. The results showed that this method sufficiently improved the learning efficiency, aroused the enthusiasm and enhanced the self-study ability of the students. Meanwhile, this paper also summarized the problems encountered in the teaching course and put forward the potential suggestions to solve the problems.

Keywords：Basic of Architecture Design；MOOC；SPOC；Flipped Class

1 教改背景

1.1 "MOOC＋SPOC＋翻转式"的教学方法解析

本次教学改革，主要依靠的是"MOOC 教学平台"、"SPOC 管理平台"以及"翻转式的线下模式"进行课程设计。这三种方法相辅相成，实现了教学环节的全覆盖。MOOC 是在线网络开放课程，是现代信息技术与教育教学深度融合的具体体现，也是面向社会开放的学习区域。学生通过 MOOC 进行自主学习，节省了大量的课堂教学时间；教师则可以根据教学反馈，不断更新视频内容，保证课程的质量和深度。本次教改采用的在线课程，是哈尔滨工业大学建筑学院基础教学团队在中国大学 MOOC 平台上线的"建筑设计空间基础认知"。

SPOC 则是指本课程班私有的学习区域，有别于社会学员，这一区域是专业任课教师进行本专业学生管理、成绩管理的区域。所有本校本专业的学生，均应通过 SPOC 进入平台，学习相关的内容，完成相关的作业和考核。任课教师对本专业选课学生的私有要求，将通过公告、视频、文档等形式在 SPOC 中

*哈尔滨工业大学混合式教改资助项目（教改课程：建筑设计基础-1）。

发布。

翻转课堂是指以学生讨论为主体的线下课堂，任课教师将在课堂上围绕教学内容讲授重点及组织讨论，学生则按规定的要求参加课堂学习，参加听课与讨论，采取互动学习和主动学习的方式来提升学习的深度。这种方式能够充分发掘学生的学习潜力，让学生成为教学的主角，打破传统的教学模式，教师精心设计教学环节，课上辅导讨论在学生之间、学生和老师之间展开，激发学生的参与意识，调动学生的积极性，形成师生互动的教学氛围。

1.2 建筑设计基础-1 课程解析

建筑设计基础课是建筑设计的启蒙教育，是培养和训练学生的建筑设计思维方法，即"悟性——理性——创造性"过程的重要环节，更是建筑设计的基础理论、基本知识教育的重要组成部分。建筑设计基础-1是基础课程的第一部分，授课对象为哈尔滨工业大学建筑学、城乡规划、风景园林学和设计艺术学一年级学生，每年授课人数约200人。这是一门重要的专业基础课，是学生所接触的第一门专业课程，是建筑设计入门的关键，在建筑设计教学中占有特殊地位。本门课程的教学目标要求可以用"四基础+四掌握"来概括，其中四基础即通过这一阶段的教学，为建筑设计打好坚实的思维基础、理论基础、表达基础、技术基础；相应的，希望学生通过一系列的训练，掌握认知建筑、研究建筑、熟悉建筑和表达建筑等方法和技能。

从这样的重点和难点出发，建筑设计基础-1的教学围绕着建筑设计的几大基本问题，设计了环境之美、空间之形、功能之用、界面之限、光影之术等五个循序渐进的作业单元，以综合的作业形式和层级的作业序列，贯穿整个设计课程；与这些过程相对应的，还介入了三类辅助训练，即以案例分析和前置理论阅读为主的基础理论训练，以图纸表达和手绘表达相综合的基本表达训练，以数字技术掌握为主的技术路线。依据这"一主三辅"的教学框架，构建了整个建筑设计基础-1的课程体系（图1）。

课时	训练阶段	教学目的	课程主线 建筑设计基础	辅助线1(理论)		辅助线2(技术)	辅助线3(表达)		情境化要素 (介入)
				分析 (案例)	研究 (前置理论)	数字技术 (软件技术)	表达 (图纸)	表现 (手绘)	
16	感知训练	初识建筑	环境之美	调研案例	形式美法则 空间概念 外部空间设计 街道的美学	Google Earth/Map Photoshop 初步 PowerPoint 音频编辑 视频编辑 手绘地图/速写记录	认知工具	认知工具	中央大街的故事 非一般的建筑设计课 调研、摄影 走访、询问
			阶段作业一：调研报告(充分利用手绘草图和计算机多媒体)						
12	分项训练	研究建筑	空间之形	空间案例	建筑空间组合论 图解思考 建筑形式空间与秩序 建筑设计基础	Photoshop 初步 Indesign 初步	正视图 俯视图	线条字体练习	中央大街 户外空间分析
			阶段作业二：A4空间构成分析若干，草模不少于1个，钢笔速写不少于4张						
12			功能之用	功能案例	建筑设计基础 建筑空间组合论 图解思考	Word/Excel Photoshop 初步	平面图	配景练习	中央大街 空间与业态分析
			阶段作业三：A4功能气泡图分析若干 草模不少于1个 钢笔速写不少于4张						
1周	课外辅导表达训练		期中作业：A2图纸1张，1:20成果模型1个 利用多种媒体完成最终成果表达，平面+模型+模型照片						
16	分项训练	熟悉建筑	界面之限	界面案例	建筑设计基础 建筑设计的材料语言	Sketchup 初步 Photoshop 初步	平面图 立面图 剖面图	作品临摹	中央大街 街道肌理分析
			阶段作业四：A4界面与空间关系分析若干，草模不少于1个，钢笔速写不少于4张						
24	综合训练	表达建筑	光影之术	光影案例	建筑设计基础	Sketchup 初步 Ecotect 初识	透视图	照片写生	中央大街 建筑光影变化分析
			阶段作业五：空间内部光影素描若干，草模不少于1个，钢笔速写不少于4张						
1周	课外辅导表达训练		期末作业：A2图纸2张，1:5模型成果1个 利用多种媒体完成最终成果表达：平面+模型+视频+展板						

图1 建筑设计基础课程体系图

2 教学案例设计

2.1 教学内容设计

构造核心内容：教改对原有建筑设计基础课体系结构与内容进行了重组，构建了 5 讲、24 个短视频、159 个知识点为核心的课程结构。课程包括了 350 多张 PPT 胶片、6 个话题讨论、4 次教学测验、4 次案例解析以及 2 次最终的课程作业。这些系统的 MOOC 课程，全面覆盖了各个教学环节，促进学生对本专业的学习、探索与融合，加强学生对课程价值的认同，提升学生学习的兴趣。

明确基本问题：基础训练是要锻炼学生对建筑学的一些最为基本的问题的把握。空间、功能、结构、材料、界面、光影等五方面，是本次课程教学团队要解决的核心问题。建筑设计基础涉及的内容非常广泛，有限的学时内必须强调重点，对教学内容进行主线提炼和有机组合。

搭建教学体系：为了对学生进行一个完整的基础训练，教改课程搭建了一主三辅的课程教学体系。一条主线：以结构有序的一个完整的生活空间设计，作为贯穿整个设计课程的主线，并在一步步的深化设计中，培养建筑设计思维与科学的研究方法。而相对应的则是对一些辅助本领的训练，即三条辅线：建筑理论的学习、数字技术的掌握、表现艺术的熟练。

2.2 课堂教学组织方式

课前通知：通过中国大学 MOOC 平台，课前在相应课程进度的章节里公布本次建筑课程研讨或者汇报主题，确定本次课程的研讨内容以及学生汇报时长，并在公告中汇总各个小组的汇报内容，让学生有充分时间进行准备。

课堂讨论：主讲教师引导全过程，掌控讨论进程。翻转式课堂的模式是请学生自己站到讲台上，讲解自己以及整个团队的设计理念，由老师和同学共同进行点评；由教师确定讨论题目，在学生之间，学生和老师之间展开讨论。这种教学方式激发学生的参与意识，调动他们的积极性，形成师生互动的教学氛围，同时也十分适合建筑设计专业课程的教学，是强化式教学的重要方式。

课中检查：在课堂教学环节，任课教师设置课中检查环节，着重了解学生对知识点的掌握情况，对重点难点内容要充分与学生沟通了解，从而全面掌控学生的学习动态。每次课中检查对所考核学生采取随机的方式，考核形式不拘泥于教师问学生回答，可以灵活的穿插在

讨论、演讲、汇报之中。对于学生普遍反映难于理解的 MOOC 内容，课堂上要着重讲解，不遗留问题到下一个教学环节。

课后评价：充分利用 SPOC 平台的优势，一课一总结，一次讨论发布一次评价信息。评价不仅仅包括任课教师的指导意见，设置了学生的互评环节，让所有学生都充分参与到建筑设计和讨论中，既熟悉自己的方案，同时也在和其他同学的方案讨论中提高水平。

2.3 考核方式

考核方式分为线上和线下两部分。线上成绩要求学生完成线上布置的 4 次小的教学测验，用于考查学生对 MOOC 内容的掌握情况，占总成绩权重的 30%。对应于 4 个设计阶段，分别设计了可以帮助学生更好理解这部分内容的线上辅助作业。测试形式随机，每次教学周期都会更换。例如指定书目的读书笔记；经典建筑设计案例的案例分析，让学生对其中的建筑空间、功能、材料、界面等进行分析；与分析图作业结合起来的钢笔画作业创作等等。每次作业则重点不同，考核学生不同的能力。如图 2 所示，每次学习成绩都可以利用 SPOC 平台进行收集，教师可以对结果进行分析，从而提高学生的综合能力。

线下成绩以最后的课程作业为主，以平时成绩为辅，占总成绩的 70%。课程作业的考核，采用教研室教师联评的方式评分；其中，每次训练课程的成绩又是在综合考虑模型制作、图面表达以及平时的过程表现之后所决定。这样，就使得最终成果能够较为客观真实地体现出学生在这一学期整个学习过程的情况。同时，每次作业提交之后，都会组织观摩与讲评，让学生充分理解自己的优势和不足。

学生综合成绩分布

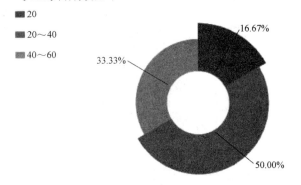

图 2 线上测试学生成绩分布示例

3 经验与问题

通过 3 个教学周期的反馈和调整，课程体系已经逐

渐完善。"MOOC＋SPOC＋翻转式"的教学方法得到了任课教师、学生的良好反馈。教学实践证明，基于线上教学、线下翻转的教学模式，可以提高学生学习效率，调动学生的积极性，激发学生自主学习的潜力。本文着重介绍在教学改革中遇到的问题以及建议的解决方案。

（1）学生线上实际学习时间难以掌控

原课堂教学由于学时有限，借助于 MOOC 形式，采用混合式教学一定程度上解决了课时不足问题，在课堂上可以开展深入的讨论与学习。在教学过程中，课题组教师发现部分学习能力欠缺、学习主动性不强的学生，由于没有课前的自主学习，认真完成视频观看，课堂讨论时学生达不到预期效果，这在课程评价环节会有所体现。

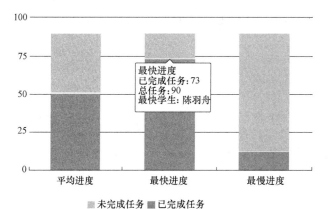

图 3　学生观看 MOOC 进度分析

教师上课前的默认状态是学生已经对知识点进行了学习和理解，但实际效果并不清楚。因此，每次讨论课必须抽出一定学时对学生的学习情况进行了解，对学生提出的普遍问题进行解答，强调重点。此外，要充分利用后台支持，了解学生学习动态。如图 3 所示，后台提供的数据能够比较清晰地给出学生 MOOC 观看情况，有利于教师掌控学生整体的学习进度。

（2）MOOC 学习不能完全取代传统的课堂讲解模式

通过教学反馈来看，学生对理论类的知识点掌握较好，但对实践类的部分重点、难点知识理解起来还是有困难，尤其是图纸表达的技巧性示范内容。教师应在讨论课上检查学生的学习情况，掌握学生对重要知识理解是否有偏差，必要情况下，重点内容可以在线下课堂上再次讲解。对大多数同学而言，MOOC 教学是课堂教学的有益补充，线上教学虽然有与学生的互动过程，但缺乏实时性的交流，沟通有效性需要进一步加强。

（3）学生当次学习较为认真，但复看次数很少

图 4 所展示的后台访问量数据显示，学生基本都能按照教师要求准时提前完成线上知识点学习，但课后复看次数显著下降。体现在观看曲线上，每次学生访问次数在明显的波峰后锐减。任课教师应该及时与 MOOC 平台技术人员进行沟通，掌握学生学习状态，根据数据进行适当的调整，更新内容，合理安排学时。

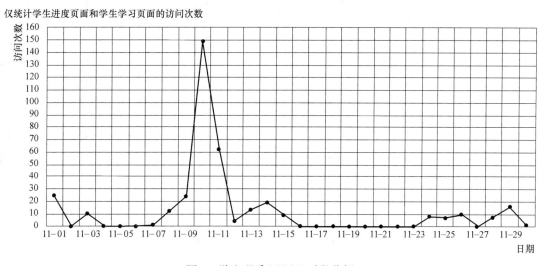

图 4　学生观看 MOOC 时段分析

参考文献

［1］　周立军. 建筑设计基础. 哈尔滨：哈尔滨工业大学出版社. 2011.

［2］　URBAN DEVELOPMENT OF URBANISED AREAS (Rus). ISBN：2227-8397. 2013.

陈静　李建红　朱玮

西安建筑科技大学建筑学院；juzimama@sina.com

Chen Jing　Li Jianhong　Zhu Wei

Xian University of Architecture and Technology

图像建筑思考
——以建筑设计基础教学为例

Thinking of Image Architecture
——Take The Teaching of Basic Architecture Design as an Example

摘　要：图像建筑是建筑设计成果空间表达的重要方式。它作为建筑设计的基本技能成了基础教学的重要内容。本文以西安建筑科技大学建筑学专业二年级的课程设计"书屋设计"为例，展示了透视图、轴测图与模型照片三种图像建筑的表现方式的差异性。探讨了表现工具背后所隐藏的空间意识与逻辑。该研究为低年级的建筑设计基础教学提供了参考。

关键词：图像建筑；建筑基础教学；建筑表现技法

Abstract：Image architecture is an important way to present spatial expression of architectural design. As a basic presentation technique，it has become an important part of basic architecture design teaching. this paper is based on the course of bookstore design which is the architecture design course for sophomore students in Xi'an University of Architecture and Technology. This paper presents the differences of the three kinds of image architecture：perspective，axis mapping and model photos，and explores the spatial awareness and logic behind those presentation tool. This study provides teaching reference for the basic teaching of architectural design in the lower grade.

Keywords：Image architecture；Basic architecture teaching；Architectural presentation techniques

图像建筑是指具有视觉效果的建筑画面，在本文中特指建筑设计成果的空间表达方式。针对低年级教学它主要包括：图纸上的透视图与轴测图，以及经过图像处理的照片这三种类型。在低年级教学中，这三类图像建筑不仅是建筑表现的基本技法，也是认知空间的重要手段、表达设计意图的工具。本文试图通过我校二年级"书屋设计"为案例阐明图像建筑在空间表现上的作用与意义。

1 "书屋设计"的课程性质与教学目标

"书屋设计"是我校建筑学专业二年级的第一个课程设计，它是从基础建筑设计转向专业建筑设计的衔接课程。课程设置为 40 课时（4 周）的短题，旨在通过对单一空间的操作练习，来熟悉基本的建筑空间生成与表现的基本方法；初步掌握建筑设计基本工具：草图、图解、模型、建筑制图以及建筑表现。

2 "书屋设计"的基本课程结构

设计基地选址位于学校周边的文化商业街，设计需要满足在校学生及周边人群书籍购买、阅读与交流的功能，建筑面积不低于 160m²。课程结构以空间为主线，以空间的观察与体验为起点，通过对案例的阅读与解析进入到设计环节。在设计环节中，模型作为主要的设计工具，围绕场所/环境、功能/空间、材质/建构三大主题，分阶段进行空间的操作、观察与设计（表1）。

Stage1：空间的体量与界定

教学要点：通过对基地周边场所环境的调研与分析，通过模型操作对建筑体量进行初步的界定和设计。

作业选自：建筑学 1502 班 左图：牟莉虹 中图：王思捷 右图：王文文

Stage 2：空间的操作与观察

Part1： 功能分化的概念模型	Part2： 交通组织的概念模型	Part3： 家具布置的概念模型
教学要点： 研究各个功能空间的属性，提出整体空间分化布局的原则与方法	教学要点： 强化交通对空间组织的影响，梳理交通组织关系	教学要点： 以家具作为人体与空间关系的媒介，探讨空间的使用与氛围

作业选自：建筑学 1502 班袁艺菲

Stage 3：空间的整合与设计

教学要点：完善建筑的结构与材料，系统整合设计

作业选自：建筑学 1302 班张书羽

3 图像建筑

图像建筑是"书屋设计"课程结构最后环节——设计表现环节的核心内容。图像建筑与建筑的平、立、剖面图一样都是建筑设计师的基本语汇。平、立、剖面图就像作曲家用的音符与五线谱一样是更为专业的语言。图像是通俗的视觉语言,是对真实建筑的模拟。这就像作家用文字表达思想一样,一要正确传达出作者的思想,二要通过优雅的或是激昂的文字引发读者的共鸣。图像建筑也是如此,一是真实客观地表达出空间,这样的图像建筑才是有效的。那种不真实的、被夸大的空间效果是带有欺骗性的。二是要传达出空间的氛围。这正如建筑大师卒姆托所言"如果某件建筑作品由形式和功能组成,两者结合创造出具有足够感染力的基本意境,那么它就拥有了艺术品的特质"。

围绕图像建筑在表达空间上的两个基本目标,我们在教学中尝试不同的图像建筑表达方法在实现目标上的差异性。由于受到时间的限制,我们分别在两个年级的教学中尝试了不同的表现方式:透视图、轴测图与模型照片。在这些差异性的基本技能训练的背后,我们思考更多的是:表现工具背后所隐藏的表达空间意识与逻辑的差异性。

3.1 透视图——看图

古希腊人通过观察将近大远小的物像空间关系运用缩短法将其表现在图面之上,替代了古埃及平面符号式的表达方式。文艺复新的建筑大师伯鲁乃列斯基发明透视法带来了视觉的革命,它颠覆了中世纪的以经验为主的空间观念,它将数学、几何学带入了建筑设计。通过透视,三维空间被真实地呈现在了二维的图纸上。自文艺复兴以来透视法始终是建筑师、艺术家们所遵循的最为基本的视觉原则。在透视图像中,空间通过几何制图的方法用线条表达出来,线条在真实的空间中是不存在的,而它表达出来的空间深度是符合人眼基本视觉规律的。线条解决了形的问题,"形"画准了才能"像"。有了"形"像,但缺失了"色"的透视图也就不是那么的真实了。线条易于表达出空间光影变化下的明暗关系,但是空间氛围的营造使得透视图进一步需要借助渲染技巧来实现。其次,在透视图中画面被观察者的位置所定格,呈现的空间是静态的、局部的(图1)。

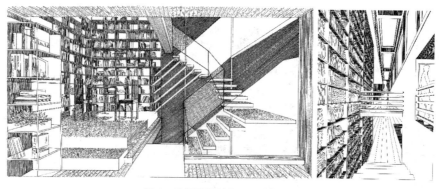

图1 "书屋设计"——透视图
(左图:选自1302班张书羽;右图:选自1302班陈慧蕾)

在"书屋设计"教学中,通过画法几何求透视的技法,往往由于初学者选取视点的经验不足而使得所求透视画面构图不好,空间失真。反复求透视也确实耗费时间,为了节约时间,学生往往以SKETCH UP建模来选取视点,获得透视图。但是机器的计算结果却弱化了学生在寻寻觅觅间对空间的思考与透视表现技能的提升。

3.2 轴侧图——读图

轴测图是单面投影图,在一个投影面上能同时反映出物体三个坐标面的形状。它是在笛卡尔坐标体系下一种绝对的、纯粹的数学空间表达。在这个空间里人的固定视点消失了,对于空间的观察不是一种眼见为实的直观的"真实"空间,而是一种被抽象与简化了的客观存在。这种图像建筑我们不能通过"如画"般的美来获得空间的氛围感,而是能够通过不受视点局限的整体空间阅读获得设计师对空间关系与空间构建逻辑的思考。

轴测图的绘制较透视图简便易学,其表达方式也是多种多样,这往往依赖于学生对空间逻辑的理解(图2)。

3.3 模型照片——品图

在计算机VR技术发达的今日,模型依然在建筑设计教育中扮演重要的角色。建筑师在不同比例的建筑模型下,探讨着大到城市尺度的空间问题,小到节点尺度的建造问题。模型空间观察视点是多维度的,空间的三维属性是直观的、完整的,无需空间想象力的转换。更

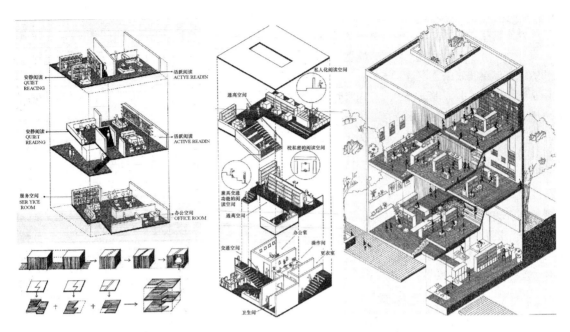

图 2 "书屋设计"——轴侧图

（左图：选自 1302 班阳程帆；中图：选自 1302 班张怡聪；右图：选自 1302 班周昊）

图 3 "书屋设计"——材料结构与空间

（本图选自：1502 班窦心镱作业）

为重要的是模型是物质的，有形的。与透视图、轴测图不同，它的空间是被物质真实构造出来的。

在 15 级"书屋设计"中，我们采用了与 13 级教学不同的图像建筑方式。通过 1：33 的模型操作来研究空间，用模型照片的拍摄来获取图像建筑。随着设计工具的转变，我们可以明显地看到模型的物质属性使得它与透视图和轴测图相比，具有以下 3 点的优越性：

(1) 建筑材料与结构关系的真实性表达

在窦心镱同学的"书屋设计"中，以树的结构为原型，创造一种建筑结构平台来承载书屋的物质功能。混凝土的曲形梁成为设计的最终选择（图 3）。

在刘聿奇同学的方案中（图 4），我们可以看到结构柱限定的空间，利用墙体厚度所开洞口的空间利用方式，以及维护墙体材质的透明性所带来的空间光线的变化。

(2) 室内家具与人体尺度的真实性表达

家具在空间中不仅起到空间分割的作用，家具是人在空间中活动的重要媒介，它的尺度是人性化的。通过等比例尺的家具制作能使学生更好地感知空间的尺度关系（图5）。

（3）空间操作与空间关系的真实性表达

模型是设计师实现空间设计的工具。在模型制作过程中，空间的操作与空间效果呈现是同步的。因此，对于设计的调整也是可以随时随地进行的。在刘家旺同学的方案中（图6），通过在图一与图二的对比中，我们可以看到开窗方式所带来的室内空间品质的变化。这样更易于学生对设计的效果做出判断。图三为设计定稿的效果图。由此我们可以看到模型空间操作，对于学生而言其过程的意义远大于成果的表达。

设计成果的表达往往是模型推敲的结果，它通过物质的模拟构造一个更为真实的空间场景，通过相机定格画面，将空间场景转换成"静帧式"的图面——模型照片。在这种模型照片的图像建筑中，透过材料、质感、家具、光线、人物等物质要素所营造出空间的氛围传达

出设计师的情感，也打动着观者（图7）。这正如建筑大师彼得·卒姆托在《思考建筑》中所言"好的设计的感染力在于我们本身以及对情感世界和理性世界的认知能力"。

4 小结

无论是透视法、轴测图还是模型，它们都是建筑师"想象之空间"的工具，是建筑设计基础教学的重要内容。正可谓"工欲善其事，必先利其器"。透过图像建筑，我们不仅仅要教会学生表现的技巧，更应该让他们理解图像背后的空间意图与逻辑，甚至是空间的哲学。只有这样，才能将建筑的空间表现与空间思考融为一体，将抽象的理智与真实的情感通过适当的图像建筑传达出来，将工具的选择与技法的表现融入设计思考当中，因为它们本身就是设计的一部分。

图4 "书屋设计"——材料结构与空间

（本图选自：1502班刘聿奇作业）

图5 "书屋设计"——家具与空间尺度

（本图选自：1502班张一凡作业）

图6 "书屋设计"——空间操作

（本图选自：1502班刘家旺作业）

图 7 "书屋设计"——空间氛围

（本图选自：1502班窦心镱作业）

参考文献

[1] 彼得·卒姆托. 思考建筑. 张宇译 北京：中国建筑工业出版社，2010.

[2] 沃尔夫冈·科诺，马丁·黑辛格尔. 建筑模型制作：模型思路的激发. 王婧译. 大连：大连理工大学出版社，2003.

[3] 冯伟，李开然译. 透视前后的空间体验与建构. 南京：东南大学出版社，2009.

[4] 西安建筑科技大学建筑学院建筑设计1教研室《书屋设计》教案.

戴秋思　杨威　张斌

重庆大学建筑城规学院，山地城镇建设与新技术教育部重点实验室；daiqiusi@cqu.edu.cn

Dai Qiusi　Yang Wei　Zhang Bin

Faculty of Architecture and Urban Planning, Chongqing University, Key Laboratory of New Technology for Construction of Cities in Mountain Area, Chongqing University

建造视角下空间操作中的若干问题刍议
——记"建筑设计基础"中的建造系列课程改革

Some Problems Discussion on Space Operation from the Perspective of Construction
——Record on the Reform of Construction Series Courses in Architectural Design Basis

摘　要：建造观念已经被国内院校引入建筑学课程并得到广泛的实践。重庆大学建筑城规学院的设计基础课程在"空间认知与建构"教学的基础上，展开"建造与空间实现"课题长周期、进阶性的建造系列课程的教学实践。论文结合此次教学改革，梳理建造系列课程实验模块的设置框架，分析进阶性教学课题的相关内容，并对教学中引发的相关问题予以思考，以期为今后的教学提供参考。

关键词：建造；空间操作；建筑设计基础

Abstract：At present, the concept of Construction has been introduced into architecture courses in domestic universities and has been widely applied. The basic design courses based on the teaching of "spatial cognition and construction", the Faculty of Architecture and Urban Planning, Chongqing University carried out the teaching practice of "construction and space implementation", which is a long period, a series of progressive construction courses. Combined with the practice of teaching reform, the setting frame of experiment modules for construction courses is combed and the related content of process teaching is analyzed. At the same time, the relevant problems in teaching are thought about, so as to provide some reference for the future teaching.

Keywords：Construction; Spatial Operation; Architectural Design Basis

1　教学改革的缘起

目前国外的许多著作都是以建构为起点来研究建筑教育的，将"建造"教学引入建筑学课程的观念和实践在国内院校得到了广泛的开展。通过实作来认识建筑生成的物质基础，做出不同的尝试，以此来训练初学者对空间的构思能力和对材料的认识，逐渐地改变"当前建筑教育的一个最易被忽视的环节就是学生们不清楚建筑是如何建成的"（美国建筑师协会（AIA）指出）问题。"建造"已成为一种建筑学入门的重要途径之一。

在建筑教育的整个过程中，一年级是"设计启蒙"的学习阶段，其对设计基础阶段教育的重要性不言而喻。该阶段拟培养学生对建筑设计的初步感知，使学生对基本绘图与表现、人体尺度、建筑材料与结构建构等有初步了解。重庆大学建筑城规学院（以下简称我院）在《建筑设计基础》教学中引入"空间认知与建构"的训练，将设计基础课程明确定位为"一门关于如何认知、理解和建构建筑空间及其环境的设计基本素质训练与启蒙课程"，将教学内容从单纯的建筑形式表达和体块模型操作，转向了以环境意识下的空间建构为核心的设计基础能力培养。"建造与空间实现"是其中的重要环节，学生须完成一个 1∶1 的实际空间建造，并使学生通过在实际建造的建筑空间中进行活动体验，初步把握建筑使用功能、人体尺度、空间属性、建筑与材料和结构的关系等基本要求[1]。2016 年始，教学组在历年教学实践的基础上，开展了对进阶性建造系列课程的改革尝试，旨在形成对关键问题"建构"的长周期关注，促成建构思维的形成。论文结合此次教学改革实践，梳理建造系列课程实验模块的设置框架，分析进阶性教学课题的相关内容，并对教学中引发相关问题予以思考。

2 建造系列课程的实验模块

2.1 课程模块设计

建造系列课程由四个子课题构成，由浅入深，有着各自的阶段目标（图 1）：课题 1 "建筑空间元素与连接"突出材料和材料的连接与固定，如何通过合理的连接方式与固定方式，来满足一定的建构性能是问题的关键；课题 2 "单一空间生成与表达"非常适合入门学习，是学生建立空间观念的基础，其间探索尺度、材料、色彩、光影、虚实等元素对（建筑）空间设计的不同影响，并以此为理性分析框架，提高学生对空间感知的敏锐性和空间设计的基本认知；课题 3 "复合空间组合与表现"旨在认识空间的不同类型和空间之间相互联系、分隔、过渡的不同界定方法，提高对空间品质的认识，在学习的过程中进一步强化基于材料特性的空间属性的操作与认知；课题 4 "建造实践"以实体建造为综合课题，通过足尺模型的搭建，培养学生参与的热情、动手的能力和团队协作的智慧，通过亲身参与体验，获得对材料性能、建造方式及过程的感性及理性认识；同时通过在自己建造的建筑空间中进行的活动，初步把握建筑使用功能、人体尺度、空间属性的基本要求。该课题是对前面三个子课题的知识加以综合运用和检验。整个一年级的收官之作是"概念建筑设计"，是一次对本学年知识的整合探索，既有空间问题又渗入可建构理念。

2.2 进阶性课题的特点

笔者将此次的"建造系列"改革课题称作进阶性系

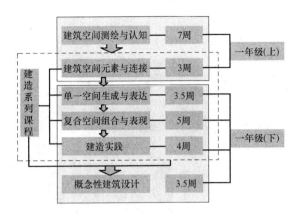

图 1 建造系列课程与前后课题的关系图示

列课题。设计教育通常过于倚重于对个案的讨论、评价与展示。而"个案"往往是指局部的教学课题；此前笔者对一些课题进行过研讨[2][3]，但这些是局部的短周期的个体成果。个案的高低与差异通常是难以衡量一个教学体系的效率高低，同时也难以反映一个教学进程在系统上出现的问题，因此，需要建立一个整体观，将个案（局部课题）置于整体且具有系列性的课题中来考察。当短周期的课题被延伸至长周期，被置于宏观的教学体系之下后，对其评价往往更具有意义。

进阶的含义主要有三：一是时间性，关注的是整体上教与学的互动推进，以及局部课题在过程中的分布与发展；二是过程性，完成设计任务不是教学的唯一目标，教学的根本目的在于完成特定的设计任务过程中学习、体验和尝试过的思维方式和操作方法；三是连续性，教学体系的建立必须依赖于各个教学载体设计之间的连续性，只有这样，一个学生才能在不同时段、不同课题载体中延续建筑设计能力的渐进性和递增性，从而引导他们在设计题目中思考空间语言的组织方法与过程。

诚然，教学是由一个个的课题组成，它们是教与学双方各自进行阶段检验的对象。进阶性课程强调阶段的管理与设计的计划性，这会影响学生形成正确的建筑设计的工作方法与态度。前期教学计划对于教学成果和阶段控制都有统一的要求。图 2 所展示的是各个阶段的学生作业，呈现的信息是历时性的、动态的甚至相互之间有时缺乏绝对的差异，但有一点是明确的，就是它们之间存有内在的关联性，有助于我们在整体的、时间性的角度来考量教学效能。

3 教学中若干问题的思考

从单一的、散点置入的建造教学到长周期的系列建造课程设计的转变，是需要精心策划的。在具体的教学

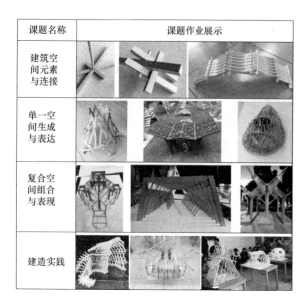

课题名称	课题作业展示
建筑空间元素与连接	
单一空间生成与表达	
复合空间组合与表现	
建造实践	

图2　建造系列课程阶段成果

操作上分为两条线索同时进行：一是自上而下，从思想观念的武装开始，主要采用老师讲解和学生学习先例后的汇报，强调对先例的分析、吸收与借鉴。通过选择恰当的案例，以理性分解、分析空间建构的结构、材料及其细部连接等，让学生逐步建立起观察和设计建筑的空间思维；二是自下而上，到实践中、操作中去学习，建立起对材料的敏感度。对于初学者而言，两者同等重要。

3.1　教学组织中统一性与灵活性相结合

改革具有实验性，自然诸多方面是带有探索性的。年级教研组对课题提出大的方向和原则，如确定教学重点、选题、成果要求、时间进度等；在具体操作上又给各位任课老师留出发挥的空间，注入自身对课题的理解，在自己负责的教学班级里尝试实验性的教学方法。这样的结果会带来班级之间的特点和差异。不同阶段，各班老师选择或学生自荐将作业放到一起，进行草模点评，促进全年级师生的教学交流。这种方式是行之有效的，一方面学生需要听到不同老师对一个方案的评价，教师间的不同观点的争论对于学生更有裨益，因为建筑艺术的答案本身就不是唯一的；另一方面通过学生之间的相互影响，是可以对学生自身的理解加以补充，使其对课堂内容的理解更加接近目标，逐渐形成自己的判断。

3.2　设计基础教学与专业设计教学的有效链接

在设计专业的实际教学实践中，常常出现设计基础课程与专业设计课程教学之间产生脱节或衔接不够紧密的情况，进而导致学习出现断层、缺乏整体连贯性，而有效衔接才是课题具有持久性的关键。在两者之间建立起有效的链接，这需要从课程体系结构、链状的教学思维等方面进行探索和实践。课题设置贯彻"基础为设计服务"的观念，逐渐养成将建造思想贯穿到后续的设计中，方能实现良好的对接，做到举一反三、融会贯通。

3.3　设计中几种关系的认知

空间设计与建构的关系　空间设计是十分基础的设计概念，其自身没有十分成熟完善的基础理论系统、明确的评判标准或学习依据。学习过程中有不少问题相对较为主观，虚拟性较大；而建构则具有实践操作的特性，呈现出理性的一面。如过程中强调建造的细部设计，因为细部设计是面向使用者的，是使用者能够看到的、触摸到的，是建筑师的设计工作的一部分，是建筑创作和建筑艺术表达的重要方面。结构设计因其具有巨大的建筑表现和控制力，这是结构与设计的结合点。因此，通过"小"建筑（准建筑）的建构，往往更容易回归与显现一种朴素的建造逻辑。它是综合结构、构造以及空间的建筑自身的完整故事。

设计与操作、必然与偶然的关系　在建筑设计中，我们会先在头脑中形成抽象的概念以及对最终形态的诗意想象，再通过建造实现先前的概念。而这个过程中，概念与建造之间常常会产生矛盾，需要采取一些"建构策略"。设计的最终结果可以视为概念与建造相互博弈作用的结果。现实的模型操作常常会出现很大的偶然性，其中可能会出现错误，但正是在这些错误、偏差中提高了学生的动手能力。这样的过程为后续的学习提供了借鉴的基础和经验。

4　结语

教学逐渐地成了一种研究，通过学生一定教学周期内的学习成果的分析，来反思我们自身教学改革的得与失。建筑师不能创造材料，主要手段就是建造的手段，就是运用已有的材料进行连接和固定。本次课程训练内容和方式的变革对于教师和学生都是一次较为大胆的尝试，通过长周期的建造系列课题设计，为学生提供一个从设计到建造和使用的完整认知过程。但也需明确，建造只是一个手段，而设计才是教学的真正目的；在一定程度上，建造可能即是建筑的起点，同时也是建筑的终点。

参考文献

[1] 龙灏，卢峰，邓蜀阳，蔡静. 传承历史　脚踏实地　紧盯前沿　循序渐进——重庆大学建筑学专业的教学改革与特色. 城市建筑，2015 (6)：68-71.

[2] 戴秋思，杨威，张斌. 叙事性的空间构成教学研究. 新建筑 2014 (02)：112-115.

[3] 戴秋思，刘春茂. 从话语思维到设计实践——限定环境要素的空间构成教学过程探究. 高等建筑教育，2011 (02)：9-13.

刘九菊　于辉　郎亮

大连理工大学建筑与艺术学院；Liujiuju1010@126.com

Liu Jiuju　Yu Hui　Lang Liang

School of Architecture and Fine Arts，Dalian University of Technology

设计基础建构专题课程教学研究
Teaching Research on the Construction of Design Foundation

摘　要： "建构"一词在建筑界和建筑教育界都得到广泛的重视，空间设计和建构实践成为各高校的教学重点。在此背景下，本文从教学过程、教学方法以及学生反馈等方面进行设计基础建构专题课程教学探讨。

关键词： 设计基础；实践教学；建构

Abstract： At present，construction enjoys extensive attention in architecture field and architecture teaching field. Universities have reached an agreement to regard space designing and construction practice as the key point while teaching. Under such background，this paper shows the teaching research upon the construction of design foundation from the accepts of teaching process，teaching methods and feedback.

Keywords： Design Foundation；Practice Teaching；Construction

1　引言

肯尼思·弗兰姆普顿的《建构文化研究》使得"建构"一词在建筑界得到广泛的重视，他把建构解释为具有文化性的建造或称为"诗意的建造"，其本意是关于木、石等材料的如何结合问题。在这样的背景下，建筑师逐渐将注意力转向材料与建构之中。

在建筑教育界，香港中文大学顾大庆教授 2001 年开始开设"建构实验"课程，给定模型材料，通过"观察-记录-操作"的循环过程，引发空间设计的概念。在《空间、建构与设计》中，顾大庆教授界定"建构"为对建筑设计获得基本观察和再思考，从而寻求一个独特的"建构"视角[1]。2014 年本人曾参加香港中文大学的"全国建筑设计教学研习班"，短短两周的实践学习与交流，感受最深的就是对"过程"的把握，这个过程更多强调的是观察与操作，是不断地发现问题与解决问题的过程。

近年来，国内许多院校都进行了建筑设计课的教学改革，将教学的重点转移到对空间设计和建构实践上，并取得了显著的成果[2]。设计基础建构专题课程是大连理工大学建筑学专业 2006 年调整培养方案，在一年级第三学期开设的课程，该实践课程已申请校优秀课程。经过一年的尝试，将教学过程与学生反馈内容在此进行总结、梳理，与各院校教师进行交流。

2　课程概况

设计基础建构专题课程是一门实验性、研究性课程，是面向建筑学专业一年级学生开设的，课程安排在夏季学期（第三学期），2017 年为第一次执行。学生在春季学期先修了专业课"设计基础 2"，已初步了解形态构成与生成的设计原理。设计基础建构专题课程设置在建筑形态构成（建筑材料与建构技术）、建筑形态生成（逻辑与演化）教学内容之后，能够使学生进一步研究空间与场所、材料与建构之间的逻辑关系。

课程内容包括两个题目：树屋与竹屋，作为小型景观建筑进行设计与建造。建筑选址为建筑馆周围划定的草坪、树林内，使用材料以木、竹等自然材料为主。搭建要求为：树屋不得接地，由树做支撑和承重，不得破坏树干，不得在树上钉钉子或砍掉枝丫，也不得阻碍人行道上行人或车道上车辆通行，预算在5000元以内；竹屋主体使用直径2.5～8cm的竹材，占地面积小于30㎡，可搭建于建筑馆南侧草坪，预算在3500元以内。这是一年级学生第一次设计结合实际建筑材料，并以1∶1尺度进行建造，同时，建造要求不仅要呈现材料本身特性，还要赋予一定的功能、空间和场所性，应体现建筑的本质。"建造无一例外是地点（Topos）、类型（Typos）和建构（The tectonic）这三个因素持续交汇作用的结果。"[3]

3 课程教学过程与方法

设计基础建构专题课程教学组织共六名指导教师，其中有三名教师曾参加过香港中文大学的"全国建筑设计教学研习班"，接受过"建构"的实践培训。授课对象为建筑学与城乡规划两个专业三个班级的一年级学生，学生总数100人左右。

3.1 建立教学目标

设计基础建构专题课程是建筑学专业专题类课程之一，通过对建筑材料的材料特性研究，以及具体的材料建构实践，达到对材料、加工技术、结构、空间与功能、建造等环节的了解与认知，从而建立起建筑设计系列课程要求的材料认知基础、建造认知基础，通过建造活动来加强学生空间构成与建构等方面的结合，并培养学生建筑设计学习的建构逻辑思维能力。

3.2 组织教学环节

设计基础建构专题课程共计12学时，安排在夏季学期的前两周。由于教学内容涉及方案设计、材料购买、实体搭建等多个环节，课程采取课上、课下相结合的教学方式，课上12学时作为集中授课、分组指导、方案评选等环节，课下即课前布置题目和课后实际操作，学生在夏季学期的后两周利用美术实习的剩余时间进行搭建环节。

布置题目——准备资料

课程课时比较少，需要充分利用学生的课下时间，因此在课程开始之前布置了树屋与竹屋题目的任务书、地形图以及教学进度与安排。在正式上课之前给学生留有题目选择、场地调研、资料查阅、案例分析等准备时间，让学生提前进入"角色"。

讲解要点——生成方案

按照教学计划，第一次课为集中授课（图1），两位负责老师分别对树屋和竹屋的设计与建造要点进行了详细讲解。主讲老师分别针对树屋和竹屋两个题目对材料的选择以及材料的特性、施工的特点进行了重点介绍，通过案例解析以激发学生创新设计思维。

图1　集中授课

指导教学——修改方案

在整个过程中，教师进行了两轮教学指导，对学生提出的方案计划进行了点评，给出修改意见和建议。学生通过草图、模型推敲方案设计与节点设计。在第二轮的点评中，三个班中分别选取了10个方案进行深化。

公众评选——完善方案

课上教学的最后一个阶段，学生完成了图纸详细表达与大比例节点连接模型，将建筑建造方式以模型体现出来（图2）。通过指导老师打分、公众评选的不同系数加权计算，同时考虑到建造时间与建造成本因素，最终从30个方案中选取了3组竹屋方案和两组树屋方案。五组方案需要再一次结组完善，并指定了5位教师分别跟踪指导。

图2　方案评选

搭建实体——呈现方案

学生在老师的指导下，根据场地、材料等限制因素调整方案后进行了为期两周的实体搭建。从预埋基础、主体结构、节点连接初步了解了建筑建造的流程,在施工中强化认知建筑材料的特性及结合关系。在炎热的夏天,学生早晚施工,组织有序,都在预期的时间内完工。不同方案呈现不同的空间特质,吸引着孩子来玩耍、旁人来小憩,加强了场所感(图3、图4)。

图3 竹屋

图4 树屋

3.3 建造活动反馈

搭建活动结束后,五组学生针对设计与建造过程进行了总结。其中,搭建竹屋的学生在建构实验报告中总结到,建造应该是建立在充分的调研基础上,在不断的实践中观察、研究从而调整完善方案的(图5),并在搭建的过程中,逐渐理解竹子作为一种建筑材料的特性,对竹建构所产生的空间有新的认识。同时,从设计表达与建造过程两个层面也进行了反思,这也是此次建构中普遍存在的问题:

(1)空间建构与基地环境关联问题

建筑的建造应该充分与周边的环境结合,应考虑地形、原有树木等多个因素,从环境要素的限定中寻找发展途径,形成方案构思和空间意图,以适应该建筑自己所营造的环境,尽量不破坏原有环境。树屋以树木为承重结构,空间与所选树木数量、形态、尺度关联性较强。竹屋可搭建在草坪上,也可与树木进行很好的结合

与互动。

(2)搭接方式与材料特性结合问题

建构的本质就是"连接的艺术",材料搭接方式的选择应基于材料特性、材料尺度等进行,所选择的连接构件与使用材料相统一。学生在理论上对材料连接处都进行了资料研究和节点设计,但实际建造中由于多种原因会发生改变。如竹屋建造,直径大的竹子可采用诸如榫卯的连接方式,主要用于承重,而细的竹子可采用细麻绳捆绑连接,作为维护或铺装,这样既省力省材料又美观。但由于不是专业施工,缺少设备工具等原因,结果无论粗细学生大都是采用缠绕捆扎这种连接方式,而这样做也导致了结构力学不合理、捆绑方式过于单一的问题。

(3)材料组合与实际操作协调问题

考虑到一定的建筑维护和空间限定以及预算费用问题,学生竹屋以竹为主材料,树屋以木为主材料,也会竹木组合或加入竹席、苇帘等材料。但部分方案未能按照计划施工,材料不足、专用构件缺少等现实因素,使得实际操作程序简单化,对搭建的整体效果造成一定影响。同时,建造中除了设计处理单一材料的组织连接问题,还涉及多材料的组合和节点交接情况,在实际操作中,应做到材料间结合方式协调统一。

图5 竹屋方案演变与建造

4 结语

建筑教学不是为了发展一个设计方案,而是为了发展建筑设计的能力,是为了探索建筑,是为了发展概念性思考。学生通过此次的建造过程,在之后的建筑设计学习中,将能够从建筑的空间与建构角度出发,提出设计的空间目标与方法,进行有逻辑的演变与呈现。

参考文献

［1］ 顾大庆、柏庭卫. 空间、建构与设计. 北京：中国建筑工业出版社，2011：14-26.

［2］ 周瑾茹. 空间建构理论方法在我国建筑教学中的探索实践. 西安建筑科技大学，2006：1-10.

［3］ 肯尼思·弗兰姆普顿. 建构文化研究——论19世纪和20世纪建筑中的建造诗学. 王骏阳译. 北京：中国建筑工业出版社，2007.

薛佳薇　赖世贤　陈淑斌

华侨大学建筑学院；xjwhqu@hqu.edu.cn

Xue Jiawei　Lai Shixian　Chen Shubin

School of Architecture Huaqiao University

建筑设计基础的材料与建造课题——乡村小筑设计
Material and Construction Study of Architecture Design Fundamentals——Small Houselet of Village

摘　要：华侨大学建筑学院以土楼乡村体验为线索的建筑设计基础教学中，建造教学的课题如何结合乡土背景及特点，同时实现自身的训练目标，本文就此对以建造为主题的乡村小筑设计做了详细的介绍和归纳梳理。首先就设计背景及要求、教学目的进行铺垫，分析开放性建造材料的意义及其分类，进而梳理了建造教学的重点和难点问题，即基于材料的结构选型、初步理解建构之美、建构式模型与图纸，最后总结了教学的特色与心得。

关键词：建造；材料；非限定；结构选型；建筑设计基础

Abstract：Architecture design fundamental of Huaqiao University whose teaching is using Tulou village as links, how the construction teaching to combine with the background and feature of village, and to realize its training target, around this issue the paper introduce and analyze the small houselet of village design with the theme of construction. First, it referring the background and demands of the design, and the teaching target as well, analyze the significance and type of material openness, and then conclude the emphasis and difficulty, that are the structure form selection base on the material, Preliminary understanding the sense of tectonic, construction of model and drawing, at last it summarize the teaching feature and experience.

Keywords：Construction；Material；Non-finite；Structural form selection；Architecture design fundamentals

华侨大学建筑学院以土楼乡村体验为线索的建筑设计基础教学中，将各个课题有序地串联于整体的基础教学框架中，建造教学的课题如何结合乡土背景及特点，同时实现自身的训练目标，本文就此对以建造为主题的乡村小筑设计做了详细的介绍和归纳梳理。

1　课程背景与要求

乡村小筑设计是我学院建筑设计基础第一学期的第三个作业，关乎建造课题的教学，承续整体的教学架构。基地及社会背景与其他作业一样位于土楼乡村，即学生们入学后进行两周认知体验的场所。设计要求在简单、平整、约 4m×4m 村落基地上，用 1～2 种主要材料建造底面为 3m×3m，屋顶总高 4.5m，局部高度为 3m，有两种结合地情、简单的建筑功能可选项，学生根据自己的兴趣点选择，一是设计满足村民零售之用的小卖铺（带夹层，作为午休或货仓），二是供个人休闲起居的小屋（带夹层，可卧），内部为单一空间不进行独立隔间，符合人体尺度、防雨、通风、采光等综合需求。设计周期 4.5 周，成果要求学生个人独立提交 1：10 模型一个，A1 绘图纸一张。根据初学者的具体情况、成果要求将设计分为三个步骤，分别是材料置备、模型建造、图纸建构，时间分别是 1：2.5：1。

1.1 教学目的

建造是实现建筑的必要手段，是构想落实为物质性的实体、空间的过程，是建筑学最关键的本质问题之一。该作业借由模型制作，动脑与动手相结合，真实接触以建造为主要目的的设计推进，理解建造也是设计的出发点及内容之一，初步掌握材料、结构、构造等对建造的影响。

1.2 有所限定

建筑问题大都是综合性的，但对于初学者而言，要学的内容和头绪很多，必须要对所训练的主题有所侧重，才能突出训练的目的，不至于顾此失彼，迷失主要方向。

为突出主题，本作业对其他两方面内容进行简化的限定。第一是简化了基地详细信息，如地形起伏、周边环境，仅保留大致的区位和社会背景，限定基地为平整的、4m边长的方形小地块，主要考虑与道路的出入口关系，采光、景观等问题。由于基地的明确和简化，建筑形态自然以方形3m边长为主，或者是在此范围内的基本形态，例如砌块适合的圆柱形、拱形或者圆锥形等，自然而基本的形态让学生的注意力不会集中于攻克造型上的新特异，而是专注于更本质的建造尝试和推进。造型不是目的，而是适应建造、适应材料的结果。第二是对功能的简化，无论是提供个人睡觉与学习的"我的小屋"，或者是买特产的乡村小铺，不强调独立卫生间的存在，不需要用墙划分房间，以家具分区，流线简单，训练常规行为的基本人体尺度，增加功能性夹层的教学目的是增加在高度方向上的建造考量，再次突出建造主题。

"我的小屋"是从学生的生活认知出发，最熟悉和简单的功能。乡村小铺是在乡村实习过程中，师生在购买特产时都有体验、吻合地情需求的功能，对空间的要求也相对简单，进而被采用作为功能选项。其他也探讨过类似公厕等功能，但对功能和尺度的训练不够常规，且设夹层过于牵强，后来没有采用。

1.3 有所不限定

为强化主题，与建造密切相关的材料问题被放大，不局限于常规建筑材料，还可以包括各种非常规材料，包括任何易得的生活废品、日用品、五金材料等，在课题下发之后的第一堂课上，组织学生头脑风暴式的开放讨论，对话活跃了气氛，增加学生思维的广度、互相的启发和对该作业的兴趣，并且由组长组织建立了小组的材料库，提供组内挑选。

任务书要求里的1~2种主要材料，可以均为常规材料或非常规材料，也可以常规与非常规两者搭配。

2 非限定材料的意义

常规材料已经具有思维定式，大都是用来作为建筑材料的，使用方法也千锤百炼、方向较明确；非常规材料五花八门，一切便于获得的、物质性的、可利用的材料都可考虑，尤其鼓励废弃物的二次利用，使用方法也有待摸索。引入非限定材料，除了活跃思维及突出主题外，还有下述对建筑学更本质的启发思考。

2.1 就地取材的精神

在村落里学习建筑学，生于斯长于斯的朴素民居用最真实的语言讲述"就地取材"。虽然这曾经是生产力和交通都不发达时候的必然选择，但尊重自然的材料形成独有的地域特色、生态环保性是如今值得学习思考的地方，并且，作为初学者，最关键的是树立健康朴素的建筑观，通过生活中任意便于获得的材料、生活废弃物等，"就地取材"，从耳闻的词语、眼见的景象发展到动手的操作，体验升级，印象和思考也会更深刻，融入自身的观念。

2.2 向生活学习

乡村居民自发建造的院落矮墙、鸡鸭舍、篱笆等、常常会利用身边无用的、盛产的、相对耐久的东西进行建造，在村落的统一性当中增加了多样性和趣味性。类似的思考也体现在许多新锐建筑师的建筑或者环境景观作品上；上述这两种情况，相同的观念，不同的手法，一个是生活版本，一个是专业版本。安静的沉淀于生活的智慧是启发建筑师的源泉，能够发现一方面是眼光，另一方面是意识，怀着尊敬的心态、善于从生活中发现美、发现问题，建筑是与生活密切相关的学科，通过该作业也启发学生"向生活学习"、处处留心皆学问。

3 教学中材料的开放性探索

3.1 模型材料与建造材料

上文提及的材料，都是真实的建造材料，而学生提交的成果1:10模型必须由比真实材料尺寸缩小10倍、形状质地相似的模型材料来制作。真实材料与模型材料之间需要建立可替代性，可能存在下述"正反向推导"两方面的矛盾及处理方式。第一个是正推式，有非常规的真实材料的目标，但找不到合适的或者很贴切的模型材料，解决方案是模型材料在保证尺度形状相似的情况下，肌理质感方面降低相似度要求；第二个是反推式，在找模型材料的时候，另外发现有特色的小尺度模型材料，反推想象真实环境中的建造材料（也可能想不到）。这两种矛盾都不影响教学的进行，因为学生懂得为收集到的模型材料量身打造，找寻模型材料的特征进行建造设计，正确对待模型材料的态度和方法，也会理解和把握以后对待真实材料的态度和方法。

第一次课的讨论结束后，课下学生找寻相关的真实材料和模型材料带至课堂，进一步真实触摸材料，理论联系实际介绍材料不同方向的受力特征。

3.2 材料分类

为体现常规及非常规材料的不同形态及其对应的模型材料，分别见表1、表2。

常规材料种类 表 1

	杆状			片状	块状
真实材料	木杆	竹竿	钢管	钢板，木板	砖，石块，夯土
模型材料	细长木签、冰棒棍	芦苇，烧烤棒，PVC圆管	PVC方管	模型木板，PVC板	成品木块挤塑泡沫肥皂、沙土

非常规材料种类 表 2

	条杆(柔)	片状	块状	其他
真实材料	竹篾、藤条		箩筐、容器	
模型材料	麻绳，细竹篾，塑料水管	阳光板，硫酸纸，报纸，亚克力板，金属网，易拉罐	卵石、碎石、矿泉水盖	回形针，小瓶……

3.3 材料的加工与组织

在我院老教案的建造设计作业有几个版本，最早版本是足尺建造的支撑体设计，并不限制材料，但终究有一些较难加工的常规材料如木棍、竹竿、金属等，在时间进度或操作工具等不够充裕的情况下，设计不尽如人意；但放开材料的情况下，材料的多样性能通过班级点评形成横向的学习，有助于吸纳更多专业相关知识，也会出现一些特殊材料带来的新颖效果，例如废报纸、矿泉水瓶等。第二版本，为减少在材料加工上的过度消耗，用纸板来进行建造教学，10～20mm纸板（蜂窝板或者瓦楞板）进行纸椅或者纸板空间的搭建，对人体尺

度和纸板适用的插接、弯曲等有所训练，但因为某些方面的简化，学生对于部分重要的知识养分的吸收度有限。

本作业的模型材料，尺度和性状都有可调节余地，相对较麻烦的是竹子和金属，采用小型手电钻、电锯在专业教室就能处理，安全性、方便性和普及型比足尺建造的工具大大提升。

4 建造教学的重点与难点

4.1 基于材料的结构选型

不同性状的材料如何"立"起来，从而具有垂直方向的高度和水平方向的跨度，要面对的是结构选型的问题，尤其是最基本的几种结构类型。这一问题在学生摸索、试错的前提下，经指导老师帮助、回想乡村实习阶段的"建筑类型观察与草模分析"，加深了对砌体结构、框架结构、拱结构、刚架结构的理解；个别在建造期间，可能触及较深奥的桁架、悬索、薄壳（表皮硬壳）结构等，不一定落实下来，只是有所了解，作为以后学习的铺垫。

框架结构的使用率最高，常用木杆框架承重（方框形），个别同学在框架架构上多加设计，如多边形，个别采用钢或竹骨架，更多同学是在围护结构上施力较

图 1 框架结构的学生案例

多，例如以木片的排列、非常规材料如麻绳的编织，或是纸类折叠的肌理等。

出镜率第二的是砌体结构，发挥受压有利的材料特征，水平跨度的实现比垂直高度的塑造要难，水平跨度问题基本上有两种解决方案，一种是现实中最常见，不同材料分担不同方向受力，例如常见的水平方向发挥杆状材料的长度及综合受力优势，垂直方向是砌体墙发挥受压优势。有的案例是骨架与砌体墙充分咬合，互相依托，以及大胆尝试夯土、模拟较原始的木骨泥墙、配合三角屋架处理。另一种是尽可能专注于砌块，以拱顶、锥顶等处理解决屋顶跨度问题，夹层跨度采用木杆件。还有的学生案例模拟井干结构，以松木条的榫卯交接和三角屋顶完成了垂直及水平受力部分（图2）。

图2 砌体结构的学生案例

出境率第三位的是刚架结构，有门式的、人字式的，让学生注意此结构与框架结构的框在水平两个方向上杆件及受力的主次区别，围护结构的处理与框架结构大致相近（图3）。

另外有的难以清晰归属于真实建造体系中的某个结构类型，但是建造中针对要解决的跨度、支点、交接等问题，创造性地发挥了材料的特性和构造优势或是呈现出独特的建构效果（图4）。

4.2 初步理解建构之美

在初步想办法把模型基座建立起来时，模型呈现原始状态，构件交接生硬，缺乏秩序和层次，学生也感悟"相比之下田间地头村民的自主搭建要轻盈智慧得多"。此时插入课堂授课作为理论补充，以对比分析的方式，让学生理解建构美感的问题，如何组织构件之间的关系，使之从整体到细部层面体现美感，理解"诗意的建造"。学生们的手法虽然很稚嫩，但他们已经开始在比例与尺度、组织肌理、排列组合、重复与渐变等为服务于建造的形式美问题上努力着。

图3 刚架结构的学生案例

图4 其他类型结构的学生案例

4.3 建构式模型与绘图

本作业采取铅笔在绘图纸上进行全过程作图的方式，即不另设硫酸纸草图阶段，而是在模型建构阶段的后期、模型大关系已落实的情况下，开始启动绘图，从铅笔草稿开始打稿，约定为白色绘图纸不得更换，为此教师还做了相关记号。一笔一线从草图逐渐组织、修改到定稿、成图，这和模型的生成关系是高度契合的。模型制作也不存在草模阶段，一开始就是以建房子的态度，在成果模型底板上开始构思并往上逐渐升高、解决跨度，有不足之处，可以返工修改，如此往复优化直至定型、细化、完工，理解建造驱动设计的作用。模型接近尾声时图纸开始，因此有些模型上不够完善或者细致的地方，进一步在图纸上推敲及优化细节。

5 教学特色与心得

5.1 建造教学的升级版本

相比早期教案版本中的支撑体设计（或类似不限材料的椅子设计），材料易操作性获得提升，材料特性的外延范畴提供的知识相当；相比早期教案版本中的纸板建造，材料易操作性获得巩固，探讨更多的建筑学问题，设计对象从支撑体上升到小型实用空间。

5.2 教学设置的前后铺垫

与本作业相关的前期作业是土楼实习的一天实体搭建以及乡村建筑类型观察与草模分析（图5），本作业同时也是后续作业、专业成长的必要铺垫，包括大师作品分析、最后一个综合性设计作业乡村活动小站。本作业所在的基地，是学生乡村观察实习中小组实体搭建（1天时长）的所在地；在实体搭建的计划、实施过程中，学生们也真实体验了建造要根据现场材料、构件关系等随时调整计划，这一体验为本作业起到了很好的前期铺垫作用；同时本作业的学习内容及体验对分析大师作品相关的结构、构造问题，处理最后的综合性设计中建造与材料问题、结构选型等提供了学养支撑。

图5 实体搭建与观察分析

5.3 教学心得

以模型为主体的动手学习，学生在做模型当中学习建造知识及其设计方法和能力，研究性学习中推敲、思考、进步。

抽象化与具体化的不同作用。具体化针对的是作业具体的人文社会背景，给了建造学习以生长的土壤、源泉；同时对于教学条件设置的选择性抽象化，简化部分次要信息，突出主要目的，是教学中关键的态度和方法。

致谢：感谢顾大庆教授对整体教学内容及本课程的指导，感谢教学团队其他成员方翊珊、曾琦芳、包辰、陈芬芳、傅燕老师的指导。

参考文献

[1] 弗兰姆·普敦著，建构文化研究. 王峻阳译. 北京：中国建筑工业出版社，2007.

[2] 张建荣. 建筑结构选型. 北京：中国建筑工业出版社，2011.

吴锦绣　朱雷　易鑫　张弘

东南大学建筑学院；wu _ jinxiu@qq. com

Wu Jinxiu　Zhu Lei　Yi Xin　Zhang Hong

School of Architecture, Southeast University

社区中心：从城市到家的过渡
——东南大学建筑学院社区中心教案的新尝试
Community Center Design：Transition From Urban to Home

摘　要：东南大学建筑学院二年级建筑设计教学的社区中心设计教案近期的新探索是本文论述的重点。教案制定中与规划专业同事的密切合作，更加强调真实的城市环境和社区生活对建筑设计的影响应该是最核心的变化，通过学科整合，鼓励学生通过调研来观察和思考城市层面和社区层面的问题，并通过建筑设计寻求回应城市环境、提升社区活力的方法。此外，本次教案的任务书设置有一定的开放性，任课教师可以根据自己的学术背景和教学思路对于任务书进行微调，教案也鼓励学生合作进行设计，这些方法不仅极大地丰富了教学内容，也使设计成果更加丰富多样，也使我们对于社区中心教案有了进一步思考。

关键词：社区中心；城市；家；过渡；开放性

Abstract：Latest exploration of community center design program in the sophomore studio in School of Architecture，SEU is introduced in this paper. Because of close cooperation among colleagues with both Architecture and Urban Planning backgrounds，the key change lied in focus on the effect of urban environment and community life to Architectural design. Field investigation and further research were encouraged to understand the urban environment and the community. Design proposals were asked to improve urban environment community life. Openness in design program was also emphasized，leading to great variations in teaching and students' design proposals. Further thoughts on improvement of this program is also made.

Keywords：Community Center；Urban Environment；Home；Transition；Openness

1　社区中心教案的教学背景

社区中心设计①是东南大学建筑学院二年级四个设计课程中的最后一个。按照二年级设计课的整体教学框架，这个设计是"综合空间"训练的一个载体，设计的主题关注于城市社区环境中的"空间复合"，体现了其所代表的一般公共建筑中场地、空间、功能和流线的组织方法，如图1所示。这个教学结构框架相对严整，但是我们每年都会对各个设计进行不断地调整和完善。例如作为空间复合训练载体的建筑类型就经历了不断的调整和变化，从最初的大学校园中的专业图书馆到后来的社区图书馆，再到社区中心，虽然作为训练载体的建筑类型在不断变化，但是其所蕴含的综合空间的主线一直未变。

---

①　国家自然科学基金项目（51678123）。

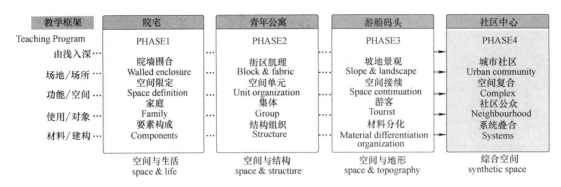

教学框架 Teaching Program	院宅 PHASE1	青年公寓 PHASE2	游船码头 PHASE3	社区中心 PHASE4
由浅入深				
场地/场所	院墙围合 Walled enclosure	街区肌理 Block & fabric	坡地景观 Slope & landscape	城市社区 Urban community
功能/空间	空间限定 Space definition	空间单元 Unit organization	空间接续 Space continuation	空间复合 Complex
使用/对象	家庭 Family	集体 Group	游客 Tourist	社区公众 Neighbourhood
材料/建构	要素构成 Components	结构组织 Structure	材料分化 Material differentiation organization	系统叠合 Systems
	空间与生活 space & life	空间与结构 space & structure	空间与地形 space & topography	综合空间 synthetic space

图1　二年级建筑设计教学流程图
(图片来源：研究生助教黄里达、郭一鸣根据教案整理)

基于空间主线的相对稳定，近年来我们对这个框架最大的调整是不断加大对于建筑所处的真实城市环境重要作用的强调，强调通过调研认知城市和社区问题，然后通过设计来解决问题，真正实现社区中心作为从城市到家的过渡作用。我们在去年和今年又对于社区中心的设计任务书进行了比较大的调整，和规划专业的同事密切合作，更加强调真实而复杂的城市环境对于建筑设计的影响。

2　近年来社区中心教案的新尝试

2.1　强调通过城市视角的研究来理解建筑问题，让学生通过调研认识和理解真实而复杂的城市环境对于社区生活和建筑设计的影响

在教案的制定过程中，建筑和规划专业同事经过密切合作与讨论，赋予设计以真实而复杂的城市环境和社区问题，所涉及内容涵盖了宏观至微观的不同层面，鼓励对于城市环境的调研、观察和思考，并通过设计寻求织补社区结构、激发人群活力的机会。在设计构思过程中，引导学生立足城市视角来思考建筑设计，通过社区和环境调研发现问题，并通过建筑与环境设计解决问题。学科交叉使得学生的设计不仅更加直观地理解城市、社区和家三者之间的关系，进而可以立足于真实解决社区问题而产生和深化设计。

2.2　任务书具有一定的开放性，指导教师可以根据自己的专业背景和学科积累对任务书进行一定的调整，有助于设计成果的多元化

在教案的执行过程中有的老师在现有任务书的基础上提出创客中心的主题，有的老师指导学生参加相关设计竞赛，也有规划的老师更加强调城市认知和分析等。就学生而言，在近两年的社区中心＋健身中心（创客中

心）设计中，每组两个学生合作过程中，两栋建筑的范围并无确定的边界，学生可以根据整体设计和空间组织在不断的研讨和妥协中确定整组建筑的关系。此外，每栋建筑功能中都设有一个独立的"附加功能"部分，也是学生可以自由发挥的开放的部分，强调学生通过实地调研发现社区问题和社区需求，由此设定附加功能的内容，并通过设计解决相应的社区问题，提升社区环境。

2.3　这个作业的另一个亮点是强调合作设计

近三年的社区中心（＋健身中心）的设计基于每组两个学生的共同合作，要求每两位同学共同完成一套整体社区中心＋健身中心的规划设计，同时，每个同学在设计中具体负责完成社区中心和健身中心中的一个。这种有合有分的合作要求希望产生1＋1＞2的效果，使得设计更加多样和深入，也使学生在这个过程中学会合作的方法和团队精神。事实证明，同学们完整过程后收益颇多，不仅激发了设计灵感，增加了设计成果的多样性，也极大地锻炼了团队合作的意识和能力。

3　社区中心：从城市到家的过渡

3.1　教案基地与所面临的挑战

基地位于南京市太平北路和北京东路交界处东南大学校东宿舍区游泳池地块，游泳池已经废弃。从城市整体环境来看，基地周边的城市环境在不断更新过程之中，面临着诸多挑战：

一方面，周边的建筑环境和道路交通状况都在不断更新和日趋复杂的过程之中。地块所处的十字路口地面交通十分繁忙，西侧道路对面新建有地铁站出口和公交站点，西北侧公园是两条地铁线路的交汇点，人车交通十分复杂。

另一方面，从内部环境看，整个社区以前是东南大学教工及学生宿舍，房屋全部属于东南大学，整个社区

实行封闭管理，游泳池便是原有社区中重要的配套服务设施。近年来随着住房改革的深入，社区中原有的公房已经卖给个人，并在房地产市场上进行流通，使得这里的居住人群趋于多元，社区物业也交由物业公司管理，以前封闭的单位大院日益成为与周围环境密切相连的城市社区，城市和社区的界限开始变得模糊。加之近来国家对于住区开放性和社区中心建设的要求，使得游泳池和周边的整个社区都面临重新整合和改造的境遇（图2）。

图2上　社区中心设计的基地：在城市及周边社区
中的位置以及周边交通分析
（图片来源：研究生助教黄里达、郭一鸣整理）
图2下　社区中心设计基地现状：游泳池已废弃，
整个基地面临重新整合
（图片来源：研究生宋文颖拍摄）

游泳池是基地中的核心要素之一。它曾经是服务于东大宿舍区和周边社区最重要的文体设施之一，为50m的标准泳池，设有深水区和浅水区，深水区最深1.8m。游泳池东边是苗圃，面积约500m²。近年来由于各种原因游泳池已废弃。在寸土寸金的城市社区中，如何改造和再利用游泳池也成为该设计所面临的又一大挑战。

3.2 设计任务

每两位学生在教师的指导下通过城市环境和社区生活的调研对于社区的生活实态和生活需求进行深入了解，在此基础之上完成总体规划设计。然后选择适当的建筑类型及位置合作展开社区中心和健身中心（创客中心）的设计，利用和改造原有的泳池，整合周边城市、建筑和景观资源，重新理解和定义城市与社区的界面及相互关联，使得这里成为联系城市和社区生活的桥梁，使这一区域重现生机。

在每栋建筑设计中，除了必要的功能单元之外，都配置有一个相对灵活的"附加单元"模块，面积占到总建筑面积的四分之一左右，其具体内容由学生根据周边城市环境和社区调研发现社区的需求后自行确定，体现了学生对于周边城市环境和社区需求的直接回应。

3.3 教案主题词和教学进程

教案结构如图3的矩阵图所示：城市社区、人流活动和功能组织是总体规划设计和方案构思阶段的主题词，意在让学生通过调研理解真实的城市社区环境和人流活动对建筑设计的影响，并通过建筑设计和功能组织来解决社区问题。技术系统和场景—空间则是方案深化过程中的主题词，意在让学生通过结构材料构造等技术系统的深入和场景空间效果的深入推敲深化方案，完善构思。

整个教学进程历时9周，与教案主题词相对应，在每个时段中分别针对主题词的相应内容各有侧重，由浅入深逐步展开。在第四周安排一次中期评图，会有小组间的交流评图，以两个小组为单位，对于学生方案构思中的大关系和总体问题进行交流和评价。事实证明，中期评图对于学生把握总体思路、理清设计想法和控制时间都起到积极的促进作用。在设计结束时是综合大评图，会有来自其他年级、兄弟院校的同行以及国内外知名建筑师和教授一起进行交流，例如2016年度的主要评委是美国宾夕法尼亚大学的戴维·莱瑟巴罗（David Leatherbarrow）教授，在师生交流之后还有重要的一环就是老师之间的交流和讨论，对于教案的情况、问题以及调整方向都有非常深入的研讨，也为教案的进一步调整奠定坚实的基础。

为期9周的最终设计成果显示：城市环境复杂、限制条件较多的场地条件也能成为通过设计提升社区生活的契机，同学们通过实地调研感受城市环境和社区生活，发现真实存在的问题，由此激发灵感开始设计。城

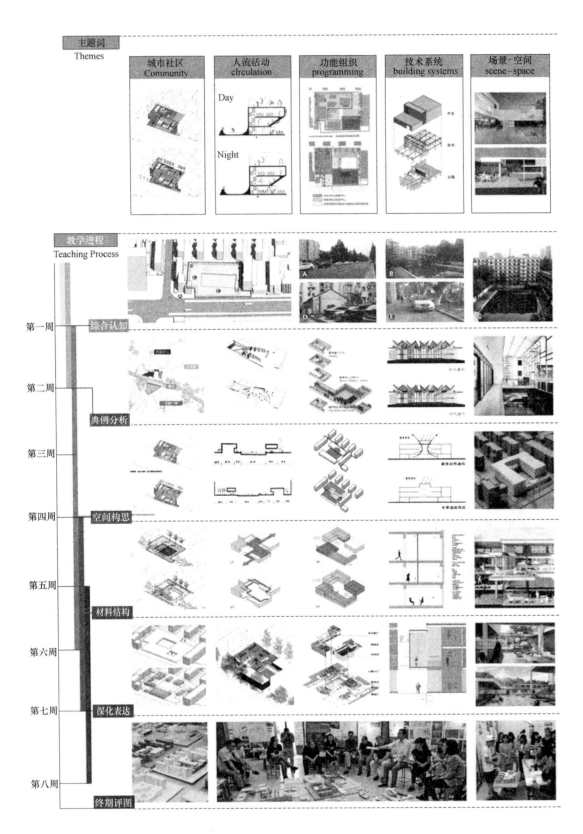

图 3　教案主题和进程结构矩阵图

（图片来源：研究生助教黄里达、郭一鸣根据教案整理）

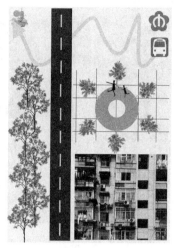

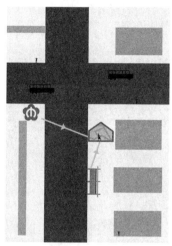

图4 城市与社区环境认知拼贴
（学生：仲玥 指导教师：张弘、朱雷、易鑫）

市、社区和建筑尺度的不断切换和设计体验的转换使得设计成果具有相当的丰富性和创造性。而合作设计加强了成果的这种丰富性和表达效率。"社区中心＋健身中心（创客中心）"设计成为织补社区结构、激发社区生活的发生器，也引起校内外答辩评委和督导的热烈反响和肯定。

本教案获2016年全国高等学校建筑学学科专业指导委员会优秀教案奖，所送审2份学生作业均获优秀作业奖。

3.4 学生作业成果

作业一：拼贴城市（前期调研的成果）

该设计来源于规划和建筑老师合作的新尝试，运用拼贴画的教学方法让学生在调研以后，通过将设计场地周边的主要意向因素以拼贴的方式重新表达与梳理出来，重新表达与梳理的过程同时也是分析的过程，体现了作者个人对场地周边要素的主次关系和空间关系的整理和再发展（图4）。

作业二：城市客厅

本方案从城市与社区两个界面入手，通过建筑面对城市和社区时封闭与开敞的设计来解决原场地过于封闭和孤立、缺少交流活动空间的问题。建筑沿街界面相对封闭，只在一侧开辟广场为城市人流提供休闲空间，也成为社区在城市中的秀场。建筑面向社区一侧尽量开敞，为社区居民提供层次丰富的活动空间。建筑成为城市和社区之间的桥梁，将城市与社区有机地联系在一起。保留的泳池和绿地不仅延续记忆，也成为新的活动空间的核心（图5）。

图5 城市客厅
（学生：刘博伦，张皓博 指导教师：吴锦绣）

作业三：社区印象

该设计来源于对原有社区的调研，即对原有校东宿舍区操场活动的观察。值得一提的是操场一侧宿舍楼下面架空的看台，这里平时成为老人和小孩休息活动的焦点空间，很有社区的生活氛围。这一场景被重新拼接到健身中心和社区中心中，两位同学各取所需，分别以略微凸起的看台和连续架空的一层地面，过渡和衔接了城市和社区的边界，共同面向泳池，形成新的活动场所和内外空间界面（图6）。

作业四：公园印象

本方案是以社区调研中采访到的老人记忆中基地上原有的公园印象为概念，以恢复原有公园为目标展开设计，在保留原有绿化的基础上，通过设计引导社区与城市间的人流活动空间。城市中的行道树、场地中的原有树木、庭院与建筑结合，重现人们对社区公园美好生活的印象（图7）。

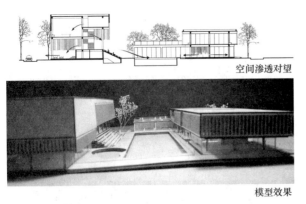

空间渗透对望

模型效果

图6　社区印象

（学生：雷达，邱丰　指导教师：朱雷）

4　结语

在本次设计教案的调整中，与规划专业同事密切合作，强调真实的城市环境和社区生活对建筑设计的影响应该是最核心的变化。真实而复杂的城市环境和社区生活对学生的建筑设计提出前所未有的挑战，学生通过调研和思考学会从城市层面和社区层面系统而有效地认知城市环境，产生设计灵感，由此产生的设计方案真实而实在，可以有效地解决实际问题，从而可以有效避免空想的泥潭和形式主义的游戏。

这次社区中心对设计调整尚属教学探索，如何让教改探索成为整体教学体系的有机组成部分，如何提高全体师生的积极性，增强学生的创造力等，都需要进一步的思考和总结。

踏勘时，采访老人家说这里原来是一个公园，人们在其中休闲放松，树木枝繁叶茂，陪伴着人们的日常生活。后来随着新建筑拔地而起，闲适自在的社区生活就成了回忆。

以恢复老人记忆中的公园印象为概念，在尽量保留原有绿化的情况下，片墙划分界定空间、引导人流，以社区公园的姿态面向城市界面和社区界面，重现老人记忆中社区公园的印象。

忙碌的城市中，社区活动中心不仅是一个为人们提供活动和健身的功能场所，更应该是能够给小孩带来快乐童年、为老人恢复邻里记忆、成为城市公园、引导社区精神的存在。

图7　公园印象

（学生：柏韵树，吴承柔　指导教师：朱渊）

参考文献

［1］凤凰空间·北京编.当代社区活动中心建筑设计.南京：江苏人民出版社，2013.

［2］鲍家声，杜顺宝.公共建筑设计基础.南京：南京工学院出版社，1986.

孙德龙　胡一可　苑思楠　谭立峰　赵娜冬
天津大学建筑学院；nadong. zhao@gmail. com
Sun Delong　Hu Yike　Yuan Sinan　Tan Lifeng　Zhao Nadong
School of Architecture，Tianjin University

记忆与体验驱动的建筑设计课教学
The Program of Architectural Design Based on Memories and Experiences

摘　要："建筑的诗意与修辞"鼓励设计者回到个人最真实的生活记忆与体验中，并重新审视他们；基于自身经历，印象深刻的艺术、电影、文学、戏剧场景等，寻找内心中诗意的意象，通过装置艺术和建筑艺术两种方式将其表达出来，将形式作为手段而不是目的；打破传统的设计程序，训练一种开放的但又逻辑连贯的思维方式和建筑设计方式。

关键词：日常生活；记忆；体验；建筑设计教学

Abstract：The teaching program of "Poetry and Rhetoric of Architecture" encourages students to focus on their personal memories and experiences of everyday life and reinterpret them. Based on their own experiences or art，movie，literature，drama that impresses them the most in the past，poetic images in their mind should be sought and expressed through installation art and architecture. In this program，sophomore students are trained in an open but logic mode of thinking and practicing. Moreover，form of architecture is taken as tools rather than goals.

Keywords：Everyday life；Memory；Experience；Architecture education

1　背景

后现代的生活被符号所覆盖，而在各类符号与信息的海洋之中，事物的真实性被掩盖。在当前的建筑设计中，存在将图式直接空间化的简化倾向和以形式创造为目的的倾向。在设计教学中，常见的问题是学生对形式的操作方法娴熟，但设计的结果缺乏逻辑性以及与自身真实感受的连贯性。因而，如何创造动人的建筑空间，让建筑真正融入生活，如何在低年级建筑教育中树立正确的观念和方法成为建筑教育中需要关注的问题。

2　记忆与体验驱动的建筑设计教学

基于此，"建筑的诗意与修辞——自然中的住居"教案设计鼓励设计者回到个人最真实的生活记忆与体验

中，并重新审视他们；基于个人的经历或印象深刻的艺术、电影、文学、戏剧场景等，寻找内心中诗意的意象，先后通过装置艺术和建筑艺术两种方式将其表达出来；打破传统的设计程序，训练一种开放的但又逻辑连贯的思维方式和建筑设计方式。

2.1　既往教学与实践案例

第二次世界大战后，建筑设计中对于个人记忆和日常体验的关注在国际范围内就逐步受到重视。史密森夫妇强调如是美学（as found）的标准，主张设计从日常事物中提取灵感[1]；祖母托（Peter Zumthor）将设计定义为基于内心图像的系统思考，并强调旧意象是找到新意象的基础[2]；翁格尔斯（O. M. Ungers）强调对于现实状态的揭示而非掩盖[3]；坂本一成强调一种深层的日

常性，这种日常性超越集体记忆以及集体无意识。[4]在建筑教育中有代表性的是阿尔多·罗西（Aldo Rossi）1970年代两次执教苏黎世联邦理工大学建筑学院时的教学项目。他强调建筑设计中，记忆与情感这些艺术自发性部分的重要作用，而设计的结果需建立在严格准确研究过的元素和跳跃性的联系之间。他曾强调对日常生活中不可见内容的关注，反对形式优先，并与霍斯利（Bernhard Hoesli）的形式操作针锋相对。他指出类比是作为诗与绘画般的设计方法。[5]

受其影响的雷恩哈特（Fabio Reinhart）以及吉克（Miroslav Sik）采用类比建筑学（Analogue Architecture）的教学方法，注重日常生活经验和场所氛围的营造。学生往往基于对家乡的感知和记忆等介入建筑设计（图1）。伴随着对现代主义的反思，类比建筑学成为1980年代以来瑞士德语区建筑师的重要特征，对其中诸如迪普拉蔡斯（Andrea Deplazes）、赫尔佐格（Jacques Herzog）、德梅隆（Pierre de Meuron）、迪纳

图1　1980年代末类比建筑学方向的学生作业
（图片来源：Analoge Architektur）

（Roger Diener）等建筑师具有重要影响。他们或用简化图像的方式，或用生动的画面体现类比的方法，或在材料构造、氛围营造等方面拓展类比的可能性。

类比建筑学探寻的是日常生活中隐藏的诗意，对现实进行"陌生化"处理。类比建筑摒弃用完整的主题和

图像反映现实，而强调要模仿氛围：暗示以及拼贴。吉克提出了古典的陌生化和地区主义的陌生化可能会成为两种类比的途径。[6]

3　定位与认知基础

3.1　定位

天津大学建筑学院实验班教学的总体目标是培养具有本土情怀和国际视野的优秀建筑设计人才。其中二年级实验班在关注空间类型、功能流线、场地景观和材料技术等问题的基础上，尝试将设计逻辑和特色空间的生成作为引导学生步入设计领域的方法：教案弱化功能类型差异，强调基于分析的建筑设计过程以及建筑与复杂因素之间的关联思考，建筑的诗意与修辞这一教案是针对二年级实验班下学期制定的，在这一训练中，个人记忆与生活体验的物质化表达成为训练的重点。[7]

3.2　认知基础

为便于低年级学生领会与掌握，本次课程设置主要基于以下认知：

（1）个人记忆与生活经验作为概念的源头对设计具有重要作用。这种记忆与体验根植于日常，通过个人的记忆与经验可以定义新的空间形态。祖母托强调内心图像对设计启发的重要作用，他认为，想法只存在于日常事物之中。[2]他强调在设计学习中的感受和观察力。通过激发学生们过去对建筑空间的体验——具体的体验，并挖掘其中的品质元素，有意识地在设计中运用。而建筑设计的课程便应该去激发这种自我发现的过程。

（2）分解式的设计练习对于初学者具有一定的重要意义。鉴于建筑设计低年级学生的特点，分解式针对性练习利于对个别问题进行较深度的讨论。此次设计中，氛围营造和空间塑造仍是主题，将通过装置制作、建筑空间表达两个阶段练习展开，强调空间氛围表达与个人记忆情感之间的连贯性。

（3）以装置艺术模型制作作为设计的第一阶段，可以超越单纯建筑形式语言的借鉴，更直接将记忆与体验进行物质化的转译。马丁·海德格尔强调，只有通过艺术作品才能揭示一般物的存在，而存在者之真理自行设置入作品中。[8]装置艺术可以在物理空间上与观者接近，具有戏剧性、体验性、模拟性。

（4）理想建筑与生活现实之间存在的差异应被认识到，而建筑设计的作用应是尽可能使二者关联。祖母托强调了建筑和生活的不可区分性；坂本一成强调"作为

概念的建筑"和"作为生活的家"的分裂常常是令建筑师沮丧的。[2] 在本次设计中，为减少复杂性，将住宅的功能设计定为设计者的自宅，以减少第三方功能设定对记忆与体验转译的制约。在这样的教案设定中，概念与生活存在更多重合的可能性。

(5) 从非物质的情感到物质空间的转译在教案中被概括为修辞，设计最终的评判标注并非是形式本身的特质是否新颖或完美或功能的合理性，而是强调设计者内心图像与设计结果之间的匹配性。坂本一成认为基于建筑的设计行为，就是通过基于空间构成操作的修辞。[9] 坂本一成从建筑构成的角度强调了修辞是对于部分操作的聚合，使得建筑呈现某种性格。在本次设计中，修辞并不一定是几何学意义上的，也具有一定的心理意义，使原型的意象得以浮现，完成从内心图像到空间实体的转化。更重要的是，这使得空间得以从原型中解放，表达设计者个人化对家的意象营造。这其中，形式的操作并不是目的，而仅仅是一种手段。

4 教学目标、关键问题及训练途径

4.1 教学目标

(1) 理解由真实生活经验驱动设计的可能性，培养对生活敏锐的观察力和精确的艺术化表达能力。

(2) 以装置艺术模型作为对内心意象物化的探索，并掌握空间语言的表达手段，提升学生的空间想象能力和逻辑思考能力。明确作为空间艺术的装置艺术与建筑艺术之间的关联与差异。

(3) 通过建筑空间的序列组织、场景营造和材料结构处理创造诗意的氛围，明确材料与建构对概念表达和空间氛围的影响。

4.2 关键问题

本次训练的关键问题主要在以下四方面：
(1) 记忆与体验可以来源于日常的哪些方面？
(2) 如何基于记忆与体验生成设计概念？
(3) 非建筑化的要素如何通过装置和建筑两种空间艺术表达？
(4) 如何平衡预先植入的情感与场地之间的相互关系？

4.3 训练途径

平面媒介表现的介入：通过平面媒介，如抽象绘画、视频影像、拼贴图等作为记忆与体验的最初表达手段，完成由具象到抽象的内心图像的挖掘，以及由再现

到转译的初步过渡。这些图像可以来源于自然现象、主观情绪、生活状态以及哲学命题等诸多层面。

强调历史理论在设计中的作用：通过阅读指定文献，一方面了解装置艺术的历史发展和表达途径的变化，另一方面认识装置艺术和建筑艺术之间的互相渗透和分野。

装置艺术模型制作作为前导练习：通过装置艺术的实际制作，可以拓展学生的表达语汇，同时便于初学者对记忆与体验传达的直接有效。

5 训练过程

整个设计分成装置设计和建筑设计两大阶段（图2）：

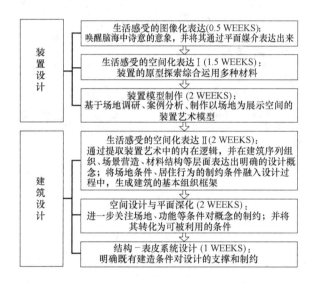

图 2 训练任务分配

装置设计阶段（4周）：主要探讨的重点是设计概念的来源；内心图像与物质特征的关联；装置艺术的构成要素；植入概念和场地环境之间的关系，并培养学生对观察力和洞察力的重视。

学生将首先根据自身的记忆与体验，唤醒脑海中诗意的意象，通过平面媒介表达出来，这些非建筑的意象成了设计的起点；再进一步综合运动多种材料，制作装置模型，进行情感原型的探索，实现第一步的空间化表达，制作1:100的装置模型；此后，基于场地调研和案例分析，制作以场地为展示空间的装置艺术模型，这时的"情感表达"超越场所现状变成这一阶段的设计主题，在此基础上关注装置与场地的关系，制作1:50的装置模型。

建筑设计阶段（5周）：这一阶段为综合练习，探讨的重点是个人情感的建筑空间表达方法；场地条件和个人行为对于设计的制约和促进；初始的设计概念在哪

图 3　高元本作业抽离
（图片来源：高元本供）

种层面上能够介入建筑空间。

设计选址在蓟县环秀湖东岸用地中，在规定地块范围中根据初始概念自行选择地块，设计一栋满足自身居住需求面积为 400m² 的住宅。其余对设计的特殊限定较少，利于学生挖掘建筑空间本身的特征，同时功能配置将根据学生对自身的研究而自行设定。

结合题目的设置，学生进一步进行空间化的表达，提取装置艺术中的表达逻辑，空间序列组织、氛围营造、材料结构物化初始的记忆与体验，将场地条件、居住行为的制约条件融入设计之中，生成建筑的基本组织框架。并进一步通过空间设计与深化，结构与表皮体系设计对设计进行完善，并保证空间氛围的营造与自身最初的记忆与体验一致。最终完成平面、剖面等 1：100 的技术图纸并制作 1：100 的模型（图 3～图 5）。

6　结语

建筑师的早期记忆与体验对于建筑实践无疑有着举足轻重的作用，而记忆与体验驱动的建筑设计教学则正是以激发初学者的洞察力和感知力，培养设计者将非建筑要素转化为建筑要素的能力以及树立正确的以人为本的建筑观为目的，其中相应的教学方法仍待进一步探索。

图 4　赵婧柔作业
（图片来源：赵婧柔供）

图 5　徐嘉悦作业
（图片来源：徐嘉悦供）

参考文献

［1］ Lichtenstein，C. and T. Schregenberger，As Found：The Discovery of the Ordinary：［British Architecture and Art of the 1950s；Parallel of Life and Art，New Brutalism，Independent Group，Free Cinema，Angry Young Men，Kitchen Sink］．2001：Springer Science & Business Media．

［2］ 皮特·卒姆托. 思考建筑. 北京：中国建筑工业，2010.

［3］ Ungers，O. M. and R. Koolhaas，Die Stadt in der Stadt：Berlin：ein grünes Archipel；ein Manifest（1977）. 2013：Müller.

［4］ 坂本一成，郭屹民. 反高潮的诗学：坂本一成的建筑. 上海：同济大学出版社，2015.

［5］ Ruhl，C.，Im Kopf des Architekten：Aldo Rossis La città analoga. Zeitschrift für Kunstgeschichte，2006. 69（H. 1）：67-98.

［6］ Miroslav，Š.，Analoge Architektur. 1987，Zürich.

［7］ 许蓁. 天津大学建筑学院建筑设计教学. 城市建筑，2015（16）：36-38.

［8］ Heidegger，M.，The origin of the work of art. Poetry，language，thought，1971.

［9］ 郭屹民. 建筑的诗学：对话·坂本一成的思考. 南京：东南大学出版社，2011.

党瑞 黄磊

西安建筑科技大学建筑学院；451692697@qq.com

Dang Rui　Huang Lei

Xi'an University of Architecture and Technology

回归建筑本源的设计课程教学实践
——幼儿园课程模块化搭建

Practice of Architectural Design Teaching Based on the Fundamental Architectural Issues——To Structure the Kinder-garden Building Designing Courses

摘　要：建筑设计教学必须以建筑的基本问题为导向，强化学生对建筑本源的理解与认知，在不断变化发展的新需求中，掌握抓住本质、解决问题的能力。本文以幼儿园课程设计教学实践为依托，通过对使用对象的尺度研究、行为认知，以及建筑空间搭建、场景营造等问题的相互关联，探讨建筑设计中的核心要素，使学生从感性的认知到理性的判断，逐渐理解并掌握建筑设计基本方法。

关键词：尺度实验；行为认知；空间营建；场景呈现

Abstract：The teaching of architectural design must be based on the fundamental issues of architecture，in order to strengthen students' understanding and cognition of the architectural essence，for adapting to the needs of the development of society. Based on the teaching practice of kindergarten building design，this paper tries to explore the possible ways guided by the fundamental issues，such as user needs，building structures，architectural scale research and so on. It is to enable students to gradually understand the nature of architectural design from the multiple perspectives.

Keywords：Architectural scale experiment；Behavioral perception；Space construction；Scene rendering

1　基本问题

近两年来，国内建筑市场发生了很大的变化，这既是国内经济发展的必然趋势，也是经历近十年高速发展的建筑行业的必经之路。面对社会高速发展的新变化，建筑设计教学更应该注重培养学生对建筑本质问题的认知与理解，抓住建筑设计的核心要素，学会解决问题的方法。

什么是建筑设计的基本问题，不同角度不同层面有不同的解读和不同的侧重，从适用、安全、经济、美观到形式、空间、文脉、绿色等，都是在探讨建筑的本质内涵与建筑设计需要解决的基本问题。

建筑创作是一个综合性很强、似乎不能完全理性控制的过程。但是，建筑设计教学必须针对不同阶段的学生制定逻辑清晰、目标明确的课程指引，学生才能在不断训练中逐渐接近和理解建筑的本质，抓住核心问题。

幼儿园课程设计是本科生在完成建筑设计基础学习阶段后，进入的第一个完整建筑的设计课程。在这个课程之前，有一个以学生自我经验为依据，进行单一建筑空间搭建与组织的设计练习，幼儿园课程设计在此基础展开、深入，训练学生对重复空间的组织能力。

不同于办公、集合住宅这些重复空间的设计题目，幼儿园设计需要针对特殊的服务对象——幼儿。课程设计训练学生对特殊使用者尺度、行为以及教育方式的调研认知，设计符合特殊使用者使用的建筑与空间。在刚开始进入专业学习过程中，强化使用人群这个建筑最本质要素在建筑设计中的主导作用。

另一方面，建筑空间的组织与营建，虽然综合性强、复杂度高，也是可以分化和拆解的，在幼儿园课程设计教学中，有针对性的设置不同模块，从易到难，从点到面，让学生明确概念，掌握空间设计与场景营建的基本方法。

2 课程模块搭建

幼儿园课程设计以使用者认知、情景想象、空间组织、表皮建构、场景呈现五个模块为主线，将课程训练分为 7 个环节：幼儿尺度与行为的观察；设计主题的生成；场所环境的分析；活动单元的认知；单元空间的组合；空间细部场景的设计；设计的整合与表达。

2.1 幼儿尺度与行为认知模块

作为一个设计师，没有使用感受很难做出好设计，不是每个类型的建筑都能让设计师有切身体验，无法体验的建筑类型该如何设计，是每个设计师职业生涯都将会遇到的问题。

幼儿园课程设计就是这样的建筑类型。我们都经历过幼儿时代，可惜太过遥远，几乎无法回忆，这就要求学生重新认识幼儿，能从幼儿的角度看待一个建筑，并且还必须符合幼儿以及成年人的使用需求。也只有这种题目的设置，才会使学生深刻明白服务对象在建筑中所起到的作用。

因此课程设置了两个环节：幼儿尺度实验；幼儿行为活动调研。

2.1.1 幼儿尺度实验

尺度是一个看似具象，实际非常抽象的问题。尺度永远都不是绝对的，而是相对的。尺度的掌握需要日积月累的留心和思考，更需要经验和实验。

尺度是空间的决定要素，因此是我们教学实践的难点和重点。尺度如何理解和呈现，对成熟建筑师都是一个难题，何况初学设计的学生。所以必须由老师来引导，先以老师观察和理解的视角，去呈现尺度概念，再指引学生通过分析和解析去认识和理解尺度与建筑空

间、建筑构件的关系，为此我们拍摄了幼儿尺度读本（图1）。

以尺度读本为基础，学生需要深入理解和分析空间中的尺度关系，通过图示的成果，表达自己对幼儿尺度、空间尺度、构件尺度相互关联的分析与认知（图2、图3），并最终指导课程设计的进行。虽然，低年级的学生不一定能多么透彻和深入的理解尺度这么抽象的问题，但是教学实践中对尺度这个基本问题的强化与强调，种下了一颗种子，日后的灌溉与培养，一定能生根发芽。

图 1 幼儿尺度读本

图 2 空间尺度推演

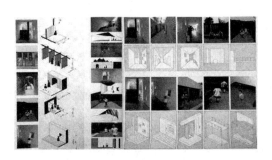

图 3 建筑空间尺度笔记

2.1.2 幼儿行为调研认知

行为活动调研需要学生跟拍一个或多个幼儿全天的活动，收集剪裁网络相关幼儿活动的视频，综合以一个短视频的方式展示自己对幼儿活动特点的分析和理解。

这两个感性认知的练习，会指导学生在生成幼儿园课程设计主题的探讨中最终呈现不同的抽象场景，为整个设计奠定不同的色彩基调。这个过程是以使用者这个基本问题为研究对象，引导学生关注和理解，服务对象是我们创作灵感的重要来源，角度不同会得出不同的结论，在共性满足中找到个性的发展。

2.2 情景想象模块

经过尺度与行为的认知，引导学生对童年生活的回忆以及对身边幼儿行为活动特征的观察，激发学生的观察力、感知力以及想象力，并以图示语言将空间场景进行抽象表达。这个阶段训练的是学生对事件的描述，是否可以抽象地提炼出对场景的表达，以及建筑空间的塑造（图4）。

图4 情景构想

2.3 游戏盒子——空间组织模块

通过前两个模块的训练，将抽象的概念元素转化为形式化的建筑设计，从而明确设计的起点。通过对幼儿行为尺度认知的应用，在开始设计之前，学生需要根据要求设计一个小尺度的儿童交往空间——"游戏盒子"（图5）。

"游戏盒子"需要体现以下空间特质：以幼儿尺度与行为活动特点为依据，设计空间、尺度及游戏方式。界面是可以开放的，根据自己的设计确定进入方式。

2.4 表皮建构模块

在我们以往的教学中，尤其是在低年级教学中，建筑设计课程与其他理论课程，比如建筑构造、建筑材料、建筑结构等课程完全分离。这就出现了学生以应对考试为目的的理论课学习。反过来，建筑设计课程中需要解决的相关问题，学生也无法理解本质，仅仅在做纯形式的立面和表皮。如何实现这些课程的融会贯通是需要思考和解决的难点。当然，这么庞大和复杂的体系构

图5 游戏盒子

建不是一门设计课程能够解决的，也不是一个学期能解决的，需要持续学习，甚至一直贯穿职业生涯。

我们的设计课程没有回避这个问题，尝试结合学生同期开始的建筑构造和建筑物理课程，设计课程模块，将理论转化成实际的建筑设计。当然，由于是低年级的学生，在难度的选择上是比较简单的，更多的是让学士理解和接近建筑构建的本质问题。

构造对低年级学生，甚至目前的职业建筑师都不是容易的事情，幼儿园课程设计主要针对墙身与屋面节点、墙面窗户节点与墙身接地节点三个部位进行认知和设计，使学生明确认识到建筑立面、形体设计与建筑围护的密切关系（图6）。

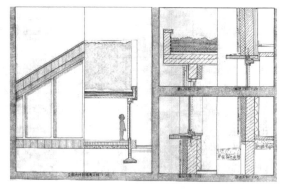

图6 墙身构造

2.5 场景呈现模块

通过前几个课程模块的一系列设计训练，从而让学生可以转换思维视角，能够从幼儿的角度去看待建筑空间，并且适应幼儿行为认知下的空间营造策略。从概念意向的空间设计中，抽取提炼空间秩序；从"游戏盒子"的空间装置设计中，明确尺度的应用；从单元空间的多样性设计中，探讨空间的精细化；从重复空间的组

合模式中，对空间进行整合，进而完成整个设计。形成整体空间场景的营建，设计出适合幼儿尺度与行为模式的建筑空间与场所空间（图7）。

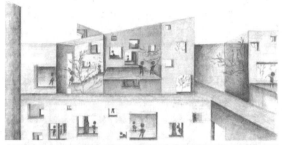

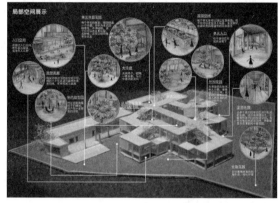

图7 场景营造

3 总结与反思

作为建筑专业最重要的职业训练——课程设计，必须以本源问题为导向，贯穿始终，由易到难，循序渐进地指引学生接近建筑的本质，适应社会的发展与需求。

合格的设计师是生活的有心人，体验未知、观察周边和学习技术，才能越来越接近建筑的本质，创造有社会意义和价值的存在。

在幼儿园课程设计的教学实践中，我们会继续探讨如何将尺度的认知和理解在设计中实现，体现尺度变化所带来的建筑空间形式的变化。同时，研究建立在设计课和技术理论课共同基础上的作业评价体系的可能性，同时制定作业及考核成果在课程之间的共享原则，使模块化课程的融合和互相促进更加充分，提高学生的有效学习，激发学生对建筑根本问题更深入的思考和探索。

参考文献

[1] 吴良镛. 广义建筑学. 北京: 清华大学出版社, 1989.

[2] 邓庆坦. 托儿所幼儿园建筑设计图说. 济南: 山东科学技术出版社, 2006.

[3] 蔡春美. 幼儿行为观察与记录. 上海: 华东师范大学出版社, 2013.

[4] 索尔所等. 认知心理学（第7版）. 邵志芳等译. 上海: 上海人民出版社, 2008.

陈琛　华益

西南民族大学；cici1231@126.com

Chen Chen　Hua Yi

Southwest Minzu University

关联与整合——关于二年级上学期建筑设计课程的实践与探索 *

Association and Integration——Practice and exploration about the Last Semester of Second Year Architecture Design Course

摘　要：本文针对二年级上学期设计课教学中呈现的问题，探讨了将经典案例与独立小住宅设计进行关联与整合的教学实践方法，详细介绍了教学体系架构中从案例选取到小住宅设计的关联设定，将两个独立教学单元进行整合的过程，最后介绍学生的代表性作业及对教学成果的总结与思考。

关键词：经典案例；独立小住宅；关联与整合

Abstract：This paper aims at the problems in the design course of the last semester in second year, discusses the teaching method of associating and integrating classical cases with independent dwelling house. Introduces the associated settings of teaching system in detail, which from cases selection to dwelling house design, and introduces the integrating process of two teaching units. Finally introduces the presentation of student work and thinks about the teaching results.

Keywords：Classical cases；Independent dwelling house；Association and integration

二年级上学期是整个建筑设计教学的重要阶段，在经历了一年级的启蒙教学之后，如何引导学生在此基础上培养设计能力，实现从设计基础到创新思维的转化，是二年级设计课程的核心问题。通过对西南民族大学二年级上学期的设计课程进行实践和探索，尝试打破原有教学中各教学环节相对独立的状态，通过将教学环节进行关联与整合，尝试解决学生在设计入门阶段设计思维建立和形成的问题。

1　对传统教学问题的认识

二年级上学期的教学实践建立在长期教学的经验过程之上，通过积累和了解学生所遇到的问题和瓶颈，二年级教学组逐步对教学进行改革与尝试。

一方面，在一年级的课程中，学生完成了建筑识图制图、空间认知、建筑表现、实体建构等多方面的基础训练，对建筑空间、形态建立了初步的认识，对优秀案例作品形成了基本的鉴赏能力。过渡到二年级，教学仍然以从易到难的功能类型划分作为教学内容。如二年级上学期会完成两个设计：一个是校园小空间，一个是别墅。而学生在二年级设计入门时往往体现出基本素养难以体现到设计中来，设计时热情不足、难以进入状态，设计时立意构思阶段遭遇瓶颈、难以推进等问题。

---

* 西南民族大学 2017 年教学改革项目：从"分析"到"运用"的关联式教学模式探索——以"建筑设计一"课程实践为例，阶段性成果。

另一方面，传统二年级教学在设计过程中要求学生进行经典案例的学习和解读，期望学生在设计中能够学以致用。而由于案例在选择上缺乏针对性，学习周期不足等问题，学生在设计中呈现出案例对设计缺乏指导意义，泛泛阅读使案例借鉴多流于形式表面等问题。

基于以上教学经验与不足，二年级教学组尝试探索新的教学方法和途径，在设计入门阶段将经典案例作品学习与第一个小设计进行关联与整合，将原本两个独立的教学单元在一个完整的教学周期内进行连贯设置和紧密衔接，形成一个循序渐进的学习过程。

2 课程体系的架构

新的教案在二年级上学期课程中设置两个教学单元：第一单元是"大师作品分析"，第二单元是"独立小住宅设计"。为使两个教学单元既能达到教学深度，又能彼此渗透，我们在案例的选取、案例分析的内容、小住宅设计的条件限定、教学环节的设置等方面都进行了充分讨论和思考（图1）。

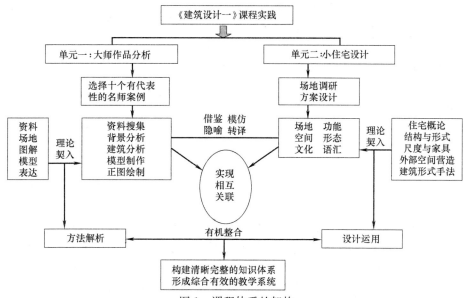

图1 课程体系的架构

2.1 大师作品分析的教学单元

2.1.1 分析案例的选取

在案例的选取上，一方面考虑到第二个"独立小住宅"设计要能够从案例作品中充分学习借鉴、汲取营养，并能直接有效地学习理解到住宅的空间、形式、需求等多方面特征，因而所选作品案例类型均为独立小住宅。同时，案例作品多筛选大师的经典作品，经典案例有大量资料可循，让学生在低年级阶段对作品建立直观认识基础上，更鼓励学生去探寻和分析作品背后的逻辑和意义。另一方面，注重案例选择上的多元化，综合考虑地域、时代等因素选择的多样性，以及不同大师的代表作，或者同一位大师具有不同代表意义的作品。如选择了柯布西耶的萨伏伊别墅（Villa Savoye）和斯坦因别墅（Villa Stein-de Monzie），虽然是同一位大师同一时期的作品，但其创作逻辑及作品特征均值得深入学习和理解。

2.1.2 分析环节及内容

同学们以小组的形式划分，每个小组只对选取的其中一个案例进行详尽分析，其分析成果将与之后的独立小住宅设计直接关联。整个分析过程包含五个阶段的内容，从资料搜集，到背景分析、建筑分析，再到模型制作，最终成果图纸表达，以层层递进、循序渐进的方式让学生对所分析案例形成由表及里、由浅入深的认知和理解。在资料搜集阶段，学生使用图书馆、网络等资源搜索、筛选、系统整理归纳基础资料；在背景分析阶段，学生将学习如何阅读基础资料、了解建成作品背后关联诸多现实因素，并建立基本的从宏观到微观的思维习惯；在建筑分析阶段，要求使用基本的图解语言对案例进行功能、空间、形式等图示分析，培养用图解方式帮助思考的习惯；在模型制作阶段，学生根据资料进行1：50的模型制作和推敲，并尽可能对构造细部进行还原，同时也要求对模型的抽象性与建筑实体的具象性区别有所认识；最后通过前四个阶段的学习，将所有内容进行最终成果表达。

2.2 小住宅设计的教学单元

通过对经典案例集中深入地学习，学生在真正进入设计之前对小住宅的功能、空间、形式、行为需求等具备了从感性到理性的理解，对住宅设计背后的环境因素、大师背景等多方面逻辑关联也有了更清晰的认识。同时，尽管每组同学只针对一个住宅作品进行分析，但通过小组讨论、集中点评等教学形式，也了解和学习其他作品，对住宅设计的复杂性、灵活性、多样性也建立了一定的意识，为下一步进行小住宅设计打下基础。

2.2.1 小住宅设计的条件限定

"独立小住宅设计"在教案拟定上，强调学生掌握和住宅设计相关的基本规范、功能、尺度、空间要求，侧重培养探索建筑与周边生活环境辩证关系的场所意识，同时要求学生在大师案例分析的基础上，借鉴适合的语言、手法等运用到小住宅设计中来。因此，我们在任务书中进行了一定的条件限定，以形成明确的引导并给予更多的发挥余地。

一方面，场地选择设置在学校周边的真实环境中，基地紧邻校园，位于失地农民安置区内，该区域内建筑多为局部加建的三四层小楼，底层为商业用房，业态丰富、人气兴旺，是大学师生和周边居民的重要生活配套。所选基地环境具有一定的复杂性，但也是学生非常熟悉的场所，希望通过场地限定强化学生对环境的直观感受，激发学生的设计情感，并能学习如何从现实环境中捕捉设计线索。另一方面，对业主基本情况、住宅规模等进行限定。业主是由老人、中年夫妇、小孩组成的三代家庭，学生在设计时需考虑不同年龄结构人的行为需求。根据现实的环境，独立住宅还需融合部分商业面积，复合的功能也对设计提出了具体要求。同时，任务书只给定住宅基本的房间功能，其余空间学生可进行自定义，以留下充分余地对空间进行合理想象和设计。

2.2.2 分析过程与设计过程的整合

在拟定的条件限定下，学生不能直接照搬大师的作品，而需理性、合理地将设计与分析作品相结合。前期调研阶段学生需要进行充分的基地调研和分析，理清基地要素和特质，从基地中寻找设计出发点。同时在充分学习了上一个大师作品之后，继续搜集和阅读该大师的其他作品案例，通过与精读案例的类比和解读，帮助学生更进一步理解该大师的设计语言和手法，理解建筑师的内在动机和逻辑。在构思阶段，学生开始与分析案例进行融合，融合方式取决于学生们不同的构思角度，如某些案例侧重于从基地本身采取设计策略，学生构思会将其策略生成逻辑与现实基地相结合，寻求其中的契合关系；某些案例将人的需求和行为作为方案的侧重点，学生构思过程中也会从这个角度进行方案切入。当然，在精选的案例中，并非每个案例都适合在方案前期阶段进行借鉴，随着方案的推进和深化，随着对小住宅功能、流线、环境、结构、活动等关系的梳理，学生们可逐步寻找到借鉴的契机及合适的融合角度。

同时，小住宅设计过程包含了诸多知识点的运用，我们按照每个阶段侧重的知识点分解设置理论课程，并进一步强化案例与设计运用的关联性。如在讲解尺度关系时，不仅让学生通过观察、测绘进行尺度体验，并引入案例讲解尺度与家具、尺度与空间、尺度与行为的关系，引导学生再次回顾经典案例中对尺度的把握和运用。在探讨建筑形式阶段时，讲解城市界面的外部空间营造与内部空间的关系，让学生充分考虑形式与结构、空间的结合，包括构造细节、立面材质的设计动机，将所学习的案例作品与自己的方案设计进行综合运用。

3 教学成果总结

在整个设计过程中，学生们不乏体现出思维的活跃及设计的热情，对同样的经典案例，不同学生有不同的理解深度，并能尝试从不同角度将案例与设计相融，本文将某同学分析了藤本壮介的"House N"经典案例之后，将其后的小住宅设计作为本次教学成果的呈现。

藤本壮介的"House N"规模不大，功能也并不复杂，在形式上为几个嵌套的盒子，若不对其背景和设计思想进行理解，同学们很容易只流于表面形式进行简单借鉴模仿（图2）。梁婉诗同学在拿到任务书后，首先进行场地要素的梳理和分析，形成与基地环境相适应的初步形态关系。按照其逻辑往下推进，这会是一个相对合理的住宅，但设计者认为小住宅缺乏了家的味道，也没有与大师案例进行联系。为此，设计者开始从案例作品中寻求设计灵感，将藤本壮介对"原始的未来"的思想阐述融入自己的想法，即希望该作品可以回到原始，从孩童时代对"家"的原始意向出发，一个三角形叠加一个矩形，做为一个家最初的形态。于是，三角形的坡屋顶成了住宅的第五立面，同时，坡屋顶也正好回应了基地周边建筑的整体形态。其次，藤本壮介以层层嵌套的空间结构定义了空间的模糊性和暧昧的秩序，而这样内外模糊的特定界面是很难与现实基地相契合的。该同学没有从外在形式着手，而是进一步对功能、空间、环境进行分析，通过体量间的合理退让、错叠，内外庭院、屋顶露台等空间营造，形成内外空间在城市界面上的消解，以立面剖面化的方式，以实的界面包裹需要私密的空间，以虚的界面直接与城市街道相接，既用另一种方式回应了内外空间的暧昧，也较好地实现了小住宅的功能及空间需求（图3）。

图 2　House N 住宅实体模型

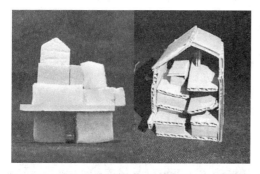

图 3　独立小住宅设计过程

近两年对二年级上学期"关联与整合"教学的不断改革过程中，通过对教学内容、教学方法、教学手段等不断摸索和改进，有效提升了学生在设计入门阶段对设计的积极性和主动性，有效弥补了以往学生在泛泛阅读案例之后与设计的脱离，也一定程度培养了学生在遇到构思瓶颈和复杂问题时如何着手的能力，以及培养学生从案例模仿学习到开启思维创造的过程。但从教学成果来看，仍然呈现学生对所研究案例理解深度不足，设计中难以脱离案例表面化借鉴、主动深入思考程度不够等问题。因此，如何强化案例与设计的关联度，如何将该阶段教学与教学体系进行紧密整合仍需要进一步地探索。

参考文献

　　[1] 王方戟，王丽 . 案例作为建筑设计教学工具的尝试 . 建筑师，2006（02）：31-37.

　　[2] 丁蔓琪，冯静，李延龄 . "化整为零"模块化建筑设计课程教学方法探析-以二年级独立式住宅课程设计为例 . 华中建筑，2011（11）：167-168.

　　[3] 李骏，左力 . 环境与空间—重庆大学建筑城规学院本科二年级建筑基础设计课程教学体系探讨 . 室内设计，2013（01）：11-15.

　　[4] 崔轶 . 反思与重构-基于理性思维的建筑设计教学研究 . 新建筑，2017（03）：112-115.

辛杨　侯静　李燕

沈阳建筑大学　建筑与规划学院；nell _ 2004@163.com

Xin Yang　Hou Jing　Li Yan

School of Architecture and Urban Planning, Shenyang Jianzhu University

在开始学习设计之时——一次针对二年级建筑设计课程的教学探索

At the Beginning of the Design Study——an Exploration in Architectural Design Courses of Grade Two

摘　要：学生初次接触建筑方案创作全过程是在二年级的建筑设计课上。在开始学习设计之时，学生总会遇到困惑与问题。针对近几年教学过程出现的问题，进行教学环节的设置与调整、教学内容的补充。通过教学改革与探索，完善学生对建筑基本问题的认知，实现学习设计思维方法与设计能力逐步提高的教学目标。

关键词：建筑设计课程；教学改革；思维方法；设计能力

Abstract：In the architectural design courses of the grade two, students begin to contact with the whole process of architectural creation. At the beginning of the design study, there are many puzzles and difficulties for students. Based on this case, the teaching link would be adjusted and content of courses would be supplemented. By the reformation and the exploration in teaching, students would realize and understand the essential issues of the architectural design. In that's the case, students could master the method of thinking in architectural design and improve the ability of design.

Keywords：Architectural design course；Reformation in teaching；Method of thinking；Ability of design

1　在开始学习设计之时

二年级对建筑学的学生来说是建筑设计学习的开始阶段。此前，通过一年的设计基础学习，学生在表达方式与技能、空间思维、空间的组织与营建等方面得到训练。如果说一年级的专业课是将复杂的建筑问题进行分解动作，那么二年级的建筑设计课程将是学生首次接触完整的建筑方案创作的全过程，是建筑设计学习的开始。

2　二年级设计课教学过程中呈现的问题

我校的二年级建筑设计课程大纲中要求，通过课程设置与训练，使学生初步了解建筑设计的基本步骤和方法，培养学生通过运用所学知识进行综合分析与判断的能力。二年级建筑设计课程具体的题目如下：简单空间设计、独立居住空间设计、单元空间组合设计、展览空间设计。

从课程设计题目的设置看，课程的重点在于空间的操作。题目呈现出建筑空间由简单到复杂、单一到复合，并且在建筑空间类型及规模上有一定的涵盖。在题目设置与难度上符合二年级学生的教学要求。通过对近年来教学过程与成果的总结，在学习设计开始的阶段存在以下问题。

2.1 缺乏对建筑基本问题的系统把握

从课堂表现与作业成果上看，形态与形式问题始终被学生置于重要的位置。从前期的图纸抄绘、分析以及实例调研到草图过程中的阶段性成果表达都无不表现出学生对空间形态与建筑造型的兴趣与热情。学生热衷于寻找那些"看起来很特别"的实例，作为创作的借鉴。对于自己方案的形式问题格外关注，却又苦于找不到合理的逻辑支撑。这种现象可以理解为，信息时代大量建筑作品呈现出多元与个性化，这对建筑学学生来说具有一定的吸引力。这也从另一个侧面反映出，二年级的学生从外在的表象来评价作品，是源于对建筑的基本问题缺乏系统的认知与把握。

2.2 缺乏环境意识

从课程开展的过程来看，学生缺乏对场地环境的理解与重视。这表现为在对实例的分析中，不关注作品所在自然环境与人文环境，对作品的总平面关系研究不够，因此无法正确阐释建筑作品与环境之间的逻辑。此外，缺乏环境意识还表现为，对给定地块的调研与分析深度不足，更多的是对环境中物质条件的部分比较敏感，而欠缺对环境中文脉、文化层面的思考。从课程设置的目标看，安排实例分析与基地环境的调研是为了对接下来的课程设计中的方案思考起到启发性的作用，建立方案与环境之间的联系。但缺乏环境意识使这部分课程安排无法达到预期效果。

2.3 设计概念的缺陷

明确的设计概念是设计者对思考问题、解决问题的角度与方法的提炼。现在越来越多的低年级学生作业中有设计概念的表达。在一部分的学生作业中，概念更像是设计者主观意愿的表达，而非基于对现实条件或具体问题的应答。这种概念往往听起来很吸引人，但却没有真的找到切实的角度去切入设计。因此在接下来方案设计中，前期所提出的设计概念，无法真正作用于作品的推进与深化过程。致使方案中各种问题陷入自由博弈的状态，而所谓的设计概念不过是自说自话。

3 教学改革与探索

基于以上对近几年低年级学生在设计过程中表现出的问题，我们希望在保持原有教学体系的基础上，进行教学改革与探索。通过对教学内容的补充、教学环节的设置与调整，达到以下目标：学生能够通过若干题目的训练，对建筑的基本问题形成全面的认知；设计方案能

够在深度上有所发展；对思维方法有所体会，进而掌握一定的建筑设计方法。具体操作为，在教学设计中引入建立环境意识、调研与分析、社会现象等内容。

3.1 建立环境意识

二年级课程设计中共四个题目，其中有三个设计题目的用地为大区域环境条件，分别为：浑河新兴街区地段；铁西旧工业区地段；方城历史街区及其附近地段（图1）。所提供的地段具有区域特征的真实环境条件，学生需通过对地段及其周边环境进行踏勘与分析，结合设计题目对用地做出选择。旨在通过对区域环境的整体性、对基地本身具有的物质性与文化性的理解，培养学生掌握由环境认知入手的设计意识，通过环境分析来明确设计目标的建筑设计思维方法。

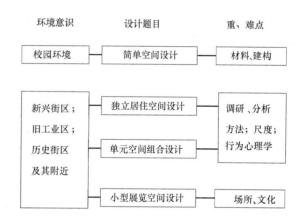

图1 二年级建筑设计课程题目设置

除此之外，在简单空间设计中引入材料专题，以提供一种环境与建筑之间的联系的具体操作方法。如何在学生接触第一个设计题目的时候建立对环境、设计立意、建筑空间、形象之间联系，形成对于设计题目理性分析基础上的设计思维，是教学中需要解决的问题。设计题目的选址被指定在校园的规定范围内。一方面，校内具有丰富的自然环境与人工环境，环境的特点鲜明；另一方面，学生对于自己生活的环境比较熟悉，甚至有独特的经历与故事，更容易建立环境意识，引发思考（图2）。在教学过程中，组织学生讨论环境对材料选择的影响、空间意向与材料使用的关系，将对材料问题的思考呈现在建筑的环境、空间、结构及形象设计过程中。最终的作业成果呈现：一、选择恰当的材料来阐释建筑与环境之间的关系；二、选择恰当的材料表达与建筑空间、建筑结构之间的逻辑关系。材料问题介入课程题目的教学目的，使学生理解建筑之美并非对形式或潮

流的追随，而应来源于建筑与环境之间的和谐关系，来源于材料使用、结构选择所呈现出的合理之美。

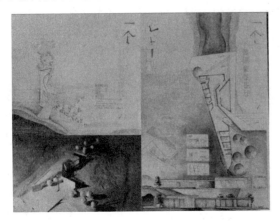

图2 学生作业——基于环境的简单空间设计

3.2 注重基础调研与分析

建筑创作需要恰当的思维方法。设计思维应基于逻辑的分析开展。特别是对于低年级的学生来说，在建筑观、设计方法尚不明确的时候，理性的分析可以启动设计思维，有目标地推进建筑操作，是最直接有效的开展创作的途径。理性分析的基础就是调研所获得的资料与信息。因此，在教学改革过程中，强调基础调研的重要性，引导学生通过对事实依据的分析思考，来支撑方案创作的发展。

其中调研任务，除原有教学组织中对给定基地的现场踏勘，又补充了通过问卷设计、信息采集等方式，重点研究使用者对空间环境的需求，引导学生通过这部分工作进一步理解和分析设计题目。独立居住空间设计题目中，在给定用地条件、设计规模与要求的基础上，允许学生自己寻找对象作为"业主"。通过采访了解"业主"性格、喜好及空间的需求，并以此拟定具体的设计任务书。在此过程中，学生更加关注使用者与作品创作之间的关系，通过对"业主"的需求做出应答，进而实现建筑方案的推进与深化。单元空间组合设计课题中，要求学生根据选定的具体题目对使用人群进行分析。使用者的特点决定了其对建筑空间的需求。掌握建筑使用者行为、心理对设计概念的形成与方案尤为重要。学生在该题目中大量使用行为实验、问卷调查、访谈等方式收集使用者心理、生理、行为等信息与数据资料。通过对信息与数据分析、整理、总结，获得对题目的思考角度与研究策略（图3）。

重视调研、强调分析的重要性，在启动设计思维与设计过程中具有明显优势。设计作业中表现出，由

"事实"依据的分析思考而提炼的设计概念更禁得起推敲与质证，因此保证了设计方案始终围绕概念发展与推进。

图3 学生作业——独立居住空间设计

3.3 关注社会现象

建筑作品是一定的物质条件下的产物，同时也受到文化的影响，其在满足功能使用的同时也是设计师对社会现象、社会问题做出的应答。一个合格的建筑设计师，应不仅仅具备设计能力，同时应该时刻保持对社会现象、问题的敏感。在教学设计的过程中，提供带有物质性、文化性的特征地块，如城市新兴街区、旧城历史文化街区、转型中的旧工业区等。这些地段由于形成与发展的时期不同，所承担的角色不同，风貌与特征也有明显差异。引发学生对城市快速发展过程中，地块职能的转变带来的交通、人居、经济等社会问题的关注与思考。另外，题目的选择考虑符合二年级教学难度并贴近当前社会发展中出现的新现象与热点。结合设计题目，在原理讲授和指导方案的过程中向学生阐述课题设置背景、城市发展史、当前建筑技术条件等问题，强调建筑的社会属性。当然，并非要求二年级的学生对当前的社会现象与问题做成熟的回答，但仍希望以此引发学生对于当代社会发展过程中所出现问题的关注。在学生设计作业中，出现了对于当前低收入群体、社会老龄化、城市街区更新问题、历史保护地段周边建设等问题的思考，以及由此所采取的策略与手段等（图4）。

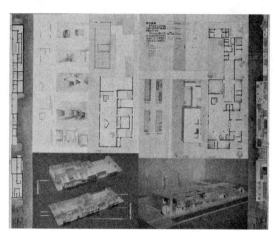

图4 学生作业——单元空间组合设计

4 成果与结论

此次教学改革的收获在教学组织过程与学生作业成果均有所体现。在教学过程中，学生能够寻找到恰当的途径解读设计题目，理性地分析题目，而不再面对设计题目而无从下手。学生作业成果中，表现出设计概念到图纸内容存在较清晰的连贯性与逻辑性，同时设计与表达均达到一定的深度。二年级是建筑学专业学生的入门阶段。通过教学改革过程中的教学环节的设置与教学内容的补充，学生能够对建筑基本问题具备较全面的认知，并且基本掌握运用一定的手段与研究方式开展思考与推进的设计方法，设计能力获得提升。

参考文献

[1] 李保峰. 托马斯教授的设计教学思想. 南方建筑, 2015, 1 (02): 53-55.

[2] 崔轶. 反思与重构——基于理性思维的建筑设计教学研究. 新建筑 2017 (3): 112-115.

[3] 姜俊浩, 陈大乾. 建筑设计方法论教学探讨. 新建筑, 2009 (06): 107-110.

[4] 张少伟, 宋岭, 李志民. 对建筑设计课程传统范式教学的思考. 华中建筑, 2011 (04): 172-173.

邓敬　周筱扬

西南交通大学建筑与设计学院；1972278@qq.com

Deng Jing　Zhou Xiaoyang

School of Architecture and Design，Southwest Jiaotong University

"平行切入"——基于拓展式案例研究的二年级设计课教改策略

Bounding Operation with Expanding Case Study——An Exploration on Architectural Design Course in 2nd-year Undergraduate

摘　要：拓展二年级设计教学中的案例研究模式，采用"平行切入"的教改策略，将方案设计置入到经典作品案例研究的情境中，形成案例研究与课程内容的齐头并进，引导学生在案例的借鉴、影响乃至限定下展开设计，在自己方案与作品的对话中寻找创作灵感。

关键词：平行切入；拓展式案例研究；二年级建筑设计课程教改

Abstract：To expand the case study model of architectural design course in 2nd-year undergraduate, the Bounding Operation of the teaching reform strategy is used with the design program combining with the master work of case study, which means the context of the case works in parallel with the process of design, guiding and assisting students to design with the case learning and analyzing, and finding creative inspiration with the dialogue to the master work.

Keywords：Bounding operation；Expanding case study；Architectural design course reform in 2nd-year undergraduate

　　几乎所有的本科建筑设计教学都无法避免这样的模式——让学生先看人家怎么做，再学习和摸索自己该怎么做，即通过学习优秀的设计案例和语汇，来触发并形成自己的设计方案。这种模式的重点，需要通过对案例的有效研究，促使学生获得一种深度观察与分析的认知学习成果，使其能有效介入到自己的设计进程中。有效而透彻的案例研究，不但能够协助学生建构同种类型的空间形象，而且还可以在后续的创作进程中产生解决问题的思路。因此，案例研究不仅广泛适用于建筑理论和历史研究中的认识论范畴，更适用于设计教学的实践运用范畴。

1　二年级教学中既有案例研究模式的问题

　　很多设计课教师都会设置案例研究阶段，将其安排在课程进度的前端。但在既往教学体系中，案例研究时段的分配为一两节课，内容及工作的分配模式往往是学生自主寻找研究对象。对于二年级的学生来说，他们对设计要素的提取和组织能力较为有限，常常导致案例研究的结果深度不足，很难逃脱"作品鉴赏"的困境，即不能达到案例研究所需要的情境、对象、事件的聚焦要求。学生对案例的解析往往是被动、静态而简单的，从类型的选择、内容的有效性等方面往往失控，对案例中如何面对问题、解决问题的实质性工作流程完全缺乏把握，对案例中设计概念、方法、技巧等有效信息的吸收大大弱化[1]。

　　而在接下来的课程方案展开过程中，案例研究和方案设计之间往往脱节。从教师的角度，他们在对知识储备不足的低年级学生辅导时，往往不得不拿出一些自己觉得适当但学生也许陌生的案例，来进行对照讲解，实际上，这是在重复着基于案例的学习与模仿过程[2]。而从学生的角度，往往极易返回缺乏任何模式引导或参考的状态，堕入要么自我臆造的功能与形式逻辑关系，要么是快餐式的视觉形式模仿的老路，没有发挥出案例研究由学促做的作用。

2　基于拓展式案例研究的"平行切入"策略

2.1　拓展式案例研究

　　从上述问题可以看出，如果改变案例研究在设计课程中的角色定位，对案例研究与教程进度、学生的工作节奏特点、设计案例的拓展性深度解读的引导策略的整合，从而将案例研究更紧密地与教学的进程与力度整合起来，是可以大力推动学生的创作认知和学习成效的。

　　因此，需要将案例研究的教学进行拓展性的推动，通过有效调整案例研究的时间长度、研究的深度和整合到方案进程的力度，来督促学生去发现案例中不光是形式层面的价值，还有更多的关联性的专业信息需要挖掘和认知，形成较为完整的有创作内在逻辑的知识整合。

　　"平行切入"策略，是在拓展式案例研究的教改思路下，围绕现代主义的经典案例的研究和学习，激发低年级学生创作形式逻辑关联性与能动性的教改实验。

2.2　"平行切入"策略

　　"平行切入"是指针对性的精选可以适应课程培养方向的现代建筑大师经典作品，展开给予课程主线要求的深度案例研究，然后将情境、对象、事件的聚焦要求整合在设计进程中，即将所设计的建筑置于经典案例对象的周边，将方案置入到案例的情境中，用案例研究与课程内容的齐头并进，引导学生在案例的借鉴、影响乃至限定下展开设计，在自己的方案与大师作品的对话中寻找创作灵感。

　　教改的题目取名为"学习-对话"，所选的"平行切入"的案例对象是两个作品，一是柯布西耶著名的萨伏伊别墅，二是理查德·迈耶的格罗塔住宅。选择不同作品对象的学生，需要在其周围选择自己方案的基地，设计一个展示该作品的小型展览建筑。在经过各个层面深

入研究大师作品的案例研究阶段后，再促使学生思考自己方案应该在大师经典作品场地中的何处位置，以何种构思出发点、形式要素与大师作品展开对话。当然，不管是向大师致敬，还是谦虚低调，甚至是对立的创作取向，都要求在基于案例深入解析的基础上做出令人信服的反馈。

　　教学安排的核心应该基于"看与学"、"学与做"这两个层面展开。

　　"看与学"，即是看人家怎么做：采用"精读"策略，通过类型分组，对经典现代主义案例进行深度研究，对大师作品从历史关联、缘起概念、总体布局，到功能、造型、细部各个方面进行深入解析。

　　"学与做"，即是自己该怎么做：与该经典案例为邻，促成与大师的对话效应，在对"现代主义"的学习与思考中，在大师作品场地影响下，促进学生的创作与表达。

　　在这里面，教师需要进行有效的过程控制，才能获得更好的效果。与大师作品为邻必然形成明显的关联限制，既要强化这种限制下的逻辑性，也要促进学生关联下的创造性。

2.3　教学内容

2.3.1　案例研究阶段：深度的"看与学"

　　要求学生进行案例的"精读"，通过明确指定的工作类型分组，让各组基于类型主线，从多角度、多层次地专注研究和解析对象。

　　比如，指定某组为"总体与功能组"，要求该组专注于研究案例的总图关系，包括总图布局、道路、内外整体的交通流线关系、场地的景观视觉、整体的功能分区关系，以及与布局直接相关的概念构思与空间布局。另外，可以要求该组进行"头脑风暴"，畅想自己展开设计时，介入场地后的总体布局与设计概念的可能性，即总平面布局、空间尺度关系、功能与景观关系等设计可能性（图1a、b）。

　　再比如，指定某组为"造型与功能组"，专注负责研究案例的空间与造型部分，包括研究基本材质关系、体量关系、尺度关系、功能与空间的关联关系、设计概念与空间组织的关系等。也可以要求该组畅想自己方案介入后，空间造型—概念—功能的问题，即从空间造型、体量尺度、功能逻辑、概念创意等多方面展开发散性的思考（图1c、d）。

　　为了避免类型化分组带来的认知缺失，需要展开有效的知识整合，可以要求成果汇报的小组必须进行交叉换位，即讲解组必须讲解别人组的成果。这样的手段可

以对各组形成压力，促使他们在完成自己组任务的同时，还需要对其他组的学习成果进行再学习。交叉汇报

的严格执行与汇报过程的评价，可有效促进学生对知识整合的完成。

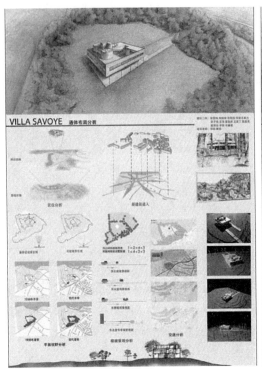

(a) 案例研究萨伏伊别墅的"总体组"成果

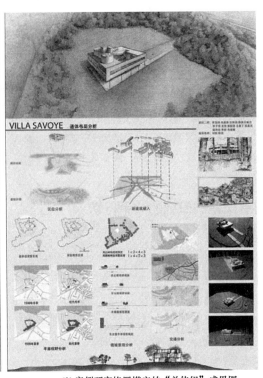

(b) 案例研究格罗塔宅的"总体组"成果图

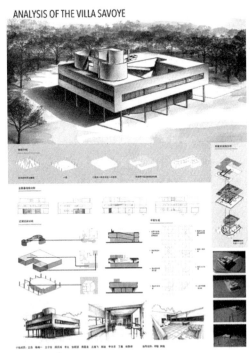

(c) 案例研究萨伏伊别墅的"造型与功能组"成果

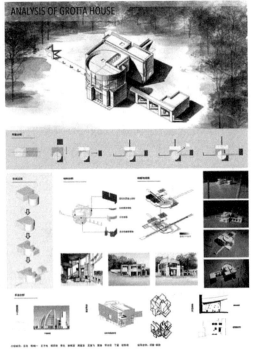

(d) 案例研究格罗塔宅的"造型与功能组"成果

图1　案例精读

2.3.2 "平行切入"阶段：要素关联下的"学与做"

历经"精读"案例的一系列过程，也是学生自身

对于现代主义空间塑造形式的一个逻辑思辨和学习历程。但并非因为学生获取了一部分现代主义建筑的知

识，方案创作就一蹴而就，变成坦途了，也需要教师为学生梳理出面对大师作品的基本的创作态度和方向，并对学生作品切题的逻辑性及变现形式进行控制和指导。

在以大师作品为邻的环境关系下，"学与做"的创作取向无疑会有三种情况：

（1）"致敬"

即直接学习和转换大师作品或大师的创作手法，采用这类"致敬"式的创作方式的学生最多，说明"现代主义"的手法所带来的学习与创新潜力也最能与大师作品产生富有逻辑的关联。如将原建筑的网格系统进行虚实放大变化，或者进行竖向次序的重组变换等等（图2a）。

（2）"敬畏"

即弱化自己的作品形态，以达到尽量不破坏经典作品环境与空间的效果。这类创作方式一般采用低调的覆土式的，或者大地景观式建筑。这种创作态度比较聪明，也很容易切题，教师在鼓励这种创意的同时，也对剖面、景观以及采光功能上提出了更高的设计要求，实际上也增加了难度，采用该方式的学生较少（图2b）。

（3）"对立"

即显示与大师不同，甚至"对着干"的创作态度，无规可循、块体冲突的凌乱形式是这类学生常用的手法。作为教师不应该压制学生的"反叛"激情，但需要有基于教学课题的控制，即让学生必须面对命题做出有着自主逻辑的成果，否则就只是在做缺乏依据的视觉游戏。这类学生不多，但几乎都在生成逻辑上失语（图2c）。

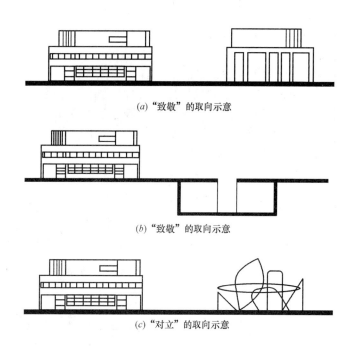

(a) "致敬"的取向示意

(b) "致敬"的取向示意

(c) "对立"的取向示意

图2　创作取向

在这之后，属于学生自主创作的阶段。"平行切入"的策略，从教学的引导性上将学生导入到不仅要关注自身方案与大师作品的形式对话方式，从大师的作品的形式、大师形式语言的历史中寻找自己的素材，还要关注方案在包含着大师作品在内的基地环境中的场地定位关系，相邻大师作品也是实体展览对象，对景观、参观路径、周边环境的思考，都可以成为创作切入的影响因子，从而避免缺乏逻辑关联的单纯的形式视觉塑造（图3）。

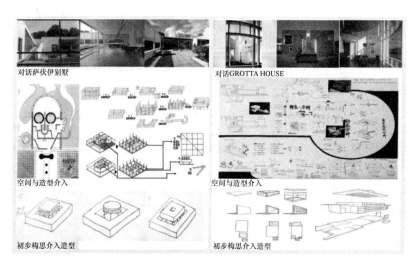

对话萨伏伊别墅　　　　对话GROTTA HOUSE

空间与造型介入　　　　空间与造型介入

初步构思介入造型　　　初步构思介入造型

图3　对大师作品的思考

"平行切入"策略实施的有效性，也需要在教学　环节上进行层层推进式的严格把控。在方案初期，需要从设计定位、构思形成、多方案比对、工作模型与草图基本定型来展开初步探索；在方案中期，需要强化空间特色，深化功能与形式的逻辑关系，确定创作的深化方向，并用模型进行明确的空间印证，用分析图展示构思特色；最终，通过各阶段的场地模型、方案模型、辅助电脑模型和阶段草图，在后期将各个层面的完善表达有效地显示出成果的特色，使"对话—学习"的教学目标获得有效的实现图4。

3 结语

"平行切入"的教改实验，其切入点是关注学生在设计过程中"学"与"做"的关联与实效问题，以案例研究的教学角色为突破口，将案例的认知与学习融入课程设计的进程中，以此为触发点的教改，获得了很多令人惊喜的成果，在看似受限更多的手法风格、环境关联、形式逻辑中，许多学生反而获得了爆发性的突破，获得了真正的"带着镣铐跳舞"的创作愉悦。

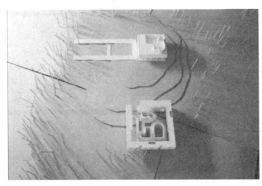

模型

模型

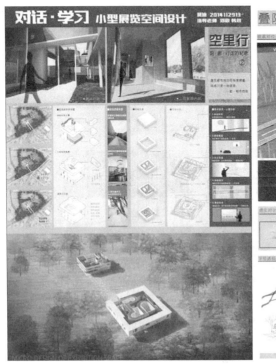

方案图

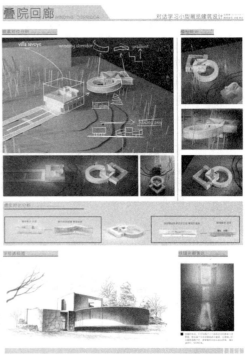

方案图

图 4

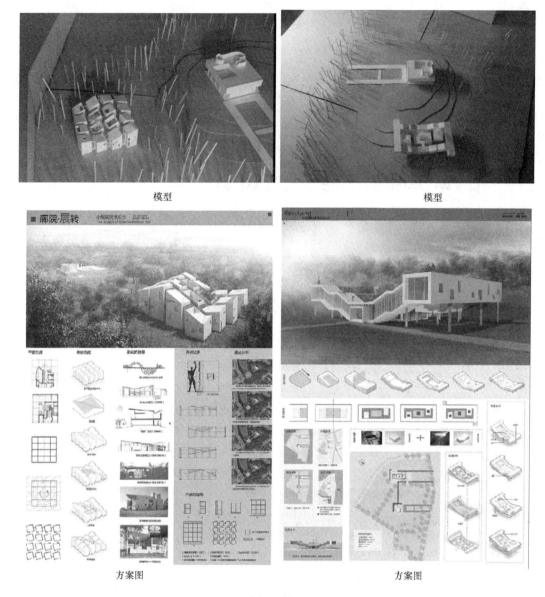

模型 模型

方案图 方案图

图 4（续）

参考文献

[1] 王方戟，王丽．案例作为建筑设计教学工具的尝试［J］．建筑师．2006（2）：31-37.

[2] 马鑫，张建新．案例分析在建筑设计教学中的应用研究［J］．扬州大学学报（高教研究版）．2012（1）：127-129.

门艳红　周琮　郑恒祥

山东建筑大学建筑城规学院；meng_saron@sdjzu.edu.cn

Men Yanhong　Zhou Cong　Zheng Hengxiang

School of Architecture and Urban Design，Shandong Jianzhu University

从"住"的认知到"宅"的设计
——建筑学本科二年级"独立住宅"课程设计教学实录与思考

From "Live" Cognition to "House" Design
——Record & Review on the Teaching of "House" Design in 2nd year of Undergraduate Course

摘　要：本文是对我院建筑学二年级"独立住宅"课程设计的教学总结。课程设置了住的认知、原型研究、宅的设计三个阶段，意在将特殊居住需求作为制约和引导空间设计的限定要素，培养学生逻辑思考能力，强调独立分析和深化设计。文章结合任务书教学内容和教学案例，讨论了课程中的问题和收获。

关键词：建筑设计教学；住的认知；宅的设计；逻辑思考能力

Abstract：This paper is a teaching summary and reflection of "housing" design in our institute. There are three phases in the curriculum："Live" Cognition、prototype research、"house" design. The special living demand as restrict and guide the restricted factors of space design, training students' logical thinking ability, emphasizes the independent analysis and design. This paper discusses the problems and results of the course by combining the teaching content and teaching cases.

Keywords：Architectural design teaching；"Live" cognition；"House" design；Logical thinking ability

1 引言

"建筑设计教学需要切合时代发展步伐，……及时总结经验、更新教学思路、完善教学方法，有效实现人才培养。"教学改革是建筑教育中不可或缺的长期议题。在中国城乡建设进入"新常态"的发展时期，建筑学专业教育教学更需要作出回应。建筑学本科二年级设计课是建筑设计入门阶段，由认知启蒙到开始设计。通过教案设计，二年级教学组实施了限定要素下以"空间"操作为设计训练主要线索，同时关联功能、形式、场地、建造等多个知识点，由抽象到具体，由片段到连续，渐进式培养设计综合能力的教学组织（图 1）。特定人群—特定使用方式—特定空间原型，是训练单元中教学内容的主旨。独立住宅设计/别墅设计是各建筑院校在低年级建筑设计训练阶段常用的传统题目。以往这个题目的教学是以功能布局入手为训练导向，对学生要求难度高，并成为学生建立设计整体观的障碍，学生缺乏设计构思的发力点。如何激活学生的生活经验，依据居住方式设定空间模式，简化功能组织，是此次教改的重点。

课程安排		空间训练	限定要素		兼顾多点训练	题目设定
建筑设计1	单元一	空间限定	不定需求	以界面形式为限定要素，在预设方体内进行空间设计	界面形式、尺度、比例、体量等	临水书吧
	单元二	空间原型	特定居住	以特定需求为限定要素，以居住空间为载体进行独立住宅空间设计	功能关系、分区、流线、组合等	独立住宅
建筑设计2	单元三	空间单元	特定群体	以行为心理为限定要素，以儿童活动空间为载体进行幼儿园建筑设计	总体布局、场地、群体、肌理等	幼儿园
	单元四	空间秩序	特定情境	以街巷情境为限定要素，以展示空间为载体进行民俗展示中心设计	技术综合、结构、支撑、经济等	明湖会馆

特定人群 — 特定使用方式 — 特定空间原型

图1 二年级建筑设计课：限定要素下空间设计训练单元

2 课程作业设定

2.1 设计要求

课程作业以独立居住空间设计为载体，将制约和引导空间设计的限定要素拟定为特定居住需求，训练目标为：①学习居住空间的设计与组合方式，在给定的用地范围内，按场地条件，环境特点，建筑功能及形式要求对空间进行围合、划分、引导及联系，并进行建筑形体的塑造；②设计练习着重训练由单一形体建筑向由若干个单一形体所组成的复合形体建筑的转化，复合形体的组合方式，手法和构成特点，即由复合空间所构成建筑的设计与组合；③了解特定使用人对建筑功能在使用空间和心理空间的需求，在居住建筑中针对特定人物的不同使用方式设计特定的功能和空间。

在课程框架下提出平行的主题类型：独居宅/双宅/四合宅（微青旅）/居住工作联立型四种居住方式，并分别设定任务书，供学生选择。学生配合不同的人物小传记设定，反馈出有效的设计条件，于是出现了有叙事性、有情感、能讲故事的居所。

2.2 场地限定条件

规定了限定要素和空间训练的载体之后，作为建筑入门的学习还需要兼顾公共建筑设计原理的众多知识点：总体设计、场所环境、空间组合、功能动线、形态构成、技术支撑、综合设计等。在本课程作业中着重将①自然坡地作为场地限定条件（建筑与场地）；②结构

上强调上下对应（建筑与技术）等。

拟建基地位于济南市南部山区，是一处典型的山貌地带加部分平原，濒临水面。学生可在用地范围内，选择不同高差类型的用地，创造富有环境特征以及特定使用者功能空间要求的住宅建筑，每栋建筑用地范围控制在1000m²以内，以地形图中点A-D为中心自行拟定选择。开放性基地选择更有利于方案构思设计的自由度。基地环境情况详见地形图（图2）。

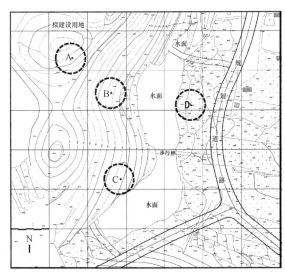

图2 地形图

3 教学过程

课程教学设计按教学内容切分成三个阶段："住"

的认知、原型研究和"宅"的设计（图3）。

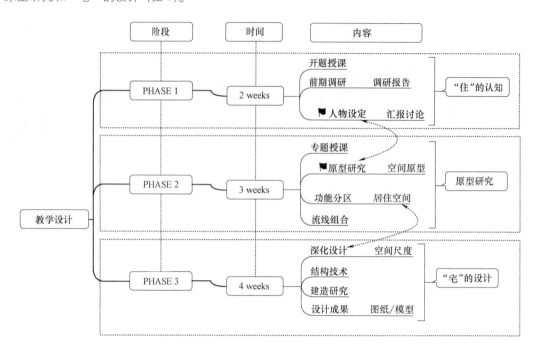

图 3　课程教学设计组织图

3.1　阶段一："住"的认知——人物设定分析

该阶段以2周的调研任务完成及汇报讨论的形式支撑。人的需求是建筑功能设计的根源。人物特定的居住需求必将带来空间及功能设计的本质区别，从而得出空间原型。学生由分析居住者的需求出发，可以将生活与设计联系起来。直观易懂，转化迅速。独居宅/双宅/四合宅（微青旅）/居住工作联立型四种设定，区别较大，具体而丰富的人物信息以及真实的使用人特征，例如人物的年龄、性格、兴趣爱好、职业、生活习惯等，激发学生的设计联想。"住"的认知首先从空间使用者的分析入手，成为设计构思的发力点和线索。

3.2　阶段二：原型研究——从居住方式到空间模式

此阶段在上一阶段人物设定分析的基础上，进一步研究使用者的需求对应的居住方式。每个学生的预设人物不同，居住需求不同，因此功能及相应的空间关系也会不尽相同。从人物分析到居住方式再到空间模式，可以得出空间原型。所有的前期认知与分析，最终被提取为原型的设计，从而进入实质性方案设计阶段，将具体形象的认知转化为建筑设计语言，为后期"宅"的深化设计提供设计思路。教学过程强调设计概念产生的逻辑性，学生深刻地感受到制约和引导空间设计的限定要素

在构思阶段的作用。在有了设计原型之后，要求学生对原型进行组织，确定未来的设计目标。这一阶段训练时间为3周，要求学生建立居住方式与空间模式的对应，得出的空间原型概念清晰切题，并能与自然坡地相适应。

3.3　阶段三：宅的设计——方案设计深化

根据上一阶段的空间原型研究成果，在居住功能分区、流线分析的基础上对方案进行深化，并对作为场地限定条件的自然坡地地形进行有效地回应，注意满足居住建筑的其他要求。在深化设计时，完善原型与场地、功能、结构和材料等各要素之间的关系，完成平面、立面、剖面和总平面等。

设计深化阶段是最容易被放弃的环节，学生往往出现简单的空想主义或对概念的简单放弃，因不知如何利用理性的方法将设计概念实现，经常在设计的末期仍在改变甚至推翻之前的概念，缺乏持续推进设计的能力。这一阶段的教学要点是引导学生关注前一阶段由"住"的认知分析得出的空间原型设计概念（空间组合、功能计划、形态体量和氛围营造等）通过建造（结构、材料与技术）与建构得实现"宅"的设计。

4　教学案例

该课程作业总共安排8周时间，1周综合实践周。

按照三个阶段的布置，学生完成从人物设定分析、空间原型研究、深化设计等几个要求。在教学过程中，根据学生个人方案的特点，关注学生在认知分析与原型研究的逻辑性，设计语言转换的对应性，以及深化阶段尺度的把握、结构合理性等。这里挑选3位同学的作业作为教与学成果的展示。

	特定人群—特定使用方式—特定空间原型			作业成果	备注
家·院 张溱旼 双宅	 人物：老年夫妇：70岁 中年夫妇：45岁 家庭一：空间层次呈视野，逐渐开放的过度状态，较为含蓄。	 人物：青年夫妇：32岁 儿童：7岁 家庭二：空间层次逐级而下，富有开放感，满足儿童趣味心理，沉稳与安逸、年轻与活泼并存。	 概念模型生成 为两个有血缘关系的家庭四代人设计居住空间，形成两种主体呈倒置关系的空间模式。建筑主要由四个空间体量构成，将两个体块在正交的基础上旋转15度。主要居住空间设计为沿线性发展一字型。		有院子和坡屋顶的回忆，四个体块围成院子，又通过院子联系在一起，多处公共空间的渗透，增加了人们之间，人与自然之间的交流，打破现代人之间隐约的隔阂。
飘山居所 刘纪康 三合宅	 显性　　置入 Kristen：画家。喜欢窝在画室画画，热爱烹饪。偶尔玻璃心，直白。 Emily：写手。酷爱日剧，私下段子手。少言敏感，内心丰富。 Mario：摄影师。长期室外拍摄，抵触蜗居。独树一帜，冷知识爱好者。		 以"1＋3"的基本逻辑，构成住宅的基本形式，三个人独自的生活单元，被主公共空间串联起来，进一步顺应地形，下降到底层的次公共空间。 根据三人迥异又互补的性格，试图在独居单元里迎合他们各自的均好性，依次对"小房子"做了变式。		讨论到共居时，我们最先想象到的就是，居住者在一起相处时的情形，以及他们各自的生活起居。这便是"共"与"居"的体现所在。
你的一隅，你们的故事 王逸文 独居/微青旅	 在小院里看一场电影吧！ 你家的树开花啦！	快来吃饺子啦！ 个体时代正式上演，独居成为一种日益普遍的生活方式。在这个社交聒噪的时代，青年将独居视为成熟的仪式安定之前的自我成长。 独居生活并不意味着形单影只，我们共享厨房、共享院落，热爱自然、热爱生活。	 院落为开放端，连接私密与公共单元，三个独立单元结合一个共享单元。公共走廊串联各个单元，中间庭院吸引创造encounter，形成自由而相互依存的生活团体。		跳脱出本次方案住宅的规定，从单元空间发展方式探讨。不再局限于三个人的小天地，向模式化方向发展，可以构造一个属于空巢青年的小社区。

5 课程总结

5.1 对"住"的认知

特殊居住需求是独立住宅设计课程作业中制约和引导空间设计的限定要素，是该作业教学内容修改中尤其重要的一点：

(1) 启发性。"住"的认知在前期构思阶段是学生寻求设计概念的发力点和线索。对于人物设定以及生活居住方式的分析得出理性的空间原型，收获对生活细节的观察，对人的关爱，建立建筑价值观，逐渐学会介入建筑设计的一种视角或者方法。

对于独居宅/双宅/四合宅（微青旅）/居住工作联立型四种设定，学生需要独立判断，发现问题，是培养能力的启发点。同时，也为教师在指导过程中提供了方向，明确了"教什么、如何教"，减少经验传授的盲目性，趋向理性的教学过程。

(2) 逻辑性。空间原型的得出是基于对人物特定居住需求的分析，而不是天马行空的空想，也不是平淡追求户型设计的合理。应对不同需求的方式、回应问题的能力，将认知分析转化为建筑空间原型，强调空间与使用方式的对应，培养理性的逻辑思考能力，在训练过程中学生学会一套空间生成的方法。

5.2 对"宅"的设计

建立设计概念与设计实现的关联，完整而有深度地设计是在学生的薄弱点。由"住"的认知到"宅"的设计，需要学生解决问题的能力。在设计深化过程中，功能分区、流线设计、空间尺度等都应在满足居住使用的基础之上。就空间尺度来说，大多数同学对于起居室、卧室或厨房的最小空间、适宜空间以及改善空间的大小尺度在深化阶段出现问题。学生更擅长早期的空间操作和概念提出，但对于空间塑造、材料选择和细部进行探讨时，缺乏深化设计的意识和能力，在后续的训练中应加强。

"独立住宅"课程作业教学改革中，首先找到以往的问题和难点，从教学目的入手，改变教学内容，使看似感性的逻辑能力培养转换为教师可教、学生可学。不断讨论训练内容与教学目标的关系，推动设计教学明确化、科学化。

注：文中相关作业来自山东建筑大学建筑城规学院2015级学生作业，其他图纸由笔者自绘。

参考文献

[1] 袁烽，张立名. 从图解到建造 [J]. 时代建筑，2016 (01)：142-147.

[2] 葛明等. 方法：关于设计教学研究 [J]. 建筑学报，2016 (01)：1-6.

[3] 孙一民，肖毅强，王国光. 关于"建筑设计教学体系"构建的思考 [J]. 城市建筑，2011 (01)：32-34.

[4] 徐甘，张建龙. 完整而有深度的建筑设计训练 [J]. 中国建筑教育，2016 (15)：41-49.

周钰　沈伊瓦

华中科技大学建筑与城市规划学院；zhouyu_hust@163.com，247306821@qq.com

Zhou Yu　Shen Yiwa

School of architecture and urban planning，Huazhong university of science and technology

"理想家宅"：基于身体与行为的空间设计
——建筑学二年级"空间使用"专题设计教学纪实

"Ideal Home"：Spatial Design Based on Body and Behavior
——the Teaching of "Space Use" in Second Grade of Architecture

摘　要：以"理想家宅"设计课题为例，介绍了华科大建规学院建筑学二年级设计课程教学改革思路。在设计中引导学生回到生活，关注人的身体与行为，以消解由抽象的"功能"划分空间的固化思维。在教学过程中，强调严谨的环节控制，引导学生遵循逻辑清晰的设计方法，运用图解手段，由生活事件转化为家宅空间，由此深入理解建筑的空间使用问题。

关键词：空间使用；理想家宅；身体与行为；图解；空间设计

Abstract：Taking the design course of "ideal home" as an example, this paper introduces the teaching reform of the design course in second grade in faculty of architecture in HUST. In the design，students are guided to return to life and focus on human body and behavior to eliminate the solidified thinking of dividing space by abstract "function". In the teaching process，the process control is strictly emphasized. Students are guided to follow the design method with clear logic, developing design by means of diagram, transforming life events into house space finally. This teaching method is aiming for deep understanding of building space use.

Keywords：Space use；Ideal home；Body and behavior；Diagram；Spatial design

建筑学二年级的设计教学在本科阶段处于承上启下的位置。国内建筑学教育普遍在一年级重点教授建筑的空间、形式等方面的基础认知，从二年级开始进入实质性的设计阶段。之前，华科大二年级四个设计分别对应环境、功能、空间、建造等四个专题。最近几年应深化教改的要求，四个课题均作了较大幅度的调整。在课题设置中强调以问题为导向，对各课题所对应的设计问题进行分解与限定，对其他影响因素进行弱化处理。并强调从学生在生活中的切身体验出发展开设计。同时，要求明确教学目标及实现目标的教学方法和环节控制手段。在二年级第二个设计中，原有"功能"专题为"空间使用"所取代，设计内容为"理想家宅"。

1　课题设置

"理想家宅"设计课题强调摆脱传统的依据抽象的"功能"概念及"功能泡泡图"来组织空间的教学方式，倡导回归本源，也即回到"人"的生活本身来看待建筑的空间使用。同时，引导学生从"我的家"入手，观察分析自己的真实生活，通过发现生活中的问题来切入设计。通过经典案例"他的家"的分析，学习空间操作方法。由此培养学生观察、理解生活，并进一步通过建筑设计创造新生活的能力。在此基础上，引导学生深入理解建筑空间是承载生活的容器，空间使用方式的不同是源于生活的丰富多彩。

该课题要求学生在给定的建筑群肌理及场地边界中，为自己现在或未来的家庭设计一栋理想家宅（图1、图2）。其训练目标主要为：

（1）通过生活行为体验和案例分析，强化对身体与空间尺度关系的了解，初步掌握生活行为与不同尺度空间形态的关联。

（2）初步掌握从"人"这一空间的使用者的身体与行为出发，基于逻辑推导的方式生成空间的"由内而外"的设计方法。

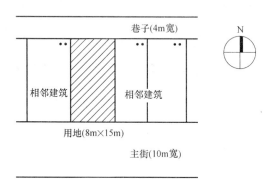

图1 用地位置关系图

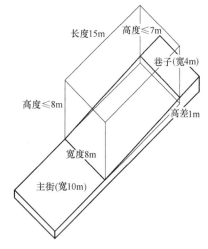

图2 建筑体量限定示意图

整个设计一共七周，分为三个主要训练阶段，前两个阶段各持续一周半的时间，分别为：①身体感知；②空间操作分析。在第三个阶段正式进入具体设计。

在第一个阶段，围绕"我的家"进行生活行为与空间分析，强调以图解手段从以下三个尺度还原自身的家庭生活：（微观）个体自身；（中观）家庭单元；（宏观）社区。

在第二个阶段围绕"他的家"进行生活行为与空间操作分析。以研究经典建筑案例的方式，探索有明显差异性的（如国家、文化、种族的不同）另一种家庭生活

的可能性，并以文字及图解还原的方式从微观、中观、宏观三个尺度描述其中的空间要素及其尺度、材质、光影等，研究为满足身体和行为的需求而使用的空间操作方法。

两个阶段都要求形成阶段成果，并计入平时成绩。在设计阶段要求针对自身家庭生活发现的问题提出理想的家庭生活状态，并转化为设计任务书展开设计。

2 教案设置

在遵循任务书总体要求的基础上，拟定详细教案展开设计阶段的教学。教案围绕"如何从使用者的身体与行为出发进行空间设计"这一问题展开，以明确的设计方法引导学生展开设计，教学框架见图3。

首先，从人的身体与行为入手，分析家庭生活中都有哪些主要事件；然后，在此基础上，以图解手段，由生活事件转化为家宅空间。从"事件"向"空间"的转化是其中的关键问题。从理论上来说，事件与空间并不存在严格的对应关系，而是一种"耦合"关联。也即，基于一定事件转化生成的空间，其使用仍然存在多样的可能性。但这并不妨碍由特定事件的空间需求生成具有一定特质的空间。再由多个事件的关联性转化为多个空间之间的连接与组织即形成了家宅空间的整体。由此设计出的家宅空间便因家庭生活的不同而具有了独特性。而这与传统的依据抽象的"功能"来排布空间的设计方法具有了质的不同。

教案共设置了递进关系明确的四个设计环节：生活剧本——空间图解——建筑剖面——三维空间，并在各环节给出了操作示例。

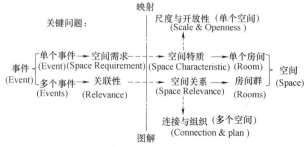

图3 教学框架示意图

2.1 拟定"理想家宅"家庭生活的"剧本"

首先要求学生依据分析"我的家"所发现的生活中

的问题结合自身愿望拟定一份"理想家宅"家庭生活的"剧本"。其家庭成员的组成既可以是现实状况，也可以是对未来的设想。在这一环节强调回归身体与行为的分析和研究，将枯燥的功能划分还原为鲜活的生活场景。启发学生运用自己的情感与智慧，在普通和平庸的生活中发现诗意与梦想。

在拟定剧本的过程中，引导学生关注：家庭生活中的主体人物都是谁？身体各有什么特点？在家庭生活中都有哪些行为？形成哪些事件？同时通过行为要素（行为主体、行为类型、行为时间、行为空间）的分析深入理解行为与空间的联系。通过行为类型的细分（主要行为，次要行为；必要行为，非必要行为；日常行为，偶发行为；内部行为，外部行为）区分行为的层级。

同时强调回到生活本身来做设计，杜绝在"剧本"中以诸如客厅、卧室、书房等功能概念来指代具体的家庭生活。建议基于人的具体行为与事件把所需求的空间描述出来。

[示例]：我的理想家宅中有五个家庭成员，分别是退休在家的老爸老妈，需要上班工作的我和爱人以及小宝宝。共同照顾小宝宝让一家人体会到其乐融融的幸福，也是两代人共同生活的联系纽带。我想让小宝宝在家里能够有足够宽敞的地方活动玩耍，学爬行，学走路，大一点可以捉迷藏，玩游戏，不用出门也能够晒到太阳……爱人希望有一个蛋蛋椅，可以和宝宝一起一边沐浴阳光，一边看书或听歌休闲。老爸在空余时间喜欢和邻居下棋聊天，或者出门散步。老妈操持家务，做饭洗碗，大家有空也会帮忙……家人在一起的另一重要活动是吃饭。我希望就餐空间宽敞明亮，家人可以很放松的在一起，一边吃饭一边聊天……我和爱人都比较喜欢艺术，老爸也会凑热闹。我想有一个艺术品的展示空间，展示喜欢的字画，雕塑等，客人来了也可以一起欣赏，等宝宝大一点也可以自由的来到这个空间，让她感受艺术的熏陶。我想有一个不受打扰的非常安静的独处空间，需要的时候能够在里面看书和办公。我希望能够一边欣赏喜欢的艺术品，一边怀着愉悦的心情步入自己的这片小天地。……

2.2 将"剧本"转化为空间图解

分析"剧本"中的行为和事件，重点关注：家庭生活中都有哪些行为和事件？各个行为和事件的空间需求是怎样的？（大房间/小房间；通高/水平；开放/私密；明亮/幽暗……）各个事件之间具有怎样的关联性？它们的主次关系是怎样的？（主要/次要；核心/从属；并列/平行；联系/隔绝；交集/独立……）

引导学生从家庭公共生活开始分析，进行图解转化。先抓住主要事件，接下来分析个体生活。将单个事件的空间需求转化为空间特质；考虑多个主要事件之间的空间位置关系及组织逻辑，并运用草图以图解的方式进行表达（图4）。

[示例]：家庭公共生活中的主要事件：

1. 共同照顾小宝宝；2. 一起就餐；3. 展示欣赏艺术品；

家庭个体生活中的主要事件：

1. 老妈做饭；2. 我在独处空间看书和办公；3. 爱人和宝宝娱乐休闲；4. 老爸和邻居下棋聊天……

2.3 将空间图解转化为建筑剖面

把反映家庭生活中主要事件关系的空间图解进行转化，首先考虑家宅空间在垂直维度上的关系，将其转化为建筑剖面（图5）。并基于使用者的身体与行为，进一步推敲建筑剖面所反映的各个空间（房间）的尺度，以及空间之间的连接关系。这一环节旨在帮助学生快速直观的理解从图解到建筑空间的转化。

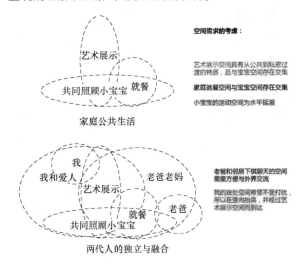

图 4　由事件转化为图解

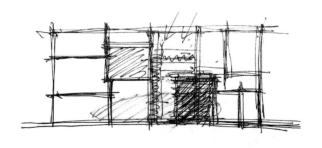

图 5　由图解转化为建筑剖面

2.4 将建筑剖面转化为三维空间

将建筑剖面中各个"房间"的六个面打开，重新考虑其开放性（开放/私密；视线的通透/阻隔；景观的呼应/转折；通过/停留……）；考虑相邻"房间"之间的连接性；以及家宅"房间群"的组织逻辑，将建筑剖面转化为三维空间。在这一环节强调运用手工工作模型推敲三维空间的组织关系，并结合各层平面图推敲深化设计，完善家具布置等设计细节。

3 学生成果

设计课题及教案执行情况良好，学生取得了丰富的成果（图6）。在任务书设定的第一个训练环节"身体感知"环节，学生对"我的家"从人的身体与行为角度进行了深入分析，由此对家庭生活有了更深刻的理解。在第二个训练环节"空间操作分析"环节，通过对"他的家"也即关于他者家庭生活的经典案例研究，学生学习到了多样的空间设计手法，并进一步体会了建筑设计手段对于塑造家庭生活空间的作用（图7）。

图 6　学生成果模型

在最终的公开评图中，从学生的设计成果可看到教案中关键节点的引导对于推进设计的作用。以秦羽恬同学的设计"独立的生活与共同的精神花园"为例，该同学将理想家宅定位为自己毕业后与从事广告设计的好友 M 合住，在生活剧本的基础上将生活事件进行图解表达，顺利理清图解蕴含的空间关系，直接进入三维体量的推敲，生成家宅空间。该设计由两人对等的事件图解关系生成二元对称的空间格局，同时以两人共同的精神空间——藏书阅读空间为核心组织家宅空间布置，形成理想的栖居之所（图8~图11）。

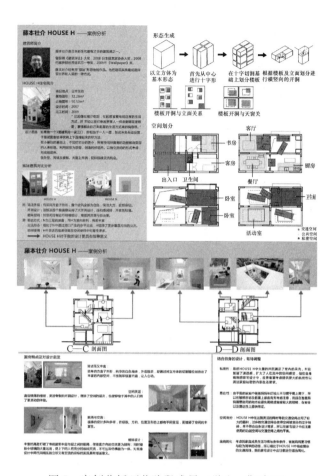

图 7　案例分析环节阶段成果（学生：靳琬顿）

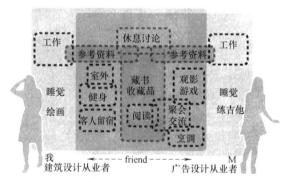

图 8　生活事件与空间关系图解

4 学生反馈

设计完成后，要求学生提交总结，对教学进行评价反馈。大家对这次设计的教学组织给予了非常积极的评价。反馈意见可概括为以下几点：

（1）"理想家宅"的任务设定以及"回到生活"的设计导向使大家有机会重新审视自己的"家"，并能够畅想自己的理想生活。这使设计过程能够代入自身情感，因而设计富有激情。

（2）严谨的教案设置明确了设计的训练目标及实现目标的设计方法，使设计易于入手展开，避免了在设计初期漫无目标的"找想法"。严格的节点把控使设计的总体效果得到了很好的保证。多位学生反馈"终于体会到了逐步推进的做设计的感觉"。

（3）部分学生提出了教学环节设置的不足之处，主要在"建筑剖面"环节。部分学生发现自身的事件图解并不能很好地在剖面上呈现出来，因而希望提供更多生成三维空间的设计方法。另有部分学生由于长期寄宿学校，对于家庭生活缺乏体验，影响到课题训练效果。而这不仅仅是建筑教育的问题，更折射出社会问题。

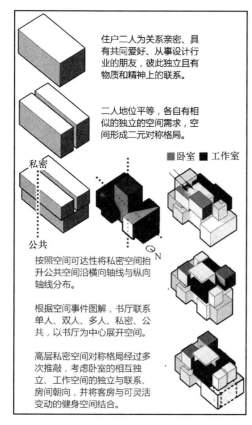

图9　三维体量推敲

图10　成果模型

5　小结

在本次课题，教学组体会到了许多课题设置与教学组织的积极经验：

5.1　课题设置的合理性与趣味性

"理想家宅"从"功能"到"空间使用"专题定位的转变可使学生更好的理解建筑空间与人的使用之间的关系。回到生活的设计导向大大增强了学生对建筑空间的切身体验，也使设计更具有趣味性，从而调动起学生的设计热情，呈现出丰富多彩的设计思路。在课题设置的前期阶段中，学生通过分析"我的家"及经典案例，为设计环节的展开提供了很好的前期准备。

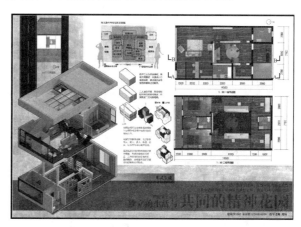

图11　成果图纸（学生：秦羽恬）

5.2　教案组织的严谨性与开放性

此次课题教学目标明确，并提供了设计方法。这在低年级教学中很有必要性。建筑设计本身太过复杂，影响因素众多，低年级教学宜对设计条件进行简化与限定，明确训练重点，并提供设计方法使学生体会设计操作过程。避免从"小而全"做到"大而全"的本科设计教学套路。同时，教案设置充分考虑了学生的个体差异。学生的理想家宅"生活剧本"即是源于自身的家庭生活经验以及对于理想生活的设想。因而，虽然设计方法相同，但"投入"的开放性确保了"产出"的多样性。

5.3　不足与改进

从教学的执行情况结合学生反馈意见来看，课题也有值得改进之处。比如，从"建筑剖面"入手的设计方法并不能完全涵盖各种设计的可能性。因而，在原有教案基础上再提供一种由图解到三维空间的转化方法或许可以弥补这一不足。通过总结经验，完善不足，华科大的教学探索还将继续（感谢汪原教授作为一二年级教改责任教授对本课题的指导）。

参考文献

顾大庆. 中国的"鲍扎"建筑教育之历史沿革——移植、本土化和抵抗 [J]. 建筑师. 2007（4）：97-107.

郑恒祥　门艳红　周琮

山东建筑大学建筑城规学院；zhx. xx. xx@163. com

Zheng Hengxiang　Men Yanhong　Zhou cong

School of Architecture and Urban Planning，Shandong Jianzhu University

环境心理学与设计心理学共同引导
下的幼儿园设计教学改革

Teaching Reform in Kindergarten Design under the Guidance of Environmental Psychology and Design Psychology

摘　要：环境心理学与设计心理学是心理学的两个重要分支，相关的理论与方法对建筑设计有着非常直接的影响。在低年级建筑设计课教学改革中，如何将这两个层面的因素作为限定要素，结合到以空间为核心的训练体系中，是一个值得探索的问题。本研究从分析问题入手，对心理学影响建筑设计的两个关键过程进行剖析。在此基础上，研究将心理学与建筑学相关理论与方法进行整合，最终形成一条全新的线索引入到幼儿园设计教学中，并对教学过程进行了记录与总结。

关键词：环境心理学；设计心理学；认知；行为；空间；幼儿园

Abstract：Environmental psychology and design psychology are two important branches of Psychology，and relevant theories and methods have a direct influence on architectural design. In the course of designing teaching for junior students，it is worth exploring how to combine these two factors into the teaching system with spatial training as the limiting factors. This study starts with the analysis of the problems，and analyzes the two key issues that affect the architectural design. On this basis，the psychology and architecture related theories and methods are integrated，and eventually a new clue is introduced into the kindergarten design teaching，and the teaching process is recorded and summarized.

Keywords：Environmental psychology；Design psychology；Cognition；Behavior；Space；Kindergarten

通常所说的作为建筑设计限定因素的"行为心理"实为诸多因素的概括。这其中包含两个核心范畴，一是从环境心理学[①]角度讲，人与环境或空间建立联系是一种心理上的认知与行为过程，因此设计师进行空间操作时应从这一心理机制出发；二是从设计心理学[②]角度讲，设计师应具备足够的使用者意识，研究目标主体的心理，让自己的设计更直接地被接受与喜爱。在山东建筑大学二年级建筑设计课的第三个训练单元中，这些"行为心理"因素被整合为一条全新的教学线索，并通过具体条件的设

---

① 环境心理学是研究个体行为与其所处环境之间的相互关系的学科。它主要研究环境和心理的相互关系，即用心理学的方法分析人类经验、活动与其社会——环境（尤其是物理环境）各方面的作用和影响，揭示各种环境条件下人的心理发生发展的规律。俞国良. 应用心理学书系：环境心理学［M］. 人民教育出版社，2000.

② 目前学术界尚无特别明确的定义，诸多学者提出了自己对设计心理学研究内容的定义。共同的认知是设计心理学研究的是设计主体与设计目标主体（消费者或用户）的心理现象及其相关影响因素。

定加以强化，最终融入现有的教学体系中。

1 心理学线索介入建筑设计的两个关键过程

1.1 过程一：设计师对场地与空间进行"环境心理学"方式的"认知"

过程一的讨论旨在引导学生关注一个重要问题——使用者对场地与行为空间的个体认知。个体认知是具体的、特殊的，与个体本身的特点（如性别、年龄、生活经历等）有关。对场地与空间进行环境心理学方式的"认知"，可以引导学生关注设计的感性层面，避免学生沉浸在对空间手法甚至是建筑形式的理性操作中，进而形成环境失当的设计。

1.2 过程二：设计师对使用者需求空间进行"设计心理学"方式的"介入"

过程二的讨论旨在引导学生从使用者角度出发，重点关注建筑学空间方式如何建构出符合使用者需求的行为环境。诚然，环境构成中不仅包含建筑要素，然而好

的建筑却能够在微观行为空间与中观行为空间层面作为核心手段解决心理需求问题。因此，过程二的讨论对学生专业核心能力的培养十分关键。

2 围绕两个关键过程展开的教学设计

2.1 教学线索

基于上述分析，教案形成了两条"线"——以认知为起点的心理学线索及其引导下建筑设计线索（图1，图2）。整个教学线索突出以下两点：

（1）"要素认知—分析认知—情感表达—提取放大"的递进式思维

对场地及行为空间的认知，由对基本要素的客观认知开始，逐步了解认知对象的内在规律，逐步发现使用者的细微情感。随后，学生会产生某种表达的意愿或情感，进而确定设计者的某种"空间爱好"，最终将其放大、突出，进行建筑学语言的表达。前半段的认知与表达过程是环境心理学思维的体现，而后半段的介入过程则是受设计心理学思维的引导。

图1 教学线索整合

图2 开题授课框架

(2) "基于场地的行为环境 + 基于需求的行为环境 = 设计环境"（图3）

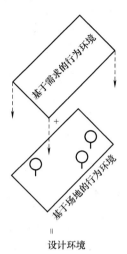

图3 基于环境心理学的设计认知

设计源于对场地与儿童行为空间的心理学认知。在这个过程中，使用者对场地环境的阅读又能够引发某些行为空间所需，因此两者关系十分紧密。一次设计过程从心理学环境的角度，可以认为是将"基于场地的行为环境"与"基于需求的行为环境"进行叠加的过程。

2.2 场地拟定

场地认知是心理学认知的第一步。题目试图提供一种特殊的场地，这种场地能够比较直接地引发个体层面的心理活动。故场地拟定基于以下几个基本原则：

（1）均质的、尺度适宜的——避免特殊的物质空间因素对设计产生形式上的规定；

（2）无历史的——避免历史、文化、事件、集体记忆等因素的对设计的影响，将环境的社会因素弱化；

（3）自在的——场地内部与周边形成反差，场地自身的存在能引发遐想；

（4）标志性的——树木作为标志元素，容易使人产生情感，同时也带来了空间的若干种行为可能。

最终选择的场地为老居住区内部的一块空地，周边被不同类型的多层住宅与商业建筑包围。用地呈闲置状态，内部存有若干棵树龄不同的柿子树，其位置随机散布。关于场地与柿子树的确切历史无从考证（图4）。

2.3 任务设定

除了班级数量与两种编班模式外，任务设定较为开放。任务有意弱化了抽象的"建筑功能"概念，而规定了几种基本的、日常的幼儿活动行为——晨检、活动、运动、午休、实践、游乐、家长接送等。在教学过程中，引导学生在基本行为之外，根据前期认知结论，对幼儿园容纳的行为活动进行增列。用行为概念取代"晨检室"、"活动室"、"卧室"等建筑功能概念，能引导学生对行为空间产生更为直接的想象。

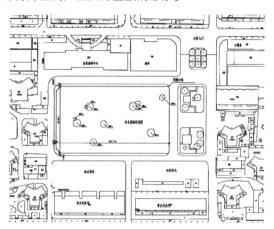

图4 幼儿园拟定场地

3 教学过程与结果

3.1 认知——从要素到分析

设计前期的认知过程，强调"要素——分析"的递进式思维过程，其目的在于引导学生对场地和儿童行为空间进行心理学建构。场地认知更多地强调从感受到意义的认知层次，引导学生对场地进行感性认识、合理分析及意义阅读。学生从一开始的"空白"状态，逐步认识到空地对于成熟社区的意义，以及柿子树作为环境要素带来的生机与趣味等，并展开了对自我感受和场地定义的多方式描述。

在儿童行为空间认知阶段中，学生从一开始就具有自主选择权利——根据自己对幼儿生活的理解选择兴趣点进行调研。教师将兴趣点相同或者相似的学生分为一组（图5）。基于行为主体的分类，分别对儿童、家长、教师的理想行为空间进行调研；基于行为的类型，分别对日常行为与特殊行为进行分析；基于行为空间的"尺度"，从微观行为空间到中观行为空间进行行为观察，并分析其与建筑空间的关系。在方法引导上，重点引导学生使用图示语言——行为注记、故事版、认知图式等方式完成信息分析及结论导出（图6、图7）。

3.2 认知——从情感表达到"空间爱好"

从要素到分析的认知过程，其目的还在于达成某种

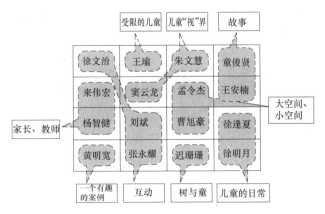

图 5　调研主题与分组

图 6　一组关于游戏与学习的图示（学生：徐逢夏）

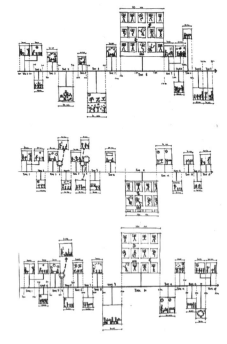

图 7　一组关于幼儿日常行为的图示——小班、
中班、大班（学生：徐明月）

强烈的情感，引出"空间爱好"。在经过认知过程后，学生有了很多想法。有的想法与个人的经历与回忆有

关，有的想法与调研过程中的发现有关；有些比较强烈，有些比较模糊。教学过程中引导学生将比较强烈的想法进行表达，并利用语言、文字、图示、影像等各种方式去表达，达成对使用者"空间爱好"的判断（图8）。"空间爱好"是本次训练的一个重要概念，强调的是个体化、具体化的空间概念及使用方式，能够为下一步空间操作的"投其所好"提供思路。在这个过程里，设计师的主观意向与使用者的客观需求同样重要，教师的作用是在判断其想法合理的基础上，进行适当鼓励。

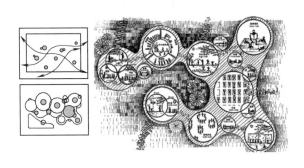

图 8　情感表达与"空间爱好"（学生：徐明月）

3.3　介入——提取、放大、量身订制

"空间爱好"如何以建筑本体手段去实现，是这一阶段需要解决的重点问题。各种"空间爱好"都可以被提取出来，在建筑核心空间设计中对其进行突出表达，甚至整个建筑形态都可围绕这一想法进行构思。徐明月同学发现的空间爱好是"跑"。她将建筑处理成几个圆形体量构成的空间，并用曲线界面与圆形体量相靠近形成环廊，以此将跑的行为在建筑空间形态层面上加以表达（图9）。徐文治同学发现的空间爱好是"树下嬉戏"，故整个建筑由若干个不同的柿子树院组合而成，根据柿子树的树龄及位置分别定义了每个活动单元的布置方式及其与树院的关系（图10）。徐逢夏同学发现的空间爱好是"童话里的家"，故整个建筑采用折叠的方式生成一个个小尺度的体量，然后讨论其组合关系与视线关系，满足儿童对童话空间的好奇心（图11）。"空间爱好"确定了方案的大致方向，其核心思想控制了方案生成直至深化完成的全过程（图12～图14）。

图 9　空间爱好——跑（学生：徐明月）

图 10　空间爱好——树下嬉戏（徐文治）

图 14　空间爱好——林中"穿行"（学生：黄明宽）

4　结语

时代在发展，设计在进步。虽然当下设计技术的进步带来了更多空间与建筑形态的可能性，但建筑设计以人为本的原则永恒不变。建筑设计师要向心理医生学习，去发现使用者的真实想法与潜在需求；建筑设计师又要向工业产品设计师学习，从用户心理与行为的角度来审视自己的设计。本次教学尝试跳出传统空间教学的限制，寻求从意识建立到方法提升的教学新思路。希望能够将其作为一次契机，推动建筑设计教学的向前发展。

图 11　空间爱好——童话里的家（学生：徐逢夏）

参考文献

［1］李道增. 环境行为学概论［M］. 北京：清华大学出版社，1999.

［2］徐磊青，杨公侠. 环境心理学：环境、知觉和行为［M］. 上海：同济大学出版社，2002.

［3］阿摩斯·拉普卜特，拉普卜特，Rapoport，等. 建成环境的意义：非言语表达方法［M］. 北京：中国建筑工业出版社，2003.

图 12　空间爱好——"大院里的童年"（学生：王瑜）

图 13　空间爱好——"一径抱幽庭"（学生：朱文慧）

张昕楠　李文爽　王迪

天津大学建筑学院；Email：280379485@qq.com

Zhang Xinnan　Li Wenshuang　Wang Di

School of Architecture，Tianjin University

艺术·空间·场地
——基于艺术家作品分析的主题展览馆设计

Art，Space & Site
——The Gallery Design based on Studying on Works of Artist

摘　要：结合本次大会的主题，笔者在概述天津大学建筑学院三年级建筑设计试验课程的基础上，提出在现有的体系下，加入以艺术家及其作品分析为基础的主题展览馆建筑设计题目，指导学生从艺术家及作品特质、表达或展览方式、设计逻辑和对待场地的思考方式等层面出发进行设计操作。进而，笔者对教学过程中环节的设置、学生设计作品和教学效果进行了论述和分析。

关键词：实验教学；艺术；展览馆

Abstract：Response to the topic of this seminar，the author suggested the Gallery＋ design，which is based on studying characteristic of works of Artist，is an effective vector on training student's design ability of concerning on art，furnishing and design logic. Furthermore，by analyzing the teaching program，the design work of student and the data by questionnaire，the effect of author's suggestion is proved.

Keywords：Experimental class；Art；Gallery

1　背景——建筑设计试验课程的设置

技术，方法，思辨，态度亦或立场。

在当代愈发多元的语境下，上述关键词成为优秀建筑师培养过程中不可或缺的要点。然而在给定了确定任务书的建筑设计教学中，尽管学生可以较好地完成某种建筑类型的设计训练，却在一定程度上失去了以类型为出发点进行人本思考的权力。天津大学建筑实验教学组在培养学生处理建筑设计基本能力的基础上，尝试引导学生基于对爱好、生活方式、艺术和文化的理解对任务书进行发展，并融入他们的设计中，使学生充分表达自我意识和创造的热情。

在此背景下，笔者所在的三年级教学组，力图引导学生充分发挥其内在的设计能力和创造的热情。自2012年以来，教学组设置了系列课程题目"＋"，有意使任务书处于一种"未完成"的状态，引导学生基于他们对爱好、共居、艺术和宗教文化的理解对任务书进行发展，并融入他们的设计中。系列题目均以建筑类型后缀以"＋"的组合方式出现，类型本身的出现其实直指真实——回应了建筑这一外来语的基本定义，而"＋"其后的内容则给予了学生更为开放的机会，允许他们将自身对环境、文化、事物、物件的理解和学习融入设计过程中，并展开想象的世界。这样一种方式，使得教师和学生同时处在了一种寻找另一半的状态中。"藏传佛教展示中心"中，学生将对文化、宗教的理解融入设计中。"Club＋"中，学生将对自己的爱好展开分析，并为同爱好人群设计一个主题俱乐部。"Gallery＋"中，学生将对自己喜爱的艺术家展开解析，并为其作品设计一个主题展廊。"Bedroom＋"中，住宅将被结构为最小私密的单元，关于住的公共性讨论将被融于其中。

"Library＋"中，功能和结构、类型的讨论将被融入于　　校园图书馆的加建设计中（图1）。

图1　三年级系列课程题目"＋"

2　从艺术特质出发—主题展览馆设计课题的定位

艺术和建筑在历史发展中从来都是以一种共生的关系存在，而艺术作品与建筑的并处，于神庙及教堂中常得到精彩呈现。进入现代主义以来，特别是展览建筑类型产生及成熟之后，哲学、艺术及设计大师对其关系也做出过精辟的论述（图2）。

● 艺术作品的美学特质同时由她的创造者和展示、维护者所共享。艺术作品的内涵是其创作者的艺术表达，其外延是世人的诠释、理解以及维护和保护。　Martin Heidegger

● 展览空间不应该是那些用来盛放艺术品的仓库或厂房，展览空间也不应该只是一个中性的、仅为艺术品提供保存放之处的容器，与艺术共生时，空间可以成为一种评论，一种作用在艺术品上的试验。　Carlo Scarpa

图2　哲学、艺术大师对艺术作品及展览的思考

在此背景下，笔者及教学组选择艺术作为激发学生探索的线索设置题目，引导学生或根据自身的爱好选择艺术家并尝试寻找自己的态度进行一个主题展廊的设计。在课程设计中将艺术作为建筑主题，建筑可能成为艺术的评论，可能成为艺术的表达，也可能借用艺术家的观念进行空间再现，也或许是一个承载艺术的展览馆。课程题目的场地选定于天津市河北区的旧城区内，毗邻天津美术学院，周边伴有商铺集市，街巷生活氛围浓郁，人群相对复杂。学生在设计开始阶段选择艺术家作为设计的指导因素，在对艺术家艺术品的解读中形成自我表达建筑的方式，与此同时也在与场地的碰撞中形成自己设计建筑的态度。

特定人群、城市复杂场地和空间类型，这三个要素构成了整个题目的核心（图3）。因此，在出题伊始，教学组将本课题的训练目标定位以下三点：一，认识并实践由对于艺术作品理解及展陈表达向空间转化的设计过程：艺术作品是整个设计的出发点，空间是设计的载体，从艺术特质到实体空间的转化过程中，二者的对应关系是判断设计概念是否成立的关键环节；二，掌握专项设计研究的基本操作方法：尝试将所学的艺术、历史等理论学科知识转化为建筑设计与分析的技能。在设计研究的过程中，对之于艺术作品表达产生影响的要素进行研究。三，掌握城市环境分析与研究能力：分析建筑所处城市环境，将建筑作为城市的有机组成部分进行设计。深入理解周边环境人群对于该区域的使用方式，并将城市环境与建筑环境进行结合设计。

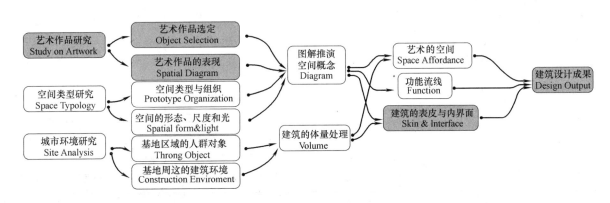

图3　教学知识点体系

3 融艺术研究于教学过程——教学环节的设置

题设核心为艺术家的表达与建筑的本体问题的回应。因而教学主要分为两部分，对建筑本体问题的指定训练以及由艺术家引发的自我探索的发散训练。教学组将围绕展览馆的建筑类型进行基础教学，而针对学生所选的艺术家不同，教学组将选择不同的方向进行引导，制定个人化的目标。设计课程由前期研究、选择切入、方案生成、方案深化四个阶段组成，各阶段均由两个部分组成，在第二阶段后设置初期评价，在第三阶段后设置中期评价（图4）。

时间		教学流程与安排	
Week1	Mon	任务书讲解	讲座一:主题展览馆案例阅读
	Tue	案例研究	阅读研讨
	Wed	基地调研	制作基地模型
	Thu	汇报展览馆案例研究及调研成果	讲座二:艺术的空间
	Fri	近现代艺术历史理论及作品	选择主题艺术家
	Sat	分析所选择艺术家作品的特点	
	Sun	汇报调研结果	确定展览馆设计主题
Week2	Mon	建筑体量研究与设计	讲座三:Trees & Affordance
	Tue	建筑体量研究与设计	
	Wed	建筑体量模型提交	小组讨论设计与修改
	Thu	初步设计	方案修改
	Fri	初步设计	
	Sat	初步设计	
	Sun	组内一草汇报	中期评图
Week3~5	Mon	方案评改	深化设计
	Tue	讲座四:从概念图解到设计生成	深化设计
	Wed	深化设计	
	Thu	深化设计	
	Fri	深化设计	
	Sat	深化设计	
	Sun	深化设计	
Week6~8	Mon	组内二草汇报	方案评改
	Tue	深化设计	
	Wed	深化设计	
	Thu	深化设计	
	Fri	深化设计	
	Sat	深化设计	
	Sun	深化设计	
Week9~10	Mon	绘图制作	
	Tue	讲座五:设计表达的图学	绘图制作
	Wed	绘图制作	
	Thu	绘图制作	
	Fri	绘图制作	
	Sat	终期评图	
	Sun	组内方案点评	

图4 教学过程

针对不同学生选择的不同艺术家进行定制化的训练看似难以形成方法，但事实上艺术家所用媒介，所处时代都很大程度上决定了艺术家的风格与思想，因而教学组可以据此形成发散训练的基本方法，再根据学生的具体情况进行调整。发散训练依据四个教学阶段主要分为四个步骤：第一阶段，选择建筑之于艺术的态度；第二阶段，选择方案的切入点；第三阶段，选择合适的手段进行方案推敲；第四阶段，选择恰当的方向进行方案深化。

第一阶段中，学生作为设计者需要思考艺术在哪些方向可以多大程度地推进建筑设计。比如对平面艺术作品和立体艺术作品而言，立体艺术作品展览方式可能更加丰富，建筑作为载体的发展潜力会更大。对传统艺术作品和现当代艺术作品而言，传统艺术往往更加具象，讨论的主题也主要围绕着笔法、光线等话题，建筑对其的反应也往往会更含蓄，而现当代艺术品或抽象或反映出独特的思想，建筑也可能采取更主动的姿态进行呼应。对东方艺术作品和西方艺术作品而言，以绘画为例，西方艺术围绕透视学的建立与解构，有着严密的逻辑思维体系，建筑寻求态度时也适宜采取更严谨的思维方式，而东方艺术以写意为核心，建筑可以以更放松的态度进行呈现，以求意境的呼应。

第二阶段中，在学生基本确立的建筑的态度，就可以延续态度寻找方案的具体切入点，也就是用何种建筑的本体语言对艺术进行呼应。适宜从空间序列或动线切入的艺术家或在其一生有较为明晰的发展阶段，或有几类风格鲜明的作品。适宜从光切入的艺术家大部分处于古典油画时代或者绘画刚刚开始抽象的阶段，光是绘画中重要的探讨话题，例如印象派，野兽派画家。适宜从形式切入的艺术家作品往往比较抽象，立体主义，风格派，或有一部分中国艺术都可以就形式展开设计。适宜从空间尺度切入的艺术家作品一种情况是作品尺寸比较特殊，有特殊的展览要求，另一种情况是有特定的氛围可以通过空间的尺度进行营造。适宜从展览方式切入的艺术家作品或者形式比较丰富，或者拥有强烈话题性的当代艺术作品。

第三阶段中，学生需通过平面图、剖面图及模型进行方案推敲，本阶段的重点在与此阶段的反复推敲应以第一阶段树立的建筑态度为标准，推敲过程紧密围绕第二阶段选择的一至二个切入点，防止学生陷入纠结，难以深化。

第四阶段中，应针对切入点明确深化目标。从空间序列或动线切入可重点研究大比例剖面或剖面模型。从光切入可制作真实的大比例模型以验证效果。从形式切入可梳理形式生成逻辑，研究过程模型发展。从空间尺度切入可制作局部模型或效果图辅助表达。从展览方式切入可利用图解梳理与艺术作品主题的关系等等（图5）。

图 5　教学过程记录

4　学生作品分析及教学效果评价

从学生完成课题提交的设计作业，以及在这一过程中随堂问卷的调查结果来看，设计课程的教学目的得到了实现，学生在一定程度上理解并学习了通过关注艺术作品展开设计的方法和思维。以下笔者通过对学生设计分析和调查问卷数据统计，进一步说明"主题展览馆"设计课题的教学效果。

4.1　学生作品分析

完成作品《如影逐塑》的学生，将贾科梅蒂的雕塑作品与"影"联系起来并探讨两者的关系，利用简单的体量操作与元素组合创造出富有特色的展览空间。进而

在进行光影表达预设的基础上，通过对空间、开口、雕塑的三者关系的设计操作进行深化；并通过空间序列的叙事性图景组织来回应与场地的关系（图 6）。

在《小隐于弄》方案中，学生在对丰子恺漫画进行解读的基础上，针对如何延续场地原有的生活与艺术相融合气氛的问题展开设计。设计过程中，方案围绕市井生活气息的主题从画中提取了三种典型的空间原型：犄角旮旯、屋林踱步、晒台观望，并结合里弄这一空间原型进行再创造和再组织；同时引入青旅，为展览馆带来真实的生活气息和丰富的空间层级，最终形成展住行为相交错，展览馆与青旅相结合，树与院落、天井、晒台相呼应，艺术与生活相结合的独特漫游体验式展览馆。

图 6　《如影逐塑》——贾科梅蒂雕塑展览馆

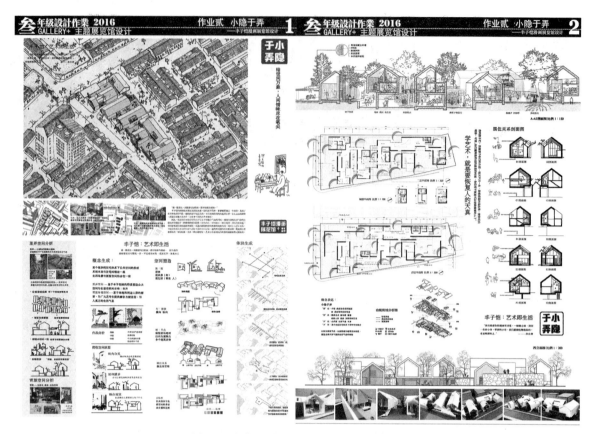

图 7 《小隐于弄》——丰子恺漫画展览馆

4.2 教学效果评价

根据对学生选择的艺术家及表达主题，可归纳出在此课题引导下的设计方向。首先是形态的生成：学生对画作（特别是立体主义或风格派）进行分析的基础上，通过形式转译的操作进行建筑空间的营造；第二类为光的表达与表现：在这类主题下，学生有感于艺术作品（特别是印象派作品）的色彩表达，通过空间光环境营造的深入讨论展开设计；第三类为观览方式的表达为表现，学生通过对艺术作品内涵理解，从尺度、观看的身体姿势以及观得的图景再创造等角度进行设计生成；最后一

类为作品与生活环境的融合，在这类主题下，学生将艺术作品—空间环境—观览者和生活事件—社区环境—在地者这两种机制下的要因同时考量，进而得出设计结果。

针对教学效果，笔者在设计课程结束后对全部学生进行了针对性的问卷调查。调查结果显示：91%的学生认为，在设计过程中"有"及"非常明显"的对了解、学习对于艺术作品分析研究引导下的设计过程有帮助；87%的学生认为，在设计过程中"有"及"非常明显"的学习到本类型建筑的设计知识和方法；85%的学生认为，专题讲座的设置对设计有帮助。由此可见，"主题展览馆"教学达到了预期效果（图8）。

印象油画	传统国画	雕塑作品	其他作品
空间与光	空间类型与功能系统	空间与雕塑的叙事性同构	尺度与关系
Ⅰ:莫德里亚尼作品展览馆 Ⅱ:莫内作品展览馆	Ⅰ:张大千作品展览馆 Ⅱ:丰子恺作品展览馆	Ⅰ:苏比拉克作品展览馆 Ⅱ:贾科梅蒂作品展览馆	Ⅰ:森山大道作品展览馆 Ⅱ:宫崎骏作品展览馆

图 8 课程设计作业综述

不过，对"你觉得在进行这个设计时，最困难的是?"这一问题的调查结果表明在教学中仍存在一些问题：其一，是学生由于前期加入了对所选艺术作品的分析，存在对时间控制不适的问题，需要教师进行引导；其二，是学生在进行概念图解向空间形式转化的过程中存在困难，需要教师在今后的教学中进一步完善指导的方法（图9）。

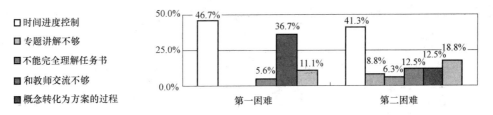

图9　关于"你觉得在进行这个专题设计时，最困难的是?"问题的调查结果

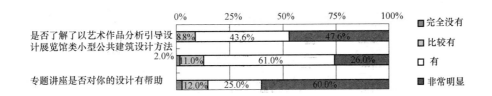

图10　关于教学效果的调查结果

5　结语

本次试验班的课题改革，某种意义上是一种人本和学生自身想象的释放。一方面，学生对展览馆类型的设计基本问题进行了学习，初步掌握了于复杂城市环境中进行设计的能力；另一方面，则强调了前期的分析及相应设计概念的提出对设计的推动作用。其最终目的，是使学生深入理解艺术家作品的特质对展览馆设计中尺度、观览行为、光所提出的要求，并对艺术和相应的艺术史有初步的掌握，为今后的学习奠定了基础。

参考文献

［1］　H·丹纳．艺术哲学．北京：当代世界出版社，2009.

［2］　阿纳森．西方现代艺术史．天津：天津人民美术出版社，1994.

［3］　张颀．两种关系 两种研究［J］．建筑与文化，2009（07）

［4］　张颀．立足本土 务实创新——天津大学建筑设计教学体系改［J］．城市建筑，2011（03）

俞传飞　王承慧

东南大学建筑学院；yuchuanfei@seu.edu.cn

Yu Chuanfei　Wang Chenghui

School of Architecture，Southeast University

格局·结构·层次·要素——龟山·城墙博物馆设计教学札记

Situation · Framework · Layers · Elements—— The Teaching Notes for GuiShan Ancient City Wall Museum Design Project

摘　要：建筑、规划与历史理论等相关学科设计课程的横向融通，其课题设置、教学组织层面的重要与艰辛自不待言，在具体教学研讨和设计指导过程中，也有不少挑战和问题。针对东南大学建筑学院新近尝试的"龟山·城墙博物馆设计"综合课题，本文从格局、结构、层次、要素四个层面梳理了课程设计指导思路和各层面的具体设计教学问题，介绍点评了两组颇具代表性的学生设计成果；再结合相关交流反馈，从教的角度转换到学的角度，回顾反思本次设计教学的收获与体会。

关键词：学科横向融通；设计教学；格局结构；层次要素

Abstract：Besides the importance of the setting and organizing for the whole teaching project，there must be different challenges and problems in the process of teaching and design for both directors and students in an interdisciplinary design project including architecture，urban planning and history theory professions. To review the process of Guishan ancient city wall museum design project in SEU-Arch，the four key points of design were discussed with specific issues during the teaching process，and two typical design proposals were introduced with the feedback from the students as well. According to all these stuff，the experiences and lessons had been summarized from teaching to design learning.

Keywords：Interdisciplinary project；Design teaching；Framework；Layer，Element

1　课题缘起与背景

　　龟山·城墙博物馆横向联合设计课题，是由东南大学建筑历史与理论研究所的陈薇老师及其团队策划出题，由建筑系主任鲍莉老师等组织建筑和规划两学科相关设计课程教师，指导建筑和规划两个学科的本科三年级学生，共同完成的一次跨学科融通横向联合设计课程教学活动。该设计课题在南京明城墙体系举世无双的尺度规模和特色型制背景下，选取南京仙鹤门附近龟山外郭遗址公园为基地（图 1），要求结合历史环境、场地条件和城墙未来申请联合国教科文组织世界文化遗产的目标，规划相关城市公共空间、景观绿地系统，并策划设计一座城墙博物馆。[①]

　　该课题时间设定在 2016 至 2017 学年春季学期后半

①　本课题任务与具体计划要求，由建筑历史方向牵头，建筑和规划两个学科的诸位老师共同协作和策划拟定，特此说明并致谢。

图1　龟山·城墙博物馆设计（地形条件图）

程，为期六周。课题教学过程中，结合不同设计阶段，课题组还组织安排历史、规划、景观、建筑等不同学科教师进行了基地和课题解读、案例讲解与分析等系列课程讲座。一方面有陈薇老师等人对南京古城墙四重城郭体系（尤其是外郭）的历史形势特色及现状保护发展愿景的介绍，引导学生尝试"运用中国古人对于人工和自然结合的思维，展现南京城墙独特价值并让人可以体验中国古代大视野大谋略氛围的设计"（陈薇，2017）；另一方面，又结合南京系列山水建筑景观案例剖析其中的形胜、高下及山体与建筑关系，更结合畏研吾、RCR①等当代著名建筑师的相关作品，从历史文化、地形景观、光影材质、材料构造等不同角度和层次，详细解析它们对内外、显隐乃至质感、氛围等关系和要素的综合考量和运用。

笔者有幸作为建筑与规划指导教师组合之一，全程参与其中，在短短六周的教学研讨和设计指导过程中获益良多，既曾体会到跨学科横向联合设计教学的特点和魅力所在，也欲反思具体教学过程的问题和尚待完善之处；特记之，也以此求教于同行。

2　教学要点与问题

设计指导的过程中，遵循建筑遗产保护在不同层面的具体要求，结合规划与建筑设计的不同学科特点，也针对不同专业学生在设计中提出或遇到的具体问题，逐渐明晰了以下四个教学要点。

2.1　格局：因势谋划

基于南京四重城郭与山水形胜的关系，认知外郭在龟山段的本体特征和价值。引导学生在宏观尺度的山水关系、环境风貌和中观尺度的地形地貌、环境体验之间交互切换。希望通过历史与建筑、规划和景观的融合教学，引导学生思维能够"因应形胜、因应地势、因应区

位"，达到"谋篇布局、妙策巧施、合旧谋新"的境界。

即便对于成熟的设计师，这也是一个很高的要求，更别说是三年级的本科同学。尽管如此，本组教学还是没有放松在思维和策划方面的高要求。每一次课堂上总是反复强调和引导学生去思考城郭的历史作用和地位、城郭的当代区位和功能，认真反复揣摩龟山段城郭基地独有的特征，从而进行方案的立意和空间策划。

同学们对此的领悟和理解各有出入。特别是前期，有些同学难以理解山水形胜和古人营建城郭的关系，导致早期的策划过于写实——如假想古战场场景进行实景复制，或将与城墙有关的故事罗列在空间中。经过充分讨论，同学们最终也能认识到因势谋划并非直白转换，而需要对更为广泛深层的格局大势进行更为深入的理解和探究。这样的难度和挑战，也激发了他们进一步的好奇、兴趣和创造力。各小组最终大多能为自己的方案找到有创意同时也较合适的立意和策划。

2.2　结构：系统营建

引导学生在前期谋划设计目标的引领下，衔接现代城市多维系统和功能需求，适应南京外郭绿廊的规划要求，处理好基地与城市的多元交通联系，协调基地和周边社区的功能互动。强调基地在当代城市中的作用，包括城市绿廊层面、周边社区层面、交通系统层面的衔接，从而营建出既有强烈特质的基地方案、又能很好地融合当代城市功能和生活的可成长的结构。

对于本次10余公顷基地的结构规划和设计操作，刚经历了上一课题60余公顷的住区综合规划训练的规划专业同学来说，是比较熟悉的。但是对于建筑专业同学则显得力不从心。尽管如此，规划专业的同学仍然能在合作讨论中，获得一些新鲜的想法，对于优化结构大有裨益。而对于建筑专业同学来说，和已经有了城市规划理性思维的同学合作，也学到了很多中大尺度的设计手段。这一阶段，对于学生利用多种媒介进行结构设计也是非常必要的。

不得不说的是，如果合作不够顺畅，这一阶段的争议可能是最多的。比如出入口的位置、序列和空间的关系、场地的地形高低如何处理、主要建筑如何设置等等，在这一阶段即便有了大共识，具体的结构设计也可能因为小组成员间认识的差异而争执不断。如果出现合作难以达成共识的情况，教师的作用是首先引导学生再度回到格局谋划，思考哪种结构设计能更好地呼应立意

---

① RCR，著名西班牙建筑师组合，2017 年度普利兹克建筑奖获得者，作品以兼具本土文化、场所精神及国际化特色闻名。

和策划；或尝试引导学生互换角色分工，如果不认可对方的做法，那么自己先尝试做一个，提出建设性意见或新的方案可能；然后引导大家列出各种结构系统的优点和缺点，进行综合评价，增加讨论的有效性。

2.3　层次：层级变换

基于关键词"层次"的层级变换，旨在培养设计中的多层次对话、转换与组织，包括从城市、城郭到城墙的宏观、中观、微观层次，以及场地和建筑内外流线的动静快慢、视线的内外开合、光线的明暗过渡等。

而同学们对规划设计与建筑设计常常存在固有大小尺度的僵化理解，感觉规划与建筑的配合只是简单的前后工序的衔接。事实当然远非如此。在这里，规划与建筑都需要在不同尺度层级无缝对接、灵活转换。

一方面，设计中不同层次的转换，是让同学们在把握整体格局、建立系统结构的前提下，有意识地完成从城市城郭的格局大势，到场地地形及其周边的结构关系，再向建筑选址用地和体量形态的结合这样从宏观到中观，再相对微观层面的操作过渡。另一方面，场地与建筑的关系，不再是传统建筑设计中刻意简化的图底关系，而需结合博物馆建筑的主题内容和展陈功能要求，将内外流线、视线开合、光线明暗等关系与场地不同人员的行进路线、不同地势高差处的视野景观方向、不同地形陡缓朝向下的自然光照条件，进行中观到微观的综合考量和转换结合。

2.4　要素：多元巧用

基于关键词"要素"的多元巧用，旨在训练各种人工与自然要素的巧妙布置与综合利用，包括从城郭、建筑、道路、景观到山地、植被、水体、材质等要素的有意设定与有效利用；而非场地规划与建筑设计的简单结合。

建筑或规划专业的同学，在方案和概念"大局已定"的情况下，常常误以为接下来只是规定动作的例行公事。规划习惯于路网结构确定之后的排房子、填景观，但这回发现空荡荡的基地里没多少房子可排，才意识到景观植被、水体等等都是应该也需要精心设计的；建筑设计习惯于满足功能组织和空间布局之后的摆房间、做表皮，却发现一旦结合山坡地势考虑到体量的显隐，已然没有多少凸显的主角与无足轻重的配角之分。

设计并不只是图纸上的符号或模型中的抽象体块，而是种种现实要素的系统组织和有效利用。随着设计的不断深入，而非只是设计图的细化，从前述格局结构的确立，到不同层次的转换，都需要相关具体要素的切实摆布和利用。这其中既有建筑、道路、景观乃至材料构造等人工要素与城郭主体的配合，更有山地、植被、水体等自然要素对整体结构和局部节点的关联。这些配合与关联，都是通过以上多种要素的巧妙运用加以实现的；也正是这些要素的巧用展现的不同层次上的系列关系，才能让将来的人们感受到设计意欲传达的氛围与体验。

3　教学成果与特色

参与课程设计的建筑与规划学科的同学搭配组合，在并不宽松的六周时间里，在前述教学要点的引导及设计过程的师生交流研讨下，基本都能在格局谋划、结构营建、层次变换和要素巧用四个层面做出不同程度的回应和有意识的设计操作。以下介绍点评其中两组较有代表性的设计成果。

3.1　边界·穿行①

"边界·穿行"方案意图在城郭遗址引入新功能、注入新活力，进而将旧城防边界转换为新城市生活、游览相互交融的边界地带。设计在此格局意向基础上，从城区和场地内外的交通动线入手，引入南京古城文化旅游自行车快线系统，结合周边居民和游客的步行慢线系统，以快慢穿行线路为骨架，营建场地整体结构（图2）。

快慢两条动线的分列和交织，自然带来场地与空间动静开合的序列串联和层次转换。随着共享单车为代表的环保快行方式的普及，快行线路的设计让基地临近的仙鹤门地铁站和周边城市交通节点的人群，可以便捷地迅速抵达城郭遗址地段，并以相对快速动态的节奏、较大尺度的视野穿行游览（或随时停车深入体验）；而步行慢线的设计，则围绕城郭边界，以更为静态从容的节奏和近人尺度的空间，结合山形地势的不同坡高向背，布置建筑、景观要素，让游客体会其中的起承转合。两条路线的交汇节点，又和城墙博物馆内外的上下穿行、观景平台与城郭遗址的对望显隐相互交织（图3）。

3.2　凸凹②

"凸凹"方案强调与呼应整体格局中城郭遗址的凸起和山形地势的凹陷起伏这一对主要特征，并在凸凹关系的相互对比与转换中，整理地形与分区流线，建立场

---

① "边界·穿行"方案由黄玲、唐亚楠、张扬、陈耀宇四位同学设计完成，指导教师俞传飞、王承慧。

② "凸凹"方案由柏韵树、梅亚楠、王怡鹤、吴承柔四位同学设计完成，指导教师王承慧、俞传飞。

地与建筑的整体结构。在此基础上,方案针对基地在纵横(长、宽)两个方向上各异其趣的凸凹关系,设计了不同空间维度的层级变换:横向上,是在中心地段垂直于城郭、凸显遗址的凹隐场地,形成中心节点广场;纵向上,是平行于线性城郭的起伏序列,让游客在游览行进中体会场地凸凹之势(图4)。

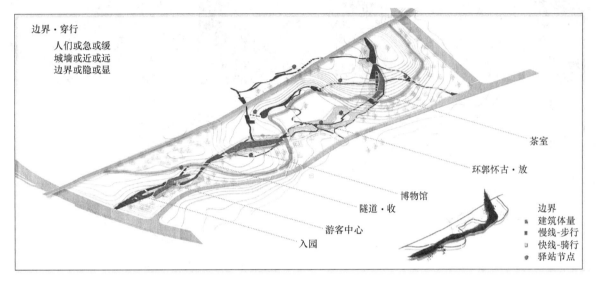

图2　龟山·城墙博物馆设计方案-边界　穿行-整体结构　ⓒ黄玲、唐亚楠、张扬、陈耀宇,指导:俞传飞、王承慧

图3　龟山·城墙博物馆设计方案-边界　穿行-建筑景观序列　ⓒ黄玲、唐亚楠、张扬、陈耀宇,指导:俞传飞、王承慧

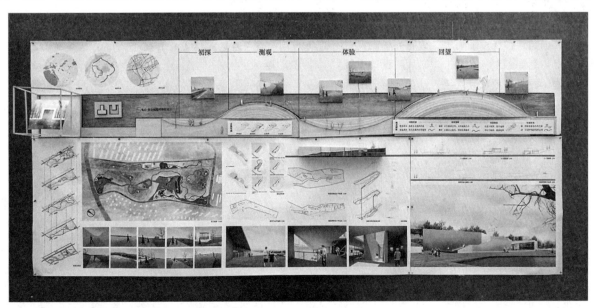

图4　龟山·城墙博物馆设计方案-凸凹-方案展示效果　ⓒ柏韵树、梅亚楠、王怡鹤、吴承柔,指导:王承慧、俞传飞

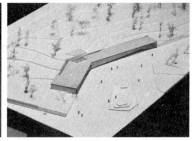

图 4　龟山·城墙博物馆设计方案-凸凹-方案展示效果　©柏韵树、梅亚楠、王怡鹤、吴承柔，指导：王承慧、俞传飞（续）

建筑层面而言，该方案将建筑体量背靠山体、面临中心广场，与城郭遗址主要展示面垂直相连，形成半围合之势；并有意识地借助城郭、山坡、水体等场地要素，有效融合博物馆游览路线和光线变化，以凸墙凹廊组织营造室外景观与室内展厅的不同氛围。

4　总结和反思

多年以来，建筑及其相关学科设计教学的重点，似乎从传统的设计处理能力，更多地转向分析问题和生成概念的训练，其中利弊一言难尽，但其背后动因确是专业知识体系的改变和更广泛议题的介入。[1]这次设计教学在学科横向融通上的尝试，也可算是跨学科专业综合设计能力培养的拓展。无论对于历史与理论方向的出题者，还是对于参与其中的建筑与规划等学科的设计指导教师，当然更有完成设计的各专业同学们，这都是一次充满悬念和惊喜的历程。而从课后本组同学的交流反馈中，也可回顾反思其中的收获与体会。

学生总感觉这个设计像是"面对一个建筑历史课题，建筑与规划的同学在一起，做了一个景观设计"。看似戏言，确实某种程度上道出了课题训练的特点。面对历史视野与格局的对象和要求，必须在设计中策划建立系统结构，灵活转换尺度层级，综合运用处理城郭遗址、建筑体量、人工与自然景观等多元要素。这对习惯于建筑和规划学科"标准"对象和流程的设计教学，无疑是一系列挑战。

实际教学和设计过程中，既有首次不同学科的四人合作沟通的困扰与妥协，也有概念方向的纠结与决断，还有进度节奏的拖延与把控，更有最终布展表达时的新奇与仪式感。我们既不希望设计变成建筑及其配景的主角与配角之争，也不希望设计变成既定规划结构之后建筑、景观要素的被动填充。也正因此，才有四个关键词作为教学要点在设计过程中的解释沟通、反复强调，及其在设计过程不同阶段和问题中的操作建议；才有同学们在迷惘之初渐辟蹊径的坚持，和困惑之后豁然开朗的成就感；甚至还有由于时间限制、综合协调等种种原因带来的设计深度等方面的种种遗憾。这个课题想教什么，和学生最终能从中学到什么，是贯穿这次令人兴奋的设计教学始终的追问。

参考文献

顾大庆. 我们今天有机会成为杨廷宝吗？一个关于当今中国建筑教育的质疑［J］. 时代建筑，2017（3）：10-16.

向科　何悦

华南理工大学建筑学院；heatherhe0815@gmail.com

Xiang Ke　He Yue

South China University of Technology，School of Architecture

一次乡村公共建筑设计的教学实践及其反思
A Teaching Practice and Reflection of Rural Public Architecture Design

摘　要：乡村公共建筑设计急需培养了解乡村问题、具有乡村认同感的设计人才。本文通过华南理工大学建筑学院谷雨杯"乡村客厅"竞赛一个教学小组的教学实践为研究对象，对乡村公共建筑设计的教学流程、方法进行了有针对性的研究、梳理，并对乡村公建设计教学特色和方法进行了反思，在此基础上提出了建立渗透式知识教学框架、以"乡村设计"为中介以扎根本土、关注建造的可行性等教学方法。

关键词：乡村建设乡村设计；公共建筑；教学实践；乡村设计

Abstract：The design of rural public buildings needed a lot of professional and technical talents who understand rural problems and have a sense of rural identity. In this paper，by studying a competition results calls Guyu Cup which topic is "Rural Living Room" this year in South China University of Technology as well as taking the teaching process and methods as part of the research，meanwhile rethinking the features of rural public building design teaching framework. Base on the research will establishing infiltration knowledge system，focus on the regionalism of rural design and pay attention to feasibility of construction methods.

Keywords：Rural design；Rural construction；Public building；Teaching practice.

1　教学背景

1.1　乡村建设的时代背景

随着乡村建设的不断推进，在传统乡村的保护性规划与建设领域之外，也呈现出多样化的实践方式：由下而上自发建设为主体，探索性的地方建筑体系、各类有组织的援建以及外来"桃花源"式的乡建等等。从中可以发现，普通乡村规划与乡村建筑设计缺乏一种常规机制的规划和设计模式。一方面与当前乡村规划管理建设的现实有关，另一方面也凸显规划和建筑工作者对乡村建设问题的认识还有欠缺。关注乡村问题，深入乡村建设，通过设计实践，复兴乡村底蕴、唤起乡村活力、延续乡村生命力是规划与建筑设计领域需要着重研究的对象。

1.2　乡村公共建筑设计平行于主干课程的教学实践尝试

2017谷雨杯全国大学生可持续建筑设计竞赛以"乡村客厅"为主题，提出了农业与旅游、现在与未来、现实与虚拟、传统与生态的概念，[①] 与当今乡村建设浪潮契合。华南理工大学建筑学院以此为契机，将该课题与三年级下学期的图书馆设计同步推进，由学生自由选择，进行了一次乡村公共建筑设计的教学实践尝试。[②]

---

① 2017年谷雨杯全国大学生可持续建筑设计竞赛文件。

② 据全年级统计，约57%的学生选择了"乡村客厅"竞赛的作业，有43%的学生选择了图书馆设计，而本小组则仅有20%学生选择图书馆设计，其余80%学生选择了"乡村客厅"竞赛。

585

2 教学过程

2.1 树立具有乡村认同感的乡村建设观

在课程的最初，最重要的是让学生确定在解决乡村问题的时候要秉持的态度。不论现在乡村现状是蓬勃兴盛还是破败衰落，我们都不能忘记乡村是我们民族文化的根源，解决乡村问题需要追溯源泉，尊重土地，寻找地域所在，与村民们共进退，一同建设美丽乡村。作为设计者要怀着敬意，放下自我，重新学习。

2.2 乡建设计相关背景知识补充

为从地域、文化、经济、制度等多层面深刻理解中国当代乡村问题，我们为学生选择了费孝通先生的《江村经济》、阎云翔先生的《私人生活的变革》等著作加以研读。

2.3 场地筛选与确定

基于竞赛要求与农业和旅游相关，由各小组自行选址。由于学校所处区位的原因，大多数小组都选择广东省内的乡村。① 笔者指导的三个课程小组分别选择了从化古田村（以下简称古田组）、汕头沟南许地（以下简称沟南组）、清远连南瑶寨（以下简称瑶寨组）三个乡村作为研究背景。这三个村落一个是广东最普遍的空心村，一个是位于城乡接合部的乡村，一个是旅游性质的乡村标本，各具其典型性（图1）。

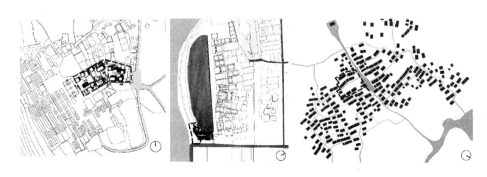

图1　建筑场地选址示意图
（从左至右为古田组，沟南组，瑶寨组的场地选址）

其次是选择乡村的哪块场地。基于"乡村客厅"这个主题，我们鼓励学生对所选村落进行实地调研，挖掘场地特点，通过对比寻找符合主题的场地。在对清远连南瑶寨的调研中，小组成员选择了三个场地进行比较：第一块是村头的一块场地、第二块是瑶寨主干道中间的一块场地、第三块是藏匿于瑶寨当中的一块场地。对场地的选择也是学生们调研乡村路径的展示，村头是村落的出入口，是学生对村落的第一感受；沿着村落主干道行进也是按照普遍游客的游览路线，学生在该路线上选取片段进行设计，也类同于在游客主要游览过程中进行设计；离开主干道进入支路进行"探险"，挖掘村落中未被开发的有潜在价值的场地，就像进入乡村的内部寻找将来可被作为旅游开发的场地。场地的选择影响了未来采取不同的设计策略。

2.4 寻找突破口

寻找方案突破口实际上也是基于对乡村现状与背景进行解读后，各小组从规划的层面入手，结合多学科领域确定乡村的定位、首要解决的问题、采用的规划策略，进行整体设计考量。三个小组在讨论过程中发现乡村原有空间格局具有反应社会历史变化的特点，进入城镇化发展时期，村落格局空间与现代生活空间之间产生矛盾，人们慢慢觉得乡村不宜居，存在很多不方便，在后期建设当中就会产生与原有村落格局不一致的肌理变化，这也是乡村面对现代生活所作的挣扎。当代乡村存在一些共同的问题：例如传统乡村的空间格局不适应当前的生活方式；乡村的外部公共空间相对发达，但公共建筑与公共功能相对匮乏；乡村与外界的联系较为薄弱；乡村建筑的独立性很强，而缺乏有效的空间联系。

在此基础上，三个小组不约而同选择了"联通"作为规划设计的大方向，包括乡村与现实世界的联通，乡村内部空间的联通。基于此出发点，又发展出了不同的方向（图2）。

① 基于全年级各小组的乡村选择数据比对（全年级一共39份竞赛作业，其中92%的小组选择广东省内乡村作为设计场地，41%的小组选择广州市内的乡村作为设计场地），总结如下：各小组选择乡村的原因首先是考虑乡村与学校的距离，距离市区不超过6小时车程；学生获取乡村信息的渠道，一部分是通过以往生活经验，大多则是通过网络关于广东省乡村旅游信息获取，换言之所选的乡村大多是有一定旅游开发基础的，只是开发的成熟度与时间不同。

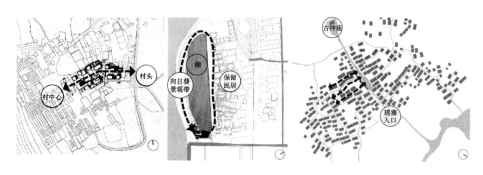

图 2　平面交通组织流线分析图

虽然三组都用了"联通"的规划方式，但基于所选场地特性发展各自的联通手段。古田组运用贯通式路径"联通"村头至村中心，活跃整村氛围；沟南组运用回路式"联通"方式，将民居与景观带串列起来；瑶寨组运用并列式穿越路径"联通"主要步行空间与瑶寨内部空间。

例如对生活方式及空间模式的思考，明确乡村空间属性。连南瑶寨小组发现游客到瑶寨基本都是当天来回，当地村民大多居住在距离苗寨 15 分钟车程的新农村，只有白天会在苗寨这里做生意。对此现状，切入点就是要创造适应和满足现代功能要求的村落空间。将传统瑶寨由宗教主导的线性鱼骨状空间模式，逐渐调整为网络状空间模式，通过激活场地，将村民吸引回来，将游客吸引到瑶寨深处，而不仅仅是做蜻蜓点水式的停留。接下来将独立的瑶寨民居加以必要的联结，并通过景观的整体性设计，将分离的建筑整合起来，并赋予医疗站、图书室、展厅、手工作坊等必要的公共功能。最后对场地元素进行保留、修整、拆除的分类，利用建筑语言将乡村历史人文面貌进行传译以适应时代要求（图 3）。

图 3　瑶寨组场地建筑构造整体性设计示意图

也包括确定设计服务对象——乡村建设到底是为谁而建，从主体对象特点性质出发，面对不一样的村落其服务对象的种类、比例、性质也不尽相同。在指导古田村小组的时候，在方案提出之初基本是确定了以村民服务为主，游客服务为辅，解决空心村的主要问题。在设计的时候考虑当地村民的生活起居活动，利用不同的活动形式所需的场地空间进行主题院落设计，并利用路径的方式将每个院落联系起来，以游园的方式，活跃乡村面貌，既是古田村活动中心又是迎接游客的客厅（图 4）。

由于服务对象主要是村民，所以在建筑语言上尽量多带些乡土气息；在功能上需要给留守儿童教育和玩耍的空间；在建造技艺上强调低技派；在选材上以当地的材料为主；在景观设置上以原有场地油菜花为主。

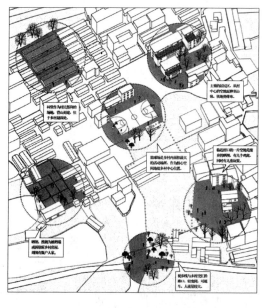

图 4　从化古田村场地现状分析图

2.5 三组乡村客厅设计方案总结

我们对三个方案的最终成果在设计目的、方案特

乡村客厅设计方案对比表 表1

	图纸	设计目的	方案特色	主要策略
连南瑶寨组	 	利用方案活化场地，疏通东西向寨道，结合广场概念形成穿行空间，希望以此为设计范本，激活整体苗寨村落空间	基于原本村落叶脉式的格局，在主寨道旁利用建筑群沿等高线分布的错落空间，结合穿行的概念，形成供游客与当地村民共同使用的活动中心	通过现代与传统、新与旧的对比展现地域性、文化性、现代性三性合一的乡村旅游标本策略
从化古田村组	 	利用方案挖掘场地潜力，将废弃场地改造成延续宗祠轴线顺应村落发展的乡村出入口空间，并结合游园式体验，试图为普遍性的乡村问题找寻潜在解决因素	具有普遍性的村落格局与现况，通过改变现村落出入口位置，尊重原本村落宗祠轴线，利用游园的形式，打造服务于游客与当地村民的乡土园林	利用村落轴线与岭南园林造园手法，用主路径串联各建筑功能，活跃乡村整体氛围
汕头沟南许地组	 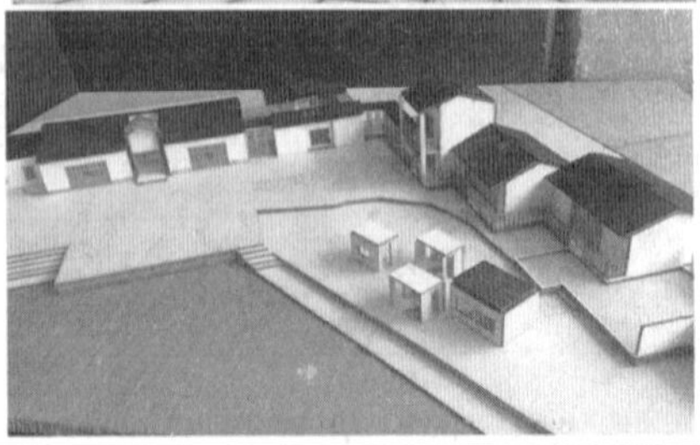	对于已经具有旅游开发的乡村来说，如何能完善旅游路径，在更好的服务于乡村的同时，还能利用旅游将乡村资源整合起来，提高乡村旅游价值	利用乡村原本旅游开发规划路径，以完善路径切入点，结合端点的概念，打造既是旅游路径的开端也是路径的末端的活动中心场所	利用串联的手法将设计、场地、环境串联起来，是总体旅游线路的开端也是末端，具有承上启下的作用

3 乡建公建设计课程与传统设计课程的差异及其反思

3.1 教学经验与教学过程的差异

相比于旅馆设计、图书馆设计、博物馆设计等课题，乡村公共建筑设计是一个新的尝试。在课堂教学中师生事实上是组成了一个学习共同体，因为老师可以把握方向，知道面对大量信息应当如何筛选，如何通过分析判断去梳理出一条前进的道路，老师扮演着引导性、启发性的角色，而非说教性的角色。[①]

乡村公建设计涉及的知识层面更多元、教学问题也更复杂、指导过程有一定的不可预期性。我们在前期花了较多时间去阅读和整理乡村背景资料，又在规划层面进行了反复研讨，而导致后期的建筑成果深度有所欠缺。

3.2 实地调研的差异

一般乡建的场地离市区比较远，需要花费更多的时间与精力才能获取一手资料，除了对乡村硬件条件进行调研外，还要进行软件条件调研，即对不同年龄、身份、性别的村民进行走访。我们要求学生至少要两次进入场地调研，也就是说需要带着问题再去一次场地。深入场地才能获取正确的认知，这也是让学生深刻体验到建筑是扎根于具体环境的一种方法。

遗憾的是，由于时间较为仓促，指导老师无法走访学生选择的每一个场地，对场地的认知大部分基于照片与文字资料，无论是场地现状的分析、对设计对象的接触，或是设计灵感来源，都是一种缺失。

3.3 设计的自信与可行性

我们在课程设计鼓励学生们提出创意性的想法，对实际乡村问题加以探讨，学生们也会很自然的想到建筑如何落地的问题。乡建设计除了有地域、文化、民俗方面的问题之外，还会遇到结构、材料、施工组织等方面的问题。但由于社会化程度、组织化程度与城市仍存在较大差别，因而在施工方式、材料选择、成本控制等方面与城市建筑有着较大差别。地方建筑体系有其适应性的优势，但基于低技术、低成本的地方建造研究显然不是一蹴而就的，这也是在教学实践过程中我们发现学生缺乏信心的原因之一。

连南瑶寨组的方案由于涉及既有建筑的利用和改造，学生花了相当多的精力尝试用现代的结构和材料来支撑和补强旧建筑，同时获得一定的空间和立面上的自由度（图5）。

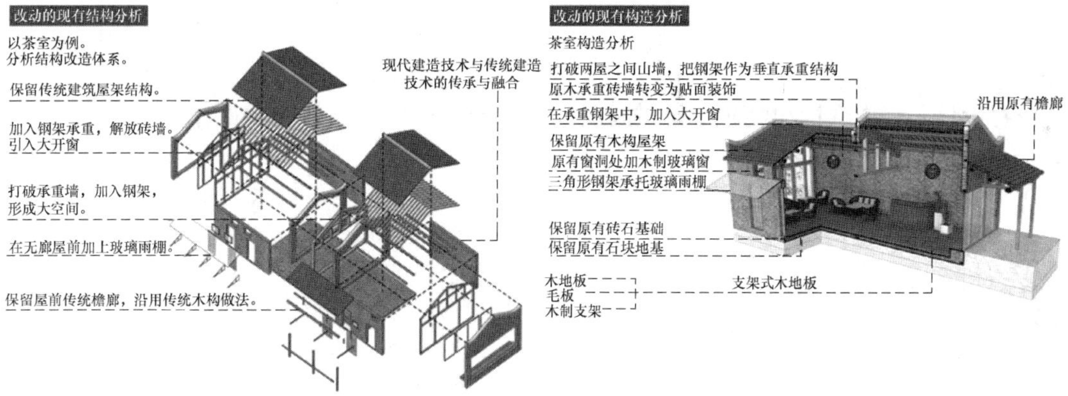

图5　连南瑶寨建筑改造整治分析图

以连南瑶寨组以茶室为例，分析结构体系提出改造整治的提议与方案，在保留传统建筑物价结构的同时，加入钢架承重与玻璃雨棚。

3.4 乡村公共建筑设计教学实践的反思

教学实践中暴露出知识体系不全面、教学经验不足、新的增长点还未获得足够重视等问题。目前传统的建筑学教学领域确实存在重城市轻乡村，重保护轻创新的现象，我们需要在教育层面上建构相应的学科方向及其支撑体系，以适应乡村建设的发展趋势。

4 乡村公共建筑设计教学方法的探索

4.1 建立渗透式的知识教学框架

传统设计课程的开题和调研（及调研汇报交流）环节是集中讲授知识要点的阶段，其后由小组教师控制教学进度，以设计辅导为主。由于乡村建设设计知识体系

① 王建国，张晓春. 对中国当代建筑教育走向与问题的思考——王建国院士访谈. 时代建筑 2017（03）：6-9。

涵盖专业知识与实践知识两部分，在教学过程中我们发现相关知识要点更适于在设计过程中不断推进，有针对性地进行讲解，用一种渗透式的教学方式将相关知识渗透入设计当中。

开题仅针对竞赛要求做原则性的讲解；在学生实地调研前后需引导学生收集乡村文化、乡村经济、乡村现状等相关背景知识；在方案立意阶段则需补充当前乡村建设实践与方法的相关知识；在方案后期则需着重从地方技术和材料等方面做专题讲解。我们将相关知识框架拆分为四个专题，在课程设计辅导的关键阶段先集中进行启发性的讲解，同时也激发大家的讨论，继而过渡到具体方案设计过程中，起到了良好的效果（图6）。

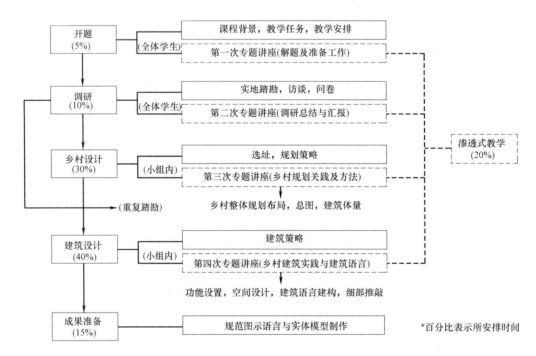

图6 乡村公共建筑设计教学过程框架

4.2 以"乡村设计"为中介提出扎根本土的设计导向

乡村的尺度较城市小，建筑类型少，空间形态相对简单、整体性强，但乡村建设背景的复杂程度却不输于城市。乡村公共建筑设计往往是牵一发动全身，要合理地解决当前乡村的问题，寻找乡村公共建筑设计的适应性方向，绝不能仅从建筑本身去考量。我们参照"城市设计"的概念，提出"乡村设计"概念，提倡先从乡村整体层面去研究分析问题，确定乡村建筑设计的价值取向和文化追求，确定其基本空间形态及风格，从而完善乡村风貌、激活乡村活力，推动乡村发展。"乡村设计"关注乡建的社会问题、文化问题、规划问题、地方性问题，提供了乡村公建设计从宏观到微观、从聚落到建筑单体的过渡，是乡村建筑扎根本土的有效保证。

4.3 关注可行性——建筑语言的组织与建构

第二个阶段是建筑单体层面的功能、空间、形式以及建造的问题。其中的建造问题由于乡村建设的特点而具有突出的意义。小型乡村公建相比于规模化生产的城市建筑，乡村建筑技术上的可行性对于树立学生结构和构造的基本观念颇有助益，与当前学生普遍感兴趣的实体建构相比较，体现了从概念到实际、从单一到多样性，是一种良好的建构训练方式。[1]

对于课程设计而言，即便是小规模的乡建，一般也很难有时间和机遇能实现建筑的实体建构，我们可以要求学生通过结构体系图、大样图或者细部的足尺模型等方式来体现对建造的思考。

5 总结

将乡村公共建筑设计引入设计主干课程的尝试让建筑学子能接触乡村设计，有助于培养学生正确的乡村建设观与乡村问题观察角度。随着城镇化的发展，

---

① 华南理工大学建筑学院的学生工作室青设计的"青筑东汀"（东江源环教中心）就是一个以学生为主体在乡村进行实体建造并赋予日常使用功能的案例，获得2016年WA社会公平奖。

美丽乡村建设的不断推进，乡村设计应该是大家的必修课。

乡村公共建筑设计无论对学生还是老师都是一个挑战。需要更多的教学实践，渗透式知识框架的建设、"乡村设计"概念的引入以及关注可行性是我们在教学中感悟到的一些具体而微的经验，今后需要从整体建筑学教学计划中进行有针对性的考量，弥补目前建筑教育上对乡村建设教育的缺失。

参考文献

[1] 尤蕾.建设全面小康社会的短板在农村——"全面建成小康社会的路径抉择与指标体系"分论坛侧记.小康[J].2014（01）：114-115.

[2] 周榕.乡建"三题".世界建筑[J].2015（02）：22-23.

[3] 罗德胤，王璐娟，周丽雅.传统村落的出路.城市环境设计[J].2015（07）：160-161.

[4] 王建国，张晓春.对当代中国建筑教育走向与问题的思考——王建国院士访谈.时代建筑[J].2017（03）：6-9.

[5] 李晓东，华黎.从建筑本质感知乡村——李晓东对话华黎.城市环境设计[J]，2015（2）：158-159.

华晓宁

南京大学建筑与城市规划学院；huaxn@nju.edu.cn

Hua Xiaoning

School of Architecture and Urban Planning，Nanjing University

从指令型设计走向研究型设计
——南大建筑三年级下学期"建筑设计"课程改革探索
From Commanded Design to Researchful Design——Reform Exploration on the Architectural Design Course of Grade 3 in SAUP

摘　要：我国社会经济的发展要求建筑师的角色从指令的执行者转向具有独立精神的主动研究和创新者，建筑学专业教育也应当相应从指令性教学走向研究性教学。南京大学建筑系本科三年级下学期"建筑设计"课程在这方面作了初步的探索和尝试。通过开放式任务书、研究分阶段融入设计、研究性教学成果等措施，使学生初步理解研究对于建筑师未来职业实践的价值，初步理解研究与设计的相互依存、相互促进关系，培养了学生的研究意识和研究能力。

关键词：建筑设计课程；研究性教学；改革

Abstract：With the development of society and economics in China，the roles of architects have been evolved from executors of commands to researchers and innovators with independent sprites. So professional education of architecture changed correspondingly from command oriented mode to research oriented mode. In SAUP of Nanjing university，there are some initiatory attempts in Architectural Design course for grade 3 students，including open design brief，fusion of research and design in different phases and researchful proposal. Thus，students understood values of research to architects' professional practice，the close relationship of interedependency and mutual promotion between research and design. Students' awareness and ability of research were developed.

Keywords：Architectural design course；Researchful Education；Reform

1 建筑师角色的转变对专业教学模式改革的要求

我国长期以来的建筑职业实践体系，基本上是一个指令型的"输入/输出"系统，建筑师在其中大多扮演一个相对被动的操作者角色，习惯于从决策方、投资方、管理方领受任务甚至是指令，通过操作与综合，转化为设计成果（图1）。在这样一个指令型的职业实践系统中，建筑师的职业角色是较为被动、后卫甚至弱势的。在这样的职业模式指导下，长期以来建筑设计课程的教学也多为指令型教学，偏重于建筑设计实践技能的训练，以满足社会对大量技能型人才的需求。在这种"师徒式"、"工匠式"的教学体系中，学生习惯于在教师的详尽指导下训练各种操作手法与技巧，而对于手法背后的目标引领以及目标与手段的统一性缺乏思考。即使教师反复强调"分析问题，解决问题"，但并没有强调去主动"发现问题"，依然改变不了学生的依赖性和被动性，突出表现为学生的独立思考能力不够，对社会问题缺乏深刻理解，甚至缺乏深入了解和研究的意愿，真正能够满足社会需求、解决社会问题的创新能力很弱。正如庄惟敏指出："我们对建筑师职业教育的断层，让不少建筑学毕业的学生，变成了设计院所的绘图工。作为西方定义中的职业建筑师，四大自由职业者之一，在我国却是在画图，沦为业主的鼠标。这使得我国的建筑师在国际同行的眼中，只能是一名建筑图纸设计人员。"[1]

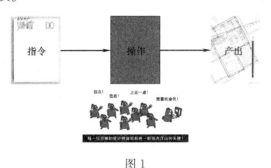

图 1

近年来随着我国社会与经济的不断发展，建筑师的角色也在发生着深刻的变化。在国际建协（UIA）所制订的建筑师职业实践国际标准中，建筑师的职业实践横跨设计前期与建筑策划、方案设计、项目管理、分包发包流程、使用后评价等极为宽广的领域。[2]在很多城市与建筑发展计划中，建筑师所扮演的角色除了传统上的空间组织者、形象创造者和不同工种的协调者之外，越来越成为一个资源的统筹者和整合者乃至一个发展计划的构想者和引领者，需要运用自己的专业知识，通过专业视角的深入研究，提出可操作的、可持续的愿景，并有能力解决实践中不断涌现的各种复杂问题（图 2）。这就给当前我国的建筑学专业教育提出了新的目标：一方面需要拓宽学生的知识基础，另一方面需要着力培养学生对社会的洞察力、对专业的研究和创造能力，突出以学生为主体的思维模式训练，将教学过程转换成问题引领知识获取、研究引领学习的过程。

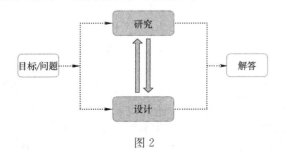

图 2

2 南大建筑对建筑设计课程研究型教学的探索

南京大学建筑系近年来在培养建筑学创新型卓越人才的目标引领下，广泛开展了研究引领的建筑学专业课程教学改革探索，将学生研究能力的培养贯穿到专业教育的各个环节。在此背景下，笔者在本科三年级下学期"建筑设计"课程中尝试强化设计课程的研究性，力图使这一专业核心课程不仅仅是基于实训的"指令式"教学，而能够逐渐向"研究型"课程转化，希望学生通过"建筑设计"课程的研究性教学，逐渐理解将主动发现问题和主动研究问题作为推动设计的驱动力，另一方面则能够将设计作为研究问题的一种工具和手段。两者相辅相成，促进学生专业能力和专业素养的全面提高。

南大三年级下学期的"建筑设计"课程题目是"大型公共建筑设计"。这一课题上承二年级和三年级上学期的"小型公共建筑设计"、"中型公共建筑设计"课程，下接四年级的"高层建筑设计"、"城市设计"课程，具有较强的综合性、复杂性，适合成为研究型教学的载体，而课题本身也需要学生进行研究性学习才能更好地掌握教学内容、完成教学目标。学生在二年级和三年级上学期的设计课程中业已完成了"形式与语言"、"材料与建造"、"空间与场所"等专题训练，初步掌握了一些专业知识与技能，这也为研究型教学的开展打下了一定的基础。

近年来，教学组始终关注"城市建筑"这一主题，引导学生深入思考和理解建筑与城市环境的关系，并训练在复杂环境中综合分析和解决建筑问题的能力。课题以"实与空"、"内与外"、"层与流"、"轴与界"、"公共性"、"日常性"为关键词，其设计载体一般选择城市环境中的多功能综合体建筑。2017 年春季学期选择了"社区中心"作为课程设计的对象与载体，要求学生在一个当今中国城市中大量可见的、建于 20 世纪八九十年代的普通高密度城市住区中心的场址上发展出一个服务于周边城市居民的社区综合服务和文化活动中心，并借此改变、提升和活化这一区域的城市空间质量和城市公共生活。

探索"建筑设计"课程从指令型设计走向研究型设计、从指令式教学走向研究性教学的改变，其关键在于引导和诱发学生的主动性，为学生的自主学习和研究探索创造空间。为此，教学组在本学期的教学中尝试了以下几个措施：

2.1 开放式的设计目标和任务书

在建筑学本科"建筑设计"课程中，以往惯常的做法是教师会为学生准备一个非常详尽、巨细无遗的任务书，详细规定了学生在设计课程中所要完成的设计任务和需要组织的功能空间，学生在这样一份"指令集"的指挥下完成设计训练，久而久之对"任务书"产生了强烈的依赖性，失去了独立思考、分析和判断的能力。这种依赖性在某种程度上甚至会形成一种思维定式，影响到学生未来的职业生涯。

教学组尝试改变这种做法，从设计任务底层就给学生更大的空间。教案将设计任务分为规定动作和自选动作两部分。针对社区中心这一任务目标，任务书限定的必需功能空间仅占总建筑面积的1/4（包括多功能厅、羽毛球馆、展厅、政务大厅和社区菜场），剩余的3/4建筑面积的空间计划需要学生通过研究来自行确定。学生需要在对任务、对象、场地进行全面调查、分析和研究的基础上，基于专业视角提出未来发展愿景，并形成空间计划（program）。开放式的任务书鼓励学生思维的多样性和创造性，但要求必须建立在详尽、充分和可信的设计前期研究基础上。

2.2 研究全面融入不同设计阶段

建筑设计本身是一个从总体到局部、从概念到策略、逐渐深入推进的过程，相应的，"建筑设计"课程也参照设计本身的阶段性来组织和开展教学。为了更好地在教学中融入和落实研究性，教学组将以往一学期要求学生完成的两个不同设计课题融合为一，整合成一个用时16周的长设计，并进一步向课堂外时间拓展，在时间上保证研究型教学得以深入进行。整个教学进程分成寒假预研、设计前期研究、设计研究三个阶段，根据不同阶段的目标融入不同的研究性教学方法与内容（图3）。

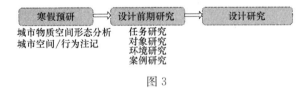

图3

——寒假预研

南大三下的"建筑设计"课程事实上从三上结束后的寒假即已开始。教师要求学生利用寒假开展城市建筑主题的预研。预研包含两个主要内容：城市物质空间形态分析和城市空间行为注记。这来自于教学组对"城市建筑"这一主题的理解：城市中的建筑需要对城市做出两方面的回应，一是物质空间形态层面，二是城市空间所承载和激发的城市动态和城市生活。

城市物质空间形态分析要求学生在城市中选择一个街区，对街区中的建筑、外部空间以及城市关系进行研究分析。城市空间行为注记则要求学生用一天时间观察一个城市场所，用照片记录场所中不同的人群在不同时间所发生的不同类型的行为和行动，用平面图标示出行为在空间中发生的位置。

寒假预研的成果启发学生对于城市环境和城市生活的关注和理解，寒假预研中所实践的分析和研究方法则将成为后续研究有力的工具。

——设计前期研究

以"前期研究"而非"阅读任务书"作为设计课程正式教学的出发点，有助于进一步向学生强调研究对于设计的重要性和引领作用。设计前期研究的目的在于理清脉络、把握现状、发现问题、了解需求、提出愿景、制定目标。教学组将设计前期研究细化为四个部分：任务研究、对象研究、场地研究和案例研究（图4）。

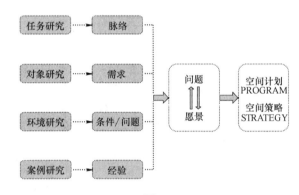

图4

任务研究引导学生关注课程设定的设计问题的由来、发展、现状和未来趋势，使学生获得对相关问题的初步全面把握和了解。对象研究引导学生聚焦所将要面向、涉及和服务的对象（亦即特定的城市人群），通过调研、访谈、观察等手段研究对象的特征、生活状态与需求。场地研究引导学生关注特定的城市场址，要求学生运用各种专业手段（注记、图纸、影像等）记录、分析场地的现状、动态、条件、限制与潜力，在此过程中，要求学生不仅将研究的视角和范围局限在场地本身，而是必须拓展到比场地大一个尺度量级的范围。案例研究要求学生对类似条件、类似场地的相关优秀案例进行深入研究分析，总结其设计策略，获得可供参照和借鉴的经验。

通过上述研究，要求学生一方面发现、归纳和总结城市场址现状的条件、存在的问题和蕴含的潜力；另一方面要求学生基于专业的角度，提出富有创造力和前瞻性的愿景。这两者互为表里，都将成为后续研究和设计的依据和源头。在"问题"和"愿景"的基础上，学生进一步发展出属于自己的空间计划（program）和最初的空间策略（strategy），并由此展开下一阶段的设计研究。

——设计研究

在设计研究阶段，面临的主要挑战和困难在于处理设计能力训练与研究能力培养的关系，将两者有机整合。本学期教学组尝试的做法是在学生设计推进的不同阶段，结合设计中需要处理的问题和对学生设计能力的训练目标，设定一系列较小的研究专题。引导学生以设计过程为研究手段，同时让研究内容和成果促进设计，成为学生设计推进的驱动力。每一个研究专题亦即一个设计问题，引导学生对问题展开研究，分析设计问题涉及的影响要素（factor），发现要素相互作用和影响的机制（mechanism），归纳解决策略的类型（type），从而获得解决问题的一种或若干种可能性（possibility）。这些可能性借由设计过程（design process）得以展现，要求学生根据不同情况进行不同的处理。一种方式是将可能性进行效能评价（performance evaluation），并根据评价结果，按照相关机制进行优化（optimize），形成"验证——优化"的迭代循环，直至获得特定条件下的最优解。另一种方式是对多种可能性进行效能比选，根据比选结果，或选择其中一种可能性继续发展，或将不同可能性进行整合（integration）（图5）。在此过程中，学生自主研讨和自主优化在教学过程中的份量大大增加，在某种程度上替代了传统的教师改图。

此外，教学组还尝试运用了类似翻转课堂等教学法，安排高年级学有专长、对某一领域有较为深入研究的学生进行专题讲座，借此激励学生的学习积极性。

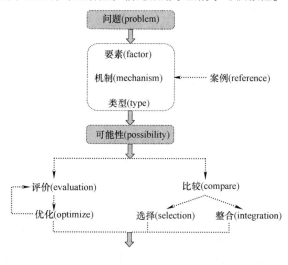

图5

2.3 研究性的教学成果

对教师教学和学生课程学习成果的要求和评价标准，是控制和引导教学进程的重要手段。基于研究性教学的引领，教学组对"建筑设计"课程传统的教学成果形式和要求进行了拓展，不仅仅要求学生提供设计图纸，还要求每位学生提交研究报告。研究报告包括了寒假预研、设计前期和设计过程中的研究内容，集中反映了学生对于"城市建筑"及其内涵的一系列主题/问题的理解。其形式除了文字、分析图之外，还包括影像等新型媒介。研究性的教学成果要求保证了研究型教学的效果和质量，也提高了学生学习的主动性和积极性。

3 结语

"建筑设计"系列课程是建筑学专业教育最重要的核心课程。这一课程系列贯穿专业教育始终，长久以来教学模式几近稳定固化，但近年来正在日益发生深刻的变革。正如鲁安东指出：研究型设计课程正日益成为设计研究的一种优选形式。研究型设计课程使参与者能够受益于同时开展的多个不同研究视角和研究路径。有别于传统的设计课程，研究型设计课程以强有力的、系统化的方法为基础，并且能够产生超越具体任务的原创性和累积性认识成果。此时的"设计"不再是一种基于决定论的解决方案，而更是一种探索或者论证的过程。[3]

建筑学本科三年级的学生，正处在专业学习的关键阶段。在这一阶段所接收的专业能力、专业素养和专业思维的教育，将深刻影响他们未来的职业生涯。尽管囿于他们所掌握的专业知识和技能的限制以及社会经验和阅历的局限，学生在这一阶段的研究深度、广度和成果可能并不尽如人意，但重要的是他们初步理解了研究、独立思考和创新对于建筑师未来职业实践的价值，初步理解了研究与设计的相互依存、相互促进关系，这对他们未来的成长将会产生极为重要的积极影响。

参考文献

[1] 张际达.国际规则之下中国建筑师向何处去.中国建设报，2011（01）.

[2] 庄惟敏.建筑师职业实践与国际建协职业实践委员会.建筑创作，2010（01）：171-175.

[3] 鲁安东."设计研究"在建筑教育中的兴起及其当代因应.时代建筑，2017（05）：46-49.

张磊 刘启波 解学斌 于汉学 杨宇峤

长安大学建筑学院；zl. wc@qq. com

Zhang Lei Liu Qibo Xie Xuebin Yu Hanxue Yang Yuqiao

School of Architecture, Chang' an University

基于"双一流"建设与优势学科融合的建筑设计课程教学实践与探索□

——以三年级交通建筑设计专题为例 *

Teaching Practice and Exploration of Architectural Design Course Based on the "Double Class" Construction and Dominant Discipline Integration

——Take the Traffic Architecture Design for Grade Three As an Example

摘　要：在长安大学"双一流"建设中其他专业与交通运输工程优势学科融合发展的背景下，本文通过建筑学专业三年级教学小组在交通建筑设计专题教学中，引入公路交通专业知识和实际案例探索形成特色化的建筑设计课程。教学主要包括两部分内容，第一部分：汽车客运站设计；第二部分：高速公路站房建筑现场考察。帮助学生充分了解交通建筑的专业要求及特点从而加深交通建筑空间及流线设计的理解。

关键词：学科融合；交通建筑；教学实践；建筑设计教学

Abstract：Chang' an University in "double class" in the construction of traffic and transportation engineering and other professional disciplines integration development background, this article through the group architecture of the third grade teaching in architectural design teaching in traffic, road traffic into the professional knowledge and practical case to explore the implementation of architectural design curriculum. The teaching mainly consists of two parts. The first part：the design of automobile passenger station; the second part：the highway station building site visits. Help students fully understand the professional requirements and characteristics of traffic architecture, so as to deepen the understanding of architectural space and streamline design.

Keywords：Discipline integration; Traffic architecture; Teaching practice; Architectural design teaching

1 背景与意义

长安大学在"双一流"建设中，要求做强一流学科，充分彰显学校在公路交通、国土资源、城乡建设等领域的学科设置、人才培养、科学研究特色和优势，促进科技创新与行业发展的深度融合，逐步将行业优势转变为学科优势。建筑学专业向特色发展的建设过程中与学校优势科学——交通运输工程进行主动融合，依托学

＊本文基金资助：长安大学 2016 年教育教学自筹项目（核心课程建设—建筑设计 1-5）。

校在公路交通方面的资源优势，在公路交通建筑的教学及科研进行了各种实践与探索。

随着近几年我国产业调整和供给侧改革的不断推进，城市基础设施建设已成为工程建设的主要方向。

基于这些背景建筑学专业三年级建筑设计课程——"建筑设计4"选取汽车客运站建筑设计及高速公路站房建筑现场考察，就是通过系统化的学习使学生在掌握交通建筑基本概念和设计方法的同时，对公路交通行业进行初步的了解，熟悉公路交通的特征及其专业的基础知识。建筑学学生利用学习公路专业基础知识对汽车客运站的选址、室外场地设计、功能空间布置及人车流线有了更为准确和科学的设计依据，其设计成果更加合理。通过考察高速公路站房建筑进一步了解交通建筑的特征及其在公路建设中的作用。学生经过这两部分内容的学习和训练后，为后面生产实习及就业储备了一定的交通建筑知识和技能。

2 教学实践

2.1 教学要求与目标

依据交通工具的不同，客运站分为公路客运站、铁路客运站、港口客运站、航空港、地铁和轻轨交通站等。同时承载公路客运业务的交通建筑除了汽车客运站外、还包括高速公路服务区、交通枢纽站（即可为两种及两种以上交通方式提供旅客运输服务，且旅客在站内能实现自由换乘的车站）等[1]。公路在路网为车辆出行提供畅通直达、汇集疏散和出入通达的交通服务能力[2]。

熟悉交通建筑的基本概念和公路的基本功能有助于确定教学要求和目标。首先对教学目标进行确定，在熟悉城市道路设计和交通规划与公路网规划基础知识后，把具有较大空间和复杂流线的公路汽车客运站建筑作为设计题目，学习和初步掌握此类建筑设计的基本原则、方法和步骤，以及建筑设计的表达方法，通过对高速公路服务区内站房建筑的实地考察进一步认知交通建筑与高速公路的关系及作用。在教学要求上，汽车客运站设计包括以下几点：其一，要从公路交通规划和设计上对汽车客运站的选址和城市道路衔接进行分析。其二，处理客运站各流线关系，包括：站房建筑各部分流线、站场内部车辆流线与摆放、站前广场流线等。其三，客运站功能空间关系及设计，如站场与站房的关系、大体量空间与小空间的组合关系、体量空间的结构特性与造型处理等。高速公路服务区站房建筑考察包括：服务区内建筑的布局及关系、各建筑的主要功能和空间要求、停车场的布置方式等内容。最后在客运站建筑设计及高速

公路服务区乘客服务用房设计进行地域性中的气候、材料、文化等要素反馈。

2.2 教学方法与运用

在学科融合的背景下，以建筑设计课程为主线，交通建筑实地考察为补充，强调设计题目的相关专业共同参与性，通过模块化分解的方式，将各教学内容和知识点进行合理的穿插和整合，实现对整个教学课程有机的串联。

整个课程的教学方法中包括理论知识学习、实践调研、设计创作实践和实地考察四部分。其中前三部分主要针对汽车客运站建筑设计，最后部分主要针对高速公路服务区建筑现场考察。分布情况如表1所示。

作为主线的汽车客运站建筑设计的各阶段由若干个小模块组成。

理论知识的模块分为：汽车客运站设计、交通道路规划设计、场地设计、大跨结构设计、地域建筑设计。

实践调研的模块分为：设计现场调研、实例调研、社会调研、专业设计院调研。

设计创作的模块分为：概念设计、草图及模型推敲、最终成果完成。

三部分内容的学习存在前后关系，但不是绝对的独立，在每个部分中都会融入其他部分的小模块进行阶段性的学习和实践，使客运站设计学习各阶段都能够融会贯通并保证教学的质量。

学生到高速服务区实地考察，通过统计分析车辆类型及数量认知服务区停车区域的布置要求。绘制管理、养护及服务建筑流程图来更好地掌握高速公路交通建筑组织关系。

这种以建筑设计教学规律为导向，以交通建筑实地认知为手段的教学方法，有效地将交通工程专业知识融入建筑设计内容中，并通过建筑设计创作和交通组织考察保证了教学方法有效性。

2.3 教学过程与实施情况

按照交通建筑设计专题各教学阶段要求为导向展开整个教学过程。其中"教"按照先理论、再现场、后指导的基本方式进行，每个环节中采用了专题讲座、联合指导、现场讲解等多种形式。特别是邀请学校公路学院的教师在课题开始阶段讲授交通规划及公路设计的部分基础知识，并在高速公路服务区建筑考察阶段亲自到现场讲解交通组织的规范要求。建筑设计教师负责把交通要求转化为建筑设计中场地、流线和空间的具体内容，并与交通工程专业教师一起相互配合，通过开放组织突

破专业界限。"学"采用集体、个人与小组的三种方式相结合，同步进行。汽车客运站建筑设计方案成果要求学生集体学习后个人进行独立完成，实践调研和实地考察则集体到达后现场后通过 4-5 人组成的小组共同完成。

课程教学方法布置情况 表1

课程内容		教学方法	教学模块				
交通建筑设计专题	汽车客运站建筑设计	理论知识学习	汽车客运站设计	交通道路规划设计	场地设计	大跨结构设计	地域建筑设计
		实践调研	设计现场调研	实例调研	社会调研	专业设计院调研	
		设计创作实践	概念设计	草图及模型推敲	最终成果完成		
	高速公路服务区建筑现场考察	实地考察					

(1) 第一部分汽车客运站，分为三个阶段，前期准备、中期设计、后期模拟分析。

阶段一：前期准备（集体和小组为单位）

该阶段主要包括理论学习、实地体验、现场调研。

理论学习：先由建筑学专业设计教师讲授交通建筑概况和汽车客运站设计的基本知识。然后交通工程专业教师讲授公路交通概况和交通道路规划设计基础知识。最后由两个专业教师共同制定设计任务书，并给全体学生解读。

实地体验：学生以小组为单位到已建成使用的汽车客运站进行实地体验。重点了解客运站日常运行模式、客运站与城市交通联系方式、体验乘车感受等。

现场调研：开始由学生以小组为单位到教师提供的 2～3 个不同规模的汽车客运站进行现场调研。内容为客运站内外人车流线、室内外空间形态、建筑结构、建筑造型等。然后到任务书上提出的拟建设用地现场对实地周边的环境、建筑和交通现状进行调研。

阶段二：中期设计（集体和个人为单位）

该阶段主要包括设计创作、理论学习、现场调研。

设计创作：由建筑学专业教师组进行指导，每个学生按阶段完成概念设计、草图模型设计，期间组织全体学生进行专题理论知识的针对性讲述，并结合学生草图中共性问题进行讲解。在此期间交通工程专业教师会在二次草阶段参与到指导中指导公路专业设计。最后集中时间完成准成果方案。

理论学习：在设计创作的不同阶段进行针对课题的场地设计、大跨结构设计、地域建筑设计知识的讲授，使学生即设计、即学即用保证设计的合理性和准确性。

现场调研：要求学生在设计创作的草图阶段针对各自已完成方案再次到拟建设用地现场进行调研，重点是比较方案与实际环境的契合程度，为最终方案提供客观依据。

阶段三：后期模拟分析（小组和个人为单位）

该阶段主要包括模拟分析，设计创作。

模拟分析：以小组为单位把每个成员的准成果方案，通过计算机软件进行建模，包括建筑单体、周边城市环境、道路、建筑现状。进行动画模拟分析，并利用虚拟现实实验对方案的建成后的运行情况及可实施性进行分析。共同讨论模拟分析得到的定性和定量的情况，找出每个方案存在的设计缺陷和不足。

设计创作：将经过模拟分析后的准成果方案，个人依据分析结果进行最后的调整和设计，完成最终方案成果。

(2) 第二部分高速公路站房建筑现场考察，穿插在第一部分客运站设计期间进行。现场考察对建筑设计学习具有重要的作用，也是对新教学模式的探索。整个过程分为三个阶段，前期准备、中期考察、后期总结。

阶段一：前期准备（集体和小组为单位）

该阶段主要包括理论学习、考察准备。

理论学习：由交通工程专业教师讲授高速公路公路规划设计和服务区基本功能知识。再由建筑学专业设计教师讲授高速公路服务区旅客服务中心建筑的一般性功能要求。

考察准备：在教师的指导下，要求每组学生完成现场考察的任务书为实地考察做好前期准备工作。

阶段二：中期考察（集体和小组为单位）

该阶段主要包括实地体验、现场调研。

实地体验：由两个专业的教师共同带队，利用半天时间，到高速公路服务区进行实地体验。经交通工程专业教师讲解后重点体验该服务区日常运行模式、车辆停放状况、高速公路进出要求等（图1）。

现场调研：学生以小组为单位对高速公路服务区站房建筑进行现场调研。内容为旅客服务中心、管养用房建筑

图 1　高速公路服务区现场

的室内外人车流线、建筑空间形态、建筑结构、建筑造型等。在这期间由两个专业的教师共同进行指导完成。

阶段三：后期总结备（小组为单位）

该阶段调查成果总结。

调查成果总结：学生结束现场考察后，以小组为单

位完成成果总结。

3　考核方式

3.1　建筑设计作业

汽车客运站采用传统的建筑设计图纸为最终作业成果。每个阶段有各自的作业要求。

（1）前期理论学习结束后，要求每个学生完成一份不少于 3000 字的交通建筑理论知识总结报告，图文并茂。

（2）前期实地体验结和现场调研束后要求每组学生完成一份不少于 20 页的 PPT 体验报告。

（3）中期设计创作阶段要求每个学生完成各阶段徒手草图和草模，以及一套准成果方案的电子版文件。

（4）中期现场调研阶段要求每个学生完成一份图文并茂，以图为主，字数不限的方案与实地对比分析报告。

（5）后期模拟分析要求每组学生完成小组各成员方案的分析报告，内容以数据和图形为主。

（6）最终每人完成一套完整的计算机出图的最终成果图纸，要求不少于 2 张的彩色 A1 图纸（图 2）。

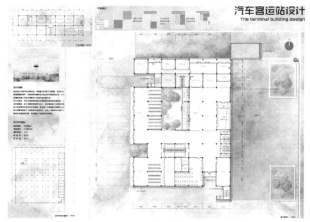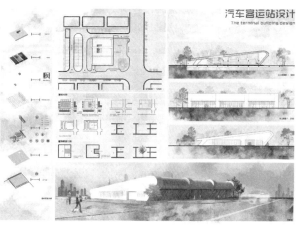

图 2　汽车客运站设计方案成果图

3.2　调查报告作业

高速公路站房建筑现场考察，采用考察成果分析报告形式作为最终成果。整个作业分为考察任务书和最终成册调查报告文本图册。

（1）前期准备时要求每组完成一份考察任务书，要求有考察目的和要求、考察内容和方法、考察过程及步骤等。

（2）后期结束考察后，要求每组完成一套 A3 彩色文本图册。内容包括对高速公路设计的基本情况、站房建筑的设计要求、服务区建筑的实际使用状况、建筑的空间、结构、形态特征进行归纳整理，以及对高速公路

服务区站房建筑的功能要求及场地布置进行总结，并提出高速公路服务区内现有建筑存在的问题及未来发展方向。

3.3　综合式评价

在教学成果评价中采用综合式评价方式，整个交通建筑设计专题由大题目汽车客运站和小专题高速公路站房建筑现场考察共同组合完成。课程成绩占比中大题目占 75%，小专题占 25%。

评价过程中引入外部评价机制、组织进行公开评图[3]。利用学校专业资源优势，通过跨学院、跨学科、

跨专业的师资力量对教学成果进行多视角且全面的评价。学生以小组和个人的形式在公开评图的过程中进行成果汇报和答辩，聆听建筑和交通工程专业教师的评价意见增加了交流互动机会。

公开评图作为整个交通建筑设计专题的压轴内容，评审小组成员包括了公路和建筑专业的教师和工程设计专家，针对每份设计作业及调查研究报告进行全方位、多视角、多层次的专业评价。使每位学生和每组成果得到针对性点评，在客观和公正的基础上选取优秀作业成果推荐到设计单位实际工程中和交通工程学科研究中，极大地激励了学生对交通建筑设计的热情。

整个考核过程完整并科学，结束后组织交通工程和建筑学专业教师代表对整个过程和结果进行总结，一方面为下次交通建筑设计教学提出修正意见，另一方面可将建筑学专业有效融入一流学科建设中。

4 结语与反思

应该看到，通过长安大学建筑专业在"双一流"建设中融入优势学科，以及面对特色发展和专业转型的实践状况背景下，建筑设计课的教学更应该以此为导向进行课程建设的探索和实践。通过交通建筑设计专题促进建筑设计教学水平的提高。

但是还存在一些问题需要总结和反思。例如从建筑设计专业角度出发，如何抓住建筑学与其他专业的逻辑关系，而不是简单地将两者拼凑。同时参加课程的两个专业的教师应彼此学习和了解部分对方专业基础知识，才有利于教学活动的开展。此外应该通过科研与工程实践服务工作，使师生共同参与完成交通建筑设计作品具有较高的学术研究水平，并能起到样板示范作用[4]。面对这些问题，需要师生们运用创新精神不断思考、实践和探索。

参考文献

[1] 赵晓芳，王湘. 图说交通建筑设计，2014（03）：4.

[2] 公路交通技术标准 JTG B01-2014：3.

[3] 石英. 模块化导向下小型公共建筑设计课实践与思考. 中国建筑教育，2016（01）：13-14.

[4] 蔡镇钰. 放眼世界回归中国. 建筑学报，2004，（02）：12-13.

张蔚

湖南大学建筑学院；824280821@qq.com

Zhang Wei

Architecture academy of Hunan University

冲动与约束
——三年级"场所与建构"建筑设计课程思维训练和实操进程

Impulsion and Constraint
——The "Thought Training and Actual Operation" Progress of the Grade3 "Loci and Tectonic" Architecture Design Course

摘　要：康德将人的判断认识过程总结为先天综合判断，强调人运用感性、知性、理性的全思维方式来认知世界；而现象学方法将人的"直觉意识"和"本质原型"作为建筑设计的基础分析方法。因此我们引用"第一冲动和设计约束"的思维模式来引导概念设计，运用"现象透明性"原理引导空间演绎。在方案中强调场所精神的营造，和材料建构的文化和技术在场所和空间中的表达，以此形成完整的设计过程。

关键词：第一冲动；设计约束；原型；现象透明性；场所精神；材料建构

Abstract：Kant summarized man's judgement course as Synthetic a priori judgement. He pointed out that the world is cognitive well when one use their sensibility, intellectuality and rationality together. The phenomenological method regard the "intuitive sense" and "essential prototype" as the fundamental analytical method. So we quote "the first impulsion and design constrain" to guide; the concept design; quote "the phenomenological transparency" to guide the space deduction. We emphasize genius loci and Tectonic in the whole architecture design.

Keywords：First impulsion; Design constraint; Architecture prototype; Phenomenological transparency; Genius loci; Material tectonic

1　思维训练源起——设计认识论：人的思维理性和认知经验结合的判断过程

1.1　康德的"先天综合判断"理论

康德将人的判断认识过程，分为分析判断和综合判断。分析判断即先天判断，具有必然性，不能扩展新知识，比如形式逻辑是先天判断的表达结果。综合判断即后天判断，具有经验内容，可提供新知识。这两种判断方式都存在片面性的问题。针对它们的问题，康德提出"先天综合判断"的概念，既有先天的形式，具有普遍

的必然性；又具有后天的经验内容，可以扩展新的内容。这种方法是将分析判断和综合判断相结合起来，并通过感性、知性、理性的共同作用进行判断的方式。

感性，是通过我们被对象所刺激的方式来获得表象的能力。从感性中，我们获得对事物现象的认识。

知性，是把感性杂多的经验材料综合整理的能力。知性的演绎过程，需要借助于"想象力"。图式语言就是建筑师综合分析判断的表达成果。

理性，是把知性得到的各种知识、规则和定律再进一步"综合统一"，把他们概括为最高、最完善的系统，

以达到把握无条件的绝对知识的能力。[1]

在建筑设计领域，对设计的地段、场景、人以及对建筑本身的各种要求有深刻认识，经综合感性、知性、理性的综合分析判断能力共同作用，才能把握设计问题的本质、提升情感、突破陈旧、提出新的概念和解决之径，形成优秀方案。

1.2 现象学研究方法

现象学研究方法包括对现象的还原和对本质的还原。

(1) 现象还原：要求调查者在现象面前摒除成见，以使我们敞开胸怀地接受任何在意识中直觉到的东西本身。这也就是"第一冲动"的认识，帮助设计者在众多的信息中剥离出本质，保持对现象观察的直觉敏感性。

(2) 本质还原：关注如何得出各类事物的本质，也即原型。原型是某类型建筑中最本质的不可少的特征。经过足够多的此类试验，调查者就能够描述出某类事物的共有本质。[2]

2 教学目标

2.1 强调概念形成和概念构思训练

教学目的主要有一个目标，两个主题，即以原创性概念构思为目标，以场所更新和材料编织思维为主题，以场所、内部空间艺术形态和表皮材质肌理表达为成果，展开教学。三年一期设计主题："概念构思＋空间推演"，三年二期设计主题："场所＋材料"。设计载体主要是社区图书馆、小学校设计等课题；三年二期强调场所更新改造、复杂文化建筑空间生成和材料建构思维训练，设计载体主要是博物馆、美术馆、图文信息中心、旧厂房改造等课题。

概念构思阶段强调"冲动与约束"并存的思维模式，从感性层面理解场地、建筑和人，提取关键词，成为设计主题的逻辑背景，并以此抽取空间原型，深入研究引导后续设计。理性层面要求学生从调研中分析场地的外部约束和建筑设计的内部约束，并通过单项训练引导学生学习从约定事项构思、从五感构思等几种构思方法来了解设计构思的形成影响因素，借此引导学生从多方向掌握建筑构思的方法，更重要的是培养学生挖掘事物本源的深度思考的习惯。

此阶段主要的授课内容包括："基地调研分析方法"和"概念形成和思维拓展"，让学生分组对基地专项内容进行调研，包括基地的现在和未来、所在区域发展规划、基地平面、社会背景、环境因素、地形与自然因素、建筑形式、周围环境、历史背景、人行与机动车道交通分析、场地调查、场地剖面等方面了解场地情况、并了解"冲动和约束"的概念和思维内涵，以图文资料、手绘视觉序列空间图、散文诗、城市拼图、基地模型、手绘意向图等为调研的总结，提取概念，进行概念设计。

2.2 强调场所精神的体现

建筑包括两个维度，即可度量维度和不可度量维度。可度量维度即看得见的形式，不可度量维度即看不见的精神。形式是手段，精神是目的。从城市整体环境出发，保护、研究和拓展地域文化特征，在用地制约中创造具有特定意味的空间形象及场所氛围，同时满足功能使用要求——这就是课程设计中场所精神体现的几个维度。

设计旨在从场所精神和建筑原型论探讨特定场所环境下建筑生成的原因和价值，了解建筑存在的目的。针对不同的课题、用地选址，会从不同的侧重点来帮助学生对场所精神的理解与营造：建筑消融、大地景观、光与建筑、空间营造、产业遗存改造、材料建构等。教师围绕这几个方面通过讲授"场所与场所精神"、"融于风景和水景中的建筑"、"建筑中的光与影"、"产业类遗产建筑的保护与更新"等课程，使学生了解场所的意义，并通过概念设计、概念模型制作来施行概念总体设计，并指导学生完成阶段训练。场所营造从群形态空间设计入手（图1）。

图1 潮宗街社区教堂博物馆场所设计（2014级曹阳，王兆南）

2.3 强调"材料建构"的思维培养——知性综合＋理性实施

基于"建构文化研究"的理论，将建筑设计从城市设计尺度推进到建构细部设计尺度，使人感受在不同尺度语境下进行建筑设计时对空间形成产生的影响，并强调细部建构设计对建筑空间和城市形象产生的直接作用。

建构研究对寻求建筑设计归正思维和探寻建筑本质有重要意义。探讨从材料的"建构文化思维＋建构技术思维"建构研究对寻求建筑设计归正思维有重要意义。探讨从材料的"建构文化思维＋建构技术思维"两方面来推动建筑设计的方法。主要要点是材料与场所、材料与空间的关系，并和空间设计同步进行。

3　教学进程

教学进程主要分为调研分析、概念设计阶段、空间推演阶段、材料建构等几个阶段。其中，材料建构贯穿调研→材料细部设计的整个过程。调研阶段确定材料，概念设计及空间推演确定结构选型。最后的建构设计阶段更深入材料表皮构造、节点细部设计（图2）。

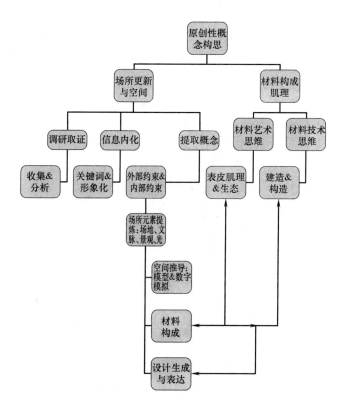

图2　教学结构图

3.1　概念设计思维——关键词提取

综合感性、知性、理性的思维模式，以及现象学"本质还原"的研究方法，我们引用"冲动和约束"的思维方法来引导学生进行设计概念提取训练。

依循概念关键词→空间原型→空间群整体设计的思维模式拓展设计。

以敏感的"第一冲动"捕捉场地的信息成为设计主题，结合理性的内外约束的分析，提取概念关键词，抽象空间原型。主要从场地因素和行为心理等几方面，以形式逻辑、构筑逻辑、数理逻辑的方法进行总体设计。

3.1.1　第一冲动——感性认识

（1）"第一冲动"概念

"第一冲动"就是设计者对场地条件、本类型建筑、功能、特定服务人群等的第一强烈印象，而提出的最初的想法。这是根据人的先天经验、视知觉观察、亲身体验等获得的纯感性认识的部分，也即直觉意识。它能为设计者提供富有情感的设计切入点。所以要求学生对场地进行第一次调研走访时能敏感地捕捉场地反馈的信息，以此直觉意识来引导后续设计。"第一冲动"出于人的敏感直觉，有时是唯一的，有时也会有多个交织，其影响在整个设计过程中都难以磨灭。

（2）"第一冲动"内涵

① 城市街巷的空间形态（比如巷道、天井、传统建筑形式、材料、色彩等）、景观要素、地形地貌特点、交通状况、气候条件等；

② 当地居民的某种最有特点的生活方式、民俗文化等；

③ 地段的历史文脉等；

④ 建筑功能所发生的人的行为活动，比如阅读行为、教学和学习行为、展示行为等等；

⑤ 功能空间本身的特殊要求等。

"第一冲动"多种多样，如此产生各不相同设计主题或概念，更能刺激学生主动观察的积极性，避免雷同的设计主题。[3]

（3）"第一冲动"的呈现

"第一冲动"以意向草图、散文诗、拼贴图等方式呈现（图3、图4）。

3.1.2　设计约束——知性综合

设计约束就是对特定场地的特定建筑的设计诸多方面应有的约束。有时约束条件也会成为第一冲动或设计的切入点。有了"设计约束"的约束，人的"第一冲动"所收纳的信息和各种杂多的经验，才能有方向地发展下去。

设计约束包括内部约束和外部约束。

（1）内部约束

是设计问题的基础，设计大纲的主要内容。包括：建筑功能要求、建筑师自身的设计理念、空间之间的关系等。要求学生画出功能泡泡图和图解各种必要关系的流程图。

（2）外部约束

要求学生对场地进行多次走访、观察、记录，针对

603

图3 百果园基地调研"第一冲动"意向图——
"窄巷狭光"（2013级聂克谋）

图4 百果园基地调研"第一冲动"意向图——
"闲"（2013级 曹吉阳）

"第一冲动"问题进行深入了解、解析，并找到和"第一冲动"概念相似、与基地情况类型的相关建筑案例进行分析。根据"第一冲动"和调研资料，还原成最初的设计原型，提出初步的概念设计（图5）。

外部约束包括：

• 场地因素：地形、地貌、道路、景观、气候等。

• 形态因素：针对某类建筑的功能需求和使用者的行为需求，建筑需采用适宜的空间形态。

• 结构因素：针对功能需求和材料的选定，来确定建筑的结构形态。

材料因素：材料和建构形式，将直接影响空间的形态，和表皮呈现的肌理和表情。[4]

3.2 概念总体设计——构思方法

先把看到的、听到的、触摸到的事情，比如场地自然、文脉因素，行为心理和路径因素等储存在"印象记忆"里，再从形式逻辑、构筑逻辑、结构逻辑和数理逻辑来推理群体空间概念方案生成。

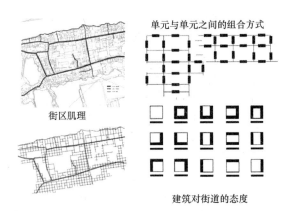

图5 乔口镇城市空间还原原型图（2013级聂克谋）

（1）形式逻辑：从历史的建筑语言形式当中演绎而来，主要研究建筑词汇的连接组合方法。

（2）构筑逻辑：从历史建筑的材料构筑中归纳当今的建筑构筑形式，培养结构力学思维和材料建构逻辑，并使用新材料来建构新建筑。

（3）数理逻辑：用用黄金分割的数理比例和欧几里得的几何学原理来形成形体[5]（图6）。

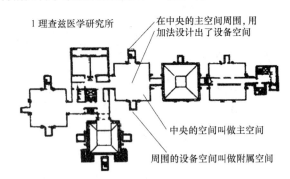

图6 路易斯·康的理查兹医学研究所数理逻辑平面图

3.3 空间推演与生成——知性综合

空间推演从空间现象、空间层次、空间路径三方面探讨空间生成机制。

（1）空间现象：讨论人与事物之间的空间关系的存在方式的学问，是图像—背景这一比喻中绝对的"图像"。以建筑原型及原型体验来考察空间的现象。授课时以卒姆托的瑞士瓦尔温泉为例对建筑体验和氛围营造进行探讨。

（2）空间层次：中国山水画的"层"与"次"的关系。

（3）空间群体的"图"与"底"的关系。

（4）"透明性"层化空间组织（图7）。

（5）空间路径：空间结构的设计依托。借助于水平和垂直交通的组织来实际地生成空间。

（6）效果呈现：空间模型、空间序列纵向剖面（图8，图9）。

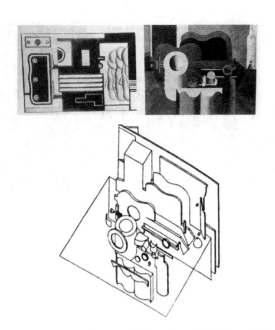

图 7 空间层化结构：立体主义绘画中的秩序和层次，
在此不知是否就可将更深层次的现象透明性理解
为一种秩序和层次的体现（也就是每一个层次
的互相暗示、融合、包含等）[6]

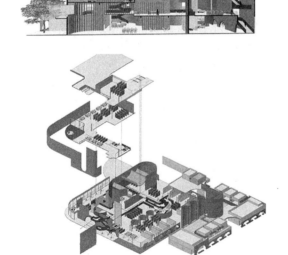

图 8 空间轴测模型图（2014级林佳鸿）

3.4 建构思维和设计——知性综合＋理性实施

3.4.1 建构文化思维——体现场所精神

从建构文化的角度来研究建造艺术、材料文化、材质肌理及色彩等对建筑空间和形态生成的引导性作用，强调材料建构的艺术性和文化性的表达，包含场所建构

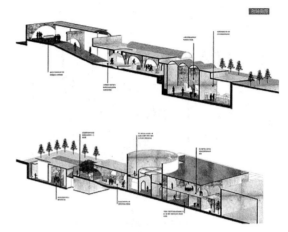

图 9 序列空间纵向剖面图（2014级曹阳，王兆南）

文化、生态性建构文化等。主要研究：

(1) 传统材料构法的历史与艺术

(2) 传统材料在特定场所中的运用

(3) 传统材料构法的当代运用

(4) 现代材料构法的文化表达

3.4.2 建构技术思维——材料建构和空间的关系

以"建造"带动设计构思，设计方法从单纯的功能感知和形体感知提升至理性的建构逻辑，培养学生的建构技术思维。引导学生重视地域历史建构艺术的现代再现，加深对建筑本质的认识。主要研究：

(1) 材料和空间的关系

① 结构形态：结构理性主义，决定空间形态（图10）。（主要的结构形态：砌体结构、框架结构、剪力墙结构）

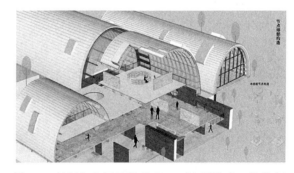

图 10 材料与空间的关系（2014级 贾汶睿，徐关鑫）

② 材料的透明性和视觉穿透性：对于空间视知觉而言，材料的意义首先在于它的透明性的不同程度，直接决定了空间的明暗及其限定性的强弱。其次，它的意义还体现于不透明材料的表面属性，其质感的强弱以及材料的构成影响空间质量的主要因素。探讨：

• 不透明、半透明、透明材料和反射材料对空间知觉的直接影响。

• 材料与光的关系→空间与光的关系（图11）。

图12 材料表皮肌理呈现（2014级 曹阳，王兆南）

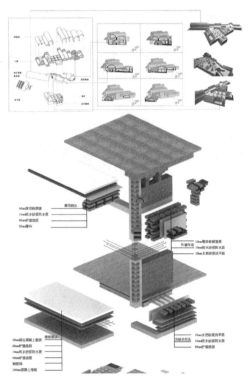

图11 材料建构与城市的关系（2011级 周柯地）

（2）表皮肌理

建筑外部的、视觉化的表面效果，重在韵律、对比和差异。

①肌理在建筑中的意义：两种材料并置所产生的对比在表达上的可能性。

②肌理在空间知觉方面的主要因素：色彩和触觉（图12）。

参考文献

［1］ 书杰. 哲学100问（98）. 喜马拉雅电台，2016.

［2］ 梦中家园. 作为方法的现象学 http：//www. 360doc. com/index. html，2012. 5. 13.

［3］［英］布莱恩·劳森. 设计思维——建筑设计过程解析（原书第三版）［M］. 北京：知识产权出版社，2007：35-50.

［4］［英］布莱恩·劳森. 设计思维——建筑设计过程解析（原书第三版）［M］. 北京：知识产权出版社，2007：82-90.

［5］［日］宫宇地一彦. 建筑设计的构思方法——拓展设计思路［M］. 北京：中国建筑工业出版社，2006：58-101.

［6］［美］柯林·罗，罗伯特·斯拉兹基. 透明性［M］. 北京：中国建筑工业出版社，2008：60-61.

李少翀　吴瑞　王毛真

西安建筑科技大学；54398742@qq.com

Li Shaochong　Wu Rui　Wang Maozhen

Xi'an University of Architecture and Technology

记"超越东西方的院"Studio 设计课程

——以"院"为主题的设计教学研究

Record of Studio Design Course "Transcend the Courtyard of Eastern and Western"

——Research and Design Teaching Based on "Courtyard"

摘　要：本文以设计研究的视角切入，探讨如何将设计方法转换成有组织的设计教学，并形成有针对性、累积式的设计练习。本次教学以"院"为题，将教学过程分解为院落空间的先例解析——院落空间的场所分析——院落空间的设计策略三个大的环节，层层递进，让学生建立设计研究和设计方法论的新视角，强调分析和解决问题的能力。

关键词：院落；解析；空间关系；建构逻辑

Abstract：From the perspective of design research, this paper discusses how to transform the design method into organized design teaching, and form a targeted and accumulative design practice. Taking "courtyard" as the perspective, the teaching process is divided into three major parts：Precedent analysis of courtyard space -Site analysis of courtyard space - Courtyard space design strategy, distribution interpretation, layer upon layer, progressive, for students to enhance the design of analytical and problem-solving ability, as well as to provide a new perspective of research learning.

Keywords：Courtyard; Analysis; Space relation; Construction Logic

1　课程背景

近年来，在我国建筑学教育领域，巴黎美术学院形式主义设计传统的热度正在衰退，而对于基本问题和设计方法的探讨在界内引起了广泛关注。"可教"（Teachable）这个概念使得越来越多的建筑学教育者不再只有个体的经验主义，而是以一种学术的设计方式进行教学。香港中文大学顾大庆教授及柏庭卫教授的"建筑设计入门"中，清晰地阐明了将特定的设计态度和方法转换成可以教授的练习或设计课题的能力的重要性。同济大学王方戟教授在"建筑教学的共性和差异——小菜场上的家 2"中，将教学分解为概念、基地、体量、功能、动线、空间、结构、造型、构造及细节、图纸表现等因素依次讨论，有利于学生对所学的建筑学知识进行梳理，形成正确的基本建筑观念。

在经历了三年建筑学教育学习与积累之后，对于本科四年级的学生来说，如何以空间逻辑视角去深入解读与思考经典案例、如何处理解析与设计之间的关系等问题至关重要。作为四年级 Studio 课程之一，在满足教学大纲中所制定的"建筑设计前沿研究"、"地域性建筑设计研究"、"建构与建筑设计"三大方向的前提下，本课程旨在让学生掌握空间解析的方法、处理场地与环境关系的方法以及空间建构逻辑为导向的设计方法，为其之后的学习及职业生涯打下扎实的基础。

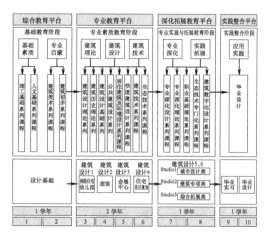

图1 本课程所处本科建筑学教育体系中的位置

2 以"院"为题——展开设计教学研究

2.1 对象的选择

古往今来,不论东西方,院落空间作为一种满足人们对于功能性与精神性需求的理想场所而存在。在不同时期,不同建筑师对以院落为组织的空间类型建筑的理解各不相同,但都遵循着以"院"为核心而展开设计的原则。近些年,院落逐渐成为一种符号的象征,过度的精神化使其设计本质被忽略,以一种片面的方式呈现在人们眼前。本课程希望学生们通过对于院落的解析和设计,以类型学的方式归纳院落空间的原型,从而获得院落空间设计的具体方法和策略。对于院落的空间设计,不再只可意会,而具有可操作性。

2.2 尺度的选择

以院落为核心空间,注重整体空间关系的小尺度建筑案例满足了课程需要。本课程希望通过对小尺度建筑解析与设计,使学生从简入手理解空间建构逻辑,掌握空间设计方法。在空间解析环节中,选取面积1000~2000m²,层高2~3层的,以院为核心展开空间组织的建筑案例进行解析,分析其方案生成的逻辑。同样,在进行设计时,指定设计的建筑面积在1000~1500m²之间,使学生在设计过程中,面对相似尺度和面积的空间问题时,会对之前解析的案例有更深一层次的理解。

2.3 场地的选择

场地选择原则以小尺度高密度的院落空间为主,周边整体空间结构完整,院落类型清晰典型。以本次课程设计用地为例,本次基地位于秦岭北麓子午镇西、子午峪河东的南豆角村。其原有村落的空间结构、明代修建而现存的南北城门楼、村南口的千年柏树、社公爷石

头,各院落宅前空间的使用,都将成为院落空间设计的限制性条件。学生分别选择位于村中不同位置的四块用地,功能分别设置为:三位艺术家工作室、客舍、村民活动中心和游客服务中心、采摘园餐厅,通过设计具体回应场所、功能与空间的问题。

3 以"院"为重——梳理设计教学过程

本课程的教学过程由院落空间的先例解析、院落空间的场所分析和院落空间的设计策略三个阶段组成。在此过程中,穿插进行专题讲座帮助学生理解阶段问题的要点和难点。

3.1 院落空间的先例解析

开始阶段,课程安排学生们进行相"院"和择"院"。经过几轮对于平面图、空间结构图、空间关系剖面图、空间照片和空间意向效果图的解析,通过全班讨论与教师讲解,学生们对选取案例的标准和所要关注的院落空间关系有了更为清晰的认识,对空间结构和空间关系的分析能力以及空间描述的表达能力有了显著提升。教学过程证明,学生的认知需要有时间过程,故将解析部分进行模块化的拆分,以便学生逐步理解消化所需要掌握的知识点。

教学阶段	教学流程	授课方式	教学要求
第一阶段 案例解读	寻找院落案例	专题讲座+课堂讨论	平面 剖面 空间照片
	院落分析研究	课堂讨论	手绘分析图 剖面 模型照片 空间结构图
	院的空间认知	专题讲座+分组讨论	手绘分析图 平面 剖面 空间效果图 空间结构图
	院的整合与分解	专题讲座+分组讨论	体量模型 板片模型 杆件模型
	院的抽象与原型	专题讲座+课堂讨论	分析图 空间效果图 光影变化图
	院的类型与归纳	专题讲座+课堂讨论	分析图 空间效果图 模型
	院的空间定义	专题讲座+课堂讨论	场地关系图 透视图 空间轴测 空间轴剖
	院的微气候	专题讲座+课堂讨论	微气候分析图
第二阶段 场所环境	场地调研	现场调研+专题讲座	历史 人文区位 自然环境
	用地周边环境分析	专题讲座+课堂讨论	场地环境分析
	场地环境分析	专题讲座+课堂讨论	村落空间格局 空间结构 空间肌理 建筑空间尺度 院落空间尺度
第三阶段 方案设计	用地分析	课堂讨论	分析图 模型
	空间结构与空间关系	分组讨论+课堂讨论	分析图 模型
	空间概念	分组讨论+课堂讨论	分析图 平面 剖图
	空间结构与功能	课堂讨论	空间透视图 平面 剖面 模型
	空间建构	专题讲座+课堂讨论	构造详图 模型
	设计成果表达	绘图制作	总平面图1:300;平面图1:150 节点1:15模型1:200效果图 分析图

图2 教学过程

在进行了最初的分析之后,学生们进入习"院"的学习阶段。在此阶段,首先将16名学生分成4组,每组各选取教师准备的4个西方和1个东方院落案例进行解析。除了要完成空间结构图、空间关系剖面图、空间

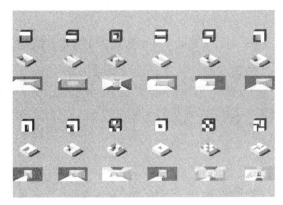

图 3　归纳整理"院"的原型

效果图等之外，学生们还需制作讨论空间尺度及院落与实体关系的体量模型和讨论空间领域和限定的板片和杆件模型。学生们将之前的视角和方法用于新的案例解析，并通过对图纸和模型的讨论和讲解，达到举一反三的效果。

多次解析之后，需要的是归纳和总结，以便从本质上理解院落的空间问题。根据院落空间的空间特征和空间关系，将院落空间进行类型学归纳，并绘制出其原型

的图解和透视图。学生们根据自己解析的案例，分别对其空间原型进行分析和绘制。教师和学生在原型基础上，对案例的空间轴侧、剖面等问题进行充分探讨，进一步理解案例空间的生成逻辑。同时，对案例的场地情况以及风、太阳、温度、湿度、降水等微气候要素进行专题讲座和课上讨论，使学生对场所及所处环境对于方案空间布局的影响有所认知。

3.2　院落空间的场所分析

在进入场地之前，教师以专题讲座的方式将基地的历史、自然、人文、区位等背景知识进行整体介绍，学生在课下继续对基地资料进行收集与整理。进入现场调研中，首先关注整个村落的空间关系，对村落的空间格局、空间结构、肌理等进行分析与绘制。在已给的电子图纸上标明村落的道路、宅基地的范围、历史建筑、建筑结构、建筑材料、建筑层数、建筑高度和景观要素等。调研结束后，共同对村落空间研究的内容进行总结和分析，以便在具体设计时对用地了解达到一定的深度。

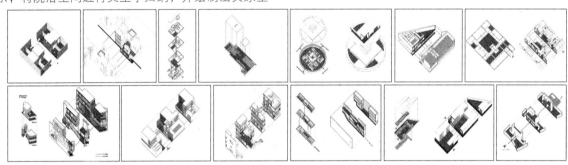

图 4　案例解析阶段性图纸

图 5　四块用地问题分析

在学生们对场地及周边环境充分了解的基础上，对分别对应不同功能任务的四块用地进行详细的调研。在分析和明确四块用地的问题之后，学生们绘制基地的Sketch Up模型以及手工模型1∶150，在虚拟和现实中分别感受基地周边环境的空间关系。

3.3　院落空间的设计策略

在选定用地和功能之后，学生们以2人为一组进行方案设计，每块用地有两组学生选择。首先，在制作的基地模型中，学生们以体量模型的方式推敲方案的院落空间结构，以确定围绕院落展开的空间关系及院落空间与周边环境的关系。同时，绘制以"院"为主空间的透视草图及空间原型示意图，明确自己设计的空间意向及院落空间原型。寻找具有相似功能、规模和空间类型的案例进行学习和分析，结合对于场地文脉，提出设计概

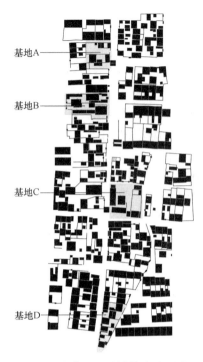

图6 设计用地及村落总平面图

念。通过多次板片和杆件模型制作和讨论，对方案的空间关系和秩序进一步进行深化，同时在此过程中注重与结构、材料和构造的关联性和匹配度。通过探讨平、立、剖及方案生成逻辑的分析图、节点构造详图等，在二维平面讨论方案深化的可能性。在二周设计周中，学生们绘制总平面图1：300，平、立、剖面图1：150，节点构造详图1：15，空间渲染效果图及相关说明方案生成和逻辑的分析图若干，并制作需反映空间关系、材料关系的1：200方案成果模型。

4 以"院"为核——确立设计教学特色

4.1 环环相扣——建立系统教学步骤

建立模块化教学中三个阶段之间的联系，帮助学生们将解析阶段所学的空间建构逻辑与设计方法应用于场地与空间设计环节中。设计时，需要对解析阶段分析过的空间原型和空间关系等概念作出回应。

4.2 逐层深入——建构认知空间类型

将解析作为教学中的重要环节。将解析过程分阶段、分步骤，明确每个阶段的任务，将每阶段的问题逐个呈现，分步解决。通过反复解析，全班讨论，学生们不仅清晰认知了案例的空间设计的手法，同时也收获思考空间问题的方法。

4.3 因地制宜——回应设计空间策略

因地制宜，在设计过程中，对每组"院"各自的问题进行回应。三位艺术家工作室的设计，主要探讨了从私密到开放的连续小院落与实体建筑的从属关系，以及以此为基础形成的空间关系。客舍设计主要回应了以院落为组织的高密度下重复单元与整体空间的关系。游客服务中心和村民活动中心的设计主要反映了以展开公共活动的中心院落为核心，组织周边公共空间的建筑类型的可能性。采摘亭餐厅主要讨论了依附现状建筑新旧结合的连续院落关系及以院落为主导的空间格局下建筑与周边景观的视线关系。

图7 教学过程模型

4.4 全面多元——优化教学推进形式

设置专题讲座、全班讲评、分组辅导、逐个探讨等不同的教学形式以应对不同阶段的教学问题。图纸讲评、实体空间模型讨论与电脑绘图讨论相结合，希望通过全方位的视角对设计进行推进。

以"院"为核的教学特色，促使教学目的得到了实现，学生对于空间问题的理解有了较大的提升，对于设计方法有了一定程度的掌握。

5 总结

本教学实践，以"院"为题，鼓励学生们从理性分析出发，认知空间问题，梳理空间设计方法，最终回馈"院"这一设计主题。在这个过程中，一方面，解析与设计的强烈关联性，使学生们分析问题、解决问题的自主性能力得到加强；另一方面，这种研究性的学习方法，从空间建构的角度重新审视建筑设计过程，这一方法，将为他们如何看待建筑空间设计研究以及空间设计理论方法提供新的思路和视角，引发学生对建筑设计过程的长久思考。

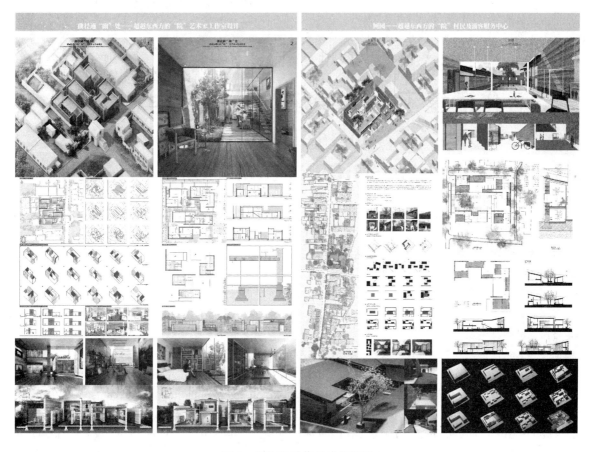

图 8　课程设计作业成果图纸

参考文献

［1］　顾大庆，柏庭卫．建筑设计入门［M］．北京：中国建筑工业出版社，2009.

［2］　王方戟，张斌，水雁飞．小菜场上的家第2辑，建筑教学的共性和差异［M］．上海：同济大学出版社，2015.

［3］　顾大庆，柏庭卫．空间、建构与设计［M］．北京：中国建筑工业出版社，2011.

史立刚　连菲

哈尔滨工业大学建筑学院，黑龙江省寒地建筑科学重点实验室；slg0312@163.com

Shi Ligang　Lian Fei

School of Architecture, Harbin Institute of Technology, Heilongjiang Cold Region Architectural Science Key Laboratory

体育生活化语境下的体育建筑设计教学札记
Teaching Notes Of Sports Architectural Design In The Sports lifelization Context

摘　要：作为哈尔滨工业大学建筑学院的特色课程之一，体育建筑设计是建筑学本科教学的收官之作。在当前体育生活化背景下，如何在本科高年级建筑设计教学中结合学生的知识积淀实际处理好体育建筑设计的诸多矛盾，已是建筑教育者不可回避的话题。本文结合笔者多年的教学实践，尝试梳理策划运营与建筑设计、在地营造与建筑个性、结构理性与建筑形态等三方面之间的关系，探讨和总结体育建筑设计教学的理论和规律，为同类教学提供参考。

关键词：体育生活化；体育建筑设计教学；策划；在地；结构

Abstract：As is one of the characteristics courses in School of Architecture in Harbin Institute of Technology, Sports architecture design is ending of architecture undergraduate teaching. In the current sports lifelization background，It is unavoidable topic of architectural Educators how to deal with many contradictions in the sports architectural design teaching of the senior undergraduate architecture combining the students' knowledge accumulation. This paper combines the author's many years teaching practice, tries to sort out the three aspects relationships, that is, between architectural programming and architectural design, locality and building personality, structural rationality and architectural form. This paper discusses and summarizes the teaching theory and rules of sports architecture design, and provides reference for similar teaching.

Keywords：Sports lifelization ; Sports architecture design teaching ; Programming ; Locality ; Structure

1　引言

作为哈尔滨工业大学建筑学院的特色课程之一，体育建筑设计是建筑学本科教学的收官之作。由于体育建筑内涵功能多元、工艺流线复杂，技术选型相对难度大，同时对场地环境和个性形象塑造的期待值较高，体育建筑设计教学一直是本科教学的难点。随着国内以北京奥运、广州亚运为高峰的赛会经济逐渐回落，以及《全民健身计划》的深入实施，我国体育建筑的发展也逐渐呈现出专业化与生活化两种倾向并存的状态，所谓专业化意即以赛会为目的竞技型场馆对体育工艺、功能配套空间及赛场氛围的要求相对严格，由于空间尺度和比例巨大，体育功能在综合体中起到绝对支配作用；而生活化即体育健身空间作为综合体的特色空间存在，与其他的商业、休闲、娱乐、餐饮、旅游等系列功能相互激发和补充，共同成为城市活力生活节点，体育健身空间从空间、功能方面都演变为普通的城市尺度。传统上体育建筑设计教学一般注重专业化方面，而如何应对体育生活化和快速城市化背景下的建筑设计教学已是建筑教育者不可回避的话题。笔者在近几年的教学实践探索中尝试了一些新思路方法，总结成文以为同类教学提供参考。

2 体育建筑生活化发展动因

2.1 大众消费升级对体育休闲特色空间需求

自韩丹1991年界定体育生活化概念以来，体育生活化问题就引起了学界的关注，也散见于政府的文献记载。如原国家体委于1993年下发的《关于深化体育改革的意见》中将其作为体育改革的目标之一，即体育实现生活化。学者们对"体育生活化"的解释较为一致，指将体育融进社会生活之中，使人们自觉自愿经常性地参加体育活动，形成健康、文明的生活方式的一个过程。[1]因此如何营造适合体育生活化的建筑空间应该成为建筑师必须解决的问题。

从大众消费生活角度，"购物可以证明是现存公共活动的唯一形式。"[2]当大众消费的休闲化、时尚化、符号化渗透到体育消费领域时，体育建筑空间也面临着服务业态的更新重构和尺度的整合设计，一方面表现为大型场馆的功能日趋多元，体育空间的生活氛围更为浓厚；另一方面表现为全民健身空间完全融入城市尺度，形成融体育、餐饮、购物、休闲、娱乐于一体的城市综合体，切实使得运动常态化。

2.2 城市发展对体育设施网络化的需求

从城市产生发展的角度去考察，商业确实是城市的促成因素，并在今天渗透到城市生活的各个角落，成为城市生命的构成。集市、商业街乃至商业区，都曾经是近代商业出现以前在缓慢自然生长的城市中出现的商业空间的主要模式，而城市综合体是后工业时代商业与城市关系的一种新模式，商业是整合城市空间的主导要素，其叙事特征主要表现为对街区混合功能的整合、与环境文脉的结合及开放空间的营造。在此背景下，网络化的全民健身设施与城市综合体结合形成富于运动特色的活力源，既为城市肌理提供了健康生活方式的空间载体，又促动了商业业态的错位竞争和良性发展。

3 体育建筑设计教学探索

当代中国建筑实践普遍面临的不可调和的困境：对外，如何为空白的场地前提建立意义关联，对内，如何为日渐模糊的社会形式赋予建筑形式。基于对当代体育建筑和城市发展的宏观认识，在近几年的体育建筑设计教学中笔者尝试引入体育生活化和城市综合体理论，引导学生在相对复杂的背景环境中梳理脉络，综合各种环境、技术条件逐渐形成合宜的设计构思，并初步构建学生的体育建筑可持续发展观。

3.1 经济效能——功能配置的策划运营

作为城市公共服务的有机体，体育建筑的永续经营是其存在的根基。体育设施是城市形象营销策略的一部分，体育建筑所体现出的体育文化和商业价值在城市的自我定位中得以反映。在消费文化语境下，体育建筑进入了以体验为中心，以观众为权威的时期，是否有助于人的发展和愉悦，是否参与经济社会经济活动并服务社会，成为体育建筑新的评价标准。[3]如何拓展消费市场盘活体育空间资源实现可持续运营是后奥运时代的体育建筑开发建设策划的重中之重，也正是传统设计教学体系中的短板。

基于对体育建筑经济性能和全寿命周期的理解，体育建筑策划是设计方案的母体，而后者是前者演绎的结果。笔者认为体育建筑设计教学应由精美化设计，向精细化经营与使用过渡。为此笔者在课程设计中设置了任务书策划和可持续设计环节，培养学生建筑开发经营思想和策划能力。在保定西湖体育中心设计教学中，基地选址于中心老城区与开发区交界处，南邻城市主干道，西接西二环，地铁1号线在基地附近规划有2个站点。由于交通便利，本项目拟充分发挥京津保1小时生活圈的区位优势，打造成集高水平体育竞赛、训练、演艺、日常开放、休闲娱乐于一体的综合性体育中心。因此本项目的经济效能至关重要。笔者引导学生在城市设计阶段通过对城区体育设施和开放空间分布和现状、公共交通可达性、周边配套设施等的SWOT分析，初步建立起项目选址的可行性意识。然后基于市区人口进行项目规模定位，继而筹划体育中心体育、商业、办公、公寓的开发强度、面积配比以及商业街流线组织。在体育馆单体策划中，根据上下游体育产业的相关需求、保定人口和经济发展现状，将体育赛事组织用房控制在20%，场馆多功能利用部分定为40%，体育主题相关产业如商业、娱乐、培训、健身等用房约占40%（图1）。当然从策划专业角度这些策划成果并非完全精确，但通过这一科学计划过程着实锻炼了学生的体育建筑经济效能和策划营销思路，及至后期设计中将策划成果贯彻于适宜的功能布局与赛时赛后动态的空间复合策略（图2），学生方全面建立起了体育建筑全寿命周期观。

3.2 在地营造——场所特征的凝练升华

建筑的地点性而不是空间，具有第一性的意义，因为"空间也是从地点而不是空无获得存在。"（海德格尔语）所谓建筑"地点性"即是根植于地方的不可动性，这种不可动性不仅是物理意义上的，也是基于现象学的"栖居"意义上的。它的核心在于不论建筑建造在何处，

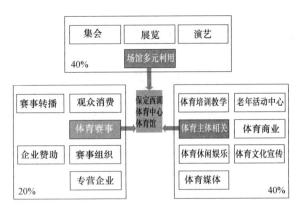

图1 保定西湖体育中心体育馆策划（作者自绘）

它总是要介入和存在于某一实体环境当中，同时与这个实体环境发生关系。建筑于其他技术产品的最大区别就在于其难以复制的地域性，独特的地域性在技术全球化泛滥的背景下显得弥足珍贵。对于特殊地形中的体育建筑，其对场地融入的态度在更高的层级上影响着体育建筑的性格形态。我们倡导因地制宜，注重激发学生对环境肌理的再创造。

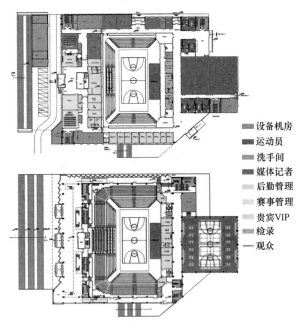

图2 保定西湖体育中心体育馆平面（设计：陈桐）

以宁夏彭阳县悦龙山全民健身活动中心为例，其馆址位于新城区行政中心南侧，茹河北岸，与博物馆、图书馆呈轴对称态势分列广场东西两侧，形成以北侧高起的行政中心为背景，集体育、文化、教育于一体的综合性全民素质培养中心。整个场区四周交通便利，环境优美。但场地南北高差达10余m，在坡度起伏的场地中如何得体地植入全民健身中心，如何应对快速城市化带来的断裂与空白以建立场所新秩序，是设计构思首要应

对的问题。对此笔者认为巨大的高差不容回避，此等规模尺度的建筑在群山环绕的自然场景中略显苍白无力，因此建议建筑与其大自然争锋不如顺应契入场地塑造人工地景，将场地平整为三阶台地，结合不同高差将建筑空间错落布置，形成"坡上坡下"的主题（图3）。由于羽毛球馆（净高12m）、乒乓球馆、大众健身馆等单元与篮球馆空间级差相近，800座篮球馆的主体量不足以形成视觉中心。结合视线和疏散设计将篮球馆置于最高处形成坡顶，其他单元空间顺坡势组织，羽毛球馆在坡底逆势上扬以成景框，形成与河岸自然景观的对话。同时屋顶结合坡势形成部分可上人屋顶和植草屋顶，既满足了市民自发性活动和社会性活动的愿景，形成室内室外相互渗透、可行可望可居可游的休闲佳境，诠释了全民健身运动的深层内涵；同时拟态了原有地形山势，凸显了体育建筑的在地性。这种空间操作过程以往惯常的体育建筑设计手法均无用武之地，但其在自然环境中蓄势待发的雄浑却着实渗透着体育健身建筑的别样情怀。

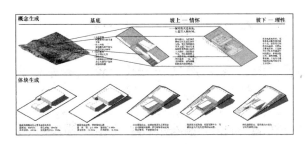

图3 彭阳县悦龙山全民健身中心（设计：郭文嘉）

3.3 气质建构——结构秩序的本真呈现

如果说特殊地形中体育建筑的性格表达让位于场所塑造略显压抑，那么快速城市化的平坦基地则提供了个性发挥的展场。而如何在毫无先在特征的场地上建立场所感则是体育建筑的本体建构问题。正如意大利理性主义建筑师格里高蒂从人类地理学视角所指出的，建筑的原初是对领域范围的标示和空间秩序的规训。由于功能空间跨度的刚性需求促使结构选型和表达成为影响体育建筑形态表情并规训场所的重要序参量。如果结构是建筑最后的"废墟"，那么面对虚空，结构也是建筑最初的"缘起"。结构可以回应、接续，或是新造城市肌理，具备建立原始秩序的能力，且清晰的结构逻辑自身包含文化先在性，又能彰显其性格特征赋予场地以意义。

对此笔者尝试将结构选型的要义与建筑形态的表情结合，引导学生逐步形成体育建筑场所主题。以桂林国奥城水上活动中心为例，基地临近桂林北站，东邻漓江，南侧为东二环路及南洲大桥，门户节点意义重大。

通过对桂林地域文化的挖掘，学生发现当地少数民族的服饰具有鲜明地域特色，优雅的曲线与桂林山水相得益彰，笔者建议学生将地域民族文化形式与结构形式进行深度嫁接和抽象。其中"水上天灯"方案结合本体跳水、游泳和戏水空间的不同起伏需求（图4），以上弦变异的三角空间钢桁架为原型主结构，不同榀次的桁架调节曲率和高度，主结构间辅以弯曲的横向钢结构次桁架，主次桁架交接之处利用高差形成高侧窗，在建筑骨骼系统之上覆以ETFE膜形成空灵细腻的建筑表情，层次清晰的结构体系关照了体育建筑的城市尺度与宜人尺度的统一，活泼动感的建筑形态既神似桂林少数民族服饰，又像漓江边上祈福许愿的天灯，恰如其分地表现了水上运动建筑的性格特征。

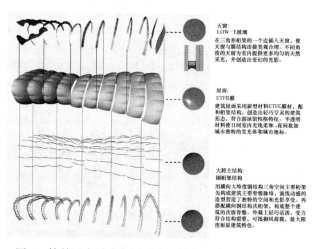

天窗：
LOW-E玻璃
在三角形桁架的一个边插入天窗，使天窗与膜结构连接美观合理。不同角度的天窗为室内提供更多均匀的自然采光，并创造出变幻的光影。

屋面：
ETFE膜
建筑屋面采用新型材料ETFE膜材，配和桁架结构，创造出轻巧空灵的建筑形态，符合游泳馆性格特征。半透明材料使日间室内光线柔和、夜间我如城市独特的发光体和城市地标。

大跨主结构：
钢桁架结构
用横向大构度钢结构三角空间主要桁架先构成阵主要骨骼脉络，流线动感的造型营造了独特的空间和光影享受。再搭配横向侧结构次桁架，构起整个建筑的次级骨骼。外壳上轻巧活泼，受力符合结构需要，可抵御风荷载，最大限度彰显建筑特色。

图4 桂林国奥城水上活动中心结构秩序（设计：李漠）

4 结语

随着体育生活化时代的全面来袭，体育建筑的从功能配置、环境关系、技术建构等方面呈现出新的发展趋势，为此体育建筑设计教学也面临着更多的转变。

（1）从全寿命周期角度，经济效能的持续发挥是体育建筑的生命基础，也是服务体育生活化的空间介质。系统的功能策划教学是保证体育建筑永续经营的必要环节，成功的策划营销甚至比建筑设计策略更长久适应体育建筑发展需要。

（2）从他者场所环境角度，基地是承托体育建筑展示风采的平台，建筑对场地的介入姿态从更大程度上影响了体育建筑的场所精神和体育生活化的氛围。地形特征的凝练升华是体育生活化语境下体育建筑设计教学中在地性营造的重要源泉。

（3）从主体个性气质角度，结构秩序是体育建筑赖以存在的物理基础。作为体育建筑的缘起，结构形态的塑造与建筑形态的个性是统一的。在体育生活化背景下城市和市民对体育建筑的宜人尺度与丰富的姿态表情的情感需求更高，结构逻辑的本真呈现为体育建筑设计教学提供了气质建构的利器。

参考文献

［1］裴立新，肖剑. 我国居民生活质量状况以体育生活化可行性的再研究［J］. 体育科研. 2006. 27（4）：8-10.

［2］ Rem Koolhas. Mutation［M］. Actar. 2001：124-166.

［3］冯琰，樊可. 城市经济背景下的体育建筑分析［J］. 建筑师. 2008（133）：47-51.

姚栋　肖夏璐

同济大学建筑与城市规划学院；yaodong@tongji.edu.cn

Yao Dong　Xiao Xialu

College of Architecture and Urban Planning，Tongji University

在社区服务中检验自主学习能力

——同济大学建筑系"服务学习"课程探索

Engage Independent Learning via Community Service Service

——Learning pilot program in Tongji University

摘　要：自主学习能力退化正成为近年来建筑学本科学生的普遍问题。通过"在做中学"，服务学习有利于帮助学生在社区服务中检验自主学习能力和社会责任感，因而已经在很多国家成为大学课程，并应用在建筑相关专业的教学中。同济大学建筑系于2017年在四年级自选题中开设了"服务学习"课程。课程分为准备、服务和反思三个阶段工作。作为成果的反思报告充分证明了学生们在专业领域里自主学习能力的提升，并集中体现在基地认知、沟通能力和个性化解决问题等三个方面。

关键词：自主学习能力；服务学习；参与式设计；基地；交流；个性

Abstract：The deterioration of independent learning ability is common problem of the students in Bachelor of Architecture program. Encouraging social responsibility and independent learning, Service-learning has become popular course in high education, and it's pedagogy has been applied in various Architecture Schools. The Architecture Department of Tongji University established the first service-learning elective course in 2017 as a pilot program. The course composed of three sectors as preparation, serving, and reflection. The students' progress in independent learning has been proven by their reflections, which concentrated in the ability of site-recognition, communication and personalized design methods.

Keywords：Independent learning；Service-learning；Participatory Design；Site-recognition；communication；personalized design

1　自主学习能力的困惑

自主学习能力的退化已成为近年来建筑学本科生的普遍问题，并由此造成一系列专业问题的能力缺失。

课堂传授的知识能大体掌握，需要自主学习研究的问题则驻足不前。表面上看，高年级学生们大多能掌握概念与案例研究的设计方法，以及层出不穷的绘图软件与技术应用。但教学成果却出现了深度不断退步的现象："重视作业表现而轻视过程深化"的现象越来越普遍，对于设计问题的发现，过程的积累，技术环节优化普遍性缺失。

课程压力、任务要求、知识体系和评图形式可能是造成学生自主学习能力退化的客观原因。过于短促密集的必修设计课程，不断加码的新技术、新软件学习都在压缩着学生自主学习的时间和意愿①。过细的设计任务要求一定程度上可能抑制自主学习的意愿。"在实际应

---

① 同济大学建筑系的本科设计课程教学周期一般为8.5周。以城市设计课程为例，规划系的教学周期达到了17周；鉴于内容和成果要求都相似，相应的学习压力与自主学习动力差别就很突出。

用中，也存在着学生知识认知的碎片化和学习动力及目的不明确的问题。……有些知识学的时间比较早，学生可能已经忘记，同时知识的综合应用也难以有机协调。"[1]而评图环节每个学生区区几分钟汇报时间极大地约束了学习成果的表达，形式与效果图突出往往有利，如果没有熟练的表达技巧就很难体现学生独立的思考创造与多知识点的融会贯通。

自主学习退化造成了连锁反应。表面上看是本科高年级的作业停滞在低年级的水平；深层次则是一系列建筑学基本问题能力的缺失。以用地红线图代替基地环境，以任务书代替与合作者、使用者的平等沟通，以效果图和概念代替对于具体问题的创造性解决，缺乏自主学习能力的课堂教学也变成了与生活脱节的纸面工作。诸如环境认知能力、沟通能力和个性化解决问题能力的不足都极大地阻碍了建筑学学生的未来成长。

2 服务学习与教学实践

服务学习（Service-Learning）不仅可以帮助学生树立社会责任感，也是增强自主学习能力的一种有益教学方法。

"服务学习"是"一种以服务为载体的经验学习形式。服务学习适用于从小学到大学的所有学习阶段，提高学习的效果，让学生在于课程相关的情景中主动地参与到经验学习中"[2]，在学生与社区之间形成终身的联系[3]。这个最初由美国南部地区教育董事会（Southern Regional Educational Board）在1967年首次提出的词汇包含了"社区服务"与"经验学习"的两大核心内容[4]。经验学习理论由教育家杜威（John Dewey）提出，"学生不仅在经验活动中学到了很多在课程中不能提供的知识和技能，而且经验活动为学生提供了将课堂上所学的知识应用于实际，并将各学科知识有机地联系在一起的机会"[5]。区别于单纯的社区志愿服务，服务学习强调在过程中通过反思学习运用知识的能力①。

自19世纪90年代后期开始服务学习课程逐步进入建筑相关专业中，从美国开始并逐步扩展到了亚洲各地。例如美国华盛顿大学（西雅图）景观系在2006年开设的"唐人街夜市"课程，与唐人街青年社团WILD（内城荒地领导力开发青年组织）合作，专业大学生和非专业的中学生共同为庆熙公园设计了六组夜市景观装置（图1）。课程推动了唐人街的社区复兴，专业大学生和非专业中学生也在合作中拓展了知识与沟通能力[6][7]。台湾地区的中原大学设计学院在2012年度开设的"社区营造与民众参与"课程，与桃园县霄里国小、美浓社区和桃间堡社区合作，调查并绘制社区资源

大图。"通过有计划安排的社区服务方案，传达'专业'、'服务'与'学习'相结合的重要性，推动学生、学校与社区的互惠发展。"[8]

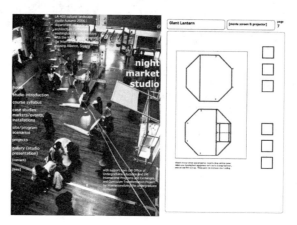

图1 华盛顿大学（西雅图）的服务学习课程"唐人街夜市"

3 教学设计

同济大学建筑系在2017年春季开始了建筑学本科服务学习课程。社区服务是本次课程最大的特征，鼓励自主学习则是教学的主线。

课程的社区服务工作是在N小区举办一次社区互动日活动，并完成100份需求调查问卷②。N小区是位于上海市中心城区一处建筑密度超高、人口深度老化的非商品房街坊。小区现有常住居民5871人，其中60岁以上老年人2012人，社区养老需求十分突出。课程来源于授课教师的真实项目，为N小区的一处社区公共服务设施进行改造更新的建筑设计。作为参与式设计的一部分，课程设计任务是真实设计项目的简化版，而社区互动日的活动也是社区动员与需求调查的有机组成。互动日活动强调了环境设计与搭建的内容以突出建筑学专业特色，同时也为社区动员提供了独特的节日氛围（图2）。

为鼓励自主学习能力，本次教学与一般核心设计课

① 美国国家青少年委员会将服务学习形象地描述为：组织学生沿着河岸收集垃圾称为"服务"；学生坐在实验室里利用显微镜研究水样称为"学习"；学生根据水质量标准分析从当地取回的水样，记录分析结论，把这些信息反馈给当地污染处理部门，并反思这些分析结论可能对未来的环境和人类行为产生的影响，这一过程称为"服务学习"。

② 配合社区工作的变化，课程设计经历了一次基地变更。第一阶段的基地是在W小区，第二阶段后转移到了同一街道管辖的N小区。

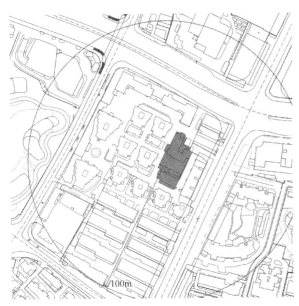

图 2 N 小区公共服务设施基地总平面图

程在课程压力、任务书与评分方式等三个方面存在突出区别。本次教学有一学期长题的周期，充分保障了学习时间的投入。为避免过细的任务书对自主学习的限制，在 1000m² 用地、3000m² 建筑面积、社区公共服务设施功能的前提下，学生可以选择设计整个项目或者部分功能，并根据自己的学习目标制定成果深度标准。为避免偏重表达的评分方式，课程评分主要依据反思报告对于设计过程的研究和表达，设计成果仅作为辅助。

4 教学过程

共有 7 名四年级建筑学本科生（五年制）选修了本次服务学习教学。参照服务学习的教学惯例，16 周的课程周期被分为准备、服务和反思的三个阶段，而社区服务与自主学习作为两个核心贯穿在整个教学周期中①。

准备阶段共四周，主要内容是传授社区服务技能与强化自主学习原则。知识传授方面包括 N 小区公共服务设施的设计实施方案介绍，以及基地出发的设计、社区建筑学和参与式设计方法的讲座；目的是递进强调设计思维与操作的逻辑性，以及对空间和行为的双向设计。作业方面由汇报自己的作品集开始，后续的作业包括基地调查、案例研究、场地设计等低年级曾经做过的课题。

准备阶段后，为期六周的服务阶段是本课程强度最高的一个部分，包括三周的社区互动日参与工具设计，一周的图书馆快题设计，二周的互动日搭建准备，以及最后 2 天的互动日活动。除了任课教师外，外聘了专业社工和搭建专家作为授课嘉宾指导学生优化设计。参与工具包括了空间装置的搭建、展览内容的组织与海报、

模型、问卷等道具。7 个学生分为 2 组，进行了三轮方案设计并最终整合为实施方案。第一轮方案体现了前期基地调查的成果，2 个小组都发掘出相对宽敞的社区空间完成了有一定展示性的装置设计，但也都暴露出缺乏功能组织与活动行为设计的缺点，也难以激发社区居民的参与热情。针对这个问题，要求学生进行了为期一周的社区图书馆快题设计，并思考建筑空间在视觉美学与行为组织上的双重工作。在快题提供的反思之后，接着推荐了一系列参与式设计活动，引出空间设计与行为设计的概念。两个小组的第二轮互动日参与工具设计都加强了与社区居民的互动，但却暴露出缺乏与环境互动的新问题。选择在干道一侧的方案与小区日常交通产生了冲突，选择社区活动中心内院展开的另一组方案则难以控制活动的规模；同时两组方案都缺乏与既有环境要素（墙体、地面、门槛、栏杆、台阶等）互动产生的设计感（图 3）。两个小组的第三轮方案都选择了小区干道一侧的转角空间，新选址减小了与日常交通的冲突，控制了活动规模也更能吸引到居民的注意力。两个方案都采用包裹的方式，将各种元素转化成活动所需要的牌匾、布景、展板和装饰，让空间有了更统一的组织。根据指导教师与外聘专家进一步收缩场地并优化参与工具的建议，最终形成了整合方案并进入了搭建组织准备。结合前期制定的个人学习目标，7 个同学分别承担了影像记录、海报与问卷、互动展览、互动模型、展板、展台和休息座椅的具体工作。经过与街道、居委的反复协商，最终选定在五一假期开展社区互动日活动。活动前一天将各种材料运抵现场并进行了基础的搭建。活动当天一早开始搭建，互动活动持续了整整七个小时，并完成了 100 分需求问卷的采集工作②。以上工作都牵涉到结合现场环境的搭建、与居民、供应商、合作伙伴的沟通等内容，为学生提供了难得的锻炼机会。（图 4）

课程最后的五周是反思阶段。社区服务工作包括整理需求调查、意见田、微更新投票与模型工坊的结果，形成支撑社区公共设施设计优化的反馈意见。作业部分要求完成社区公共服务设施的建筑设计与反思报告。贯彻自主学习的原则，每个同学可以根据自己的兴趣与能力选择设计的规模与深度。课程有幸邀请到了新加坡技术设计大学的庄庆华教授、北方工业大学的林文洁教授和哈尔滨工业大学的薛名辉教授参加反思会，三位谙熟

---

① 16 周的教学中包括了国庆节的一周假期，故实际教学时间为 15 周。

② 社区互动日当天除指导教师与 7 位学生，还有 4 位学生志愿者和 2 位社工参加了活动。

图3 第二轮参与式工具设计实景效果图

图4 第三轮设计方案与互动日现场

参与式设计和社区营造活动的教师为学生们提供了弥足珍贵的建议，为本次课程画上了圆满的句号（图5）。

图5 反思会

5 设计反思

本次教学加强了高校与社区的联系，也提升了学生在专业领域的自主学习能力。后者又集中体现在基地认知、与人交流和个性化解决问题等三个方面。

高同学在基地认知方面的进步体现在他的反思报告中。"以往传统的基地踏勘……少有能与人的行为相结合的。因为一般课程设计中都有确定的任务书，原本鲜活的人的活动行为，统统化为功能泡泡图被直接给出，导致我们在设计中往往跳过寻找行为与行为之间的关系，直接进入排平面的'审美'阶段。在这次场地设计中，一方面任务书对功能的策划只有一个大概的方向，一方面尺度微小，需要我们将每个活动的组织方式、站位和流线，活动与活动间的联系都进行考虑，等于将原本潜藏的问题强逼着进入我们的视线。当行人流线、人际互动、活动组织都变得这么迫切且具体的时候，设计要考虑的层次和深度就增加了很多。"

周同学的反思更多地集中在交流在团队合作方面的价值。"合作精神的缺失主要来源于两个方面的影响。第一，传统的建筑教学大都以个别辅导为主，注重个人能力的提高，我们并没有太多的机会合作；第二，即使有合作的机会，学生也不重视合作能力的培养，而只是机械的完成老师布置的任务，甚至出现'混日子'的情况，成员之间很少交流，特别极少有人能面对面交流。"她不仅认识到了交流对于合作的重要性，也尝试着提出信任、交流和人人参与的解决方法。"在分工的时候，应尽量根据每个人的特长，尽量不要遗漏一些重要的工作，如果出现了遗漏的工作……每个人都要承担起各自工作的统筹责任……即使出现了不可避免的意外因素，也要承担起责任，及时解决后续问题。"

赵同学的反思也许最有典型意义，也证明了个性化解决设计问题具备普遍的可能性。鉴于他的设计基础一般，建议他从简单的关系入手。"你要是觉得自己水平不太行，那就多去跑跑基地，多去感受一下基地的氛围，多去观察基地的信息，甚至像我这样，去做一些测绘的工作也是帮助自己找到有趣的切入点和设计思路的方法。"他在观察中发现社区中缺乏座席空间这个小问题，并主动承担了在互动日设计座椅的工作。"这个小小的座椅设计，是直接能得到居民反馈的设计。它鼓舞了我的设计热情，我是可以通过简单实在的观察思考以及轻松的设计来达到改善人们某一方面的生活。打动人心的设计可能就是简简单单，不需要太花哨，而简单的设计恰恰是我现在最有可能、最轻松就能完成的。"（图6）

发展自主学习能力不是一门课程的工作，也不仅仅发生在课堂中，而是建筑师培育终生学习习惯的必由之路。因为个体条件的差异，"因此施教"的教学目标也

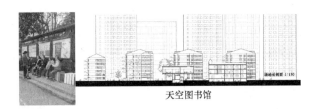

图6 赵同学的座椅设计和设计成果（局部）

必定没有单一的模板。同济大学建筑系"服务学习"课程的教学探索仅仅是一个开始，仍存在许多不足需要在未来不断完善。然而通过这次活动，我们将自主学习的场所由教学楼、教室拓展到了社区中，扩展到了真实的建造环境中，这就是本次课程的一大收获！

参考文献

［1］ 孙颖，陈喆，李爱芳. 卓越工程师背景下的四年级建筑设计教学探索［A］. // 2012 全国建筑教育学术研讨会论文集［M］. 北京：中国建筑工业出版社. 2012. 09：29-32.

［2］ Robin Crews. What is Service-Learning? ［A］ *University of Colorado at Boulder Service-Learning Handbook*. 1995. 04：1.

［3］ 周加仙. 美国服务学习理论概述［J］. 外国教育研究. 2004（4）：14-18.

［4］ TomAngotti，Cheryl Doble，Paula Horrigan. （eds.）*Service Learning in Design and Planning：Educating at the Boundaries*［C］. New Village Press，2011.

［5］ 赵希斌，邹泓. 美国服务学习实践及研究综述［J］. 比较教育研究. 2001（8）：35-39.

［6］ 张天洁，李泽. 关怀他者/跨越边界——美国高等院校风景园林服务学习课程刍议［J］. 中国园林. 2015（5）：27-32.

［7］ 中原大学服务学习网-景观学系-景观系-社区营造与民众参与 http：//sl. cycu. edu. tw/wSite/ct?xItem＝55142&ctNode＝19175&mp＝00402（登录日期：2017-08-13）

［8］ 从旧区公屋及套房住户的个案研究基层市民的住屋情况及面对的问题. 2015-04-15.

图片来源：图 1 来自 http：//courses. washington. edu/nightmkt/；其余图片照片均为课程成果。

孙良　姚刚

中国矿业大学建筑与设计学院；sunliang@cumt.edu.cn

Sun Liang　Yao Gang

School of Architecture & Design，China University of Mining & Technology

结构形态在建筑设计课程教学中的引入
The Introduction of Structural Form in the Teaching of Architectural Design Course

摘　要：建筑设计课程与结构等技术类课程相互脱节的是较为普遍的现象，对学生基本素质的培养带来了不利的影响。我校利用四年级专题设计课程，将结构形态设计引入到建筑设计的教学中来，目的在于使学生具备更为广阔的设计视野和更为坚实的理论基础。通过近四年的教学实践，取得了较为理想的效果。

关键词：结构形态；建筑设计教学；专题设计

Abstract：The divorce of the courses between architecture design and building technology such as structure is a common phenomenon in architecture education in China，it has brought adverse effects in the cultivation of students' basic qualities. In CUMT，the structure form design is introduced into the teaching of architectural design in grade four. The purpose is to enable students to have a broader vision and a more solid theoretical basis for the design.

Keywords：Structural Form；Architectural Design Course；Topic Design

建筑设计与结构设计之间有着密切的对应关系，建筑师只有自觉考虑设计中的结构问题，才能更好地实现建筑设计所应有的价值。然而，由于专业分工等缘由，当前我国普遍存在建筑与结构在设计阶段中的相互脱节的现象。[①] 在建筑方案设计阶段，结构设计基本上是缺位的，只有在施工图设计阶段结构工程师开始和建筑师进行配合。[②] 在高校建筑学教学体系中，设计类课程和结构类课程也普遍存在相互脱节的情况，学生受此影响，往往有意或者无意的忽视结构类课程的学习，这就使得学生在本科阶段较难形成正确的结构概念体系。

基于以上的认识，我校四年级"专题设计"课程组在借鉴兄弟院校先进经验的基础上，综合分析我校建筑学本科的教学体系和学生的知识结构，以体育馆、展览馆等厅堂式建筑为题，引导学生通过结构形态入手展开设计构思。这种做法不仅需要考虑建筑的功能、美观等需求，还需要综合考量结构形态的可行性，进而通过结构形态的创新实现建筑设计的创新。

通过近几年的探索实践，可以看出结构形态在设计教学中的介入为建筑设计和结构设计知识的融合提供了良好的契机，有助于学生养成将结构体系的基本概念运用到建筑创作中的自觉，夯实理论基础，拓宽设计视野，从而为设计能力的进一步提高打下较为坚实的基础。

1　四年级"专题设计"简介

我校建筑学四年级设计课程采用模块式专题设计课程的形式，教师在教研组统一的要求下，以工作室（Studio）的形式独立设置专题设计题目，其中专题1和专题2分别为"城市设计"和"住宅住区设计"，安排在秋季学期授课，两个专题同时开课，每个专题设有

---

① 钱峰，余中奇. 结构建筑学：触发本体创新的建筑设计思维［J］，建筑师，2015（174），26-33.

② 梅季魁，刘德明，姚亚雄. 大跨建筑结构构思与结构选型［M］. 北京：中国建筑工业出版社，2002.

3～4名教师，学生可以按照自己的兴趣和喜好选择设计专题及设计题目，但应在一学期内先后修完两个不同的专题。与此类似，专题3和专题4分别为"高层建筑设计"及"建筑综合设计"，安排在春季学期授课（表1）。

其中"专题设计4：建筑综合设计"依据开课教师的专业特长，开设"结构形态"、"建筑节能"、"建筑改造"等不同的设计题目类型。

<h3>模块化教学改革课程安排对比表 表1</h3>

	课程安排	学时/学分	课程内容	备注
秋季学期	专题设计（1）	64学时/4学分	城市设计	专题1,2同时开设，学生先后选修
	专题设计（2）	64学时/4学分	住宅与住区设计	
春季学期	专题设计（3）	64学时/4学分	高层建筑设计	专题3,4同时开设，学生先后选修
	专题设计（4）	64学时/4学分	建筑综合设计	

"建筑综合设计"是一门新开设的设计课程，其初衷是将建筑结构、建筑技术、建筑历史等方面知识在设计中进行综合利用，培养学生专业综合的能力。课程为教师教学研究的展开提供了良好的平台，也为学生专业知识融会贯通提供了契机。目前由师资力量的限制，所开设的课题主要局限在建筑技术等方面。[①]

2 "建筑综合设计"课程教学目的与要点

对于该课程而言，其目的是培养建筑师而不是结构工程师，在于通过结构形态完善建筑创作，而不是使结构成为羁绊设计者发挥想象力的障碍。这就需要学生夯实结构基础知识，培养综合设计思维，还需要学生学会在有限制条件的基础上进行设计创新。

2.1 强调结构基础知识的掌握

正如清华大学罗福午教授指出，"作为一名建筑师，不必掌握精确的结构计算方法，但是他却需要准确地理解结构的概念，以便在处理工程技术问题时有科学的分析能力；他也需要对典型的结构体系有较好的理解，以便正确地认识建筑物设计中的全局性问题，在设计上有所创新；他还要学会近似的估算方法，了解一些宏观量的估计，以便具有定性解决各种技术问题的能力。"[②]这些基础知识包括结构传力的基本规律、结构构件的构成逻辑、结构系统的受力状况以及材料的受力特征等。学生通过三年级的"建筑结构"课程，已经掌握了相关的结构基础知识，这是本课题得以操作的前提条件。

2.2 强调综合设计思维的培养

建筑设计的思维从来是综合的，需要从不同的视角、不同的维度和不同的专业进行综合考量，而不是拘泥于形式、风格等相对狭小的层面。本课程既要求学生

从结构思维的角度入手思考建筑的形态和空间布局，同时也希望引导学生综合考虑结构、材料、工艺等建构要素，综合考虑力学、美学、认知等相关要求，拓宽建筑设计的视野，培养学生综合设计思维能力。这是本课题的训练需要达到的基本目的。

2.3 强调约束条件下的适当创新

设计类教学应强调学生创新意识的培养，但也应避免为了创新而"创新"。该课程已经预设了较为复杂的限制条件，强调在约束的条件下进行设计创新。学生需要对功能、形态、技术等相关问题充分分析和理解的基础上进行综合考量，而不是单纯的形式方面的思考。这使得设计创新有了较为坚实的基础，有助于在获得良好的空间体验的同时满足实用、坚固、美观等多方面的要求。上述创新性能力的培养是本课题训练的终极目标。

3 课程教学步骤

"建筑综合设计"课程在统一授课条件、统一教学进度和统一评分标准的基础上，分为三个阶段展开教学。

3.1 理论讲解阶段

理论讲解应该从经典案例的解读进行展开，分析力的传递规律在设计中的应用，从结构体系受力传递的角度分析不同结构类型的构成特征、杆件性质和外在形态。这一部分的内容既是对力学与结构相关知识的复习，也是对结构形态的导入。在此基础上，任课教师会

---

① 姚刚，赵忠超. 建筑综合设计课程教学探索 [J]. 高等建筑教育，2015（5）：114～119.

② 罗福午. 建筑结构概念、体系与估算 [M]，北京：清华大学出版社，1992.

讲解结构形态的基本概念、常见类型和基本方法等，这部分内容是讲解的重点。此外，教师还需要结合具体的设计题目讲解建筑的基本功能、空间需求和设计要求等。在该环节的教学操作中，教师应引导学生体会结构形态设计在建筑创作中的作用。

3.2 案例分析阶段

在教师的指导下，学生选取部分国内外经典的案例进行分析。课程强调从一些以结构形态为设计主导方法的知名建筑师的案例入手进行该环节的分析，如克里斯蒂安·克雷兹（Christian Kerez）、诺曼·福斯特（Norman Foster）和伊东丰雄（Toyo Ito）等，其代表作品均是以结构形态突出强调建筑的视觉冲击力。在此背景下，学生们分析了洛伊申巴赫学校（Leutschenbach School）、香港汇丰银行、台中歌剧院等经典案例，主要考察了结构形态对建筑造型、空间组织和功能布局的影响作用。同时，教师要求学生绘制主要结构体系示意图、受力示意图、剖面分析图等，提醒学生思考结构关系在建筑设计构思中起到的作用。这种素质能力的培养体现在从结构的角度进行建筑设计，而非必须与结构师有深度的共同语言，如了解力流设计和构件划分是要解决如何设计结构的问题，这些均是建筑师的结构意识的重要组成部分。[①]

3.3 设计教学阶段

这一阶段主要包括基地调研、设计构思、设计推敲、设计深化、设计表达等不同的内容，其中还包括中期汇报和评图答辩等过程。学生最终完成设计表现、绘制完整的平立剖面等图纸。该部分的设计教学是"建筑综合设计"课程的重点内容，教学围绕建筑设计与结构设计之间的互动关系进行展开，包括以下三个方面的内容。

（1）以结构选型展开设计构思

在设计之初，首先需要对设计对象的空间规模形成较为直观的认识，学生可通过指标面积估算、类似建筑对比等手法，体育馆和观演类建筑可以借助视线升起等手法进行估算，得出建筑的大致的规模尺度，然后进行结构选型，确定较为合适的结构体系，并作为设计构思的主要基础。在这一环节，选择的结构形态，必须考虑其建筑体量和空间上的视觉冲击力，而非普通常规的结构形态。

（2）以受力分析推敲建筑造型

结构形态设计是以建筑功能、建筑艺术和建造成本为依据，遵循结构传力基本规律，将各种结构构件按照

一定的逻辑语法组织成一个整体受力的系统。[②] 课程要求学生在初步设计构思的基础上分析结构受力特征，绘制分析简图，明确力在结构体系中的传递规律，并考虑不同类型的受力杆件的在设计上的不同要求。在教学的过程中，还要求学生借助手工模型进行进一步的推敲和验证。在此环节，会进行一轮成果答辩，不同组的教师共同对学生的建筑造型进行评价，判断其是否符合结构形态先导的教学要求，同时，对其造型的视觉冲击力也会进行评价，比给出进一步的修改建议。

（3）以结构形式组织空间布局

在结构形态基本确定的条件下，教学操作再次引入空间功能、流线组织、建筑形象等方面的具体设计内容，要求学生体会建筑设计与结构形态设计之间的互动关系，一方面需要在已确定的结构形态的约束下满足设计目标，另一方面也需要依据建筑设计内容适对结构形态进行优化。最终，学生在方案定稿的前提下，需要制作结构模型来表达空间布局和体量关系，而非传统意义上的附含了表皮的体量模型作为课程成果的主要内容。

4 教学反思

通过四年来的教学实践，我们较为欣慰地看到，结构形态设计引入到建筑设计教学的做法有利于相关课程的融会贯通，有助于建筑设计视野的拓宽，对于学生树立正确的设计态度起到了较为积极的作用，教学成果得到了学生和评估专家的认可。然而，我们也意识到，教学还在以下方面存在着问题，需要进一步改进：

（1）教学初期阶段，部分学生的结构形态意识还存在着误区，往往会陷入结构计算的泥潭。值得注意的是，课程强调的是"设计课"，要"设计"，要"分析案例"，而不是计算课，学简支梁配筋计算，或是砖柱的失稳验算。因为要纠正部分学生的错误操作方式，教师在这个环节经常会耗费不必要的精力，这在今后的教学过程中需要引起注意，也需要找到合理的解决方案作为应对。

（2）教学操作尚未跨越"建筑设计与结构设计两个简单合一的初级状态"[③]。其原因归结于两方面：一方面在于已有教学体系的各种限制，如课程时长仅64课

---

① 孙明宇，刘德明. 单元繁衍——基于涌现论的复杂建筑结构形态生成解读 [J]. 新建筑，2015（4）：68-71.

② 夏峻嵩，翁达来，现代建筑中结构形态设计的思辨：以现代教堂建筑设计为例 [J]，建筑与文化 2012（09）87-89

③ 钱峰，余中奇. 结构建筑学：触发本体创新的建筑设计思维 [J]，建筑师，2015（174），26-33.

时，在结构分析和结构形态表达方面若能有充分教学时间的保障，可使教学成果得到进一步提升；另一方面，教学也受到教师自身专业知识不足的限制，部分教师的结构理论知识还存在着欠缺与不足，还需要弥补这方面的能力。

教学小组已经预见到上述问题可能导致的结果，将会在今后的教学操作中积极的弥补和应对。同时，教学团队也希望充分发挥建筑设计与技术类课程相互结合的积极意义，期待在这一方面做出更多更为有益的探索。

参考文献

[1] 钱峰，余中奇. 结构建筑学：触发本体创新的建筑设计思维 [J]. 建筑师，2015 (174)，26-33.

[2] 夏峻嵩，翁达来. 现代建筑中结构形态设计的思辨：以现代教堂建筑设计为例 [J]. 建筑与文化，2012 (09)，87-89.

[3] 姚刚，赵忠超. 建筑综合设计课程教学探索 [J]. 高等建筑教育，2015 (5)：114-119.

[4] 罗福午. 建筑结构概念、体系与估算 [M]. 北京：清华大学出版社，1992.

[5] 孙明宇，刘德明. 单元繁衍——基于涌现论的复杂建筑结构形态生成解读 [J]. 新建筑，2015 (4)：68-71.

[6] 梅季魁，刘德明，姚亚雄. 大跨建筑结构构思与结构选型 [M]. 北京：中国建筑工业出版社，2002.

李琳

中央美术学院；lilin@cafa.edu.cn

Li Lin

Central Academy of Fine Arts

以创新需求应对策略为源生力的设计教学实践
——"创客家"住宅设计微实验

Design Teaching Practice Based On The Innovation Of Strategies Responding to New Demands
——Micro-experiment On the Design Of Makers' House

摘　要：本文在当前创新热潮中提出将应对变化中的新需求作为策略研究的出发点，一方面它提供了设计创新的普遍来源，有助于矫正目前在技术突飞猛进阶段中创新的方向；另一方面在新时期，全社会对人才培养也提出了新的要求，如何创新教学内容和方法，锻炼及培养学生快速感知和应对变化的能力成为教育领域的新课题。因而在"创客家"的设计课程中，以创客人群对居住产品的新需求为研究出发点，着力提升学生三个方面的能力：判断力与决策力；自我设定目标并实现的能力；以及试错和纠错的能力。

关键词：需求应对；创客家

Abstract：This paper focuses on the sources of design innovation，and considers responding to the new demands should be one of the main sources. It will on the one side provide sustained momentum in the era of rapid development，and on the other side rectify the direction of innovation. At the same time，new requests have been put forward on the training of young students，at the design course of "Makers' House"，3 kinds of abilities are planned to cultivate：how to make judgments in complicated environment；how to achieve the self-set goals；and having the will to try and correct errors.

Keywords：Sources of design innovation；Makers' House

1　引言：将应对新需求作为设计创新与教育创新的源生力

在人类迅速构建信息文明的新时代，"创新"一词在各行各业使用活跃度骤增，成为当前引领社会发展的重要关键词之一。然而纵观历史，人类的任何一个点滴进步都不曾离开"创新"思维，在包括设计在内的许多领域，人类因生产生活能力增长，以及环境的变化等而引发的新需求，一直引领着该领域的发展。

1.1　设计创新应对用户对产品的新需求

在当前的设计创新浪潮中，我们一方面可以看到设计技术、建造技术、材料技术的创新所带来物质空间上的突破，以及信息技术的进步给研究人类自身活动带来的广阔前景；但是另一方面，大量打着"创新"旗号，仅仅关注表面形式上的差异化，或者将掌握新的软件技术及表现技术直接等同于设计创新也导致了一定的误区，各种"奇怪"建筑层出不穷的情况也屡见不鲜，不禁让人时常感叹设计业以及相关文化产业中原创力的缺乏。

然而从历史上创新的源动力来反观我们这个快速更迭的时代，确应该是创新土壤最为丰厚的时代：新的社会组织模式、新的生产与服务体系，新的家庭生活方式，以及相应产生的新人群，新领域不断出现，这些必定伴随着大量新需求的产生，恰是进行设计创新的绝佳动力源泉。

1.2 教育创新应对社会对人才的新需要

同时这也是一个因技术大爆发而越来越深知未来不确定的时代，是否有能力应对未来的不确定性，从而有条件去适应社会的急剧变化，引导创新向有利于人类福祉的方向发展，成为新时期社会对人才提出的新要求，也是未来人才能否实现自身价值，收获幸福的重要条件。那么立足于教育工作，社会对新时期人才的需要也成为教育创新的根本体现。我们发现通过有效的教学安排和过程设计，至少有社会需要的三种能力是可以在不断训练的过程中提升和完善的：

首先是判断力，在复杂巨系统中进行决策的能力，该能力有助于在以碎片化为本质特征之一的信息社会中了解事实真相和自我发展的方向；其次设定自我实现目标，并能够设定趋于完成路径的能力，这意味着未来对人才能力的需要将不仅仅满足于按部就班的执行力，而更需要人才充分施展发挥想象的创造力，并有实现想法的实际工作能力；第三是试错和纠错能力，这一人类与机器在工作，或者思考方式上的重要区别决定了两者的互不可完全替代性。高等教育发展至今，正在持续地试验与转型，但在技术快速更迭引发全社会多方面深层次动态发展的过程中，较有前瞻性的培养可适应性人才将是教育工作者努力的方向。

2 课题设计目标与工作路径

建筑设计作为相对传统的行业，在教学领域早已形成成熟的教学模式，基本以完成一项项的"任务"为主要的教学手段。近些年，依托于一个个教学任务，各种教学新手段和新技术、新组织模式层出不穷，将设计课程从"解答试题"的方式向"研究课题"的模式转变也成为一种新尝试和新趋势，笔者在近几年的教学过程中也就此开展了持续的实践。"集合住宅"课题是我院本科四年级第一学期建筑与城市专业学生的必修课，其在帮助学生了解设计与生活的关系，建立起相对明确的用户需求与设计成果之间对应关系等方面具有一定的不可替代性。

2.1 课题定位与用户新需求的提出

基于以应对新需求为出发点进行创新设计的课程建设目标，我们将"创客家"设定为此次课程微实验的选题。这一方面是为了让学生获得可感知的第一手资料，并从自身角度体会实实在在的用户需求。随着创新创业热潮在全社会的兴起，校园内创业气氛异常活跃，给同学们了解同龄创业者提供了良好契机。此外，学生也意识到在未来自己职业发展的可能性中，自主创业也越来越成为一种选择。这是课题本身给学生带来的极大兴趣。

另一方面从当前市场来看，该类产品才刚刚起步，产品的供给明显落后于对产品的需求。近几年联合办公产品的异军突起不得不使人对这一群体的居住模式也展开想象。经过调研，我们发现目前普通住宅与该群体需求之间的沟壑有三：首先，户型内部空间利用率低，灵活性较差，租住房屋内部设施贫乏；其次，由于没有形成创客集群的效应，租住在普通住宅的年轻人生活圈相对封闭，无疑也难以把握在日常生活中社交、共享资源和充分交流的机会；最后，由于租用办公空间的成本较高，"SOHO"模式在新时期还需要新的发展。因此是否可以提供设施服务相对完备，有效针对该类人群需求，同时性价比较高的居住产品，成为本课题研究的主要目标。

2.2 课题设计路径

为了达到上述的研究目标，并在课程设计的过程中切实锻炼学生的自主判断力、设定目标并着力实现的能力，以及试错和纠错能力，笔者整体设计了该课程的教学路径：我们在以"做方案"为核心的教学过程中，加入了一个针对市场需求研究的设计前期阶段，通过自主选地、立项可行性分析，制定任务书等阶段了解设计的初衷，预设实现目标，并在整个教学过程中加入设计反馈，邀请一线专业设计师全程跟进，指导设计，同时也鼓励同学之间的相互讨论（图1）。

3 教学过程研究

3.1 设计前期教学过程分析

正如前文工作路径所述，此次课题强调对"创客家"这一主题的自主研究，在前面2周的设计前期阶段中，要求同学们根据调研的市场需求明确该类产品一些的主要特点，根据各自的设计对象在北京市内进行选址，分析用地优势、周边环境及交通情况等，完成初步的立项可行性报告，最后在指导教师的协助下制定相应的设计任务书。在这一过程中我们分享了北京市典型地区的住宅建设情况；实地考察了光华路 SOHO，对部分创业者的工作现状进行调研；参观了优客工厂的"东四共享际"，研究了新的将办公、居住、商业活动能内容复合组织的新设计模式；同时课题组还邀请了清华建筑设计研究院袁凌所长介绍万科、万达、小米等开发集团对同类产品的研发经验。

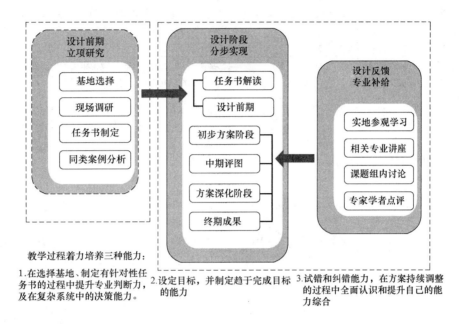

图 1　在"创客家"课题设计中运用的教学路径

在此次课题中组共 10 位同学，他们即是设计师，同时也是被研究对象，通过对他们最初选址、切入设计的出发点和成果的归类总结，不难看出当今年轻人选择生活地点和产品需求的潜在倾向。首先从选址来看，有 4 类地区对年轻人存在较强的吸引力：①高校周边，有 4 位同学选择了五道口、蓝旗营和花家地等地区；②科技园周边，实现居住与工作短距离的通勤；③老城区，有 2 位同学选择在老城区对现有建筑进行更新改造，一方面考虑到交通优势，另一方面也希望年轻人的回归能带动老城区的复兴；④城乡接合部现存城中村的改造，也因其存在的价格优势成为一个吸引点。其次，从产品定位而言，大多数同学对提供的产品特点基本有个共识：①户型小，有利于控制总价或租金；②设施全，但考虑部分设施如厨房的共享可能；③方便居住和工作在空间上的复合利用；④提供有效进行互动交往的公共空间。

3.2　设计阶段

设计的前期研究时间大概为两周，在高强度的调研、学习与任务书制定的阶段之后，我们进入了后面八周的具体设计阶段，该阶段仍然由常规的四个任务组成：初步方案、中期交流、深化方案及最终提交成果。但由于每个学生选址及任务书的制定几乎都是为自己量身定做的，因而整个设计过程中均围绕仔细体味个人需求与设计产品关系而展开，其中有效检验了设计成果与需求满足程度的关系；同时在教学过程中我们打破了相对传统的一对一点评模式，建立起直接的设计反馈机制，更多地鼓励组内同学之间通过互相点评方案进行充分交流，这种假定与其他设计师或者其他用户共同讨论方案的过程，意在模拟设计师与用户直接对接后反省产品设计效果的情境。同时，邀请在一线经验丰富的住宅设计专家与指导教师共同参与方案讨论，及时弥补同学们市场经验不足，设计规范不了解等问题，保障了设计方案的逐步成熟与深入研究。

4　成果呈现

经过 10 周较高强度的设计训练，这次从需求研究出发的设计带来了两个层面的成果，分别体现在对创客住宅户型的可能性研究，以及对创客社区组织模式的研究，其中包含了对共享服务与交流空间有效性的探讨。

4.1　关于创客住宅户型的研究成果

对创客住宅户型的创新设计更注重集约化的方向，大致有两类主要的设计意图，篇幅有限，取有代表性的进行举例说明：①对最小户型的研究；有些设计考虑到刚创业年轻人的经济承受力，立足在户型设计中从立体空间的角度探讨设施完善的布局模式，并通过家具组合及变化，产生极小户型的机动灵活实用可能性（图3）；②对创客共享住宅的研究，既保证个人生活空间的私密性，又在户型内提供厨房、起居室、工作空间等的共享

使用。图4的方案探讨的就是这样一种平层或者跃层的合住模式，跃层户型实现了楼下起居及办公、楼上生活居住的可能性，可提供3~6人创业团队的集体生活空间。图5将上述两个想法进行了结合，讨论了极小户型对于单个住户和多位住户的可适应性。

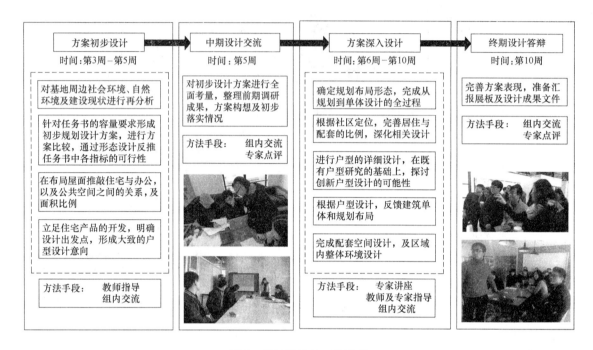

图2 设计阶段的工作流程

4.2 关于社区空间组织模式的研究成果

创客社区除了在户型上要进行有针对性的设计之外，社区的组织关系也要求符合人群的特点，适应年轻人的交往需求，同时充分利用选址环境的地段价值。在资讯越来越发达、创业门槛日益降低的时代，资源间共享及互助成为年轻创业者共同成长的有效途径之一，所以从空间组织的角度帮助和促进营造社区内部的交流氛围是大家讨论的共同议题。

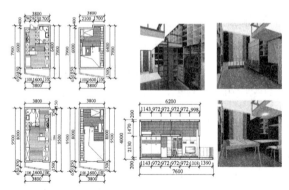

图3 小户型空间复合的整体设计（作者：李惠鹏）

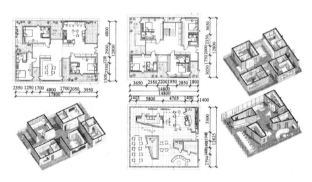

图4 创客共享住宅的研究（作者：黄彪）

图6中创客社区位于天宁寺地区，该社区的特点是将创客大部分生活功能与办公，以及创业产品展示售卖融为一个整体，并在各层通过分类设置了开放性不同的公共空间。

图7的创客社区位于酒仙桥798创意产业园周边，本身有着良好的创业氛围，作者将联合办公及公共生活功能安排在社区的底层环廊，并在环廊屋顶设置健身花园，以便于上层住户的使用。

图8也是将创客社区根据需要分层布局，以充分利用环境，由于选址位于北二环护城河北岸，因此将社区

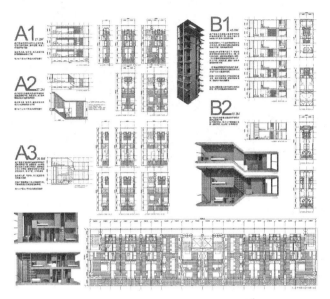

图 5　极小共享住宅设计（作者：郭锦达）

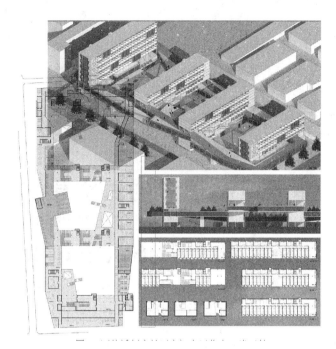

图 7　酒仙桥创客社区空间布局（作者：肖天植）

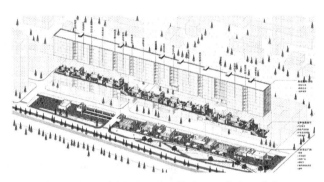

图 8　北二环创客社区的立体布局（作者：黄彪）

学们意识到从设定人群的需求角度思考设计可能性更有助于找寻设计的方向，而居住类建筑尤其如此，作为设计师只有改善了每一个人的生活，才真正参与到改造世界的过程之中。

图 6　天宁寺创客社区空间布局（作者：蒯新珏）

与城市环境融合，把年轻人的创业活动带动老城区的复兴是设计者的基本出发点。

总体而言，此次设计课程基本实现了教学目标，同

苏勇

中央美术学院建筑学院；suyong@cafa.edu.cn

Su Yong

The Central Academy of Fine Arts

基于 5W 理念的真实建构
——中央美术学院高年级建构课程教学探索

The Real Construction Based on The 5W Theory
——Exploration of Construction Curriculum Teaching for Senior Students in the Central Academy of Fine Arts

摘　要： 本文首先回顾了我国"鲍扎"式的传统建筑教育模式存在的问题和建构课程兴起的原因，指出了目前在建构课程教学中普遍存在的问题，接着介绍了中央美术学院高年级建构课程教学过程中提出的"建构教学贯穿高低年级建筑设计课程"、"基于5W理念的真实建构"两种教学理念，最后用三个高年级建构实例印证了上述理念，并总结了建构课程的未来发展方向。

关键词： 建构教学；高低年级；贯穿；5W；真实建构

Abstract： This paper first reviews the problems existing in China "Ecole des Beaux-Arts" traditional architecture education mode and the causes of the rise of the construction curriculum，pointed out that the current widespread problems in the construction curriculum teaching，and then introduces two teaching theorys of "constructive teaching through the Architectural design course of Senior class and Junior class" and "the real construction based on the 5W theory" presented in the construction teaching process of Senior class of The Central Academy of Fine Arts ，Finally，three Senior class construction examples are used to confirm the above concepts and to summarize the future direction of the curriculum construction.

Keywords： Constructivist Teaching；Senior class and Junior class；Penetrate；5W；real construction

前言："鲍扎"式的建筑教育传统与建构课程的兴起

"鲍扎"（Ecole des Beaux-Arts）式的建筑教育体系一直是我国建筑教育界的主流，而最能反映"鲍扎"教育特点的是其设计基础课程，"基础训练的核心是渲染和构图练习"[1]，由于过于注重艺术表现训练导致在我国建筑教学思想和模式中长期存在着"重艺轻技"、"技艺分离"的问题，时至今日这种现象在建筑院校中依然普遍存在。例如，在传统教学模式中建筑设计课程作为主干课程与建筑技术课程各自为政，自成体系，导致设计课将要解决的重点问题集中在建筑功能和建筑形式上，而将建筑结构、建筑材料、建筑构造等建筑技术问题置于被忽视或者简化处理的次要位置上，这使学生在设计中往往停留在形式操作层面，对设计方案进行后续深化不足，甚至可能导致学生在毕业以后面对实际项目需要解决具体的技术问题时无所适从。

针对"鲍扎"式的建筑教育体系存在的这种"重艺轻技"、"技艺分离"的问题，以及西方"建构文化"在21世纪初期在我国的兴起，（肯尼斯·弗兰姆普敦在《建构文化研究》中提到"建筑首先是一种构造，然后才是表皮、体量和平面等更为抽象的东西"。他认为

"准确的建造"是维系建筑持久存在的决定因素，建筑的创造过程是物质的以及具体的，一件建筑作品的最终展现与如何将建筑整体的各个部分组合有直接的联系。)[2]，国内建筑院系开始在低年级的设计基础课中引入以实体搭建为主的建构教学，由于实体搭建的过程具有强烈的实践性、实验性、综合性和团队性，既可以通过研究材料特性、结构性能和构造工艺性等将建筑设计的关注点引向建筑的技术性，又可以通过亲身参与建造1∶1的建筑空间调动学习者的主动性和积极性，因此被认为可以很好地解决传统"鲍扎"式建筑教育体系存在的诸多问题。然而，在近几年的教学实践过程中，我们发现以实体搭建为主的建构教学也存在不少问题。

1 目前建构教学中存在问题的思考

1.1 建构课程缺乏连续性

目前国内大多数建筑院校的建构课程主要集中于一、二年级的设计基础课程，鲜有将其贯穿到四、五年级的建筑设计课程之中。由于一、二年级建筑学生才开始接触建筑设计，缺乏足够的知识储备，"艺"既不"精"、"技"亦不"熟"，使强调"艺技一体"的建构课程在教学效果上存在效率不高的问题。

1.2 建构课程定位不明确

目前的建构课程中存在实体搭建的究竟是1∶1的大模型，还是1∶1的真实建筑的定位问题。由于模型还是建筑的定位不明确，导致建构教学中对建筑关键问题与重点问题难以明确和深入。例如，如果将搭建的实体视为模型，那么关注的重点将仍然主要停留在建筑的形式、空间的构成与秩序等建筑艺术内容上，而缺乏对建筑材料、结构、构造等"技术"内容的深入考虑。而如果将实体视为真实的建筑，那么关注的重点将不仅仅限制在对建筑本身艺术和技术的思考，还会考虑建筑生成的内外因素和全过程。例如，会更重视环境和人的使用对建筑空间、建筑形体生成的作用；会更强调建筑经济、建筑结构、建筑材料、构造方式及细部处理与空间效果的关系。

1.3 建构教学方法不全面

建构教学多采用价格低廉的纸板（包装箱纸板/瓦楞纸板）作为建构材料，（近年来也开始尝试阳光板、竹材、木材、夯土、金属等多种材料），纸板建筑结构形式和细部节点相对简单，使建构教学方法更加注重自身"空间—形体"构成的研究，而缺乏对搭建场地气候地形等环境要素、使用者行为模式、感知体验、经济控制、施工进度等因素的考虑，导致在教学中存在无视环境、使用受限、感受缺乏舒适性、搭建失败、超越预算等问题。

2 中央美术学院高年级建构教学的理念

2.1 建构教学贯穿高低年级建筑设计课程

中央美术学院建筑学院近年来尝试不仅在下一学期的设计基础课中设有建构教学，而且还在四下学期的大尺度建筑设计课程之后设有专门的建构教学课程。由于四年级的学生已全部修完了建筑学主干课程，基本具备了将建筑艺术和建筑技术整合考虑的素质，因此，高年级的建构教学就被定位为一次真实的微建筑创作和建造。学生必须一开始就树立全面的建筑设计观，从影响建筑生成的内外因素开始设计构思，并与建造结合起来整体考虑。为此，我们在建构教学中提出了基于"5W"理念的真实建构教育方法。

2.2 基于"5W"理念的真实建构

路易·康认为伟大的建筑物是无可量度的观念和可以量度的技术手段共同创造的。他在《静谧与光明》一书中指出："一座伟大的建筑物，按我的看法，必须从无可量度的状况开始，当它被设计着的时候又必须通过所有可以量度的手段，最后又一定是无可量度的。建筑房屋的唯一途径，也就是使建筑物呈现眼前的唯一途径，是通过可量度的手段。你必须服从自然法则。一定量的砖，施工方法以及工程技术均在必须之列。到最后，建筑物成了生活的一部分，它发生出不可量度的气质，焕发出活生生的精神。"[3]弗兰姆普顿在《建构文化研究》一书中也指出"建构研究的意图不是要否定建筑形式的体量性特点而是通过对实现它的结构和建造方式的思考来丰富和调和对于空间的优先考量"[2]。实际建筑创作中，建构的内在逻辑性和形式的外在审美性，实体的建构和空间的构成都是同时发生的，两者在建筑活动中是不可分割的整体。

"5W"理念是针对树立全面的建筑设计观提出的教学理论。"5W"理念包括真实建构所涉及的目标"What"、人物"Who"、地点"Where"、时间"When"、手段"How"五个方面，是对影响建筑生成的内外因素的高度概括（图1）。

2.2.1 What（是什么）

What（是什么）是建构的目标。它包含两个层次的含义，首先是对建构课的再认识和再定位——即建构

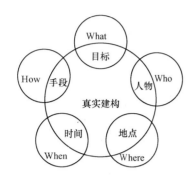

图1 基于5W理念的真实建构图示

是什么？高年级搭建课程，建构不应再被看成是一次以某种特定材料（例如纸板、阳光板、木材、竹材等）为主的空间构成，而应上升到以某种特定材料为主的真实建筑创作和建造。在设计构思的广度和深度上就必须按照真实建筑创作和建造展开。其次，由于真实的建筑创作和建造必然涉及建筑的使用者、建筑的地域性、地点性、经济性等诸多思考，还必须确定创作什么，它包含设计的概念和主题。

2.2.2 Who（谁使用）

Who（谁使用）是建构的人物。约翰·波特曼认为"建筑的实质是空间，空间的本质是为人服务"[4]，换句话说，建筑首先并且最终是为人服务的。因此，搭建就必须考虑是为谁服务的，即使搭建的是临时建筑也要从使用者的需求（包括从内到外的观看、穿越、停留、休息、交流、回忆）出发去考虑设计的空间和构成空间的细部。

2.2.3 Where（在哪里）

Where（在哪里）是建构的地点。它包含宏观的地域性和微观的地点性双重属性。斯蒂芬·霍尔认为"建筑与基地间应当有着某种经验上的联系，一种形而上的联系，一种诗意的连结！"[5]作为真实建筑创作的搭建，其创作过程中设计概念的形成和落实必须同时考虑搭建场地所在的宏观的地域性（包括抽象的地域文化、环境要素）和微观地点性（具体的地形、气候、植被、建筑文脉等环境要素），以及涉及经济和安全的结构形式、材料特性、构造方式、施工技术等设计条件，并以一种诗意（或者美）的形式将他们整合在一体。

2.2.4 When（在何时）

When（在何时）是建构的时间。包含三个层次：一是宏观的时代性，搭建是在某个特定时代（例如现在所在的互联网时代）进行的一种创作和建造过程；二是中观的季节性，搭建是在某个特定季节进行的一种创作和建造过程；三是微观的时间性，搭建是在一个限定时

间内使用某种特定材料完成的一种创作和建造过程。因此搭建必须考虑在特定时代、特定季节和特定时间三重限定下建筑空间构成、建筑结构和构造节点的合理性以及施工的便利性。

2.2.5 How（怎么干）

How（怎么干）是建构的手段。设计构思必须在上述各种设计要素的限定下权衡利弊、考察各要素的相互关系，兼顾设计的创新性、可行性和合理性，从而找到解决问题的最佳方案。这个过程需要开放的感性创作思维和理性的逻辑思维共同参与，既要避免单纯关注感性的创新性而造成的模棱两可，缺乏可操作性，又要避免单纯关注理性的可操作性造成的想象力缺乏，构思受限。学生从人的需求分析、场地环境分析、气候分析、经济分析、材料分析开始形态操作、空间构成、节点设计、比例推敲、尺度权衡、光影控制、家具设计，掌握进行建筑创作常用的基本设计方法和语言，并建立起规划、建筑、景观、室内整体设计的基本意识。

3 中央美术学院高年级建构教学的实践

从2015年5月开始到2017年5月，中央美术学院四年级建筑学专业学生，连续参加了三届在厦门华侨大学举办的海峡两岸光明之城实体建构竞赛。该建构竞赛以"传承中华文化 共筑光明之城"为主题，要求学生在一天时间内用尽可能少的纸板（包装箱纸板/瓦楞纸板）在一个不超过9m²面积内进行建筑设计及建造活动，给学生提供一个从构思到实施搭建，并在自己建造的纸板建筑里真实体验的机会。

在基于"5W"理念的真实建构教学思想指导下，中央美术学院提交的三个作品分别获得了一项金奖和两项银奖的佳绩。

3.1 有无之间

What：一个微缩城市

"有无之间"是针对现代城市中存在大量非人性的失落空间这一现实，设想以人体工程学、环境心理学和建筑现象学为基础，搭建一个适合厦门地区气候的、从身（生理上）和心（心理上）都能让人舒服介入的临时性微缩城市。

Who：各年龄段参观者

Where：厦门华侨大学。厦门属于亚热带海洋季风性气候、每年5～8月份气候潮湿多雨，年平均降雨量在1200mm左右。

When：2015.05、夏季、要求24h完成搭建

How：将3m×3m的空间视为一个微缩城市，包含

有四面按不同人数设计，以人体坐卧尺寸为参照可以舒服停留的边界；有一条按亚洲地区舒适宽高比设计的以人体站立尺度为参照，可以舒服穿越的街道；有一个可以根据不同人数，不同亲疏关系进行多种方式交流的广场。

一方面，基于人体工程学的"有"（界面）使参观者可以通过亲身参与体会到"有"中生"无"（空间）的意义，另一方面基于建筑现象学的向心式的空间规划模式与中国传统以院为中心的居住空间模式向对应，使参观者在心理上完成了一次对传统生存空间的重现。方案借鉴中国传统的榫卯结构体系，采用简单可靠的插接方式实现了全部的实体建构（图2、图3）。

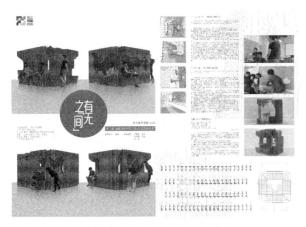

图2　有无之间设计方案

图3　有无之间建构成果

3.2　榕树下

What：一个抽象化的地域公共空间

榕树下是福建地区村落空间中普遍存在的一种生活空间原型，人们在这里打水聊天、迎送亲朋、祭拜神仙，是村落居民的精神和活动中心。设计将 3m×3m 的

空间视为一个抽象化的地域生活空间，创造了一个以顶底空间围合为主的可坐可憩可谈的类榕树空间。

Who：各年龄段参观者

Where：同前。

When：同前。

How：从建筑地点性出发，方案以"弱围合"的姿态和具体的建造地点产生对话，通过将围合建筑的五个界面尽可能的开放，实现了与搭建现场周边的水、树、人、天之间最大化地联系；从建筑公众参与性出发，方案以人体工程学为基准，将围合建筑的界面转化为一系列可观可坐可卧可穿越的不同座椅组合，满足单人、双人、多人的独处、对谈、群聊、观望、棋牌、阅读、饮茶等多种行为需求。坐在"榕树下"，人们看到的不仅仅是风景，其本身也变成一种风景。从建筑技术层面，方案借鉴中国传统的榫卯结构体系，采用简单可靠的插接方式完成了全部的实体建构（图4～图7）。

图4　榕树下设计方案

3.3　围厝之间

What：一个抽象化的地域生活空间。土楼和闽南古厝是福建最具典型性的居住空间类型，"围厝之间"将 3m×3m 的空间视为一个抽象化的地域生活空间，设计理念源于对福建土楼和闽南古厝的抽象表达、拓扑变形和拼贴叠加。

Who：各年龄段参观者

Where：同前。

When：同前。

How：结合 3m×3m 的搭建场地，通过拓扑变形和拼贴叠加将方形的古厝与圆形的土楼浓缩在一起，外方的墙上充满大小空洞，大洞可穿，中洞可坐，小洞可望，塑造了与外部环境多样化的联系方式，而内圆的墙半高半低，半围半敞，形成具有多样性的思考冥想停留空间。在方圆"之间"，在开敞与封闭"之间"，在穿

试图做一个最本质的建筑，树亭，犹如路易斯康提到的树下空间，只有抬高的地面和覆盖的顶面。

发掘当地榕树特色，营造柳枝垂髯的形态。

感受柳枝的疏密变化，通过开天窗和侧窗的方式打破围合感，使坐于树亭之下的人获得更广阔的视野和自由的空间。

赋予体量有机的形态，并结合人体工程学和纸板的特点生成可来，可坐，可喝，可观，可交流的无界空间。

图5　榕树下方案生成分析

越与停留"之间"，孕育了无限的可能性。传统的"围厝"经过我们的重新演绎，不再是封闭向心的内向型防御居住空间，而成了开放辐射的外向交流空间。在技术层面，考虑到厦门多雨潮湿的气候以及尽可能少的节约建筑材料，方案借鉴中国传统的榫卯结构体系，制作了简单可靠的方形空间结构单元，并采用插接方式完成了全部的实体建构（图8～图10）。

4　结语

将建构课程贯穿高低年级的建筑设计教学，并在教学过程中运用基于"5W"理念的真实建构教学方法，是对我国"鲍扎"式传统建筑教育模式和仅将建构课程限定于低年级设计基础课程的双重反思。它既可以帮助学生尽早地树立全面的建筑设计观，更好地实现从"技艺分离"到"技艺一体"的思维转变，又可以借助建造的学习过程具有强烈的实践性、实验性、综合性和团队性等特点，更有效地调动学习者的主动性和积极性，使过

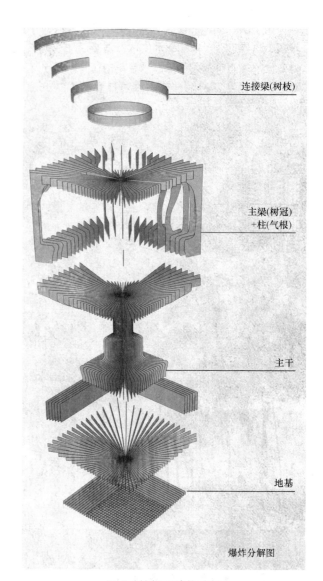

连接梁(树枝)

主梁(树冠) +柱(气根)

主干

地基

爆炸分解图

图6　榕树下建构分析

图7　榕树下搭建成果

去"要我学"、"灌输式"的被动式教学模式转变为"我要学"、"做中学"的主动式学习模式。我们希望对学生而言，今后的每一次设计都成为一次真实的建构。

图10　围厝之间搭建成果

图8　围厝之间设计方案

图9　围厝之间建构分析

参考文献

　　[1]　顾大庆，中国的"鲍扎"建筑教育之历史沿革——移植、本土化和抵抗［J］. 建筑师．北京：中国建筑工业出版社，126.

　　[2]　肯尼斯·弗兰姆普敦著．王骏阳译．建构文化研究［M］.北京：中国建筑工业出版社，2007.

　　[3]　罗贝尔著．成寒译．静谧与光明［M］.北京：清华大学出版社，2010.

　　[4]　石铁矛，李志明编．约翰·波特曼［M］.北京：中国建筑工业出版社，2003.

　　[5]　斯蒂芬·霍尔著．符济湘译．锚［M］.天津：天津大学出版社，2010.

李华　汪浩

同济大学建筑与城市规划学院建筑系；11126@tongji.edu.cn

Li Hua　Wang Hao

Department of Architecture，College of Architecture and Urban Design，Tongji University

面向老龄化社会的建筑设计教学尝试
——老年公寓及社区综合养老设施研究设计

Teaching Research on Architectural Design for the Aging Society
——Design Studio of Elderly Apartment

摘　要：我国已进入了老龄社会，上海、北京等大城市的老龄化形势十分严峻，今后老年住宅以及适老设施的建设将大大增加，因此面向老龄化社会的建筑设计人才培养有紧迫的社会需求。但目前我国各大建筑专业院校在适老建筑设计方面的教学并未全面开展，相应的设计专题也几乎没有。我们在为期一个学期的"老年公寓及社区综合养老设施研究设计"毕业设计课题中，通过让学生进行环境行为调研了解老年人的生活现状与需求；根据调研结果自行完善任务书；居住区规划、建筑单体、室内设计相结合等教学尝试，让学生了解与老年人相关的理论知识，培养学生对适老建筑设计的能力，取得了一定的教学效果。

关键词：老龄化社会；适老建筑；设计课程；环境行为调研

Abstract：As China has entered the aging society，the construction of elderly residential buildings and other facilities will increase a lot in the near future. Despite of the needs of architectural designers，there are few courses on architectural design for the elderly people taught in the universities so far. I had an opportunity to give a design studio of elderly apartment last year. I tried to enlarge the student's knowledge about the elderly issues，as well as strengthen their design skills on elderly facilities by the following methods：do environment-behavior surveys to understand the real lives of the elderly，make design program in responding to the elderly's demands，unite residential plan，architectural design and interior design in one project.

Keywords：Aging Society；Elderly Architecture；Design Studio；Environment-behavior Survey

1　教学研究的背景

1.1　当前我国的老龄化形势

中国老龄事业发展"十二五"规划中提出，"要建立以居家为基础、社区为依托、机构为支撑的养老服务体系"。上海市结合市内老龄人口的特征，推进"9073"的养老格局：90%的老人为家庭养老，7%的老人在社区接受养老服务，3%的老人享机构养老服务。因此在今后较长一段时间内，绝大部分的老年人还将在自己家庭所在的社区中安度晚年。

所以如何设计或策划在今后一段时间内都能适合老年人生活的社区，即"适老社区"，是建筑设计和建筑学研究的重要任务。

1.2　适老建筑设计的特殊性

目前我国与老年人相关的建筑设计规范主要有如下

3个：《养老设施建筑设计规范》GB 50867—2013、《老年人居住建筑设计标准》GB/T 50340—2003 和《老年人建筑设计规范》JGJ 122—99。但是这些规范主要从老年人的生理需求出发，在建筑设计过程中对物理环境提出量化指标和建议，而且更多的是关注无障碍方面的要求。

"人类的老化包含了身心功能衰退与社会生活萎缩两个方面"（姚栋 2005 年）。老年人不仅需要无障碍设计等物理环境上的照护，还需要通过参与社区活动或与人交往来保持心理健康，这些是设计规范所不涉及的；此外，根据既往的研究，老年人是一个非常复杂的群体，根据年龄段、家庭成员构成、工作学习背景、生活习惯、身体机能等等的不同，其对物理、社会环境的需求差异非常大，所以对于不同的设计对象，需要实际调查补充有针对性的设计要求。

1.3 国内外相关设计教学的现状

欧美有个别大学在研究生阶段根据教师的意愿开设适老建筑专题设计课程，学生可以选修；在日本、韩国的建筑设计教学中，对本科高年级学生设置例如参与式社区营造设计、无障碍教学体验等与养老有关的内容，但设计课题也仅限于概念设计。

我国大部分的学校都有住区设计、医院、社区活动中心等相关的设计课程，但明确以老年人为对象，将住区规划、建筑单体、室内设计贯穿在一起，在环境行为、无障碍领域进行强化的教学过程尚未得到推广。

基于上述背景，笔者认为我国在今后较长一段时间内，对于具有老年人相关建筑设计能力的人才必然会有较大的需求。因此在本科的设计课程中有必要进行系统性的有针对性的知识传授和设计能力培养。

2 课题与教学过程

2.1 课题介绍

笔者于2017年春季学期在建筑学本科的毕业设计课程中，申请开设了"老年公寓及社区综合养老设施研究设计"专题，希望通过实际教学探索适合适老建筑设计能力培养的教学模式与方法。

本课题的基地位于上海中心城区边缘的一个实际存在的新开发社区中，毗邻多个新老社区以及居住区级商业服务中心，具有一定的代表性。基地形状规整，面积不大，对实际规划条件进行了一定的放宽，只保留退界、限高和容积率等基本要求，希望给予学生较大的设计自由度。

设计功能要求包含①住宅：老年公寓60户以上、可考虑结合其他不同的居住模式；②社区级养老服务设施：日间老年照护中心、老年人活动、康复设施、停车位等；③其他功能由学生通过调研之后自行完善。希望通过调研以及自己对老年生活的理解，自行完善任务书设定。

主要的教学目的为：让学生了解掌握老年住宅、社区公共设施的基本建筑设计规范；了解国内外与适老设施相关的先进设计方法；掌握老年人在居住和日常生活方面的基本生理需求。

2.2 教学过程设定

由于所有的学生都是初次接触老年人住宅和养老设施的设计，所以在全部16周的课程中，除最后2周只进行成果表达外，每周都安排了半天与设计指导相同步的理论课。包括理论知识讲座、参观与调研3个环节。

前半学期主要是介绍与适老建筑相关的知识，包括国内外的老龄化趋势与养老相关政策、养老产业现状、各种与老年人相关的理论体系；之后随着实地调研的开展，介绍环境行为理论、调研方法、数据分析方法等；后半学期为建筑设计的深入介绍与养老相关的规范、国内外先进案例等。

在参观调研环节中，带领学生分别走访了市中心的社区老年人活动中心、中心城区边缘的国营社会福利院以及位于市郊企业开发的大型养老社区，让学生了解不同养老设施在服务对象、功能、规模以及运营管理上的区别，为之后的设计提供较明确的功能定位和设计概念参考。

在调研部分，要求每2～3位同学一组，在基地周边社区对老年人的生活行为进行实地调查，主要使用环境行为研究中的行为观察法、问卷调查和访谈法。通过对调查结果进行数据整理和统计分析，发现社区老年人在生活、出行、社会交往等方面的需求与现状所存在的问题，从而逐步确定各自的设计任务书（图1）。

设计指导与传统的设计课题基本相同，只是着重通过案例分析强化自己的设计理念。这是为了避免学生对建筑的形态或空间太过重视。

2.3 教学过程中对设定的修正

经过前几周的教学和交流之后，发现最初课题设定中存在以下问题：

(1) 通过一个建筑单体设计来让学理解并解决社区层面活动、交往等问题是非常困难的，部分学生只停留于类似喊口号的设计理念；

(2) 学生在将抽象的理论知识、定量的调研结果与建筑设计相结合的环节缺乏足够的训练，往往得到了有意义的分析结果却无法将其落实到任务书设定中；

（3）因为最终设计成果的绝对量不大，对于已经过4年建筑设计训练的学生来说设计难度不大，在一整个学期的设计过程中容易出现思想放松等问题。

经过思考在与多位有经验的老师交流之后，决定增加一个在中期必须完成的成果要求：根据所学到的理论知识和调研结果，设计一个面积约 1.5km×1.5km 的"适老社区"概念模型。可以以设计基地周边的社区为对象，也可以是完全抽象的模型；同时，最终成果中的建筑单体，必须作为该社区概念模型中的一个重要节点，为周边社区提供辅助功能。

增加该成果的目的是为了让学生在参观与调研过程中逐步明确什么是"适老社区"，其与普通社区的区别是什么；加强对老年人的社会性、出行交往的便利性、社会资源的可达性等问题的认识，从而将设计重点从建筑单体的物理环境提升出来；同时能通过小区、组团等的组合方式，以及对商业、文体活动、医疗设施等社会资源的合理配置，将住区规划与单体设计贯穿在一起，理解在建筑设计和城市规划不同层面上的"适老"理念。

如图2所示，经过调整后，学生从各角度出发针对"适老社区"的特点进行规划。

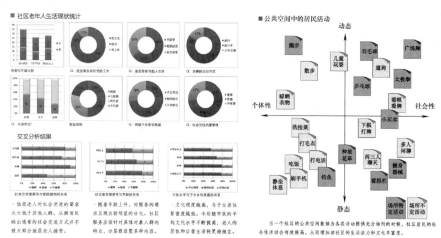

图 1　问卷调查数据分析以及行为观察结果

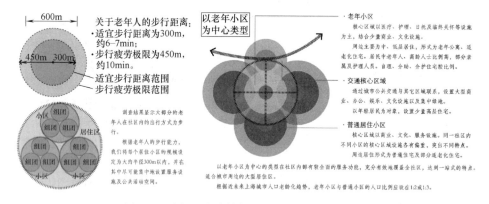

图 2　以步行距离为依据设定"适老社区"构架

3　成果及总结

3.1　成果介绍

经过 16 周的教学过程，最终 7 位学生都顺利完成了社区规划→建筑单体→室内设计的全过程。图 3 所示的"邂逅社区"主要着眼于老年人的通过户外活动进行社会交往的过程。

设计者在调研中发现老年人之间发生交流往往需要较高的人的密度和空间上的意外性，以及住在上层的老人较少下楼与人交往的问题。因此针对身体能力不同的老人群体，使用"X层"即贯穿4栋建筑的连廊来模糊高层和底层、室内与室外的区别，同时提供了大型活动、少人数活动、非参与性活动等不同性质的空间。在周游过程中通过调节连廊的宽度，提供无意识的滞留活动，从而提高老人之间发生邂逅和交流的可能性。在建筑内部也设计了可以根据需求改变使用功能的共享空间，将"邂逅"这一主题贯穿在社区、建筑单体以及室内设计的各方面。

图4所示的"社区流动服务云平台"又是一个非常大胆有趣的方案。设计者着眼于现代社会中人流、物流及服务的整个体系，将社区规划和建筑设计结合在了一起。

设计者在实地调研中发现大部分的老年人仍有较强

的活动能力，他们每天有很多活动是在社区内其他地方或社区外进行的；而活动能力不强的老人也需要获得社区外服务与社会资源。因此，"适老"的社区级公共交通系统对老年人的生活范围的维持甚至拓展有很大的帮助。设计者在中期的理想社区模型中提出了基地周边社区的流动服务云平台的概念，将最终的建筑设计作为整个平台体系中的一个重要节点，同时也是适老小区对外功能辐射的基地，为老年人融入社区、积极参与社区活动提供了可能性。

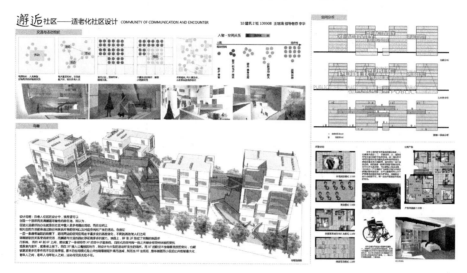

图3 "邂逅社区"最终成果

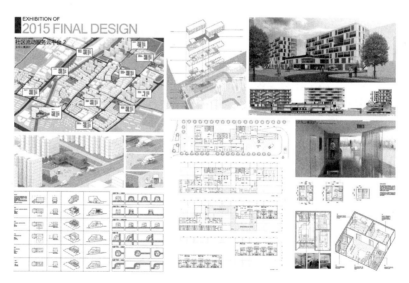

图4 "社区流动服务云平台"最终成果

3.2 对教学效果的思考

通过本次教学探索，有如下几点总结：

（1）参与任务书制定与实地调研的重要性

"适老社区"和老年人公寓是功能性很强的类型，

需要学生通过调研发现问题点，再有针对性地完善任务书。例如介绍的两个成果都关注老年人的社会交往以及社区资源的分布，这些都是设计规范中所不包括的内容，只有通过对老年人的生理、心理、行为等特点的调查与分析，对居住空间、社区环境的空间功能等进行探索研究，才能制定出适合的任务书，真正提高老年人的生活品质。

"以人为本"的口号提出几十年了，但是学生大都是以"上帝模式"在推进，仅靠自身的知识和经验做设计。大部分的建筑师不知道如何把握设计对象的实际需求。所以在培养设计能力的同时，也应培养学生正确的思维方法，希望学生能够通过自己的调研，对某一社会问题有所了解，有自己的思考，最终通过自己的设计来提供某种可能性。这种思考过程以及社会责任感是一个优秀建筑师所必须的。

（2）提高设计的自由度的优缺点

本次设计的任务书有很大部分都是由学生自行设定，而且在设计推进过程中大都是顺着学生的方向进行指导。结果7位学生的作品不论在设计理念上，还是功能形态上都有所不同，这是可喜的结果。但同时，由于学生对养老的理解会有转变，导致设计推进缓慢或颠覆性方案的情况出现。因此，需要设定不同阶段的过程成果要求，以免学生走偏或迷失方向。

（3）适老建筑设计课程有较强的社会需求

适老建筑由于类型多、功能复杂、规范限制多等特点，与住区、学校、医院等课程设计都有很大的区别，即便是本科5年级的学生在前期单靠看资料集或收集案例也无法有效推进设计。而在实际的工程项目中，如果有一定设计经验，并对适老的理论体系、当前政策趋势有一定了解的建筑师参与，对设计品质的提高能有很大的帮助。

随着我国今后老龄化程度的加剧，预计与老年人相关的建筑设计项目比重将大大增加，社会对养老设计方面的专业人才需求也会有所增长，所以在建筑学本科高年级或研究生阶段设置适老建筑专题的设计课程势在必行。

参考文献

［1］李道增. 环境行为学概论［M］. 1999.

［2］李斌. 环境行为学的环境行为理论及其拓展［J］. 建筑学报，2008，（2）：30-33.

［3］李斌. 中国养老设施的发展现状、问题及对策［J］. 时代建筑，2012，（6）：10-14.

［4］林文洁，吕晓. 基于老年人行为特征的社区托老所空间设计研究［J］. 时代建筑，2012，（6）：42-47.

邬尚霖　甘沛　凌涛

佛山科学技术学院交通与土木建筑学院；wsl530@foxmail.com

Wu Shanglin　Gan Pei　Ling Tao

Foshan university，School of Transportation and Civil Engineering & Architecture

案例教学在居住区课程设计中的应用
Application of Case Method in Residential District Design Course

摘　要：针对城市居住区设计课程的教学现状，引入案例教学环节。案例教学分为规划指标解读、模拟软件分析、使用后评价反馈三个环节，由输入式教学转变为参与式、启发式教学，以引导学生挖掘地域文化内涵、市场导向和住户需求，结合适宜的设计方法和建筑技术，塑造舒适的居住区环境。

关键词：居住区设计；案例教学；人文关怀；技术支持

Abstract：In view of the current teaching situation of urban residential district design course，the case method is introduced in. The case method is divided into three parts：planning index interpretation，software simulation and post occupancy evaluation，inspiring students to participate in and think about the design deeply. Through the case method，students explore the regional cultural connotation，market orientation and the demand of household. We hope the students study to use appropriate design methods and architecture techniques to create comfortable residential environment.

Keywords：Residential district design；Case method；Humanistic care；Technical support

城市居住区设计是融合建筑学、城乡规划专业知识的一门设计课程，它既需要建筑学科专业知识作为基础支撑，又涵盖了社会、经济等层面的综合知识，实践性和理论性结合紧密。居住建筑作为最为常见的建筑类型，学生接触的广度和深度都有一定基础，如何将源于生活的体验灌注于设计过程之中，反馈居住者的真实需求，塑造以人为本的居住环境，是本课程的教学目标。根据教学现状，引入了案例教学环节，以加深学生对于居住区的全面认识。

案例教学（Case Method）是由美国哈佛法学院院长朗代尔（C. C. Langdell）于 1870 年首创，后经哈佛企管研究所所长多汉姆（W. B. Doham）推广，并从美国迅速传播到世界许多地方，被认为是代表未来教育方向的一种成功教育方法[1]。在本课程中以案例教学为手段，通过对实际案例的规划指标、设计方法、物理环境进行分析和解读，让学生对于居住区的设计有更为全面的认识，在设计过程灌注技术支持和人文关怀。

1　教学现状

1.1　课程特征

城市居住区设计课程被安排在大四下学期，总共60 学时。对于建筑专业的学生而言，城市居住区设计是他们所接触到的第一个群体建筑空间设计，是建筑设计训练从建筑单体设计向建筑群体空间规划层面广度上的扩展。通过课程设计训练，不仅建立起学生对建筑物所处背景的文化、社会、政治、经济等方面的分析和综合能力，更引导学生从城市的角度反过来去认识和把握建筑、从大的城市背景及空间体系结构和要素出发去认识建筑的本质和精髓。课程促使学生在学习初步的城市规划理论和方法的基础上，掌握居住建筑群体环境空间的设计综合处理能力，并且进一步扩展到理解一般的建筑群体环境空间设计的原理和方法。为了加强学生的理论知识储备，我们在大四下学期开设了"居住区规划设计"的专业选修课程，从规划结构、公共用地、住宅用地、道路用地及停车设施等多个方面搭建完善的专业知识构架。另外，在城市居住区的设计课程之后，还延伸设置了居住区景观设计的课程，在前者的基础上对居住区景观进行完善和深化，使学生从居住区设计课程中吸取到规划、建筑、景观等各方面的专业知识。

1.2 传统教学存在的问题

在历年的教学中，我们采取的教学方法如下：集中讲授理论知识—讲解任务书—现场踏勘—方案设计—中期评讲—方案深化—正图前讲评—方案深化及制图。但是通过不断的教学、观察和反思，我们发现教学成果反映出教学方法上的一些缺失。学生在该课程设计学习中表现出一些不足之处：①学习过程基本靠自律，对于资料的收集和吸收程度参差不齐，学习主动性不高；②虽然学生对于居住区设计有一些直观的体验，但设计过程仍以纸上谈兵居多，对于居住者的需求了解不清晰；③过度强调公共空间的设计，容易忽略住宅户型设计的合理性、舒适性。究其原因，我们认为主要是学生对于城市居住区的理解不够透彻，设计思维的专业性和全面性尚有待加强。城市居住区设计一方面需要立足于城市尺度，理解居住区与城市的互动联系，另一方面需要立足于使用者层面，以塑造更好的人居环境为目标，理解真实的居住需求。

为了在前期深化学生对于居住区的理解，我们在方案设计前增加了案例调研环节。该调研分为三个方面的内容：①对案例进行实地调研，解读其规划结构和规划指标；②对案例进行模拟分析，提供物理环境的技术支持；③利用访谈和问卷调查，深入了解居住者的使用需求。通过从规划、技术、使用反馈三方面的调研分析，对居住区有较为客观和全面的认识，提炼出符合城市利益和居住者利益的居住区设计要点。

1.3 案例教学的引入

塑造良好的人居环境，需要基于居住者的需求出发，设计符合居住模式的户型和有利于交流的公共空间，为实现这一目标，要深层次挖掘区域的文化特征和市场需求。通过实地调研，可以对比现有小区的市场导向，解读居住区设计的文化植入和建筑美学表达。通过类似于使用后评价（Post Occupancy Evaluation，简称 POE）的住户反馈，可以深入了解住户的实际需求从而指向设计要点。另一方面，舒适的居住环境不仅仅体现在人文关怀上，更要以良好的物理环境作为基础支撑。在传统的教学方式中，对于物理环境常常难以进行实质性的指导，只能以"良好的建筑朝向"、"利用夏季主导风"等大原则予以限定。在今年的教学中，指导老师利用自己的技术优势对案例小区进行模拟分析，将小区的室外热环境、风环境直观反映在图中，使学生能够将大原则跟具体设计手法联系起来，对于小区的物理环境塑造有更直观和清晰的认识。

2 案例教学的实施

2.1 案例的选择

由于涉及实地踏勘、POE 调研等环节，因此案例选择限定在佛山市范围内。但考虑到学生自身的鉴别能力、与课程设计的关联性等因素，指导老师对类似容积率、户型配比的居住区案例进行了初步筛选，推荐天湖丽都、金地九龙壁、依云上城、依云水岸、保利东湾等十个楼盘作为调研案例。为了给予学生一定的自由度，预留后续实地调研的端口，也可以由学生先初步筛选优秀且熟悉的案例，然后跟指导老师予以确认，老师在综合评估后认为可取的，也可纳入案例调研范围。

2.2 规划指标和规划结构的解读

首先，我们鼓励学生对案例小区的情况进行全面了解，包括所处位置、周边道路、配套、设计理念及其他相关情况，以文字形式进行初步描述。第二步，借助百度地图、Google 地图、搜房网、安居客等软件进行数据整理，以 CAD 软件绘制总平面。结合收集到的建筑层数等数据，计算其建筑密度、容积率等规划指标，让学生对于"冷冰冰"的规划指标有一个更加直观的认识，在脑海中初步构建开发强度与布局方式、建筑层数之间的联系。第三步，在规划底图的基础上，分析居住小区的功能结构、景观结构、交通结构（图 1），从而梳理和评价其功能布置的合理性、景观利用程度、交通组织方式等。让学生建立起规划结构的概念，同时形成一定的建筑评价能力。

2.3 物理环境模拟提供技术支持

对案例进行微气候模拟，需要操作者具有一定的建筑物理知识，并熟悉软件的操作运用，想要在一门设计课程中培养学生熟练掌握该类软件并不现实。因此，在今年的案例教学中，暂由指导老师承担了这一技术环节。本次模拟选取华南理工大学建筑节能研究中心开发

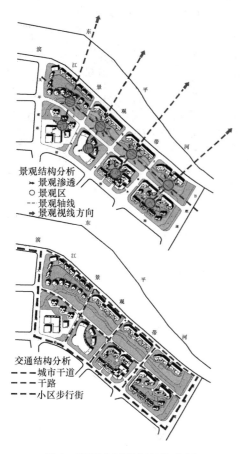

图 1　案例小区规划结构分析

的 DUTE（Design Urban Thermal Environment）软件作为集总参数模拟软件[2][3]。软件结果经过与实测现状、FLUENT 软件模拟结果的对比，证明其结果具有一定准确性，精度能够满足工程需求[4]。它依托于 CAD 平台进行二次开发，因此通过在 CAD 界面进行分层处理、设置参数和赋予要素属性以进行辅助分析。通过对不同案例进行微气候模拟，可以清晰梳理规划布局形式和规划指标对于微气候的影响方式（图2、图3）。相对于以往在书本上所强调的设计原则，通过模拟能够清晰地看到微气候指标的数值变化，加深了学生对于物理环境的理解，也激发了学生寻求数值波动原因的探索欲望。通过对布局方式的分析归纳，也可以为他们进行居住区设计时塑造良好的物理环境提供参考借鉴。

图 2　案例小区建模

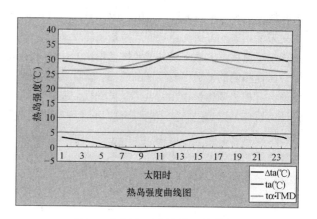

图 3　案例小区室外热环境模拟

2.4　基于使用后评价的住户反馈

在今年的教学实践中，由于时间所限，没有集中设置住户访谈和调研环节。但从学生的设计成果反馈来看，这一环节还是很有必要设置。在学生的设计成果中，可以明显看出对于住宅内使用空间的观察不够深入和仔细，对于居住区的理解过于理论化、想象化。作为住宅空间，每个功能单位的尺寸都需要符合人体工学和家具布置的需求，但很多学生源于生活的体验不足以支持他们进行住宅单元的设计，也有部分同学囿于造型、概念因素从而牺牲了部分功能的合理性。我们期望在下一年教学中增加住户访谈和问卷调查环节，让学生直面住户的需求反馈，了解住区的现实情况，从而在设计体现思考成果，由输入式教学转变为参与式、启发式教学。对于调研反馈环节要提前制定好调研计划和访谈问卷[5]。对于公共空间，可以采取行为观察和访谈问卷相结合的方式；对于居住空间，可以采取结构式问卷和开放式问卷相结合的方式，遴选主客观指标参数对于使用情况进行反馈（图4）。通过制定调研计划，使学生带着问题去开展调研工作，提高其针对性，加深学生的理解。

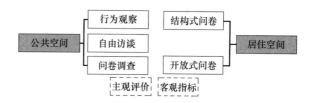

图 4　使用后评价调研方式

3　小结

基于城市居住区设计的课程教学情况，我们提出了利用案例教学加深学生对于居住区理解的创新思路。通过案例教学，一方面深层次挖掘地域文化内涵、市场导向和住户需求，期望通过学生的吸收理解在设计中体现人文关怀；另一方面利用技术支持直观体现适宜设计方法对于塑造良好人居环境的重要性，期望学生在此阶段对于居住环境的舒适性有更深的领悟。本课程与已往课程设计及相关周边课程相结合，以详细规划及初步环境设计为重点，逐步走向知识的综合应用，为下一阶段的学习打好基础。希望通过本课程的学习和训练，培养学生树立职业意识及道德责任感，提高深入设计的能力和专业配合能力。

参考文献

[1]　张建. 调研型案例教学在居住区规划设计课程中的应用探讨. 高等建筑教育，2015（05）：145-150.

[2]　邬尚霖，孙一民. 城市设计要素对热岛效应的影响分析——广州地区案例研究［J］. 建筑学报，2015（10）：79-82

[3]　邬尚霖. 建筑密度对街区热环境影响分析［J］. 华中建筑，2016（08）：46-50.

[4]　陆莎. 基于集总参数法的室外热环境设计方法研究［D］. 广州：华南理工大学，2012.

[5]　朱小雷，广州典型保障房居住空间环境质量使用后评价及评价指标敏感性探索. 西部人居环境学刊，2017（03）：23-29.

燕宁娜

宁夏大学土木与水利工程学院；459995540@qq.com

Yan Ningna

Ningxia University

基于地区限定的建筑学专业毕业设计教学改革[*]
Teaching Reform of Graduation Design of Architecture Specialty Based on Region

摘 要：面对国家经济发展的新常态与建筑学专业就业率下滑的局面，为经济落后地区的宁夏建筑学教育提出了新的要求。文章梳理了近年来建筑学专业毕业设计教学改革的研究成果，并进行分析。进而针对地区建筑学学科特征、师资特征以及目前毕业设计存在的尖锐问题，提出了从设计选题、教师指导、设计后评价的"自主创新"毕业设计模式，实施步骤及内容，讨论了毕业设计教学的改革模式，试图为地区建筑学人才培养提供开放、自主的创新思路。

关键词：地区限定；建筑学毕业设计；创新模式

Abstract：The face of the national economic development of the new normal and architectural professional employment decline in the situation for the economically backward areas of Ningxia architecture education put forward new requirements. This paper summarizes the research results of the teaching reform of architectural design in recent years and analyzes them. Then，according to the characteristics of regional architecture，the characteristics of teachers and the current problems of graduation design，this paper puts forward the "independent innovation" graduation design pattern，implementation steps and contents from design topic，teacher guidance and post-design evaluation，Teaching reform model，trying to provide an open and independent innovation ideas for regional architectural talents.

Keywords：Area limited；Architectural graduation design；Innovation model

1 背景

经历了改革开放后三十多年来的经济高速增长，近几年，随着"存量经济"模式的开启，建筑学专业毕业生供不应求的局面开始转向就业率下滑。作为建筑学专业毕业生就业主要渠道的设计院纷纷压缩人员与设计成本，应届毕业生的就业方向必须多元化以适应社会发展需求。

由此提出建筑学毕业设计如何作为学校与就业单位的桥梁，从而沟通专业人才培养与社会需求？

2 建筑学专业毕业设计教学改革研究综述及现状问题

2.1 毕业设计及其基本要求

建筑学毕业设计是实现本科人才培养计划的重要阶段，从时间上看：根据《高等学校建筑学本科指导性专业规范（2013 版）》要求：毕业设计/论文实践为 14 周，通常是用一整个学期来完成毕业设计或论文。从学

---

* 2016 年宁夏回族自治区高等教育教学改革项目（项目编号：NXJG2016020）；2016 年宁夏大学核心课程建设项目。

分上看，一般毕业设计都超过 10 个学分。所以，毕业设计是培养计划中最重要的实践性教学环节。毕业设计要培养学生综合运用所学的基本知识、基本理论和技能用于分析、解决工程技术、经济、社会等实际问题，使学生得到工程设计方法和科研能力的初步训练。

2.2 毕业设计教学改革的研究综述

从 1960 年至 2017 年 3 月 21 日截止，在中国知网数据库中以文献全部分类：以"主题"选项输入"建筑学"，"毕业设计"搜索，找到相关文章 757 篇（图 1），而其中真正研究建筑学专业毕业设计教学改革主题的论文不超过 100 篇。而从每年一册的《中国建筑教育——全国建筑教育学术研讨会论文集》2013～2016 年，其中 2013 年关于建筑学毕业设计的，占 5%，2014 年有关毕业设计论文 10 篇，占 5.8%，2015 年有关毕业设计占 7.3%，2016 年有关毕业设计的占 6.4%。从以上数据基本可以判断，毕业设计虽然是建筑学专业五年教学实践的重中之重，但教学改革探索的研究并不活跃。

以上有关建筑学毕业设计教改方面的论文主要围绕教学目标改革、教学方法改革、教学内容改革三大类，主题也各具特色，大致有：①设计内容的实践性及专题性（研究类、技术类、绿色建筑、机械臂等）探索；②毕业设计教学评价体系类研究；③联合设计（中外联合、校际联合、跨专业联合）；④毕业设计的数字化转变（BIM 的引进）。

本课题的研究是在宁夏高等教育教学改革项目《建筑学专业毕业设计"自主创新"教学模式研究》，和《宁夏大学核心课程建设项目》的支持下，旨在基于宁夏当地建筑学师资力量、建筑学学生生源特征、建筑学人才培养目标的地区背景下的毕业设计教学模式探讨。

2.3 地区建筑学毕业设计现状分析及问题所在

(1) 宁夏大学建筑学学科发展历史与毕业设计现状

为满足培养多学科、多层次、多专业的人才需求，使宁夏大学具有较强的综合竞争力，2000 年以后，学校设置了一些新的学科门类，增加了一些新专业。建筑与城规系就是在这种背景下成立的，并于 2003 年正式招收五年制建筑本科生，每年招收 35～40 人，在校建筑学专业学生 200 多人，目前建筑学专业已有 9 届本科毕业生。经过 13 年的学科专业建设，成为宁夏地区建筑学人才的重点培养基地，为当地建筑业、城乡规划行业输送了大批优秀的毕业生。

与国内其他建筑学院系相比，宁夏大学建筑学学科建设经费不足、师资力量相对薄弱，毕业设计教学理念相对落后，是目前不可回避的问题。要缩短与国内同类院校毕业设计教学水平的差距，提高教学质量，就必须结合宁夏当地社会经济、社会文化发展的需要，寻找地域文化、自然资源的优势与特色，确立具有地域特色的内容和方向，而教学方法的改革与创新是提高人才培养质量的必由之路。

(2) 毕业设计现存问题分析

以往毕业设计的教学模式是"封闭式被动学习"，学生按照设计任务书要求的步骤，进行实地调研，与其他阶段的建筑设计课程一样，经历一草、二草、三草、模型制作、电脑辅助动画、三维视图的绘制等，最后是设计正图。由于建筑设计Ⅰ—Ⅵ都是如此模式，故毕业设计缺乏新鲜感，加之近几年就业压力逐渐加大，各种考试的时间安排与毕业设计关键阶段重合冲突。因此，毕业设计时间和精力都不够，教师因为考虑学生的就业与深造常常网开一面，导致毕业设计整体效果欠佳。

因此，建筑学专业毕业设计教学模式的改革势在必行。"自主创新"的教学模式是针对以往种种弊病而提出的。将毕业设计的时间提前到每年的 12 月中旬，将毕业设计课堂从学校引向社会；使学生参与到真正的工程实践和社会问题的调查研究中，在实践中体验、感悟、质疑，甚至创新。"自主创新"教学模式强调教师与学生、设计师与学生、学生与学生、学生与工程实践、学生与社会问题之间多元的互动与对话。

3 建筑学毕业设计"自主创新"模式探索

3.1 毕业设计选题的开放与学生自主学习能力的培养

毕业设计选题需要在一定程度上带有时代、社会、经济等方面的色彩。选题的设定不仅关注社会的潮流，同时关注建筑界前卫作品的理念、结构、材料、技法和环境系统等[1]。题目可以有多种类型，应贯彻因材施教的原则，充分发挥学生的积极性和创造性。设计选题的开放是指：一个毕业设计小组的学生（4～5 人）在本阶段教学理论学习的基础上，针对感兴趣的城市、建筑及其周边环境进行现状调查，在教师的指导下，对所调研区域的现状问题进行分析汇总，形成现状调查报告，并提出自己的解决思路，然后按教师要求编制课程设计任务书。一组一份任务书，所有组员共同参与任务书的编写，最后根据任务书完成设计成果。自主选题过程不但可以锻炼学生主动发现问题的能力，同时还能培养学生分析、整理问题，并结合工程设计要求进行自主选题，根据毕业设计要求自主确定各阶段任务、时间节点、成果要求等，体现了"自主创新"的核心价值。

根据"自主创新"模式的要求，宁夏大学2016届毕业设计选题体现出题目丰富、多层次、多元化的特征（表1），既有综合性较强的高层酒店建筑设计，专业性较强的剧场建筑设计、游泳馆建筑设计、汽车站设计、博物馆建筑设计、老年康复中心设计，同时还有侧重于城市设计方向的历史街区更新与改造项目，旨在与住房城乡建设部强调要加强城市设计与建筑教育的结合的专业特色探索，同时也是呼应国家"新常态"的发展现状。

3.2 指导教师试做毕业设计与师生多元互动的展开

针对学生设计选题的多层次和多元化，要求指导教师进行毕业设计试做，从而鼓励指导教师进行毕业设计全过程的身体力行的实践，最后通过毕业设计答辩委员会的评议打分，才能获得毕业设计指导教师资格。这就使得教师必须不断适应学生感兴趣的不同选题，与学生一起进行新知识、新领域的学习，不但促进了学生创新能力的培养，同时也让教师进行新一轮知识的洗礼。以问题为导向的教学方法在实施的过程中，由于学生在自主选题、开题、编写任务书的过程中不断与教师进行交流和沟通，教师的授课、指导时间、空间和方式都要有所变化。学生的主观能动性被最大化地调动，他们开始主动地安排自己毕业设计的进度，每一阶段的成果要求等等。这时，教师的主导地位开始减弱，但对指导层次有了更高的要求。指导教师试做毕业设计与师生多元互动的展开促进了毕业设计教学实践的教与学的双向推进，从而大幅度提高了建筑学专业毕业设计质量。

3.3 毕业设计评价体系的过程控制与评价标准的科学合理

展开过程控制是实现毕业设计课程目标的重要保证。我校建筑学毕业设计过程一般划分为毕业设计选题、开题、毕业实习、方案设计、正图渲染与表现（包括模型制作）、预答辩、正式答辩几个重要阶段。对各个阶段学生学习效果的控制包括：指导教师每周进行的指导与答疑记录、课程中期检查、展览评图和最后的成果评价。成果评价的答辩评委构成、评审标准的制定及评审过程的公开化、透明化都是影响评价效果的重要因素。参考国内外同类院校的方式，对毕业设计成果进行初评和答辩评审两个阶段进行评价，同时引入校外专家参与评价，这样的评价结果将降低个人的主观因素，从

而尽量真实地评价每个学生的实际工作量、专业水平和综合实力。

3.4 "自主创新"毕业设计模式实施步骤及内容

（1）梳理现状、发现问题

对城市、乡村社会所发生的不断变化进行热点问题的探讨，结合本专业特点指导教师为学生拟定选题框架。引导学生关注城乡一体化进程中建筑及其周边环境问题、社会问题等，提出毕业设计选题的方向性问题。

（2）选题、编写设计任务书

学生对感兴趣的建筑事件进行网络资料的调查、前沿理论学习的基础上形成"毕业设计综述"、"毕业设计文献英译汉"等毕设要求的文件，然后进行现状调查，资料整理，问题的梳理，在进此基础上汇总成现状调查报告，并提出自己的解决思路，然后根据"毕业设计指导书"的各项要求在指导教师的辅助之下编制课程设计任务书。

（3）学生自主的设计组织与协调

通过任务书的编制，学生以组为单位根据指导书的要求有计划地安排自己毕业设计的教学要求与进度，主动按照每阶段的完成情况，不断修改、完善自己的设计组织与安排。按照调查—分析—方案设计—模型制作—设计成果的步骤，掌握进度，使自己真正成为教学中的主体。

（4）指导教师多元、多层次的设计指导

教师指导时间、空间必须灵活而开放。由于学生选题的开放性决定了老师指导工作的开放性。面对学生选题的多样性，设计构思必然存在很大的差异性，因此教师必须以灵活的方式进行指导，这就包括指导时间和空间的不断转换与延展。

（5）以学生为主体的设计思想表述及讲评

毕业设计阶段性成果的交流与展示的过程不但可以督促学生教学进度，也是一种重要的各组互相学习的重要过程。教师与学生共同讲评——考评标准的开放体现在：抛弃以往只看结果不顾过程的方式，转向过程、结果兼顾的考评方式。学生在每一设计成果展示阶段都大胆表述自己的设计思想，设计成果的讲评亦不再只是教师一人的责任，每位参与课堂的学生都成为讲评的主体，从而调动学生毕业设计的积极性，体现学生的主体地位。

（6）设计成果及成绩的评定

设计成果包括：调研报告、文献综述、外文文献翻译、方案比选、概念设计、设计草图（1，2，3）、设计模型（实体模型与电脑模型兼顾）、设计正图。采取一

组一题或多题，一人一方案的成果方式；调研报告选题相同的一组上交一份成果，要求每位同学都必须参与成果的制作与汇报、讨论，占总成绩的20%；概念设计一人一份，由设计和汇报两部分成绩占总成绩的20%；设计模型一人一份，占总成绩的10%；设计草图（1，2，3）一人一份，考勤并给出成绩，占总成绩的10%；设计正图一人一份，占总成绩的40%。每一阶段都采取教师与学生同时打分，取平均值的方式，这样不但极大地调动了学生参与教学的积极性，而且培养了学生对他人设计成果的尊重和对自己成果的客观评价的精神。

4 结论

建筑学专业"自主创新"毕业设计模式，可以培养学生发现问题、分析问题、解决问题的能力。促进指导教师与学生对于地区人居环境建设、社会热点问题的关注，以及对建筑设计、城市设计关系的再认识，不但能够完善学生的知识体系，促进学生自主学习的热情，激发学生的创新能力，而且调动了指导教师不断学习掌握新知识、新方法的积极性，提高了指导教师自身理论教学和工程实践能力（图1）。

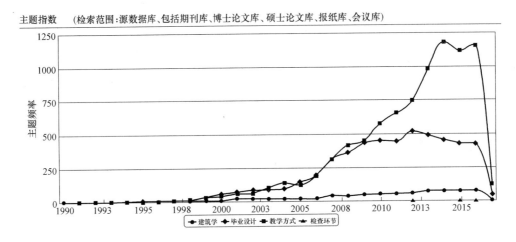

图1 建筑学毕业设计教学改革相关论文情况（图片来源：中国知网）

宁夏大学 2016 届建筑学毕业设计选题类型

表1

序号	选题类型	选题数量	所占比例
1	综合办公室建筑	7	21%
2	综合办公建筑	1	3%
3	博物馆建筑设计	8	24%
4	商业建筑设计	6	18%
5	体育类建筑设计	4	12%
6	图书馆类设计	1	3%
7	小学规划和建筑方案设计	1	3%
8	历史街区改造设计	4	12%
9	银行建筑设计	2	6%

参考文献

[1] 日本建筑学会编，刘云俊译. 建筑院校学生毕业设计指导［M］. 北京：中国建筑工业出版社，2010.

聂蕊　赵晓峰　史艳琨

河北工业大学建筑与艺术设计学院；电子邮箱：285919666@qq.com

Nie Rui　Zhao Xiaofeng　Shi Yankun

Hebei University of Technology，Architecture and Art Design College

中国建筑史课程结合设计与分析思维的教学方法探索 *
The Study of Teaching Methods on Chinese Architectural History Combining with Design and Analysis Thinking

摘　要：本文从对中国建筑史原有教学模式的反思出发，分析中国建筑史现有教学方法缺乏指导学生将其设计理念和方法运用到建筑设计的原因，提出将自主系统分析方法融入教学、注重体验与考察的引入以及设计结合教学三个方面的教学方法探索，以促进中国建筑史课程对建筑设计的指导作用，并以最近教学为例进行说明。

关键词：中国建筑史；设计与分析思维；教学方法

Abstract：Based on the reflection on the traditional teaching mode of Chinese Architecture History，the reasons of failing in the combination of the design methods in chinese traditional architecture and modern architecture are analyzed.　The studies of autonomous system analysis methods，experience and survey and design combining with teaching are proposed to promote the guiding function of Chinese Architecture History to architecture design. Recent teaching methods，as the examples are explained.

Keywords：History of Chinese architecture；Design thinking；Teaching methods

东西方古代建筑体系是两条并行发展、互不干扰的脉络，其设计理念和设计方法都存在着巨大的差异。在过去百余年的建筑理论发展过程中，西方建筑设计理念和方法处于绝对的主导地位，然而随着环境问题以及诸多社会问题的不断涌现，人们开始反思，并积极研究中国古代建筑中所蕴含的先进独特的设计理念和方法，以有效解决当代建筑设计中存在的与自然对立、缺乏人文关注等实际问题。

中国建筑史是建筑学专业的主干理论课程。其教学目的除了加强学生对中国建筑文化的综合知识认知，掌握中国古代近代建筑发生和发展的基本规律外，更在于提高学生的建筑修养和建筑设计思维能力，为学习专业课和建筑设计创作活动奠定基础。因此，如何在中国建筑史的讲授过程中，将中国传统建筑先进的设计理念和设计方法系统的传授给学生，并使学生能够真正理解、

掌握并正确运用到建筑设计中去是教授中国建筑史课程教师所面临的问题。

1　对中国建筑史教学模式的反思

在原有的教学过程中，中国建筑史采用的是老师讲，学生听的被动教学模式。尽管教师认真备课讲授，并采用图文并茂的幻灯片和形象的视频作为辅助，但仍很难真正激发起大部分学生的兴趣和求知欲，至于说能将中国建筑史课程中所学到的设计方法运用在建筑课程设计中的更是少之又少，教学效果并不十分理想。究其原因，可以归纳为以下两个方面：

一是由于缺乏参与与互动而导致学生被动的学习。中

* 课题研究资助：河北省高等教育学会"十二五"规划 2015 年度课题（项目编号：GJXH2015-256）；河北工业大学教改课题（项目编号：201304057）。

国建筑史所涉及内容广泛，内容之间关联性强，从辩证整体思维和朴素的系统论观念到阴阳五行的宇宙图式再到天人合一的宇宙观、人生观和审美观；从城市、宫殿、民居到坛庙、陵墓、寺院再到园林，传统文化思维模式、设计理念、设计方法与建筑类型交叉在一起。传统的教学方法仅仅是使学生被动接受知识，缺乏消化和思考的过程，教师缺乏了解学生的理解和掌握程度，"教"与"学"脱节，学生真正学到的知识仅仅是很少一部分。

二是针对设计方法相关的讲授缺乏系统性。中国建筑史主要教学内容讲解是按照时间顺序与建筑类型两条主线。首先是以中国建筑体系发展进程为脉络，讲解从原始社会直至明清时期的建筑发展历程。其次是以建筑类型为依据，探索不同建筑类型的社会文化背景以及典型代表建筑的特征。针对设计方法的讲授主要穿插在对典型代表建筑的分析中，因此学生对于设计方法的理解碎片化，缺乏系统性。同时由于课时的限制，对于建筑意匠章节的讲解流于对原有讲解内容的总结，因此学生很难系统的把握中国传统建筑的设计方法并应用于建筑设计中。

2 对中国建筑史课程结合设计与分析思维教学方法的改革探索

2.1 将系统分析方法融入教学中

为引导学生积极主动地学习中国传统建筑优秀的设计方法，系统分析方法被引入教学，即设置某一个与设计方法相关的议题，并根据其内容分为几个分析阶段，以学生自主分析为主，探求其应用方法。在本学期的中建史教学中，笔者着重以空间尺度设计为例进行了探索。

课程议题的设置定为空间尺度设计方法分析，共分为二个阶段：一是"形"与"势"的概念以及在建筑群空间中的尺度控制应用；二是"形"与"势"的转换方法以及建筑物在大尺度环境中的空间控制运用。

（1）"形"与"势"的概念以及在建筑群中的空间尺度控制应用的转换

这一部分以北京紫禁城为例，要求学生以自行查找资料获取的基本数据为依据，分析"千尺为势、百尺为形"的尺度概念及与当代视觉和空间尺度理论的相关性（参考资料如《交往与空间》、《外部空间设计》、《现代视觉理论》等）（图1），并从大清门开始，解析紫禁城中轴线上的各个院落及东西六宫的空间尺度控制（包括院落空间及建筑具体尺度和比例关系），以及每个院落不同空间节点（如院落入口处、金水桥中点处、两侧入口与中轴线相交处、丹陛起点与终点处等）在水平视角和垂直视角的范围控制（图2）。使学生通过自主分析，在三维尺度上明确"百尺"和"千尺"的空间控制方法、单体建筑或建筑群体的体量与观赏距离的对应规律以及人在从百尺到千尺的行进变化过程中对建筑空间的感知特征。

（2）"形"与"势"的转换方法以及建筑物在大尺度环境中的空间控制运用

这一部分以北京明十三陵为例，分析如何运用正常尺度的单体建筑适应超大尺度的自然环境，以实现"形"与"势"的转换，并引导空间发展。例如学生通过分析陵区入口石牌坊与天寿山主峰的对应关系明确对景与框景对大尺度环境控制的意义；又如通过分析碑亭与四周华表的尺度和空间位置关系明确在保持建筑正常体量的前提条件下，如何运用设计方法扩充建筑体量，"积形成势"以适应周围环境的尺度和观赏距离的变化；再如通过分析神道的长度、宽度以及石象生之间的距离明确"千尺"与"百尺"的尺度空间概念在大尺度环境中的应用方法，而神道整体形成的空间体量所形成的"积形成势"与远处崇山叠嶂的对比又进一步明确了"形"与"势"的转换方法。

2.2 注重体验与考察的引入

建筑是文化和历史的积淀，特别是中国古代建筑，其本身就是包括时间在内的四维空间体系。对其的认知

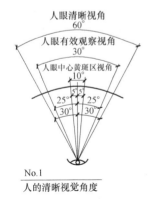

No.1

人的清晰视觉角度

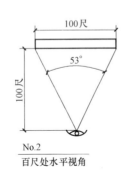

No.2

百尺处水平视角

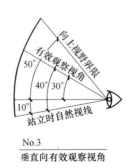

No.3

垂直向有效观察视角

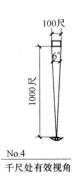

No.4

千尺处有效视角

图1 "形"与"势"与当代视觉空间理论相关性

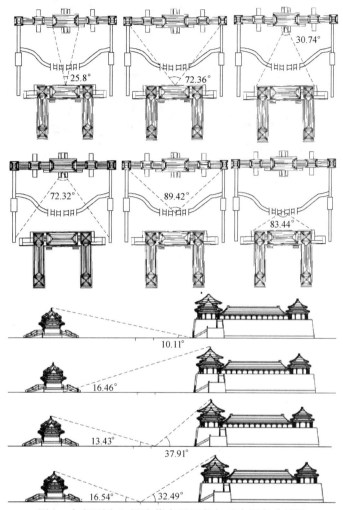

图2　午门到太和门院落水平视角与垂直视角分析图

是一个行进过程中的动态感知过程。因此，将实地体验和考察引入中国建筑史教学不仅有助于通过视觉和心理的直接感受引发学生对中国传统建筑的学习兴趣，更能够以此为契机引发学生对空间设计方法的深入思考以及提炼和分析的能力。

就实际操作而言，受人力物力财力的限制，体验与考察对象一般选取在本地，并基于不同的建筑类型。例如，在天津主要会选取石家大院、大悲禅院、天后宫以及天津文庙作为民居、宗教建筑和坛庙建筑的参观对象。参观后学生需撰写调研报告，报告内容以针对具体建筑的实地体验感知为依据，思考形成此种感知的文化及设计方面的原因，重点分析院落空间、建筑单体以及建筑细部等的设计方法。实际教学效果证明，学生的分析尽管有不完善的地方，但是培养了独立思考的能力，加深了对中国传统建筑设计及方法的理解，有的甚至能够自行与书本上所学到的相关知识进行比较，并指出实地参观建筑的独特性。

2.3　设计结合教学

为了检验学生的理解、掌握和应用能力，在课程最后阶段设置一设计题目，结合题目引导学生发现问题、运用课上所学到的知识分析问题并解决问题，以实现中国建筑史结合设计思维的培养目标，为学生在今后建筑设计课程上能够自觉运用中国传统建筑先进的设计理念和设计方法提供扎实基础。

在本学期的教学中，题目设定为园林设计，要求在校园宿舍周边选取300m²左右的场地作为基地，分析周围自然和人文环境对基地的影响，明确设计中所面临的有利和不利条件，注重运用所学的空间尺度控制和设计手法进行利用、转化与避让，并依据功能需要进行休闲空间设计。学生的设计成果特点表现为以下几个方面：一是关注尺度的控制。在场地中能自觉运用"百尺"作为尺度控制标准进行设计，并注重在关键空间节点上的视觉景观设计效果；二是注重标志性建筑物的尺度，空间位置以及对整个基地范围的空间控制；三是关注基地外部景观与内部空间的联系，并注重从基地外部"千尺"到"百尺"观赏距离变化过程中基地内部建筑组合空间尺度的变化。从学生的设计成果中可以看出，通过自主分析与实地考察，学生对于空间设计特别是尺度方面的设计能力得到了一定的提升。

3 结语

设计能力的培养是建筑学专业的主要任务之一，而中国古代建筑中特有的设计理念和设计方法成为我们创作具有中国文化内涵建筑的重要源泉。针对中国建筑史教学过程中设计思维的培养，我们做了一定的研究和探索，学生在运用中国传统建筑设计理念和设计方法的能力有所提高。同时，针对教学过程中所存在的问题和不足将在以后的教学研究探索中逐步改进与完善。

参考文献

[1] 王炎松，段亚鹏. 体验与考察的方法对中国建筑史课程学习的重要意义. 华中建筑，2010，28：196-197.

[2] 邓宇宁，季文媚，基于创作思维培养的中国建筑史教学探讨. 廊坊师范学院学报（自然科学版），2014，14（3）：125-128.

[3] 陈惟. 复合型建筑设计人才培养中的中国建筑史教学改革. 华中建筑，2008，26：209-210.

[4] 陈薇. 意向设计——历史作为一种思维模式. 新建筑，1999，2：60-63.

[5] 王其亨. 风水理论研究. 第二版. 天津：天津大学出版社，2005.

郎亮　刘九菊　王时原

大连理工大学建筑与艺术学院；langbright621@126.com

Lang Liang　Liu Jiuju　Wang Shiyuan

School of Architecture and Fine Art，Dalian University of Technology

城市遗产的在地认知与外国建筑史教学改革
The Field Study of Urban Heritage and the Teaching Reform of Foreign Architecture History

摘　要： 西方历史建筑及其语境的"在地性缺失"成为我国外国建筑史教学中一个几乎无法解决的客观局限。如何突破这种"时空限制"，使学生拥有直观的场所体验进而增强认知与理解，是外国建筑史教学长久以来不断思考的问题之一。大连理工大学依托大连近代开埠建市形成的建筑遗产资源，在外国近现代建筑史课程中引入"近代遗产在地认知"环节，实现基于"比勘互证"方法的外国建筑史教学改革。本文分析了在外国建筑史教学中引入城市遗产在地认知的意义与价值，并介绍了大连理工大学的教改实践，以期成为有价值的参考。

关键词： 外国建筑史；城市遗产；在地认知；比勘互证

Abstract： The inconvenience to experience the western historical buildings and sites personally is an inborn limitation in Foreign Architecture History teaching in China. It has been a question worthy of consideration for a long time that how to make a change to obtain an intuitive experience. With architectural heritage formed from the opening of modern Dalian，Dalian University of Technology carried out a teaching reform by taking a field study of urban heritage into Foreign Architecture History course. This paper will explain the benefits of this bringing in and introduce their practices in order to make it a valuable reference.

Keywords： Foreign Architecture History；Urban Heritage；Field Study；Contrastive Survey & Mutual Proof

1 引言

建筑历史是人们认识与了解建筑与建筑学最有效的知识途径（罗小未，2004）。学习建筑史的根本目的是丰富知识、开阔眼界、活跃思想、提高品位，培养历史使命感与社会责任心（陈志华，2003）。我国建筑教育中的历史课一般会按照地理区域划分成"中建史"和"外建史"两部分，再依据年代和专题进行进一步的课程分解并进行教学组织。尽管我国地域辽阔、历史悠久、文化多样，但基于共同的文化认知与熟悉的时空体验，我国学生在学习"中国建筑史"时并未产生过多的"异物感"。"外国建筑史"的学习情况则不相同，高中阶段的理科学习使得大多数建筑学专业学生的西方文史知识相对不足，同时又仅有极少数的学生在该课学习之前有过体验外国城市建筑的经历，因此绝大部分的中国学生对"外国建筑史"感到陌生。西方历史建筑及其语境的"在地性缺失"成为外国建筑史教学中一个几乎无法解决的客观局限。如何利用现有技术条件和教学手段突破这种"时空限制"，使学生拥有更加直观的场所体验，增强对外国建筑历史发展中出现的空间形式、风格文化、建造技术的认知与理解，是长久以来"外国建筑史"教学不断思考的问题之一。

2 外国建筑史课程改革趋向

近年来，国内建筑院校对在外国建筑史教学中实现"在地体验"的改革探索主要集中在两个方面：一是在新媒体时代借助可视化的体验式计算机模拟技术及数字技术强化图像化表达，"再现"时空场景，增强学生对建筑空间、时间和体验方面的理解；另一方面则是利用身边可接触的具有外国历史样式的城市建筑"比拟"外国真实环境，使学生可以进行实地考察与体验进而获得直观性认识。例如：台湾成功大学实行了"以本土建筑为实例的教学方式"，将台湾的西洋历史式样建筑作为西洋建筑史替代性教学对象，要求学生进行现场体验并撰写相关报告，调整后的课程"比起全盘灌输史料知识的方法更有效果"（傅朝卿，2009）；武汉大学整理了所在城市的西方建筑文化遗产，以身边的艺术原型和建筑范例作为教学材料和教学内容，并通过情景模拟和虚拟现实技术提供建筑真实再现（童乔慧，2017）；重庆大学用体验式教学法对外国建筑史课程进行了改革，让学生以主体角色模拟体验特定历史时期经典建筑的创作历程，实现"在地性"体验（刘志勇，2011）。

大连理工大学在建筑历史教学中，针对西方历史建筑及其语境的"在地性缺失"以及学生实地体验感弱，利用大连近代开埠建市俄日殖民时期修建的城市建筑，引入"比勘互证"教学方法，对"外国近现代建筑史"课程进行改革探索，旨在通过学生对城市近代建筑遗产的在地性认知以及与教科书"经典知识"的比对性思考，弱化学习中的"时空限制"影响，提升教学成效。

3 城市遗产在地认知的引入价值

3.1 对教学内容的比照性充实

外国近现代建筑史主要介绍了国外自18世纪中叶工业革命至今两百余年来建筑与文化的重大事件与发展概况，尽管时空跨度较大，但介绍的历史事件主要集中在具有西方文化背景的欧美国家，对亚、非、拉丁美洲国家的近代建筑的介绍相对简略。实际上，东亚地区的近代在西学东渐的影响下发生了巨大的变革。以全球史观来看，中国的城市特别是经历殖民开埠的城市，其近代建筑的风格与技术，与西方建筑文化的全球传播有着密不可分的关联且表现出多样的独特性。以近代大连为例，在19世纪末至20世纪中叶的半个世纪里，大连先后被沙俄和日本殖民统治，城市由此完成了由传统村落向现代都市的转型，留下了大量西

方古典样式及早期现代主义风格的历史建筑，成为西方近现代建筑发展演变及其文化传播变迁谱系中不可或缺的具有代表性的一部分。大连地区的近代建筑事件与同时期以及更早时期的西方建筑事件，比如18世纪下半叶至19世纪末流行于欧美的"建筑创作复古思潮"、19世纪末期兴起的"新艺术运动"以及日本明治维新后西化历程中的"和洋折中"式建筑等，具有内在性关联。因此，在现有的知识框架下适当地补充大连近代建筑知识，可以在一定程度上"弱化"西方建筑事件知识单元的"时空距离"，并且可以进一步拓展规范的教学内容，有助于学生全面地了解世界近现代建筑的多元发展与多样演变。

3.2 对教学方法的目标性引入

当下国内大多数建筑院校的外国建筑史课程仍然以教师的课堂讲授为主要方式，以图片和影像资料辅助教学。尽管借助于新媒体技术和数字技术，传统的教学手段得到了极大地丰富，但在泛在信息化时代自主学习成为高等教育内涵式发展方向的指引下，作为一门重要的基础理论课，外国建筑史的教学模式也需要针对新时代的变化，做出适应性的调整。受限于课程性质、课程规模以及现行的教学组织，外国建筑史课程目前仍会以传统的"叙事"授课为主，无法完全实行"翻转"教学，因此适当地优化教学环节设置并引入新的教学方法，对部分地实现学生自主学习十分必要。

刘先觉先生曾在谈及外国建筑史教学之道时指出"要取得好的（教学）效果，应该在方法上……进行中西对比，组织就地考察……"（刘先觉，2008）。我们在教学改革中引入"比勘互证"方法，引导学生通过对大连现存的近代历史建筑及其环境进行就地考察——"勘"，获得对西方建筑样式的感性认识与直观体验，进而与西方同时期的建筑"原型"进行比对——"互证"，加深对西方近现代建筑样式、文化及发展演变的理解。在这个过程中，学生在教学目标的指导下自发地开展探究性学习活动，在获得亲身体验的同时，培养学习兴趣，提高学习效率，实现"书本知识"的有效理解、转化与迁移。

4 基于遗产在地认知的课改实践

建筑史的教学应该研究先行。在"大连近代城市遗产整体性保护研究"（郎亮，2016）、"基于'比勘互证'方法的建筑学专业外国近现代建筑史课程教学改革研究"（郎亮，2015）等课题的支持下，我们在2016～2017学年春季学期的"外国近现代建筑史"课程中引入了"大

连近代建筑遗产在地认知"，希望学生通过实地考察，获得直观体验，弥补外国建筑史学习中的"在地性缺失"，同时在理解书本知识的基础上提升对历史事件的关联性分析与批判性思辨，部分地实现自主学习。

4.1 教学组织与任务要求

在我们目前执行的培养计划中，"外国近现代建筑史"课程是32学时的理论课，即使"以点带面"地尽量凝练核心知识单元，现有的学时数仍显紧张，难以在课堂环节引入"在地认知"。因此，我们将其作为"翻转"的课堂，组织学生在课后合理安排时间并在任务书的指导下进行自主学习。教师利用课堂时间结合在地认知中涉及的相关知识单元，对学生的实践进度以及节点成果进行指导与点评。

本次选课的2014级建筑学学生共有54人，按照每组不超过5人的原则，学生自由组合分成11个小组，每组在"寻找XXXX的东方印记"的开放性主题下，在给定的大连近代建筑遗产名录中自行选择研究对象并讨论确定认知专题，完成实地调查及比证研究。任务书要求：①从西方近现代建筑发展的文化思潮、建筑样式、建造技术、材料构法等内容中选择"现象原型"，可宏观可微观；②从给定的遗产名录中选择实地调查对象，可单一可复合；③采集、记录并汇编西方"原型"在大连实地调查对象上的"表现"；④比证"原型"与"表现"的异同，并通过历史研究分析其原因；⑤研究可以是"点对点"、"点对面"或者"面对点"的形式。任务书还对作业形式、应读文献、研究方法以及成绩评定标准等相关事项进行了具体的说明。

4.2 效果评价与问题总结

提交作业为图文混排的A1图纸，便于展示和交流。作业整体水平较好，多数小组能够在任务书的指导下进行积极的讨论与认真的准备，实地调研的信息采集相对完整，文献资料整理相对全面，结论具有一定的独立见解。个别小组的作业质量有所欠缺，仅仅罗列一些事实现象，缺少"互证"性分析。从作业成果的总体情况来看，"城市遗产在地认知"环节的引入基本取得了预期的教学效果："真实"的空间场景带来生动的感官印象；主动地观察思考带来深刻的理解记忆。该改革实践在一定程度上既"弥补"了时空语境的缺失，又丰富了现有教学的方法，提高了相关知识单元的学习效率。

在课程结束后，我们对此次实践进行了总结，以期在未来的教学中做出进一步的调整与改进。①此次引入

的在地认知实践环节与原有理论授课比重基本适宜，既不过多地侵占课堂教学，又可以使学生较充分地利用好课下时间进行拓展学习；②任务书的说明应该更加详尽，实地调查名单的范畴可以有的放矢地缩减，使认知的专题更具代表性与指向性，同时还要补充必需的阅读材料以便学生检索阅读；③在地认知实践环节与课堂理论授课在8周的课时中基本同时并行安排，应进一步加强对该环节的过程把控，适当紧凑化布置任务，可以提高学习效率；④在可能的情况下，该环节的学习成果应进行汇报发表而不仅是图纸展览。

图1　作业"寻找'折中主义'的东方印记"
（张静怡、潘晋文、崔家傲、杨帆、宋丹）

图2　作业"寻找西方近现代建筑文化在中山广场的东方
印记"（魏婉晴、常安秋、谭唱、马睿婷、胡梦雪）

5　结语

建筑史课是最能体现建筑学知识综合的教学平台，其教学课程改革与建筑设计课程改革等量齐观，而在新媒体时代，"重拾"就地考察又具有特殊的意义。在外国建筑史教学中引入"城市遗产在地认知"，既可以对图像化教学方法趋向起到有益的补充与修正，又可以通过实地体验拉近时空距离，推动对课程知识的理解与迁移。大连理工大学建筑历史教学通过创新教学方法，取得了良好的教学效果，也引发了新的思考，为今后的课程改革探索奠定了基础。

参考文献

[1]　刘松茯. 改革更新，与时俱进，引领新时期世界建筑史教学方向——2015年世界建筑史教学与研究国际研讨会综述. 城市建筑，2016（1）：84-85.

[2]　傅朝卿. 西洋建筑史的教与学——以台湾西洋历史式样建筑为例. 2009世界建筑史教学与研究国际研讨会论文集，2009：94-105.

[3]　童乔慧，李洋. 研究先行，求真致用——外国建筑史教学探索研究. 建筑与文化，2017（2）：76-78.

[4]　刘志勇，张兴国，杜春兰，李震. 建筑史体验式教学法研究——重庆大学外国建筑史课程教改实验报告. 高等建筑教育，2011（3）：10-16.

[5]　刘先觉. 外国建筑史教学之道——跨文化教学与研究的思考. 南方建筑，2008（1）：28-29.

张帆

北京工业大学建筑与城市规划学院；zhagnfan2010@bjut.edu.cn

Zhang Fan

College of Architecture and Urban Planning (CAUP), Beijing University of Technology

趣味外国建筑史教学初探
A Preliminary Study on the Interesting Teaching of Foreign Architectural History

摘　要：近年来出版的以漫画、绘本形式介绍西方历史发展的书籍不在少数，其中大都涉猎建筑方面的内容。这类图书多以"科普"为主要目标，其文字内容简明扼要，通俗易懂，表现形式多以图画、图解为主，形象生动，引人入胜，深受广大读者的喜爱。通过直观、有趣的绘本学习建筑史知识的时代已经到来！本人自2010年从事城市规划学专业本科生"中外建筑史"课程教学至今，为丰富学生的课外阅读，提高学习兴趣和主观能动性，逐步收集了与建筑史相关的中英文绘本、漫画、百科全书近百本。结合教学目标的设定，将其分为通史综述类、发展脉络类、断代精讲类和单体详解类四大类型，并就《古代文明大百科》、《时间线：精美绝伦的手绘世界史绘本》、《人类的生活》历史丛书等多部相关出版物在教学过程中应用进行具体的介绍，从而探讨通过阅读绘本学习外国建筑史的可行性。

关键词：趣味教学；外国建筑史

Abstract：In recent years, the import and publication of foreign art, literary and history books have been increased a lot. Some of them introduced the western history in the forms of pictures, hand drawings and even manga. Such books are mainly targeted at "popularization of science", with easy understanding words Vivid pictures and engaging texts, Deeply loved by the readers. As I know, based on the recent data from amazon.cn, the most popular Chinese Architectural History book is ＜The Graphical Section of Chinese Classic Historical Buildings＞. The era of Learning Architectural History by Reading Picture books is coming! As a teacher, I teach the course "Chinese and Foreign Country Architectural History" in CAUP of BJUT since 2010, during that time, I collected hundreds of cartoon and manga books on Architectural History and devided them into four types: the background of the history, the story of the buildings, the development of the historical buildings and the case study on the master pieces. In this essay, I will introduce nearly 10 books based on the teaching experiences, and discuss the possibility, the feasibility and the application scope of Learning Architectural History by Reading Picture books.

Keywords：Interesting Teaching; Foreign Architectural History

1　缘起："看电影学外建史"的启发

在2016年建筑学年会上，笔者有幸听傅朝卿老师介绍了"看电影学外建史"的教学经验，很受启发。傅老师认为，我们今天能够看到的早期建筑史实例多为遗址和遗迹，它们经过千年的岁月侵蚀、风化，早已不复当年建成、使用的样子，那我们在今天如何能比较高效、直观地了解这些古建筑？观看电影是个不错的方法。很多历史影片不惜重金聘请相关领域专家，严谨考证并还原历史建筑的原貌，观看这些电影，不但可以更加经济、足不出户地看到建筑史上的实物，甚至能够超越亲赴现场的观感，进一步更形象地了解其原始的色彩、使用方式、相关历史事件。

既然看电影可以学习建筑史（至少作为建筑史学习的有益补充），那么是否通过阅读漫画和绘本也能够在某种程度达到学习建筑史的目的呢？下面将以笔者个人的多年的教学经历和兴趣爱好为例，探讨通过阅读绘本学习西方古代建筑史的可能性、可行性以及使用范畴和对象。

2 与建筑史相关的绘本读物分类

2.1 通史综述类：《古代文明大百科》

这类绘本往往以历史知识百科全书的形式，事无巨细地介绍人类文明的各个方面在历史上的产生、发展和演变，并结合大量的图像资料予以佐证和说明。其中比较典型的是《古代文明大百科》，该书将历史上著名的版画作品和权威的现代解说相结合，再现了古代文化，重点介绍了古埃及、美索不达米亚、古希腊和古罗马文明，通过对插画的精心布局，将政府、社会、战争、宗教、劳作、科技、贸易、休闲、建筑、饮食、服饰和日常生活等主题栩栩如生地呈现出来。我们学习一个时代的建筑，很重要的一个前提是了解这个时代的历史背景，以及相关的生产、生活方式，这部分内容往往在建筑史教学中处于附属地位，内容也相对比较琐碎、枯燥，《古代文明大百科》一书恰恰能够作为这部分内容的教学和参考阅读材料。

图 1　中文版《古代文明大百科》封面
（图片来源：amazon.cn）

2.2 断代精讲类：《人类的生活》历史丛书

与通史对应的便是断代史，此类历史绘本的内容往往重点鲜明，独立成册，以某一重要历史时代为核心，更加详尽地介绍该时代的历史、政治、宗教、科学、艺术等各个方面的特征，非常适合建筑史教学和参考。读小库出品的《人类的生活》历史丛书，虽号称"12岁以上儿童套绘本"，但共有10册之多，包括10个时代（史前、古埃及、巴比伦、古希腊、古罗马、高卢、维京、中世纪、大航海、路易十四时代），210个主题，20万字，1000幅手绘插图。其内容壮阔细腻，知识量异常丰富，绘画绚丽多彩，可谓纪录片式地还原了西方大历史。

图 2　中文版《人类的生活》历史丛书，宣传册页：
巴比伦时代（图片来源：amazon.cn）

2.3 发展脉络类

这类图书相对于上一类往往在文字上极为简明扼要，表达方式也更为自由，甚至主要以绘本、漫画的方式来描述历史的演进，最为典型的便是《时间线：精美绝伦的手绘世界史绘本》一书。此书用40张半米长的画卷，将世界史浓缩在这一本饱含知识与情怀的绘本中。内容从宇宙大爆炸讲起，到恐龙时代再到人类居民的出现，包括古埃及，古巴比伦，古希腊，罗马帝国，维京人，中世纪，十字军东征，14世纪小冰期的黑暗前奏，15～16世纪的地理大发现，明王朝的繁华和崛起，18世纪的欧洲与北美洲的对照，20世纪人类的飞跃，21世纪未来的急速发展……

图3 中文版《时间线》封面
（图片来源：amazon.cn）

此书的表现形式极为独特，以图案剪影将历史上著名的人物、建筑（在绝大部分画面中建筑占据较大篇幅）、事件串联成一条历史的长线，画风简洁却极具冲击力，文字内容极少，仅为必要的提示，从而给予读者较大的想象空间，吸引读者参与思考和猜想。

2.4 单体详解类

这类绘本往往会较大地拓展常规建筑史教学内容，比如会介绍到十分重要但在建筑史教材中的描述仅寥寥数笔的案例，或某一类型建筑的施工组织、建造过程、工程机械等较为实操的部分，这里简单介绍以下两本图书：《建筑的故事》和《The Story of Its Construction》。

2.4.1 《建筑的故事》

此书笔者最早买到的是英文版，最近在亚马逊中文网站上看到有繁体中文版出售。该书中收藏了16座跨越时代的建筑与建造者的精彩故事，搭配构图精细的全彩拉页，让我们看建筑不只是玻璃圆顶或水泥梁柱，更看见一座座充满情感的建筑："埃及法老以巨石搭建金字塔来对抗时间，让名声与荣耀永垂不朽；印度皇帝用万颗宝石镶起泰姬·玛哈陵，只为与心爱的妻子长相共眠；明成祖兴建气派的紫禁城，盼他的王朝歌舞升平，代代

延续；彼得大帝日夜不休地筹建新首都，则是想让俄罗斯变得和欧洲各国一样富强；巴黎主教聘请全国最顶尖的工匠，耗时百年，打造一座拥有尖顶、飞拱、玫瑰花窗的圣母院，向世人描述他梦中的天堂模样；悉尼歌剧院的工程团队不断失败、不断尝试，只求建造出完美的屋顶，将最初那感动人心的设计草图呈现在世界面前。"

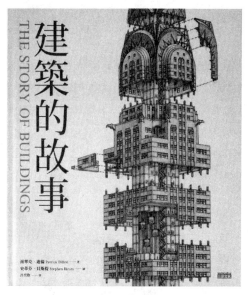

图4 繁体中文版《建筑的故事》封面
（图片来源：amazon.cn）

该书介绍的16座中外各国代表性建筑多以"爆炸图"（轴测分解图、局部解剖图?）的方式予以展示，使我们能够窥见通常建筑史教学中大都视而不见的细节（如构造节点、交通方式等），使建筑史的学习不仅止于见物；再辅以必要的文字描述，使读者在能够更加深入

图5 繁体中文版《建筑的故事》封底
（图片来源：amazon.cn）

地"见物"同时，还可以进一步"见事"、"见人"。虽然在中国传统建筑的描绘和介绍上有一些值得商榷的地方，但整体上不失为一部较为深入细致的建筑史教学案例参考资料。

2.4.2 《The Story of Its Construction》系列绘本

David Macaulay 的这个系列绘本很多，目前仅见到英文版发售，包括金字塔、地下建筑、城堡、穆斯林清真寺、磨坊、未建成建筑等等，内容大都以一类建筑的典型建筑单体为例，以故事的形式，串联建筑相关的历史、人物、建造等内容。笔者最初入手的便是其中关于哥特式教堂建筑的一本，其内容涉及 13 世纪法国某哥特教堂建筑的计划和规划，工程的组织，施工管理，构造做法以及相关人物、故事等等。

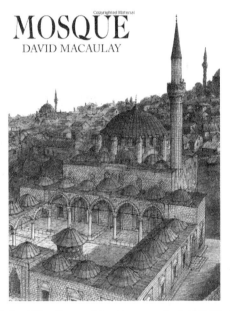

图6 《The Story of Its Construction》系列绘本之封面：清真寺建筑（图片来源：amazon.cn）

3 "读绘本学建筑史"教学计划设计

前面介绍了各种与建筑史教学相关的绘本类图书，我们对它们题材的多样性、表现形式的灵活性、内容的丰富性以及画面的生动性和趣味性有了一个基本的了解，但如何将这些绘本应用到建筑史的教学过程中呢？笔者结合多年的教学实践，简单谈一谈自己的一点心得体会。

3.1 教学对象及课程描述

本人自 2010 年担任北京工业大学建规学院城市规划专业本科"中外建筑史"课程的主讲教师，至今已累计了 7 年的教学经验，从刚开始准备课件的兴奋与紧张，到后来渐渐再次融贯教学内容，不断进行教学的实验和改良。教学对象为一个班，大致 30 名左右的学生，主要是北京籍同学，有时也有外国留学生 1～2 名，他们之前均上过规划系开设的"中外城建史"课程，兴趣爱好广泛，其中不乏绘画、动漫高手，对阅读、摄影、各类运动和影视鉴赏均有一定的兴趣和造诣。由于是一门 3 学分、48 学时的选修课，同学们对该课程的重视程度往往有些矛盾：感兴趣的同学较为积极主动学习并参与教学的研究和讨论，也有同学抱着选修课混过去的心态，但又由于学分和课时量较多，还希望能够取得较为理想的课程成绩。针对上述学生的特征，在教学中如何提高同学们的积极性和主动性，提升教学内容、形式及方法的趣味性就显得至关重要。

此外，教学内容的丰富性和授课时间的局限性之间也存在较大的矛盾。虽然本课程有 48 学时，但要将内容丰富、庞杂的中外建筑史全部讲完却极其不易。据笔者不完全统计，目前国内高校建筑学专业的外建史课程大都为 64 学时，中建史为 48 学时。如何在有限的时间内介绍如此丰富的知识内容，是一个难题。

如何有效解决上述问题，协调上述矛盾，有效激发学生的学习兴趣？笔者结合相关绘本读物的推介和导读，逐渐摸索出一套行之有效的方法，将各类绘本的应用分为"复习"和"预习"两类，现以外国建筑史部分为例，进行介绍。

3.2 复习类

"复习"是指在课程讲授完后，制定一组同学阅读制定的参考绘本，就课堂讲授的相关内容进行复习、整理，并在下节上课之初用 10～15 分钟，以 ppt 的形式向其他同学进行讲解和汇报。例如：课上讲解了外国建筑史发展概况，课后可布置同学阅读有关西方历史发展

图7 中文版《时间线》内页：罗马帝国
（图片来源：amazon.cn）

脉络的绘本；课上讲解某一时代或某一风格特征的建筑，课后布置同学阅读相关断代史绘本读物。通过对各章内容的讲解、复习、介绍，巩固和强化了学习的知识，同时加强学生学习的积极性、主动性、趣味性和参与性，还可以从历史发展的层面比较、检视建筑史的发展，促使学生深入思考二者之间的关系和区别，逐步培养他们的历史意识。

另外一种较为有趣的借助绘本阅读的复习方式为"看图识建筑"。前文介绍过《时间线：精美绝伦的手绘世界史绘本》一书，由于其文字量极少且绘图大都采用剪影的方式，便完全可以进行这样的游戏：读绘本——选出你认识的历史建筑。

3.3 预习类

"预习"是指在课程讲授之前，制定一组同学阅读指定绘本的相关章节，就下节课讲授的相关内容进行提前的学习、整理，并与下节上课之初向全班同学进行汇报。预习的内容不做硬性规定，可以是对历史背景、人文艺术方面的介绍，也可以是针对某一建筑的详细说明，可以单独讲解某一重要的历史人物或历史事件，也可科学理性地分析相关时代的政治、经济和生产力发展状况。通过预习，可以使同学们提前了解即将学到的内容，再辅以课堂上教师的讲授，比较之前自学的内容，可以更加扎实地掌握相关的建筑史知识，同时不断思考建筑史和大历史、建筑史和经典建筑之间的关联。

4 小结：通过阅读绘本学习建筑史的可行性

4.1 有效提高教学趣味性

通过绘本学习建筑史相对于传统的建筑史教学模式可以理解成一个从"图"到"图解"的转变：从读图（传统三视图、轴测、透视）到图解（鸟瞰图、爆炸图、构造详图、过程图、历史、故事、人物……）。一个"解"字，却意味着更加形象生动、更加直观深入和更加简洁明了，极大地提高了教学的效率和趣味性，学生从原来被动地听讲，不断被灌输知识，到现在积极主动地参与到学习甚至教学环节之中，通过反复的自学、互学，逐步培养出较强的自主学习能力、独立思考能力和团队协作能力。

此外，相对于传统的建筑史教学模式，通过绘本学习建筑史从对建筑及其历史进行单纯的介绍、说明逐步转向"叙事"，建筑史不再是一条条需要死记硬背的风格特征、名词解释，而变成了有血有肉、有故事有情感、和我们当下生活息息相关的活的知识。学生在学习

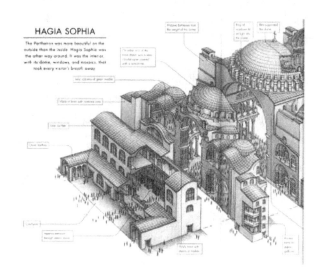

图6 《建筑的故事》内页，圣索菲亚教堂"爆炸图"（图片来源：amazon. cn）《The Story of Its Construction》系列绘本之封面：清真寺建筑（图片来源：amazon. cn）

的过程中会有很强的带入感，像阅读绘本、小说一般，仿佛自己是古代的帝王、官员甚或建筑匠师，身临其境般地参与史上最伟大的建筑工程。笔者曾经在某建筑史前辈的引导下，在课程中布置了类似的作业，获得了较好的成果和反馈。

4.2 形成积极互动和反馈

读绘本学建筑史并不是要完全抛弃传统的教学模式，而是在此基础上较大幅度地增加师生之间的互动和反馈。从表1的"教学安排"一栏可以看到，几乎每次课程之初都有同学汇报复习和预习的内容，当然，这会给教学的组织、管理带来一定的压力，但也同时在每节课上创造了一个难能可贵的互动环节。学生们通过预习和复习，学习和巩固了所学内容，在介绍和讲解的过程中，检验了所学并得到其他同学和教师的在专业上的反馈。从某种程度上来讲，读绘本学建筑史的教学模式可以看作是一种较为简单的"翻转课堂"，从单纯的知识灌输模式变为有针对性地交流，从而有效提升教学效力。

4.3 拓展既有建筑史教学内容

读绘本学建筑史的教学模式还能在某种程度上拓展师生视野，发现相关领域新的问题。笔者在阅读上述建筑史相关绘本时便时常体会到我们学习、讲授的建筑史的局限性：为了便于学习，教材的编纂者很容易将建筑的产生、发展和变化总结出一条看似清晰、有迹可循的脉络，历史规律都是历史学家总结的，但真实的历史必

然更复杂，也更加生动。笔者在教学过程中，经常有学生阅读指定读物之外的相关绘本，一定程度上拓展了建筑史课堂学习的深度（单一建筑的历史、发展、背后故事、构造……《建筑的故事》）和广度（磨坊、穆斯林清真寺建筑、地下构筑物、未完成建筑……David Macaulay《The Story of Its Construction》系列绘本）。笔者作为教师，每次在课堂上听学生介绍、讲解在课后通过教学微信群讨论、答疑都获益匪浅，在每学期教学结束后进行认真的总结，将新的内容和方法引入到下一年的教学之中，如此反复，实现教学内容的不断拓展、教学方法的不断革新和教学成果的逐年提高。

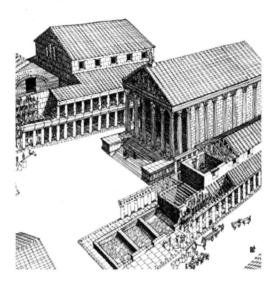

图 9 《The Story of Its Construction》系列绘本
之封面：城市（图片来源：amazon. cn）

4.4 有待解决的相关问题

这里需要指出的是，读绘本学建筑史并非唯一有趣有效的建筑史教学方式，它只是针对特殊教学对象（北工大规划专业本科三年级学生）、结合笔者的兴趣爱好

和教学经验逐步摸索出的一套较为行之有效的教学方法，还有很多问题有待进一步解决和完善，例如：需要通过检索，尤其是外文文献的检索，进一步补充绘本、漫画类参考书目；关于现代主义和后现代主义建筑产生、发展的图文绘本类读物较少，且缺乏连续性和系统性，有待补充和编绘；进一步补充和完善中国建筑史相关的绘本类参考读物，并结合教学计划进行适当的安排和使用……希望在今后的教学科研中，各位同行和同学们能够进一步搜集、补充或编绘出更加精彩的建筑史绘本读物，不断提升建筑史教学的趣味性和参与性，使这门古老又常变常新的学问不断适应新的时代和环境，让越来越多的人们喜欢建筑史，爱上建筑史。

参考文献

［1］ 多米尼克·拉思伯恩著. 王晋，侯佳译. 古代文明大百科. 北京：电子工业出版社，2016.

［2］ 皮埃尔·米凯勒，路易-勒内·努吉耶等著. 皮埃尔·茹贝尔，让-玛丽·路费欧等绘. 改写者：伊夫·高阿. 赵鸣、冯悦、庄刚琴译. 人类的生活. 北京：新星出版社，2016.

［3］ 彼得·胡斯（作者），魏蔻蔻译. 时间线：精美绝伦的手绘世界史绘本. 北京：中信出版集团股份有限公司，2016.

［4］ 派翠克. 迪伦 Patrick. 建筑的故事. 深圳：三采文化，2016.

［5］ David Macaulay. Cathedral：The Story of Its Construction. Graphia. 1981.

孙靓

湖北工业大学土木建筑与环境学院；sunjing_jj@163.com

Sun Jing

College of Civil Engineer，Architecture and Environment，Hubei University of Technology

体验与思考先行——建筑制图教学思考
Experience and Reflection in Teaching of Architecture Drawing

摘　要：建筑制图是建筑初步课中重要的基础环节。本文针对传统教学中的一些问题和不足，提出了体验与思考先行的主张，在教学过程中改变过去偏重抽象理论的教法，而由具象的空间体验入手，由三维空间至二维图纸，强调理解、思考与反馈的过程，同时注意激发学生学习主动性，此外还提出了加强课堂交流与合作的一些具体做法。

关键词：体验；反馈；建筑制图；建筑初步课

Abstract：Architecture drawing is one of the most important teaching points in the basic studio of Architecture. In view of the shortcomings of traditional teaching method，a new teaching method is put forward. At the beginning of the lecture，the students are proposed to understand the relationship between three-dimensional space and two-dimensional drawings. At the same time，the teachers focus on the students'reflection to follow up their understanding and queries. Some examples are given to illustrate that the teaching mode can release the students'initiative and improve the interaction among students.

Keywords：Experience；Reflection；Architecture drawing；Basic studio of Architecture

建筑初步课是建筑设计的专业基础课程。这门课不仅要训练学生的设计基本功，还要向学生传授基本的建筑知识和理论，引导他们了解、熟悉建筑设计的基本流程和方法，乃至树立初步的设计价值观，可谓是一门"打基础、引入门"的重要课程。长期以来，建筑初步课教学内容庞杂、教学任务重，这门课一直都是教学改革的重要阵地，现在也依然存在着很大的教学研究空间。在此，限于篇幅，本文仅选取课程中的建筑识图制图环节进行探讨。

1　教学中的问题

建筑识图制图是初步课中的基础环节，虽然国内各校初步课的具体教学内容和安排有很大差异，但这部分的内容基本不会错过。在我校的初步课教学中，该环节也占有很重要的比例。传统教学中采用教师集中讲授识图原理和制图规则，学生再照着范图理解，最后完成抄绘练习的模式，有时也会安排测绘环节，但教师总感觉课时量不够用，因为面对这些对建筑图纸一无所知的一年级学生，需要讲授的内容实在繁杂，且细节多、规则多。学生也普遍反映知识点多，接收起来应接不暇，特别是平面、剖面和楼梯的画法，每年都有不少学生反映难以理解，只好照着教师提供的范图照猫画虎一番，到了自己做设计的时候，还是不知道怎么表达。另外，学生也普遍反映这个环节的练习辛苦且缺乏趣味性，做起来兴致不高。

2　反思

针对这种情况，我们进行了深入反思：

2.1　反思之一：工欲善是否必先利其器

长期以来，建筑初步课被认为是专业基础的训练课，其主要教学目的就是训练基本功，甚至被简单地理解为"训练画图"。如果学生不经过严格的制图训练，不能掌握绘图技巧，不懂得图纸语言的表达，设计就无从谈起，教师也常把"工欲善必先利其器"这句话挂在嘴边，告诫学生基本功训练的重要性。诚然，绘图技巧的掌握和熟练运用对设计师来说无疑是基本要求，但对于刚刚开始接触设计专业的学生来说，他们并不了解课程体系，也不太理解专业学习特点，片面地强调训练的系统性和前后顺序，往往会使学生在缺乏整体理解的状况下陷入机械记忆规则、盲目训练技巧的泥潭，加上中学阶段对动手能力、美学素养等方面的忽视，学生对这个环节的学习普遍有"枯燥、工作量大、易犯错、难理解"等感受。接下来教学在后续环节中又转向其他类型的训练，学生对于制图规则的记忆也很容易淡忘，到了真正做设计需要用图纸表达的时候，又会有不少学生反映"忘记怎么画了"。因此在最近两年的教学安排里，我们不再遵循"先学画图，再做设计"的常规顺序，而尝试将部分小的带有设计性质的练习与制图、制作模型的基础训练相结合，增加课题趣味性，学生为了清楚表达他们的设计想法，势必意识到制图训练的重要性，再画起图来也就更有动力。

2.2 反思之二：课堂以谁为主体

多年来，建筑设计教学多沿袭"师徒制"，教师通过言传身教将自身拥有的知识、经验、技巧以及价值观传递给学生，学生通过聆听、模仿、思考来内化，学习效果因个人学习方法、吸收能力不同而有较大差异。这样的课堂，教师需要做大量的讲授、示范以及课堂一对一辅导，每个学生得到的个别时间并不多，多数"悟性"平常的学生还是处于被动接受和模仿的状态，学习主动性没有得到充分调动。经过多年教学摸索和国际交流之后，我们尝试增加讨论课并"反转"课堂，比如在课前要求学生观察、体验、测量某个学生熟知的校园空间，课堂上教师给出讨论课题，组织不同规模的小组或是全班讨论，要求每个学生均参与其中。教师适时提问启发学生思考，适度评论并帮助学生总结，提供课外阅读材料拓展学习深度和广度。这样的课堂组织模式中，教师主要起引导作用，学生成为课堂主体，大多数学生在"观察—体验—讨论"的学习过程中，完成思考—理解—内化，学习主动性得到加强。

2.3 反思之三：过程与结果

建筑初步课中有大量基本功训练的内容，特别是建筑制图的环节。课时有限加上较高的师生比，教师不可

能深入了解每个学生的学习过程，只能对阶段成果或是最终的图纸进行点评和评定成绩，而图面质量是最为直观的。这常常会给学生造成"图面效果最为重要"的误解，学生花费大量时间和精力追求抄绘的图面效果，而是否理解所抄绘的建筑空间、是否掌握了制图语言和规则却不得而知。对"结果"的片面追求有可能导致忽视或误解"过程"中的重要内容。在最近的教学中，我们开始强调过程的重要性，强调课堂教学中学生的参与度以及学生对建筑空间和制图规则的理解。

3　教学中的改变

经过以上反思，我们在课程设置和组织上做出如下改变：

3.1　空间体验先行

相对于抽象、枯燥的制图规则，生活中的建筑空间对初学者来说更具体、可触摸、易理解。因此，我们在制图课的前期大大加入认知体验的环节，要求学生在课堂上观察、感受、测量教室空间，在没有讲解制图规则之前，先要求学生按照自己的理解和表达方式手绘教室草图，教师点评过程中，适当讲解平面生成的原理以及部分图例的表达方式及其原委，帮助学生在具体空间和抽象图纸表达之间建立初步联系，同时也提醒他们注意生活中的尺寸，慢慢建立尺度概念（图1）。

图 1　体验先行：观察与测量教室空间

课下则要求他们体验、测量、评价宿舍或教学楼空间，并利用他们在课堂上学到的少量制图原则绘制平面、剖面草图，这阶段的学习重点是理解具象的建筑空间并与抽象的图纸表达建立关联，主要通过实地测量、

小组讨论、教师点评等方式，强调理解、思考的过程而不是草图绘制的准确度与专业性。该教学环节的意义不仅限于制图前导课程，更重要的是将制图训练与空间认知、空间评价紧密相连，有助于学生逐步建立尺度感以及合理的设计观。

3.2 三维模型——二维图纸

通过测量，学生掌握了建筑空间的基本尺寸数据，接下来要求学生以小组为单位，制作该空间的手工模型，大多数学生在中学阶段缺乏手工制作训练，因此我们采用小组合作方式，一方面降低练习难度，另一方面也让学生逐步习惯和融入团队合作学习。手工模型的制作，其主要目的是让学生将真实的建筑空间进行一定的抽象和总结，转化为模型空间，同时通过手工制作的方式，让学生更充分地熟悉和了解这一建筑空间，尝试用全新的、专业的眼光来思考建筑空间（图2）。

图2　理解与表达：模型讨论课

接下来，我们要求学生以组为单位，尝试使用SketchUp软件制作该建筑空间的计算机模型，通过这一学习环节，学生在反复修改和揣摩中不断明确建筑空间各部件如墙体、立柱、门窗、底板、顶板之间的组织关系，落实较为精确的尺寸。对建筑空间的认识逐步由具体而感性转向抽象而理性。有了这个认知基础，教师再结合SU模型讲解建筑空间的剖切原理以及具体的制图规则，原来难以理解的问题变得简单易懂。实践证明，这样循序渐进，由三维而二维的学习顺序合理可行。

3.3 交流与反馈

传统的建筑制图课堂，信息与知识的传递多半是由教师至学生的单向传递，学生更习惯于被动地接收知识。教师与学生间的交流几乎限于有限的课堂时间，很多新入校的学生也还不适应主动与教师交流，教师只能凭借部分学生的课堂提问以及自身经验判断学生遇到的困难并对难点进行答疑和辅导。辅导课上一对一或一对多的方式效率不高，可能同样的问题，教师需要对不同的学生重复多次，而有些学生的困难和疑惑在不经意间可能就被一掠而过了。学生之间也往往是竞争的关系，缺乏合作学习的意识和氛围。经过反思与国际交流，我们现在倡导的是合作学习的方式，希望通过多种手段促进师生之间以及学生之间的有效交流。

一是每周要求学生提交一份学习反馈，针对本周所学内容自己有些什么样的思考，又存在哪些问题。篇幅不需太长，但要求真实感受且言之有物。一方面这样的反馈有利于教师了解全班学生的学习动态，可以有针对性地答疑解惑；另一方面学生通过写反馈，也得到一个自我思考和总结的机会，前期接收的知识得到进一步内化。到学期末，教师一次性将所有反馈返还学生，学生再次阅读自己曾经写下的点点滴滴，回顾一学期的所思所想，无疑又是一个自我提高的好机会（图3）。

图3　思考与反馈：课后的学生反馈

二是大大增加课堂讨论的课时，讨论方式也多样化，既有二至三人的小范围讨论，也有不同规模的小组乃至全班讨论，课堂发言的时间更多地给了学生，而教师需要适时提出问题，引导和调整讨论的走向与节奏，帮助学生归纳总结，引发进一步的思考，这对教师的课堂掌控能力就提出了更高要求。这样的讨论也能帮助和推动学生对学习内容的理解。比如在阶段草图的评图环节，我们采取学生互评的方式，利用便利贴互相挑错或是找优点。绝大多数学生都积极参与其中，相互之间的点评和讨论意见也很容易被接受，教师一对多的单向线型联系变为师生之间多对多的网状联系，课堂变得十分活跃，学习效率也大大提高（图4）。

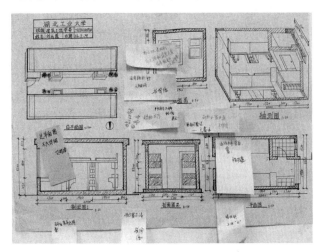

图4　交流与合作：学生互评图纸

4　结语

传统的建筑制图课内容庞杂，知识的单向传递效率不高。需要打破一些固有的思维桎梏，对教学组织方式和顺序进行一些调整，制图课与空间认知乃至空间设计之间需建立更紧密的关联。此外，课堂内外的交流与合作也需要进一步加强与整合。建筑初步课的教学改革任重而道远。

参考文献

［1］ Sun Jing, Liu Juanjuan, Iain Robertson. A Case Study of Changing Paradigms in Chinese and American Design Studio Pedagogy. CELA 2016, U. S. A.

［2］ 刘娟娟，孙靓. 走向体验—参与式教学模式："风景园林设计初步"改革尝试. 中国园林，2015（5）：33-37.

［3］ 王依涵，王秀萍. 建筑空间设计与行为的互动—环艺专业建筑初步课程空间设计训练环节教学改革研究. 装饰，2011（10）：114-115.

［4］ 张伶伶，赵伟峰，李光皓. 关注过程 学会思考. 新建筑，2007（06）：25-27.

冯姗姗　陈坦　王倩　张潇

中国矿业大学建筑系；fengshanshan@cumt. edu. cn

Feng Shanshan　Chen Tan　Wang Qian　Zhang Xiao

Department of Architecture，China University of Mining and Technology，Xuzhou，Jiangsu

空间构型·体验·转译
——基于低年级专业课程整体优化的"建筑设计制图"教学实践

Spatial Configuration · Experience · Translation—— Teaching Practice of "Architectural Design Graphics" Based on the Overall Optimization of Low-grade Professional Courses

摘　要：本文分析了传统建筑图学的教学困境，以及各高校图学教育向兼顾创新设计能力培养方式转变的必然性。本教学团队立足建筑学一年级专业基础课程体系的整体优化和互补设计，提出了依托空间构型、建筑测绘、手绘透视草图等课程环节，培养学生图学思维及创新能力的"建筑设计制图"教学新体系，实践证明，该教学模式对培养学生的创新思维和设计能力是有效的。

关键词：建筑图学；课程体系优化；创新能力

Abstract：This paper analyzes the teaching difficulties of traditional architectural graphics，and points out the inevitability of the transformation of graphic education in universities from the traditional mode to the cultivation of innovative design ability. In the light of the overall optimization and complementary design of the first-year professional basic course system of architecture，we put forward the new "architectural design drawing" teaching system based on spatial configuration，architectural surveying，hand-painted perspective sketch and so on，cultivating students'graphic thinking and innovation ability. It has been proved that the teaching model to cultivate students'innovative thinking and design ability is effective.

Keywords：Architectural graphics；Course system optimization；Creativity

1 引言

图是建筑的语言，是传达设计思想的工具。"建筑设计制图"作为建筑学低年级入门的专业基础课程，侧重投影规律与形体结构想象、图样表达方式及其作图方法，重点突出二维图样载体与三维实体空间之间的图、物的相互信息转换以及以标准规范为主的制图表达。

进入20世纪90年代，随着CAD、BIM等计算机技术的深入发展，将计算机绘图融入建筑制图课程当中，

引入三维设计的手段来改革课程体系和教学内容已成为趋势[1]，但计算机改变的仅仅是绘图工具和表达方式，更重要的应是培养学生的图学思维和设计表达能力，提高学生创新设计问题的解决能力。目前已有不少高校教学团队提出了在图学教育中提升学生的创新能力和思维的新教学体系[2-4]。

而这种空间创新能力对于建筑学专业尤为重要，贯穿在低年级的整个课程链中，"建筑设计制图"与其他基础课程在讲授顺序、内容互补、分工模块等方面密切相关，

因此，有必要从低年级课程体系整体考虑，确定如何通过"建筑设计制图"课程进一步促进学生的创新设计能力和图学思维，将制图知识更好的运用到其他专业课程。

2 教学困境

传统的图学教育是在点、线、面、体递进的教学知识体系中，通过例题示范的方式教会学生正确理解投影的基本原理，根据教师的研讨和学生反馈发现，暴露出以下问题：

（1）传统的建筑图学授课偏重纯几何理论，与其他建筑学专业基础课程联系不紧密。虽然穿插了实物模型、多媒体课件、三维软件模型等教学方法，但教学内容仍显枯燥。根据学生反馈信息，近1/3同学感觉课程与设计理论毫无联系，缺乏学习兴趣，甚至疑惑学习投影原理等知识的用处何在。

（2）传统的建筑图学对培养学生空间思维及创新能力重视不足。教学过程中仍存在"重知识，轻能力"的现象，过分强调知识的学习，忽视了开放性思维与技能的培养，导致学生创造性思维训练的相对不足。教师发现，很多同学虽然绘图非常细致，制图课程分数很高，但是设计课程中空间塑造能力却相对不足。

（3）受到计算机软件快速发展影响，学生对于学习透视投影等复杂原理感到困惑，认为计算机可以替代手绘透视，传统课程忽视了透视草图绘制能力训练，学生对于电脑的依赖导致其创造力与想象力缺乏，在方案构思阶段形成懒于动手画草图的习惯。

3 基于一年级专业课程整体优化的教学改革思路

"建筑设计制图"的教学改革应综合考虑低年级课程链的整体优化，避免封闭式改革，不仅需要培养学生的"图学思维"，更要为专业所用，与专业结合，从传统授课-做题模式转向以"空间感知与设计能力"为主线的、训练学生三维空间造型和创造能力的教学模式。

本次教改通过系统考虑建筑学一年级专业课程体系，加强"建筑设计制图"与"建筑设计基础"、"建筑模型"等课程之间的联系，提出了以空间构型设计、建筑室内外测绘及体验为主的实践环节，通过学生对空间的感知、度量和设计加强对于投影原理知识的理解，提升制图训练效果，增加学生对建筑空间的创造力和感知力。

3.1 教学目标的扩展

教学目标定位于基于空间认知的建筑制图训练上，除了基本投影原理的掌握，还要重点塑造学生初步的建筑设计观、美感感知力以及对形式的正确技法表达，培养学生的空间思维能力、将思维转化为图形的能力、将图形转化为模型的能力、将模型转化为绘制图形的能力[5]。

3.2 教学体系的重置

该课程体系适当削弱了传统投影原理及制图技能的授课课时，加强了空间造型设计与表达、空间感知与测绘、徒手透视草图方面的教学内容，与"建筑设计基础"课程进程环环相扣，与"建筑模型"课程统筹考虑，内容重组，模块分工，明确各自定位与任务，形成新的建筑学一年级基础课程教学体系，这一体系将有效培养学生的空间创新思维能力（图1）。涉及"建筑设计制图"课程的变革具体如下：

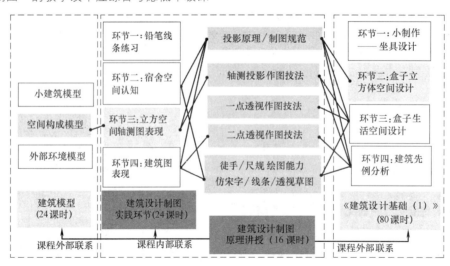

图 1　基于建筑学一年级专业课程体系优化的"建筑设计制图"教学框架

(1) 精简了投影原理的一些内容，保留其核心部分，将原理讲授压缩至 16 课时；

(2) 将提升"空间创新能力"贯穿于课程教学的各个阶段，安排铅笔线条练习、宿舍空间认知、立方空间轴测图表现、建筑图表现等 4 个实践环节，共 24 课时；

(3) 加强课程之间横向联系，如"建筑设计制图"中"立方空间轴测图表现"紧密结合《建筑设计基础(1)》中"盒子立方体空间设计"，同时考查学生空间构型能力和制图表现能力，又如"宿舍空间认知"为"盒子生活空间设计"环节的开展提供铺垫，提升学生的人体尺度感知能力；

(4) 增加课下徒手及尺规绘制草图的训练内容。

3.3 教学方法的调整

基于"学习结果与学习过程并重"的基本理念，在反复练习投影相关习题的前提下，通过以上发挥主观能动性和创造性的环节，增加师生互动讨论的机会，通过综合考核学生空间构型能力、图学思维能力、画图基本功、上课出勤情况等，给予平时成绩，打破做题对、画图细就能得高分的现状，提高学生学习积极性以及知识的应用性，便于与后续课程良好衔接。

4 教学实践

4.1 空间体验：生活经验提升尺度感知能力——宿舍空间认知环节

从尺度感知角度进行建筑设计基础教学有助于从一开始就对学生的尺度和空间意识进行引导和规范，避免从二维图纸到三维空间生硬过渡带来的设计断代。本环节要求同一宿舍学生为一组(4人)，对该宿舍进行测绘，绘制草图，记录关键数据，随后每人通过徒手方式绘制宿舍及其内部家具的平面、立面和剖面，并标注尺寸。力图改变学生画图从图纸到图纸的现象，实现从实物到图纸的过程，同时锻炼了学生的团队合作精神(图2)。

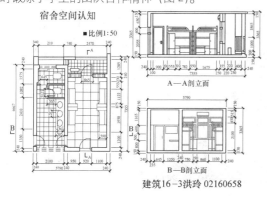

图 2 宿舍空间认知作业

4.2 空间构型：模型制作加强空间-图示转换能力——立方空间轴测图表现环节

结合"建筑设计基础(1)"中的"盒子立方体空间设计"环节，增加学生空间构型及图面表达环节，同时通过模型制作深入了解空间形态及投影规律，要求学生在给定的盒子空间(150×150×125 或 140×280×90，单位：mm)选择一种，利用点、线、面等元素对盒子空间进行空间划分和构型，训练学生空间想象力和创造性思维，要求符合形式美的基本法则，诸如对立与统一、比例与尺寸、对比与协调、对称与均衡、节奏与韵律等。最终成果要求为：在 A2 幅面的绘图纸上，按照各自所独立完成的立方体空间设计绘制完成相关图纸，包括立方体平、立、剖面图数个、分解轴测图 1 个。

该环节中学生边制作、边感受，加深学生对空间概念的理解，认识空间的整体与局部、局部与局部之间的多种关系，并将其通过图示语言表达出来，通过模型拆解尤其可以促进学生对于剖面和轴测图绘制方法的掌握，正确绘制剖线和看线，加深对投影基本原理的理解(图3、图4)。

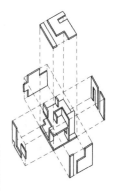

图 3 立方空间轴测图表现作业

图 4 部分立方体空间模型展示

4.3 空间转译：建筑实体测绘强化制图规范记忆——建筑图表现环节

该环节基于"观察促记忆"的原则，从简单、独立的建筑体量测绘入手了解建筑的基本组成部分以及建筑投影的原理和规律，加强学生对建筑剖切、室内外高差、建筑细部的感性认识。要求4人一组，对学校北门传达室进行实地测绘，随后每人绘制其基本建筑图纸，选择合适角度、视高及视距求解建筑的二点透视图（图5）。具体要求为：在A2幅面的绘图纸上，根据实地测绘的数据绘制完成相关图纸，包括平面（1个）、立面（2个）、剖面（1个），两点透视图（1个），平、立、剖面图纸的比例统一，透视图大小自定（要求保留透视绘制草图作为平时成绩考核依据）。

4.4 空间感知：临摹写生增强透视及阴影知识理解——手绘训练环节

在保留仿宋字及线条练习基础上，增加徒手及尺规绘制建筑草图练习，可以临摹或写生，尤其强调通过透视草图绘制，从求解方法及角度等方面，深入了解透视投影及阴影投射规律及其常见表达技法，以提升学生通过手绘快速表达自己设计思想和图形的能力，避免学生大量依赖计算机带来的负面结果，促进学生空间想象力和创新能力的发展（图6）。

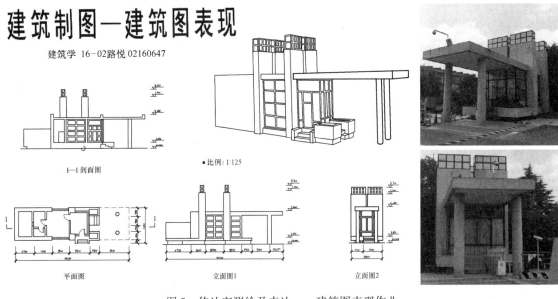

图5　传达室测绘及表达——建筑图表现作业

图6　学生手绘草图训练部分成果

5 结语

该试行的"建筑设计制图"教学体系，统筹考虑到建筑学低年级课程体系的整体优化和互补，打破了长期以来传统建筑工程制图课程以二维绘图练习为主的课程体系，在课程的内容框架上结合"建筑设计基础"等课程的教学改革成果，以"空间构型·体验·转译"为核心，引入培养学生创新思维能力为目标的实践环节，采用基于任务驱动的教学方法和综合考核创新能力教学评价体系，与其他基础课程一起更好的培养学生的空间创新和空间设计能力。未来应进一步结合计算机及互联网技术，完善教学资源，如网络课程、教学模型库等的建设，为师生互动提供丰富的素材和手段，有效提高教学效率和教学质量。

参考文献

［1］ 熊志勇，罗志成，陈锦昌等. 基于创新性构型设计的工程图学教学体系研究［J］. 图学学报，2012，33（2）：108-112.

［2］ 宋睿. 由观察—体验—构建出发的建筑类图学教学研究［J］. 华中建筑，2015（7）：178-180.

［3］ 尧燕. 依托三维工程图学培养学生设计创新能力的探索［J］. 图学学报，2017，38（1）：119-122.

［4］ 王枫红，陈炽坤，陈锦昌. 工程图学课程中创造性构形设计教学的研究与实践［J］. 图学学报，2012，33（4）：140-146.

［5］ 童秉枢，田凌，冯涓. 10年来我国工程图学教学改革中的问题、认识与成果［J］. 图学学报，2008，29（4）：1-5.

马腾

河南科技大学建筑学院；363916844@qq.com

Ma Teng

School of Architecture，Henan University of Science and Technology

"场地设计"课程教学浅谈
Discussionon Teaching of Site Design Course

摘　要："场地设计"是一门综合性课程，牵扯到的学科较多。教学以专业理论为主，课程运用则以实践工程为主。那么，如何使学生更好地吸收、理解并掌握教学内容，将理论知识运用到实践中呢？这是本文的意义所在。作者从课程由来、教学内容、教学方法、教学创新四个方面分别进行探讨，希望能抛砖引玉，引出大家对新型教学课程教学的启发思考。

关键词：场地设计；建筑教育；课程教学

Abstract："Site design" is a comprehensive course，involving a large number of subjects. Teaching is mainly based on specialized theory，while the application of curriculum is mainly based on practice engineering. However，how to make students better absorb，understand and master the content of teaching，and apply theoretical knowledge to practice? This is the meaning of this article. The author probes into the four aspects of the course origin，teaching content，teaching methods and teaching innovation，hoping to attract people's attention and draw inspiration from the new teaching course.

Keywords：Site design；Architecture education；Curriculum teaching

1 课程由来

"场地设计"是一门综合性课程，涉及众多学科，专业性强。它的初衷，是将工程实践中一些成型的，或约定俗成的做法与经验，上升到理论层次进行系统论述，从而有助于设计工作的专业化与精细化[1]。因此，场地设计对于学生在本科阶段的专业教育学习中，具有积极的现实指导意义与实践价值。

1.1 教学大纲体系要求

本科生的课程设置是环环相扣的，呈系统性。我院在建筑学专业本科生培养方案的课程建设中，提出了"一轴两翼三环节"的思路，即设计主干课与人文课、技术课并行，贯穿在基础教育、专业教育、综合教育三个环节中。因此，"场地设计"作为理论技术课程，它的出现对建筑设计课程具有辅助指导意义，并对学生场地意识的能力培养起到重要作用。

1.2 "学、产、研"一体化要求

"学、产、研"一体化的教学模式，是指将教学、科研及生产实践三者相结合，理论联系实际，设计过程由师生互动变成有学校、单位、个人等多方参与的动态发展过程[2]。常常在本科生毕业设计教学环节出现。而场地设计这一课题的内容，本身就是由实践经验到理论系统，再到实践指导的过程。另外，我校2017版教学培养方案体系中，重点提到对本科生创新创业实践能力的要求。因此，"场地设计"课程的出现，也是"学、产、研"一体化教学模式的要求。

2 教学内容

场地设计，是针对基地内建设项目的总平面设计，是将场地的各个要素根据相关的依据条件，进行人为组

织、安排，从而使要素形成一个有机整体，以发挥效用[1]。它的意义在于将土地加入人的需求，变成有意义的土地（图1）。

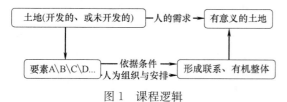

图1　课程逻辑

因此，根据概念与意义，将教学内容分成五个版块：课程介绍、要素讲解、依据条件、人为组织与安排、综合案例（表1）。并建立教学内容知识点框架图，清晰易懂，便于学生对知识点的消化与吸收（图2）。

2.1　版块一：课程介绍（What）

教学内容包括两个部分：这门课程是讲什么的，以及它的历史发展是什么样的。具体展开，即场地与场地设计的概念、东西方在场地设计思想上的异同点。教学目的是为了给学生建立起场地的概念与意识，明白自己学的是什么。

2.2　版块二：要素讲解（Who）

这部分内容是讲解场地设计的对象，即我们要对场地的哪些要素进行关注与设计。场地要素包括五个部分：建筑物与构筑物、交通设施、室外活动设施、绿化与景观、工程系统。教学目的是为了聚焦学生的关注点，注意到我们是要对场地的哪些要素进行人为组织与安排。

2.3　版块三：依据条件（Why）

依据条件，通俗地讲，就是为啥要这样做？场地的五个要素，为什么要这样进行组织与安排？这是版块三的主要教学目的。其中，场地设计的依据条件有三个。首先是前提条件，即城市层面的规范法规。这部分的知识点与"建筑法规"课程有部分重合，可在课程安排上予以适当增减。其次是直接依据，即项目层面的任务要求。最后是客观基础，即基地本身的自然与建设条件。

2.4　版块四：人为组织与安排（How）

这部分教学内容主要是探讨如何做。场地的五个要素，是如何进行人为组织与安排？具体展开，分为两个场地设计阶段：场地布局阶段、场地详细设计阶段。这部分对于学生日后的设计实践，起到十分重要的指导作用。因此在教学安排上，可以适当加强。

2.5　版块五：综合案例（Case）

学以致用，是这部分的教学目的。一方面，列举实际场地设计案例，使学生会看门道，掌握分析能力。另一方面，布置相关作图题作为课下练习，加强巩固。最后，可以根据本学期的课程设计的场地，进行实践操作。在教学安排中，教师可根据学生掌握的程度，灵活展开三个层面的布置练习。

课程教学内容　　　　　　　　　　　表1

教学版块	教学主题	教学重点	能力培养
版块一	课程介绍	建立概念	认知能力
版块二	要素讲解	聚焦目标	认知能力
版块三	依据条件	掌握规范	分析能力
版块四	组织安排	步骤思路	分析能力
版块五	综合案例	学以致用	运用能力

3　教学方法

3.1　深入浅出、举例说明，增强代入感

"场地设计"课程的专业性较强，而本科生常会缺乏工程实践经验。因此，在理论教学中，学生代入感会比较弱，理解性就会比较差。例如场地的竖向与管线布置，抽象干枯的理论讲解可能不便于学生的理解。一方面，教学中可以采用简化示意图或者模型展示，对知识点深入浅出的进行讲解说明。另一方面，列举相关实际案例，学生通过在案例中分析、解决具体问题，来进一步帮助学生理解掌握相关知识要点。

3.2　与本学期课程设计相结合，增加兴趣

教学版块五是重点培养学生的实践运用能力。要求学生在面对一个实践性、真实或接近真实的项目题目时，能够独立分析运用已掌握的技能与知识，完成学习任务。相对于传统的教学而言，这种教学方式以问题任务为导向，能够有效地激发学生的学习兴趣，但对学生的能力要求较高。因此，综合练习可结合着本学期的课程设计，以小组为单位，减轻工作量。

4　教学创新

4.1　结合高校所在地域特色，在教学内容上进行创新

我校位于河南省洛阳市。洛阳作为历史文化名城、水域花城，在历史人文与自然环境方面有着得天独厚的

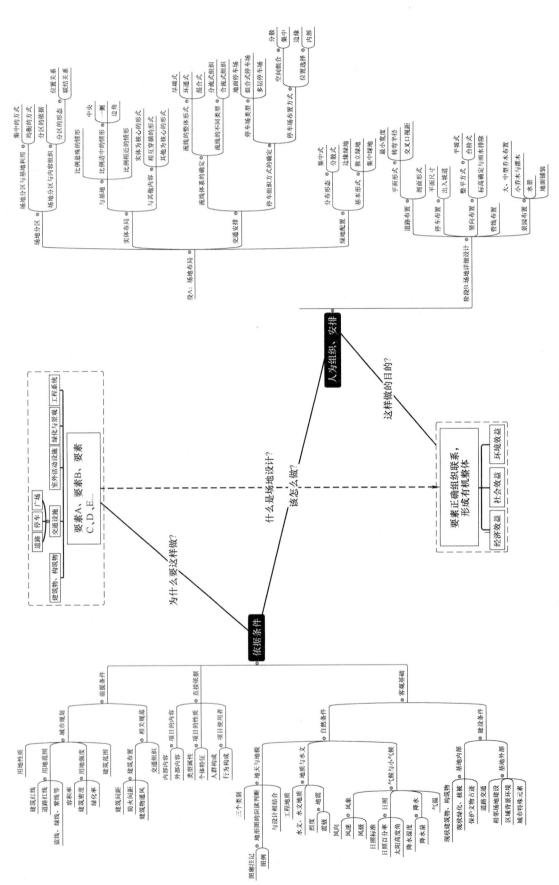

图 2 "场地设计"课程知识框架

674

优势。而"场地设计"课程本身就是讲解场地的内容，教学结合着洛阳城市地域特色，采用案例讲解、实地调研勘察、文献资料查阅等方式，有助于加强学生对知识要点的理解与掌握，以及对地域场所精神的认知与思考。

4.2 结合学院培养体系特色，在教学安排上进行创新

我院建筑学系在 2017 版本科生培养方案中，明确提出"1.5＋1.5＋1＋1"的课程体系（表2）。其中，综合教育环节分为三个方向的并列模块，分别为设计理论、生态节能、遗产保护。因此，在课程作业安排上，布置三个方向（设计、技术、文脉）的场地设计思考题，学生任选其一进行研究。不仅能激发学生自身的兴趣爱好与优势，而且能更好地贯彻建筑学系培养方案的特色精神。

"1.5＋1.5＋1＋1"课程体系　表2

环节	基础教育	专业教育	综合教育	实践教育
学年	1.5	1.5	1.5	1.5
学期	1、2、3	4、5、6	7、8	9、10

4.3 结合新型教学工具，在教学方法上进行创新

上课方式采用雨课堂新型教学工具，用年轻化的交流方式来活跃课堂氛围，激发学生的学习自觉性。

5 结语

理论结合实践，这是"场地设计"课程的核心。在教学内容上，采用分版块的方式，对知识要点系统性的分组归纳。在教学方法上，深入浅出、举例说明、结合课程设计作业，增强学生的代入感，激发学习兴趣。在教学创新上，结合所在城市地域特色、学院培养方案特色、新型教学工具使用，进行课程改革与创新。同时，还要注意好与其他课程的衔接，例如建筑法规、环境心理学、建筑设计课，共同培养学生的场地意识。

参考文献

[1] 张伶伶，孟浩. 场地设计 [M]. 北京：中国建筑工业出版社，2011. 1.

[2] 石磊. 建筑学专业"学、产、研"一体化教学模式的研究与实践 [J]. 长沙铁道学院学报（社会科学版），2002，3 (2)：116-117.

胡子楠　林耕　张敏

天津城建大学建筑学院；h_corbusier@126.com

Hu Zinan　Lin Geng　Zhang Min

School of Architecture，Tianjin Chengjian University

基于生活空间观察与分析的硕士研究型建筑设计教学探索

Research-based Graduate Course of Architecture Design under the Living Space Observation and Analysis

摘　要：以"城市边缘区域地铁场站服务中心及住宅综合体"设计题目介绍了天津城建大学建筑学院建筑学专业硕士研究型建筑设计课程的教学探索，具体阐述了问题导向的课程设置、方法导向的教学目标以及任务导向的教学环节，提出了以生活空间为主线，通过场地动线分析与日常行为观察来展开建筑设计的训练方法，从而强化硕士生阶段建筑设计课程的逻辑性与研究性，以期使学生逐步掌握理性的设计方法并完成具有一定思考深度的设计方案。

关键词：生活空间；场地动线；日常行为；研究型；建筑设计

Abstract：Taking the design topic for "subway station service center and residential complex on the edge of the city" as the example，the paper discusses the exploration on the research-based Graduate Course of Architecture Design at Tianjin Chengjian University. By elaborating on the problem-based curriculum，method-based objective and task-based program，it explains the training method of architecture design based on the site streamline analysis and behavior observation with the clue of living space，which intensifies the logicality and research on the graduate course to make the students complete the design work with deep thinking and rational method.

Keywords：Living space；Site streamline；Behavior；Research-based；Architecture design

由于教育背景不同，硕士生在建筑认知程度与设计能力方面存在一定差异。如何调和这些差异、如何定位建筑设计课在硕士生课程体系中地位和作用，是当前该课程所面对的现实问题。作为地方建筑院校，天津城建大学建筑学院针对自身学生特点，基于专业教育质量中对于建筑设计、设计方法、研究方法的要求[1]，制定了"统一题目、集中辅导、夯实基础、引入研究"的教学策略，以提高学生的设计能力，并以该课程为线索，将相关研究方法与建筑理论知识嵌入其中，以达到研究型建筑设计课程的教学目标。

1　问题导向的课程设置

在跟踪调查本校 2012、2013 级建筑专业硕士生的设计课后，发现不足之处多集中在对于建筑与城市关系、建筑空间主体、建筑社会性等问题的认知不足，设计作业往往处于脱离"生活"的真空状态。究其原因在于：过往的设计训练常以虚拟场地作为基地，过度依赖功能关系和形式构图来生成建筑，缺乏对人的行为、需求、感知等细节的思考等。基于上述问题，天津城建大学建筑学院试图使学生从观察生活问题开始，通过分析真实场地和人物日常行为来生成建筑方案，并以此回应相关社会问题。

之后，将2014～2016级建筑学专业硕士建筑设计课程的题目拟定为"城市边缘区域地铁场站服务中心及住宅综合体"，基地面积约19000㎡，位于天津地铁3号线高新区站北侧（该地块距学校仅2km，便于调研），属于城市化进程中城乡交界区域，是快速轨道交通网、城市高新工业区、大学城、既有村镇等多重发展因素交汇的结果。由于缺乏统一的城市设计，该区域在功能组织、人车流线、社会定位、发展机制等诸多方面都存在着不足和矛盾。题目拟设计总建筑面积约6000㎡的具有居住与社会服务属性的综合体来调和如上问题，为未来该区域的发展提供新的契机和出发点，也试图为其他具有快速轨道交通网的城市边缘地带提供典型性的解决案例。

2 方法导向的教学目标

课程教学目标首先要求学生进行基地的实地走访与资料分析，形成对该区域发展策略的思考从更加宏观的角度（城市演进、城市规划、城市功能、城市空间等）理解城市建筑物，确立洞悉城市特质的意愿，掌握分析城市与建筑关联的基本方法。其次，由于基地紧邻地铁场站，人流与日常行为较为复杂，要求学生对基地内的人群进行观察、记录和分析，对其实际需求、行为规律、身体感知进行研究，并以此作为切入点进行功能组织和空间生成，从而建立人与建筑之间的密切联系。最后，就具体研究与设计方法，使学生熟悉现场调研、书写文字、视频记录、绘制草图、制作模型等表达方式，强调建筑设计过程中对心脑手合一的工作模式、训练对建筑尺度的把握、对建筑视知觉的体验与转译，并采用团队与个人独立工作相结合的方式，使学生充分体验建筑师职业的工作特点。

3 任务导向的教学环节

课程安排为八周，具体为题目讲解、实地调研、数据分析、理论讲座、概念生成、完善方案、深化方案和作业展评八个环节（图1、图2），最终成果包括本册、展板、模型与视频四个部分。区别于本科阶段以图纸深度作为进度安排的依据，这种以任务为导向的安排重点强调观察与分析的重要性，使学生更加清楚研究与设计的关系，有利于使学生尽快掌握科学的设计方法。

图1 历届评图展宣传海报

图2 评图现场

就具体操作，首先让学生认知"生活空间"作为主线贯穿设计过程的重要意义。空间是建筑的要素，又是生活的舞台，那么空间的主体就是人和他（她）的生活，日常行为锚固于真实场地即为生活空间的存在。其次，将对"生活空间"的研究具化为场地动线分析与日常行为观察两个方面，并将这两个方面的研究结果作为起始点进而展开设计，从而让设计结果有理可循，满足场地及预期使用者的实际需求。

3.1 场地动线分析

城市轨道交通所辐射的城市边缘地带一方面表现为区域内部土地利用结构由乡村用地向城市用地转换，另一方在由于城市边界的快速变化导致区域内空间结构的无序状态。由于基地较为平整，学生对场地的分析更多是对城乡冲突以及场地内复杂动线的梳理。基地临近地铁站出入口，是汇聚周边各功能区人流乘坐地铁的重要场所。同时，基地还包括出租车等候区、公交站、自行车存放区、私家车停车场、商贩售卖点等多条动线。那么，如何设置基地出入口、如何灵活应对各种动线的变化、建筑中哪些区域可以向城市界面开放、哪些动线需要穿越基地、周边功能区对基地影响等一系列问题，便需要学生在多次实地调研和数据分析的基础上才能得出较为合理的答案（图3、图4）。同时，由于地铁站上下班高峰的存在，人、车流会随着时间变化而存在较大波动，要求学生按照周一早上、平日早上、平日下午、平日晚上、周五下午、周末上午、周末下午、周末晚上、周日晚上九个时段分组调研，充分将实际因素和可变量考虑到设计中（图5）。

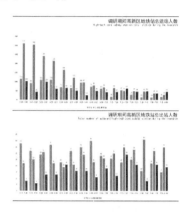

图3　基地各时段人流统计

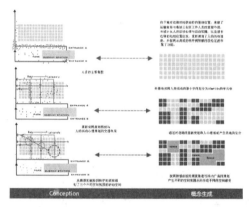

图4　根据人流动线而产生的平面分区

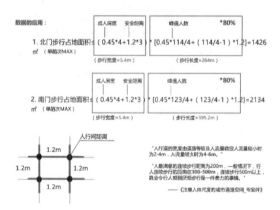

图5　根据人流数据计算步行区域面积

3.2　日常行为观察

对于普通人，他们之于建筑的感知往往来自于日常经验，它们包括一切自然之物、有记忆的物品与场景，甚至是材料、气味、光线、声音等，这些紧紧包围着我们的真实生活，不知不觉中成为头脑中的一部分。基于此，要求学生以批判性思维反思本科阶段过于追求建筑

形式和造型的设计方法，进而尝试从观察人物日常行为的微视角开始建筑设计的方法。现状中存在着多种人群，如乘地铁的上班族、周边大学的学生、附近乡镇的村民、售卖早餐的商贩、出租车司机等等。同时，题目拟设计居住与服务功能的综合体又包含青年公寓、超市、菜场、餐饮、快递、休闲、快递、书吧等，它们又产生不同的受众者和服务人员。要求学生通过访谈、问卷、速写、影像拍摄、文字描述等方式开展日常行为的观察与记录，研究既有人群与预设人物的行为、身份、背景、记忆等，推敲不同行为模式与空间形式的对应关系，进而形成"人——行为——空间——建筑"推进式的设计方法（图6、图7）。

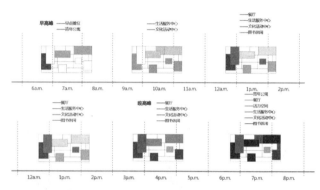

图6　根据不同时段行为活动规律而产生基本平面布局

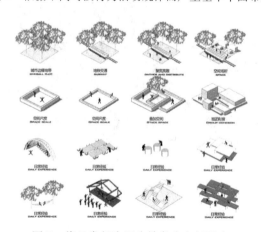

图7　将日常行为逐步抽象为空间形态

4　学生作业分析

案例一：墙·院

该组学生通过实地访谈并结合自身经验，认为日常中对生活空间深刻印象往往与人们的回忆相关，如充满生长记忆的家、毕业后还常常挂念的校园等，这些空间往往具有亲人的尺度、静谧的氛围以及相对独立的属性。他们将这些空间原型进行抽象，并结合方案的具体功能，形成了生活服务、临河休憩、杂物运输、步行连

廊、住宅花园、餐饮娱乐、户外运动、地铁进出八个不同主题的院落，各院落彼此相连又在视觉上相对遮蔽，依据不同的使用行为形成不同的院落形态，将较大体量的综合体建筑消解为如街巷般的小尺度空间，建筑外部空间变得丰富且利用率高效（图8）。

案例二：互交空间

该组学生研究发现，该地块潜在的使用者为青年人居多，进而分析他们对生活空间的具体需求为：对配套、服务、交通的生存需求；对绿化景观与开敞空间的环境需求；对"睡在郊区、玩在市区"的精神需求；对提高人居环境可识别性和增强归属感的认知需求。他们以此为出发点，通过"平台"与"盒子"两种元素来组织建筑中人的日常行为。其中，"平台"将穿越与驻足该综合体的动线进行分流，平台下空间充分保证人群可以高效地乘坐地铁、购物、买菜、收寄快递等，平台上空间为居住此地的青年人提供相对私密的交流与活动场所。而"盒子"则是居住和公共文化空间，"盒子们"

共同构成了一个存在于城市景观中的"村落"，为城市边缘区域提供一种新的建筑形态与互交体验模式(图9)。

案例三："城"里"城"外旧时光——凝聚生活与回忆之地

该组学生一方面通过对场地动线的梳理，得出该建筑内需求六条主要动线来衔接外部各功能区，另一方面通过问卷调查，需将与人生活联系最密切的功能块布置在首层以便使用，这就决定了未来的建筑方案一定具有灵活性与多变性。于是，选择小体块进行组合叠加并通过廊道进行穿插满足功能与交通需求便成为较为合理解决策略。至此，方案的设计过程很好地落实从日常行为的观察分析进而产生建筑形态的环节。不仅如此，在方案的重要节点还设计了满足购物、交流、阅读、观影、运动、思考等多种行为模式的小空间，以此强化生活空间的设计主线（图10）。

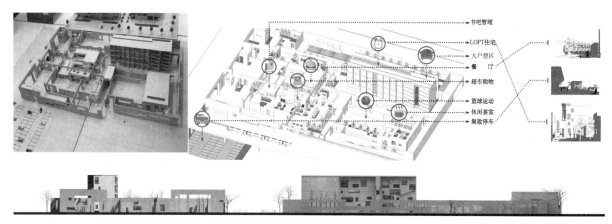

图8　墙·院（学生：14级王竞飞、葛笑夫、申清源）

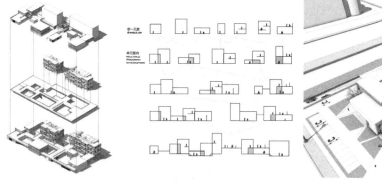

图9　互交空间（学生：15级张琪瑶、刘奕杉）

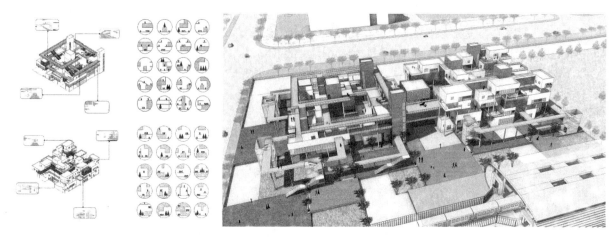

图10 "城"里"城"外旧时光——凝聚生活与回忆之地（学生：16级邵婉娉 王梦琪）

5 结语

本题目已完成了三届学生的设计训练任务，就设计方案而言，学生通过建筑设计重新聚集、重新形成具有中心性、体验性和互动性的场所[2]，回应了社会秩序、生态环境、生活模式等现实问题，为城市边缘区域地铁场站周边的城市建筑提供诸多新的可能性。从教学成果上看，学生尝试从观察城市问题与日常经验入手，通过分析研究，将其进行表述并转化为设计起始点，以围绕生活空间的主线展开功能布局、空间组合、材料使用、构造设计等具体设计环节，基本掌握了研究型建筑设计的基本步骤和方法，为今后硕士生的学习与研究工作的奠定基础。

参考文献

[1] 全国高等学校建筑学专业教育评估委员会编. 全国高等学校建筑学专业教育评估文件（2013年版·总第5版），2013年9月：41-42.

[2] 王建国，张晓春. 对当代中国建筑教育走向与问题的思考：对王建国院士访谈. 时代建筑，2017(03).

徐好好　苏平　钟冠球
华南理工大学建筑学院；arhaohaoxu@scut.edu.cn
Xu Haohao　Su Ping　Zhong Guanqiu
School of Architecture，South China University of Technology

书店十：关于开放性教学实验的记录
The Record of an Open Teaching Experiment

摘　要：本文以华南理工大学二年级建筑设计课的"书店＋"课题为例，记录该课题在开放性教学上进行探索的主要思路和特征，从"开放任务书、开放性教学、开放式评图"等几个方面对实验内容和结果进行多方面的评价和总结，以期对低年级设计教学改革提供有益的思路。

关键词：开放任务书；开放性教学；开放式评图

Abstract：The article takes design studio Community Bookshop Plus in 2nd Grade of SA-SCUT (School of Architecture，South China University of Technology) as example，to record the main discussion during the open teaching program. It focus on open design programs，open studios and open reviews，to experimentalize the teaching reform in basic training period.

Keywords：Open design program；Open studio；Open review

华南理工大学二年级建筑设计课教学包含了行为、环境、建构、性能等不同训练环节。本文是对第三个训练课题中开放性教学的实验记录，该课题要求以"书店＋"为题，选择学校周边的给定场地之一，进行社区书店的策划和设计。

1　关于任务书的开放性

本次训练的教学目标，拓展了对建筑设计的背景理解，提出了三个问题导向的积极思考，包括：

大拆大建时代逐渐过去，建筑师需要具有策划能力，往室内外空间一体化设计，在时代转型的时刻，建筑师面临怎样的挑战？

互联网时代传统书店在没落，新型书店在崛起，它们的商业形态带给设计师怎样的启示？

建筑需要呈现更精细的设计，新的材料语言能给人们带来怎样的体验？南方建筑地域特色和传统如何在新建筑中再表达和继承？

对应以上三个问题，教学组明确在训练中，考察面对复合业态的一体化设计及空间策划，熟悉和尝试应用

被动式技术，理解南方建筑中的平面格局，剖面，材质等气候适应性方式，并结合构造教学，理解构造层次和逻辑，尝试做局部墙身大样和细部构造设计。

在任务书制定中，教学组决定采用开放和熟悉程度都较高的场地，可任选学校东门五山邮局旁边的地铁C出口地块，临近五山购物商场的地铁B出口上盖，以及五山路公交站旁侧的夹缝地块。这三个地形，是从校园去城市其他地方的必经之路，要求通过反复观察熟悉的

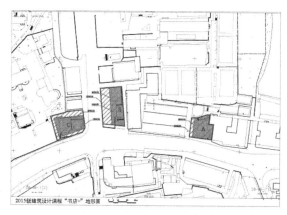

图1　设计任务书提供的场地选择

环境，找到切入设计的场地要点。同时，这些地块在校园周边，富有微社区的气质，可以有助于理解公共功能与社区生活的关系。

同时，书店本身的主题具备了一定的开放性。书店是经常会看到、去到的地方，可以帮助大家去思考为什么传统书店的生存空间越来越小，而新兴的方所、先锋、西西弗、1200不打烊书店能在纸媒被严重压缩的今天越来越受到大家的关注，越来越成为一种生活方式。因此，设计的功能包含且不仅限于图书、阅览，也允许向现代生活方式进行考量。

因此，这是一次"身边"的设计，在熟悉的场地上为熟悉的书本做一个空间的载体。

2 教学的开放性

2017年3月，训练开始的时候，教学组通过网络组建了包含1200书店创始人刘二囍、黄柏翔等专业经营者在内的讨论小组，对课题开展的细节设计进行了反复协商。从教学伊始，就确定了开题环节邀请黄柏翔先生进行专题讲座，教学过程进行微信公众号跟踪，教学成果在1200书店进行评图和展览的策略。教学组希望这是一次"真实"的设计，在真正的书店里，讨论、展出学生们设计的"小书店"。

比较有意思的是，1200书店的两位创始人，刘二囍是华南理工建筑学院的校友，他和黄柏翔两位又都曾在东海大学建筑系求学，所以身兼了设计师和运营者的两种角色。

因此，在设计开题的专题讲座中，黄柏翔提到了两个很有想象力的要点：套用一下互联网+的概念，如果要求设计者自己去经营一家书店，会给它带来什么样的变化，这种变化是社区真正可以享用的吗？另外，无论"+"的内容是什么，这个设计的核心，仍然是一个书店，所以如何从空间上、从陈列上、从感官上去对待"书"这个对象，是整个设计最重要的东西。

所以，教学讨论的开放，带来了整个课程设计在内容上，达到了"开放"和"专业"的平衡。这是教师作为非运营者容易忽视的地方，是对原有课程设计大纲的一个重要补充。

3 评图的开放性

1200书店提供了广州中信广场店和正佳广场店两个场地以供选择。从环境来说，中信广场店位于大厦的地下层，相对位置以写字楼和高档商店为主，日常人群比较单一，而正佳广场店是天河商圈的重要节点，也是交通转换的上盖，人群的复杂性和多样性都超过前者。

因此，教学组和1200书店达成协议，在1200书店正佳广场Hi百货店公开评图和一周的展览，以此保证整个教学评图和展览的开放性特征。

2017年6月6日，1200书店的微信公众号率先发出推文《他们在书店里，又"开"了好多家小书店》："在大家都习惯抱着手机看小说的时代，被一间看起来有意思的书店吸引，进去读一本书，买一本书，是什么样的感受？……如果你有一个机会，在自己生活的周边，在地铁入口，在K记M记旁边，在公交站后面开一个独立书店，为自己、为社区、为更多的人，做一个有想象力的读书、买书的空间，你会有什么样的想法？"

这个阅读量达到5000+的短消息，既提到了这次公开评图和展览的专业性，通过建筑的材料、构造，讨论室内外一体化设计的方法，也为非专业的观众点出了"通过理解E时代新型书店业态带给我们的启示，体现区域环境特点和社区人情味儿"的观展要点，这在大量非专业观众和阅读者的留言中得到了很好的体现，也是专业设计者和公众沟通的良好方式。

6月7日，华南理工大学建筑学院微信公众号推文《二年级"社区文创书店"@1200书店展览及评图》对1200书店、正佳Hi stage进行了感谢，并公布了最终评图的评委名单，包括广州扉建筑创办人/主创建筑师、扉艺廊创办人/艺术总监叶敏、绿色之春出版人/思想沙龙发起人关鸣、广州极轻体育轻健身创始人/周承建筑工作室主持设计师/知乎大头帮主周承、玳山创意综合体创始人/前扎哈·哈迪德建筑师事务所设计师郭振江，以及1200书店创始人刘二囍。

评委阵容中，叶敏女士、周承先生、郭振江先生和刘二囍先生都是建筑专业出身，现在又各自在运营和新媒体、新生活有关的文创事业，关鸣先生则是广州知名的策展人。

图2 关鸣、叶敏、刘二囍在评图中

刘二囍在10号当天的点评中说：把建筑设计课堂放进社会属性的商场，面向公众开放，是"走向公民建筑"的一种表达。在书店里评设计的书店，有了具象的参照，让设计不再是空洞的纸上谈兵，既有趣又有益。多元背景的校外人士作为评委，可以引发学生往更多向度思考，更明白建筑设计不止是在设计建筑。

这个看起来貌似和设计专业评委不太吻合的评委阵容，也正是课程教学组期待的突破性尝试：对开放性课题的开放性评价。

图3　更开放的观众投票选择

教学组也辑录了几位参与评图汇报的同学感想，以期更真实的反映所有参与方对本次教学实验的认识和态度。

刘殿聪：曾经一位前辈说过："好的建筑师不仅仅是一名好的建筑师，更是一名好的商人"。诚然，一个建筑师若无法把自己的设计与方案"推销出去"，那只能算是"无人欣赏"的自嗨。这意味着建筑师不仅仅需要手上功夫了得，还需要有"一张嘴"，去解释自己的设计，让别人接受自己的设计。这次1200书店的社会公开答辩，提供了一个很好的平台，让我们从理想国中走出来，真正的踏入社会层面去探讨书店的社会性与真实情况。刘二囍师兄一针见血的评论我的方案："假如是我，我绝对不会让孩子进入我的书店，书店要盈利，而不是儿童的活动场所。"我才真正地感觉到，自己一开始的设想和概念就已经跟社会脱节了，即使后面再怎么设计，设计得多好，它都不会是个成熟完整的方案。通过这次评图，让我清楚地认识到，我仍然沉浸在自己的幻想中，自以为是地认为自己想到的，设计到的，就是社会、人们所需要的。这些经验教训都是在课堂上没办法真实体会到的！我很庆幸能参加这次的公开答辩。

李子力：很荣幸地参加了在1200的书店作业公开评图，能将自己的作品展示在给各位外界老师并得到评价和建议，实在是机会难得。我讲方案实在是太磕绊，所幸模型能挽回老师们的青睐，所以各位老师的反馈比较多。对于我方案的概念，即大楼梯提供的讲座空间，各位老师有不同的看法，建筑设计的老师比较喜欢，而

图4　刘殿聪同学答辩现场

经营书店的老师则提出了运营方面的质疑。由此可见，即使是老师们，不同的人心中会有不一样的评价准则。我们建筑师需要做的，尽可能满足所有人的眼光，这就需要广泛的知识涉猎，足够深入的设计与充足的细节。

卢镛汀：这次的课程"书店＋"相比于以往的作业来说，有很多不一样的地方，不仅要设计建筑，场地，还要考虑他的运营模式，在设计过程中，老师也非常鼓励我们对方案的核心概念和未来发展的可能性进行深入的推敲。

而这次的汇报是在1200，面向社会的一次汇报，与在1200展览其他作品不同，设计课的模型和图纸的展示，意味着更多的来自不同行业的观众会看到自己的作品，能听取更多不同的建议，是一个非常宝贵的机会。

王诣童：对我而言，书店＋是一个很容易让人有设计热情的作业。对于设计师而言，需要面对一个从大规模城市建设到精细化小尺度设计的转型期，恰巧这个题目就是对这样的时期的一种回应。也许尺度变小，但是设计密度却在变大。而社会评图的方式也让我对真正的社会需求有了更深入的了解，毕竟设计师的情怀在于人文关怀，在于社会责任。

陈宬宇：这次评图的经历其实是很奇妙而且前所未有的，如果是在学院给老师们讲方案，我绝对没有胆子说出这样的话："因为我不想让书店里读书时看见：对面都城里挖着咸鸭蛋吃饭的人们，吃肯德基的从嘴里扯出一根鸡骨头，楼下大爷大妈们为了挤公交而使出十八般武艺的情景，所以我的书店要和他们划清界限！"但是说完之后，大家抱着愉快的心态包容了我的奇葩，我也很开心能尝试这种自由的汇报方式。在评图前几天的展览里，我们的模型和图纸被摆在素不相识的观众面前，我体会到犹如画家的作品被展出和赏识的激动心情。

赵思颖：书店是大二自由度最大的一个作业。书店本身就是一个比较自由的题目，而且有三块场地可以

选，有很多选择的东西比较能展示自己的想法、平常关注的问题，所以觉得很多同学做出来的成果都特别棒。第一次答辩是没有自己指导老师的，接触一个全新的方案和一直看着整个方案推进的老师的视角是不一样的，所以也会去思考跟怎么跟老师讲方案，怎么更好地把自己的想法以一个吸引人的方式传达出去。第二次在1200答辩非常慌张，毫无准备地第一个上去讲方案。校外的嘉宾们讲的东西很多又是老师上课不会提及的，更实用主义，更现实。

图5 展览布展现场

4 开放的记录

华南理工大学建筑学院二年级设计课的网络化和公众化实验，某种意义上，是一个类行为艺术的方式，把专业教学全过程事件化、公开化，通过真实、想象，在传统的专业教学以外，传统的成果展示以外，扩展了社区化、社会化和真实化的空间。在纯粹空间训练的基础上，更好的结合对生活方式、商业操作和行为活动的理解。

可以用关鸣先生的笔记来作为整个记录的结尾：

2017年6月11日下午，我应邀，加了华工建院二年级学生以文创书店为题的建筑设计评图。评图的地点没有选择在学校，而是在人头涌动的天河商业圈重要的商业零售中心（shopping mall）正佳广场四楼hi百货里的1200bookshop。这次的学生设计作品也在这里做展览，面对大众开放。让更多普通民众有机会看看学习建筑的二年级学生在学什么，做什么，他们的模型做得怎样，设计思路是怎样的，设计图是否可以清晰表达出来。

一共有6位校外的人士被邀请参加这次的评图，因为时间问题，我们在众多学生作品中挑选了6个来点评。

我们共同的感受是现在的二年级学生的模型做得真不错，设计图表达也很不错。

学生们的几组作品都表达出他们很好的创意，例如：对场地周边的研究，甚至也考虑了各种交通问题，景观问题。也充分考虑旧建筑物之间的关系。

主要问题集中在对空间比例的感觉上不是很准确；对创意书店的后续管理与经营没有考虑清楚（可能这个作业没有要，但是作为建筑师做任何一个商业项目，都需要研究项目落成后如何经营，如何管理，如何陈列等等）。

能在商业中心里举办二年级学生设计作业的展览，并邀请校外专业外人士参与评图就是一个很有意义的、大胆的尝试。学生可以听取来自不同领域人士的意见，甚至可以获取在展览期间普通大众对他们设计作品的回馈。

感谢全体参与成果展览和评图的同学：陈成宇、陈冠宇、陈健聪、陈凌凡、陈玉叶、崔志辉、戴琳、何松伦、胡锦玥、李振超、李子力、刘殿聪、卢镛汀、王诣童、吴昊、吴泉隆、伍沛璇、肖俊、许瑞、叶润婷、余曼玲、张泽森、庄英城、包嘉敏、陈铭熙、陈品杰、黄植业、李巧、吴松泽、武浩然、武鑫月、赵思颖、郑浥梅、朱瑞琳、庄筠等。

感谢二年级教学组全体老师的贡献：苏平、徐好好、钟冠球、费彦、陈建华、王朔、傅娟、郭祥、林佳、罗卫星、莫浙娟、田瑞丰、魏开、许吉航、禤文昊、张智敏。

参考文献

[1] 华南理工大学建筑学院二年级教学组. 2015级建筑设计课程大纲：书店＋，2017.2.

[2] 冯江，徐好好. 关于外国建筑史保持型双语教学的思考，2015年中外建筑史教学研讨会论文，2015.

[3] 鲍家声. 建筑教育发展与改革. 新建筑，2000（01）：8-11.

[4] 苏平，孙一民，空间转换中的教与学-制约条件下的翻转腾挪，世界建筑，2017（07）：78-85.